BEMESSUNGSBUCH
FÜR EISENBETON

Anleitung, Formeln und Tabellen zum wirtschaftlichen Bemessen von Eisenbetonquerschnitten

Von

Dr.-Ing. KURT BERNHARD
Berlin

Herrn Kgl. Baurat Dr.-Ing. E. h. Karl Bernhard, berat. Ingenieur des Bauwesens in Berlin, in Dankbarkeit und Verehrung gewidmet vom Verfasser.

MÜNCHEN UND BERLIN 1933
VERLAG R. OLDENBOURG

Druck von R. Oldenbourg, München.

Vorwort.

Form. An Hilfsbüchern zur statischen und konstruktiven Berechnung von Eisenbetonquerschnitten gibt es für den Arbeitstisch des Konstrukteurs — in großen Zügen zusammengefaßt — schon zweierlei: Tabellenwerke (mit vereinzelten Anleitungen) und Anleitungen (mit vereinzelten Tabellen). Beide Arten sollen hier vereinigt werden und damit ihre Vorteile: 1. Arbeitserleichterung durch ausführliche Zahlentabellen. 2. Vermeidung mechanischer Tabellenanwendung; Hilfe auch für seltenere Sonderaufgaben.

Um diese Vereinigung zu einem tunlichst nie versagenden und doch handlichen und nicht zu teuren Hilfsmittel zu ermöglichen, mußte die äußere Anordnung gedrängt, die Ausdrucksweise knapp gehalten werden. Wenn es trotzdem gelungen ist, das Buch bequem und ohne Anstrengung des Auges lesbar zu machen, so bringt die Raumbeschränkung noch einen Vorteil ein, der für Nachschlagebücher stets erwünscht ist: Schnelles Finden durch kurze Suchwege. Auch konnte es erreicht werden, daß die meisten gleichzeitig sichtbaren Seitenpaare der Tabellen auch inhaltlich in sich abgeschlossen sind, also, einmal aufgeschlagen, ohne lästiges Wenden zu mehrfachem Gebrauche dienen können. — Die Zahlenbeispiele konnten unbedenklich in kleinerem Drucke wiedergegeben werden, weil sie nur gelegentlich, besonders zur ersten Einarbeitung, gelesen werden.

Inhalt. Wie in der Form wurde auch im Inhalt nach Kürze, d. h. hier nach straffer Gliederung gestrebt. Indem den wichtigen Begriffen des Spannungsverhältnisses und des reduzierten Momentes der ihnen gebührende Platz im Text und vor allem in den Tabellen eingeräumt wurde und ein möglichst abgeschlossenes Bemessungs-System aufgebaut wurde, konnte das Anwendungsgebiet jedes Teiles, des Textes und der Tabellen, in vieler Hinsicht sogar weiter gefaßt werden, als es in Einzelwerken üblich ist: Die Anleitung enthält — hauptsächlich hinsichtlich der wirtschaftlichen Bemessung — manches Neue. Die Tabellen haben eine praktisch fast unbegrenzte Reichweite bei durchaus angemessenen Intervallen; denn wenn man sich erst an eine Tabelle gewöhnt hat, so soll sie nicht eines Tages versagen, nur weil einmal etwas seltenere Querschnittsgrößen in Betracht kommen. — Wenn auch in der Regel die »zulässigen« Spannungswerte für die Umfangsbegrenzung der Tabellen maßgebend waren, wurde doch nicht der (von Fachleuten gelegentlich vertretenen) Ansicht gefolgt, Gebrauchstabellen dürften keinesfalls höhere Spannungswerte als die zulässigen enthalten. Denn die Erfüllung einer solchen Forderung würde natürlich noch keine Sicherung gegen unkundige Anwendung der Hilfsmittel bedeuten; sie würde aber die Nachrechnung für überlastete Bauteile behindern und zu wenig Rücksicht nehmen auf die im Fluß befindliche Gütesteigerung der Baustoffe, die neue Zulassungen schon gebracht hat und weiter bringen kann.

Um im vorliegenden Rahmen möglichst Gediegenes und Verläßliches zu geben, mußten dem Inhalt des Buches freilich auch grundsätzliche Beschränkungen auferlegt werden. — Vor allem wurde lediglich die (für den Eisenbetonbau charakteristische) Berechnung von Rechteck- und T-Querschnitten nach »Zustand II«, diese allerdings eingehend, behandelt. Nicht behandelt wurde die Berechnung ohne »gerissene Zugzone« und die Aufnahme der Schubkräfte, ferner selbstverständlich auch nicht Fragen der allgemeinen Außenstatik (Momentenermittelung usw.). Will der Konstrukteur auch für diese Gegenstände Hilfsbücher in Anspruch nehmen, so darf daran erinnert werden, daß es bequemer ist, mehrere Bücher nebeneinander aufzuschlagen und aufgeschlagen zu lassen, als in nur einem hin und her zu suchen. — Daß kürzehalber ferner die Formeln ohne eingehende Ableitung mitgeteilt werden, ist ebenfalls der praktischen Verwendbarkeit des Buches nur dienlich; Mißverständnisse dürften hinreichend ausgeschaltet sein durch reichlich gegebene Hinweise und durch die enge Verflechtung der Anleitungen und Formeln miteinander. — Eine Kürzung der Tabellen gegenüber denen anderer Verfasser konnte auch durch Weglassen »genauer« Zahlenwerte für den Innenhebel z erzielt werden, die für die Praxis überflüssig sind, weil die Schubbeanspruchung in der Regel für andere Querschnitte untersucht wird als die Biegungsbeanspruchung. — Im übrigen wurde die Ausführlichkeit und Bequemlichkeit der Tabellen der Häufigkeit ihrer Anwendung angepaßt. So wurde der — in der Praxis weit überwiegenden — einfachen Bewehrung bei reiner Biegung in besonderem Maße Rechnung getragen. Dagegen wurde für Druckbewehrung nur eine einzige Tabelle vorgesehen, allerdings unter genauer Berücksichtigung des wechselnden Verhältnisses h'/h. Diese Tabelle ließe sich unter erheblicher Umfangserweiterung zweifellos noch bequemer gestalten. Aus den genannten Rücksichten durfte hiervon — wenigstens für die erste Auflage — abgesehen werden. Auch verboten die dem Umfang gesetzten Grenzen und der Grundsatz, keinesfalls »von allem ein bißchen« zu bringen, sowohl im Text wie in den Tabellen die Aufnahme der Berechnung von Querschnitten mit schiefer Nullinie. Eine entsprechende Erweiterung in einer zweiten Auflage wäre allerdings auch hier erwünscht, besonders im Hinblick auf die Berechnung von Säulenquerschnitten.

Besonderheiten. Hervorhebung verdienen vielleicht folgende Besonderheiten des Buches. — Es wird auf beliebige Werte n und σ_e Rücksicht genommen. — Eine besondere Tabelle (I) liefert für Balken jeder Art die zur Unterbringung der Eisen erforderlichen Größen $b_{(0)}$, $d_{(0)} - h$, h', auch bei mehreren Eisenlagen. — In anderen Tabellen (II und III) kann die »steife« und die »wirtschaftliche« Druckspannung abgelesen werden. — Eine weitere Tabelle (V) ermöglicht es u. a., die Bemessung von Rechteckbalken ohne Probieren und ohne Mehrarbeit so durchzuführen, daß die als Unbekannte behandelte Breite dem Raumbedarf zur Unterbringung des gleichfalls unbekannten Eisenquerschnitts entspricht. — Plattenbalken, Steineisendecken u. dgl. können mittels besonders ausführlicher Tabellen (IX und X) ohne und mit Berücksichtigung des Stegdrucks bequem berechnet werden. — Sondertabellen (XI bis XVIII) erleichtern die Bemessung von Kreuz- und Pilzplatten. — Schließlich darf nachstehend noch mit besonderem Nachdruck die hauptsächliche Eigenheit des Buches unterstrichen werden.

Wirtschaftliche Aufgabe. Das Buch erfüllt eine wirtschaftliche Aufgabe. Die Querschnittsbemessung nach dem Kostenminimum wird ihrer Wichtigkeit entsprechend mit einer Ausführlichkeit behandelt, die weit über den bisher üblichen Rahmen hinausgeht. Nun hört man zwar auch erfahrene Eisenbetonkonstrukteure gelegentlich die Beschäftigung mit der sog. wirtschaftlichen Querschnittsbemessung ablehnen; sie sagen, große Ersparnisse seien nur auf der Baustelle und nicht mit dem Rechenschieber zu erzielen. Aber selbst wenn etwa dieser Grundgedanke richtig ist, ist doch jene Schlußfolgerung (die Ablehnung) durchaus irrig. Die Entscheidung nämlich, wer — nach erschöpfender Ausbeute der großen Ersparnis-Möglichkeiten durch alle Konkurrenten —

das billigste Angebot für eine Bauaufgabe abgeben oder sie mit größtem Vorteil ausführen kann, liegt bei den kleinen Ersparnissen. Ob sie überhaupt so »klein« sind, besonders im Vergleich zu dem doch ebenfalls nur »kleinen« Unternehmergewinn, stehe dahin. — Die meisten Konstrukteure aber haben ja auch den Wunsch, nur nicht die Zeit, neben der statisch sicheren auch noch eine wirtschaftliche Bemessung durchzuführen. Diesem Übelstand will das Buch abhelfen, indem es unter Benutzung der wirtschaftlichen Spannungswerte, besonders der wirtschaftlichen Druckspannung, der wirtschaftlichen Bemessung den Charakter einer zweiten Berechnungsaufgabe nimmt und sie in den allgemeinen Bemessungsvorgang derart eingliedert, daß sie sich ohne nennenswerten Mehraufwand an Zeit, gewissermaßen automatisch vollzieht.

Ein Zwang zur »wirtschaftlichen« Bemessung besteht indessen nicht: das Buch kann auch nach elementaren Gewohnheiten benutzt werden.

Entstehung. Alle Formeln und Regeln wurden aus den Anfängen der Statik unabhängig hergeleitet. Nur so war es möglich aufzufinden, wo das Hergebrachte verbesserungsfähig wäre. Doch geschah es in dem Bestreben Gewohntes nach Möglichkeit beizubehalten und durch Neues nur zu ergänzen, nicht zu ersetzen. Da fremde Quellen grundsätzlich ausgeschaltet, nur allenfalls gelegentlich zur Kontrolle verglichen wurden, so muß um Nachsicht gebeten werden, wenn hier und da vielleicht Quellen nicht genannt werden, die etwa neu Aussehendes schon früher gebracht haben.

Alle Zahlenwerte wurden sechsziffrig mit der Maschine berechnet und dann, soweit sie später mit dem Rechenschieber angewandt werden sollen, auf 4 Ziffern abgerundet. Eine Ausnahme bilden einige auf wirtschaftlichen und konstruktiven, nicht statischen Bedingungen fußende Zahlen, die zu ermitteln nur mit dem Rechenschieber oder graphisch einen Sinn hatte.

Anwendung. Das »Bemessungsbuch« soll dem Eisenbetoningenieur in erster Linie bei der Entwurfsarbeit dienen, gleichviel ob im Hochbau, Tiefbau oder Brückenbau, ob bei alltäglichen oder bei schwierigeren und selteneren Aufgaben, ob für eigentliche Eisenbeton- oder Steineisen-Decken, ob bei rein statischen oder auch wirtschaftlichen Bemessungsfragen. Neben der Anwendung der zahlreichen Tabellen verdient auch die Benutzung der mitgeteilten Faustformeln, Näherungsformeln und genauen Formeln beachtet zu werden. Schwierigere Aufgaben werden vorzugsweise so gelöst, daß, je nach Zweck und Zeitaufwand, rohere Ergebnisse hingenommen, aber auch schrittweise berichtigt werden können bis zu beliebigem Grade der Genauigkeit. So wird z. B. die wirtschaftliche Druckspannung vorerst grundsätzlich ohne Rücksicht auf den Eigengewichts-Einfluß ermittelt. Nachher kann eine entsprechende Zusatzspannung in Rechnung gestellt werden.

Das »Bemessungsbuch« ist jedoch — schon seines systematischen Aufbaus wegen — auch zum Studium geeignet. Die für fast alle Aufgaben nebenher mitgeteilten Lösungen ohne Tabellenbenutzung vertiefen das Verständnis und dienen in Zweifelsfällen zur Kontrolle. Auch wird der persönlichen Eigenart des Buchbenutzers in weitem Maße durch Lösungsvarianten, durch Formelrezepte u. dgl. Rechnung getragen. Die Formelrezepte geben dem Rechner die Möglichkeit, sich in besonderen Fällen weiter vereinfachte Formeln selbst herzustellen, z. B. zum Zwecke der Kostenschätzung (§ 7a). Überhaupt wird die Mitarbeit des Lesers soweit in Anspruch genommen, daß eine von Tabellengegnern in andern Fällen u. U. mit Recht gehegte Befürchtung gegenstandslos wird, nämlich die, es könnte eine »Eselsbrücke« der verständnisvollen Durchdringung des Zusammenhanges abträglich sein. — Zum Studium auch eignen sich besonders einige bisher unveröffentlichte Gegenstände, z. B. die »Unterstützungskosten« (siehe § 8) oder die »wirtschaftliche Zugspannung« (siehe § 11).

Allgemein geht die Anwendung des »Bemessungsbuches« ähnlich etwa der eines Kursbuches vor sich, für weitere »Reisen« nicht ohne Blättern von einem Plan zum andern. Wer sich aber an seinen Gebrauch gewöhnt hat, nimmt für schwierigere Aufgaben (kürzehalber unvermeidliche) Hin- und Herverweisungen gern in Kauf, um den geeigneten Bemessungsweg zu finden.

Berlin, 4. November 1933.

Kurt Bernhard.

Inhaltsverzeichnis.

Einführung: Darstellungsweise.

Bezeichnungen. Die Bezeichnungen werden erstens bei ihrem ersten Auftreten im Text, zweitens alphabetisch im Anhang erklärt. An Buchstabenzeichen werden benutzt in erster Linie die »Einheitlichen Bezeichnungen im Eisenbetonbau« (abgekürzt *Einh. Bez.*), entnommen den »Bestimmungen des deutschen Ausschusses für Eisenbeton 1932« (abgekürzt *»Bestimmungen«* oder *Best.*), und nur, soweit sie nicht reichen, ergänzende andere Bezeichnungen. Die Einheiten werden in üblicher Weise benannt mit Ausnahme der allgemeinen Münzeinheit M (lies auch leichthin *Mark*), die wir, im Gegensatz zur deutschen Münzeinheit *RM* (Reichsmark) einführen, weil das einbuchstabige lotrechte Zeichen für mathematische Formeln deutlicher ist und gleichzeitig das Beispielhafte der Zahlenrechnungen betont: Mit entsprechend anderen Preisen kann M auch irgendeine ausländische Münzeinheit bedeuten.

Im großen und ganzen aber wird die Einführung neuer Zeichen sparsam gehandhabt. Für häufig wiederkehrende Größen wie etwa $r^2\sigma_b$, $\mathfrak{h}/z$, $\mathfrak{E}/\mathfrak{B}$ werden durchaus nicht grundsätzlich neue Buchstaben eingeführt. Es ist zweckmäßiger, sich eine derartige Zeichenzusammensetzung als ein Bild vorzustellen (sprich Erquadratsigmabee, Hazettel, Ebeetel). Gewöhnt man sich daran, so sind die Formelbilder leichter verständlich als mit einer Fülle das Gedächtnis belastender Abkürzungen.

Schreibweise. Zähler und Nenner der (platzsparenden) schrägen Bruchstriche bestehen aus je nur einem einfachen Zahlen- oder Buchstabenzeichen, und zwar ohne Klammern, soweit dies Zeichen auch als Faktor ohne Klammern durch ein Multiplikationszeichen angeschlossen würde. Es ist z. B. $1 + a/2 - b = 1 + \frac{a}{2} - b$ $\left(\text{nicht etwa } \frac{1+a}{2-b}\right)$.

Innerhalb einer Formel wiederholen sich zuweilen gewisse Ausdrücke, obwohl sich ohne diese Wiederholung eine etwas kürzere Schreibweise der Formel, nicht allerdings ihrer Auswertung, erzielen ließe. Die Wiederholung vereinfacht den Gebrauch, weil die mehrfach vorkommenden Ausdrücke getrennt vorweg zu berechnen sind.

Manche in den Formeln der Allgemeingültigkeit wegen enthaltenen Ausdrücke kann man in den häufigeren Fällen der Anwendung übergehen (z. B. den Faktor $\frac{1200 \text{ kg/cm}^2}{\sigma_e}$ bei $\sigma_e = 1200$ kg/cm²) oder einfacher lesen (z. B. 10 statt $\frac{2n}{3}$ bei $n = 15$). Vgl. Gl. 646 und Fußnote 292.

Enthalten einzelne Tabellenwerte weniger Ziffern als die gleichartigen Nachbarzahlen, so bedeutet dies i. allg., daß die »kürzere« Zahl »genau«, also ohne Abrundung zustandegekommen ist; d. h. sie darf hinter dem Komma noch um beliebig viele Nullen verlängert werden. — Für Tab. VIII u. IX ist hingegen der letzte Absatz auf S. 80 bzw. 85 zu beachten.

Der Gebrauch der Tabellen wird dadurch erleichtert, daß die unmittelbar mit dem Eisenquerschnitt zusammenhängenden Größen wie F_e, f_e, f_e'/f_e usw. durch Schrägziffern dargestellt sind. — Auch die Tabellenwerte, die ausschließlich zur Eisenspannung 1000 kg/cm² gehören, heben sich im Druck als Schrägziffern ab.

Hinsichtlich $n \gtrless 15$ siehe Bemerkung auf S. 61.

Einheiten. Folgerichtigerweise werden in den Formeln die Einheiten (Benennungen), soweit sie sich nicht wegheben, grundsätzlich mitgeschrieben. Auch dies wirkt umständlich nur auf den ersten Blick; denn man gewöhnt sich leicht daran, über die Benennungen, wenn man es gerade will, hinwegzulesen. (Vgl. Gl. 645 und Fußnote 292.) Anderseits bringen sie den Vorteil, mit jeder beliebigen Einheit rechnen zu können (z. B. tcm statt kgm). — Nur in Zahlenbeispielen und nur zwischen zwei Gleichheitszeichen (= oder ≈) werden ausnahmsweise die Einheiten kürzehalber weggelassen.

Stichwort. Der Text wird innerhalb der aus dem Inhaltsverzeichnis ersichtlichen Einteilung noch nach *Stichworten* enger gegliedert. Diese stehen am Anfang eines Absatzes in fettem Sperrdruck und kennzeichnen die darunter folgenden Ausführungen, auch über mehrere Absätze hinweg, bis zum nächsten Stichwort.

Numerierung. Ausdrücke, Formeln, Bedingungen, Definitionen, Sätze, Regeln, Anleitungen, Absätze, Stichworte u. dgl. sind gemeinsam arabisch numeriert. Immer diese Numerierung ist gemeint, wenn ohne Erläuterung kurz auf eine Nr. hingewiesen wird.

Eine zweite arabische Numerierung mit Voranstellung der Abkürzung Fig. (*Figur*) ordnet gemeinsam die zeichnerischen und die tabellarischen Darstellungen innerhalb des »Ersten Teils« des Buches.

Mit römischen Ziffern dagegen unter Voranstellung der Abkürzung Tab. werden die eigentlichen *Tabellen* (des »dritten Teils«) geordnet.

Erster Teil: Verfahren.

Abschnitt I. Grundlagen.

§ 1. Einbettung der Zugeisen.

Statische und konstruktive Bemessung. Für die statische Berechnung eines auf Biegung nach »Zustand II« beanspruchten Eisenbetonquerschnittes spielt bekanntlich nur die Nutzhöhe h, nicht die Konstruktionshöhe $d_{(0)}$[1]) bzw. nicht die *Differenzhöhe* $d_{(0)}-h$, eine Rolle. Auch die Zugbreite $b_{(0)}$[1]) (s. Fig. 1), als solche, ist für die statische Querschnittsberechnung belanglos. Für die Ausführung selbst und schon für die Bestimmung der Baustoffmengen bedarf aber sowohl $b_{(0)}$ wie $d_{(0)}$ (bzw. $d_{(0)}-h$) genauer Festlegung. Dabei ist in erster Linie die vorschriftsmäßige Mindeststärke der die Eiseneinlagen einbettenden Betonschicht maßgebend, sowohl außerhalb der Eisen wie zwischen den Eisen.

Verabredung. Die Klärung dieser für den praktischen Teil der Querschnittsbemessung äußerst wichtigen, für den statischen Teil unwichtigen Frage der Eiseneinbettung stellen wir allen folgenden Untersuchungen voran, um diese Frage später stillschweigend übergehen zu können. Wir werden später z. B. kurz sagen, h sei gegeben. Praktisch bedeutet das, $d_{(0)}$ sei gegeben und hieraus h vor Beginn der statischen Rechnung durch Abzug von $d_{(0)}-h$ bestimmbar. Oder wir werden nur sagen, h sei gesucht, und meinen, $d_{(0)}$ sei gesucht, aber nach Auffindung von h durch Zuschlag der Differenzhöhe $d_{(0)}-h$ nach nicht statischen Gesichtspunkten ohne weiteres ebenfalls festzulegen. Entsprechend werden wir sagen, der Zugeisenquerschnitt F_e sei gegeben oder gesucht, und die zugehörig zur Unterbringung der Eisen erforderliche Zugbreite $b_{(0)}$ nicht immer besonders erwähnen.

Vereinfachungen. Zum Zwecke der Bestimmung von $b_{(0)}$ und $d_{(0)}-h$ kann man sich einfachheitshalber die etwa verschiedenen Durchmesser der Zugeisen-Bewehrung eines Querschnittes durch einen einzigen mittleren Durchmesser Φ so ersetzt denken, daß bei gleichem Gesamtquerschnitt der Zugeisen etwa die gleiche Zugbreite und die gleiche Differenzhöhe erforderlich wird wie für die gewählten verschiedenen Durchmesser. Ferner kann man mit praktisch ausreichender Genauigkeit zu demselben Zwecke für den Bügeldurchmesser folgende Faustformel benutzen:

1) $\Phi' = \dfrac{\Phi + 1\,\text{cm}}{4}$.

Ist der Zugeisenquerschnitt F_e bekannt und dementsprechend der zugehörige Eisendurchmesser Φ gewählt worden,

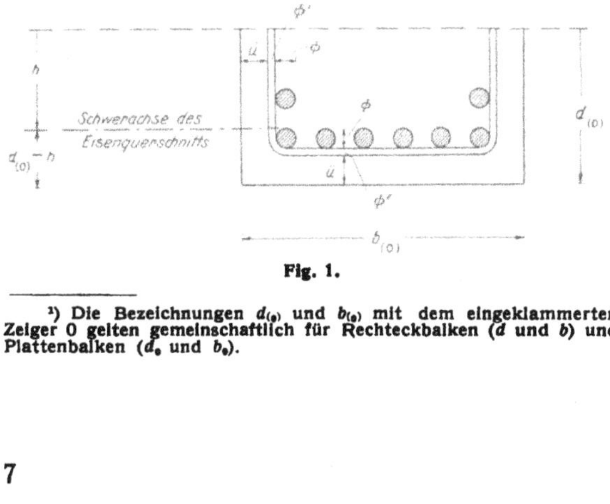

Fig. 1.

[1]) Die Bezeichnungen $d_{(0)}$ und $b_{(0)}$ mit dem eingeklammerten Zeiger 0 gelten gemeinschaftlich für Rechteckbalken (d und b) und Plattenbalken (d_0 und b_0).

ebenso die Gesamtzahl $\mathfrak{m}$ der Rundeisen, insbesondere auch die Anzahl $\mathfrak{m}_I \leq \mathfrak{m}$ der äußersten Eisenlage, so sind damit und mit Rücksicht auf Formel 1 die erforderlichen Mindestwerte $b_{(0)}$ und $d_{(0)}-h$, wie folgt, bestimmt. (Vgl. »Bestimmungen«[17]), A § 14, 2, Abs. 1, u. A § 25, 5, Abs. 2.) — Die Stärke $ü$, in der der Beton die äußersten Bewehrungseisen, also bei Balken die Bügel, überdeckt, werde kurz auch *Betonüberdeckung* genannt.

Zugbreite der Balken. Für normale Balken in geschlossenen Räumen ($ü = 1{,}5$ cm) ist bei $\Phi \leq 2$ cm:

2) $b_{(0)} = (\mathfrak{m}_I + 1/2)\cdot\Phi + \mathfrak{m}_I \cdot 2\,\text{cm} + 1{,}5\,\text{cm}$;

bei $\Phi \geq 2$ cm:

3) $b_{(0)} = (2\,\mathfrak{m}_I - 1/2)\cdot\Phi + 3{,}5\,\text{cm}$.

Zuschlag zu vorstehenden beiden Formeln für Balken mit stärkerer Betonüberdeckung:

4) $2\,ü - 3$ cm.

Differenzhöhe[2]) **der Platten.** Für normale Platten in geschlossenen Räumen ($ü = 1$ cm) ist

5) $d - h = \Phi/2 + 1$ cm.

Zuschlag hierzu für Platten mit stärkerer Betonüberdeckung:

6) $ü - 1$ cm.

Differenzhöhe[2]) **der Balken.** Für normale Balken in geschlossenen Räumen ($ü = 1{,}5$ cm) gelten folgende Formeln.

1 Lage.

7) $d_{(0)} - h = 0{,}75\,\Phi + 1{,}75$ cm.

2 Lagen. $\Phi \leq 2$ cm:

8) $d_{(0)} - h = (1{,}75 - \mathfrak{m}_I/\mathfrak{m})\cdot\Phi + 3{,}75\,\text{cm} - 2\,\text{cm}\cdot\mathfrak{m}_I/\mathfrak{m}$;

$\Phi \geq 2$ cm:

9) $d_{(0)} - h = (2{,}75 - 2\cdot\mathfrak{m}_I/\mathfrak{m})\cdot\Phi + 1{,}75$ cm.

3 Lagen. $\Phi \leq 2$ cm:

10) $d_{(0)} - h = (2{,}75 - 3\,\mathfrak{m}_I/\mathfrak{m})\cdot\Phi + 5{,}75\,\text{cm} - 6\,\text{cm}\cdot\dfrac{\mathfrak{m}_I}{\mathfrak{m}}$;

$\Phi \geq 2$ cm:

11) $d_{(0)} - h = (4{,}75 - 6\,\mathfrak{m}_I/\mathfrak{m})\cdot\Phi + 1{,}75$ cm.

Zuschlag zu vorstehenden Ausdrücken für Balken mit stärkerer Betonüberdeckung:

12) $ü - 1{,}5$ cm.

Tabelle. An Stelle der Formeln 2 bis 3 und 7 bis 11 empfiehlt es sich, die mit Hilfe dieser Formeln aufgestellte **Tab. I** zu benutzen[3]). Vgl. Zahlenbeisp. 1 bis 3.

Faustformeln. Für Platten und Balken des normalen Hochbaus, insbesondere für eilige Entwurfsarbeiten der Praxis genügt vielfach geringere Genauigkeit. Man verwendet dann mit Vorteil nachfolgende Faustformeln (auf die wir im § 4 noch in anderem Zusammenhange zurückkommen), nämlich Formel 13 statt 2 und 3, Formel 14 statt 5 und Formel 15 statt 7 bis 11.

[2]) Die für $d_{(0)}-h$ geschriebenen Formeln 5 bis 12 und Tab. I gelten in gleicher Weise für den Abstand h' der Druckbewehrung vom gedrückten Rande des Querschnitts.

[3]) Während die Formelausdrücke (8 bis 11) am einfachsten die Verhältniswerte $\mathfrak{m}_I/\mathfrak{m}$ benutzen, ist Tab. I übersichtlicher nach den reziproken Werten $\mathfrak{m}/\mathfrak{m}_I$ geordnet, weil diese die Anzahl der vollen Eisenlagen angeben.

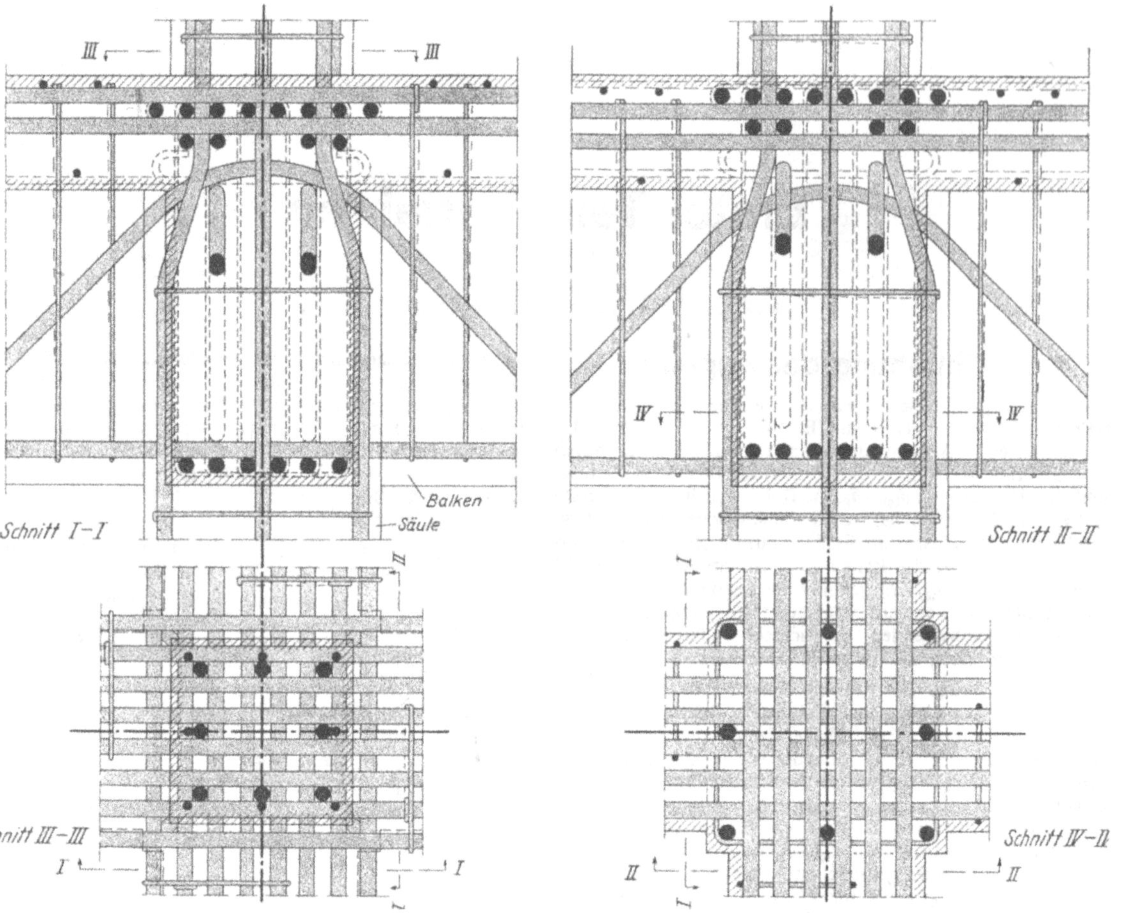

Fig. 2. Räumliche Abhängigkeit zwischen Platten-, Balken- und Säulenbewehrung[4]).

13) $b_{(0)} = 18\text{ cm} + \frac{F_e}{3\text{ cm}}$ (hierzu erforderlichenfalls Zuschlag nach Formel 4);

14) $d = 1{,}02\,h + 1{,}2\text{ cm}$ (hierzu erforderlichenfalls Zuschlag nach Formel 6) f. Platten;

15) $d_{(0)} = 1{,}035\,h + 2\text{ cm}$ (hierzu erforderlichenfalls Zuschlag nach Formel 12) f. Balken.

16) $F_e = (b_{(0)} - 18\text{ cm}) \cdot 3\text{ cm}$; 17) $h = \frac{d - 1{,}2\text{ cm}}{1{,}02}$;

18) $h = \frac{d_{(0)} - 2\text{ cm}}{1{,}035}$.

Diese Faustformeln ersparen es dem Rechner für die normalen, täglich vorkommenden Bemessungsaufgaben — ganz besonders für Vorentwürfe und Kalkulationen — sich mit der Wahl des Durchmessers, der Anzahl und der Anordnung der Eiseneinlagen aufzuhalten. Berücksichtigt man, daß es bei solchen Aufgaben — weit ab von der schulmäßigen Lösung — vielfach gebräuchlich ist sich auf Grund der Berechnung von F_e und h mit der Schätzung von $b_{(0)}$ und $d_{(0)}$ zu begnügen (besonders von $d_{(0)}$, z. B. durch Zuschlag von »3 bis 6 cm« zur Nutzhöhe h), so bedeuten die Faustformeln sogar noch einen Genauigkeitsgewinn. Vgl. Zahlenbeisp. 4.

Die praktische Anwendung der Faustformel 13 liefert im Hinblick auf die Unterbringung der Bewehrungseisen stets ausreichende Zugbreiten (die zweckmäßig abzurunden sind). Dies schließt, besonders bei außergewöhnlich schweren Balken, eine nachträglich knappere Bemessung der Zugbreite (z. B. mittels Tab. I) nicht aus. — Auch, wenn $b_{(0)}$ bereits aus andern Rücksichten gegeben ist, läßt Formel 13 in der Umkehrung 16, gegebenenfalls mit einer Erhöhung der 18 cm um den Zuschlag nach Formel 4, schnell und bequem erkennen, welchen Eisenquerschnitt man ohne Schwierigkeit unterbringen kann. Nur wenn dieser Eisenquerschnitt sich als zu gering erweist, ist genauere Prüfung (z. B. mittels Tab. I) am Platze. Meistens genügt es eine ungefähre Auswertung der Formel 16 im Kopfe vorzunehmen.

Um die praktische Anwendung der Faustformeln 14 und 15 für die Konstruktionshöhe zu beurteilen ist es wesentlich zu beachten, daß die Konstruktionszeichnung von der errechneten Konstruktionshöhe $d_{(0)}$ ausgeht, nicht von der Nutzhöhe h. Dabei kann es in Ausnahmefällen (besonders bei sehr vielen Eisen der zweiten und dritten Lage) allenfalls vorkommen, daß zwischen der auszuführenden Nutzhöhe und der berechneten ein kleiner Unterschied schon im Entwurf erkennbar wird. Auch dann aber ist der Unterschied (im Verhältnis zur Nutzhöhe selbst) so gering, daß die durch ihn hervorgerufene Störung der statischen Sicherheit oder der Steifigkeit die Grenzen der auch sonst (sowohl in der statischen Berechnung wie bei der Verlegung der Eisen) nur üblichen und ausreichenden Genauigkeit kaum überschreitet. — Bei gegebener Konstruktionshöhe bedient man sich der Gl. 17, der Umkehrung der Formel 14, für Platten, gegebenenfalls mit einer Erhöhung der 1,2 cm um den Zuschlag nach Formel 6, bzw. der Gl. 18, der Umkehrung der Formel 15, für Balken, gegebenenfalls mit einer Erhöhung der 2 cm um den Zuschlag nach Formel 12.

Aufrundung. Im allg. empfiehlt es sich — gleichviel welche Formel oder Tabelle benutzt wird — die ermittelten Zahlenwerte $b_{(0)}$ und $d_{(0)}$ aufzurunden. Dagegen ist, wenn nicht besondere Gründe vorliegen, z. B. Verwendung ausnahmsweise starker Bügel, die (vielfach übliche) Aufrundung der Teilwerte h und $d_{(0)} - h$ nicht zweckmäßig.

Eisenkreuzungen. Kreuzen sich zwei Zugeisen-Scharen unmittelbar übereinander, so ist für eine von ihnen die mit den bekanntgegebenen Hilfsmitteln bestimmte Differenzhöhe bzw. Konstruktionshöhe (unter der Annahme gleichen Eisendurchmessers Φ in beiden Richtungen) noch um Φ zu erhöhen. Dies gilt z. B. für Kreuzplatten, Pilzplatten, Balkenkreuze und in zwei Richtungen auf der gleichen Stütze ruhende Balken. Vgl. Fig. 2[4]).

Bei Eisenkreuzungen von Balken mit starker Bewehrung, insbesondere wenn sie in mehreren Lagen angeordnet ist, ferner bei dreifachen Eisenkreuzungen (Kreuzung der oberen Balkenbewehrungen und der Stützenbewehrung) ist auch die Zugbreite größer zu wählen, als die mitgeteilten Formeln und Tabellen angeben. Maßgebend hierfür ist der Zweck, die einwandfreie Einbringung des Betons zwischen den Eisen zu gewährleisten. Kreuzen sich in einer Stütze zwei Plattenbalken, so kann nötigenfalls ein Teil der oberen Bewehrung als Zulageeisen »neben« dem Balken (in der Platte) verlegt werden. — Zur weiteren Erläuterung vgl. auch hierzu das in Fig. 2 dargestellte Konstruktionsbeispiel. Bei ähnlich gedrängter Bewehrung sollte man eine entsprechende maßstäbliche Darstellung stets in die Konstruktionszeichnung mit aufnehmen, um die Bauausführung zu unterstützen.

§ 2. Weg der Bemessung.

Einschränkung der Aufgabe. In der Praxis der statischen Eisenbeton-Bemessung spielt die Aufnahme des Momentes eine vorgeordnete Rolle gegenüber der Aufnahme der Quer- und Längskräfte.

Reine Querkraftbeanspruchung ist im Eisenbetonbau praktisch kaum möglich. Starke Querkräfte an geringen Hebelarmen kommen selten vor und bedürfen dann ohnehin individueller Behandlung. In der Regel treten Querkräfte gemeinschaftlich mit erheblichen Biegungsmomenten auf. Dann läßt sich aber gewöhnlich ihre rechnerische Behandlung von der Biegungsbemessung loslösen und gewissermaßen als ein Nachtrag an die eigentliche *Bemessung*, die Biegungsbemessung, anschließen. Diese Querkraft- (bzw. Schubkraft-) Bemessung ist nicht Gegenstand des vorliegenden Buches[5]).

Treten lediglich zentrische Längskräfte auf, so hat man es statisch entweder (bei Druck) mit dem sehr einfach zu behandelnden »Zustand I« zu tun — wie jeder Beanspruchungszustand einfachheitshalber genannt werde, in dem die mangelnde Zugfestigkeit des Betons nicht in die Erscheinung tritt — oder (bei Zug) mit einer Beanspruchung nur der Eiseneinlagen; dasselbe ist der Fall, wenn gleichzeitig mit der Längskraft ein geringes Moment auftritt. Auch mit dieser reinen Druck- oder Zug-Beanspruchung werden wir uns nicht befassen, wie überhaupt nicht mit »Zustand I« (auch nicht bei schwacher Zugbeanspruchung des Betons), kurz, nicht mit denjenigen Aufgaben, die sich auf homogene Querschnitte zurückführen lassen.

Vielmehr soll hier ausschließlich die Biegungsbemessung nach »Zustand II«, d. h. bei gerissener Zugzone, behandelt werden, und zwar für Rechteck- und T-Querschnitte.

Es wird angenommen, daß die engere Wahl der Baustoffe (Betonzusammensetzung, Stahlart) vor der Querschnittsbemessung erfolgt ist und nunmehr als unveränderlich angesehen wird[6]).

Vorläufige Einschränkung. Zur einfacheren Einführung in das Wesen einer Bemessung wird im folgenden zunächst einmal reine Biegung ohne Druckbewehrung, sowie unbeschränkte Druckzone[7]) vorausgesetzt.

Statische Größen. Es handelt sich dann um 6 statische Größen, nämlich folgende 3 Gruppen:

19) Das Moment M [8]);

20) die Querschnittsspannungen σ_b, σ_e;

21) die Querschnittsmaße b, h, F_e.

Sobald eine eigentliche Bemessungs-Aufgabe vorliegt, ist das Moment M bekannt, weil dieses erst angibt, was die Bemessung leisten soll.

Ferner nimmt unter den Querschnittsmaßen die Druckbreite b meistens eine Sonderstellung ein, weil auch sie gewissermaßen eine Leistung darstellt. Denn bei Platten und den normalen und häufigeren Plattenbalken stimmt sie von Haus aus mit der Belastungsbreite überein; diese ist als ein Faktor der Nutzfläche vor aller statischen Erörterung schon lediglich zum Zwecke der räumlichen Lastaufnahme erforderlich, im Gegensatz zu h und F_e, die nur Aufwand bedeuten. Mithin ist aus der Grundrißgestaltung, unter Berücksichtigung gewisser Einschränkungen (gemäß Best.[17]), A, § 25, 3), b ebenfalls bekannt.

Da aber die nach Ausscheidung von M und b übrigbleibenden 4 Größen σ_b, σ_e, h und F_e an nur 2 Gleichgewichtsbedingungen gebunden sind, also nur 2 von ihnen auf statischem Wege berechnet werden können, so müssen die 2 anderen vor Beginn der statischen Querschnittsberechnung, also nach nicht statischen Gesichtspunkten gewählt oder ermittelt werden.

Drei Schritte. Demnach vollzieht sich die gewöhnliche Bemessung zunächst in 2 Schritten, oder unter Einschluß der Baustoffmengen-Bestimmung: in 3 Schritten.

Die statische Berechnung der äußeren Kräfte, d. i. die Bestimmung der ungünstigsten Angriffe, insbesondere des Momentes M, ging der Bemessung voran. Nun folgt die Behandlung der 4 Größen σ_b, σ_e, h und F_e:

22) *Erster Schritt:* Wahl zweier[9]) Größen nach nicht statischen Gesichtspunkten[10]).

23) *Zweiter Schritt:* Statische Ermittlung der beiden übrigen Größen.

24) *Dritter Schritt:* Bestimmung der Baustoffmengen.

Reihenfolgen. Je nach dem, welche 2 der 4 genannten Größen mit dem ersten Schritt festgelegt werden, entstehen verschiedene Reihenfolgen, die der Bemessung ihren besonderen Charakter geben. Die Reihenfolgen der Bemessung lassen sich folgendermaßen kennzeichnen.

Von den Querschnittsgrößen h und F_e werden mit dem ersten Schritt vorweg bestimmt (vgl. auch Fußnote 116)

25) keine: *Freie Bemessung*;

26) eine: *Gebundene Bemessung*;

27) beide: *Spannungs-Untersuchung*.

Erster Schritt. Bei allen 3 Reihenfolgen ist wirklich eine Bemessung vorzunehmen, auch bei der Spannungs-Untersuchung[11]); nur geht hier die eigentliche Bemessung zuerst vor sich (erster Schritt). Auch hier, wie bei beiden andern Reihenfolgen, darf die Wichtigkeit des ersten Schrittes nicht verkannt werden. Im Grunde genommen, wird dem konstruierenden Ingenieur eine statische Größe wie h oder F_e niemals »gegeben«; sondern immer muß er sie selbst bestimmen (wenigstens mitbestimmen), wie auch die Reihenfolge seiner Wahl sein mag, und gleichviel ob er den empirischen oder den rechnerischen Weg beschreitet. (Selbst wenn ein Querschnittsmaß vom Bauherrn oder dessen Stellvertreter in bestimmter Größe gefordert wird, muß der Konstrukteur sich erst bewußt und kritisch zum Einverständnis entschließen.)

---

[4]) Der Figur liegt beispielsweise eine Stützenkonstruktion für Kreuzplatten zugrunde.

[5]) Hier sei auf die zeitsparenden *Zahlentafeln zur Bemessung der Schubbewehrung* usw. von David und Perl verwiesen (Verlag von R. Oldenbourg, München und Berlin 1926).

[6]) Dies hindert natürlich nicht, Baustoffwahl und Querschnittsbemessung nachträglich abzuändern, wenn etwa die erste Querschnittsbemessung ein unbefriedigendes Ergebnis zeitigte; z. B. die Betongüte zu verringern, wenn sich für einen größeren Baubereich geringere Betondruckspannungen als wirtschaftlich günstig erwiesen.

[7]) D. h. vollrechteckige Form des gedrückten Querschnittsteils (im Gegensatz zur T-Form bei beschränkter Druckzone). Vgl. Fußn. 55.

[8]) Bei der außenstatischen Berechnung der Momentengröße für Platten wird das Zeichen M kürzehalber (an Stelle des peinlicheren Ausdrucks M/b) auch für das Einheitsmoment verwandt, obwohl dies eine reine Kraftgröße ist (z. B. in kgm/m = kg oder tm/m = t). Bei Beginn der innenstatischen Querschnittsberechnung empfiehlt es sich jedoch auch für Platten (z. B. mit »$b = 1$«) die Bezeichnung M/b einzuführen.

[9]) Allgemeiner, z. B. bei Hinzutreten einer Längskraft oder von Druckbewehrung, muß es statt »zweier Größen« heißen: aller Größen außer zweien.

[10]) Z. B. nach wirtschaftlichen oder nach konstruktiven Gesichtspunkten oder mit Rücksicht auf amtliche Vorschriften.

[11]) Mit Ausnahme der selteneren Aufgabe, eine alte Konstruktion für eine neue Belastung nachzurechnen.

Ist der zweite Schritt, weil er das Gleichgewicht betrifft, im allgemeinen der verantwortlichere, so ist er anderseits auch der einfachere, weil er die größere mathematische Zwangläufigkeit besitzt. Der erste Schritt aber entbehrt oft diese Zwangläufigkeit und beeinflußt doch entscheidend die Zuverlässigkeit und die Wirtschaftlichkeit der Ausführung.

Zweck des Buches. Natürlich kann dies »Bemessungsbuch« nicht konstruktive Fähigkeiten und Erfahrungen ersetzen. Darum wird der erste Schritt der gebundenen Bemessung und der »Spannungs-Untersuchung«, soweit er von individuellen Forderungen der Praxis abhängt, nicht zum Gegenstand eingehender Erörterung gemacht.

Dagegen läßt sich der erste Schritt bei freier Bemessung (und, soweit Druckbewehrung in Betracht gezogen wird, teilweise bei gebundener Bemessung) auch theoretisch festlegen. Dies wird geschehen und zur Formeln, Regeln und Tabellen führen, die die zweckmäßige Wahl der Spannungen wesentlich erleichtern.

Weitere Formeln und Tabellen werden zur Erleichterung des zweiten und des dritten Schrittes gegeben werden. Dabei werden neben der freien auch die gebundene Bemessung und die Spannungs-Untersuchung berücksichtigt werden; ferner die Tragfähigkeits-Berechnung[12]) und einige seltenere Aufgaben, deren Lösung nicht der Bemessung im engeren Sinne dient, die aber als Hilfsaufgaben in besonderen Fällen eine Rolle spielen.

Reihenfolge der freien Bemessung. Ihrer vorherrschenden Bedeutung entsprechend wird die freie Bemessung auch für die Gliederung dieses Buches richtunggebend. Zum besseren Verständnis der späteren Ausführungen sei deshalb die Reihenfolge der freien Bemessung besonders aufgeschrieben (vgl. 22 bis 24):

28) *Erster Schritt:* Bestimmung der beiden Querschnittsspannungen (siehe § 5).

Die Eisen-Zugspannung σ_e ist in der Regel ohne weiteres bekannt. Es handelt sich also hauptsächlich um die Bestimmung der zweckmäßigsten Beton-Druckspannung σ_b.

29) *Zweiter Schritt:* Bestimmung der Querschnittsmaße (siehe § 6).

30) *Dritter Schritt:* Bestimmung der Baustoffmengen (siehe § 7).

§ 3. Vorzug der freien Bemessung.

Echte gebundene Bemessung. Die Aufgabe der Spannungs-Untersuchung und noch mehr die der Tragfähigkeits-Berechnung kommen für Platten und Balken nur gelegentlich vor. Häufiger wird die (echte) gebundene Bemessung notwendig. Z. B. kann sich eine bestimmte Nutzhöhe h aus räumlichen, baulichen oder schönheitlichen Forderungen ergeben[13]); oder es kann zweckmäßig sein einen gewissen Mindest-Eisenquerschnitt F_e statisch auszunutzen (vgl. Fußn. 337).

Formal gebundene Bemessung. Während in solchen Fällen die gebundene Bemessung wirklich dem Sinn der gestellten Aufgabe entspricht, ist sie formal möglich auch in jedem Falle, der dem Wesen nach freie Bemessung verlangte. Denn immer kann der Konstrukteur die Bemessung damit beginnen, daß er h (gelegentlich auch F_e) annimmt. Auch kann er h nach Gesichtspunkten der Steifigkeit und der Wirtschaftlichkeit vorweg berechnen.

Gebräuchlichkeit der gebundenen Bemessung. Tatsächlich ist dieses Verfahren der formal gebundenen Bemessung vielfach verbreitet. Besonders bei Plattenbalken, bei denen die Druckspannung nicht ausgenutzt wird und daher dem Konstrukteur gar nicht unbedingt bekannt zu werden braucht, wird in der Praxis oft von der Festlegung der Nutzhöhe ausgegangen[14]), die dann mehr oder weniger zwanglos vorgenommen wird.

Der Vorzug dieses Verfahrens besteht hauptsächlich darin, daß es ohne Zuhilfenahme von Tabellen gemäß der Bedingung (für das Gleichgewicht gegen Drehung)

31) $F_e \cdot z = M/\sigma_e$

die Berechnung des einen Faktors dadurch sehr bequem macht, daß man den andern schon kennt, wobei man mittels einer einfachen Näherung den Hebelarm z der inneren Kräfte[15]) durch h ausdrückt.

Besondere Aufgabe des ersten Schrittes. In allen Fällen, in denen nicht äußere Ansprüche den ersten Schritt maßgebend bestimmen, in denen also die gebundene Bemessung zwar möglich, aber nicht notwendig wird, kennzeichnen folgende 3 Forderungen die besondere Aufgabe des ersten Schrittes:

32) Statische Sicherheit (sich) [*sicher*];

33) Steifigkeit (steif) [*steif*];

34) Wirtschaftlichkeit (wirt) [*wirtschaftlich*].

Die in runden Klammern geschriebenen Abkürzungen werden künftig als Zeiger, die in eckigen Klammern geschriebenen als Eigenschaftswörter für alle Größen Verwendung finden, die den zugehörigen Forderungen entsprechen.

Statische Sicherheit. Die statische Sicherheit ist weder der Nutzhöhe noch dem Eisenquerschnitt von vornherein anzusehen, wohl aber den Querschnittsspannungen[16]). Diese Forderung spricht daher für die Wahl der freien Bemessung.

Steifigkeit. Die Steifigkeit ist der Nutzhöhe und dem Eisenquerschnitt von Hause aus ebenso wenig anzusehen, aber auch nicht den Querschnittsspannungen. Hier haben die deutschen *»Bestimmungen«*[17]) insofern helfend eingegriffen und teilweise eine formale Abhilfe geschaffen, als sie auf einen Nachweis der eigentlichen Steifigkeit verzichten und sich damit begnügen, die Schlankheit einzuschränken. Dadurch gewinnt zunächst die Nutzhöhe ein wenig als Kennzeichen der »Steifigkeit« (wie wir die Forderung ihrem eigentlichen Sinne nach weiter nennen wollen).

Es wird sich aber zeigen, daß in vielen Fällen, besonders bei Platten, für die die Best.[17]) auf den Nullpunkt-Abstand zurückgreifen, die Spannungen als Kennzeichen der Steifigkeit (auch im Sinne der Best.) bequemer sind.

Immerhin soll vorläufig angenommen werden, daß diese Forderung (der Steifigkeit) in gleichem Maße für die Wahl der gebundenen wie der freien Bemessung spräche.

Wirtschaftlichkeit. Die Wirtschaftlichkeit ist weder der Nutzhöhe noch dem Eisenquerschnitt von vornherein anzusehen, wohl aber den Querschnittsspannungen. Dies wird später näher gezeigt werden[18]). Mithin spricht diese Forderung für die Wahl der freien Bemessung.

Ergebnis[19]). Im ganzen fällt also der dreifach gezogene Vergleich zugunsten der freien Bemessung aus. Die ausschlaggebende Rolle spielt dabei die Rücksichtnahme auf die Wirtschaftlichkeit. Stellen wir nämlich für alle vorkommenden Arten der auf Biegung beanspruchten Konstruktionsteile eines bestimmten Baues beim ersten Schritt einerseits jedesmal die sichere, die steife und die wirtschaftliche Höhe fest (gebundene Bemessung), so können wir keinen der sich ergebenden Höhen-Werte ein zweites Mal wiederverwenden (von Zufällen u. dgl. abgesehen). Stellen wir anderseits zuerst die sichere, die steife und die wirtschaftliche Druckspannung fest, so genügt eine verhältnismäßig geringe Anzahl solcher Zahlenwerte für den ganzen Bau. Der erste Schritt kann dadurch im wesentlichen für den ganzen Bau vorweg erledigt werden.

Dies bedeutet — besonders im Hinblick auf die Wirtschaftlichkeit — mehr als nur den Vorteil der für die Bearbeitung des

[12]) Ermittelung des aufnehmbaren Momentes und des zugehörigen Eisenquerschnitts aus den Spannungen und äußeren Abmessungen des Querschnitts.

[13]) Die wirtschaftliche Lösung dieser Aufgabe wird in § 12 behandelt.

[14]) Vgl. Mörsch, *Der Eisenbetonbau*, 6. Aufl., I. Band, 1. Hälfte, S. 299 u. ff., Verlag von Konrad Wittwer, Stuttgart 1923.

[15]) Künftig auch kurz *Innenhebel* genannt.

[16]) Natürlich nur in dem Rahmen, in welchem die übliche Berechnungsweise und die »Bestimmungen« die Beurteilung der statischen Sicherheit überhaupt vorsehen und möglich machen. Vgl. Fußn. 17.

[17]) *Bestimmungen des Deutschen Ausschusses für Eisenbeton 1932*, künftig abgekürzt auch *Best.* genannt.

[18]) Vgl. Satz 627.

[19]) Der Schluß dieses Paragraphen ist teilweise entnommen aus: Kurt Bernhard, *Die wirtschaftliche Druckspannung des Eisenbetons*, »Zement« 1933, Heft 11.

einen Bauentwurfes erzielten Arbeitsersparnis. Auch mehr als den Vorteil, für andere Bauten der gleichen Stadt, der gleichen Gegend, bei ähnlichen Anfuhrbedingungen, die gleichen wirtschaftlichen Spannungen wiederverwenden zu dürfen:

35) Es liegt darin ein nicht gering zu schätzender didaktischer Wert, daß der Rechner, der sich daran gewöhnt, zuerst die Betondruckspannung zu bestimmen, auch die wirtschaftliche, hierin bald über ein treffsicheres Schätzungsvermögen verfügt. Dies befähigt ihn dann, in den am häufigsten vorkommenden, alltäglichen Fällen, besonders im Hochbau und für Kalkulationszwecke, auch ohne Hilfsrechnung oder Benutzung der in diesem Buche gegebenen Tabellen die Druckspannung mit ausreichender Schärfe zu wählen.

Dieser Vorteil fällt bei der unmittelbaren Bestimmung der Höhe, auch der wirtschaftlichen Höhe, fort. Denn der Spielraum der überhaupt möglichen Höhen ist äußerst groß infolge der Abhängigkeit der Höhe, auch der wirtschaftlichen, vom Moment; dagegen ist der Spielraum der in Frage kommenden Druckspannungen, wenn Ort und Zeit bekannt sind und mit ihnen die Preisverhältnisse, recht klein infolge der fast vollkommenen Unabhängigkeit der Spannung, auch der wirtschaftlichen Spannung, vom Moment[19]).

§ 4. Herstellung der Stetigkeit.

Konstruktive Bemessung. Für Plattenbalken mit beschränkter Druckzone[20]) (Nullinie im Steg) gehört zur eigentlichen Biegungsbemessung außer der Festlegung der 6 Größen 19 bis 21 auch noch die einer siebenten Größe, nämlich der Plattenstärke d. Diese ist aber im allgemeinen ebenso wie M und b vorweg bekannt und ändert daher an dem bisher Gesagten nichts Wesentliches. Als bekannte Größe bleibt die Plattenstärke bei Variation der übrigen Bemessung konstant. — Weitere Größen sind der eigentlichen Biegungsbemessung nicht mehr hinzuzufügen.

Die vollständige Querschnittsbemessung erfordert jedoch auch noch diejenigen Querschnittsmaße, die unter Zugrundelegung des »Zustandes II« zwar (im Gegensatz zu den bisher besprochenen Größen) vom Angriffs-Moment des Querschnittes statisch unabhängig, aber dennoch erheblich sind, sei es zur Übertragung der Schubkräfte (Schub- und Haftspannungen) oder aus anderen Rücksichten statischer und konstruktiver Natur, die oft gar nicht den gerade untersuchten Querschnitt selbst betreffen.

Ein derartiges Maß ist z. B. bei Plattenbalken mit unbeschränkter Druckzone[21]) (Nullinie in der Platte) wiederum die Plattenstärke d, die im allgemeinen auch für diesen Fall bekannt ist. Derartige Maße sind auch Nutzhöhe und Eisenquerschnitt kreuzweise bewehrter Platten (insbesondere Kreuzplatten[29]) und Pilzplatten) für den, zum untersuchten, lotrechten Querschnitt. Diese Frage wird in den folgenden beiden Paragraphen noch getrennt erörtert. — Vor allem ist aber allgemein für den untersuchten Querschnitt selbst die Konstruktionshöhe $d_{(0)}$ und bei Balken außerdem die Zugbreite $b_{(0)}$ festzulegen. Hierfür sind verschiedene Gesichtspunkte maßgebend, unter anderen besonders die in § 1 besprochene Rücksichtnahme auf die Unterbringung der Eiseneinlagen.

Lücke. Diesen Gesichtspunkten haftet zunächst nicht die außerordentliche Stetigkeit an, die für die bisher besprochene statische Biegungsbemessung kennzeichnend ist. Auch die »Bestimmungen« lassen hier wohl oder übel eine Lücke, weil es — besonders für die Zugbreite — nicht möglich erscheint eine für alle Fälle einwandfrei ausreichende Vorschrift in Form eines einfachen Gesetzes zu geben. Anderseits erfordert die Lösung der wirtschaftlichen Bemessungsaufgabe, deren Prüfung letzten Endes auf einen Vergleich mehrerer Bemessungs-Varianten hinausläuft, eine eindeutige Behandlung auch der (die Kosten erheblich mit beeinflussenden) Konstruktionshöhe und Zugbreite bei allen diesen Varianten, weil der Vergleich einen Sinn nur auf gemeinsamer Basis haben kann. Darum soll die Lücke durch folgende besondere Formeln geschlossen werden und dadurch die zur einheitlichen Lösung der Gesamtaufgabe erforderliche Stetigkeit hergestellt werden.

Zugbreite[22]). Die Zugbreite $b_{(0)}$ eines Balkens ist im Stadium des Konstruierens entweder veränderlich, weil sie vom Eisenquerschnitt F_e abhängt; in diesem Fall kann $b_{(0)}$ als Funktion von F_e in die Rechnung eingeführt werden. Oder die Zugbreite $b_{(0)}$ ist unveränderlich, weil sie maßgeblich von anderen Forderungen (siehe 46) abhängt, die mit der Biegungsbemessung des fraglichen Querschnittes nichts zu tun haben, d. h. hinsichtlich der Eisen-Unterbringung reichlich groß ist; in diesem Fall kann $b_{(0)}$ vorweg bestimmt werden, ist also für die Biegungsbemessung bekannt.

36) Es wird künftig kurz von *unveränderlicher* oder *veränderlicher* Zugbreite (bzw. später gelegentlich auch: Druckbreite) gesprochen. Dabei ist immer die Veränderlichkeit von $b_{(0)}$ mit F_e innerhalb eines einzigen Querschnitts im Stadium des Konstruierens gemeint, nicht etwa eine örtliche Veränderlichkeit der Balkenbreite in der Balken-Längsrichtung. — C und C' sind eindimensionale Festwerte.

Lineare Grundgleichung[23]):

37) $b_{(0)} = C + F_e/C'$.

In Worten (vgl. Fig. 3):

38) Die Zugbreite $b_{(0)}$ wird zusammengesetzt aus 2 Teilen, der unveränderlichen Mindestbreite C (z. B. 18 cm) und der Breite des in ein Rechteck von der Festhöhe C' (z. B. 3 cm) verwandelten Eisenquerschnittes F_e.

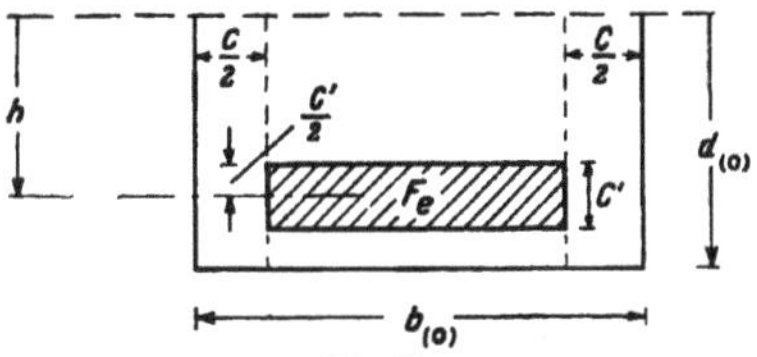

Fig. 3.

Allgemein empfehlenswerte Festwerte:

39) $C = 15\,\text{cm} + 2\,ü$; **40)** $C' = 3\,\text{cm}$.

Veränderliche Zugbreite allgemein:

41) $b_{(0)} = (15\,\text{cm} + 2\,ü) + \dfrac{F_e}{3\,\text{cm}}$.

Veränderliche Zugbreite normaler Balken in geschlossenen Räumen ($ü = 1{,}5$ cm):

13) $b_{(0)} = 18\,\text{cm} + \dfrac{F_e}{3\,\text{cm}}$.

Festwerte nach Berger[24]), empfehlenswert für die wirtschaftliche Bemessung besonders schwerer Balken, z. B. im Brückenbau:

42) $$\begin{cases} C = 6{,}5\,\dfrac{\text{cm}}{\sqrt[4]{\text{tm}}} \cdot \sqrt[4]{M - M_{g'}} \text{ mit der Einschränkung} \\ C \geq 14 \text{ cm für frei aufliegende und} \\ C \geq 17 \text{ cm für durchlaufende Balken.} \end{cases}$$

43) $C' = \begin{matrix} 2{,}5\,\text{cm} \\ 5\;\;\text{cm} \\ 9{,}1\,\text{cm} \end{matrix}$ bei $\begin{matrix} 1 \\ 2 \\ 3 \end{matrix}$ Eisenlagen.

$M_{g'}$ bedeutet das Moment infolge des Balken-Eigengewichtes. M und $M_{g'}$ liefern, in tm eingesetzt, C in cm. Die Festwerte C und C' sind wieder in Gl. 37 einzusetzen.

44) Die Grundgleichung 37 für veränderliche Zugbreite schließt mit $C' = \infty$ auch unveränderliche Zugbreite als Sonderfall ein:

---

[20]) Künftig auch abgekürzt mit *bschr. Drz.*

[21]) Künftig auch abgekürzt mit *unb. Drz.*

[22]) Ausführlichere Erörterungen siehe in: Kurt Bernhard, *Die Zugbreite der Eisenbetonbalken*, »Zement« 1929, Heft 41 u. 42.

[23]) In ähnlicher Form zuerst von Mayer angegeben. Siehe Max Mayer, *Die Wirtschaftlichkeit als Konstruktionsprinzip im Eisenbetonbau*, Berlin 1913, Verlag von Julius Springer, S. 59.

[24]) Siehe Leopold Berger, *Die wirtschaftliche Bemessung von Plattenbalken*, Berlin 1928, Verlag von Wilhelm Ernst & Sohn.

45) $b_{(0)} = C = \text{const.}$

Die Größe C ist hier die Zugbreite selbst und wird empirisch bestimmt u. a. mit Rücksicht auf folgendes:

46) 1. Schub- und Druckspannung des Balkenquerschnitts am Auflager. 2. Rißsicherheit[25]). 3. Breite der Last (Fensterstürze, Kranbahnbalken usw.). 4. Erforderlicher lichter Raum zwischen den Balken. 5. Schönheit. 6. Genormte Breiten-Staffelung der Schalungsböden. 7. Zugänglichkeit des Schalungsbodens bei höheren Balken. 8. Herabminderung der Gefahr zufälliger Herstellungsfehler (z. B. Kiesnester) und unvorhergesehener Angriffe bei sehr schwachen Balken.

Zu Ziff. 7 empfiehlt Barck[26]) für Balken mit über 70 cm hohen Schalungswänden eine Mindest-Zugbreite von 35 cm. Zu Ziff. 8 sollte eine Mindest-Zugbreite von 14 bis 18 cm eingehalten werden (bei fertig verlegten Balken 10 bis 14 cm).

Konstruktionshöhe[27]). C'' ist ein dimensionsloser, C''' ein eindimensionaler Festwert.

Lineare Grundgleichung:

47) $d_{(0)} = C'' \cdot h + C'''$.

a) Platte. Empfehlenswerte Festwerte:

48) $C'' = 1{,}02$; **49)** $C''' = \ddot{u} + 0{,}2\,\text{cm}$.

Konstruktionshöhe allgemein:

50) $d = 1{,}02\,h + (\ddot{u} + 0{,}2\,\text{cm})$.

Konstruktionshöhe normaler Platten in geschlossenen Räumen ($\ddot{u} = 1\,\text{cm}$):

14) $d = 1{,}02\,h + 1{,}2\,\text{cm}$.

b) Balken. Empfehlenswerte Festwerte:

51) $C'' = 1{,}035$; **52)** $C''' = \ddot{u} + 0{,}5\,\text{cm}$.

Konstruktionshöhe allgemein:

53) $d_{(0)} = 1{,}035\,h + (\ddot{u} + 0{,}5\,\text{cm})$.

Konstruktionshöhe normaler Balken in geschlossenen Räumen ($\ddot{u} = 1{,}5\,\text{cm}$):

15) $d_{(0)} = 1{,}035\,h + 2\,\text{cm}$.

§ 4a[28]). Besonderheiten der Kreuzplatten[29])-Bemessung.

Bezeichnungen. Unabhängig von der Plattenart (sowohl für *Balkenplatten*[30]) wie für *Kreuzplatten*[29]) und *Pilzplatten*) bezeichnen wir die äußere (d. h. z. B. im Felde einer Decke: die untere; einer Fundamentplatte: die obere) beider sich dicht beieinander kreuzenden Eisenscharen als *Hauptbewehrung*, die innere (bei Balkenplatten die Verteilungseisen enthaltend) als *Nebenbewehrung*. Die Längsrichtung der Eisen nennen wir entsprechend *Haupt-Bewehrungsrichtung* und *Neben-Bewehrungsrichtung*.

Haupt- bzw. *Neben-Einspannungsrichtung* einer Kreuzplatte nennen wir diejenige Grundrichtung, deren Plattenstreifen mehr bzw. weniger Auflagereinspannungen besitzen.

Haupt- bzw. *Neben-Stützrichtung* einer Kreuzplatte nennen wir die Grundrichtung der kleineren bzw. größeren Stützweite.

	–Bewehrungs-richtung	–Einspannungs-richtung	–Stützrichtung
Haupt–	Kein Zeiger	1	x
Neben–		2	y

Fig. 4.

Zur Kennzeichnung der Richtung, zu der irgendeine statische Größe gehört, dienen die in Fig. 4 zusammengestellten Zeiger (Buchstaben und Zahlen unten rechts, ein Strich oben links). Die dreifache Bezeichnung und Unterscheidung der beiden Grundrichtungen wird auch durch die Grundrißbeispiele der Fig. 5 erläutert (an nur 2, gegenüberliegenden Auflagern eingespannte Kreuzplatte). Der Doppelpfeil zeigt die Haupt-Bewehrungsrichtung. Der beigeschriebene Eisenquerschnitt f_e steht natürlich quer zum Doppelpfeil (und erstreckt sich auf die Einheit der Breite $'l$[31])).

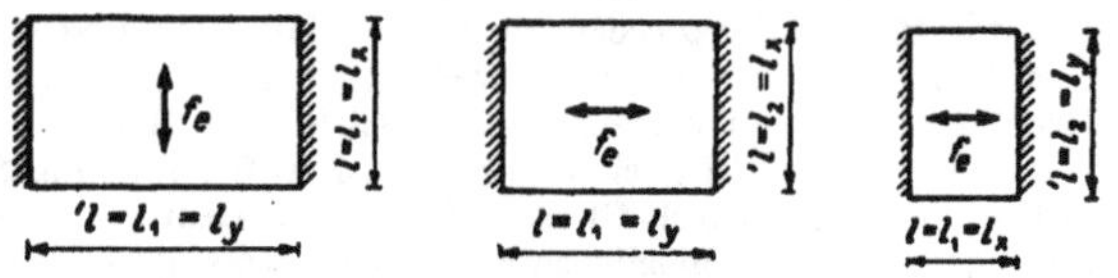

Fig. 5.

Als über einem Buchstaben-Ausdruck zu schreibender Zeiger kennzeichnet ein Minuszeichen das negative Feldmoment $\bar{M}$ und die zugehörigen Größen, ferner ein s das Stützmoment $\overset{s}{M}$ und die zugehörigen Größen. Das positive Feldmoment nebst zugehörigen Größen erhält keinen übergeschriebenen Zeiger.

Innerhalb dieses und des folgenden Paragraphen ersetzt die kürzere Bezeichnung M (mit und ohne Zeiger) die peinlichere M/b [8]).

54) Wie üblich, ist g die ständige, p die wechselnde, q die gesamte gleichmäßig verteilte Belastung. Im Zweifelsfalle ist aber »ständig« und »wechselnd« nicht zeitlich, sondern örtlich zu verstehen. In den nachfolgenden Formeln bedeutet p lediglich die feldweise wechselnde Teilbelastung, g die ganze übrige Belastung. Daher ist für Dachplatten, Fundamentplatten u. dgl., ferner für Einzelfelder aller Stützungsarten $p = 0$ und $g = q$ in die Formeln einzuführen. Im gleichen Sinne werden g und p als Zeiger verwandt mit der Bedeutung *zu g gehörig* und *zu p gehörig*.

Haupt-Bewehrungsrichtung. Vor Beginn der eigentlichen Berechnung wählt man die Haupt-Bewehrungsrichtung.

Für Einzelfelder ist es wirtschaftlich am günstigsten die äußere Eisenlage in die durch Kürze der Spannweite und Zahl der Einspannungsstellen bevorzugte Spannrichtung zu legen; das ist meistens die Haupt-Stützrichtung, nämlich immer bei *gleichartiger*[32]) Lagerung und bei *ungleichartiger*, sofern sie mit der Haupt-Einspannungsrichtung zusammenfällt. Unwirtschaftliche Wahl der Haupt-Bewehrungsrichtung vermeidet man in jedem Falle, wenn man Tab. XI und XII benutzt.

Bei durchlaufenden Platten empfiehlt es sich jedoch im allgemeinen eine einzige absolute Richtung als Haupt-Bewehrungsrichtung für die ganze Plattengruppe zu wählen, und zwar nach Maßgabe der für den Gesamt-Eisenverbrauch einflußreichsten Feldarten im Sinne der vorstehend für Einzelfelder gegebenen Anweisung. Hiernach haben in durchlaufenden Kreuzplatten-Gruppen mit in gleicher Richtung ungefähr gleicher Stützweite[33]) die äußeren Eisen meistens der Haupt-Stützrichtung zu folgen.

Einfache Berechnung[34]). Nach Festlegung der Haupt-Bewehrungsrichtung verfährt man mit einer Eisenbeton-

[25]) Vgl. Saliger, *Der Eisenbetonbau*, Leipzig 1925, Verlag von Alfred Kröner, S. 151 u. ff.

[26]) Barck, *Die wirtschaftliche Dimensionierung des Plattenbalkens*, »Armierter Beton« 1917, Heft 9.

[27]) Ausführlichere Erörterungen siehe in: Kurt Bernhard, *Nutzhöhe und Gesamthöhe der Eisenbetonplatten und Eisenbetonbalken*, »Zement« 1929, Heft 37.

[28]) Für durchlaufende Kreuzplatten gelten die hier folgenden Formeln, Regeln usw. nur unter der Voraussetzung ungefähr gleicher Stützweiten in einer Grundrichtung. Vgl. Fußn. 33. — Eine ausführlichere Behandlung des gleichen Gegenstandes findet sich in: Kurt Bernhard, *Bemessung von Kreuzplatten nach nur einem Feldmoment*, »Zement« 1928, Heft 48 bis 52.

[29]) Abkürzung für umfangsgelagerte Platten von rechteckigem Grundriß.

[30]) Abkürzung für Platten, die (wie eine Schar von Balken) als nur in einer Grundrichtung gespannt berechnet werden.

[31]) f_e (bzw. $'f_e$) gilt auf den jeweils größeren Breitenbereich $'l - l/2$ oder $'l/2$ (bzw. $l - 'l/2$ oder $l/2$). Außerhalb dieses Bereiches ist nur $f_e/2$ (bzw. $'f_e/2$) als statisch erforderlich anzusehen. Vgl. unten Stichwort *Eisenverteilung*.

[32]) Kurze Ausdrucksweise statt »in beiden Grundrichtungen gleichartiger Lagerung«.

[33]) Durchlaufende Kreuzplatten mit wesentlich verschiedener Stützweite in einer Richtung kommen in der Praxis selten vor und können nicht nach dem hier ausschließlich besprochenen Verfahren berechnet werden.

[34]) Die Ermittlung der Angriffsmomente, die der eigentlichen Bemessung vorangehen muß, gehört nicht eigentlich zum Thema dieses Buches und wird nur ausnahmsweise für Kreuz- und Pilzplatten teilweise mitbehandelt, erstens weil hier die allg. bekannten Regeln der Statik nicht ausreichen, zweitens weil hier die zweckmäßige Form der Querschnittsbemessung zu eng mit der zweckmäßigen Form der Momentenermittelung verflochten ist. — Inhaltlich folgt die hier empfohlene Art der Momentenermittelung H. Marcus (*Die vereinfachte Berechnung biegsamer Platten*, Berlin 1929, Verlag von Julius Springer), formal der in Fußn. 28 genannten Quelle.

Kreuzplatte vollen Querschnitts zunächst so, als hätte man eine Balkenplatte zu berechnen. Nur entnimmt man den Momenten-Festnenner (m usw.; siehe Gl. 55 u. folg.) aus **Tab. XI** oder **XII**. Man findet dann das Hauptbewehrungs-Moment M im Felde nach Gl. 55. — Soll bei freier Bemessung des Feldquerschnitts die zulässige Druckspannung $\sigma_{b\,\text{zul}}$ ausgenutzt werden, so ist zunächst in der Zeile $'\sigma_b/\sigma_b$ der genannten Tabellen nachzusehen, ob $'\sigma_b/\sigma_b \leqq 1$ ist. Andernfalls ist der Bemessung nur die Druckspannung $\frac{\sigma_{b\,\text{zul}}}{'\sigma_b/\sigma_b}$ zugrunde zu legen. — Es folgt nun die Bemessung des Feldquerschnittes gemäß § 6 mit dem Ergebnis h und f_e. Anschließend multipliziert man (unter der Voraussetzung $'\Phi \approx \Phi$) f_e mit den aus den genannten Tabellen zu entnehmenden Verhältniswerten $'f_e/f_e$[35]), $\overline{f}_e/f_e$, $'\overline{f}_e/f_e$ und erhält $'f_e$, $\overline{f}_e$, $'\overline{f}_e$. Ferner liefern die Tabellen $\mathring{m}_x$ bzw. $\mathring{m}_1$ und damit $\mathring{M}_x$ nach 56 bzw. $\mathring{M}_1$ nach 57, ferner $\mathring{M}_y/\mathring{M}_x$ bzw. $\mathring{M}_2/\mathring{M}_1$ und damit $\mathring{M}_y$ bzw. $\mathring{M}_2$. Es folgt die Bemessung der Stützquerschnitte nach § 6. Vgl. Zahlenbeisp. 5 bis 11.

Allen Zahlenwerten der Tab. XI und XII liegt der Marcussche Drillungsfaktor $\nu < 1$ zugrunde.

55) $M = q \cdot l^2/m$; 56) $\mathring{M}_x = q \cdot l_x^2/\mathring{m}_x$; 57) $\mathring{M}_1 = q \cdot l_1^2/\mathring{m}_1$.

Kalkulation. Handelt es sich noch nicht um die Ausführung, nur um eine Kostenermittelung, und zwar für eine nicht besonders schwache Platte, so braucht man sich im allgemeinen um die oben erläuterte Wahl der Haupt-Bewehrungsrichtung[36]) und um die Prüfung des Druckspannungsverhältnisses[37]) $'\sigma_b/\sigma_b$ nicht zu kümmern. Die Bemessung erfolgt dann mit Tab. XI bzw. XII buchstäblich wie für eine Balkenplatte nach nur einem Feldmoment: Man ermittelt lediglich die Querschnittsmaße h, f_e und anschließend die Baustoffmengen[38]) d und $f_e \cdot c$. Vgl. Zahlenbeisp. 5 und 9.

»Scharfe« Berechnung. Auch in Tab. XIII und XIV ist $\nu < 1$, soweit nicht ausdrücklich das Gegenteil vermerkt wird. Diese beiden Tabellen sind anzuwenden, wenn aus irgendwelchen Gründen »schärfere« Ergebnisse gewünscht werden.

Man findet dann bei gleichartiger Lagerung (**Tab. XIII**) zunächst für die Haupt-Stützrichtung das positive Feldmoment nach 59, das negative nach 60, das Stützmoment nach 56. Durch Multiplizieren mit dem Tabellenwert der ersten Zeile verwandelt man diese drei Momente in die zugehörigen der Neben-Stützrichtung.

Bei ungleichartiger Lagerung (**Tab. XIV**) findet man die positiven Feldmomente nach 61, die negativen nach 62, das Stützmoment der Haupt-Einspannungsrichtung nach 57 und durch Multiplizieren mit $\mathring{M}_2/\mathring{M}_1$ dasjenige der Neben-Einspannungsrichtung. Vgl. Zahlenbeisp. 12.

58) Nach Ermittelung der Momente folgt zweckmäßig zunächst wieder freie Bemessung für das Feld des Plattenstreifens der Haupt-Bewehrungsrichtung. Soll hierbei $\sigma_{b\,\text{zul}}$ fast oder ganz ausgenutzt werden, so muß vorher geprüft werden, ob Bedingung 64 erfüllt ist. Andernfalls ist $'\sigma_b/\sigma_b$ nach 65 zu ermitteln und für die Haupt-Bewehrungsrichtung nur die Druckspannung $\frac{\sigma_{b\,\text{zul}}}{'\sigma_b/\sigma_b}$ zugrunde zu legen, damit die nunmehr folgende gebundene Bemessung für die Neben-Bewehrungsrichtung $'\sigma_b \leqq \sigma_{b\,\text{zul}}$ ergibt. — Unter Voraussetzung gleicher Eisendurchmesser Φ in beiden Richtungen kann $'h$ nach 66 bestimmt werden.

[35]) Für besonders starke Kreuzplatten, z. B. Fundamentplatten, empfiehlt es sich sparsamerweise den Tabellenwert $'f_e/f_e$ vor seiner Benutzung noch mit dem Faktor $\frac{h/'h}{1{,}1}$ zu berichtigen. (Vgl. § 2 des in Fußn. 28 genannten Aufsatzes.)

[36]) Diese Wahl ist von geringerem Einfluß als andere Ungenauigkeiten einer Massen- und Kostenberechnung.

[37]) U. U. muß bei späterer Ausführung, dem ersten Anschlag gegenüber, h ein wenig vergrößert, f_e verkleinert werden, was die Gesamtkosten wenig ändert. Vorausgesetzt ist, daß die Konstruktionshöhe nicht beschränkt ist (freie Bemessung).

[38]) Vgl. § 7.

59) $M_x = \frac{g \cdot l_x^2}{m_{xg}} + \frac{p \cdot l_x^2}{m_{xp}}$; 60) $\overline{M}_x = \frac{g \cdot l_x^2}{m_{xg}} + \frac{p \cdot l_x^2}{\overline{m}_{xp}}$;

61) $M_1 = \frac{g \cdot l_1^2}{m_{1g}} + \frac{p \cdot l_1^2}{m_{1p}}$; $M_2 = \frac{g \cdot l_2^2}{m_{2g}} + \frac{p \cdot l_2^2}{m_{2p}}$;

62) $\overline{M}_1 = \frac{g \cdot l_1^2}{m_{1g}} + \frac{p \cdot l_1^2}{\overline{m}_{1p}}$; $\overline{M}_2 = \frac{g \cdot l_2^2}{m_{2g}} + \frac{p \cdot l_2^2}{\overline{m}_{2p}}$;

63) $\begin{matrix} M_{w\,\text{durch}} \\ \overline{M}_{w\,\text{durch}} \end{matrix} = M_{w\left(g+\frac{p}{2}\right)\text{einzel}} \begin{matrix} + \\ - \end{matrix} M_{w\left(\frac{p}{2}\right)\text{frei}}$;

64) $'M/M \leqq 0{,}826$; 65) $'\sigma_b/\sigma_b \approx 0{,}80\,'M/M + 0{,}34$;

66) $'h = h - \Phi$.

Berechnung ohne Drillung[39]). Für Eisenbetonrippen- und Steineisen-Kreuzplatten ist nach den Bestimmungen mit $\nu = 1$ zu rechnen. Man benutzt hier lediglich Tab. XIII und XIV, welche für Einzelfelder ($g = q$) und wie solche zu berechnende durchlaufende Kreuzplatten mit $p = 0$ (z. B. Dachplatten, Fundamentplatten) die mit dem Zeiger oder Vermerk $\nu = 1$ versehenen Festnenner der Feldmomente liefern. Bei gleichartiger Lagerung bestimmt man unmittelbar nur M_x, während M_y durch Multiplikation mit dem Tabellenwert M_y/M_x folgt. Die Stützmomente sind bei jeder Lagerungsart von ν unabhängig und daher wie oben nach 56 oder 57 zu ermitteln.

Die Feldmomente durchlaufender Platten für $\nu = 1$ werden nach Gl. 63 auf die von Einzelfeldern zurückgeführt. Stützmomente auch hier wie oben. Der Sammelzeiger w ist zu ersetzen durch den jeweils zutreffenden Richtungszeiger (x, y, 1, 2). Die Buchstabenzeiger $\left(g + \frac{p}{2}\right)$ bzw. $\left(\frac{p}{2}\right)$ bedeuten: *berechnet für die Belastung* $g + \frac{p}{2}$ *bzw.* $\frac{p}{2}$. Die Wortzeiger »durch«, »einzel«, »frei« bedeuten bzw.: *berechnet für eine durchlaufende Platte, ein wie vorliegend gelagertes Einzelfeld, ein ringsum frei aufliegendes Einzelfeld.*

Für ringsum frei aufliegende rippenlose Eisenbeton-Kreuzplatten ohne Drillungsbewehrung wird nach Tab. XIII mittels des für den Drillungsfaktor $\frac{\nu + 1}{2}$ angegebenen Nenners m_x zunächst M_x und durch Multiplikation mit dem Tabellenwert M_y/M_x anschließend M_y gefunden.

Eisenverteilung. Der berechnete Eisenquerschnitt gilt nur für die in Fig. 6 durch Schraffieren gekennzeichneten Mittelstreifen der Grundfläche. In den Randstreifen ist im allgemeinen nur die Hälfte der Mittelbewehrung vorzusehen. Bezüglich Drillungsbewehrung siehe Best., A, § 23, 2, Abs. 5. — Bezüglich Reihenfolge der Verlegung vgl. Fußn. 42.

67) Lastzerlegung. Gelegentlich interessiert die Zerlegung der gleichmäßig verteilten Belastung q in zwei Teile q_x und q_y bzw. q_1 und q_2, die aufgenommen werden durch je eine von zwei unmittelbar aufeinander liegenden und mit einem Grundrichtungs-Unterschied von 90° gespannten ideellen Balkenscharen. Man findet diese Teilgrößen nach 68 und 69, wobei $\mathring{m}_{\underline{x}}$ bzw. $\mathring{m}_{\underline{1}}$ der Momentennenner für das Einspannungsmoment der entsprechenden Balkenplatte ist, nämlich —8 bei einseitiger, —12 bei beiderseitiger Einspannung, während $\mathring{m}_x$ bzw. $\mathring{m}_1$ den Tab. XI bis XIV entnommen werden können. Bei ringsum freier Auflagerung bestimmt man die Teilbelastungen wie für ringsum feste Einspannung.

68) $\frac{q_x}{q} = \frac{\mathring{m}_{\underline{x}}}{\mathring{m}_x}$; $\frac{q_1}{q} = \frac{\mathring{m}_{\underline{1}}}{\mathring{m}_1}$;

69) $\frac{q_y}{q} = 1 - \frac{q_x}{q}$; $\frac{q_2}{q} = 1 - \frac{q_1}{q}$.

[39]) Grundsätzlich brauchte diese Berechnung (für $\nu = 1$) auch bei eingespannten Kreuzplatten nicht anders vor sich zu gehen als für $\nu < 1$. Für den selteneren Fall drillungsloser Berechnung verlohnt jedoch die erforderliche Umfangsvergrößerung der Tabellen nicht.

Balkenbelastung. Bei ungleichartiger Lagerung kann man (nach Marcus) mit Hilfe dieser Teilbelastungen auch die Auflagerkräfte wie für Balkenplatten bestimmen. Dabei ist q_y/q[40]) wie für einen quadratischen Feldgrundriß zu berechnen.

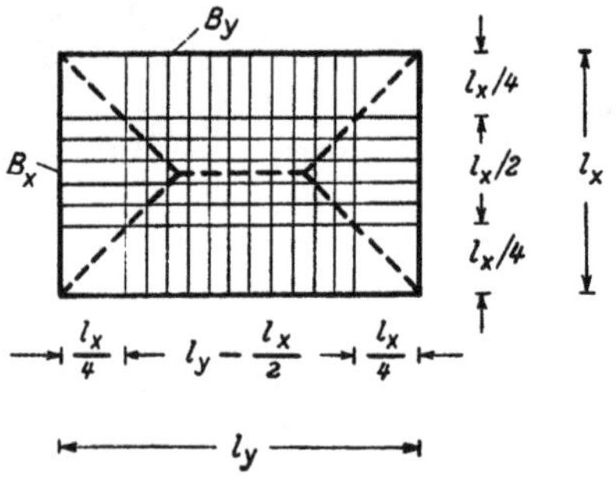

Fig. 6.

Im allgemeinen genügt jedoch folgender einfachere Weg zur Berechnung der Balkenbelastung. Die Balken B_x und B_y (Fig. 6) erhalten bei gleichmäßiger Verteilung der gestrichelt abgegrenzten Lastbereiche auf die Längeneinheit die Belastungen q_{Bx} und q_{By} gemäß Gl. 70 und 71. Meistens dürfte es sich auch erübrigen noch eine zusätzliche Belastung der Balken durch Drillungsmomente in Rechnung zu stellen, sofern die Kreuzplatte mit dem Randbalken biegungsfest verbunden wird.

70) $q_{B_x} = q \cdot l_x/4$; 71) $q_{B_y} = q_{B_x} \cdot (2 - l_x/l_y)$.

§ 4b[41]). Besonderheiten der Pilzplatten-Bemessung.

Bezeichnungen. Die in § 4a für Kreuzplatten eingeführten Bezeichnungen gelten auch für Pilzplatten, lediglich mit folgendem Unterschiede, weil hier wie dort die Haupt-Stützrichtung und Haupt-Einspannungsrichtung diejenigen Richtungen sein sollen, in denen von Haus aus die größeren Feldmomente auftreten.

Haupt- bzw. *Neben-Einspannungsrichtung* eines Pilzplattenfeldes ist diejenige Grundrichtung, deren Plattenstreifen weniger bzw. mehr Auflager-Einspannungen infolge Kontinuität besitzt.

Haupt- bzw. *Neben-Stützrichtung* eines Pilzplattenfeldes ist die Grundrichtung der größeren bzw. kleineren Stützweite.

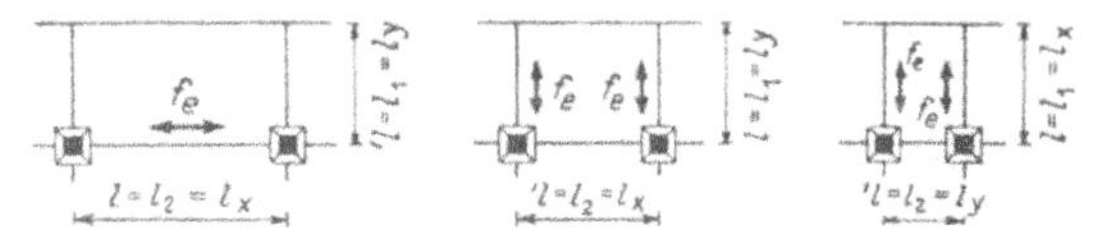

Fig. 7.

Zu beachten ist weiterhin Fig. 4, jedoch Fig. 7 (Randfeld als Beispiel) statt 5. — Die zum Feldstreifen gehörigen Größen werden durch den Zeiger F von den (zeigerlosen) zum Gurtstreifen gehörigen unterschieden. — Die Bezeichnung der Feldarten zeigt Fig. 8, die den Eck-Grundriß einer Plattengruppe darstellt. Wir benutzen demnach neben anderen Feld-Bezeichnungen die Bezeichnungen *Endfeld* und *Mittelfeld* zur Kennzeichnung nach nur einer Richtung wie bei durchlaufen-

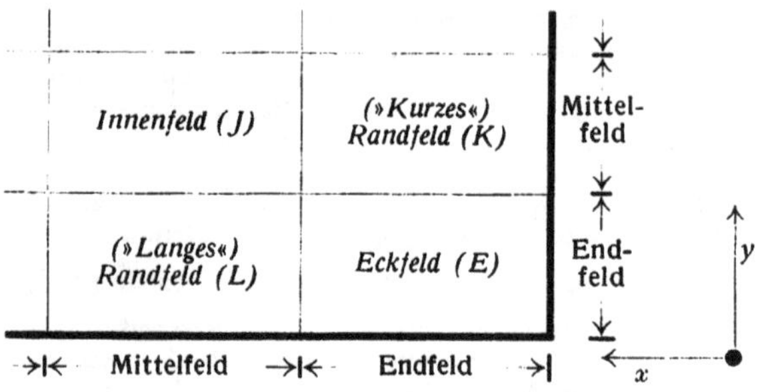

Fig. 8.

den Balkenplatten. In zwei Richtungen betrachtet, werden die Felder auch durch die Buchstaben J, L, K, E bezeichnet, die als Abkürzungen für die Wortbezeichnungen und als Zeiger verwandt werden.

Haupt-Bewehrungsrichtung. Wie bei Kreuzplatten ist auch bei Pilzplatten für ein einzeln zu untersuchendes Feld meistens die Haupt-Stützrichtung die günstigste Haupt-Bewehrungsrichtung, nämlich bei gleichartiger Lagerung (Innen- und Eckfelder) immer und bei ungleichartiger (Randfelder), sofern sie mit der Haupt-Einspannungsrichtung zusammenfällt. Unwirtschaftliche Wahl der Haupt-Bewehrungsrichtung vermeidet man in jedem Falle, wenn man sich nach Tab. XV und XVI richtet und dort (wenigstens für die am häufigsten vorkommende Feldart einer Pilzplattengruppe) die eingeklammerten Zahlen nicht benutzt.

Wenn man für die ganze Plattengruppe eine gemeinsame Haupt-Bewehrungsrichtung wählt, was praktisch meistens zu empfehlen ist, so kommt gelegentlich auch der Gebrauch der eingeklammerten Zahlen der genannten Tabellen in Betracht. Z. B. wird man bei in jeder Grundrichtung nur einer Größe der Feldweite und bei gleichzeitig in allen Feldern gleicher Plattenstärke im allgemeinen die äußere (»untere«) Eisenschar durchweg in die Haupt-Stützrichtung legen, auch wenn dies in den langen Randfeldern zur Benutzung der eingeklammerten Zahlen zwingt.

Es empfiehlt sich übrigens auch den »negativen«, d. h. insbesondere denjenigen Teil der Hauptbewehrung, der zur Aufnahme der Stützmomente dient, außerhalb (d. h. bei Decken: oberhalb) der Nebenbewehrung zu verlegen[42]).

Einfache Berechnung. Um Pilzplatten näherungsweise zu berechnen untersucht man von den Feldmomenten unmittelbar lediglich das des Gurtstreifens der (vorher gewählten) Haupt-Bewehrungsrichtung, und zwar auf die Breiteneinheit[8]) unter Anwendung der bekannten auch für Balkenplatten üblichen Formel 72, deren Nennerwerte der Fig. 9 zu

Fig. 9. Momenten-Nenner. (Klammerwerte gelten ohne Säulenkopf-Verstärkung.)

		m_y	m_p	$-\mathring{m}$
				∞
Endfeld	mit frei aufl. Ende	13 (10,4)	11 (8,8)	
	mit eingesp. Ende	16,25 (13)	13,75 (11)	8
Mittelfeld		26 (20,8)	13 (10,4)	10

entnehmen sind. Es folgt dann sofort der erste Schritt (22) der Bemessung. Ist bei freier Bemessung die zulässige Druckspannung maßgebend, so ist (ganz wie in § 4a für Kreuzplatten) auf die Verhältniszahl $'\sigma_b/\sigma_b$ — die man diesmal in **Tab. XV** und **XVI** findet — Rücksicht zu nehmen. Man bemißt nun den Hauptbewehrungs-Feldquerschnitt gemäß

[40]) Es genügt, an die Buchstabenzeiger x und y zu denken. Zu schreiben ist dabei jedoch zweckmäßigerweise jeweils der zweite Teil der Formelgruppen 68 und 69 (mit den Zahlenzeigern 1 und 2). Man entnimmt $\overset{s}{m}_1$ den Tabellen, und zwar einmal für den wirklichen Wert l_2/l_1 und einmal für $l_2/l_1 = 1$.

[41]) Es wird hier in vereinfachter Form das Näherungsverfahren gemäß Best. A § 26, 3, Fußn. 28 behandelt. Es ist geeignet für kleinere, eilig zu bearbeitende Ausführungen sowie hauptsächlich für Kostenüberschläge, Vorentwürfe, Wirtschaftlichkeits-Untersuchungen. Es setzt voraus, daß in jeder Spannrichtung das Verhältnis der kleinsten zur größten Stützweite $\geqq 0{,}8$ ist. Ausführlicheres siehe in: Kurt Bernhard, *Bemessung von Pilzplatten nach nur einem Feldmoment*, »Zement« 1929, Heft 47 bis 50.

[42]) Diese Regel ist auch für Kreuzplatten zu beachten. Näheres siehe in: Kurt Bernhard, *Zweckmäßige Reihenfolge der Pilzplatten-Bewehrung*, »Der Bauingenieur« 1927, S. 190.

§ 6 und multipliziert den Eisenquerschnitt f_e mit dem entsprechenden in Tab. XV und XVI angegebenen Verhältniswert, so daß man auch $'f_e$, f_{eF}, $'f_{eF}$ erhält. Vgl. Zahlenbeisp. 13 bis 14. — Die Berechnung der Stützmomente folgt mit Hilfe der Fig. 9 und der Formeln 73 und 74, wo w als Sammelzeiger für eine beliebige Richtung dient, und die zugehörigen Querschnittsbemessungen nach § 6.

72) $M = \frac{q \cdot l^2}{m_g} + \frac{p \cdot l^2}{m_p}$; 73) $\overset{s}{M}_w = \frac{q \cdot l_w^2}{\overset{s}{m}_w}$; 74) $\frac{\overset{s}{M}_{wF}}{\overset{s}{M}_w} = \frac{1}{3}$.

75) Die Bemessung einer größeren Gruppe von Pilzplatten-Feldern gleicher Stärke vereinfacht sich noch erheblich für den

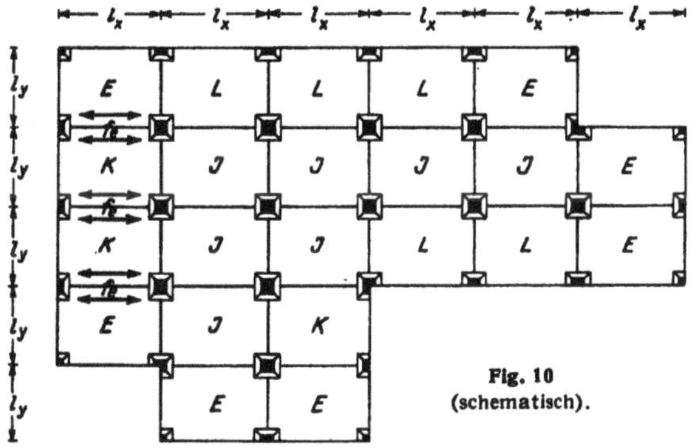

Fig. 10 (schematisch).

häufigen Sonderfall nur zweier (innerhalb einer Grundrichtung überall gleicher) Feldweiten (siehe Fig. 10) bei überall gleichen Werten g für die ständige und p für die wechselnde Belastung. Die vorbeschriebene Feld-Bemessung führt man dann lediglich für das kurze Randfeld durch (Tab. XVI), und zwar für den längeren Gurtstreifen. Anschließend findet man für die übrigen Felder den Eisenquerschnitt der längeren Gurtstreifen, indem man die Gleichheit $f_{eK} = f_e$[43]) und die Verhältniswerte der **Tab. XVII a** benutzt[44]). Der Eisenquerschnitt der Nebenbewehrung sowie der Feldstreifen folgt feldweise nach Tab. XV und XVI wie oben.

Kalkulation. Zu Kalkulationszwecken genügt es, die Haupt-Bewehrungsrichtung ohne besondere Sorgfalt lediglich unter Zugrundelegung einer der in Tab. XV und XVI verzeichneten Möglichkeiten zu wählen und, auch unbekümmert um das Verhältnis $'\sigma_b/\sigma_b$, nur (wie vor) f_e zu bestimmen sowie die Baustoffmengen[45]) d und $f_e \cdot c$. Vgl. Zahlenbeisp. 13.

Scharfe Berechnung. Für die Ausführung, besonders von umfangreicheren Pilzplatten-Anordnungen, empfiehlt sich eine schärfere Berechnungsweise. Im allgemeinen genügt dann die Benutzung stellvertretender Rahmen gemäß Best., A, § 26, 3.

Nach Ermittlung der Feldmomente für die Gurtstreifen kann man hinsichtlich des Druckspannungsverhältnisses nach 58 verfahren, muß jedoch die Formeln 76 bzw. 77 statt 64 bzw. 65 benutzen. Bei dünnen Platten ($d < 20$ cm) empfiehlt es sich das Ergebnis der Gl. 77 reichlich aufzurunden.

76) $'M/M \leq 0{,}89$; 77) $'\sigma_b/\sigma_b \approx 0{,}75\, 'M/M + 0{,}34$.

Abschnitt II. Bemessung.

§ 5. Bestimmung der Druckspannung.

Kennzeichnende Spannungen. Wir wenden uns jetzt dem ersten Schritt der freien Bemessung (bei reiner Biegung) zu (vgl. 28), nämlich der Bestimmung der Querschnittsspannungen. Diejenigen Spannungen, die genau, d. h. eben gerade ohne Überfluß die Forderungen 32 bis 34 einzeln erfüllen (nämlich $\sigma_{e\,\text{sich}}$, $\sigma_{b\,\text{sich}}$; $\sigma_{e\,\text{steif}}$, $\sigma_{b\,\text{steif}}$; $\sigma_{e\,\text{wirt}}$, $\sigma_{b\,\text{wirt}}$) sollen zusammen auch *kennzeichnende Spannungen* genannt werden.

78) Die kennzeichnenden Druckspannungen (bzw. Zugspannungen) sind erst dann eindeutig bestimmt, wenn die Zugspannung (bzw. Druckspannung) gegeben ist.

Maßgebende Spannungen. Die sicheren und steifen (d. sind »zulässige«) Spannungen stellen Grenzen, die wirtschaftlichen Spannungen das Ziel des ersten Schrittes dar. Das Ziel ist natürlich nur dann erreichbar, wenn es innerhalb der Grenzen liegt. In jedem Falle aber suchen und benutzen wir die wirtschaftlich günstigsten erlaubten Spannungen. Diese sollen *maßgebende Spannungen* genannt werden.

79) Mindestens eine sichere Spannung ist maßgebend (wird also benutzt), die sichere Zugspannung oder die sichere Druckspannung.

Zwei Fälle. Aus 78 und 79 folgt, daß man alle überhaupt in Betracht kommenden kennzeichnenden Spannungswerte erhält, wenn man die kennzeichnenden Druckspannungen für den *Fall e*, d. h. unter der Voraussetzung 80, und außerdem die kennzeichnenden Zugspannungen für den *Fall b*, d. h. unter der Voraussetzung 81 bestimmt[46]).

80) $\sigma_e = \sigma_{e\,\text{sich}} = \text{const}$[47]) (Fall e);

81) $\sigma_b = \sigma_{b\,\text{sich}} = \text{const}$[47]) (Fall b).

[43]) Den Zeiger K lassen wir fort (f_e statt f_{eK}), weil wir f_{eK} als »Hauptbewehrung« der ganzen Plattengruppe ansehen wollen. Vgl. § 7.

[44]) Vorausgesetzt ist hierbei gemeinsame Haupt-Bewehrungsrichtung für alle Felder. Andernfalls muß für die Felder L u. U. Tab. XVII b benutzt werden.

[45]) Vgl. § 7.

[46]) Wir verwenden die Buchstaben e und b auch als unten links steil geschriebene Zeiger mit der Bedeutung *zum Fall e (bzw. b) gehörig*. Solange nur ein Fall (e oder b) in Betracht gezogen wird, oder aus anderen Gründen eine Verwechselungsgefahr nicht besteht, lassen wir diese Zeiger gelegentlich kürzehalber fort.

Fall e. Unter den Eisenzugspannungen ist meistens die sichere maßgebend. Für die Praxis genügt es daher zunächst, lediglich Fall e zu berücksichtigen. Wir setzen demnach für die Folge, soweit nicht ausdrücklich das Gegenteil gesagt wird, stillschweigend Gl. 80 voraus. Die Nachprüfung dieser Voraussetzung, insbesondere für gewisse Ausnahmefälle, holen wir erst später nach (§ 11). Vorläufig befassen wir uns also vorzugsweise mit den kennzeichnenden Druckspannungen. — $\sigma_{e\,\text{sich}}$ ist aus den Best. bekannt.

Kennzeichnende Druckspannungen. Die sichere Druckspannung $\sigma_{b\,\text{sich}}$ ist ebenfalls den Best. zu entnehmen unter Rücksichtnahme auf die Druckfestigkeit des zur Bauverwendung vorgesehenen Betons.

Die steife Druckspannung $\sigma_{b\,\text{steif}}$ ist z. B. der Tab. II entnehmbar. Sie wird in diesem Paragraphen besonders ausführlich behandelt. Siehe unten.

Auch die wirtschaftliche Druckspannung $\sigma_{b\,\text{wirt}}$ ist leicht festzustellen. Die hierzu erforderlichen Mitteilungen seien aber ihres Umfangs wegen für den Abschnitt III zurückgestellt.

Maßgebende Druckspannung. Durchlaufen wir, von Null beginnend, die möglichen Zahlenwerte der Betondruckspannung σ_b, bis wir auf einen der drei kennzeichnenden Spannungswerte $\sigma_{b\,\text{sich}}$, $\sigma_{b\,\text{steif}}$, $\sigma_{b\,\text{wirt}}$ treffen, so ist dieser zuerst angetroffene schon der maßgebende Wert. Denn ist es einer der beiden erstgenannten, so dürfen wir ihn nicht, und ist es der letztgenannten, so wollen wir ihn nicht überschreiten. In jedem Falle ist der zuerst angetroffene der der wirtschaftlichen Druckspannung am nächsten liegende noch erreichbare Spannungswert. Hieraus folgt die einfache Regel:

82) **Die kleinste der drei kennzeichnenden Druckspannungen $\sigma_{b\,\text{sich}}$, $\sigma_{b\,\text{steif}}$ und $\sigma_{b\,\text{wirt}}$ ist maßgebend**[48]) [49])

[47]) D. h. unveränderlich innerhalb eines und desselben Querschnittes im Stadium des Konstruierens, im Gegensatz zu andern statischen Größen, die gleichzeitig noch als veränderlich behandelt werden. (Vgl. die ähnliche Erläuterung für $b_{(e)}$ unter Nr. 36.)

[48]) Die für Fall e (nach Regel 82) gefundene maßgebende Druckspannung ist bei reiner Biegung in jedem Falle endgültig, auch wenn etwa nachher noch Fall b untersucht wird.

[49]) Soll auf Steifigkeit keine Rücksicht genommen werden, so ist $\sigma_{b\,\text{steif}}$ ohne weiteres als größte kennzeichnende Druckspannung zu behandeln.

Erster Schritt.

83) Mit der oben erläuterten Feststellung der sicheren Zugspannung sowie der drei kennzeichnenden Druckspannungen unter Voraussetzung 80 beginnt der erste Schritt der freien Bemessung. Er wird fortgesetzt durch Auswahl der maßgebenden Druckspannung nach Regel 82 und ist damit gewöhnlich beendet. Vgl. Zahlenbeisp. 15 bis 19.

84) Nur wenn sich $\sigma_{b\,\text{sich}}$ als maßgebend erweist, und dann nur bei besonders niedrigem Preise des Eisens (im Vergleich zu dem des Betons oder der Schalung) oder bei besonders niedrigem $\sigma_{b\,\text{sich}}$ (z. B. bei Leichtbeton)[50]) oder bei besonders hohem $\sigma_{e\,\text{sich}}$[51]) ist der erste Schritt noch gemäß § 11 zu ergänzen. Vgl. Zahlenbeisp. 81[52]).

Spannungsverhältnis. Die Verteilung der gemäß statischer Berechnung auftretenden Spannungen innerhalb eines Querschnittes nach Ort und Baustoff wird gekennzeichnet durch die beiden Spannungsverhältnisse v (örtliche Verteilung) und n (baustoffliche Verteilung). Ohne besonderen Zusatz werden wir künftighin lediglich v kurz mit *Spannungsverhältnis* bezeichnen. Gemäß Definition 85 ist v das Randspannungsverhältnis, genauer: das Absolutwert-Verhältnis der Eisen-Zugspannung zur größten Beton-Druckspannung. Gemäß Definition 86 und unter der grundlegenden Voraussetzung, daß sich beide Baustoffe nicht gegeneinander verschieben, ist n das Verhältnis der Eisenspannung zur Betonspannung[53]) gleichen Orts. Im Rahmen dieses Buches ist n stets als gegeben zu betrachten. — Besondere Bedeutung für die Grundbeziehungen zwischen den statischen Querschnittsgrößen kommt noch dem Quotienten v/n zu, der das Verhältnis der Randspannungen, reduziert auf einen Baustoff, darstellt.

85) $v = \sigma_e/\sigma_b$;

$$86)\quad n = \frac{\text{Längsverformungs-Widerstand der Querschnittseinheit des Eisens}}{\text{Längsverformungs-Widerstand der Querschnittseinheit des Betons}}.$$

Allgemeine Grundbeziehungen. Wir bezeichnen mit $\overline{l}$[54]) einen bestimmten Teil der Spannweite l (in manchen Fällen z. B. l selbst, in manchen den größten Abstand l_0 bzw. l_{0x} der Momenten-Nullpunkte des Feldes) und setzen

87) $M/\overline{l}^2 = \overline{q}/\overline{m}$,

wo $\overline{q}$[54]) einen bestimmten Teil des Gleichwertes q der Gesamtlast (meistens q selbst, u. U., z. B. für Kreuzplatten, q_x gemäß 67), $\overline{m}$[54]) den zugehörigen Momenten-Festnenner darstellt. Somit kann der Ausdruck r (Gl. 88) auch in der Form 89 oder 90 geschrieben werden. Mit der Abkürzung 91 und wegen Gl. 31 geht er auch in 92 über.

$$88)\quad r = \frac{h}{\sqrt{\frac{M}{b}}};\qquad 89)\quad r = \frac{h/\overline{l}}{\sqrt{\frac{M}{\overline{l}^2\cdot b}}};\qquad 90)\quad r = \frac{h/\overline{l}}{\sqrt{\frac{\overline{q}}{\overline{m}\cdot b}}};$$

$$91)\quad f_e = \frac{F_e}{b};\qquad 92)\quad r = \sqrt{\frac{h}{f_e}\cdot\frac{h}{z}\cdot\frac{1}{\sigma_e}};$$

$$93)\quad \frac{h}{x} = \frac{v}{n} + 1;\qquad \text{93 a) siehe hinter 116;}$$

$$94)\quad \frac{x}{h} = \frac{1}{v/n+1};\qquad 95)\quad v = n\cdot\left(\frac{h}{x} - 1\right) = n\cdot\left(\frac{1}{x/h} - 1\right).$$

Die *Druckhöhe* x (Abstand der Nullinie vom gedrückten Querschnittsrand) folgt der Beziehung 93 (oder 95).

Grundbeziehungen bei unb. Drz. Bei unb. Drz.[55]) ist

$$96)\quad \frac{h}{z} = \frac{v/n+1}{v/n+2/3};\qquad \text{96 a) siehe hinter 152 a;}$$

$$97)\quad \frac{h}{f_e} = 2v\left(\frac{v}{n} + 1\right);$$

mithin gemäß 92 und 85:

$$98)\quad r = \sqrt{\frac{2v\,(v/n+1)^2}{v/n+2/3}\cdot\frac{1}{\sigma_e}} = \sqrt{\frac{2\,(v/n+1)^2}{v/n+2/3}\cdot\frac{1}{\sigma_b}}\ ^{56)}.$$

Steife Druckspannung[57]) **bei unb. Drz.** Den Best. folgend und einfachheitshalber betrachten wir das Schlankheitsverhältnis $\overline{l}/h$ als Kennzeichen der Steifigkeit. Aus 89 bzw. 90, 98 und 85 folgt für unb. Drz.:

99) Jedem Schlankheitsverhältnis ist bei gegebener Eisen-Zugspannung (Beton-Druckspannung)[56]) eine bestimmte Beton-Druckspannung (Eisen-Zugspannung) eindeutig zugeordnet[58]).

Dem kleinsten zulässigen Wert $h/\overline{l} = (h/\overline{l})_{\text{steif}}$ entspricht bei gegebenem σ_e ein größter (in bezug auf Steifigkeit) zulässiger Wert $\sigma_b = \sigma_{b\,\text{steif}}$ (bei gegebenem σ_b ein kleinster zulässiger Wert $\sigma_e = \sigma_{e\,\text{steif}}$).

Diese »steife« Druckspannung findet man bei gleichmäßig verteilter Last q, soweit die Best. sinngemäß eine Mindeststeifigkeit überhaupt vorschreiben, nämlich für deckenartige[59]) (nicht wandartige) Balkenplatten und Kreuzplatten, aus **Tab. II.** Vgl. Zahlenbeisp. 20 und 21. Für Kreuzplatten[60]) mit vollem Eisenbetonquerschnitt ist vorher $\mathring{m}_x$ bzw. $-m_x$ im allgemeinen aus Tab. XI oder XII zu entnehmen, bei ringsum freier Lagerung ohne Drillungsbewehrung $\left(\text{Drillungsfaktor } \frac{\nu+1}{2}\right)$ aus Tab. XIII. Für Eisenbetonrippen- und Steineisen-Kreuzplatten (Drillungsfaktor 1) kann zwecks Anwendung der Tab. II zwar $-\mathring{m}_x$ stets aus Tab. XIII oder XIV ebenfalls unmittelbar entnommen werden; jedoch m_x findet man in denselben Tabellen unmittelbar nur bei ringsum freier Lagerung. Bei anderer Lagerung solcher hohlen Kreuzplatten muß m_x entweder — für durchlaufende Platten mit $p = 0$ (z. B. Dachdecken usw.) und für Einzelfelder — durch Reduktion der Zahlenwerte m_{xg} der Tab. XIII und XIV[61]) bestimmt werden; oder — bei feldweise wechselnder Nutzlast — durch Rückrechnung nach Gl. 114; im letzten Falle ist allerdings das nachfolgende Verfahren ohne Tab. II ebenso bequem.

Ohne Tab. II findet man die steife Druckspannung (Zugspannung) durch Ermittlung des zugehörigen Sonderwertes $r = r_{\text{steif}}$ nach einer der unten folgenden Formeln[60]) gemäß Fig. 11. Mit Hilfe von r_{steif} (oder $r^2_{\text{steif}}\cdot\sigma_e$ bei außergewöhnlichem σ_e oder $r^2_{\text{steif}}\cdot\sigma_b$ bei gegebenem σ_b) entnimmt man der Tab. VI unmittelbar $\sigma_{b\,\text{steif}}$ (oder zunächst v_{steif} und berechnet $\sigma_{b\,\text{steif}} = \sigma_e/v_{\text{steif}}$ bei außergewöhnlichem σ_e oder $\sigma_{e\,\text{steif}} = \sigma_b\cdot v_{\text{steif}}$ bei gegebenem σ_b). Vgl. Zahlenbeisp. 22, 82 u. 83. — Dies Verfahren ohne Tab. II kann mit Vorteil angewandt werden zunächst allgemein für solche Eisenbetonrippen- und Steineisen-Kreuzplatten mit feldweise wechselnder Nutzlast, die entweder, bei $l_y/l_x \leqq 1{,}5$, nicht ringsum frei aufliegen (bzw. nach Gehler[62]): im Sinne der Spannrichtung x beiderseitig eingespannt sind), oder die, bei $l_y/l_x > 1{,}5$, ausschließlich im Sinne der Spannrichtung x beiderseitig frei aufliegen; ferner ausnahmsweise in folgenden Fällen: 1. wenn Tab. II nicht zur Hand ist, 2. wenn aus besonderen Gründen größere Genauigkeit gewünscht wird, 3. wenn die steife Zugspannung gesucht wird oder später gesucht werden soll.

---

[50]) Vgl. Zahlenbeisp. 82. [51]) Vgl. Zahlenbeisp. 83.

[52]) Das Ergebnis des Zahlenbeisp. 81 zeigt, daß seine Durchrechnung in der Praxis, zur Ergänzung des Zahlenbeisp. 15, ohne Schaden unterbleiben könnte, da sie nur $\sigma_e = \sigma_{e\,\text{sich}}$ bestätigt.

[53]) Es sind auch (fingierte) Beton-Zugspannungen einbegriffen. Denn die übliche Berechnung der Eisenbetonquerschnitte nach Zustand II (also mit gerissener Zugzone) beruht auf begrifflicher Anlehnung an die Berechnung homogener Querschnitte: Man stellt sich alle wirksamen Querschnittsteile, d. h. den gedrückten Querschnittsteil und den gezogenen Eisenquerschnitt aus gleichem Stoffe vor, nämlich aus einem druck- und zugfesten Idealbeton. Dabei denkt man sich F_e auf denjenigen Betrag $n\cdot F_e$ vergrößert, der bei geradlinigem Spannungsverlauf mit der »Betonzugspannung« σ_e/n die Biegungszugkraft aufnimmt. Die Eisenzugspannung ist also ein n-faches der an gleicher Stelle fingierten Betonzugspannung.

[54]) Sprich »l überstrichen«, »q überstrichen«, »m überstrichen«. Der lange waagerechte Strich ist zu unterscheiden von dem kurzen, der den Zeiger »Minus« darstellt. Vgl. z. B. § 4a.

[55]) Bei unbeschränkter Druckzone, d. h. wenn die Nullinie auf die volle Breite b im Beton liegt, also für alle Platten und Rechteckbalken, aber nicht für alle Plattenbalken, Eisenbeton-Rippenplatten, Steineisenplatten. Vgl. Fußn. 7.

[56]) Alles in diesem Paragraphen klein Gedruckte kann beim ersten Lesen außeracht gelassen werden, weil lediglich zu späterer Bezugnahme kürzehalber hier schon eingefügt.

[57]) Ausführlicheres siehe in: Kurt Bernhard, *Die »steife« Druckspannung des Eisenbetons*, »Zement« 1931, Heft 52 und 53.

[58]) Vorausgesetzt ist nur, daß auch $M/\overline{l}^2$ und b bekannt sind. — Vgl. auch B. Löser, *Bemessungsverfahren*, Berlin 1932, Verlag von Wilhelm Ernst & Sohn, S. 112 ff.

[59]) Diese Einschränkung entspricht dem Sinn, nicht unbedingt dem Wortlaut der Best.

[60]) Bezügl. Kreuzplatten siehe auch § 4a.

[61]) Mittels der am Rand dieser Tabellen mitgeteilten Formeln für $m_{xg\,(\nu=1)}$.

Die Formeln 100 bis 113 entstehen durch Einsetzen des jeweils gültigen Schlankheitswertes $(h/\bar{l})_{steif}$ (vgl. Fig. 11) in Gl. 89 oder 90, u. U. mit Berücksichtigung der Beziehung 68. Dieser Hinweis diene auch als Rezept zur Herstellung entsprechender Formeln für ausländische oder zukünftige von den gegenwärtigen deutschen abweichende Schlankheits-Vorschriften. Auch für nicht gleichmäßig verteilte Last kann man entsprechende Formeln entwickeln, unter Zugrundelegung der Gl. 89. In der in Fußn. 57 angegebenen Quelle wird auch der Weg gezeigt zur Ermittelung der steifen Druckspannung, wenn nicht die Schlankheit, sondern die Formänderung selbst vorschriftlich begrenzt wird.

100) $r_{steif} = \frac{8{,}081 \text{ cm/m}}{\sqrt{q}}$; 101) $r_{steif} = \frac{7{,}071 \text{ cm/m}}{\sqrt{q}}$;

102) $r_{steif} = \frac{2{,}857 \text{ cm/m}}{\sqrt{q/m_x}} = \frac{2{,}857 \text{ cm/m}}{\sqrt{M_x/l_x^2}}$;

103) $r_{steif} = \frac{2{,}857 \text{ cm/m}}{\sqrt{q/(-\overset{\prime}{m}_x)}}$; 104) $r_{steif} = \frac{2{,}333 \text{ cm/m}}{\sqrt{q/(-\overset{\prime}{m}_x)}}$;

105) $r_{steif} = \frac{2{,}5 \text{ cm/m}}{\sqrt{q/m_x}}$; 106) $r_{steif} = \frac{2{,}5 \text{ cm/m}}{\sqrt{q/(-\overset{\prime}{m}_x)}}$;

107) $r_{steif} = \frac{2{,}041 \text{ cm/m}}{\sqrt{q/(-\overset{\prime\prime}{m}_x)}}$;

108) $r_{steif} = \frac{2{,}0 \text{ cm/m}}{\sqrt{q/m_x}} = \frac{2{,}0 \text{ cm/m}}{\sqrt{M_x/l_x^2}}$;

109) $r_{steif} = \frac{1{,}667 \text{ cm/m}}{\sqrt{q/m_x}} = \frac{1{,}667 \text{ cm/m}}{\sqrt{M_x/l_x^2}}$;

110) $r_{steif} = \frac{9{,}428 \text{ cm/m}}{\sqrt{q}}$;

111) $r_{steif} = \frac{3{,}333 \text{ cm/m}}{\sqrt{q/m_x}} = \frac{3{,}333 \text{ cm/m}}{\sqrt{M_x/l_x^2}}$;

112) $r_{steif} = \frac{3{,}333 \text{ cm/m}}{\sqrt{q/(-\overset{\prime\prime}{m}_x)}}$; 113) $r_{steif} = \frac{2{,}722 \text{ cm/m}}{\sqrt{q/(-\overset{\prime\prime}{m}_x)}}$;

114) $m_x = \frac{q \cdot l_x^2}{M_x}$.

Steife Druckspannung bei bschr. Drz. Querschnitte mit bschr. Drz. (d. h. insbesondere von Platten, deren Nulllinie Hohlräume durchschneidet, was z. B. möglich ist bei Rippenplatten, Steineisenplatten u. dgl.) behandelt man bezüglich der Steifigkeit, als läge unb. Drz. vor. Man begeht damit einen praktisch unbedeutenden[63]) Fehler zugunsten der Steifigkeit (auch im Falle b)[56]).

115) Praktische Handhabung für q. Es empfiehlt sich (auch im Falle b), von den drei kennzeichnenden Spannungswerten den steifen (falls er überhaupt gebraucht wird) zuletzt zu ermitteln und dabei zunächst diejenige Größe q zu verwenden, die dem kleineren der beiden andern Spannungswerte etwa entspricht. Obwohl dieser Wert q von q_{steif} abweicht, genügt er durchaus, um festzustellen, welche Art der kennzeichnenden Spannungen maßgebend ist. Nur wenn sich dann die steife Spannung selbst als maßgebend erweist, erfordert die Ermittelung ihrer Größe eine Berichtigung durch Berücksichtigung von q_{steif}[64]). Statt dessen kann man aber, wenn $\bar{l}$ leicht bestimmbar ist, z. B. für Balkenplatten, die endgültige Querschnittsbemessung zweckmäßiger von h_{steif} ausgehen lassen (gebundene Bemessung)[65]).

Plattenart \ Deckenart		Gewöhnliche Decken (häufig begangen): Eisenbeton	Gewöhnliche Decken (häufig begangen): Steineisen	Dachdecken usw. (ausnahmsweise begangen)	Bedeutung der Klammerwerte (Schlankheitsgrenze)
Balkenplatten . . .		100 (35)	110 (30)	101 (40)	max l_0/h
* Kreuzplatten m. $\frac{l_y}{l_x} \leqq 1{,}5$[62])	ringsum * frei aufliegend	108 (50)	105 (40)	Siehe gewöhnliche Decken (links)	max $\frac{l_x}{h}$
	nicht * ringsum frei aufliegend	109 (60)	108 (50)		
Kreuzplatten m. $\frac{l_y}{l_x} > 1{,}5$[62]); im Sinne der Spannrichtung x	frei aufliegend	102 (35)	111 (30)	105 (40)	max $\frac{l_{x0}}{h}$
	einseitig eingespannt	103 (35)	112 (30)	106 (40)	
	beiderseitig eingespannt	104 (35)	113 (30)	107 (40)	

Fig. 11. Nummern der anzuwendenden Formeln für r_{steif}.

§ 6[66]). Statische Querschnittsberechnung

(bei reiner Biegung ohne Druckbewehrung).

Spannungsverhältnis. Für die statische Querschnittsberechnung spielt das Spannungs-Verhältnis v (Gl. 85) eine ausgezeichnete Rolle. Bei freier Bemessung z. B. bedürfen wir der Rücksichtnahme auf die Eisen-Zugspannung (oder die Beton-Druckspannung), also auf den absoluten Spannungswert lediglich zur Bestimmung der ersten Querschnittsgröße, etwa der Nutzhöhe h; zur darauffolgenden Ermittlung der Größen x, z, f_e jedoch nur noch jenes Verhältnisses, wie für unbeschränkte Druckzone[55]) [21]) die Gl. 93, 96 und 97 zeigen. Dieser Umstand kommt auch in den Tabellen zum Ausdruck; z. B. gilt für eine waagerechte Zeile der Tab. VI nur je ein Zahlenwert h/f_e, h/z, h/x. Das Spannungs-Verhältnis ist auch, wie wir sehen werden, in wirtschaftlicher Hinsicht ausschlaggebend. Um aber Gedächtnis und Schätzungsvermögen nicht noch mit Zahlenwerten v belasten zu müssen und um der praktischen Bevorzugung des Zahlenwertes $\sigma_e = 1200$ kg/cm² Rechnung zu tragen, führen wir für das Spannungsverhältnis außer Formel 85 noch den Ausdruck 116 ein, d. h. die auf $\sigma_e = 1200$ kg/cm² reduzierte Druckspannung. Damit wird aus Gl. 93 bei $n = 15$ die sehr bequeme Formel 93a.

[62]) Die Unterscheidung nach $\leqq 1{,}5$ und $> 1{,}5$ gemäß den »Bestimmungen« bedeutet für den Grenzfall eine erhebliche Unstetigkeit. Rechnet man z. B. bei $l_y/l_x = 1{,}5$ für eine lediglich in der x-Richtung beiderseits frei aufliegende Eisenbeton-Kreuzplatte wie bei $l_y/l_x > 1{,}5$, so wird $h_{x\,steif}$ bei Dachdecken um 50 %, bei Geschoßdecken sogar um 71 % größer, als wenn man wie bei $l_y/l_x \leqq 1{,}5$ rechnet. Selbst unter Zugrundelegung der Gehlerschen Erläuterungen (siehe letzten Absatz dieser Fußnote) betragen die angeführten Unterschiede noch bzw. 25 und 43 %.

Einem offenbaren Versehen der Best., die die Schlankheit der Kreuzplatten allgemein nach der Nutzhöhe h (dort h_u genannt) der Haupt-Bewehrungsrichtung messen, wird hier nicht gefolgt. Als maßgebend wird hier grundsätzlich die Nutzhöhe h_x der Haupt-Stützrichtung behandelt, die mit h oft, aber nicht immer übereinstimmt.

Kreuzplatten m. $\frac{l_y}{l_x} \leqq 1{,}5$; im Sinne der Spannrichtung x	
	frei auflieg. od. einseitig eingesp.
	beiderseitig eingespannt

In folgerichtiger Auslegung der »Erläuterungen zu den Eisenbetonbestimmungen 1932« von W. Gehler (Berlin 1933, Verlag von Wilhelm Ernst & Sohn), die sich auf S. 188, Zeile 7 bis 9, etwas in Widerspruch setzen zum Wortlaut der Best. (A, § 23, 1, Abs. 2), müßten die mit * gekennzeichneten Kopffelder der Fig. 11, wie nebenstehend gezeigt, ersetzt werden.

[63]) Kommt es auf sehr genaue Einhaltung der Mindest-Nutzhöhe an, so wählt man ohnehin gebundene Bemessung (von der steifen Nutzhöhe ausgehend).

[64]) Eine besondere Rechenarbeit bedeutet dies eigentlich nicht, weil Probieren und Berichtigen von q, nämlich des Bestandteiles g', zur endgültigen freien Querschnittsbemessung ohnehin notwendig ist, vor allem gerade für Platten.

[65]) Die Anleitungen dieses Buches geben zunächst die systematische Richtschnur. Sie soll den Praktiker nicht hindern, von Fall zu Fall mit Vorteil von ihr abzuweichen.

[66]) Ehe die im § 6 gegebenen Beziehungen sowie die Tab. VI und VIII bis X auch bei Mitwirkung einer Druckbewehrung angewandt werden, sind die Zeichen z, F_e, f_e und M, $\mathfrak{M}$ usw. mit dem Zeiger 1 zu versehen. Ehe dieselben Beziehungen und Tabellen bei Mitwirkung einer Längskraft angewandt werden, sind F_e und f_e mit dem Zeiger 0, ferner M, $\mathfrak{M}$ usw. (falls nicht gleichzeitig Druckbewehrung vorgesehen) mit dem Zeiger e zu versehen. Treten Druckbewehrung und Längskraft gleichzeitig auf, so erhalten demnach F_e und f_e vor Entnahme (aus § 6 oder aus den Tab. VI und VIII bis X) den Doppelzeiger $^1_0$.

116) $\sigma_b' = \frac{1200\ \mathrm{kg/cm^2}}{\sigma_e} \cdot \sigma_b = \frac{1200\ \mathrm{kg/cm^2}}{v}$;

93a) $\frac{h}{x} = \frac{80\ \mathrm{kg/cm^2}}{\sigma_b'} + 1.$

Reduziertes Moment. U. U. empfiehlt es sich, das Moment mittels eines der nachfolgenden Ausdrücke auf eine unbenannte Zahl zu reduzieren. Allgemein gelten die Ausdrücke 117 und 118, für Plattenbalken ferner die Ausdrücke 119 und 120.

117) $\mathfrak{M} = \frac{M}{\sigma_b \cdot b \cdot h^2} = \frac{1}{r^2 \sigma_b}$; 118) $\mathfrak{M}' = \frac{M}{\sigma_e \cdot b \cdot h^2} = \frac{1}{r^2 \sigma_e}$;

119) $\mathfrak{M}^d = \frac{M}{\sigma_b\, b\, d^2}$ [67]); 120) $\mathfrak{M}_d = \frac{M}{\sigma_e\, b\, d^2}$ [67]).

Unbeschränkte Druckzone[7)][21)][68]). Die Formeln 96, 97 und 92 schreiben wir jetzt in folgender Gestalt:

121) $\frac{h}{z} = 1 + \frac{1}{3\,h/x - 1}$. 122) $\frac{h}{f_e} = \frac{h}{x} \cdot \frac{24\ \mathrm{kgm/cm^2}}{\sigma_b'}$.

123) $r = \sqrt{\frac{h}{f_e} \cdot \frac{h}{z}} \cdot \frac{10\,(\mathrm{cm/m})^{1/2}}{\sqrt{\sigma_e}}$.

Die beiden letzten Formeln sind so eingerichtet, daß h/f_e bequem in m/cm, d. i. $\frac{\mathrm{cm}}{\mathrm{cm^2/m}}$, und r in $\mathrm{cm \cdot kg^{-1/2}}$ berechnet werden kann[69]). Die Formeln 116, 93a, 121 bis 123 sind der Reihe nach anzuwenden, wenn ausnahmsweise[70]) keine Tabelle zur Hand ist, oder wenn eine vorhandene Tabelle für besondere

Lösung mit Tabelle VI					Aufgabe				Lösung ohne Tabelle
Nr. der Formel für den Leitwert	Tabelle VI liefert die beiden Werte		Nr. der beiden Formeln für die gesuchten Größen		Nr. der Aufgabe	● Gesuchte Größen		Bemerkungen	Reihenfolge der Formeln zur Lösung der Aufgabe ohne Tabellen
		$r^2\sigma_e$ oder $r^2\sigma_b$ bzw. r	125 bzw. 124	133	1	h	F_e	Freie Bemessung	148 93 bzw. (liefert x); bzw. (liefert h); 149 (liefert f_e); 133. 148a 93a
			137	134	2	b			93 bzw. (liefert x); 149 (liefert f_e); 151 (liefert z); 137; 134. 93a
85			136		3		h		93 bzw.; 121; 122; 136; 134. 93a
		$\frac{h}{z}$	132		4				93 91; 149 (liefert x); bzw. (liefert h); 151 (liefert z); 138. 93a
			133	138	5	M	F_e	Tragfähigkeits-Berechnung	93 bzw. (liefert x); 149 (liefert f_e); 133; 151 (liefert z); 138. 93a
	$\frac{h}{f_e}$		134		6		b		93 bzw. (liefert x); 149 (liefert f_e); 134; 151 (liefert z); 138. 93a
127			133	129	7	F_e	σ_e		117; 155* (liefert x); 95; 129; 149 (liefert f_e); 133.
126 bzw. 88				130	8		σ_b	Gebundene Bemessung	$\frac{h}{z}$ schätzen; 137; 131; 157 bzw. 158a; 96 bzw. 96a; nötigenfalls Rechnung berichtigen[71])
143			132	129	9	h	σ_e		156 (liefert durch Probieren v); 129; 97; 132.
142				130	10		σ_b		$\frac{h}{z}$ schätzen; 136; 131; 157 u. 130 bzw. 158a; 96 bzw. 96a; nötigenfalls Rechnung berichtigen[71])
141		v	134	129	11	b	σ_e		$\frac{h}{z}$ schätzen; 139; 85; 96 bzw. 96a; nötigenfalls Rechnung berichtigen[71]); 93 (liefert x); 149 (liefert f_e); 134.
135				130	12		σ_b		135; 153; 130; 97; 134.
			129	138	13		σ_e		96 131; 157; 129; bzw. 138. 96a
131	$\frac{h}{z}$		138	130	14	M	σ_b		157 u. 130 96 131; bzw. ; bzw.; 138. 158a 96a
			139		15	σ_e		Spannungs-Untersuchung	96 131; 157; bzw. 139; 130. 96a

* Für rohe Berechnungen kann man an Stelle 155 mit geschätztem z/h Formel 154 anwenden. Für genauere Berechnungen kann anschließend Berichtigung mittels 152 erfolgen.

a Fig. 12[72]). b

[67]) Zur Gedächtniserleichterung verbinde man mit dem Bilde des Buchstaben $\mathfrak{M}$ die Vorstellung des Plattenbalken-Querschnitts. Der Zeiger d wird dort angefügt, wo die im Nenner des abzukürzenden Ausdrucks stehende Spannung auftritt, nämlich für σ_b oben, für σ_e unten.

[68]) Die Formeln 123 bis 145, 160 u. 162 gelten allg., nicht nur für unb. Drz. Für diese sind sie nur praktisch besonders geeignet.

[69]) Wir werden auch in späteren Formeln diese Maßeinheiten bevorzugen.

[70]) Andernfalls — wenn die ganze Berechnung ohne Tabelle durchgeführt werden muß — empfiehlt es sich mehr, nach Fig. 12b zu verfahren. Vgl. Fußn. 75.

[71]) Durchverbessern, nicht neu schreiben!

[72]) Das Zeichen ● dient — wie in den Zahlenbeispielen — lediglich zur Hervorhebung der gesuchten Größen.

Erklärung unbekannter Bezeichnungen: im Anhang.

Spannungswerte erweitert werden soll. Im allgemeinen sind statt dieser Formeln die fertigen Zahlenwerte der **Tab. VI** zu benutzen.

Mit den so gefundenen Hilfswerten folgt bei freier Bemessung h nach 124 und anschließend f_e bzw. auch z und x $\left(\text{mittels } \frac{h}{f_e} \text{ bzw. auch } \frac{h}{z} \text{ und } \frac{h}{x}\right)$. Vgl. Zahlenbeisp. 23 und 26. Bei gebundener Bemessung beginnt man mit Formel 88 (der Umkehrung von 124).

Mit Hilfe der Tab. VI lassen sich auch alle außergewöhnlichen Aufgaben der statischen Querschnittsberechnung bei unb. Drz. lösen. Ist z. B. eine besondere Eisenzugspannung σ_e vorgeschrieben, für die Tab. VI die zugehörigen Werte r nicht unmittelbar enthält, so ist statt dessen $r^2\sigma_e$ bzw. $r^2\sigma_b$ zu verwenden. Bei freier Bemessung berechnet man dann h nach 125 (statt nach 124) und bei gebundener Bemessung (mit gegebenem h) $r^2\sigma_e$ nach 126 bzw., falls σ_b vorgeschrieben ist, $r^2\sigma_b$ nach 127. Vgl. Zahlenbeisp. 25.

124) $h = r \cdot \sqrt{\frac{M}{b}}$. 125) $h = \sqrt{\frac{r^2\sigma_e}{\sigma_e} \cdot \frac{M}{b}} = \sqrt{\frac{r^2\sigma_b}{\sigma_b} \cdot \frac{M}{b}}$.

126) $r^2\sigma_e = b\,h^2\sigma_e/M = 1/\mathfrak{M}'$.

127) $r^2\sigma_b = b\,h^2\sigma_b/M = 1/\mathfrak{M}$.

Außerdem ergibt sich noch eine ganze Reihe außergewöhnlicher Aufgaben (die z. T. nur sehr selten in der Praxis vorkommen), wenn man die in § 2 in den Vordergrund gestellte Voraussetzung, von den 6 Größen M, σ_b, σ_e, b, h, F_e seien M und b immer bekannt, fallen läßt und nur die allgemeinere Voraussetzung macht:

128) Von den 6 statischen Größen M, σ_b, σ_e, b, h, F_e sind alle außer den beiden gesuchten gegeben[73].

Eine vollständige Zusammenstellung aller so überhaupt möglichen Aufgaben nebst Lösung mittels Tab. VI zeigt schematisch Fig. 12a. Es werden dabei neben anderen z. T. auch folgende Formeln gebraucht:

129) $\sigma_e = \sigma_b \cdot v = \frac{\sigma_b}{\sigma_b'} \cdot 1200\,\frac{\text{kg}}{\text{cm}^2}$;

130) $\sigma_b = \frac{\sigma_e}{v} = \frac{\sigma_e}{1200\ \text{kg/cm}^2} \cdot \sigma_b'$;

131) $\frac{h}{f_e} = \frac{b \cdot h}{F_e}$; 132) $h = \frac{F_e}{b} \cdot \frac{h}{f_e}$;

133) $F_e = \frac{b \cdot h}{h/f_e} = f_e \cdot b = b \cdot h \cdot \frac{f_e}{h}$; 134) $b = \frac{F_e}{h} \cdot \frac{h}{f_e} = \frac{F_e}{f_e}$;

135) $\frac{h}{z} = \frac{h \cdot F_e \cdot \sigma_e}{M}$; 136) $h = \frac{M}{F_e \sigma_e} \cdot \frac{h}{z}$;

137) $F_e = \frac{M}{h \cdot \sigma_e} \cdot \frac{h}{z} = \frac{M}{h \cdot \sigma_e \cdot z/h} = \frac{M}{z\,\sigma_e}$;

138) $M = \frac{h}{h/z} \cdot F_e \cdot \sigma_e = h \cdot F_e \cdot \sigma_e \cdot \frac{z}{h} = F_e \cdot \sigma_e \cdot z$;

139) $\sigma_e = \frac{M}{h \cdot F_e} \cdot \frac{h}{z} = \frac{M}{z\,F_e}$; 140) $v = \frac{M}{h\,F_e\,\sigma_b} \cdot \frac{h}{z}$;

141) $\frac{1000\,h}{v\,z} = 1000 \cdot \frac{h \cdot F_e \cdot \sigma_b}{M}$; 142) $\frac{z}{f_e} = \frac{M \cdot b}{F_e^2 \cdot \sigma_e}$;

143) $\frac{v\,z}{f_e} = \frac{M \cdot b}{F_e^2 \cdot \sigma_b}$.

Die in Fig. 12a angegebenen Lösungen sind empfehlenswert, jedoch nicht die einzig möglichen. Da die empfohlenen Formeln ohnehin nur Umkehrungen und Umschreibungen der bekannteren Formeln 31, 85, 88 und 91 sind, mögen weitere gelegentliche Umbildungen dem Leser überlassen bleiben. Z. B. kann es bei den Aufgaben 5 und 13 (Fig. 12) vorkommen, daß zunächst nur M, nicht auch die andere Unbekannte interessiert. Man kann dann setzen

144) $M = \left(\frac{h}{r}\right)^2 \cdot b = \frac{b\,h^2\sigma_e}{r^2\sigma_e} = \frac{b\,h^2\sigma_b}{r^2\sigma_b} = b\,h^2\sigma_b \cdot \mathfrak{M}$.

[73]) Solche und ähnliche Regeln sind wichtig, um Fehler in der (dem Rechner letzten Endes selbst obliegenden) Aufgabestellung zu vermeiden.

Oder es soll bei Aufgabe 1 zunächst nicht auch h, sondern nur F_e bestimmt werden. Man benutzt dann Gl. 145. Zahlenwerte z/f_e findet man in Tab. VI oder berechnet sie für besondere Fälle nach Gl. 146 oder 147, d. h. für $n = 15$ am bequemsten im Anschluß an die Zahlenwerte h/f_e (Gl. 122) nach Formel 147a.

145) $F_e = \frac{\sqrt{M \cdot b}}{\sqrt{\frac{z}{f_e} \cdot \sigma_e}}$; 146) $\frac{z}{f_e} = 2\,v\left(\frac{v}{n} + \frac{2}{3}\right)$;

147) $\frac{z}{f_e} = \frac{h}{f_e} - \frac{2}{3}v$; 147a) $\frac{z}{f_e} = \frac{h}{f_e} - \frac{8\ \text{kgm/cm}^2}{\sigma_b'}$.

Fertige Ergebnisse liefert ohne Formeln **Tab. VIII**[74]) und ist in manchen Fällen der Übersicht halber der Tab. VI vorzuziehen. Vgl. Zahlenbeisp. 27 und 28.

Ohne Tabellen, lediglich mit Formeln[75]) läßt sich die Berechnung nach Fig. 12b durchführen. Eine solche Berechnung gestaltet sich vielfach dadurch sehr bequem, daß man (obwohl man sie für die Ausführung nicht benötigt) zunächst die Druckhöhe x ermittelt[76]). Die Lösungen gemäß Fig. 12b benutzen neben anderen z. T. auch folgende Formeln[77]). Vgl. Zahlenbeisp. 24.

148) $\frac{x}{\sqrt{\frac{M}{b}}} = \frac{1}{\sqrt{\frac{\sigma_e}{2n} + \frac{\sigma_b}{3}}}$[78]); 148a) $\frac{x}{\sqrt{\frac{M}{b}}} = \sqrt{\frac{30}{\sigma_e + 10\,\sigma_b}}$[78]);

93a) $\frac{h}{x} = \frac{80\ \text{kg/cm}^2}{\sigma_b'} + 1$[78]);

149) $\frac{f_e}{x} = \frac{\sigma_b'}{24\ \text{kgm/cm}^3} = \frac{1}{2\,v}$[78]);

150) $b = 2\,v \cdot \frac{F_e}{x}$; 151) $\frac{z}{x} = \frac{h}{x} - \frac{1}{3} = \frac{v}{n} + \frac{2}{3}$[78]);

152) $\frac{z}{h} = 1 - \frac{1}{3}\frac{x}{h} = 1 - \frac{1/3}{h/x}$;

152a) $\frac{z}{h} = \frac{v+10}{v+15} = 1 - \frac{5}{v+15} = 1 - \frac{1}{\frac{240\ \text{kg/cm}^2}{\sigma_b'} + 3}$;

96a) $\frac{h}{z} = \frac{v+15}{v+10} = 1 + \frac{5}{v+10} = 1 + \frac{1}{\frac{240\ \text{kg/cm}^2}{\sigma_b'} + 2}$;

153) $v = \frac{2\,n}{3} \cdot \frac{1{,}5 - h/z}{h/z - 1}$; 153a) $\sigma_b' = 120\,\frac{\text{kg}}{\text{cm}^2} \cdot \frac{h/z - 1}{1{,}5 - h/z}$;

154) $\frac{x}{h} = \frac{2\,\mathfrak{M}}{z/h}$; 155) $\frac{x}{h} = 1{,}5 - \sqrt{2{,}25 - 6\,\mathfrak{M}}$;

156) $v^2 \cdot \left(v + \frac{2\,n}{3}\right) = \frac{\frac{n}{2} \cdot M \cdot b}{F_e^2 \cdot \sigma_b}$;

157) $\frac{v}{n} = \sqrt{\frac{1}{4} + \frac{h/f_e}{2\,n}} - \frac{1}{2}$; 158) $\sigma_b = \frac{\frac{2}{n}\sigma_e}{\sqrt{1 + \frac{2}{n} \cdot \frac{h}{f_e}} - 1}$;

158a) $\sigma_b' = \frac{480\ \text{kg/cm}^2}{\sqrt{9 + 120\,\frac{\text{cm}}{\text{m}} \cdot \frac{h}{f_e}} - 3}$.

Nützlich und leicht ist es, die nachfolgenden Formeln 159 und 160 oder deren reziproke Ausdrücke 161 und 162 dem

[74]) Vgl. Anleitg. 177 mit Fußn. 88.

[75]) Es empfiehlt sich, die wichtigsten Formeln (etwa in ein Notizbuch) für den Fall herauszuschreiben, daß man das Buch nicht bei sich hat, z. B. die Formeln 148a, 93a, 149.

[76]) Hier wird der auch sonst für statische Berechnungen beachtenswerte Grundsatz befolgt, nach Möglichkeit mehrere kurze Formeln an Stelle einer langen zu verwenden. Auf diese Weise erspart man Denk- und meistens auch Schreibarbeit. Die Zwischenergebnisse, von denen sich der Rechner eine Vorstellung machen kann, dienen der Fehlerausschaltung.

[77]) Diejenigen Formeln dieses Paragraphen, deren Ordnungsnummer mit a versehen sind, gelten nur für $n = 15$.

[78]) Der Kürze halber schreiben wir nur die Verhältnisausdrücke 148, 148a, 93a, 149, 151 usw., nicht auch unmittelbar die Ausdrücke für x, h, f_e, z, weil die gleichen Verhältniswerte in einer statischen Berechnung mehrmals verwendet werden können.

Gedächtnis einzuprägen. Sie stellen das reduzierte Moment aus der reduzierten Betondruckkraft $\frac{1}{2} \cdot \frac{x}{h}$ bzw. der reduzierten Eisenzugkraft f_e/h und dem reduzierten Innenhebel z/h dar. Mit ihrer Hilfe sind andere Gebrauchsformeln bei Bedarf leicht herzuleiten.

$$159)\quad \mathfrak{M} = \frac{1}{2} \frac{x}{h} \cdot \frac{z}{h}\ ^{79)}; \qquad 160)\quad \mathfrak{M}' = \frac{f_e}{h} \cdot \frac{z}{h}\ ^{68)};$$

$$161)\quad r^2 \sigma_b = 2 \frac{h}{x} \cdot \frac{h}{z}; \qquad 162)\quad r^2 \sigma_e = \frac{h}{f_e} \cdot \frac{h}{z}\ ^{68)}.$$

Der **Innenhebel** z (z. B. zum Zwecke der Schubberechnung) kann aus der Spalte 15 (gelegentlich auch 6) der Tab. VI oder den Formeln 96, 96a, 121, 135, 151, 152, 152a (gelegentlich auch 142, 146, 147, 147a) ermittelt werden, bei Benutzung der Tab. VIII auch nach Gl. 193 (vgl. Gl. 179).

Rechteckbalken veränderlicher[80]) Breite. Berechnungsaufgaben eigener Art entstehen für Rechteckbalken mit veränderlicher Zugbreite. Denn hier wird wegen Gl. 163 auch die Druckbreite »veränderlich«[80]). Mithin ist (unter Zugrundelegung von Gl. 37) Gl. 164 einzuführen. (Die Umkehrung dieser Formel, nämlich Gl. 165, ist nur ausnahmsweise und mit Vorsicht praktisch anzuwenden.) Empfehlenswerte Festwerte C und C' liefern die Ausdrücke 39 und 40. Für C = 18 cm und C' = 3 cm entsteht Gl. 166.

$$163)\quad b = b_{(0)}; \qquad 164)\quad b = C + F_e/C';$$

$$165)\quad F_e = (b - C) \cdot C'; \qquad 166)\quad b = 18\,\text{cm} + \frac{F_e}{3\,\text{cm}};$$

$$167)\quad a = \frac{M}{2C'^2 \cdot \sigma_e \cdot z/f_e}; \qquad 168)\quad b = (C + a) + \sqrt{a \cdot (2C + a)};$$

$$169)\quad a = \frac{\dfrac{M}{28800\,\text{kg}}}{\dfrac{\sigma_e}{\sigma_b'} \cdot \left(\dfrac{120\,\text{kg/cm}^2}{\sigma_b'} + 1\right)};$$

$$170)\quad b = (18\,\text{cm} + a) + \sqrt{a \cdot (36\,\text{cm} + a)}.$$

Bei **freier Bemessung** bestimmt man zunächst den Hilfswert a und anschließend b. Allgemein lassen sich hierzu Gl. 167 und 168 benutzen, wobei z/f_e der Tab. VI entnommen oder nach Gl. 146 u. folg. berechnet werden kann. — Für: C = 18 cm; C' = 3 cm; n = 15 kann man sich der Sonderformeln 169 und 170 bedienen. Mit denselben Festwerten liefert bequemer **Tab. V** unmittelbar b[81]). — Man rundet b zweckmäßig ab. (In Gl. 165 aber führt man b, wenn überhaupt, z. B. für Überschlagsberechnungen[82]) und bei nicht zu kleinem Zahlenwert b, unabgerundet ein.) Im allgemeinen gleicht die weitere Rechnung der früher beschriebenen (Tab. VI, Formel 124 usw.). Vgl. Zahlenbeisp. 29.

Einen Überblick über alle überhaupt möglichen Berechnungs-Aufgaben für Rechteckbalken veränderlicher Breite erhält man, wenn man wieder von Fig. 12 ausgeht und beachtet, daß durch Gl. 164 von den 6 fraglichen statischen Größen b ausgeschaltet werden kann, so daß nur noch M, σ_b, σ_e, h, F_e übrigbleiben, von denen 3 (nicht mehr, wie früher, 4) gegeben sind. Damit scheiden zunächst aus Fig. 12 die Aufgaben 2, 3, 6, 11, 12 aus. Die Aufgaben 4, 9, 10, 13, 14, 15 sind wie früher zu lösen, nachdem Formel 164 b geliefert hat. Einer besonderen Lösung bedürfen demnach nur die Aufgaben 1, 5, 7, 8. Diese Lösungen sind in Fig. 13 schematisch zusammengestellt und bedienen sich noch nachfolgender Formeln (Nr. 174 bis 176 gelten nur für: C = 18 cm; C' = 3 cm; Nr. 176 außerdem nur für n = 15). a' ist ein Hilfswert. Zu Aufg. 8 vgl. Zahlenbeisp. 30.

$$171)\quad F_e = \frac{C}{\dfrac{h/f_e}{h} - \dfrac{1}{C'}}; \qquad 172)\quad a' = \frac{\dfrac{C}{2} \cdot h^2 \cdot \sigma_b}{M \cdot \dfrac{h}{z}} - 1;$$

$$173)\quad \sigma_e = \frac{n \cdot \sigma_b}{2} \cdot \left(a' + \sqrt{a'^2 + \frac{2h}{C' \cdot n}}\right);$$

$$174)\quad F_e = \frac{54\,\text{cm}^2}{\dfrac{300\,\text{cm}^2/\text{m}}{h} \cdot \dfrac{h}{f_e} - 1}; \qquad 175)\quad a' = \frac{9\,\text{cm} \cdot h^2 \cdot \sigma_b}{M \cdot \dfrac{h}{z}} - 1;$$

$$176)\quad \sigma_e = 7{,}5\,\sigma_b \cdot \left(a' + \sqrt{a'^2 + \frac{h}{22{,}5\,\text{cm}}}\right).$$

Bemerkungen	● Gesuchte Größen		Nr. der Aufgabe	Hilfsrechnung	Nr. d. Formel f. d. Leitwert	Tabelle VI liefert die Werte	Nr. der Formeln für die gesuchten Größen		
* Freie Bemessung	F_e	h	1			$\frac{z}{f_e}$, $\frac{h}{f_e}$, $r^2\sigma_e$ bzw. r	167 u. 168 bzw. 169 u. 170	125 bzw. 124	133
	F_e	M	5		85	$\frac{h}{z}$, $\frac{h}{f_e}$	171 bzw. 174	138	
Gebundene Bemessung	F_e	σ_e	7	$\frac{h}{z}$ schätzen; 172 u. 173 bzw. 175 u. 176		h/z (Bei großer Abweichung vom geschätzten Wert Rechnung durchverbessern)	137		
	F_e	σ_b	8	$\frac{h}{z}$ schätzen; 137 u. {164 bzw. 166}	126	h/z[83]), h/f_e, v bzw. σ_b	133	130	

* **Bequemer** ist, wie oben beschrieben, **Tab. V** mit heranzuziehen. (Der Einheitlichkeit und Übersicht halber zieht vorstehendes Schema grundsätzlich nur Tab. VI heran.)

Fig. 13[79]). (Vgl. Fig. 12.)

Allgemeines über Plattenbalken. *Plattenbalken* sind Balken von ⊤- oder ⅂-förmigem Querschnitt mit plattenartiger Verbreiterung des Steges in der äußersten Druckzone[84]). Eine Eigentümlichkeit der Plattenbalken liegt darin, daß ihre Druckzone bald unbeschränkt[85]), bald beschränkt sein kann. In den meisten Fällen der Praxis kann man die Berechnung der Plattenbalken mittels **Tab. IX** vornehmen und braucht sich dann um diese Eigentümlichkeit nicht zu kümmern, da Tab. IX sowohl für unb. Drz. wie für bschr. Drz. gültig ist. (Der Grenzfall zwischen beiden Möglichkeiten ist in Tab. IX durch flach abgetreppte Linien kenntlich gemacht worden.) Zwecks Benutzung d. Tab. IX sucht man die für die gegebene Plattenstärke d gültige Untertabelle[86]) auf und berechnet das Einheitsmoment M/b, ferner, falls F_e gegeben, f_e nach 91.

---

[79]) Vgl. die allgemeinere Formel 288.

[80]) Kürzehalber wenden wir den Ausdruck »veränderlich« im Sinne der Verabredung 36 an, auch für die Druckbreite. Für diese werde, um Mißverständnisse zu vermeiden, weiterhin verabredet, daß der Ausdruck »veränderlich« niemals die statische Abhängigkeit der Druckbreite im Sinne der Aufgaben 2, 3, 6, 11, 12 (Fig. 12) bezeichnen soll.

[81]) Vgl. 177 und Fußn. 88 im Zusammenhange.

[82]) Man fährt dann mit Formel 132 fort.

[83]) h/z braucht nur für besonders genaue Berechnungen abgelesen zu werden. Mit diesem Werte kann man dann die Berechnung wie bei Aufg. 7 bis zur Übereinstimmung durchverbessern, bevor man die gesuchten Größen endgültig ermittelt.

[84]) Unscharfer Gepflogenheit folgend, trifft auch im Rahmen dieses Buches die Bezeichnung der Balkenart eigentlich nur die Art des zu untersuchenden Querschnitts. Es wird z. B. von »Plattenbalken« lediglich kürzehalber statt von »Plattenbalken-Querschnitten« gesprochen. Ist ein solcher Balken an beiden Auflagern eingespannt, so ist er konstruktiv durchweg ein »Plattenbalken« (Balken, mit Platte verbunden), aber bemessungstheoretisch an den Enden ein »Rechteckbalken«.

[85]) Vgl. Fußn. 20, 21 und 55 jeweils im Zusammenhange.

[86]) Für $d > 40$ cm können die Untertabellen $d \geqq 5$ cm, für $d < 5$ cm die Untertabellen $d \gtreqless 40$ cm benutzt werden. Dabei ist lediglich das Dezimalkomma der Zahlenwerte entsprechend zu verschieben und die Regel zu beachten: Zum 10fachen d gehören das 10fache h und f_e, jedoch das 100fache M/b.

Bei **freier Bemessung** findet man in der Spalte σ_b' und in der Zeile M/b links h, rechts f_e und damit F_e nach 133. Vgl. **Zahlenbeisp.** 31 und 37.

Bei **gebundener Bemessung**, wenn F_e (bzw. h) und σ_b[87]) gesucht werden, findet man in der Zeile M/b an der Stelle h (bzw. f_e) die Größe f_e (bzw. h) und darüber im Tabellenkopfe σ_b. Vgl. **Zahlenbeisp.** 33.

177) Ist σ_e in der Tabelle nicht aufgeführt[88]) (also weder gleich 1000 noch 1200 noch 1500 kg/cm²) so sind zweckmäßig die für $\sigma_e = 1000$ kg/cm² gültigen (schrägen) Zahlen des Tabellenkopfes (oben sowie seitlich) zu benutzen. Die Buchstabenzeichen dieser Größen erhalten den Zeiger 1000. Wenn M gegeben (bzw. gesucht) ist, nimmt man vor Eintritt in die (bzw. nach Austritt aus der) Tabelle die Reduktion 179 (bzw. 180) vor. Wenn σ_b gegeben (bzw. gesucht) ist, nimmt man entsprechend die Reduktion 181 (bzw. 182) vor. Vgl. **Zahlenbeisp.** 35.

178) Ist d in der Tabelle nicht aufgeführt[88]), so sind entweder die Untertabellen für die nächstbenachbarten Werte d zu benutzen und notfalls die Ergebnisse aus 2 Untertabellen zu interpolieren. Oder die gegebenen statischen Größen sind auf die Plattenstärke $d = 10$ cm zu reduzieren (bzw. nach 183, 184, 185) und lediglich die Untertabelle $d = 10$ cm zu benutzen, deren statische Größen mit dem Zeiger 10 gekennzeichnet werden. Die aus der Tab. gefundenen Größen liefern zum Schluß nach 186, 187, 188 die zugehörigen wirklichen Größen. Die Werte σ_e und σ_b bedürfen keiner Reduktion. — Vgl. aber auch Zahlenbeisp. 38[88]).

Ist weder σ_e noch d in Tab. IX verzeichnet, so sind vor Eintritt in die Tabelle bzw. die Reduktionen 183, 184, 189, nach Austritt 186, 187, 190 anzuwenden.

179) $M_{1000} = \frac{1000\ \text{kg/cm}^2}{\sigma_e} \cdot M;$

180) $M = \frac{\sigma_e}{1000\ \text{kg/cm}^2} \cdot M_{1000};$

181) $\sigma_{b\,1000} = \frac{1000\ \text{kg/cm}^2}{\sigma_e} \cdot \sigma_b;$ 182) $\sigma_b = \frac{\sigma_e}{1000\ \text{kg/cm}^2} \cdot \sigma_{b\,1000};$

183) $h_{10} = \frac{10\ \text{cm}}{d} \cdot h = \mathfrak{h} \cdot 10\ \text{cm};$[89])

184) $f_{e\,10} = \frac{10\ \text{cm}}{d} \cdot f_e;$ 185) $\left(\frac{M}{b}\right)_{10} = \left(\frac{10\ \text{cm}}{d}\right)^2 \cdot \frac{M}{b};$

186) $h = \frac{d}{10\ \text{cm}} \cdot h_{10};$ 187) $f_e = \frac{d}{10\ \text{cm}} \cdot f_{e\,10};$

188) $\frac{M}{b} = \left(\frac{d}{10\ \text{cm}}\right)^2 \cdot \left(\frac{M}{b}\right)_{10};$

189) $\left(\frac{M}{b}\right)_{10;\,1000} = \left(\frac{10\ \text{cm}}{d}\right)^2 \cdot \frac{1000\ \text{kg/cm}^2}{\sigma_e} \cdot \frac{M}{b};$

190) $\frac{M}{b} = \left(\frac{d}{10\ \text{cm}}\right)^2 \cdot \frac{\sigma_e}{1000\ \text{kg/cm}^2} \cdot \left(\frac{M}{b}\right)_{10;\,1000}.$

191) $d = 10\ \text{cm} \cdot \sqrt{\frac{M/b}{(M/b)_{10}}};$

192) $d = 10\ \text{cm} \cdot \sqrt{\frac{1000\ \text{kg/cm}^2}{\sigma_e} \cdot \frac{M/b}{(M/b)_{10;\,1000}}};$

193) $z = \frac{M_{1000}/b}{f_e} \cdot \frac{\text{cm}^2}{\text{t}};$

194) $z = \frac{(M/b)_{10;\,1000}}{f_{e\,10}} \cdot \frac{d}{10\ \text{cm}} \cdot \frac{\text{cm}^2}{\text{t}};$

195) $\mathfrak{h} = h/d;$ 196) $d = h \cdot d/h = h/\mathfrak{h};$ 197) $h = \mathfrak{h} \cdot d.$

In den selteneren Fällen, in denen bei freier Bemessung an Stelle d der (für Plattenbalken besonders kennzeichnende) Verhältniswert d/h bzw. $\mathfrak{h}$ (vgl. Definition 195) gegeben ist, wird ebenfalls die Untertabelle $d = 10$ cm benutzt. Dort sucht man in der Spalte σ_b' den (zuvor nach 183 ermittelten) Zahlenwert h_{10} auf. Unmittelbar neben h_{10} findet man f_{e10} und auf gleicher Zeile im Seitenkopf $(M/b)_{10}$ bzw. $(M/b)_{10;\,1000}$. Man erhält schließlich d nach 191 bzw. 192, h nach 197, f_e nach 187. — Statt Tab. IX kann man auch Tab. X, Spalte $b'/b = 0$, gemäß Absatz 260 benutzen.

Den **Innenhebel** z liefert mittels Tab. IX (am bequemsten in m) Formel 193 bzw. 194. (Für seine Anwendung zu Schubberechnung sind jedoch die Erläuterungen auf S. 85, Abs. 5 zu beachten.)

Für den Fall bschr. Drz. ist bei Aufstellung d. Tab. IX der **Stegdruck vernachlässigt** worden. Diese Vernachlässigung ist bei einigermaßen großem Breitenverhältnis b/b' (siehe Fig. 15), daher insbesondere im Hochbau, allgemein üblich. Sie vereinfacht die Rechnung und bewirkt eine gewisse (zwar nur formal statisch begründete, aber schon der Geringfügigkeit wegen unbedenkliche) Eisenersparnis. Diese Vernachlässigung wird daher den für bschr. Drz. weiter unten folgenden Beziehungen zunächst ebenfalls zugrunde gelegt. Kürzehalber wird auch in späteren Abschnitten [90]) dieses Buches unter *Plattenbalken mit bschr. Drz.* stillschweigend ein Plattenbalken[84]) mit vernachlässigtem Stegdruck verstanden, solange weder ausdrücklich das Gegenteil gesagt wird, z. B. durch die Bezeichnung *Stegdruckbalken*[91]), noch Druckbewehrung oder Längskraft in Betracht kommt.

Berechnet man Plattenbalken unter Vernachlässigung des Stegdrucks aus irgendwelchen Gründen **ohne Tabellen**, so benutzt man die in den nachfolgenden Absätzen gegebenen Anleitungen und Formeln. Diese lassen sich großenteils für $n = 15$ in noch etwas bequemerer Form schreiben. Kürzehalber bleibt dies (mit Ausnahme der wichtigsten Formeln) dem Benutzer überlassen[92]). Vgl. **Zahlenbeisp.** 32.

Grenzfall der Druckzonen-Beschränkung. Zunächst bedarf es der Rücksichtnahme auf das nachfolgend in verschiedenen Formeln dargestellte Kriterium für die Beschränkung der Druckzone. Nur, wenn das Kriterium erfüllt ist, sind die weiter unten für bschr. Drz. angegebenen Formeln anwendbar. Andernfalls sind auch Plattenbalken (ohne Rücksichtnahme auf die Plattenstärke d) ebenso wie Platten oder Rechteckbalken (unb. Drz.) zu berechnen. Als Gleichung gelesen, stellt das Kriterium den schon erwähnten Grenzfall dar, in dem die Platten-Unterkante mit der Balken-Nullinie zusammenfällt.

198) $x \geqq d;$ 199) $\mathfrak{h} \geqq v/n + 1;$ 200) $\frac{M}{b\,d^2} \geqq \frac{\sigma_e}{2n} + \frac{\sigma_b}{3};$

200a) Für $n = 15$: $\frac{M}{b/d^2} \geqq \frac{1}{3}\left(\frac{\sigma_e}{10} + \sigma_b\right);$

201) $v \leqq 2n \cdot \mathfrak{M}^d - 2n/3;$ 201a) $v \leqq 30\,\mathfrak{M}^d - 10;$

202) $\mathfrak{M}_d \geqq \frac{1}{2n} + \frac{1}{3n(\mathfrak{h} - 1)};$ 203) $\mathfrak{M}^d \geqq \frac{\mathfrak{h}}{2} - \frac{1}{6};$

204) $d \leqq \frac{3}{2} h \cdot \left(1 - \sqrt{1 - \frac{8}{3} \cdot \frac{M}{\sigma_b \cdot b \cdot h^2}}\right);$

205) $\frac{f_e}{d} \geqq \frac{1}{2v};$ 206) $\frac{f_e}{d} \geqq \frac{1}{2n(\mathfrak{h} - 1)};$

207) $\frac{f_e}{d} \geqq \frac{1}{4n(\mathfrak{M}^d - 1/3)};$ 208) $\frac{f_e}{d} \leqq \frac{3}{2} \cdot \left(\mathfrak{M}_d - \frac{1}{2n}\right);$

209) $z/d \geqq v/n + 2/3;$ 210) $z/d \leqq \mathfrak{h} - 1/3;$

211) $\frac{f_e}{d} \geqq \frac{1}{2n(z/d - 2/3)};$

212) $M \leqq d \cdot \sigma_b \cdot n \cdot F_e \cdot (\mathfrak{h} - 1) \cdot (\mathfrak{h} - 1/3).$

Beschränkte Druckzone[93]). Kürzehalber lassen wir den seltenen und praktisch unbedeutenden Fall, daß d unbekannt sei, außer acht[94]). Mithin bleibt die Zahl der zu behandelnden statischen Größen, d. h. auch die Zahl und die

[87]) Falls F_e und σ_e gesucht wird, benutzt man Tab. X (bei Vernachl. d. Stegdrucks Spalte $b'/b = 0$). Vgl. Aufg. IV, Fig. 16.

[88]) Dieser Absatz gilt nicht nur für Tab. IX, sondern gleichermaßen auch für die Tab. V und VIII.

[89]) Vgl. Definition 195 für $\mathfrak{h}$.

[90]) Hierauf wird gelegentlich zurückverwiesen werden.

[91]) Es handelt sich hier also ähnlich wie bei »Balkenplatten« (siehe Fußn. 30) um die eigenartige, aber zweckmäßige Maßnahme, mit der Bezeichnung nicht die Konstruktion, sondern die Berechnung zu treffen. Vgl. Fußn. 84 u. 106.

[92]) Vgl. 251.

[93]) Bei vernachlässigtem Stegdruck. Vgl. Fußn. 90 im Zusammenhange.

[94]) Ausnahmsweise bei freier Bemessung beschäftigen wir uns unten mit dem Fall, daß d/h bzw. d/x statt d gegeben ist.

Eigenart aller überhaupt möglichen Berechnungsaufgaben bei bschr. Drz. die gleiche wie früher (bei unb. Drz.). Statt Fig. 12 zeigt jetzt Fig. 14 schematisch die Lösungen[93]) an, und zwar in Verbindung mit folgenden Formeln[95]). $\mathfrak{a}$ ist eine Abkürzung. Voraussetzung 128 gilt auch hier.

Bemerkungen	● Gesuchte Größen		Nr. der Aufgabe	Nr. der ersten Formeln	Nr. des Kriteriums	Nr. der weiteren Formeln
Freie Bemessung	h	F_e	1		200 bzw. 200a	85 bzw. 116; 219; 221 bzw. 221a *; 225 bzw. 225a; 197; 241
	b	F_e	2	85; 195	199	213; 246; 225 bzw. 225a; 241
	b	h	3	85; 244	209	235**; 197; 225 bzw. 225a; 243
	M	h	4	85; 242	205	227; 197; 215
Tragfähigkeits-Berechnung	M	F_e	5	85; 195	199	225; 241; 215
	M	b	6	85; 195	199	225; 243; 215
Gebundene Bemessung	F_e	σ_e	7	119; 195	203	229; 226; 241; 129
	F_e	σ_b	8	120; 195	202	228; 226; 241; 130
	h	σ_e	9	119; 242	207	230; 226; 197; 129
	h	σ_b	10	244; 242	211	239⁂; 226; 197; 130
	b	σ_e	11	195	212	233; 245; 85 bzw. 116; (232; 245; 85 bzw. 116)⁂; 225 bzw. 225a; 243
	b	σ_b	12	244; 195	210	236; 130; 225; 243
	M	σ_e	13	242; 195	206	226; 129; 215
	M	σ_b	14	242; 195	206	226; 130; 215
Spannungs-Untersuchung	σ_e	σ_b	**15**	242; 195	206	226; 213; 247; 130

* Falls besondere Genauigkeit gewünscht wird, durchverbessern nach 220 bzw. 220a. — Falls geringere Genauigkeit ausreicht, z. B. für sehr hohe Plattenbalken, kann 223 statt 221 bzw. 221a verwendet werden. — Eine sehr gute Näherung auch für Plattenbalken mittlerer Höhe erzielt man durch Formel 222 mit anfangs geschätztem und nötigenfalls nachträglich berichtigtem h/z. Man fährt dann fort mit 197 und 137.

** Falls besondere Genauigkeit gewünscht wird, durchverbessern nach 234.

⁂ Falls besondere Genauigkeit gewünscht wird, durchverbessern nach 238.

⁂ Die eingeklammerten Formeln können bei roheren Berechnungen weggelassen werden, bei besonders genauen Berechnungen wiederholt werden.

Fig. 14[73]).

$$213)\quad \mathfrak{M}_d = \frac{1}{v}\cdot\left(\mathfrak{h} - 1 + \frac{1}{3\,\mathfrak{h}}\right) - \frac{1}{n}\left(\frac{1}{2} - \frac{1}{3\,\mathfrak{h}}\right)^{96)};$$

$$214)\quad \mathfrak{M}^d = \mathfrak{h} - 1 + \frac{1}{3\,\mathfrak{h}} - \frac{v}{n}\left(\frac{1}{2} - \frac{1}{3\,\mathfrak{h}}\right);$$

$$215)\quad \frac{M}{b\,d^2} = \sigma_b\cdot\left(\mathfrak{h} - 1 + \frac{1}{3\,\mathfrak{h}}\right) - \frac{\sigma_e}{n}\left(0{,}5 - \frac{1}{3\,\mathfrak{h}}\right);$$

$$216)\quad v = \frac{\mathfrak{h} - 1 + \frac{1}{3\,\mathfrak{h}}}{\mathfrak{M}_d + \frac{1}{n}\left(\frac{1}{2} - \frac{1}{3\,\mathfrak{h}}\right)};\qquad 217)\quad v = \frac{\mathfrak{h} - 1 + \frac{1}{3\,\mathfrak{h}} - \mathfrak{M}^d}{\frac{1}{n}\left(\frac{1}{2} - \frac{1}{3\,\mathfrak{h}}\right)};$$

$$218)\quad \sigma_b = \frac{\frac{M}{b\,d^2} + \frac{\sigma_e}{n}\left(0{,}5 - \frac{1}{3\,\mathfrak{h}}\right)}{\mathfrak{h} - 1 + \frac{1}{3\,\mathfrak{h}}};\qquad 219)\quad \mathfrak{a} = \frac{\frac{M}{b\,d^2} + \frac{\sigma_e}{2\,n}}{\sigma_b} + 1;$$

$$220)\quad \mathfrak{h} = \mathfrak{a} - \frac{\frac{1}{3}\left(\frac{v}{n} + 1\right)}{\mathfrak{h}};$$

$$220a)\quad \mathfrak{h} = \mathfrak{a} - \frac{\frac{1}{3}\left(\frac{80\ \mathrm{kg/cm^2}}{\sigma_b'} + 1\right)}{\mathfrak{h}};$$

$$221)\quad \mathfrak{h} \approx \mathfrak{a} - \frac{\frac{1}{3}\left(\frac{v}{n} + 1\right)}{\mathfrak{a}};\qquad 221a)\quad \mathfrak{h} \approx \mathfrak{a} - \frac{\frac{1}{3}\left(\frac{80\ \mathrm{kg/cm^2}}{\sigma_b'} + 1\right)}{\mathfrak{a}};$$

$$222)\quad \mathfrak{h} = \frac{v}{2\,n} + 0{,}5 + \mathfrak{M}^d\cdot\frac{h}{z};\qquad 223)\quad \mathfrak{h} \approx \mathfrak{a};$$

$$224)\quad \mathfrak{h} = \frac{\mathfrak{a}}{2} + \sqrt{\left(\frac{\mathfrak{a}}{2}\right)^2 - \frac{1}{3}\left(\frac{v}{n} + 1\right)};$$

$$225)\quad \frac{\mathfrak{f}_e}{d} = \frac{1}{v}\cdot\left[1 - \frac{\frac{1}{2}\left(\frac{v}{n} + 1\right)}{\mathfrak{h}}\right];$$

$$225a)\quad \frac{\mathfrak{f}_e}{d} = \frac{2\,\sigma_b' - \frac{\sigma_b' + 80\ \mathrm{kg/cm^2}}{\mathfrak{h}}}{24\ \mathrm{kgm/cm^3}};$$

$$226)\quad v = \frac{\mathfrak{h} - \frac{1}{2}}{\mathfrak{h}\cdot\frac{\mathfrak{f}_e}{d} + \frac{1}{2\,n}};\qquad 227)\quad \mathfrak{h} = \frac{\frac{1}{2}\left(\frac{v}{n} + 1\right)}{1 - v\cdot\frac{\mathfrak{f}_e}{d}};$$

$$228)\quad \frac{\mathfrak{f}_e}{d} = \frac{\mathfrak{M}_d\left(\mathfrak{h} - \frac{1}{2}\right) - \frac{1}{12\,n}}{\mathfrak{h}\cdot(\mathfrak{h} - 1) + \frac{1}{3}};\qquad 229)\quad \frac{\mathfrak{f}_e}{d} = \frac{\frac{1}{2\,n}\cdot\left(\mathfrak{M}^d - \frac{1}{6}\right)}{\mathfrak{h}\cdot(\mathfrak{h} - 1 - \mathfrak{M}^d) + \frac{1}{3}};$$

$$230)\quad \mathfrak{h} = \frac{\mathfrak{M}^d + 1}{2} + \sqrt{\left(\frac{\mathfrak{M}^d + 1}{2}\right)^2 + \frac{\mathfrak{M}^d - \frac{1}{6}}{2\,n\cdot\frac{\mathfrak{f}_e}{d}} - \frac{1}{3}};$$

$$231)\quad \frac{z}{h} = 1 - \frac{1/2}{\mathfrak{h}}\cdot\left(1 - \frac{1}{\frac{6\,\mathfrak{h}}{h/x} - 3}\right);$$

$$232)\quad \frac{z}{d} = \mathfrak{h} - \frac{1}{2} + \frac{1/12}{\frac{\mathfrak{h}}{v/n + 1} - \frac{1}{2}};\qquad 233)\quad \frac{z}{d} \approx \mathfrak{h} - \frac{1}{2};$$

$$234)\quad \mathfrak{h} - \frac{1}{2} = \frac{z}{d} - \frac{\frac{1}{12}\left(\frac{v}{n} + 1\right)}{\mathfrak{h} - \frac{1}{2} - \frac{1}{2}\frac{v}{n}};$$

$$235)\quad \mathfrak{h} - \frac{1}{2} \approx \frac{z}{d} - \frac{\frac{1}{12}\left(\frac{v}{n} + 1\right)}{\frac{z}{d} - \frac{1}{2}\frac{v}{n}};$$

$$236)\quad v = n\cdot\left(\frac{\mathfrak{h}}{\frac{1}{2} + \frac{1/12}{z/d + 1/2 - \mathfrak{h}}} - 1\right)^{97)};$$

$$237)\quad \frac{z}{d} = \mathfrak{h} - \frac{1}{2} + \frac{\frac{1}{12}\cdot\left(1 + \frac{1}{n\cdot\mathfrak{f}_e/d}\right)}{\mathfrak{h} - 1/2};$$

$$238)\quad \mathfrak{h} - \frac{1}{2} = \frac{z}{d} - \frac{\frac{1}{12}\cdot\left(1 + \frac{1}{n\cdot\mathfrak{f}_e/d}\right)}{\mathfrak{h} - 1/2};$$

[95]) Diejenigen Formeln, deren Ordnungsnummer mit a versehen sind, gelten nur für $n = 15$.

[96]) Einfache Schreibweise: $\frac{1}{3\,\mathfrak{h}}$; einfache Rechnungsweise: $\frac{0{,}3333}{\mathfrak{h}}$.

[97]) $\mathfrak{h}$ und z/d müssen sehr genau eingesetzt werden.

239) $\mathfrak{h} - \frac{1}{2} \approx \frac{z}{d} - \frac{\frac{1}{12} \cdot \left(1 + \frac{1}{n \cdot f_e/d}\right)}{z/d}$;

240) $\mathfrak{h} - \frac{1}{2} = \frac{1}{2} \cdot \left[\frac{z}{d} + \sqrt{\left(\frac{z}{d}\right)^2 - \frac{1}{3} \cdot \left(1 + \frac{1}{n \cdot f_e/d}\right)}\right]$;

241) $F_e = b \cdot d \cdot \frac{f_e}{d}$; 242) $\frac{f_e}{d} = \frac{F_e}{d \cdot b}$; 243) $b = \frac{F_e}{d \cdot f_e/d}$;

244) $\frac{z}{d} = \frac{M}{F_e \cdot \sigma_e \cdot d}$; 245) $\sigma_e = \frac{\frac{M}{F_e \cdot d}}{z/d}$;

246) $b = \frac{\frac{M}{\sigma_e d^2}}{\mathfrak{M}_d}$; 247) $\sigma_e = \frac{\frac{M}{b d^2}}{\mathfrak{M}_d}$;

248) $d = \sqrt{\frac{\frac{M}{b \sigma_e}}{\mathfrak{M}_d}}$; 249) $\mathfrak{M} = \frac{\mathfrak{M}^d}{\mathfrak{h}^2}$;

250) $\mathfrak{h} = \frac{h/x}{d/x} = \frac{h}{x} \cdot \frac{x}{d}$;

Wird bei freier Bemessung ohne Tabellen nicht d, sondern d/h bzw. $\mathfrak{h}$ vorweg festgelegt und bei der Lösung der Aufg. 1 (Fig. 14) als gegeben angesehen ($h/x = v/n + 1$ ist dann ebenfalls bekannt), so ermittelt man $\mathfrak{M}_d$ nach 213, d nach 248, h nach 197, f_e/d nach 225, F_e nach 241. — Ist d/x statt d gegeben (z. B. um eine bestimmte mäßige Beschränkung der Druckzone zu erreichen), so geht der vorstehenden Rechnung noch die Ermittlung von $\mathfrak{h}$ nach 250 voran.

Der Innenhebel z kann aus Gl. 193 (mit Hilfe der Tab. IX) oder ohne Tabelle mittels einer der Gl. 232, 233, 135, 244 (gelegentlich auch 142, 237) bestimmt werden.

251) Formel-Rezept. Setzt man für irgendwelche Größen einer Formel Sonderwerte ein, die in der Praxis häufig wiederkehren, so erhält man Tochterformeln, die für den bequemen praktischen Gebrauch oft der Mutterformel überlegen sind. Da aber die einzuführenden Sonderwerte zeitlich und örtlich sehr verschieden sein können, so würde durch Einzelaufführung der Tochterformeln Kürze und Übersichtlichkeit des Buches gestört werden. Statt dessen gewöhnt man sich zweckmäßiger daran, die Mutterformel (gelegentlich auch eine Tochterformel) als Formel-Rezept anzusehen[98]).

Will man z. B. häufiger Plattenbalken für $n = 15$; $\sigma_e = 1200$ kg/cm²; $\sigma_b = 40$ kg/cm² ohne Tabellen berechnen, so empfiehlt es sich, die Formeln 219, 221 a, 220 a nicht jedesmal unmittelbar, sondern nur einmal als Rezept zu verwenden zur Aufstellung der Formeln:

252) $\mathfrak{a} = \frac{1}{40} \cdot \frac{M}{b d^2} + 2$; $\mathfrak{h} \approx \mathfrak{a} - \frac{1}{\mathfrak{a}}$; $\mathfrak{h} = \mathfrak{a} - \frac{1}{\mathfrak{h}}$

und sich diese Formeln für die Zeit des Gebrauches einzuprägen.

Beliebiger Wert n[99]). Um Berechnungen nicht nur für $n = 15$, sondern für beliebige Werte n, auch wenn nur Formeln und Tabellen für $n = 15$ vorhanden sind, durchführen zu können, empfiehlt es sich folgendes zu beachten.

253) Alle statischen Beziehungen eines auf Biegung beanspruchten Verbundquerschnittes lassen sich so schreiben, daß die Größen n, F_e und σ_e nur noch in den Ausdrücken $F_e \cdot n$ und σ_e/n auftreten[100]) (daß also auch die Abkürzungen, die F_e oder σ_e enthalten, z. B. f_e, v, $\mathfrak{M}_d$ usw. nur noch in Ausdrücken wie $f_e \cdot n$, v/n, $\mathfrak{M}_d \cdot n$ usw. erscheinen).

254) Alle statischen Beziehungen eines auf Biegung beanspruchten Verbundquerschnittes lassen sich auch so schreiben, daß die Größen n, F_e, σ_b, M (und, falls vorhanden, N) nur noch in den Ausdrücken $F_e \cdot n$, $\sigma_b \cdot n$, $M \cdot n$ (und $N \cdot n$) auftreten[101]) (daß also auch die Abkürzungen, die F_e, σ_b oder M enthalten, z. B. f_e, v, $\mathfrak{M}_d$ usw. nur noch in Ausdrücken wie $f_e \cdot n$, v/n, $\mathfrak{M}_d \cdot n$ usw. erscheinen).

Hieraus ergeben sich für Formeln und Tabellen rein statischer Herkunft (z. B. nicht für Gl. 176 oder Tab. II, III und V) folgende Regeln:

255) Wie verwandelt man eine für $n = 15$ gültige Formel in die allgemein gültige zurück? Entweder nach 255a oder 255b.

255a) Man ersetzt, soweit vorhanden, F_e und σ_e durch $F_e \cdot n/15$ und $\sigma_e \cdot 15/n$[102]).

255b) Man ersetzt, soweit vorhanden, F_e, σ_b und M durch $F_e \cdot n/15$, $\sigma_b \cdot n/15$ und $M \cdot n/15$[103]).

256) Wie wendet man eine für $n = 15$ aufgestellte Tabelle für einen beliebigen Wert n an? Entweder nach 256a oder 256b[104]).

256a) Man führt in die Tabelle ein oder entnimmt ihr $F_e \cdot n/15$ und $\sigma_e \cdot 15/n$ an Stelle von F_e und σ_e[102]).

256b) Man führt in die Tabelle ein oder entnimmt ihr $F_e \cdot n/15$, $\sigma_b \cdot n/15$ und $M \cdot n/15$ an Stelle von F_e, σ_b und M[103])[105]).

Vgl. Zahlenbeisp. 34 und 36. Auch für die vorstehenden Regeln ist zu beachten, daß das für die einzelnen Größen (F_e usw.) Gesagte auch für die sie enthaltenden Abkürzungen (f_e usw.) gilt. (Vgl. 253 und 254.) Entnimmt man z. B. den Zahlenwert der Abkürzung r gemäß 256b der Tab. VI, so hat dieser hier (gemäß Definition 88) die Bedeutung $\frac{h}{\sqrt{\frac{M}{b} \cdot \frac{n}{15}}}$.

Bemerkenswert ist, daß sinngemäß eine Reihe von Tabellengrößen, wie $r^2 \sigma_b$, $\mathfrak{M}$, $\mathfrak{M}^d$ (auch $\mathfrak{M}_1$, $\mathfrak{N}_1$) und andere auch bei beliebigem n unmittelbar zu benutzen sind (ohne Reduktion).

Für die richtige Handhabung der Tabellen bei beliebigem n genügt es schon, allgemein folgendes zu beachten:

257) Die Tabellen enthalten nicht eigentlich Zahlenwerte F_e (oder verwandte Größen wie β), σ_b (oder verwandte Größen wie v), M (oder verwandte Größen wie r); sondern $F_e \cdot n/15$ (bzw. $\beta \cdot 15/n$ usw.), $\sigma_b \cdot n/15$ (bzw. $v \cdot 15/n$ usw.), $M \cdot n/15$ (bzw. $r \cdot \sqrt{15/n}$ usw.). Die erstgenannten Größen sind also Sonderwerte der zweitgenannten für $n = 15$ und als Bezeichnungen in die Tabellen nur einfachheitshalber und wegen der Häufigkeit des Sonderfalles eingetragen.

Stegdruckbalken[106]). Fig. 15 zeigt den Querschnitt eines Stegdruckbalkens mit der oberen Druckbreite b, der Steg-Druckbreite b' und der Zugbreite b_0. (Meistens ist $b' = b_0$; jedoch nicht immer, z. B. bei schweren Brückenbalken oder bei manchen Steineisendecken und ähnlichen Stegdruckbalken-Gruppen.)

Die häufigeren Bemessungsaufgaben für Stegdruckbalken[107]) sind bequem mit Hilfe der **Tab. X** nach Maßgabe des Benutzungsschemas Fig. 16[108]) zu lösen. Vgl. Zahlenbeisp. 39 bis 45.

---

[98]) Hiervon wird auch außerhalb dieses Paragraphen Gebrauch gemacht. Auch wird hierauf gelegentlich verwiesen.

[99]) Auch das nachfolgend über n Gesagte gilt allgemein, auch außerhalb dieses Paragraphen, wenn man F_e bzw. M als Symbol für jede Art von Eisenquerschnitt (also auch F_{ee}, F_e' usw.) bzw. Angriffsgröße (auch N, M_e usw.) versteht.

[100]) Beweis: Bei der Herleitung der Grundbeziehungen eines Verbundquerschnittes kann man sich einer Querschnittsfigur bedienen, in der der Eisenquerschnitt F_e durch den Betonquerschnitt $F_e \cdot n$ ersetzt ist, und einer Spannungsfigur, in der die Eisenzugspannung σ_e durch die »Betonzugspannung« σ_e/n ersetzt ist. In anderem Zusammenhange erscheint dabei n nicht. Welche weiteren Formeln man auch ableitet, es liegt niemals ein Zwang vor, die Ausdrücke $F_e \cdot n$ oder σ_e/n wieder in ihre Bestandteile zu zertrennen. — Vgl. auch Fußn. 53.

[101]) Beweis: Vergrößert man die Spannungsfigur (siehe Fußn. 100) auf die n-fachen Spannungen, so erhält man mit σ_e und $n \cdot \sigma_b$ das n-fache Moment (und die n-fache Längskraft).

[102]) Folgt aus 253. [103]) Folgt aus 254.

[104]) 256b verdient den Vorzug in den häufigeren Fällen der Praxis, in denen σ_e mit einem Zahlenwerte gegeben ist, der in der Tabelle besonders berücksichtigt ist.

[105]) Benutzt man bei beliebigem n mehrere Tabellen unmittelbar nacheinander (z. B. Tab. VI, IX, IV), so braucht man die Reduktion (256b) nur beim ersten Eintritt in eine Tabelle und beim endgültigen Austritt aus einer Tabelle vorzunehmen, nicht aber beim Übertritt von einer Tabelle zur andern unter gleichen Leitwerten.

[106]) Abkürzung für Plattenbalken, deren Stegdruck in der statischen Berechnung berücksichtigt wird. Vgl. auch Fußn. 91.

[107]) Auch Steineisenplatten, soweit diese wie Stegdruckbalken zu berechnen sind.

[108]) Wo Fig. 16 die Größe v enthält, kann statt dessen unmittelbar σ_b verwendet werden, sofern $\sigma_e = 1000$, 1200 oder 1500 kg/cm² gegeben ist.

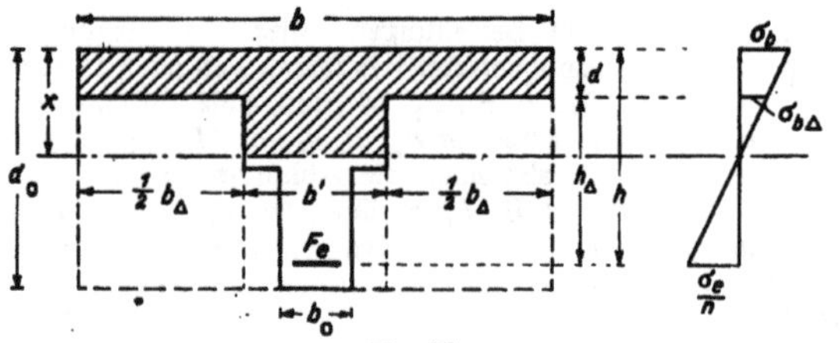

Fig. 15.

Bezeichnet ein vorliegender Zahlenwert d/h in Tab. X eine Leerzeile, so sind die beiden oberen Teilzeilen der letzten dreifachen Zeile zu benutzen (Unb. Drz.). — In Tab. X nicht aufgeführte Zwischenwerte b'/b werden durch geradlinige Zwischenschaltung genau berücksichtigt. Diese wird zweckmäßig zwischen Anfangs- und Endspalte ($b'/b = 0$ und 1) vorgenommen.

258) Unter Einschluß von b' und d und der früher betrachteten 6 Größen M, σ_b, σ_e, b, h, F_e (vgl. Fig. 12 und 14) handelt es sich um 8 Größen, von denen 6 bekannt, 2 unbekannt sind. Von den auf diese Weise theoretisch möglichen 28 Aufgaben berücksichtigt Fig. 16 nur 13. Auch zur Lösung der übrigen (seltenen) 15 Aufgaben leistet Tab. X auf dem Wege des Probierens gute Dienste.

259) Sind z. B. F_e und σ_b gesucht (Aufg. IVa), so schätzt man zunächst h/z und ermittelt F_e in erster Näherung nach Gl. 137. Dann findet man gemäß Aufg. X (Fig. 16) v und $\mathfrak{M}$ aus Tab. X und anschließend h/z nach 278. Mit diesem Werte berichtigt[71]) man schließlich die Berechnung.

Bemerkungen	Gesuchte Größen ●		Nr. der Aufgabe	Leitwerte •			Tabelle X liefert die beiden Werte		
Freie Bemessung	F_e	h	I	v	$\frac{b'}{b}$	$\mathfrak{M}^d$	$\frac{f_e}{h}$	$\frac{d}{h}$	
	F_e	d	II	v	$\frac{b'}{b}$	$\mathfrak{M}$	$\frac{f_e}{h}$	$\frac{d}{h}$	
	F_e	b'	III	v	$\frac{d}{h}$	$\mathfrak{M}$	$\frac{f_e}{h}$	$\frac{b'}{b}$	
Gebundene Bemessung	F_e	σ_e	IV	$\frac{b'}{b}$	$\frac{d}{h}$	$\mathfrak{M}$	$\frac{f_e}{h}$	v	*
Tragfähigkeits-Berechnung	F_e	M	V	v	$\frac{b'}{b}$	$\frac{d}{h}$	$\frac{f_e}{h}$	v	
	d	M	VI	v	$\frac{b'}{b}$	$\frac{f_e}{h}$	$\frac{d}{h}$	$\mathfrak{M}$	
	b'	M	VII	v	$\frac{d}{h}$	$\frac{f_e}{h}$	$\frac{b'}{b}$	$\mathfrak{M}$	
	σ_e	M	VIII	$\frac{b'}{b}$	$\frac{d}{h}$	$\frac{f_e}{h}$	v	$\mathfrak{M}$	*
	σ_b	M	IX	$\frac{b'}{b}$	$\frac{d}{h}$	$\frac{f_e}{h}$	v	$\mathfrak{M}$	*
Spannungs-Untersuchung	σ_b	σ_e	X	$\frac{b'}{b}$	$\frac{d}{h}$	$\frac{f_e}{h}$	v	$\mathfrak{M}$	*
	d	σ_e	XI	$\frac{b'}{b}$	$\frac{f_e}{h}$	$\mathfrak{M}$	v	$\frac{d}{h}$	**
	b'	σ_e	XII	$\frac{d}{h}$	$\frac{f_e}{h}$	$\mathfrak{M}$	v	$\frac{b'}{b}$	***
	b'	d	XIII	v	$\frac{f_e}{h}$	$\mathfrak{M}$	$\frac{d}{h}$	$\frac{b'}{b}$	****

* Beim Blättern ruht das Auge auf dem gleichen Felde.
** „ „ „ „ „ „ der gleichen Spalte.
*** „ „ „ „ „ „ der gleichen Zeile.

**** Das Suchen ist etwas unbequemer als bei den übrigen Aufgaben.

Fig. 16[72]) [108]).

260) Außerdem ermöglicht Tab. X die bequeme Lösung einer Reihe von Aufgaben, in denen d/h an Stelle d und außerdem b gegeben ist. Z. B. dienen dann bei freier Bemessung die Größen v, b'/b, d/h als Leitwerte, mit denen man aus Tab. X $\mathfrak{M}$ und f_e/h findet. Man fährt dann fort mit 358 (oder 275, 124), 196, 133.

261) Tragfähigkeits-Berechnung ohne Tab. X. Aufg. V (Fig. 16) kann auch folgendermaßen gelöst werden. Man betrachtet den statisch wirksamen Querschnitt (in Fig. 15 schraffiert) als Differenz zweier Rechteckquerschnitte (Minuend: Breite b, Zeiger b; Subtrahend: Breite b_Δ, Zeiger Δ) und erhält:

262) $\sigma_{b\Delta} = \sigma_b - \frac{d}{h} \cdot \left(\frac{\sigma_e}{n} + \sigma_b\right)$;

263) $M = M_b - M_\Delta$; **264)** $F_e = F_{eb} - F_{e\Delta}$.

Zur praktischen Durchführung der Aufgabe ermittelt man zunächst $\sigma_{b\Delta}$ nach 262, ferner $v_b = \sigma_e/\sigma_b$ und $v_\Delta = \sigma_e/\sigma_{b\Delta}$. Dann löst man[109]) für den Minuend-Balken und den Subtrahend-Balken je einmal Aufg. 5 gemäß Fig. 12 und erhält zuerst F_{eb} bzw. $F_{e\Delta}$ und dann M_b bzw. M_Δ. Schließlich folgen die Formeln 263 und 264.

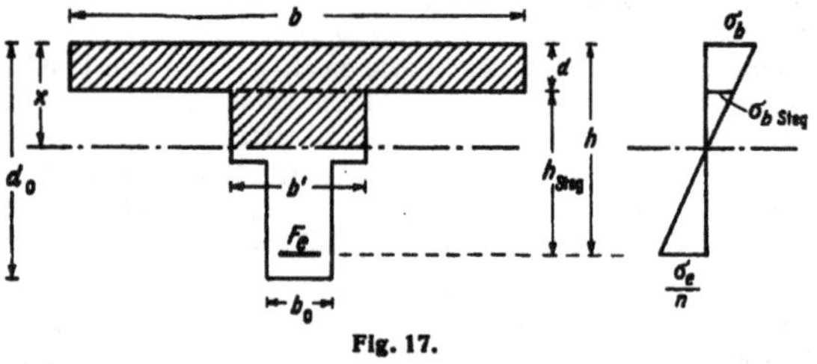

Fig. 17.

Statt dessen kann man in manchen Fällen zweckmäßiger den wirksamen Querschnitt auch als Summe betrachten aus dem eines Plattenbalkens ohne Stegdruck (Zeiger: Platte) und dem des Steges (Rechteckbalken, Breite b' [110]), Zeiger: Steg). Man erhält dann (siehe Fig. 17):

265) $\sigma_{b\,Steg} = \sigma_b - \frac{d}{h} \cdot \left(\frac{\sigma_e}{n} + \sigma_b\right)$;

266) $M = M_{Platte} + M_{Steg}$; **267)** $F_e = F_{e\,Platte} + F_{e\,Steg}$.

Ohne Tabellen und unmittelbar lassen sich die Tragfähigkeits-Berechnung und eine Reihe weiterer Aufgaben gemäß Fig. 18 durchführen unter Benutzung auch der nachfolgenden Formeln. $\mathfrak{x}$, $\mathfrak{f}_1$, $\mathfrak{f}_2$, $\mathfrak{b}_1$, $\mathfrak{b}_2$ sind Hilfsgrößen.

268) $\frac{d}{\mathfrak{x}} = \frac{h}{\mathfrak{x}} \cdot \frac{d}{h}$; **269)** $\frac{z}{\mathfrak{x}} = \frac{h}{\mathfrak{x}} \cdot \frac{z}{h}$;

270) $x = \frac{\mathfrak{x}}{d} \cdot d$; **271)** $x = \frac{\mathfrak{x}}{h} \cdot h$;

272) $z = x \cdot \frac{z}{\mathfrak{x}}$; **273)** $h = x \cdot \frac{h}{\mathfrak{x}}$;

274) $\sigma_b = \frac{M}{\mathfrak{M} b h^2}$; **275)** $r = \frac{1}{\sqrt{\mathfrak{M} \cdot \sigma_b}}$;

276) $\mathfrak{M} = \frac{z}{h} \cdot \frac{f_e}{h} \cdot v$; **277)** $\frac{z}{h} = \frac{\mathfrak{M}}{v \cdot f_e/h}$;

278) $\frac{h}{z} = \frac{v \cdot f_e/h}{\mathfrak{M}}$; **279)** $\mathfrak{r} = \left(1 - \frac{b'}{b}\right) \cdot \left(1 - \frac{d}{x}\right)^2$;

280) $z_\Delta = z_{Steg} = z_b - \frac{2}{3} d$; **281)** $\frac{z_\Delta}{h} = \frac{z_b}{h} - \frac{2}{3} \frac{d}{h}$;

282) $z = h - \frac{x}{3} + \frac{\frac{2}{3} d}{\frac{b}{b - b'} \cdot \left(\frac{x}{x - d}\right)^2 - 1} = z_b + \frac{\frac{2}{3} d}{\frac{1}{\mathfrak{r}} - 1}$;

[109]) Notfalls auch ohne jede Tabelle nach Fig. 12b.

[110]) Kürzehalber b' statt b_{Steg}.

283) $\frac{z}{x}=\frac{h}{x}-\frac{1}{3}+\frac{2/3}{\frac{x}{d}\cdot\left[\frac{b/b'}{b/b'-1}\cdot\left(\frac{x/d}{x/d-1}\right)^2-1\right]}$;

284) $\frac{z}{h}=\frac{z_b}{h}+\frac{\frac{2}{3}\frac{d}{h}}{\frac{1}{\mathfrak{t}}-1}$; 285) $z\cdot x\cdot(1-\mathfrak{t})=\frac{2M}{b\cdot\sigma_b}$;

286) $b'=b-\frac{b-2v\cdot F_e/x}{(1-d/x)^2}$; 287) $b=b'+\frac{2v\cdot F_e/x-b'}{\frac{d}{x}\cdot\left(2-\frac{d}{x}\right)}$;

288) $\mathfrak{M}=\frac{1}{2}\frac{x}{h}\cdot(1-\mathfrak{t})\cdot\frac{z}{h}$; 289) $\mathfrak{M}=\frac{1}{2}\frac{x}{h}\cdot\left(\frac{z_b}{h}-\mathfrak{t}\cdot\frac{z_\Delta}{h}\right)$;

290) $\mathfrak{M}=\frac{\frac{1-\mathfrak{t}}{h/z_b}+\frac{2}{3}\cdot\frac{d}{h}\cdot\mathfrak{t}}{2h/x}$;

291) $\frac{f_e}{x}=\frac{1-\mathfrak{t}}{2v}$; 292) $v=\frac{b\,x\,(1-\mathfrak{t})}{2F_e}$;

293) $\frac{h}{f_e}=\frac{2v\cdot\left(\frac{v}{n}+1\right)}{1-\mathfrak{t}}=\frac{2v\cdot\frac{h}{x}}{1-\mathfrak{t}}$;

294) $\frac{x}{d}=-\left(\frac{b}{b'}-1\right)+\sqrt{\frac{b}{b'}\cdot\left[\left(\frac{b}{b'}-1\right)+\frac{2\mathfrak{M}^d}{z/x}\right]}$;

295) $\frac{x}{\sqrt{\frac{M}{b}}}=\frac{1}{\sqrt{\sigma_b\cdot\left[\left(\frac{h}{x}-\frac{1}{3}\right)\cdot\frac{1-\mathfrak{t}}{2}+\frac{d}{x}\cdot\frac{\mathfrak{t}}{3}\right]}}$;

296) $\mathfrak{f}_1=\frac{\frac{F_e}{2}+\frac{(b-b')\cdot d}{2n}}{F_e+\frac{(b-b')\,d}{2n}\cdot\frac{d}{h}}$; $\mathfrak{f}_2=\frac{\frac{b'\cdot h}{2n}}{F_e+\frac{(b-b')\,d}{2n}\cdot\frac{d}{h}}$;

297) $\frac{h}{x}=\mathfrak{f}_1+\sqrt{\mathfrak{f}_1^2+\mathfrak{f}_2}$;

298) $\mathfrak{d}_1=1-\frac{\mathfrak{M}^d\cdot d/h}{(1-b'/b)\cdot z_\Delta/h}$; $\mathfrak{d}_2=\frac{z_b/h}{(1-b'/b)\cdot z_\Delta/h}-1$;

299) $\frac{h}{x}=\frac{\mathfrak{d}_1+\sqrt{\mathfrak{d}_1^2+\mathfrak{d}_2}}{d/h}$;

300) $M=F_e\cdot\sigma_e\cdot\left(z_b-\frac{2}{3}d\right)+\frac{\sigma_b\cdot b\cdot x}{2}\cdot\frac{2}{3}d$;

301) $F_e=\frac{M-\frac{\sigma_b\cdot b\cdot x}{2}\cdot\frac{2}{3}d}{\sigma_e\cdot\left(z_b-\frac{2}{3}d\right)}$;

302) $M=F_e\sigma_e z_b+\frac{F_e\sigma_e-\frac{\sigma_b\cdot b'x}{2}}{\left(\frac{x}{x-d}\right)^2-1}\cdot\frac{2}{3}d$;

303) $F_e=\frac{1}{\sigma_e}\cdot\frac{M+\frac{\sigma_b b'x}{2}\cdot\frac{\frac{2}{3}d}{\left(\frac{x}{x-d}\right)^2-1}}{z_b+\frac{\frac{2}{3}d}{\left(\frac{x}{x-d}\right)^2-1}}$.

Ist d/h (bzw. $\mathfrak{h}$) statt d gegeben, so löst man Aufg. I, indem man nacheinander die folgenden Ausdrücke berechnet: 93; 268; 279; 295 (liefert x); 273; 291 (liefert f_e); 133.

Der Innenhebel z kann mit Hilfe der Tab. X und Formel 277 bzw. 278, oder ohne Tabelle mit Hilfe der Formeln 282 bis 284 bestimmt werden.

Teilweise ausgenutzter Stegdruck. Für schwerere Plattenbalken wird man zur Berücksichtigung des Stegdruckes am häufigsten bei gebundener Bemessung veranlaßt, dadurch nämlich, daß die Druckspannung ohne Berücksichtigung des Steges bei sehr beschränkter Konstruktionshöhe zu groß wird[111]). In diesem Falle ist die oben beschriebene Zerlegung

Bemerkungen	Gesuchte Größen		Nr. d. Aufgabe	Nr. der Formeln, der Reihe nach anzuwenden.
Freie Bemessung	F_e	h	I	85; $\overset{93}{\underset{93a}{\text{bzw.}}}$; 119; $\frac{z}{h}$ schätzen; 269; 294; 283; nötigenfalls durchverbessern; 270; 272; 273; 137.
	F_e	b'	III	85; $\overset{93}{\underset{93a}{\text{bzw.}}}$ (liefert x), 151 (lief. z_b); 301; 286.
	F_e	b	IIIa	85; $\overset{93}{\underset{93a}{\text{bzw.}}}$ (liefert x); 151 (lief. z_b); 303; 287.
Gebundene Bemessung	F_e	σ_e	IV	$\frac{z_b}{h}$ schätzen; 119; 281; 298; 299; 152 $\left(\text{liefert } \frac{z_b}{h}\right)$; nötigenfalls durchverbessern; 95; 129; 268; 279; 293; 133.
	F_e	σ_b	IVa	$\frac{z}{h}$ schätzen; 137; 296; 297; 152 $\left(\text{lief. } \frac{z_b}{h}\right)$; 268; 279; 284; nötigenfalls durchverbessern; 95; 130.
Tragfähigkeits-Berechnung	F_e	M	V	85; $\overset{93}{\underset{93a}{\text{bzw.}}}$; 121 $\left(\text{liefert } \frac{h}{z_b}\right)$; 268; 279; 290; 144; 293; 133.
	b'	M	VII	85; $\overset{93}{\underset{93a}{\text{bzw.}}}$ (liefert x); 151 (liefert z_b); 300; 286.
	b	M	VIIa	85; $\overset{93}{\underset{93a}{\text{bzw.}}}$ (liefert x); 151 (liefert z_b); 287; 300.
	σ_e	M	VIII	296; 297; 95; 129; 152 $\left(\text{lief. } \frac{z_b}{h}\right)$; 268; 279; 284; 138.
	σ_b	M	IX	296; 297; 95; 130; 152 $\left(\text{lief. } \frac{z_b}{h}\right)$; 268; 279; 284; 138.
Spannungs-Untersuchung	σ_b	σ_e	X	296; 297; 95; 121 $\left(\text{lief. } \frac{h}{z_b}\right)$; 268; 279; 290 274; 129.
	h	σ_e	XIa	x probieren; 279; 292; 151 (lief. z_b); 282; 285; wiederholen bis Übereinst.; 93 (lief. h); 129.

Fig. 18[n]).

in einen Plattenbalken (ohne Stegdruck) und einen Rechteckbalken (Steg) sehr empfehlenswert. Denkt man sich nämlich (lediglich für die Biegungs-Berechnung, also nicht für die Schubkraft-Übertragung) beide Bestandteile durch eine waagerechte Fuge in U. K. Platte voneinander getrennt, so braucht man den Vorteil der (bei Vernachlässigung des Stegdrucks formal-statisch erzielbaren) Eisenersparnis nur, soweit es erforderlich ist, preiszugeben[112]). Siehe Fig. 19. Man geht dann folgendermaßen vor.

Gegeben sind alle Größen außer $\sigma_{b\,\text{Steg}}$ und F_e. Man ermittelt zunächst M_{Platte} und $F_{e\,\text{Platte}}$ mittels Tab. IX oder X, Spalte $b'/b=0$ (oder ohne Tabelle gemäß Fig. 14, Aufg. 5),

[111]) Diese Beschränkung braucht allerdings nicht immer unmittelbar räumlich veranlaßt zu sein, sondern kann auch eine Gewichtsbeschränkung aus wirtschaftlichen Rücksichten bedeuten. In solchen Fällen, besonders für leicht belastete weit gespannte Balken, kommt also auch bei freier Bemessung von T-Querschnitten die Berücksichtigung des Stegdrucks in Betracht.

[112]) Diese Lösung ist im theoretischen Sinne nicht widerspruchsfrei hinsichtlich des Sprunges der Druckspannungslinie von 3 nach 1 (Fig. 19). Von diesem Widerspruch ist jedoch auch das übliche Rechnungsverfahren nicht frei, das bei Vernachlässigung jeder Steg-Druckspannung die Spannungslinie sogar von 3 nach 4 springen läßt. — Die »wirkliche« (geradlinig angenommene) Spannungslinie befindet sich natürlich in einer Zwischenlage zwischen 2—3 und 2—1.

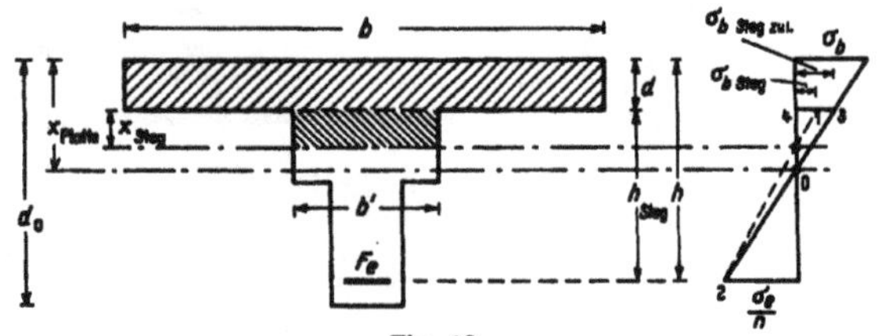

Fig. 19.

ferner $\sigma_{b\ \mathrm{Steg\ zul}}$ (nach Formel 265 oder) aus Spalte $\sigma_{b\ \mathrm{Steg}}$ bzw. $\sigma_{b\ \mathrm{Steg}}/\sigma_b$ der Tab. X und dann für $h_{\mathrm{Steg}} = h - d$ und M_{Steg} (nach Gl. 304) mittels Tab. VI (gemäß Fig. 12, Aufg. 8) oder VIII die Größen $\sigma_{b\ \mathrm{Steg}}$ und $F_{e\ \mathrm{Steg}}$. Dabei ist zu prüfen, daß Bedingung 305 erfüllt bleibt. Schließlich folgt F_e nach Formel 267.

304) $M_{\mathrm{Steg}} = M - M_{\mathrm{Platte}}$; **305)** $\sigma_{b\ \mathrm{Steg}} \leqq \sigma_{b\ \mathrm{Steg\ zul}}$.

Faustformeln. Überschläglicher gebundener Bemessung (aller hier behandelten Querschnittsarten) dient die Faustformel 306, überschläglicher Nachprüfung der Bemessung (besonders in fertigen statischen Berechnungen) die Faustformel 307. Diese Formeln sind vor allem dann nützlich, wenn Zweifel über die Zulässigkeit der Druckspannung nicht bestehen, z. B. meistens bei Plattenbalken. (Andernfalls ist gleichzeitig das Verhältnis h/f_e nachzuprüfen.) Leicht einprägsam sind beide Formeln in dem Satze 308.

306) $F_e \approx \frac{M}{d_{(0)}} \cdot \frac{1{,}2}{\sigma_e}$; **307)** $F_e \cdot d_{(0)} \cdot \frac{\sigma_e}{1{,}2} \approx M$.

308) Ein 1 m hoher Querschnitt nimmt mit $\sigma_e = 1200$ kg/cm² ungefähr das »Moment« F_e auf (berechnet in cm², umbenannt in tm).

§ 6a. Druckbewehrung.

Zerlegung. Ist außer der Zugbewehrung auch eine Druckbewehrung vorhanden, so zerlegen wir den wirksamen Eisenbetonquerschnitt in zwei Teile 1 und 2 und kennzeichnen mit den Zeigern 1 und 2 die zugehörigen statischen Größen.

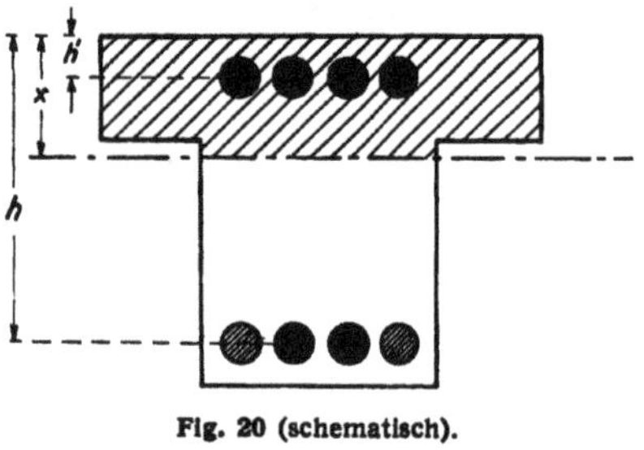

Fig. 20 (schematisch).

Teil 1 (in Fig. 20 schraffiert) besteht aus dem reinen Betonquerschnitt und dem Zugeisenquerschnitt F_{e_1}, Teil 2 (in Fig. 20 vollschwarz) aus dem Druckeisenquerschnitt F_e' und dem Zugeisenquerschnitt F_{e_2}. Wir schreiben also z. B. (vgl. 117)

309) $\mathfrak{M}_1 = \frac{M_1}{\sigma_b\, b\, h^2} = \frac{1}{r_1^2\, \sigma_b}$.

310) Keine Längskraft. Dieser Paragraph befaßt sich noch mit reiner Biegung. Lediglich in der Schreibweise nehmen wir auf die im nächsten Paragraphen folgende Behandlung einer (neben dem Moment auftretenden) Längskraft N schon jetzt Rücksicht, um uns später kürzer fassen zu können. Der daher in den nachfolgenden Formeln erscheinende Zeiger 0 (mit der vorläufig selbstverständlichen Bedeutung *zu $N = o$ gehörig*) kann bei Anwendung innerhalb dieses Paragraphen fortgelassen werden.

Allgemeines. Die Aufnahme von Biegungs-Druckkräften durch Eiseneinlagen widerspricht eigentlich dem wirtschaftlich-konstruktiven Grundgedanken der Eisenbeton-Bauweise[113]) und ist darum, soweit es sich nicht um Montageeisen, Säumungseisen od. dgl.[114]) handelt, die aus andern Gründen notwendig sind, in der Regel nur dann vorzusehen, wenn infolge beschränkter Konstruktionshöhe die Betondruckkräfte nicht zur Aufnahme des Momentes ausreichen[115]). Deswegen kommt Druckbewehrung gegen Biegung hauptsächlich bei gebundener Bemessung[116]) in Betracht.

Zu den früher behandelten statischen Querschnittsgrößen treten eigentlich noch drei neue hinzu, nämlich der Druckeisen-Querschnitt F_e', sein Achs-Abstand h' von der gedrückten Querschnittskante und seine Druckspannung

311) $\sigma_e' = n \cdot \sigma_b \cdot (1 - h'/h) - \sigma_e \cdot h'/h = n\, \sigma_b \cdot (1 - h'/x)$[117]).

Da aber gleichzeitig eine neue Gleichung (311) hinzutritt, ist es meistens zweckmäßig, die Größe σ_e', die nur selten interessiert (vgl. 317), auszuschalten und gegen früher nur 2 neu hinzutretende Querschnittsgrößen zu beachten, nämlich F_e' und h'.

312) Demnach müssen vor der statischen Querschnittsberechnung 2 Größen mehr als bisher gegeben sein (z. B. für unb. Drz. im ganzen die 4 Größen[118]) σ_b, σ_e, h und h' bei gebundener Bemessung, wenn F_e und F_e' gesucht werden).

Entsprechend der Bezeichnung f_e verwenden wir auch den Ausdruck 313.

Wirtschaftliche Zugspannung. Dadurch, daß bei Anordnung von Druckbewehrung trotz gebundener Bemessung sowohl σ_e wie σ_b mit dem »ersten Schritt«[119]) vorausbestimmt werden, nämlich nach wirtschaftlichen Gesichtspunkten, erhält hier, da $\sigma_b = \sigma_{b\,\mathrm{sich}}$ ausgenutzt werden soll, der Begriff der wirtschaftlichen Zugspannung eine besondere Bedeutung. Näheres siehe in § 12. Hier sei nur darauf schon hingewiesen, daß bei beschränkter Konstruktionshöhe eine Ermäßigung der Eisen-Zugspannung aus wirtschaftlichen Gründen auch ohne Druckbewehrung in Betracht kommt. Diese Frage ist also zu prüfen, ehe man sich zur Anwendung der Druckbewehrung überhaupt entschließt.

Zulässige Eisendruckspannung[120]). Die Bedingung 314 für die Zulässigkeit der Eisendruckspannung kann man

313) $f_e' = F_e'/b$; **314)** $\sigma_e' \leqq \sigma_{e\,\mathrm{sich}}'$;

315) $\sigma_b \leqq \frac{\sigma_{e\,\mathrm{sich}}'}{n} \cdot \frac{1 + \frac{\sigma_e}{\sigma_{e\,\mathrm{sich}}'} \cdot h'/h}{1 - h'/h}$; **316)** $\sigma_e' = \frac{\sigma_e}{f_e'/f_{e_2}}$.

auch in der Form 315 schreiben. Hieraus folgt, wenn man einfach und sicher $h'/h = 0$ zugrunde legt:

317) Fall 1 (kommt meistens in Betracht): Man braucht sich um die Zulässigkeit von σ_e' nicht zu kümmern, wenn $\sigma_b \leqq \sigma_{e\,\mathrm{sich}}'/n$, d. h. z. B. bei $n = 15$, wenn σ_b kleiner, als in Fig. 21 angegeben, verbleibt[121]).

$\sigma_{e\,\mathrm{sich}}'$	=	*1000*	**1200**	1500 kg/cm²
σ_b	≦	*67*	**80**	100 kg/cm²

Fig. 21.

318) Fall 2 (muß im Hinblick auf die Gütesteigerung der modernen Betonherstellung immerhin schon im Auge behalten werden): Trifft Fall 1 nicht mit Sicherheit zu, so hat man bei Benutzung der Tab. VII darauf zu achten, daß man links des Sonderwertes $f_e'/f_{e_2} = \sigma_e/\sigma_{e\,\mathrm{sich}}'$ bleibt, d. h. z. B. bei $\sigma_e = \sigma_{e\,\mathrm{sich}}'$ links der rechten Treppenlinie[121]). Läßt sich diese Be-

[113]) Hinzu kommt bei niedrigen Konstruktionen die Gefahr *fehlerhafter Verlegung* der Druckeisen. Vgl. die unter diesem Stichwort unten folgenden Ausführungen.

[114]) Z. B. an den gedrückten Kanten von Balken, Balkenvouten, Säulen. Alle derartigen Eisen sind gemeint, wenn wir künftig kurz von *Montageeisen* sprechen.

[115]) Zur Druckbewehrung schreitet man also (allgemein) aus ähnlichen Gründen wie zur Berücksichtigung des Stegdrucks (für Plattenbalken).

[116]) Vgl. Definition 26. — Obwohl in § 2 für nur 6 statische Größen beispielsweise erläutert, sind die Definitionen 22 (unter Berücksichtigung der Fußnote 9) bis 26 mit allgemeinerer Gültigkeit (z. B. auch bei Druckbewehrung) abgefaßt, nicht dagegen Definition 27.

[117]) Zug- und Druckspannung werden (wie auch sonst in diesem Buch) nicht durch Vorzeichen unterschieden, sondern als Absolutwerte benutzt.

[118]) Hier werden also vier Größen nach nichtstatischen Gesichtspunkten gewählt. (Erster Schritt. Vgl. 22 nebst Fußnote 9.)

[119]) Vgl. Definition 22 nebst Fußnote 9.

[120]) Vgl. auch Kurt Bernhard, *Die zulässige Eisendruckspannung in Eisenbetonquerschnitten*, »Zement« 1932, Heft 20.

[121]) Wenn keine äußere Längsdruckkraft auftritt und gleichzeitig $F_e = F_e'$ sowie $\sigma_e = \sigma_{e\,\mathrm{sich}}'$ ist, braucht man sich um σ_e' unter keinen Umständen zu kümmern.

dingung zunächst nicht einhalten, so empfiehlt sich: entweder Vergrößerung von $\sigma_{e\,\text{sich}}$ (Druckbewehrung durch Stahl mit höherer Streckgrenze); oder (nach eingehender Prüfung und Verständigung mit der Baupolizei) Verringerung von n für die Druckzone (vgl. 388); oder Vergrößerung von h'; oder (erst in letzter Linie) Verringerung des ursprünglich gewählten σ_b.

Ist Tab. VII nicht zur Hand, so benutzt man Formel 315.

In jedem Falle genügt es, σ_e' mittelbar durch σ_b zu prüfen, was formalpraktisch den Vorteil hat, daß man rechnerisch, wie gewohnt, von σ_b und σ_e ausgeht. — Im übrigen läßt sich auch unmittelbar σ_e' (mit Gl. 316) aus Tab. VII bequem bestimmen, notfalls auch ohne Tabelle nach 311, gelegentlich auch aus Tab. X (vgl. Zahlenbeisp. 39, Fußnote 421).

Verhältnis h'/h. Die mitgeteilten und die noch folgenden Formeln zeigen deutlich den Einfluß des Verhältnisses h'/h. Die unvermeidliche Abweichung des rechnerischen von dem wirklich ausgeführten Abstand h' bleibt belanglos, solange h einigermaßen groß ist. Aus diesem Grunde können Tabellen, die auf einem mehr oder weniger willkürlich festgelegten Werte h'/h aufgebaut sind (wie z. B. die von Ehlers[122]) und die von Geyer[123])) für stärkere Balken und überschlägliche Berechnungen mit Vorteil verwandt werden. Bei niedrigen Balken aber und besonders Platten ist die Größe h'/h genauer zu berücksichtigen[124]) (nach dem allgemeinen unten folgenden Verfahren). Diese Notwendigkeit wird ohne weiteres deutlich, wenn man an das Beispiel einer schwachen Platte denkt, deren gesamte Druckhöhe $x = 2{,}5$ cm ist. Eine rechnerische Abwärtsbewegung der Druckeisen um nur 2 cm kann hier schon bedeuten, daß die Druckeisen in die neutrale Zone kommen, daß also σ_e' sprunghaft auf Null herabsinkt.

Fehlerhafte Verlegung. Gefährlicher pflegt die Abweichung der Größe h'/h zu werden, wenn der Fehler nicht rechnerisch, sondern in der Ausführung selbst begangen wird. Tatsächlich läßt sich jedoch eine ausreichend genaue Verlegung der Druckeisen bei oben gedrückten, niedrigen Konstruktionen, also besonders bei Platten nur schwer gewährleisten. In keinem Falle dürfen Eisen der oberen Bewehrung nach dem Betonieren »eingedrückt« werden. Werden sie aber vor dem Betonieren verlegt, so ist die für diese Arbeit notwendige Präzision und die Sorgfalt, sie nach Fertigstellung vor dem Heruntertreten zu schützen, eine wirtschaftliche Erschwernis[125]). Da ohnehin bei Platten meistens eine Ermäßigung der Eisenzugspannung ohne Druckbewehrung billiger ist, so ist eine obere Druckbewehrung bei nicht besonders starken Platten überhaupt zu vermeiden[126]).

Aufgabestellung. h' werden wir grundsätzlich als gegeben betrachten. Deswegen und wegen 312 werden wir es an Stelle der in § 6 behandelten 6 (bzw. 8) Größen — vgl. 128 (bzw. 258) — nunmehr mit nachfolgenden 7 (bzw. 9) statischen Größen zu tun haben (mit den eingeklammerten nur bei bschr. Drz.). Die Lösung aller unten behandelten Aufgaben beruht auf der Voraussetzung:

319) Die von den 7 (bzw. 9) Größen M, σ_b, σ_e, b (b', d), h, F_e, F_e' nicht ausdrücklich als gesucht bezeichneten sind gegeben[73]).

320) Gebundene Bemessung. Gesucht F_e, F_e'. Die normale [127]) gebundene Bemessung geht, wie folgt, vor sich. Man bestimmt zunächst M_1 und F_{e_1}, und zwar (entweder auf irgendeinem der in § 6[66]) bekanntgegebenen Wege[128]) oder) am bequemsten nach Gl. 321 und 322, indem man $\mathfrak{M}_1$ und h/f_{e_1} bzw. f_{e_1}/h bei unb. Drz. dem Kopfe der Tab. VII, bei bschr. Drz. der 1. und 2. Teilzeile im Felde der Tab. X[66]) entnimmt. Dann berechnet man die Ausdrücke 323 bis 326, wobei man f_e'/f_{e_2} der **Tab. VII** entnimmt, oder, falls diese nicht zur Hand ist, f_{e_2}/f_e' nach 327 ermittelt[129]).

Vgl. Zahlenbeisp. 46.

$$321)\quad M_1 = \mathfrak{M}_1 \cdot \sigma_b \cdot b \cdot h^2 = \frac{\sigma_b \cdot b \cdot h^2}{r_1^2\,\sigma_b};$$

$$322)\quad F_{e_1} = \frac{b \cdot h}{h/f_{e_1}} = b \cdot h \cdot \frac{f_{e_1}}{h}; \qquad 323)\quad M_2 = M - M_1;$$

$$324)\quad F_{e_2} = \frac{1}{\sigma_e} \cdot \frac{M_2}{h - h'}; \qquad 325)\quad F_e = F_{e_1} + F_{e_2};$$

$$326)\quad F_e' = F_{e_2} \cdot \frac{f_e'}{f_{e_2}} = \frac{F_{e_2}}{f_{e_2}/f_e'};$$

$$327)\quad \frac{f_{e_2}}{f_e'} = \frac{n\,\sigma_b}{\sigma_e} \cdot \left(1 - \frac{h'}{h}\right) - \frac{h'}{h} = \frac{n}{v} \cdot \left(1 - \frac{h'}{h}\right) - \frac{h'}{h}$$

$$= \frac{1 - h'/h}{h/x - 1} - \frac{h'}{h}; \qquad 328)\quad F_{e_2} + F_e' = \frac{M_2}{\sigma_e \cdot (x - h')};$$

$$329)\quad F_e + F_e' = F_{e_1} + \frac{M_2}{\sigma_e \cdot (x - h')};$$

$$330)\quad F_{e_2} = \frac{F_e'}{f_e'/f_{e_2}} = F_e' \cdot \frac{f_{e_2}}{f_e'};$$

$$331)\quad M_2 = F_{e_2} \cdot \sigma_e \cdot (h - h'); \qquad 332)\quad M = M_1 + M_2;$$

$$333)\quad F_{e_1} = F_e - F_{e_2}; \qquad 334)\quad F_{e_2} = F_e - F_{e_1}.$$

Gesamt-Eisenquerschnitt. Gelegentlich, z. B. besonders für Kostenanschläge, interessiert nur der Gesamt-Eisenquerschnitt. Man findet ihn dann etwas vereinfacht mittels Formel 329 [130]) (die auf der Beziehung 328 beruht) statt 324 bis 326, sonst wie vor.

335) Tragfähigkeits-Berechnung[131]). Zuweilen ist auch die Aufgabe zu lösen, wenn F_e' statt M gegeben ist, M und F_e zu bestimmen. Man ermittelt auch dann zunächst M_1 und F_{e_1}, wie oben beschrieben, darauf jedoch F_{e_2} nach 330 (mit Hilfe der Tab. VII oder Gl. 327), F_e nach 325, M_2 nach 331 und M nach 332.

Montageeisen. Diese Berechnungsweise ist auch anzuwenden zur Berücksichtigung in der Druckzone etwa ohnehin zu verlegender Montageeisen (oder anderer Eisen mit einem Nebenzweck[132])). Es empfiehlt sich nicht, die Auswahl und Anordnung solcher Eisen ausschließlich der Baustelle zu überlassen, sondern sie schon in der Eisenzeichnung als Konstruktionseisen zu behandeln. Dann wird man z. B. die Montageeisen in Balkenmitte nicht oder wenigstens regelrecht stoßen. Dadurch entsteht ein verhältnismäßig geringer Mehraufwand, aber eine erhebliche Gütesteigerung der Konstruktion, sei es zur Aufnahme von Druckkräften oder von unvorhersehbaren Zugkräften.

Etappen der Tragfähigkeit. Es ist wichtig, die Hilfsmittel, mit denen man die Tragfähigkeit eines Balkens oder einer Platte von gegebener Höhe steigern kann, in zweckmäßiger Reihenfolge heranzuziehen. — Beim Plattenbalken durchläuft man am besten nacheinander folgende Etappen (soweit erforderlich), und zwar anfangs unter Vernachlässigung des Stegdrucks, stets aber unter Ausnutzung der vorhandenen bzw. rechnerisch zulässigen Druckbreite. 1. $\sigma_e = \sigma_{e\,\text{sich}}$; $\sigma_b < \sigma_{b\,\text{sich}}$; 2. $\sigma_e = \sigma_{e\,\text{sich}}$; $\sigma_b = \sigma_{b\,\text{sich}}$ (wird auch in den folgenden Etappen beibehalten). 3. Berücksichtigung der Montageeisen. 3a. Berücksichtigung des Stegdrucks 3b. Verstärkung der Platte bis maximal $d = x$. 4. $\sigma_e \leqq \sigma_{e\,\text{sich}}$; $\sigma_b = \sigma_{b\,\text{sich}}$; Druckbewehrung darf Montageerfordernis überschreiten[133]); notfalls weitere Verstärkung der Platte auf maximal $d = x$. — Für Rechteckbalken und Platten gilt dieselbe Reihenfolge unter Fortfall der Etappen 3a und 3b.

[122]) Am bequemsten zugänglich in der Wiedergabe des »Betonkalender« (z. B. 1932, S. 337 ff.); genau nur für $h'/h = 0{,}07$.

[123]) Ernst Geyer, *Tabellen zur Berechnung v. einf. u. dopp. arm. Balken* usw., Verlag v. Julius Springer, Berlin 1921. — Geyer berechnet F_e' zunächst, als ob $h' = x/3$ wäre, und multipliziert notfalls das Ergebnis mit dem Berichtigungsfaktor $\frac{2}{3} \cdot \frac{x}{x - h'}$. Es ist aber bei hohen Balken und niedrigen Eisenzugspannungen oder hohen Betondruckspannungen zur Berichtigung eine weitere Multiplikation mit $\frac{z_1}{h - h'}$ erforderlich.

[124]) Sind mehrere Aufgaben mit dem gleichen Verhältnis h'/h zu lösen, so ist es oft zweckmäßig eine h'/h enthaltende Formel als Rezept (vgl. 251) für eine besondere Gebrauchsformel zu verwenden.

[125]) Eine Ausnahme bilden (fabrikmäßig hergestellte) Fertigkonstruktionen.

[126]) Vorsicht ist fehlerhafter Verlegung wegen natürlich auch bei oberer Zugbewehrung am Platze.

[127]) Vgl. auch weiter unten die gebundene Bemessung mit vorgeschriebenem f_e/f_e'.

[128]) Vgl. Aufg. 5 der Fig. 12 (u. 14) sowie Aufg. V der Fig. 16.

[129]) Für mehrere Positionen einer längeren statischen Berechnung bei gleichen Beanspruchungen und ungefähr gleichem h'/h nur einmal zu ermitteln.

[130]) x gewinnt man mittels h/x aus Tab. VI oder VII, oder mittels x/h aus Tab. X, oder nach 93a.

[131]) Vgl. auch unten *Seltenere Aufgaben*.

[132]) Vgl. Fußn. 114.

[133]) Wie weit Senkung der Eisenzugspannung, wie weit Erhöhung der Druckbewehrung herangezogen wird, gibt die wirtschaftliche Zugspannung an. Vgl. § 12.

Seltenere Aufgaben. Seltenere Formen der Tragfähigkeits-Berechnung sind folgende:

336) Gesucht M, F_e'. Man bestimmt M_1 und F_{e_1} wie bei gebundener Bemessung (siehe oben), ferner F_{e_2} nach 334, F_e' nach 326, M_2 nach 331, M nach 332.

337) Gesucht M, h. Man schätzt h'/h und findet F_{e_2} nach 330, F_{e_1} nach 333, M_1 und h nach § 6[66]), M_2 nach 331, M nach 332. — Bei unb. Drz. ist auch Gl. 365 verwendbar.

338) Gesucht M, σ_e. Man findet v wie unten bei der Spannungs-Untersuchung, σ_e nach 129, M_1 nach 321 bzw. § 6[66]), F_{e_2} nach 330, M_2 nach 331, M nach 332. — Vgl. auch 310.

339) Gesucht M, σ_b. Lösung wie vor; nur wird σ_b nach 130 (statt σ_e) ermittelt.

340) Spannungs-Untersuchung[134]). Sind σ_e und σ_b gesucht, so berechnet man zunächst $\mathfrak{f}_1$ und $\mathfrak{f}_2$[135]) nach 341 bzw. 342 und h/x nach 297. (Will man aus besonderen Gründen den Stegdruck vernachlässigen, so bestimmt man h/x unmittelbar nach 343.) Anschließend folgt v und f_e'/f_{e_2} aus Tab. VII (bzw. ohne Tabelle v nach 95, f_{e_2}/f_e' nach 327), F_{e_2} nach 330, $\mathfrak{M}_1$ (vgl. 309) bei unb. Drz. aus dem Kopf der Tab. VII (oder aus Tab. VI) oder ohne Tabelle nach 152 und 159, bei bschr. Drz. aus der 1. Unterzeile der Tab. X (bei vernachl. Stegdruck: Spalte $b'/b = 0$) oder ohne Tabelle nach 268, 279, 121 (liefert h/z_b), 290 (bei vernachl. Stegdruck nach 214 und 249)[66]). Schließlich folgt σ_b nach 344 und σ_e nach 129. Vgl. Zahlenbeisp. 48.

341) Unb. Drz.: $$\mathfrak{f}_1 = \frac{1}{2} \cdot \frac{F_{e_0} + F_e'}{F_{e_0} + F_e' \cdot h'/h}; \quad \mathfrak{f}_2 = \frac{\dfrac{b\,h}{2\,n}}{F_{e_0} + F_e' \cdot h'/h};$$

342) Bschr. Drz.: $$\mathfrak{f}_1 = \frac{\dfrac{1}{2}(F_{e_0} + F_e') + (b - b') \cdot \dfrac{d}{2\,n}}{F_{e_0} + F_e' \cdot \dfrac{h'}{h} + (b - b') \cdot \dfrac{d}{2\,n} \cdot \dfrac{d}{h}};$$

$$\mathfrak{f}_2 = \frac{\dfrac{b'\,h}{2\,n}}{F_{e_0} + F_e' \cdot \dfrac{h'}{h} + (b - b') \cdot \dfrac{d}{2\,n} \cdot \dfrac{d}{h}};$$

343) Bschr. Drz. ohne Stegdruck:

$$\frac{h}{x} = \frac{F_{e_0} + F_e' + \dfrac{b\,d}{2\,n} \cdot 2}{F_{e_0} + F_e' \cdot \dfrac{h'}{h} + \dfrac{b\,d}{2\,n} \cdot \dfrac{d}{h}};$$

344) $$\sigma_b = \frac{M}{\mathfrak{M}_1 \cdot b\,h^2 + F_{e_2} \cdot v \cdot (h - h')};$$

345) $$F_{\underset{\circ}{e_1}} = F_{e_0} - F_{e_2};$$

346) $h/f_{\underset{\circ}{e_1}} = b\,h/F_{\underset{\circ}{e_1}}$; **347)** $$\frac{f_{\underset{\circ}{e_1}}}{h} = \frac{F_{\underset{\circ}{e_1}}}{b\,h}.$$

Will man nur feststellen, ob und in welcher Richtung die Spannungen von den zulässigen erheblich abweichen, so führt (besonders bei unb. Drz.) u. U. folgendes Probierverfahren schneller zum Ziele[136]). Man schätzt v (statt es wie oben zu berechnen), und zwar in der Zeile h'/h der Tab. VII links der Ziffer $f_e'/f_{e_2} = F_e'/F_e$[137]). Dann bestimmt man F_{e_2} (nach 330), $F_{\underset{\circ}{e_1}}$ (nach 345), bei unb. Drz. $h/f_{\underset{\circ}{e_1}}$ (nach 346), bei bschr. Drz. $f_{\underset{\circ}{e_1}}/h$ (nach 347). Hiermit liefert bei unb. Drz. Tab. VII, bei bschr. Drz. Tab. X[66]) einen neuen Wert v. Zwischen diesem und dem ursprünglich angenommenen schätzt man einen dritten Wert v. Im Zweifelsfalle wiederholt[71]) man das Verfahren. Schließlich entnimmt man auch $\mathfrak{M}_1$ der Tab. VII bzw. X und findet wieder σ_b nach 344, σ_e nach 129.

Reduzierte Betondruckkraft. Wir bezeichnen die Betondruckkraft eines Querschnitts mit N_1, die Eisendruckkraft mit N_2. Diese Innendruckkräfte reduzieren wir auf unbenannte Zahlen, indem wir sie durch $\sigma_b \cdot b \cdot h$ dividieren. Z. B. erhalten wir dann die reduzierte Betondruckkraft $\mathfrak{N}_1$, für die nachstehende Beziehungen gelten.

348) $$\mathfrak{N}_1 = \frac{N_1}{\sigma_b \cdot b \cdot h};$$

349) Unb. Drz.: $$\mathfrak{N}_1 = \frac{1}{2} \cdot \frac{x}{h} = \frac{1/2}{h/x} = \mathfrak{N}_{1b};$$

350) Bschr. Drz.: $$\mathfrak{N}_1 = \frac{1}{2}\,\frac{x}{h}\,(1 - \mathfrak{r}) = \frac{\dfrac{1}{2}(1 - \mathfrak{r})}{h/x} = \mathfrak{N}_{1b} \cdot (1 - \mathfrak{r});$$

351) $\mathfrak{M}_1 = \mathfrak{N}_1 \cdot z_1/h$; **352)** $z_1/h = \mathfrak{M}_1/\mathfrak{N}_1$;

353) $\mathfrak{N}_1 = v \cdot f_{\underset{\circ}{e_1}}/h$; **354)** $h/f_{\underset{\circ}{e_1}} = v/\mathfrak{N}_1$.

***f_e/f_e'*[138]) gegeben.** In besonderen Fällen kann die Berechnungsaufgabe so gestellt sein, daß ein bestimmtes Verhältnis f_e/f_e' vorgeschrieben wird[139]). Dann kommen die gleichen Arten von Berechnungsaufgaben wie bei ausschließlicher Zugbewehrung in Frage (Sonderfall $f_e/f_e' = \infty$). Die wichtigsten werden nachstehend genau gelöst. (Jedoch darf in vielen Fällen, in denen weder der konstruktive Mindestquerschnitt der Bewehrungen noch $\sigma_{b\,zul}$ ausgenutzt werden kann, einfacher die untere und obere Bewehrung jede für sich lediglich als Zugbewehrung so in Rechnung gestellt werden, als sei Druckbewehrung nicht vorhanden. Grundsätzlich sparsamer ist der genaue Weg.)

355) Freie Bemessung mit f_e/f_e'[140])[134]). (Gesucht h, F_e, F_e'.) In jedem Falle schätzt man zunächst h'/h und bestimmt v nach 85. Je nach Querschnittsart bzw. Aufgabestellung fährt man fort.

Bei unb. Drz. bestimmt man mittels Tab. VII der Reihe nach die Ausdrücke 356, 357, 358, 322 (liefert F_{e_1}), 359, 360. Ohne Tabelle geht man ebenso vor, nachdem man vorweg noch die Ausdrücke 93, 152[66]) (liefert z_1/h), 349, 351, 354, 327 berechnet hat[141]). Vgl. Zahlenbeisp. 49.

Bei bschr. Drz. und gegebenem d/h (wenn also d nicht gegeben ist) geht man ebenso vor, entnimmt aber $\mathfrak{M}_1$ der 1., $\mathfrak{N}_1$ (mittels 353) der 2. Unterzeile der Tab. X. Statt dessen findet man auch ohne Tabelle $\mathfrak{N}_1$ nach 93, 268, 279, 350, z_b/h nach 152, z_1/h[66]) nach 284, $\mathfrak{M}_1$ nach 351. — Bei Vernachl. des Stegdrucks setzt man $b' = 0$. — Zum Schluß folgt d nach 196.

356) $$\frac{f_e}{f_{e_2}} = \frac{f_e'}{f_{e_2}} \cdot \frac{f_e}{f_e'} = \frac{f_e/f_e'}{f_{e_2}/f_e'};$$ **357)** $$\mathfrak{M} = \mathfrak{M}_1 + \mathfrak{N}_1 \cdot \frac{1 - h'/h}{f_e/f_{e_2} - 1};$$

358) $$h = \sqrt{\frac{\dfrac{M}{b\,\sigma_b}}{\mathfrak{M}}};$$ **359)** $$F_e = F_{e_1} \cdot \frac{\dfrac{f_e}{f_{e_2}}}{\dfrac{f_e}{f_{e_2}} - 1} = \frac{F_{e_1}}{1 - \dfrac{f_{e_2}}{f_e}};$$

360) $$F_e' = \frac{F_e}{f_e/f_e'};$$ **361)** $$F_e = F_e' \cdot \frac{f_e}{f_e'};$$

362) $$x = -\left(\frac{b}{b'} - 1\right) \cdot d + \sqrt{\left(\frac{b}{b'} - 1\right) \cdot d^2 \cdot \frac{b}{b'} + \frac{2 \cdot \dfrac{M}{\sigma_b \cdot b'}}{\dfrac{h}{x} \cdot \left(\dfrac{z_1}{h} + \dfrac{1 - \dfrac{h'}{h}}{\dfrac{f_e}{f_{e_2}} - 1}\right)}};$$

363) Ohne Stegdruck: $$\mathfrak{h} = \frac{1}{2}\,\frac{h}{x} + \frac{\mathfrak{M}^d}{\dfrac{z_1}{h} + \dfrac{1 - \dfrac{h'}{h}}{\dfrac{f_e}{f_{e_2}} - 1}}.$$

[134]) Betr. *Sonderfall* $F_e = F_e'$ siehe unten unter diesem Stichwort.

[135]) Die Hilfsgrößen $\mathfrak{f}_1$ und $\mathfrak{f}_2$ sind hier und auch an anderer Stelle nur paarweise zu verwenden (wie sie zu gemeinsamer Ordnungsnummer gehören). — Bezügl. Zeiger 0 vgl. 310.

[136]) Am besten mit zwei Rechenschiebern. Z. B. bei unb. Drz. bleibt der Läufer des einen über F_e' liegen, der des andern über $b \cdot h$.

[137]) D. h. im Sonderfall $F_e = F_e'$: links der rechten Treppenlinie.

[138]) Man könnte auch schreiben F_e/F_e'. Wir bevorzugen für die Verhältniswerte die kleinen Buchstaben der Übersichtlichkeit halber und, um deutlicher darauf hinzuweisen, daß Zähler und Nenner zu gleichen Druckbreiten gehören.

[139]) Bei Richtung wechselndem Angriff (bald eines positiven Momentes M_+, bald eines negativen M_-, z. B. auf eine Behälter-Zwischenwand oder auf einen durchlaufenden Balken u. dgl.) ist zweckmäßig $\dfrac{f_e}{f_e'} \approx \dfrac{M_+}{-M_-}$ zu setzen.

[140]) Die nachfolgend verwendeten Formeln eignen sich großenteils als Rezepte. Vgl. 251.

[141]) Oder man benutzt nacheinander 327, 364 (lief. x), 93 (lief. h), 365 (lief. f_e'), 361 (lief. F_e).

364) Unb. Drz.:

$$\frac{\sqrt{\frac{M}{b}}}{x}=\sqrt{\left(\frac{\sigma_e}{2n}+\frac{\sigma_b}{2}\right)\cdot\frac{\frac{f_e}{f_e'}-\frac{f_{e_2}}{f_e'}\cdot\frac{h'}{h}}{\frac{f_e}{f_e'}-\frac{f_{e_2}}{f_e'}}-\frac{\sigma_b}{6}}\,;$$

365) Unb. Drz.: $\frac{x}{f_e'}=2v\left(\frac{f_e}{f_e'}+\frac{h'}{h}\right)-2n\left(1-\frac{h'}{h}\right)$;

366) Bschr. Drz. mit Stegdruck:

$$\frac{f_e'}{x}=\frac{1-\mathfrak{r}}{2v\,(f_e/f_e'+h'/h)-2n\,(1-h'/h)}\,;$$

367) Bschr. Drz. ohne Stegdruck:

$$\frac{f_e'}{d}=\frac{2-\frac{h/x}{\mathfrak{h}}}{2v\,(f_e/f_e'+h'/h)-2n\,(1-h'/h)}\,.$$

Bei bschr. Drz. und gegebenem d bestimmt man h/x, z_b/h, f_e'/f_{e_2} aus Tab. VII (oder ohne Tabelle h/x nach 93, z_b/h nach 152, f_{e_2}/f_e' nach 327) und f_e/f_{e_2} nach 356; ferner schätzt man z_1/h. (Man kann auch zunächst h schätzen und z_1/h[66]) nach 268, 279, 284 bzw. bei vernachl. Stegdruck nach 195, 231 überschläglich ermitteln.) Nun findet man x nach 362, h nach 273 bzw. bei vernachl. Stegdruck $\mathfrak{h}$ nach 363, h nach 197. Anschließend berechnet oder verbessert man die Ausdrücke 279, 284, 362, 273 bzw. bei vernachl. Stegdruck: 231, 363, 197 bis zum jeweils erforderlichen Grad der Übereinstimmung. Schließlich folgt h/f_{e_0} nach 293 oder f_{e_1}/h aus Tab. X, F_{e_1} nach 322, F_e nach 359, F_e' nach 360[142]). Die Formeln 359 und 360 bzw. 366, 367 und 361 sind jedoch nur dann zuverlässig, wenn die vorerwähnte Übereinstimmung mit einiger Schärfe erreicht worden ist, d. h. wenn der vorgeschriebene Wert f_e/f_e' genau eingehalten wird. Andernfalls (mit roher ermitteltem h) berechnet man F_e und F_e' wie bei normaler gebundener Bemessung (siehe 320), z. B. nach 321 bis 326.

368) Gebundene Bemessung mit f_e/f_e'. Gesucht F_e, F_e', σ_b.[134]) Man schätzt z und ermittelt in erster Näherung F_e nach 137, F_e' nach 360 * und h/x bzw. v nach Stichwort *Spannungs-Untersuchung* (siehe oben), z. B. nach 341 bzw. 342 bzw. 343, 297, 95. * Dann bestimmt man f_e'/f_{e_2} nach Tab. VII oder f_{e_2}/f_e' nach 327, f_{e_0}/f_{e_2} nach 356 und z_1 bzw. z_1/h nach § 6[66]), bei unb. Drz. auch aus Tab. VII, z bzw. z/h nach 369 bzw. 370. Schließlich berichtigt[71]) man erforderlichenfalls die Berechnung bis zu dem gewünschten Genauigkeitsgrade und berechnet noch σ_b nach 130. — Wünscht man nur ungefähre Einhaltung des gegebenen Wertes f_e/f_e', so kann man vorstehendes Verfahren schon an der mit dem zweiten Stern bezeichneten Stelle abbrechen, σ_b nach 130 bestimmen und entweder mit der »normalen« gebundenen Bemessung (320) fortfahren oder, falls es sich auch in statischer Hinsicht nur um eine rohe Berechnung handelt, sich mit den anfangs gefundenen Näherungswerten F_e und F_e' begnügen. — Oft ist auch von vornherein bekannt, daß σ_b klein ist. Man kann also u. U. auf die Ermittlung von σ_b überhaupt verzichten und eilige Überschläge schon an der mit dem ersten Stern bezeichneten Stelle vorstehender Anleitung abbrechen.

369) $$z=z_1+\frac{h-h'-z_1}{f_{e_0}/f_{e_2}}=\frac{F_{e_1}\cdot z_1+F_{e_2}\cdot(h-h')}{F_{e_0}}\,;$$

370) $$\frac{z}{h}=\frac{z_1}{h}+\frac{1-\frac{h'}{h}-\frac{z_1}{h}}{f_{e_0}/f_{e_2}}=\frac{F_{e_1}\cdot\frac{z_1}{h}+F_{e_2}\cdot\left(1-\frac{h'}{h}\right)}{F_{e_0}}\,;$$

371) $$\xi=1+\frac{F_{e_b}'\cdot f_e/f_e'-F_{e_b}}{F_{e_a}-F_{e_a}'\cdot f_e/f_e'}\,;$$ **372)** $$F_e\approx F_{e_a}-\frac{F_{e_a}-F_{e_b}}{\xi}\,;$$

373) $$v\approx v_a+\frac{v_b-v_a}{\xi}\,;$$ **374)** $$\sigma_e\approx\sigma_{e_a}+\frac{\sigma_{e_b}-\sigma_{e_a}}{\xi}\,;$$

375)[143])
$$\mathfrak{f}_1=\frac{\mathfrak{M}\cdot\left(\frac{f_e}{f_e'}+1\right)+\frac{1}{2}\frac{z_1}{h}\cdot\left(\frac{f_e}{f_e'}+\frac{h'}{h}\right)-\frac{1}{2}\frac{h'}{h}\cdot\left(1-\frac{h'}{h}\right)^{144)}}{2\cdot\mathfrak{M}\cdot\left(\frac{f_e}{f_e'}+\frac{h'}{h}\right)}\,;$$
$$\mathfrak{f}_2=-\frac{\frac{z_1}{h}\left(\frac{f_e}{f_e'}+1\right)-\left(1-\frac{h'}{h}\right)}{2\cdot\mathfrak{M}\cdot\left(\frac{f_e}{f_e'}+\frac{h'}{h}\right)}\,;$$

376)[143]) $$\mathfrak{f}_1=\frac{1}{2}\cdot\frac{\frac{f_e}{f_e'}+1+\frac{\frac{1}{2}\cdot\frac{z}{h}}{\mathfrak{M}}\cdot\frac{f_e}{f_e'}}{\frac{f_e}{f_e'}+\frac{h'}{h}}\,;\quad \mathfrak{f}_2=-\frac{\frac{\frac{1}{2}\,\frac{z}{h}}{\mathfrak{M}}\cdot\frac{f_e}{f_e'}}{\frac{f_e}{f_e'}+\frac{h'}{h}}\,.$$

377) Gebundene Bemessung mit f_e/f_e'. Gesucht F_e, F_e', σ_e.[134]) Zuerst ermittelt man $\mathfrak{M}$ nach 117.

In jedem Falle führt dann folgendes Probierverfahren zum Ziele. In der Tab. VII, Zeile h'/h, sucht man die Ziffer $f_e'/f_{e_2}=f_e'/f_e$ auf. Links hiervon[145]) wählt man die Spalte v schätzungsweise und berechnet (wie oben unter dem Stichwort *Freie Bemessung mit f_e/f_e'*, für unb. Drz. bzw. bei gegebenem d/h für bschr. Drz. ausführlicher angegeben) probeweise ($\mathfrak{M}$) nach 356 und 357. Die Klammern unterscheiden den Formelwert ($\mathfrak{M}$) vom wirklichen Wert $\mathfrak{M}$. Ist ($\mathfrak{M}$) zu groß (bzw. klein), so probiert man in gleicher Weise eine andere Spalte weiter links (bzw. rechts). Auf diesem Wege (nötigenfalls durch Wiederholung) findet man sehr schnell zwei enger benachbarte Spalten v_a (Zeiger a) und v_b (Zeiger b), zwischen denen v wegen $\mathfrak{M}_a>\mathfrak{M}>\mathfrak{M}_b$ liegen muß. Man bestimmt nun einmal σ_{ea}, F_{ea}, F_{ea}' und einmal σ_{eb}, F_{eb}, F_{eb}' nach 129 und 321 bis 326, ferner nach 371 die Hilfsgröße ξ, mit der F_e nach 372, σ_e nach 374 genau genug gewonnen wird (geradlinige Zwischenschaltung). Schließlich folgt F_e' nach 360.

Bei unb. Drz. kommt man auch ohne Probieren, wie folgt, zur Lösung. Man schätzt z_1/h, ermittelt nach 375, 297 und 152 bzw. 152a einen genaueren Wert z_1/h und verbessert diese Berechnung bis zu genügender Übereinstimmung. Dann folgt z_1, ferner v und f_e'/f_{e_2} nach Tab. VII (oder v nach 95 und f_{e_2}/f_e' nach 327), σ_e nach 129, f_{e_0}/f_{e_2} nach 356, z nach 370, F_e nach 137, F_e' nach 360.

Wird bei unb. Drz. nur ungefähre Einhaltung des vorgeschriebenen f_e/f_e' gefordert, so kann man von vornherein $\frac{z}{h}$ $\left(\text{statt } \frac{z_1}{h}\right)$ schätzen, v mittels 376, 297, 95 und anschließend ohne Berichtigung σ_e nach 129 ermitteln. Man fährt dann mit der »normalen« gebundenen Bemessung (320) fort oder — für statisch rohe Überschläge — mit 137, 360.

Sonderfall $F_e=F_e'$. Soweit sich die vorstehend beschriebenen Rechnungswege für den Sonderfall $f_e/f_e'=1$ wesentlich vereinfachen, wird diese Vereinfachung im folgenden mitgeteilt. Im übrigen ist bei praktischer Anwendung auf die allgemeinere Lösung zurückzugreifen. Der in den allgemeinen Formeln benutzte Ausdruck f_{e_0}/f_{e_2} bzw. f_e/f_{e_2} ist jetzt gleich f_e'/f_{e_2} und kann aus Tab. VII unmittelbar entnommen werden. — Beachte auch 251 und Fußn. 124, besonders für Gl. 378 u. folg.

Spannungs-Untersuchung. Bei unb. Drz. können Gl. 378 und 379 statt 341, 297, 95 angewandt werden, für n=15 u. U. auch die Faustformeln 384 und 385 mit Gl. 274 und 129.

Freie Bemessung. Bei Anwendung der Tab. VII erübrigen sich Gl. 356 und 360. Vgl. Zahlenbeisp. 49. — Ohne Tabelle empfiehlt sich bei unb. Drz. Anwendung von 380 (liefert x), 93 (lief. h), 381 (lief. f_e). Für Überschläge genügt statt dessen Faustformel 385 nebst Gl. 358, 93 (liefert x) und 381 (lief. f_e).

Gebundene Bemessung. Gesucht F_e, σ_b. Vereinfachung wie bei Spannungs-Untersuchung.

Gebundene Bemessung. Gesucht F_e, σ_e. Bei unb. Drz. kann Gl. 387 statt 371, Gl. 382 statt 375 (auch Gl. 383

---

[142]) Ohne Tabellenbenutzung kann man auch unmittelbar F_e' mit Hilfe von 366 bzw. 367 und F_e nach 361 finden.

[143]) Beachte Fußn. 135. — Die Formeln 375 und 376 gelten nur bei unb. Drz.

[144]) Der Faktor $1-h'/h$ des letzten Zählergliedes kann auch vernachlässigt werden.

[145]) D. h. im Sonderfall $F_e=F_e'$: links der rechten Treppenlinie.

statt 376) benutzt werden; die Gl. 376, 297 und 95 werden hier im allgemeinen ausreichend durch Faustformel 386 ersetzt.

Unb. Drz.:

378) $\mathfrak{f} = \dfrac{2n}{1 + \dfrac{h'}{h}}$; 379) $v = \dfrac{\mathfrak{f}}{2} \cdot \left(\sqrt{\dfrac{b \cdot h}{\mathfrak{f} \cdot F_e} + 1} - \dfrac{h'}{h}\right)$;

380)[146] $$\frac{x}{\sqrt{\dfrac{M}{b}}} \approx \sqrt{\frac{\dfrac{30}{\sigma_b}}{\dfrac{\dfrac{15}{n} \cdot v - 10\dfrac{h'}{h}}{\dfrac{v-n}{v+n} + \dfrac{h'}{h}} - 5}};$$

381) $$\frac{x}{f_e} = 2v\left(1 + \frac{h'}{h}\right) - 2n\left(1 - \frac{h'}{h}\right) = 2n \cdot \left(\frac{h+h'}{x} - 2\right);$$

382) $$\begin{cases} \mathfrak{f}_1 = \dfrac{\mathfrak{M} + \dfrac{1}{4}\dfrac{z_1}{h} \cdot \left(1 + \dfrac{h'}{h}\right) - \dfrac{1}{4} \cdot \dfrac{h'}{h} \cdot \left(1 - \dfrac{h'}{h}\right)}{\mathfrak{M} \cdot \left(1 + \dfrac{h'}{h}\right)}; \\[2ex] \mathfrak{f}_2 = -\dfrac{\dfrac{z_1}{h} - \dfrac{1}{2} \cdot \left(1 - \dfrac{h'}{h}\right)}{\mathfrak{M} \cdot \left(1 + \dfrac{h'}{h}\right)}; \end{cases}$$

383) $$\mathfrak{f}_1 = \frac{1 + \dfrac{1}{4} \cdot \dfrac{z/h}{\mathfrak{M}}}{1 + h'/h}; \quad \mathfrak{f}_2 = -\frac{\dfrac{1}{2} \cdot \dfrac{z/h}{\mathfrak{M}}}{1 + h'/h};$$

384) $$v \approx 2{,}65 \cdot \sqrt{\frac{b \cdot h}{F_e} + 20} = 26{,}5\sqrt{\frac{h}{f_e}\frac{\text{cm}}{\text{m}} + 0{,}2};$$

385) $$\mathfrak{M} \approx \frac{3{,}8}{v - \left(16 - \dfrac{100\,h'/h}{2}\right)} + 0{,}03;$$

386) $$v \approx \frac{3{,}8}{\mathfrak{M} - 0{,}03} + 16 - \frac{100\,h'/h}{2}; \quad \text{387) } \xi = 1 + \frac{F_{e_0}' - F_{e_2}}{F_{e_0} - F_{e_0}'}.$$

Innenhebel. Zur Ermittlung des Innenhebels z dient Gl. 369 bzw. 370, wo z_1 bzw. z_1/h allgemein nach § 6[66]), bei unb. Drz. auch aus Tab. VII bestimmt wird.

Aufgaben-Zusammenstellung. Zur Übersicht sind die gelösten Aufgaben in Fig. 22 nochmals zusammengestellt. Vgl. Bedingung 319.

<table>
<tr><th colspan="3">●
Gesuchte Größen</th><th>Ordnungsnummer der Lösung</th><th></th></tr>
<tr><td>F_e</td><td colspan="2" rowspan="2">F_e'</td><td>320</td><td></td></tr>
<tr><td rowspan="5">M</td><td>336</td><td></td></tr>
<tr><td colspan="2">F_e</td><td>335</td><td></td></tr>
<tr><td colspan="2">h</td><td>337</td><td></td></tr>
<tr><td colspan="2">σ_e</td><td>338</td><td></td></tr>
<tr><td colspan="2" rowspan="2">σ_b</td><td>339</td><td></td></tr>
<tr><td>σ_e</td><td>340</td><td></td></tr>
<tr><td rowspan="3">F_e</td><td rowspan="3">F_e'</td><td>h</td><td>355</td><td rowspan="3">Verhältnis $\dfrac{f_e}{f_e'}$ gegeben.</td></tr>
<tr><td>σ_b</td><td>368</td></tr>
<tr><td>σ_e</td><td>377</td></tr>
</table>

Fig. 22[78]).

Beliebiger Wert n. Das unter gleichem Stichwort in § 6 Gesagte gilt auch hier, wenn man dort bzw. neben F_e, f_e, σ_e überall auch »F_e'«, »f_e'«, »σ_e'« liest. — Was dort über F_e ausgeführt wurde, gilt natürlich auch für Teilgrößen wie f_{e_2} usw.

388) Soll aus besonderen Gründen für die Druckzone nicht, wie für die Zugzone, n, sondern ein anderes Verhältnis n' eingeführt werden, so hat man in allen Formeln $F_e' \cdot n'/n$ statt F_e' zu schreiben (bzw. $f_e' \cdot n'/n$ statt f_e'), vorkommendenfalls auch $\sigma_e' \cdot n/n'$ statt σ_e'. Entsprechend hat man bei Benutzung einer für $n = n' = 15$ aufgestellten Tabelle $F_e' \cdot n'/15$ bzw. $f_e' \cdot n'/15$ statt F_e' bzw. f_e' (z. B. $\dfrac{f_e'}{f_{e_2}} \cdot \dfrac{n'}{15}$ statt $\dfrac{f_e'}{f_{e_2}}$ in Tab. VII) einzuführen oder zu entnehmen.

Beton-Verdrängung. Will man die Beton-Verdrängung der Druckbewehrung rechnerisch berücksichtigen, so hat man wie vorstehend zu verfahren, jedoch unter Verwendung von $n' - 1$ statt n'. Für $n = n'$ hat man also $F_e' \cdot \dfrac{n-1}{n}$ usw. statt F_e' usw. einzuführen. Z. B. für $n = n' = 15$ hat man $F_e' \cdot 14/15$ statt des gegebenen F_e' in die gewöhnliche Berechnung (die die Beton-Verdrängung unberücksichtigt läßt) einzuführen oder das aus der gewöhnlichen Berechnung gewonnene »F_e'« mit dem Faktor 15/14 zu berichtigen.

§ 6b. Moment und Längskraft.

Voraussetzungen. Die nachfolgende Anleitung zur Berechnung von Querschnitten, die von einem Moment und einer Längskraft angegriffen werden, gilt nur unter der Voraussetzung

389) $h > x > h'$,

d. h., **wenn die Nullinie zwischen den Achsen der Zug- und der Druckbewehrung liegt**[147]). Andernfalls ist bei Druck der Querschnitt gemäß Zustand I, bei Zug lediglich der Eisenquerschnitt zu berechnen.

Die Längskraft N kennzeichnen wir durch ein **positives** Vorzeichen als **Druck**.

Verallgemeinerung. Die in den vorangehenden Paragraphen zunächst für reine Biegung aufgestellten Beziehungen behalten ihre Gültigkeit, wenn man sie, wie folgt, verallgemeinert:

390) **Man bezieht das Moment auf die** (der Nullinie gleichlaufende) **Querschnittsachse der Zugbewehrung und berichtigt deren Querschnitt**[148]) F_e **bzw. Teilquerschnitt** F_{e_1} **um den Betrag** $-N/\sigma_e$.

N ist also grundsätzlich gemeinsam mit dem Teilmoment M_1 in Rechnung zu stellen. — Die so beschriebene Verallgemeinerung ist anwendbar, gleichviel ob es sich um unbeschränkte oder beschränkte Druckzone (letztere mit oder ohne Berücksichtigung des Stegdruckes), um nur zug- oder auch druckbewehrte Querschnitte, um eine positive oder negative Längskraft handelt.

391) Vorausgesetzt daß die Größe der Längskraft[149]) und die absolute Höhenlage der Zugbewehrungsachse gegeben sind, bleiben die Aufgaben der §§ 6[66]) und 6a mittels 390 lösbar, soweit entweder auch σ_e gegeben oder F_e gesucht ist[150]).

Dies Verallgemeinerungs-Verfahren wird unten im einzelnen noch erläutert; ferner werden unten die wichtigsten auch derjenigen Aufgaben gelöst, für die die Verallgemeinerung nicht zum Ziele führt.

[146]) Abgerundet ist hier nur das einflußarme Glied $-10\,h'/h$. Die Formel ist daher in der Praxis auch für »genaue« Berechnungen ausreichend. Für Zwecke außergewöhnlicher Genauigkeit kann man die Abrundung rückgängig machen, indem man statt 10 den Faktor $\left[15 - \dfrac{h'}{h} \cdot \left(\dfrac{15}{n} \cdot v + 15\right)\right]$ einführt.

[147]) Genau genommen ist in Bedingung 389, falls die Zugbewehrung fortfällt, $d_{(e)}$ an die Stelle von h zu setzen und, falls die Druckbewehrung fortfällt, 0 an die Stelle von h'. Für die Praxis einfacher und ausreichend ist es aber, einheitlich in jedem Falle nur die Bedingung 389 unverändert zu beachten, wobei h bzw. h' unter Umständen den Achsabstand des unausgefüllten Platzes der Zug- bzw. der Druckbewehrung von der gedrückten Kante bedeutet. Es ist natürlich auch berechtigt, im Falle $F_e = 0$ zu setzen: $h = d_{(e)}$ und im Falle $F_e' = 0$ zu setzen: $h' = 0$. Aber in dem Falle, daß die Nullinie dicht am Querschnittsrande liegt, ist die hier behandelte Berechnungsweise ohnehin belanglos.

[148]) Unberichtigt nunmehr F_{e_0} bzw. $F_{e_{1_0}}$ genannt. (D. h. die früheren Beziehungen gelten jetzt für F_{e_0} bzw. $F_{e_{1_0}}$, nicht für F_e bzw. F_{e1}.)

[149]) Andernfalls vgl. 433.

[150]) Ist F_e gegeben, so bestimmt man zuerst F_{e_0} durch Addieren von N/σ_e. Ist F_e gesucht, so rechnet man zuerst, als sei F_{e_0} gesucht.

Sobald Druckbewehrung in Betracht kommt, bleiben auch bei Vorhandensein einer Längskraft weiterhin die Ausführungen des § 6a sinngemäß zu beachten, insbesondere das unter den folgenden Stichworten Gesagte: *Wirtschaftliche Zugspannung, Zulässige Eisendruckspannung, Verhältnis h'/h, Fehlerhafte Verlegung, Montageeisen, Etappen der Tragfähigkeit.*

Die zweckmäßige Zerlegung der Kräfte und Kräftepaare für das verallgemeinerte Verfahren wird in Fig. 23 noch besonders deutlich gemacht, wobei die rechteckige Querschnittsform nur beispielsweise eingeführt wurde.

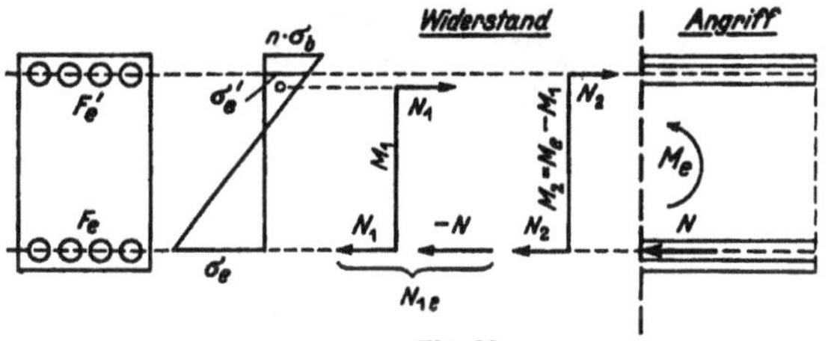

Fig. 23.

Bezeichnungen. Wie früher bedeutet der Zeiger 1 *ohne Rücksicht auf Druckbewehrung* (innere Längskraft N_1 des Betons, N_{1e} der Zugbewehrung, Moment M_1), der Zeiger 2 *zur Druckbewehrung gehörig* (innere Längskraft N_2 der Druck- und Zugbewehrung, Moment M_2). Das auf die Zugbewehrungs-Achse bezogene Moment bezeichnen wir mit M_e zum Unterschied vom Moment M, dessen Bedeutung bei Vorhandensein einer Längskraft nicht mehr ohne weiteres eindeutig ist, und als dessen Bezugsachse wir deshalb ausdrücklich die Höhenmitte des Querschnitts vereinbaren wollen. Zu gelegentlicher Verwendung führen wir die (ebenfalls übliche) Bezeichnung M_e' ein für das auf die Druckbewehrungs-Achse bezogene Moment[151]), ferner M_b für das auf die Beton-Druckkante bezogene Moment. Zur Bestimmung von F_e bzw. F_{e_1} bedienen wir uns noch des Zeigers 0 mit der Bedeutung *zu* $N = 0$ *gehörig.* Hiernach ist:

392) $M_e = M + N \cdot (h - d_{(0)}/2)$; 393) $M_e' = M - N \cdot (d_{(0)}/2 - h')$;

394) $M_b = M - N \cdot d_{(0)}/2$; 395) $M_e = M_1 + M_2$;

396) $M_2 = M_e - M_1$; 397) $F_e = F_{e_0} - N/\sigma_e$;

398) $F_{e_1} = F_{e_1}^{\,\cdot} - N/\sigma_e$; 399) $F_{e_0} = F_e + N/\sigma_e$;

400) $F_{e_0} = \dfrac{M_e}{z \cdot \sigma_e} = \dfrac{M_e}{h \cdot \sigma_e} \cdot \dfrac{h}{z}$; 401) $M_2' = M_e' - M_1$;

402) $F_{e_0}' = \dfrac{M_2'}{\sigma_e' \cdot (h - h')}$; 403) $F_e' = F_{e_0}' + \dfrac{N}{\sigma_e'}$;

404) $F_e = \dfrac{\dfrac{M_2'}{h-h'} + N_1}{\sigma_e} = F_{e_0}' \cdot \dfrac{f_{e_0}}{f_e'} + F_{e_1}$.

Aufgabestellung. Die unten folgenden Aufgabelösungen gelten unter Zugrundelegung von M_e, soweit nicht statt dessen ausdrücklich eine der Größen M, M_b, M_e', e' od. dgl. angegeben wird. Im ganzen handelt es sich um die 8 (bzw. 10) nachstehenden statischen Größen — unter Beibehaltung alles in § 6a an gleicher Stelle sonst Gesagten.

405) Die von den 8 (bzw. 10) Größen N, M_e — oder M, M_b, M_e', e' usw. —, σ_b, σ_e, b (b', d), h, F_e, F_e' nicht ausdrücklich als gesucht bezeichneten sind gegeben[78]).

406) N und F_e (bzw. F_e') dürfen bei gegebenem M_e (bzw. M_e') nicht gleichzeitig gesucht werden[152]).

407) **Gebundene Bemessung. Gesucht F_e, F_e'.** Die normale gebundene Bemessung eines Eisenbetonquerschnittes mit Zug- und Druckbewehrung gegen Angriff eines Momentes und einer Längskraft geht nach Maßgabe des § 6a und der oben gegebenen Verallgemeinerungsregel folgendermaßen vor sich. Man findet der Reihe nach: M_e (Gl. 392); M_1 und F_{e_1} (Unb. Drz.: Tab. VIII; oder Gl. 144 und 133 mit Tab. VI oder mit Tab. VII. — Bschr. Drz.: Tab. IX; oder meistens besser mit Berücksichtigung des Stegdrucks: Tab. X gemäß Fig. 16, Aufg. V); M_2 (Gl. 396); F_{e_1} (Gl. 398); F_{e_0} (Gl. 324); F_e (Gl. 325); F_e' (Gl. 326 mit **Tab. VII** bzw. mit Gl. 327). — Vgl. auch Fußn. 66.

Dieser Berechnung hat voranzugehen die Festlegung der Spannungen. Näheres siehe in § 12a. Ferner sind M und N sowie alle Querschnittsabmessungen außer F_e und F_e' gegeben.

408) Mit Rücksicht auf die Differenzform der Formeln 398 u. a.[153]) ist u. U. besondere Genauigkeit erforderlich.

Bei unb. Drz. (also in den meisten Fällen) empfiehlt es sich, das vorstehend beschriebene Verfahren in noch etwas zweckmäßigerer Form, wie folgt, durchzuführen, und zwar unter ausschließlicher Zuhilfenahme der Tab. VII[154]). In dieser Form wird die später (siehe § 12a) zu erörternde Rücksichtnahme auf die wirtschaftliche Zugspannung erleichtert.

Wir ermitteln der Reihe nach folgende Größen möglichst genau: v (nach 85); M_e (nach 392);

409) $\mathfrak{M}_e = \dfrac{M_e}{\sigma_b \cdot b \cdot h^2}$; 410) $\mathfrak{N} = \dfrac{N}{\sigma_b b h} = \dfrac{N \cdot h}{\sigma_b \cdot b \cdot h^2}$;

411) $F_{e_1} = \dfrac{b h}{v} \cdot (\mathfrak{N}_1 - \mathfrak{N})$; 412) $F_{e_0} = \dfrac{b h}{v} \cdot \dfrac{\mathfrak{M}_e - \mathfrak{M}_1}{1 - h'/h}$;

wobei wir $\mathfrak{N}_1$ (vgl. 348 bis 350) und $\mathfrak{M}_1$ (vgl. 309, 351) für unb. Drz. der Tab. VII entnehmen können, ebenso wie in jedem Falle f_e'/f_{e_0}, womit schließlich F_e nach 325 und F_e' nach 326 folgt. Vgl. Zahlenbeisp. 51.

Verschränkte Nullinie. Siehe Fig. 24.

413) Verschränkte Nullinie nennen wir das Spiegelbild der Nullinie in bezug auf die (ihr gleichlaufende) Mittellinie zwischen Zug- und Druckbewehrung. (Unter der ungefähr zutreffenden Voraussetzung

414) $d_{(0)} \approx h + h'$

kann man an Stelle dieser Mittellinie genau genug auch die Höhen-Mittellinie des Beton-Querschnittes als Symmetrie-Achse annehmen.)

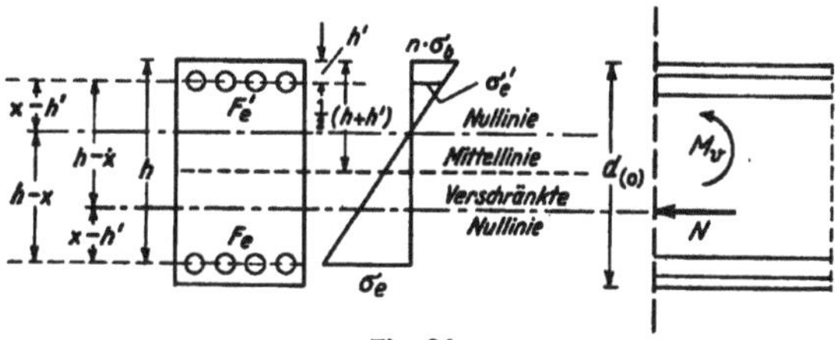

Fig. 24.

415) Eine Längskraft, die in der verschränkten Nullinie angreift, ist ohne Einfluß auf den Gesamt-Eisenquerschnitt $F_e + F_e'$[155]).

Gesamt-Eisenquerschnitt. Bezeichnet man das auf die verschränkte Nullinie bezogene Angriffsmoment mit M_v, so ist

416) $F_e + F_e' = F_{e_1}^{\,\cdot} + \dfrac{M_v - M_1}{\sigma_e (x - h')}$.

417) **Tragfähigkeits-Berechnung. Gesucht M_e, F_e.** Der in § 6a für die Tragfähigkeits-Berechnung angegebene Weg bleibt gangbar, wenn man die Regel 390 beachtet, also F_{e_1} nach 398 bestimmt und zum Schluß M_e an Stelle M schreibt (395 statt 332). Bei unb. Drz. kann man bequemer mit Hilfe von Tab. VII vorgehen, indem man F_{e_1} nach 411,

[151]) Ist M_e' statt M_e gegeben, so können u. U. mit Vorteil die Formeln 401 bis 404 verwandt werden.

[152]) Weil sonst das System $N = 0$ mit nur einer Unbekannten (F_{e_0} bzw. F_{e_0}') überbestimmt wäre. (Die Bedeutung des selteneren Ausdrucks F_{e_0}' folgt aus 401 und 402. Vgl. auch Fußn. 151.)

[153]) Z. B. 396, 411, 412, bei negativem F_{e_1} auch 325.

[154]) Gültig ist die nachfolgend beschriebene Berechnungsform auch bei bschr. Drz.; nur dürfen dann $\mathfrak{N}_1$ und $\mathfrak{M}_1$ nicht der Tab. VII entnommen werden (sondern z. B. Tab. X, mittels Gl. 353).

[155]) Der nach Fig. 24 von N allein erzeugte Teilbetrag des Gesamt-Eisenquerschnittes ist $F_e + F_e' = 0$.

F_{e_2} nach 330, F_e nach 325, $\mathfrak{M}_e$ nach 418 und M_e nach 419 berechnet.

418) $\mathfrak{M}_e = \frac{v}{bh} \cdot \left(1 - \frac{h'}{h}\right) \cdot F_{e_2} + \mathfrak{M}_1$; **419)** $M_e = \mathfrak{M}_e \cdot \sigma_b\, b\, h^2$;

420) $N = \sigma_e \cdot (F_{e_{1_0}} - F_{e_1}) = \sigma_e \cdot (F_{e_0} - F_e)$;

421) $\mathfrak{N} = \mathfrak{N}_1 - \frac{v}{bh} \cdot F_{e_1}$; **422)** $N = \mathfrak{N} \cdot \sigma_b\, b\, h$;

423) $e = M_e/N$; **424)** $\frac{e}{h} = \mathfrak{M}_e/\mathfrak{N}$.

425) Tragfähigkeits-Berechnung. Gesucht M_e, N[156]). Ist M_e und N gesucht, so findet man der Reihe nach: M_1 und $F_{e_{1_0}}$ je nach Querschnittsart gemäß § 6, F_{e_2} nach 330[157]), M_2 nach 331, F_{e_1} nach 333, M_e nach 395, N nach 420. Bei unb. Drz. braucht man nur F_{e_2} nach 330[157]) und F_{e_1} nach 333 vorweg zu ermitteln, um mittels Tab. VII zu finden: $\mathfrak{M}_e$ nach 418, M_e nach 419, $\mathfrak{N}$ nach 421, N nach 422.

Seltenere Aufgaben, Wie im § 6a zeigen wir noch folgende Abarten der Tragfähigkeits-Berechnung.

426) Gesucht M_e, F_e'. Man bestimmt M_1 und F_{e_1} wie bei gebundener Bemessung (siehe oben), ferner F_{e_2} nach 334, F_e' nach 326, M_2 nach 331, M_e nach 395.

427) Gesucht M_e, h. Man schätzt h'/h und findet F_{e_2} nach 330[157]), F_{e_0} nach 399, $F_{e_{1_0}}$ nach 345, M_1 und h nach § 6[66]), M_2 nach 331, M_e nach 395.

428) Gesucht M_e, σ_e. Man findet $\mathfrak{f}_1$ und $\mathfrak{f}_2$ nach 430 bzw. 431, h/x nach 297 bzw. unmittelbar nach 432, v nach 95, σ_e nach 129, M_1 nach 321 bzw. § 6[66]), F_{e_2} nach 330[157]), M_2 nach 331, M_e nach 395.

429) Gesucht M_e, σ_b. Man bestimmt F_{e_0} nach 399, $\mathfrak{f}_1$ und $\mathfrak{f}_2$ nach 341 bzw. 342, h/x nach 297, v nach 95, σ_b nach 130, M_1 usw. wie vor.

430) Unb. Drz.:

$$\mathfrak{f}_1 = \frac{\frac{1}{2}(F_e + F_e') - \frac{N/\sigma_b}{2n}}{F_e + F_e' \cdot h'/h}; \quad \mathfrak{f}_2 = \frac{\frac{bh}{2n}}{F_e + F_e' \cdot h'/h};$$

431) Bschr. Drz. mit Stegdruck:

$$\mathfrak{f}_1 = \frac{n \cdot (F_e + F_e') + (b - b')\,d - N/\sigma_b}{2n\,(F_e + F_e' \cdot h'/h) + (b - b')\,d \cdot d/h};$$

$$\mathfrak{f}_2 = \frac{b' \cdot h}{2n\,(F_e + F_e' \cdot h'/h) + (b - b')\,d \cdot d/h};$$

432) Bschr. Drz. ohne Stegdruck:

$$\frac{h}{x} = \frac{2n\,(F_e + F_e') + 2\,(bd - N/\sigma_b)}{2n\,(F_e + F_e' \cdot h'/h) + bd \cdot d/h}.$$

433) Gesucht N und eine zweite Größe[158]). Man löst nach § 6[66]) bzw. 6a die Aufgabe, F_{e_0} und die zweite Größe zu finden. Zum Schluß folgt N nach 420. (Z. B. läßt sich 425 zurückführen auf 335, wo sinngemäß zu F_e und F_{e_1} der Zeiger 0 hinzuzufügen ist wegen $N = 0$.)

434) Spannungs-Untersuchung[159]). Sind σ_e und σ_b gesucht, so ermittelt man zunächst den Außenhebel[160]) e (Gl. 423) in bezug auf die Achse der Zugbewehrung und schätzt den Innenhebel z. Dann folgt in erster Näherung F_{e_0} nach 435 und h/x bzw. nach 341 oder 342 (in Verbindung mit 297) oder 343, v und f_e'/f_{e_2} aus Tab. VII (oder ohne Tabelle v nach 95, f_{e_2}/f_e' nach 327), F_{e_2} nach 330, z_1 sinngemäß nach § 6 [161]), F_{e_0} nach 436. Nunmehr kann die Rechnung bis zum gewünschten Grade der Übereinstimmung berichtigt[71]) werden. Schließlich folgt $\mathfrak{M}_1$ nach § 6[161]), σ_b nach 438 und σ_e nach 129.

435) $F_{e_0} = \frac{F_e}{1 - z/e}$;

436)
$$F_{e_0} = \frac{F_e \cdot e + F_{e_2} \cdot (h - h' - z_1)}{e - z_1} = \frac{F_e \cdot e/h + F_{e_2}\,(1 - h'/h - z_1/h)}{e/h - z_1/h};$$

437)
$$F_{e_{1_0}} = \frac{F_e \cdot e/h - F_{e_2} \cdot [e/h - (1 - h'/h)]}{e/h - z_1/h};$$

438)
$$\sigma_b = \frac{M_e}{\mathfrak{M}_1 \cdot b\,h^2 + F_{e_2} \cdot v\,(h - h')}.$$

U. U., besonders bei unb. Drz. (vgl. § 6a an gleicher Stelle) ist folgendes Probierverfahren zweckmäßiger. Man bestimmt zunächst die Größen: e/h (nach 423), $F_e \cdot e/h$ und $e/h - (1 - h'/h)$, ferner (nur) bei Längs-Zug F_e'/F_e. Nun nimmt man in der Zeile h'/h der Tab. VII, und zwar bei Zug links der Ziffer $f_e'/f_{e_2} = F_e'/F_e$[162]), einen Zahlenwert f_e'/f_{e_2} und den zugehörigen v versuchsweise an. Dazu ermittelt man z_1/h (bei unb. Drz. aus derselben Tabelle ablesbar, bei bschr. Drz. sinngemäß nach § 6) sowie F_{e_2} nach 330 und $F_{e_{1_0}}$ nach 437 und bei unb. Drz. $h/f_{e_{1_0}}$ nach 346, bei bschr. Drz. $f_{e_{1_0}}/h$ nach 347. Hiermit findet man (wie in § 6a) einen neuen Wert v und zwischen diesem und dem zuerst angenommenen schätzungsweise einen dritten Wert v als erstes Ergebnis. Nun kann man die Rechnung berichtigend wiederholen[71]). Zum Schluß folgt wieder $\mathfrak{M}_1$ nach § 6 [161]), σ_b nach 438 und σ_e nach 129.

In beiden Verfahren ist die Berichtigung um so weniger erforderlich, je größer e/h ist, d. h. je mehr das Moment überwiegt.

439) Freie Bemessung mit f_e/f_e'[163])[159]). Gesucht h, F_e, F_e').

Allgemeines: Ist das Verhältnis f_e/f_e' gegeben, so kommen hauptsächlich die in Fig. 26 zusammengestellten 3 Arten freier Bemessung in Betracht je nach dem, welche Längsachse oder -kante des zu konstruierenden Traggliedes (Balken, Säule usw.) der absoluten räumlichen Lage nach unveränderlich gegeben ist. Vgl. Fig. 25. Die zugehörigen Außenhebel folgenden Gl. 444, 445, 446, 423.

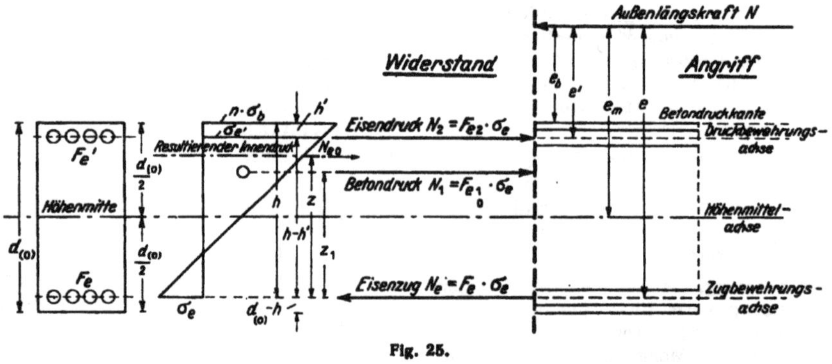

Fig. 25.

[156]) Vgl. Anleitung 433.
[157]) Mit Hilfe d. Tab. VII oder Gl. 327.
[158]) Vgl. 406.
[159]) Betr. *Sonderfall* $F_e = F_e'$ siehe unten unter diesem Stichwort.
[160]) Abgekürzter Ausdruck für Hebelarm der resultierenden äußeren Längskraft eines Querschnitts unter Einschluß aller äußeren Momente.
[161]) Die Größen z_1 und $\mathfrak{M}_1$ werden dort natürlich z und $\mathfrak{M}$ genannt; vgl. Fußn. 66.
[162]) D. h. im Sonderfall $F_e = F_e'$: links der rechten Treppenlinie.
[163]) Vgl. § 6a, gleiches Stichwort sowie vorher Stichwort *f_e/f_e' gegeben*.

		Festliegende Achse	Außenhebel	Angriffsmoment	Anwendungsbeispiel
1		Mittelachse	e_m	M	Innenstütze
2	a	Betondruckkante	e_b	M_b	Rahmenriegel im Felde
2	b	Druckbewehrungsachse[164])	e'	M_e'	($F_e = 0$)
3		Zugbewehrungsachse[164])	e	M_e	Rahmenriegel an der Stütze

Fig. 26.

In jedem Falle schätzt man h'/h und ermittelt (unter Beachtung von Gl. 85) zunächst h/x aus Tab. VII oder Gl. 93, f_e'/f_{e_1} aus Tab. VII bzw. f_{e_1}/f_e' nach 327, f_e/f_{e_2} nach 356 sowie möglichst genau[165]): den Hilfswert a_3 nach 447 und z_1/h[166]). Dann folgen: mit den weiteren Hilfswerten a_1 und a_2 nach 448 bis 457 die Druckhöhe x, nach 273 die Nutzhöhe h und schließlich die Eisenquerschnitte F_e und F_e' nach unten folgender besonderer Erläuterung.

Natürlich darf (auch wegen 389) nicht jeder beliebige Wert f_e/f_e' bzw. σ_e und σ_b vorgeschrieben werden, wenn der hier behandelte Zustand II mit Biegungs-Druck und -Zug Anwendung finden soll. Deshalb ist 440 und 441 zu beachten. Vgl. auch § 11a, besonders Nr. 708 und 709.

440) $f_e'/f_e - f_e'/f_{e_1}$ muß dasselbe Vorzeichen haben wie $\mathfrak{R} - \mathfrak{R}_1$. Das ist der Fall, wenn die Bedingung 473 bzw. 474 erfüllt ist.

441) Bei Längs-Druck ist auch $F_e = 0$ bzw. $f_e/f_e' = 0$ möglich. Dieser (später noch besonders behandelte) Sonderfall, wie auch schon der Fall, daß ein sehr kleiner Wert f_e/f_e' gegeben ist, bedarf aber hinsichtlich der Standsicherheit besonderer Vorsicht. Praktisch empfiehlt es sich, so kleine Werte f_e/f_e' nach Möglichkeit zu vermeiden.

442) Bei Längs-Zug ist stets nur das positive Wurzelvorzeichen der Gl. 448 gültig.

443) Bei Längs-Druck (besonders bei überwiegendem[167])) sind u. U. beide Wurzelvorzeichen der Gl. 448 nebeneinander möglich (Doppellösung). Für die endgültige Auswahl entscheidend sind dann wirtschaftliche und andre nicht statische Gesichtspunkte.

Unb. Drz.: Man entnimmt aus Tab. VII (oder ermittelt auf irgendeinem andern Wege gemäß § 6[66])) h/f_{e_1} und findet F_{e_1} nach 322, F_{e_1} nach 398, F_e nach 359, F_e' nach 360. Ohne Tabellenbenutzung kann man dies Verfahren auch durch Anwendung der Formel 458 (und der Beziehungen 313 und 361) zusammenfassen.

Bschr. Drz. bei gegebenem d/h: Man findet f_{e_1}/h aus Tab. VII (oder gemäß § 6 wie vor), F_{e_1} usw. wie vor. Zusammenfassung ohne Tabellenbenutzung erfolgt jedoch durch 459 bzw. 460, sonst wie vor.

Bschr. Drz. bei gegebenem d: Hier ist (nach Beendung des oben beschriebenen ersten Rechnungsganges) zunächst z_1/h neu zu berechnen (z. B. mit 279, 284) und eine gründliche Berichtigung der Berechnung vorzunehmen, nötigenfalls durch mehrfache Wiederholung bzw. Durchverbesserung. Erst wenn sehr genaue Übereinstimmung erreicht ist, dürfen die Eisenquerschnitte wie vor ermittelt werden. (Besonders bei ziemlich kleinem f_e/f_e', d. h. überwiegendem Längsdruck ist große Genauigkeit erforderlich wegen der in den Ausdrücken a_1 und a_2 auftretenden a_3 enthaltenden Differenzgrößen. Vgl. aber 441.) U. U. ist auch eine Berichtigung des ursprünglich angenommenen Verhältnisses h'/h am Platze. Den mit Unterschied jeweils erforderlichen Genauigkeitsgrad erkennt man am besten beim Rechnen selbst.

Wird auf genaue Einhaltung des vorgeschriebenen Wertes f_e/f_e' weniger Wert gelegt, so kann die Berichtigung schon bei geringerer Übereinstimmung abgebrochen werden. Dann müssen aber die Eisenquerschnitte wie bei normaler gebundener Bemessung berechnet werden (321, 322, 396, 398, 324, 325, 326; nicht 359 und 360!). Statt M und M_b bzw. M_e' wird dann nur noch M_e benutzt.

444) $e_m = M/N$; **445)** $e_b = M_b/N$; **446)** $e' = M_e'/N$;

447) $a_3 = \dfrac{1 - h'/h}{1 - f_e/f_{e_2}}$[168]); **448)** $x = a_1 \pm \sqrt{a_1^2 + a_2}$[169]).

Unb. Drz.:

$$\textbf{449)}\; a_1 = \frac{\dfrac{N}{\sigma_b \cdot b}}{\dfrac{z_1}{h} - a_3} \cdot \left(1 - \frac{C''}{2} - a_3\right); \quad a_2 = \frac{\dfrac{N}{\sigma_b \cdot b}}{\dfrac{z_1}{h} - a_3} \cdot \frac{2\,e_m - C'''}{\dfrac{h}{x}};$$

$$\textbf{450)}\; a_1 = \frac{\dfrac{N}{\sigma_b \cdot b} \cdot (1 - a_3)}{z_1/h - a_3}; \qquad a_2 = \frac{\dfrac{M_b}{b \cdot \left(\dfrac{\sigma_e}{2n} + \dfrac{\sigma_b}{2}\right)}}{z_1/h - a_3};$$

$$\textbf{451)}\; a_1 = -\frac{\dfrac{N}{\sigma_b \cdot b} \cdot a_3}{z_1/h - a_3}; \qquad a_2 = \frac{\dfrac{M_e}{b \cdot \left(\dfrac{\sigma_e}{2n} + \dfrac{\sigma_b}{2}\right)}}{z_1/h - a_3}.$$

Bschr. Drz. mit Stegdruck:

$$\textbf{452)}\; a_1 = \frac{\dfrac{N}{\sigma_b \cdot b'}}{z_1/h - a_3} \cdot \left(1 - \frac{C''}{2} - a_3\right) - \left(\frac{b}{b'} - 1\right) \cdot d;$$

$$a_2 = \frac{\dfrac{N}{\sigma_b \cdot b'}}{z_1/h - a_3} \cdot \frac{2\,e_m - C'''}{h/x} + \left(\frac{b}{b'} - 1\right) \cdot d^2;$$

$$\textbf{453)}\; a_1 = \frac{\dfrac{N}{\sigma_b \cdot b'} \cdot (1 - a_3)}{z_1/h - a_3} - \left(\frac{b}{b'} - 1\right) \cdot d;$$

$$a_2 = \frac{\dfrac{M_b}{b' \cdot \left(\dfrac{\sigma_e}{2n} + \dfrac{\sigma_b}{2}\right)}}{z_1/h - a_3} + \left(\frac{b}{b'} - 1\right) \cdot d^2;$$

$$\textbf{454)}\; a_1 = -\frac{\dfrac{N}{\sigma_b \cdot b'} \cdot a_3}{z_1/h - a_3} - \left(\frac{b}{b'} - 1\right) \cdot d;$$

$$a_2 = \frac{\dfrac{M_e}{b' \cdot \left(\dfrac{\sigma_e}{2n} + \dfrac{\sigma_b}{2}\right)}}{z_1/h - a_3} + \left(\frac{b}{b'} - 1\right) \cdot d^2.$$

Bschr. Drz. ohne Stegdruck:

$$\textbf{455)}\; x = \frac{1}{2} \cdot \frac{d^2 + \dfrac{\dfrac{N}{\sigma_b \cdot b}}{z_1/h - a_3} \cdot \dfrac{2\,e_m - C'''}{h/x}}{d - \dfrac{\dfrac{N}{\sigma_b \cdot b}}{z_1/h - a_3} \cdot \left(1 - \dfrac{C''}{2} - a_3\right)};$$

164) Genau genommen liegt in der Praxis die Druck- bzw. die Zugkante des Betonquerschnittes fest. Da aber h' bzw. $d_{(a)} - h$ in erster Näherung ohnehin angenommen werden müssen, so können formal die nächstliegenden Bewehrungsachsen als festliegend behandelt werden.

165) Besonders bei sehr kleinem f_e/f_e'. Bei bschr. Drz. und gegebenem d muß z_1/h anfangs geschätzt werden. Die erforderliche Genauigkeit ist dann durch Wiederholung des Rechnungsganges zu erreichen.

166) In jedem Falle: gemäß § 6 (Ausführlichere Hinweise finden sich in § 6a an gleicher Stelle; z_1/h wird mit und ohne Längskraft auf gleichem Wege bestimmt). Bei unb. Drz.: bequem aus Tab. VII.

167) *Überwiegendes* Moment bzw. *überwiegende* Längskraft bedeutet großen bzw. kleinen Absolutwert des Hebelverhältnisses e/z.

168) Für Formel 447 u. folg. sei besonders an die Möglichkeit erinnert, bequemere Tochterformeln herzustellen. Vgl. 251.

169) Vgl. bezügl. d. Wurzelzeichen: 442 u. 443. — Die Hilfsgrößen a_1 und a_2 sind nur paarweise einer Ordnungsnummer zu entnehmen.

456) $$x=\frac{1}{2}\cdot\frac{d^2+\dfrac{\dfrac{M_b}{b\left(\dfrac{\sigma_e}{2n}+\dfrac{\sigma_b}{2}\right)}}{z_1/h-a_3}}{d-\dfrac{\dfrac{N}{\sigma_b\cdot b}\cdot(1-a_3)}{z_1/h-a_3}};$$

457) $$x=\frac{1}{2}\cdot\frac{d^2+\dfrac{\dfrac{M_e}{b\left(\dfrac{\sigma_e}{2n}+\dfrac{\sigma_b}{2}\right)}}{z_1/h-a_3}}{d+\dfrac{\dfrac{N}{\sigma_b\cdot b}\cdot a_3}{z_1/h-a_3}}.$$

458) Unb. Drz.:

$$\mathfrak{f}_e'=\frac{x-2\cdot\dfrac{N}{\sigma_b\cdot b}}{2v\,(\mathfrak{f}_e/\mathfrak{f}_e'+h'/h)-2n\,(1-h'/h)}.$$

459) Bschr. Drz. mit Stegdruck:

$$\frac{F_e'}{b'}=\frac{x\cdot\left[\dfrac{b}{b'}-\left(\dfrac{b}{b'}-1\right)\left(1-\dfrac{d}{x}\right)^2\right]-2\dfrac{N}{\sigma_b\cdot b'}}{2v\,(\mathfrak{f}_e/\mathfrak{f}_e'+h'/h)-2n\,(1-h'/h)}.$$

460) Bschr. Drz. ohne Stegdruck:

$$\mathfrak{f}_e'=\frac{x\cdot\left[1-\left(1-\dfrac{d}{x}\right)^2\right]-2\dfrac{N}{\sigma_b\cdot b}}{2v\,(\mathfrak{f}_e/\mathfrak{f}_e'+h'/h)-2n\,(1-h'/h)}.$$

Überschläge. Bei überwiegendem Moment (d. h. wenn e_m im Verhältnis zu h so groß ist, daß eine Umbemessung von h eine verhältnismäßig unerhebliche Änderung des Außenhebels e oder e' bzw. e_b zur Folge hat) kann bei freier Bemessung die Frage, welche Achse festliegt (Fig. 25), besonders für Überschläge, oft mit Vorteil etwas sorgloser behandelt werden, als oben beschrieben.

461) Ist außerdem σ_b' ziemlich groß (bzw. v ziemlich klein), nämlich bei $n=15$ nicht sehr weit von 80 kg/cm² (bzw. $v=15$; z. B. $\sigma_e=900$ kg/cm², $\sigma_b=60$ kg/cm²) entfernt, so liegen Nullinie, Höhen-Mittellinie und verschränkte Nullinie dicht beieinander (Fig. 24). Man darf dann (mit Rücksicht auf 415) für rohere Kostenüberschläge die Längskraft überhaupt vernachlässigen, und zwar bei freier und, wenn man das Spannungsverhältnis abschätzen kann, auch bei gebundener Bemessung. Bei normaler gebundener Bemessung genügt dann die Ermittelung des Gesamt-Eisenquerschnittes nach 329.

462) Gebundene Bemessung mit $\mathfrak{f}_e/\mathfrak{f}_e'$. Gesucht F_e, F_e', σ_b[159]). Man schätzt z und ermittelt in erster Näherung F_{e_s} nach 400, F_e nach 397, F_e' nach 360 ∗ und h/x nach Stichwort *Spannungs-Untersuchung* (siehe oben), z. B. nach 341 oder 342 (in Verbindung mit 297) bzw. 343. ∗ Dann bestimmt man $\mathfrak{f}_e'/\mathfrak{f}_{e_s}$ und v nach Tab. VII (oder $\mathfrak{f}_{e_s}/\mathfrak{f}_e'$ nach 327, v nach 95), z_1 bzw. z_1/h nach § 6, bei unb. Drz. auch aus Tab. VII, F_{e_s} nach 463. Schließlich folgt Durchverbesserung oder nicht, wie in § 6a an gleicher Stelle (Anleitung 368) angegeben[170]), und Berechnung von σ_b nach 130. Bei Zug können überschlägliche Berechnungen an einer der mit einem Stern bezeichneten Stellen abgebrochen werden nach Maßgabe der Anleitung 368. Vgl. Zahlenbeisp. 55.

463) $$F_{e_s}=\frac{N}{\sigma_e}\cdot\frac{e\cdot\dfrac{\mathfrak{f}_e}{\mathfrak{f}_e'}+\dfrac{h-h'-z_1}{\mathfrak{f}_e'/\mathfrak{f}_{e_s}}}{z_1\cdot\dfrac{\mathfrak{f}_e}{\mathfrak{f}_e'}+\dfrac{h-h'-z_1}{\mathfrak{f}_e'/\mathfrak{f}_{e_s}}}=\frac{N}{\sigma_e}\cdot\frac{\dfrac{e}{h}\cdot\dfrac{\mathfrak{f}_e}{\mathfrak{f}_e'}+\dfrac{1-\dfrac{h'}{h}-\dfrac{z_1}{h}}{\mathfrak{f}_e'/\mathfrak{f}_{e_s}}}{\dfrac{z_1}{h}\cdot\dfrac{\mathfrak{f}_e}{\mathfrak{f}_e'}+\dfrac{1-\dfrac{h'}{h}-\dfrac{z_1}{h}}{\mathfrak{f}_e'/\mathfrak{f}_{e_s}}};$$

[170]) Jedoch ist zu beachten, daß bei Längs-Druck — und zwar je größer er im Verhältnis zum Moment ist — die Berichtigung nötiger ist.

464) $$\frac{e}{z}=\frac{e\cdot\dfrac{\mathfrak{f}_e}{\mathfrak{f}_e'}+\dfrac{h-h'-z_1}{\mathfrak{f}_e'/\mathfrak{f}_{e_s}}}{z_1\cdot\dfrac{\mathfrak{f}_e}{\mathfrak{f}_e'}+\dfrac{h-h'-z_1}{\mathfrak{f}_e'/\mathfrak{f}_{e_s}}};$$ 465) $$F_e=\left(\frac{e}{z}-1\right)\cdot\frac{N}{\sigma_e};$$

466) $$z=z_1+\frac{e-z_1}{\dfrac{e\cdot\mathfrak{f}_e/\mathfrak{f}_{e_s}}{h-h'-z_1}+1}=\frac{F_e\cdot z_1+F_{e_s}\cdot(h-h'-z_1)}{F_e+\dfrac{F_{e_s}\cdot(h-h'-z_1)}{e}}$$

$$=z_1\cdot\frac{\dfrac{\mathfrak{f}_e}{\mathfrak{f}_{e_s}}+\dfrac{h-h'-z_1}{z_1}}{\dfrac{\mathfrak{f}_e}{\mathfrak{f}_{e_s}}+\dfrac{h-h'-z_1}{e}};$$

467) $$\frac{z}{h}=\frac{z_1}{h}+\frac{\dfrac{e}{h}-\dfrac{z_1}{h}}{\dfrac{\dfrac{e}{h}\cdot\dfrac{\mathfrak{f}_e}{\mathfrak{f}_{e_s}}}{1-\dfrac{h'}{h}-\dfrac{z_1}{h}}+1}=\frac{F_e\cdot\dfrac{z_1}{h}+F_{e_s}\left(1-\dfrac{h'}{h}-\dfrac{z_1}{h}\right)}{F_e+F_{e_s}\cdot\left(1-\dfrac{h'}{h}-\dfrac{z_1}{h}\right)\cdot\dfrac{h}{e}}$$

$$=\frac{z_1}{h}\cdot\frac{\dfrac{\mathfrak{f}_e}{\mathfrak{f}_{e_s}}+\dfrac{1-h'/h-z_1/h}{z_1/h}}{\dfrac{\mathfrak{f}_e}{\mathfrak{f}_{e_s}}+\dfrac{1-h'/h-z_1/h}{e/h}};$$

468) $$a_4=\frac{\mathfrak{M}_e-\mathfrak{M}_1}{\mathfrak{N}-\mathfrak{N}_1}\cdot\left(1-\frac{\mathfrak{f}_e}{\mathfrak{f}_e'}\cdot\frac{\mathfrak{f}_e'}{\mathfrak{f}_{e_s}}\right);$$ 469) $$a_4=1-\frac{h'}{h};$$

[171]) 470) $$\begin{cases}\mathfrak{f}_1=\dfrac{\mathfrak{M}_e\cdot\left(\dfrac{\mathfrak{f}_e}{\mathfrak{f}_e'}+1\right)+\dfrac{1}{2}\dfrac{z_1}{h}\cdot\left(\dfrac{\mathfrak{f}_e}{\mathfrak{f}_e'}+\dfrac{h'}{h}\right)-\left(\mathfrak{N}+\dfrac{1}{2}\dfrac{h'}{h}\right)\cdot\left(1-\dfrac{h'}{h}\right)}{2\cdot\left[\mathfrak{M}_e\cdot\left(\dfrac{\mathfrak{f}_e}{\mathfrak{f}_e'}+\dfrac{h'}{h}\right)-\mathfrak{N}\cdot\dfrac{h'}{h}\cdot\left(1-\dfrac{h'}{h}\right)\right]};\\[2ex] \mathfrak{f}_2=-\dfrac{\dfrac{z_1}{h}\left(\dfrac{\mathfrak{f}_e}{\mathfrak{f}_e'}+1\right)-\left(1-\dfrac{h'}{h}\right)}{2\cdot\left[\mathfrak{M}_e\left(\dfrac{\mathfrak{f}_e}{\mathfrak{f}_e'}+\dfrac{h'}{h}\right)-\mathfrak{N}\cdot\dfrac{h'}{h}\cdot\left(1-\dfrac{h'}{h}\right)\right]};\end{cases}$$

[171]) 471) $$\begin{cases}\mathfrak{f}_1=\dfrac{\mathfrak{M}_e\cdot\dfrac{h}{z}\cdot\left(\dfrac{\mathfrak{f}_e}{\mathfrak{f}_e'}+1\right)+\dfrac{1}{2}\dfrac{\mathfrak{f}_e}{\mathfrak{f}_e'}-\mathfrak{N}}{2\cdot\left[\mathfrak{M}_e\cdot\dfrac{h}{z}\cdot\left(\dfrac{\mathfrak{f}_e}{\mathfrak{f}_e'}+\dfrac{h'}{h}\right)-\mathfrak{N}\cdot\dfrac{h'}{h}\right]};\\[2ex] \mathfrak{f}_2=-\dfrac{\dfrac{\mathfrak{f}_e}{\mathfrak{f}_e'}}{2\cdot\left[\mathfrak{M}_e\cdot\dfrac{h}{z}\cdot\left(\dfrac{\mathfrak{f}_e}{\mathfrak{f}_e'}+\dfrac{h'}{h}\right)-\mathfrak{N}\cdot\dfrac{h'}{h}\right]}.\end{cases}$$

472) Gebundene Bemessung mit $\mathfrak{f}_e/\mathfrak{f}_e'$. Gesucht F_e, F_e', σ_e[159]). Zuerst ermittelt man $\mathfrak{M}_e$ nach 409 und $\mathfrak{N}$ nach 410.

In jedem Falle führt dann folgendes Probierverfahren zum Ziele. Man schreibt Gl. 468 für den Hilfswert a_4, und zwar $\mathfrak{M}_1$, $\mathfrak{N}_1$ und $\mathfrak{f}_e'/\mathfrak{f}_{e_s}$ in Buchstaben, alles Übrige auf der rechten Seite in Ziffern. Für die drei genannten Buchstabengrößen führt man nun versuchsweise die zu einem geschätzten Werte v gehörigen Zahlenwerte[172]) ein und wiederholt[71]) den Versuch, bis ungefähr die Bedingung 469 erfüllt wird. Das Probieren erleichtert man sich, indem man in der Zeile h'/h der Tab. VII zunächst die Ziffer $\mathfrak{f}_e'/\mathfrak{f}_{e_s}=\mathfrak{f}_e'/\mathfrak{f}_e$ aufsucht und beim ersten Versuch Satz 473 oder 474, bei weiteren Versuchen Satz 475 beachtet.

473) Bei Längs-Druck liegt (in Tab. VII die zutreffende Spalte zwischen der Spalte $\mathfrak{N}_1=\mathfrak{N}$ und der Spalte[173]) $\mathfrak{f}_e'/\mathfrak{f}_{e_s}=\mathfrak{f}_e'/\mathfrak{f}_e$; kurz:) v zwischen $\mathfrak{N}$ und $\mathfrak{f}_e'/\mathfrak{f}_e$[173]).

474) Bei Längs-Zug[174]) liegt (abgekürzt gesprochen wie vor) v links von $\mathfrak{f}_e'/\mathfrak{f}_e$[173]).

475) a_4 wächst und schwindet (abgekürzt gesprochen wie vor) mit der »Entfernung« von $\mathfrak{f}_e'/\mathfrak{f}_e$[173]), sofern v nach 473 bzw. 474 ausgewählt ist.

[171]) Beachte Fußn. 135. — Die Formeln 470 und 471 gelten nur bei unb. Drz.

[172]) Zu entnehmen bei unb. Drz. aus Tab. VII, bei bschr. Drz. nur $\mathfrak{f}_e'/\mathfrak{f}_{e_s}$ aus Tab. VII, $\mathfrak{M}_1$ und $\mathfrak{N}_1$ aus Tab. X mit Hilfe von 353.

[173]) Im Sonderfall $F_e=F_e'$ vertreten durch die rechte Treppenlinie.

[174]) Einschließlich $N=0$. ($N\leqq 0$.)

Hat man zwei eng benachbarte Werte gefunden, nämlich einen kleineren v_a (Zeiger a) und einen größeren v_b (Zeiger b), zwischen denen v liegen muß (weil $1 - h'/h$ zwischen a_{4a} und a_{4b} liegt), so berechnet man einmal σ_{ea}, F_{ea}, F'_{ea} und einmal σ_{eb}, F_{eb}, F'_{eb} nach 129, 321, 322, 398, 396, 324, 325, 326, bei unb. Drz. zweckmäßiger nach 129, 411, 412, 325, 326. Schließlich folgt ξ nach 371 und genau genug F_e nach 372, σ_e nach 374, F_e' nach 360. Vgl. Zahlenbeisp. 52.

Bei unb. Drz. kommt man auch ohne Probieren, wie folgt, zur Lösung. Man schätzt unter Beachtung von 473 bzw. 474 z_1/h, ermittelt nach 470, 297 und 152 einen genaueren Wert z_1/h und verbessert diese Berechnung bis zu genügender Übereinstimmung. Dann folgen z_1 und e (vgl. 423), ferner v und f_e'/f_{e_1} nach Tab. VII (oder v nach 95, f_{e_1}/f_e' nach 327), σ_e nach 129, f_e/f_{e_1} nach 356, z nach 466[175]), F_{e_1} nach 400, F_e nach 397, F_e' nach 360. Vgl. Zahlenbeisp. 53.

Wird der Wert f_e/f_e' nur ungefähr gefordert, so kann man von vornherein h/z (statt z_1/h) schätzen, v mittels 471, 297, 95 und anschließend ohne Berichtigung σ_e nach 129 ermitteln. Man fährt dann mit der »normalen« gebundenen Bemessung fort oder — für statisch rohe Überschläge — mit 400, 397, 360.

Sonderfall $F_e = F_e'$. In nur wenigen Fällen vereinfachen sich die vorstehend beschriebenen Rechnungswege für den Sonderfall $f_e/f_e' = 1$ noch wesentlich[176]). Diese Vereinfachungen werden nachfolgend mitgeteilt. Im übrigen ist bei praktischer Anwendung auf die allgemeinere Lösung zurückzugreifen. Der in den allgemeinen Formeln benutzte Ausdruck f_e/f_{e_1} ist jetzt gleich f_e'/f_{e_1} und kann aus Tab. VII unmittelbar entnommen werden. Vgl. Zahlenbeisp. 52 und 53.

Eine gewisse Erleichterung ergibt bei Benutzung der Tab. VII wie früher die rechte Treppenlinie.

Die an gleicher Stelle in § 6a gegebenen Vereinfachungen und Näherungen können für Kostenüberschläge bei überwiegendem Moment angewandt werden, als sei keine Längskraft vorhanden; und zwar bei reichlichem σ_b' ohne weiteres (vgl. 461); sonst, indem man (wenigstens schätzungsweise) M_v (vgl. Fig. 24) und $\mathfrak{M}_v$ (Gl. 476) statt M und $\mathfrak{M}$ einführt.

Bei unb. Drz. kann man für genauere Spannungs-Untersuchungen an Stelle 435 und 341 bequemer 477 verwenden, für genauere gebundene Bemessungen mit gesuchtem F_e und σ_b bequemer, wie folgt, verfahren: Man schätzt z und ermittelt (nach Gl. 423) e und e/z; dann benutzt man der Reihe nach die Formeln 478; 297; 152 (liefert z_1); 327, 464 und erhält einen neuen Wert e/z. Mit diesem kann man nötigenfalls die Berechnung durchverbessern. Schließlich folgt $F_e = F_e'$ nach Gl. 465, σ_b nach Gl. 95 und 130. Vgl. Zahlenbeisp. 54.

$$476)\quad \mathfrak{M}_v = \frac{M_v}{\sigma_b \cdot b \cdot h^2}\,;$$

$$477)\quad \mathfrak{f}_1 = \frac{1}{2} \cdot \frac{\dfrac{1}{1 - z/e} + 1}{\dfrac{1}{1 - z/e} + \dfrac{h'}{h}}\,; \qquad \mathfrak{f}_2 = \frac{\dfrac{b\,h}{2\,n\,F_e}}{\dfrac{1}{1 - z/e} + \dfrac{h'}{h}}\,;$$

$$478)\quad \mathfrak{f}_1 = \frac{\dfrac{e}{z} - \dfrac{1}{2}}{\dfrac{e}{z} \cdot \left(1 + \dfrac{h'}{h}\right) - \dfrac{h'}{h}}\,; \qquad \mathfrak{f}_2 = \frac{\dfrac{b\,h\,\sigma_e}{2\,n\,N}}{\dfrac{e}{z} \cdot \left(1 + \dfrac{h'}{h}\right) - \dfrac{h'}{h}}\,.$$

Innenhebel. Der Innenhebel z wird, wie an gleicher Stelle in § 6a angegeben, ermittelt.

Aufgaben-Zusammenstellung. Zur Übersicht sind die bis hierher gelösten Aufgaben dieses Paragraphen in Fig. 27 nochmals zusammengestellt. Vgl. 405.

Gesuchte Größen			Ordnungsnummer der Lösung	
N	Irgendeine zweite Größe, z. B. M_e		433, z. B. 425	
F_e	F_e'		407	
M_e	F_e'		426	
M_e	F_e		417	
M_e	h		427	
M_e	σ_e		428	
M_e	σ_b		429	
σ_e	σ_b		434	
F_e	F_e'	h	439	Verhältnis $\dfrac{f_e}{f_e'}$ gegeben.
F_e	F_e'	σ_b	462	
F_e	F_e'	σ_e	472	

Fig. 27[77]).

Beliebiger Wert n. Das unter gleichem Stichwort in § 6 Gesagte gilt auch für § 6b, wenn man dort bzw. neben F_e, f_e, σ_e überall auch »F_e'«, »f_e'«, »σ_e'« liest, ebenso neben M auch »M_e«, »M_b«, »M_e'« usw. und »N«. — Bei zweierlei Verhältniswerten n und n' für Zug- und Druckzone gilt auch hier 388.

Sonderfall $F_e' = 0$. Die statische Querschnittsberechnung zur Aufnahme von Moment und Längskraft ohne Druckbewehrung ($f_e/f_e' = \infty$) ist in den häufigsten Fällen (nach Maßgabe von 391) gemäß § 6 und Verallgemeinerungsregel 390 durchzuführen. Vgl. Zahlenbeisp. 50. Nachfolgend wird daher nur noch die Lösung solcher Aufgaben gezeigt, für die das Verallgemeinerungsverfahren nicht durchführbar ist.

F_e-Achse unbekannt. Die absolute Höhenlage der Zugbewehrungs-Achse ist unbekannt bei freier Bemessung nach Fig. 26, Ziff. 1 und 2. Dann bestimmt man zunächst h/x und h/z nach § 6, wobei h/z, falls es sich um bschr. Drz. mit gegebenem d (nicht d/h) handelt, in erster Näherung mit geschätztem d/h ausgerechnet wird. Dann folgt x bzw. nach 479 bis 482 und 448[177]) oder nach 483, 484; anschließend h nach 273. Bei bschr. Drz. mit gegebenem d wird dann h/z und die anschließende Berechnung verbessert bis zur erforderlichen Übereinstimmung. Schließlich findet man F_{e_0} nach § 6, F_e nach Gl. 397.

Unb. Drz.:

$$479)\quad a_1 = \frac{N}{\sigma_b \cdot b} \cdot \frac{h}{z} \cdot \left(1 - \frac{C''}{2}\right); \quad a_2 = \frac{N}{\sigma_b \cdot b} \cdot \frac{h}{z} \cdot \frac{2\,e_m - C'''}{h/x}\,;$$

$$480)\quad a_1 = \frac{N}{\sigma_b \cdot b} \cdot \frac{h}{z}\,; \qquad a_2 = \frac{2\,n \cdot M_b/b}{\sigma_e + \dfrac{2\,n}{3} \cdot \sigma_b}\,.$$

Bschr. Drz. mit Stegdruck:

$$481)\quad a_1 = \frac{N}{\sigma_b \cdot b'} \cdot \frac{h}{z} \cdot \left(1 - \frac{C''}{2}\right) - \left(\frac{b}{b'} - 1\right) d\,;$$

$$a_2 = \frac{N}{\sigma_b \cdot b'} \cdot \frac{h}{z} \cdot \frac{2\,e_m - C'''}{h/x} + \left(\frac{b}{b'} - 1\right) d^2;$$

$$482)\quad a_1 = \frac{N}{\sigma_b \cdot b'} \cdot \frac{h}{z} - \left(\frac{b}{b'} - 1\right) d\,;$$

$$a_2 = \frac{2\,M_b}{\sigma_b \cdot b'} \cdot \frac{h/z}{h/x} + \left(\frac{b}{b'} - 1\right) d^2.$$

175) Oder unmittelbar F_{e_0} nach 463. Zwischenwert z erleichtert jedoch Fehlerkontrolle.

176) Dagegen sind erhebliche Vereinfachungen immer, auch bei beliebigem f_e/f_e', durch Aufstellung von Tochterformeln zu erzielen, wenn es sich (wie es in der Praxis die Regel ist) um die Lösung mehrerer einander ähnlicher Aufgaben handelt (z. B. mit gleichem h'/h, f_e/f_e', v).

177) Lediglich bei äußerem Längs-Druck und festliegender Betondruckkante (d. h. bei Anwendung von 480 oder 482) kommt als Wurzelvorzeichen auch —, sonst immer nur + in Betracht. Vgl. auch Fußnote 169.

Bschr. Drz. ohne Stegdruck:

483) $$x = \frac{1}{2} \cdot \frac{d^2 + \frac{N}{\sigma_b \cdot b} \cdot \frac{h}{z} \cdot \frac{2 e_m - C'''}{h/x}}{d - \frac{N}{\sigma_b \cdot b} \cdot \frac{h}{z}\left(1 - \frac{C''}{2}\right)};$$

484) $$x = \frac{1}{2} \cdot \frac{d^2 + \frac{2 M_b}{\sigma_b \cdot b} \cdot \frac{h/z}{h/x}}{d - \frac{N}{\sigma_b \cdot b} \cdot \frac{h}{z}}.$$

485) Unb. Drz.: $\mathfrak{f}_1 = \frac{1}{2} - \frac{N/\sigma_b}{2 n F_e}$; $\mathfrak{f}_2 = \frac{b h}{2 n F_e}$.

486) Bschr. Drz. mit Stegdruck:

$$\mathfrak{f}_1 = \frac{n \cdot F_e + (b - b')d - N/\sigma_b}{2 n F_e + (b - b')d \cdot d/h}; \mathfrak{f}_2 = \frac{b' \cdot h}{2 n F_e + (b - b')d \cdot d/h}.$$

487) Bschr. Drz. ohne Stegdruck:

$$\frac{h}{x} = \frac{2 n F_e + 2(b d - N/\sigma_b)}{2 n F_e + b d \cdot d/h}.$$

488) Unb. Drz.: $$\left(v + \frac{N}{F_e \cdot \sigma_b}\right)^2 \cdot \left(v + \frac{2n}{3}\right) = \frac{\frac{n}{2} \cdot M_e \cdot b}{F_e^2 \cdot \sigma_b}.$$

489) $$v = \frac{\frac{b}{2} \cdot x \cdot (1 - \mathfrak{r}) - \frac{N}{\sigma_b}}{F_e}.$$

Gesucht M_e, σ_e. Man findet $\mathfrak{f}_1$ und $\mathfrak{f}_2$ nach 485 bzw. 486, h/x nach 297 bzw. unmittelbar nach 487, v nach 95, σ_e nach 129, M_e nach § 6 (dort M genannt).

Gesucht N und eine zweite Größe[178]). Nach § 6 findet man F_{e_0} und die zweite Größe, zum Schluß N nach 420.

Gesucht σ_e, σ_b. (Spannungs-Untersuchung.) Man schätzt z und berechnet e nach 423, F_{e_0} nach 435, v und z nach § 6. Nun folgt Berichtigung mit neuem z bis zur Übereinstimmung und schließlich σ_e nach 139, σ_b nach 130.

Gesucht σ_e, b. (Lösung grundsätzlich wie vor.) Man schätzt z und berechnet e nach 423, F_{e_0} nach 435, σ_e nach 139, v nach 85, z je nach Querschnittsart gemäß § 6. Es folgt Berichtigung[71]), dann x nach 93 (oder Tab. VI) und b nach 150 (unb. Drz.) bzw. 287 (bschr. Drz.).

Gesucht σ_e, h. Bei unb. Drz. findet man v durch Probieren nach 488, σ_e nach 129, F_{e_0} nach 399 und h/f_{e_0} nach 97[66]), h nach 132. — Bei bschr. Drz. erfolgt die Lösung nach Fig. 18, Aufg. XIa, jedoch mit Formel 489 statt 292.

Sonderfall $F_e = 0$[179]). Ausführung. Der Sonderfall $f_e/f_e' = 0$ (nur Druck-, keine Zugbewehrung) sollte für die Ausführung nur aus ganz besonderen Gründen und nach eingehendster Prüfung angewandt werden. Vgl. 441. Im allgemeinen empfiehlt sich die Anordnung wenigstens einer leichten Zugbewehrung auch dann, wenn sie der Einfachheit halber rechnerisch vernachlässigt wird.

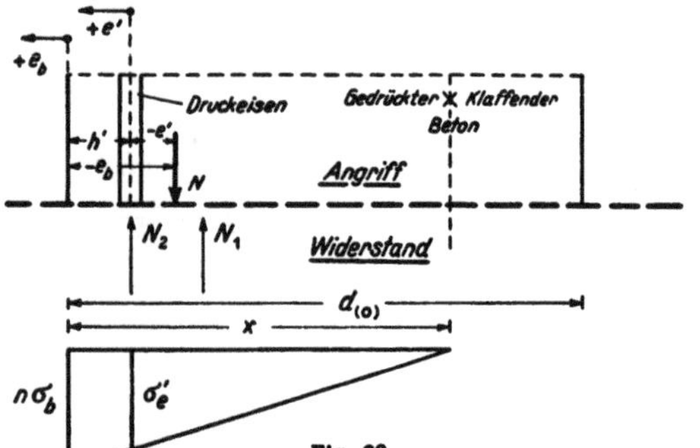

Fig. 28.

Berechnung. Die Berechnung dieses Falles dient (abgesehen von der genannten Vereinfachung) z. B. der Nachprüfung der Verstärkungs-Notwendigkeit für bereits bestehende Ausführungen (bei fehlerhafter Herstellung, nachträglicher Belastungs-Veränderung, Umbauten u. dgl.) oder für im Entwurf begriffene Konstruktionen hinsichtlich gewisser untergeordneter Lastwirkungen bzw. Lastrichtungen[180]). Auch bei Anordnung steifer Druckbewehrung ist dieser Fall u. U. rechnerisch anwendbar[181]).

Allgemeines. Der statische Zusammenhang geht aus Fig. 28 hervor. $d_{(0)}$ ist als bekannt anzusehen, aber statisch bedeutungslos[182]), sofern nur $d_{(0)} \geqq x$ verbleibt. Vgl. 389 und Fußn. 147.

490) N liegt immer zwischen N_1 und N_2. (Kommt für unb. Drz. auch in 500, für bschr. Drz. in 510 zum Ausdruck.)

491) In der Regel liegt N_2 außen. Nur bei sehr großem h' kann auch der Fall »N_1 außen« praktisch in Betracht kommen.

492) Mit Rücksicht auf die Ungenauigkeit der Eisenverlegung ist h' in die statische Berechnung besonders reichlich einzuführen.

493) Bei hoher Betondruckspannung ist mit Rücksicht auf die Bedingung 494 auch für die Ausführung h' entsprechend groß vorzusehen (vgl. 311).

494) $$h' \geqq x \cdot \left(1 - \frac{\sigma_e'{}_{\text{sich}}}{n \sigma_b}\right);$$ 495) $$N = \frac{2}{b} \frac{N}{\sigma_b} \cdot \frac{\sigma_b b}{2};$$

496) $$\sigma_b = \frac{2 \frac{N}{b}}{\frac{2}{b} \frac{N}{\sigma_b}};$$ 497) $$b = \frac{2 \frac{N}{\sigma_b}}{\frac{2}{b} \frac{N}{\sigma_b}};$$

498) $- M_e' = - e' \cdot N$.

499) Ist die Bedingung $x \geqq h'$ oder bei unb. Drz. eines der diese Bedingung vertretenden Kriterien 501 oder 502 nicht erfüllt[183]), so ist (falls h' nicht unzuverlässig klein) h statt h', e statt e', F_e statt F_e' zu schreiben und gemäß Sonderfall $F_e' = 0$ weiter zu rechnen.

Unb. Drz. Bei unb. Drz. gelten folgende Beziehungen:

500) $$\frac{\frac{x}{3} - h'}{-e'} \geqq 1;$$ 501) $$\frac{N}{b \sigma_b} \geqq \frac{h'}{2};$$ 502) $$e' \leqq \frac{2}{3} h';$$

503) $$\frac{2}{b} \frac{N}{\sigma_b} = \frac{x}{-e'} \cdot \left(\frac{x}{3} - h'\right);$$ 504) $$e' = - \frac{x \cdot (x/3 - h')}{\frac{2}{b} \frac{N}{\sigma_b}};$$

505) $$x = \frac{3}{2} h' \pm \sqrt{\left(\frac{3}{2} h'\right)^2 - e' \cdot 3 \cdot \frac{2}{b} \frac{N}{\sigma_b}};$$

506) $$\frac{2}{b} \frac{N}{\sigma_b} = \frac{2 n F_e'}{b} \cdot \left(1 - \frac{h'}{x}\right) + x;$$ 507) $$F_e' = b \cdot \frac{\frac{2}{b} \frac{N}{\sigma_b} - x}{2 n \left(1 - \frac{h'}{x}\right)};$$

508) $$x = \left(\frac{N}{b \sigma_b} - n f_e'\right) + \sqrt{\left(\frac{N}{b \sigma_b} - n f_e'\right)^2 + n f_e' \cdot 2 h'};$$

509) $$a_1 = \frac{\frac{N}{n \sigma_b F_e'} \cdot \frac{3}{2} \cdot (-e' + h') - 2 h'}{\frac{N}{n \sigma_b F_e'} - 1}; \quad a_2 = \frac{3 h'^2}{\frac{N}{n \sigma_b F_e'} - 1}.$$

Bschr. Drz. Bei bschr. Drz. gelten folgende Beziehungen:

510) $$\frac{\frac{x}{3} - h' - \frac{\frac{2}{3} d}{1/\mathfrak{r} - 1}}{-e'} \geqq 1;$$

511) $$- e' \cdot \frac{2}{b} \cdot \frac{N}{\sigma_b} = x \cdot \left[\left(\frac{x}{3} - h'\right)(1 - \mathfrak{r}) - \frac{2}{3} d \, \mathfrak{r}\right];$$

178) Beachte 406.

179) Nur für $N > 0$ (Längs-Druck) möglich.

180) Bei Mauern, Gewölben, Rohren u. dgl. kann u. U. die allein vorhandene Zugbewehrung (gegen Hauptangriffe) als Druckbewehrung (gegen Nebenangriffe umgekehrter Richtung) mit benutzt werden.

181) Beispiel: die (lotrecht nur schwach bewehrte) Beton-Außenwand eines Industriegebäudes wird zur Aufnahme je einer Einzellast an ihrem Ende (Aufnahme der Giebelschürze) und an mehreren Vorlagen (Aufnahme einer Kranbahn) durch Einbetonieren von stützenartigen Steifprofilen (oder auch Rundeisen-Geflechten) verstärkt.

182) Natürlich nur im Rahmen des hier behandelten Zustandes II. Gelegentlich kommt auch die Heranziehung geringer Betonzugspannungen (gemäß Zustand I) in Betracht.

183) Kann sich besonders bei Standsicherheitsberechnungen herausstellen.

512) $e' = -\frac{x}{\frac{2}{b}\cdot\frac{N}{\sigma_b}}\cdot\left[\left(\frac{x}{3}-h'\right)(1-\tau)-\frac{2}{3}d\,\tau\right];$

513) $\frac{N}{\sigma_b} = n F_e'\cdot\left(1-\frac{h'}{x}\right)+\frac{b\,x}{2}(1-\tau);$

514) $F_e' = b\cdot\frac{\frac{2}{b}\cdot\frac{N}{\sigma_b}-x\cdot(1-\tau)}{2n\cdot(1-h'/x)};$

515) $a_1 = \frac{N}{b'\cdot\sigma_b}-\frac{n F_e'}{b'}-d\left(\frac{b}{b'}-1\right);$

$a_2 = \frac{n F_e'}{b'}\cdot 2h' + d\left(\frac{b}{b'}-1\right)\cdot d;$

516) $b = b' + \frac{2N/\sigma_b - 2nF_e'\cdot(1-h'/x) - b'\cdot x}{d\cdot(2-d/x)};$

517) $b' = b - \frac{b\,x + 2nF_e'\cdot(1-h'/x) - 2N/\sigma_b}{x\cdot(1-d/x)^2}.$

Aufgabestellung. Wegen seiner besonderen Bedeutung für den Grenzfall $F_e = 0$ reihen wir zweckmäßig den Außenhebel e' (vgl. 446) an Stelle des Angriffsmomentes M_e' in die Gruppe der in Beziehung zu setzenden statischen Größen ein. Es handelt sich demnach um die 5 (bzw. 7) statischen Größen N, e', σ_b, b (b', d), F_e'. Die Angaben in Klammern gelten nur für bschr. Drz. Im übrigen bleibt 405 zu beachten. — Natürlich kann auch M_e' statt e' gesucht oder gegeben werden (wie früher). Dann ist aus dem gegebenen M_e' im Anfang der Berechnung e' nach 446 zu finden, in das gesuchte M_e' am Schluß der Berechnung e' nach 498 zu verwandeln.

Aufg. Nr.	● Gesuchte Größe	Anzuwendende Formeln	Fig. 29 [78])
A	F_e'	505; 507.	a
B	b	509; 448[184]); 503; 497.	Unb.
C	σ_b od. N	(x probieren;) 506; 504; (nachdem e' erreicht:) 496 oder 495.	Drz.
D	e'	508; 504.	
A	F_e'	(x probieren;) 279; 511; (wiederholen, bis 511 erfüllt ist;) 514.	b
B	b od. b'	(x probieren;) 516 oder 517; 279; 511. (Wiederholen bis zur Übereinstimmung.)	Bschr.
C	σ_b od. N	(x probieren;) 279; 513; 512. (Wiederholen bis zur Übereinstimmung.)	Drz.
D	e'	515; 448; 279; 512.	

Aufgabelösung. Die Berechnung erfolgt für unb. Drz. nach Fig. 29a, für bschr. Drz. nach Fig. 29b. Zur Erleichterung des Probierens dient die Regel:

518) Sowohl $-e'$ wie $-e'\cdot\frac{2}{b}\cdot\frac{N}{\sigma_b}$ wachsen und schwinden mit x.

In dem seltenen Fall »N_1 außen«, bei Aufg. A bis C erkennbar an $e' > 0$, empfiehlt es sich bei unb. Drz. die gestellte Aufgabe vor Beginn ihrer eigentlichen Lösung auf die Bedingung $x \geqq h'$ zu prüfen (389), nämlich für Aufg. A bis C gemäß 502, für Aufg. D gemäß 501. Im Falle $x < h'$ siehe 499.

Standsicherheitsberechnung. Eine besondere Rolle spielt der Fall $F_e = 0$ für Standsicherheitsberechnungen, und zwar nicht selten auch dann, wenn der normale Belastungsfall Zustand I ($x \gtrapprox d_{(0)}$) ergibt. Die Standsicherheit beurteilt man am besten, indem man von den unmittelbar vor der Zerstörung auftretenden Spannungswerten[185]) σ_b bzw. σ_e' und dem kleinsten möglichen Normalkraftwert N ausgeht, nach Fig. 29, Aufg. D, den zugehörigen Außenhebel[186]) und anschließend den zugehörigen Wert der kippenden Last (Erddruck, Winddruck u. dgl.) ermittelt. Diesen Wert vergleicht man dann mit dem größten auch unter ungewöhnlichen Umständen nur möglichen (nicht nur mit dem größten vorschriftsmäßigen Wert).

Vereinfachung. Schwache Druckbewehrung empfiehlt es sich zur Vereinfachung der Rechnung überhaupt zu vernachlässigen. Man geht dann gemäß nachfolgendem engeren Sonderfall $F_e = F_e' = 0$ vor.

Sonderfall $F_e = F_e' = 0$[179]). Der Zustand II bei Angriff von Moment und Längskraft und bei Widerstand eines unbewehrten Querschnittes kann auch bei anderen Massivbaustoffen auftreten und stellt jedenfalls einen Grenzfall der Eisenbetonbauweise dar. Soweit die oben für den allgemeineren Sonderfall $F_e = 0$ gegebenen Erläuterungen nicht mit der Druckbewehrung zusammenhängen, sind sie sinngemäß auch hier zu beachten. Es handelt sich jetzt (siehe auch Fig. 30) um die 4 (bzw. 6) statischen Größen N, e_b, σ_b, b (b', d). M_b kann mittels 519 bzw. 445 die Stelle von e_b vertreten. Im übrigen erfolgt die Berechnung gemäß Fig. 31a bei unb. Drz. und 31b bei bschr. Drz. unter Benutzung auch nachfolgender Formeln.

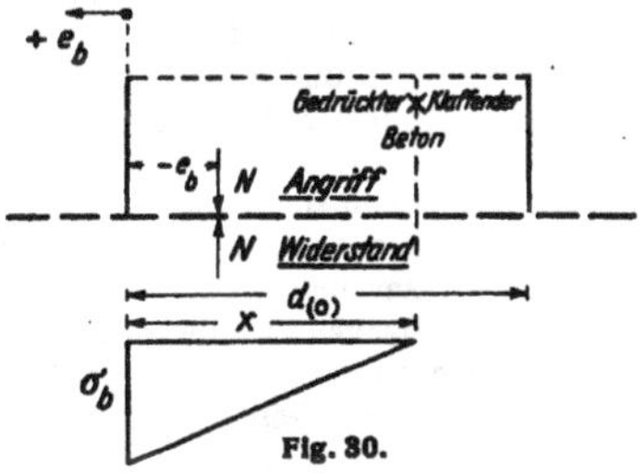

Fig. 30.

519) $-M_b = -e_b\cdot N.$

Unb. Drz.:

520) $b = \frac{2/3}{-e_b}\cdot\frac{N}{\sigma_b};$ 521) $\sigma_b = \frac{2/3}{-e_b}\cdot\frac{N}{b};$

522) $N = -e_b\cdot\frac{3}{2}\cdot b\cdot\sigma_b;$ 523) $e_b = -\frac{2}{3}\cdot\frac{N}{b\,\sigma_b}.$

Bschr. Drz.:

524) $-e_b = \frac{x}{3}-\frac{\frac{2}{3}d}{1/\tau-1};$ 525) $\frac{N}{\sigma_b} = \frac{b\,x}{2}\cdot(1-\tau);$

526) $a_1 = \frac{N}{b'\sigma_b}-\left(\frac{b}{b'}-1\right)\cdot d;$ $a_2 = \left(\frac{b}{b'}-1\right)\cdot d^2;$

527) $b = b' + \frac{2N/\sigma_b - b'x}{d\cdot(2-d/x)};$ 528) $b' = b - \frac{b\,x - 2N/\sigma_b}{x(1-d/x)^2}.$

Aufg. Nr.	● Gesuchte Größe	Anzuwendende Formeln	Fig. 31 [78]).
B	b	520.	a
C	σ_b od. N	521 oder 522.	Unb. Drz.
D	e_b	523.	
B	b od. b'	(x probieren;) 527 oder 528; 279; 524. (Wiederholen bis zur Übereinstimmung.)	b
C	σ_b od. N	(x probieren;) 279; 524; (wiederholen bis zur Übereinstimmung;) 525.	Bschr. Drz.
D	e_b	526; 448[187]); 279; 524.	

[184]) Meistens ist $n\,\sigma_b\,F_e' < N$. Dann ergibt sich ein brauchbarer Wert x (mit positivem Wurzelvorzeichen). In dem seltenen Ausnahmefall $n\,\sigma_b\,F_e' > N$ ergeben sich zwei oder kein brauchbarer Wert x.

[185]) Hierbei ist σ_b im gleichen Maßstabe kleiner als die Biegedruckfestigkeit zu wählen, wie die (scheinbare) Sicherheit des Betons höher gefordert wird als die des (zuverlässigeren) Eisens. Überhaupt ist jedem Zweifel in der Wahl beider Werte (auch hinsichtlich der Ausknickgefahr für das Eisen) durch deren Ermäßigung aus dem Wege zu gehen, da das hier angegebene Verfahren ohnehin schon die äußersten Hilfen heranzieht, und die vorläufigen Abmessungen der Konstruktion zu verwerfen sind, wenn die Standsicherheitsberechnung nicht einen reichlichen Sicherheits-Überschuß ergibt.

[186]) Vgl. auch 499. Bei $x < h'$ ist entsprechend auch die Streckgrenze des gezogenen Eisens zu berücksichtigen.

[187]) Nur positives Wurzelvorzeichen kommt in Betracht.

§ 7. Bestimmung der Baustoffmengen.

Allgemeines. Im folgenden wird der dritte Schritt der Bemessung erläutert[188]). Unter Baustoff verstehen wir z. B.[189]) Beton (*B*), Eisen (*E*) und Schalung (*S*) im fertigen Zustande (im Gegensatz zu Rohstoffen, d. h. Zement, Zuschlagstoff, Wasser, ungebogenes Eisen, Bindedraht, Nägel, Schalbretter, Kantholz usw.). *B* (Rauminhalt), *E* (Gewicht) und *S* (eingeschalte Flächen) bedeuten die auf die kennzeichnende Leistungseinheit[190]) des zu bemessenden Konstruktionsgliedes entfallende Menge des Baustoffes.

Beton und Schalung. Für die hauptsächlich zur Verwendung kommenden prismatischen Konstruktionsglieder ist *B* der Flächeninhalt, *S* der einzuschalende lineare Umfang des Querschnitts. *B* und *S* sind also mit Hilfe der Größen $b_{(0)}$ und $d_{(0)}$ leicht zu bestimmen. Da bei weitem in der Mehrzahl aller Fälle die Mengenbestimmung für Kostenüberschläge vorgenommen wird und außerdem die gewöhnlichen Platten und (nicht besonders hohen Schubspannungen ausgesetzten) Balken des Hochbaus besonders häufig in Betracht kommen, so sind hier die Formeln 13 bis 15 nützlich, besonders bei sinngemäßer Beachtung auch der Gesichtspunkte 46.

Besondere Aufmerksamkeit erfordern örtliche Verstärkungen der prismatischen Eisenbetonteile, z. B. Vouten, Säulenköpfe u. dgl. (Mehrmengen) sowie Durchdringungen mehrerer Eisenbeton-Glieder (Mindermengen). — Längsdurchdringungen (z. B. Wandsäulen, Plattenbalken) sind immer genau in Rechnung zu stellen. Zum Plattenbalken gehörig werden Beton und Schalung lediglich des Steges, nicht der Platte gerechnet. (Hat man für eilige Überschläge die Schubspannung τ_0 eines Plattenbalkens, weil man ihre Zulässigkeit vermutet, zunächst noch nicht berechnet, so läßt sich dies jetzt gelegentlich der Massenberechnung zur Kontrolle noch bequem nachholen mittels Formel 529, wo *T* die Querkraft bedeutet). — Querdurchdringungen können in der Regel näherungsweise berücksichtigt werden. Oft läßt sich der durch sie hervorgerufene Minderbedarf ganz oder teilweise mit dem Mehrbedarf infolge örtlicher Verstärkungen (siehe oben) als ausgeglichen ansehen, wobei vielfach Schätzung genügt. In welcher Weise derartige Vereinfachungen im Einzelfalle zu bewerkstelligen sind, bleibt zweckmäßig der Geschicklichkeit des Rechners vorbehalten. — Vgl. Zahlenbeisp. 56.

Eisen. Die Ermittelung des Eisenbedarfs ist infolge der Vielgestaltigkeit des Geflechtes naturgemäß schwieriger. Ihre genaue Durchführung erfordert die Anfertigung eines Eisen-Auszuges. Doch auch hier findet der Konstrukteur, sobald es sich um einen Überschlag handelt, leicht Vereinfachungen von Fall zu Fall.

Eisenkoeffizient. Dabei bedient er sich fast immer des *Eisenkoeffizienten*[191]) *c*, eines Wertes, der, mit einem charakteristischen Eisenquerschnitt[192]) multipliziert, das durchschnittliche Gesamt-Eisengewicht *E* der Leistungseinheit liefert. Die Vereinfachung besteht dann darin, zu dem jeweils vorliegenden Sonderfall einen möglichst passenden Regelfall zu finden, dessen Eisenkoeffizient durch Anschauung, Überlegung und Erfahrung[193]) (auch mit Hilfe unten folgender Sonderhilfsmittel) vorweg bekannt ist, und diesen Regelwert *c* nach Maßgabe der Abweichung des Sonderfalls nötigenfalls (teils rechnend, teils schätzend) abzuändern.

Regelfälle[194]). In diesem Sinne verwendbare Regelfälle werden nachfolgend ausführlicher gezeigt für die überschlägliche Bestimmung des Eisenbedarfes von Platten und Balken. Dabei wird grundsätzlich von demjenigen Eisenquerschnitt F_e ausgegangen, der zur Aufnahme des größten Feldmomentes erforderlich ist[195]). Siehe Gl. 532 und 533. Die unten mitgeteilten Formel- und Tabellenwerte *c* sind aber auch für den Regelfall selbst verbesserungsfähig. Für sorgfältigere Ermittelungen dürfen sie lediglich als Richtschnur bzw. als Rezept zur Herstellung eigener Hilfsmittel verwandt werden, besonders im Hinblick auf örtlich und zeitlich wechselnde Konstruktionsgepflogenheiten[194]). Sie bedürfen bei besonders kleinem (großem) F_e eher der Vergrößerung (Verkleinerung). Im übrigen gelten die unten angegebenen Regelwerte unter nachfolgenden Voraussetzungen.

Voraussetzungen. Es handelt sich zunächst um nicht oder schwach druckbewehrte Platten oder Balken mit reiner Biegung infolge einer gleichmäßig verteilten Belastung *q* (vgl. 54 und 530) der Flächeneinheit (Platte) bzw. Längeneinheit (Balken). Ferner beschränken wir uns (mit Ausnahme der Kreuzplatten) auf beiderseits frei aufliegende (Freies Feld) und auf durchlaufende Eisenbeton-Platten und -Balken (Endfeld und Mittelfeld) mit in einer Spannrichtung ungefähr gleicher Spannweite und ohne Rahmen- oder Kragarmwirkung. Die durchlaufenden Platten ruhen auf Eisenbetonbalken. Sofern das Gegenteil nicht ausdrücklich hervorgehoben wird, setzen wir voraus, daß an den durchlaufenen Auflagern Vouten[196]) vorhanden sind, die es ermöglichen, das Stützmoment lediglich durch aufgebogene, also ohne zugelegte Eisen aufzunehmen. Es wird nicht Wert gelegt auf die Genauigkeit des etwa nur für ein Mittelfeld ermittelten Eisenbedarfes, sondern lediglich des durchschnittlichen Eisenbedarfes für alle End- und Mittelfelder (des Fehlerausgleiches wegen).

Balkenplatten und Balken. Wir zerlegen *E* bzw. *c* gemäß 535 bzw. 536 in die Anteile E_h bzw. c_h der *Hauptbewehrung* (kennzeichnender Querschnitt f_e bzw. F_e) und E_n bzw. c_n der *Nebenbewehrung* (hauptsächlich quer zur Hauptbewehrung verlaufend, z. B. Verteilungseisen und Konsoleisen[197]) der Balkenplatten, Schubbewehrung der Balken).

Ein links oben an einem Buchstabenzeichen geschriebener Strich bedeutet wieder[198]) *zur Nebenbewehrung gehörig.* Z. B. ist $'f_e$ bzw. $'\mathring{f}_e$ der Querschnitt der Verteilungseisen bzw. Konsoleisen einer Balkenplatte auf die Längeneinheit der Haupt-Bewehrungsrichtung, $'l$ die Feldweite in der Neben-Bewehrungsrichtung, $'\mathring{n}$ die Anzahl (0 oder 1 oder 2) der das Feld begrenzenden mit Konsoleisen versehenen Unterzüge. l_k ist die Länge der Konsoleisen, einmal gemessen von deren Ende bis zur Unterzugsachse; $\mathring{n}$ die Anzahl der nicht freien Auflagerungen (freies Feld: 0; Endfeld: 1; Mittelfeld: 2); $\mathring{n}_0$ die Anzahl der von diesen Auflagern etwa voutenlosen. $\mathring{F}_e$ bzw. $\mathring{F}_e'$ ist der (im Mittelfeld: durchschnittliche) Zug- bzw. Druck-Eisenquerschnitt an diesen Auflagern.

Zur praktischen Ermittelung des überschläglichen Eisenbedarfs findet man zunächst c_h bzw. aus 537 bis 543[199]);

---

188) Vgl. 22 bis 24 bzw. für freie Bemessung 28 bis 30.

189) Auch Hohlsteine (für Steineisendecken), Füllkörper (für Rippendecken) u. dgl.

190) Z. B. Raumeinheit eines gedrungenen Fundamentes; Flächeneinheit einer Platte, einer Wand; Längeneinheit eines Balkens, einer Säule.

191) Um bei praktischer Anwendung fehlerhafte Maßeinheiten zu vermeiden, ist es zweckmäßig, den Eisenkoeffizienten als das ideelle spezifische Gewicht anzusehen, das das Eisen besitzen müßte, wenn es ohne jeden Zuschlag (Aufrundung, Verteilungseisen, Bügel, Aufbiegungen, Haken u. dgl.) auf die ganze Platten- bzw. Balkenlänge lediglich aus den geraden Längseisen (Hauptbewehrungseisen) vom Querschnitt F_e bestünde und dennoch das wirkliche Gesamtgewicht erreichte. Als zweckmäßige Einheit für *c* ist daher bei praktischen Aufgaben i. allg. $\frac{\text{kg}}{\text{cm}^2 \cdot \text{m}}$ zu verwenden. Wenn man dann f_e in cm²/m bzw. F_e in cm² einsetzt, so liefert 532 bzw. 533 den Eisenbedarf *E* in kg/m² bzw. kg/m.

192) Z. B. empfiehlt es sich (im Gegensatz zu den hier vorzugsweise behandelten normalen Platten und Balken) für Eisenbetonglieder mit durchweg stärkerer doppelter Bewehrung (z. B. Säulen), vom größten Gesamt-Eisenquerschnitt (bald F_e, bald $F_e + F_e'$ genannt) auszugehen und *c* zu bestimmen als Produkt aus dem spezifischen Eisengewicht γ_e und dem Verhältnis der durchschnittlichen Länge der Längseisen zur Leistungslänge des Eisenbeton-Baugliedes unter Hinzufügung eines angemessenen Zuschlages für die Nebenbewehrung (z. B. Bügel), deren Gewicht ebenfalls auf die Leistungseinheit umgelegt wird.

193) Um Erfahrung und Schätzungsvermögen zu erwerben und zu vermehren ist es zweckmäßig, bei Ausführungen die ohnehin anzufertigenden Eisen-Auszüge regelmäßig zur Ermittelung des genauen *c*-Wertes zu benutzen und für etwa auftretende beträchtliche Abweichungen (vom *c*-Wert der früheren Kalkulation) die Gründe aufzusuchen.

194) Näheres hierüber siehe: Kurt Bernhard, *Der Eisenbedarf der Eisenbeton-Balkenplatten*, »Zement« 1930, Heft 16 bis 20, ferner *Der Eisenbedarf der Eisenbeton-Balken*, »Zement« 1930, Heft 25 bis 29.

195) F_e ist nicht immer der statisch erforderliche, sondern, falls dieser größer ist, der vorschriftlich oder konstruktiv erforderliche Mindest-Eisenquerschnitt (z. B. bei schwach bewehrten Dachplatten). In diesem Ausnahmefall ist *c* entsprechend knapper zu wählen als sonst.

196) Bei Pilzplatten vertreten durch entsprechend starke Säulenköpfe.

197) Vgl. Best. A, § 25, 5, Abs. 1.

198) Vgl. Anfang § 4a, Stichwort *Bezeichnungen*. Jene Bezeichnungen gelten sinngemäß auch für Balkenplatten.

anschließend für Balkenplatten E_h nach 534, E_n nach 548, E nach 535; für Balken c_n nach 550 bis 552[200]), c nach 536 E nach 533. Vgl. Zahlenbeisp. 56.

Werden trotz Auftretens von Stützmomenten keine Vouten vorgesehen, so ist c_h, gleichviel ob die Stützmomente mit oder ohne Druckbewehrung aufgenommen werden, für Balkenplatten, statt wie oben, nach 544 bzw. 545 zu ermitteln, für Balken wie oben, jedoch unter Vergrößerung um $\triangle c_h$ nach 546[201]); im übrigen ist wie oben zu verfahren.

Für Balkenplatten oder Balken mit Vouten, aber auch mit Felddruckbewehrung ist c_h nach 547 zu bestimmen, für Balken unter Beachtung von 531 (alles Übrige wie oben). Dabei ist der wirkliche »obere« Eisenquerschnitt f_e^o bzw. F_e^o der größere der beiden statisch erforderlichen $\bar{f}_e$ bzw. $\bar{F}_e$ (Zugbewehrung für negatives Feldmoment im Fünftelpunkt der Spannweite) und f_e' bzw. F_e' (Druckbewehrung im gefährlichen Feldquerschnitt).

Zu roher Orientierung dienen die Faustformeln 553 und 554 bis 556.

529) $\tau_0 \approx T/B$; 530) $q = g + p$; 531) $F_e^o/F_e = f_e^o/f_e$;

532) $E = f_e \cdot c$ für Platten;

533) $E = F_e \cdot c$ für Balken; 534) $E_h = f_e \cdot c_h$ für Platten;

535) $E = E_h + E_n$; 536) $c = c_h + c_n$;

Freies Feld:

537) $c_h = 0{,}90 \frac{\text{kg}}{\text{cm}^2 \cdot \text{m}}$;

Endfeld:

538)–540) $c_h = \left(1{,}00 + \begin{matrix} 0{,}01 \\ 0{,}02 \\ 0{,}04 \end{matrix} \cdot \frac{p}{g}\right) \frac{\text{kg}}{\text{cm}^2 \cdot \text{m}}$ (538) für Balkenplatten; (539) » nicht frei drehbar gelagerte Balken[202]); (540) » frei drehbar gelagerte Balken;

Mittelfeld:

541)–543) $c_h = \left(1{,}10 + \begin{matrix} 0{,}05 \\ 0{,}1 \\ 0{,}2 \end{matrix} \cdot \frac{p}{g}\right) \frac{\text{kg}}{\text{cm}^2 \cdot \text{m}}$, aber[203]) $\leqq \begin{matrix} 1{,}20 \\ 1{,}25 \\ 1{,}30 \end{matrix} \frac{\text{kg}}{\text{cm}^2 \cdot \text{m}}$

(541) für Balkenplatten;
(542) » nicht frei drehbar gelagerte Balken[202])
(543) » frei drehbar gelagerte Balken;

544) Endfeld: $c_h = 1{,}05 \frac{\text{kg}}{\text{cm}^2 \cdot \text{m}}$
545) Mittelfeld: $c_h = 1{,}20 \frac{\text{kg}}{\text{cm}^2 \cdot \text{m}}$
} für voutenlose Balkenplatten;

546) $\triangle c_h = \left(\frac{\overset{s}{F_e} + \overset{s}{F_e}'}{F_e} - 1{,}5\right) \cdot 0{,}20 \, \overset{s}{n}_0 \frac{\text{kg}}{\text{cm}^2 \cdot \text{m}}$, aber $\geqq 0$ für voutenlose Balken;

547) $c_h = \left[0{,}90 + 0{,}08 \, \overset{s}{n} + \frac{f_e^o}{f_e} \cdot 0{,}80 \cdot (1 - 0{,}20 \, \overset{s}{n})\right] \frac{\text{kg}}{\text{cm}^2 \cdot \text{m}}$ bei Feld-Druckbewehrung;

548) $E_n = \left(0{,}85 \, 'f_e + 0{,}80 \cdot \frac{l_k}{'l} \cdot {'\overset{s}{n}} \cdot {'\overset{s}{f}_e}\right) \frac{\text{kg}}{\text{cm}^2 \cdot \text{m}}$ } für Balkenplatten;

549) Allg.: $c_n = \left(1{,}8 + 0{,}3 \overset{s}{n} + \frac{0{,}6 \, \overset{s}{n}}{1/\overset{s}{n} + p/g}\right) \cdot \frac{h}{l} \cdot \frac{\text{kg}}{\text{cm}^2 \cdot \text{m}}$

550) Freies Feld: $c_n = 1{,}8 \frac{h}{l} \frac{\text{kg}}{\text{cm}^2 \cdot \text{m}}$

551) Endfeld: $c_n = \left(2{,}1 + \frac{0{,}6}{1 + p/g}\right) \cdot \frac{h}{l} \cdot \frac{\text{kg}}{\text{cm}^2 \cdot \text{m}}$

552) Mittelfeld: $c_n = \left(2{,}4 + \frac{1{,}2}{0{,}5 + p/g}\right) \cdot \frac{h}{l} \cdot \frac{\text{kg}}{\text{cm}^2 \cdot \text{m}}$

(549–552) für Balken;

553) $c \approx (1{,}10 + 0{,}15 \, \overset{s}{n} + 0{,}05 \, '\overset{s}{n}) \frac{\text{kg}}{\text{cm}^2 \cdot \text{m}}$[204]). } für Balkenplatten:

554) Freies Feld: $c \approx 1{,}05 \frac{\text{kg}}{\text{cm}^2 \cdot \text{m}}$
555) Endfeld: $c \approx 1{,}25 \frac{\text{kg}}{\text{cm}^2 \cdot \text{m}}$
556) Mittelfeld: $c \approx 1{,}50 \frac{\text{kg}}{\text{cm}^2 \cdot \text{m}}$
} für Balken;

557) $E = c_0 \cdot F_{e_0} - \frac{N}{\sigma_e} \cdot 0{,}8 \frac{\text{kg}}{\text{cm}^2 \cdot \text{m}}$.

Kreuzplatten und Pilzplatten[205]). Für Kreuzplatten ist der Eisenkoeffizient aus **Tab. XI** und **XII**, für Pilzplatten aus **Tab. XV** und **XVI**[206]) zu entnehmen. Vgl. Zahlenbeisp. 5, 9 und 13.

Besondere Anwendungen. Greift neben einem (überwiegenden) Moment ständig eine geringe Längskraft N an (vgl. § 6b), so kann E nach 557 bestimmt werden, wobei c_0 der in Anlehnung an einen der oben behandelten Regelfälle, als sei N nicht vorhanden, ermittelte Wert c ist. Handelt es sich z. B. um einen Rahmenriegel, so legt man etwa den oben für Mittelfelder gegebenen c-Wert zugrunde, vergleicht ein solches Mittelfeld mit Hilfe von Bewehrungsskizzen mit dem vorliegenden Rahmenriegel, ändert demnach den c-Wert schätzungsweise ab und erhält c_0.

Sowohl bei starker Druckbewehrung wie bei überwiegender Längskraft ist zu einer solchen Anlehnung an die mitgeteilten Regelfälle die Ähnlichkeit zu gering. Man kommt dann am schnellsten zum Ziele, wenn man die Schätzung ausschließlich auf überschlägliche Bewehrungsskizzen stützt. Vgl. auch Fußn. 192.

Gruppe gleich starker Platten. Für eine zusammenhängende Gruppe von n_f Plattenfeldern wird oft (für Pilzplatten fast immer) überall gleiche Stärke verlangt. Dann ist es u. U. zweckmäßig (besonders auch zur Ermittelung der wirtschaftlichen Druckspannung), c bzw. c_h so zu bestimmen, daß man, ausgehend vom Hauptbewehrungs-Querschnitt f_e des ungünstigsten Feldes, mittels 532 bzw. 534 den durchschnittlichen Gesamt-Eisenbedarf E bzw. E_h der ganzen Plattengruppe erhält. Man benutzt dann (mit der Abkürzung 559 für die Flächen-Anteilziffer) Gleichung 561 (u. U. unter Hinzufügung des Zeigers h zu den c-Werten). Dabei bedeutet F die Gesamt-

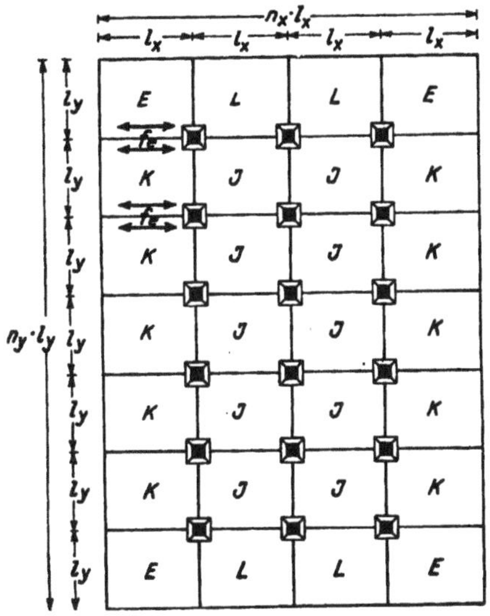

Fig. 32 (schematisch).

[199]) Diese Formeln prägen sich bei häufigerem Gebrauch leicht dem Gedächtnis ein durch die gleichmäßige Steigerung der Zahlen mit der Steigerung der Stützbewehrung (Freies Feld, Endfeld, Mittelfeld) und mit der Steigerung der negativen Feldbewehrung (Balkenplatte, nicht frei drehbar gelagerte Balken, frei drehbar gelagerte Balken).

[200]) Im Kopf leicht zu merken in der Zusammenfassung 549.

[201]) Sobald $\frac{\overset{s}{F_e} + \overset{s}{F_e}'}{F_e} \leqq 1{,}5$ ist, wird $\triangle c_h = 0$.

[202]) Z. B. Balken im Hochbau, die mit Unterzügen oder Säulen fest verbunden sind (Best. A, § 25, 4b).

[203]) Der kleinere von beiden Werten ist zu wählen $\left(\text{Grenze: } \frac{p}{g} = \begin{matrix} 2 \\ 1{,}5 \\ 1 \end{matrix}\right)$.

[204]) Zu merken: Grundwert 1,10; Zuschlag 0,15 für jede Einspannung, 0,05 für jede Reihe Konsoleisen.

[205]) Vgl. §§ 4a und 4b sowie die in den Fußn. 28 und 41 angegebenen Quellen.

[206]) Zugrunde gelegt sind die Faustformeln der deutschen Eisenbeton-Bestimmungen von 1925 (siehe Gl. 72 und Fig. 9). Die Säulenkopf- und Randbalken-Bewehrung ist im Eisenbedarf der Platte nicht miteingeschlossen.

Grundfläche einer Feldart und der Zeiger i die Zugehörigkeit zu einer beliebigen, aber bestimmten Feldart i.

Für den Sonderfall überall gleicher Feld-Grundfläche (siehe Grundriß Fig. 10) können die ψ-Werte nach 560 bestimmt werden, wo n_i die Felderzahl der Art i bedeutet.

558) Für den engeren Sonderfall einer vollrechteckigen Gesamt-Grundfläche gemäß Fig. 32 mit den vier Feldarten J, L, K, E (gemäß Fig. 8) können die Anteilziffern ψ der **Tab. XVIII** entnommen werden. Diese Tabelle kann als allgemeines Grundriß-Schema, das jeweils vorliegende Grundriß-Rechteck als Teil dieses Schemas angesehen werden. Schema und Rechteck haben oben und links die fett gezeichnete Begrenzung gemeinsam. Untere rechte Ecke des Rechtecks ist einer der fett gezeichneten Punkte des Schemas. In dem durch diesen Punkt gekennzeichneten »Eckfeld« liefert die Tabelle die Ziffern $\begin{matrix}\psi_J & \psi_K \\ \psi_L & \psi_E\end{matrix}$, und zwar räumlich gemäß Fig. 8 so angeordnet, wie auch in Wirklichkeit die nächsten Felder der Arten $\begin{matrix}J & K \\ L & E\end{matrix}$ zur Ecke liegen.

Gruppe gleich starker Pilzplatten. Für eine Pilzplatten-Gruppe mit einheitlichem d, l_x und l_y in allen Feldern (Fig. 10) geht man vom Feld-Eisenquerschnitt f_e des längeren Gurtstreifens im kurzen Randfelde (K) aus und ermittelt c nach 562, wobei die Eisenquerschnitts-Verhältnisse der Tabelle XVII entnommen werden können[207]). Zu Kalkulationszwecken braucht also für die ganze Plattengruppe neben $f_e = f_{eK}$ kein weiterer Eisenquerschnitt berechnet zu werden. Vgl. Zahlenbeisp. 57.

559) $\psi_i = F_i / \Sigma F_i$; **560)** $\psi_i = n_i / n_f$; **561)** $c = \Sigma c_i \cdot \psi_i \cdot f_{ei} / f_e$;

562) $c = c_J \cdot \psi_J \cdot f_{eJ}/f_e + c_L \cdot \psi_L \cdot f_{eL}/f_e + c_K \cdot \psi_K + c_E \cdot \psi_E$.

Veränderliche Baustoffmenge. Im Stadium des Konstruierens interessiert häufig weniger die absolute Baustoffmenge als deren (je nach der Wahl der Druckspannung usw.) noch veränderlicher Teil, weil nur dieser für die Wirtschaftlichkeit der Bemessung bestimmend ist. Handelt es sich z. B. um einen Plattenbalken, zu dessen absolutem Baustoffbedarf auch derjenige der bereits endgültig bemessenen, anschließenden Balken- und Plattenvouten gerechnet werden möge, so ist es zweckmäßig bei Wirtschaftlichkeitsberechnungen unter B und S den Beton- und Schalungs-Bedarf lediglich für den Steg unter Ausschluß der Platte sowie der Längs- und Quervouten zu verstehen.

Für Kreuz- und Pilzplatten ist zwar auch in Wirtschaftlichkeitsberechnungen in der Regel der Gesamt-Eisenbedarf E einzuführen, für Balkenplatten und Balken aber nur E_h, weil hier E_n genau genug als unveränderlich anzusehen ist. Bei wirtschaftlichen Untersuchungen benutzen wir daher für Balkenplatten und Balken zweckmäßig E_h statt E und entsprechend c_h statt c.

§ 7a. Kosten-Schätzung.

Kosten-Berechnung. Für die Leistungseinheit eines Eisenbeton-Baugliedes erhält man nach Bestimmung der Baustoffmengen B, E, S durch deren Multiplikation mit den zugehörigen Baustoffkosten $\mathfrak{B}, \mathfrak{E}, \mathfrak{S}$ [208]) und durch Addition der drei Produkte die Kosten K (vgl. 587, 588). Hierbei ergibt sich eine bequeme und nützliche Gelegenheit zur rohen Kontrolle der Wirtschaftlichkeit nach folgenden Regeln.

563) Für das Kosten-Minimum der Platten betragen die Eisenkosten etwas weniger als die Betonkosten.

564) Für das Kosten-Minimum der Plattenbalken (bzw. Rechteckbalken) betragen die Eisenkosten bei unveränderlicher Zugbreite ungefähr[209]) (bzw. knapp[210])) die Hälfte der Gesamtkosten, bei veränderlicher Zugbreite weniger, und zwar um so weniger, je größer das Moment ist.

[207]) Bei vollrechteckigem Grundriß außerdem wieder die ψ-Werte der Tab. XVIII.

[208]) Die »Kalkulation« dieser Größen ist nicht Gegenstand des Buches. — Vgl. 586.

[209]) Beispiel: Eisenkosten 5,00 M/m; Gesamtkosten 9,00 M/m.

[210]) Beispiel: Eisenkosten 4,00 M/m; Gesamtkosten 10,00 M/m.

Kosten-Formeln. Für Vorentwürfe wird aber oft die Aufgabe gestellt, die Kosten besonders schnell und entsprechend roh zu überschlagen. Hierbei kann man — freie Bemessung vorausgesetzt — auf nachbeschriebenem Wege die statische Querschnittsberechnung und die Bestimmung der Baustoffmengen mit der Kosten-Berechnung zu einem einzigen Rechnungsvorgange vereinigen. Die so entstehenden Formeln (565 bis 566a) enthalten unter bestimmten statischen, konstruktiven und wirtschaftlichen Bedingungen für Querschnitte gleicher Art Festwerte ω, ϱ, K_0, die ein für allemal zahlenmäßig eingesetzt werden dürfen und dadurch einfache Tochterformeln erzeugen.

Unveränderliche Zugbreite:

565) $K = \varrho \cdot \sqrt{M}$ [211]) $+ K_0$; 565a) $K = \varrho \cdot \sqrt{M}$;

Veränderliche Zugbreite:

566) $K = \frac{M}{\omega} + \varrho \cdot \sqrt{M} + K_0$;

566a) $K = \frac{M}{\omega} + 10\,\text{cm} \cdot \sqrt{c \cdot \frac{M}{\omega} \cdot \frac{\text{M}}{\text{kg}}}$ [212]).

Anwendung. Die Tochterformeln sind, besonders für normale Platten und Balken des Hochbaus, eine äußerst bequeme rechnerische Handhabe zur Kosten-Schätzung. Man findet sie gemäß unten folgender Erläuterung (Stichworte *Platten*, *Rechteckbalken*, *Plattenbalken*).

Danach ist eine »Schätzung« zunächst zur Aufstellung der Tochterformeln vorzunehmen, nämlich beim »ersten Schritt« (vgl. 28): Man schätzt nach Erfahrung, welche kennzeichnende[213]) Druckspannung maßgebend[213]) ist. (Ist es $\sigma_{b\,\text{wirt}}$, so braucht deren Größe nicht unbedingt ermittelt zu werden.) Eine weitere Schätzung erfolgt dann zur Anwendung der Tochterformeln: Man beurteilt schätzungsweise die Zulässigkeit freier Bemessung im Einzelfall bzw. die Höhe eines angemessenen Kostenzuschlages zum Formel-Ergebnis, der etwa für den Fall und nach Maßgabe der Abweichung von der freien Bemessung infolge konstruktiver Bindungen erforderlich wird.

Platten. Für Platten bestimmt man ϱ nach 567[211]) oder 568[214]), K_0 nach 569. Gl. 567 ist immer anwendbar, gleichviel von welchen Querschnittsspannungen man ausgeht, und kommt besonders für Balkenplatten in Betracht. Gl. 568 gilt nur, wenn $\sigma_{b\,\text{wirt}}$ maßgebend ist und kommt besonders für Kreuz- und Pilzplatten in Betracht. Sie ist Gl. 567 vorzuziehen auch ohne daß $\sigma_{b\,\text{wirt}}$ bekannt ist, wenn man nur annehmen kann, daß bei $\sigma_e = \sigma_{e\,\text{sich}}$ die maßgebende Druckspannung von $\sigma_{b\,\text{wirt}}$ nicht erheblich abweicht. Die Kostenformel erhält die Gestalt 565[215]). Vgl. Zahlenbeisp. 58 u. 59.

567) $\varrho = r \cdot \left(0{,}0102\,\frac{\text{m}}{\text{cm}} \cdot \mathfrak{B} + \frac{c \cdot \mathfrak{E}}{h/f_e}\right)$;

568) $\varrho_{\text{wirt}} = \frac{1}{16} \cdot \sqrt{\frac{1200}{\sigma_e} \cdot c \cdot \mathfrak{E} \cdot \mathfrak{B}}$;

569) $K_0 = 0{,}012\,\text{m}$ [216]) $\cdot \mathfrak{B} + \mathfrak{S}$.

Rechteckbalken. Für Rechteckbalken bestimmt man ϱ nach 570[214]), K_0 nach 571. Meistens ist $\sigma_{b\,\text{sich}}$ maßgebend. Die Kostenformel erhält wieder die Gestalt 565[215]). Vgl. Zahlenbeisp. 60.

570) $\varrho = \frac{r}{\sqrt{b}} \cdot \left[0{,}01035\,\frac{\text{m}}{\text{cm}} \cdot (b \cdot \mathfrak{B} + 2\,\mathfrak{S}) + \frac{b \cdot c \cdot \mathfrak{E}}{h/f_e}\right]$;

571) $K_0 = 0{,}02\,\text{m}$ [217]) $\cdot (b \cdot \mathfrak{B} + 2\,\mathfrak{S}) + b \cdot \mathfrak{S}$.

[211]) Für Platten ist hier M wie eine Kraft (ohne Hebelarm) zu benennen, z. B. in kgm/m (nicht kgm).

[212]) Bei Verwendung der in den Fußn. 214, 215, 218, 219 empfohlenen Einheiten können die Formeln 566a bis 579 z. T. einfacher, unter Weglassung der Benennungen, geschrieben werden, insbesondere für $\sigma_e = 1200$ kg/cm².

[213]) Vgl. § 5, Anfang.

[214]) Bei Platten und Rechteckbalken sind zweckmäßig die Einheiten: cm/$\sqrt{\text{kg}}$ für r, m/cm für h/f_e, kg/(cm² · m) für c, M/m³ für $\mathfrak{B}$, M/kg für $\mathfrak{E}$, kg/cm² für σ_e, m für b. Sie liefern ϱ in M/(m² · $\sqrt{\text{kg}}$) für Platten bzw. M/$\sqrt{\text{kg} \cdot \text{m}^3}$ für Rechteckbalken. Vgl. Fußn. 212.

[215]) Zweckmäßig ist M bei Platten in kgm/m, bei Rechteckbalken in kgm einzusetzen.

[216]) Die Größe 0,012 m ist erforderlichenfalls um Ausdruck 6 zu erhöhen.

[217]) Die Größe 0,02 m ist erforderlichenfalls um Ausdruck 12 zu erhöhen.

Erklärung unbekannter Bezeichnungen: im Anhang.

Plattenbalken. Für Plattenbalken geht man, wie folgt, vor, wobei vorausgesetzt wird, daß $\sigma_{b\,\mathrm{wirt}}$ maßgebend ist. Bei unveränderlicher Zugbreite bestimmt man ϱ nach 573[218]), K_0 nach 574 und erhält die Formel-Gestalt 565[219]) [220]); bei veränderlicher Zugbreite bestimmt man ω nach 576[218]), ϱ nach 577[218]), K_0 nach 578 und erhält die Formel-Gestalt 566[219]) [220]). Vgl. Zahlenbeisp. 61.

572) Leichter zu merken und bequemer sind die roheren, aber für gewöhnliche Preisverhältnisse und einen engeren Anwendungskreis ausreichenden Formel-Gestalten 565a[219]) bei unveränderlicher bzw. 566a[219]) bei veränderlicher Zugbreite. Jedoch muß man, um sie zu erhalten, zuvor wenigstens für ein Individuum[221]) der fraglichen Balken-Gruppe die Kosten K genauer berechnet haben[222]) und die Festwerte nach 575 bzw. 579 bestimmen.

Unveränderliche Zugbreite:

573) $\varrho_{\mathrm{wirt}} = 1{,}95 \cdot \sqrt{\dfrac{1{,}2}{\sigma_e} \cdot c \cdot \mathfrak{E} \cdot (b_0 \cdot \mathfrak{B} + 2\,\mathfrak{S})}\,;$

574) $K_0 = -(d - 0{,}02\ \mathrm{m}) \cdot (b_0 \cdot \mathfrak{B} + 2\,\mathfrak{S}) + b_0 \cdot \mathfrak{S}$ [217]) [223]);

575) $\varrho_{\mathrm{wirt}} = K/\sqrt{M}.$

Veränderliche Zugbreite:

576) $\omega_{\mathrm{wirt}} = \dfrac{\sigma_e}{1{,}2\ \mathrm{m}} \cdot \dfrac{316\ \mathrm{cm}^2}{\mathfrak{B}}\,;$

577) [217]) [224]) $\varrho_{\mathrm{wirt}} =$

$$\left[2{,}76 - \frac{(d - 0{,}02\ \mathrm{m}) \cdot \mathfrak{B} - \mathfrak{S}}{224\,\dfrac{\mathrm{cm}^2}{\mathrm{m}} \cdot c \cdot \mathfrak{E}}\right] \cdot \sqrt{\frac{1{,}2}{\sigma_e} \cdot c \cdot \mathfrak{E} \cdot (0{,}09\ \mathrm{m} \cdot \mathfrak{B} + \mathfrak{S})}\,;$$

578) [217]) [223]) [224])

$$K_0 = -2 \cdot (d - 0{,}02\ \mathrm{m}) \cdot (0{,}09\ \mathrm{m} \cdot \mathfrak{B} + \mathfrak{S}) + 0{,}18\ \mathrm{m} \cdot \mathfrak{S};$$

579) $$\omega_{\mathrm{wirt}} = \frac{M}{c \cdot 50\,\dfrac{\mathrm{M} \cdot \mathrm{cm}^2}{\mathrm{kg}} + K - 10\,\mathrm{cm} \cdot \sqrt{c \cdot \left(c \cdot 25\,\dfrac{\mathrm{M} \cdot \mathrm{cm}^2}{\mathrm{kg}} + K\right) \cdot \dfrac{\mathrm{M}}{\mathrm{kg}}}}$$

Beachtenswert ist der Umstand, daß der Einfluß der Plattenstärke d auf die Kosten eines nach Maßgabe der Wirtschaftlichkeit bemessenen Plattenbalkens desto unbedeutender ist, je größer $\mathfrak{h}$ bzw. M ist. Man kann daher bei größeren Momenten die für eine mittlere Plattenstärke aufgestellte Kostenformel auch für etwas abweichende Plattenstärken näherungsweise wiederverwenden. Wie weit man hier gehen kann, bleibt am besten der Erfahrung überlassen, die mit den Formeln der Rechner selber macht.

580) Bei stark beschränkter Druckzone erhält man besser zutreffende Ergebnisse, indem man den Einfluß von d überhaupt ausschaltet und die Festwerte nach 581 bis 585 berechnet. Man benutzt dann wie oben die Formel-Gestalten 565 bzw. 566. Die Verwendungsmöglichkeit für die roheren Formel-Gestalten 565a bzw. 566a bleibt auch bei starker Druckzonen-Beschränkung bestehen gemäß 572. Vgl. Zahlenbeisp. 62.

Unveränderliche Zugbreite:

581) $\varrho_{\mathrm{wirt}} = 1{,}8 \cdot \sqrt{\dfrac{1{,}2}{\sigma_e} \cdot c \cdot \mathfrak{E} \cdot (b_0\,\mathfrak{B} + 2\,\mathfrak{S})}\,;$

582) $K_0 = b_0 \cdot \mathfrak{S}$ [225]);

Veränderliche Zugbreite:

583) $\omega_{\mathrm{wirt}} = \dfrac{\sigma_e}{1{,}2\ \mathrm{m}} \cdot \dfrac{360\ \mathrm{cm}^2}{\mathfrak{B}}\,;$

584) $\varrho_{\mathrm{wirt}} = 2{,}6 \cdot \sqrt{\dfrac{1{,}2}{\sigma_e} \cdot c \cdot \mathfrak{E} \cdot (0{,}09\ \mathrm{m} \cdot \mathfrak{B} + \mathfrak{S})}$ [224]);

585) $K_0 = 0{,}18\ \mathrm{m} \cdot \mathfrak{S}$ [223]) [224]).

Abschnitt III. Wirtschaftliche Druckspannung.

§ 8. Vergleichskosten.

Grundbegriffe. Dieser Paragraph behandelt eine Vorfrage der wirtschaftlichen Querschnittsbemessung.

586) Wir nennen die Kosten für die Raumeinheit fertig hergestellten Betons $\mathfrak{B}$, für die Flächeneinheit fertig hergestellter (d. h. auch wieder entfernter) Schalung $\mathfrak{S}$ und für die 10 t/m³-fache Raumeinheit fertig hergestellten Eisens $\mathfrak{E}$. Wählt man z. B. als Raumeinheit 1 m³, so ist $\mathfrak{E}$ auf 10 t zu beziehen.

Denkt man sich das spezifische Gewicht γ_e des Eisens auf $10\ \mathrm{t/m}^3 = 1\ \mathrm{kg/(cm}^2 \cdot \mathrm{m)}$ erhöht, so bezeichnet ein Zahlenwert $\mathfrak{E}$ die Eisenkosten auch bezogen auf die Raumeinheit selbst (mit Benennung: auf die γ_e-fache Raumeinheit). Wir werden zwar in Zahlenbeispielen die Eisenkosten folgerichtig auf das Gewicht beziehen (z. B. auf 10 t). Die Vorstellung vom verdichteten Eisen leistet jedoch gute Dienste zur Vermeidung von Dezimalfehlern, z. B. wenn man den oft gebrauchten Zahlenwert $\mathfrak{E}/\mathfrak{B}$ schreibt[226]).

Nach 587 folgen aus den Mengen (lateinische) und Kosten (deutsche Buchstaben) der Baustoffe (bzw. Beton, Eisen, Schalung) deren Anteile (bzw. K_b, K_e, K_s) an den Kosten K der baulichen Leistungseinheit (z. B. 1 m Balken). Nach 588 folgt K selbst. Gl. 587 und 588 können demnach zur Kalkulation benutzt werden. Dann sind $\mathfrak{B}$, $\mathfrak{E}$, $\mathfrak{S}$ Durchschnittswerte[227]), bezogen auf die Gesamt-Baustoffmengen B, E, S der Leistungseinheit.

Kostenvergleich. Gl. 587 und 588 können aber ferner zum wirtschaftlichen Vergleich zweier Bemessungsvarianten dienen. Dann bedeuten B, E, S die Baustoffmengen nur soweit, als sie im Sinne des Vergleiches noch geändert werden. (Vgl. § 7, Stichwort *Veränderliche Baustoffmenge.*) $\mathfrak{B}$, $\mathfrak{E}$, $\mathfrak{S}$ bedeuten dann die Baustoffkosten lediglich der Mengenänderung. Eine strengere Schreibweise würde also die Größen B, E, S; $\mathfrak{B}, \mathfrak{E}, \mathfrak{S}$; K_b, K_e, K_s; K für die Kalkulation einerseits und den Kostenvergleich anderseits zur Unterscheidung mit je einem besonderen Zeiger behaften. Hiervon sehen wir ab der Einfachheit halber und, weil wir es in diesem Buch weiterhin nicht mit der eigentlichen Kalkulation, sondern lediglich mit dem Kostenvergleich zu tun haben bzw. mit der wirtschaftlichen Bemessung auf Grund des Kostenminimums, die letzten Endes auf dem Kostenvergleich beruht und diesem in der besprochenen Hinsicht gleichkommt. Zur Vermeidung von Verwechslungen dürfte dieser Hinweis genügen.

587) $K_b = B \cdot \mathfrak{B}; \quad K_e = E \cdot \mathfrak{E}; \quad K_s = S \cdot \mathfrak{S};$

588) $K = K_b + K_e + K_s.$

[218]) Bei Plattenbalken sind zweckmäßig die Einheiten gemäß Fußn. 214, jedoch: t/cm² für σ_e und gegebenenfalls m für b_0. Sie liefern ϱ in $\mathrm{M}/\sqrt{\mathrm{t\,m}^3}$, ω in $\mathrm{t\,m}^3/\mathrm{M}$. Vgl. Fußn. 212.

[219]) Bei Plattenbalken ist M zweckmäßig in tm einzusetzen.

[220]) Bei voraussichtlich stark bschr. Drz. bestimmt man die Festwerte besser nach 580.

[221]) Mit mittelgroßem M.

[222]) Gemäß Anfang dieses Paragraphen oder nach 573, 574, 565 bzw. 576, 577, 578, 566.

[223]) Wer es vorzieht, die Kosten $b_0 \cdot \mathfrak{S}$ der Bodenschalung unberücksichtigt zu lassen, bringt diesen Betrag in Abzug von K_0, und zwar bei veränderlicher Zugbreite genau genug in ungefährer Größe. (Bei dieser Rechnungsweise ist ein entsprechender Zuschlag zu den Kosten der dann als durchgehend behandelten Plattenschalung zu machen.)

[224]) Die Größe 0,09 m ist erforderlichenfalls um Ausdruck 12 zu erhöhen, bzw. 0,18 m um Ausdruck 4.

[225]) Gemäß Fußn. 223 erhält man hier u. U. die einfachere Formel-Gestalt 565a statt 565.

[226]) Will man etwa den Preis $\mathfrak{E}$ auch zahlenmäßig auf die Raumeinheit bezogen schreiben, z. B. in M/m³, so ist allerdings darauf zu achten, daß sinngemäß dann der Eisenkoeffizient c als unbenannte Zahl Verwendung finden muß. Solche Schreibweise schafft für gelegentliche Überlegungen den Vorteil, es nur mit Raummaßen zu tun zu haben.

[227]) Diese entsprechen etwa den Preisen, die der Unternehmer erhält. Da jedoch die Gliederung des Kostenanschlages nicht einheitlich gehandhabt wird, soll hier von einer schärferen Definition abgesehen werden. Sie wäre hier auch unwichtig, weil an dieser Stelle nur die Vergleichskosten interessieren, und weil Kostenteile, die an den üblichen »Kosten« fehlen, unter den »Zusatzkosten« unterzubringen sind, und umgekehrt, also irgendwie immer in die Vergleichskosten eingehen.

Die Kosten, die in die Rechnung der wirtschaftlichen Bemessung einzuführen sind, nennen wir *Vergleichskosten*. Sie unterscheiden sich von den üblichen »Kosten«[227]) um die *Zusatzkosten* gemäß 589.

589) Vergleichskosten = Sogenannte Kosten[227]) + Zusatzkosten.

590) Vergleichskosten allg.[228]) sind Kosten, die auf Grund der Vergleichskosten der Baustoffe ermittelt werden.

591) Vergleichskosten eines Baustoffes sind die gesamten Kosten, die dem wirtschaftlich zu Fördernden[229]) aus der Einheit der an dem fraglichen Konstruktionsteil vorgenommenen[230]) Änderung der Baustoffmenge unmittelbar und mittelbar erwachsen.

Zusatzkosten. Die Zusatzkosten sind eine Gruppe von (nicht immer gleichzeitig auftretenden) Kosten teils positiven, teils negativen Vorzeichens. Wegen 589 und 590 erläutern wir nachfolgend nur die Zusatzkosten der Baustoffe.

592) *Mengenfreie Nebenkosten* (Abzug). Werden bei der Kalkulation der üblichen Baustoffkosten $\mathfrak{B}$, $\mathfrak{E}$, $\mathfrak{S}$ formal auch diejenigen Kostenteile mit einbezogen, die von den Baustoffmengen von Haus aus unabhängig sind, so sind sie zur Ermittelung der Vergleichskosten wieder abzuziehen. Solche Kostenteile sind z. B. die allgemeine Baueinrichtung, das Auf- und Umstellen sowie die Wiederbeseitigung und z. T. die Bedienung der Maschinen und Geräte, allgemeine Unkosten und Gewinn, ferner die Wagnisentschädigung, soweit das Wagnis nicht mit der Baustoffmenge wächst. Weitere Beispiele sind die (von der Deckenstärke nahezu unabhängigen) Kosten für das Abgleichen einer Eisenbetondecke, der (von geringen Änderungen der Schalungsfläche nahezu unabhängige) Lohn für Herstellung, Anbringung und Beseitigung der Schalungsklappen eines Balkens[231]).

593) *Mengenbedingte Nebenkosten* (Zuschlag). Werden bei der Kalkulation der üblichen Baustoffkosten $\mathfrak{B}$, $\mathfrak{E}$, $\mathfrak{S}$ Kostenteile fortgelassen, die von den Baustoffmengen abhängig sind, so sind sie zur Ermittelung der Vergleichskosten zuzuschlagen. Solche Kostenteile sind z. B. die Transport- und Verlegekosten in fertigem Zustande einzubauender Eisenbetonteile (zu $\mathfrak{B}$) und die Kosten der Oberflächenbehandlung (zu $\mathfrak{S}$).

594) *Raumverdrängungskosten* (Zuschlag). Wird für ein Geschoß eine bestimmte Lichthöhe verlangt, so erfordert der stärkere Balken oder die stärkere Platte oft höhere Wände und Säulen[232]). Die so aus räumlichen Rücksichten entstehenden Mehrkosten für Wände, Säulen usw. sind auf die Raumeinheit Beton des Balkens oder der Platte umzurechnen und in dieser Form als Zusatzkosten zu berücksichtigen (zu $\mathfrak{B}$).

595) *Stoffverdrängungskosten* (Abzug). Ein Fenster- oder Türsturzbalken verdrängt (besonders als Überzug) Mauerwerk. Die Mauerwerkskosten sind abzuziehen (von $\mathfrak{B}$)[233]) [234]).

596) *Unterstützungskosten*[235]) (Zuschlag). Jedes Kubikmeter Plattenbeton oder Balkenbeton bedarf der Unterstützung durch Balken, Säulen, Wände, Fundamente, Pfähle und bzw. oder dgl.[235]). Die so verursachten Kosten sind zuzuschlagen (zu $\mathfrak{B}$).

Vergleichskosten zweiter Ordnung. Sonach entstehen Zusatzkosten $\triangle\,\mathfrak{B}_f$, $\triangle\,\mathfrak{E}_f$, $\triangle\,\mathfrak{S}_f$ für die Baustoffe eines wirtschaftlich zu bemessenden Baugliedes f größtenteils dadurch, daß mit einer Änderung der zugehörigen Baustoffmengen B_f, E_f, S_f zwangläufig Änderungen auch der Baustoffmengen A_i, B_i, C_i, ... anderer Bauglieder i verbunden sind. Bei der Ermittelung der Zusatzkosten für f hat man sich also auch der Baustoffkosten für i zu bedienen, und zwar, genau genommen, wiederum der Vergleichskosten $\mathfrak{A}_i$, $\mathfrak{B}_i$, $\mathfrak{C}_i$, ... Diese Vergleichskosten zweiter Ordnung gewinnt man natürlich praktisch genau genug durch roheste Schätzung aus den zugehörigen üblichen »Kosten«.

Ungefähre Vergleichskosten. Da für die wirtschaftliche Bemessung nur die Verhältnisse der Baustoffkosten zueinander, nicht die Baustoffkosten selbst eine Rolle spielen und die Wirtschaftlichkeit gegenüber einem geringen Fehlgriff in der Wahl selbst dieser Verhältnisse nicht sehr empfindlich ist, genügt es im allgemeinen sogar auch die eigentlichen Vergleichskosten (erster Ordnung) $\mathfrak{B}$, $\mathfrak{E}$, $\mathfrak{S}$ ungefähr zu ermitteln. Deshalb braucht man die Zusatzkosten, auch ihrem üblichen Grundwerte nach, größtenteils nur schätzungsweise zu berücksichtigen.

597) Den Abzug der »mengenfreien Nebenkosten« (siehe 592) kann man z. B. fortlassen, wenn man dafür von den Netto-Selbstkosten[236]) statt von den Gesamtkosten ausgeht, die dem wirtschaftlich zu Fördernden[237]) erwachsen. Beide Fehler gleichen sich teilweise aus.

Die Netto-Selbstkosten hat man dann zu berichtigen um die etwa noch erheblichen Zusatzkosten (wie mengenbedingte Nebenkosten, Raumverdrängungskosten, Stoffverdrängungskosten, Unterstützungskosten), und zwar ebenfalls unter Zugrundelegung der zusätzlichen Netto-Selbstkosten. Am häufigsten und besonders beachtenswert sind die Unterstützungskosten.

Unterstützungskosten. Für die Eisenbetonkonstruktion eines gewöhnlichen sechsgeschossigen Gebäudes auf gutem Sandboden können die ungefähren und durchschnittlichen Unterstützungskosten des Deckenbetons mit 35 bzw. 45%, des Balkenbetons mit 25 bzw. 35% der Netto-Vergleichskosten (d. h. Vergleichskosten ohne Unterstützungskosten) des Betons in Rechnung gestellt werden, wenn nicht genauere Werte ermittelt werden. Die kleineren bzw. größeren Zahlen gelten, wenn die Außenwände lediglich aus Mauerwerk bestehen bzw. aus Eisenbetonfachwerk. Diese Zahlenwerte mögen einen ersten Anhalt zur Schätzung geben. Im übrigen erwirbt man die Fähigkeit, diese Schätzung[238]) der Unterstützungskosten im Verhältnis zu den Netto-Vergleichskosten des Betons im Einzelfalle einigermaßen treffsicher vorzunehmen, am besten dadurch, daß man sich daran gewöhnt, sie vor Beginn der statischen Berechnung eines größeren Bauwerks roh zu überschlagen. Dabei begnügt man sich für Hochbauten von

---

[228]) Z. B. für 1 m³ Platte.

[229]) Z. B. dem Bauherrn oder dem Unternehmer. Die wirtschaftlich günstigste Bemessung zu fordern hat jeweils einen Sinn erst nach Beantwortung der Frage: Am günstigsten für wen?

[230]) Im Stadium des Konstruierens.

[231]) Im Gegensatz zum Schalungs-Material. Vgl. Max Mayer, *Die Wirtschaftlichkeit der Abmessungen beim Plattenbalken*, »Beton und Eisen« 1919, S. 10.

[232]) U. U., z. B. im Kellergeschoß, auch mehr Erdaushub.

[233]) Vgl. Zahlenbeisp. 68.

[234]) Auch folgendes Beispiel gehört hierher. Ist ein Bauteil gegen Aufwärtsschwimmen zu sichern, d. h. ist die gewöhnliche Auflast kleiner als der Auftrieb, so empfiehlt es sich meistens die Betonstärken besonders der ins Wasser nicht eintauchenden Konstruktionen (z. B. Hofkellerdecke dicht über Grundwasserspiegel) so zu vergrößern, daß das nötige Gegengewicht entsteht. Durch das Beton- bzw. Eisenbeton-Raumgewicht dividiert, stellt das Gegengewicht eine auszufüllende Raummasse dar. Hier ist also ähnlich wie bei jenem Sturzbalken vom Betonpreis ein Abzug zu machen. Dieser Abzug ist ungefähr gleich den Kosten derjenigen Menge anderen Ballastes (z. B. Sand), die an Gewicht der Raumeinheit Beton entspricht. — Diese Art von Zusatzkosten kann man auch als negative Unterstützungskosten ansehen, weil der Beton zwar nicht eigentlich Unterstützung braucht, aber leistet (gegen den Wasserdruck).

[235]) Zu den Unterstützungskosten kann man auch die Eigengewichtskosten rechnen, die dadurch entstehen, daß jedes m³ Beton auch von dem Konstruktionsteil, dem es zugehört, getragen werden muß. Im allg. (Ausnahme siehe z. B. § 11) empfiehlt es sich jedoch die Eigengewichtskosten ihrer besonderen Wichtigkeit wegen nicht als Zusatzkosten mit in die Vergleichskosten einzuführen, sondern auf besondere später (siehe § 10a) zu erläuternde Weise zu berücksichtigen.

[236]) Oft genug sind nur diese im Stadium des Konstruierens bekannt, nicht schon die mengenbedingten Unkosten.

[237]) Dies kann wiederum auch der Bauherr sein (vgl. Fußn. 229), wie nachfolgend erläutert werde. (Nicht gemeint ist der Bauherr eigener Regie, der sich ja im vorliegenden Zusammenhange nicht wesentlich vom Unternehmer unterscheidet.) — Eine wirtschaftliche Bemessung ist möglich für den konstruierenden Unternehmer nur, wenn er mit dem Bauherrn nicht nach Baustoffmengen, sondern fertiger Leistung abrechnet, für den konstruierenden Bauherrn aber nur, wenn er mit dem Unternehmer nach Baustoffmengen abrechnet. Letzterenfalls sind für den Bauherrn abziehbare »mengenfreie Nebenkosten« in erheblichem Maße kaum vorhanden; anderseits decken sich seine Netto-Selbstkosten dann ohnehin begrifflich fast mit den sog. »Kosten« (vgl. 589).

[238]) Hinsichtlich der Genauigkeit derartiger Schätzungen darf man sehr anspruchslos sein. Solange der bei der Schätzung der Unterstützungskosten $\triangle\,\mathfrak{B}$ gemachte verhältnismäßige Fehler mit seinem Absolutwert $\pm \frac{\triangle(\triangle\,\mathfrak{B})}{\triangle\,\mathfrak{B}} < 100\,\%$ verbleibt, ergeben die schätzungsweise verbesserten Betonkosten $\mathfrak{B} + \triangle\,\mathfrak{B}$ immerhin noch bessere Ergebnisse als die unverbesserten $\mathfrak{B}$. Vgl. auch Fußn. 281.

geringer Höhe mit den durchschnittlichen[239]) Unterstützungskosten einer mittleren[240]) Geschoßdecke, für solche von größerer Höhe mit denjenigen von zwei oder mehreren Geschoßdecken (etwa im Abstand von 3 Geschossen). In jedem Falle zerlegt man zweckmäßig die Unterstützungskosten $\Delta\mathfrak{B}$ gemäß 598 in die auf die Mengeneinheit des Mehr- oder Minderbetons entfallenden Kosten der diesen Beton unterstützenden Balken, Säulen, Wände, Fundamente, Pfähle ... usw.

598) $\Delta\mathfrak{B} = \Delta_b\mathfrak{B} + \Delta_s\mathfrak{B} + \Delta_w\mathfrak{B} + \Delta_f\mathfrak{B} + \Delta_p\mathfrak{B} + \ldots$

599) Diese Einzelbeträge findet man, indem man die wichtigsten Teile des Eisenbetongerippes einschl. der Fundamente schätzungsweise bemißt, die zu untersuchende Decke mit insgesamt 1 m³ Beton gleichmäßig belastet und die Kosten der hierdurch erforderlich werdenden Verstärkungen der (vorher schon voll in Anspruch genommenen) einzelnen Tragglieder überschlägt. Die Verstärkung der Balken denkt man sich lediglich an den Eiseneinlagen vorgenommen ohne Änderung der äußeren Balkenabmessungen[241]). Zur Erleichterung können auch die unten erläuterten Näherungsformeln 600 bis 610 benutzt werden. Vgl. Zahlenbeisp. 65.

Balkenkosten. Eine Decke bestehe aus der Plattengruppe 0 und den Balkengruppen 1, 2, ..., $\mathfrak{n}$, wobei jede tragende Gruppe eine höhere Ordnungsziffer hat als die von ihr getragene[242]). Eine gleichmäßig über die Gesamt-Grundfläche der Plattengruppe bzw. Gesamt-Länge der Balkengruppe verteilte Last 1 belaste allgemein die Gruppe $\mathfrak{i}$[243]) insgesamt mit $\psi_\mathfrak{i}$. Diese Anteilziffer $\psi_\mathfrak{i}$ findet man als Verhältnis der Belastungsfläche der Gruppe $\mathfrak{i}$ zur Gesamt-Grundfläche aus dem Grundriß. Die Balkenkosten $(\Delta_b\mathfrak{B})_\mathfrak{f}$ für den Beton einer Gruppe $\mathfrak{f}$[243]) erhält man dann nach 600[244]). Dabei führt man den Eisenkoeffizienten $c_\mathfrak{i}$, die Spannweite $l_\mathfrak{i}$, den Nenner $m_{\mathfrak{i}g}$ des Feldmomenten-Ausdrucks der ständigen Last sowie die Nutzhöhe $h_\mathfrak{i}$ mit je einem geschätzten Mittelwert für jede belastete Balkengruppe $\mathfrak{i}$ ein, sofern nicht diese Werte ohnehin innerhalb der Gruppe überall die gleichen sind. σ_{eb} ist die größte Zugspannung, $\mathfrak{E}_b$ der Vergleichskosten-Wert der Balkenbewehrung.

Zweckmäßig wendet man Gl. 600 erst an, nachdem man für jede Gruppe $\mathfrak{i}$ den Ausdruck $\frac{c_\mathfrak{i} \cdot l_\mathfrak{i}^2}{m_{\mathfrak{i}g} \cdot h_\mathfrak{i}} \cdot \psi_\mathfrak{i}$ berechnet hat. (Systematisch beginnt man dann mit der Balkengruppe $\mathfrak{f} = \mathfrak{n} - 1$ und endet, rückwärtsschreitend mit der Plattengruppe $\mathfrak{f} = 0$[245]).) Das Ergebnis $(\Delta_b\mathfrak{B})_0$ stellt die Balkenkosten des Platten-Betons dar und ist unmittelbar als Bestandteil der Zusatzkosten (bzw. zunächst der Unterstützungskosten gemäß 598) zur Berichtigung der üblichen »Kosten« für die Raumeinheit des Platten-Betons zu benutzen. Für die Balkenkosten des Balken-Betons dagegen empfiehlt es sich, einen einzigen Mittelwert $\Delta_b\mathfrak{B}$ in Gl. 598 einzuführen[246]). Diesen Mittelwert liefert (mit dem Hilfswert[247]) $\psi_\mathfrak{f}'$ gemäß 601) Formel 602. Gl. 598 liefert also für Platten und Balken zum Zwecke ihrer wirtschaftlichen Bemessung zwei etwas voneinander verschiedene Unterstützungskosten- und mithin Zusatzkosten-Werte.

Die Einfachheit des vorstehend beschriebenen Verfahrens erkennt man, wenn man beachtet, daß $\mathfrak{n}$ im allgemeinen eine sehr niedrige Ziffer ist, z. B. $\mathfrak{n} = 2$ für eine einigermaßen gleichmäßig aufgeteilte Decke, bestehend aus einer Gruppe 0 von Balkenplatten, einer Gruppe 1 von Nebenbalken und einer Gruppe 2 von Unterzügen. Hier sind nur je 2 Werte $\frac{c_\mathfrak{i} \cdot l_\mathfrak{i}^2}{m_{\mathfrak{i}g} \cdot h_\mathfrak{i}} \cdot \psi_\mathfrak{i}$ (für $\mathfrak{i} = 1$ und 2) und $(\Delta_b\mathfrak{B})_\mathfrak{f}$ (für $\mathfrak{f} = 0$ und 1) zu berechnen. Allgemein ist $(\Delta_b\mathfrak{B})_\mathfrak{n} = 0$.

Für diesen und andere Fälle lassen sich die Formeln 600 und 602 auch durch Herstellung von Tochterformeln (vgl. 251) vereinfachen. Durch Einführen eines geläufigen Wertes $\frac{\mathfrak{E}_b}{\sigma_{eb}}$ $\left(\text{z. B. } \frac{2300\ \text{M}/10\ \text{t}}{1200\ \text{kg/cm}^2}\right)$ erzielt man vor dem Summenzeichen der Gl. 600 einen einzigen Zahlenwert $\left(\text{z. B. } 0{,}5\ \frac{\text{M}}{\text{m} \cdot 10\,\text{t}}\right)$. Diesen kann man für eiligere Berechnungen noch mit (statt $c_\mathfrak{i}/m_{\mathfrak{i}g}$ und $l_\mathfrak{i}/h_\mathfrak{i}$ zu schätzenden und vor die Summe zu ziehenden) Mittelwerten c/m_g und l/h multiplizieren, so daß der Summenausdruck sich nur noch auf $l_\mathfrak{i} \cdot \psi_\mathfrak{i}$ erstreckt.

600) Für den Beton einer Gruppe:

$$(\Delta_b\mathfrak{B})_\mathfrak{f} = \frac{1200\ \text{kg/cm}^2}{\sigma_{eb}} \cdot \frac{\mathfrak{E}_b}{4600\ \text{m}} \cdot \sum_{\mathfrak{i}=\mathfrak{f}+1}^{\mathfrak{i}=\mathfrak{n}} \frac{c_\mathfrak{i} \cdot l_\mathfrak{i}^2}{m_{\mathfrak{i}g} \cdot h_\mathfrak{i}} \cdot \psi_\mathfrak{i};$$

601) $$\psi_\mathfrak{f}' = \frac{\Sigma l_\mathfrak{f}}{\sum_{\mathfrak{f}=1}^{\mathfrak{f}=\mathfrak{n}} (\Sigma l_\mathfrak{f})};$$

602) Für den Beton aller Balken i. M.:

$$\Delta_b\mathfrak{B} = \sum_{\mathfrak{f}=1}^{\mathfrak{f}=\mathfrak{n}-1} (\Delta_b\mathfrak{B})_\mathfrak{f} \cdot \psi_\mathfrak{f}';$$

603) $$\Delta_s\mathfrak{B} = \frac{2{,}4\ \frac{\text{t}}{\text{m}^3}}{\sigma_{bs}} \cdot \frac{\mathfrak{B}_s + \frac{\mathfrak{p}}{100} \cdot c_s \cdot \mathfrak{E}_s + \left(\frac{1}{b_s} + \frac{1}{d_s}\right) \cdot \mathfrak{S}_s}{1 + \frac{\mathfrak{p}}{100} \cdot n_s} \cdot H \cdot \psi_s;$$

604) $$\Delta_w\mathfrak{B} = \frac{2{,}4\ \frac{\text{t}}{\text{m}^3}}{\sigma_{bw}} \cdot \frac{\mathfrak{B}_w + \frac{\mathfrak{p}}{100} \cdot c_w \cdot \mathfrak{E}_w}{1 + \frac{\mathfrak{p}}{100} \cdot n_w} \cdot H \cdot \psi_w;$$

605) $$\Delta_{sf}\mathfrak{B} = \frac{2{,}0\ \text{t/m}^3}{\sigma_{\text{Bgrd}}} \cdot \mathfrak{B}_f \cdot \left(0{,}9 + 0{,}1 \cdot \frac{\operatorname{tg}\varphi}{\operatorname{tg}\varphi_A}\right) \cdot (1{,}1 \cdot H_0 + H' + 0{,}40\,\text{m}) \cdot \psi_s;$$

606) $$\Delta_{wf}\mathfrak{B} = \frac{2{,}0\ \text{t/m}^3}{\sigma_{\text{Bgrd}}} \cdot \mathfrak{B}_f \cdot \left[1{,}6\, H_0 + H' + 0{,}04 \cdot \left(1 + \frac{\operatorname{tg}\varphi}{\operatorname{tg}\varphi_A}\right) \cdot H_A^2 + 0{,}20\,\text{m}\right] \cdot \psi_w;$$

607) $$\Delta_{fb}\mathfrak{B} \text{ bzw. } \Delta_{fp}\mathfrak{B} = \frac{1200\ \frac{\text{kg}}{\text{cm}^2}}{\sigma_{ef}} \cdot \frac{\mathfrak{E}_f}{4400\,\text{m}} \cdot \sum_{\mathfrak{i}=1}^{\mathfrak{i}=\mathfrak{n}} \frac{c_\mathfrak{i} \cdot l_\mathfrak{i}^2}{m_{\mathfrak{i}g} \cdot h_\mathfrak{i}} \cdot \psi_\mathfrak{i};$$

608) $$\Delta_{fb}\mathfrak{B} \text{ bzw. } \Delta_{fp}\mathfrak{B} = \frac{2{,}4\ \text{t/m}^3}{\sigma_{\text{Bgrd}}} \cdot (d_f \cdot \mathfrak{Eb}_f + H_A \cdot \mathfrak{A})\ \psi_f;$$

609) $\sigma_{\text{Bgrd}} = n_p \cdot N_p$; **610)** $\Delta_p\mathfrak{B} = \frac{2{,}4\ \text{t/m}^3}{N_p} \cdot \mathfrak{P} \cdot \psi_p$.

Säulenkosten. Für eine Säule rechteckigen Querschnittes bezeichnen b_s und d_s die Stärken, n_s das baustoffliche Spannungsverhältnis gemäß 86[248]), $\mathfrak{p}$% den theoretischen Eisen-Raumgehalt, $\mathfrak{B}_s$, $\mathfrak{E}_s$, $\mathfrak{S}_s$ bzw. die Beton-, Eisen-, Schalungs-Vergleichskosten, c_s den Eisenkoeffizienten (bezogen auf den Gesamt-Eisenquerschnitt), σ_{bs} die Betondruckspannung. Wir wenden nun dieselben Bezeichnungen für die entsprechenden Durchschnittsgrößen einer Säulenstrang-Gruppe an, die in waagerechtem Sinne alle Säulenstränge umfaßt, die

---

[239]) Streng genommen können für verschiedene Platten- oder Balken-Felder einer einzigen Geschoßdecke auch die Unterstützungskosten schon verschieden sein.

[240]) Die Unterstützungskosten wachsen mit der Höhenordinate des zu unterstützenden Betons (hauptsächlich die Säulenkosten).

[241]) Diese sehr nützliche Vereinfachung setzt voraus, daß die Balken einigermaßen wirtschaftlich bemessen sind.

[242]) Diese Regel ist nicht in jedem Falle umkehrbar. D. h. eine höhere Ordnungsziffer kann auch einer konstruktiv gleichgeordneten Gruppe gelten. Z. B. können die eine Kreuzplatten-Gruppe 0 unmittelbar tragenden Balken je nach der Grundrichtung in zwei gleichgeordnete Gruppen 1 und 2 getrennt werden. Diese Trennung ist jedoch zu vermeiden, wenn die Balken ihrerseits auf Unterzügen ruhen. Vgl. Fußn. 244.

[243]) Der Buchstabe $\mathfrak{i}$ kennzeichnet eine unterstützende, $\mathfrak{f}$ eine unterstützte Gruppe.

[244]) Vorausgesetzt ist hierbei, daß alle Balkengruppen $\mathfrak{f} + 1$ bis $\mathfrak{n}$ an der Unterstützung der Gruppe $\mathfrak{f}$ beteiligt sind. Werden also z. B. Kreuzplatten tragende Nebenbalken-Kreuze ihrerseits von Hauptbalken getragen, so müssen die Nebenbalken beider Richtungen zu einer einzigen Gruppe 1, die Hauptbalken beider Richtungen zu einer einzigen Gruppe 2 zusammengefaßt werden.

[245]) Von praktischer Wichtigkeit ist diese Regel allerdings nur in dem (nicht sehr häufigen) Falle $\mathfrak{n} > 2$.

[246]) Andernfalls ergäbe sich für jede Balkengruppe ein anderer Vergleichskosten-Wert $\mathfrak{B}$. Der Größenunterschied der verschiedenen Werte $\mathfrak{B}$ wäre zu gering, um die Wirtschaftlichkeit des Bemessungs-Ergebnisses merklich zu verbessern, aber groß genug, um Einheitlichkeit und Übersichtlichkeit bei Bestimmung der wirtschaftlichen Spannung zu stören.

[247]) Anteilziffer einer Balkengruppe nach Maßgabe der Balkenlänge.

[248]) Gemäß Best. A, § 27, Gl. 16 ist hier u. U. als Zähler die Eisendruckspannung für die Quetschgrenze, als Nenner die Prismenfestigkeit des Betons einzusetzen.

die zu untersuchende Decke unterstützen, und im lotrechten Sinne mit einer Länge H von dieser Decke bis zum Fundament reicht. Die Durchschnittsgrößen findet man, indem man zunächst nur für das unterste Geschoß und dasjenige unmittelbar unter der fraglichen Decke je einen Durchschnittswert (möglichst durch Schätzung) und dann zwischen beiden Durchschnittswerten das arithmetische Mittel bestimmt. Der Lastanteil φ_s der Säulenstrang-Gruppe an der Raumeinheit des Mehrbetons, die gleichmäßig über die zu untersuchende Decke verteilt ist, ist wieder leicht aus dem Grundriß zu entnehmen. Für ein vollkommenes Eisenbetongerippe (ohne tragende Wände) ist $\varphi_s = 1$. — Mit den genannten Hilfsgrößen findet man die Säulenkosten $\Delta_s \mathfrak{B}$ nach 603. Auch diese Formel eignet sich als Rezept für einfachere Gebrauchsformeln. Man setze z. B. von vornherein für $\sigma_{b\,s}, \mathfrak{p}, n_s, c_s$ Sonderwerte ein, die für die vorliegende Gebäudeart häufig wiederkehren und ersetze für einigermaßen quadratische Säulen noch den Buchstaben b_s durch d_s. Man erhält dann Tochterformeln in der Gestalt $\Delta_s \mathfrak{B} \approx (a_b \cdot \mathfrak{B}_s + a_e \cdot \mathfrak{E}_s + a_s \cdot \mathfrak{S}_s / d_s) \cdot H \cdot \varphi_s$. Vgl. Zahlenbeisp. 63. Durch Einführung bestimmter Verhältniswerte $\mathfrak{B}_s/\mathfrak{B}$, $\mathfrak{E}_s/\mathfrak{B}$, $\mathfrak{S}_s/\mathfrak{B}$ erhält man die weiter vereinfachte Form $\frac{\Delta_s \mathfrak{B}}{\mathfrak{B}} = \left(a_1 + \frac{a_2}{d_s}\right) \cdot H \cdot \varphi_s$. Vgl. Zahlenbeisp. 64. Hierin kann man für eiligere Berechnungen, in denen man die Vergleichskosten nur einer (in mittlerer Gebäudehöhe liegender) Decke ermitteln will, schließlich noch eine bestimmte Säulenstärke d_s einsetzen (die sich der Gebäude-Art und -Höhe entsprechend als arithmetisches Mittel der mittleren Säulenstärken dicht über dem Fundament und dicht unter der Decke ergibt. So kann man einen unmittelbaren Faustwert $\frac{\Delta_s \mathfrak{B}}{\mathfrak{B}}$ schaffen für $H = 10$ m und $\varphi_s = 1$.

Wandkosten. Die Wandkosten $\Delta_w \mathfrak{B}$ können in sehr vielen Fällen außer acht gelassen werden, weil Tragwände häufig des Kälte-, Schall- oder Feuerschutzes wegen, bei Ziegelmauerwerk auch zur Einhaltung der Normalmaße, überbemessen werden. Andernfalls benutzt man Gl. 604 in sinngemäßer Übertragung des oben für Säulen erläuterten Verfahrens. Der Zeiger w bedeutet *zur Wand gehörig*. Im allgemeinen kann man $\varphi_w = 1 - \varphi_s$ setzen.

Fundamentkosten. Die Faustformeln 605 und 606 für die Kosten $\Delta_{sf} \mathfrak{B}$ der Säulenfundamente und $\Delta_{wf} \mathfrak{B}$ der Wandfundamente sind entstanden[249]) unter der Voraussetzung, daß die Fundamente unbewehrt oder schwach bewehrt sind und in leicht ausschachtbarem Boden liegen, daß sie mit ihrer O.K. dicht an das unterste nutzbare Geschoß grenzen, und daß die zulässige Bodenpressung σ_{Bgrd} ausgenutzt wird, die gleiche Pressung aber auch schon oberhalb der vorläufig in Aussicht genommenen Fundament-Grundfläche zulässig wäre. Ferner liegen der Formel 605 Einzelfundamente zugrunde, der Formel 606 durchlaufende stetig belastete Fundamente. Beidemal handelt es sich um Fundamente, deren Beton- (bzw. Mauerwerks-) Kosten $\mathfrak{B}_f$ die Kosten der übrigen Baustoffe[250]) beträchtlich überwiegen. H_0 ist die Höhe des ganzen Fundamentes, H' diejenige der untersten lotrechten Fundament-Seitenflächen[251]), φ ist der Druckverteilungswinkel (Neigung der durch U.K. Fundament und U.K. Säule bzw. Wand gelegten Ebene), φ_A der Böschungswinkel des Aushubes, H_A^a die Höhe der größeren Böschung eines unsymmetrischen Fundamentgrabens (z. B. der Außenböschung an einer Außenwand). Für symmetrische Fundamentgräben kann $H_A^a \approx H_0$ gesetzt werden (z. B. meistens bei Innenwänden).

Für (im wesentlichen auf Biegung beanspruchte) Fundament-Balken (Zeiger fb) und -Platten (Zeiger fp) aus Eisenbeton wendet man, falls σ_{Bgrd} nicht ausgenutzt wird, Gl. 607, falls σ_{Bgrd} ausgenutzt wird, Gl. 608 an. Beide Gleichungen gelten auch für aufgelöste Fundamentplatten, bestehend aus der Plattengruppe $\mathfrak{i} = 1$ und den Balkengruppen $\mathfrak{i} = 2$ bis $\mathfrak{n}$. Für die Raumeinheit des zu unterstützenden Deckenbetons wird dann die Gruppe $\mathfrak{i}$ mit $\varphi_\mathfrak{i}$ bzw. das ganze Fundament mit φ_f aufwärts belastet. Reicht die Fundamentplatte über den ganzen Grundriß der zu untersuchenden Decke, so werden φ_1 und $\varphi_f = 1$. Der Sammelzeiger f vertritt die Stelle von fb bzw. fp. Anwendung und Bezeichnungen der Gl. 607 sind im übrigen — sinngemäß übertragen — die gleichen, wie oben für Balkenkosten erläutert (vgl. 600). Für einzelne Fundament-Balken und -Platten ist $\mathfrak{n} = 1$ zu setzen. In Gl. 608 bedeutet d_f die mittlere Fundament-Stärke, $\mathfrak{Eb}_f$ die durchschnittlichen Vergleichskosten für die Raumeinheit des Fundament-Eisenbetons, $\mathfrak{A}$ für die Raumeinheit des Aushubes, H_A die Aushubtiefe[252]).

Ruhen die Fundamente auf einigermaßen gleichmäßig verteilten Pfählen, so bleiben die mitgeteilten Formeln anwendbar, sofern die ihnen sonst zugrunde liegenden Voraussetzungen erfüllt sind. Denn der tragfähige Boden wird lediglich ersetzt durch den pfahlgespickten Boden. Für Pfähle in nicht dichtester Anordnung, d. h. bei nicht ausgenutzter »Bodenpressung« wird $\Delta_f \mathfrak{B} = 0$, wenn das Fundament nicht wesentlich auf Biegung beansprucht wird; bei Biegung gilt wieder 607. — Für Pfähle dichtester Anordnung gilt bzw. 605, 606, 608 unter Zuhilfenahme von 609, wo n_P die Pfahlzahl auf die Einheit der Fundament-Grundfläche, N_P die zulässige Belastung eines Pfahles bedeutet.

Pfahlkosten. Die Pfahlkosten selbst liefert, falls N_P ausgenutzt wird, Gl. 610, wo $\mathfrak{P}$ die Vergleichskosten für 1 Pfahl mit der zulässigen Belastung N_P bedeutet und φ_P den Lastanteil eines Pfahles an der Raumeinheit der Betonmengen-Änderung der wirtschaftlich zu bemessenden Konstruktion. Bei nicht ausgenutzten N_P wird $\Delta_P \mathfrak{B} = 0$.

Eigengewichtskosten[285]). In gewissen selteneren Fällen (z. B. in denen die wirtschaftliche Zugspannung untersucht wird) sind die Vergleichskosten $\mathfrak{B}$ nachträglich noch um die Kosten $\Delta' \mathfrak{B}$ des Eigengewichts-Einflusses nach 611 zu berichtigen. (D. h. in der Regel: zu erhöhen. Ausnahme: Aufwärts belastete Konstruktionen.) Vgl. auch Fußn. 287 im Zusammenhange, ferner § 11.

$$611)\quad \Delta' \mathfrak{B} = \frac{1200\ \mathrm{kg/cm^2}}{\sigma_e} \cdot \frac{\mathfrak{E}}{4300\ \mathrm{m}} \cdot \frac{c_{(h)} \cdot l^2}{m_g \cdot h}\ ^{259)}\ ^{260)}.$$

Leichtbeton. Zur Ermittlung der Unterstützungskosten (und Eigengewichtskosten) für Leichtbeton[253]) vom Raum-Gewicht γ_b kann man ebenfalls die Formeln 600 bis 611 benutzen, muß jedoch das Schlußergebnis der Formel 598 mit dem Faktor $\frac{\gamma_b}{2{,}2\ \mathrm{t/m^3}}$ berichtigen. Eine solche Berichtigung unterbleibt dagegen für Hohlsteindecken u. dgl., sofern deren Konstruktionshöhe (wie in der Regel) in geringem Maße nur mit der Aufbeton-Stärke geändert werden kann.

§ 9. Kostenminimum.[254])

Grundbegriffe. In diesem und den folgenden Paragraphen dieses Abschnittes haben wir es nur mit freier Bemessung[255]) und mit Ausnahme des § 10c nur mit reiner Biegung zu tun. Es soll jetzt die wirtschaftliche Seite der in § 5 erörterten allgemeinen Aufgabe näher behandelt werden. — Mit Hilfe der Vergleichskosten (s. § 8) findet man die wirtschaftliche[256]) Druck- (bzw. Zug-) Spannung $\sigma_{b\,\mathrm{wirt}}$ (bzw. $\sigma_{e\,\mathrm{wirt}}$). Diese ergibt in Verbindung mit $\sigma_{e\,\mathrm{sich}}$ (bzw. $\sigma_{b\,\mathrm{sich}}$) für das zu bemessende Konstruktionsglied ein Kostenminimum. Der Weg zur Auffindung der wirtschaftlichen Spannungswerte

[249]) Die Faustformeln sind als solche natürlich nicht auch in der Anwendung peinlichst an diese Voraussetzung gebunden.

[250]) Hierzu rechnen wir in diesem Zusammenhange auch den Aushub (Menge A, Kosten $\mathfrak{A}$ für die Raumeinheit).

[251]) Wie der obere Teil des Fundaments geformt ist, ob schräg oder lotrecht begrenzt, abgestuft oder nicht, ist hier unerheblich. Ist das ganze Fundament ein einziges Parallelepiped, so ist $H' = H_0$.

[252]) Gemessen von der Fundamentsohle bis zur durchschnittlichen Höhe des Planums unmittelbar neben dem Fundament. Das Planum kann (z. B. für einen einzelnen Fundamentbalken) die Sohle der durchgehenden Ausschachtung des untersten Geschosses sein oder (z. B. für eine unter dem ganzen Gebäude durchgehende Fundamentplatte) in Geländehöhe liegen.

[253]) Auch Hohlsteine einschl. Fugenbeton (nicht Aufbeton), wenn deren Normalhöhen etwa sehr eng gestaffelt sind.

[254]) Ausführliche Ableitung des in den §§ 9, 10, 10a, 10b mitgeteilten Verfahrens für Fall e siehe in der Abhandlung: Kurt Bernhard, *Die wirtschaftliche Druckspannung des Eisenbetons*, »Zement« 1933, Heft 11 u. folg. (im Zementverlag auch als Sonderdruck erschienen).

[255]) Vgl. 22, 25 und 28 im Zusammenhange.

[256]) Vgl. 32 bis 34 im Zusammenhange.

bzw. des Kostenminimums werde jetzt seinem Grundgedanken nach gezeigt, um das Verständnis für die in den folgenden Paragraphen gegebene praktische Lösung der Aufgabe vorzubereiten.

Kostenbreite und Breitenziffer. Grundlegend ist der Satz:

612) Das Kostenminimum für Platten und Balken in Eisenbeton bei reiner Biegung tritt ein, wenn die erste Ableitung des Eisenquerschnitts nach der Nutzhöhe (bzw. der Nutzhöhe nach dem Eisenquerschnitt der Druckbreiten-Einheit) einen bestimmten Wert $-k$ (bzw. $-\beta$) annimmt, der von den statischen Bedingungen unabhängig ist.

(Die eingeklammerte Lesart setzt unveränderliche Druckbreite voraus, ist daher nicht anwendbar für Rechteckbalken veränderlicher Breite.) Dieser Satz wird auch durch die Formel 613 (bzw. 614) angedeutet. Den eindimensionalen Wert k finden wir aus den (Vergleichs-) Baustoffkosten. Deshalb und wegen seiner kennzeichnenden Beziehung 615 zur Druckbreite nennen wir ihn *Kostenbreite*, den unbenannten Wert β hingegen, der die Druckbreite an der Kostenbreite mißt, *Breitenziffer*.

613) $dF_e/dh = -k$; **614)** $dh/df_e = -\beta$; **615)** $\beta = b/k$.

Wirtschaftliche Bedingungen. Mit Ausnahme des Rechteckbalkens veränderlicher Breite, für den Gl. 617 (bzw. 618) gilt, ist k durch Gl. 616 bestimmt. Aus diesen beiden Grundformeln[257]) (die der unmittelbaren Anwendung nur in Ausnahmefällen dienen) leiten sich die in § 10 u. folg. mitgeteilten Gebrauchsformeln her zur Bestimmung von k (bzw. u. U.[258]) auch unmittelbar von β). Durch eine derartige Bestimmung von k bzw. β leistet man den wirtschaftlichen Bedingungen Genüge.

$$616)\quad k = \frac{C'' \cdot (b_{(0)\mathrm{wirt}} + 2\,\mathfrak{S}/\mathfrak{B})}{(d_{(0)\mathrm{wirt}} - d) \cdot 1/C' + c_{(h)} \cdot \mathfrak{E}/\mathfrak{B}}\ ^{259)};$$

$$617)\quad k = \frac{C'' \cdot (b_{\mathrm{wirt}} + 2\,\mathfrak{S}/\mathfrak{B})}{(d_{\mathrm{wirt}} + \mathfrak{S}/\mathfrak{B}) \cdot 1/C' + c_h \cdot \mathfrak{E}/\mathfrak{B}};$$

$$618)\quad \beta = \frac{(d_{\mathrm{wirt}} + \mathfrak{S}/\mathfrak{B}) \cdot 1/C' + c_h \cdot \mathfrak{E}/\mathfrak{B}}{C'' \cdot \left(1 + \frac{2\,\mathfrak{S}/\mathfrak{B}}{b_{\mathrm{wirt}}}\right)}.$$

Statische Bedingungen. Außerdem sind statische Bedingungen zu erfüllen in der allgemeinen Form 619 bzw. 620, die nach Differentiation der Gleichgewichtsbedingungen aus 613 bzw. 614 folgt und je nach Querschnittsart und, je nachdem der Regel-Fall e (vgl. 80) oder der Ausnahme-Fall b (vgl. 81) zugrunde gelegt wird, verschiedene Sondergestalten[260]) annimmt. Nachdem k bzw. β aus den wirtschaftlichen Bedingungen gefunden ist, ergibt sich v_{wirt} theoretisch durch Auflösung einer solchen Gl. 619 bzw. 620, also durch Vereinigung der wirtschaftlichen und statischen Bedingungen. Praktisch findet man v_{wirt} bzw $\sigma_b'{}_{\mathrm{wirt}}$[261]) aus k oder β mittels Tabellen. (Vgl. § 10 und 10a.)

619) $k = \mathrm{F}(v_{\mathrm{wirt}})$; **620)** $\beta = \mathrm{f}(v_{\mathrm{wirt}})$

Spannungsverhältnis[262]). Aus 619 folgt der wichtige Satz[263]):

621) Gleiche wirtschaftliche Bedingungen (Vergleichskosten-Verhältnisse) ergeben für den gleichen zu bemessenden Querschnitt das gleiche wirtschaftliche Spannungsverhältnis v_{wirt} bzw. $\sigma_b'{}_{\mathrm{wirt}}$[261]), gleichviel wie groß die als konstant zugrunde gelegte sichere[256]) Spannung ist.

Wirtschaftliche Zugspannung. Dieser und § 8 gelten für Fall e sowohl wie b[263]) (vgl. 80 und 81 im Zusammenhange), also auch als Grundlage zur Ermittelung der wirtschaftlichen Zugspannung. Näheres über letztere wird erst in § 11 mitgeteilt. In den jetzt folgenden Paragraphen wird nur der Regel-Fall e weiter behandelt.

Besondere Bauweisen. Der zur Ermittlung der wirtschaftlichen Spannungswerte eingeschlagene Weg gilt naturgemäß auch für solche Verbund-Bauweisen, die den normalen Beton ganz oder teilweise durch andere Baustoffe wie Leichtbeton, Hohlstein-Mauerwerk od. dgl. ersetzen. Nur ist darauf zu achten, daß die Vergleichskosten $\mathfrak{B}$ des Betons sinngemäß bewertet werden. Dabei ist unter »Beton« z. B. für Steineisenplatten mit veränderlicher[264]) Steinhöhe der aus Steinen und Fugenbeton bestehende fertige Baukörper, für solche mit veränderlicher[264]) Betonstärke der Aufbeton zu verstehen. — Für solche leichteren Plattenkonstruktionen verdient ihrer geringeren Druckfestigkeit wegen der Ausnahme-Fall b (wirtschaftliche Zugspannung) besondere Beachtung. Siehe § 11.

§ 10. Grundaufgabe.[254])

Definition. Die Ermittelung der wirtschaftlichen Druckspannung[265]) frei zu bemessender Eisenbeton-Querschnitte bei reiner Biegung beginnt (ausgenommen den selteneren Fall des Rechteckbalkens veränderlicher[80]) Breite, der in § 10a besonders behandelt wird) mit der Lösung der *Grundaufgabe*. Diese lautet, $\sigma_{b\,\mathrm{wirt}}$ zu finden ohne Rücksicht auf den Eigengewichts-Einfluß und etwa vorhandene Beschränkung der Druckzone[266]).

Lösung. Man löst sie, indem man bzw. nach 622 bis 623a[267]) oder nach 624 bis 625a[267]) in Verbindung mit 615 die Breitenziffer β ermittelt und hierzu aus einer der **Tab. VI**, VIII oder IV die wirtschaftliche Druckspannung $\sigma_b'{}_{\mathrm{wirt}}$ bzw. $\sigma_{b\,\mathrm{wirt}}$ entnimmt[268]). Für Balken kann statt dessen $\sigma_{b\,\mathrm{wirt}}$ auch unmittelbar aus Tab. III gefunden werden, sofern $n = 15$ ist. Vgl. Zahlenbeisp. 66 bis 68.

Platten[259]) [269]):

$$622)\quad \beta = \frac{c_{(h)}}{C''} \cdot \frac{\mathfrak{E}}{\mathfrak{B}}; \qquad 622\text{a})\quad \beta = \frac{c_{(h)}}{1{,}02} \cdot \frac{\mathfrak{E}}{\mathfrak{B}} \approx c_{(h)} \cdot \frac{\mathfrak{E}}{\mathfrak{B}};$$

Rechteckbalken unveränderlicher Breite:

$$623)\quad \beta = \frac{\frac{c_h}{C''} \cdot \frac{\mathfrak{E}}{\mathfrak{B}}}{1 + \frac{2\frac{\mathfrak{S}}{\mathfrak{B}}}{b}}; \qquad 623\text{a})\quad \beta = \frac{\frac{c_h}{1{,}035} \cdot \frac{\mathfrak{E}}{\mathfrak{B}}}{1 + \frac{2\frac{\mathfrak{S}}{\mathfrak{B}}}{b}};$$

Balken[270]) unveränderlicher Zugbreite:

$$624)\quad k = \frac{b_{(0)} + 2\,\mathfrak{S}/\mathfrak{B}}{c_h \cdot \mathfrak{E}/\mathfrak{B}} \cdot C''; \qquad 624\text{a})\quad k = \frac{b_{(0)} + 2\,\mathfrak{S}/\mathfrak{B}}{c_h \cdot \mathfrak{E}/\mathfrak{B}} \cdot 1{,}035;$$

Plattenbalken veränderlicher[271]) Zugbreite:

$$625)\quad k = \frac{C/2 + \mathfrak{S}/\mathfrak{B}}{c_h \cdot \mathfrak{E}/\mathfrak{B}} \cdot 2{,}15; \qquad 625\text{a})\quad k = \frac{9\,\mathrm{cm} + \mathfrak{S}/\mathfrak{B}}{c_h \cdot \mathfrak{E}/\mathfrak{B}} \cdot 2{,}15\ ^{272)\,273)}.$$

---

[257]) Vgl. 37 und 44.

[258]) In dem Sonderfall, daß $b = b_{(0)}$ und gegeben ist, d. h. für Platten und Rechteckbalken unveränderlicher Breite, empfiehlt es sich wegen 615, sofort β statt k zu berechnen.

[259]) $c_{(h)}$ ist eine gemeinsame Bezeichnung für c und c_h. Im allg. ist c nur für Kreuz- und Pilzplatten einzuführen, sonst c_h.

[260]) Z. B. Formel 626 u. 696. Vgl. Fußn. 46. [261]) Vgl. 85 bzw. 116.

[262]) Vgl. das in §§ 5 und 6 unter dem gleichen Stichwort Gesagte.

[263]) Satz 621 gilt im Fall e und b je einmal; d. h. ${}_e v_{\mathrm{wirt}}$ und ${}_b v_{\mathrm{wirt}}$ sind voneinander verschieden. Es ist nämlich ${}_e v_{\mathrm{wirt}} < {}_b v_{\mathrm{wirt}}$. (Vgl. Fußn. 46.)

[264]) Im Stadium des Konstruierens.

[265]) Im allg. auch der wirtschaftlichen Zugspannung. Denn diese kommt, wenn überhaupt, in der Regel erst nach Ermittelung der wirtschaftlichen Druckspannung in Betracht.

[266]) Die Lösung der Grundaufgabe liefert bereits praktisch brauchbare, wenn auch verbesserungsfähige Werte $\sigma_{b\,\mathrm{wirt}}$. Sie sind schon mindestens so scharf wie entsprechende Ergebnisse aus der früheren Literatur. Die nachträgliche Verbesserung vollzieht sich bequem gemäß § 10a, wobei weitestgehend Schätzung am Platze ist (vgl. z. B. Anleitung 653). Für Plattenbalken, deren Nullinie nicht erheblich in den Steg fällt, erübrigt sich eine Berichtigung hinsichtlich der Druckzonen-Beschränkung vollends; für Plattenbalken mit schwerer Nutzlast auch eine Berichtigung hinsichtlich des Eigengewichts-Einflusses.

[267]) Die Ordnungsziffern ohne a bezeichnen die allgemeinen Formeln, die Ordnungsziffern mit a empfehlenswerte Sonderformeln, z. B. mit Zahlenwerten C'' gemäß 48 und 51 bzw. C gemäß 39.

[268]) Der Zeiger wirt ist in diesen Tabellen fortgelassen.

[269]) Anwendung von c_h für Platten setzt Unveränderlichkeit des Nebenbewehrungs-Querschnittes $'f_e$ selbst voraus, Anwendung von c Unveränderlichkeit des Verhältnisses $'f_e/f_e$. Für Balkenplatten ist daher meistens c_h einzuführen (d. h. wenn nicht auch hier gefordert wird, daß der Verteilungseisen-Querschnitt bei jeder Querschnittsänderung ein bestimmter Bruchteil des Hauptbewehrungs-Querschnittes bleibe).

[270]) Gl. 624 bzw. 624a gelten für Rechteck- und Plattenbalken, sind aber bei Einzelberechnungen nur für Plattenbalken zu empfehlen und nur, wenn Tab. III nicht benutzt wird (etwa weil sie nicht zur Hand ist, oder etwa weil man zu Studienzwecken genauere Ergebnisse sucht); für unter gleichen Voraussetzungen zu berechnende Rechteckbalken sind Gl. 623 bzw. 623a bequemer.

[271]) Vgl. 36.

[272]) Zur Größe 9 cm ist erforderlichenfalls Ausdruck 12 zuzuschlagen.

[273]) Vgl. auch § 10b, insbesondere Gl. 657 im Zusammenhange.

Erläuterungen. Die Tabellenwerte β gelten für $n = 15$[274]) und folgen aus Gl. 626, die in Verbindung mit 615 den wichtigen Satz 627 beweist. In diesem Satz wird der Sinn der Grundaufgabe ausgesprochen.

626) $$\beta = 2 \cdot v_{\text{wirt}} \cdot \left(\frac{v_{\text{wirt}}/n}{1 + \frac{1}{3 \cdot v_{\text{wirt}}/n}} + 1 \right).$$

627) Bei Vernachlässigung des Eigengewichts-Einflusses sowie gleichzeitig unbeschränkter und unveränderlich breiter Druckzone ist der wirtschaftliche Spannungswert, lediglich abhängig von der Breitenziffer β, d. h. lediglich von der gewählten Druckbreite und von den Kostenverhältnissen, aber unabhängig vom Moment.

Praktische Anwendung. Hiernach empfiehlt es sich, besonders in der Praxis des Hochbaus, die Grundaufgabe vor Beginn einer größeren statischen Berechnung zu lösen, nicht positionsweise. D. h. man stellt eine[275]) auf das zu konstruierende Bauwerk zugeschnittene besondere Tabelle der Werte $\sigma_{b\,\text{wirt}}$ her, etwa nach dem Muster der Fig. 33, und benutzt nachher diese Tabelle ($\sigma_{b\,\text{wirt}}$) neben Tab. II[276]) ($\sigma_{b\,\text{steif}}$) ähnlich wie Tafel IV der Best. ($\sigma_{b\,\text{sich}}$). Vgl. Zahlenbeisp. 69.

Zahlenwerte $\sigma_b'{}_{\text{wirt}}$ in $\frac{\text{kg}}{\text{cm}^2}$

für: $\frac{\mathfrak{E}}{\mathfrak{B}} = 60\,\frac{\text{m}^3}{10\,\text{t}}$; $\frac{\mathfrak{S}}{\mathfrak{B}} = 4$ cm.

Platten	$c_{(h)}$ in kg/(cm² · m) [c_h für Balkenplatten bzw. c für Kreuz- und Pilzplatten)										
	0,9	1,0	1,1	1,2	1,3	1,4	1,5	1,6	1,8	2,0	2,2
	80 52,94	74 58,82	70 64,71	66 70,59	63 76,47	60 82,35	58 88,24	55 94,12	52 105,9	48 117,6	46 129,4

Balken (mit unveränderlicher Druckbreite)

$b_{(0)}$ in cm	$18 + \frac{F_e}{3\text{ cm}}$ (oder rd. 20)			20			25			30			35			40			45			50		
c_h in $\frac{\text{kg}}{\text{cm}^2 \cdot \text{m}}$ / b in cm	1,0	1,2	1,4	1,0	1,2	1,4	1,0	1,2	1,4	1,0	1,2	1,4	1,0	1,2	1,4	1,0	1,2	1,4	1,0	1,2	1,4	1,0	1,2	1,4
20																								
30																								
40																								
50	51 107,3	46 128,8	42 150,3				57 87,84	52 105,4	47 123,0	63 76,28	56 91,53	51 106,8	68 67,41	61 80,89	55 94,37									
60	46 128,8	41 154,6	38 180,3				52 105,4	46 126,5	42 147,6	56 91,53	50 109,8	46 128,1	61 80,89	54 97,07	50 113,2									
80	39 171,7	35 206,1	32 240,4				44 140,5	39 168,6	36 196,8	47 122,0	43 146,5	39 170,9	51 107,9	46 129,4	42 151,0									
100	34 214,7	31 257,6	28 300,5				38 175,7	34 210,8	32 245,9	42 152,6	37 183,1	34 213,6	45 134,8	40 161,8	47 188,7									
125	30 268,3	27 322,0	25 375,7				34 219,6	30 263,5	28 307,4	37 190,7	33 228,8	30 267,0	39 168,5	35 202,2	32 235,9									
150	27 322,0	25 386,4	23 450,8				30 263,5	27 316,2	25 368,9	33 228,8	30 274,6	27 320,4	35 202,2	32 242,7	29 283,1									
200	23 429,3	21 515,2	19 601,1				26 351,3	24 421,6	22 491,9	28 305,1	25 366,1	23 427,2	30 269,6	27 323,6	25 377,5									
250	21 536,7	19 644,0	17 751,3				23 439,2	21 527,0	19 614,8	25 381,4	22 457,7	21 533,9	26 337,0	24 404,4	22 471,9									
300	19 644,0	17 772,8	16 901,6				21 527,0	19 632,4	17 737,8	22 457,7	20 549,2	19 640,7	24 404,5	22 485,3	20 566,2									
350	17 751,3	16 901,6	14 1052				19 614,8	17 737,8	16 860,8	21 533,9	19 640,7	17 747,5	22 471,9	20 566,2	18 660,6									
400																								
450																								
500																								

Fig. 33. Formular-Muster.

Lotrechte Ziffern: vorhanden.
Schräge „ : einzutragen.
Kleine „ : Bleistiftziffern β.

[274]) Um die für ein beliebiges n gültigen Werte $\sigma_{b\,\text{wirt}}$ bzw. v_{wirt} zu finden, multipliziert man, ehe man in eine solche Tabelle »hineingeht«, β mit $15/n$ und, sobald man »herausgeht«, die $\sigma_{b\,\text{wirt}}$-Ziffer wiederum mit $15/n$ bzw. die v_{wirt}-Ziffer mit $n/15$. (Folgt aus 256 und 614.) — Bei zusammenhängender Benutzung mehrerer Tabellen nimmt man diese Reduktion nur beim ersten Eintritt und letzten Austritt gemäß Fußn. 105 vor.

[275]) Bzw. zwei oder mehrere für besonders hohe, vielgeschossige Gebäude, weil insbesondere der Betonpreis mit der Höhe wächst, erstens der Transportkosten, zweitens der Unterstützungskosten wegen (vgl. § 8).

[276]) Soweit Steifigkeitsvorschriften überhaupt bestehen (nach den neuen deutschen Best. nur für Balkenplatten und Kreuzplatten).

Die Benutzung der **Tab. III** statt der selbstgefertigten ist am Platze nur zur Berechnung einiger, einzelner Balken. Vgl. Zahlenbeisp. 70.

Aus beiden Tabellen genügt meistens ungefähre Entnahme der Werte $\sigma_{b\,\text{wirt}}$ bzw. $\sigma_b'{}_{\text{wirt}}$ (Schätzung der Zwischenwerte). Ferner ist für Plattenbalken meistens die Einführung etwas (nach unten) abgerundeter b-Werte an Stelle der größten zulässigen ausreichend und empfehlenswert.

Tabellen-Rezept. Für die anzufertigende Tabelle findet man β für Platten nach 622a, für Balken nach 624a bis 625a und 615, $\sigma_b'{}_{\text{wirt}}$ aus Tab. VI[277]). Dabei schreibt man zweckmäßig auf ein hierfür vorrätig zu haltendes (möglichst pausbares) Formular, und zwar zunächst mit Bleistift alle Breitenziffern (in Fig. 33 klein gedruckt), nachher mit Tusche alle Druckspannungen. Es wird nur der jeweils benötigte Bereich des Formulars ausgefüllt.

628) Die Zahlenwerte $\sigma_{b\,\text{wirt}}$ für veränderliche Zugbreite (gemäß 13) können aus der fertiggestellten Tabelle näherungsweise auch für die unveränderliche Zugbreite $b_{(0)} \approx 20$ cm[278]) mitbenutzt werden.

Beispielsweise ergibt sich für die Vergleichskosten $\mathfrak{B} = 40$ M/m³; $\mathfrak{E} = 2400$ M/10 t; $\mathfrak{S} = 1{,}60$ M/m² (s. Fig. 33): $\mathfrak{E}/\mathfrak{B} = 2400/40$[279]) $= 60$ m³/10 t; $\mathfrak{S}/\mathfrak{B} = 1{,}60/40 = 0{,}04$ m $= 4$ cm. Für Platten folgen die β-Werte aus (Gl. 622a): $\beta/c_{(h)} = 60/1{,}02 = 58{,}82$ cm² · m/kg. Für Plattenbalken ergibt sich nach 625a und 615 bei $b_0 = 18\text{ cm} + F_e/3\text{ cm}$:

$$c_h \cdot k = \frac{9+4}{60} \cdot 2{,}15\,[279]) = 0{,}46583 \frac{10\text{ t}}{\text{m}^3} \cdot \text{cm} = 0{,}46583 \frac{\text{kg}}{\text{cm} \cdot \text{m}};$$

$$\beta = \frac{c_h \cdot b}{0{,}46583} \frac{\text{cm} \cdot \text{m}}{\text{kg}};$$

bzw. nach 624a und 615 bei $b_{(0)} = 20$ cm (auch f. Rechteckbalk.):

$$c_h \cdot k = \frac{20+8}{60} \cdot 1{,}035 = 0{,}48300 \frac{\text{kg}}{\text{cm} \cdot \text{m}};$$

$$\beta = \frac{c_h \cdot b}{0{,}48300} \frac{\text{cm} \cdot \text{m}}{\text{kg}};$$

hierzu ferner für $\triangle b_{(0)} = 5$ cm:

$$\triangle (c_h \cdot k) = \frac{5}{60} \cdot 1{,}035 = 0{,}08625 \frac{\text{kg}}{\text{cm} \cdot \text{m}};$$

mithin bei

$$b_{(0)} = 25\text{ cm:} \quad \beta = \frac{c_h \cdot b}{0{,}56925} \frac{\text{cm} \cdot \text{m}}{\text{kg}};$$

$$30\text{ cm:} \quad \beta = \frac{c_h \cdot b}{0{,}65550} \frac{\text{cm} \cdot \text{m}}{\text{kg}};$$

$$35\text{ cm:} \quad \beta = \frac{c_h \cdot b}{0{,}74175} \frac{\text{cm} \cdot \text{m}}{\text{kg}}.$$

Der Unterschied zwischen 0,46583 und 0,48300 ist gering genug, um auf Ausfüllung der Spalte $b_{(0)} = 20$ cm (Fig. 33) zu verzichten. Zunächst werden nun sämtliche β-Werte für $c_{(h)} = 1{,}0$ kg/(cm² · m) eingetragen (mit für jede Spalte nur einer Stellung der Schieberzunge). Dann folgen nacheinander (wieder mit je einer Stellung der Schieberzunge) die β-Zeile für Platten, die β-Spalten für $c_h = 1{,}2$ kg/(cm² · m)[280]), die β-Spalten für $c_h = 1{,}4$ kg/(cm² · m)[280]). Über diese Bleistiftziffern β werden schließlich (nach Tab. VI) die Werte $\sigma_{b\,\text{wirt}}$ geschrieben.

Schätzung. Unter Bezugnahme auf 35 werde noch nachstehende Gedächtnishilfe zwecks Schätzung von $\sigma_b'{}_{\text{wirt}}$ für Plattenbalken empfohlen. Während und nach Aufstellung einer vorbeschriebenen ausführlichen Tabelle (Fig. 33) präge man sich für die Zukunft einen charakteristischen Auszug dieser Tabelle ein (etwa bestehend in einem Zahlenrost von 4 Werten $\sigma_b'{}_{\text{wirt}}$ für einen einzigen durchschnittlichen Wert c_h gemäß Fig. 33a) unter Beachtung der leicht einleuchtenden Regel:

629) $\sigma_b'{}_{\text{wirt}}$ wächst im gleichen Sinne wie $b_{(0)}$, im umgekehrten wie b und c_h.

Bei späterem Wiedergebrauch für ähnliche Bauaufgaben läßt sich der Zahlenrost nach derselben Regel zur Schätzung weiterer Werte $\sigma_b'{}_{\text{wirt}}$ benutzen. Das Gedächtnis läßt dann aus dem Auszuge die ausführliche Tabelle für Plattenbalken gewissermaßen wieder aufleben. Daher ist ein Konstrukteur, der solche 4 Werte für seine Haupt-Baugegend im Kopfe hat, erheblich im Vorteil gegenüber demjenigen, der sich um die wirtschaftliche Druckspannung nicht kümmert[281]).

$b_{(0)}$ in cm / b in cm	20 (bzw. $18 + \frac{F_e}{3\text{ cm}}$)	25
100	31	34
200	21	24

Fig. 33a.

Einprägsame Zahlenwerte $\sigma_b'{}_{\text{wirt}}$ in $\frac{\text{kg}}{\text{cm}^2}$.

Legt man beispielsweise die gleichen Zahlenwerte wie oben zugrunde und benutzt als Durchschnittswert $c_h = 1{,}2$ kg/(cm² · m), so ergeben sich die (in Fig. 33a eingetragenen) vier Ziffern $\sigma_b'{}_{\text{wirt}} = 31$; 21; 34; 24 kg/cm² für die charakteristischen Breitenwerte $b = 100$ cm und 200 cm sowie $b_{(0)} = 18\text{ cm} + F_e/3$ cm und 25 cm (vgl. 628). Man merkt sich $\sigma_b'{}_{\text{wirt}} = 31$ kg/cm² (für $b = 100$ cm; $b_{(0)} = 20$ cm), das lotrechte Intervall 10 und das waagerechte 3 kg/cm².

Näherungsformeln. Gelegentlich, besonders wenn dies Buch nicht zur Hand ist, ist es erwünscht, die wirtschaftliche Bemessung auch ohne Tabelle wenigstens ungefähr durchführen zu können. Für solche Zwecke empfiehlt es sich, nachfolgende Näherungsformeln zu notieren. Vor ihrer Anwendung ermittelt man β (bzw. k) wie oben. Aus 630 folgt dann $(h/f_e)_{\text{wirt}}$. Hiermit findet man $\sigma_{b\,\text{wirt}}$ (aus dem etwa zur Verfügung stehenden Betonkalender oder einem ähnlichen Taschenbuch mit einer entsprechenden auch h/f_e enthaltenden Tabelle oder) aus 158 bzw. (für $n = 15$) 158a. Weiter bemißt man nach § 6. — Ist $\sigma_{b\,\text{wirt}}$ maßgebend, so kann man annähernd auch unmittelbar F_e nach 633 und h nach 631 für Balken[282]) bzw. f_e nach 632 und h nach 630 für Platten berechnen[283]). U. U. sind auch die Näherungsformeln 634 bis 636 nützlich.

630) $(h/f_e)_{\text{wirt}} \approx 1{,}1\,\beta$; **631)** $h_{\text{wirt}} \approx 1{,}1 \cdot F_{e\,\text{wirt}}/k$;

632) $f_{e\,\text{wirt}} \approx \sqrt{\dfrac{M}{b \cdot \sigma_e \cdot \beta}}$; **633)** $F_{e\,\text{wirt}} \approx \sqrt{\dfrac{M}{\sigma_e} \cdot k}$;

634) $z_{\text{wirt}} \approx \sqrt{\dfrac{M}{\sigma_e \cdot k}}$; **635)** $h_{\text{wirt}} \approx 1{,}1 \cdot \sqrt{\dfrac{M}{\sigma_e \cdot k}}$;

636) $r_{\text{wirt}} \approx 1{,}1 \cdot \sqrt{\beta/\sigma_e}$.

[277]) Zur Ausfüllung des Formulars kann man natürlich auch Tab. III benutzen. Besonders empfohlen werde dies nicht, weil einerseits die genannten Formeln nicht nur genauer, sondern bei gehäufter Anwendung auch sehr bequem sind, und anderseits auch ein Zeitaufwand von etwa einer halben Stunde zur Anfertigung der Tabelle verlohnt, um sie dann tagelang anzuwenden, oft auch wochenlang und länger, z. B. bei Wiederbenutzung für ein zweites Bauwerk, das dem Ort, der Zeit und der Konstruktion nach dem ersten nicht allzu fern liegt. (Ausgefüllte Formulare sind nach Benutzung aufzubewahren.)

[278]) Hierzu erforderlichenfalls Zuschlag nach Formel 4; also allgemeiner: $b_{(0)} \approx 17\text{ cm} + 2\,\ddot{u}$.

[279]) In Zahlenrechnungen werde die Benennung der Zwischenwerte (zwischen zwei Gleichheitszeichen) im allg. weggelassen.

[280]) Durch Multiplikation der Spalten $c_h = 1{,}0$ kg/(cm² · m) mit 1,2 bzw. 1,4.

[281]) Da sich derartige Schätzungen und Näherungen auf die statische Sicherheit nicht auswirken, so ist für ihre Anwendung bei Zeitmangel eine gewisse Entschlußfreudigkeit am Platze, auch auf die Gefahr eines Fehlgriffs im Einzelfalle, in der wirtschaftlichen Aussicht aber auf den wahrscheinlichen Gesamt-Erfolg vieler Fälle.

[282]) In diesem Falle ermittelt man vorher nur k (nach 624 bis 625a), nicht β.

[283]) Hierzu ist aber nur für Überschläge zu raten, da diese Näherung die statische, nicht mehr die wirtschaftliche Berechnung betrifft.

§ 10a. Ergänzungsaufgaben.[254])

Definition. Entsprechend der im Anfang des § 10 gegebenen Definition der Grundaufgabe vernachlässigt deren Lösung noch den Einfluß des Eigengewichtes sowie der Druckzonenbeschränkung auf $\sigma_{b\,\mathrm{wirt}}$. Diese beiden Einflüsse lassen sich, wie nunmehr gezeigt werden soll, bequem nachträglich berücksichtigen. Unabhängig von der Grundaufgabe soll ferner die Ermittelung von $\sigma_{b\,\mathrm{wirt}}$ für den Rechteckbalken veränderlicher Breite nachgetragen werden.

637) Bschr. Drz. (Beachte Fußnote 90 im Zusammenhange). Der Einfluß der Druckzonenbeschränkung (für Plattenbalken u. dgl.) läßt sich bei Benutzung der Tab. IX durch einen Blick auf die herausgeklappte **Tab. IV** berücksichtigen: In der durch M/b in Tab. IX bestimmten Zeile sucht man in Tab. IV (aufgestellt für $n = 15$[106]) [274])) den schon bekannten, wie für unb. Drz. ermittelten, vorläufigen Wert $\sigma_b{}'_{\mathrm{wirt}}$ auf und findet darüber im waagerechten Tabellenkopf $\sigma_b{}'_{\mathrm{wirt}}$ für bschr. Drz.[284]). Vgl. Zahlenbeisp. 71 und 73.

Man überzeugt sich leicht, daß diese Berichtigung unerheblich bleibt, solange die Druckzonenbeschränkung gering ist, d. h. solange man sich in Tab. IX nicht beträchtlich unterhalb der abgetreppten waagerechten Linie befindet. Da die untersten Zeilen der Tab. IX in der Praxis seltener vorkommen, so genügt es oft, die Berichtigung schätzungsweise vorzunehmen, am besten gleichzeitig mit der unten erläuterten Berichtigung hinsichtlich des Eigengewichts-Einflusses. D. h. es empfiehlt sich u. U. zur Berichtigung lediglich eine etwas weiter rechts gelegene Spalte der Tab. IX zu benutzen, als die Lösung der Grundaufgabe verlangt. Die Fähigkeit, das Maß dieser Spannungserhöhung zu schätzen, stellt sich naturgemäß ein nach häufigerem Gebrauch der Tab. IV und des später angegebenen Verfahrens, das Eigengewicht betreffend.

Rechteckbalken veränderlicher[80]) Breite. Auch für Rechteckbalken, deren Breite sich gemäß 164 dem Zugeisen-Querschnitt anpassen soll, ermittelt man (wie bei der Lösung der Grundaufgabe) zunächst die Kostenbreite k[285]).

638) Für $C = 18$ cm und $C' = 3$ cm (Balken in geschlossenen Räumen) benutzt man Gl. 644a[286]) und sucht, $n = 15$ vorausgesetzt, k in der durch M[81]) bestimmten Zeile der **Tab. V** auf. Hier findet man über k unmittelbar b_{wirt} und im Tabellenkopf $\sigma_{b\,\mathrm{wirt}}$. Nach Maßgabe des Eigengewichts-Einflusses (siehe unten) erhöht man jedoch nötigenfalls $\sigma_{b\,\mathrm{wirt}}$ und entnimmt b_{wirt} entsprechend einer etwas weiter rechts gelegenen Spalte[287]). Vgl. Zahlenbeisp. 75.

639) Für $C = 15\,\mathrm{cm} + 2\,ü$ (wo $ü > 1{,}5$ cm) und wiederum $C' = 3$ cm benutzt man meistens[288]) genau genug ebenfalls Gl. 644a[289]) und findet $\sigma_{b\,\mathrm{wirt}}$ wie vor. Jedoch berechnet man b_{wirt} nach 167 und 168, indem man z/f_e der Tab. VI entnimmt.

640) Weichen C bzw. C' von 18 bzw. 3 cm erheblich ab (z. B. u. U. für besonders schwere Balken nach 42 und 43), oder ist nicht $n = 15$, so verfährt man wie vor, um b_{wirt} und d_{wirt} in erster Näherung zu finden. Dann berechnet man k nach 617, β nach 615 und findet hierzu in Tab. VI (unter Berücksichtigung des Verhältnisses C/b_{wirt} in Spalte 1 bis 5) $\sigma_{b\,\mathrm{wirt}}$ (z. B. in Spalte 12). Man entnimmt aber $\sigma_{b\,\mathrm{wirt}}$ und die zugehörigen Bemessungsziffern nach Maßgabe des Eigengewichts-Einflusses (siehe unten) einer etwas tieferen Zeile[287]). (Nachdem man wiederum b_{wirt} und d_{wirt} gemäß § 6 bestimmt hat, kann man diese Berechnung, falls besondere Genauigkeit gewünscht wird, berichtigend wiederholen.) — Dies (genauere) Verfahren ist immer anwendbar, auch wenn die (bequemeren) Verfahren 638 und 639 ausreichen.

641) Ohne Tab. V kommt man in jedem Falle auch folgendermaßen zum Ziel. Man bestimmt k nach 644, b_{wirt} nach der Näherungsformel[290]) 646, β nach 615 und hiermit $\sigma_{b\,\mathrm{wirt}}$ aus Tab. VI, mittels Spalte 1 bis 5 unter Berücksichtigung von C/b_{wirt}. (Zugrunde liegt die statische Bedingung 642.)

$$642)\quad \beta = 2\,v_{\mathrm{wirt}} \cdot \frac{\left(\frac{v_{\mathrm{wirt}}}{n} + \frac{2}{3}\right)\left(\frac{v_{\mathrm{wirt}}}{n} + \frac{1}{2}\right) - \frac{1}{6} \cdot \frac{v_{\mathrm{wirt}}}{n} \cdot \frac{C}{b_{\mathrm{wirt}}}}{\frac{v_{\mathrm{wirt}}}{n} + \frac{1}{3}}.$$

643) Rohere Ergebnisse erhält man ganz ohne Tabellen, indem man bis zur Ermittelung von β wie vor verfährt, dann aber $(h/f_e)_{\mathrm{wirt}}$ nach 630 und $\sigma_{b\,\mathrm{wirt}}$ aus 158 bzw. (für $n = 15$) 158a bestimmt. Weiter bemißt man nach § 6. Vgl. Zahlenbeisp. 77.

Ist $\sigma_{b\,\mathrm{wirt}}$ maßgebend, so kann man annähernd auch unmittelbar F_e nach 645 und h nach 631 berechnen[288]) [291]). U. U. sind auch die Näherungsformeln 647 und 648 nützlich.

$$644)\quad k = \frac{C/2 + \mathfrak{S}/\mathfrak{B}}{c_h \cdot \mathfrak{E}/\mathfrak{B}} \cdot 1{,}95; \qquad 644\mathrm{a})\quad k = \frac{9\,\mathrm{cm} + \mathfrak{S}/\mathfrak{B}}{c_h \cdot \mathfrak{E}/\mathfrak{B}} \cdot 1{,}95;$$ [272])

$$645)\quad F_{e\,\mathrm{wirt}} \approx 3\,\frac{\mathrm{cm}}{\mathrm{m}} \cdot \sqrt{M \cdot k \cdot \frac{1200}{\sigma_e}};$$ [292])

$$646)\quad b_{\mathrm{wirt}} \approx C + \frac{3\,\frac{\mathrm{cm}}{\mathrm{m}}}{C'} \cdot \sqrt{M \cdot k \cdot \frac{1200}{\sigma_e}};$$ [292])

$$647)\quad z_{\mathrm{wirt}} \approx 0{,}96 \sqrt{\frac{M}{\sigma_e \cdot k}}; \qquad 648)\quad h_{\mathrm{wirt}} \approx 1{,}14 \cdot \sqrt{\frac{M}{\sigma_e \cdot k}}.$$

Eigengewichts-Einfluß. Die Zusatzspannung $\Delta\,\sigma_{b\,\mathrm{wirt}}$ zum Zwecke der Berücksichtigung des Eigengewichts-Einflusses auf die wirtschaftliche Druckspannung $\sigma_{b\,\mathrm{wirt}}$ findet man (sofern man nicht genauere Untersuchungen nach § 10b anstellen will) mit Hilfe der Faustformeln 650 bis 652, wo g' das Eigengewicht[293]) für die Einheit der Grundfläche bzw. Länge der Platten bzw. Balken bedeutet. Gl. 650 gilt allgemein, 651 bei unveränderlicher, 652 bei veränderlicher Zugbreite. Vgl. Zahlenbeisp. 72, 74, 76, 78 und 79.

$$649)\quad g = g' + g''; \qquad 650)\quad \frac{\Delta\,\sigma_{b\,\mathrm{wirt}}}{\sigma_{b\,\mathrm{wirt}}} \approx \frac{1}{2} \cdot \frac{C}{b_{(0)\,\mathrm{wirt}}} \cdot \frac{g'}{q};$$

$$651)\quad \frac{\Delta\,\sigma_{b\,\mathrm{wirt}}}{\sigma_{b\,\mathrm{wirt}}} \approx \frac{1}{2} \cdot \frac{g'}{q}; \qquad 652)\quad \frac{\Delta\,\sigma_{b\,\mathrm{wirt}}}{\sigma_{b\,\mathrm{wirt}}} \approx \frac{9\,\mathrm{cm}}{b_{(0)\,\mathrm{wirt}}} \cdot \frac{g'}{q}.$$ [272])

653) Hiernach empfiehlt es sich, sich aus eigener Rechenpraxis für verschiedene charakteristische Fälle Durchschnittswerte $\frac{\Delta\,\sigma_{b\,\mathrm{wirt}}}{\sigma_{b\,\mathrm{wirt}}}$ in % einzuprägen. Es zeigt sich, daß der

[284]) Wäre Tab. IX außer den beiden Teilspalten h und f_e durchweg noch mit einer dritten Teilspalte für den unverbesserten Wert $\sigma_b{}'_{\mathrm{wirt}}$ versehen worden (d. h. wären die Zahlenwerte der Tab. IV in Tab. IX, und zwar für jedes d wiederholt, mit aufgenommen worden), so hätte sich die besondere Tab. IV erübrigt. Man würde sich dann bei Anwendung der Tab. IX auch in wirtschaftlicher Hinsicht um die Frage der Druckzonenbeschränkung nicht zu kümmern brauchen (vgl. § 6, Stichwort *Allgemeines über Plattenbalken*). Man hätte dann vielmehr in jedem Falle, vom Momentenwert ausgehend, waagerecht wandernd, den unverbesserten Wert $\sigma_b{}'_{\mathrm{wirt}}$ aufzusuchen und würde daneben h_{wirt} und $f_{e\,\mathrm{wirt}}$, darüber (im Tabellenkopf) $\sigma_{b\,\mathrm{wirt}}$ unmittelbar finden. Mit Rücksicht auf die gegenwärtige Wirtschaftslage mußte von dieser den Buchumfang stark vergrößernden Gebrauchs-Vereinfachung abgesehen werden.

[285]) Bei Bemessung mehrerer konstruktiv gleichartiger Balken nur einmal. Der gleiche Wert k wird wiederverwendet.

[286]) Leicht zu merken mit der gleich gebauten Formel 625a.

[287]) Statt dessen kann es hier auch zweckmäßig sein, den Eigengewichts-Einfluß von vornherein in den Zusatz-Kosten zum Ausdruck zu bringen. (Siehe 611 im Zusammenhange.)

[288]) Die Ungenauigkeit wächst mit dem Unterschiede zwischen F_e und $\frac{\mathfrak{S}}{\mathfrak{B}} \cdot 6$ cm. Für den Zweifelsfall wird Nachprüfung bzw. Berichtigung gemäß 640 anheimgestellt.

[289]) Tab. V ist aufgestellt für $C = 18$ cm (und $C' = 3$ cm). Daher ist der gefundene Wert k fehlerhaft, nämlich zu klein, liefert aber, weil auch der zugehörige (nicht benutzte) Wert b etwa in gleichem Maße zu klein ist, ungefähr zutreffend $\sigma_{b\,\mathrm{wirt}}$.

[290]) Die in dieser Formel enthaltene Näherung schädigt nicht die Güte des Ergebnisses, weil C und C' ohnehin nicht ganz frei von Willkür gewählt werden.

[291]) In diesem Falle ermittelt man nur k (nach 644 bzw. 644a), nicht β.

[292]) Hier empfiehlt es sich M in kgm, k in m einzusetzen, um F_e in cm^2, b in cm zu erhalten. Unter stillschweigender Voraussetzung dieser Einheiten kann man Gl. 645 und 646 einfacher schreiben, wie für das Beispiel $\sigma_e = 1200\,\mathrm{kg/cm^2}$; $C = 18$ cm; $C' = 3$ cm folgt: $F_{e\,\mathrm{wirt}} \approx 3\sqrt{M \cdot k}$; $b_{\mathrm{wirt}} \approx 18 + \sqrt{M \cdot k}$.

[293]) Dieses (z. B. das Steggewicht der Plattenbalken) ist in der Regel nur ein Teil der ständigen Last g. (Vgl. 54 und 530.) Der übrige Teil der ständigen Last wird gemäß 649 zweckmäßig mit g'' bezeichnet (z. B. das Gewicht des Putzes und Belages usw. für Deckenplatten, desgl. einschl. Plattengewicht für zugehörige Plattenbalken).

Eigengewichts-Einfluß gerade für gewöhnliche Plattenbalken des Hochbaus (für die $\sigma_{b\,\text{wirt}}$ besonders häufig maßgebend ist) verhältnismäßig gering ist und meistens mit einem Zuschlag zwischen 0 und 2 kg/cm² abzutun ist je nach dem Anteil des Steggewichtes an der Gesamtlast. Für Platten ist die Zusatzspannung beträchtlicher, braucht aber nur dann ermittelt zu werden, wenn die Maßgeblichkeit der wirtschaftlichen Druckspannung nach Höhe ihres unberichtigten Wertes überhaupt möglich erscheint. Dies ist häufiger bei Kreuz- und Pilzplatten der Fall.

Natürlich ist die Fähigkeit von Vorteil, auch g'/q bzw. $\frac{\triangle \sigma_{b\,\text{wirt}}}{\sigma_{b\,\text{wirt}}}$ zu schätzen. Statt dessen genügt es, die Schubspannung τ_0[294]) schätzen[281]) zu können. Es ist daher zweckmäßig, bei statischen Berechnungen allgemein die Größen τ_0 zu beachten und sich für charakteristische Fälle ungefähr einzuprägen. Aus dem geschätzten τ_0 findet man nämlich g'/q mit Hilfe der Näherungsformeln 654 bzw. 655, die in der Form 656 leicht zu merken sind[295]).

654) Platten und Rechteckplatten: $\dfrac{g'}{q} \approx \dfrac{15\,\text{kg}/(\text{cm}^2\cdot\text{m})}{\tau_0}\cdot l\cdot {}^0\!/_0$;

655) Plattenbalken: $\dfrac{g'}{q} \approx \dfrac{12\,\text{kg}/(\text{cm}^2\cdot\text{m})}{\tau_0}\cdot l\cdot {}^0\!/_0$.

656) Bei $\tau_0 = 12$ (bzw. 15) kg/cm² gibt ungefähr die Meterzahl der Spannweite l den Bruchteil g'/q in % an für Plattenbalken (bzw. Platten und Rechteckbalken).

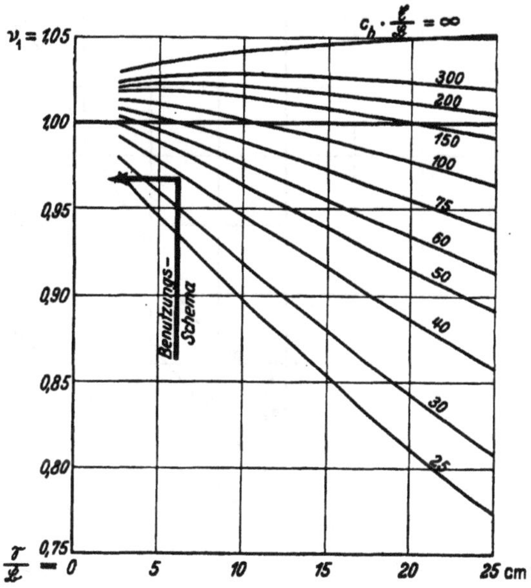

Fig. 34.

Werte ν_1 für Rechteckbalken.

§ 10b. Genauere Berechnungen.[254])

Vorbemerkung. In der normalen Praxis darf dieser Paragraph unbeachtet bleiben.

In den §§ 10 und 10a wurden einerseits Näherungsformeln[296]) angegeben zur Ermittelung der Kostenbreite bei veränderlicher Zugbreite, anderseits Faustformeln zur Ermittelung der Zusatzspannung, die die Veränderlichkeit des Eigengewichtes berücksichtigt. In beiden Fällen können unter gewissen ungewöhnlichen Bedingungen genauere Berechnungen erwünscht sein. Diese sollen nunmehr erläutert werden.

Veränderliche Zugbreite. Grundbeziehungen. Die Formeln 644 bzw. 644a für Rechteckbalken und 625 bzw. 625a für Plattenbalken veränderlicher Zugbreite haben die gemeinsame Form 657. Der »Festwert« α ist streng genommen nicht ganz unveränderlich, sondern folgt für Rechteckbalken der Gl. 658 in Verbindung mit 659 und 660, für Plattenbalken der Gl. 661 in Verbindung mit 662 (bei unb. Drz.) bzw. 663 (bei bschr. Drz.). Die lineare Hilfsgröße w für Rechteckbalken und die unbenannte Hilfsgröße $\mathfrak{w}$ für Plattenbalken sind gemäß 659, 660, 662, 663 Funktionen der Querschnittsgrößen, also von Fall zu Fall verschieden. Ihre Werte, insbesondere ihre Sonderwerte w_{wirt} und $\mathfrak{w}_{\text{wirt}}$, die bereits den wirtschaftlichen Querschnittsgrößen (bzw. b_{wirt}, $\mathfrak{v}_{\text{wirt}}$, $\mathfrak{h}_{\text{wirt}}$) entsprechen sollen, schwanken aber innerhalb so enger Grenzen und sind überdies in 658 und 661 so einflußarm, haß sie in diese Gleichungen so eingeführt werden dürfen, wie sie sich aus einem ersten Rechnungsgang der wirtschaftlichen Bemessung ergeben.

657) $k = \dfrac{\dfrac{C}{2} + \dfrac{\mathfrak{S}}{\mathfrak{B}}}{c_h \cdot \dfrac{\mathfrak{E}}{\mathfrak{B}}}\cdot \alpha$; **658)** $\alpha = 2\,C'' \cdot \dfrac{1 - \dfrac{w_{\text{wirt}}}{C + 2\,\mathfrak{S}/\mathfrak{B}}}{1 + \dfrac{C''' + \mathfrak{S}/\mathfrak{B}}{C' \cdot c_h \cdot \mathfrak{E}/\mathfrak{B}}}$;

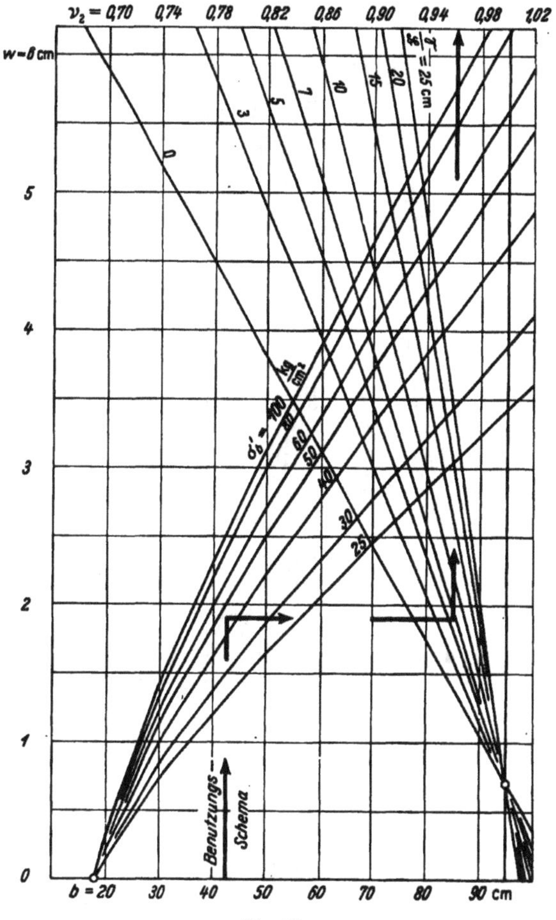

Fig. 35.

Werte ν_2 (und w) für Rechteckbalken.

[294]) Etwa einen Mittelwert für die Querschnitte an den beiden (voutenlosen) Auflagern.

[295]) Dies Verfahren ist bei freier Bemessung nützlich auch allgemein zur ersten Aufstellung der Belastungsgrößen, die der Momenten-Ermittlung und der Bemessung voraufgeht.

[296]) Auf den Näherungscharakter dieser Formeln (625, 625a, 644, 644a) wurde in den vorangehenden Paragraphen nur deshalb nicht aufmerksam gemacht, weil nicht der Eindruck erweckt werden sollte, als seien diese Formeln denjenigen unterlegen, die die Kostenbreite unter der Voraussetzung unveränderlicher Zugbreite liefern. Diese Voraussetzung selbst paßt sich nämlich im allg. wenig der Wirklichkeit an und erzeugt demnach scheinbare »Genauigkeit«, während die Annahme veränderlicher Zugbreite tatsächliche Annäherung an die Wirklichkeit ermöglicht.

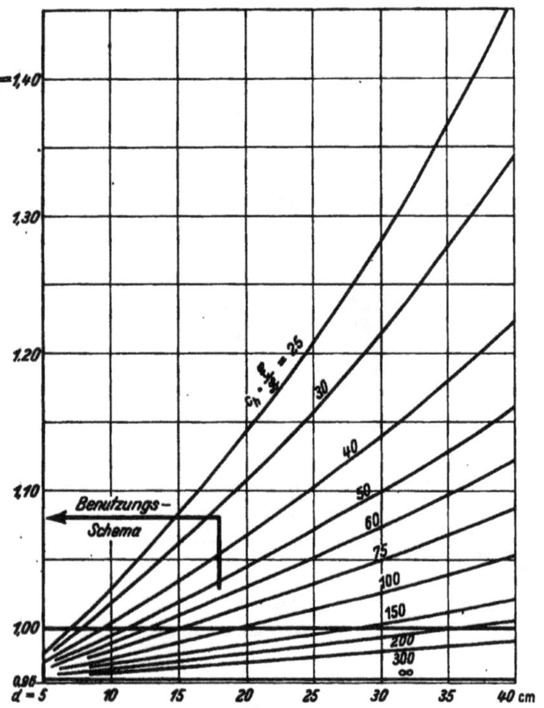

Fig. 36.
Werte ν_1 für Plattenbalken.

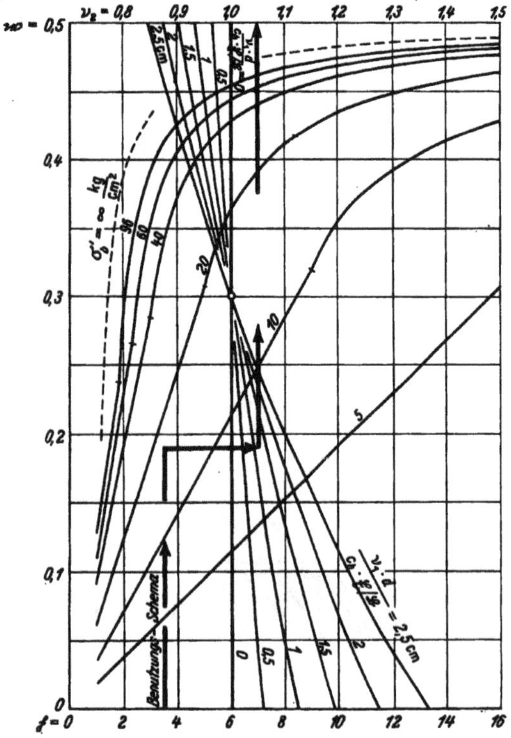

Fig. 37.
Werte ν_2 (und $\mathfrak{w}$) für Plattenbalken.

$$659)\quad w = \frac{b^2 - C^2}{b \cdot v_5 - C}\,; \qquad 660)\quad v_5 = 6\,\frac{v}{n} + 7 + 2\,\frac{n}{v}\,;$$

$$661)\quad \alpha = \frac{2\,C''}{1 - \dfrac{d\,(1 - C'' \cdot \mathfrak{w}_{\text{wirt}}) - C'''}{C' \cdot c_h \cdot \mathfrak{E}/\mathfrak{B}}}\,;$$

$$662)\quad \mathfrak{w} = \frac{\mathfrak{h}}{\left(\frac{v}{n}+1\right)\left(3+\frac{n}{v}\right)}\,;$$

$$663)\quad \mathfrak{w} = \frac{1}{2}\cdot\left[1 - \frac{1}{2\,\mathfrak{h}\cdot\dfrac{3\,\mathfrak{h} - (v/n+2)}{\mathfrak{h}\cdot(v/n+2) - (v/n+1)} - 1}\right].$$

Berichtigungsverfahren. Nur bei ungewöhnlich kleinem $\mathfrak{E}/\mathfrak{B}$ und bei ungewöhnlich schweren Konstruktionen können die nach Gl. 658 bzw. 661 berechneten Größen α so erheblich von den Ziffern 1,95 bzw. 2,15 abweichen, daß sich eine Berichtigung dieser Ziffern lohnt. In solchen Fällen benutzt man zwecks rascher und bequemer Überprüfung bzw. Berichtigung des Faktors α die Tabelle Fig. 34 bzw. 36. Sie liefert den Berichtigungsfaktor ν_1[297]). Mit dem berichtigten Faktor $\alpha \cdot \nu_1$ statt α bestimmt man dann k nach 657, $\sigma_{b\,\text{wirt}}$ nach §§ 10 und 10a und die Querschnittsabmessungen nach § 6. Ist $\sigma_{b\,\text{wirt}}$ maßgebend und der Querschnitt sehr stark, so entnimmt man schließlich der Tabelle Fig. 35 bzw. 37 noch einen zweiten Berichtigungsfaktor ν_2[298]). In äußerst seltenen Fällen (z. B. bei ungewöhnlich breiten Rechteckbalken) weicht ν_2 bemerkenswert von 1 ab. Nur dann folgt eine Wiederholung der Rechnung mit $\alpha \cdot \nu_1 \cdot \nu_2$ statt α. — Fig. 34 bis 37 beruhen auf den Festwerten $C = 18$ cm; $C' = 3$ cm; $C'' = 1{,}035$; $C''' = 2$ cm, reichen aber für diesen sekundären Zweck allgemein aus.

Seltene Anwendung. Ein so ungewöhnlich kleines Preisverhältnis $\mathfrak{E}/\mathfrak{B}$ ist etwa für Bauten in entlegenen Teilen der Erde oder in der Zukunft möglich. Dann dient das vorstehende Verfahren als Rezept zur Berichtigung der Formeln 644 bzw. 644a und 625 bzw. 625a mit dem Faktor ν_1[299]). Die weitere Berichtigung mit dem zweiten Faktor ν_2 kommt selbst dann nur für seltene Einzelfälle in Betracht. (Aber schon die Notwendigkeit der Anwendung von ν_1 ist auch für den genannten wirtschaftlichen Ausnahmefall fraglich, weil dann durchaus andere statische oder konstruktive Gesichtspunkte maßgebend werden können: Z. B. wird die sichere Druckspannung maßgebend; oder die Eisenbeton-Bauweise muß dem — billigeren — reinen Stahlbau weichen.)

Immerhin ist es auch unter normalen Preisverhältnissen für besonders breite Rechteckbalken und für Plattenbalken mit besonders starker Platte zweckmäßig, das (äußerst bequeme) Berichtigungsverfahren anzuwenden, wenigstens um sich von der Größe der Berichtigungsfaktoren zu unterrichten.

Eigengewichts-Einfluß. Bei größerem g'/q geht man zwecks schärferer Bestimmung der Zusatzspannung $\Delta\,\sigma_{b\,\text{wirt}}$ (siehe § 10a) statt von g'/q selbst vom zugehörigen Momentenverhältnis M_g'/M aus, das aus einem der Ausdrücke 664 leicht zu bestimmen ist. Mit der verfügbaren Zeit und der Größe des Eigengewichts-Einflusses (erkennbar an g'/q bzw. M_g'/M) wächst die zur Ermittelung der Zusatzspannung zweckmäßig aufzuwendende Sorgfalt, und zwar in der Reihenfolge 1, 2, 3 der nachstehenden Verfahren. In den zur Anwendung kommenden Formeln usw. handelt es sich stets um die wirtschaftlich bemessenen Größen ($b_{(0)}$, $d_{(0)}$, h, z, x, v, σ_b', g', q, M_g', M). Wir lassen aber kürzehalber den Zeiger wirt meistens fort, zumal wir ohnehin unterstellen, daß sich in einem (gemäß §§ 10 u. 10a) bereits voraufgegangenen Rechnungsgang $\sigma_{b\,\text{wirt}}$ als wahrscheinlich maßgebend herausstellte und hiernach vorläufige Werte der Querschnittsgrößen bestimmt wurden. (Sie sind genau genug, um nunmehr eingesetzt zu werden.)

1. Man benutzt Gl. 665 bzw. 666.
2. Man berechnet die Hilfsgröße δ nach 667 bis 670 und benutzt Gl. 671 bzw. 672.
3. Bei ungewöhnlich starkem Eigengewichtsanteil berechnet man δ nach 673 und benutzt Gl. 674 bzw. 675[300]),

[297]) Von $\mathfrak{E}/\mathfrak{B}$ bzw. d ausgehend wandert man lotrecht bis $c_h \cdot \mathfrak{E}/\mathfrak{B}$, dann waagerecht bis ν_1.

[298]) Von b bzw. $\mathfrak{h}$ ausgehend wandert man lotrecht bis σ_b', dann waagerecht bis $\mathfrak{E}/\mathfrak{B}$ bzw. $\frac{\nu_1 \cdot d}{c_h \cdot \mathfrak{E}/\mathfrak{B}}$, dann wieder lotrecht bis ν_2.

[299]) Es ist wesentlich, daß ν_1 lediglich von Größen abhängt, die vor der Balken-Bemessung bekannt sind. (Vgl. Satz 612.) — Für die Plattenstärke d ist ein Durchschnittswert einzuführen.

[300]) Während Gl. 674 für unb. Drz. allgemein gilt, ist Gl. 675 an die Voraussetzung eines besonders großen Höhenverhältnisses $\mathfrak{h}$ gebunden.

wobei man die v-Funktionen v_1, v_2, v_3 (Gl. 676, 677, 678) der für $n = 15$ aufgestellten Tabelle Fig. 38 entnimmt.

v	σ_b' in kg/cm²	v_1	v_2	v_3
240	5	1,94	1,88	3,92
120	10	1,88	1,79	3,85
80	15	1,81	1,70	3,79
60	20	1,78	1,63	3,73
48	25	1,73	1,56	3,68
40	30	1,69	1,50	3,64
34,3	35	1,65	1,45	3,59
30	40	1,61	1,41	3,55
26,7	45	1,57	1,37	3,52
24	50	1,54	1,33	3,49
21,8	55	1,50	1,30	3,46
20	60	1,47	1,26	3,43
18,5	65	1,44	1,24	3,40
17,1	70	1,42	1,21	3,38
16	75	1,39	1,19	3,36
15	80	1,37	1,17	3,33
14,1	85	1,34	1,15	3,31
13,3	90	1,32	1,13	3,29
12,6	95	1,30	1,11	3,28

Fig. 38.

664) $\dfrac{M_{g'}}{M} = \dfrac{g'}{g} \cdot \dfrac{M_g}{M} = \dfrac{m}{m_g} \cdot \dfrac{g'}{q} = \dfrac{g'}{q + p \cdot (m_g/m_p - 1)}$;

665) Unveränderliche Druckbreite:

$$\frac{\Delta\, \sigma_{b\,\mathrm{wirt}}}{\sigma_{b\,\mathrm{wirt}}} \approx 0{,}6 \cdot \frac{C}{b_{(0)}} \cdot \frac{M_{g'}}{M}\ ^{301)};$$

666) Rechteckbalken veränderlicher Breite:

$$\frac{\Delta\, \sigma_{b\,\mathrm{wirt}}}{\sigma_{b\,\mathrm{wirt}}} \approx 0{,}5 \cdot \frac{C}{b} \cdot \frac{M_{g'}}{M};$$

667) Platten und Rechteckbalken unveränderlicher Breite:

$$\delta = 0{,}8 \cdot M_{g'}/M;$$

668) Rechteckbalken veränderlicher Breite:

$$\delta = 0{,}7 \cdot \frac{C}{b} \cdot \frac{M_{g'}}{M};$$

669) Plattenbalken unveränderlicher Stegbreite:

$$\delta = M_{g'}/M;$$

670) Plattenbalken veränderlicher Stegbreite:

$$\delta = \frac{C}{b_0} \cdot \frac{M_{g'}}{M};$$

671) Unb. Drz.: $\dfrac{\Delta\, \sigma_{b\,\mathrm{wirt}}}{\sigma_{b\,\mathrm{wirt}}} = \delta \cdot \left(0{,}5 + \dfrac{\sigma_b'}{320\ \mathrm{kg/cm^2}}\right)$;

672) Bschr. Drz.: $\dfrac{\Delta\, \sigma_{b\,\mathrm{wirt}}}{\sigma_{b\,\mathrm{wirt}}} = \dfrac{\delta}{2} \cdot \left(1 + \dfrac{0{,}5}{\mathfrak{y} - 1}\right)$;

673) $\delta = \dfrac{z}{h} \cdot \left(1{,}1 \cdot \dfrac{C}{b_{(0)}} + \dfrac{d - C'''}{d_{(0)} - d} - 0{,}1\right) \cdot \dfrac{M_{g'}}{M}\ ^{301)\ 302)}$;

674) Unb. Drz.: $\dfrac{\sigma_{b\,\mathrm{wirt}}}{\Delta\, \sigma_{b\,\mathrm{wirt}}} = \dfrac{v_1}{\delta} - \dfrac{v_2}{v_3 - \delta}\ ^{303)}$;

675) Bschr. Drz.: $\dfrac{\Delta\, \sigma_{b\,\mathrm{wirt}}}{\sigma_{b\,\mathrm{wirt}}} = \dfrac{\delta}{2} \cdot \left(1 + \dfrac{\dfrac{d}{2x}}{2/\delta - 1}\right)^{300)}$;

676) $v_1 = \dfrac{2\, v/n + \dfrac{1/9}{(v/n)^2 + v/n + 1/3}}{v/n + 1/2}$;

677) $v_2 = \dfrac{2\,(v/n + 1/2)^2 + 1/6}{(v/n + 1)^2}$;

678) $v_3 = 4 \cdot \dfrac{v/n + 2/3}{v/n + 1} = 4 \cdot \dfrac{z}{h}$.

Formel 671 kann in Verbindung mit Gl. 664 und 667 bis 670 dazu benutzt werden, für außergewöhnliche Preisverhältnisse (z. B. im Auslande) neue Faustformeln herzustellen zum Ersatz der Formeln 650 u. folg. Dabei ersetzt man m/m_g und σ_b' durch häufige bzw. wirtschaftliche Durchschnittswerte, die den einzelnen Querschnittsarten entsprechen.

Je genauer die Formeln sind, desto seltener wird ihre Anwendung (abgesehen von Studienzwecken) einen Sinn haben. Zumindest müssen auch die Zusatzkosten, insbesondere die Unterstützungskosten (vgl. § 8) mit gleicher Sorgfalt in Rechnung gestellt werden. Erweist sich $M_{g'}/M$ im ersten Rechnungsgang als besonders groß, so ist dies meistens ein Zeichen, daß die steife oder die sichere Druckspannung maßgebend ist.

§ 10c. Sonderaufgaben bei Längskraft oder Druckbewehrung.

Moment und Längskraft. Bisher haben wir die wirtschaftliche Druckspannung für freie Bemessung bei reiner Biegung behandelt. Es trete nun eine Längskraft N hinzu. Dagegen bleibe Druckbewehrung vorläufig weiter ausgeschaltet. (Vgl. § 6b, Stichworte *Freie Bemessung mit f_e/f_e'* und *Sonderfall $F_e' = 0$.*) Ferner werde jetzt lediglich unveränderliche Zugbreite in Betracht gezogen und lediglich **unb. Drz.** Die Angriffslinie der Kraft N liege räumlich absolut fest.

Die mitgeteilten wirtschaftlichen Bedingungen (Gl. 613 bis 616 und 622 bis 624a) gelten naturgemäß weiter. Jedoch ist die statische Bedingung 620 jetzt in der allgemeineren Form 679 (statt 626) zu erfüllen, wo die Hilfsgröße δ gemäß 680 die Veränderlichkeit des Angriffsmomentes zum Ausdruck bringt, grundsätzlich also die gleiche Bedeutung wie in § 10b hat[304]).

679) $\beta = 2\, v_{\mathrm{wirt}} \cdot \dfrac{\dfrac{v_{\mathrm{wirt}}}{n} + \dfrac{1}{3} + \left(\dfrac{v_{\mathrm{wirt}}}{n}\right)^2}{\dfrac{v_{\mathrm{wirt}}}{n} + \dfrac{1}{3} - \left(\dfrac{v_{\mathrm{wirt}}}{n} + \dfrac{1}{2}\right) \cdot \delta}$;

680) $\delta = \dfrac{1}{F_{e_0} \cdot \sigma_e} \cdot \dfrac{\mathrm{d}\, M_e}{\mathrm{d}\, h}$; 681) $\delta = \dfrac{\mathrm{d}\, e/\mathrm{d}\, h}{e/z}$; 682) $\delta = \delta_g + \delta_N$.

Mittelachse fest:

683) $\mathrm{d}\, e/\mathrm{d}\, h = 1 - C''/2$; 683a) $\mathrm{d}\, e/\mathrm{d}\, h = 0{,}4825$;

684) $\dfrac{e}{z} = \dfrac{1}{2}\left(1 - \dfrac{C''}{2}\right)\dfrac{h}{z} \pm^{305)} \sqrt{\left[\dfrac{1}{2}\left(1 - \dfrac{C''}{2}\right)\dfrac{h}{z}\right]^2 + \dfrac{2 e_m - C'''}{\dfrac{4N}{b\,\sigma_b} \cdot \left(\dfrac{v}{n} + \dfrac{2}{3}\right)}}$;

684a) $\dfrac{e}{z} = 0{,}24125\, \dfrac{h}{z} \pm^{305)} \sqrt{\left(0{,}24125\, \dfrac{h}{z}\right)^2 + \dfrac{2 e_m - C'''}{\dfrac{4N}{b\,\sigma_b} \cdot \left(\dfrac{v}{n} + \dfrac{2}{3}\right)}}$.

Betondruckkante fest:

685) $\dfrac{\mathrm{d}\, e}{\mathrm{d}\, h} = 1$; 686) $\dfrac{e}{z} = \dfrac{1}{2}\,\dfrac{h}{z} \pm^{305)} \sqrt{\left(\dfrac{1}{2}\,\dfrac{h}{z}\right)^2 + \dfrac{2 e_b}{\dfrac{4N}{b\,\sigma_b} \cdot \left(\dfrac{v}{n} + \dfrac{2}{3}\right)}}$.

Zugbewehrungsachse fest:

687) $\dfrac{\mathrm{d}\, e}{\mathrm{d}\, h} = 0$; 688) $\dfrac{e}{z} = \pm^{305)} \sqrt{\dfrac{b \cdot \sigma_b \cdot e}{2\, N \cdot (v/n + 2/3)}}$.

F_e-Achse veränderlich. Liegt eine andere charakteristische Querschnittslinie als die F_e-Achse räumlich absolut

[301]) Ist die Zugbreite unveränderlich, so ist hierin (wegen 44 und 45) $C/b_{(0)} = 1$ zu setzen.

[302]) Gl. 673 ist eine allgemeine, allen hier behandelten Querschnittsformen gemeinsam dadurch Rechnung tragende Formel, daß diese Querschnittsformen als Sonderfälle des Plattenbalken-Querschnitts gedeutet werden. d bedeutet daher immer die Plattenstärke nur des Plattenbalkens und wird für Rechteckbalken bzw. Platten gleich Null. Gl. 673 ergibt z. B. für Platten (und Rechteckbalken unveränderlicher Breite) die Tochterformel $\delta = \dfrac{z}{h} \cdot \left(1 - \dfrac{C'''}{d}\right) \cdot \dfrac{M_{g'}}{M}$. (Vgl. Fußn. 301.)

[303]) Ausdruck 674 hat, streng genommen, noch ein drittes Glied $-v_4$, das ebenfalls Funktion lediglich von v ist. Dieses Glied ist seiner Geringfügigkeit wegen praktisch ohne Bedeutung.

[304]) Wird δ gemäß § 10b eingesetzt, so stellt Gl. 679 auch die allgemeine statische Bedingung für unb. Drz. unter Berücksichtigung des Eigengewichts-Einflusses dar.

[305]) Positives Wurzelvorzeichen für Druck, negatives für Zug.

fest, so handelt es sich in der Praxis entweder um die Mittelachse oder um die Druckkante des Querschnitts. (Vgl. Fig. 26.) Man führt dann d$e/d\,h$ bzw. nach 683a[306]) oder 685 ein, berechnet $(e/z)_{wirt}$ bzw. nach 684a[306]) oder 686 (indem man v_{wirt} zunächst schätzt und das zugehörige h/z aus Tab. VI oder Gl. 96 bzw. 96a erhält) und bestimmt δ nach 681.

689) Bei überwiegendem[167]) Moment berücksichtigt man den Längskraft-Einfluß ganz wie den Eigengewichts-Einfluß gemäß § 10b: Mit δ berechnet man eine Zusatzspannung $\Delta\,\sigma_{b\,wirt}$[307]) zum unverbesserten $\sigma_{b\,wirt}$. (Sind beide Einflüsse gleichzeitig von Bedeutung, so hat man natürlich zwei δ-Werte, die man dann zweckmäßig durch die Zeiger g für Eigengewicht und N für Längskraft unterscheidet, nach 682 zu überlagern[308]).) Mit dem schließlich gefundenen v_{wirt} kann man die Rechnung bis zur gewünschten Genauigkeit durchverbessern. Diese Berichtigung ist besonders bei nicht sehr stark überwiegendem Moment von Bedeutung.

690) Bei überwiegender[167]) Längskraft[309]) kommt man durch Probieren zum Ziel, indem man verschiedene Werte v_{wirt} annimmt, jedesmal δ (wie oben) ermittelt und in 679 einsetzt, bis man die durch die wirtschaftlichen Bedingungen gegebene Breitenziffer erhält.

F_e-Achse fest. Liegt die Zugbewehrungsachse des zu bemessenden Querschnitts räumlich absolut fest[164]) (vgl. Fig. 26), so wird $\sigma_{b\,wirt}$ bestimmt, als sei $N = 0$. (Denn mit 687 wird $\delta = 0$ wegen 681 und geht Gl. 679 in 626 über.)

Maßgebende Druckspannung. Satz 82 gilt und ist anzuwenden auch für Moment mit Längskraft[49]), sofern $\sigma_{e\,sich}$ maßgebend ist. Bei Zug trifft diese Voraussetzung in der Regel zu, bei Druck jedoch nicht so häufig und nur, wenn das Moment überwiegt (überhaupt also: bei negativem oder großem positivem e/z). Bei überwiegendem Druck empfiehlt es sich daher, sogleich den systematischen Weg 713 bis 716 (siehe § 11a) zu gehen, d. h. mit der Untersuchung des Falles b zu beginnen. Andernfalls beginne man (wie bei reiner Biegung) mit Fall e, bestimme also neben $\sigma_{b\,sich}$ zuerst $\sigma_{b\,wirt}$, wie oben beschrieben, und σ_b nach Regel 82. Nur wenn sich dann als maßgebend $\sigma_b = \sigma_{b\,sich}$ erweist oder etwa die weitere Bemessung das Scheinergebnis $F_e < 0$ liefert, ist noch § 11a heranzuziehen.

Freie Bemessung mit f_e/f_e'[310]). Freie Bemessung mit Druckbewehrung ist möglich, wenn f_e/f_e' gegeben ist. Die wirtschaftliche Lösung dieser Aufgabe haben wir bisher nur für den Sonderfall $f_e/f_e' = \infty$ behandelt. Für ein beliebiges f_e/f_e' (z. B. für Behälter-Zwischenwände) ist — ohne und mit Längskraft — folgendes Näherungsverfahren praktisch ausreichend.

691) Man berücksichtigt die Druckbewehrung zunächst lediglich dadurch, daß man ihren Eisenbedarf bei Bemessung des (entsprechend hohen[311])) Eisenkoeffizienten mit einbezieht, und daß man (falls diese Maßnahme vor Auswahl der maßgebenden Druckspannung von Interesse ist) $\sigma_{b\,sich}$ schätzungsweise so erhöht, wie es einer Verfestigung des Betons durch die Druckeisen entspräche. Im übrigen ermittelt man die maßgebenden Spannungen und mit ihnen die äußeren Querschnittsabmessungen, als sei $F_e' = 0$[312]). (Siehe oben.) Schließlich löst man die Aufgabe *Gebundene Bemessung mit f_e/f_e'. Gesucht F_e, F_e', σ_b*[310]) [313]). Ergibt sich dabei $\sigma_b > \sigma_{b\,sich}$ oder gleichzeitig $\sigma_e < \sigma_{e\,sich}$ und $\sigma_b < \sigma_{b\,sich}$ (vgl. §§ 11 und 11a), so wiederholt man die gebundene Bemessung bzw. mit größerem oder kleinerem h, bis mindestens eine der Spannungen gleich der sicheren, aber keine größer als die sichere ist. Vgl. Zahlenbeisp. 80 und 54.

Abschnitt IV. Wirtschaftliche Zugspannung.

§ 11. Freie Bemessung bei reiner Biegung.

Fall b. Hat bei freier Bemessung eines auf reine Biegung beanspruchten Verbund-Querschnittes der gemäß § 5 eingeleitete erste Schritt (vgl. 28) ergeben, daß $\sigma_{b\,sich}$[314]) die maßgebende Druckspannung ist, so ist dies Ergebnis in jedem Falle endgültig[48]). Dagegen ist die diesem Ergebnisse zugrunde liegende Voraussetzung 80 (Fall e) nunmehr [315]) in Frage gestellt, und es bedarf theoretisch einer Ergänzung des ersten Schrittes durch die Bestimmung auch der steifen und der wirtschaftlichen Zugspannung unter der neuen Voraussetzung 81 (Fall b).

Praktisch ist diese Ergänzung allerdings — auch bei Maßgabe der sicheren Druckspannung — nur selten erforderlich, z. B. bei Leichtbetonplatten. Vgl. 84. Besonders wenn $\sigma_{b\,wirt}$ nicht einen erheblich größeren Wert ergab als $\sigma_{b\,sich}$, darf man annehmen, daß auch die sichere Zugspannung maßgebend sei. Andernfalls verfährt man nach Anleitung 695.

Kennzeichnende Zugspannungen. Grundsätzlich ergeben sich die kennzeichnenden Zugspannungen, wie folgt.

Die sichere Zugspannung $\sigma_{e\,sich}$ ist bereits für die Untersuchung des Falles e den Best. entnommen worden.

Die steife Zugspannung $\sigma_{e\,steif}$ wird nach § 5 gefunden. (Siehe dort vorzugsweise das klein Gedruckte unter Stichwort *Steife Druckspannung bei unb. Drz.* und *Steife Druckspannung bei bschr. Drz.*) Beachtenswert ist hierbei, daß der bei Anwendung des Verfahrens schon von Fall e her bekannte Wert r_{steif} jetzt für Fall b, wenigstens zur ersten Orientierung, weiter benutzt werden kann und lediglich zu quadrieren und mit σ_b zu multiplizieren ist[316]). Ergibt sich nun allerdings $\sigma_{e\,steif}$ als maßgebende Zugspannung oder auch nur als ein Wert in deren Nähe, so ist die Ermittelung zu berichtigen, indem q_{steif} zugrunde gelegt wird, falls dies nicht etwa vorher schon geschah. (Vgl. 115.)

Die wirtschaftliche Zugspannung ist ebenfalls leicht aufzufinden. Auch hier können die für Fall e ermittelten Hilfswerte z. T. weiter benutzt werden. Nähere Erläuterungen siehe unten.

Maßgebende Zugspannung. Aus 692 und 693 folgt die einfache Regel 694.

692) Die steife Zugspannung $\sigma_{e\,steif}$ stellt (im Gegensatz zu $\sigma_{b\,steif}$ sowie $\sigma_{e\,sich}$ und $\sigma_{b\,sich}$) eine untere Grenze dar, die nicht unterschritten werden darf.

693) Ist die sichere Druckspannung maßgebend, so ist die steife Zugspannung kleiner als die sichere[317]).

---

306) Sonderfall $C'' = 1{,}035$ der allg. Formel 683 bzw. 684.

307) Bei stark überwiegendem Moment nach 671, sonst nach 674 und Fig. 38.

308) Für stehende Bauglieder kann $\delta_g = 0$ gesetzt werden.

309) In Betracht kommt hier (Fall e) hauptsächlich Zug.

310) Vgl. gleiches Stichwort in §§ 6a und 6b.

311) Bei Behälter-Zwischenwänden u. dgl., besonders wenn sie als Kreuzplatten ausgebildet sind, ist daher häufig die wirtschaftliche Druckspannung niedrig und maßgebend.

312) Diese an sich schon geringfügige Ungenauigkeit kann man noch dadurch mildern, daß man vor Bestimmung der äußeren Querschnittsabmessungen den für $F_e' = 0$ ermittelten Wert $\sigma_{b\,wirt}$ etwas erhöht (bzw. gegebenenfalls $\sigma_{e\,wirt}$ etwas ermäßigt). Vgl. Zahlenbeisp. 80.

313) Schätzt man z knapp, so erhält man nach Anleitung 368 bzw. 462 in erster Näherung F_e und F_e' reichlich und kann dann in der Praxis oft die Berechnung bereits abbrechen, weil ohnehin bekannt ist, daß $\sigma_b < \sigma_{b\,sich}$. Vgl. Zahlenbeisp. 54.

314) Ist dagegen $\sigma_{b\,steif}$ oder $\sigma_{b\,wirt}$ maßgebend, so ist nicht nur diese Maßgeblichkeit, sondern auch die Maßgeblichkeit von $\sigma_{e\,sich}$ endgültig.

315) D. h. nur, wenn $\sigma_{b\,sich}$ maßgebend ist.

316) Es versteht sich, daß man in den seltenen Fällen, in denen Fall b überhaupt möglich erscheint, zweckmäßig schon bei Bestimmung von $\sigma_{b\,steif}$ auf die Benutzung von Tab. II verzichtet.

317) Dies bedeutet praktisch: immer. Denn die kennzeichnenden Zugspannungen interessieren ausschließlich unter der genannten Bedingung.

Erklärung unbekannter Bezeichnungen: im Anhang.

694) Ist die sichere Druckspannung maßgebend, so ist von den drei kennzeichnenden Zugspannungen die zweitgrößte maßgebend. (Ergänzung der Regel 82.)

695) Erster Schritt. Praktisch vollzieht sich demnach die Ergänzung des ersten Schrittes, wie folgt: Man ermittelt $\sigma_{e\,\mathrm{wirt}}$. Ist $\sigma_{e\,\mathrm{wirt}} > \sigma_{e\,\mathrm{sich}}$, so ist $\sigma_{e\,\mathrm{sich}}$ maßgebend. Nur andernfalls (vgl. 693) ermittelt man noch $\sigma_{e\,\mathrm{staif}}$. Dann ist der größere der Werte $\sigma_{e\,\mathrm{staif}}$ und $\sigma_{e\,\mathrm{wirt}}$ maßgebend. Vgl. Zahlenbeisp. 81 bis 83.

Eigengewichts-Einfluß. Zur Ermittelung der wirtschaftlichen Zugspannung berücksichtigt man den (verkleinernden) Einfluß des Eigengewichtes von vornherein in den Vergleichskosten $\mathfrak{B}$ durch einen Zuschlag $\Delta' \mathfrak{B}$, sobald die Maßgeblichkeit der wirtschaftlichen Zugspannung wahrscheinlich ist[318]). Vgl. 611 im Zusammenhange. Den so verbesserten Wert $\mathfrak{B}$ benutzt man zweckmäßig schon zur Ermittelung von $\sigma_{b\,\mathrm{wirt}}$, die hier ebenso wie die von $\sigma_{b\,\mathrm{staif}}$ sehr roh genügt, da beide Werte nur die Maßgeblichkeit von $\sigma_{b\,\mathrm{sich}}$ nach weisen sollen.

Wirtschaftliche Zugspannung bei unveränderlicher Zugbreite. Ist $b_{(0)}$ unveränderlich gegeben, so benutzt man die bereits für Fall e ermittelte[319]) Breitenziffer β, sucht sie in **Tab. VI**, Spalte 25, auf und findet in gleicher Zeile ${}_b v_{\mathrm{wirt}}$[46]) (Spalte 20)[320]). Ohne Tabelle findet man ${}_b v_{\mathrm{wirt}}$ auch nach 698[321]). Vgl. Zahlenbeisp. 81 bis 83.

Dies Verfahren gilt von Haus aus für unb. Drz., mit sehr guter Annäherung aber auch für bschr. Drz. bei Berücksichtigung des Stegdrucks (Stegdruckbalken[328])) [322]). Ob für einen Plattenbalken die Druckzone überhaupt nennenswert beschränkt ist, erkennt man bequem, indem man nachprüft, ob Kriterium (201 bzw.) 201 a mit beträchtlichem Unterschiede zwischen beiden Seiten erfüllt wird. Hat man einen Stegdruckbalken mit stark bschr. Drz. auf Grund eines Wertes ${}_b v_{\mathrm{wirt}}$ bemessen, der wie für unb. Drz. gemäß obenstehender Erläuterung aus Tab. VI oder Formel 698 ermittelt wurde, so ist eine Berichtigung möglich[323]) mit Hilfe des genauen Wertes ${}_b v_{\mathrm{wirt}}/\sqrt{\beta}$, den man erhält, indem man der Reihe nach die Hilfs-Ausdrücke 699 bis 704 bestimmt.

Die Tabellenwerte β, auch im Fall b, gelten für $n = 15$[274]). Sie folgen aus der Grundbeziehung 696 (statische Bedingung) bei unb. Drz. Diese zeigt, daß Satz 627 auch im Fall b gilt.

696) $$\beta = \frac{2n}{3}\left(\frac{{}_b v_{\mathrm{wirt}}}{n}\right)^2 \cdot \left(1 - \frac{1}{9 \cdot \frac{{}_b v_{\mathrm{wirt}}}{n} + 4}\right);$$

697) $${}_b v_{\mathrm{wirt}} = \sqrt{\frac{3}{2} n \cdot \left(1 + \frac{1}{\frac{9}{n} \cdot {}_b v_{\mathrm{wirt}} + 3}\right)} \cdot \sqrt{\beta};$$

698) $${}_b v_{\mathrm{wirt}} \approx 4{,}75 \cdot \sqrt{\frac{n}{15} \cdot \beta + \frac{n}{15} \cdot 0{,}7};$$

699) $$\tau' = b'/b + (1 - b'/b) \cdot (d/x)^2;$$

700) $$\tau'' = (1 - b'/b) \cdot (1 - d/x);$$ 701) $$\tau = \tau'' \cdot (1 - d/x);$$

702) $$\tau_1 = \frac{z_b}{h} + \frac{\tau''}{3} \cdot \frac{x}{h} \cdot \left(\frac{2\,d/x}{1-\tau}\right)^2;$$

703) $$\tau_2 = \frac{\frac{z}{h} + (1 - \tau_1) \cdot \left(1 - \frac{x}{h}\right)}{\frac{x}{h} + 2 \cdot \frac{1 - \tau''}{1 - \tau} \cdot \left(1 - \frac{x}{h}\right)};$$

704) $$\frac{{}_b v^2_{\mathrm{wirt}}}{\beta} = [(1 - \tau) \cdot \tau_1 + \tau' \cdot \tau_2] \cdot \frac{\frac{n}{2} \cdot \left(1 - \frac{x}{h}\right)}{z/h - \tau_2}.$$

Wirtschaftliche Zugspannung bei veränderlicher Zugbreite. Für den Rechteckbalken veränderlicher Breite schätzt man zunächst $\sigma_{e\,\mathrm{wirt}}$, bestimmt roh b_{wirt} mittels Tab. V[324]) [325]), $F_{e\,\mathrm{wirt}}$ nach 165, h_{wirt} nach 132[326]) und d_{wirt} nach 53 (bzw. 47). Nun findet man β aus 618 und hiermit ${}_b v_{\mathrm{wirt}}$ aus Tab. VI, Spalte 20, unter Berücksichtigung von C/b_{wirt} (Spalte 25 bis 33)[327]), sowie $\sigma_{e\,\mathrm{wirt}}$ nach 129. Mit dem neuen $\sigma_{e\,\mathrm{wirt}}$ wiederholt[71]) man die Rechnung bis zu genügender Übereinstimmung oder, bis sich $\sigma_{e\,\mathrm{wirt}}$ als nicht maßgebend erweist. Ist $\sigma_{e\,\mathrm{wirt}}$ maßgebend, so ist bei der endgültigen Bemessung (falls auch diese wie oben vorgenommen werden soll) nicht mehr Tab. V zu benutzen[325]); oder man verwendet lediglich den gefundenen Wert b_{wirt} (nicht $F_{e\,\mathrm{wirt}}$) und nimmt die statische Querschnittsberechnung wie gewöhnlich (für unveränderliche Breite) gemäß § 6 vor.

[46])
705) $$\beta = 2 v_{\mathrm{wirt}} \cdot \frac{\left(\frac{v_{\mathrm{wirt}}}{n} + \frac{2}{3}\right)\left(\frac{v_{\mathrm{wirt}}}{n} + \frac{1}{2}\right) - \frac{C}{b_{\mathrm{wirt}}} \cdot \left[\frac{1}{2}\left(\frac{v_{\mathrm{wirt}}}{n}\right)^2 + \frac{v_{\mathrm{wirt}}}{n} + \frac{1}{3}\right]}{\frac{3}{2} \cdot \frac{v_{\mathrm{wirt}}}{n} + \frac{2}{3}}.$$

Für den Plattenbalken (Stegdruckbalken[328])) veränderlicher Zugbreite bestimmt man (zunächst mit geschätztem $b_{0\,\mathrm{wirt}}$ und $d_{0\,\mathrm{wirt}}$) β nach 616 und 615, hieraus ${}_b v_{\mathrm{wirt}}$ und $\sigma_{e\,\mathrm{wirt}}$ wie bei unveränderlicher Zugbreite (siehe oben). Wird $\sigma_{e\,\mathrm{wirt}}$ maßgebend, so wiederholt[71]) man die Berechnung mit den statisch ermittelten Werten $b_{0\,\mathrm{wirt}}$ und $d_{0\,\mathrm{wirt}}$ bis zu genügender Übereinstimmung.

Freie Bemessung mit f_e/f_e'[310]). Hinsichtlich freier Bemessung mit Druckbewehrung gilt das unter gleichem Stichwort in § 10c Gesagte (Verfahren 691).

§ 11a. Freie Bemessung für Moment und Längskraft.

Allgemeines. Das im § 10c unter dem Stichwort *Moment und Längskraft* für die wirtschaftliche Druckspannung (Fall e) hinsichtlich Moment und Längskraft Gesagte mit den dort gemachten Einschränkungen und Voraussetzungen (u. a. **unb. Drz.**) gilt auch für die wirtschaftliche Zugspannung (Fall b)[329]). Nur ist hier die statische Bedingung 706 (allgemeine Form der Bedingung 696) statt 679 zu erfüllen. Die Gl. 680 bis 688 gelten für Fall b wie für Fall e.

F_e-Achse veränderlich. Liegt die Mittelachse oder die Druckkante des Querschnitts räumlich fest, so bestimmt man ${}_b v_{\mathrm{wirt}}$ (ähnlich 690) durch Probieren, indem man mit angenommenem ${}_b v_{\mathrm{wirt}}$ zunächst de/dh und e/z nach 683 bis 686, ferner δ nach 681 bestimmt und die Ergebnisse in 706 einsetzt, bis die (aus der wirtschaftlichen Bedingung) gegebene Breitenziffer erreicht wird[329]).

---

[318]) Z. B. aus den rechnerischen Erfahrungen an ähnlichen Positionen. Andernfalls, um etwa nur noch den Nachweis zu führen, daß, wie schon vermutet, eine andere kennzeichnende Zugspannung als $\sigma_{e\,\mathrm{wirt}}$ maßgebend sei, kann der Eigengewichts-Einfluß vernachlässigt werden, sofern bis zur nächstkleineren kennzeichnenden Zugspannung ein reichlicher Spielraum besteht, oder $\sigma_{e\,\mathrm{wirt}}$ ohnehin die kleinste kennzeichnende Zugspannung ist.

[319]) Nach 622 bis 623a bzw. in Verbindung mit 615 nach 624 bis 624a.

[320]) Ferner, falls bei unb. Drz. $\sigma_{e\,\mathrm{wirt}}$ maßgebend, $r^a \sigma_b$ in Spalte 19 und h/f_e in Spalte 14 zur weiteren Bemessung gemäß Aufg. 1, Fig. 12 a.

[321]) Diese Näherungsformel liefert so scharfe Ergebnisse, daß deren theoretisch mögliche Berichtigung nach der genauen Formel 697 praktisch kaum erforderlich wird.

[322]) Bei sehr kleinem b'/b empfiehlt sich eine etwa 5prozentige Erhöhung des für unb. Drz. ermittelten ${}_b v_{\mathrm{wirt}}$ bzw. $\sigma_{e\,\mathrm{wirt}}$.

[323]) Aber in der Praxis unbedenklich zu übergehen. Statt dessen siehe Fußn. 322.

[324]) Unter Beachtung von 177.

[325]) Ohne Tab. V führen schärfer die Formeln 167 bis 170 zum Ziele (vgl. diese im Zusammenhange) und sind zu empfehlen besonders, wenn F_e unmittelbar mit Gl. 165 auch endgültig festgelegt werden soll.

[326]) Man findet h/f_e aus Gl. 85 und Tab. VI oder Gl. 97.

[327]) Zugrunde liegt Gl. 705 (kürzehalber ohne Linkszeiger b geschrieben).

[328]) Im Fall b ist die Steg-Druckzone grundsätzlich (d. h. sofern sie nicht etwa besonders klein ist) zu berücksichtigen, im Gegensatz zu Fall e, in dem auch ein beträchtlicher Stegdruck mit Vorteil vernachlässigt werden kann.

[329]) In der Praxis wird man die wirtschaftliche bzw. die maßgebende Zugspannung häufig einfacher finden, indem man mit probeweise angenommenen Werten σ_e unmittelbar zur freien Querschnittsbemessung übergeht und die Kosten der Bemessungsvarianten vergleicht (am besten graphisch aufträgt). Bei Längsdruck beschränkt man sich zweckmäßig auf den Bereich $\sigma_e < \sigma_{e\,\mathrm{grenz}}$, beginnt also mit der Bestimmung von $\sigma_{e\,\mathrm{grenz}}$. — Vorstehendes gilt auch besonders, wenn (entgegen der im Anfang dieses bzw. des Paragraphen 10c noch zugrundeliegenden Voraussetzung) Druckbewehrung (nach einem gegebenen Verhältnis f_e/f_e') vorgesehen ist. Ist z. B. ein Rahmenstiel nach Zustand II frei zu bemessen, etwa mit $f_e/f_e' = 1$, so ermittelt man zunächst $\sigma_{e\,\mathrm{grenz}}$ nach 709 und bestimmt dann probeweise mit Werten $\sigma_e < \sigma_{e\,\mathrm{grenz}}$ die Querschnittsmaße gemäß Anleitung 439.

706)[46]) $$\beta = v_{\text{wirt}} \cdot \frac{\frac{v_{\text{wirt}}}{n} \cdot \left(\frac{v_{\text{wirt}}}{n} + \frac{1}{3}\right)}{\frac{3}{2}\frac{v_{\text{wirt}}}{n} + \frac{2}{3} - \frac{\frac{v_{\text{wirt}}}{n} + \frac{2}{3} + \frac{de}{dh} \cdot \left(\frac{v_{\text{wirt}}}{n} + \frac{1}{2}\right)}{e/z} + \frac{\frac{1}{2} \cdot \frac{de}{dh} \cdot \left(\frac{v_{\text{wirt}}}{n} + 1\right)}{(e/z)^2}};$$

707)[46]) $$\beta = v_{\text{wirt}} \cdot \frac{\frac{v_{\text{wirt}}}{n} \cdot \left(\frac{v_{\text{wirt}}}{n} + \frac{1}{3}\right)}{\frac{3}{2}\frac{v_{\text{wirt}}}{n} + \frac{2}{3} - \sqrt{\frac{2N}{\sigma_b \cdot b \cdot e} \cdot \left(\frac{v_{\text{wirt}}}{n} + \frac{2}{3}\right)^3}}.$$

F_e-Achse fest. Liegt die Zugbewehrungsachse fest, so findet man ${}_b v_{\text{wirt}}$ bei Längsdruck durch Probieren aus 707[330]) (bei Längszug, sofern er ausnahmsweise in Betracht kommt, ebenfalls; jedoch ist dann in Gl. 707 das negative Wurzelvorzeichen durch ein positives zu ersetzen).

708) Kennzeichnende Spannungen. Bei sehr stark überwiegender positiver Längskraft (Druck[331])) ergibt die freie Bemessung theoretisch die Möglichkeit, daß mit wachsendem h (im Stadium des Konstruierens) der Querschnitts-Kern über den Angriffspunkt der Längskraft hinauswandert (auch bei Vorhandensein von Druckbewehrung). Dann ist die hier ausschließlich behandelte Berechnung gemäß »Zustand II« nicht mehr zutreffend. Auch wird hierdurch der maßgebenden Spannung eine neue Grenze gesetzt. Die Grenzspannung, die den Eisenquerschnitt $F_e = 0$ erzeugt, ist eine neue kennzeichnende Spannung, nämlich die *Grenz-Zugspannung* $\sigma_{e\,\text{grenz}}$[332]). Da es sich in solchen Fällen nicht mehr um Platten im engeren Sinne handeln kann, scheiden die Steifigkeits-Vorschriften der Best. aus, so daß man es wiederum mit drei Arten kennzeichnender Spannungen zu tun hat, der sicheren, der wirtschaftlichen und der Grenz-Zugspannung.

709) Grenz-Zugspannung. Man findet das Grenz-Spannungsverhältnis ${}_b v_{\text{grenz}}$ (genau auch wenn, nach einem festen Verhältniswert f_e'/f_e, Druckbewehrung vorgesehen ist) nach 710 bis 712a[333]) und anschließend $\sigma_{e\,\text{grenz}}$ nach 129.

710) $$x_{\text{grenz}} = \frac{2N}{b \cdot \sigma_{b\,\text{sich}}}.$$

Mittelachse fest:

711) $${}_b v_{\text{grenz}} = n \cdot \left[\frac{2\,e_m - C'''}{C'' \cdot x_{\text{grenz}}} - \left(1 - \frac{2/3}{C''}\right)\right];$$

711 a) $${}_b v_{\text{grenz}} = 28{,}99 \cdot \frac{e_m - C'''/2}{x_{\text{grenz}}} - 5{,}338;$$

Zugbewehrungsachse fest:

712) $${}_b v_{\text{grenz}} = n \cdot \left(\frac{e}{x_{\text{grenz}}} - \frac{2}{3}\right);$$ 712 a) $${}_b v_{\text{grenz}} = 15 \cdot \frac{e}{x_{\text{grenz}}} - 10.$$

Maßgebende Spannungen. Systematisch findet man die maßgebenden Spannungen bei freier Bemessung für Moment und Längskraft, wie unten folgt (713 bis 716). In der Praxis hält man sich aber an diesen systematischen Weg zweckmäßigerweise nur bei überwiegendem Längsdruck oder in Zweifelsfällen. Bei exzentrischem Längszug empfiehlt es sich, zuerst Fall e zu versuchen (nach § 10c), ebenso bei stark überwiegendem Moment mit Längsdruck.

713) Man untersucht (umgekehrt wie für reine Biegung) zuerst Fall b, ermittelt also die drei kennzeichnenden Zugspannungen. (Siehe oben.)

714) Die kleinste der drei kennzeichnenden Zugspannungen $\sigma_{e\,\text{sich}}$, $\sigma_{e\,\text{grenz}}$, $\sigma_{e\,\text{wirt}}$ ist maßgebend[334]).

715) Nur wenn $\sigma_{e\,\text{sich}}$ die kleinste ist, untersucht man auch Fall e, d. h. man bestimmt (außer dem schon bekannten $\sigma_{b\,\text{sich}}$) noch $\sigma_{b\,\text{wirt}}$[333]) (nötigenfalls auch $\sigma_{b\,\text{steif}}$) und stellt die maßgebende Druckspannung fest (siehe § 10c).

716) Wird ${}_b v_{\text{grenz}}$ bzw. $\sigma_{e\,\text{grenz}} \leqq 0$, so deutet dies auf Anwendung des Zustandes I hin[335]).

Freie Bemessung mit f_e/f_e' [310]). Hinsichtlich freier Bemessung für Moment und Längskraft mit Druckbewehrung gilt auch hier das unter dem gleichen Stichwort in § 10c Gesagte (Verfahren 691)[329]).

§ 12. Gebundene Bemessung bei reiner Biegung.

Aufgabestellung. »Gebundene Bemessung« verstehen wir in diesem und dem folgenden Paragraphen im engeren Sinne, nämlich lediglich mit gegebenem[336]) h[337]). Die wirtschaftliche Lösung dieser Aufgabe (die im Gegensatz zur freien Bemessung unabhängig von den Baustoffkosten ist) hat einen Sinn nur unter Einschluß der Möglichkeit, Druckbewehrung heranzuziehen[338]) In diesem und im folgenden Paragraphen handelt es sich daher in wirtschaftlicher Hinsicht grundsätzlich um gleichzeitig zug- und druckbewehrte Querschnitte, so daß der Fall $F_e' = 0$ als Sonderfall erscheinen wird.

Außerdem setzen wir **unb. Drz.** voraus, ferner, daß M[339]) und b bekannt seien, und daß auch h' vor der statischen Querschnittsberechnung, also mit dem ersten Schritt festgelegt werde, so daß der zweite Schritt der statischen Ermittelung lediglich von F_e und F_e' dient[340]).

Erster Schritt. Der erste Schritt beginnt also mit der Wahl (bzw. Hinnahme[341])) des »gegebenen« h und bestimmt anschließend die maßgebenden Spannungen gemäß nachfolgender Erläuterung. Sobald dabei die Festlegung von h' erforderlich wird, geschieht sie (zunächst nach roher Annahme von F_e') gemäß § 1, z. B. mittels Tab. I [3]).

Kennzeichnende Spannungen[342]). Die sicheren und die wirtschaftlichen Spannungen behalten dem Begriffe und der Bezeichnung nach ihre (mit 32 und 34 für freie und formal gebundene Bemessung festgelegte) Bedeutung auch für die hier erörterte echte gebundene Bemessung. Dagegen scheidet die Forderung der Steifigkeit aus der Betrachtung aus, weil sie bereits mit der Wahl von h erfüllt sein muß. An ihre Stelle tritt die Forderung 717. Als dritte Gruppe kennzeichnender Spannungen treten daher an die Stelle der steifen Spannungen die *Grenzspannungen* $\sigma_{b\,\text{grenz}}$ und $\sigma_{e\,\text{grenz}}$, die der geforderten Grenze $F_e' = 0$ entsprechen[343]). Regel 78 gilt weiter.

717) $F_e' \geqq 0.$

[330]) Sonderfall der Gl. 706 mit 687 und 688.

[331]) Bei Zug nur, falls doppelte Bewehrung vorhanden ist.

[332]) Die theoretisch ebenfalls mögliche *Grenz-Druckspannung* $\sigma_{b\,\text{grenz}}$ (Fall e) ergibt einen teureren Querschnitt als $\sigma_{e\,\text{grenz}}$ (Fall b) und ist daher bedeutungslos. Aber auch $\sigma_{e\,\text{grenz}}$ ist mit Vorsicht anzuwenden im Sinne von 441. Vgl. auch Fußn. 333 und 343 im Zusammenhange.

[333]) Die Formeln 711 a und 712 a sind die hauptsächlich zu benutzenden Sonderformeln bzw. der Formeln 711 und 712 für $n = 15$, $C'' = 1{,}035$. — Bei festliegender Betondruckkante gibt es eine Grenz-Zugspannung nicht. Hier ist der Grenzfall $F_e = 0$ möglich nur, wenn zwischen den gegebenen Größen von vornherein die Beziehung 523 besteht. — Die Grenz-Zugspannung ist (im Gegensatz zur steifen Zugspannung; vgl. 692) eine obere Grenze.

[334]) Strenggenommen mit folgender Ausnahme: Ist $\sigma_{e\,\text{sich}}$ die kleinste, so kann auch $\sigma_{e\,\text{grenz}}$ maßgebend werden, falls $\sigma_{e\,\text{wirt}}$ näher an $\sigma_{e\,\text{grenz}}$ als an $\sigma_{e\,\text{sich}}$ liegt. (Denn die Zugspannung des nicht vorhandenen Eisens darf beliebig hoch sein.) Entscheidend ist dann theoretisch die Untersuchung des Falles e und die Kostengegenüberstellung für $\sigma_{e\,\text{grenz}}$, $\sigma_{b\,\text{sich}}$ einerseits und $\sigma_{e\,\text{sich}}$, $\sigma_{b\,\text{wirt}}$ anderseits. — Praktisch kommt aber diese »strenge« Handhabung selten in Betracht, weil man der Rißsicherheit wegen zu große Werte $\sigma_e = \sigma_{e\,\text{grenz}}$ vermeidet, und vor allem weil man der Standsicherheit wegen (unvorhersehbare Ungenauigkeit in der Lage der Längskraft-Angriffslinie!) überhaupt von der Möglichkeit $F_e = 0$ tunlichst keinen Gebrauch macht.

[335]) In jedem andern Falle ist Zustand I unwirtschaftlich, wenn auch möglich. (Er ist bei Druck möglich stets durch entsprechende Querschnittsvergrößerung.)

[336]) D. h. mit dem ersten Schritt vorwegbestimmt, und zwar ausschließlich im Sinne der *echten gebundenen Bemessung* (vgl. dieses Stichwort des § 3 im Zusammenhang).

[337]) Nach 26 könnte auch F_e statt h gegeben sein. Diese seltenere Aufgabe entsteht aus gelegentlichen und fallweise wechselnden konstruktiven Forderungen, die sich allgemeinen wirtschaftlichen Regeln entziehen.

[338]) Vgl. § 6a, Stichwort *Wirtschaftliche Zugspannung*.

[339]) Gegebenenfalls auch N.

[340]) Vgl. § 6a, Stichwort *Aufgabestellung*.

[341]) Vgl. § 2, Stichwort *Erster Schritt*. Insbesondere ist die Steifigkeit zu prüfen.

[342]) Vgl. § 5 unter gleichem Stichwort.

Maßgebende Spannungen. Liest man »Grenzspannung«, »$\sigma_{b\,grenz}$« usw. statt »steife Spannung«, »$\sigma_{b\,steif}$« usw., so gilt auch das unter den Stichworten *Maßgebende Spannungen, Zwei Fälle* und *Maßgebende Druckspannung* in § 5 sowie *Maßgebende Zugspannung* in § 11 Gesagte weiter. Systematisch ist demnach die Auffindung der maßgebenden Spannungen folgendermaßen möglich. (Dies *allgemeine Verfahren* ist jedoch nur zum Verständnis des Zusammenhanges, nicht für die *praktische Durchführung* zu beachten).

Allgemeines Verfahren. Man entnimmt $\sigma_{e\,sich}$ und $\sigma_{b\,sich}$ den Best.

Fall e. Man bestimmt $\sigma_{b\,grenz}$ nach § 6[344]). Die kleinere der beiden kennzeichnenden Druckspannungen $\sigma_{b\,sich}$ und $\sigma_{b\,grenz}$ ist maßgebend[345]). Ist dies $\sigma_{b\,grenz}$ (nämlich bei reichlicher Konstruktionshöhe), so ist $\sigma_{e\,sich}$ maßgebende Zugspannung, und der erste Schritt ist beendet[346]).

Fall b. Nur wenn $\sigma_{b\,sich}$ maßgebend ist (nämlich bei knapper Konstruktionshöhe), wird noch $\sigma_{e\,grenz}$[347]) und $\sigma_{e\,wirt}$ nach untenfolgender Erläuterung bestimmt. Die zweitgrößte der drei kennzeichnenden Zugspannungen ist maßgebend.

Praktische Durchführung. In der Praxis weiß man meistens von vornherein, ob man es mit reichlicher oder knapper Konstruktionshöhe zu tun hat. Bei reichlicher Höhe (Fall e) bietet das Verfahren keine Besonderheit und wird mit dem zweiten Schritt ohnehin erledigt. Bei knapper wendet man sich sofort Fall b zu auf einem der drei folgenden Wege.

Mit Tabelle VII[348]). Man berechnet h'/h, ferner v_{sich} (nach 85) und $\mathfrak{M}$ (nach 117).

Dann sucht man $\mathfrak{M}$ in der Kopfzeile $\mathfrak{M}_1$ der Tab. VII auf. Die gefundene Spalte ist die Spalte v_{grenz}. Kreuzt sie die Zeile h'/h links der mittleren Treppenlinie, so ist diese Spalte (d. h. $\sigma_{e\,grenz}$) maßgebend. Vgl. Zahlenbeisp. 86.

Andernfalls sucht man $\mathfrak{M}$ erneut in der der Zeile h'/h nächstliegenden Zeile ω_3[355]) auf (jeweils dritte Zeile der klein gedruckten Zeilengruppen), und zwar im allgemeinen zwischen linker und mittlerer Treppenlinie. Die gefundene Spalte ist die Spalte v_{wirt}[46]). Sie ist maßgebend, falls $v_{wirt} < v_{sich}$, andernfalls die Spalte v_{sich}, jedenfalls die weiter rechts gelegene Spalte. Vgl. Zahlenbeisp. 87. — Wo beide Treppenlinien dicht beieinander liegen, also etwa für $h'/h \gtrapprox 0{,}16$, erübrigt sich die Benutzung der ω_3-Werte (die die Tabelle deshalb auch nicht weiter angibt); hier findet man die Spalte v_{wirt} als diejenige Spalte, die zwischen beiden Treppenlinien die Zeile h'/h kreuzt.

Die maßgebende Spalte liefert σ_e nach 129 und wird gemäß 320 auch für den zweiten Schritt der Bemessung benutzt. Dabei wird, falls v_{grenz} maßgebend ist, nur noch h/f_e der Kopfzeile h/f_{e_1} entnommen und F_e nach 133 berechnet.

Mit Tabelle VI[348]). Man berechnet h'/h, ferner v_{sich} (nach 85) und $r^2\sigma_b$ (nach 127).

Dann sucht man $r^2\sigma_b$ in Tab. VI (Spalte 19) auf. Die gefundene Zeile ist die Zeile v_{grenz}. Diese Zeile ist maßgebend, falls der ihr entnommene Hilfswert[349]) v_6 das Kriterium 718 erfüllt. Vgl. Zahlenbeisp. 84.

718) $v_{6\,grenz} \leqq h'/h$.

719) Andernfalls sucht man (etwas höher) h'/h in der Spalte h''/h[350]) auf (Spalte 22). Die gefundene Zeile kann in erster Näherung und für die Praxis genau genug als die Zeile v_{wirt} angesprochen werden und, falls $v_{wirt} < v_{sich}$, als maßgebend der weiteren Bemessung zugrunde gelegt werden, unter Benutzung auch der Werte f_e''/f_{e_2} (Spalte 24) an Stelle f_e'/f_{e_2}[350])[351]); andernfalls ist v_{sich} maßgebend. Vgl. Zahlenbeispiel 85.

In besonderen Fällen, z. B. zu Studienzwecken oder bei Vorhandensein einer stark exzentrischen Längskraft (vgl. § 12a an gleicher Stelle) kann folgende Berichtigung am Platze sein.

720) Man (schätzt roh f_e'/f_e oder) überschlägt M_2/M_1 (nach 730), entnimmt der Tab. VIa[352]) den Hilfswert μ, der Tab. VI, Spalte 23 (zunächst genau genug in der unberichtigten Zeile[353]) v_{wirt}) den Hilfswert v_7 und findet einen berichtigten Wert h''/h nach 729[354]). Dieser liefert in Tab. VI die berichtigte Zeile v_{wirt}. Weicht hier die Ziffer v_7 nennenswert von der benutzten ab, so kann man mit dem neuen v_7 die Berichtigung wiederholen.

Nunmehr wird in Tab. VI die genauer gefundene Zeile v_{wirt} der weiteren Bemessung zugrunde gelegt, jedoch ohne Benutzung der Spalte f_e''/f_{e_2}[350])[351]).

Ohne Tabelle. Man berechnet h'/h, ferner v_{sich} (nach 85) und $\mathfrak{M}$ (nach 117).

Dann folgt $(x/h)_{sich}$ nach 94 und $(x/h)_{wirt}$ nach 728. Ist $(x/h)_{sich}$ der größere von beiden Werten, so ist er maßgebend. Andernfalls wird noch $(x/h)_{grenz}$ nach 155 bestimmt; dann ist der kleinere der beiden Werte $(x/h)_{grenz}$ und $(x/h)_{wirt}$ maßgebend.

$(x/h)_{wirt}$ kann noch berichtigt werden, indem man der Reihe nach die Ausdrücke 722, 723, 732, 729, 725 berechnet. Auch kann diese Berichtigung wiederholt werden. (Zwecks ganz besonderer Genauigkeit benutzt man besser Gl. 730 und 731 statt 732.)

721) Zur weiteren Bemessung folgt in jedem Fall x nach 271, v nach 95, σ_e nach 129. Ist $(x/h)_{grenz}$ maßgebend, so folgt weiter f_e nach 149 und F_e nach 133; andernfalls f_{e_1} nach 149, F_{e_1} nach 133, z_1 nach 152, M_1 nach 138, M_2 nach 323, F_{e_2} nach 324, f_{e_2}/f_e' nach 327, F_e' nach 326.

722) $v_6 = \frac{x}{h} - \frac{2}{3} \cdot \frac{\left(1 - \frac{x}{h}\right)\cdot\left(1{,}5 - \frac{x}{h}\right)}{2 - x/h}$; 723) $v_7 = \frac{1}{2} \cdot \left[\left(\frac{x}{h}\right)^2 - v_6\right]$;

724) $\frac{h''}{h} = \frac{1}{2} \cdot \left[\left(\frac{x}{h}\right)^2 + v_6\right]$; 725) $\frac{x}{h} = \sqrt{2\,h''/h - v_6}$;

726) $v_8 = 1{,}833 \cdot \frac{1{,}909 - x/h}{2 - x/h}$;

727) $\frac{x}{h} = \sqrt{v_8^2 - 2 + 2\,h''/h} - (v_8 - 1)$;

728) $(x/h)_{wirt} \approx \sqrt{1 + 2\,h'/h} - 0{,}73$;

729) $(h''/h)_{wirt} = h'/h + \mu_{wirt} \cdot v_{7\,wirt}$;

730) $\frac{M_2}{M_1} = \frac{r_1^2\,\sigma_b}{r^2\,\sigma_b} - 1 = \frac{6\,\mathfrak{M}}{\frac{x}{h}\cdot\left(3 - \frac{x}{h}\right)} - 1$;

731) $\mu = \frac{1}{\frac{1/6}{x/h - h'/h} \cdot \frac{3 - x/h}{2 - x/h} \cdot \frac{M_2}{M_1} + 0{,}5} - 1$;

732) $\mu_{wirt} \approx \frac{1}{\frac{6\,\mathfrak{M}}{\frac{x}{h}\cdot\left(3 - \frac{x}{h}\right)} - 0{,}5} - 1.$

---

[343]) Nicht zu verwechseln mit den ebenso genannten *Grenzspannungen* für die Grenze $F_e = 0$ bei freier Bemessung mit Längsdruck (siehe § 11a).

[344]) Mittels Gl. 88 und Tab. VI oder gemäß Fig. 12, Aufg. 8.

[345]) Die Sätze 82 und 694 gelten auch hier, wenn man $\sigma_{b\,grenz}$ statt $\sigma_{b\,steif}$ liest und beachtet, daß stets $\sigma_{b\,wirt} > \sigma_{b\,grenz}$, also niemals maßgebend ist.

[346]) Sogar hat der zweite Schritt schon begonnen, zu dem ja, ohne Druckbewehrung, die Bestimmung von σ_b gehört. Es fehlt nur noch F_e.

[347]) Vgl. Fig. 12, Aufg. 7.

[348]) Anwendung der Tab. VII ist vorzuziehen 1. für überschlägliche Berechnungen immer, 2. für genauere Berechnungen, wenn $\sigma_{e\,wirt}$ voraussichtlich maßgebend ist und der weiteren Bemessung zugrunde gelegt wird, sonst aber nicht; d. h. für Platten wird mit Rücksicht auf 733 besonders häufig Tab. VI vorzuziehen sein.

[349]) Die Hilfswerte v_1, v_2, v_3 usw. sind besondere Funktionen lediglich von v. Siehe 722, 723 und 726 in Verbindung mit 94. (Vgl. auch 660, 676 bis 678 und Fußn. 303.)

[350]) h'' und f_e'' sind Hilfswerte, die von den Größen h' und f_e' bei $\sigma_e = \sigma_{e\,wirt}$ nicht stark abweichen. Ihre Verhältnisse h''/h und f_e''/f_{e_2} sind besondere Funktionen ausschließlich von v, nämlich h''/h gemäß 724 und f_e''/f_{e_2} als Sonderwert f_e'/f_{e_2}, der im Falle $h'/h = h''/h$ gemäß 327 entsteht.

[351]) Die weitere Bemessung geschieht zweckmäßig, wie folgt. Tab. VI lief. $r_1^2\sigma_b$ in Spalte 19, h/f_{e_1} in Spalte 14. Hiermit folgen die Ausdrücke 321 bis 326, wobei näherungsweise f_e'/f_{e_2} aus Tab. VI, Spalte 24, genau f_{e_2}/f_e' aus Gl. 327 gewonnen wird.

[352]) Diese Zahlenwerte beruhen auf der Näherung 732 sowie der (hier ausreichenden) rohen Faustformel $M_1/M_2 \approx 2{,}4\,f_e/f_e' - 1$. Genauer findet man μ nach 730 und 731 (nur etwa für theoretische Zwecke).

[353]) Bei besonders kleinem bzw. großem (f_e'/f_e oder) M_2/M_1 ist es besser, eine etwas tiefere bzw. höhere Zeile zu benutzen.

[354]) Im Kopfe genau genug.

733) Praktische Abweichung. Aus baulichen Gründen (vgl. die Stichworte *Fehlerhafte Verlegung* und *Montageeisen* in § 6a) ist meistens für Platten, besonders für schwache Platten reine Zugbewehrung, für Balken dagegen doppelte Bewehrung besser geeignet.

Es ist daher bei Platten oft berechtigt, auch dann $\sigma_{e\,\mathrm{grenz}}$ der weiteren Bemessung zugrunde zu legen, wenn $\sigma_{e\,\mathrm{wirt}}$ theoretisch maßgebend ist; besonders wenn $\sigma_{e\,\mathrm{wirt}}$ nur wenig größer ist als $\sigma_{e\,\mathrm{grenz}}$, d. h. wenn das oben beschriebene Verfahren (mit Tab. VI) $v_{6\,\mathrm{grenz}}$ nur wenig größer ergibt als h'/h. Man bricht dann also den ersten Schritt vorzeitig ab und geht sofort zum zweiten über (statische Ermittlung der Querschnittsgröße F_e). Die Bevorzugung der Grenz-Zugspannung kommt auch der Rißsicherheit zugute.

§ 12a. Gebundene Bemessung für Moment und Längskraft.

Allgemeines. Das unter den Stichworten *Aufgabestellung* bis *Praktische Durchführung* im § 12 Gesagte gilt uneingeschränkt auch, wenn außer dem Moment noch eine Längskraft den zu bemessenden Querschnitt angreift. Die praktische Lösung der Aufgabe erfolgt dann gemäß unten gegebenen Erläuterungen mittels Tab. VII, u. U. auch mittels Tab. VI oder ohne Tabellen.

Mit Tabelle VII. Man berechnet h'/h, v_{sich} (nach 85), $\mathfrak{M}_e$ (nach 409), $\mathfrak{N}$ (nach 410).

Dann sucht man im Tabellenkopfe die Ziffer $\mathfrak{M}_1 = \mathfrak{M}_e$. Die gefundene Spalte ist die Spalte v_{grenz}. Ihr entnimmt man in der ersten Zeile der h'/h nächstgelegenen klein gedruckten Dreizeilen-Gruppe den Hilfswert $\omega_{1\mathrm{grenz}}$[355]). Ist Kriterium 734 erfüllt, so ist diese Tabellenspalte (d. h. $\sigma_{e\,\mathrm{grenz}}$) maßgebend. Vgl. Zahlenbeisp. 88.

Andernfalls sucht man durch Probieren und unter Benutzung der zweiten und dritten Zeile der h'/h nächstgelegenen klein gedruckten Dreizeilen-Gruppe diejenige Spalte der Tabelle auf, die das Kriterium 735[355]) (auch in der Form 736 schreibbar) am besten erfüllt. Die gefundene Spalte ist[356]) die Spalte v_{wirt}[46]). Die weiter rechts gelegene der beiden Spalten v_{wirt} und v_{sich} ist dann maßgebend. Das Probieren wird durch die Regeln 740 bis 742 erleichtert. Vgl. Zahlenbeisp. 89.

Die maßgebende Spalte (v_{wirt} oder v_{sich}) liefert σ_e nach 129, F_{e_1} nach 411, F_{e_1} nach 412, F_e' nach 326, F_e nach 325. Ist v_{grenz} maßgebend, so wird der Spalte v_{grenz} nur h/f_{e_1} entnommen und F_{e_1} nach 322, F_e nach 397 gefunden.

734) $\omega_{1\,\mathrm{grenz}} \leq \mathfrak{N}$; 735) $\omega_{3\,\mathrm{wirt}} = \mathfrak{M}_e - \mathfrak{N} \cdot \omega_{2\,\mathrm{wirt}}$;

736) $$\omega_{2\,\mathrm{wirt}} = \frac{e}{h} - \frac{1}{\mathfrak{N}} \cdot \omega_{3\,\mathrm{wirt}};$$

737) $$\omega_1 = \frac{1}{2} \cdot \frac{x}{h} \cdot \left[2 - \frac{x}{h} - \frac{2}{3} \cdot \frac{(1 - x/h) \cdot (1{,}5 - x/h)}{x/h - h'/h}\right];$$

738) $$\omega_2 = \frac{(x/h - h'/h)^2}{(x/h)^2 - h'/h};$$

355) Die Bedeutung der Hilfswerte ω_1, ω_2, ω_3 zeigen die Gl. 737 bis 739 (vgl. 722).

356) Mit der ohne Zwischenschaltung erreichbaren Genauigkeit.

739) $$\omega_3 = \frac{1}{2} \cdot \frac{x}{h} \cdot \left[\frac{1}{3} \cdot \left(3 - \frac{x}{h}\right) - \left(2 - \frac{x}{h}\right) \cdot \frac{\left(\frac{x}{h} - \frac{h'}{h}\right) \cdot \left(v_6 - \frac{h'}{h}\right)}{(x/h)^2 - h'/h}\right]$$
$$= \frac{1}{6} \cdot \frac{x}{h} \cdot \left(3 - \frac{x}{h}\right) - \omega_1 \cdot \omega_2.$$

740) In Tab. VII liegt die Spalte v_{wirt} bei Druck rechts der linken, bei Zug links der mittleren Treppenlinie.

741) Bei Druck ($\mathfrak{N} > 0$) setzt man zunächst $\omega_3 \approx \mathfrak{M}_e - \mathfrak{N}$[357]) und sucht diesen Zahlenwert in Tab. VII auf. Zwischen der gefundenen Spalte und der rechten Treppenlinie, jedoch etwas näher zur gefundenen Spalte, nimmt man schätzungsweise die Spalte v_{wirt} an, entnimmt ihr ω_2 und berechnet Ausdruck 735. Den gefundenen Zahlenwert ω_3 sucht man wieder in der Tabelle auf. Zwischen der so gefundenen neuen und der alten Spalte, und zwar näher der neuen, schätzt man wiederum v_{wirt}[358]).

742) Bei Zug ($\mathfrak{N} < 0$) setzt man zunächst $\omega_2 = e/h$ ($= \mathfrak{M}_e/\mathfrak{N} < 0$) und sucht diesen Zahlenwert in Tab. VII auf. Der so gefundenen Spalte entnimmt man ω_3, berechnet ω_2 nach 736 und sucht auch diesen Zahlenwert auf. Zwischen der neu gefundenen Spalte und der alten schätzt man v_{wirt}[358]). — Bei Zug ist naturgemäß viel häufiger v_{sich} maßgebend als bei Druck. Man bestimmt also schon deshalb v_{wirt} zunächst möglichst roh.

Mit Tabelle VI. Mit Tab. VI ist ebenfalls, jedoch nur bei überwiegendem Moment (großem Absolutwert e/h) die Durchführung des ersten Schrittes möglich. Man verfährt dann, als sei $N = 0$, wie an gleicher Stelle in § 12 beschrieben, lediglich mit folgenden Abweichungen.

In Gl. 127 führt man M_e statt M ein. Statt 718 benutzt man das Kriterium 743.

743) $$v_6 \leq \frac{h'}{h} + \mathfrak{N} \cdot \frac{h/x - (h/x)^2 \cdot h'/h}{h/x - 0{,}5}.$$

Wird es nicht erfüllt, so geht man zwar zunächst wie früher gemäß 719 vor. Jedoch wird jetzt die Berichtigung 720 (im Gegensatz zur reinen Biegung und mit Ausnahme besonders großer Absolutwerte e/h) notwendig; dabei ist das Angriffsmoment M_v in bezug auf die verschränkte Nulllinie (siehe Fig. 24) statt M bzw. $M_v - M_1$ statt M_2 zu verwenden[359]).

Ohne Tabelle. Man berechnet h'/h, $(x/h)_{\mathrm{sich}}$ (nach 85 und 94), $\mathfrak{M}_e$ (nach 409), $\mathfrak{N}$ (nach 410). $\mathfrak{M}_e$, in 155 eingesetzt[66]), liefert $(x/h)_{\mathrm{grenz}}$, 737 lief. $\omega_{1\,\mathrm{grenz}}$. Wird Kriterium 734 erfüllt, so ist $\sigma_{e\,\mathrm{grenz}}$ maßgebend.

Andernfalls sucht man durch Probieren denjenigen Wert x/h, der die Bedingung 744 erfüllt. Dieser Sonderwert ist $(x/h)_{\mathrm{wirt}}$.

744) $$\frac{1}{2} \cdot \frac{x}{h} \cdot \left[2 - \frac{x}{h} - \frac{2}{3} \cdot \frac{(1 - x/h) \cdot (1{,}5 - x/h)}{x/h - h'/h}\right] + \left[\mathfrak{M}_e - \frac{1}{6} \cdot \frac{x}{h} \cdot \left(3 - \frac{x}{h}\right)\right] \cdot \frac{(x/h)^2 - h'/h}{(x/h - h'/h)^2} = \mathfrak{N}.$$

Die weitere Bemessung erfolgt nach 721; man schreibt aber f_e, f_{e_1}, F_e, F_{e_1} zunächst mit dem Zeiger 0 und verfährt dann nach 390.

357) Gl. 735 mit $\omega_{2\,\mathrm{wirt}} = 1$ (entspricht der rechten Treppenlinie).

358) Je nachdem ob Eile oder Genauigkeit wichtiger ist, bricht man hier ab oder wiederholt das Verfahren, bis man die gewünschte Genauigkeit erreicht hat. Auf eine Wiederholung dürfte derjenige, der die Tabelle einige Zeit benutzt und durch Kostenvergleiche erprobt, für die Praxis bald aus eigenem Ermessen verzichten.

359) Die weitere Bemessung erfolgt gemäß Fußn. 351, jedoch unter Berücksichtigung der Verallgemeinerungsregel 390.

Zweiter Teil: Zahlenbeispiele.[360]

■ Zu § 1. ■

Zahlenbeispiel 1 bis 3 siehe S. 68. (Herausklappen!)

Zahlenbeispiel 4. (§ 1.) Plattenbalken wie vor; $F_e = 43{,}95\ \text{cm}^2$. $h = 69{,}47$ cm. Jedoch handelt es sich nur um eine Vorberechnung. ■ Die Faustformeln 13 und 15 liefern: ● $b_0 = 18 + 43{,}95/3 \approx$ **33 cm**; ● $d_0 = 1{,}035 \cdot 69{,}47 + 2 \approx$ **74 cm.**[361])

■ Zu § 2 bis 4. ■

Keine Zahlenbeispiele.

Zahlenbeispiel 5 siehe S. 168.

Zahlenbeispiel 14 siehe S. 177.

■ Zu § 5. ■

Zahlenbeispiel 15. (§ 5.) Balkenplatte (Decke) frei zu bemessen. $\sigma_{b\,\text{sich}} = 40\ \text{kg/cm}^2$; $\sigma_{b\,\text{steif}} \approx 45\ \text{kg/cm}^2$ [362]); $\sigma_{b\,\text{wirt}} = 76\ \text{kg/cm}^2$. ■ Maßgebend[363]) ● $\sigma_b = \sigma_{b\,\text{sich}} =$ **40 kg/cm².** Vgl. auch Zahlenbeispiel 81.

Zahlenbeispiel 16. (§ 5.) Kreuzplatte (Decke) frei zu bemessen. $\sigma_{b\,\text{sich}} = 75\ \text{kg/cm}^2$; $\sigma_{b\,\text{steif}} = 44\ \text{kg/cm}^2$ [364]); $\sigma_{b\,\text{wirt}} = 60\ \text{kg/cm}^2$. ■ Maßgebend[363]) ● $\sigma_b = \sigma_{b\,\text{steif}} =$ **44 kg/cm².**

Zahlenbeispiel 17. (§ 5.) Fundament-Kreuzplatte frei zu bemessen. $\sigma_{b\,\text{sich}} = 50\ \text{kg/cm}^2$; $\sigma_{b\,\text{wirt}} = 45\ \text{kg/cm}^2$ [365]). ■ Maßgebend[363]) ● $\sigma_b = \sigma_{b\,\text{wirt}} =$ **45 kg/cm².** (Weitere Bemessung siehe Zahlenbeispiel 5.)

Zahlenbeispiel 18. (§ 5.) Rechteckbalken frei zu bemessen. $\sigma_{b\,\text{sich}} = 60\ \text{kg/cm}^2$; $\sigma_{b\,\text{wirt}} = 20\ \text{kg/cm}^2$ [366]). ■ Maßgebend[363]) ● $\sigma_b = \sigma_{b\,\text{wirt}} =$ **20 kg/cm².** (Weitere Bemessung siehe Zahlenbeispiel 26.)

Zahlenbeispiel 19. (§ 5.) Plattenbalken frei zu bemessen. $\sigma_{b\,\text{sich}} = 40\ \text{kg/cm}^2$; $\sigma_{b\,\text{wirt}} = 26\ \text{kg/cm}^2$ [367]). ■ Maßgebend[363]) ● $\sigma_b = \sigma_{b\,\text{wirt}} =$ **26 kg/cm².** (Weitere Bemessung siehe Zahlenbeispiel 31.)

Zahlenbeispiel 20 siehe S. 65.

Zahlenbeispiel 23 siehe S. 70. (Herausklappen!)

Zahlenbeispiel 24. (§ 6.) Platte. Freie Bemessung ohne Tabellen[368]). $M/b = 420$ kgm/m; $\sigma_e = 1200\ \text{kg/cm}^2$; $\sigma_b = 40\ \text{kg/cm}^2$. ■ (Gl. 148a:) $\frac{x}{\sqrt{M/b}} = \sqrt{\frac{30}{1200+400}} = 0{,}1369\ \text{cm} \cdot \text{kg}^{-1/2}$; (Gl. 93a:) $h/x = 80/40 + 1 = 3$; (Gl. 149:) $f_e/x = 40/24 = 1{,}667$ cm/m. $x = 0{,}1369\sqrt{420} = 2{,}806$ cm; ● $h = 2{,}806 \cdot 3 =$ **8,419 cm**; ● $f_e = 2{,}806 \cdot 1{,}667 =$ **4,677 cm²/m.** (— Diese Schreibweise ist zweckmäßig, wenn mit denselben Spannungswerten, aber verschiedenen Momenten, mehrere Bemessungen vorzunehmen sind. Die Lösung vorstehender Aufgabe allein kann auch kürzer, wie folgt, geschrieben werden: $x = \sqrt{\frac{30}{1200+400}} \cdot 420 = 2{,}806$ cm; $h = 2{,}806 \cdot (80/40 + 1) = 8{,}419$ cm; $f_e = 2{,}806 \cdot 40/24 = 4{,}677\ \text{cm}^2$.)

Zahlenbeispiel 25 siehe S. 70. (Herausklappen!)

Zahlenbeispiel 31 siehe S. 70. (Herausklappen!)

Zahlenbeispiel 32. (§ 6.) Plattenbalken. Freie Bemessung ohne Tabellen. $M = 52\,930$ kgm; $d = 14$ cm; $b = 2{,}50$ m; $\sigma_e = 1200\ \text{kg/cm}^2$; $\sigma_b = 40\ \text{kg/cm}^2$. ■ $\frac{M}{b \cdot d^2} = \frac{52\,930}{2{,}50 \cdot 14^2} = 108{,}0\ \text{kg/cm}^2$; $\frac{1}{3}\left(\frac{\sigma_e}{10} + \sigma_b\right) = \frac{1}{3}(120 + 40) = 53{,}33\ \text{kg/cm}^2$; (Kriterium 200a:) $108{,}0 > 53{,}33$; mithin beschr. Drz. — (Gl. 219[369]):) $\mathfrak{a} = \frac{108{,}0 + 1200/30}{40} + 1 = 4{,}701$; (Gl. 221a[369]), durchverbessert[370]) nach Gl. 220a[369]):) $\mathfrak{h} = 4{,}701 - \frac{\frac{1}{3}\left(\frac{80}{40} + 1\right)}{\text{~~4,701~~ ~~4,488~~ } 4{,}478} =$ ~~4,488~~ ~~4,478~~ 4,477;

(Gl. 225a:) $\frac{f_e}{d} = \frac{2 \cdot 40 - \frac{40+80}{4{,}477}}{24} = 2{,}217$ cm/m; (Gl. 197:) ● $h = 4{,}477 \cdot 14 =$ **62,68 cm**; (Gl. 241:) ● $F_e = 2{,}217 \cdot 14 \cdot 2{,}50 =$ **77,58 cm².**

Zahlenbeispiel 33 siehe S. 70. (Herausklappen!)

Zahlenbeispiel 47 siehe S. 69. (Herausklappen!)

Zahlenbeispiel 48. (§ 6a.) Rechteckbalken mit Druckbewehrung, Spannungsuntersuchung. $M = 19\,100$ kgm; $b = 30$ cm; $h = 55{,}13$ cm; $h' = 3{,}40$ cm; $F_e = 34{,}21\ \text{cm}^2$; $F_e' = 11{,}40\ \text{cm}^2$. ■ $h'/h = 3{,}40/55{,}13 = 0{,}06167$; $F_e + F_e' \cdot h'/h = 34{,}21 + 11{,}40 \cdot 0{,}06167 = 34{,}91\ \text{cm}^2$; (Gl. 341[371]):) $\mathfrak{f}_1 = \frac{1}{2} \cdot \frac{34{,}21 + 11{,}40}{34{,}91} = 0{,}6532$; $\mathfrak{f}_2 = \frac{30 \cdot 55{,}13/30}{34{,}91} = 1{,}579$; (Gl. 297:) $h/x = 0{,}6532 + \sqrt{0{,}6532^2 + 1{,}579} = 2{,}069$; (nach Tab. VII mit Gl. 330:) $F_{e2} = 11{,}40/1{,}224$ [372]) $= 9{,}314\ \text{cm}^2$; (nach Tab. VII, 6. u. 1. Kopfzeile mit Gl. 344 bzw. 129:)

● $\sigma_b = \frac{19\,100}{0{,}2028 \cdot 0{,}30 \cdot 55{,}13^2 + 9{,}314 \cdot 16{,}03 \cdot (0{,}5513 - 0{,}0340)}$ [372]) $= 72{,}87\ \text{kg/cm}^2$; ● $\sigma_e = 72{,}87 \cdot 16{,}03$ [372]) $=$ **1168 kg/cm².**

Zahlenbeispiel 49 siehe S. 69. (Herausklappen!)

Zahlenbeispiel 51 siehe S. 69. (Herausklappen!)

Zahlenbeispiel 52. (§ 6b.) Wie vor; jedoch σ_e nicht gegeben, sondern $F_e = F_e'$ gefordert. ■ Lösung wie vor bis zum Stern; jedoch jetzt Abrundung[399]) auf Tabellenwerte: $h'/h = 0{,}042$; $1 - h'/h = 0{,}958$. Nach Regel 473 liegt v zwischen 9 und 13; zunächst geschätzt $v = 11$; hierfür wird (Gl. 468:) $a_4 = \frac{0{,}294416 - \mathfrak{M}_1}{0{,}312500 - \mathfrak{N}_1} \cdot \left(1 - \frac{f_e'}{f_{e2}}\right) = \frac{0{,}294416 - 0{,}232988}{0{,}312500 - 0{,}288462} \cdot (1 - 0{,}7909)$ [399]) $= 0{,}5343$, also wegen Bedingung 469 zu klein; mithin liegt die Spalte v nach Regel 475 weiter rechts: geschätzt $v = 10$; hierfür ergibt Durchverbesserung des obenstehenden Ausdrucks $a_4 = 1{,}233$ schon zu groß; mithin liegt v zwischen 10 und 11, und zwar näher bei 10.

a) $v = 10$; (Gl. 129:) $\sigma_e \doteq 10 \cdot 75 = 750\ \text{kg/cm}^2$; $b \cdot h/v = 40 \cdot 96{,}00/10 = 384\ \text{cm}^2$.

$$\mathfrak{N}_1 - \mathfrak{N} = 0{,}300000 - 0{,}312500;$$

$$\text{(Gl. 411:)}\ F_{e1} = 384 \cdot (-0{,}012500) = -\ 4{,}800\ \text{cm}^2;$$

$$\mathfrak{M}_e - \mathfrak{M}_1 = 0{,}294416 - 0{,}240000;$$

$$\text{(Gl. 412:)}\ F_{e2} = 384 \cdot 0{,}054416/0{,}958 = 21{,}81\ \text{cm}^2;$$

$$\text{(Gl. 325:)}\ F_e = 17{,}01\ \text{cm}^2.$$

$$\text{(Gl. 326:)}\ F_e' = 21{,}81 \cdot 0{,}7168\,[399]) = 15{,}63\ \text{cm}^2.\,[373])$$

$$F_e - F_e' = 1{,}38\ \text{cm}^2.$$

---

[360]) Soweit die Zahlenbeispiele ausschließlich zur Erläuterung der Tabellen dienen, sind sie möglichst unmittelbar bei diesen untergebracht worden. — Kürzehalber gibt das Zeichen ■ die Grenze zwischen Gegebenem und Aufgabelösung an; die gesuchten Größen, d. h. die Ergebnisse, sind durch Voranstellung des Zeichens ● leicht auffindbar gemacht. — Zwischenwerte der Zahlenrechnung (zwischen zwei Gleichheitszeichen) werden ohne Benennung geschrieben.

[361]) Die gute Übereinstimmung mit Zahlenbeispiel 1 (angemessene Unterbringung der Eisen), die etwas weniger gute Übereinstimmung mit Zahlenbeispiel 3 (beengte Unterbringung der Eisen), zeigt die Brauchbarkeit der Faustformeln.

[362]) Vgl. Zahlenbeispiel 20. [363]) Nach Anleitung 82.

[364]) Vgl. Zahlenbeispiel 21. [365]) Vgl. Zahlenbeispiel 66.

[366]) Vgl. Zahlenbeispiel 68. [367]) Vgl. Zahlenbeispiel 69.

[368]) Vgl. Zahlenbeispiel 23 und 27.

[369]) Sind mehrere Plattenbalken mit den gleichen Spannungswerten zu berechnen, so bildet man zunächst Tochterformeln, im vorliegenden Beispiel die Formeln 252.

[370]) Durchverbesserung nur für besonders genaue Berechnungen erforderlich.

[371]) Vgl. Anleitung 310.

[372]) Die hier vorgenommene Zwischenschaltung kann meistens durch Schätzung ersetzt werden, besonders wenn etwa bekannt ist, daß die gesuchten Spannungswerte beträchtlich unter den zulässigen liegen.

[373]) Zwecks angenäherter Berechnung kann hier mit dem Ergebnis ● $F_e = F_e' \approx (17{,}01 + 15{,}63) \cdot 1/2 \approx$ **16,3 cm²** abgebrochen werden. Das Ergebnis ist im vorliegenden Zahlenbeispiel reichlich und kann in anderen Zahlenbeispielen knapp nur dann werden, wenn die Spalte v_{wirt} rechts der näherungsweise benutzten Spalte liegt. Ob dies etwa der Fall ist, erkennt man leicht überschläglich gemäß Zahlenbeispiel 89 und rundet gegebenenfalls das Ergebnis auf.

b) $v = 11$; (Gl. 129:) $\sigma_e = 11 \cdot 75 = 825$ kg/cm²; $b \cdot h/v = 40 \cdot 96{,}00/11 = 349{,}1$ cm².

$$\mathfrak{N}_1 - \mathfrak{N} = 0{,}288462 - 0{,}312500;$$

(Gl. 411:) $F_{e_1} = 349{,}1 \cdot (-0{,}024038) = -8{,}391$ cm²;

$$\mathfrak{M}_e - \mathfrak{M}_1 = 0{,}294416 - 0{,}232988;$$

(Gl. 412:) $F_{e_2} = 349{,}1 \cdot 0{,}061428/0{,}958 = 22{,}38$ cm²;

(Gl. 325:) $F_e = 13{,}99$ cm².

(Gl. 326:) $F_e' = 22{,}38 \cdot 0{,}7909 = 17{,}70$ cm².

$F_e' - F_e = 3{,}71$ cm².

(Gl. 371:) $\xi = 1 + \frac{3{,}71}{1{,}38} = 3{,}69$; (Gl. 372:) ● $F_e = F_e' \approx 17{,}01 - \frac{17{,}01 - 13{,}99}{3{,}69} \approx$ **16,2 cm².** (Gl. 374:) ● $\sigma_e \approx 750 + \frac{825 - 750}{3{,}69} \approx$ **770 kg/cm².**

Zahlenbeispiel 53. (§ 6b.) Wie vor; jedoch Lösung ohne Probieren. ▬ Lösung wie Zahlenbeisp. 51 bis: $1 - h'/h = 0{,}958333$. Nach Regel 473 schätzungsweise der dritten Kopfzeile der Tab. VII entnommen: $z_1/h \approx 0{,}81$. $2 \cdot \left[\mathfrak{M}_e \cdot \left(\frac{f_e}{f_e'} + \frac{h'}{h}\right) - \mathfrak{N} \cdot \frac{h'}{h} \cdot \left(1 - \frac{h'}{h}\right)\right] = 2 \cdot [0{,}294416 \cdot 1{,}041667 - 0{,}312500 \cdot 0{,}041667 \cdot 0{,}958333] = 0{,}5884$; (Gl. 470:) $\mathfrak{f}_1 = \frac{0{,}294416 \cdot 2 + 0{,}5 \cdot 0{,}81 \cdot 1{,}041667 - (0{,}312500 + 0{,}020833) \cdot 0{,}958333}{0{,}5884} = 1{,}175$; $\mathfrak{f}_2 = -\frac{0{,}81 \cdot 2 - 0{,}958333}{0{,}5884} = -1{,}125$; (Gl. 297:) $\frac{h}{x} = 1{,}175 + \sqrt{1{,}175^2 - 1{,}125} = 1{,}680$; (Gl. 152:) $z_1/h = 1 - 0{,}3333/1{,}680 = 0{,}8016$; Durchverbesserung ergibt: $h/x = 1{,}684$; $z_1/h = 0{,}8020$; $z_1 = 0{,}8020 \cdot 96{,}00 = 76{,}99$ cm; (Gl. 423:) $e = 81400/90000 = 0{,}9044$ m; (Gl. 95:) $v = 15 \cdot 0{,}684 = 10{,}26$; (Gl. 327:) $f_{e_2}/f_e' = 0{,}9583/0{,}684 - 0{,}0417 = 1{,}360$; (Gl. 129:) ● $\sigma_e = 75 \cdot 10{,}26 \approx$ **769 kg/cm²**; (Gl. 466:) $z = 76{,}99 + \frac{90{,}44 - 76{,}99}{\frac{90{,}44/1{,}360}{92{,}00 - 76{,}99} + 1} = 79{,}47$ cm; (Gl. 400:) $F_{e_0} = \frac{81400}{0{,}7947 \cdot 769} = 133{,}2$ cm²;

(Gl. 397:) ● $F_e = F_e' = 133{,}2 - 90000/769 =$ **16,2 cm².**

Zahlenbeispiel 54. (§ 6 b.) Behälter-Zwischenwand. (Vgl. Zahlenbeisp. 80.) $M/b = 2140$ kgm/m; $N/b = -2000$ kg/m; $d = 21$ cm; $h = 19{,}40$ cm; $h' = 1{,}60$ cm; $f_e/f_e' = 1$; $\sigma_e = 1200$ kg/cm². ▬ $h'/h = 1{,}60/19{,}40 = 0{,}08247$; (Gl. 392:) $M_e/b = 2140 - 2000 \cdot (0{,}1940 - 0{,}21/2) = 1962$ kgm/m. Geschätzt $z \approx 17{,}5$ cm. (Gl. 423:) $e = 1962/(-2000) = -0{,}9810$ m; $e/z \approx -98{,}10/17{,}5 = -5{,}606$; $\frac{e}{z}(1 + h'/h) - h'/h = -5{,}606 \cdot 1{,}082 - 0{,}08247 = -6{,}151$; (Gl. 478:) $\mathfrak{f}_1 = \frac{-6{,}106}{-6{,}151} = 0{,}9927$;

$$\mathfrak{f}_2 = \frac{19{,}40 \cdot 1200}{30 \cdot (-20{,}00) \cdot (-6{,}151)} = 6{,}308;$$

(Gl. 297:) $h/x = 0{,}9927 + \sqrt{0{,}9927^2 + 6{,}308} = 3{,}693$; (nach Gl. 152:) $z_1 = \left(1 - \frac{0{,}3333}{3{,}693}\right) \cdot 19{,}40 = 17{,}65$ cm; (Gl. 327:) $f_{e_2}/f_e' = \frac{1 - 0{,}08247}{2{,}693} - 0{,}08247 = 0{,}2582$; $(h - h' - z_1) \cdot f_{e_2}/f_e' = (19{,}40 - 1{,}60 - 17{,}65) \cdot 0{,}2582 = 0{,}039$; (Gl. 464:) $e/z = \frac{-98{,}10 + 0{,}039}{17{,}65 + 0{,}039} = -5{,}544$[374]);

(Gl. 465:) ● $f_e = f_e' = -6{,}544 \cdot \frac{-2000}{1200} =$ **10,91 cm²/m**; (Gl. 95:) $v = 15 \cdot 2{,}693 = 40{,}40$; (Gl. 130:) ● $\sigma_b = 1200/40{,}40 =$ **29,70 kg/cm².**

Zahlenbeispiel 55. (§ 6 b.) Behälter-Zwischenwand wie vor; jedoch schnelle überschlägliche Ermittlung[375]) nur von $f_e = f_e'$, nicht σ_b. ▬ Wie vor: $M_e/b = 1962$ kgm/m; geschätzt $z \approx 17{,}5$ cm. (Nach Gl. 400:) $f_{e_0} \approx \frac{1962}{0{,}175 \cdot 1200} = 9{,}343$ cm²/m; (nach Gl. 397:) ● $f_e = f_e' \approx 9{,}343 + \frac{2000}{1200} \approx$ **11,0 cm²/m.**

▬ Zu § 7[376]). ▬

Zahlenbeispiel 56. (§ 7.) Durchlaufender Plattenbalken im Hochbau, Mittelfeld. Bestimmung der Baustoffmengen für Kalkulation. $p \approx 1750$ kg/m; $g \approx 2420$ kg/m; $l = 6{,}98$ m; $d = 15$ cm; $h = 47{,}04$ cm; $F_e = 23{,}15$ cm²; $b_0 = 28$ cm[377]); $d_0 = 52$ cm[377]). ▬ ● $B \approx 0{,}28 \cdot (0{,}52 - 0{,}15)$[378]) = **0,104 m³/m**; ● $S \approx 0{,}28$[379]) $+ 2 \cdot (0{,}52 - 0{,}15)$[378]) = **1,02 m²/m**; $p/g = 1750/2420 = 0{,}723$; (Gl. 542:) $c_h = 1{,}10 + 0{,}1 \cdot 0{,}723 = 1{,}172$ kg/(cm²·m); $h/l = 0{,}4704/6{,}98 = 0{,}0674$; (Gl. 552:) $c_N = (2{,}4 + 1{,}2/1{,}223) \cdot 0{,}0674 = 0{,}228$ kg/(cm²·m); (Gl. 536:) $c = 1{,}172 + 0{,}228 = 1{,}40$ kg/(cm²·m); ● $E = 1{,}40 \cdot 23{,}15 =$ **32,4 kg/m.**

Zahlenbeispiel 57 siehe S. 177.

▬ Zu § 7a. ▬

Zahlenbeispiel 58. (§ 7a.) Kostenformel aufzustellen für Balkenplatten mit $\sigma_e = 1200$ kg/cm²; $\sigma_b = 40$ kg/cm²; $\mathfrak{B} = 32$ M/m³; $\mathfrak{E} = 0{,}24$ M/kg; $\mathfrak{S} = 1{,}80$ M/m²; $c = 1{,}2$ kg/(cm²·m). ▬ (Gl. 567:) $\varrho = 0{,}4108 \cdot (0{,}0102 \cdot 32 + 1{,}2 \cdot 0{,}24/1{,}8) = 0{,}200 \frac{\text{M}}{\text{m}^2 \sqrt{\text{kg}}}$; (Gl. 569:) $K_0 = 0{,}012 \cdot 32 + 1{,}80 \approx 2{,}2$ M/m²; (Gl. 565:) ● $K = \mathbf{0{,}2\sqrt{M} + 2{,}20}$; wo M in kg, K in M/m².

Zahlenbeispiel 59. (§ 7a.) Kostenformel aufzustellen für Kreuzplatten mit: $\sigma_e = 1200$ kg/cm²; $\sigma_b \approx \sigma_{b\,\text{wirt}}$; $\mathfrak{B} = 35$ M/m³; $\mathfrak{E} = 0{,}24$ M/kg; $\mathfrak{S} = 1{,}80$ M/m²; $c = 1{,}75$ kg/(cm²·m). ▬ (Gl. 568:) $\varrho = \frac{1}{16} \cdot \sqrt{1{,}75 \cdot 0{,}24 \cdot 35} = 0{,}240 \frac{\text{M}}{\text{m}^2 \cdot \sqrt{\text{kg}}}$; (Gl. 569:) $K_0 = 0{,}012 \cdot 35 + 1{,}80 \approx 2{,}2$ M/m²; (Gl. 565:) ● $K = \mathbf{0{,}24\sqrt{M} + 2{,}20}$; wo M in kg, K in M/m².

Zahlenbeispiel 60. (§ 7a.) Kostenformel aufzustellen für Rechteckbalken mit: $b = 0{,}25$ m; $\sigma_e = 1200$ kg/cm²; $\sigma_b = 50$ kg/cm²; $\mathfrak{B} = 32$ M/m³; $\mathfrak{E} = 0{,}24$ M/kg; $\mathfrak{S} = 2{,}50$ M/m²; $c = 1{,}3$ kg/(cm²·m). ▬ $b \cdot \mathfrak{B} + 2\,\mathfrak{S} = 0{,}25 \cdot 32 + 2 \cdot 2{,}50 = 13{,}00$ M/m²; (Gl. 570:) $\varrho = \frac{0{,}3454}{\sqrt{0{,}25}} \cdot \left[0{,}01035 \cdot 13{,}00 + \frac{0{,}25 \cdot 1{,}30 \cdot 0{,}24}{1{,}248}\right] = 0{,}136$ M/$\sqrt{\text{kg} \cdot \text{m}^2}$; (Gl. 571:) $K_0 = 0{,}02 \cdot 13{,}00 + 0{,}25 \cdot 2{,}50 \approx 0{,}9$ M/m; (Gl. 565:) ● $K = \mathbf{0{,}136\sqrt{M} + 0{,}90}$; wo M in kgm, K in M/m.

Zahlenbeispiel 61. (§ 7a.) Kostenformel aufzustellen für normale Plattenbalken mit: $b_0 = 0{,}30$ m; $d = 0{,}12$ m; $\sigma_e = 1200$ kg/cm²; $\sigma_b \approx \sigma_{b\,\text{wirt}}$; $\mathfrak{B}$, $\mathfrak{E}$, $\mathfrak{S}$, c wie vor. ▬ $b_0 \cdot \mathfrak{B} + 2\,\mathfrak{S} = 0{,}30 \cdot 32 + 2 \cdot 2{,}50 = 14{,}6$ M/m²; (Gl. 573:) $\varrho = 1{,}95 \cdot \sqrt{1{,}3 \cdot 0{,}24 \cdot 14{,}6} = 4{,}16$ M/$\sqrt{\text{t} \cdot \text{m}^2}$; (Gl. 574:) $K_0 = -0{,}10 \cdot 14{,}6 + 0{,}30 \cdot 2{,}50 \approx -0{,}7$ M/m; (Gl. 565:) ● $K = \mathbf{4{,}16\sqrt{M} - 0{,}70}$; wo M in tm, K in M/m.

Zahlenbeispiel 62. (§ 7a.) Kostenformel aufzustellen für Plattenbalken bei stark beschränkter Druckzone (Moment groß, Platte schwach) mit: $b_0 = 18$ cm $+ F_e/3$ cm; $c = 1{,}4$ kg/(cm²·m); sonst wie vor. ▬ (Gl. 583:) $\omega = 360/32 = 11{,}25$ tm²/M; (Gl. 584:) $\varrho = 2{,}6 \cdot \sqrt{1{,}4 \cdot 0{,}24 \cdot (0{,}09 \cdot 32 + 2{,}50)} \approx 3{,}5$ M/$\sqrt{\text{tm}^2}$; (Gl. 585:) $K_0 = 0{,}18 \cdot 2{,}50 = 0{,}45$ M/m; (Gl. 566:) ● $K = \mathbf{M/11{,}25 + 3{,}5\sqrt{M} + 0{,}45}$; wo M in tm, K in M/m.

▬ Zu § 8. ▬

Zahlenbeispiel 63. (§ 8.) Zu Formel 603 Tochterformel herzustellen für den Sonderfall: $\sigma_{b\,s} = 350$ t/m²; $\mathfrak{p} = 0{,}8$; $c_s = 10$ t/m³; $b_s = d_s$; $n_s = 15$. ▬ $\triangle_s \mathfrak{B} = \frac{2{,}4\ \text{t/m}^3}{350\ \text{t/m}^2} \cdot \frac{\mathfrak{B}_s + 0{,}008 \cdot 10\ \text{t/m}^3 \cdot \mathfrak{E}_s + \frac{2}{d_s} \cdot \mathfrak{S}_s}{1 + 0{,}008 \cdot 15} \cdot H \cdot \psi_s$;

● $\triangle_s \mathfrak{B} = \left(\mathbf{0{,}612\,\mathfrak{B}_s} + \frac{\mathfrak{E}_s}{\mathbf{204\ m^3/10\ t}} + \mathbf{1{,}22} \cdot \frac{\mathfrak{S}_s}{d_s}\right) \cdot \frac{H}{\mathbf{100\ m}} \cdot \psi_s$.

Zahlenbeispiel 64. (§ 8.) Vorstehende Tochterformel weiter zu vereinfachen für den Sonderfall: $\mathfrak{B}_s/\mathfrak{B} \approx 1{,}3$; $\mathfrak{E}_s/\mathfrak{B} \approx 80$ m³/10 t; $\mathfrak{S}_s/\mathfrak{B} \approx 6{,}5$ cm. ▬ $\triangle_s \mathfrak{B}/\mathfrak{B} = \left(0{,}612 \cdot 1{,}3 + \frac{80}{204} + 1{,}22 \cdot \frac{6{,}5\ \text{cm}}{d_s}\right) \cdot \frac{H}{100\ \text{m}} \cdot \psi_s$;

● $\triangle_s \mathfrak{B}/\mathfrak{B} \approx \left(\mathbf{1{,}19} + \frac{\mathbf{7{,}9\ cm}}{d_s}\right) \cdot \frac{H}{\mathbf{100\ m}} \cdot \psi_s$.

Zahlenbeispiel 65. (§ 8.) Gebäude mit Eisenbeton-Decken und -Gerippe gemäß untenstehender Figur; Treppen einfachheitshalber unberücksichtigt. Hauptabmessungen gemäß Vorberechnung oder Schätzung eingetragen. Leicht ausschachtbarer, tragfähiger Boden unmittelbar unter Gelände mit $\sigma_{B\,grd} = 25$ t/m². Durchweg $\sigma_e = 1200$ kg/cm². Für Platten und Balken ohne Unterstützungskosten durchschnittlich: $\mathfrak{B} = 30$ M/m³; $\mathfrak{E} = \mathfrak{E}_b = 2400$ M/10 t. Für Säulen einschl. geschätzter Unterstützungskosten: $\mathfrak{B}_s = 39$ M/m³; $\mathfrak{S}_s = 2{,}00$ M/m²; $\mathfrak{E}_s = 2400$ M/10 t. Für Fundamente: $\mathfrak{B}_f = 27$ M/m³. Gesucht Unterstützungskosten des Platten- und Balkenbetons. ▬ Genau genug werden die Rand-Balken, -Säulen und -Fundamente mit gleichen Abmessungen angenommen wie

[374]) Berichtigt man die Berechnung mit dem neu gefundenen Werte e/z bis zur Übereinstimmung, so erhält man genauer: $e/z = -5{,}543$; $f_e = f_e' = 10{,}90$ cm²/m; $\sigma_b = 29{,}55$ kg/cm². Obenstehende »unberichtigte« Berechnung ist also praktisch durchaus hinreichend.

[375]) Siehe Anleitungen 462 und 368.

[376]) Vgl. auch Zahlenbeispiel 5, 9, 13.

[377]) b_0 und d_0 ergeben sich aus F_e und h gemäß Tab. I ungefähr mit $\Phi = 20$ mm.

[378]) Mehrbedarf für Balkenvoute wird durch Minderbedarf infolge Säulendurchdringung als ausgeglichen angenommen.

[379]) Dieser Teilbetrag wird für Plattenbalken nicht nur immer bei wirtschaftlichen Vergleichen fortgelassen, sondern vielfach auch bei der hier behandelten Bestimmung der absoluten Schalungsmenge, wenn er entsprechend in den Schalungskosten (sowohl des Balkens wie der zugehörigen Platte) berücksichtigt wird.

die zugehörigen Innen-Balken, -Säulen und -Fundamente. Dabei werden je zwei gegenüberliegende Randbalken der Länge nach wie ein Balken berücksichtigt.

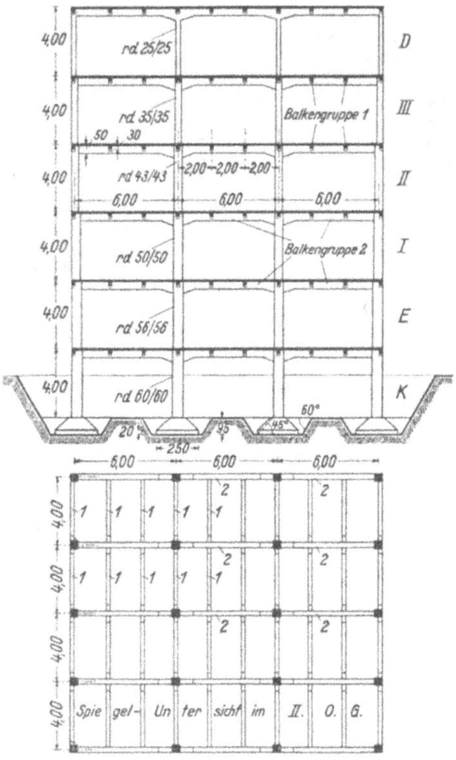

Balkenkosten. Roh geschätzte Durchschnittswerte für End- und Mittelfeld der Balkengruppen 1 und 2: $m_{1g} \approx 18$; $m_{2g} \approx 16$; $c_1 \approx c_2 \approx 1{,}3$ kg/(cm² · m); $h_1 \approx 27$ cm; $h_2 \approx 46$ cm; $\frac{\mathfrak{E}_b}{4600\,\text{m}} = \frac{2400}{4600} = 0{,}522 \frac{\text{M}}{\text{m} \cdot 10\,\text{t}}$; $\psi_1 = \psi_2 = 1$; $\Sigma l_1 = 9 \cdot 4 \cdot 4{,}0 = 144$ m; $\Sigma l_2 = 4 \cdot 3 \cdot 6{,}0 = 72$ m; $\Sigma(\Sigma l_f) = 144 + 72 = 216$ m; (Gl. 601:) $\psi_1' = 144/216 = 0{,}667$.

$$\frac{c_2 \cdot l_2^2}{m_{2g} \cdot h_2} \cdot \psi_2 = \frac{1{,}3 \cdot 6{,}0^2}{16 \cdot 0{,}46} \cdot 1 = 6{,}36 \frac{10\,\text{t}}{\text{m}^2};$$

$$\frac{c_1 \cdot l_1^2}{m_{1g} \cdot h_1} \cdot \psi_1 = \frac{1{,}3 \cdot 4{,}0^2}{18 \cdot 0{,}27} \cdot 1 = 4{,}28 \frac{10\,\text{t}}{\text{m}^2}.$$

Gl. 600 liefert mit $\Sigma = 10{,}64 \frac{10\,\text{t}}{\text{m}^2}$: $(\triangle_b \mathfrak{B})_0 = 0{,}522 \cdot 10{,}64 = 5{,}55$ M/m²; $(\triangle_b \mathfrak{B})_1 = 0{,}522 \cdot 6{,}36 = 3{,}32$ M/m²; $(\triangle_b \mathfrak{B})_2 = 0$. Mittelwert für Balken (Gl. 602): $\triangle_b \mathfrak{B} = 3{,}32 \cdot 0{,}667 = 2{,}21$ M/m².

Säulenkosten. Durchschnittlich und schätzungsweise: $n_s = 15$; $\mathfrak{p} = 0{,}8$; $\sigma_{b\,s} = 35$ kg/cm²; $c_s \approx 1{,}0$ kg/(cm² · m); $H \approx 14{,}00$ m [380]); $b_s = d_s = 0{,}53$ m [380]); $\psi_s = 1$. (Nach Tochterformel zu Gl. 603 gemäß Zahlenbeispiel 63:) $\triangle_s \mathfrak{B} = 0{,}612 \cdot 39 + 2400/204 + 1{,}22 \cdot 2{,}00/0{,}53) \cdot 0{,}14 = 5{,}63$ M/m² [381]).

Fundamentkosten. $\text{tg}\,\varphi / \text{tg}\,\varphi_A = 1/1{,}732 = 0{,}577$; (Gl. 605:) $\triangle_{sf} \mathfrak{B} = \frac{2{,}0}{25} \cdot 27 \cdot (0{,}9 + 0{,}0577) \cdot (1{,}1 \cdot 0{,}95 + 0{,}20 + 0{,}40) = 3{,}40$ M/m².

Insgesamt. (Siehe Gl. 598.) Für Platten: ● $\triangle \mathfrak{B} = 5{,}55 + 5{,}63 + 3{,}40 \approx$ **15 M/m²**; Vergleichskosten $\mathfrak{B} \approx 30 + 15 = 45$ M/m². Für Balken: ● $\triangle \mathfrak{B} = 2{,}21 + 5{,}63 + 3{,}40 \approx$ **11 M/m²**; Vergleichskosten $\mathfrak{B} \approx 30 + 11 = 41$ M/m².

Zu § 9.

Keine Zahlenbeispiele.

Zu § 10.

Zahlenbeispiel 66. (§ 10.) Fundament-Kreuzplatte. $\sigma_e = 1200$ kg/cm²; (Tab. XII lieferte:) $c = 1{,}53$ kg/(cm² · m); $\mathfrak{E} = 2400$ M/10 t. Zwei Betonsorten freigestellt. Entweder: $\sigma_{b\,\text{zul}} = 50$ kg/cm²; $\mathfrak{B} = 27$ M/m³. Oder: $\sigma_{b\,\text{zul}} = 75$ kg/cm²; $\mathfrak{B} = 30$ M/m³. ■ Teurerer Beton: $\mathfrak{E}/\mathfrak{B} = 2400/30 = 80$ m³/10 t; (n. Gl. 622a:) $\beta = 80 \cdot 1{,}53/1{,}02 = 120{,}0$; hierzu liefert Tab. VI in Spalte 5 bestpassend $\beta = 119{,}4$ und in Spalte 12 in gleicher Zeile $\sigma_{b\,\text{wirt}} \approx 48$ kg/cm². Da diese Druckspannung auch für billigeren Beton erlaubt, scheidet teurerer aus. Billigerer Beton: $\mathfrak{E}/\mathfrak{B} = 2400/27 = 88{,}89$ m³/10 t; (n. Gl. 622a:) $\beta = 88{,}89 \cdot 1{,}53/1{,}02 = 133{,}3$; hierzu nach Tab. VI (wie oben): ● $\sigma_{b\,\text{wirt}} \approx$ **45 kg/cm²**. (Weitere Bemessung siehe Zahlenbeispiel 17.)

Zahlenbeispiel 67. (§ 10.) Ein Gebäude von voll-rechteckigem Grundriß (vgl. Fig. 32) mit $n_x = 6$ und $n_y = 9$ erhält als Geschoßdecke eine Pilzplatte von überall gleicher Feldstärke d. Rand eingespannt. Überall: $l_x = l_y = 4{,}50$ m; $g \approx 500$ kg/m²; $p = 1000$ kg/m²; $\sigma_e = 1200$ kg/cm²; $\mathfrak{B} = 36$ M/m³; $\mathfrak{E} = 2400$ M/10 t. Wegen quadratischer Feldform bezeichnet x hier die Richtung der kürzeren Gebäude-Länge. ■ Haupt-Bewehrungsrichtung durchweg x; $l_x/l_y = 1$; $p/g = 1000/500 = 2$. Nach Tab. XV: $c_J = 2{,}28$ kg/(cm² · m); $c_E = 1{,}55$ kg/(cm² · m). Nach Tab. XVI: $c_K = 1{,}78$ kg/(cm² · m); $c_L = 1{,}96$ kg/(cm² · m). Nach Tab. XVII: $f_{eJ}/f_e = f_{eL}/f_e = 0{,}92$. Nach Tab. XVIII:

$$\psi_J = 0{,}519; \quad \psi_K = 0{,}259;$$
$$\psi_L = 0{,}148; \quad \psi_E = 0{,}074.$$

(Nach Gl. 562:) $c = 2{,}28 \cdot 0{,}519 \cdot 0{,}92 + 1{,}96 \cdot 0{,}148 \cdot 0{,}92 + 1{,}78 \cdot 0{,}259 + 1{,}55 \cdot 0{,}074 \approx 1{,}93$ kg/(cm² · m). $\mathfrak{E}/\mathfrak{B} = 2400/36 = 66{,}67$ m³/10 t; (Gl. 622a:) $\beta = 66{,}67 \cdot 1{,}93/1{,}02 = 126{,}1$; (nach Tab. VI, Spalte 5 u. 12, bestpassend:) $\sigma_{b\,\text{wirt}} \approx 46$ kg/cm². Eigengewichts-Einfluß geschätzt auf 15% (z. B. gemäß Zahlenbeispiel 78); Berichtigung: ● $\sigma_{b\,\text{wirt}} \approx 46 + 7 =$ **53 kg/cm²**. Dies ist die für die Bemessung der ganzen Geschoßdecke günstigste Druckspannung im Felde des Gurtstreifens des kurzen Randfeldes (K).

Zahlenbeispiel 68. (§ 10.) Schaufenstersturz. (Rechteckbalken.) Absolute Höhe der U. K. architektonisch festgelegt. $b = 25$ cm; $\sigma_e = 1200$ kg/cm²; $c_h \approx 1{,}1$ kg/(cm² · m). $\mathfrak{E} = 2500$ M/10 t; $\mathfrak{S} = 1{,}20$ M/m²; Vergleichskosten für 1 m³ mehr oder weniger Beton: 30 M/m³; entsprechend für Mauerwerk: 35 M/m³. ■ Für Balkenhöhen-Änderung (nur durch Verschiebung der O. K. möglich) Mauerwerkskosten (Stoffverdrängungskosten, siehe § 8, Nr. 595) von Betonkosten abzuziehen: $\mathfrak{B} = 30 - 35 = -5$ M/m³. $\mathfrak{E}/\mathfrak{B} = 2500/(-5) = -500$ m³/10 t; $\mathfrak{S}/\mathfrak{B} = 1{,}20/(-5) = -0{,}24$ m $= -24$ cm. (N. Gl. 623a:) $\beta = \frac{-500 \cdot 1{,}1/1{,}035}{1 - 24 \cdot 2/25} = 577{,}6$; (n. Tab. VI, Spalte 5 und 12 bestpassend:) ● $\sigma_{b\,\text{wirt}} \approx$ **20 kg/cm²**. — Eigengewichts-Einfluß zu vernachlässigen, da nur Differenzgewicht zwischen Eisenbeton und Mauerwerk wirksam. (Weitere Bemessung siehe Zahlenbeispiel 18.)

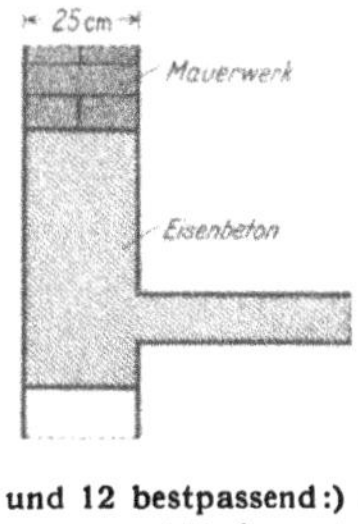

Zahlenbeispiel 69. (§ 10.) Plattenbalken eines Hochbaus, für den Formular Fig. 33 bereits ausgefüllt. $M = 12000$ kgm; $\sigma_e = 1200$ kg/cm². $b \approx 2{,}00$ m; $d = 15$ cm; $b_0 = 28$ cm; $c_h \approx 1{,}17$ kg/(cm² · m) [382]). ■ (Aus Fig. 33:) $\sigma_{b\,\text{wirt}} \approx 25$ kg/cm²; $M/b = 12000/2{,}00 = 6000$ kg; hierzu in Tab. IX bestpassend $M/b = 6480$ kg [383]) in Zeile 8; d. i. oberhalb der Treppenlinie; also unb. Drz. [384]). Eigengewichts-Einfluß $\triangle\,\sigma_{b\,\text{wirt}}$ geschätzt auf 3% (z. B. gemäß Zahlenbeispiel 79); Berichtigung: ● $\sigma_{b\,\text{wirt}} \approx 25 + 1 =$ **26 kg/cm²**. (Weitere Bemessung siehe Zahlenbeispiel 19.)

Zahlenbeispiel 70 siehe S. 66.

Zahlenbeispiel 76 siehe S. 71.

Zahlenbeispiel 77. (§ 10a.) Aufgabe wie vor; jedoch rohere Lösung ohne Tabellen. ■ (Siehe Anleitung 643.) Ermittlung von $k = 0{,}2740$ cm wie vor. (Gl. 646:) $b_{\text{wirt}} \approx 18 + \sqrt{109800 \cdot 0{,}002740} \approx 35$ cm; (Gl. 615:) $\beta = 35/0{,}2740 = 127{,}7$; (Gl. 630:) $(h/f_e)_{\text{wirt}} \approx 127{,}7 \cdot 1{,}1 = 140{,}5 = 1{,}405$ m/cm; (Gl. 158a:) $\sigma_{b\,\text{wirt}} = \frac{480}{\sqrt{9 + 1{,}405 \cdot 120} - 3} \approx 46$ kg/cm²; Berichtigung (wie vor um $\triangle\,\sigma_{b\,\text{wirt}} = 4$ kg/cm²): ● $\sigma_{b\,\text{wirt}} \approx 46 + 4 =$ **50 kg/cm²**. Entsprechende Berichtigung für b_{wirt} schätzungsweise [385]): ● $b_{\text{wirt}} \approx$ **36 cm.**

Zahlenbeispiel 78. (§ 10a.) Der in Zahlenbeisp. 67 geschätzte Eigengewichts-Einfluß $\triangle\,\sigma_{b\,\text{wirt}}$ soll rechnerisch überschlagen werden.

[380]) Nur zum grundsätzlichen Verständnis, aber, wegen des untergeordneten Einflusses dieser Hilfsrechnung auf das Endergebnis der Bemessung, nicht unbedingt zur genauen Nachahmung bei praktischer Anwendung, diene nachfolgende Einzelheit. Wegen der geraden Geschoßzahl 6 ist als zu untersuchende mittlere Geschoßdecke eine Decke in halber Höhe des II. O. G. zu denken, deren nach unten anschließende Säulen die Stärke $(43 + 50) \cdot {}^1/_2 = 46{,}5$ cm hätten, also den Durchschnittswert $(46{,}5 + 60) \cdot {}^1/_2 \approx 53$ cm ergeben.

[381]) Faustformel aus Zahlenbeispiel 64 ergibt 5,62 M/m².

[382]) Vgl. Zahlenbeispiel 56.

[383]) Schärfer findet man hiernach mit $b = 9000/6480 = 1{,}389$ m aus Fig. 33: $\sigma_{b\,\text{wirt}} \approx 27$ kg/cm²; d. h. berichtigt: $\sigma_{b\,\text{wirt}} \approx 27 + 1 =$ **28 kg/cm²**. Einerseits verursacht dies »schärfere« Verfahren nur wenig Mehrarbeit, anderseits bringt es eine nur geringe Kostenersparnis ein.

[384]) D. h. (im Gegensatz zu Zahlenbeispiel 71): Berichtigung von $\sigma_{b\,\text{wirt}}$ auf bschr. Drz. nicht erforderlich.

[385]) Oder rechnerisch, wie folgt. (Gl. 169:) $a = \frac{109800/28800}{\frac{1200}{50}\left(\frac{120}{50} + 1\right)} = 0{,}04672$ m $= 4{,}672$ cm; (Gl. 170:) $b = (18 + 4{,}672) + \sqrt{4{,}672 \cdot (36 + 4{,}672)} = 36{,}46$ cm.

Vorläufig: $\sigma_{b\,\mathrm{wirt}} \approx 46$ kg/cm². Durch Vorberechnung, Überschlag oder Schätzung bekannt: $g' \approx 550$ kg/m²; $q \approx 1800$ kg/m². ▬ $g'/q \approx 550/1800 = 30{,}6\,\%$; (Gl. 651:) $\triangle\,\sigma_{b\,\mathrm{wirt}}/\sigma_{b\,\mathrm{wirt}} \approx 30{,}6 \cdot 1/2 = 15{,}3\,\%$; ● $\triangle\,\sigma_{b\,\mathrm{wirt}} = 15{,}3\,\% \cdot 46 \approx$ **7 kg/cm².**

Zahlenbeispiel 79. (§ 10a.) Der im Zahlenbeisp. 69 geschätzte Eigengewichts-Einfluß $\triangle\,\sigma_{b\,\mathrm{wirt}}$ soll rechnerisch überschlagen werden. Vorläufig: $\sigma_{b\,\mathrm{wirt}} \approx 25$ kg/cm². Durch Vorberechnung, Überschlag oder Schätzung bekannt: $g' \approx 250$ kg/m; $q \approx 4200$ kg/m. ▬ $g'/q \approx 250/4200 \approx 6{,}0\,\%$; (Gl. 651:) $\triangle\,\sigma_{b\,\mathrm{wirt}}/\sigma_{b\,\mathrm{wirt}} \approx 6{,}0 \cdot 1/2 \approx 3{,}0\,\%$; ● $\triangle\,\sigma_{b\,\mathrm{wirt}} \approx 3{,}0\,\% \cdot 25 \approx$ **1 kg/cm².**

▬ Zu § 10b. ▬

Keine Zahlenbeispiele.

▬ Zu § 10c. ▬

Zahlenbeispiel 80. (§ 10c.) Behälter-Zwischenwand (Balkenplatte) wirtschaftlich zu bemessen. $f_e/f_e' = 1$; $M/b = 2140$ kgm/m; $N/b = -2000$ kg/m; $\sigma_e = \sigma_{e\,\mathrm{sich}} = 1200$ kg/cm²; $\sigma_{b\,\mathrm{sich}} = 65$ kg/cm². $\mathfrak{B} = 30$ M/m³; $\mathfrak{C} = 2600$ M/10 t. ▬ (Vgl. Anleitg. 691.) Geschätzt $c_h \approx 2{,}0$ kg/(cm² · m); $\mathfrak{C}/\mathfrak{B} = 2600/30 = 86{,}67$; (Gl. 622 a:) $\beta = 86{,}67 \cdot 2{,}0/1{,}02 = 169{,}9$. Hierzu, als sei $f_e' = 0$, nach Tab. VI, Spalte 5 und 12, bestpassend $\sigma_{b\,\mathrm{wirt}} \approx 39$ kg/cm². Zusatzspannung[386]) für Längskraft, hier Abzug für Zugkraft, kann (genau genug) als ausgeglichen angesehen werden mit Zuschlag für Druckbewehrung (vgl. Fußnote 312). Nach Tab. VI, Spalte 13, und Gl. 124: $h = 0{,}4191\,\sqrt{2140} = 19{,}39$ cm. Gewählt: $d = 21{,}00$ cm; $\Phi = 12$ mm; (nach Gl. 5:) $d - h = 1{,}2/2 + 1 = 1{,}60$ cm; ● $h = 21{,}00 - 1{,}60 =$ **19,40 cm.** (Weitere Bemessung siehe Zahlenbeispiel 54.)

▬ Zu § 11. ▬

Zahlenbeispiel 81. (§ 11.) Balkenplatte. Zu Zahlenbeispiel 15 maßgebende Zugspannung gesucht. $\sigma_b = 40$ kg/cm²; $\sigma_{e\,\mathrm{sich}} = 1200$ kg/cm²; $c_h \approx 1{,}0$ kg/(cm² · m); $\mathfrak{C} = 2400$ M/10 t; $\mathfrak{B} = 41{,}40$ M/m³ (einschl. Unterstützungskosten und Eigengewichtskosten[387])). ▬ $\mathfrak{C}/\mathfrak{B} = 2400/41{,}40 = 57{,}97$ m³/10 t; (Gl. 622 a:) $\beta = 57{,}97 \cdot 1{,}0/1{,}02 = 56{,}83$; hierzu liefert Tab. VI in Spalte 25 bestpassend $\beta = 56{,}49$[388]) und mit Spalte 20 (nach Gl. 129): $\sigma_{e\,\mathrm{wirt}} \approx 36{,}36 \cdot 40 = 1454$ kg/cm² $> \sigma_{e\,\mathrm{sich}}$; also (nach 695) ● $\sigma_e = \sigma_{e\,\mathrm{sich}} =$ **1200 kg/cm²** maßgebend.

Zahlenbeispiel 82. (§ 11.) Mittelfeld einer durchlaufenden Balkenplatte, aus Bims-Eisenbeton ($\gamma = 1800$ kg/m³), für Dachdecke. (Belastung außer Eigengewicht:) $g'' + p = 164$ kg/m²; $l = 4{,}135$ m; $m = 24$; $\sigma_b = \sigma_{b\,\mathrm{sich}} = 25$ kg/cm²; $\sigma_{e\,\mathrm{sich}} = 1200$ kg/cm²; $c_h \approx 1{,}10$ kg/(cm² · m); $\mathfrak{C} = 2400$ M/10 t; $\mathfrak{B} = 46$ M/m³ (einschl. Unterstützungskosten und Eigengewichtskosten[387])). ▬ $\mathfrak{C}/\mathfrak{B} = 2400/46 = 52{,}17$ m³/10 t; (Gl. 622 a:) $\beta = 52{,}17 \cdot 1{,}10/1{,}02 = 56{,}27$; hierzu bestpassend nach Tab. VI, Spalte 25 u. 20 (mit Gl. 129): $\sigma_{e\,\mathrm{wirt}} \approx 36{,}36 \cdot 25 = 909$ kg/cm² $< \sigma_{e\,\mathrm{sich}}$. Mit $\sigma_{e\,\mathrm{wirt}}$ (vgl. Anleitg. 115) ergibt Überschlag[389]): $g' = 180$ kg/m²; $q = 180 + 164 = 344$ kg/m². (Nach Fig. 11 und Gl. 101:) $r_{\mathrm{steif}}^2\,\sigma_b \approx 7{,}071^2 \cdot 25/344 = 3{,}634$; hierzu bestpassend nach Tab. VI, Spalte 19 u. 20 (mit Gl. 129): $\sigma_{e\,\mathrm{steif}} \approx 6 \cdot 25 = 150$ kg/cm²[390])[391]) $< \sigma_{e\,\mathrm{wirt}}$. (Nach Anleitung 695:) ● $\sigma_e = \sigma_{e\,\mathrm{wirt}} \approx$ **909 kg/cm²** maßgebend.

Zahlenbeispiel 83. (§ 11.) Beiderseits frei aufliegende Balkenplatte mit »Baustahlgewebe«; Geschoßdecke. (Belag und Putz:) $g'' = 65$ kg/m²; $p = 500$ kg/m²; $l = 2{,}29$ m; $m = 8$; $\sigma_b = \sigma_{b\,\mathrm{sich}} = 55$ kg/cm²; $\sigma_{e\,\mathrm{sich}} = 2400$ kg/cm²; $c_h \approx 0{,}80$ kg/(cm² · m); $\mathfrak{C} = 3400$ M/10 t; $\mathfrak{B} = 44$ M/m³ (einschl. Unterstützungskosten und Eigengewichtskosten[387])). ▬ $\mathfrak{C}/\mathfrak{B} = 3400/44 = 77{,}27$ m³/10 t; (Gl. 622 a:) $\beta = 77{,}27 \cdot 0{,}80/1{,}02 = 60{,}61$; hierzu bestpassend nach Tab. VI, Spalte 25 und 20 (mit Gl. 129): $\sigma_{e\,\mathrm{wirt}} \approx 37{,}5 \cdot 55 = 2063$ kg/cm² $< \sigma_{e\,\mathrm{sich}}$. Mit $\sigma_{e\,\mathrm{wirt}}$ (vgl. Anleitung 115) ergibt Überschlag[392]): $g' = 240$ kg/m²; $q = 240 + 65 + 500 = 805$ kg/m². (Nach Fig. 11 und Gl. 100:) $r_{\mathrm{steif}}^2\,\sigma_b \approx 8{,}081^2 \cdot 55/805 = 4{,}462$; hierzu bestpassend nach Tab. VI, Spalte 19 und 20 (mit Gl. 129): $\sigma_{e\,\mathrm{steif}} \approx 12 \cdot 55 = 660$ kg/cm²[390]) $< \sigma_{e\,\mathrm{wirt}}$. (Nach Anleitung 695:) ● $\sigma_e = \sigma_{e\,\mathrm{wirt}} \approx$ **2063 kg/cm²** maßgebend.

▬ Zu § 11 a. ▬

Keine Zahlenbeispiele.

Zahlenbeispiel 84 siehe S. 76.

---

[386]) Ausrechnung nach Gl. 683 a, 684 a, 681, 671 liefert $\triangle\,\sigma_{b\,\mathrm{wirt}} \approx -2$ kg/cm².

[387]) Gemäß Vorberechnung oder Schätzung ermittelt nach Gl. 611.

[388]) Dagegen für Fall e mit $\sigma_{e\,\mathrm{sich}} = 1200$ kg/cm² in Spalte 5 bestpassend $\beta = 56{,}83$ und in Spalte 12: $\sigma_{b\,\mathrm{wirt}} \approx 76$ kg/cm².

[389]) Nach anfänglicher Schätzung von q, mittels nachfolgender Proberechnung (die in der Praxis natürlich nicht, wie lehrhafterweise hier, volle Übereinstimmung zu ergeben braucht): $M/b = 344 \cdot 4{,}135^2/24 = 245{,}1$ kgm/m; (Tab. VI, Spalte 19, mit Gl. 125:) $h = \sqrt{245{,}1 \cdot 7{,}587/25} = 8{,}625$ cm; (Gl. 14:) $d = 8{,}625 \cdot 1{,}02 + 1{,}2 = 10$ cm; $g' = 0{,}10 \cdot 1800 = 180$ kg/m².

[390]) In der Praxis braucht $\sigma_{e\,\mathrm{steif}}$ hier nicht ausgerechnet zu werden. Es genügt die Feststellung, daß $r^2_{\mathrm{steif}}\,\sigma_b$ in Tab. VI tiefer liegt als β, also ${}_b\mathfrak{v}_{\mathrm{steif}} < {}_b\mathfrak{v}_{\mathrm{wirt}}$ ist.

[391]) Genauer, mit Einführung von q_{steif}, wird $\sigma_{e\,\mathrm{steif}} \approx 275$ kg/cm². Trotz ihrer Größe ist diese Abweichung hier unerheblich gemäß Anleitung 115.

[392]) Entsprechend, wie für Zahlenbeispiel 82 Fußnote 389 zeigt.

Dritter Teil: Tabellen.*

Abschnitt 1. Konstruktive und wirtschaftliche Tabellen.

* Soweit von n abhängig (Tab. II bis X), aufgestellt für $n = 15$, aber gemäß Regel 256b auch bei beliebigem n anwendbar mit Ausnahme der (umgehbaren) Tab. II, III und V.

$b_{(e)}$ Zugbreite; $d_{(e)}$ Konstruktionshöhe; F_e Querschnitt d. Zugeisen; F_{eI} desgl. nur der 1. (äußersten) Lage; F_e' Querschnitt d. Druckeisen; h Nutzhöhe; h' Schwerpunktsabstand des Druckeisenquerschnittes von der gedrückten Betonkante; $ü$ Betonüberdeckung der äußersten Bewehrungseisen; m Anzahl der Rundeisen insgesamt; m_I Anzahl der Rundeisen der 1. (äußersten) Lage; Φ Durchmesser der Rundeisen in mm.

Tab. I. Eisenquerschnitt. Zugbreite,

Vgl. auch § 1, besonders Fig. 1, und

(Tabelle dient zur sachgemäßen Unter-

Zu F_e' (an Stelle F_e) liefert diese Tabelle h' (an Stelle $d_{(e)} - h$).

Die Zahlenwerte $d_{(e)} - h$ und $b_{(e)}$ gelten genau für den Bügeldurchmesser $\Phi' = \frac{1}{4}(\Phi + 1\text{ cm})$. Sie sind für stärkere Bügel entsprechend aufzurunden.

Für Balken im Freien usw. mit $ü > 1{,}5$ cm sind die Zahlenwerte $d_{(e)} - h$ um $ü - 1{,}5$ cm, $b_{(e)}$ um $2 \cdot (ü - 1{,}5\text{ cm})$ zu erhöhen.

Für einen zweier sich kreuzenden Balken (mit gleichem Eisendurchm. Φ und gleichem Vorzeichen des Biegungsmomentes an der Kreuzungsstelle) ist d. Zahlenwert $d_{(e)} - h$ um Φ zu erhöhen. Vgl. Fig. 2.

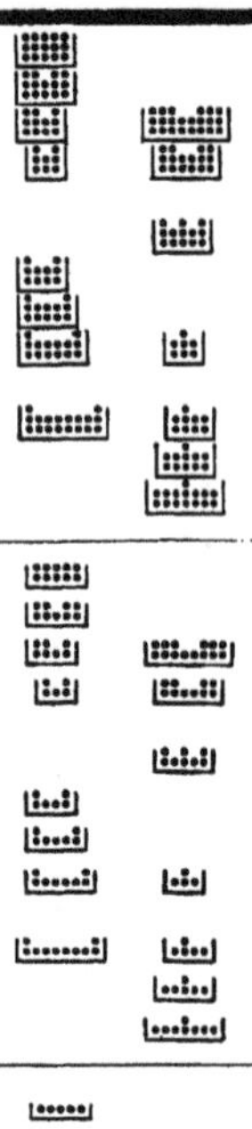

m/m_I \ Φ =	4	4,5	5	5,5	6	6,5	7	7,5	8	9	10	11	12	13	14	15	16	17	18	19	20	21
3																	6,55	6,73	6,90	7,08	7,25	7,53
2,8																	6,29	6,46	6,63	6,80	6,96	7,22
2,75																	6,22	6,39	6,55	6,72	6,89	7,14
2,667																	6,10	6,26	6,43	6,59	6,75	7,00
2,6																	6,00	6,15	6,31	6,47	6,63	6,88
2,5						3 Lagen											5,83	5,99	6,14	6,30	6,45	6,69
2,4																	5,65	5,80	5,95	6,10	6,25	6,48
2,333																	5,52	5,67	5,81	5,96	6,11	6,32
2,25																	5,35	5,49	5,63	5,78	5,92	6,12
2,2																	5,24	5,38	5,52	5,66	5,80	6,00
2,143																	5,11	5,25	5,38	5,52	5,65	5,85
2													4,25	4,38	4,50	4,63	4,75	4,88	5,00	5,13	5,25	5,43
1,8													4,07	4,19	4,31	4,43	4,55	4,67	4,79	4,91	5,03	5,19
1,75													4,02	4,14	4,26	4,37	4,49	4,61	4,73	4,85	4,96	5,12
1,667													3,93	4,05	4,16	4,28	4,39	4,51	4,62	4,74	4,85	5,01
1,6													3,85	3,96	4,08	4,19	4,30	4,41	4,53	4,64	4,75	4,90
1,5						2 Lagen							3,72	3,82	3,93	4,04	4,15	4,26	4,37	4,47	4,58	4,73
1,4													3,56	3,67	3,77	3,87	3,98	4,08	4,19	4,29	4,39	4,53
1,333													3,45	3,55	3,65	3,75	3,85	3,95	4,05	4,15	4,25	4,38
1,25													3,29	3,39	3,48	3,58	3,67	3,77	3,86	3,96	4,05	4,17
1,2													3,18	3,27	3,37	3,46	3,55	3,64	3,73	3,82	3,92	4,02
1,143													3,05	3,14	3,23	3,31	3,40	3,49	3,58	3,66	3,75	3,85
1						1 Lage			2,35	2,43	2,50	2,58	2,65	2,73	2,80	2,88	2,95	3,03	3,10	3,18	3,25	3,33
m bzw. m_I	**4**	**4,5**	**5**	**5,5**	**6**	**6,5**	**7**	**7,5**	**8**	**9**	**10**	**11**	**12**	**13**	**14**	**15**	**16**	**17**	**18**	**19**	**20**	**21**
1	0,1257	0,1590	0,1964	0,2376	0,2827	0,3318	0,3848	0,4418	0,5027	0,6362	0,7854	0,9503	1,131	1,327	1,539	1,767	2,011	2,270	2,545	2,835	3,142	3,464
2	0,2513	0,3181	0,3927	0,4752	0,5655	0,6637	0,7697	0,8836	1,005	1,272	1,571	1,901	2,262	2,655	3,079	3,534	4,021	4,540	5,089	5,671	6,283	6,927
3	0,3770	0,4771	0,5891	0,7127	0,8482	0,9955	1,155	1,325	1,508	1,909	2,356	2,851	3,393	3,982 12,05	4,618 12,4	5,301 12,75	6,032 13,1	6,809 13,45	7,634 13,8	8,506 14,15	9,425 14,5	10,39 15,05
4	0,5027	0,6362	0,7854	0,9503	1,131	1,327	1,539	1,767	2,011 13,1	2,545 13,55	3,142 14	3,801 14,45	4,524 14,9	5,309 15,35	6,158 15,8	7,069 16,25	8,042 16,7	9,079 17,15	10,18 17,6	11,34 18,05	12,57 18,5	13,85 19,25
														5				*10*				*15*
5	0,6283	0,7952	0,9818	1,188	1,414	1,659	1,924	2,209	2,513 15,9	3,181 16,45	3,927 17	4,752 17,55	5,655 18,1	6,637 18,65	7,697 19,2	8,836 19,75	10,05 20,3	11,35 20,85	12,72 21,4	14,18 21,95	15,71 22,5	17,32 23,45
6	0,7540	0,9543	1,178	1,425	1,696	1,991	2,309	2,651	3,016 18,7	3,817 19,35	4,712 20	5,702 20,65	6,786 21,3	7,964 21,95	9,236 22,6	10,60 23,25	12,06 23,9	13,62 24,55	15,27 25,2	17,01 25,85	18,85 26,5	20,78 27,65
7	0,8796	1,113	1,374	1,663	1,979	2,323	2,694	3,093	3,519 21,5	4,453 22,25	5,498 23	6,652 23,75	7,917 24,5	9,291 25,25	10,78 26	12,37 26,75	14,07 27,5	15,89 28,25	17,81 29	19,85 29,75	21,99 30,5	24,25 31,85
8	1,005	1,272	1,571	1,901	2,262	2,655	3,079	3,534	4,021 24,3	5,089 25,15	6,283 26	7,603 26,85	9,048 27,7	10,62 28,55	12,32 29,4	14,14 30,25	16,08 31,1	18,16 31,95	20,36 32,8	22,68 33,65	25,13 34,5	27,71 36,05
										5			*10*			*15*		*20*				*30*
9	1,131	1,431	1,767	2,138	2,545	2,986	3,464	3,976	4,524 27,1	5,726 28,05	7,069 29	8,553 29,95	10,18 30,9	11,95 31,85	13,85 32,8	15,90 33,75	18,10 34,7	20,43 35,65	22,90 36,6	25,52 37,55	28,27 38,5	31,17 40,25
10	1,257	1,590	1,964	2,376	2,827	3,318	3,848	4,418	5,027 29,9	6,362 30,95	7,854 32	9,503 33,05	11,31 34,1	13,27 35,15	15,39 36,2	17,67 37,25	20,11 38,3	22,70 39,35	25,45 40,4	28,35 41,45	31,42 42,5	34,64 44,45
11	1,382	1,749	2,160	2,613	3,110	3,650	4,233	4,860	5,529 32,7	6,998 33,85	8,639 35	10,45 36,15	12,44 37,3	14,60 38,45	16,93 39,6	19,44 40,75	22,12 41,9	24,97 43,05	27,99 44,2	31,19 45,35	34,56 46,5	38,10 48,65
12	1,508	1,909	2,356	2,851	3,393	3,982	4,618	5,301	6,032 35,5	7,634 36,75	9,425 38	11,40 39,25	13,57 40,5	15,93 41,75	18,47 43	21,21 44,25	24,13 45,5	27,24 46,75	30,54 48	34,02 49,25	37,70 50,5	41,56 52,85
								5			*10*		*15*		*20*			*30*			*40*	
13	1,634	2,068	2,553	3,089	3,676	4,314	5,003	5,743	6,535	8,270	10,21	12,35	14,70	17,26	20,01	22,97	26,14	29,51	33,08	36,86	40,84	45,03
14	1,759	2,227	2,749	3,326	3,958	4,646	5,388	6,185	7,037	8,906	11,00	13,30	15,83	18,58	21,55	24,74	28,15	31,78	35,63	39,69	43,98	48,49
15	1,885	2,386	2,945	3,564	4,241	4,977	5,773	6,627	7,540	9,543	11,78	14,25	16,96	19,91	23,09	26,51	30,16	34,05	38,17	42,53	47,12	51,95
16	2,011	2,545	3,142	3,801	4,524	5,309	6,158	7,069	8,042	10,18	12,57	15,21	18,10	21,24	24,63	28,27	32,17	36,32	40,72	45,36	50,27	55,42
17	2,136	2,704	3,338	4,039	4,807	5,641	6,542	7,510	8,545	10,81	13,35	16,16	19,23	22,56	26,17	30,04	34,18	38,59	43,26	48,20	53,41	58,88
18	2,262	2,863	3,534	4,276	5,089	5,973	6,927	7,952	9,048	11,45	14,14	17,11	20,36	23,89	27,71	31,81	36,19	40,86	45,80	51,04	56,55	62,34
19	2,388	3,022	3,731	4,514	5,372	6,305	7,312	8,394	9,550	12,09	14,92	18,06	21,49	25,22	29,25	33,58	38,20	43,13	48,35	53,87	59,69	65,81
20	2,513	3,181	3,927	4,752	5,655	6,637	7,697	8,836	10,05	12,72	15,71	19,01	22,62	26,55	30,79	35,34	40,21	45,40	50,89	56,71	62,83	69,27
					5			*10*		*15*		*20*		*30*		*40*		*50*				*70*
21	2,639	3,340	4,123	4,989	5,938	6,968	8,082	9,278	10,56	13,36	16,49	19,96	23,75	27,87	32,33	37,11	42,22	47,67	53,44	59,54	65,97	72,74
22	2,765	3,499	4,320	5,227	6,220	7,300	8,467	9,719	11,06	14,00	17,28	20,91	24,88	29,20	33,87	38,88	44,23	49,94	55,98	62,38	69,11	76,20
23	2,890	3,658	4,516	5,464	6,503	7,632	8,851	10,16	11,56	14,63	18,06	21,86	26,01	30,53	35,41	40,64	46,24	52,21	58,53	65,21	72,26	79,66
24	3,016	3,817	4,712	5,702	6,786	7,964	9,236	10,60	12,06	15,27	18,85	22,81	27,14	31,86	36,95	42,41	48,25	54,48	61,07	68,05	75,40	83,13
25	3,142	3,976	4,909	5,940	7,069	8,296	9,621	11,04	12,57	15,90	19,63	23,76	28,27	33,18	38,48	44,18	50,27	56,75	63,62	70,88	78,54	86,59

Konstruktionshöhe der Balken.

Zahlenbeispiele 1 bis 3 (S. 68 herausklappen!).

bringung der Eiseneinlagen in Balken.)

Oberer Tabellenteil: $d_{(0)} - h$ in cm.

Unterer Tabellenteil: F_e bzw. F_{eI} in cm² (obere, schräge Ziffer); $b_{(0)}$ in cm (untere, steile Ziffer).

7,80	8,08	8,35	8,63	8,90	9,18	9,45	9,73	10,00	10,28	10,55	10,83	11,10	11,38	11,65	11,93	12,20	12,48	12,75	13,30	13,85	14,40	14,95	15,50	3
7,49	7,75	8,01	8,27	8,53	8,79	9,05	9,31	9,57	9,83	10,09	10,35	10,61	10,87	11,14	11,40	11,66	11,92	12,18	12,70	13,22	13,74	14,26	14,79	2,8
7,40	7,66	7,91	8,17	8,43	8,68	8,94	9,20	9,45	9,71	9,97	10,22	10,48	10,74	11,00	11,25	11,51	11,77	12,02	12,54	13,05	13,56	14,08	14,59	2,75
7,25	7,50	7,75	8,00	8,25	8,50	8,75	9,00	9,25	9,50	9,75	10,00	10,25	10,50	10,75	11,00	11,25	11,50	11,75	12,25	12,75	13,25	13,75	14,25	2,667
7,12	7,37	7,61	7,85	8,10	8,34	8,59	8,83	9,08	9,32	9,56	9,81	10,05	10,30	10,54	10,78	11,03	11,27	11,52	12,01	12,49	12,98	13,47	13,96	2,6
6,92	7,16	7,39	7,63	7,86	8,10	8,33	8,57	8,80	9,04	9,27	9,51	9,74	9,98	10,21	10,45	10,68	10,92	11,15	11,62	12,09	12,56	13,03	13,50	2,5
6,70	6,93	7,15	7,38	7,60	7,83	8,05	8,28	8,50	8,73	8,95	9,18	9,40	9,63	9,85	10,08	10,30	10,53	10,75	11,20	11,65	12,10	12,55	13,00	2,4
6,54	6,76	6,98	7,20	7,41	7,63	7,85	8,07	8,29	8,50	8,72	8,94	9,16	9,37	9,59	9,81	10,03	10,25	10,46	10,90	11,34	11,77	12,21	12,64	2,333
6,33	6,54	6,75	6,96	7,17	7,37	7,58	7,79	8,00	8,21	8,42	8,62	8,83	9,04	9,25	9,46	9,67	9,87	10,08	10,50	10,92	11,33	11,75	12,17	2,25
6,20	6,40	6,60	6,81	7,01	7,21	7,41	7,62	7,82	8,02	8,22	8,43	8,63	8,83	9,03	9,23	9,44	9,64	9,84	10,25	10,65	11,05	11,46	11,86	2,2
6,04	6,24	6,43	6,63	6,82	7,02	7,21	7,41	7,60	7,80	7,99	8,19	8,38	8,58	8,77	8,97	9,16	9,36	9,55	9,94	10,33	10,72	11,11	11,50	2,143
5,60	5,78	5,95	6,13	6,30	6,48	6,65	6,83	7,00	7,18	7,35	7,53	7,70	7,88	8,05	8,23	8,40	8,58	8,75	9,10	9,45	9,80	10,15	10,50	2
5,36	5,52	5,68	5,85	6,01	6,18	6,34	6,50	6,67	6,83	6,99	7,16	7,32	7,49	7,65	7,81	7,98	8,14	8,31	8,63	8,96	9,29	9,62	9,94	1,8
5,29	5,45	5,61	5,77	5,93	6,09	6,25	6,41	6,57	6,73	6,89	7,05	7,21	7,37	7,54	7,70	7,86	8,02	8,18	8,50	8,82	9,14	9,46	9,79	1,75
5,16	5,32	5,47	5,63	5,78	5,94	6,09	6,25	6,40	6,56	6,71	6,87	7,02	7,18	7,33	7,49	7,64	7,80	7,95	8,26	8,57	8,88	9,19	9,50	1,667
5,05	5,20	5,35	5,50	5,65	5,80	5,95	6,10	6,25	6,40	6,55	6,70	6,85	7,00	7,15	7,30	7,45	7,60	7,75	8,05	8,35	8,65	8,95	9,25	1,6
4,87	5,01	5,15	5,29	5,43	5,58	5,72	5,86	6,00	6,14	6,28	6,43	6,57	6,71	6,85	6,99	7,13	7,28	7,42	7,70	7,98	8,27	8,55	8,83	1,5
4,66	4,79	4,92	5,05	5,19	5,32	5,45	5,58	5,71	5,85	5,98	6,11	6,24	6,38	6,51	6,64	6,77	6,90	7,04	7,30	7,56	7,83	8,09	8,36	1,4
4,50	4,63	4,75	4,88	5,00	5,13	5,25	5,38	5,50	5,63	5,75	5,88	6,00	6,13	6,25	6,38	6,50	6,63	6,75	7,00	7,25	7,50	7,75	8,00	1,333
4,28	4,40	4,51	4,63	4,74	4,86	4,97	5,09	5,20	5,32	5,43	5,55	5,66	5,78	5,89	6,01	6,12	6,24	6,35	6,58	6,81	7,04	7,27	7,50	1,25
4,13	4,24	4,35	4,46	4,57	4,67	4,78	4,89	5,00	5,11	5,22	5,32	5,43	5,54	5,65	5,76	5,87	5,97	6,08	6,30	6,52	6,73	6,95	7,17	1,2
3,95	4,05	4,15	4,25	4,35	4,45	4,55	4,65	4,75	4,85	4,95	5,05	5,15	5,25	5,35	5,45	5,55	5,65	5,75	5,95	6,15	6,35	6,55	6,75	1,143
3,40	3,48	3,55	3,63	3,70	3,78	3,85	3,93	4,00	4,08	4,15	4,23	4,30	4,38	4,45	4,53	4,60	4,68	4,75	4,90	5,05	5,20	5,35	5,50	1
22	**23**	**24**	**25**	**26**	**27**	**28**	**29**	**30**	**31**	**32**	**33**	**34**	**35**	**36**	**37**	**38**	**39**	**40**	**42**	**44**	**46**	**48**	**mm 50**	m/mI — m bzw. mI
3,801	*4,155*	*4,524*	*4,909*	*5,309*	*5,726*	*6,158*	*6,605*	*7,069*	*7,548*	*8,042*	*8,553*	*9,079*	*9,621*	*10,18*	*10,75*	*11,34*	*11,95*	*12,57*	*13,85*	*15,21*	*16,62*	*18,10*	*19,64*	1
7,603	*8,310*	*9,048*	*9,817* / 12,25	*10,62* / 12,6	*11,45* / 12,95	*12,32* / 13,3	*13,21* / 13,65	*14,14* / 14	*15,10* / 14,35	*16,08* / 14,7	*17,11* / 15,05	*18,16* / 15,4	*19,24* / 15,75	*20,36* / 16,1	*21,50* / 16,45	*22,68* / 16,8	*23,89* / 17,15	*25,13* / 17,5	*27,71* / 18,2	*30,41* / 18,9	*33,24* / 19,6	*36,19* / 20,3	*39,27* / 21	2
11,40 / 15,6	*12,46* / 16,15	*13,57* / 16,7	*14,73* / 17,25	*15,93* / 17,8	*17,18* / 18,35	*18,47* / 18,9	*19,82* / 19,45	*21,21* / 20	*22,64* / 20,55	*24,13* / 21,1	*25,66* / 21,65	*27,24* / 22,2	*28,86* / 22,75	*30,54* / 23,3	*32,26* / 23,85	*34,02* / 24,4	*35,84* / 24,95	*37,70* / 25,5	*41,56* / 26,6	*45,62* / 27,7	*49,86* / 28,8	*54,29* / 29,9	*58,91* / 31	3
15,21 / 20	*16,62* / 20,75	*18,10* / 21,5	*19,63* / 22,25	*21,24* / 23	*22,90* / 23,75	*24,63* / 24,5	*26,42* / 25,25	*28,27* / 26	*30,19* / 26,75	*32,17* / 27,5	*34,21* / 28,25	*36,32* / 29	*38,48* / 29,75	*40,72* / 30,5	*43,01* / 31,25	*45,36* / 32	*47,78* / 32,75	*50,27* / 33,5	*55,42* / 35	*60,82* / 36,5	*66,48* / 38	*72,38* / 39,5	*78,54* / 41	4
15			**20**					**30**					**40**				**50**					**70 cm²**		
19,01 / 24,4	*20,77* / 25,35	*22,62* / 26,3	*24,54* / 27,25	*26,55* / 28,2	*28,63* / 29,15	*30,79* / 30,1	*33,03* / 31,05	*35,34* / 32	*37,74* / 32,95	*40,21* / 33,9	*42,76* / 34,85	*45,40* / 35,8	*48,11* / 36,75	*50,89* / 37,7	*53,76* / 38,65	*56,71* / 39,6	*59,73* / 40,55	*62,83* / 41,5	*69,27* / 43,4	*76,03* / 45,3	*83,10* / 47,2	*90,48* / 49,1	*98,18* / 51	5
22,81 / 28,8	*24,93* / 29,95	*27,14* / 31,1	*29,45* / 32,25	*31,86* / 33,4	*34,35* / 34,55	*36,95* / 35,7	*39,63* / 36,85	*42,41* / 38	*45,29* / 39,15	*48,25* / 40,3	*51,32* / 41,45	*54,48* / 42,6	*57,73* / 43,75	*61,07* / 44,9	*64,51* / 46,05	*68,05* / 47,2	*71,68* / 48,35	*75,40* / 49,5	*83,13* / 51,8	*91,23* / 54,1	*99,71* / 56,4	*108,6* / 58,7	*117,8* / 61	6
26,61 / 33,2	*29,08* / 34,55	*31,67* / 35,9	*34,36* / 37,25	*37,17* / 38,6	*40,08* / 39,95	*43,10* / 41,3	*46,24* / 42,65	*49,48* / 44	*52,83* / 45,35	*56,30* / 46,7	*59,87* / 48,05	*63,55* / 49,4	*67,35* / 50,75	*71,25* / 52,1	*75,26* / 53,45	*79,39* / 54,8	*83,62* / 56,15	*87,96* / 57,5	*96,98* / 60,2	*106,4* / 62,9	*116,3* / 65,6	*126,7* / 68,3	*137,4* / 71	7
30,41 / 37,6	*33,24* / 39,15	*36,19* / 40,7	*39,27* / 42,25	*42,47* / 43,8	*45,80* / 45,35	*49,26* / 46,9	*52,84* / 48,45	*56,55* / 50	*60,38* / 51,55	*64,34* / 53,1	*68,42* / 54,65	*72,63* / 56,2	*76,97* / 57,75	*81,43* / 59,3	*86,02* / 60,85	*90,73* / 62,4	*95,57* / 63,95	*100,5* / 65,5	*110,8* / 68,6	*121,6* / 71,7	*133,0* / 74,8	*144,8* / 77,9	*157,1* / 81	8
30			**40**				**50**					**70**					**100**					**150 cm²**		
34,21 / 42	*37,39* / 43,75	*40,72* / 45,5	*44,18* / 47,25	*47,78* / 49	*51,53* / 50,75	*55,42* / 52,5	*59,45* / 54,25	*63,62* / 56	*67,93* / 57,75	*72,38* / 59,5	*76,98* / 61,25	*81,71* / 63	*86,59* / 64,75	*91,61* / 66,5	*96,77* / 68,25	*102,1* / 70	*107,5* / 71,75	*113,1* / 73,5	*124,7* / 77	*136,8* / 80,5	*149,6* / 84	*162,9* / 87,5	*176,7* / 91	9
38,01 / 46,4	*41,55* / 48,35	*45,24* / 50,3	*49,09* / 52,25	*53,09* / 54,2	*57,26* / 56,15	*61,58* / 58,1	*66,05* / 60,05	*70,69* / 62	*75,48* / 63,95	*80,42* / 65,9	*85,53* / 67,85	*90,79* / 69,8	*96,21* / 71,75	*101,8* / 73,7	*107,5* / 75,65	*113,4* / 77,6	*119,5* / 79,55	*125,7* / 81,5	*138,5* / 85,4	*152,1* / 89,3	*166,2* / 93,2	*181,0* / 97,1	*196,4* / 101	10
41,81 / 50,8	*45,70* / 52,95	*49,76* / 55,1	*54,00* / 57,25	*58,40* / 59,4	*62,98* / 61,55	*67,73* / 63,7	*72,66* / 65,85	*77,75* / 68	*83,02* / 70,15	*88,47* / 72,3	*94,08* / 74,45	*99,87* / 76,6	*105,8* / 78,75	*112,0* / 80,9	*118,3* / 83,05	*124,8* / 85,2	*131,4* / 87,35	*138,2* / 89,5	*152,4* / 93,8	*167,3* / 98,1	*182,8* / 102,4	*199,1* / 106,7	*216,0* / 111	11
45,62 / 55,2	*49,86* / 57,55	*54,29* / 59,9	*58,90* / 62,25	*63,71* / 64,6	*68,71* / 66,95	*73,89* / 69,3	*79,26* / 71,65	*84,82* / 74	*90,57* / 76,35	*96,51* / 78,7	*102,6* / 81,05	*109,0* / 83,4	*115,5* / 85,75	*122,1* / 88,1	*129,0* / 90,45	*136,1* / 92,8	*143,4* / 95,15	*150,8* / 97,5	*166,3* / 102,2	*182,5* / 106,9	*199,4* / 111,6	*217,1* / 116,3	*235,6* / 121	12
		50				**70**					**100**						**150**				**200 cm²**			
49,42	*54,01*	*58,81*	*63,81*	*69,02*	*74,43*	*80,05*	*85,87*	*91,89*	*98,12*	*104,6*	*111,2*	*118,0*	*125,1*	*132,3*	*139,8*	*147,4*	*155,3*	*163,4*	*180,1*	*197,7*	*216,0*	*235,2*	*255,3*	13
53,22	*58,17*	*63,33*	*68,72*	*74,33*	*80,16*	*86,21*	*92,47*	*98,96*	*105,7*	*112,6*	*119,7*	*127,1*	*134,7*	*142,5*	*150,5*	*158,8*	*167,2*	*175,9*	*194,0*	*212,9*	*232,7*	*253,3*	*274,9*	14
57,02	*62,32*	*67,86*	*73,63*	*79,64*	*85,88*	*92,36*	*99,08*	*106,0*	*113,2*	*120,6*	*128,3*	*136,2*	*144,3*	*152,7*	*161,3*	*170,1*	*179,2*	*188,5*	*207,8*	*228,1*	*249,3*	*271,4*	*294,5*	15
60,82	*66,48*	*72,38*	*78,54*	*84,95*	*91,61*	*98,52*	*105,7*	*113,1*	*120,8*	*128,7*	*136,8*	*145,3*	*153,9*	*162,9*	*172,0*	*181,5*	*191,1*	*201,1*	*221,7*	*243,3*	*265,9*	*289,5*	*314,2*	16
64,62	*70,63*	*76,91*	*83,45*	*90,26*	*97,33*	*104,7*	*112,3*	*120,2*	*128,3*	*136,7*	*145,4*	*154,3*	*163,6*	*173,0*	*182,8*	*192,8*	*203,1*	*213,6*	*235,5*	*258,5*	*282,5*	*307,6*	*333,8*	17
68,42	*74,79*	*81,43*	*88,36*	*95,57*	*103,1*	*110,8*	*118,9*	*127,2*	*135,9*	*144,8*	*154,0*	*163,4*	*173,2*	*183,2*	*193,5*	*204,1*	*215,0*	*226,2*	*249,4*	*273,7*	*299,1*	*325,7*	*353,4*	18
72,23	*78,94*	*85,95*	*93,27*	*100,9*	*108,8*	*117,0*	*125,5*	*134,3*	*143,4*	*152,8*	*162,5*	*172,5*	*182,8*	*193,4*	*204,3*	*215,5*	*227,0*	*238,8*	*263,2*	*288,9*	*315,8*	*343,8*	*373,1*	19
76,03	*83,10*	*90,48*	*98,17*	*106,2*	*114,5*	*123,2*	*132,1*	*141,4*	*151,0*	*160,8*	*171,1*	*181,6*	*192,4*	*203,6*	*215,0*	*226,8*	*238,9*	*251,3*	*277,1*	*304,1*	*332,4*	*361,9*	*392,7*	20
70			**100**					**150**					**200**							**300 cm²**				
79,83	*87,25*	*95,00*	*103,1*	*111,5*	*120,2*	*129,3*	*138,7*	*148,4*	*158,5*	*168,9*	*179,6*	*190,7*	*202,0*	*213,8*	*225,8*	*238,2*	*250,9*	*263,9*	*290,9*	*319,3*	*349,0*	*380,0*	*412,3*	21
83,63	*91,40*	*99,53*	*108,0*	*116,8*	*126,0*	*135,5*	*145,3*	*155,5*	*166,0*	*176,9*	*188,2*	*199,7*	*211,7*	*223,9*	*236,5*	*249,5*	*262,8*	*276,5*	*304,8*	*334,5*	*365,6*	*398,1*	*432,0*	22
87,43	*95,56*	*104,0*	*112,9*	*122,1*	*131,7*	*141,6*	*151,9*	*162,6*	*173,6*	*185,0*	*196,7*	*208,8*	*221,3*	*234,1*	*247,3*	*260,8*	*274,8*	*289,0*	*318,7*	*349,7*	*382,2*	*416,2*	*451,6*	23
91,23	*99,71*	*108,6*	*117,8*	*127,4*	*137,4*	*147,8*	*158,5*	*169,6*	*181,1*	*193,0*	*205,3*	*217,9*	*230,9*	*244,3*	*258,1*	*272,2*	*286,7*	*301,6*	*332,5*	*364,9*	*398,9*	*434,3*	*471,2*	24
95,03	*103,9*	*113,1*	*122,7*	*132,7*	*143,1*	*153,9*	*165,1*	*176,7*	*188,7*	*201,1*	*213,8*	*227,0*	*240,5*	*254,5*	*268,8*	*283,5*	*298,6*	*314,2*	*346,4*	*380,1*	*415,5*	*452,4*	*490,9*	25

Die Treppenlinien erleichtern das Auffinden eines bestimmten Eisenquerschnitts in verschiedenen Zeilen

h	Nutzhöhe;
h_x	Nutzhöhe einer Kreuzplatte für die Grundrichtung x;
l_e	größter Abstand der Momenten-Nullpunkte;
l_x bzw. l_y	Spannweite in der Richtung x bzw. y;
l_{xe}	größter Abstand der Momenten-Nullpunkte in der Richtung x;
m_x	Festnenner der Momenten-Formel $M_x = \frac{q \cdot l_x^2}{m_x}$;
$\mathring{m}_x$	Festnenner der Momenten-Formel $\mathring{M}_x = \frac{q \cdot l_x^2}{\mathring{m}}$;
q	Gesamtlast für die Einheit der Platten-Grundfläche;
$\sigma_{b\,steif}$	steife Druckspannung (in bezug auf Steifigkeit eben noch zulässige größte Beton-Druckspannung bei gegebener Eisen-Zugspannung);
σ_e	Eisen-Zugspannung.

Balkenplatten

									$\frac{l_e}{h}$
	σ_e in kg/cm²								
Gewöhnliche Decken (häufig begangen)			Eisenbeton		1200		1500		35
			Steineisen			*1000*		1200	30
Dachdecken usw. (ausnahmsweise begangen)	*1000*	1200		1500					40

σ_e in kg/cm²	1500	1200	1000	q in kg/m²											
$\sigma_{b\,steif}$ in kg/cm²	17,5	14	*11,67*												
	20	16	*13,33*												
	22,5	18	*15*												172,4
	25	20	*16,67*											186,7	207,4
	27,5	22	*18,33*									179,8	195,7	220,2	244,7
	30	24	*20*								189,3	208,7	227,2	255,6	284,0
	32,5	26	*21,67*						183,0	191,2	216,9	239,0	260,3	292,8	325,3
	35	28	*23,33*			138,2	165,8	184,2	207,2	216,6	245,6	270,7	294,8	331,6	368,4
	37,5	30	*25*			155,0	186,0	206,6	232,4	242,9	275,5	303,6	330,6	371,9	413,2
	40	32	*26,67*			172,3	206,8	229,8	258,5	270,1	306,4	337,6	367,6	413,6	459,6
	42,5	34	*28,33*			190,3	228,3	253,7	285,4	298,2	338,2	372,7	405,9	456,6	507,3
	45	36	*30*			208,7	250,4	278,2	313,0	327,1	371,0	408,8	445,2	500,8	556,5
	47,5	38	*31,67*		197,2	227,6	273,1	303,4	341,4	356,7	404,6	445,9	485,5	546,2	606,9
	50	40	*33,33*		214,0	246,9	296,3	329,2	370,4	387,0	439,0	483,7	526,7	592,6	658,4
	52,5	42	*35*	195,6	231,1	266,7	320,0	355,5	400,0	418,0	474,1	522,4	568,9	640,0	711,1
	55	44	*36,67*	210,3	248,6	286,8	344,2	382,4	430,2	449,5	509,9	561,9	611,8	688,3	764,8
	57,5	46	*38,33*	225,3	266,3	307,3	368,7	409,7	460,9	481,6	546,3	602,0	655,6	737,5	819,4
	60	48	*40*	240,6	284,4	328,1	393,7	437,5	492,2	514,3	583,3	642,9	700,0	787,5	875,0
	62,5	50	*41,67*	256,1	302,7	349,3	419,1	465,7	523,9	547,4	620,9	684,3	745,1	838,3	931,4
	68,75	55	*45,83*	295,8	349,6	403,4	484,1	537,9	605,1	632,3	717,2	790,4	860,6	968,2	1076
	75	60	*50*	336,7	393,0	459,2	551,0	612,2	688,8	719,7	816,3	899,6	979,6	1102	1224
	81,25	65	*54,17*	378,6	447,5	516,3	619,6	688,4	774,5	809,3	917,9	1012	1102	1239	1377
	87,5	70	*58,33*	421,4	498,1	574,7	689,6	766,3	862,0	900,7	1022	1126	1226	1379	1533
	93,75	75	*62,5*	465,0	549,6	634,1	760,9	845,5	951,2	993,9	1127	1242	1353	1522	1691

Grundriß-Schema eines Kreuzplattenfeldes. (Vgl. auch § 4a.)

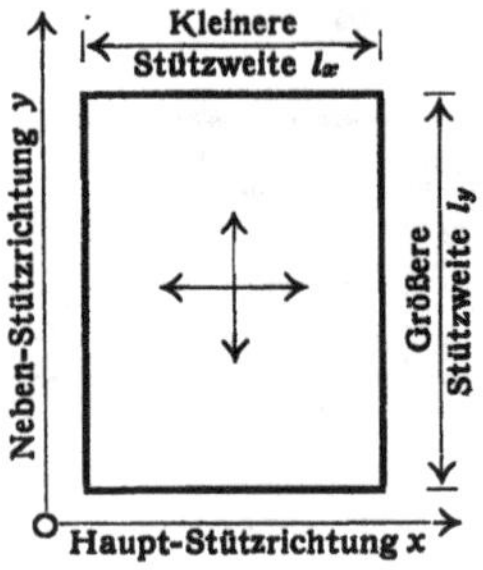

Kreuzplatten

			σ_e in kg/cm²	Frei aufliegend: m_x / Einseitig eingespannt: $-\mathring{m}_x$											
$\frac{l_y}{l_x} \leqq 1,5$ Innerer Bezirk	★★ Ringsum frei aufliegend	Eisenbeton	1500			8,333	10,00	11,11	12,50	13,06	14,81	16,33	17,78	20,00	22,22
			1200		9,028	10,42	12,50	13,89	15,62	16,33	18,52	20,41	22,22	25,00	27,78
		Steineisen	1200					8,889	10,00	10,45	11,85	13,06	14,22	16,00	
			1000			*8,000*	*9,600*	*10,67*	*12,00*	*12,54*	*14,22*	*15,67*	*17,07*		
	★★ Nicht ringsum frei aufliegend	Eisenbeton ★	1500		10,40	12,00	14,40	16,00	18,00	18,81	21,33	23,51	25,60	28,80	32,00
			1200	11,00	13,00	15,00	18,00	20,00	22,50	23,51	26,67	29,39	32,00	36,00	40,00
		Steineisen ★	1200			10,42	12,50	13,89	15,62	16,33	18,52	20,41	22,22	25,00	27,78
			1000		*10,83*	*12,50*	*15,00*	*16,67*	*18,75*	*19,59*	*22,22*	*24,49*	*26,67*	*30,00*	*33,33*
Äußerer Bezirk; $\frac{l_y}{l_x} > 1,5$ — Im Sinne der Spannrichtung x	frei aufliegend oder einseitig eingespannt	Gewöhnl. Decken (häufig begangen) Eisenbeton ★	1500									8,000	8,711	9,800	10,89
			1200							8,000	9,074	10,00	10,89	12,25	13,61
		Gewöhnl. Decken (häufig begangen) Steineisen ★	1200										8,000	9,000	10,00
			1000								*8,000*	*8,816*	*9,600*	*10,80*	*12,00*
		Dachdecken usw. (ausnahmsweise begangen)	1500						8,000	8,359	9,481	10,45	11,38	12,80	14,22
			1200				8,000	8,889	10,00	10,45	11,85	13,06	14,22	16,00	17,78
			1000			*8,000*	*9,600*	*10,67*	*12,00*	*12,54*	*14,22*	*15,67*	*17,07*	*19,20*	
	beiderseitig eingespannt	Gewöhnl. Decken (häufig begangen) Eisenbeton	1500									12,00	13,07	14,70	
			1200							12,00	13,61	15,00			
		Gewöhnl. Decken (häufig begangen) Steineisen	1200										12,00	13,50	15,00
			1000								*12,00*	*13,22*	*14,40*		
		Dachdecken usw. (ausnahmsweise begangen)	1500						12,00	12,54	14,22	15,67			
			1200				12,00	13,33	15,00						
			1000			*12,00*	*14,40*								

★ Wird bei Anwendung dieser Doppelzeilen auf durchlaufende Eisenbeton-

Tab. II.

Steife Druckspannung der Balkenplatten und Kreuzplatten.

(Benutzungsweg gemäß Pfeilschema.)

Vgl. auch § 5, besonders Stichwort *Steife Druckspannung bei unb. Drz.*

				165,1	176,1	187,1	198,2
	167,9	181,9	195,9	209,9	223,9	237,9	251,9
189,7	206,9	224,2	241,4	258,6	275,9	293,1	310,4
228,1	248,9	269,6	290,4	311,1	331,9	352,6	373,3
269,1	293,6	318,1	342,5	367,0	391,5	415,9	440,4
312,4	340,8	369,2	397,6	426,0	454,4	482,8	511,2
357,9	390,4	422,9	455,5	488,0	520,5	553,1	585,6
405,3	442,1	479,0	515,8	552,7	589,5	626,3	663,2
454,5	495,9	537,2	578,5	619,8	661,2	702,5	743,8
505,5	551,5	597,4	643,4	689,3	735,3	781,3	827,2
558,1	608,8	659,6	710,3	761,0	811,8	862,5	913,2
612,1	667,8	723,4	779,1	834,7	890,4	946,0	1002
667,6	728,2	788,9	849,6	910,3	971,0	1032	1092
724,3	790,1	856,0	921,8	987,7	1053	1119	1185
782,2	853,3	924,4	995,5	1067	1138	1209	1280
841,3	917,7	994,2	1071	1147	1224	1300	1377
901,4	983,3	1065	1147	1229	1311	1393	1475
962,5	1050	1137	1225	1312	1400	1487	1575
1025	1118	1211	1304	1397	1490	1583	1677
1183	1291	1399	1506	1614	1721	1829	1936
1347	1469	1592	1714	1837	1959	2082	2204
1515	1652	1790	1928	2065	2203	2341	2478
1686	1839	1992	2146	2299	2452	2605	2759
1860	2029	2198	2367	2536	2706	2875	3044

24,44	26,67	28,89		m_x				50	$\frac{l_x}{h_x}$
								40	
35,20 **44,00**	38,40 **48,00**	41,60 **52,00**	44,80 **56,00**	48,00	51,20	54,40	57,60	60	
30,56 *36,67*	**33,33** *40,00*	**36,11** *43,33*	**38,89** *46,67*	**41,67** *50,00*	**44,44**	**47,22**	**50,00**	50	
11,98 **14,97**	13,07 **16,33**	14,16 **17,69**	15,24 **19,06**	16,33 **20,42**	17,42	18,51	19,60	35	$\frac{l_{x0}}{h_x}$
11,00 *13,20*	**12,00** *14,40*	**13,00** *15,60*	**14,00** *16,80*	**15,00**	**16,00**			30	
15,64 **19,56**	17,07	18,49	19,91					40	
								35	
				$-\mathring{m}_x$				30	
								40	

rippen- oder Steineisen-Kreuzplatten mit feldweise wechselnder Nutzlast m_x (nicht $\mathring{m}_x$) gebraucht, so ist Gl. 114 heranzuziehen.

Zahlenbeispiel 19 siehe S. 57.

Zahlenbeispiel 20 (§ 5.) (Häufig begangene) Eisenbeton-**Balkenplatte**. $\sigma_e = 1200$ kg/cm²; (gemäß vorläufiger Berechnung:) $q \approx 458$ kg/m². ▬ (Nach Tab. II:) ● $\sigma_{b\,steif} \approx 45$ kg/cm². (Fortsetzung: Zahlenbeispiel 15.)

Zahlenbeispiel 21 (§ 5.) Eisenbeton-**Kreuzplatte**, Innenfeld durchlaufender mehrreihiger Plattengruppe; $l_x = l_y$; $\sigma_e = 1200$ kg/cm². (Gemäß vorläufiger Berechnung:) $q \approx 800$ kg/m²; $p/g \approx 1{,}7$. ▬ Für $l_x/l_y = 1$ nach Tab. XI, erstem Teil (innerem Bezirk): $m_x \approx 42$; nach Tab. II (Benutzungsweg: Abwärts bis zur zutreffenden Zeile; nach rechts bis zum Strich zwischen 40,00 und 44,00; auf dem Strich aufwärts bis zwischen 764,8 und 841,3; nach links bis): ● $\sigma_{b\,steif} \approx 44$ kg/cm². (Fortsetzung: Zahlenbeispiel 16.)

Zahlenbeispiel 22 (§ 5.) Kreuzplatte wie vor; jedoch genauere Ermittelung nach Tab. VI. ▬ Nach Fig. 11 (Gl. 109): $r_{steif} = 1{,}667 / \sqrt{800/42} = 0{,}3819$ cm · kg$^{-1/2}$; nach Tab. VI (Spalte 13 und 12): ● $\sigma_{b\,steif} \approx 43{,}9$ kg/cm².

Zahlenbeispiel 23 siehe S. 70. (Herausklappen!)

Für **Balkenplatten** (vgl. oberes Pfeilschema) sucht man zunächst im oberen Tabellenkopf Deckenart und σ_e auf, dann senkrecht darunter q, und schließlich in gleicher Höhe links, in der σ_e entsprechenden Randspalte, $\sigma_{b\,steif}$. Vgl. **Zahlenbeispiel 20** (s. oben).

Für **Kreuzplatten** (vgl. unteres Pfeilschema) sucht man zunächst unten links Deckenart und σ_e auf, dann in gleicher Höhe rechts den (vorher möglichst aus Tab. XI oder XII, notfalls aus Tab. XIII oder XIV ermittelten) Momenten-Nenner m_x bzw. $-\mathring{m}_x$, senkrecht darüber q, und schließlich in gleicher Höhe links, in der σ_e entsprechenden Randspalte, $\sigma_{b\,steif}$. (Zur Erleichterung des Überganges von Tab. XI oder XII beachte: Dem Tabellenbezirk dort entspricht der gleich gelegene hier, der äußere oder der innere.) Vgl. **Zahlenbeispiel 21** (s. oben).

✱ ✱ Diese Teile des Tabellenkopfes hätte man in folgerichtiger Auslegung der Gehlerschen »Erläuterungen« (vgl. Fußn. 62), wie nebenstehend gezeigt, zu ersetzen.

Im Sinne der Spannrichtung x	frei aufliegend oder einseitig eingespannt	—
	beiderseitig eingespannt	—

Von **Zwischenschaltung** ist im allgemeinen abzusehen. Man begnüge sich mit dem der gegebenen Zahl jeweils nächstliegenden Tabellenwerte. Oder liegt die gegebene Zahl etwa in der Mitte zwischen zwei benachbarten Tabellenwerten, so wandere man (gemäß Pfeilschema) **zwischen** den Zahlenreihen.

b Druckbreite;
$b_{(o)}$ Zugbreite;
c_h Eisenkoeffizient, nur für die Hauptbewehrungsmenge;
F_e Zugeisenquerschnitt;
k Kostenbreite;
𝔅 Betonkosten in $\frac{M}{m^3}$;
𝔈 Eisenkosten in $\frac{M}{10\,t}$;
𝔖 Schalungskosten in $\frac{M}{m^2}$;
$\sigma_{b\,wirt}$ wirtschaftliche Druckspannung;
σ_e Eisenzugspannung.

Nach Bestimmung der Kostenverhältnisse $\frac{𝔖}{𝔅}$ u. $\frac{𝔈}{𝔅}$ sowie des Eisenkoeffizienten c_h (gemäß § 7) geht man von der Kopfzeile $b_{(o)}$ (über dem unteren linken Tabellen-Quadranten) aus senkrecht abwärts bis $\frac{𝔖}{𝔅}$, dann waagerecht nach rechts bis $\frac{𝔈}{𝔅}$, dann senkrecht aufwärts bis b, schließlich waagerecht nach links, und findet im oberen linken Tabellen-Quadranten $\sigma_{b\,wirt}$ in der durch c_h und σ_e bestimmten Spalte. Die auf Tab. II doppelt umrahmte Bemerkung gilt auch hier.

Für Plattenbalken des Hochbaus mit veränderlicher Zugbreite geht man von der **letzten** Spalte des unteren linken Quadranten aus (die zunächst für $ü = 1{,}5$ cm gilt). Für $ü > 1{,}5$ cm sucht man dabei $𝔖/𝔅 + ü - 1{,}5$ cm statt $𝔖/𝔅$ auf.

Vgl. auch § 10 und **Zahlenbeispiel 70** (s. unten).

c_h in $\frac{kg}{cm^2 \cdot m}$	2,0		1,8		1,6		1,5		1,4		1,3		1,2		1,1		1,0		0,9	
σ_e in $\frac{kg}{cm^2}$	1500	**1200**	1500	**1200**	1500	**1200**	1500	**1200**	1500	**1200**	1500	**1200**	1500	**1200**	1500	**1200**	1500	**1200**	1500	**1200**
	5,2	**4,2**	5,5	**4,4**	5,9	**4,7**	6,1	**4,8**	6,3	**5,0**	6,6	**5,3**	6,9	**5,5**	7,2	**5,7**	7,5	**6**	7,9	**6,3**
	6,1	**4,9**	6,5	**5,2**	6,9	**5,5**	7,1	**5,7**	7,4	**5,9**	7,7	**6,1**	8,0	**6,4**	8,3	**6,7**	8,8	**7**	9,2	**7,4**
	7,0	**5,6**	7,4	**5,9**	7,8	**6,2**	8,1	**6,5**	8,4	**6,7**	8,8	**7,0**	9,1	**7,3**	9,5	**7,6**	10,0	**8**	10,6	**8,5**
	7,9	**6,3**	8,3	**6,6**	8,8	**7,1**	9,1	**7,3**	9,5	**7,6**	9,9	**7,9**	10,3	**8,2**	10,8	**8,6**	11,3	**9**	11,9	**9,5**
	8,7	**7,0**	9,2	**7,4**	9,8	**7,8**	10,1	**8,1**	10,5	**8,4**	10,9	**8,7**	11,4	**9,1**	11,9	**9,5**	12,5	**10**	13,2	**10,6**
	9,6	**7,7**	10,1	**8,1**	10,8	**8,6**	11,2	**8,9**	11,6	**9,2**	12,0	**9,6**	12,5	**10,0**	13,1	**10,5**	13,8	**11**	14,5	**11,6**
	10,5	**8,4**	11,1	**8,8**	11,8	**9,4**	12,2	**9,7**	12,6	**10,1**	13,1	**10,5**	13,6	**10,9**	14,3	**11,4**	15,0	**12**	15,9	**12,7**
	11,3	**9,1**	12,0	**9,6**	12,7	**10,2**	13,2	**10,5**	13,6	**10,9**	14,2	**11,3**	14,8	**11,8**	15,5	**12,4**	16,3	**13**	17,2	**13,8**
	12,2	**9,7**	12,9	**10,3**	13,7	**10,9**	14,1	**11,3**	14,7	**11,7**	15,2	**12,2**	15,9	**12,7**	16,7	**13,3**	17,5	**14**	18,5	**14,8**
	13,0	**10,4**	13,8	**11,0**	14,6	**11,7**	15,1	**12,1**	15,7	**12,6**	16,3	**13,0**	17,0	**13,6**	17,9	**14,3**	18,8	**15**	19,9	**15,9**
	13,9	**11,1**	14,7	**11,7**	15,6	**12,5**	16,1	**12,9**	16,7	**13,4**	17,4	**13,9**	18,1	**14,5**	19,0	**15,2**	20,0	**16**	21,2	**16,9**
	14,8	**11,9**	15,6	**12,4**	16,6	**13,3**	17,1	**13,7**	17,7	**14,2**	18,5	**14,8**	19,3	**15,5**	20,2	**16,2**	21,3	**17**	22,5	**18,0**
	15,6	**12,5**	16,5	**13,2**	17,6	**14,0**	18,1	**14,5**	18,9	**15,1**	19,6	**15,7**	20,4	**16,4**	21,4	**17,1**	22,5	**18**	23,8	**19,1**
	17,3	**13,8**	18,3	**14,6**	19,5	**15,6**	20,2	**16,1**	20,9	**16,7**	21,7	**17,4**	22,6	**18,1**	23,7	**19,0**	25,0	**20**	26,5	**21,2**
	19,0	**15,2**	20,1	**16,1**	21,4	**17,1**	22,1	**17,7**	22,9	**18,3**	23,9	**19,1**	24,9	**19,9**	26,1	**20,9**	27,5	**22**	29,2	**23,3**
	20,6	**16,5**	21,8	**17,5**	23,2	**18,6**	24,1	**19,3**	25,0	**20,0**	26,0	**20,8**	27,2	**21,7**	28,5	**22,8**	30,0	**24**	31,8	**25,4**
	22,3	**17,8**	23,6	**18,9**	25,1	**20,1**	26,0	**20,8**	27,0	**21,6**	28,1	**22,5**	29,4	**23,6**	30,8	**24,7**	32,5	**26**	34,5	**27,6**
	24,0	**19,2**	25,3	**20,3**	27,0	**21,6**	28,0	**22,4**	29,1	**23,3**	30,3	**24,2**	32,1	**25,7**	33,2	**26,6**	35,0	**28**	37,1	**29,7**
	25,6	**20,5**	27,1	**21,7**	28,9	**23,1**	29,9	**23,9**	31,1	**24,9**	32,4	**25,9**	33,9	**27,1**	35,6	**28,4**	37,5	**30**	39,8	**31,9**
	27,2	**21,8**	28,9	**23,1**	30,8	**24,6**	31,9	**25,5**	33,1	**26,5**	34,5	**27,6**	36,1	**28,9**	37,9	**30,3**	40,0	**32**	42,4	**33,9**
	30,5	**24,4**	32,3	**25,9**	34,5	**27,6**	35,8	**28,6**	37,2	**29,7**	38,8	**31,0**	40,6	**32,4**	42,6	**34,1**	45,0	**36**	47,8	**38,3**
	33,8	**27,0**	35,8	**28,6**	38,2	**30,6**	39,6	**31,7**	41,2	**33,0**	43,0	**34,4**	45,0	**36,0**	47,4	**37,9**	50,0	**40**	53,1	**42,5**
	37,0	**29,6**	39,2	**31,4**	41,9	**33,5**	43,5	**34,8**	45,3	**36,2**	47,3	**37,8**	49,4	**39,5**	52,0	**41,6**	55,0	**44**	58,6	**46,8**
	40,2	**32,2**	42,6	**34,1**	45,6	**36,5**	47,4	**37,9**	49,2	**39,4**	51,4	**41,1**	53,9	**43,1**	56,7	**45,4**	60,0	**48**	63,9	**51,1**
	43,3	**34,6**	46,0	**36,8**	49,2	**39,4**	51,1	**40,9**	53,2	**42,6**	55,6	**44,5**	58,3	**46,6**	61,4	**49,1**	65,0	**52**	69,3	**55,4**
	46,5	**37,2**	49,4	**39,5**	52,9	**42,3**	54,9	**43,9**	57,3	**45,8**	59,9	**47,9**	62,7	**50,2**	66,1	**52,9**	70,0	**56**	74,6	**59,7**
	49,6	**39,6**	52,7	**42,2**	56,5	**45,2**	58,7	**47,0**	61,2	**49,0**	64,0	**51,2**	67,1	**53,7**	70,8	**56,6**	75,0	**60**	80,0	**64,0**
	53,4	**42,7**	56,9	**45,5**	61,0	**48,8**	63,4	**50,7**	66,1	**52,9**	69,1	**55,3**	72,6	**58,1**	76,6	**61,3**	81,3	**65**	86,8	**69,4**
	57,3	**45,8**	61,0	**48,8**	65,5	**52,4**	68,0	**54,4**	71,0	**56,8**	74,0	**59,2**	78,0	**62,4**	82,4	**65,9**	87,5	**70**	93,6	**74,9**
	61,1	**48,9**	65,1	**52,1**	69,8	**55,9**	72,6	**58,1**	75,8	**60,7**	79,4	**63,5**	83,5	**66,8**	88,2	**70,6**	93,8	**75**		
	64,9	**51,9**	69,1	**55,3**	74,3	**59,4**	77,3	**61,8**	80,7	**64,5**	84,5	**67,6**	88,9	**71,1**	94,0	**75,2**				
	72,2	**57,8**	77,1	**61,7**	83,0	**66,4**	86,4	**69,1**	90,3	**72,3**	94,7	**75,8**	99,8	**79,8**						
	79,6	**63,7**	85,1	**68,0**	91,6	**73,3**	95,6	**76,4**	100,0	**80,0**										
	86,9	**69,5**	92,9	**74,3**	100,3	**80,3**														
	93,8	**75,0**																		

$\sigma_{b\,wirt}$ in $\frac{kg}{cm^2}$

$b_{(o)}$	50	46	42	38	35	32	30	28	26	25	24	23	22	21	20	19	18	17	16 cm	18 cm + F_e/3 cm
	23																			
	21	23																		
	19	21	23																	
	17	19	21	23	24,5															
	15	17	19	21	22,5	24														
	13	15	17	19	20,5	22	23	24												
	11	13	15	17	18,5	20	21	22	23	23,5	24	24,5								
	9	11	13	15	16,5	18	19	20	21	21,5	22	22,5	23	23,5	24	24,5				23,7
	7	9	11	13	14,5	16	17	18	19	19,5	20	20,5	21	21,5	22	22,5	23	23,5	24	21,8
	5	7	9	11	12,5	14	15	16	17	17,5	18	18,5	19	19,5	20	20,5	21	21,5	22	19,9
	3	5	7	9	10,5	12	13	14	15	15,5	16	16,5	17	17,5	18	18,5	19	19,5	20	18,0
		4	6	8	9,5	11	12	13	14	14,5	15	15,5	16	16,5	17	17,5	18	18,5	19	17,0
		3	5	7	8,5	10	11	12	13	13,5	14	14,5	15	15,5	16	16,5	17	17,5	18	16,0
			4	6	7,5	9	10	11	12	12,5	13	13,5	14	14,5	15	15,5	16	16,5	17	15,1
			3	5	6,5	8	9	10	11	11,5	12	12,5	13	13,5	14	14,5	15	15,5	16	14,1
				4	5,5	7	8	9	10	10,5	11	11,5	12	12,5	13	13,5	14	14,5	15	13,1
				3	4,5	6	7	8	9	9,5	10	10,5	11	11,5	12	12,5	13	13,5	14	12,2
					3,5	5	6	7	8	8,5	9	9,5	10	10,5	11	11,5	12	12,5	13	11,2
					2,5	4	5	6	7	7,5	8	8,5	9	9,5	10	10,5	11	11,5	12	10,3
						3	4	5	6	6,5	7	7,5	8	8,5	9	9,5	10	10,5	11	9,3
							3	4	5	5,5	6	6,5	7	7,5	8	8,5	9	9,5	10	8,3
								3	4	4,5	5	5,5	6	6,5	7	7,5	8	8,5	9	7,4
									3	3,5	4	4,5	5	5,5	6	6,5	7	7,5	8	6,4
										2,5	3	3,5	4	4,5	5	5,5	6	6,5	7	5,4
												2,5	3	3,5	4	4,5	5	5,5	6	4,5
														2,5	3	3,5	4	4,5	5	3,5
																2,5	3	3,5	4	2,6
																		2,5	3	

𝔖/𝔅 in cm

Zahlenbeispiel 69 siehe S. 59.

Zahlenbeispiel 70. (§ 10.) **Plattenbalken** wie vor. (Jedoch handele es sich jetzt um einen einzelnen Balken; Formular sei nicht ausgefüllt.) $M = 9000$ kgm; $\sigma_e = 1200$ kg/cm²; $b = 150$ cm; $d = 15$ cm; $b_0 = 22$ cm; $c_h \approx 1{,}25$ kg/(cm²·m); $𝔅 = 40$ M/m³; $𝔈 = 2400$ M/10 t; $𝔖 = 1{,}60$ M/m². ▬ $𝔈/𝔅 = 2400/40 = 60$ m³/10 t; $𝔖/𝔅 = 1{,}60/40 = 0{,}04$ m $= 4$ cm. Nach Tab. III (Benutzungsweg: Nach rechts bis 22; abwärts bis 4; nach rechts bis zum Strich zwischen 62,1 und 56,5; auf dem Strich aufwärts bis zwischen die vier Zahlen $\frac{153\ 168}{135\ 148}$; zwischen beiden Zeilen nach links bis zwischen die vier Zahlen $\left(\frac{24{,}2\ \ 25{,}7}{25{,}9\ \ 27{,}1}\right)$: $\sigma_{b\,wirt} \approx 25$ kg/cm². Wegen Eigengewichts-Einfluß Erhöhung auf schätzungsweise ● $\sigma_{b\,wirt} \approx 26$ kg/cm² [393]).

Zahlenbeispiel 71 siehe S. 71.

[393]) Weitere Bemessung nach Tabelle IX. Erweise sich dabei die Druckzone als stark beschränkt, so wäre eine zweite Berichtigung nach Tab. IV zweckmäßig.

Tab. III. Wirtschaftliche Druckspannung der Balken mit unb. Drz.

(Rechteckbalken mit unveränderlicher Breite und Plattenbalken mit Nullinie in der Platte.)

504	560	616	672																				
374	415	457	498	540	581	664																	
288	320	352	384	416	448	513	577	641															
230	255	281	306	332	357	408	459	510	561	638													
187	208	229	250	271	292	333	375	417	458	521	583	667											
156	174	191	208	226	243	278	312	347	382	434	486	555	625										
132	147	162	176	191	206	235	265	294	323	367	412	470	529	588	661								
114	126	139	151	164	177	202	227	252	278	316	353	404	454	505	568	631	694						
98,7	110	121	132	143	154	176	197	219	241	274	307	351	395	439	494	549	603	658					
86,7	96,3	106	116	125	135	154	173	193	212	241	270	308	347	385	433	482	530	578	674				
76,8	85,3	93,8	102	111	119	137	154	171	188	213	239	273	307	341	384	427	469	512	597	683			
68,5	76,2	83,8	91,4	99,0	107	122	137	152	168	190	213	244	274	305	343	381	419	457	533	609	685		
61,6	68,5	75,3	82,1	89,0	95,8	110	123	137	151	171	192	219	246	274	308	342	377	411	479	548	616	685	
50,7	56,3	61,9	67,6	73,2	78,8	90,1	101	113	124	141	158	180	203	225	253	282	310	388	394	450	507	563	619
42,5	47,2	52,0	56,7	61,4	66,1	75,6	85,0	94,5	104	118	132	151	170	189	213	236	260	283	331	378	425	472	520
36,3	40,3	44,3	48,4	52,4	56,4	64,5	72,5	80,6	88,7	101	113	129	145	161	181	202	222	242	282	322	363	403	443
31,4	34,9	38,3	41,8	45,3	48,8	55,8	62,7	69,7	76,7	87,1	97,6	112	125	139	157	174	192	209	244	279	314	349	383
27,5	30,5	33,6	36,6	39,7	42,7	48,8	54,9	61,0	67,1	76,3	85,4	97,6	110	122	137	153	168	183	214	244	275	305	336
24,3	27,0	29,7	32,4	35,1	37,7	43,1	48,5	53,9	59,3	67,4	75,5	86,3	97,1	108	121	135	148	162	189	216	243	270	297
21,6	24,0	26,4	28,9	31,3	33,7	38,5	43,3	48,1	52,9	60,1	67,3	76,9	86,6	96,2	108	120	132	144	168	192	216	240	264
17,6	19,5	21,5	23,5	25,4	27,4	31,3	35,2	39,1	43,0	48,9	54,7	62,6	70,4	78,2	88,0	97,7	108	117	137	156	176	195	215
14,7	16,3	17,9	19,5	21,2	22,8	26,1	29,3	32,6	35,8	40,7	45,6	52,1	58,6	65,1	73,3	81,4	89,6	97,7	114	130	147	163	179
	13,8	15,2	16,6	18,0	19,4	22,1	24,9	27,7	30,4	34,6	38,7	44,3	49,8	55,3	62,3	69,2	76,1	83,0	96,8	111	125	138	152
			14,3	15,5	16,7	19,1	21,5	23,9	26,3	29,9	33,4	38,2	43,0	47,8	53,7	59,7	65,7	71,7	83,6	95,6	107	119	131
					14,6	16,7	18,8	20,9	23,0	26,1	29,3	33,4	37,6	41,8	47,0	52,3	57,5	62,7	73,2	83,6	94,1	105	115
						14,8	16,6	18,5	20,3	23,1	25,9	29,6	33,3	37,0	41,6	46,2	50,9	55,5	64,7	74,0	83,2	92,5	102
							14,9	16,5	18,2	20,7	23,1	26,5	29,8	33,1	37,2	41,3	45,5	49,6	57,9	66,1	74,4	82,7	90,9
								14,5	16.0	18,2	20,4	23,3	26,2	29,1	32,7	36,3	40,0	43,6	50,9	58,1	65,4	72,7	80,0
									14,2	16,2	18,1	20,7	23,3	25,8	29,1	32,3	35,5	38,8	45,2	51,7	58,2	64,6	71,1
										14,5	16,2	18,6	20,9	23,2	26,1	29,0	31,9	34,8	40,6	46,4	52,2	58,0	63,8
											14,7	16,8	18,9	21,0	23,6	26,3	28,9	31,5	36,8	42,0	47,3	52,5	57,8
												14,0	15,8	17,6	19,8	22,0	24,1	26,3	30,7	35,1	39,5	43,9	48,3
														15,0	16,9	18,8	20,7	22,5	26,3	30,0	33,8	37,6	41,3
															14,7	16,3	18,0	19,6	22,9	26,1	29,4	32,7	35,9
																14,5	16,0	17,4	20,3	23,2	26,1	29,0	31,9
0,09	*0,10*	*0,11*	*0,12*	*0,13*	*0,14*	*0,16*	*0,18*	*0,20*	*0,22*	*0,25*	*0,28*	*0,32*	*0,36*	*0,40*	*0,45*	*0,50*	*0,55*	*0,60*	*0,70*	*0,80*	*0,90*	*1,00*	*cm 1,10*
											355	311	276	248	221	199	181	166	142	124	110	99,4	90,3
										381	340	298	265	238	212	190	173	159	136	119	106	95,2	86,6
										364	325	285	253	228	202	182	166	152	130	114	101	91,1	82,8
										348	311	272	242	217	193	174	158	145	124	109	96,6	86,9	79,0
									376	331	296	259	230	207	184	166	151	138	118	104	92,0	82,8	75,3
									358	315	281	246	219	197	175	157	143	131	112	98,3	87,4	78,7	71,5
								373	339	298	266	233	207	186	166	149	135	124	106	93,2	82,8	74,5	67,7
								352	320	282	251	220	196	176	156	141	128	117	101	88,0	78,2	70,4	64,0
							368	331	301	265	237	207	184	166	147	132	120	110	94,6	82,8	73,6	66,2	60,2
						388	345	311	282	248	222	194	173	155	138	124	113	104	88,7	77,6	69,0	62,1	56,5
						362	322	290	263	232	207	181	161	145	129	116	105	96,6	82,8	72,5	64,4	58,0	52,7
						349	311	279	254	224	200	175	155	140	124	112	102	93,2	79,8	69,9	62,1	55,9	50,8
					384	336	299	269	245	215	192	168	150	135	120	108	97,9	89,7	76,9	67,3	59,8	53,8	48,9
					370	323	288	259	235	207	185	162	144	129	115	104	94,1	86,3	73,9	64,7	57,5	51,8	47,0
					355	311	276	248	226	199	177	155	138	124	110	99,4	90,3	82,8	71,0	62,1	55,2	49,7	45,2
				366	340	298	265	238	216	190	170	149	132	119	106	95,2	86,6	79,4	68,0	59,5	52,9	47,6	43,3
			379	350	325	285	253	228	207	182	163	142	127	114	101	91,1	82,8	75,9	65,1	56,9	50,6	45,5	41,4
			362	334	311	272	242	217	198	174	155	136	121	109	96,6	86,9	79,0	72,5	62,1	54,3	48,3	43,5	39,5
		376	345	318	296	259	230	207	188	166	148	129	115	104	92,0	82,8	75,3	69,0	59,1	51,8	46,0	41,4	37,6
		358	328	303	281	246	219	197	179	157	140	123	109	98,3	87,4	78,7	71,5	65,6	56,2	49,2	43,7	39,3	35,8
	373	339	310	287	266	233	207	186	169	149	133	116	104	93,2	82,8	74,5	67,7	62,1	53,2	46,6	41,4	37,3	33,9
	352	320	293	271	251	220	196	176	160	141	126	110	97,8	88,0	78,2	70,4	64,0	58,7	50,3	44,0	39,1	35,2	32,0
368	331	301	276	255	237	207	184	166	151	132	118	104	92,0	82,8	73,6	66,2	60,2	55,2	47,3	41,4	36,8	33,1	30,1
345	311	282	259	239	222	194	173	155	141	124	111	97,0	86,3	77,6	69,0	62,1	56,5	51,8	44,4	38,8	34,5	31,1	28,2
322	290	263	241	223	207	181	161	145	132	116	104	90,6	80,5	72,5	64,4	58,0	52,7	48,3	41,4	36,2	32,2	29,0	26,3
299	269	245	224	207	192	168	150	135	122	108	96,1	84,1	74,8	67,3	59,8	53,8	48,9	44,9	38,4	33,6	29,9	26,9	24,5
276	248	226	207	191	177	155	138	124	113	99,4	88,7	77,6	69,0	62,1	55,2	49,7	45,2	41,4	35,5	31,1	27,6	24,8	22,6
253	228	207	190	175	163	142	127	114	103	91,1	81,3	71,2	63,3	56,9	50,6	45,5	41,4	38,0	32,5	28,5	25,3	22,8	20,7

b in cm (upper part of the table)

𝔖/𝔅 in $\frac{m^3}{10\,t}$ (lower part of the table)

k für $c_h = 1 \frac{kg}{cm^2 \cdot m}$ (middle row)

Zahlenbeispiel 1. (§ 1.) Für einen Plattenbalken in einem geschlossenen Raum ist statisch ermittelt worden: $F_e = 43{,}95\ \text{cm}^2$; $h = 69{,}47$ cm. Es soll für die Rundeisen ein einziger, und zwar ein Normen-Durchmesser Verwendung finden. Ferner wird gewünscht, in der untersten Lage $\mathfrak{m}_I = 6$ Rundeisen unterzubringen. Hinsichtlich der Zugbreite b_0 werden besondere Forderungen nicht gestellt. ▬ [360]) Zur ersten Orientierung rechnet man nach Formel 13 im Kopf: $b_0 = 18 + 43{,}95/3 \approx 33$ cm. Zeile $\mathfrak{m}_I = 6$ des unteren Teiles der Tab. I liefert bestpassend ● $b_0 = 32{,}25$ [360]) ≈ 33 cm unter dem (als solcher fettgedruckten) Normen-Durchmesser ● $\Phi = 25$ mm; in derselben Spalte findet man bestpassend $F_e' = 44{,}18\ \text{cm}^2$ in der Zeile ● $\mathfrak{m} = 9$, und für $\frac{\mathfrak{m}}{\mathfrak{m}_I} = \frac{9}{6} = 1{,}5$ im oberen Tabellenteil $d_0 - h = 5{,}29$ cm; ● $d_0 = 69{,}47 + 5{,}29 = 74{,}76 \approx 75$ cm.

Zahlenbeispiel 2. (§ 1.) Wie vor: $F_e = 43{,}95\ \text{cm}^2$; $h = 69{,}47$ cm. Jedoch wird verlangt: $\Phi = 20$ mm; nicht mehr als 2 Eisenlagen; b_0 möglichst klein. ▬ Spalte $\Phi = 20$ mm liefert im unteren Teil der Tab. I für $F_e = 43{,}98\ \text{cm}^2$ (bestpassend $> 43{,}95\ \text{cm}^2$) die Zeile ● $\mathfrak{m} = 14$; in der Zeile ● $\mathfrak{m}_I = 14/2 = 7$ ferner: ● $b_0 = 30{,}5 \approx 31$ cm; ferner in der Zeile $\mathfrak{m}/\mathfrak{m}_I = 2$ im oberen Tabellenteil: $d_0 - d = 5{,}25$ cm; ● $d_0 = 69{,}47 + 5{,}25 = 74{,}72 \approx 75$ cm.

Zahlenbeispiel 3. (§ 1.) Wie vor: $F_e = 43{,}95\ \text{cm}^2$; $h = 69{,}47$ cm; $\Phi = 20$ mm. Jedoch wird verlangt: $b_0 = 25$ cm. ▬ Spalte $\Phi = 20$ mm liefert im unteren Teil der Tab. I für $b_0 = 22{,}5$ cm (bestpassend < 25 cm): ● $\mathfrak{m}_I = 5$; ferner bestpassend $F_e = 43{,}98\ \text{cm}^2$ in der Zeile ● $\mathfrak{m} = 14$; ferner in der Zeile $\mathfrak{m}/\mathfrak{m}_I = 14/5 = 2{,}8$ im oberen Tabellenteil: $d_0 - h = 6{,}96$ cm; ● $d_0 = 69{,}47 + 6{,}96 = 76{,}43 \approx 77$ cm.

Zahlenbeispiel 4 siehe S. 57.

Zahlenbeispiel 45 siehe S. 143.

▬ Zu § 6a. ▬

Zahlenbeispiel 46. (§ 6a.) Rechteckbalken mit knapper Konstruktionshöhe. $M = 32000$ kgm; $b = 30$ cm; $h = 74{,}15$ cm; $h' = 3{,}65$ cm; $\sigma_b = 75$ kg/cm²; $\sigma_e = 1200$ kg/cm². ▬ $h'/h = 3{,}65/74{,}15 = 0{,}04922$ [394]); (Nach Tab. VII, 6. bzw. 4. Kopfzeile mit Gl. 321 bzw. 322:) $M_1 = 0{,}202913 \cdot 75 \cdot 0{,}30 \cdot 74{,}15^2 = 25102$ kgm; F_{e_1} [395]) $= 0{,}30 \cdot 74{,}15/0{,}6613 = 33{,}64$ cm². (Gl. 323:) $M_2 = 32000 - 25102 = 6898$ kgm; (Gl. 324:) $F_{e_2} = \frac{1}{1200} \cdot \frac{6898}{0{,}7415 - 0{,}0365} = 8{,}153$ cm²; (Gl. 325:) ● $F_e = 33{,}64 + 8{,}153 = 41{,}79$ cm²; (nach Tab. VII mit Gl. 326:) ● $F_e' = 8{,}153 \cdot 1{,}188$ [394]) $= 9{,}686$ cm².

Zahlenbeispiel 47. (§ 6a.) Wie vor; jedoch nur Gesamteisenquerschnitt zu Kalkulationszwecken gesucht. ▬ Lösung bis M_2 wie vor [396]); (nach Tab. VII, 2. Kopfzeile:) $x = 74{,}15/2{,}067 = 35{,}87$ cm; (Gl. 329:) ● $F_e + F_e' = 33{,}64 + \frac{6898}{1200\,(0{,}3587 - 0{,}0365)} = 51{,}48$ cm².

Zahlenbeispiel 48 siehe S. 57.

Zahlenbeispiel 49. (§ 6a.) Zaunpfosten, Rechteckquerschnitt. $M = 630{,}0$ kgm; $b = 15$ cm; $f_e/f_e' = 1$; $\sigma_b = 65$ kg/cm²; $\sigma_e = 1200$ kg/cm². ▬ Geschätzt $h'/h \approx 0{,}225$; (nach Tab. VII mit Gl. 357:) $\mathfrak{M} = 0{,}1906 + 0{,}2241 \cdot 0{,}775/1{,}471$ [397]) $= 0{,}3087$; $\frac{M}{b \cdot \sigma_b} = \frac{630{,}0}{0{,}15 \cdot 65} = 64{,}62$ cm²; (Gl. 358:) ● $h = \sqrt{64{,}62/0{,}3087} = 14{,}47$ cm; (nach Tab. VII mit Gl. 322:) F_{e_1} [395]) $= 0{,}15 \cdot 14{,}47/0{,}8237 = 2{,}635$ cm²; (Gl. 359:) ● $F_e = F_e' = 2{,}635 \cdot 2{,}471/1{,}471$ [397]) $= 4{,}425$ cm².

Zahlenbeispiel 50 siehe S. 76.

Zahlenbeispiel 51. (§ 6b.) Gebundene Bemessung eines Rechteckquerschnittes mit Druckbewehrung für Moment und Längsdruck. $M_e = 81400$ kgm; $N = 90000$ kg; $b = 40$ cm; $h = 96{,}00$ cm; $h' = 4{,}00$ cm; $\sigma_b = 75$ kg/cm²; $\sigma_e = 975$ kg/cm² [398]). ▬ $h'/h = 4{,}00/96{,}00 = 0{,}041667$ [399]); (Gl. 85:) $v = 975/75 = 13$; $b h^2 \sigma_b = 0{,}40 \cdot 96{,}00^2 \cdot 75 = 276480$ kgm; (Gl. 409:) $\mathfrak{M}_e = 81400/276480 = 0{,}294416$; (Gl. 410:) $\mathfrak{N} = 90000 \cdot 0{,}9600/276480 = 0{,}312500$. ✱ $1 - h'/h = 0{,}958333$ [399]); $b \cdot h/v = 40 \cdot 96{,}00/13 = 295{,}385$ cm². Nach Tab. VII:

$$\begin{array}{llll}
 & \mathfrak{N}_1 - \mathfrak{N} = & 0{,}267857 & \\
 & & -0{,}312500; & \\
\text{(Gl. 411:)} & F_{e_1} = 295{,}385 \cdot & (-0{,}044643) & = -13{,}187 \text{ cm}^2; \\
 & \mathfrak{M}_e - \mathfrak{M}_1 = & 0{,}294416 & \\
 & & -0{,}220025; & \\
\text{(Gl. 412:)} & F_{e_2} = 295{,}385 \cdot & 0{,}074391/0{,}958333^{399)} = & 22{,}929 \text{ cm}^2; \\
\text{(Gl. 325:)} & \bullet\ F_e = & & 9{,}742 \text{ cm}^2. \\
\text{(Gl. 326:)} & \bullet\ F_e' = 22{,}929 \cdot & 0{,}9398^{399)} & = 21{,}55 \text{ cm}^2.
\end{array}$$

Zahlenbeispiel 52 siehe S. 57.

Zahlenbeispiel 85 siehe S. 76.

Zahlenbeispiel 86 [400]) (§ 12.) Platte mit knapper Konstruktionshöhe. $M/b = 731{,}0$ kgm/m; $h = 10{,}40$ cm; $h' = 1{,}50$ cm; $\sigma_b = \sigma_{b\,sich} = 40$ kg/cm²; $\sigma_{e\,sich} = 1200$ kg/cm². ▬ $h'/h = 1{,}50/10{,}40 \approx 0{,}144$; (nach Gl. 85:) $v_{sich} = 1200/40 = 30$; (Gl. 117:) $\mathfrak{M} = \frac{731{,}0}{40 \cdot 10{,}40^2} = 0{,}1690$; hierzu bestpassend im Kopfe der Tab. VII: $\mathfrak{M}_1 = 0{,}167653 \approx \mathfrak{M}$ mit $v_{grenz} \approx 24$. Diese Spalte kreuzt Zeile h'/h links der mittleren Treppenlinie; also v_{grenz} maßgebend. Nunmehr genauer durch Zwischenschaltung $v_{grenz} = 23{,}65$. ● Maßgebende Zugspannung (nach Gl. 129:) $\sigma_e = \sigma_{e\,grenz} = 23{,}65 \cdot 40 = 946{,}0$ kg/cm² [401]).

Zahlenbeispiel 87 [400]). (§ 12.) Platte mit knapper Konstruktionshöhe wie vor; jedoch $M/b = 1050$ kgm/m. ▬ $h'/h = 1{,}50/10{,}40 \approx 0{,}144$; (nach Gl. 85:) $v_{sich} = 1200/40 = 30$; (Gl. 117:) $\mathfrak{M} = \frac{1050}{40 \cdot 10{,}40^2} = 0{,}2427$; hierzu bestpassend im Kopfe der Tab. VII; $\mathfrak{M}_1 = 0{,}24 \approx \mathfrak{M}$ mit $v_{grenz} \approx 10$. Diese Spalte kreuzt Zeile h'/h rechts der mittleren Treppenlinie; also v_{grenz} nicht maßgebend. — Zu $\mathfrak{M}$ bestpassender der nächstliegenden Tabellenwerte $\omega_2 = 0{,}2997$ mit $v_{wirt} \approx 23{,}08 < v_{sich}$; also v_{wirt} maßgebend. ● Maßgebende Zugspannung (nach Gl. 129:) $\sigma_e = \sigma_{e\,wirt} \approx 23{,}08 \cdot 40 = 923{,}2$ kg/cm² [402]).

▬ Zu § 12a. ▬

Zahlenbeispiel 88. (§ 12a.) Gebundene Bemessung eines Plattenquerschnittes für Moment und Längsdruck. (Z. B. Scheitelquerschnitt eines Gewölbes mit knapper Konstruktionshöhe.) $M_e/b = 2092$ kgm/m; $N/b = 10100$ kg/m; $h = 15{,}90$ cm; $h' = 2{,}10$ cm; $\sigma_b = \sigma_{b\,sich} = 40$ kg/cm²; $\sigma_{e\,sich} = 1200$ kg/cm². ▬ $h'/h = 2{,}10/15{,}90 \approx 0{,}132$; (nach Gl. 85:) $v_{sich} = 1200/40 = 30$; $h^2 \sigma_b = 15{,}90^2 \cdot 40 = 10110$ kg; (Gl. 409:) $\mathfrak{M}_e = 2092/10110 = 0{,}2069$: (Gl. 410:) $\mathfrak{N} = 10100 \cdot 0{,}1590/10110 = 0{,}1588$. Nach Tab. VII, Kopfzeile $\mathfrak{M}_1$, zu $\mathfrak{M}_e$ bestpassend: $\mathfrak{M}_1 = 0{,}208333$ in Spalte $v = 15 \approx v_{grenz}$; in dieser Spalte liegt der Zeile h'/h am nächsten der Tabellenwert $\omega_1 = 0{,}1435 < \mathfrak{N}$; also v_{grenz} maßgebend. Nunmehr genauer (durch Zwischenschaltung) $v_{grenz} = 15{,}27$. ● Maßgebende Zugspannung (Gl. 129:) $\sigma_e = \sigma_{e\,grenz} = 15{,}27 \cdot 40 = 610{,}8$ kg/cm² [403]).

Zahlenbeispiel 89. (§ 12a.) Gebundene Bemessung eines Rechteckquerschnittes für Moment und Längsdruck. $M_e = 81400$ kgm; $N = 90000$ kg; $b = 40$ cm; $h = 96{,}00$ cm; $h' = 4{,}00$ cm; $\sigma_b = \sigma_{b\,sich} = 75$ kg/cm²; $\sigma_{e\,sich} = 1200$ kg/cm². ▬ $h'/h = 4{,}00/96{,}00 \approx 0{,}041667$ [399]); (nach Gl. 85:) $v_{sich} = 1200/75 = 16$; $b h^2 \sigma_b = 0{,}40 \cdot 96{,}00^2 \cdot 75 = 276480$ kgm; (Gl. 409:) $\mathfrak{M}_e = 81400/276480 = 0{,}294416$; (Gl. 410:) $\mathfrak{N} = 90000 \cdot 0{,}9600/276480 = 0{,}312500$. Nach Tab. VII, Kopfzeile $\mathfrak{M}_1$, zu $\mathfrak{M}_e$ bestpassend: $\mathfrak{M}_1 = 0{,}290858$ in Spalte $v = 4 \approx v_{grenz}$; in dieser Spalte liegt der Zeile h'/h am nächsten der Tabellenwert $\omega_1 = 0{,}4253 > \mathfrak{N}$; also v_{grenz} nicht maßgebend. — (Nach Anleitung 741:) $\omega_2 \approx \mathfrak{M}_e - \mathfrak{N} = 0{,}294416 - 0{,}312500 = -0{,}018084$; zwischen dem hierzu bestpassenden Tabellenwert (der der Zeile h'/h nächstliegenden Zeile ω_2) $-0{,}02147$ (Spalte $v = 12$) und der rechten Treppenlinie wird geschätzt $v_{wirt} \approx 13$; (Gl. 735:) $\omega_{2\,wirt} \approx 0{,}294416 - 0{,}312500 \cdot 0{,}9949 = -0{,}01649$. Aufsuchen dieses Zahlenwertes in Tab. VII deutet darauf hin, daß genauer v_{wirt} zwischen 13 und 12 liegt, also wieder unweit 13; mithin weitere Berichtigung von v_{wirt} unnötig. $v_{wirt} \approx 13 < v_{sich}$; also v_{wirt} maßgebend. ● Maßgebende Zugspannung (Gl. 129:) $\sigma_e = \sigma_{e\,wirt} \approx 75 \cdot 13 = 975$ kg/cm² [404]).

---

[394]) Für die Praxis genügt auch die Abrundung auf den nächstliegenden Tabellenwert $h'/h \approx 0{,}050$ und Verwendung des Tabellenwertes $f_e'/f_{e_2} \approx 1{,}190$ ohne Zwischenschaltung.

[395]) Vgl. Anleitung 310.

[396]) Es ist jedoch in ähnlichen Beispielen, die nicht von den sicheren Spannungswerten ausgehen, meistens vorteilhafter, von vornherein und durchweg die enger gestaffelte Tab. VI statt Tab. VII zu benutzen (mit $r_1^2 \sigma_b = 1/\mathfrak{M}_1$ statt $\mathfrak{M}_1$).

[397]) Wegen $f_e/f_{e_2} = f_e'/f_{e_2}$.

[398]) Vgl. Zahlenbeispiel 89.

[399]) Für die Praxis genügt die Abrundung auf den nächstliegenden Tabellenwert $h'/h \approx 0{,}042$ und Verwendung der Tabellenwerte $1 - h'/h \approx 0{,}958$ und $f_e'/f_{e_2} \approx 0{,}9404$ ohne Zwischenschaltung. Dagegen ist die Benutzung des Rechenschiebers bei solchen Aufgaben nicht immer ausreichend. (Kleine Differenzen großer Zahlen!)

[400]) Lösung für Zahlenbeisp. 86 bzw. 87 mittels Tab. VI siehe Zahlenbeisp. 84 bzw. 85. Vgl. Fußnote 348. — Lösung mit Tab. VII gemäß Zahlenbeisp. 86 also nur dann zu empfehlen, wenn es sich um Näherungsberechnung handelt, so daß die rechnerische Zwischenschaltung unterlassen oder wenigstens durch Schätzung ersetzt werden darf.

[401]) Zweiter Schritt der Bemessung, nach Tab. VII, 4. Kopfzeile (mit Zwischenschaltung): $f_e = 10{,}40/1{,}219 = 8{,}530$ cm²/m.

[402]) Zweiter Schritt der Bemessung, nach Tab. VII (mit Gl. 321 bzw. 322:) $M_1/b = 0{,}1711 \cdot 40 \cdot 10{,}40^2 = 740{,}3$ kgm/m; $f_{e_1} = 10{,}40/1{,}172 = 8{,}874$ cm²/m; (nach Gl. 323:) $M_2/b = 1050 - 740{,}3 = 309{,}7$ kgm/m; (nach Gl. 324:) $f_{e_2} = \frac{1}{923{,}2} \cdot \frac{309{,}7}{0{,}1040 - 0{,}0150} = 3{,}770$ cm²/m; (nach Gl. 325:) $f_e = 8{,}874 + 3{,}770 = 12{,}64$ cm²/m; (nach Tab. VII:) $f_e' = 3{,}770 \cdot 2{,}425 = 9{,}141$ cm²/m.

[403]) Weitere Bemessung (nach Tab. VII, Kopfzeile h/f_{e_1} mit Gl. 91 und 397): $f_e = 15.90/0{,}6165 - 10100/610{,}8 = 9{,}26$ cm²/m. Oder nach Tab. VI gemäß Zahlenbeispiel 50.

[404]) Zweiter Schritt der Bemessung: Zahlenbeispiel 51, vom Stern (✱) an.

Tab. IV. (Wenden!)

$\sigma_{b\,wirt}$ bschr. Drz. (Wenden!)

Zahlenbeispiel 22 siehe S. 65.

▬ Zu § 6. ▬

Zahlenbeispiel 23. (§ 6.) Platte. $M/b = 420$ kgm; $\sigma_e = 1200$ kg/cm²; $\sigma_b = 40$ kg/cm². ▬ (Nach Tab. VI, Spalte 12 u. 13 mit Gl. 124:) ● $h = 0{,}4108\sqrt{420} = 8{,}419$ cm (Schieberläufer bleibt liegen); (nach Tab. VI, Spalte 14:) ● $f_e = 8{,}419/1{,}8 = 4{,}677$ cm²/m.

Zahlenbeispiel 24. (Aufgabe wie vor, jedoch Lösung ohne Tabellen) siehe S. 57.

Zahlenbeispiel 25. (§ 6.) Platte mit »Baustahlgewebe«. $M/b = 688$ kgm/m; $h = 10{,}62$ cm; $\sigma_e = 2400$ kg/cm². ▬ (Gl. 126:) $r^2 \sigma_e = 10{,}62^2 \cdot 2400/688 = 393{,}4$. Nach Tab. VI, Spalte 9, 14 und 20 (mit Gl. 130): ● $f_e = 10{,}62/3{,}607 = 2{,}944$ cm²/m; ● $\sigma_b = 2400/45{,}04 = 53{,}29$ kg/cm².

Zahlenbeispiel 26. (§ 6.) Rechteckbalken. $M = 1300$ kgm; $b = 0{,}25$ m; $\sigma_e = 1200$ kg/cm²; $\sigma_b = 20$ kg/cm² [405]). ▬ $M/b = 1300/0{,}25 = 5200$ kg; nach Tab. VI, Spalte 12 und 13 bzw. 14 (mit Gl. 124 bzw. 133): ● $h = 0{,}7319\sqrt{5200} = 52{,}78$ cm; ● $F_e = 52{,}78 \cdot 0{,}25/6 = 2{,}199$ cm².

Zahlenbeispiel 27 siehe S. 83.

Zahlenbeispiel 29 siehe S. 72.

Zahlenbeispiel 30. [406]) (§ 6.) Rechteckbalken veränderlicher Breite. $M = 19950$ kgm; $h = 71{,}50$ cm; $\sigma_e = 1200$ kg/cm². ▬ Geschätzt $h/z \approx 1{,}18$; (Gl. 137:) $F_e \approx \frac{19950}{0{,}7150 \cdot 1200} \cdot 1{,}18 = 27{,}44$ cm²; (Gl. 166:) ● $b = 18 + 27{,}44/3 \approx 27$ cm; (Gl. 126:) $r^2 \sigma_e = 0{,}27 \cdot 71{,}50^2 \cdot 1200/19950 = 83{,}03$. Nach Tab. VI, Spalte 9, 15, 14 (mit Gl. 133) und 12: $h/z \approx 1{,}19$ (ausreichende Übereinstimmung); ● $F_e = 0{,}27 \cdot 71{,}50/0{,}6989 = 27{,}62$ cm²; ● $\sigma_b = 72{,}33$ kg/cm².

Zahlenbeispiel 31 siehe links (quer hierzu).

---

[405]) Vgl. Zahlenbeispiele 68 und 18.

[406]) Fig. 13, Aufgabe Nr. 8.

Tab. IV. Wirtschaftliche Druckspannung

	Breiten-											
	4150	3203	2551	2083	1735	1470	1262	1097	963,1	853,1	761,6	684,6
	Reduzierte wirtschaftliche Beton-											
	7	**8**	**9**	**10**	**11**	**12**	**13**	**14**	**15**	**16**	**17**	**18**
1	7	8	9	10	11	12	13	14	15	16	17	18
				Die hierunter befindlichen Zahlenwerte								
4												
7										U	n	b.
10	7	8	9	10	11	12	13	14	15	16	17	18
	7,0	8,0	9,0	10,0	11,0	12,0	13,0	14,0	15	16	17	18
	7,0	8,0	9,0	10,0	11,0	12,0	12,9	14,0	15,0	16,0	17,0	18,0
13	6,9	7,9	8,9	9,9	10,9	11,9	12,9	13,9	14,9	15,9	16,9	17,9
	6,8	7,8	8,8	9,8	10,8	11,8	12,8	13,8	14,8	15,8	16,7	17,7
		7,7	8,8	9,7	10,7	11,7	12,7	13,7	14,7	15,6	16,6	17,6
16		7,6	8,6	9,6	10,6	11,5	12,5	13,5	14,5	15,4	16,4	17,4
			8,5	9,4	10,4	11,3	12,2	13,2	14,2	15,1	16,1	17,0
			8,3	9,2	10,2	11,1	12,0	12,9	13,9	14,8	15,8	16,7
19				9,0	9,9	10,8	11,7	12,6	13,6	14,5	15,4	16,3
					9,6	10,6	11,4	12,3	13,2	14,2	15,0	15,9
						10,0	10,9	11,7	12,6	13,5	14,4	15,2
22								11,2	12,0	12,9	13,7	14,6
									11,6	12,4	13,2	14,0
											12,6	13,4
25		B	s	c	h	r.		D	r	z.		

(Randspalte: Zeilen-Nummern entsprechend Tab. IX.)

Tabelle IV ist herauszuklappen und dient zur wirtschaftlichen Ergänzung der statischen Tab. IX. Die dort durch $\frac{M}{b}$ bestimmte Zeile (siehe Zeilen-Nummer der Randspalte) wird auch hier aufgesucht. In ihr wandert man bis zu dem (vorher durch Lösung der Grundaufgabe, d. h. wie für unb. Drz. ermittelten) vorläufigen Werte $\sigma_b'{}_{\text{wirt}}$ und findet senkrecht über ihm im Tabellenkopfe den endgültigen Wert $\sigma_b'{}_{\text{wirt}}$. Dieser wird schließlich wieder in dem Kopfe der Tab. IX zur weiteren Bemessung aufgesucht. Vgl. auch § 10a, Stichwort *Bschr. Drz.* und Zahlenbeispiele 71 u. 73 (s. unten, S. 71).

Die Breitenziffern β (oberste Ziffernreihe) dienen nur zu gelegentlicher Lösung der Grundaufgabe für einzelne Balken. Unmittelbar unter β, in der zweiten Ziffernreihe, findet man dann den vorläufigen Wert $\sigma_b'{}_{\text{wirt}}$ und fährt, wie oben beschrieben, fort.

Zahlenbeispiel 30 siehe oben (quer hierzu).

Zahlenbeispiel 31. (§ 6.) Plattenbalken. $M = 12000$ kgm; $d = 15$ cm; $b \approx 2{,}00$ m; $\sigma_e = 1200$ kg/cm²; $\sigma_b = 26$ kg/cm² [407]). ▬ $M/b \approx 12000/2{,}00 = 6000$ kg; (hierzu nächstliegender größerer Zahlenwert der Tab. IX, Untertab. $d = 15$ cm:) $M/b = 6480$ kg; ● $h = 47{,}04$ cm; ● $F_e = \frac{12000}{6480} \cdot 12{,}50 = 23{,}15$ cm². (Anschließende Bestimmung der Baustoffmengen siehe Zahlenbeispiel 56.)

Zahlenbeispiel 32. (Plattenbalken, freie Bemessung ohne Tabellen) siehe S. 57.

Zahlenbeispiel 33. (§ 6.) Plattenbalken. $M = 12000$ kgm; $d = 10$ cm; $b \approx 1{,}45$ m; $\sigma_e = 1200$ kg/cm²; $h = 46{,}38$ cm. ▬ $M/b \approx 12000/1{,}45 = 8276$ kg; (hierzu bestpassend nach Tab. IX, Untertab. $d = 10$ cm:) $M/b = 8640$ kg und $h \approx 47{,}02$ cm; ● $F_e = \frac{12000}{8640} \cdot \frac{47{,}02}{46{,}38} \cdot 16{,}74$ [408]) $= 23{,}57$ cm²; ● $\sigma_b \approx 32$ kg/cm².

Zahlenbeispiel 34. (§ 6.) Plattenbalken, ungewöhnlicherweise $n = 20$ (z. B. Ausland). $M = 17500$ kgm; $d = 12$ cm; $b \approx 1{,}70$ m; $\sigma_e = 1200$ kg/cm²; $\sigma_b = 27$ kg/cm². ▬ Nach Anleitung 256 b ist in Tab. IX einzuführen $\sigma_b \cdot n/15 = 27 \cdot 20/15 = 36$ kg/cm² und $(M/b) \cdot n/15 \approx (17500/1{,}70) \cdot 20/15 = 13730$ kg; (hierzu nächstliegender größerer Zahlenwert der Tab. IX, Untertab. $d = 12$ cm:) $(M/b) \cdot n/15 = 13820$ kg; ● $h = 54{,}50$ cm; (nach Gl. 133 und Anleitung 256 b:) ● $F_e = \frac{17500}{13820} \cdot 23{,}23 = 29{,}42$ cm².

Zahlenbeispiel 35. (§ 6.) Plattenbalken, σ_e ungewöhnlich. $M = 105{,}0$ tm; $d = 16$ cm; $b \approx 2{,}30$ m; $\sigma_e = 1800$ kg/cm²; $\sigma_b = 50$ kg/cm². ▬ Siehe Anleitung 177. (Gl. 179:) $M_{1000} = \frac{1000}{1800} \cdot 105{,}0 = 58{,}33$ tm; (Gl. 181:) $\sigma_{b\,1000} = \frac{1000}{1800} \cdot 50 = 27{,}78$ kg/cm²; $M_{1000}/b = 58{,}33/2{,}30 = 25{,}36$ t. (Hierzu nach Tab. IX, Untertab. $d = 16$ cm:) Bestpassender Tabellenwert $\sigma_{b\,1000} = 28{,}33$ kg/cm²; nächstliegender größerer Tabellenwert $M_{1000}/b = 25{,}60$ t. ● $h = 88{,}04$ cm; ● $F_e = \frac{58{,}33}{25{,}60} \cdot 31{,}52 = 71{,}82$ cm².

Zahlenbeispiel 36. (§ 6.) Plattenbalken, σ_e und n ungewöhnlich. $n = 10$; sonst wie vor. ▬ Nach Anleitung 177 und 256 b: [409]) $M_{\text{red}} = \frac{10}{15} \cdot \frac{1000}{1800} \cdot 105{,}0 = 38{,}89$ tm; $\sigma_{b\,\text{red}} = \frac{10}{15} \cdot \frac{1000}{1800} \cdot 50 = 18{,}52$ kg/cm²; $M_{\text{red}}/b = 38{,}89/2{,}30 = 16{,}91$ t. (Nach Tab. IX, wie vor:) $\sigma_{b\,\text{red}} = 18{,}33$ kg/cm²; $M_{\text{red}}/b = 18{,}43$ t. ● $h = 104{,}1$ cm; ● $F_e = \frac{15}{10} \cdot \frac{38{,}89}{18{,}43} \cdot 18{,}88 = 59{,}76$ cm².

Zahlenbeispiel 37. (§ 6.) Rippendecke (Plattenbalken). $M/b = 3500$ kgm/m; $d = 5$ cm; $\sigma_e = 1200$ kg/cm²; $\sigma_b = 40$ kg/cm². ▬ (Nach Tab. IX, Untertab. $d = 5$ cm, nächstliegender größerer Zahlenwert:) $M/b = 3{,}600$ t/m; ● $h = 27{,}08$ cm; ● $f_e = \frac{3500}{3600} \cdot 12{,}05 = 11{,}72$ cm²/m.

Zahlenbeispiel 38. (§ 6.) Steineisendecke (Plattenbalken). $M/b = 680{,}0$ kgm/m; $d = 1{,}8$ cm; $\sigma_e = 1200$ kg/cm²; $\sigma_b = 40$ kg/cm². ▬ (Nach Tab. IX, Untertab. $d = 18$ cm [410]), nächstliegender größerer Zahlenwert:) $M/b = 699{,}8$ kg; ● $h = 13{,}07$ cm; ● $f_e = \frac{680{,}0}{699{,}8} \cdot 4{,}761 = 4{,}426$ cm²/m.

Zahlenbeispiel 39 siehe S. 133.

---

[407]) Vgl. Zahlenbeispiel 69 und 19.

[408]) Allg.: $F_e = \frac{M}{(M/b)_{\text{Tab}}} \cdot \frac{h_{\text{Tab}}}{h} \cdot f_{e\,\text{Tab}}$, wo die Tabellenwerte (Zeiger Tab) den wirklichen Werten (ohne Zeiger) naheliegen. Diese Reduktion ist der Interpolation vorzuziehen.

[409]) Beide Reduktionen werden vereinigt und durch den Zeiger red gekennzeichnet. Im Tabellenkopf (oben sowie seitlich) werden wieder die (schrägen) zu $\sigma_e = 1000$ kg/cm² gehörigen Zahlenwerte benutzt.

[410]) Gelesen als Untertabelle $d = 1{,}8$ cm. (Statt der Tabellenwerte d, M/b, h, f_e liest man $d/10$, $(M/b)/100$, $h/10$, $f_e/10$.)

der Balken mit bschr. Drz. (Plattenbalken mit Nullinie im Steg).

Ziffer β																												Zeilen-Nummern entsprechend Tab. IX.
619,2	563,1	514,6	472,5	435,6	403,0	374,2	348,6	325,6	305,0	269,6	240,4	216,1	195,5	177,9	162,9	149,8	138,4	128,3	119,4	111,6	104,5	98,19	92,50	82,67	72,68	64,62	58,01	
Druckspannung $\sigma'_{b\,\mathrm{wirt}}$ in kg/cm² ($\sigma_{b\,\mathrm{wirt}}$ für $\sigma_e = 1200$ kg/cm²)																												
19	**20**	**21**	**22**	**23**	**24**	**25**	**26**	**27**	**28**	**30**	**32**	**34**	**36**	**38**	**40**	**42**	**44**	**46**	**48**	**50**	**52**	**54**	**56**	**60**	**65**	**70**	**75**	
19	20	21	22	23	24	25	26	27	28	30	32	34	36	38	40	42	44	46	48	50	52	54	56					1
																								60				
																									65	70		
sind grundsätzlich vorläufige Werte $\sigma'_{b\,\mathrm{wirt}}$								unter Vernachlässigung etwa vorhandener Druckzonen-Beschränkung.																				
Nur bei unb. Drz. sind								sie den endgültigen gleich.																			75	4
D	**r**	**z.**												**U**	**n**	**b.**		**D**	**r**	**z.**								7
19	20	21	22	23	24	25	26																					10
19	20	21	22	23	24	25	26	27	28	30	32	34	36	38	40	42	44	46	48	50	52	54	56	60	65	70	75	
19,0	20,0	21,0	22,0	23,0	24,0	25,0	26,0	27,0	28,0	30,0	32,0	34	36	38	40	42	44	46	48	50	52	54	56	60	65	70	75	
18,9	19,9	20,9	21,9	22,9	23,9	24,9	25,9	26,9	27,9	29,9	32,0	33,9	36,0	38,0	40,0	42,0	44,0	46,0	48,0	50,0	52	54	56	60	65	70	75	13
18,7	19,7	20,7	21,8	22,8	23,8	24,7	25,8	26,8	27,8	29,8	31,8	33,8	35,9	37,9	39,9	41,9	43,9	46,0	48,0	50,0	52,0	54,0	56,1	60,1	65,0	70	75	
18,6	19,6	20,6	21,6	22,6	23,6	24,5	25,6	26,6	27,6	29,6	31,6	33,6	35,6	37,7	39,7	41,7	43,7	45,8	47,8	49,8	51,9	53,9	56,0	60,0	65,1	70,1	75,2	
18,3	19,3	20,3	21,3	22,3	23,3	24,3	25,2	26,3	27,2	29,2	31,3	33,2	35,2	37,3	39,3	41,3	43,3	45,4	47,5	49,4	51,6	53,5	55,6	59,7	64,8	70,0	75,1	16
18,0	19,0	19,9	20,9	21,9	22,9	23,8	24,8	25,8	26,8	28,7	30,7	32,7	34,7	36,7	38,7	40,7	42,7	44,8	46,8	48,8	50,8	52,9	55,0	59,0	64,2	69,4	74,6	
17,7	18,6	19,5	20,5	21,5	22,4	23,4	24,4	25,3	26,3	28,2	30,2	32,2	34,1	36,1	38,1	40,0	42,1	44,1	46,1	48,1	50,1	52,1	54,1	58,2	63,3	68,6	73,7	
17,2	18,2	19,1	20,0	21,0	21,9	22,9	23,8	24,7	25,7	27,6	29,5	31,4	33,3	35,3	37,3	39,2	41,2	43,1	45,1	47,1	49,1	51,1	53,1	57,1	62,2	67,4	72,5	19
16,9	17,8	18,6	19,6	20,5	21,4	22,3	23,3	24,2	25,1	27,0	28,8	30,7	32,6	34,5	36,4	38,4	40,2	42,2	44,2	46,1	48,0	50,0	52,0	55,9	60,9	66,1	71,2	
16,1	16,9	17,8	18,6	19,5	20,4	21,2	22,2	23,1	24,0	25,8	27,6	29,3	31,2	33,0	34,8	36,7	38,5	40,4	42,2	44,1	46,0	48,0	49,8	53,6	58,4	63,4	68,4	
15,4	16,2	17,0	17,9	18,7	19,5	20,4	21,2	22,1	23,0	24,6	26,4	28,1	29,8	31,6	33,3	35,1	36,9	38,6	40,4	42,2	44,0	45,9	47,8	51,4	56,0	60,8	65,8	22
14,8	15,6	16,3	17,1	17,9	18,7	19,5	20,4	21,2	22,0	23,6	25,3	26,9	28,6	30,3	32,0	33,7	35,4	37,1	38,8	40,6	42,3	44,1	45,9	49,4	53,8	58,5	63,1	
14'2	15,0	15,7	16,5	17,3	18,0	18,8	19,6	20,4	21,2	22,7	24,3	25,9	27,5	29,1	30,8	32,4	34,0	35,7	37,4	39,1	40,7	42,4	44,1	47,5	51,8	56,4	60,8	
13,7	14,4	15,1	15,9	16,6	17,4	18,1	18,9	19,6	20,4	21,9	23,4	24,9	26,5	28,1	29,6	31,2	32,8	34,4	36,0	37,7	39,3	40,9	42,5	45,9	50,0	54,3	58,6	25
	13,5	14,2	14,9	15,6	16,3	17,0	17,6	18,3	19,0	20,5	21,9	23,4	24,8	26,3	27,7	29,2	30,7	32,2	33,7	35,2	36,7	38,3	39,8	42,9	46,9	50,9	54,9	
					15,3	16,0	16,6	17,3	18,0	19,3	20,6	22,0	23,4	24,7	26,1	27,5	28,9	30,3	31,8	33,1	34,6	36,0	37,4	40,4	44,1	47,9	51,6	
						Zeilen-Nr. entspr. Tab. IX.	28	16,3	16,9	18,2	19,4	20,7	22,0	23,3	24,6	25,9	27,2	28,5	29,9	31,2	32,6	33,9	35,2	38,0	41,5	45,0	48,6	28
											18,3	19,5	20,7	21,9	23,3	24,4	25,6	26,9	28,1	29,4	30,7	31,9	33,1	35,8	39,0	42,3	45,7	
													19,6	20,8	22,0	23,1	24,3	25,5	26,6	27,8	29,0	30,3	31,4	33,9	37,0	40,0	43,3	
							31								20,9	22,0	23,1	24,2	25,3	26,5	27,6	28,8	29,9	32,2	35,2	38,2	41,2	31
																	22,1	23,2	24,2	25,3	26,4	27,5	28,6	30,8	33,5	36,4	39,3	
																			23,3	24,3	25,3	26,4	27,4	29,6	32,2	34,9	37,7	
							34		**B**	**s**	**c**	**h**	**r.**		**D**	**r**	**z.**				24,1	25,1	26,1	28,1	30,7	33,2	35,8	34
																								26,6	29,0	31,4	33,8	
																									27,6	29,8	32,1	

Zahlenbeispiel 70 siehe S. 66.

■ Zu § 10 a. ■

Zahlenbeispiel 71 (§ 10a.) Plattenbalken wie vor; jedoch: $M = 42500$ kgm; $b \approx 2{,}50$ m; $d = 12$ cm; die Zugbreite soll dem Raumbedarf der Bewehrung angepaßt werden: $b_0 = 18$ cm $+ F_e/3$ cm; $c_h \approx 1{,}3$ kg/(cm²·m). ■ (Aus Fig. 33 vorläufig:) $\sigma'_{b\,\mathrm{wirt}} \approx 18$ kg/cm² [411]); $M/b = 42500/2{,}50 = 17000$ kg; hierzu in Tab. IX bestpassend $M/b = 17280$ kg in Zeile 20; d. i. unterhalb der Treppenlinie; also bschr. Drz. Zur Berichtigung sucht man (gemäß Anleitung 637) in Zeile 20 der (herausgeklappten) Tab. IV zum vorläufigen Wert $\sigma'_b = 18$ kg/cm² bestpassend 17,8 kg/cm² auf; darüber im Tabellenkopf findet man berichtigt $\sigma_{b\,\mathrm{wirt}} \approx 20$ kg/cm². Eigengewichts-Einfluß $\triangle\,\sigma_{b\,\mathrm{wirt}}$, geschätzt auf 8% (z. B. gemäß Zahlenbeisp. 72), ergibt weitere Berichtigung: ● $\sigma_{b\,\mathrm{wirt}} \approx 20 + 1{,}6 \approx 22$ kg/cm².

Zahlenbeispiel 72. (§ 10 a.) Aufgabe wie vor; jedoch soll $\triangle\,\sigma_{b\,\mathrm{wirt}}$ mangels Erfahrung rechnerisch (statt nur durch Schätzung) ermittelt werden. Gemäß Vorberechnung, Überschlag oder Schätzung: $b_0 \approx 30$ cm; $g' \approx 720$ kg/m; $q \approx 2860$ kg/m. ■ Lösung wie vor; jedoch zum Schluß: $g'/q \approx 720/2860 = 25{,}2\%$; (Gl. 652:) $\triangle\,\sigma_{b\,\mathrm{wirt}}/\sigma_{b\,\mathrm{wirt}} \approx 25{,}2 \cdot 9/30 = 7{,}6\%$. Berichtigung: ● $\sigma_{b\,\mathrm{wirt}} \approx 20 + 1{,}5 \approx 22$ kg/cm².

Zahlenbeispiel 73. (§ 10 a.) Einzelner Plattenbalken [412]). $M = 168{,}0$ tm; $\sigma_e = 1200$ kg/cm²; $b \leqq 1{,}50$ m; $d = 20$ cm; $\mathfrak{a} = 4$ cm; b_0 nach Maßgabe von F_e; $\mathfrak{B} = 32$ M/m²; $\mathfrak{E} = 2400$ M/10 t; $\mathfrak{S} = 2{,}40$ M/m²; $c_h \approx 1{,}15$ kg/(cm²·m). ■ $\mathfrak{E}/\mathfrak{B} = 2400/32 = 75$ m²/10 t; $\mathfrak{S}/\mathfrak{B} = 2{,}40/32 = 0{,}075$ m $= 7{,}5$ cm; (Gl. 39:) $C = 15 + 2 \cdot 4 = 23$ cm; (Gl. 625:) $k = \dfrac{11{,}5 + 7{,}5}{1{,}15 \cdot 75} \cdot 2{,}15 = 0{,}4736$ cm. Zu $M/b \geqq 168{,}0/1{,}50 = 112{,}0$ t liefert Tab. IX bestpassend $M/b = 115{,}2$ t in Zeile 26; wir wählen daher die rechnerische Druckbreite $b = 168{,}0/115{,}2 = 1{,}458$ m; (Gl. 615:) $\beta = 145{,}8/0{,}4736 = 307{,}9$; hierzu gemäß Kopfzeile der Tab. IV (herausklappen!) vorläufig $\sigma'_{b\,\mathrm{wirt}} \approx 27{,}9$ kg/cm² [413]); hierzu in Tab. IV, Zeile 26, bestpassend 27,7 und darüber in der Kopfzeile $\sigma'_{b\,\mathrm{wirt}} \approx 40$ kg/cm². Eigengewichts-Einfluß, geschätzt auf 10% (z. B. gemäß Zahlenbeisp. 74), ergibt weitere Berichtigung: ● $\sigma_{b\,\mathrm{wirt}} \approx 40 + 4 = 44$ kg/cm².

Zahlenbeispiel 74. (§ 10a.) Aufgabe wie vor; jedoch $\triangle\,\sigma_b$ rechnerisch (vgl. Zahlenbeisp. 72) mit $b_0 \approx 53$ cm; $g' \approx 2{,}0$ t/m; $q \approx 4{,}5$ t/m. ■ Lösung wie vor; jedoch zum Schluß: $g'/q \approx 2{,}0/4{,}5 \approx 44\%$; (Gl. 650:) $\triangle\,\sigma_{b\,\mathrm{wirt}}/\sigma_{b\,\mathrm{wirt}} \approx 44 \cdot 11{,}5/53 \approx 10\%$. Berichtigung: ● $\sigma_{b\,\mathrm{wirt}} \approx 40 + 4 = 44$ kg/cm².

Zahlenbeispiel 75. (§10a.) Rechteckbalken veränderlicher Breite. $C = 18$ cm; $C' = 3$ cm; $M = 109800$ kgm; $\sigma_e = 1200$ kg/cm²; $c_h \approx 1{,}2$ kg/(cm²·m); $\mathfrak{B} = 32$ M/m²; $\mathfrak{E} = 2420$ M/10 t; $\mathfrak{S} = 1{,}20$ M/m². ■ $\mathfrak{E}/\mathfrak{B} = 2420/32 = 75{,}63$ m²/10 t; $\mathfrak{S}/\mathfrak{B} = 1{,}20/32 = 0{,}0375$ m $= 3{,}75$ cm. (Nach Gl. 644a:) $c_h \cdot k$ [414]) $= (3{,}75 + 9) \cdot 1{,}95/75{,}63 = 0{,}3288$ kg/(cm·m); $k = 0{,}3288/1{,}2 = 0{,}2740$ cm; (nach Tab. V, ungefähr Zeile $M = 108$ tm:) $\sigma_{b\,\mathrm{wirt}} \approx 47$ kg/cm². Eigengewichts-Einfluß $\triangle\,\sigma_{b\,\mathrm{wirt}}$ geschätzt auf 8% (vgl. Zahlenbeisp. 72); Berichtigung: ● $\sigma_{b\,\mathrm{wirt}} \approx 47 + 4 = 51$ kg/cm². Dieser Berichtigung entsprechend, geht man in Tab. V in gleicher Höhe weiter nach rechts und findet $b \approx 37$ cm.

Zahlenbeispiel 76. (§ 10a.) Aufgabe wie vor; jedoch soll $\triangle\,\sigma_{b\,\mathrm{wirt}}$ mangels Erfahrung rechnerisch (statt nur durch Schätzung) ermittelt werden mit $g' \approx 1750$ kg/m und $q \approx 5800$ kg/m. ■ Lösung wie vor; jedoch wird der Tab. V zugleich mit dem ersten Näherungswerte $\sigma_{b\,\mathrm{wirt}} \approx 47$ kg/cm² auch Näherungswert $b_{\mathrm{wirt}} \approx 35$ cm entnommen. $g'/q \approx 1750/5800 = 30{,}2\%$; (Gl. 652:) $\triangle\,\sigma_{b\,\mathrm{wirt}}/\sigma_{b\,\mathrm{wirt}} \approx 30{,}2 \cdot 9/35 \approx 8\%$. Weiter wie vor.

Zahlenbeispiel 77 siehe S. 59.

---

411) Ergäbe sich hier $\sigma_{b\,\mathrm{wirt}} > \sigma_{b\,\mathrm{zul}}$, so wäre die Ermittlung von $\sigma_{b\,\mathrm{wirt}}$ abzubrechen, da jede Berichtigung $\sigma_{b\,\mathrm{wirt}}$ vergrößert, $\sigma_{b\,\mathrm{zul}}$ aber ohnehin maßgebend wäre.

412) z. B. für Straßenbrücke über Eisenbahn. Wegen geringer Balkenzahl lohnt hier nicht Tabellenaufstellung (vgl. Fig. 33) wie im Hochbau.

413) Ebenfalls genau genug findet man unmittelbar aus Tab. III (mit $\mathfrak{S}/\mathfrak{B} + \mathfrak{a} - 1{,}5$ cm $= 10$ cm): $\sigma'_{b\,\mathrm{wirt}} \approx 27{,}8$ kg/cm².

414) Es empfiehlt sich, $c_h \cdot k$ für alle veränderlich breiten Rechteckbalken eines Gebäudes vorweg zu bestimmen. Befindet sich unter diesen eine Gruppe von Balken mit (wenigstens ungefähr) gleichem c_h, so beachte außerdem Fußnote 285 im Zusammenhange.

Tab. V. Wirtschaftliche Druckspannung

Diese Tabelle dient der freien (auch der wirtschaftlichen) Bemessung von Rechteckbalken ohne Probieren für $n = 15$ und unter

Zahlenbeispiel 28 siehe S. 83.

Zahlenbeispiel 29. (§ 6.) Rechteckbalken unbekannter (»veränderlicher«) Breite. $M = 15000$ kgm; $\sigma_e = 1200$ kg/cm²; $\sigma_b = 60$ kg/cm². ▬ Nach Tab. V (zwischen den Zeilen $M = 14,4$ und 19,2 tm geschätzt): $b \approx 25$ cm. (Weiter entsprechend Zahlenbeispiel 26:) $M/b = 15000/0,25 = 60000$ kg; ● $h = 0,3012 \sqrt{60000} = 73,78$ cm; ● $F_e = 73,78 \cdot 0,25/0,9333 = 19,76$ cm².

Zahlenbeispiel 30 siehe S. 70. (Herausklappen!)

σ_e in kg/cm²			σ_b in kg/cm²															
1500			31,25	37,5	43,75	50	55	60	65	70	75	81,25	87,5	93,75	100	106,3	112,5	120
	1000		*20,83*	*25*	*29,17*	*33,33*	*36,67*	*40*	*43,33*	*46,67*	*50*	*54,17*	*58,33*	*62,5*	*66,67*	*70,83*	*75*	*80*
		1200	**25**	**30**	**35**	**40**	**44**	**48**	**52**	**56**	**60**	**65**	**70**	**75**	**80**	**85**	**90**	**96**
0	*0*	**0**		18,0 *0,067*	18,0 *0,088*	18,0 *0,111*	18,0 *0,130*	18,0 *0,151*	18,0 *0,172*	18,0 *0,195*	18,0 *0,218*	18,0 *0,248*	18,0 *0,278*	18,0 *0,310*	18,0 *0,343*	18,0 *0,376*	18,0 *0,410*	18,0 *0,452*
0,75	*0,5*	**0,6**		18,6 *0,069*	18,8 *0,091*	18,9 *0,116*	18,9 *0,136*	19,0 *0,159*	19,1 *0,182*	19,2 *0,206*	19,2 *0,232*	19,3 *0,265*	19,4 *0,299*	19,5 *0,334*	19,6 *0,371*	19,7 *0,409*	19,8 *0,448*	19,9 *0,495*
1,5	*1*	**1,2**		18,9 *0,070*	19,1 *0,093*	19,2 *0,118*	19,3 *0,139*	19,4 *0,162*	19,5 *0,186*	19,6 *0,211*	19,8 *0,238*	19,9 *0,272*	20,0 *0,307*	20,1 *0,344*	20,3 *0,383*	20,4 *0,422*	20,5 *0,463*	20,7 *0,513*
3	*2*	**2,4**		19,3 *0,071*	19,5 *0,095*	19,7 *0,121*	19,9 *0,143*	20,0 *0,167*	20,2 *0,192*	20,3 *0,218*	20,5 *0,246*	20,7 *0,282*	20,8 *0,319*	21,0 *0,359*	21,2 *0,399*	21,4 *0,441*	21,6 *0,486*	21,8 *0,539*
4,5	*3*	**3,6**		19,6 *0,073*	19,8 *0,096*	20,1 *0,123*	20,3 *0,145*	20,5 *0,170*	20,7 *0,196*	20,8 *0,223*	21,0 *0,252*	21,3 *0,289*	21,5 *0,329*	21,7 *0,369*	21,9 *0,412*	22,1 *0,456*	22,4 *0,503*	22,6 *0,558*
6	*4*	**4,8**		19,8 *0,073*	20,1 *0,097*	20,4 *0,125*	20,6 *0,148*	20,8 *0,173*	21,1 *0,200*	21,3 *0,228*	21,5 *0,257*	21,8 *0,296*	22,0 *0,336*	22,3 *0,378*	22,5 *0,423*	22,8 *0,469*	23,0 *0,517*	23,3 *0,575*
7,5	*5*	**6**		20,0 *0,074*	20,4 *0,099*	20,7 *0,127*	20,9 *0,150*	21,2 *0,176*	21,4 *0,203*	21,7 *0,231*	21,9 *0,262*	22,2 *0,301*	22,5 *0,343*	22,8 *0,387*	23,1 *0,432*	23,3 *0,480*	23,6 *0,530*	24,0 *0,590*
9	*6*	**7,2**		20,3 *0,075*	20,6 *0,100*	21,0 *0,129*	21,2 *0,152*	21,5 *0,179*	21,8 *0,207*	22,1 *0,236*	22,4 *0,267*	22,7 *0,308*	23,0 *0,351*	23,3 *0,396*	23,7 *0,443*	24,0 *0,492*	24,3 *0,544*	24,7 *0,607*
12	*8*	**9,6**		20,6 *0,076*	21,1 *0,102*	21,5 *0,131*	21,8 *0,156*	22,2 *0,184*	22,5 *0,213*	22,8 *0,243*	23,1 *0,276*	23,6 *0,319*	24,0 *0,364*	24,4 *0,412*	24,8 *0,462*	25,1 *0,515*	25,5 *0,570*	26,0 *0,638*
15	*10*	**12**		21,0 *0,077*	21,5 *0,104*	21,9 *0,134*	22,3 *0,159*	22,7 *0,188*	23,1 *0,218*	23,5 *0,250*	23,8 *0,284*	24,3 *0,329*	24,8 *0,376*	25,2 *0,426*	25,7 *0,479*	26,2 *0,534*	26,6 *0,593*	27,2 *0,665*
18	*12*	**14,4**		21,3 *0,079*	21,8 *0,105*	22,4 *0,136*	22,8 *0,163*	23,2 *0,192*	23,6 *0,223*	24,1 *0,256*	24,5 *0,291*	25,0 *0,338*	25,5 *0,387*	26,0 *0,439*	26,6 *0,494*	27,1 *0,552*	27,6 *0,613*	28,2 *0,689*
24	*16*	**19,2**		21,8 *0,080*	22,5 *0,108*	23,1 *0,140*	23,6 *0,168*	24,1 *0,199*	24,6 *0,232*	25,1 *0,267*	25,6 *0,304*	26,2 *0,353*	26,8 *0,406*	27,5 *0,462*	28,1 *0,521*	28,7 *0,584*	29,3 *0,650*	30,1 *0,732*
30	*20*	**24**		22,3 *0,082*	23,0 *0,111*	23,7 *0,144*	24,3 *0,173*	24,9 *0,205*	25,5 *0,239*	26,0 *0,276*	26,6 *0,315*	27,3 *0,367*	28,0 *0,423*	28,7 *0,482*	29,4 *0,545*	30,2 *0,612*	30,9 *0,682*	31,7 *0,770*
37,5	*25*	**30**		22,8 *0,084*	23,6 *0,114*	24,5 *0,148*	25,1 *0,178*	25,8 *0,212*	26,4 *0,248*	27,1 *0,287*	27,7 *0,328*	28,6 *0,383*	29,4 *0,443*	30,2 *0,506*	31,0 *0,574*	31,9 *0,645*	32,7 *0,721*	33,7 *0,817*
45	*30*	**36**		23,3 *0,086*	24,3 *0,117*	25,2 *0,152*	25,9 *0,184*	26,6 *0,219*	27,4 *0,257*	28,1 *0,297*	28,9 *0,341*	29,8 *0,400*	30,7 *0,462*	31,7 *0,530*	32,6 *0,603*	33,6 *0,679*	34,6 *0,760*	35,7 *0,864*
52,5	*35*	**42**		23,9 *0,088*	24,9 *0,119*	25,9 *0,157*	26,7 *0,189*	27,5 *0,226*	28,3 *0,265*	29,2 *0,308*	30,0 *0,354*	31,1 *0,416*	32,1 *0,482*	33,2 *0,554*	34,2 *0,631*	35,3 *0,713*	36,4 *0,800*	37,7 *0,910*
60	*40*	**48**		24,4 *0,089*	25,5 *0,122*	26,6 *0,161*	27,5 *0,195*	28,4 *0,233*	29,3 *0,274*	30,2 *0,319*	31,2 *0,367*	32,3 *0,432*	33,5 *0,502*	34,7 *0,578*	35,9 *0,660*	37,1 *0,746*	38,3 *0,839*	39,7 *0,957*
67,5	*45*	**54**		24,8 *0,091*	26,0 *0,125*	27,2 *0,164*	28,2 *0,199*	29,1 *0,239*	30,1 *0,282*	31,1 *0,328*	32,1 *0,378*	33,4 *0,446*	34,7 *0,519*	36,0 *0,599*	37,3 *0,685*	38,6 *0,776*	39,9 *0,874*	41,5 *0,999*
75	*50*	**60**		25,2 *0,092*	26,5 *0,127*	27,8 *0,168*	28,8 *0,204*	29,9 *0,245*	31,0 *0,289*	32,0 *0,337*	33,1 *0,389*	34,5 *0,460*	35,9 *0,537*	37,3 *0,620*	38,7 *0,710*	40,1 *0,806*	41,6 *0,909*	43,3 *1,040*
82,5	*55*	**66**		25,6 *0,094*	27,0 *0,129*	28,4 *0,171*	29,5 *0,208*	30,6 *0,250*	31,8 *0,297*	32,9 *0,346*	34,1 *0,400*	35,6 *0,474*	37,1 *0,554*	38,6 *0,641*	40,1 *0,735*	41,6 *0,836*	43,2 *0,944*	45,1 *1,082*
90	*60*	**72**		26,1 *0,095*	27,5 *0,132*	29,0 *0,175*	30,2 *0,213*	31,4 *0,256*	32,6 *0,304*	33,9 *0,356*	35,1 *0,412*	36,7 *0,488*	38,3 *0,572*	39,9 *0,662*	41,5 *0,760*	43,2 *0,866*	44,9 *0,979*	46,9 *1,124*
97,5	*65*	**78**		26,5 *0,097*	28,0 *0,134*	29,5 *0,178*	30,8 *0,217*	32,1 *0,262*	33,4 *0,311*	34,7 *0,364*	36,0 *0,422*	37,7 *0,501*	39,4 *0,588*	41,1 *0,682*	42,9 *0,784*	44,6 *0,894*	46,4 *1,012*	48,6 *1,164*
105	*70*	**84**		26,8 *0,098*	28,4 *0,136*	30,1 *0,181*	31,4 *0,221*	32,8 *0,267*	34,1 *0,318*	35,5 *0,372*	36,9 *0,432*	38,7 *0,514*	40,5 *0,604*	42,3 *0,702*	44,2 *0,808*	46,1 *0,922*	48,0 *1,046*	50,3 *1,204*
112,5	*75*	**90**		27,2 *0,100*	28,9 *0,138*	30,6 *0,184*	32,0 *0,225*	33,4 *0,273*	34,9 *0,324*	36,3 *0,381*	37,8 *0,443*	39,7 *0,527*	41,6 *0,620*	43,6 *0,721*	45,5 *0,831*	47,5 *0,950*	49,5 *1,079*	52,0 *1,243*
120	*80*	**96**	25,9 *0,068*	27,6 *0,101*	29,4 *0,140*	31,2 *0,187*	32,6 *0,230*	34,1 *0,278*	35,6 *0,331*	37,2 *0,389*	38,8 *0,453*	40,7 *0,540*	42,7 *0,636*	44,8 *0,741*	46,9 *0,855*	49,0 *0,978*	51,1 *1,112*	53,7 *1,283*
135	*90*	**108**	26,4 *0,070*	28,3 *0,102*	30,2 *0,144*	32,1 *0,193*	33,7 *0,237*	35,4 *0,288*	37,0 *0,344*	38,7 *0,405*	40,5 *0,472*	42,6 *0,565*	44,8 *0,667*	47,1 *0,778*	49,4 *0,900*	51,7 *1,031*	54,1 *1,176*	
150	*100*	**120**	27,0 *0,071*	29,0 *0,103*	31,0 *0,148*	33,1 *0,199*	34,9 *0,245*	36,6 *0,298*	38,4 *0,357*	40,3 *0,421*	42,2 *0,492*	44,5 *0,589*	47,0 *0,697*	49,4 *0,815*	51,9 *0,945*	54,5 *1,085*	57,1 *1,239*	
165	*110*	**132**	27,5 *0,073*	29,6 *0,105*	31,8 *0,152*	34,1 *0,204*	36,0 *0,252*	37,9 *0,308*	39,8 *0,369*	41,8 *0,436*	43,9 *0,511*	46,4 *0,614*	49,1 *0,728*	51,7 *0,853*	54,4 *0,990*	57,2 *1,138*	60,1 *1,303*	
M in tm			h (unten, schräg) und b (oben, steil) in cm.															

und veränderliche Breite der Rechteckbalken.

der Bedingung $b = 18\,\text{cm} + \frac{F_e}{3\,\text{cm}}$, die in geschlossenen Räumen reichlichen Platz für die Eisenbewehrung gewährleistet.

b Balkenbreite;
F_e Zugeisen-Querschnitt;
k Kostenbreite;
M Moment;
σ_b Beton-Druckspannung
σ_e Eisen-Zugspannung;

Beliebige freie Bemessung. Man sucht im seitlichen Tabellenkopfe, in der für σ_e gültigen Spalte, M, ferner im oberen Tabellenkopfe, in der für σ_e gültigen Zeile, σ_b auf. (Für beliebige, ungewöhnliche Werte σ_e ist nach Anleitung 177 zu verfahren.) In der durch M bestimmten Zeile u. der durch σ_b bestimmten Spalte findet man in Steilschrift die Ziffer b. — Die weitere Bemessung erfolgt wie üblich (z. B. mittels Tab. VI oder VIII). — Vgl. auch § 6, Stichwort *Rechteckbalken veränderlicher Breite* und **Zahlenbeispiel 29** (s. links oben).

Wirtschaftliche freie Bemessung. Nach Ermittelung der Kostenbreite k (gemäß Gl. 644a) sucht man diesen Wert in der durch σ_e und M bestimmten (Schrägschrift-) Zeile auf und findet unmittelbar darüber (in Steilschrift) b_{wirt} und senkrecht darüber im Tabellenkopfe, in der σ_e entsprechenden Zeile, $\sigma_{b\,wirt}$. — Vgl. auch § 10a, Stichwort *Rechteckbalken veränderlicher Breite* und **Zahlenbeispiel 75.** (S. 71.)

σ_e in kg/cm²			σ_b in kg/cm²															
1500			31,25	37,5	43,75	50	55	60	65	70	75	81,25	87,5	93,75	100	106,3	112,5	120
	1000		*20,83*	*25*	*29,17*	*33,33*	*36,67*	*40*	*43,33*	*46,67*	*50*	*54,17*	*58,33*	*62,5*	*66,67*	*70,83*	*75*	*80*
		1200	**25**	**30**	**35**	**40**	**44**	**48**	**52**	**56**	**60**	**65**	**70**	**75**	**80**	**85**	**90**	**96**
180	*120*	**144**	28,0 *0,074*	30,3 *0,107*	32,7 *0,156*	35,1 *0,210*	37,1 *0,260*	39,1 *0,318*	41,2 *0,382*	43,4 *0,452*	45,6 *0,530*	48,3 *0,638*	51,2 *0,758*	54,1 *0,890*	57,0 *1,035*	60,0 *1,192*	63,1 *1,366*	
195	*130*	**156**	28,5 *0,075*	30,9 *0,109*	33,4 *0,159*	36,0 *0,216*	38,1 *0,267*	40,3 *0,327*	42,6 *0,394*	44,8 *0,467*	47,2 *0,549*	50,2 *0,662*	53,2 *0,787*	56,3 *0,926*	59,4 *1,078*	62,6 *1,244*		
210	*140*	**168**	29,0 *0,076*	31,5 *0,111*	34,2 *0,163*	36,9 *0,221*	39,2 *0,274*	41,5 *0,336*	43,9 *0,406*	46,3 *0,482*	48,8 *0,567*	52,1 *0,686*	55,2 *0,816*	58,5 *0,962*	61,8 *1,121*	65,3 *1,295*		
225	*150*	**180**	29,5 *0,078*	32,2 *0,113*	34,9 *0,166*	37,8 *0,226*	40,2 *0,281*	42,7 *0,346*	45,2 *0,417*	47,8 *0,497*	50,4 *0,585*	53,9 *0,710*	57,2 *0,845*	60,7 *0,997*	64,3 *1,164*	67,9 *1,347*		
240	*160*	**192**	30,0 *0,079*	32,8 *0,115*	35,7 *0,170*	38,8 *0,231*	41,2 *0,288*	43,8 *0,355*	46,5 *0,429*	49,2 *0,512*	52,0 *0,604*	55,8 *0,734*	59,2 *0,874*	62,9 *1,033*	66,7 *1,207*	70,6 *1,398*		
255	*170*	**204**	30,4 *0,080*	33,4 *0,117*	36,4 *0,173*	39,6 *0,237*	42,2 *0,295*	45,0 *0,364*	47,8 *0,440*	50,6 *0,526*	53,5 *0,621*	57,5 *0,756*	61,1 *0,902*	65,0 *1,068*	69,1 *1,249*			
270	*180*	**216**	30,9 *0,081*	33,9 *0,119*	37,1 *0,176*	40,5 *0,242*	43,2 *0,302*	46,1 *0,373*	49,0 *0,452*	52,0 *0,540*	55,1 *0,639*	59,2 *0,778*	63,1 *0,930*	67,2 *1,102*	71,4 *1,292*			
285	*190*	**228**	31,3 *0,082*	34,5 *0,121*	37,9 *0,180*	41,4 *0,247*	44,2 *0,309*	47,2 *0,382*	50,3 *0,463*	53,4 *0,555*	56,7 *0,657*	60,9 *0,799*	65,0 *0,959*	69,4 *1,137*	73,8 *1,334*			
300	*200*	**240**	31,8 *0,084*	35,1 *0,123*	38,6 *0,183*	42,2 *0,252*	45,2 *0,316*	48,3 *0,391*	51,5 *0,475*	54,8 *0,569*	58,2 *0,674*	62,5 *0,821*	67,0 *0,987*	71,5 *1,171*	76,2 *1,376*			
315	*210*	**252**	32,2 *0,085*	35,7 *0,126*	39,3 *0,186*	43,0 *0,257*	46,1 *0,322*	49,4 *0,399*	52,7 *0,486*	56,2 *0,583*	59,7 *0,691*	64,2 *0,843*	68,9 *1,015*	73,6 *1,205*				
330	*220*	**264**	32,7 *0,086*	36,2 *0,128*	39,9 *0,189*	43,9 *0,262*	47,1 *0,328*	50,5 *0,408*	54,0 *0,497*	57,6 *0,597*	61,2 *0,709*	65,9 *0,865*	70,8 *1,042*	75,8 *1,239*				
345	*230*	**276**	33,1 *0,087*	36,8 *0,131*	40,6 *0,193*	44,7 *0,266*	48,0 *0,335*	51,6 *0,416*	55,2 *0,508*	58,9 *0,611*	62,7 *0,726*	67,6 *0,887*	72,7 *1,070*	77,9 *1,274*				
360	*240*	**288**	33,5 *0,088*	37,3 *0,134*	41,3 *0,196*	45,5 *0,271*	49,0 *0,341*	52,7 *0,425*	56,4 *0,519*	60,3 *0,625*	64,3 *0,743*	69,3 *0,909*	74,6 *1,098*	80,0 *1,308*				
390	*260*	**312**	34,4 *0,090*	38,4 *0,139*	42,7 *0,202*	47,2 *0,281*	50,9 *0,354*	54,8 *0,442*	58,9 *0,541*	63,0 *0,652*	67,3 *0,777*	72,8 *0,953*	78,4 *1,153*	84,2 *1,376*				
420	*280*	**336**	35,2 *0,092*	39,4 *0,143*	44,0 *0,208*	48,8 *0,290*	52,7 *0,367*	56,9 *0,459*	61,3 *0,562*	65,7 *0,679*	70,2 *0,811*	76,3 *0,998*	82,2 *1,207*					
450	*300*	**360**	36,0 *0,094*	40,5 *0,147*	45,3 *0,214*	50,4 *0,300*	54,6 *0,380*	59,0 *0,475*	63,6 *0,584*	68,3 *0,706*	73,2 *0,845*	79,8 *1,044*	85,9 *1,262*					
480	*320*	**384**	36,8 *0,096*	41,5 *0,150*	46,6 *0,220*	52,0 *0,309*	56,5 *0,393*	61,2 *0,492*	66,0 *0,606*	71,0 *0,734*	76,2 *0,879*	83,3 *1,089*	89,7 *1,316*					
510	*340*	**408**	37,5 *0,098*	42,5 *0,154*	47,9 *0,226*	53,5 *0,319*	58,2 *0,405*	63,2 *0,508*	68,3 *0,627*	73,6 *0,760*	79,1 *0,912*	86,5 *1,130*						
540	*360*	**432**	38,3 *0,100*	43,6 *0,158*	49,1 *0,232*	55,1 *0,330*	60,0 *0,417*	65,3 *0,524*	70,7 *0,648*	76,3 *0,787*	82,0 *0,945*	89,7 *1,172*						
570	*380*	**456**	39,1 *0,102*	44,6 *0,161*	50,4 *0,238*	56,6 *0,340*	61,8 *0,430*	67,3 *0,540*	73,0 *0,669*	78,9 *0,813*	84,9 *0,978*	92,9 *1,213*						
600	*400*	**480**	39,8 *0,104*	45,6 *0,165*	51,7 *0,244*	58,2 *0,351*	63,6 *0,442*	69,4 *0,557*	75,3 *0,690*	81,5 *0,840*	87,8 *1,011*	96,1 *1,254*						
630	*420*	**504**	40,6 *0,106*	46,5 *0,168*	52,9 *0,250*	59,7 *0,358*	65,4 *0,454*	71,4 *0,573*	77,6 *0,710*	84,1 *0,866*	90,7 *1,044*							
660	*440*	**528**	41,3 *0,108*	47,5 *0,172*	54,2 *0,255*	61,3 *0,366*	67,1 *0,466*	73,4 *0,589*	79,9 *0,731*	86,7 *0,893*	93,6 *1,077*							
690	*460*	**552**	42,1 *0,110*	48,5 *0,175*	55,4 *0,261*	62,8 *0,373*	68,9 *0,478*	75,5 *0,605*	82,2 *0,751*	89,3 *0,919*	96,5 *1,109*							
720	*480*	**576**	42,8 *0,112*	49,5 *0,178*	56,6 *0,267*	64,3 *0,381*	70,7 *0,490*	77,5 *0,621*	84,5 *0,772*	91,8 *0,945*	99,4 *1,142*							
750	*500*	**600**	43,5 *0,114*	50,4 *0,182*	57,8 *0,273*	65,8 *0,389*	72,4 *0,502*	79,5 *0,637*	86,8 *0,791*	94,4 *0,971*								
810	*540*	**648**	44,9 *0,117*	52,3 *0,189*	60,2 *0,284*	68,8 *0,407*	75,9 *0,525*	83,5 *0,669*	91,3 *0,828*	99,5 *1,023*								
870	*580*	**696**	46,4 *0,121*	54,2 *0,195*	62,6 *0,295*	71,8 *0,424*	79,3 *0,549*	87,5 *0,700*	95,9 *0,865*	104,6 *1,075*								
M in tm			k (unten, schräg) und b (oben, steil) in cm.															

Abschnitt 2. Haupt-Bemessungs-tabellen.

Tab. VI. Grundwerte bei unb. Drz. (Universaltabelle für Rechteckquerschnitte.)

b Druckbreite;
b_{wirt} wirtschaftliche Druckbreite (eines Rechteckquerschnitts);
C Festwert, z. B. 18 cm (vgl. § 4, Stichwort *Zugbreite*; die dort gegebenen Erläuterungen gelten beim Rechteckquerschnitt naturgemäß auch für die Druckbreite b);
f_e Zugeisenquerschnitt für die Einheit der Druckbreite;
f_{e2} Teil von f_e, gehörig zum Teilmoment M_2, das mit Hilfe von f_e' aufgenommen wird;
f_e' Druckeisenquerschnitt für die Einheit der Druckbreite;
f_e'' roher Ersatzwert für $f_e'{}_{wirt}$, den wirtschaftlichen Sonderwert f_e' bei gebundener Bemessung und reiner Biegung;
h Nutzhöhe;
h' Schwerpunktsabstand des Druckeisenquerschnitts von der gedrückten Betonkante;
h'' roher Ersatzwert für h' bei gebundener wirtschaftlicher Bemessung und reiner Biegung;
M Moment; r Hilfswert $\frac{h}{\sqrt{\frac{M}{b}}}$;

v Randspannungsverhältnis $\frac{\sigma_e}{\sigma_b}$;
v_s und v_7 Funktionen lediglich von v;
x Druckhöhe; z Innenhebel;
σ_b Beton-Druckspannung; σ_e Eisen-Zugspannung;
Fall b Fall $\sigma_b = \sigma_{b\,sich} = const$;
Fall e Fall $\sigma_e = \sigma_{e\,sich} = const$.

Der natürliche Leitwert der Tabelle ist v (Spalte 20). Gewissermaßen zufällig ist aber als **Leitwert für die Praxis** oft geeigneter σ_b' (Spalte 12; σ_b für $\sigma_e = 1200$ kg/cm²).

Die Häufigkeit, mit der die mannigfachen Teile dieser Tabelle in der Praxis zu benutzen sind, wächst waagerecht ungefähr von außen nach innen, wie der Druck andeutet. Am häufigsten kommen die Spalten 12 bis 14 in Betracht, danach 15 bis 18 und 10 bis 11, danach etwa 5, 9 und 19 bis 23 und schließlich erst die übrigen Spalten etwa in der Reihenfolge 24 bis 25, 6 bis 8, 1 bis 4, 26 bis 33.

Zur weiteren Erläuterung siehe für **Spalte 6 bis 20** § 6, Stichworte *Spannungsverhältnis* und *Unbeschränkte Druckzone*, insbesondere Fig. 12 und 12a. Vgl. **Zahlenbeispiele 23, 25, 26.** (S. 70 herausklappen!)

Für **Spalte 21 bis 24**, die der wirtschaftlichen Bemessung für reine (oder überwiegende) Biegung bei beschränkter Konstruktionshöhe dienen, siehe § 12, insbesondere Stichwort *Mit Tabelle VI*. Vgl. **Zahlenbeispiel 84 u. 85.** (S. 76.)

Für **Spalte 5** siehe § 10; die **Breitenziffer** β **wird zunächst berechnet, nämlich nach Formel 622a für Platten, nach Formel 624a bis 625a in Verbindung mit 615 für Balken; dann wird sie in Spalte 5 aufgesucht und liefert die wirtschaftlich günstigste Tabellen-Zeile für die statische Bemessung. In dieser Zeile haben auch die** σ_b**-Spalten 10, 12 u. 17 ihre Sonderwerte** $\sigma_{b\,wirt}$. Vgl. **Zahlenbeispiel 66 bis 68.** (S. 59.)

Für **Spalte 1 bis 4** (bezw. 5) siehe § 10a, Stichwort *Rechteckbalken veränderlicher Breite*, besonders Anleitungen bzw. Formel 640 bis 642.

Für **Spalte 25** bezw. **25 bis 33** siehe § 11, besonders Stichwort *Wirtschaftliche Zugspannung bei unveränderlicher Zugbreite* bzw. *Wirtschaftliche Zugspannung bei veränderlicher Zugbreite*. Vgl. Zahlenbeisp. 81 bis 83.

Spalten 1–9 (Spalten 1–5: ← Hilfswerte für die Ermittelung der wirtschaftlichen Druckspannung →; Spalten 6–9: ← Hilfswerte für die statische Querschnittsberechnung)

1	2	3	4	5	6*	7*	8	9
Breitenziffer β im Falle e								$\sigma_e \rightarrow$
o/b_{wirt} = 0,2	0,4	0,6	0,8	Grundaufgabe 1,0	$\frac{z}{f_e}$	$\frac{vz}{f_e}$	$\frac{1000h}{vz}$	$r^2\sigma_e$
193922	193842	193763	193683	193600	1936	2323200	0,8368	195200
48962	48922	48883	48843	48800	488	292800	1,680	49600
21975	21949	21923	21896	21870	218,7	87467	2,530	22400
12482	12462	12443	12423	12400	124	37200	3,387	12800
8066	8050	8035	8019	8003	80	19200	4,25	8323
5655	5642	5629	5616	5603	56	11200	5,119	5870
4195	4183	4172	4161	4150	41,47	7109	5,994	4379
3242	3232	3223	3213	3203	32	4800	6,875	3403
2586	2577	2568	2560	2551	25,48	3398	7,762	2729
2114	2106	2099	2091	2083	20,8	2496	8,654	2243
1763	1756	1749	1742	1735	17,32	1890	9,552	1881
1495	1489	1483	1476	1470	14,67	1467	10,45	1603
1286	1280	1274	1268	1262	12,59	1162	11,36	1385
1119	1113	1108	1102	1097	10,94	937,6	12,28	1211
983,2	978,2	973,2	968,2	963,1	9,6	768	13,19	1070
871,9	867,2	862,5	857,8	853,1	8,5	637,5	14,12	952,9
779,2	774,8	770,4	766,0	761,6	7,585	535,4	15,05	855,5
701,1	697,0	692,9	688,7	684,6	6,815	454,3	15,98	773,3
634,8	630,9	627,0	623,1	619,2	6,161	389,1	16,92	703,2
577,8	574,2	570,5	566,8	563,1	5,6	336	17,86	642,9
528,6	525,1	521,6	518,1	514,6	5,116	292,3	18,80	590,6
485,8	482,5	479,1	475,8	472,5	4,694	256,0	19,75	545,0
448,3	445,1	441,9	438,7	435,6	4,325	225,7	20,71	504,9
415,2	412,1	409,1	406,1	403,0	4	200	21,67	469,4
385,8	382,9	380,0	377,1	374,2	3,712	178,2	22,63	438,0
359,7	356,9	354,1	351,3	348,6	3,456	159,5	23,60	409,8
336,3	333,6	331,0	328,3	325,6	3,226	143,4	24,57	384,6
315,3	312,7	310,1	307,6	305,0	3,020	129,4	25,54	361,9
296,3	293,8	291,4	288,9	286,4	2,835	117,3	26,52	341,3
279,1	276,7	274,4	272,0	269,6	2,667	106,7	27,5	322,7

Spalten 10–20 (Hilfswerte für die statische Querschnittsberechnung →)

10	11	12	13	14*	15	16	17	18	19	20
1000		1200		$\leftarrow \sigma_e$		$\sigma_e \rightarrow$	1500		$\leftarrow \sigma_e$	
σ_b	r	σ_b	r	$\frac{h}{f_e}$	$\frac{h}{z}$	$\frac{h}{x}$	σ_b	r	$r^2\sigma_b$	v
0,8333	13,97	1	12,75	1944	1,004	81	1,25	11,41	162,7	1200
1,667	7,043	2	6,429	492	1,008	41	2,5	5,751	82,67	600
2,5	4,733	3	4,321	221,3	1,012	27,67	3,75	3,865	56,01	400
3,333	3,578	4	3,266	126	1,016	21	5	2,922	42,68	300
4,167	2,885	5	2,634	81,6	1,02	17	6,25	2,356	34,68	240
5	2,423	6	2,212	57,33	1,024	14,33	7,5	1,978	29,35	200
5,833	2,093	7	1,910	42,61	1,028	12,43	8,75	1,709	25,54	171,4
6,667	1,845	8	1,684	33	1,031	11	10	1,506	22,69	150
7,5	1,652	9	1,508	26,37	1,035	9,889	11,25	1,349	20,47	133,3
8,333	1,498	10	1,367	21,6	1,038	9	12,5	1,223	18,69	120
9,167	1,371	11	1,252	18,05	1,042	8,273	13,75	1,120	17,24	109,1
10	1,266	12	1,156	15,33	1,045	7,667	15	1,034	16,03	100
10,83	1,177	13	1,074	13,21	1,049	4,154	16,25	0,9610	15,01	92,31
11,67	1,101	14	1,005	11,51	1,052	6,714	17,5	0,8986	14,13	85,71
12,5	1,034	15	0,9441	10,13	1,056	6,333	18,75	0,8444	13,37	80
13,33	0,9762	16	0,8911	9	1,059	6	20	0,7971	12,71	75
14,17	0,9249	17	0,8444	8,055	1,062	5,706	21,25	0,7552	12,12	70,59
15	0,8794	18	0,8027	7,259	1,065	5,444	22,5	0,7180	11,60	66,67
15,83	0,8385	19	0,7655	6,582	1,068	5,211	23,75	0,6847	11,13	63,16
16,67	0,8018	20	0,7319	6	1,071	5	25	0,6547	10,71	60
17,5	0,7685	21	0,7015	5,497	1,074	4,810	26,25	0,6275	10,34	57,14
18,33	0,7382	22	0,6739	5,058	1,077	4,636	27,5	0,6028	9,991	54,55
19,17	0,7105	23	0,6486	4,673	1,080	4,478	28,75	0,5802	9,677	52,17
20	0,6852	24	0,6255	4,333	1,083	4,333	30	0,5594	9,389	50
20,83	0,6618	25	0,6041	4,032	1,086	4,2	31,25	0,5403	9,124	48
21,67	0,6402	26	0,5844	3,763	1,089	4,077	32,5	0,5227	8,880	46,15
22,5	0,6202	27	0,5661	3,523	1,092	3,963	33,75	0,5064	8,654	44,44
23,33	0,6016	28	0,5492	3,306	1,095	3,857	35	0,4912	8,444	42,86
24,17	0,5842	29	0,5333	3,111	1,097	3,759	36,25	0,4770	8,249	41,38
25	0,5680	30	0,5185	2,933	1,1	3,667	37,5	0,4638	8,067	40

Spalten 21–33 (← Hilfswerte für die Ermittelung der wirtschaftlichen Zugspannung →)

21	22	23	24	25	26	27	28	29	30	31	32	33
				Breitenziffer β im Falle b								
v_s	$\frac{h'}{h}$	v_7	$\frac{f_e''}{f_{e2}}$	o/b_{wirt} = 1	0,9	0,8	0,7	0,6	0,5	0,4	0,3	0,2
				63912	70436	76960	83485	90009	96534	103058	109582	116107
				15956	17618	19280	20943	22605	24267	25929	27591	29254
				7082	7835	8587	9340	10092	10845	11597	12350	13103
				3978	4409	4840	5272	5703	6134	6565	6996	7427
				2543	2824	3104	3385	3666	3947	4228	4509	4790
				1763	1962	2160	2359	2557	2756	2954	3153	3351
				1294	1442	1591	1739	1887	2036	2184	2332	2481
				989,4	1105	1220	1336	1451	1567	1683	1798	1914
				780,7	873,5	966,3	1059	1152	1245	1338	1430	1523
				631,6	708,0	784,4	860,8	937,3	1014	1090	1167	1243
				521,3	585,5	649,7	713,9	778,0	842,2	906,4	970,6	1035
				437,5	492,3	547,1	601,9	656,7	711,5	766,2	821,0	875,8
				372,3	419,7	467,2	514,6	562,0	609,4	656,8	704,3	751,7
				320,6	362,2	403,7	445,2	486,7	528,2	569,8	611,3	652,8
				279,0	315,7	352,4	389,1	425,8	462,6	499,3	536,0	572,7
	Zu Spalte 22 u. 23 vgl. Tab. VIa.			244,9	277,7	310,4	343,2	375,9	408,7	441,4	474,2	506,9
				216,7	246,1	275,6	305,0	334,4	363,9	393,3	422,8	452,2
				193,0	219,7	246,3	273,0	299,6	326,3	352,9	379,6	406,2
				173,1	197,3	221,6	245,8	270,1	294,3	318,6	342,8	367,1
	−0,0726	0,113		156,0	178,2	200,4	222,6	244,8	267,0	289,2	311,4	333,6
	−0,0648	0,108	$\frac{f_e'}{f_{e2}} = \frac{f_e''}{f_{e2}}$ nur bei $\frac{h'}{h} = \frac{h''}{h}$	141,3	161,8	182,2	202,6	223,0	243,4	263,8	284,2	304,7
	−0,0571	0,104		128,6	147,5	166,3	185,2	204,1	222,9	241,8	260,6	279,5
	−0,0495	0,0993		117,6	135,0	152,5	170,0	187,5	205,0	222,5	240,0	257,5
	−0,0419	0,0952		107,8	124,1	140,4	156,7	172,9	189,2	205,5	221,8	238,0
	−0,0345	0,0912		99,28	114,5	129,7	144,9	160,1	175,3	190,5	205,7	220,8
	−0,0272	0,0873		91,69	105,9	120,2	134,4	148,6	162,8	177,1	191,3	205,5
	−0,0199	0,0836		84,93	98,30	111,7	125,0	138,4	151,8	165,1	178,5	191,9
	−0,0128	0,0800		78,89	91,47	104,1	116,6	129,2	141,8	154,4	167,0	179,6
	−0,00568	0,0765		73,46	85,34	97,22	109,1	121,0	132,9	144,7	156,6	168,5
	+0,00130	0,0731		68,57	79,81	91,05	102,3	113,5	124,8	136,0	147,2	158,5

* Da h und z in cm üblich sind, f_e jedoch in cm²/m, so geben die Spalten 6, 7 u. 14 die Größen $\frac{z}{f_e}$, $\frac{vz}{f_e}$ und $\frac{h}{f_e}$ in m/cm an.

$\sigma/b_{wirt}=0,2$	0,4	0,6	0,8	Grundaufgabe 1,0	$\frac{z}{f_e}$	$\frac{vz}{f_e}$	$\frac{1000\,h}{vz}$	$r^2\sigma_e$	σ_b	r	σ_b	r	$\frac{h}{f_e}$	$\frac{h}{z}$	$\frac{h}{x}$	σ_b	r	$r^2\sigma_b$	v	v_e	$\frac{h''}{h}$	v_1	$\frac{f_e''}{f_{e2}}$	$\sigma/b_{wirt}=1$	0,9	0,8	0,7	0,6	0,5	0,4	0,3	0,2
263,5	261,2	258,9	256,6	254,4	2,514	97,32	28,49	305,7	25,83	0,5529	31	0,5047	2,772	1,103	3,581	38,75	0,4514	7,896	38,71		0,00821	0,0698	2,659	64,15	74,80	85,46	96,11	106,8	117,4	128,1	138,7	149,4
249,3	247,1	244,9	242,6	240,4	2,375	89,06	29,47	290,1	26,67	0,5386	32	0,4917	2,625	1,105	3,5	40	0,4398	7,737	37,5		0,0150	0,0666	2,639	60,14	70,26	80,38	90,50	100,6	110,7	120,8	131,0	141,1
236,2	234,1	232,0	229,9	227,7	2,248	81,74	30,47	275,9	27,5	0,5253	33	0,4795	2,490	1,108	3,424	41,25	0,4289	7,587	36,36		0,0218	0,0635	2,619	56,49	66,12	75,75	85,37	95,00	104,6	114,3	123,9	133,5
224,3	222,3	220,2	218,1	216,1	2,131	75,23	31,46	262,8	28,33	0,5126	34	0,4680	2,367	1,110	3,353	42,5	0,4186	7,446	35,29		0,0284	0,0605	2,601	53,16	62,34	71,52	80,69	89,87	99,04	108,2	117,4	126,6
213,3	211,3	209,3	207,4	205,4	2,024	69,41	32,46	250,7	29,17	0,5007	35	0,4571	2,253	1,113	3,286	43,75	0,4089	7,313	34,29		0,0350	0,0576	2,583	50,12	58,88	67,64	76,40	85,16	93,92	102,7	111,4	120,2
203,2	201,3	199,4	197,4	195,5	1,926	64,20	33,46	239,6	30	0,4895	36	0,4468	2,148	1,115	3,222	45	0,3997	7,188	33,33		0,0415	0,0548	2,565	47,33	55,70	64,07	72,45	80,82	89,20	97,57	105,9	114,3
193,9	192,0	190,1	188,3	186,4	1,835	59,51	34,47	229,3	30,83	0,4788	37	0,4371	2,051	1,118	3,162	46,25	0,3910	7,070	32,43	< 0	0,0479	0,0521	2,548	44,76	52,77	60,79	68,81	76,83	84,85	92,86	100,9	108,9
185,2	183,4	181,6	179,8	177,9	1,751	55,29	35,47	219,7	31,67	0,4687	38	0,4279	1,961	1,120	3,105	47,5	0,3827	6,957	31,58	0,005	0,0542	0,0495	2,532	42,39	50,08	57,76	65,45	73,14	80,82	88,51	96,20	103,9
177,2	175,4	173,7	171,9	170,1	1,673	51,46	36,49	210,8	32,5	0,4591	39	0,4191	1,878	1,123	3,051	48,75	0,3749	6,851	30,77	0,014	0,0605	0,0469	2,516	40,20	47,58	54,96	62,34	69,72	77,10	84,47	91,85	99,23
169,7	168,0	166,3	164,6	162,9	1,6	48	37,5	202,5	33,33	0,4500	40	0,4108	1,8	1,125	3	50	0,3674	6,75	30	0,022	0,0667	0,0444	2,500	38,18	45,27	52,36	59,45	66,55	73,64	80,73	87,82	94,91
162,8	161,1	159,4	157,8	156,1	1,532	44,85	38,52	194,8	34,17	0,4413	41	0,4029	1,728	1,127	2,951	51,25	0,3603	6,654	29,27	0,031	0,0728	0,0420	2,485	36,31	43,13	49,95	56,77	63,60	70,42	77,24	84,06	90,89
156,3	154,6	153,0	151,4	149,8	1,469	41,98	39,54	187,5	35	0,4330	42	0,3953	1,660	1,130	2,905	52,5	0,3536	6,563	28,57	0,039	0,0788	0,0397	2,470	34,57	41,14	47,71	54,28	60,85	67,42	73,99	80,56	87,13
150,2	148,6	147,0	145,5	143,9	1,410	39,36	40,56	180,7	35,83	0,4251	43	0,3881	1,597	1,132	2,860	53,75	0,3471	6,476	27,91	0,047	0,0848	0,0374	2,456	32,94	39,28	45,62	51,95	58,29	64,62	70,96	77,29	83,63
144,5	143,0	141,4	139,9	138,4	1,355	36,96	41,59	174,3	36,67	0,4175	44	0,3812	1,537	1,134	2,818	55	0,3409	6,392	27,27	0,055	0,0907	0,0352	2,442	31,43	37,55	43,66	49,78	55,89	62,01	68,12	74,23	80,35
139,2	137,7	136,2	134,7	133,2	1,304	34,77	42,61	168,4	37,5	0,4103	45	0,3746	1,481	1,136	2,778	56,25	0,3350	6,313	26,67	0,063	0,0965	0,0331	2,429	30,02	35,93	41,84	47,74	53,65	59,56	65,46	71,37	77,27
134,2	132,7	131,2	129,8	128,3	1,255	32,74	43,64	162,7	38,33	0,4034	46	0,3682	1,429	1,139	2,739	57,5	0,3294	6,237	26,09	0,071	0,102	0,0310	2,416	28,71	34,42	40,13	45,84	51,55	57,26	62,97	68,68	74,39
129,4	128,0	126,6	125,2	123,7	1,210	30,88	44,68	157,4	39,17	0,3967	47	0,3622	1,380	1,141	2,702	58,75	0,3239	6,165	25,53	0,079	0,108	0,0290	2,403	27,47	33,00	38,52	44,05	49,57	55,10	60,63	66,15	71,68
125,0	123,6	122,2	120,8	119,4	1,167	29,17	45,71	152,4	40	0,3904	48	0,3563	1,333	1,143	2,667	60	0,3187	6,095	25	0,087	0,114	0,0270	2,391	26,33	31,67	37,02	42,37	47,72	53,07	58,42	63,77	69,12
120,8	119,5	118,1	116,7	115,4	1,126	27,58	46,75	147,6	40,83	0,3842	49	0,3508	1,289	1,145	2,633	61,25	0,3137	6,029	24,49	0,094	0,119	0,0251	2,379	25,23	30,42	35,60	40,79	45,97	51,16	56,34	61,53	66,72
116,9	115,5	114,2	112,9	111,6	1,088	26,11	47,79	143,2	41,67	0,3784	50	0,3454	1,248	1,147	2,6	62,5	0,3089	5,965	24	0,101	0,125	0,0233	2,367	24,21	29,24	34,27	39,30	44,33	49,36	54,39	59,42	64,45
113,1	111,8	110,5	109,2	107,9	1,052	24,75	48,84	138,9	42,5	0,3727	51	0,3402	1,209	1,149	2,569	63,75	0,3043	5,903	23,53	0,109	0,130	0,0215	2,356	23,25	28,13	33,01	37,89	42,77	47,66	52,54	57,42	62,30
109,6	108,3	107,0	105,8	104,5	1,018	23,49	49,88	134,9	43,33	0,3672	52	0,3352	1,172	1,151	2,538	65	0,2999	5,844	23,08	0,116	0,135	0,0198	2,344	22,34	27,08	31,82	36,57	41,31	46,05	50,79	55,53	60,27
106,2	105,0	103,7	102,5	101,3	0,9854	22,31	50,93	131,0	44,17	0,3620	53	0,3305	1,136	1,153	2,509	66,25	0,2956	5,788	22,64	0,123	0,141	0,0181	2,334	21,49	26,10	30,70	35,31	39,92	44,52	49,13	53,74	58,35
103,0	101,8	100,6	99,40	98,19	0,9547	21,22	51,98	127,4	45	0,3569	54	0,3258	1,103	1,155	2,481	67,5	0,2914	5,733	22,22	0,130	0,146	0,0164	2,323	20,68	25,16	29,64	34,12	38,60	43,08	47,56	52,04	56,52
100,0	98,82	97,64	96,46	95,27	0,9256	20,20	53,04	123,9	45,83	0,3520	55	0,3214	1,071	1,157	2,455	68,75	0,2874	5,681	21,82	0,136	0,151	0,0148	2,313	19,92	24,28	28,64	33,00	37,36	41,72	46,08	50,44	54,79
97,13	95,97	94,82	93,66	92,50	0,8980	19,24	54,09	120,6	46,67	0,3473	56	0,3171	1,041	1,159	2,429	70	0,2836	5,630	21,43	0,143	0,156	0,0132	2,303	19,20	23,44	27,69	31,93	36,17	40,42	44,66	48,91	53,15
94,40	93,26	92,13	90,99	89,86	0,8717	18,35	55,15	117,5	47,5	0,3428	57	0,3129	1,012	1,161	2,404	71,25	0,2799	5,581	21,05	0,150	0,161	0,0117	2,293	18,51	22,65	26,78	30,92	35,05	39,19	43,32	47,45	51,59
91,79	90,68	89,57	88,46	87,35	0,8466	17,52	56,21	114,5	48,33	0,3384	58	0,3089	0,9845	1,163	2,379	72,5	0,2763	5,534	20,69	0,156	0,166	0,0103	2,283	17,87	21,90	25,92	29,95	33,98	38,01	42,04	46,07	50,10
89,30	88,22	87,13	86,04	84,95	0,8228	16,73	57,27	111,6	49,17	0,3341	59	0,3050	0,9583	1,165	2,356	73,75	0,2728	5,488	20,34	0,163	0,171	0,0088	2,274	17,25	21,18	25,11	29,04	32,97	36,90	40,83	44,76	48,68
86,93	85,87	84,80	83,73	82,67	0,8	16	58,33	108,9	50	0,3300	60	0,3012	0,9333	1,167	2,333	75	0,2694	5,444	20	0,169	0,176	0,0074	2,265	16,67	20,50	24,33	28,17	32,00	35,83	39,67	43,50	47,33
84,67	83,62	82,58	81,53	80,49	0,7783	15,31	59,40	106,3	50,83	0,3260	61	0,2976	0,9094	1,169	2,311	76,25	0,2662	5,402	19,67	0,175	0,181	0,0061	2,256	16,11	19,85	23,59	27,34	31,08	34,82	38,56	42,30	46,04
82,51	81,48	80,45	79,43	78,40	0,7575	14,66	60,47	103,8	51,67	0,3221	62	0,2941	0,8866	1,170	2,290	77,5	0,2630	5,361	19,35	0,181	0,186	0,0047	2,247	15,58	19,24	22,89	26,54	30,20	33,85	37,51	41,16	44,81
80,44	79,43	78,42	77,42	76,41	0,7377	14,05	61,54	101,4	52,5	0,3184	63	0,2906	0,8647	1,172	2,270	78,75	0,2599	5,321	19,05	0,187	0,191	0,0035	2,239	15,08	18,65	22,22	25,79	29,36	32,93	36,50	40,07	43,64
78,45	77,47	76,48	75,49	74,51	0,7188	13,48	62,61	99,05	53,33	0,3147	64	0,2873	0,8438	1,174	2,25	80	0,2570	5,283	18,75	0,193	0,195	0,0022	2,230	14,60	18,09	21,58	25,07	28,56	32,04	35,53	39,02	42,51
76,56	75,59	74,62	73,65	72,68	0,7006	12,93	63,68	96,84	54,17	0,3112	65	0,2841	0,8237	1,176	2,231	81,25	0,2541	5,245	18,46	0,199	0,200	0,0010	2,222	14,14	17,55	20,97	24,38	27,79	31,20	34,61	38,02	41,43
74,74	73,79	72,84	71,88	70,93	0,6832	12,42	64,76	94,71	55	0,3078	66	0,2809	0,8044	1,177	2,212	82,5	0,2513	5,209	18,18	0,205	0,205	−0,0002	2,214	13,71	17,04	20,38	23,72	27,05	30,39	33,73	37,06	40,40
72,99	72,06	71,12	70,19	69,26	0,6665	11,94	65,84	92,67	55,83	0,3044	67	0,2779	0,7859	1,179	2,194	83,75	0,2486	5,174	17,91	0,210	0,209	−0,0014	2,206	13,29	16,56	19,82	23,09	26,35	29,62	32,88	36,15	39,41
71,32	70,40	69,48	68,57	67,65	0,6505	11,48	66,91	90,71	56,67	0,3012	68	0,2749	0,7682	1,181	2,176	85	0,2459	5,140	17,65	0,216	0,214	−0,0025	2,198	12,89	16,09	19,28	22,48	25,68	28,87	32,07	35,27	38,46
69,71	68,81	67,91	67,01	66,11	0,6352	11,05	68,00	88,82	57,5	0,2980	69	0,2721	0,7511	1,183	2,159	86,25	0,2433	5,107	17,39	0,222	0,218	−0,0036	2,191	12,51	15,64	18,77	21,90	25,03	28,16	31,29	34,42	37,55
68,16	67,28	66,39	65,51	64,62	0,6204	10,64	69,08	87,00	58,33	0,2950	70	0,2693	0,7347	1,184	2,143	87,5	0,2408	5,075	17,14	0,227	0,222	−0,0046	2,184	12,15	15,21	18,28	21,35	24,41	27,48	30,54	33,61	36,68
66,67	65,80	64,93	64,06	63,20	0,6062	10,25	70,16	85,25	59,17	0,2920	71	0,2665	0,7189	1,186	2,127	88,75	0,2384	5,044	16,90	0,232	0,227	−0,0057	2,176	11,80	14,80	17,81	20,81	23,82	26,82	29,83	32,83	35,84
65,24	64,39	63,53	62,68	61,82	0,5926	9,877	71,25	83,56	60	0,2891	72	0,2639	0,7037	1,188	2,111	90	0,2360	5,014	16,67	0,238	0,231	−0,0067	2,169	11,46	14,41	17,35	20,30	23,25	26,19	29,14	32,08	35,03
63,86	63,02	62,18	61,34	60,50	0,5795	9,526	72,34	81,94	60,83	0,2862	73	0,2613	0,6891	1,189	2,096	91,25	0,2337	4,985	16,44	0,243	0,235	−0,0077	2,162	11,14	14,03	16,92	19,81	22,70	25,58	28,47	31,36	34,25
62,54	61,71	60,88	60,06	59,23	0,5668	9,192	73,43	80,37	61,67	0,2835	74	0,2588	0,6749	1,191	2,081	92,5	0,2315	4,956	16,22	0,248	0,240	−0,0086	2,156	10,84	13,67	16,50	19,33	22,17	25,00	27,83	30,67	33,50
61,26	60,44	59,63	58,82	58,01	0,5547	8,875	74,52	78,85	62,5	0,2808	75	0,2563	0,6613	1,192	2,067	93,75	0,2293	4,928	16	0,253	0,244	−0,0096	2,149	10,54	13,32	16,10	18,88	21,66	24,44	27,22	30,00	32,78
Breitenziffer β im Falle e								$\sigma_e \rightarrow$	1000		1200		$\leftarrow \sigma_e$		$\sigma_e \rightarrow$	1500		$\leftarrow \sigma_e$						Breitenziffer β im Falle b								
1	2	3	4	5	6	7	8	9	10	11	12	13	14	15	16	17	18	19	20	21	22	23	24	25	26	27	28	29	30	31	32	33
← Hilfswerte für die Ermittelung der wirtschaftlichen Druckspannung →					← Hilfswerte für die statische Querschnittsberechnung →															← Hilfswerte für die Ermittelung der wirtschaftlichen Zugspannung →												

75

Fortsetzung der **Tab. VI. Grundwerte bei unb. Drz.** (Universaltabelle für Rechteckquerschnitte.)

← Hilfswerte für die Ermittelung der wirtschaftlichen Druckspannung →					← Hilfswerte für die statische Querschnittsberechnung →															←— Hilfswerte für die Ermittelung der wirtschaftlichen Zugspannung →														
1	2	3	4	5	6*	7*	8	9	10	11	12	13	14*	15	16	17	18	19	20	21	22	23	24	25	26	27	28	29	30	31	32	33
Breitenziffer β im Falle e								σ_e →	1000		1200		← σ_e		σ_e →	1500		← σ_e						Breitenziffer β im Falle b								
C/b_{wirt} $=0,2$	0,4	0,6	0,8	Grundaufgabe 1,0	$\frac{z}{f_e}$	$\frac{vz}{f_e}$	$\frac{1000\,h}{vz}$	$r^2\sigma_e$	σ_b	r	σ_b	r	$\frac{h}{f_e}$	$\frac{h}{z}$	$\frac{h}{x}$	σ_b	r	$r^2\sigma_b$	v	v_6	$\frac{h''}{h}$	v_7	$\frac{f_e''}{f_{e2}}$	C/b_{wirt} $=1$	0,9	0,8	0,7	0,6	0,5	0,4	0,3	0,2
60,02	59,22	58,42	57,62	56,83	0,5429	8,573	75,61	77,39	63,33	0,2782	76	0,2539	0,6482	1,194	2,053	95	0,2271	4,901	15,79	0,258	0,248	−0,0105	2,143	10,26	12,99	15,71	18,44	21,17	23,90	26,63	29,35	32,08
58,83	58,05	57,26	56,47	55,69	0,5316	8,285	76,71	75,97	64,17	0,2756	77	0,2516	0,6355	1,195	2,039	96,25	0,2251	4,875	15,58	0,263	0,252	−0,0114	2,136	9,986	12,66	15,34	18,02	20,70	23,38	26,06	28,73	31,41
57,68	56,91	56,13	55,36	54,59	0,5207	8,011	77,80	74,60	65	0,2731	78	0,2493	0,6233	1,197	2,026	97,5	0,2230	4,849	15,38	0,268	0,256	−0,0122	2,130	9,724	12,35	14,98	17,61	20,24	22,88	25,51	28,14	30,77
56,57	55,81	55,05	54,29	53,53	0,5102	7,749	78,90	73,28	65,83	0,2707	79	0,2471	0,6114	1,198	2,013	98,75	0,2210	4,824	15,19	0,273	0,260	−0,0131	2,124	9,473	12,06	14,64	17,22	19,81	22,39	24,97	27,56	30,14
55,50	54,75	54,00	53,25	52,50	0,5	7,5	80	72	66,67	0,2683	80	0,2449	0,6	1,2	2	100	0,2191	4,8	15	0,278	0,264	−0,0139	2,118	9,231	11,77	14,31	16,85	19,38	21,92	24,46	27,00	29,54
53,46	52,73	52,01	51,28	50,55	0,4807	7,034	82,20	69,56	68,33	0,2637	82	0,2408	0,5782	1,203	1,976	102,5	0,2153	4,753	14,63	0,287	0,272	−0,0155	2,106	8,773	11,23	13,68	16,13	18,58	21,04	23,49	25,94	28,39
51,55	50,84	50,14	49,43	48,73	0,4626	6,608	84,41	67,27	70	0,2594	84	0,2368	0,5578	1,206	1,952	105	0,2118	4,709	14,29	0,296	0,279	−0,0170	2,095	8,349	10,72	13,09	15,46	17,84	20,21	22,58	24,95	27,32
49,76	49,07	48,39	47,70	47,02	0,4456	6,218	86,63	65,11	71,67	0,2552	86	0,2329	0,5387	1,209	1,930	107,5	0,2083	4,666	13,95	0,305	0,287	−0,0184	2,084	7,954	10,25	12,55	14,84	17,14	19,43	21,73	24,02	26,32
48,07	47,41	46,74	46,08	45,41	0,4298	5,860	88,85	63,08	73,33	0,2512	88	0,2293	0,5207	1,212	1,909	110	0,2051	4,626	13,64	0,314	0,294	−0,0198	2,073	7,586	9,810	12,03	14,26	16,48	18,71	20,93	23,15	25,38
46,49	45,85	45,20	44,55	43,91	0,4148	5,531	91,07	61,16	75	0,2473	90	0,2258	0,5037	1,214	1,889	112,5	0,2019	4,587	13,33	0,322	0,301	−0,0210	2,063	7,243	9,399	11,56	13,71	15,87	18,02	20,18	22,34	24,49
					0,3987	5,183	93,65	59,08			92,31		0,4853	1,217	1,867			4,545	13	0,332	0,309	−0,0224	2,052									
					0,352	4,224	102,3	53,02			100		0,432	1,227	1,8			4,418	12	0,362	0,335	−0,0266	2,017									
					0,308	3,388	112,6	47,21			109,1		0,3813	1,238	1,733			4,292	11	0,394	0,363	−0,0306	1,981									
					0,2667	2,667	125	41,67			120		0,3333	1,25	1,667			4,167	10	0,429	0,394	−0,0343	1,944									
					0,228	2,052	140,4	36,38			133,3		0,288	1,263	1,6			4,042	9	0,466	0,428	−0,0376	1,906									
					0,192	1,536	159,7	31,35			150		0,2453	1,278	1,533			3,919	8	0,506	0,466	−0,0405	1,866									
					0,1587	1,111	184,9	26,57			171,4		0,2053	1,294	1,467			3,796	7	0,550	0,508	−0,0426	1,825									
					0,128	0,768	218,8	22,05			200		0,168	1,313	1,4			3,675	6	0,598	0,554	−0,0438	1,783									
					0,1	0,5	266,7	17,78			240		0,1333	1,333	1,333			3,556	5													
					0,07467	0,2987	339,3	13,75			300		0,1013	1,357	1,267			3,438	4													
					0,052	0,156	461,5	9,969			400		0,072	1,385	1,2			3,323	3													
					0,032	0,064	708,3	6,422			600		0,04533	1,417	1,133			3,211	2													
					0,01467	0,01467	1455	3,103			1200		0,02133	1,455	1,067			3,103	1													

* Da h und z in cm üblich sind, f_e jedoch in cm²/m, so geben die Spalten 6, 7 u. 14 die Größen $\frac{z}{f_e}$, $\frac{vz}{f_e}$ und $\frac{h}{f_e}$ in m/cm an.

Zu Spalte 22 u. 23 vgl. Tab. VIa.

Die untersten Tabellen-Zeilen kommen nur bei Nichtausnutzung der zulässigen Eisenzugspannung in Betracht (z. B. bei Moment- und Längsdruck).

Zahlenbeispiel 49 siehe S. 69. (Herausklappen!)

—— Zu § 6b. ——

Zahlenbeispiel 50. [415]) (§ 6b.) Gebundene Bemessung eines Plattenquerschnittes ohne Druckbewehrung für Moment und Längsdruck. $M_e/b = 2092$ kgm/m; $N/b = 10\,100$ kg/m; $h = 15{,}90$ m; $\sigma_b = 40$ kg/cm². ▬ (Nach Gl. 127:) $r^2\sigma_b = 15{,}90^2 \cdot 40/2092 = 4{,}834$. Nach Tab. VI, Spalte 19, 20 (mit Gl. 129) und 14. (mit Gl. 91 u. 397): ● $\sigma_e = 40 \cdot 15{,}26 =$ **610,8 kg/cm²**; ● $f_e = 15{,}90/0{,}6162 - 10\,100/610{,}8 =$ **9,27 cm²/m.**

Zahlenbeispiel 51 siehe S. 69. (Herausklappen!)

Zahlenbeispiel 83 siehe S. 60.

[415]) Vgl. Fig. 12a, Aufg. Nr. 7 und Anleitung 390.

—— Zu § 12. ——

Zahlenbeispiel 84. [416]) (§ 12.) Platte mit knapper Konstruktionshöhe. $M/b = 731{,}0$ kgm/m; $h = 10{,}40$ cm; $h' = 1{,}50$ cm; $\sigma_b = \sigma_{b\,sich} = 40$ kg/cm²; $\sigma_{e\,sich} = 1200$ kg/cm². ▬ $h'/h = 1{,}50/10{,}40 \approx 0{,}144$; (nach Gl. 85:) $v_{sich} = 1200/40 = 30$; (Gl. 127:) $r^2\sigma_b = 10{,}40^2 \cdot 40/731{,}0 = 5{,}918$; hierzu nach Tab. VI, Spalte 19, 21 u. 20 bestpassend: $r^2\sigma_b = 5{,}903$; $v_6 = 0{,}109 < h'/h$; also maßgebend $v = v_{grenz} \approx 23{,}53$. ● Maßgebende Zugspannung (nach Gl. 129:) $\sigma_e = \sigma_{e\,grenz} \approx 23{,}53 \cdot 40 =$ **941,2 kg/cm²**.[417])

Zahlenbeispiel 85. [416]) (§ 12.) Platte mit knapper Konstruktionshöhe wie vor; jedoch $M/b = 1050$ kgm/m. ▬ $h'/h = 1{,}50/10{,}40 \approx 0{,}144$; (nach Gl. 85:) $v_{sich} = 1200/40 = 30$; (Gl. 127:) $r^2\sigma_b = 10{,}40^2 \cdot 40/1050 = 4{,}120$; hierzu nach Tab. VI, Spalte 19 und 21 bestpassend: $r^2\sigma_b = 4{,}167$; $v_6 = 0{,}429 > h'/h$; also v_{grenz} nicht maßgebend. — Zu 0,144 bestpassend (Tab. VI, Spalte 22:) $h''/h = 0{,}146 \approx h'/h$; $v_{wirt} \approx 22{,}22 < v_{sich}$; also v_{wirt} maßgebend. ● Maßgebende Zugspannung (nach Gl. 129:) $\sigma_e = \sigma_{e\,wirt} \approx 22{,}22 \cdot 40 =$ **888,8 kg/cm².** [418])

Zahlenbeispiel 86 siehe S. 69. (Herausklappen!)

[416]) Lösung für Zahlenbeispiel 84 bzw. 85 mittels Tab. VII siehe Zahlenbeisp. 86 bzw. 87. Vgl. Fußnote 348.

[417]) Zweiter Schritt der Bemessung nach Tab. VI, Spalte 14: $f_e = 10{,}40/1{,}209 = 8{,}602$ cm²/m (genauer mit Zwischenschaltung: $f_e = 10{,}40/1{,}218 = 8{,}539$ cm²/m).

[418]) Zweiter Schritt der Bemessung, nach Tab. VI, Spalte 20, 19, 14 u. 24: (nach Gl. 321:) $M_1/b = 40 \cdot 10{,}40^2/5{,}733 = 754{,}6$ kgm/m; $f_{e1} = 10{,}40/1{,}103 = 9{,}429$ cm²/m; (nach Gl. 323:) $M_2/b = 1050 - 754{,}6 = 295{,}4$ kgm/m; (n. Gl. 324:) $f_{e2} = \frac{1}{888{,}8} \cdot \frac{295{,}4}{0{,}1040 - 0{,}0150} = 3{,}734$ cm²/m; (n. Gl. 325:) $f_e = 9{,}429 + 3{,}734 = 13{,}16$ cm²/m; $f_e' = 3{,}734 \cdot 2{,}323 = 8{,}673$ cm²/m.

Tab. VIa. Hilfstabelle zu Tab. VI.

f_e'/f_e	M_2/M_1	μ
0	0	1,000
0,02	0,01	0,961
0,05	0,02	0,923
0,11	0,05	0,818
0,22	0,10	0,667
0,31	0,15	0,539
0,40	0,20	0,429
0,48	0,25	0,333
0,55	0,30	0,250
0,62	0,35	0,177
0,69	0,40	0,111
0,80	0,5	0
0,90	0,6	— 0,091
0,99	0,7	— 0,167
1,07	0,8	— 0,231
1,14	0,9	— 0,286
1,20	1,0	— 0,333
1,26	1,1	— 0,375
1,31	1,2	— 0,412
1,40	1,4	— 0,474
1,48	1,6	— 0,524
1,54	1,8	— 0,565
1,60	2,0	— 0,600
1,71	2,5	— 0,667
1,80	3,0	— 0,714
1,87	3,5	— 0,750
1,92	4,0	— 0,778
1,96	4,5	— 0,800
2,00	5,0	— 0,818

Die Tabelle dient als Hilfstabelle für Tab. VI, Spalte 22 und 23, zur Berichtigung der wirtschaftlichen Bemessung bei beschränkter Konstruktionshöhe und reiner (oder überwiegender) Biegung. Näheres siehe § 12, Stichwort. *Mit Tabelle VI*, besonders Anleitung 720.

f_e Zugeisenquerschnitt, f_e' Druckeisenquerschnitt } für die Einheit der Druckbreite.

M_1 Teilmoment, durch Betondruck aufgenommen.

M_2 Teilmoment (bei reiner Biegung von M, sonst von M_e), durch Eisendruck aufgenommen.

μ Hilfsfaktor.

Hilfstabelle

Tab. VII. Hilfswerte bei Druckbewehrung.

F_{e_2} Zu F_e' gehöriger Teil des Zugeisenquerschnittes;
F_e' Druckeisenquerschnitt;
f_e Zugeisenquerschnitt für die Einheit der Druckbreite;
f_{e_1} Teil von f_e, gehörig zu M_1 bei $N = 0$;
f_{e_2} Teil von f_e, gehörig zu M_2;
f_e' Druckeisenquerschnitt für die Einheit der Druckbreite;
h Nutzhöhe;
h' Schwerpunktsabstand des Druckeisenquerschnittes von der Betondruckkante;
M Moment;
M_1 Betondruckmoment (Teilmoment, durch Betondruck aufgenommen);
M_2 Teilmoment (bei reiner Biegung von M, sonst von M_e), durch Eisendruck aufgenommen;
M_e Moment in bezug auf die Zugbewehrungsachse;
N äußere Längskraft (für Druck: >0);
N_1 Betondruckkraft;
v Rand-Spannungsverhältnis σ_e/σ_b;
x Druckhöhe (Abstand zwischen Nullinie und Betondruckkante);
z_1 Innenhebel des Teilmomentes M_1;
$\mathfrak{M}_1$ reduziertes Betondruckmoment $\frac{M_1}{\sigma_b\, b\, h^2}$;
$\mathfrak{M}_e$ reduziertes Moment $\frac{M_e}{\sigma_b\, b\, h^2}$;
$\mathfrak{N}$ reduzierte äußere Längskraft $\frac{N}{\sigma_b\, b\, h}$;
$\mathfrak{N}_1$ reduzierte Betondruckkraft $\frac{N_1}{\sigma_b\, b\, h}$;
σ_e Eisenzugspannung in kg/cm²;
σ_b Betondruckspannung in kg/cm²;
ω_1, ω_2, ω_3 Hilfsziffern zur Ermittelung der wirtschaftlichen und der Grenz-Zugspannung bei gebundener Bemessung, insbesondere für Moment und Längskraft.

Allgemeines. Tabelle VII liefert — unabhängig von der Querschnittsform — die Verhältnisziffer f_e'/f_{e_2}, die zur Bemessung mit Druckbewehrung gebraucht wird. Diese Ziffer ermöglicht es, eine der beiden Querschnittsgrößen F_e' und F_{e_2} aus der andern zu finden (Gl. 326 u. 330). Im Gegensatz zu schon bestehenden anderen Tabellen für Druckbewehrung wird hier auf das Verhältnis h'/h mit engen Intervallen und großer Reichweite Rücksicht genommen. — In den untersten und obersten Kopfzeilen enthält die Tabelle — ebenfalls allgemein gültig — die häufig erwünschten Zahlenwerte der Verhältnisse v und h/x sowie die zu $\sigma_e = 1200$ und 1500 kg/cm² gehörigen Druckspannungswerte σ_b.

Unb. Drz. Die mittleren Kopfzeilen enthalten die Größen z_1/h, h/f_{e_1}, $\mathfrak{N}_1$ und $\mathfrak{M}_1$, jedoch nur für unbeschränkte Druckzone. Für diese bei Druckbewehrung praktisch weit überwiegende Querschnittsform (hauptsächlich Rechteckquerschnitt) ergeben sich dadurch weitere Vereinfachungen der Bemessung.

Beliebige Bemessung. Sind bei unb. Drz. z. B. N, M_e, σ_b, σ_e, b und h gegeben, F_e und F_e' gesucht, so berechnet man zunächst h'/h, v [419]), $\mathfrak{M}_e$ und $\mathfrak{N}$, dann F_{e_1} nach Gl. 411, F_{e_2} nach Gl. 412, F_e nach Gl. 325 und F_e' nach Gl. 326, wozu man mit Hilfe der Leitwerte h'/h und v [419]) aus dem waagerechten Tabellenkopfe $\mathfrak{N}_1$ und $\mathfrak{M}_1$, dem lotrechten $1 - h'/h$ entnimmt und dem Tabellenfelde f_e'/f_{e_2}. Vgl. **Zahlenb. 51.** (S. 69 herauskl.!)

Weitere Anwendungen zeigen die §§ 6a (ohne) und 6b (mit Längskraft) und **Zahlenbeispiele 46, 48, 49, 52.** (S. 69 herausklappen!)

Eine Übersicht über die verschiedenen Aufgaben geben die Fig. 22 und 27, wobei die nicht »gesuchten« Größen (im Sinne der Anleitungen Nr. 319 und 405) gegeben sein müssen.

Wirtschaftliche Bemessung. Bei unb. Drz. ermöglicht es die Tabelle ferner, mit Hilfe der jeweils nächstgelegenen (kleingedruckten) Ziffern ω_1, ω_2, ω_3 die gebundene Bemessung auch w i r t s c h a f t l i c h durchzuführen (Ermittelung der wirtschaftlichen und der Grenz-Zugspannung). Anleitung hierzu siehe §§ 12 und 12a, besonders Stichworte *Mit Tabelle VII.* Vgl. **Zahlenbeispiele 86 bis 89.** (S. 69 herausklappen!)

[419]) Für $\sigma_e = 1200$ oder 1500 kg/cm² erübrigt sich die Berechnung von v; es wird dann unmittelbar σ_b als Leitwert benutzt.

Treppenlinien [420]). Die Tabellenwerte für diese wirtschaftliche Bemessung stehen bei Längsdruck ($N > 0$) rechts der linken, bei Längszug ($N < 0$) links der mittleren Treppenlinie, mithin bei reiner Biegung ($N = 0$) zwischen beiden. Die linke Treppenlinie dient bei reiner Biegung außerdem zur leichteren Verhütung eines Scheinergebnisses $F_e' < 0$. Vgl. § 12, Stichwort *Mit Tabelle VII.*

Die rechte Treppenlinie dient bei Längsdruck zur weiteren Erleichterung der wirtschaftlichen Bemessung; sie leistet ferner auch zur Bemessung mit $F_e = F_e'$ gute Dienste. Vgl. Anleitungen 741, 377 und 472 (insbesondere die Sätze 473 bis 475 mit Fußnote 173).

[420]) Theoretisch haben die Treppenlinien, zunächst $h'/h < 0{,}2038$ vorausgesetzt, folgende Bedeutung. (Bezügl. v_6 siehe Gl. 722.)

Linke Treppenlinie:

$$h'/h = (x/h)^2; \quad \omega_1 = -\omega_3/\omega_2; \quad \omega_2 = \omega_3 = \pm\infty.$$

Mittlere Treppenlinie:

$$h'/h = v_6; \quad \omega_1 = \pm 0; \quad \omega_3 = \mathfrak{M}_1.$$

Rechte Treppenlinie:

$$h'/h = 2\,x/h - 1; \quad \omega_1 = \mathfrak{M}_1; \quad \omega_2 = 1; \quad \omega_3 = 0; \quad f_e'/f_{e_2} = 1.$$

Für $h'/h \geqq 0{,}2038$ vertauschen die linke und die mittlere Treppenlinie ihre Bedeutung.

Tab. VII. Hilfswerte bei Druckbewehrung.

Schräge Zahlen: $\frac{f_e'}{f_{e2}}$. Klein gedruckte Zahlen: Erste Teilzeile: ω_1, Zweite Teilzeile: ω_2, Dritte Teilzeile: ω_3. Gültig nur für unb. Drz.

* $\frac{h}{f_{e_1}}$ in $\frac{m}{cm}$

Mittlere Treppenlinie (between 33,33 and 30) · Rechte Treppenlinie (between 15 and 14)

	v	37,5	33,33	30	27,27	25	24	23,08	21,43	20	18,46	17,14	16	15	14	13	12	11	10	9	8	7	6	5	4	3	2	
	h/x	3,5	3,222	3	2,818	2,667	2,6	2,538	2,429	2,333	2,231	2,143	2,067	2	1,933	1,867	1,8	1,733	1,667	1,6	1,533	1,467	1,4	1,333	1,267	1,2	1,133	
Für unb. Drz.	z_1/h	0,9048	0,8966	0,8889	0,8817	0,8750	0,8718	0,8687	0,8627	0,8571	0,8506	0,8444	0,8387	0,8333	0,8276	0,8214	0,8148	0,8077	0,8	0,7917	0,7826	0,7727	0,7619	0,75	0,7368	0,7222	0,7059	
	* h/f_{e_1}	2,625	2,148	1,8	1,537	1,333	1,248	1,172	1,041	0,9333	0,8237	0,7347	0,6613	0,6	0,5413	0,4853	0,432	0,3813	0,3333	0,288	0,2453	0,2053	0,168	0,1333	0,1013	0,072	0,04533	
	$\mathfrak{N}_1$	0,142857	0,155172	0,166667	0,177419	0,1875	0,192308	0,196970	0,205882	0,214286	0,224138	0,233333	0,241935	0,25	0,258621	0,267857	0,277778	0,288462	0,3	0,3125	0,326087	0,340909	0,357143	0,375	0,394737	0,416667	0,441176	
	$\mathfrak{M}_1$	0,129252	0,139120	0,148148	0,156434	0,164062	0,167653	0,171105	0,177624	0,183673	0,190646	0,197037	0,202913	0,208333	0,214031	0,220025	0,226338	0,232988	0,24	0,247396	0,255198	0,263430	0,272109	0,281250	0,290858	0,300926	0,311419	
$\sigma_e =$ 1500	$\sigma_b =$	40	45	50	55	60	62,5	65	70	75	81,25	87,5	93,75	100	107,1	115,4	125	136,4	150	166,7	187,5	214,3	250					
1200		32	36	40	44	48	50	52	56	60	65	70	75	80	85,71	92,31	100	109,1	120	133,3	150	171,4	200	240	300	400	600	
1−h'/h=	h'/h=																											h'/h=
0,980	0,020	2,688	2,375	2,128	1,927	1,761	1,688	1,621	1,502	1,399	1,288	1,194	1,113	1,042	0,9709	0,9003	0,8299	0,7597	0,6897	0,6198	0,5502	0,4808	0,4115	0,3425	0,2736	0,2049	0,1364	0,020
		−0,06598	−0,03013	0,00197	0,03090	0,05711	0,06930	0,08095	0,1027	0,1227	0,1453	0,1658	0,1844	0,2014	0,2190	0,2372	0,2561	0,2757	0,2959	0,3167	0,3381	0,3600	0,3822	0,4045	0,4267	0,4482	0,4683	
		1,146	1,105	1,078	1,059	1,045	1,039	1,034	1,026	1,020	1,014	1,009	1,005	1,002	0,9988	0,9961	0,9937	0,9914	0,9894	0,9876	0,9860	0,9846	0,9833	0,9823	0,9815	0,9808	0,9804	
		0,2048	0,1724	0,1460	0,1237	0,1044	0,09563	0,08738	0,07221	0,05857	0,04332	0,02974	0,01756	0,00659	−0,00468	−0,01626	−0,02814	−0,04030	−0,05273	−0,06537	−0,07816	−0,09099	−0,1037	−0,1161	−0,1279	−0,1386	−0,1477	
0,978	2	2,709	2,392	2,141	1,938	1,771	1,697	1,629	1,509	1,405	1,294	1,199	1,117	1,046	0,9748	0,9038	0,8330	0,7624	0,6920	0,6219	0,5520	0,4822	0,4127	0,3434	0,2743	0,2054	0,1367	2
6	4	2,729	2,408	2,155	1,950	1,781	1,706	1,638	1,517	1,412	1,300	1,205	1,122	1,050	0,9787	0,9073	0,8361	0,7652	0,6944	0,6240	0,5537	0,4837	0,4139	0,3444	0,2750	0,2059	0,1371	4
4	6	2,750	2,425	2,169	1,962	1,791	1,716	1,647	1,525	1,419	1,307	1,210	1,127	1,055	0,9827	0,9109	0,8393	0,7679	0,6969	0,6260	0,5555	0,4852	0,4151	0,3453	0,2757	0,2064	0,1374	6
2	8	2,772	2,443	2,183	1,974	1,801	1,726	1,656	1,533	1,427	1,313	1,216	1,132	1,059	0,9867	0,9145	0,8425	0,7707	0,6993	0,6281	0,5573	0,4867	0,4163	0,3463	0,2765	0,2070	0,1377	8
0,970	0,030	2,793	2,460	2,198	1,986	1,812	1,735	1,665	1,541	1,434	1,319	1,221	1,137	1,064	0,9908	0,9181	0,8457	0,7736	0,7018	0,6303	0,5590	0,4881	0,4175	0,3472	0,2772	0,2075	0,1380	0,030
0,968	2	2,815	2,478	2,212	1,998	1,822	1,745	1,674	1,549	1,441	1,325	1,227	1,142	1,068	0,9949	0,9217	0,8489	0,7764	0,7042	0,6324	0,5609	0,4896	0,4188	0,3482	0,2779	0,2080	0,1384	2
6	4	2,838	2,496	2,227	2,011	1,833	1,755	1,684	1,557	1,448	1,332	1,233	1,147	1,073	0,9990	0,9254	0,8522	0,7793	0,7067	0,6345	0,5627	0,4912	0,4200	0,3492	0,2787	0,2085	0,1387	4
4	6	2,860	2,514	2,242	2,023	1,844	1,765	1,693	1,565	1,456	1,338	1,238	1,152	1,078	1,003	0,9291	0,8554	0,7821	0,7092	0,6367	0,5645	0,4927	0,4212	0,3501	0,2794	0,2090	0,1390	6
2	8	2,884	2,532	2,257	2,036	1,855	1,775	1,703	1,574	1,463	1,345	1,244	1,158	1,082	1,007	0,9328	0,8587	0,7850	0,7117	0,6388	0,5663	0,4942	0,4225	0,3511	0,2802	0,2096	0,1393	8
0,960	0,040	2,907	2,551	2,273	2,049	1,866	1,786	1,712	1,582	1,471	1,351	1,25	1,163	1,087	1,012	0,9366	0,8621	0,7880	0,7143	0,6410	0,5682	0,4958	0,4237	0,3521	0,2809	0,2101	0,1397	0,040
		−0,09128	−0,05176	−0,01684	0,01432	0,04233	0,05530	0,06765	0,09065	0,1116	0,1354	0,1569	0,1762	0,1938	0,2121	0,2309	0,2505	0,2706	0,2914	0,3128	0,3348	0,3572	0,3799	0,4027	0,4253	0,4472	0,4677	
		1,450	1,298	1,210	1,154	1,115	1,100	1,088	1,067	1,051	1,036	1,024	1,015	1,008	1,001	0,9949	0,9894	0,9844	0,9800	0,9760	0,9726	0,9695	0,9669	0,9648	0,9630	0,9617	0,9608	
		0,2616	0,2063	0,1685	0,1399	0,1169	0,1068	0,09754	0,08092	0,06635	0,05039	0,03642	0,02406	0,01302	0,00175	−0,00974	−0,02147	−0,03343	−0,04560	−0,05794	−0,07040	−0,08288	−0,09525	−0,1073	−0,1187	−0,1292	−0,1379	
0,958	2	2,931	2,570	2,288	2,062	1,877	1,796	1,722	1,591	1,478	1,358	1,256	1,168	1,092	1,016	0,9404	0,8654	0,7909	0,7168	0,6432	0,5700	0,4973	0,4250	0,3531	0,2817	0,2106	0,1400	2
6	4	2,955	2,589	2,304	2,076	1,888	1,807	1,732	1,599	1,486	1,365	1,262	1,173	1,096	1,020	0,9442	0,8688	0,7939	0,7194	0,6454	0,5719	0,4989	0,4263	0,3541	0,2824	0,2111	0,1403	4
4	6	2,980	2,609	2,320	2,089	1,900	1,817	1,742	1,608	1,494	1,372	1,268	1,179	1,101	1,024	0,9481	0,8722	0,7969	0,7220	0,6477	0,5738	0,5004	0,4275	0,3551	0,2832	0,2117	0,1407	6
2	8	3,005	2,629	2,336	2,103	1,911	1,828	1,752	1,617	1,502	1,378	1,274	1,184	1,106	1,029	0,9520	0,8757	0,7999	0,7246	0,6499	0,5757	0,5020	0,4288	0,3561	0,2839	0,2122	0,1410	8
0,950	0,050	3,030	2,649	2,353	2,116	1,923	1,839	1,762	1,626	1,509	1,385	1,28	1,190	1,111	1,033	0,9559	0,8791	0,8029	0,7273	0,6522	0,5776	0,5036	0,4301	0,3571	0,2847	0,2128	0,1413	0,050
0,948	2	3,056	2,670	2,370	2,130	1,935	1,850	1,772	1,635	1,517	1,392	1,286	1,195	1,116	1,038	0,9598	0,8826	0,8060	0,7299	0,6545	0,5795	0,5052	0,4314	0,3582	0,2855	0,2133	0,1417	2
6	4	3,083	2,690	2,387	2,145	1,947	1,861	1,783	1,644	1,526	1,399	1,292	1,201	1,121	1,042	0,9638	0,8861	0,8091	0,7326	0,6567	0,5815	0,5068	0,4327	0,3592	0,2862	0,2139	0,1420	4
4	6	3,109	2,711	2,404	2,159	1,959	1,873	1,793	1,653	1,534	1,406	1,299	1,206	1,126	1,047	0,9678	0,8897	0,8122	0,7353	0,6591	0,5834	0,5084	0,4340	0,3602	0,2870	0,2144	0,1424	6
2	8	3,137	2,733	2,421	2,173	1,972	1,884	1,804	1,663	1,542	1,414	1,305	1,212	1,131	1,051	0,9719	0,8933	0,8153	0,7380	0,6614	0,5854	0,5101	0,4354	0,3613	0,2878	0,2150	0,1427	8
0,940	0,060	3,165	2,755	2,439	2,188	1,984	1,896	1,815	1,672	1,550	1,421	1,311	1,218	1,136	1,056	0,9760	0,8969	0,8185	0,7407	0,6637	0,5874	0,5117	0,4367	0,3623	0,2886	0,2155	0,1431	0,060
		−0,1211	−0,07684	−0,03839	−0,00450	0,02567	0,03956	0,05275	0,07721	0,09943	0,1245	0,1470	0,1672	0,1856	0,2046	0,2242	0,2444	0,2652	0,2867	0,3087	0,3313	0,3542	0,3775	0,4008	0,4239	0,4462	0,4671	
		2,355	1,726	1,462	1,319	1,231	1,198	1,172	1,130	1,098	1,070	1,048	1,032	1,019	1,007	0,9970	0,9877	0,9794	0,9720	0,9655	0,9599	0,9550	0,9509	0,9475	0,9447	0,9426	0,9412	
		0,4144	0,2717	0,2043	0,1624	0,1325	0,1202	0,1093	0,09041	0,07446	0,05749	0,04299	0,03036	0,01921	0,00795	−0,00346	−0,01502	−0,02675	−0,03864	−0,05066	−0,06276	−0,07486	−0,08684	−0,09851	−0,1096	−0,1197	−0,1282	
0,938	2	3,193	2,777	2,457	2,203	1,997	1,907	1,826	1,682	1,559	1,428	1,318	1,223	1,142	1,060	0,9801	0,9005	0,8216	0,7435	0,6661	0,5894	0,5133	0,4380	0,3634	0,2894	0,2161	0,1434	2
6	4	3,222	2,800	2,475	2,218	2,010	1,919	1,837	1,691	1,567	1,436	1,325	1,229	1,147	1,065	0,9843	0,9042	0,8248	0,7463	0,6684	0,5914	0,5150	0,4394	0,3644	0,2902	0,2166	0,1438	4
4	6	3,251	2,822	2,494	2,234	2,023	1,931	1,848	1,701	1,576	1,443	1,331	1,235	1,152	1,070	0,9884	0,9079	0,8281	0,7491	0,6708	0,5934	0,5167	0,4407	0,3655	0,2910	0,2172	0,1441	6
2	8	3,281	2,846	2,513	2,249	2,036	1,944	1,859	1,711	1,585	1,451	1,338	1,241	1,157	1,075	0,9927	0,9116	0,8313	0,7519	0,6732	0,5954	0,5184	0,4421	0,3666	0,2918	0,2178	0,1445	8
0,930	0,070	3,311	2,869	2,532	2,265	2,049	1,956	1,871	1,721	1,594	1,459	1,345	1,247	1,163	1,079	0,9969	0,9153	0,8346	0,7547	0,6757	0,5975	0,5201	0,4435	0,3676	0,2926	0,2183	0,1448	0,070
0,928	2	3,342	2,894	2,551	2,281	2,063	1,969	1,883	1,731	1,603	1,466	1,351	1,253	1,168	1,084	1,001	0,9191	0,8379	0,7576	0,6781	0,5995	0,5218	0,4448	0,3687	0,2934	0,2189	0,1452	2
6	4	3,374	2,918	2,571	2,297	2,076	1,981	1,894	1,742	1,612	1,474	1,358	1,259	1,174	1,089	1,006	0,9229	0,8412	0,7605	0,6806	0,6016	0,5235	0,4462	0,3698	0,2942	0,2195	0,1455	4
4	6	3,406	2,943	2,591	2,314	2,090	1,994	1,906	1,752	1,621	1,482	1,365	1,265	1,179	1,094	1,010	0,9268	0,8446	0,7634	0,6831	0,6037	0,5252	0,4476	0,3709	0,2951	0,2201	0,1459	6
2	8	3,439	2,968	2,611	2,330	2,104	2,007	1,918	1,762	1,630	1,490	1,372	1,272	1,185	1,099	1,014	0,9307	0,8480	0,7663	0,6856	0,6058	0,5270	0,4490	0,3720	0,2959	0,2207	0,1463	8
0,920	0,080	3,472	2,994	2,632	2,347	2,119	2,020	1,931	1,773	1,639	1,498	1,379	1,278	1,190	1,104	1,019	0,9346	0,8514	0,7692	0,6881	0,6079	0,5287	0,4505	0,3731	0,2967	0,2212	0,1466	0,080
		−0,1567	−0,1063	−0,06335	−0,02607	0,00675	0,02177	0,03596	0,06215	0,08581	0,1124	0,1361	0,1574	0,1766	0,1964	0,2168	0,2378	0,2594	0,2815	0,3043	0,3275	0,3511	0,3749	0,3988	0,4224	0,4451	0,4664	
		25,92	3,252	2,063	1,645	1,435	1,366	1,311	1.229	1,172	1,121	1,085	1,058	1,038	1,019	1,003	0,9891	0,9766	0,9657	0,9562	0,9480	0,9410	0,9352	0,9304	0,9265	0,9236	0,9216	
		4,190	0,4848	0,2788	0,1993	0,1544	0,1379	0,1240	0,1012	0,08310	0,06465	0,04938	0,03639	0,02510	0,01383	0,00252	−0,00885	−0,02032	−0,03189	−0,04354	−0,05525	−0,06694	−0,07851	−0,08977	−0,1005	−0,1102	−0,1184	

Linke Treppenlinie

1−k'/h	k'/h														
0,918	0,082	3,506	3,020	2,653	2,365	2,133	2,034	1,943	1,784	1,649	1,506	1,386	1,284	1,196	1,109
6	4	3,541	3,047	2,674	2,382	2,148	2,047	1,955	1,795	1,658	1,515	1,394	1,291	1,202	1,114
4	6	3,577	3,074	2,695	2,400	2,163	2,061	1,968	1,806	1,668	1,523	1,401	1,297	1,208	1,119
2	8	3,613	3,102	2,717	2,418	2,178	2,075	1,981	1,817	1,678	1,531	1,408	1,304	1,214	1,125
0,910	0,090	3,650	3,130	2,740	2,436	2,193	2,089	1,994	1,828	1,688	1,540	1,416	1,310	1,220	1,130
0,908	2	3,687	3,159	2,762	2,455	2,208	2,103	2,007	1,840	1,698	1,549	1,423	1,317	1,225	1,135
6	4	3,726	3,188	2,786	2,473	2,224	2,118	2,021	1,851	1,708	1,557	1,431	1,324	1,232	1,141
4	6	3,765	3,218	2,809	2,493	2,240	2,132	2,034	1,863	1,718	1,566	1,439	1,331	1,238	1,146
2	8	3,805	3,248	2,833	2,512	2,256	2,147	2,048	1,875	1,729	1,575	1,447	1,338	1,244	1,152
0,900	0,100	3,846	3,279	2,857	2,532	2,273	2,162	2,062	1,887	1,739	1,584	1,455	1,345	1,250	1,157
		−0,1999	−0,1413	−0,09259	−0,05103	−0,01491	0,00147	0,01688	0,04516	0,07054	0,09884	0,1240	0,1464	0,1667	0,1874
		−1,878	−12,00	4,900	2,506	1,862	1,690	1,566	1,398	1,290	1,202	1,142	1,099	1,067	1,039
		−0,2461	−1,557	0,6019	0,2843	0,1918	0,1652	0,1447	0,1145	0,09266	0,07188	0,05552	0,04203	0,03056	0,01928
0,898	2	3,888	3,310	2,882	2,552	2,289	2,177	2,076	1,899	1,750	1,593	1,463	1,352	1,256	1,163
6	4	3,931	3,342	2,907	2,572	2,306	2,193	2,090	1,911	1,761	1,603	1,471	1,359	1,263	1,168
4	6	3,975	3,375	2,933	2,593	2,323	2,209	2,105	1,924	1,771	1,612	1,479	1,366	1,269	1,174
2	8	4,019	3,408	2,959	2,614	2,341	2,225	2,120	1,936	1,783	1,621	1,487	1,373	1,276	1,180
0,890	0,110	4,065	3,442	2,985	2,635	2,358	2,241	2,134	1,949	1,794	1,631	1,495	1,381	1,282	1,185
0,888	2	4,112	3,477	3,012	2,657	2,376	2,257	2,150	1,962	1,805	1,641	1,504	1,388	1,289	1,191
6	4	4,160	3,512	3,040	2,679	2,395	2,274	2,165	1,976	1,817	1,651	1,512	1,395	1,295	1,197
4	6	4,209	3,549	3,067	2,701	2,413	2,291	2,181	1,989	1,828	1,660	1,521	1,403	1,302	1,203
2	8	4,259	3,586	3,096	2,724	2,432	2,308	2,196	2,002	1,840	1,670	1,530	1,411	1,309	1,209
0,880	0,120	4,310	3,623	3,125	2,747	2,451	2,326	2,212	2,016	1,852	1,681	1,538	1,418	1,316	1,215
		−0,2536	−0,1837	−0,1273	−0,08023	−0,03998	−0,02190	−0,00498	0,02584	0,05329	0,08368	0,1105	0,1343	0,1557	0,1776
		−0,7157	−1,330	−5,120	9,331	3,153	2,507	2,133	1,718	1,495	1,331	1,229	1,160	1,111	1,070
		−0,05225	−0,1419	−0,5037	0,9050	0,2901	0,2226	0,1817	0,1332	0,1040	0,07926	0,06124	0,04707	0,03538	0,02413
0,878	2	4,363	3,662	3,155	2,771	2,470	2,343	2,229	2,030	1,864	1,691	1,547	1,426	1,323	1,221
6	4	4,417	3,701	3,185	2,795	2,490	2,361	2,245	2,044	1,876	1,701	1,556	1,434	1,330	1,228
4	6	4,472	3,741	3,215	2,819	2,510	2,380	2,262	2,058	1,889	1,712	1,566	1,442	1,337	1,234
2	8	4,529	3,782	3,247	2,844	2,530	2,398	2,279	2,073	1,901	1,723	1,575	1,450	1,344	1,240
0,870	0,130	4,587	3,824	3,279	2,869	2,551	2,417	2,296	2,088	1,914	1,733	1,584	1,459	1,351	1,247
0,868	2	4,647	3,867	3,311	2,895	2,572	2,436	2,314	2,103	1,927	1,744	1,594	1,467	1,359	1,253
6	4	4,708	3,911	3,344	2,921	2,593	2,455	2,332	2,118	1,940	1,756	1,603	1,475	1,366	1,260
4	6	4,771	3,956	3,378	2,948	2,615	2,475	2,350	2,133	1,953	1,767	1,613	1,484	1,374	1,266
2	8	4,836	4,002	3,413	2,975	2,637	2,495	2,368	2,149	1,967	1,778	1,623	1,492	1,381	1,273
0,860	0,140	4,902	4,049	3,448	3,003	2,660	2,516	2,387	2,165	1,980	1,790	1,633	1,501	1,389	1,280
		−0,3220	−0,2361	−0,1692	−0,1149	−0,06932	−0,04909	−0,03029	0,00368	0,03364	0,06654	0,09534	0,1208	0,1435	0,1666
		−0,3638	−0,6642	−1,294	−3,276	88,36	7,547	4,246	2,499	1,907	1,559	1,372	1,256	1,178	1,116
		0,01212	−0,01768	−0,07080	−0,2199	6,289	0,5381	0,2997	0,1684	0,1195	0,08690	0,06623	0,05115	0,03924	0,02809
0,858	2	4,970	4,097	3,484	3,031	2,682	2,536	2,406	2,181	1,994	1,801	1,643	1,510	1,397	1,287
6	4	5,040	4,146	3,521	3,060	2,706	2,558	2,425	2,197	2,008	1,813	1,653	1,519	1,404	1,293
4	6	5,112	4,196	3,559	3,089	2,729	2,579	2,444	2,213	2,022	1,825	1,663	1,528	1,412	1,300
2	8	5,187	4,248	3,597	3,119	2,753	2,601	2,464	2,230	2,037	1,837	1,674	1,537	1,420	1,307
0,850	0,150	5,263	4,301	3,636	3,150	2,778	2,623	2,484	2,247	2,051	1,850	1,684	1,546	1,429	1,315
σ_e = 1200	σ_b =	32	36	40	44	48	50	52	56	60	65	70	75	80	85,71
1500		40	45	50	55	60	62,5	65	70	75	81,25	87,5	93,75	100	107,1
Für unb. Drz.	$\mathfrak{M}_1$	0,129252	0,139120	0,148148	0,156434	0,164062	0,167653	0,171105	0,177624	0,183673	0,190646	0,197037	0,202913	0,208333	0,214031
	$\mathfrak{R}_1$	0,142857	0,155172	0,166667	0,177419	0,1875	0,192308	0,196970	0,205882	0,214286	0,224138	0,233333	0,241935	0,25	0,258621
	* h/f_{e_1}	2,625	2,148	1,8	1,537	1,333	1,248	1,172	1,041	0,9333	0,8237	0,7347	0,6613	0,6	0,5413
	z_1/h	0,9048	0,8966	0,8889	0,8817	0,8750	0,8718	0,8687	0,8627	0,8571	0,8506	0,8444	0,8387	0,8333	0,8276
	h/x	3,5	3,222	3	2,818	2,667	2,6	2,538	2,429	2,333	2,231	2,143	2,067	2	1,933
	v	37,5	33,33	30	27,27	25	24	23,08	21,43	20	18,46	17,14	16	15	14

1−k'/h	k'/h													k'/h
0,918	0,082	1,023	0,9385	0,8548	0,7722	0,6906	0,6100	0,5305	0,4519	0,3743	0,2976	0,2218	0,1470	0,082
6	4	1,028	0,9425	0,8583	0,7752	0,6932	0,6122	0,5322	0,4533	0,3754	0,2984	0,2224	0,1474	4
4	6	1,032	0,9465	0,8618	0,7782	0,6957	0,6143	0,5340	0,4548	0,3765	0,2993	0,2230	0,1477	6
2	8	1,037	0,9506	0,8653	0,7813	0,6983	0,6165	0,5358	0,4562	0,3776	0,3001	0,2236	0,1481	8
0,910	0,090	1,042	0,9547	0,8689	0,7843	0,7009	0,6187	0,5376	0,4577	0,3788	0,3010	0,2242	0,1485	0,090
0,908	2	1,046	0,9588	0,8725	0,7874	0,7036	0,6209	0,5395	0,4591	0,3799	0,3018	0,2248	0,1489	2
6	4	1,051	0,9629	0,8761	0,7905	0,7062	0,6232	0,5413	0,4606	0,3811	0,3027	0,2254	0,1492	4
4	6	1,056	0,9671	0,8797	0,7937	0,7089	0,6254	0,5431	0,4621	0,3823	0,3036	0,2260	0,1496	6
2	8	1,061	0,9713	0,8834	0,7968	0,7116	0,6276	0,5450	0,4636	0,3834	0,3045	0,2267	0,1500	8
0,900	0,100	1,066	0,9756	0,8871	0,8000	0,7143	0,6299	0,5469	0,4651	0,3846	0,3053	0,2273	0,1504	0,100
		0,2087	0,2306	0,2530	0,2760	0,2995	0,3234	0,3477	0,3721	0,3966	0,4207	0,4440	0,4658	
		1,015	0,9947	0,9769	0,9615	0,9484	0,9372	0,9277	0,9199	0,9135	0,9085	0,9047	0,9020	
		0,00810	−0,00304	−0,01419	−0,02538	−0,03663	−0,04790	−0,05914	−0,07025	−0,08108	−0,09138	−0,1008	−0,1087	
0,898	2	1,070	0,9799	0,8908	0,8032	0,7170	0,6322	0,5488	0,4666	0,3858	0,3062	0,2279	0,1508	2
6	4	1,075	0,9843	0,8946	0,8065	0,7198	0,6345	0,5507	0,4682	0,3870	0,3071	0,2285	0,1511	4
4	6	1,080	0,9886	0,8984	0,8097	0,7225	0,6368	0,5526	0,4697	0,3882	0,3080	0,2291	0,1515	6
2	8	1,086	0,9930	0,9022	0,8130	0,7253	0,6392	0,5545	0,4713	0,3894	0,3089	0,2298	0,1519	8
0,890	0,110	1,091	0,9975	0,9061	0,8163	0,7282	0,6415	0,5564	0,4728	0,3906	0,3098	0,2304	0,1523	0,110
0,888	2	1,096	1,002	0,9100	0,8197	0,7310	0,6439	0,5584	0,4744	0,3918	0,3108	0,2311	0,1527	2
6	4	1,101	1,007	0,9139	0,8230	0,7339	0,6463	0,5604	0,4760	0,3931	0,3117	0,2317	0,1531	4
4	6	1,106	1,011	0,9179	0,8264	0,7367	0,6487	0,5623	0,4776	0,3943	0,3126	0,2323	0,1535	6
2	8	1,111	1,016	0,9219	0,8299	0,7396	0,6511	0,5643	0,4792	0,3956	0,3135	0,2330	0,1539	8
0,880	0,120	1,117	1,020	0,9259	0,8333	0,7426	0,6536	0,5663	0,4808	0,3968	0,3145	0,2336	0,1543	0,120
		0,1999	0,2228	0,2461	0,2700	0,2943	0,3190	0,3441	0,3692	0,3943	0,4190	0,4428	0,4650	
		1,035	1,006	0,9809	0,9600	0,9424	0,9275	0,9152	0,9051	0,8969	0,8906	0,8858	0,8825	
		0,01314	0,00231	−0,00845	−0,01920	−0,02996	−0,04073	−0,05147	−0,06210	−0,07246	−0,08233	−0,09135	−0,09899	
0,878	2	1,122	1,025	0,9300	0,8368	0,7455	0,6561	0,5684	0,4824	0,3981	0,3154	0,2343	0,1547	2
6	4	1,128	1,030	0,9341	0,8403	0,7485	0,6585	0,5704	0,4840	0,3994	0,3164	0,2350	0,1551	4
4	6	1,133	1,035	0,9382	0,8439	0,7515	0,6610	0,5725	0,4857	0,4006	0,3173	0,2356	0,1555	6
2	8	1,139	1,040	0,9424	0,8475	0,7545	0,6636	0,5745	0,4873	0,4019	0,3183	0,2363	0,1560	8
0,870	0,130	1,144	1,044	0,9466	0,8511	0,7576	0,6661	0,5766	0,4890	0,4032	0,3192	0,2370	0,1564	0,130
0,868	2	1,150	1,049	0,9509	0,8547	0,7606	0,6687	0,5787	0,4907	0,4045	0,3202	0,2376	0,1568	2
6	4	1,156	1,054	0,9552	0,8584	0,7637	0,6713	0,5808	0,4924	0,4058	0,3212	0,2383	0,1572	4
4	6	1,162	1,059	0,9595	0,8621	0,7669	0,6739	0,5829	0,4941	0,4072	0,3222	0,2390	0,1576	6
2	8	1,167	1,064	0,9639	0,8658	0,7700	0,6765	0,5851	0,4958	0,4085	0,3232	0,2397	0,1581	8
0,860	0,140	1,173	1,070	0,9683	0,8696	0,7732	0,6791	0,5872	0,4975	0,4098	0,3241	0,2404	0,1585	0,140
		0,1902	0,2142	0,2386	0,2635	0,2887	0,3143	0,3402	0,3661	0,3919	0,4172	0,4416	0,4643	
		1,065	1,024	0,9899	0,9618	0,9386	0,9194	0,9036	0,8909	0,8807	0,8728	0,8670	0,8630	
		0,01742	0,00702	−0,00323	−0,01342	−0,02360	−0,03379	−0,04397	−0,05405	−0,06391	−0,07332	−0,08194	−0,08928	
0,858	2	1,179	1,075	0,9728	0,8734	0,7764	0,6818	0,5894	0,4993	0,4112	0,3252	0,2411	0,1589	2
6	4	1,185	1,080	0,9773	0,8772	0,7796	0,6845	0,5916	0,5010	0,4125	0,3262	0,2418	0,1593	4
4	6	1,191	1,085	0,9818	0,8811	0,7829	0,6872	0,5938	0,5028	0,4139	0,3272	0,2425	0,1598	6
2	8	1,197	1,091	0,9864	0,8850	0,7862	0,6899	0,5960	0,5045	0,4153	0,3282	0,2432	0,1602	8
0,850	0,150	1,204	1,096	0,9910	0,8889	0,7895	0,6926	0,5983	0,5063	0,4167	0,3292	0,2439	0,1606	0,150
σ_e = 1200	σ_b =	92,31	100	109,1	120	133,3	150	171,4	200	240	300	400	600	
1500		115,4	125	136,4	150	166,7	187,5	214,3	250					
Für unb. Drz.	$\mathfrak{M}_1$	0,220025	0,226338	0,232988	0,24	0,247396	0,255198	0,263430	0,272109	0,281250	0,290858	0,300926	0,311419	
	$\mathfrak{R}_1$	0,267857	0,277778	0,288462	0,3	0,3125	0,326087	0,340909	0,357143	0,375	0,394737	0,416667	0,441176	
	* h/f_{e_1}	0,4853	0,432	0,3813	0,3333	0,288	0,2453	0,2053	0,168	0,1333	0,1013	0,072	0,04533	
	z_1/h	0,8214	0,8148	0,8077	0,8	0,7917	0,7826	0,7727	0,7619	0,75	0,7368	0,7222	0,7059	
	h/x	1,867	1,8	1,733	1,667	1,6	1,533	1,467	1,4	1,333	1,267	1,2	1,133	
	v	13	12	11	10	9	8	7	6	5	4	3	2	

* $\frac{h}{f_{e_1}}$ in $\frac{m}{cm}$

Linke Treppenlinie (zwischen den Spalten 50 und 52) — Mittlere Treppenlinie (zwischen 56 und 60) — Rechte Treppenlinie (zwischen 100 und 109,1)

Schräge Zahlen: $\frac{f_e'}{f_{e2}}$.

Klein gedruckte Zahlen: Erste Teilzeile: ω_1; Zweite Teilzeile: ω_2; Dritte Teilzeile: ω_3 — Gültig nur für unb. Drz.

Tab. VII.

Fortsetzung der

Tab. VII. Hilfswerte bei Druckbewehrung.

Schräge Zahlen: $\frac{f_e'}{f_{e2}}$. Linke Treppenlinie. Mittlere Treppenlinie. Klein gedruckte Zahlen: Erste Teilzeile: ω_1; Zweite Teilzeile: ω_2; Dritte Teilzeile: ω_3 — Gültig nur für unb. Drz. Rechte Treppenlinie. * $\frac{h}{f_{e1}}$ in $\frac{m}{cm}$

	v	37,5	33,33	30	27,27	25	24	23,08	21,43	20	18,46	17,14	16	15	14	13	12	11	10	9	8	7	6	5	4	3	2	
	h/x	3,5	3,222	3	2,818	2,667	2,6	2,538	2,429	2,333	2,231	2,143	2,067	2	1,933	1,867	1,8	1,733	1,667	1,6	1,533	1,467	1,4	1,333	1,267	1,2	1,133	
Für unb. Drz.	z_1/h	0,9048	0,8966	0,8889	0,8817	0,8750	0,8718	0,8687	0,8627	0,8571	0,8506	0,8444	0,8387	0,8333	0,8276	0,8214	0,8148	0,8077	0,8	0,7917	0,7826	0,7727	0,7619	0,75	0,7368	0,7222	0,7059	
	* h/f_{e1}	2,625	2,148	1,8	1,537	1,333	1,248	1,172	1,041	0,9333	0,8237	0,7347	0,6613	0,6	0,5413	0,4853	0,432	0,3813	0,3333	0,288	0,2453	0,2053	0,168	0,1333	0,1013	0,072	0,04533	
	$\mathfrak{R}_1$	0,142857	0,155172	0,166667	0,177419	0,1875	0,192308	0,196970	0,205882	0,214286	0,224138	0,233333	0,241935	0,25	0,258621	0,267857	0,277778	0,288462	0,3	0,3125	0,326087	0,340909	0,357143	0,375	0,394737	0,416667	0,441176	
	$\mathfrak{M}_1$	0,129252	0,139120	0,148148	0,156434	0,164062	0,167653	0,171105	0,177624	0,183673	0,190646	0,197037	0,202913	0,208333	0,214031	0,220025	0,226338	0,232988	0,24	0,247396	0,255198	0,263430	0,272109	0,281250	0,290858	0,300926	0,311419	
$\sigma_e =$ 1500	$\sigma_b =$	40	45	50	55	60	62,5	65	70	75	81,25	87,5	93,75	100	107,1	115,4	125	136,4	150	166,7	187,5	214,3	250					
1200		32	36	40	44	48	50	52	56	60	65	70	75	80	85,71	92,31	100	109,1	120	133,3	150	171,4	200	240	300	400	600	
1−h'/h=	h'/h=																											h'/h=
0,848	0,152	5,342	4,355	3,676	3,181	2,803	2,646	2,505	2,264	2,066	1,862	1,695	1,555	1,437	1,322	1,210	1,101	0,9957	0,8929	0,7928	0,6954	0,6005	0,5081	0,4181	0,3303	0,2446	0,1611	0,152
6	4	5,423	4,411	3,717	3,212	2,828	2,668	2,526	2,282	2,081	1,875	1,706	1,565	1,445	1,329	1,216	1,107	1,000	0,8969	0,7962	0,6982	0,6028	0,5099	0,4195	0,3313	0,2453	0,1615	4
4	6	5,507	4,468	3,759	3,245	2,854	2,692	2,547	2,300	2,096	1,888	1,717	1,574	1,453	1,336	1,223	1,112	1,005	0,9009	0,7996	0,7010	0,6051	0,5118	0,4209	0,2323	0,2461	0,1620	6
2	8	5,593	4,527	3,802	3,278	2,880	2,716	2,569	2,318	2,112	1,901	1,728	1,584	1,462	1,344	1,229	1,118	1,010	0,9050	0,8030	0,7039	0,6074	0,5136	0,4223	0,3334	0,2468	0,1624	8
0,840	0,160	5,682	4,587	3,846	3,311	2,907	2,740	2,591	2,336	2,128	1,914	1,739	1,594	1,471	1,351	1,236	1,124	1,015	0,9091	0,8065	0,7067	0,6098	0,5155	0,4237	0,3344	0,2475	0,1629	0,160
		−0,4122	−0,3023	−0,2208	−0,1566	−0,1041	−0,08112	−0,05992	−0,02200	0,01107	0,04703	0,07823	0,1056	0,1299	0,1545	0,1794	0,2047	0,2304	0,2564	0,2827	0,3093	0,3360	0,3628	0,3893	0,4153	0,4403	0,4635	
		−0,2017	−0,3549	−0,6145	−1,114	−2,386	−4,180	−11,37	6,637	3,047	2,029	1,628	1,415	1,284	1,187	1,112	1,053	1,006	0,9680	0,9376	0,9130	0,8931	0,8773	0,8648	0,8553	0,8483	0,8436	
		0,04613	0,03181	0,01246	−0,01798	−0,08432	−0,1714	−0,5105	0,3237	0,1499	0,09522	0,06971	0,05346	0,04148	0,03068	0,02057	0,01084	0,00131	−0,00816	−0,01763	−0,02714	−0,03666	−0,04613	−0,05544	−0,06435	−0,07256	−0,07957	
0,838	2	5,774	4,649	3,891	3,346	2,934	2,764	2,613	2,355	2,144	1,927	1,751	1,604	1,479														
6	4	5,869	4,713	3,937	3,381	2,962	2,789	2,636	2,374	2,160	1,941	1,762	1,614	1,488														
4	6	5,967	4,778	3,984	3,416	2,990	2,815	2,659	2,393	2,176	1,955	1,774	1,624	1,497														
2	8	6,068	4,845	4,032	3,453	3,019	2,841	2,682	2,413	2,193	1,969	1,786	1,634	1,506														
0,830	0,170	6,173	4,914	4,082	3,490	3,049	2,867	2,706	2,433	2,210	1,983	1,798	1,644	1,515														
0,828	2	6,281	4,985	4,132	3,529	3,079	2,894	2,731	2,453	2,227	1,997	1,810	1,655	1,524														
6	4	6,394	5,058	4,184	3,568	3,109	2,922	2,756	2,474	2,245	2,012	1,822	1,666	1,534														
4	6	6,510	5,133	4,237	3,608	3,141	2,950	2,781	2,495	2,262	2,026	1,835	1,676	1,543														
2	8	6,631	5,211	4,292	3,648	3,173	2,978	2,807	2,516	2,281	2,041	1,848	1,687	1,553														
0,820	0,180	6,757	5,291	4,348	3,690	3,205	3,008	2,833	2,538	2,299	2,057	1,860	1,699	1,563														
15	85	7,092	5,502	4,494	3,799	3,289	3,083	2,901	2,594	2,346	2,096	1,893	1,727	1,587														
10	90	7,463	5,731	4,651	3,914	3,378	3,162	2,972	2,653	2,395	2,136	1,928	1,756	1,613														
05	95	7,874	5,979	4,819	4,036	3,472	3,245	3,046	2,714	2,446	2,178	1,963	1,787	1,639														
0,800	0,200	8,333	6,250	5	4,167	3,571	3,333	3,125	2,778	2,5	2,222	2	1,818	1,667														
0,795	05	8,850	6,547	5,195	4,306	3,676	3,426	3,208	2,845	2,556	2,268	2,038	1,851	1,695														
90	10	9,434	6,873	5,405	4,454	3,788	3,524	3,295	2,915	2,614	2,315	2,078	1,885	1,724														
85	15	10,10	7,233	5,634	4,614	3,906	3,628	3,387	2,990	2,676	2,365	2,119	1,920	1,754														
0,780	0,220	10,87	7,634	5,882	4,785	4,032	3,738	3,484	3,067	2,740	2,417	2,162	1,956	1,786														
0,775	25	11,76	8,081	6,154	4,969	4,167	3,855	3,587	3,150	2,807	2,471	2,207	1,994	1,818														
70	30	12,82	8,584	6,452	5,168	4,310	3,980	3,697	3,236	2,878	2,528	2,254	2,033	1,852														
65	35	14,08	9,153	6,780	5,384	4,464	4,113	3,813	3,328	2,952	2,587	2,302	2,074	1,887														
0,760	0,240	15,63	9,804	7,143	5,618	4,630	4,255	3,937	3,425	3,030	2,649	2,353	2,116	1,923														
0,755	45	17,54	10,55	7,547	5,874	4,808	4,408	4,069	3,527	3,113	2,714	2,406	2,161	1,961														
50	50	20,00	11,43	8	6,154	5	4,571	4,211	3,636	3,2	2,783	2,462	2,207	2														
45	55	23,26	12,46	8,511	6,462	5,208	4,748	4,362	3,752	3,292	2,855	2,520	2,235	2,041														
0,740	0,260	27,78	13,70	9,091	6,803	5,435	4,938	4,525	3,876	3,390	2,930	2,581	2,305	2,083														
0,735	65	34,48	15,21	9,756	7,181	5,682	5,145	4,700	4,008	3,493	3,010	2,645	2,358	2,128														
30	70	45,45	17,09	10,53	7,605	5,952	5,369	4,890	4,149	3,604	3,095	2,712	2,413	2,174														
25	75	66,67	19,51	11,43	8,081	6,25	5,614	5,096	4,301	3,721	3,184	2,783	2,471	2,222														
0,720	0,280	125	22,73	12,5	8,621	6,579	5,882	5,319	4,464	3,846	3,279	2,857	2,532	2,273														
0,715	85	1000	27,21	13,79	9,238	6,944	6,178	5,563	4,640	3,980	3,379	2,936	2,595	2,326														
10	90		33,90	15,38	9,950	7,353	6,504	5,831	4,831	4,124	3,486	3,019	2,662	2,381														
05	95		44,94	17,39	10,78	7,813	6,867	6,126	5,038	4,278	3,600	3,107	2,733	2,439														
0,700	0,300		66,67	20	11,76	8,333	7,273	6,452	5,263	4,444	3,721	3,2	2,807	2,5														

Tab. VIII. Platten und Rechteckbalken. (Siehe unten.)

b Druckbreite; f_e Zugeisenquerschnitt für die Einheit der Druckbreite; h Nutzhöhe; M Moment.

Die Tabelle ermöglicht mit ihren fertigen Bemessungsergebnissen h und f_e eine bequeme Übersicht über die Bemessungs-Möglichkeiten. Sie ist der Tab. VI hauptsächlich dann vorzuziehen, wenn es sich um rasche, nicht allzu genaue Lösung einer ganzen Reihe gleicher und einfacher Bemessungsaufgaben handelt. (Für einzelne und für ungewöhnliche Aufgaben verdient ihrer größeren Vielseitigkeit wegen Tab. VI den Vorzug.) Vgl. **Zahlenbeispiel 27** (S. 83).

Die Tabelle hat hinsichtlich der Momente unbegrenzte Reichweite. Die erste und die letzte Zeile des Tabellenfeldes unterscheiden sich nur durch die Kommastellung. Sieht man von diesem Unterschied zunächst ab, so ist der Tabellenanfang wieder die Fortsetzung des Tabellenendes. Das Komma ist nach der Regel zu setzen: Es gehören zusammen das Zehnfache (bzw. ein Zehntel) der Tabellenwerte h und f_e mit dem Hundertfachen (bzw. einem Hundertstel) der Tabellenwerte $\frac{M}{b}$. Vgl. **Zahlenbeispiel 28** (S. 83).

Für beliebige Werte σ_e benutzt man die Tabelle, indem man Anleitung 177 beachtet.

Den Innenhebel z findet man nach Gl. 193, z. B. (für $\sigma_e = 1200$ kg/cm²; $\sigma_b = 50$ kg/cm²; $M/b = 3{,}000$ tm/m) $z = \frac{2{,}500}{15{,}16} = 0{,}165$ m. Für die Schubberechnung ist dieser Wert z aber nur dann genau, wenn nicht das größte positive Biegungsmoment M, sondern das des auf Schub untersuchten Querschnittes zugrunde gelegt wird. Vgl. auch Schluß der Erläuterungen zu Tab. IX.

Die Breitenziffer β, berechnet für Platten nach Gl. 622a, für Rechteckbalken nach Gl. 623a, kann man in der obersten Ziffernreihe aufsuchen. Sie steht an der Spitze der wirtschaftlich günstigsten Bemessungsspalte. Unmittelbar unter ihr findet man $\sigma_{b\,\text{wirt}}$. Diese Anwendung der Tabelle soll jedoch besonderen Gelegenheiten vorbehalten bleiben. Denn bei Bemessung mehrerer Querschnitte ähnlicher Art (s. o.) kennt man $\sigma_{b\,\text{wirt}}$ im allgemeinen schon vorher aus einer Aufstellung nach Fig. 33 (§ 10).

Die letzte Ziffer Null der fünfstelligen Momentenwerte ist nicht »genau«. Sie soll dem Benutzer die Abrundung auf die 4 Ziffern ersparen, die (bestenfalls) im Rechenschieber verwendbar sind.

Tab. VIII.

$\sigma_b' = 8$ bis 20 kg/cm²

Erste Teilspalte (Steilziffern) | h | in cm
Zweite Teilspalte (Schrägziffern) | f_e | in $\frac{cm^2}{m}$

Einheitsmoment M/b in kg

			Breitenziffer β																												
			3203		2551		2083		1735		1470		1262		1097		963,1		853,1		761,6		684,6		619,2		563,1				
Eisenzugspannung σ_e in kg/cm²			Beton - Druckspannung σ_b in kg/cm²																										Eisenzugspannung σ_e in kg/cm²		
1500			10		11,25		12,5		13,75		15		16,25		17,5		18,75		20		21,25		22,5		23,75		25				1500
	1000		*6,667*		*7,5*		*8,333*		*9,167*		*10*		*10,83*		*11,67*		*12,5*		*13,33*		*14,17*		*15*		*15,83*		*16,67*			*1000*	
		1200	**8**		**9**		**10**		**11**		**12**		**13**		**14**		**15**		**16**		**17**		**18**		**19**		**20**		**1200**		
150	*100*	**120**	18,45	*0,5590*	16,52	*0,6265*	14,98	*0,6934*	13,71	*0,7598*	12,66	*0,8257*	11,77	*0,8912*	11,01	*0,9561*	10,34	*1,021*	9,762	*1,085*	9,249	*1,148*	8,794	*1,211*	8,385	*1,274*	8,018	*1,336*	**120**	*100*	150
181,5	*121*	**145,2**	20,29	*0,6149*	18,17	*0,6891*	16,47	*0,7627*	15,09	*0,8358*	13,93	*0,9083*	12,95	*0,9803*	12,11	*1,052*	11,38	*1,123*	10,74	*1,193*	10,17	*1,263*	9,673	*1,332*	9,224	*1,401*	8,820	*1,470*	**145,2**	*121*	181,5
216	*144*	**172,8**	22,14	*0,6708*	19,82	*0,7517*	17,97	*0,8321*	16,46	*0,9118*	15,19	*0,9909*	14,12	*1,069*	13,21	*1,147*	12,41	*1,225*	11,71	*1,302*	11,10	*1,378*	10,55	*1,454*	10,06	*1,529*	9,621	*1,604*	**172,8**	*144*	216
253,5	*169*	**202,8**	23,98	*0,7267*	21,48	*0,8144*	19,47	*0,9014*	17,83	*0,9877*	16,46	*1,073*	15,30	*1,159*	14,31	*1,243*	13,44	*1,327*	12,69	*1,410*	12,02	*1,493*	11,43	*1,575*	10,90	*1,656*	10,42	*1,737*	**202,8**	*169*	253,5
294	*196*	**235,2**	25,83	*0,7826*	23,13	*0,8770*	20,97	*0,9707*	19,20	*1,064*	17,73	*1,156*	16,48	*1,248*	15,41	*1,339*	14,48	*1,429*	13,67	*1,519*	12,95	*1,608*	12,31	*1,696*	11,74	*1,784*	11,22	*1,871*	**235,2**	*196*	294
337,5	*225*	**270**	27,67	*0,8385*	24,78	*0,9397*	22,47	*1,040*	20,57	*1,140*	18,99	*1,239*	17,65	*1,337*	16,51	*1,434*	15,51	*1,531*	14,64	*1,627*	13,87	*1,722*	13,19	*1,817*	12,58	*1,911*	12,03	*2,004*	**270**	*225*	337,5
384	*256*	**307,2**	29,52	*0,8944*	26,43	*1,002*	23,96	*1,109*	21,94	*1,216*	20,26	*1,321*	18,83	*1,426*	17,61	*1,530*	16,55	*1,633*	15,62	*1,735*	14,80	*1,837*	14,07	*1,938*	13,42	*2,038*	12,83	*2,138*	**307,2**	*256*	384
433,5	*289*	**346,8**	31,36	*0,9503*	28,08	*1,065*	25,46	*1,179*	23,31	*1,292*	21,52	*1,404*	20,01	*1,515*	18,71	*1,625*	17,58	*1,735*	16,60	*1,844*	15,72	*1,952*	14,95	*2,059*	14,26	*2,166*	13,63	*2,272*	**346,8**	*289*	433,5
486	*324*	**388,8**	33,21	*1,006*	29,74	*1,128*	26,96	*1,248*	24,69	*1,368*	22,79	*1,486*	21,19	*1,604*	19,81	*1,721*	18,62	*1,837*	17,57	*1,952*	16,65	*2,067*	15,83	*2,180*	15,09	*2,293*	14,43	*2,405*	**388,8**	*324*	486
541,5	*361*	**433,2**	35,05	*1,062*	31,39	*1,190*	28,46	*1,317*	26,06	*1,444*	24,06	*1,569*	22,36	*1,693*	20,91	*1,817*	19,65	*1,939*	18,55	*2,061*	17,57	*2,182*	16,71	*2,302*	15,93	*2,421*	15,23	*2,539*	**433,2**	*361*	541,5
600	*400*	**480**	36,90	*1,118*	33,04	*1,253*	29,95	*1,387*	27,43	*1,520*	25,32	*1,651*	23,54	*1,782*	22,01	*1,912*	20,68	*2,041*	19,52	*2,169*	18,50	*2,296*	17,59	*2,423*	16,77	*2,548*	16,04	*2,673*	**480**	*400*	600
726	*484*	**580,8**	40,58	*1,230*	36,34	*1,378*	32,95	*1,525*	30,17	*1,672*	27,85	*1,817*	25,89	*1,961*	24,21	*2,103*	22,75	*2,245*	21,48	*2,386*	20,35	*2,526*	19,35	*2,665*	18,45	*2,803*	17,64	*2,940*	**580,8**	*484*	726
864	*576*	**691,2**	44,27	*1,342*	39,65	*1,503*	35,94	*1,664*	32,91	*1,824*	30,39	*1,982*	28,25	*2,139*	26,41	*2,295*	24,82	*2,449*	23,43	*2,603*	22,20	*2,756*	21,10	*2,907*	20,13	*3,058*	19,24	*3,207*	**691,2**	*576*	864
1014	*676*	**811,2**	47,96	*1,453*	42,95	*1,629*	38,94	*1,803*	35,66	*1,975*	32,92	*2,147*	30,60	*2,317*	28,61	*2,486*	26,89	*2,654*	25,38	*2,820*	24,05	*2,985*	22,86	*3,150*	21,80	*3,313*	20,85	*3,474*	**811,2**	*676*	1014
1176	*784*	**940,8**	51,65	*1,565*	46,26	*1,754*	41,94	*1,941*	38,40	*2,127*	35,45	*2,312*	32,96	*2,495*	30,81	*2,677*	28,96	*2,858*	27,33	*3,037*	25,90	*3,215*	24,62	*3,392*	23,48	*3,567*	22,45	*3,742*	**940,8**	*784*	1176
1350	*900*	**1080**	55,34	*1,677*	49,56	*1,879*	44,93	*2,080*	41,14	*2,279*	37,98	*2,477*	35,31	*2,673*	33,02	*2,868*	31,03	*3,062*	29,29	*3,254*	27,75	*3,445*	26,38	*3,634*	25,16	*3,822*	24,05	*4,009*	**1080**	*900*	1350
1634	*1089*	**1307**	60,88	*1,845*	54,52	*2,067*	49,42	*2,288*	45,26	*2,507*	41,78	*2,725*	38,84	*2,941*	36,32	*3,155*	34,13	*3,368*	32,21	*3,579*	30,52	*3,789*	29,02	*3,997*	27,67	*4,204*	26,46	*4,410*	**1307**	*1089*	1634
1944	*1296*	**1555**	66,41	*2,012*	59,47	*2,255*	53,92	*2,496*	49,37	*2,735*	45,58	*2,973*	42,37	*3,208*	39,62	*3,442*	37,23	*3,674*	35,14	*3,905*	33,30	*4,134*	31,66	*4,361*	30,19	*4,587*	28,86	*4,811*	**1555**	*1296*	1944
2282	*1521*	**1825**	71,95	*2,180*	64,43	*2,443*	58,41	*2,704*	53,48	*2,963*	49,38	*3,220*	45,90	*3,476*	42,92	*3,729*	40,33	*3,980*	38,07	*4,230*	36,07	*4,478*	34,29	*4,724*	32,70	*4,969*	31,27	*5,212*	**1825**	*1521*	2282
2646	*1764*	**2117**	77,48	*2,348*	69,38	*2,631*	62,90	*2,912*	57,60	*3,191*	53,18	*3,468*	49,43	*3,743*	46,22	*4,016*	43,44	*4,287*	41,00	*4,556*	38,85	*4,823*	36,93	*5,088*	35,22	*5,351*	33,67	*5,612*	**2117**	*1764*	2646
3174	*2116*	**2539**	84,86	*2,571*	75,99	*2,882*	68,89	*3,190*	63,08	*3,495*	58,24	*3,798*	54,14	*4,099*	50,62	*4,398*	47,57	*4,695*	44,90	*4,989*	42,55	*5,282*	40,45	*5,572*	38,57	*5,861*	36,88	*6,147*	**2539**	*2116*	3174
3750	*2500*	**3000**	92,24	*2,795*	82,60	*3,132*	74,88	*3,467*	68,57	*3,799*	63,31	*4,129*	58,85	*4,456*	55,03	*4,781*	51,71	*5,103*	48,81	*5,423*	46,25	*5,741*	43,97	*6,057*	41,93	*6,370*	40,09	*6,682*	**3000**	*2500*	3750
4538	*3025*	**3630**	101,5	*3,075*	90,86	*3,445*	82,37	*3,814*	75,43	*4,179*	69,64	*4,541*	64,73	*4,901*	60,53	*5,259*	56,88	*5,613*	53,69	*5,966*	50,87	*6,315*	48,36	*6,662*	46,12	*7,007*	44,10	*7,350*	**3630**	*3025*	4538
5400	*3600*	**4320**	110,7	*3,354*	99,12	*3,759*	89,86	*4,160*	82,28	*4,559*	75,97	*4,954*	70,62	*5,347*	66,03	*5,737*	62,05	*6,124*	58,57	*6,508*	55,50	*6,889*	52,76	*7,268*	50,31	*7,644*	48,11	*8,018*	**4320**	*3600*	5400
6338	*4225*	**5070**	119,9	*3,634*	107,4	*4,072*	97,35	*4,507*	89,14	*4,939*	82,30	*5,367*	76,50	*5,793*	71,53	*6,215*	67,22	*6,634*	63,45	*7,050*	60,12	*7,463*	57,16	*7,874*	54,51	*8,281*	52,12	*8,686*	**5070**	*4225*	6338
7350	*4900*	**5880**	129,1	*3,913*	115,6	*4,385*	104,8	*4,854*	96,00	*5,319*	88,63	*5,780*	82,39	*6,238*	77,04	*6,693*	72,40	*7,144*	68,33	*7,593*	64,75	*8,038*	61,55	*8,480*	58,70	*8,918*	56,12	*9,354*	**5880**	*4900*	7350
8438	*5625*	**6750**	138,4	*4,193*	123,9	*4,698*	112,3	*5,200*	102,9	*5,698*	94,96	*6,193*	88,27	*6,684*	82,54	*7,171*	77,57	*7,655*	73,21	*8,135*	69,37	*8,612*	65,95	*9,085*	62,89	*9,555*	60,13	*10,02*	**6750**	*5625*	8438
9600	*6400*	**7680**	147,6	*4,472*	132,2	*5,012*	119,8	*5,547*	109,7	*6,078*	101,3	*6,606*	94,16	*7,129*	88,04	*7,649*	82,74	*8,165*	78,09	*8,677*	74,00	*9,186*	70,35	*9,691*	67,08	*10,19*	64,14	*10,69*	**7680**	*6400*	9600
10840	*7225*	**8670**	156,8	*4,752*	140,4	*5,325*	127,3	*5,894*	116,6	*6,458*	107,6	*7,019*	100,0	*7,575*	93,54	*8,127*	87,91	*8,675*	82,98	*9,220*	78,62	*9,760*	74,75	*10,30*	71,28	*10,83*	68,15	*11,36*	**8670**	*7225*	10840
12150	*8100*	**9720**	166,0	*5,031*	148,7	*5,638*	134,8	*6,240*	123,4	*6,838*	113,9	*7,432*	105,9	*8,020*	99,05	*8,605*	93,08	*9,186*	87,86	*9,762*	83,24	*10,33*	79,14	*10,90*	75,47	*11,47*	72,16	*12,03*	**9720**	*8100*	12150
13540	*9025*	**10830**	175,3	*5,311*	156,9	*5,951*	142,3	*6,587*	130,3	*7,218*	120,3	*7,844*	111,8	*8,466*	104,5	*9,083*	98,25	*9,696*	92,74	*10,30*	87,87	*10,91*	83,54	*11,51*	79,66	*12,10*	76,17	*12,69*	**10830**	*9025*	13540
15000	*10000*	**12000**	184,5	*5,590*	165,2	*6,265*	149,8	*6,934*	137,1	*7,598*	126,6	*8,257*	117,7	*8,912*	110,1	*9,561*	103,4	*10,21*	97,62	*10,85*	92,49	*11,48*	87,94	*12,11*	83,85	*12,74*	80,18	*13,36*	**12000**	*10000*	15000

Einheitsmoment M/b in kg

Fortsetzung der **Tab. VIII. Platten und Rechteckbalken.**

Erste Teilspalte (Steilziffern) | h | in cm

Zweite Teilspalte (Schrägziffern) | f_e | in $\frac{cm^2}{m}$

$\sigma_b' = 21$ bis 33 kg/cm²

Eisenzugspannung σ_e in kg/cm²			Breitenziffer β 514,6		472,5		435,6		403,0		374,2		348,6		325,6		305,0		286,4		269,6		254,4		240,4		227,7		Eisenzugspannung σ_e in kg/cm²		
			Beton-Druckspannung σ_b in kg/cm²																												
1500			26,25		27,5		28,75		30		31,25		32,5		33,75		35		36,25		37,5		38,75		40		41,25				1500
	1000		17,5		18,33		19,17		20		20,83		21,67		22,5		23,33		24,17		25		25,83		26,67		27,5			1000	
		1200	21		22		23		24		25		26		27		28		29		30		31		32		33		1200		
Einheitsmoment M/b in kg																													Einheitsmoment M/b in kg		
150	100	120	7,685	1,398	7,382	1,460	7,105	1,521	6,852	1,581	6,618	1,641	6,402	1,701	6,202	1,761	6,016	1,820	5,842	1,878	5,680	1,936	5,529	1,994	5,386	2,052	5,253	2,109	120	100	150
181,5	121	145,2	8,453	1,538	8,120	1,606	7,816	1,673	7,537	1,739	7,280	1,805	7,042	1,871	6,822	1,937	6,617	2,002	6,427	2,066	6,248	2,130	6,082	2,194	5,925	2,257	5,778	2,320	145,2	121	181,5
216	144	172,8	9,222	1,678	8,859	1,751	8,527	1,825	8,222	1,897	7,941	1,970	7,682	2,041	7,442	2,113	7,219	2,183	7,011	2,254	6,816	2,324	6,634	2,393	6,464	2,462	6,303	2,531	172,8	144	216
253,5	169	202,8	9,990	1,818	9,597	1,897	9,237	1,977	8,907	2,055	8,603	2,134	8,322	2,211	8,062	2,289	7,820	2,365	7,595	2,442	7,384	2,517	7,187	2,593	7,002	2,668	6,828	2,742	202,8	169	253,5
294	196	235,2	10,76	1,957	10,34	2,043	9,948	2,129	9,592	2,214	9,265	2,298	8,963	2,382	8,682	2,465	8,422	2,547	8,179	2,629	7,953	2,711	7,740	2,792	7,541	2,873	7,354	2,953	235,2	196	294
337,5	225	270	11,53	2,097	11,07	2,189	10,66	2,281	10,28	2,372	9,927	2,462	9,603	2,552	9,303	2,641	9,024	2,729	8,764	2,817	8,521	2,905	8,293	2,992	8,080	3,078	7,879	3,164	270	225	337,5
384	256	307,2	12,30	2,237	11,81	2,335	11,37	2,433	10,96	2,530	10,59	2,626	10,24	2,722	9,923	2,817	9,625	2,911	9,348	3,005	9,089	3,098	8,846	3,191	8,618	3,283	8,404	3,375	307,2	256	384
433,5	289	346,8	13,06	2,377	12,55	2,481	12,08	2,585	11,65	2,688	11,25	2,790	10,88	2,892	10,54	2,993	10,23	3,093	9,932	3,193	9,657	3,292	9,399	3,390	9,157	3,488	8,929	3,586	346,8	289	433,5
486	324	388,8	13,83	2,517	13,29	2,627	12,79	2,737	12,33	2,846	11,91	2,954	11,52	3,062	11,16	3,169	10,83	3,275	10,52	3,381	10,22	3,486	9,952	3,590	9,695	3,694	9,455	3,796	388,8	324	486
541,5	361	433,2	14,60	2,656	14,03	2,773	13,50	2,889	13,02	3,004	12,57	3,119	12,16	3,232	11,78	3,345	11,43	3,457	11,10	3,569	10,79	3,679	10,50	3,789	10,23	3,899	9,980	4,007	433,2	361	541,5
600	400	480	15,37	2,796	14,76	2,919	14,21	3,041	13,70	3,162	13,24	3,283	12,80	3,402	12,40	3,521	12,03	3,639	11,68	3,756	11,36	3,873	11,06	3,989	10,77	4,104	10,51	4,218	480	400	600
726	484	580,8	16,91	3,076	16,24	3,211	15,63	3,345	15,07	3,479	14,56	3,611	14,08	3,742	13,64	3,873	13,23	4,003	12,85	4,132	12,50	4,260	12,16	4,388	11,85	4,514	11,56	4,640	580,8	484	726
864	576	691,2	18,44	3,356	17,72	3,503	17,05	3,649	16,44	3,795	15,88	3,939	15,36	4,083	14,88	4,225	14,44	4,367	14,02	4,508	13,63	4,648	13,27	4,787	12,93	4,925	12,61	5,062	691,2	576	864
1014	676	811,2	19,98	3,635	19,19	3,795	18,47	3,953	17,81	4,111	17,21	4,267	16,64	4,423	16,12	4,577	15,64	4,731	15,19	4,883	14,77	5,035	14,37	5,185	14,00	5,335	13,66	5,484	811,2	676	1014
1176	784	940,8	21,52	3,915	20,67	4,087	19,90	4,258	19,18	4,427	18,53	4,596	17,93	4,763	17,36	4,930	16,84	5,095	16,36	5,259	15,91	5,422	15,48	5,584	15,08	5,745	14,71	5,906	940,8	784	1176
1350	900	1080	23,05	4,194	22,15	4,379	21,32	4,562	20,55	4,743	19,85	4,924	19,21	5,103	18,61	5,282	18,05	5,459	17,53	5,635	17,04	5,809	16,59	5,983	16,16	6,156	15,76	6,327	1080	900	1350
1634	1089	1307	25,36	4,614	24,36	4,817	23,45	5,018	22,61	5,218	21,84	5,416	21,13	5,614	20,47	5,810	19,85	6,005	19,28	6,198	18,75	6,390	18,24	6,582	17,78	6,771	17,33	6,960	1307	1089	1634
1944	1296	1555	27,67	5,033	26,58	5,254	25,58	5,474	24,67	5,692	23,82	5,909	23,05	6,124	22,33	6,338	21,66	6,550	21,03	6,762	20,45	6,971	19,90	7,180	19,39	7,387	18,91	7,593	1555	1296	1944
2282	1521	1825	29,97	5,453	28,79	5,692	27,71	5,930	26,72	6,166	25,81	6,401	24,97	6,634	24,19	6,866	23,46	7,096	22,79	7,325	22,15	7,552	21,56	7,778	21,01	8,003	20,48	8,226	1825	1521	2282
2646	1764	2117	32,28	5,872	31,01	6,130	29,84	6,386	28,78	6,641	27,79	6,894	26,89	7,145	26,05	7,394	25,27	7,642	24,54	7,888	23,86	8,133	23,22	8,376	22,62	8,618	22,06	8,858	2117	1764	2646
3174	2116	2539	35,35	6,431	33,96	6,714	32,69	6,995	31,52	7,273	30,44	7,550	29,45	7,825	28,53	8,098	27,67	8,370	26,87	8,640	26,13	8,908	25,43	9,174	24,78	9,439	24,16	9,702	2539	2116	3174
3750	2500	3000	38,42	6,991	36,91	7,298	35,53	7,603	34,26	7,906	33,09	8,207	32,01	8,506	31,01	8,803	30,08	9,098	29,21	9,391	28,40	9,682	27,64	9,972	26,93	10,26	26,26	10,55	3000	2500	3750
4538	3025	3630	42,27	7,690	40,60	8,028	39,08	8,363	37,68	8,696	36,40	9,027	35,21	9,356	34,11	9,683	33,09	10,01	32,13	10,33	31,24	10,65	30,41	10,97	29,63	11,29	28,89	11,60	3630	3025	4538
5400	3600	4320	46,11	8,389	44,29	8,757	42,63	9,123	41,11	9,487	39,71	9,848	38,41	10,21	37,21	10,56	36,09	10,92	35,05	11,27	34,08	11,62	33,17	11,97	32,32	12,31	31,52	12,65	4320	3600	5400
6338	4225	5070	49,95	9,088	47,98	9,487	46,19	9,884	44,54	10,28	43,02	10,67	41,61	11,06	40,31	11,44	39,10	11,83	37,98	12,21	36,92	12,59	35,94	12,96	35,01	13,34	34,14	13,71	5070	4225	6338
7350	4900	5880	53,79	9,787	51,68	10,22	49,74	10,64	47,96	11,07	46,32	11,49	44,81	11,91	43,41	12,32	42,11	12,74	40,90	13,15	39,76	13,56	38,70	13,96	37,70	14,36	36,77	14,76	5880	4900	7350
8438	5625	6750	57,64	10,49	55,37	10,95	53,29	11,40	51,39	11,86	49,63	12,31	48,01	12,76	46,51	13,20	45,12	13,65	43,82	14,09	42,60	14,52	41,47	14,96	40,40	15,39	39,39	15,82	6750	5625	8438
9600	6400	7680	61,48	11,19	59,06	11,68	56,84	12,16	54,81	12,65	52,94	13,13	51,22	13,61	49,61	14,08	48,13	14,56	46,74	15,03	45,44	15,49	44,23	15,96	43,09	16,42	42,02	16,87	7680	6400	9600
10840	7225	8670	65,32	11,88	62,75	12,41	60,40	12,92	58,24	13,44	56,25	13,95	54,42	14,46	52,71	14,96	51,13	15,47	49,66	15,96	48,28	16,46	46,99	16,95	45,78	17,44	44,65	17,93	8670	7225	10840
12150	8100	9720	69,16	12,58	66,44	13,14	63,95	13,68	61,66	14,23	59,56	14,77	57,62	15,31	55,82	15,84	54,14	16,38	52,58	16,90	51,12	17,43	49,76	17,95	48,48	18,47	47,27	18,98	9720	8100	12150
13540	9025	10830	73,01	13,28	70,13	13,87	67,50	14,45	65,09	15,02	62,87	15,59	60,82	16,16	58,92	16,73	57,15	17,29	55,50	17,84	53,96	18,40	52,52	18,95	51,17	19,49	49,90	20,04	10830	9025	13540
15000	10000	12000	76,85	13,98	73,82	14,60	71,05	15,21	68,52	15,81	66,18	16,41	64,02	17,01	62,02	17,61	60,16	18,20	58,42	18,78	56,80	19,36	55,29	19,94	53,86	20,52	52,53	21,09	12000	10000	15000

Fortsetzung der **Tab. VIII. Platten und Rechteckbalken.**

Erste Teilspalte (Steilziffern) | h | in cm

Zweite Teilspalte (Schrägziffern) | f_e | in $\frac{cm^2}{m}$

$\sigma_b' = 34$ bis 52 kg/cm²

Eisenzugspannung σ_e in kg/cm²			Breitenziffer β: 216,1		205,4		195,5		186,4		177,9		170,1		162,9		149,8		138,4		128,3		119,4		111,6		104,5		Eisenzugspannung σ_e in kg/cm²		
1500			Beton-Druckspannung σ_b in kg/cm²: 42,5		43,75		45		46,25		47,5		48,75		50		52,5		55		57,5		60		62,5		65				1500
	1000		*28,33*		*29,17*		*30*		*30,83*		*31,67*		*32,5*		*33,33*		*35*		*36,67*		*38,33*		*40*		*41,67*		*43,33*			*1000*	
		1200	**34**		**35**		**36**		**37**		**38**		**39**		**40**		**42**		**44**		**46**		**48**		**50**		**52**		**1200**		
Einheitsmoment M/b in kg																													Einheitsmoment M/b in kg		
150	*100*	**120**	5,126	*2,166*	5,007	*2,223*	4,895	*2,279*	4,788	*2,334*	4,687	*2,390*	4,591	*2,445*	4,500	*2,500*	4,330	*2,609*	4,175	*2,716*	4,034	*2,823*	3,904	*2,928*	3,784	*3,032*	3,672	*3,135*	**120**	*100*	150
181,5	*121*	**145,2**	5,639	*2,383*	5,508	*2,445*	5,384	*2,507*	5,267	*2,568*	5,156	*2,629*	5,050	*2,690*	4,950	*2,750*	4,763	*2,870*	4,593	*2,988*	4,437	*3,105*	4,294	*3,220*	4,162	*3,335*	4,040	*3,448*	**145,2,**	*121*	181,5
216	*144*	**172,8**	6,152	*2,599*	6,009	*2,667*	5,874	*2,734*	5,746	*2,801*	5,625	*2,868*	5,510	*2,934*	5,400	*3,000*	5,196	*3,130*	5,010	*3,260*	4,841	*3,387*	4,684	*3,513*	4,540	*3,638*	4,407	*3,761*	**172,8**	*144*	216
253,5	*169*	**202,8**	6,664	*2,816*	6,510	*2,889*	6,363	*2,962*	6,225	*3,035*	6,093	*3,107*	5,969	*3,179*	5,850	*3,250*	5,629	*3,391*	5,428	*3,531*	5,244	*3,669*	5,075	*3,806*	4,919	*3,941*	4,774	*4,075*	**202,8**	*169*	253,5
294	*196*	**235,2**	7,177	*3,032*	7,010	*3,112*	6,853	*3,190*	6,704	*3,268*	6,562	*3,346*	6,428	*3,423*	6,300	*3,500*	6,062	*3,652*	5,846	*3,803*	5,647	*3,952*	5,465	*4,099*	5,297	*4,244*	5,141	*4,388*	**235,2**	*196*	294
337,5	*225*	**270**	7,690	*3,249*	7,511	*3,334*	7,342	*3,418*	7,183	*3,502*	7,031	*3,585*	6,887	*3,668*	6,750	*3,750*	6,495	*3,913*	6,263	*4,074*	6,051	*4,234*	5,855	*4,392*	5,675	*4,548*	5,509	*4,702*	**270**	*225*	337,5
384	*256*	**307,2**	8,202	*3,466*	8,012	*3,556*	7,832	*3,646*	7,661	*3,735*	7,500	*3,824*	7,346	*3,912*	7,200	*4,000*	6,928	*4,174*	6,681	*4,346*	6,454	*4,516*	6,246	*4,684*	6,054	*4,851*	5,876	*5,015*	**307,2**	*256*	384
433,5	*289*	**346,8**	8,715	*3,682*	8,513	*3,778*	8,321	*3,874*	8,140	*3,969*	7,968	*4,063*	7,805	*4,157*	7,650	*4,250*	7,361	*4,435*	7,098	*4,618*	6,857	*4,798*	6,636	*4,977*	6,432	*5,154*	6,243	*5,329*	**346,8**	*289*	433,5
486	*324*	**388,8**	9,228	*3,899*	9,013	*4,001*	8,811	*4,102*	8,619	*4,202*	8,437	*4,302*	8,264	*4,401*	8,100	*4,500*	7,794	*4,696*	7,516	*4,889*	7,261	*5,081*	7,026	*5,270*	6,810	*5,457*	6,610	*5,642*	**388,8**	*324*	486
541,5	*361*	**433,2**	9,740	*4,115*	9,514	*4,223*	9,300	*4,329*	9,098	*4,436*	8,906	*4,541*	8,723	*4,646*	8,550	*4,750*	8,227	*4,957*	7,933	*5,161*	7,664	*5,363*	7,417	*5,563*	7,189	*5,760*	6,978	*5,956*	**433,2**	*361*	541,5
600	*400*	**480**	10,25	*4,332*	10,01	*4,445*	9,790	*4,557*	9,577	*4,669*	9,375	*4,780*	9,183	*4,890*	9,000	*5,000*	8,660	*5,217*	8,351	*5,433*	8,068	*5,645*	7,807	*5,855*	7,567	*6,063*	7,345	*6,269*	**480**	*400*	600
726	*484*	**580,8**	11,28	*4,765*	11,02	*4,890*	10,77	*5,013*	10,53	*5,136*	10,31	*5,258*	10,10	*5,379*	9,900	*5,500*	9,526	*5,739*	9,186	*5,976*	8,874	*6,210*	8,588	*6,441*	8,324	*6,670*	8,079	*6,896*	**580,8**	*484*	726
864	*576*	**691,2**	12,30	*5,198*	12,02	*5,334*	11,75	*5,469*	11,49	*5,603*	11,25	*5,736*	11,02	*5,868*	10,80	*6,000*	10,39	*6,261*	10,02	*6,519*	9,681	*6,774*	9,369	*7,026*	9,081	*7,276*	8,814	*7,523*	**691,2**	*576*	864
1014	*676*	**811,2**	13,33	*5,632*	13,02	*5,779*	12,73	*5,925*	12,45	*6,070*	12,19	*6,214*	11,94	*6,357*	11,70	*6,500*	11,26	*6,783*	10,86	*7,062*	10,49	*7,339*	10,15	*7,612*	9,837	*7,882*	9,548	*8,150*	**811,2**	*676*	1014
1176	*784*	**940,8**	14,35	*6,065*	14,02	*6,223*	13,71	*6,380*	13,41	*6,537*	13,12	*6,692*	12,86	*6,846*	12,60	*7,000*	12,12	*7,304*	11,69	*7,606*	11,29	*7,903*	10,93	*8,198*	10,59	*8,489*	10,28	*8,777*	**940,8**	*784*	1176
1350	*900*	**1080**	15,38	*6,498*	15,02	*6,668*	14,68	*6,836*	14,37	*7,003*	14,06	*7,170*	13,77	*7,335*	13,50	*7,500*	12,99	*7,826*	12,53	*8,149*	12,10	*8,468*	11,71	*8,783*	11,35	*9,095*	11,02	*9,404*	**1080**	*900*	1350
1634	*1089*	**1307**	16,92	*7,148*	16,52	*7,334*	16,15	*7,520*	15,80	*7,704*	15,47	*7,887*	15,15	*8,069*	14,85	*8,250*	14,29	*8,609*	13,78	*8,964*	13,31	*9,314*	12,88	*9,661*	12,49	*10,00*	12,12	*10,34*	**1307**	*1089*	1634
1944	*1296*	**1555**	18,46	*7,798*	18,03	*8,001*	17,62	*8,203*	17,24	*8,404*	16,87	*8,604*	16,53	*8,803*	16,20	*9,000*	15,59	*9,391*	15,03	*9,779*	14,52	*10,16*	14,05	*10,54*	13,62	*10,91*	13,22	*11,28*	**1555**	*1296*	1944
2282	*1521*	**1825**	19,99	*8,447*	19,53	*8,668*	19,09	*8,887*	18,67	*9,105*	18,28	*9,321*	17,91	*9,536*	17,55	*9,750*	16,89	*10,17*	16,28	*10,59*	15,73	*11,01*	15,22	*11,42*	14,76	*11,82*	14,32	*12,22*	**1825**	*1521*	2282
2646	*1764*	**2117**	21,53	*9,097*	21,03	*9,335*	20,56	*9,570*	20,11	*9,805*	19,69	*10,04*	19,28	*10,27*	18,90	*10,50*	18,19	*10,96*	17,54	*11,41*	16,94	*11,85*	16,40	*12,30*	15,89	*12,73*	15,42	*13,17*	**2117**	*1764*	2646
3174	*2116*	**2539**	23,58	*9,964*	23,03	*10,22*	22,52	*10,48*	22,03	*10,74*	21,56	*10,99*	21,12	*11,25*	20,70	*11,50*	19,92	*12,00*	19,21	*12,49*	18,56	*12,98*	17,96	*13,47*	17,40	*13,95*	16,89	*14,42*	**2539**	*2116*	3174
3750	*2500*	**3000**	25,63	*10,83*	25,04	*11,11*	24,47	*11,39*	23,94	*11,67*	23,44	*11,95*	22,96	*12,23*	22,50	*12,50*	21,65	*13,04*	20,88	*13,58*	20,17	*14,11*	19,52	*14,64*	18,92	*15,16*	18,36	*15,67*	**3000**	*2500*	3750
4538	*3025*	**3630**	28,20	*11,91*	27,54	*12,22*	26,92	*12,53*	26,34	*12,84*	25,78	*13,14*	25,25	*13,45*	24,75	*13,75*	23,82	*14,35*	22,96	*14,94*	22,19	*15,52*	21,47	*16,10*	20,81	*16,67*	20,20	*17,24*	**3630**	*3025*	4538
5400	*3600*	**4320**	30,76	*13,00*	30,04	*13,34*	29,37	*13,67*	28,73	*14,01*	28,12	*14,34*	27,55	*14,67*	27,00	*15,00*	25,98	*15,65*	25,05	*16,30*	24,20	*16,94*	23,42	*17,57*	22,70	*18,19*	22,03	*18,81*	**4320**	*3600*	5400
6338	*4225*	**5070**	33,32	*14,08*	32,55	*14,45*	31,82	*14,81*	31,12	*15,17*	30,47	*15,53*	29,84	*15,89*	29,25	*16,25*	28,15	*16,96*	27,14	*17,66*	26,22	*18,35*	25,37	*19,03*	24,59	*19,71*	23,87	*20,37*	**5070**	*4225*	6338
7350	*4900*	**5880**	35,89	*15,16*	35,05	*15,56*	34,26	*15,95*	33,52	*16,34*	32,81	*16,73*	32,14	*17,12*	31,50	*17,50*	30,31	*18,26*	29,23	*19,01*	28,24	*19,76*	27,33	*20,49*	26,48	*21,22*	25,71	*21,94*	**5880**	*4900*	7350
8438	*5625*	**6750**	38,45	*16,25*	37,56	*16,67*	36,71	*17,09*	35,91	*17,51*	35,15	*17,92*	34,43	*18,34*	33,75	*18,75*	32,48	*19,57*	31,32	*20,37*	30,25	*21,17*	29,28	*21,96*	28,38	*22,74*	27,54	*23,51*	**6750**	*5625*	8438
9600	*6400*	**7680**	41,01	*17,33*	40,06	*17,78*	39,16	*18,23*	38,31	*18,68*	37,50	*19,12*	36,73	*19,56*	36,00	*20,00*	34,64	*20,87*	33,40	*21,73*	32,27	*22,58*	31,23	*23,42*	30,27	*24,25*	29,38	*25,08*	**7680**	*6400*	9600
10840	*7225*	**8670**	43,57	*18,41*	42,56	*18,89*	41,61	*19,37*	40,70	*19,84*	39,84	*20,31*	39,03	*20,78*	38,25	*21,25*	36,81	*22,17*	35,49	*23,09*	34,29	*23,99*	33,18	*24,89*	32,16	*25,77*	31,22	*26,64*	**8670**	*7225*	10840
12150	*8100*	**9720**	46,14	*19,49*	45,07	*20,00*	44,05	*20,51*	43,10	*21,01*	42,19	*21,51*	41,32	*22,01*	40,50	*22,50*	38,97	*23,48*	37,58	*24,45*	36,30	*25,40*	35,13	*26,35*	34,05	*27,29*	33,05	*28,21*	**9720**	*8100*	12150
13540	*9025*	**10830**	48,70	*20,58*	47,57	*21,11*	46,50	*21,65*	45,49	*22,18*	44,53	*22,70*	43,62	*23,23*	42,75	*23,75*	41,14	*24,78*	39,67	*25,80*	38,32	*26,81*	37,08	*27,81*	35,94	*28,80*	34,89	*29,78*	**10830**	*9025*	13540
15000	*10000*	**12000**	51,26	*21,66*	50,07	*22,23*	48,95	*22,79*	47,88	*23,34*	46,87	*23,90*	45,91	*24,45*	45,00	*25,00*	43,30	*26,09*	41,75	*27,16*	40,34	*28,23*	39,04	*29,28*	37,84	*30,32*	36,72	*31,35*	**12000**	*10000*	13000

Zahlenbeispiel 26 siehe S. 70.

Zahlenbeispiel 27. (§ 6.) — Vgl. Zahlenbeispiel 23. — Platte. $M/b = 420$ kgm/m; $\sigma_e = 1200$ kg/cm²; $\sigma_b = 40$ kg/cm². ▬ (Nach Tab. VIII bestpassend:) $M/b = 433{,}2$ kg; ● $h = 8{,}550$ cm; ● $f_e = 4{,}750 \cdot 420/433{,}2 = 4{,}605$ cm²/m.

Zahlenbeispiel 28. (§ 6.) Rechteckbalken. $M = 22000$ kgm; $b = 40$ cm; $\sigma_e = 1200$ kg/cm²; $\sigma_b = 50$ kg/cm². ▬ $M/b = 22000/0{,}40 = 55000$ kg; (nach Tab. VIII bestpassend:) $\frac{1}{100} \cdot \frac{M}{b} = 580{,}8$ kg; ● $h = 8{,}324 \cdot 10 = 83{,}24$ cm; (Gl. 133, mit Momentenreduktion:) ● $F_e = 6{,}670 \cdot 10 \cdot 0{,}40 \cdot 550{,}0/580{,}8 = 25{,}27$ cm².

Zahlenbeispiel 29 siehe S. 72.

Fortsetzung der **Tab. VIII. Platten und Rechteckbalken.**

Erste Teilspalte (Steilziffern) | h | in cm
Zweite Teilspalte (Schrägziffern) | f_e | in $\frac{cm^2}{m}$

$\sigma_b' = 54$ **bis 75 kg/cm²**

Eisenzugspannung σ_e in kg/cm² 1500	1000	1200	Breitenziffer β 89,19		95,27		92,50		87,35		82,67		78,40		74,51		72,68		70,93		67,65		64,62		61,82		58,01		Eisenzugspannung σ_e in kg/cm² 1200	1000	1500
			Beton-Druckspannung σ_b in kg/cm² 67,5		68,75		70		72,5		75		77,5		80		81,25		82,5		85		87,5		90		93,75				
			45		*45,83*		*46,67*		*48,33*		*50*		*51,67*		*53,33*		*54,17*		*55*		*56,67*		*58,33*		*60*		*62,5*				
			54		**55**		**56**		**58**		**60**		**62**		**64**		**65**		**66**		**68**		**70**		**72**		**75**				
Einheitsmoment M/b in kg																															Einheitsmoment M/b in kg
150	*100*	**120**	3,569	*3,236*	3,520	*3,287*	3,473	*3,337*	3,384	*3,437*	3,300	*3,536*	3,221	*3,633*	3,147	*3,730*	3,112	*3,778*	3,078	*3,826*	3,012	*3,921*	2,950	*4,015*	2,891	*4,108*	2,808	*4,246*	**120**	*100*	150
181,5	*121*	**145,2**	3,926	*3,560*	3,873	*3,616*	3,821	*3,671*	3,722	*3,781*	3,630	*3,889*	3,543	*3,997*	3,462	*4,103*	3,423	*4,156*	3,385	*4,208*	3,313	*4,313*	3,245	*4,416*	3,180	*4,519*	3,089	*4,671*	**145,2**	*121*	181,5
216	*144*	**172,8**	4,283	*3,884*	4,225	*3,944*	4,168	*4,005*	4,060	*4,124*	3,960	*4,243*	3,865	*4,360*	3,777	*4,476*	3,734	*4,534*	3,693	*4,591*	3,614	*4,705*	3,540	*4,818*	3,469	*4,930*	3,370	*5,095*	**172,8**	*144*	216
253,5	*169*	**202,8**	4,640	*4,207*	4,577	*4,273*	4,515	*4,338*	4,399	*4,468*	4,290	*4,596*	4,188	*4,723*	4,091	*4,849*	4,045	*4,911*	4,001	*4,974*	3,915	*5,097*	3,835	*5,219*	3,758	*5,340*	3,650	*5,520*	**202,8**	*169*	253,5
294	*196*	**235,2**	4,997	*4,531*	4,929	*4,602*	4,863	*4,672*	4,737	*4,812*	4,620	*4,950*	4,510	*5,087*	4,406	*5,222*	4,357	*5,289*	4,309	*5,356*	4,217	*5,489*	4,129	*5,621*	4,047	*5,751*	3,931	*5,944*	**235,2**	*196*	294
337,5	*225*	**270**	5,354	*4,855*	5,281	*4,930*	5,210	*5,006*	5,076	*5,155*	4,950	*5,303*	4,832	*5,450*	4,721	*5,595*	4,668	*5,667*	4,616	*5,739*	4,518	*5,881*	4,424	*6,022*	4,336	*6,162*	4,212	*6,369*	**270**	*225*	337,5
384	*256*	**307,2**	5,711	*5,178*	5,633	*5,259*	5,557	*5,339*	5,414	*5,499*	5,280	*5,657*	5,154	*5,813*	5,036	*5,968*	4,979	*6,045*	4,924	*6,121*	4,819	*6,273*	4,719	*6,424*	4,625	*6,573*	4,493	*6,794*	**307,2**	*256*	384
433,5	*289*	**346,8**	6,068	*5,502*	5,985	*5,588*	5,905	*5,673*	5,752	*5,843*	5,610	*6,010*	5,476	*6,177*	5,350	*6,341*	5,290	*6,423*	5,232	*6,504*	5,120	*6,665*	5,014	*6,825*	4,914	*6,983*	4,774	*7,218*	**346,8**	*289*	433,5
486	*324*	**388,8**	6,425	*5,825*	6,337	*5,916*	6,252	*6,007*	6,091	*6,186*	5,940	*6,364*	5,798	*6,540*	5,665	*6,714*	5,601	*6,800*	5,540	*6,887*	5,421	*7,057*	5,309	*7,227*	5,203	*7,394*	5,054	*7,643*	**388,8**	*324*	486
541,5	*361*	**433,2**	6,782	*6,149*	6,689	*6,245*	6,599	*6,341*	6,429	*6,530*	6,270	*6,718*	6,120	*6,903*	5,980	*7,087*	5,913	*7,178*	5,847	*7,269*	5,722	*7,449*	5,604	*7,628*	5,492	*7,805*	5,335	*8,067*	**433,2**	*361*	541,5
600	*400*	**480**	7,139	*6,473*	7,041	*6,574*	6,947	*6,674*	6,767	*6,874*	6,600	*7,071*	6,442	*7,267*	6,294	*7,460*	6,224	*7,556*	6,155	*7,652*	6,024	*7,842*	5,899	*8,030*	5,782	*8,216*	5,616	*8,492*	**480**	*400*	600
726	*484*	**580,8**	7,853	*7,120*	7,745	*7,231*	7,641	*7,342*	7,444	*7,561*	7,260	*7,778*	7,087	*7,993*	6,924	*8,206*	6,846	*8,312*	6,771	*8,417*	6,626	*8,626*	6,489	*8,833*	6,360	*9,037*	6,178	*9,341*	**580,8**	*484*	726
864	*576*	**691,2**	8,566	*7,767*	8,449	*7,888*	8,336	*8,009*	8,121	*8,248*	7,920	*8,485*	7,731	*8,720*	7,553	*8,952*	7,468	*9,067*	7,386	*9,182*	7,228	*9,410*	7,079	*9,635*	6,938	*9,859*	6,739	*10,19*	**691,2**	*576*	864
1014	*676*	**811,2**	9,280	*8,415*	9,153	*8,546*	9,031	*8,677*	8,798	*8,936*	8,580	*9,192*	8,375	*9,446*	8,183	*9,698*	8,091	*9,823*	8,002	*9,947*	7,831	*10,19*	7,669	*10,44*	7,516	*10,68*	7,301	*11,04*	**811,2**	*676*	1014
1176	*784*	**940,8**	9,994	*9,062*	9,857	*9,203*	9,725	*9,344*	9,474	*9,623*	9,240	*9,900*	9,019	*10,17*	8,812	*10,44*	8,713	*10,58*	8,617	*10,71*	8,433	*10,98*	8,259	*11,24*	8,094	*11,50*	7,863	*11,89*	**940,8**	*784*	1176
1350	*900*	**1080**	10,71	*9,709*	10,56	*9,861*	10,42	*10,01*	10,15	*10,31*	9,899	*10,61*	9,663	*10,90*	9,442	*11,19*	9,336	*11,33*	9,233	*11,48*	9,035	*11,76*	8,849	*12,04*	8,672	*12,32*	8,424	*12,74*	**1080**	*900*	1350
1634	*1089*	**1307**	11,78	*10,68*	11,62	*10,85*	11,46	*11,01*	11,17	*11,34*	10,89	*11,67*	10,63	*11,99*	10,39	*12,31*	10,27	*12,47*	10,16	*12,63*	9,939	*12,94*	9,734	*13,25*	9,540	*13,56*	9,267	*14,01*	**1307**	*1089*	1634
1944	*1296*	**1555**	12,85	*11,65*	12,67	*11,83*	12,50	*12,01*	12,18	*12,37*	11,88	*12,73*	11,60	*13,08*	11,33	*13,43*	11,20	*13,60*	11,08	*13,77*	10,84	*14,11*	10,62	*14,45*	10,41	*14,79*	10,11	*15,29*	**1555**	*1296*	1944
2282	*1521*	**1825**	13,92	*12,62*	13,73	*12,82*	13,55	*13,01*	13,20	*13,40*	12,87	*13,79*	12,56	*14,17*	12,27	*14,55*	12,14	*14,73*	12,00	*14,92*	11,75	*15,29*	11,50	*15,66*	11,27	*16,02*	10,95	*16,56*	**1825**	*1521*	2282
2646	*1764*	**2117**	14,99	*13,59*	14,79	*13,80*	14,59	*14,02*	14,21	*14,43*	13,86	*14,85*	13,53	*15,26*	13,22	*15,67*	13,07	*15,87*	12,93	*16,07*	12,65	*16,47*	12,39	*16,86*	12,14	*17,25*	11,79	*17,83*	**2117**	*1764*	2646
3174	*2116*	**2539**	16,42	*14,89*	16,19	*15,12*	15,98	*15,35*	15,57	*15,81*	15,18	*16,26*	14,82	*16,71*	14,48	*17,16*	14,31	*17,38*	14,16	*17,60*	13,85	*18,04*	13,57	*18,47*	13,30	*18,90*	12,92	*19,53*	**2539**	*2116*	3174
3750	*2500*	**3000**	17,85	*16,18*	17,60	*16,43*	17,37	*16,69*	16,92	*17,18*	16,50	*17,68*	16,11	*18,17*	15,74	*18,65*	15,56	*18,89*	15,39	*19,13*	15,06	*19,60*	14,75	*20,07*	14,45	*20,54*	14,04	*21,23*	**3000**	*2500*	3750
4538	*3025*	**3630**	19,63	*17,80*	19,36	*18,08*	19,10	*18,35*	18,61	*18,90*	18,15	*19,45*	17,72	*19,98*	17,31	*2052*	17,12	*20,78*	16,93	*21,04*	16,56	*21,56*	16,22	*22,08*	15,90	*22,59*	15,44	*23,35*	**3630**	*3025*	4538
5400	*3600*	**4320**	21,42	*19,42*	21,12	*19,72*	20,84	*20,02*	20,30	*20,62*	19,80	*21,21*	19,33	*21,80*	18,88	*22,38*	18,67	*22,67*	18,47	*22,96*	18,07	*23,52*	17,70	*24,09*	17,34	*24,65*	16,85	*25,48*	**4320**	*3600*	5400
6338	*4225*	**5070**	23,20	*21,04*	22,88	*21,36*	22,58	*21,69*	21,99	*22,34*	21,45	*22,98*	20,94	*23,62*	20,46	*24,25*	20,23	*24,56*	20,00	*24,87*	19,58	*25,48*	19,17	*26,10*	18,79	*26,70*	18,25	*27,60*	**5070**	*4225*	6338
7350	*4900*	**5880**	24,99	*22,65*	24,64	*23,01*	24,31	*23,36*	23,69	*24,06*	23,10	*24,75*	22,55	*25,43*	22,03	*26,11*	21,78	*26,45*	21,54	*26,78*	21,08	*27,45*	20,65	*28,10*	20,24	*28,76*	19,66	*29,72*	**5880**	*4900*	7350
8438	*5625*	**6750**	26,77	*24,27*	26,40	*24,65*	26,05	*25,03*	25,38	*25,78*	24,75	*26,52*	24,16	*27,25*	23,60	*27,98*	23,34	*28,34*	23,08	*28,69*	22,59	*29,41*	22,12	*30,11*	21,68	*30,81*	21,06	*31,85*	**6750**	*5625*	8438
9600	*6400*	**7680**	28,55	*25,89*	28,16	*26,29*	27,79	*26,70*	27,07	*27,49*	26,40	*28,28*	25,77	*29,07*	25,18	*29,84*	24,89	*30,22*	24,62	*30,61*	24,09	*31,37*	23,60	*32,12*	23,13	*32,86*	22,46	*33,97*	**7680**	*6400*	9600
10840	*7225*	**8670**	30,34	*27,51*	29,92	*27,94*	29,52	*28,37*	28,76	*29,21*	28,05	*30,05*	27,38	*30,88*	26,75	*31,71*	26,45	*32,11*	26,16	*32,52*	25,60	*33,33*	25,07	*34,13*	24,57	*34,92*	23,87	*36,09*	**8670**	*7225*	10840
12150	*8100*	**9720**	32,12	*29,13*	31,68	*29,58*	31,26	*30,03*	30,45	*30,93*	29,70	*31,82*	28,99	*32,70*	28,32	*33,57*	28,01	*34,00*	27,70	*34,43*	27,11	*35,29*	26,55	*36,13*	26,02	*36,97*	25,27	*38,21*	**9720**	*8100*	12150
13540	*9025*	**10830**	33,91	*30,75*	33,44	*31,23*	33,00	*31,70*	32,15	*32,65*	31,35	*33,59*	30,60	*34,52*	29,90	*35,44*	29,56	*35,89*	29,24	*36,35*	28,61	*37,25*	28,02	*38,14*	27,46	*39,03*	26,68	*40,34*	**10830**	*9025*	13540
15000	*10000*	**12000**	35,69	*32,36*	35,20	*32,87*	34,73	*33,37*	33,84	*34,37*	33,00	*35,36*	32,21	*36,33*	31,47	*37,30*	31,12	*37,78*	30,78	*38,26*	30,12	*39,21*	29,50	*40,15*	28,91	*41,08*	28,08	*42,46*	**12000**	*10000*	15000

Tab. IX. Plattenbalken. (Mit Vernachlässigung des Stegdrucks.)

b Druckbreite; d Plattenstärke;
F_e Zugeisenquerschnitt; $f_e = F_e/b$;
h Nutzhöhe; M Moment.

Hierzu die Zahlenwerte oberhalb der Treppenlinie.

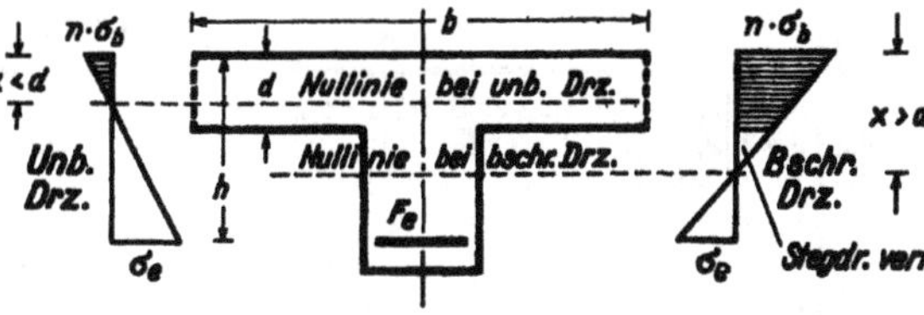

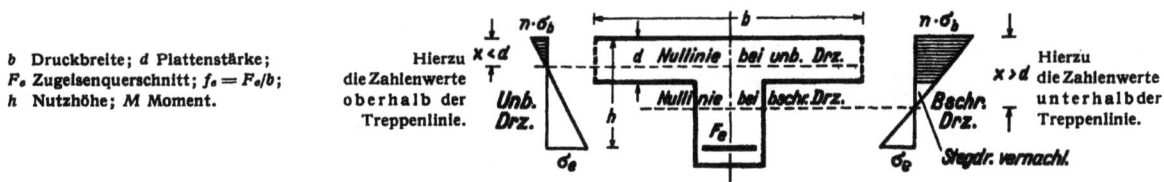

Hierzu die Zahlenwerte unterhalb der Treppenlinie.

Die Tabelle dient zur Berechnung der normalen Plattenbalken des Hochbaus und aller derjenigen balkenartigen Konstruktionen T-förmigen Querschnittes, deren zulässige Betondruckspannung nicht peinlichst ausgenützt werden soll, deren Stegdruck infolgedessen (zweckmäßigerweise) vernachlässigt wird. Näheres siehe § 6, besonders Stichwort *Allgemeines über Plattenbalken*, und **Zahlenbeispiele 31 u. 33 bis 38, S. 70 (herausklappen!).**

Die Tabelle besteht aus 22 Untertabellen, geordnet nach den Plattenstärken: $d = 5$; 6; 7; 8; 9; 10; 11; 12; 13; 14; 15; 16; 18; 20; 22; 24; 26; 28; 30; 32; 35; 40 cm. Da die letzte Untertabelle »$d = 40$ cm« auch wieder für $d = 4$ cm benutzt werden kann, so bilden die Untertabellen eine endlose Kette. Tab. IX hat also hinsichtlich der Plattenstärken unbegrenzte Reichweite. Z. B. kann für $d = 50$ cm die Untertabelle »$d = 5$ cm« angewandt werden. Es ist lediglich das Komma entsprechend zu verrücken, und zwar allgemein unter Beachtung der Regel: Es gehören zusammen das Zehnfache (bzw. ein Zehntel) der Tabellenwerte d, h und f_e mit dem Hundertfachen (bzw. einem Hundertstel) der Tabellenwerte M/b.

Die obenstehende Staffelung der d-Werte ist für die Praxis im allgemeinen eng genug, weil der Tabellenwert d notfalls unbedenklich etwas kleiner gewählt werden darf als der wirkliche. Sollte dennoch ein Zwischenwert gewünscht werden, so ist nach Anleitung 178 zu verfahren.

Für beliebige Werte (ungewöhnliche) σ_e ist Anleitung 177 zu beachten.

Der Innenhebel z ist in der Tabelle nicht unmittelbar enthalten, im Gegensatz zu Tabellenwerken anderer Verfasser. Da nämlich z, mit wenigen Ausnahmen, für die Schubberechnung gebraucht wird, hierfür aber andere Querschnitte als für die Biegungsberechnung maßgebend sind, so besitzen solche — einer bestehenden Unsitte entsprechend — auf fremde Querschnitte angewandte Tabellenwerte z des gefährlichen Biegungsquerschnittes nur Scheingenauigkeit. Statt dessen empfiehlt es sich und kommt der Wirklichkeit näher, für die Schubberechnung den Innenhebel nach einer der bekannten Näherungsformeln zu ermitteln: für frei aufliegende Plattenbalken $z \approx h - \frac{d}{2}$; für durchlaufende oder eingespannte $z = \frac{h}{h/z}$, wo für h/z (gemäß Tab. VI) ein runder, in der Nähe des Stützquerschnittes (Rechteckquerschnitt!) gültiger Wert geschätzt werden kann.

Wird der Innenhebel in Sonderfällen dennoch für den auf Biegung untersuchten Querschnitt verlangt, so findet man ihn nicht minder bequem nach Formel 193; z. B. (für $d = 12$ cm; $\sigma_e = 1200$ kg/cm²; $\sigma_b = 27$ kg/cm²; $M/b = 9{,}936$ tm/m) $z = \frac{8{,}280}{15{,}76} \approx 0{,}525$ m.

Die flache Treppenlinie scheidet das Tabellenfeld in einen (oberen) Bereich der unbeschränkten Druckzone ($d > x$) und einen (unteren) Bereich der beschränkten Druckzone ($d < x$).

Zur wirtschaftlichen Bemessung der Plattenbalken benutzt man möglichst die für $\sigma_b = \sigma_{b\,\text{wirt}}$ gültige Spalte der Tabelle. Hierbei genügt es zunächst, den für unb. Drz. schon bekannten (im allg., gemäß § 10, vor Beginn einer statischen Berechnung ermittelten) Wert $\sigma_{b\,\text{wirt}}$ zugrunde zu legen, auch wenn sich Druckzonen-Beschränkung herausstellt (durch Unterschreitung der abgetreppten Linie). Kommt man bei größeren Momenten sehr weit unter die Treppenlinie, so empfiehlt sich allerdings ein Blick auf die (herausklappbare) Hilfstabelle IV und nötigenfalls Berichtigung von $\sigma_{b\,\text{wirt}}$ nach dort gegebener Anweisung.

Die letzte Ziffer Null der Momentenwerte mit 2 Ziffern vor und 3 Ziffern hinter dem Komma ist nicht »genau«. Sie soll die Lage der kg-Einheit deutlich machen, dem Benutzer aber gleichzeitig die Abrundung auf die 4 Ziffern ersparen, die (bestenfalls) im Rechenschieber verwendbar sind.

	Eisenzug-spannung σ_e in kg/cm² 1500	1000	1200	Beton - Druckspannung 8,75		10		11,25		12,5		13,75		15		16,25		17,5		18,75		20	
				5,833		*6,667*		*7,5*		*8,333*		*9,167*		*10*		*10,83*		*11,67*		*12,5*		*13,33*	
	Einheitsmoment M/b in t			**7**		**8**		**9**		**10**		**11**		**12**		**13**		**14**		**15**		**16**	
1	0,3375	*0,225*	**0,270**	31,39	*0,7366*	27,67	*0,8385*	24,78	*0,9397*	22,47	*1,040*	20,57	*1,140*	18,99	*1,239*	17,65	*1,337*	16,51	*1,434*	15,51	*1,531*	14,64	*1,627*
	0,375	*0,250*	**0,300**	33,09	*0,7764*	29,17	*0,8839*	26,12	*0,9905*	23,68	*1,096*	21,68	*1,201*	20,02	*1,306*	18,61	*1,409*	17,40	*1,512*	16,35	*1,614*	15,43	*1,715*
	0,450	*0,300*	**0,360**	36,24	*0,8505*	31,95	*0,9682*	28,61	*1,085*	25,94	*1,201*	23,75	*1,316*	21,93	*1,430*	20,39	*1,544*	19,06	*1,656*	17,91	*1,768*	16,91	*1,879*
4	0,525	*0,350*	**0,420**	39,15	*0,9187*	34,51	*1,046*	30,91	*1,172*	28,02	*1,297*	25,66	*1,421*	23,69	*1,545*	22,02	*1,672*	20,59	*1,789*	19,35	*1,909*	18,26	*2,029*
	0,600	*0,400*	**0,480**	41,85	*0,9821*	36,90	*1,118*	33,04	*1,253*	29,95	*1,387*	27,43	*1,520*	25,32	*1,651*	23,54	*1,782*	22,01	*1,912*	20,68	*2,041*	19,52	*2,169*
	0,675	*0,450*	**0,540**	44,39	*1,042*	39,13	*1,186*	35,04	*1,329*	31,77	*1,471*	29,09	*1,612*	26,86	*1,752*	24,97	*1,890*	23,35	*2,028*	21,94	*2,165*	20,71	*2,301*
7	0,750	*0,500*	**0,600**	46,79	*1,098*	41,25	*1,250*	36,94	*1,401*	33,49	*1,550*	30,67	*1,699*	28,31	*1,846*	26,32	*1,993*	24,61	*2,138*	23,13	*2,282*	21,83	*2,425*
	0,900	*0,600*	**0,720**	51,26	*1,203*	45,19	*1,369*	40,46	*1,534*	36,69	*1,698*	33,59	*1,861*	31,01	*2,023*	28,83	*2,183*	26,96	*2,342*	25,33	*2,500*	23,91	*2,657*
	1,050	*0,700*	**0,840**	55,36	*1,299*	48,81	*1,479*	43,71	*1,657*	39,63	*1,835*	36,28	*2,010*	33,50	*2,185*	31,14	*2,358*	29,12	*2,530*	27,36	*2,700*	25,83	*2,870*
10	1,219	*0,8125*	**0,975**	59,65	*1,400*	52,58	*1,593*	47,09	*1,786*	42,69	*1,976*	39,09	*2,166*	36,09	*2,354*	33,55	*2,540*	31,37	*2,725*	29,48	*2,909*	27,83	*3,092*
	1,406	*0,9375*	**1,125**	64,10	*1,503*	56,50	*1,711*	50,59	*1,918*	45,86	*2,123*	41,99	*2,326*	38,77	*2,528*	36,04	*2,729*	33,70	*2,928*	31,67	*3,125*	29,89	*3,321*
	1,594	*1,063*	**1,275**	68,49	*1,593*	60,36	*1,815*	54,03	*2,034*	48,97	*2,252*	44,83	*2,469*	41,37	*2,684*	38,45	*2,897*	35,94	*3,109*	33,77	*3,320*	31,87	*3,529*
13	1,781	*1,188*	**1,425**	72,86	*1,673*	64,20	*1,905*	57,45	*2,136*	52,06	*2,366*	47,64	*2,594*	43,96	*2,820*	40,85	*3,045*	38,18	*3,269*	35,86	*3,491*	33,83	*3,711*
	1,969	*1,313*	**1,575**	77,23	*1,743*	68,03	*1,986*	60,87	*2,227*	55,14	*2,466*	50,45	*2,704*	46,54	*2,941*	43,24	*3,176*	40,40	*3,410*	37,94	*3,642*	35,79	*3,873*
	2,156	*1,438*	**1,725**			71,85	*2,058*	64,27	*2,308*	58,21	*2,556*	53,25	*2,803*	49,12	*3,049*	45,62	*3,293*	42,62	*3,536*	40,01	*3,777*	37,74	*4,017*
16	2,400	*1,600*	**1,920**			76,81	*2,140*	68,69	*2,400*	62,19	*2,659*	56,88	*2,917*	52,45	*3,173*	48,70	*3,427*	45,48	*3,681*	42,70	*3,932*	40,26	*4,183*
	2,700	*1,800*	**2,160**					74,11	*2,499*	67,08	*2,769*	61,33	*3,038*	56,54	*3,305*	52,48	*3,571*	49,00	*3,835*	45,99	*4,098*	43,35	*4,360*
	3,000	*2,000*	**2,400**					79,52	*2,584*	71,96	*2,864*	65,77	*3,142*	60,61	*3,419*	56,25	*3,694*	52,51	*3,968*	49,26	*4,241*	46,42	*4,513*
19	3,375	*2,250*	**2,700**							78,04	*2,965*	71,31	*3,254*	65,69	*3,541*	60,94	*3,827*	56,87	*4,112*	53,34	*4,395*	50,26	*4,677*
	3,750	*2,500*	**3,000**									76,83	*3,350*	70,76	*3,646*	65,63	*3,941*	61,23	*4,234*	57,41	*4,526*	54,08	*4,817*
	4,500	*3,000*	**3,600**											80,88	*3,815*	74,97	*4,125*	69,91	*4,433*	65,53	*4,740*	61,69	*5,046*
22	5,250	*3,500*	**4,200**															78,57	*4,587*	73,62	*4,906*	69,28	*5,223*
	6,000	*4,000*	**4,800**																	81,69	*5,039*	76,85	*5,365*
	6,750	*4,500*	**5,400**																				
25	7,500	*5,000*	**6,000**																				
	9,000	*6,000*	**7,200**																				
	10,500	*7,000*	**8,400**																				

Erste Teilspalte (Steilziffern) h in cm

Zweite Teilspalte (Schrägziffern) f_e in $\frac{cm^2}{m}$

	Eisenzug-spannung σ_e in kg/cm² 1500	1000	1200	Beton - Druckspannung 33,75		35		37,5		40		42,5		45		47,5		50		52,5		55	
				22,5		*23,33*		*25*		*26,67*		*28,33*		*30*		*31,67*		*33,33*		*35*		*36,67*	
	Einheitsmoment M/b in t			**27**		**28**		**30**		**32**		**34**		**36**		**38**		**40**		**42**		**44**	
1	0,3375	*0,225*	**0,270**	9,303	*2,641*	9,024	*2,729*	8,521	*2,905*	8,080	*3,078*	7,690	*3,249*	7,342	*3,418*	7,031	*3,585*	6,750	*3,750*	6,495	*3,913*	6,263	*4,074*
	0,375	*0,250*	**0,300**	9,806	*2,784*	9,512	*2,877*	8,981	*3,062*	8,517	*3,244*	8,106	*3,425*	7,740	*3,603*	7,411	*3,779*	7,115	*3,953*	6,847	*4,125*	6,602	*4,295*
	0,450	*0,300*	**0,360**	10,74	*3,049*	10,42	*3,152*	9,839	*3,354*	9,330	*3,554*	8,879	*3,752*	8,478	*3,947*	8,119	*4,140*	7,794	*4,330*	7,500	*4,518*	7,232	*4,705*
4	0,525	*0,350*	**0,420**	11,60	*3,294*	11,25	*3,404*	10,63	*3,623*	10,08	*3,839*	9,591	*4,052*	9,158	*4,263*	8,769	*4,471*	8,419	*4,677*	8,101	*4,881*	7,811	*5,082*
	0,600	*0,400*	**0,480**	12,40	*3,521*	12,03	*3,639*	11,36	*3,873*	10,77	*4,104*	10,25	*4,332*	9,790	*4,557*	9,375	*4,780*	9,000	*5,000*	8,660	*5,218*	8,351	*5,433*
	0,675	*0,450*	**0,540**	13,16	*3,735*	12,76	*3,860*	12,05	*4,108*	11,43	*4,353*	10,87	*4,595*	10,38	*4,834*	9,943	*5,070*	9,546	*5,303*	9,186	*5,534*	8,857	*5,762*
7	0,750	*0,500*	**0,600**	13,87	*3,937*	13,45	*4,069*	12,70	*4,330*	12,04	*4,588*	11,46	*4,843*	10,95	*5,095*	10,48	*5,344*	10,06	*5,590*	9,683	*5,833*	9,336	*6,074*
	0,900	*0,600*	**0,720**	15,19	*4,312*	14,74	*4,457*	13,91	*4,743*	13,19	*5,026*	12,56	*5,306*	11,99	*5,582*	11,48	*5,854*	11,02	*6,124*	10,61	*6,390*	10,23	*6,653*
	1,050	*0,700*	**0,840**	16,41	*4,658*	15,92	*4,814*	15,03	*5,123*	14,25	*5,429*	13,56	*5,731*	12,95	*6,029*	12,40	*6,323*	11,91	*6,614*	11,46	*6,902*	11,05	*7,187*
10	1,219	*0,8125*	**0,975**	17,68	*5,018*	17,15	*5,187*	16,19	*5,520*	15,35	*5,849*	14,61	*6,174*	13,95	*6,495*	13,36	*6,813*	12,83	*7,126*	12,34	*7,436*	11,90	*7,743*
	1,406	*0,9375*	**1,125**	18,99	*5,391*	18,42	*5,571*	17,39	*5,929*	16,49	*6,283*	15,70	*6,632*	14,99	*6,977*	14,35	*7,318*	13,78	*7,655*	13,26	*7,988*	12,78	*8,317*
	1,594	*1,063*	**1,275**	20,22	*5,737*	19,61	*5,930*	18,52	*6,312*	17,56	*6,689*	16,71	*7,060*	15,96	*7,428*	15,28	*7,790*	14,67	*8,149*	14,11	*8,503*	13,61	*8,854*
13	1,781	*1,188*	**1,425**	21,42	*6,047*	20,77	*6,251*	19,61	*6,656*	18,59	*7,057*	17,68	*7,452*	16,88	*7,842*	16,16	*8,228*	15,51	*8,609*	14,93	*8,986*	14,39	*9,358*
	1,969	*1,313*	**1,575**	22,61	*6,321*	21,93	*6,536*	20,69	*6,962*	19,61	*7,383*	18,65	*7,799*	17,80	*8,210*	17,03	*8,617*	16,35	*9,019*	15,72	*9,417*	15,15	*9,810*
	2,156	*1,438*	**1,725**	23,80	*6,566*	23,07	*6,790*	21,76	*7,235*	20,62	*7,674*	19,60	*8,109*	18,70	*8,539*	17,90	*8,965*	17,17	*9,386*	16,51	*9,803*	15,91	*10,21*
16	2,400	*1,600*	**1,920**	25,33	*6,849*	24,55	*7,084*	23,15	*7,550*	21,92	*8,011*	20,84	*8,467*	19,87	*8,919*	19,01	*9,366*	18,23	*9,809*	17,52	*10,25*	16,88	*10,68*
	2,700	*1,800*	**2,160**	27,19	*7,151*	26,35	*7,397*	24,84	*7,886*	23,51	*8,371*	22,34	*8,850*	21,29	*9,326*	20,36	*9,796*	19,52	*10,26*	18,76	*10,72*	18,06	*11,18*
	3,000	*2,000*	**2,400**	29,05	*7,413*	28,14	*7,669*	26,51	*8,178*	25,09	*8,683*	23,83	*9,183*	22,71	*9,678*	21,70	*10,17*	20,80	*10,65*	19,98	*11,14*	19,23	*11,62*
19	3,375	*2,250*	**2,700**	31,35	*7,695*	30,37	*7,972*	28,60	*8,493*	27,05	*9,020*	25,68	*9,542*	24,46	*10,06*	23,37	*10,57*	22,38	*11,08*	21,49	*11,59*	20,68	*12,09*
	3,750	*2,500*	**3,000**	33,65	*7,938*	32,59	*8,214*	30,67	*8,764*	28,99	*9,310*	27,51	*9,851*	26,20	*10,39*	25,02	*10,92*	23,96	*11,45*	22,99	*11,97*	22,12	*12,49*
	4,500	*3,000*	**3,600**	38,21	*8,333*	36,99	*8,625*	34,79	*9,206*	32,86	*9,783*	31,16	*10,36*	29,65	*10,92*	28,30	*11,49*	27,08	*12,05*	25,97	*12,61*	24,97	*13,16*
22	5,250	*3,500*	**4,200**	42,75	*8,643*	41,37	*8,947*	38,88	*9,553*	36,71	*10,15*	34,78	*10,75*	33,08	*11,35*	31,55	*11,94*	30,17	*12,52*	28,93	*13,11*	27,79	*13,69*
	6,000	*4,000*	**4,800**	47,26	*8,892*	45,73	*9,206*	42,96	*9,833*	40,53	*10,45*	38,39	*11,07*	36,49	*11,69*	34,78	*12,30*	33,25	*12,91*	31,86	*13,51*	30,60	*14,11*
	6,750	*4,500*	**5,400**	51,77	*9,097*	50,07	*9,420*	47,02	*10,06*	44,34	*10,70*	41,98	*11,34*	39,88	*11,97*	38,00	*12,60*	36,31	*13,22*	34,78	*13,85*	33,39	*14,46*
25	7,500	*5,000*	**6,000**	56,26	*9,269*	54,41	*9,599*	51,07	*10,26*	48,14	*10,91*	45,56	*11,56*	43,27	*12,21*	41,21	*12,85*	39,36	*13,49*	37,69	*14,13*	36,17	*14,76*
	9,000	*6,000*	**7,200**	65,23	*9,541*	63,06	*9,883*	59,15	*10,56*	55,73	*11,24*	52,71	*11,91*	50,02	*12,58*	47,61	*13,25*	45,45	*13,92*	43,49	*14,58*	41,71	*15,24*
	10,500	*7,000*	**8,400**	74,18	*9,748*	71,69	*10,10*	67,21	*10,80*	63,29	*11,49*	59,83	*12,18*	56,75	*12,87*	53,99	*13,56*	51,51	*14,24*	49,27	*14,92*	47,23	*15,60*
28	12,190	*8,125*	**9,750**	84,24	*9,927*	81,39	*10,28*	76,27	*11,00*	71,78	*11,71*	67,82	*12,42*	64,30	*13,12*	61,16	*13,82*	58,32	*14,52*	55,76	*15,22*	53,42	*15,92*
	14,060	*9,375*	**11,250**							81,20	*11,90*	76,69	*12,62*	72,69	*13,34*	69,10	*14,05*	65,87	*14,77*	62,95	*15,48*	60,29	*16,19*
	15,940	*10,630*	**12,750**											81,06	*13,51*	77,03	*14,24*	73,41	*14,96*	70,13	*15,69*	67,15	*16,41*
31	17,810	*11,880*	**14,250**															80,94	*15,12*	77,31	*15,86*	74,00	*16,59*
	19,690	*13,130*	**15,750**																			80,85	*16,74*
	21,560	*14,380*	**17,250**																				
34	24,000	*16,000*	**19,200**																				
	27,000	*18,000*	**21,600**																				
	30,000	*20,000*	**24,000**																				

Erste Teilspalte (Steilziffern) h in cm

Zweite Teilspalte (Schrägziffern) f_e in $\frac{cm^2}{m}$

*) Auch für $d = 50$ cm anwendbar. Für $d = 4$ cm siehe $d = 40$ cm.
Näheres: siehe Erläuterungen auf S. 85.

$d = 5$*) cm

σ_b in kg/cm²																				Eisenzugspannung σ_e in kg/cm²			
21,25		22,5		23,75		25		26,25		27,5		28,75		30		31,25		32,5				1500	
14,17		*15*		*15,83*		*16,67*		*17,5*		*18,33*		*19,17*		*20*		*20,83*		*21,67*			*1000*		
17		**18**		**19**		**20**		**21**		**22**		**23**		**24**		**25**		**26**		**1200**			
13,87	*1,722*	13,19	*1,817*	12,58	*1,911*	12,03	*2,004*	11,53	*2,097*	11,07	*2,189*	10,66	*2,281*	10,28	*2,372*	9,927	*2,462*	9,603	*2,552*	**0,270**	*0,225*	0,3375	1
14,62	*1,816*	13,90	*1,915*	13,26	*2,014*	12,68	*2,113*	12,15	*2,211*	11,67	*2,308*	11,23	*2,404*	10,83	*2,500*	10,46	*2,595*	10,12	*2,690*	**0,300**	*0,250*	0,375	
16,02	*1,989*	15,23	*2,098*	14,52	*2,207*	13,89	*2,315*	13,31	*2,422*	12,79	*2,528*	12,31	*2,634*	11,87	*2,739*	11,46	*2,843*	11,09	*2,946*	**0,360**	*0,300*	0,450	
17,30	*2,148*	16,45	*2,266*	15,69	*2,384*	15,00	*2,500*	14,38	*2,616*	13,81	*2,731*	13,29	*2,845*	12,82	*2,958*	12,38	*3,071*	11,98	*3,183*	**0,420**	*0,350*	0,525	4
18,50	*2,296*	17,59	*2,423*	16,77	*2,548*	16,04	*2,673*	15,37	*2,796*	14,76	*2,919*	14,21	*3,041*	13,70	*3,162*	13,24	*3,283*	12,80	*3,402*	**0,480**	*0,400*	0,600	
19,62	*2,436*	18,65	*2,570*	17,79	*2,703*	17,01	*2,835*	16,30	*2,966*	15,66	*3,096*	15,07	*3,226*	14,53	*3,354*	14,04	*3,482*	13,58	*3,609*	**0,540**	*0,450*	0,675	
20,68	*2,568*	19,66	*2,709*	18,75	*2,849*	17,93	*2,988*	17,18	*3,126*	16,51	*3,264*	15,89	*3,400*	15,32	*3,536*	14,80	*3,670*	14,32	*3,804*	**0,600**	*0,500*	0,750	7
22,66	*2,813*	21,54	*2,967*	20,54	*3,121*	19,64	*3,273*	18,82	*3,425*	18,08	*3,575*	17,40	*3,725*	16,78	*3,873*	16,21	*4,020*	15,68	*4,167*	**0,720**	*0,600*	0,900	
24,47	*3,038*	23,27	*3,205*	22,19	*3,371*	21,21	*3,536*	20,33	*3,699*	19,53	*3,862*	18,80	*4,023*	18,13	*4,183*	17,51	*4,343*	16,94	*4,501*	**0,840**	*0,700*	1,050	
26,36	*3,273*	25,07	*3,453*	23,90	*3,632*	22,85	*3,809*	21,91	*3,985*	21,04	*4,160*	20,25	*4,334*	19,53	*4,507*	18,86	*4,679*	18,25	*4,849*	**0,975**	*0,8125*	1,219	10
28,32	*3,516*	26,92	*3,709*	25,68	*3,901*	24,55	*4,092*	23,53	*4,281*	22,60	*4,469*	21,76	*4,656*	20,98	*4,841*	20,26	*5,026*	19,60	*5,209*	**1,125**	*0,9375*	1,406	
30,19	*3,736*	28,70	*3,943*	27,36	*4,148*	26,16	*4,351*	25,07	*4,553*	24,08	*4,754*	23,17	*4,953*	22,34	*5,151*	21,58	*5,348*	20,87	*5,543*	**1,275**	*1,063*	1,594	
32,05	*3,930*	30,45	*4,148*	29,03	*4,364*	27,75	*4,579*	26,59	*4,793*	25,53	*5,005*	24,57	*5,216*	23,68	*5,426*	22,87	*5,634*	22,12	*5,841*	**1,425**	*1,188*	1,781	13
33,89	*4,102*	32,20	*4,330*	30,69	*4,557*	29,33	*4,782*	28,10	*5,006*	26,98	*5,228*	25,95	*5,449*	25,01	*5,669*	24,15	*5,888*	23,35	*6,105*	**1,575**	*1,313*	1,969	
35,73	*4,255*	33,94	*4,492*	32,34	*4,728*	30,90	*4,962*	29,60	*5,195*	28,41	*5,427*	27,33	*5,658*	26,34	*5,887*	25,42	*6,115*	24,58	*6,341*	**1,725**	*1,438*	2,156	
38,11	*4,432*	36,19	*4,679*	34,48	*4,926*	32,93	*5,171*	31,54	*5,414*	30,27	*5,656*	29,11	*5,898*	28,05	*6,137*	27,07	*6,376*	26,16	*6,613*	**1,920**	*1,600*	2,400	16
41,02	*4,620*	38,95	*4,879*	37,09	*5,136*	35,42	*5,393*	33,91	*5,648*	32,54	*5,901*	31,29	*6,154*	30,14	*6,504*	29,08	*6,655*	28,10	*6,904*	**2,160**	*1,800*	2,700	
43,92	*4,783*	41,69	*5,051*	39,70	*5,319*	37,90	*5,585*	36,28	*5,850*	34,80	*6,113*	33,45	*6,376*	32,21	*6,637*	31,07	*6,897*	30,02	*7,156*	**2,400**	*2,000*	3,000	
47,53	*4,957*	45,11	*5,237*	42,94	*5,515*	40,98	*5,792*	39,22	*6,067*	37,61	*6,342*	36,14	*6,615*	34,80	*6,887*	33,56	*7,157*	32,41	*7,427*	**2,700**	*2,250*	3,375	19
51,13	*5,107*	48,51	*5,396*	46,16	*5,683*	44,05	*5,969*	42,14	*6,254*	40,41	*6,537*	38,82	*6,820*	37,37	*7,101*	36,03	*7,381*	34,79	*7,660*	**3,000**	*2,500*	3,750	
58,30	*5,350*	55,29	*5,654*	52,60	*5,956*	50,17	*6,257*	47,97	*6,557*	45,98	*6,856*	44,15	*7,153*	42,48	*7,450*	40,95	*7,745*	39,53	*8,040*	**3,600**	*3,000*	4,500	
65,45	*5,540*	62,05	*5,855*	59,00	*6,169*	56,26	*6,482*	53,87	*6,794*	51,52	*7,104*	49,46	*7,414*	47,57	*7,723*	45,84	*8,030*	44,23	*8,337*	**4,200**	*3,500*	5,250	22
72,58	*5,691*	68,78	*6,016*	65,39	*6,340*	62,33	*6,662*	59,57	*6,984*	57,05	*7,304*	54,75	*7,624*	52,65	*7,942*	50,71	*8,260*	48,92	*8,576*	**4,800**	*4,000*	6,000	
79,70	*5,816*	75,51	*6,148*	71,76	*6,480*	68,39	*6,810*	65,34	*7,140*	62,56	*7,468*	60,03	*7,796*	57,71	*8,123*	55,57	*8,448*	53,60	*8,773*	**5,400**	*4,500*	6,750	
				78,13	*6,597*	74,44	*6,934*	71,10	*7,271*	68,07	*7,606*	65,30	*7,940*	62,76	*8,274*	60,42	*8,606*	58,26	*8,938*	**6,000**	*5,000*	7,500	25
						86,52	*7,129*	82,61	*7,476*	79,06	*7,823*	75,81	*8,168*	72,84	*8,513*	70,10	*8,856*	67,57	*9,199*	**7,200**	*6,000*	9,000	
														82,90	*8,693*	79,76	*9,045*	76,87	*9,397*	**8,400**	*7,000*	10,500	

Einheitsmoment M/b in t

σ_b in kg/cm²																				Eisenzugspannung σ_e in kg/cm²			
57,5		60		62,5		65		67,5		70		75		81,25		87,5		93,75				1500	
38,33		*40*		*41,67*		*43,33*		*45*		*46,67*		*50*		*54,17*		*58,33*		*62,5*			*1000*		
46		**48**		**50**		**52**		**54**		**56**		**60**		**65**		**70**		**75**		**1200**			
6,051	*4,234*	5,855	*4,392*	5,675	*4,548*	5,509	*4,702*	5,354	*4,855*	5,210	*5,006*									**0,270**	*0,225*	0,3375	1
6,378	*4,463*	6,172	*4,629*	5,982	*4,794*	5,807	*4,956*	5,644	*5,117*	5,492	*5,276*	5,218	*5,590*							**0,300**	*0,250*	0,375	
6,987	*4,889*	6,761	*5,071*	6,553	*5,251*	6,361	*5,429*	6,182	*5,606*	6,016	*5,780*	5,716	*6,124*	5,390	*6,544*	5,109	*6,954*			**0,360**	*0,300*	0,450	
7,546	*5,281*	7,303	*5,477*	7,078	*5,672*	6,871	*5,864*	6,678	*6,055*	6,498	*6,243*	6,173	*6,614*	5,822	*7,068*	5,518	*7,511*	5,253	*7,944*	**0,420**	*0,350*	0,525	4
8,068	*5,645*	7,807	*5,855*	7,567	*6,063*	7,345	*6,269*	7,139	*6,473*	6,947	*6,674*	6,600	*7,071*	6,224	*7,556*	5,899	*8,030*	5,616	*8,492*	**0,480**	*0,400*	0,600	
8,557	*5,988*	8,281	*6,211*	8,026	*6,431*	7,791	*6,649*	7,572	*6,865*	7,368	*7,079*	7,000	*7,500*	6,601	*8,014*	6,257	*8,517*	5,957	*9,007*	**0,540**	*0,450*	0,675	
9,020	*6,311*	8,729	*6,547*	8,460	*6,779*	8,212	*7,009*	7,981	*7,237*	7,767	*7,462*	7,379	*7,906*	6,958	*8,448*	6,596	*8,977*	6,279	*9,494*	**0,600**	*0,500*	0,750	7
9,881	*6,914*	9,562	*7,171*	9,268	*7,426*	8,996	*7,678*	8,743	*7,927*	8,508	*8,174*	8,083	*8,660*	7,623	*9,254*	7,225	*9,834*	6,878	*10,40*	**0,720**	*0,600*	0,900	
10,67	*7,468*	10,33	*7,746*	10,01	*8,021*	9,716	*8,293*	9,444	*8,563*	9,190	*8,829*	8,731	*9,354*	8,233	*9,996*	7,804	*10,62*	7,429	*11,23*	**0,840**	*0,700*	1,050	
11,50	*8,046*	11,13	*8,345*	10,78	*8,642*	10,47	*8,935*	10,17	*9,225*	9,901	*9,512*	9,406	*10,08*	8,870	*10,77*	8,408	*11,44*	8,004	*12,10*	**0,975**	*0,8125*	1,219	10
12,35	*8,642*	11,95	*8,964*	11,58	*9,283*	11,24	*9,598*	10,93	*9,909*	10,63	*10,22*	10,10	*10,83*	9,528	*11,57*	9,031	*12,29*	8,598	*13,00*	**1,125**	*0,9375*	1,406	
13,15	*9,200*	12,72	*9,543*	12,33	*9,882*	11,97	*10,22*	11,63	*10,55*	11,32	*10,88*	10,76	*11,52*	10,14	*12,31*	9,615	*13,09*	9,153	*13,84*	**1,275**	*1,063*	1,594	
13,90	*9,725*	13,45	*10,09*	13,04	*10,45*	12,66	*10,80*	12,30	*11,15*	11,97	*11,50*	11,37	*12,18*	10,72	*13,02*	10,16	*13,83*	9,677	*14,63*	**1,425**	*1,188*	1,781	13
14,64	*10,20*	14,16	*10,58*	13,72	*10,96*	13,32	*11,34*	12,94	*11,71*	12,59	*12,08*	11,96	*12,80*	11,27	*13,69*	10,69	*14,54*	10,17	*15,38*	**1,575**	*1,313*	1,969	
15,36	*10,62*	14,86	*11,03*	14,39	*11,43*	13,97	*11,82*	13,57	*12,21*	13,20	*12,60*	12,53	*13,36*	11,81	*14,29*	11,19	*15,20*	10,65	*16,09*	**1,725**	*1,438*	2,156	
16,29	*11,11*	15,76	*11,54*	15,26	*11,96*	14,80	*12,38*	14,38	*12,79*	13,98	*13,20*	13,27	*14,01*	12,50	*15,00*	11,83	*15,96*	11,26	*16,91*	**1,920**	*1,600*	2,400	16
17,43	*11,64*	16,85	*12,09*	16,31	*12,53*	15,82	*12,97*	15,36	*13,41*	14,93	*13,84*	14,16	*14,70*	13,33	*15,75*	12,61	*16,78*	11,99	*17,78*	**2,160**	*1,800*	2,700	
18,55	*12,09*	17,93	*12,56*	17,35	*13,03*	16,82	*13,49*	16,33	*13,95*	15,87	*14,41*	15,04	*15,30*	14,15	*16,41*	13,38	*17,49*	12,71	*18,55*	**2,400**	*2,000*	3,000	
19,94	*12,59*	19,26	*13,08*	18,64	*13,57*	18,06	*14,05*	17,52	*14,53*	17,03	*15,01*	16,13	*15,96*	15,16	*17,12*	14,32	*18,26*	13,60	*19,38*	**2,700**	*2,250*	3,375	19
21,32	*13,01*	20,59	*13,52*	19,91	*14,03*	19,29	*14,54*	18,71	*15,04*	18,17	*15,54*	17,20	*16,52*	16,16	*17,74*	15,26	*18,93*	14,48	*20,10*	**3,000**	*2,500*	3,750	
24,05	*13,71*	23,21	*14,26*	22,43	*14,80*	21,72	*15,34*	21,05	*15,87*	20,44	*16,40*	19,33	*17,45*	18,13	*18,75*	17,10	*20,03*	16,20	*21,29*	**3,600**	*3,000*	4,500	
26,76	*14,26*	25,81	*14,83*	24,93	*15,40*	24,12	*15,97*	23,37	*16,53*	22,68	*17,09*	21,43	*18,19*	20,07	*19,56*	18,91	*20,91*	17,90	*22,23*	**4,200**	*3,500*	5,250	22
29,44	*14,71*	28,38	*15,30*	27,41	*15,89*	26,51	*16,48*	25,68	*17,06*	24,90	*17,64*	23,51	*18,80*	22,00	*20,22*	20,71	*21,62*	19,59	*23,01*	**4,800**	*4,000*	6,000	
32,12	*15,08*	30,95	*15,69*	29,87	*16,30*	28,88	*16,91*	27,96	*17,51*	27,11	*18,11*	25,57	*19,30*	23,91	*20,77*	22,49	*22,22*	21,26	*23,65*	**5,400**	*4,500*	6,750	
34,78	*15,39*	33,50	*16,02*	32,33	*16,64*	31,25	*17,27*	30,24	*17,88*	29,31	*18,50*	27,63	*19,72*	25,82	*21,23*	24,26	*22,73*	22,92	*24,20*	**6,000**	*5,000*	7,500	25
40,08	*15,89*	38,59	*16,54*	37,22	*17,19*	35,95	*17,84*	34,78	*18,49*	33,68	*19,13*	31,72	*20,40*	29,60	*21,98*	27,79	*23,54*	26,21	*25,09*	**7,200**	*6,000*	9,000	
45,37	*16,27*	43,66	*16,95*	42,09	*17,62*	40,63	*18,28*	39,29	*18,95*	38,04	*19,61*	35,79	*20,93*	33,37	*22,56*	31,29	*24,17*	29,48	*25,77*	**8,400**	*7,000*	10,500	
51,29	*16,61*	49,34	*17,30*	47,54	*17,99*	45,89	*18,67*	44,35	*19,35*	42,92	*20,03*	40,35	*21,39*	37,58	*23,06*	35,21	*24,73*	33,15	*26,38*	**9,750**	*8,125*	12,190	28
57,87	*16,90*	55,64	*17,60*	53,60	*18,31*	51,71	*19,01*	49,96	*19,71*	48,33	*20,40*	45,41	*21,79*	42,25	*23,51*	39,55	*25,22*	37,20	*26,91*	**11,250**	*9,375*	14,060	
64,43	*17,13*	61,93	*17,85*	59,64	*18,56*	57,52	*19,28*	55,55	*19,99*	53,73	*20,70*	50,45	*22,11*	46,91	*23,86*	43,88	*25,61*	41,25	*27,34*	**12,750**	*10,630*	15,940	
70,98	*17,32*	68,22	*18,05*	65,67	*18,77*	63,32	*19,50*	61,14	*20,22*	59,12	*20,94*	55,48	*22,37*	51,56	*24,15*	48,20	*25,93*	45,29	*27,68*	**14,250**	*11,880*	17,810	31
77,53	*17,47*	74,49	*18,21*	71,74	*18,95*	69,12	*19,68*	66,73	*20,41*	64,51	*21,14*	60,51	*22,59*	56,21	*24,40*	52,52	*26,19*	49,32	*27,98*	**15,750**	*13,130*	19,690	
		80,77	*18,35*	77,72	*19,09*	74,91	*19,83*	72,31	*20,57*	69,89	*21,31*	65,54	*22,77*	60,80	*24,60*	56,83	*26,42*	53,34	*28,22*	**17,250**	*14,380*	21,560	
						82,44	*20,00*	79,55	*20,75*	76,88	*21,49*	72,06	*22,98*	66,88	*24,82*	62,43	*26,66*	58,57	*28,49*	**19,200**	*16,000*	24,000	34
												80,09	*23,18*	74,29	*25,05*	69,31	*26,91*	65,00	*28,77*	**21,600**	*18,000*	27,000	
														81,70	*25,23*	76,19	*27,12*	71,43	*28,99*	**24,000**	*20,000*	30,000	

Einheitsmoment M/b in t

Fortsetzung der **Tab. IX. Plattenbalken**

Einheitsmoment M/b in t	Eisenzugspannung σ_e in kg/cm² 1500	*1000*	1200	Beton-Druckspannung 8,75		10		11,25		12,5		13,75		15		16,25		17,5		18,75		20	
				5,833		*6,667*		*7,5*		*8,333*		*9,167*		*10*		*10,83*		*11,67*		*12,5*		*13,33*	
				7		**8**		**9**		**10**		**11**		**12**		**13**		**14**		**15**		**16**	
1	0,486	*0,324*	**0,3888**	37,67	*0,8839*	33,21	*1,006*	29,74	*1,128*	26,96	*1,248*	24,69	*1,368*	22,79	*1,486*	21,19	*1,604*	19,81	*1,721*	18,62	*1,837*	17,57	*1,95*[illegible]
	0,540	*0,360*	**0,432**	39,70	*0,9317*	35,00	*1,061*	31,34	*1,189*	28,42	*1,316*	26,02	*1,442*	24,02	*1,567*	22,33	*1,691*	20,88	*1,814*	19,62	*1,936*	18,52	*2,05*[illegible]
	0,648	*0,432*	**0,5184**	43,49	*1,021*	38,34	*1,162*	34,34	*1,302*	31,13	*1,441*	28,50	*1,579*	26,32	*1,716*	24,46	*1,852*	22,87	*1,987*	21,50	*2,121*	20,29	*2,25*[illegible]
4	0,756	*0,504*	**0,6048**	46,98	*1,102*	41,41	*1,255*	37,09	*1,406*	33,62	*1,557*	30,79	*1,706*	28,42	*1,854*	26,42	*2,001*	24,71	*2,147*	23,22	*2,291*	21,92	*2,43*[illegible]
	0,864	*0,576*	**0,6912**	50,22	*1,179*	44,27	*1,342*	39,65	*1,503*	35,94	*1,664*	32,91	*1,824*	30,39	*1,982*	28,25	*2,139*	26,41	*2,295*	24,82	*2,449*	23,43	*2,60*[illegible]
	0,972	*0,648*	**0,7776**	53,27	*1,250*	46,96	*1,423*	42,05	*1,595*	38,13	*1,765*	34,91	*1,934*	32,23	*2,102*	29,96	*2,269*	28,01	*2,434*	26,33	*2,598*	24,85	*2,76*[illegible]
7	1,080	*0,720*	**0,864**	56,15	*1,318*	49,50	*1,500*	44,33	*1,681*	40,19	*1,861*	36,80	*2,039*	33,97	*2,216*	31,58	*2,391*	29,53	*2,566*	27,75	*2,739*	26,19	*2,91*[illegible]
	1,296	*0,864*	**1,037**	61,51	*1,443*	54,22	*1,643*	48,56	*1,841*	44,02	*2,038*	40,31	*2,233*	37,22	*2,427*	34,60	*2,619*	32,35	*2,810*	30,40	*3,000*	28,69	*3,18*[illegible]
	1,512	*1,008*	**1,210**	66,44	*1,559*	58,57	*1,775*	52,45	*1,989*	47,55	*2,201*	43,54	*2,412*	40,20	*2,622*	37,37	*2,829*	34,94	*3,036*	32,84	*3,240*	30,99	*3,44*[illegible]
10	1,755	*1,170*	**1,404**	71,58	*1,680*	63,10	*1,912*	56,51	*2,143*	51,23	*2,372*	46,91	*2,599*	43,31	*2,824*	40,26	*3,048*	37,64	*3,270*	35,38	*3,491*	33,39	*3,71*[illegible]
	2,025	*1,350*	**1,620**	76,92	*1,803*	67,80	*2,053*	60,71	*2,301*	55,04	*2,547*	50,39	*2,791*	46,52	*3,034*	43,25	*3,274*	40,44	*3,513*	38,00	*3,750*	35,87	*3,985*
	2,295	*1,530*	**1,836**	82,19	*1,912*	72,43	*2,177*	64,84	*2,441*	58,76	*2,703*	53,79	*2,962*	49,65	*3,220*	46,14	*3,477*	43,13	*3,731*	40,52	*3,984*	38,24	*4,235*
13	2,565	*1,710*	**2,052**	87,44	*2,007*	77,04	*2,287*	68,95	*2,564*	62,47	*2,839*	57,17	*3,113*	52,76	*3,384*	49,02	*3,654*	45,81	*3,922*	43,03	*4,189*	40,60	*4,453*
	2,835	*1,890*	**2,268**	92,68	*2,092*	81,63	*2,383*	73,04	*2,672*	66,17	*2,960*	60,54	*3,245*	55,85	*3,529*	51,88	*3,811*	48,48	*4,092*	45,53	*4,370*	42,95	*4,647*
	3,105	*2,070*	**2,484**			86,22	*2,469*	77,13	*2,769*	69,85	*3,067*	63,90	*3,364*	58,94	*3,659*	54,74	*3,952*	51,14	*4,243*	48,02	*4,532*	45,29	*4,820*
16	3,456	*2,304*	**2,765**			92,17	*2,568*	82,43	*2,880*	74,63	*3,191*	68,25	*3,500*	62,94	*3,807*	58,44	*4,113*	54,58	*4,417*	51,24	*4,719*	48,31	*5,019*
	3,888	*2,592*	**3,110**					88,93	*2,999*	80,50	*3,323*	73,60	*3,645*	67,84	*3,966*	62,98	*4,285*	58,80	*4,602*	55,18	*4,918*	52,02	*5,232*
	4,320	*2,880*	**3,456**					95,42	*3,101*	86,35	*3,437*	78,92	*3,770*	72,74	*4,103*	67,50	*4,433*	63,01	*4,762*	59,11	*5,089*	55,71	*5,415*
19	4,860	*3,240*	**3,888**							93,65	*3,558*	85,57	*3,905*	78,83	*4,249*	73,13	*4,593*	68,25	*4,934*	64,01	*5,274*	60,31	*5,612*
	5,400	*3,600*	**4,320**									92,20	*4,019*	84,92	*4,375*	78,76	*4,729*	73,47	*5,081*	68,90	*5,432*	64,89	*5,781*
	6,480	*4,320*	**5,184**											97,05	*4,578*	89,97	*4,949*	83,90	*5,319*	78,63	*5,688*	74,03	*6,055*
22	7,560	*5,040*	**6,048**															94,29	*5,505*	88,34	*5,887*	83,13	*6,268*
	8,640	*5,760*	**6,912**																	98,02	*6,046*	92,22	*6,439*
	9,720	*6,480*	**7,776**																				
25	10,800	*7,200*	**8,640**																				
	12,960	*8,640*	**10,370**																				
	15,120	*10,080*	**12,100**																				

Erste Teilspalte (Steilziffern) | h | in cm

Zweite Teilspalte (Schrägziffern) | f_e | in $\frac{cm^2}{m}$

Einheitsmoment M/b in t	Eisenzugspannung σ_e in kg/cm² 1500	*1000*	1200	Beton-Druckspannung 33,75		35		37,5		40		42,5		45		47,5		50		52,5		55	
				22,5		*23,33*		*25*		*26,67*		*28,33*		*30*		*31,67*		*33,33*		*35*		*36,67*	
				27		**28**		**30**		**32**		**34**		**36**		**38**		**40**		**42**		**44**	
1	0,486	*0,324*	**0,3888**	11,16	*3,169*	10,83	*3,275*	10,22	*3,486*	9,696	*3,694*	9,228	*3,899*	8,811	*4,102*	8,437	*4,302*	8,100	*4,500*	7,794	*4,696*	7,516	*4,889*
	0,540	*0,360*	**0,432**	11,77	*3,340*	11,41	*3,452*	10,78	*3,674*	10,22	*3,893*	9,727	*4,110*	9,287	*4,323*	8,894	*4,535*	8,538	*4,743*	8,216	*4,950*	7,922	*5,154*
	0,648	*0,432*	**0,5184**	12,89	*3,659*	12,50	*3,782*	11,81	*4,025*	11,20	*4,265*	10,66	*4,502*	10,17	*4,736*	9,742	*4,967*	9,353	*5,196*	9,000	*5,422*	8,678	*5,646*
4	0,756	*0,504*	**0,6048**	13,92	*3,952*	13,51	*4,085*	12,75	*4,347*	12,09	*4,607*	11,51	*4,863*	10,99	*5,116*	10,52	*5,366*	10,10	*5,613*	9,721	*5,857*	9,374	*6,098*
	0,864	*0,576*	**0,6912**	14,88	*4,225*	14,44	*4,367*	13,63	*4,648*	12,93	*4,925*	12,30	*5,198*	11,75	*5,469*	11,25	*5,736*	10,80	*6,000*	10,39	*6,261*	10,02	*6,519*
	0,972	*0,648*	**0,7776**	15,79	*4,482*	15,31	*4,632*	14,46	*4,930*	13,71	*5,223*	13,05	*5,514*	12,46	*5,801*	11,93	*6,084*	11,46	*6,364*	11,02	*6,641*	10,63	*6,914*
7	1,080	*0,720*	**0,864**	16,64	*4,724*	16,14	*4,882*	15,24	*5,196*	14,45	*5,506*	13,76	*5,812*	13,13	*6,114*	12,58	*6,413*	12,07	*6,708*	11,62	*7,000*	11,20	*7,288*
	1,296	*0,864*	**1,037**	18,23	*5,175*	17,68	*5,348*	16,70	*5,692*	15,83	*6,032*	15,07	*6,367*	14,39	*6,698*	13,78	*7,025*	13,23	*7,348*	12,73	*7,668*	12,27	*7,984*
	1,512	*1,008*	**1,210**	19,69	*5,590*	19,10	*5,777*	18,03	*6,148*	17,10	*6,515*	16,28	*6,877*	15,54	*7,235*	14,88	*7,588*	14,29	*7,937*	13,75	*8,283*	13,26	*8,624*
10	1,755	*1,170*	**1,404**	21,21	*6,022*	20,58	*6,224*	19,43	*6,624*	18,42	*7,019*	17,54	*7,409*	16,74	*7,794*	16,03	*8,175*	15,39	*8,551*	14,81	*8,923*	14,28	*9,291*
	2,025	*1,350*	**1,620**	22,79	*6,469*	22,10	*6,686*	20,87	*7,115*	19,79	*7,539*	18,84	*7,958*	17,99	*8,372*	17,22	*8,781*	16,53	*9,186*	15,91	*9,585*	15,34	*9,980*
	2,295	*1,530*	**1,836**	24,26	*6,885*	23,53	*7,116*	22,22	*7,574*	21,07	*8,026*	20,05	*8,472*	19,15	*8,913*	18,33	*9,348*	17,60	*9,779*	16,94	*10,20*	16,33	*10,62*
13	2,565	*1,710*	**2,052**	25,71	*7,256*	24,93	*7,502*	23,53	*7,988*	22,30	*8,468*	21,22	*8,942*	20,26	*9,411*	19,39	*9,874*	18,62	*10,33*	17,91	*10,78*	17,27	*11,23*
	2,835	*1,890*	**2,268**	27,14	*7,585*	26,31	*7,843*	24,83	*8,354*	23,53	*8,859*	22,38	*9,359*	21,36	*9,852*	20,44	*10,34*	19,61	*10,82*	18,87	*11,30*	18,19	*11,77*
	3,105	*2,070*	**2,484**	28,56	*7,880*	27,69	*8,149*	26,12	*8,682*	24,74	*9,209*	23,52	*9,731*	22,44	*10,25*	21,48	*10,76*	20,60	*11,26*	19,81	*11,76*	19,09	*12,26*
16	3,456	*2,304*	**2,765**	30,39	*8,219*	29,46	*8,501*	27,78	*9,060*	26,30	*9,613*	25,00	*10,16*	23,85	*10,70*	22,81	*11,24*	21,87	*11,77*	21,03	*12,30*	20,26	*12,82*
	3,888	*2,592*	**3,110**	32,63	*8,581*	31,62	*8,877*	29,80	*9,464*	28,21	*10,04*	26,80	*10,62*	25,55	*11,19*	24,43	*11,76*	23,42	*12,32*	22,51	*12,87*	21,68	*13,42*
	4,320	*2,880*	**3,456**	34,86	*8,896*	33,77	*9,203*	31,82	*9,814*	30,10	*10,42*	28,59	*11,02*	27,25	*11,61*	26,04	*12,20*	24,96	*12,78*	23,97	*13,37*	23,08	*13,94*
19	4,860	*3,240*	**3,888**	37,62	*9,234*	36,44	*9,567*	34,32	*10,19*	32,46	*10,82*	30,81	*11,45*	29,35	*12,07*	28,04	*12,69*	26,86	*13,30*	25,79	*13,90*	24,82	*14,51*
	5,400	*3,600*	**4,320**	40,38	*9,525*	39,10	*9,857*	36,80	*10,52*	34,79	*11,17*	33,02	*11,82*	31,44	*12,47*	30,02	*13,10*	28,75	*13,74*	27,59	*14,37*	26,54	*14,99*
	6,480	*4,320*	**5,184**	45,85	*10,00*	44,39	*10,35*	41,75	*11,05*	39,43	*11,74*	37,39	*12,43*	35,58	*13,11*	33,96	*13,79*	32,49	*14,46*	31,17	*15,13*	29,96	*15,79*
22	7,560	*5,040*	**6,048**	51,30	*10,37*	49,64	*10,74*	46,66	*11,46*	44,05	*12,19*	41,74	*12,90*	39,69	*13,62*	37,86	*14,32*	36,21	*15,03*	34,71	*15,73*	33,35	*16,42*
	8,640	*5,760*	**6,912**	56,72	*10,67*	54,87	*11,05*	51,55	*11,80*	48,64	*12,55*	46,07	*13,29*	43,78	*14,03*	41,74	*14,76*	39,90	*15,49*	38,23	*16,21*	36,72	*16,93*
	9,720	*6,480*	**7,776**	62,12	*10,92*	60,09	*11,30*	56,42	*12,08*	53,21	*12,84*	50,38	*13,61*	47,86	*14,36*	45,60	*15,12*	43,57	*15,87*	41,74	*16,62*	40,07	*17,36*
25	10,800	*7,200*	**8,640**	67,52	*11,12*	65,29	*11,52*	61,28	*12,31*	57,77	*13,09*	54,68	*13,87*	51,92	*14,65*	49,46	*15,42*	47,24	*16,19*	45,23	*16,95*	43,40	*17,71*
	12,960	*8,640*	**10,370**	78,28	*11,45*	75,67	*11,86*	70,98	*12,68*	66,87	*13,49*	63,25	*14,30*	60,02	*15,10*	57,14	*15,90*	54,54	*16,70*	52,19	*17,49*	50,05	*18,28*
	15,120	*10,080*	**12,100**	89,02	*11,70*	86,03	*12,12*	80,65	*12,95*	75,95	*13,79*	71,79	*14,62*	68,10	*15,44*	64,79	*16,27*	61,82	*17,09*	59,12	*17,90*	56,68	*18,72*
28	17,550	*11,700*	**14,040**	101,1	*11,91*	97,67	*12,34*	91,52	*13,20*	86,14	*14,05*	81,39	*14,90*	77,17	*15,75*	73,39	*16,59*	69,99	*17,43*	66,91	*18,26*	64,11	*19,10*
	20,250	*13,500*	**16,200**							97,44	*14,28*	92,03	*15,14*	87,22	*16,01*	82,92	*16,87*	79,04	*17,72*	75,54	*18,58*	72,35	*19,43*
	22,950	*15,300*	**18,360**											97,27	*16,21*	92,44	*17,09*	88,09	*17,96*	84,16	*18,83*	80,58	*19,69*
31	25,650	*17,100*	**20,520**															97,13	*18,15*	92,77	*19,03*	88,80	*19,91*
	28,350	*18,900*	**22,680**																			97,02	*20,08*
	31,050	*20,700*	**24,840**																				
34	34,560	*23,040*	**27,650**																				
	38,880	*25,920*	**31,100**																				
	43,200	*28,800*	**34,560**																				

Erste Teilspalte (Steilziffern) | h | in cm

Zweite Teilspalte (Schrägziffern) | f_e | in $\frac{cm^2}{m}$

(Mit Vernachlässigung des Stegdrucks.) $d = 6$ cm

σ_b in kg/cm²																				Eisenzugspannung σ_e in kg/cm²			Einheitsmoment M/b in t
21,25		22,5		23,75		25		26,25		27,5		28,75		30		31,25		32,5				1500	
14,17		*15*		*15,83*		*16,67*		*17,5*		*18,33*		*19,17*		*20*		*20,83*		*21,67*			*1000*		
17		**18**		**19**		**20**		**21**		**22**		**23**		**24**		**25**		**26**		**1200**			
16,65	2,067	15,83	2,180	15,09	2,293	14,43	2,405	13,83	2,517	13,29	2,627	12,79	2,737	12,33	2,846	11,91	2,954	11,52	3,062	0,3888	0,324	0,486	1
17,55	2,179	16,68	2,298	15,91	2,417	15,21	2,535	14,58	2,653	14,01	2,769	13,48	2,885	13,00	3,000	12,56	3,114	12,15	3,228	0,432	0,360	0,540	
19,22	2,387	18,28	2,518	17,43	2,648	16,66	2,777	15,97	2,906	15,34	3,034	14,77	3,160	14,24	3,286	13,75	3,411	13,31	3,536	0,5184	0,432	0,648	
20,76	2,578	19,74	2,719	18,83	2,860	18,00	3,000	17,25	3,139	16,57	3,277	15,95	3,414	15,38	3,550	14,86	3,685	14,37	3,819	0,6048	0,504	0,756	4
22,20	2,756	21,10	2,907	20,13	3,058	19,24	3,207	18,44	3,356	17,72	3,503	17,05	3,649	16,44	3,795	15,88	3,939	15,36	4,083	0,6912	0,576	0,864	
23,55	2,923	22,38	3,084	21,35	3,243	20,41	3,402	19,56	3,559	18,79	3,715	18,09	3,871	17,44	4,025	16,85	4,178	16,30	4,330	0,7776	0,648	0,972	
24,82	3,081	23,60	3,250	22,50	3,419	21,51	3,586	20,62	3,752	19,81	3,916	19,07	4,080	18,38	4,243	17,76	4,404	17,18	4,565	0,864	0,720	1,080	7
27,19	3,375	25,85	3,561	24,65	3,745	23,57	3,928	22,59	4,110	21,70	4,290	20,89	4,469	20,14	4,648	19,45	4,825	18,82	5,000	1,037	0,864	1,296	
29,37	3,646	27,92	3,846	26,62	4,045	25,46	4,243	24,40	4,439	23,44	4,634	22,56	4,828	21,75	5,020	21,01	5,211	20,33	5,401	1,210	1,008	1,512	
31,64	3,928	30,08	4,143	28,68	4,358	27,43	4,571	26,29	4,782	25,25	4,992	24,30	5,201	23,44	5,408	22,64	5,614	21,90	5,819	1,404	1,170	1,755	10
33,98	4,219	32,31	4,451	30,81	4,681	29,46	4,910	28,24	5,137	27,12	5,363	26,11	5,587	25,17	5,809	24,32	6,031	23,52	6,250	1,620	1,350	2,025	
36,23	4,484	34,44	4,731	32,83	4,977	31,39	5,221	30,08	5,464	28,89	5,705	27,81	5,944	26,81	6,181	25,89	6,417	25,05	6,652	1,836	1,530	2,295	
38,45	4,716	36,55	4,978	34,84	5,237	33,30	5,495	31,91	5,752	30,64	6,006	29,48	6,259	28,42	6,511	27,44	6,761	26,54	7,009	2,052	1,710	2,565	13
40,67	4,922	38,64	5,196	36,83	5,468	35,20	5,738	33,72	6,007	32,37	6,274	31,14	6,539	30,02	6,803	28,98	7,065	28,02	7,326	2,268	1,890	2,835	
42,87	5,106	40,73	5,391	38,81	5,674	37,08	5,955	35,52	6,235	34,10	6,513	32,80	6,789	31,60	7,064	30,51	7,337	29,50	7,609	2,484	2,070	3,105	
45,73	5,318	43,43	5,615	41,37	5,911	39,52	6,205	37,85	6,497	36,32	6,788	34,93	7,077	33,65	7,365	32,48	7,651	31,40	7,936	2,765	2,304	3,456	16
49,22	5,544	46,74	5,855	44,51	6,164	42,51	6,471	40,70	6,777	39,05	7,082	37,54	7,385	36,16	7,686	34,89	7,986	33,72	8,284	3,110	2,592	3,888	
52,70	5,739	50,03	6,062	47,63	6,383	45,48	6,702	43,53	7,020	41,76	7,336	40,14	7,651	38,65	7,964	37,29	8,276	36,03	8,587	3,456	2,880	4,320	
57,03	5,949	54,13	6,284	51,52	6,618	49,18	6,950	47,06	7,281	45,13	7,610	43,37	7,938	41,75	8,264	40,27	8,589	38,90	8,912	3,888	3,240	4,860	19
61,35	6,129	58,21	6,475	55,40	6,819	52,87	7,163	50,57	7,504	48,49	7,845	46,59	8,184	44,84	8,521	43,23	8,857	41,75	9,192	4,320	3,600	5,400	
69,96	6,420	66,35	6,784	63,11	7,147	60,20	7,508	57,57	7,868	55,17	8,227	52,99	8,584	50,98	8,940	49,13	9,294	47,43	9,648	5,184	4,320	6,480	
78,54	6,647	74,46	7,026	70,80	7,403	67,51	7,778	64,53	8,152	61,83	8,525	59,36	8,897	57,09	9,267	55,00	9,637	53,08	10,00	6,048	5,040	7,560	22
87,10	6,829	82,54	7,219	78,47	7,607	74,80	7,995	71,48	8,380	68,46	8,765	65,70	9,149	63,18	9,531	60,85	9,912	58,71	10,29	6,912	5,760	8,640	
95,64	6,979	90,61	7,378	86,12	7,776	82,07	8,172	78,41	8,568	75,08	8,962	72,04	9,355	69,25	9,747	66,68	10,14	64,32	10,53	7,776	6,480	9,720	
				93,75	7,916	89,33	8,321	85,32	8,725	81,68	9,127	78,36	9,528	75,31	9,929	72,50	10,33	69,92	10,73	8,640	7,200	10,800	25
						103,8	8,555	99,13	8,972	94,87	9,387	90,97	9,802	87,41	10,22	84,12	10,63	81,09	11,04	10,370	8,640	12,960	
														99,48	10,43	95,71	10,85	92,24	11,28	12,100	10,080	15,120	

σ_b in kg/cm²																				Eisenzugspannung σ_e in kg/cm²			Einheitsmoment M/b in t
57,5		60		62,5		65		67,5		70		75		81,25		87,5		93,75				1500	
38,33		*40*		*41,67*		*43,33*		*45*		*46,67*		*50*		*54,17*		*58,33*		*62,5*			*1000*		
46		**48**		**50**		**52**		**54**		**56**		**60**		**65**		**70**		**75**		**1200**			
7,261	5,081	7,026	5,270	6,810	5,457	6,610	5,642	6,425	5,825	6,252	6,007									0,3888	0,324	0,486	1
7,654	5,355	7,407	5,555	7,179	5,752	6,968	5,947	6,772	6,141	6,590	6,332	6,261	6,708							0,432	0,360	0,540	
8,384	5,867	8,114	6,085	7,864	6,301	7,633	6,515	7,419	6,727	7,219	6,936	6,859	7,349	6,468	7,853	6,131	8,345			0,5184	0,432	0,648	
9,056	6,337	8,764	6,573	8,494	6,806	8,245	7,037	8,013	7,266	7,798	7,492	7,408	7,937	6,986	8,482	6,622	9,013	6,304	9,532	0,6048	0,504	0,756	4
9,681	6,774	9,369	7,026	9,081	7,276	8,814	7,523	8,566	7,767	8,336	8,009	7,920	8,485	7,469	9,067	7,079	9,635	6,739	10,19	0,6912	0,576	0,864	
10,27	7,185	9,937	7,453	9,631	7,717	9,349	7,979	9,086	8,238	8,842	8,495	8,400	9,000	7,922	9,617	7,509	10,22	7,148	10,81	0,7776	0,648	0,972	
10,82	7,574	10,47	7,856	10,15	8,135	9,854	8,411	9,578	8,684	9,320	8,954	8,854	9,487	8,350	10,14	7,915	10,77	7,535	11,39	0,864	0,720	1,080	7
11,86	8,297	11,47	8,606	11,12	8,911	10,79	9,214	10,49	9,513	10,21	9,809	9,699	10,39	9,147	11,11	8,670	11,80	8,254	12,48	1,037	0,864	1,296	
12,81	8,961	12,39	9,295	12,01	9,625	11,66	9,952	11,33	10,28	11,03	10,60	10,48	11,22	9,880	11,99	9,365	12,75	8,915	13,48	1,210	1,008	1,512	
13,80	9,655	13,35	10,01	12,94	10,37	12,56	10,72	12,21	11,07	11,88	11,41	11,29	12,09	10,64	12,92	10,09	13,73	9,605	14,52	1,404	1,170	1,755	10
14,82	10,37	14,34	10,76	13,90	11,14	13,49	11,52	13,11	11,89	12,76	12,26	12,12	12,99	11,43	13,88	10,84	14,75	10,32	15,60	1,620	1,350	2,025	
15,78	11,04	15,27	11,45	14,80	11,86	14,36	12,26	13,96	12,66	13,59	13,05	12,91	13,83	12,17	14,78	11,54	15,70	10,98	16,61	1,836	1,530	2,295	
16,68	11,67	16,14	12,11	15,65	12,54	15,19	12,96	14,76	13,38	14,36	13,80	13,65	14,62	12,87	15,62	12,20	16,60	11,61	17,56	2,052	1,710	2,565	13
17,56	12,24	16,99	12,70	16,47	13,16	15,98	13,61	15,53	14,05	15,11	14,50	14,35	15,36	13,53	16,42	12,82	17,45	12,21	18,46	2,268	1,890	2,835	
18,43	12,75	17,83	13,23	17,27	13,71	16,76	14,19	16,28	14,66	15,84	15,12	15,04	16,04	14,17	17,15	13,43	18,24	12,78	19,31	2,484	2,070	3,105	
19,55	13,33	18,91	13,85	18,31	14,35	17,76	14,85	17,25	15,35	16,78	15,84	15,92	16,81	15,00	18,00	14,20	19,16	13,51	20,29	2,765	2,304	3,456	16
20,92	13,96	20,22	14,50	19,57	15,04	18,98	15,57	18,43	16,09	17,92	16,61	16,99	17,64	15,99	18,90	15,14	20,13	14,39	21,34	3,110	2,592	3,888	
22,26	14,51	21,51	15,07	20,82	15,63	20,18	16,19	19,59	16,74	19,04	17,29	18,05	18,36	16,98	19,69	16,06	20,99	15,25	22,26	3,456	2,880	4,320	
23,93	15,10	23,12	15,69	22,36	16,28	21,67	16,86	21,03	17,44	20,43	18,02	19,35	19,15	18,19	20,54	17,19	21,91	16,32	23,25	3,888	3,240	4,860	19
25,58	15,61	24,70	16,23	23,89	16,84	23,15	17,45	22,45	18,05	21,81	18,64	20,64	19,83	19,39	21,28	18,31	22,71	17,37	24,12	4,320	3,600	5,400	
28,86	16,45	27,85	17,11	26,92	17,76	26,06	18,40	25,27	19,04	24,53	19,68	23,19	20,95	21,75	22,50	20,52	24,03	19,44	25,54	5,184	4,320	6,480	
32,11	17,11	30,97	17,80	29,92	18,48	28,95	19,16	28,05	19,83	27,21	20,50	25,71	21,83	24,09	23,47	22,70	25,09	21,49	26,68	6,048	5,040	7,560	22
35,33	17,65	34,06	18,36	32,89	19,07	31,81	19,78	30,81	20,48	29,88	21,17	28,21	22,56	26,40	24,26	24,85	25,95	23,50	27,61	6,912	5,760	8,640	
38,54	18,10	37,14	18,83	35,85	19,56	34,66	20,29	33,56	21,01	32,53	21,73	30,69	23,16	28,70	24,92	26,99	26,66	25,51	28,39	7,776	6,480	9,720	
41,73	18,47	40,20	19,22	38,80	19,97	37,50	20,72	36,29	21,46	35,17	22,20	33,16	23,67	30,98	25,48	29,12	27,27	27,50	29,04	8,640	7,200	10,800	25
48,10	19,07	46,31	19,85	44,66	20,63	43,14	21,41	41,73	22,18	40,42	22,95	38,06	24,48	35,52	26,38	33,34	28,25	31,45	30,11	10,370	8,640	12,960	
54,44	19,53	52,39	20,34	50,50	21,14	48,76	21,94	47,15	22,74	45,65	23,53	42,95	25,11	40,04	27,07	37,54	29,01	35,38	30,93	12,100	10,080	15,120	
61,55	19,93	59,21	20,76	57,05	21,58	55,06	22,40	53,22	23,22	51,51	24,04	48,42	25,66	45,10	27,68	42,25	29,67	39,78	31,65	14,040	11,700	17,550	28
69,44	20,28	66,77	21,12	64,31	21,97	62,05	22,81	59,95	23,65	58,00	24,48	54,49	26,15	50,70	28,21	47,46	30,26	44,64	32,29	16,200	13,500	20,250	
77,31	20,56	74,32	21,42	71,56	22,28	69,02	23,13	66,66	23,98	64,48	24,84	60,54	26,53	56,29	28,64	52,65	30,73	49,50	32,80	18,360	15,300	22,950	
85,18	20,78	81,86	21,65	78,80	22,53	75,98	23,39	73,37	24,26	70,95	25,12	66,58	26,85	61,88	28,98	57,84	31,11	54,34	33,22	20,520	17,100	25,650	31
93,04	20,97	89,39	21,85	86,08	22,73	82,94	23,61	80,07	24,49	77,41	25,36	72,61	27,11	67,45	29,28	63,02	31,43	59,18	33,57	22,680	18,900	28,350	
		96,92	22,02	93,27	22,91	89,89	23,80	86,77	24,68	83,87	25,57	78,64	27,33	72,96	29,52	68,19	31,70	64,01	33,87	24,840	20,700	31,050	
						98,92	24,00	95,47	24,89	92,26	25,79	86,48	27,57	80,25	29,79	74,91	32,00	70,29	34,19	27,650	23,040	34,560	34
												96,11	27,81	89,15	30,06	83,18	32,29	78,00	34,52	31,100	25,920	38,880	
														98,03	30,28	91,43	32,54	85,71	34,79	34,560	28,800	43,200	

	Eisenzugspannung σ_e in kg/cm²			Beton-Druckspannung																			
	1500			8.75		10		11,25		12,5		13,75		15		16,25		17,5		18,75		20	
		1000		*5,833*		*6,667*		*7,5*		*8,333*		*9,167*		*10*		*10,83*		*11,67*		*12,5*		*13,33*	
Einheitsmoment M/b in t			**1200**	**7**		**8**		**9**		**10**		**11**		**12**		**13**		**14**		**15**		**16**	
1	0,6615	*0,441*	**0,5292**	43,94	*1,031*	38,74	*1,174*	34,69	*1,316*	31,45	*1,456*	28,80	*1,596*	26,59	*1,734*	24,72	*1,871*	23,11	*2,008*	21,72	*2,143*	20,50	*2,287*
	0,735	*0,490*	**0,588**	46,32	*1,087*	40,84	*1,237*	36,57	*1,387*	33,15	*1,535*	30,36	*1,682*	28,03	*1,828*	26,05	*1,973*	24,36	*2,116*	22,89	*2,259*	21,61	*2,401*
	0,882	*0,588*	**0,7056**	50,74	*1,191*	44,73	*1,356*	40,06	*1,519*	36,32	*1,681*	33,25	*1,842*	30,70	*2,002*	28,54	*2,161*	26,69	*2,318*	25,08	*2,475*	23,67	*2,630*
4	1,029	*0,686*	**0,8232**	54,81	*1,286*	48,32	*1,464*	43,27	*1,641*	39,23	*1,816*	35,92	*1,990*	33,16	*2,163*	30,83	*2,334*	28,82	*2,504*	27,09	*2,673*	25,57	*2,841*
	1,176	*0,784*	**0,9408**	58,59	*1,375*	51,65	*1,565*	46,26	*1,754*	41,94	*1,941*	38,40	*2,127*	35,45	*2,312*	32,96	*2,495*	30,81	*2,677*	28,96	*2,858*	27,33	*3,037*
	1,323	*0,882*	**1,058**	62,14	*1,458*	54,79	*1,660*	49,06	*1,860*	44,48	*2,059*	40,73	*2,256*	37,60	*2,452*	34,95	*2,647*	32,68	*2,840*	30,72	*3,031*	28,99	*3,221*
7	1,470	*0,980*	**1,176**	65,51	*1,537*	57,75	*1,750*	51,72	*1,961*	46,89	*2,171*	42,93	*2,379*	39,64	*2,585*	36,84	*2,790*	34,45	*2,993*	32,38	*3,195*	30,56	*3,395*
	1,764	*1,176*	**1,411**	71,76	*1,684*	63,26	*1,917*	56,65	*2,148*	51,36	*2,378*	47,03	*2,606*	43,42	*2,832*	40,36	*3,056*	37,74	*3,279*	35,47	*3,500*	33,48	*3,720*
	2,058	*1,372*	**1,646**	77,51	*1,819*	68,33	*2,071*	61,19	*2,320*	55,48	*2,568*	50,80	*2,814*	46,90	*3,059*	43,60	*3,301*	40,76	*3,542*	38,31	*3,780*	36,16	*4,018*
10	2,389	*1,593*	**1,911**	83,50	*1,960*	73,62	*2,231*	65,92	*2,500*	59,77	*2,767*	54,73	*3,032*	50,53	*3,295*	46,97	*3,556*	43,92	*3,816*	41,27	*4,073*	38,96	*4,328*
	2,756	*1,838*	**2,205**	89,74	*2,104*	79,10	*2,395*	70,83	*2,685*	64,21	*2,972*	58,79	*3,257*	54,28	*3,539*	50,45	*3,820*	47,18	*4,099*	44,33	*4,375*	41,85	*4,649*
	3,124	*2,083*	**2,499**	95,88	*2,231*	84,50	*2,540*	75,64	*2,848*	68,56	*3,153*	62,76	*3,456*	57,92	*3,757*	53,83	*4,056*	50,32	*4,353*	47,28	*4,648*	44,62	*4,940*
13	3,491	*2,328*	**2,793**	102,0	*2,342*	89,88	*2,668*	80,44	*2,991*	72,88	*3,312*	66,70	*3,631*	61,55	*3,948*	57,19	*4,263*	53,45	*4,576*	50,21	*4,887*	47,37	*5,196*
	3,859	*2,573*	**3,087**	108,1	*2,441*	95,24	*2,780*	85,22	*3,118*	77,20	*3,453*	70,63	*3,786*	65,16	*4,117*	60,53	*4,447*	56,56	*4,774*	53,12	*5,099*	50,11	*5,422*
	4,226	*2,818*	**3,381**			100,6	*2,881*	89,98	*3,231*	81,50	*3,579*	74,55	*3,925*	68,76	*4,268*	63,86	*4,610*	59,66	*4,950*	56,02	*5,288*	52,83	*5,623*
16	4,704	*3,136*	**3,763**			107,5	*2,996*	96,16	*3,360*	87,07	*3,723*	79,63	*4,083*	73,43	*4,442*	68,18	*4,798*	63,68	*5,153*	59,78	*5,505*	56,36	*5,856*
	5,292	*3,528*	**4,234**					103,8	*3,499*	93,91	*3,877*	85,86	*4,253*	79,15	*4,627*	73,47	*4,999*	68,60	*5,369*	64,38	*5,737*	60,69	*6,104*
	5,880	*3,920*	**4,704**					111,3	*3,618*	100,7	*4,009*	92,08	*4,399*	84,86	*4,786*	78,75	*5,172*	73,51	*5,556*	68,97	*5,938*	64,99	*6,318*
19	6,615	*4,410*	**5,292**							109,3	*4,151*	99,83	*4,556*	91,97	*4,958*	85,32	*5,358*	79,62	*5,756*	74,68	*6,153*	70,36	*6,548*
	7,350	*4,900*	**5,880**									107,6	*4,689*	99,07	*5,104*	91,88	*5,517*	85,72	*5,928*	80,38	*6,337*	75,71	*6,744*
	8,820	*5,880*	**7,056**											113,2	*5,341*	105,0	*5,774*	97,88	*6,206*	91,74	*6,636*	86,37	*7,064*
22	10,290	*6,860*	**8,232**															110,0	*6,422*	103,1	*6,868*	96,99	*7,312*
	11,760	*7,840*	**9,408**																	114,4	*7,054*	107,6	*7,512*
	13,230	*8,820*	**10,580**																				
25	14,700	*9,800*	**11,760**																				
	17,640	*11,760*	**14,110**																				
	20,580	*13,720*	**16,460**																				

Erste Teilspalte (Steilziffern) | h | in cm

Zweite Teilspalte (Schrägziffern) | f_e | in $\frac{cm^2}{m}$

	Eisenzugspannung σ_e in kg/cm²			Beton-Druckspannung																			
	1500			33,75		35		37,5		40		42,5		45		47,5		50		52,5		55	
		1000		*22,5*		*23,33*		*25*		*26,67*		*28,33*		*30*		*31,67*		*33,33*		*35*		*36,67*	
Einheitsmoment M/b in t			**1200**	**27**		**28**		**30**		**32**		**34**		**36**		**38**		**40**		**42**		**44**	
1	0,6615	*0,441*	**0,5292**	13,02	*3,697*	12,63	*3,821*	11,93	*4,067*	11,31	*4,309*	10,77	*4,549*	10,28	*4,785*	9,843	*5,019*	9,450	*5,250*	9,093	*5,478*	8,768	*5,704*
	0,735	*0,490*	**0,588**	13,73	*3,897*	13,32	*4,028*	12,57	*4,287*	11,92	*4,542*	11,35	*4,795*	10,84	*5,044*	10,38	*5,290*	9,961	*5,534*	9,585	*5,775*	9,243	*6,013*
	0,882	*0,588*	**0,7056**	15,04	*4,269*	14,59	*4,412*	13,77	*4,696*	13,06	*4,976*	12,43	*5,252*	11,87	*5,525*	11,37	*5,795*	10,91	*6,062*	10,50	*6,326*	10,12	*6,587*
4	1,029	*0,686*	**0,8232**	16,24	*4,611*	15,76	*4,766*	14,88	*5,072*	14,11	*5,374*	13,43	*5,673*	12,82	*5,968*	12,28	*6,260*	11,79	*6,548*	11,34	*6,833*	10,94	*7,114*
	1,176	*0,784*	**0,9408**	17,36	*4,929*	16,84	*5,095*	15,91	*5,422*	15,08	*5,745*	14,35	*6,065*	13,71	*6,380*	13,12	*6,692*	12,60	*7,000*	12,12	*7,305*	11,69	*7,606*
	1,323	*0,882*	**1,058**	18,42	*5,229*	17,87	*5,404*	16,87	*5,751*	16,00	*6,094*	15,22	*6,433*	14,54	*6,767*	13,92	*7,098*	13,36	*7,425*	12,86	*7,748*	12,40	*8,067*
7	1,470	*0,980*	**1,176**	19,41	*5,511*	18,83	*5,696*	17,78	*6,062*	16,86	*6,424*	16,05	*6,781*	15,32	*7,133*	14,67	*7,482*	14,09	*7,826*	13,56	*8,167*	13,07	*8,503*
	1,764	*1,176*	**1,411**	21,27	*6,037*	20,63	*6,240*	19,48	*6,641*	18,47	*7,037*	17,58	*7,428*	16,79	*7,814*	16,07	*8,196*	15,43	*8,573*	14,85	*8,946*	14,32	*9,315*
	2,058	*1,372*	**1,646**	22,97	*6,521*	22,28	*6,740*	21,04	*7,173*	19,95	*7,601*	18,99	*8,023*	18,13	*8,440*	17,36	*8,853*	16,67	*9,260*	16,04	*9,663*	15,47	*10,06*
10	2,389	*1,593*	**1,911**	24,75	*7,026*	24,01	*7,261*	22,67	*7,728*	21,50	*8,189*	20,46	*8,644*	19,53	*9,093*	18,71	*9,538*	17,96	*9,977*	17,28	*10,41*	16,66	*10,84*
	2,756	*1,838*	**2,205**	26,58	*7,547*	25,79	*7,800*	24,35	*8,301*	23,09	*8,796*	21,98	*9,285*	20,98	*9,768*	20,09	*10,24*	19,29	*10,72*	18,56	*11,18*	17,90	*11,64*
	3,124	*2,083*	**2,499**	28,31	*8,032*	27,46	*8,302*	25,92	*8,837*	24,58	*9,364*	23,39	*9,884*	22,34	*10,40*	21,39	*10,91*	20,54	*11,41*	19,76	*11,90*	19,05	*12,40*
13	3,491	*2,328*	**2,793**	29,99	*8,466*	29,08	*8,752*	27,45	*9,319*	26,02	*9,879*	24,76	*10,43*	23,63	*10,98*	22,63	*11,52*	21,72	*12,05*	20,90	*12,58*	20,15	*13,10*
	3,859	*2,573*	**3,087**	31,66	*8,850*	30,70	*9,150*	28,97	*9,747*	27,45	*10,34*	26,11	*10,92*	24,92	*11,49*	23,85	*12,06*	22,88	*12,63*	22,01	*13,18*	21,22	*13,73*
	4,226	*2,818*	**3,381**	33,32	*9,193*	32,30	*9,507*	30,47	*10,13*	28,86	*10,74*	27,45	*11,35*	26,18	*11,96*	25,05	*12,55*	24,04	*13,14*	23,11	*13,72*	22,27	*14,30*
16	4,704	*3,136*	**3,763**	35,46	*9,589*	34,37	*9,917*	32,41	*10,57*	30,69	*11,22*	29,17	*11,85*	27,82	*12,49*	26,61	*13,11*	25,52	*13,73*	24,53	*14,35*	23,63	*14,95*
	5,292	*3,528*	**4,234**	38,07	*10,01*	36,89	*10,36*	34,77	*11,04*	32,91	*11,72*	31,27	*12,39*	29,81	*13,06*	28,50	*13,71*	27,33	*14,37*	26,26	*15,01*	25,29	*15,66*
	5,880	*3,920*	**4,704**	40,67	*10,38*	39,40	*10,74*	37,12	*11,45*	35,12	*12,16*	33,36	*12,86*	31,79	*13,55*	30,38	*14,24*	29,12	*14,92*	27,97	*15,59*	26,93	*16,26*
19	6,615	*4,410*	**5,292**	43,90	*10,77*	42,52	*11,16*	40,04	*11,89*	37,87	*12,63*	35,95	*13,36*	34,24	*14,08*	32,71	*14,80*	31,34	*15,51*	30,09	*16,22*	28,96	*16,92*
	7,350	*4,900*	**5,880**	47,11	*11,11*	45,62	*11,50*	42,94	*12,27*	40,59	*13,03*	38,52	*13,79*	36,68	*14,54*	35,03	*15,29*	33,54	*16,03*	32,19	*16,76*	30,97	*17,49*
	8,820	*5,880*	**7,056**	53,49	*11,67*	51,78	*12,08*	48,70	*12,89*	46,01	*13,70*	43,63	*14,50*	41,51	*15,29*	39,61	*16,09*	37,91	*16,87*	36,36	*17,65*	34,96	*18,42*
22	10,290	*6,860*	**8,232**	59,84	*12,10*	57,91	*12,53*	54,43	*13,37*	51,39	*14,22*	48,70	*15,05*	46,31	*15,89*	44,17	*16,71*	42,24	*17,53*	40,50	*18,35*	38,91	*19,16*
	11,760	*7,840*	**9,408**	66,17	*12,45*	64,02	*12,89*	60,14	*13,77*	56,74	*14,64*	53,75	*15,50*	51,08	*16,36*	48,70	*17,22*	46,55	*18,07*	44,60	*18,92*	42,83	*19,76*
	13,230	*8,820*	**10,580**	72,48	*12,74*	70,10	*13,19*	65,82	*14,09*	62,08	*14,98*	58,77	*15,87*	55,84	*16,76*	53,20	*17,64*	50,84	*18,51*	48,69	*19,38*	46,74	*20,25*
25	14,700	*9,800*	**11,760**	78,77	*12,98*	76,17	*13,44*	71,50	*14,36*	67,40	*15,27*	63,79	*16,18*	60,58	*17,09*	57,70	*17,99*	55,11	*18,89*	52,77	*19,78*	50,64	*20,67*
	17,640	*11,760*	**14,110**	91,33	*13,36*	88,29	*13,84*	82,81	*14,79*	78,02	*15,74*	73,79	*16,68*	70,03	*17,62*	66,66	*18,55*	63,63	*19,48*	60,89	*20,41*	58,39	*21,33*
	20,580	*13,720*	**16,460**	103,9	*13,65*	100,4	*14,14*	94,10	*15,11*	88,60	*16,09*	83,76	*17,05*	79,45	*18,01*	75,59	*18,98*	72,12	*19,94*	68,98	*20,89*	66,12	*21,84*
28	23,890	*15,930*	**19,110**	117,9	*13,90*	113,9	*14,40*	106,8	*15,40*	100,5	*16,39*	94,95	*17,38*	90,03	*18,37*	85,62	*19,35*	81,65	*20,33*	78,06	*21,31*	74,79	*22,28*
	27,560	*18,380*	**22,050**							113,7	*16,66*	107,4	*17,67*	101,8	*18,67*	96,74	*19,68*	92,22	*20,68*	88,13	*21,67*	84,41	*22,67*
	31,240	*20,830*	**24,990**											113,5	*18,91*	107,8	*19,93*	102,8	*20,95*	98,18	*21,96*	94,01	*22,97*
31	34,910	*23,280*	**27,930**															113,3	*21,17*	108,2	*22,20*	103,6	*23,22*
	38,590	*25,730*	**30,870**																			113,2	*23,43*
	42,260	*28,180*	**33,810**																				
34	47,040	*31,360*	**37,630**																				
	52,920	*35,280*	**42,340**																				
	58,800	*39,200*	**47,040**																				

Erste Teilspalte (Steilziffern) | h | in cm

Zweite Teilspalte (Schrägziffern) | f_e | in $\frac{cm^2}{m}$

(Mit Vernachlässigung des Stegdrucks.) $d = 7$ cm

σ_b in kg/cm²

21,25		22,5		23,75		25		26,25		27,5		28,75		30		31,25		32,5		Eisenzugspannung σ_e in kg/cm²			
14,17		*15*		*15,83*		*16,67*		*17,5*		*18,33*		*19,17*		*20*		*20,83*		*21,67*				1500	
17		**18**		**19**		**20**		**21**		**22**		**23**		**24**		**25**		**26**			*1000*		
																				1200			
19,42	*2,411*	18,47	*2,544*	17,61	*2,676*	16,84	*2,806*	16,14	*2,936*	15,50	*3,065*	14,92	*3,193*	14,39	*3,320*	13,90	*3,447*	13,44	*3,572*	**0,5292**	*0,441*	0,6615	1
20,47	*2,542*	19,47	*2,681*	18,56	*2,820*	17,75	*2,958*	17,01	*3,095*	16,34	*3,231*	15,73	*3,366*	15,17	*3,500*	14,65	*3,633*	14,17	*3,766*	**0,588**	*0,490*	0,735	
22,43	*2,784*	21,32	*2,937*	20,33	*3,089*	19,44	*3,240*	18,64	*3,390*	17,90	*3,539*	17,23	*3,687*	16,61	*3,834*	16,05	*3,980*	15,52	*4,125*	**0,7056**	*0,588*	0,882	
24,23	*3,007*	23,03	*3,173*	21,96	*3,337*	21,00	*3,500*	20,13	*3,662*	19,34	*3,823*	18,61	*3,983*	17,95	*4,141*	17,33	*4,299*	16,77	*4,456*	**0,8232**	*0,686*	1,029	4
25,90	*3,215*	24,62	*3,392*	23,48	*3,567*	22,45	*3,742*	21,52	*3,915*	20,67	*4,087*	19,90	*4,258*	19,18	*4,427*	18,53	*4,596*	17,93	*4,763*	**0,9408**	*0,784*	1,176	
27,47	*3,410*	26,12	*3,598*	24,90	*3,784*	23,81	*3,969*	22,82	*4,152*	21,92	*4,335*	21,10	*4,516*	20,35	*4,696*	19,65	*4,874*	19,01	*5,052*	**1,058**	*0,882*	1,323	
28,96	*3,595*	27,53	*3,792*	26,25	*3,988*	25,10	*4,183*	24,06	*4,377*	23,11	*4,569*	22,24	*4,760*	21,45	*4,950*	20,72	*5,138*	20,04	*5,325*	**1,176**	*0,980*	1,470	7
31,72	*3,938*	30,16	*4,154*	28,76	*4,369*	27,50	*4,583*	26,35	*4,795*	25,32	*5,005*	24,37	*5,214*	23,50	*5,422*	22,69	*5,629*	21,95	*5,834*	**1,411**	*1,176*	1,764	
34,26	*4,253*	32,57	*4,487*	31,06	*4,719*	29,70	*4,950*	28,47	*5,179*	27,34	*5,406*	26,32	*5,632*	25,38	*5,857*	24,51	*6,080*	23,71	*6,301*	**1,646**	*1,372*	2,058	
36,91	*4,582*	35,09	*4,834*	33,46	*5,084*	32,00	*5,333*	30,67	*5,579*	29,46	*5,824*	28,36	*6,068*	27,34	*6,310*	26,41	*6,550*	25,55	*6,789*	**1,911**	*1,593*	2,389	10
39,65	*4,922*	37,69	*5,193*	35,95	*5,461*	34,37	*5,728*	32,94	*5,993*	31,64	*6,256*	30,46	*6,518*	29,37	*6,778*	28,37	*7,036*	27,44	*7,292*	**2,205**	*1,838*	2,756	
42,27	*5,231*	40,18	*5,520*	38,30	*5,807*	36,62	*6,091*	35,09	*6,374*	33,71	*6,655*	32,44	*6,934*	31,28	*7,212*	30,21	*7,487*	29,22	*7,761*	**2,499**	*2,083*	3,124	
44,86	*5,502*	42,64	*5,807*	40,64	*6,110*	38,85	*6,411*	37,22	*6,710*	35,75	*7,007*	34,40	*7,303*	33,16	*7,596*	32,02	*7,888*	30,96	*8,178*	**2,793**	*2,328*	3,491	13
47,45	*5,743*	45,08	*6,062*	42,97	*6,379*	41,06	*6,694*	39,34	*7,008*	37,77	*7,319*	36,33	*7,629*	35,02	*7,937*	33,81	*8,243*	32,69	*8,547*	**3,087**	*2,573*	3,859	
50,02	*5,957*	47,52	*6,289*	45,28	*6,619*	43,26	*6,947*	41,44	*7,274*	39,78	*7,598*	38,26	*7,921*	36,87	*8,241*	35,59	*8,560*	34,41	*8,878*	**3,381**	*2,818*	4,226	
53,35	*6,204*	50,67	*6,551*	48,27	*6,896*	46,11	*7,239*	44,15	*7,580*	42,38	*7,919*	40,75	*8,257*	39,26	*8,592*	37,89	*8,926*	36,63	*9,258*	**3,763**	*3,136*	4,704	16
57,42	*6,468*	54,52	*6,830*	51,93	*7,191*	49,59	*7,550*	47,48	*7,907*	45,56	*8,262*	43,80	*8,615*	42,19	*8,967*	40,71	*9,317*	39,34	*9,665*	**4,234**	*3,528*	5,292	
61,48	*6,696*	58,37	*7,072*	55,57	*7,446*	53,06	*7,819*	50,79	*8,190*	48,72	*8,559*	46,83	*8,926*	45,10	*9,292*	43,50	*9,656*	42,03	*10,02*	**4,704**	*3,920*	5,880	
66,54	*6,940*	63,15	*7,331*	60,11	*7,721*	57,38	*8,108*	54,90	*8,494*	52,65	*8,878*	50,60	*9,261*	48,71	*9,641*	46,98	*10,02*	45,38	*10,40*	**5,292**	*4,410*	6,615	19
71,58	*7,150*	67,91	*7,554*	64,63	*7,956*	61,68	*8,356*	59,00	*8,755*	56,57	*9,152*	54,35	*9,547*	52,31	*9,941*	50,44	*10,33*	48,71	*10,72*	**5,880**	*4,900*	7,350	
81,62	*7,490*	77,41	*7,915*	73,63	*8,338*	70,24	*8,760*	67,16	*9,180*	64,37	*9,598*	61,82	*10,01*	59,48	*10,43*	57,32	*10,84*	55,34	*11,26*	**7,056**	*5,880*	8,820	
91,63	*7,755*	86,87	*8,197*	82,60	*8,636*	78,76	*9,075*	75,29	*9,511*	72,13	*9,946*	69,25	*10,38*	66,60	*10,81*	64,17	*11,24*	61,92	*11,67*	**8,232**	*6,860*	10,290	22
101,6	*7,968*	96,30	*8,422*	91,54	*8,875*	87,26	*9,327*	83,39	*9,777*	79,87	*10,23*	76,65	*10,67*	73,71	*11,12*	70,99	*11,56*	68,49	*12,01*	**9,408**	*7,840*	11,760	
111,6	*8,142*	105,7	*8,607*	100,5	*9,072*	95,75	*9,534*	91,47	*9,996*	87,59	*10,46*	84,04	*10,91*	80,79	*11,37*	77,80	*11,83*	75,04	*12,28*	**10,580**	*8,820*	13,230	
				109,4	*9,235*	104,2	*9,708*	99,54	*10,18*	95,30	*10,65*	91,42	*11,12*	87,86	*11,58*	84,59	*12,05*	81,57	*12,51*	**11,760**	*9,800*	14,700	25
						121,1	*9,981*	115,7	*10,47*	110,7	*10,95*	106,1	*11,44*	102,0	*11,92*	98,14	*12,40*	94,60	*12,88*	**14,110**	*11,760*	17,640	
														116,1	*12,17*	111,7	*12,66*	107,6	*13,16*	**16,460**	*13,720*	20,580	

Einheitsmoment M/b in t

σ_b in kg/cm²

57,5		60		62,5		65		67,5		70		75		81,25		87,5		93,75		Eisenzugspannung σ_e in kg/cm²			
38,33		*40*		*41,67*		*43,33*		*45*		*46,67*		*50*		*54,17*		*58,33*		*62,5*				1500	
46		**48**		**50**		**52**		**54**		**56**		**60**		**65**		**70**		**75**			*1000*		
																				1200			
8,471	*5,927*	8,198	*6,148*	7,945	*6,367*	7,712	*6,583*	7,496	*6,796*	7,294	*7,008*									**0,5292**	*0,441*	0,6615	1
8,929	*6,248*	8,641	*6,481*	8,375	*6,711*	8,129	*6,939*	7,901	*7,164*	7,689	*7,387*	7,305	*7,826*							**0,588**	*0,490*	0,735	
9,781	*6,844*	9,466	*7,099*	9,175	*7,351*	8,905	*7,601*	8,655	*7,848*	8,422	*8,092*	8,002	*8,573*	7,546	*9,161*	7,152	*9,735*			**0,7056**	*0,588*	0,882	
10,57	*7,393*	10,22	*7,668*	9,910	*7,941*	9,619	*8,210*	9,349	*8,477*	9,097	*8,740*	8,643	*9,260*	8,150	*9,895*	7,726	*10,52*	7,355	*11,12*	**0,8232**	*0,686*	1,029	4
11,29	*7,903*	10,93	*8,198*	10,59	*8,489*	10,28	*8,777*	9,994	*9,062*	9,725	*9,344*	9,240	*9,899*	8,713	*10,58*	8,259	*11,24*	7,863	*11,89*	**0,9408**	*0,784*	1,176	
11,98	*8,383*	11,59	*8,695*	11,24	*9,004*	10,91	*9,309*	10,60	*9,612*	10,32	*9,911*	9,800	*10,50*	9,242	*11,22*	8,760	*11,92*	8,339	*12,61*	**1,058**	*0,882*	1,323	
12,63	*8,836*	12,22	*9,165*	11,84	*9,491*	11,50	*9,813*	11,17	*10,13*	10,87	*10,45*	10,33	*11,07*	9,742	*11,83*	9,234	*12,57*	8,791	*13,29*	**1,176**	*0,980*	1,470	7
13,83	*9,679*	13,39	*10,04*	12,97	*10,40*	12,59	*10,75*	12,24	*11,10*	11,91	*11,44*	11,32	*12,12*	10,67	*12,96*	10,12	*13,77*	9,630	*14,56*	**1,411**	*1,176*	1,764	
14,94	*10,45*	14,46	*10,84*	14,01	*11,23*	13,60	*11,61*	13,22	*11,99*	12,87	*12,36*	12,22	*13,10*	11,53	*13,99*	10,93	*14,87*	10,40	*15,73*	**1,646**	*1,372*	2,058	
16,10	*11,26*	15,58	*11,68*	15,10	*12,10*	14,66	*12,51*	14,24	*12,92*	13,86	*13,32*	13,17	*14,11*	12,42	*15,08*	11,77	*16,02*	11,21	*16,94*	**1,911**	*1,593*	2,389	10
17,29	*12,10*	16,73	*12,55*	16,22	*13,00*	15,74	*13,44*	15,30	*13,87*	14,89	*14,30*	14,15	*15,16*	13,34	*16,20*	12,64	*17,21*	12,04	*18,20*	**2,205**	*1,838*	2,756	
18,41	*12,88*	17,81	*13,36*	17,27	*13,84*	16,76	*14,30*	16,29	*14,77*	15,85	*15,23*	15,06	*16,13*	14,20	*17,24*	13,46	*18,32*	12,81	*19,38*	**2,499**	*2,083*	3,124	
19,46	*13,62*	18,83	*14,12*	18,25	*14,63*	17,72	*15,12*	17,22	*15,61*	16,76	*16,10*	15,92	*17,06*	15,01	*18,23*	14,23	*19,37*	13,55	*20,48*	**2,793**	*2,328*	3,491	13
20,49	*14,28*	19,82	*14,82*	19,21	*15,35*	18,64	*15,88*	18,11	*16,40*	17,62	*16,91*	16,74	*17,93*	15,78	*19,16*	14,96	*20,36*	14,24	*21,54*	**3,087**	*2,573*	3,859	
21,51	*14,87*	20,80	*15,44*	20,15	*16,00*	19,55	*16,55*	19,00	*17,10*	18,48	*17,64*	17,54	*18,71*	16,53	*20,01*	15,67	*21,28*	14,91	*22,52*	**3,381**	*2,818*	4,226	
22,81	*15,56*	22,06	*16,15*	21,36	*16,74*	20,72	*17,33*	20,13	*17,91*	19,57	*18,48*	18,57	*19,61*	17,50	*21,00*	16,57	*22,35*	15,76	*23,67*	**3,763**	*3,136*	4,704	16
24,40	*16,29*	23,59	*16,92*	22,84	*17,54*	22,14	*18,16*	21,50	*18,78*	20,90	*19,38*	19,82	*20,58*	18,66	*22,05*	17,66	*23,49*	16,79	*24,90*	**4,234**	*3,528*	5,292	
25,97	*16,93*	25,10	*17,59*	24,29	*18,24*	23,55	*18,89*	22,86	*19,53*	22,21	*20,17*	21,06	*21,43*	19,81	*22,97*	18,73	*24,48*	17,80	*25,97*	**4,704**	*3,920*	5,880	
27,92	*17,62*	26,97	*18,31*	26,09	*18,99*	25,28	*19,67*	24,53	*20,35*	23,84	*21,02*	22,58	*22,34*	21,22	*23,97*	20,05	*25,56*	19,04	*27,13*	**5,292**	*4,410*	6,615	19
29,85	*18,21*	28,82	*18,93*	27,88	*19,65*	27,00	*20,35*	26,19	*21,06*	25,44	*21,75*	24,08	*23,13*	22,62	*24,83*	21,36	*26,50*	20,27	*28,14*	**5,880**	*4,900*	7,350	
33,67	*19,19*	32,49	*19,96*	31,41	*20,72*	30,41	*21,47*	29,48	*22,22*	28,61	*22,96*	27,06	*24,44*	25,38	*26,25*	23,94	*28,04*	22,69	*29,80*	**7,056**	*5,880*	8,820	
37,46	*19,97*	36,13	*20,77*	34,90	*21,56*	33,77	*22,35*	32,72	*23,14*	31,75	*23,92*	30,00	*25,47*	28,10	*27,38*	26,48	*29,27*	25,07	*31,13*	**8,232**	*6,860*	10,290	22
41,22	*20,59*	39,74	*21,42*	38,37	*22,25*	37,11	*23,07*	35,95	*23,89*	34,86	*24,70*	32,91	*26,31*	30,80	*28,31*	28,99	*30,27*	27,42	*32,21*	**9,408**	*7,840*	11,760	
44,96	*21,11*	43,33	*21,97*	41,82	*22,82*	40,44	*23,67*	39,15	*24,51*	37,95	*25,35*	35,80	*27,02*	33,48	*29,07*	31,49	*31,11*	29,76	*33,12*	**10,580**	*8,820*	13,230	
48,69	*21,55*	46,90	*22,43*	45,26	*23,30*	43,74	*24,17*	42,34	*25,04*	41,03	*25,90*	38,68	*27,61*	36,15	*29,73*	33,97	*31,82*	32,08	*33,89*	**11,760**	*9,800*	14,700	25
56,12	*22,25*	54,03	*23,16*	52,10	*24,07*	50,33	*24,98*	48,69	*25,88*	47,16	*26,78*	44,41	*28,56*	41,44	*30,77*	38,90	*32,96*	36,69	*35,13*	**14,110**	*11,760*	17,640	
63,51	*22,78*	61,12	*23,72*	58,92	*24,66*	56,89	*25,60*	55,00	*26,53*	53,26	*27,45*	50,11	*29,30*	46,71	*31,58*	43,80	*33,84*	41,28	*36,08*	**16,460**	*13,720*	20,580	
71,81	*23,25*	69,08	*24,22*	66,56	*25,18*	64,24	*26,14*	62,09	*27,09*	60,09	*28,05*	56,49	*29,94*	52,62	*32,29*	49,29	*34,62*	46,41	*36,93*	**19,110**	*15,930*	23,890	28
81,01	*23,66*	77,90	*24,65*	75,03	*25,63*	72,39	*26,61*	69,94	*27,59*	67,66	*28,56*	63,57	*30,50*	59,15	*32,91*	55,37	*35,30*	52,09	*37,67*	**22,050**	*18,380*	27,560	
90,20	*23,98*	86,71	*24,99*	83,49	*25,99*	80,52	*26,99*	77,78	*27,98*	75,22	*28,98*	70,63	*30,95*	65,68	*33,41*	61,43	*35,85*	57,75	*38,27*	**24,990**	*20,830*	31,240	
99,38	*24,24*	95,50	*25,26*	91,94	*26,28*	88,65	*27,29*	85,60	*28,30*	82,77	*29,31*	77,68	*31,32*	72,19	*33,82*	67,48	*36,30*	63,40	*38,76*	**27,930**	*23,280*	34,910	31
108,5	*24,46*	104,3	*25,49*	100,4	*26,52*	96,76	*27,55*	93,42	*28,57*	90,31	*29,59*	84,72	*31,63*	78,69	*34,15*	73,52	*36,67*	69,04	*39,17*	**30,870**	*25,730*	38,590	
		113,1	*25,69*	108,8	*26,73*	104,9	*27,76*	101,2	*28,80*	97,84	*29,83*	91,75	*31,88*	85,12	*34,44*	79,56	*36,98*	74,68	*39,51*	**33,810**	*28,180*	42,260	
						115,4	*28,00*	111,4	*29,04*	107,6	*30,09*	100,9	*32,17*	93,63	*34,75*	87,40	*37,33*	82,00	*39,89*	**37,630**	*31,360*	47,040	34
												112,1	*32,45*	104,0	*35,07*	97,04	*37,68*	91,00	*40,27*	**42,340**	*35,280*	52,920	
														114,4	*35,33*	106,7	*37,96*	100,0	*40,59*	**47,040**	*39,200*	58,800	

Einheitsmoment M/b in t

Nr.	Eisenzugspannung σ_e in kg/cm² 1500	1000	1200	Beton-Druckspannung 8,75 / 5,833 / 7		10 / 6,667 / 8		11,25 / 7,5 / 9		12,5 / 8,333 / 10		13,75 / 9,167 / 11		15 / 10 / 12		16,25 / 10,83 / 13		17,5 / 11,67 / 14		18,75 / 12,5 / 15		20 / 13,33 / 16	
	Einheitsmoment M/b in t																						
1	0,864	0,576	0,6912	50,22	1,179	44,27	1,342	39,65	1,503	35,94	1,664	32,91	1,824	30,39	1,982	28,25	2,139	26,41	2,295	24,82	2,449	23,43	2,603
	0,960	0,640	0,768	52,94	1,242	46,47	1,414	41,79	1,585	37,89	1,754	34,69	1,922	32,03	2,089	29,78	2,254	27,84	2,419	26,16	2,582	24,70	2,744
	1,152	0,768	0,9216	57,99	1,361	51,12	1,549	45,78	1,736	41,51	1,922	38,01	2,106	35,09	2,288	32,62	2,470	30,50	2,650	28,66	2,828	27,05	3,006
4	1,344	0,896	1,075	62,64	1,470	55,22	1,673	49,45	1,875	44,83	2,076	41,05	2,274	37,90	2,472	35,23	2,668	32,94	2,862	30,96	3,055	29,22	3,247
	1,536	1,024	1,229	66,96	1,571	59,03	1,789	52,86	2,005	47,93	2,219	43,88	2,431	40,52	2,642	37,66	2,852	35,22	3,060	33,10	3,266	31,24	3,471
	1,728	1,152	1,382	71,02	1,667	62,61	1,897	56,07	2,126	50,83	2,353	46,55	2,579	42,97	2,803	39,95	3,025	37,35	3,245	35,10	3,464	33,13	3,681
7	1,920	1,280	1,536	74,86	1,757	66,00	2,000	59,10	2,241	53,58	2,481	49,06	2,718	45,30	2,954	42,11	3,188	39,37	3,421	37,00	3,651	34,93	3,881
	2,304	1,536	1,843	82,01	1,925	72,30	2,191	64,74	2,455	58,70	2,717	53,75	2,978	49,62	3,236	46,13	3,493	43,13	3,747	40,53	4,000	38,26	4,251
	2,688	1,792	2,150	88,58	2,079	78,09	2,366	69,93	2,652	63,40	2,935	58,05	3,216	53,60	3,495	49,82	3,772	46,59	4,047	43,78	4,320	41,32	4,592
10	3,120	2,080	2,496	95,43	2,240	84,13	2,550	75,34	2,857	68,31	3,162	62,55	3,465	57,74	3,766	53,68	4,064	50,19	4,361	47,17	4,655	44,52	4,947
	3,600	2,400	2,880	102,6	2,405	90,40	2,738	80,95	3,068	73,38	3,396	67,19	3,722	62,03	4,045	57,66	4,366	53,91	4,684	50,67	5,000	47,82	5,314
	4,080	2,720	3,264	109,6	2,549	96,57	2,903	86,45	3,255	78,35	3,603	71,72	3,950	66,20	4,294	61,52	4,635	57,51	4,975	54,03	5,311	50,99	5,646
13	4,560	3,040	3,648	116,6	2,677	102,7	3,049	91,93	3,418	83,29	3,785	76,23	4,150	70,34	4,512	65,36	4,872	61,08	5,230	57,38	5,585	54,14	5,938
	5,040	3,360	4,032	123,6	2,789	108,8	3,177	97,39	3,563	88,22	3,946	80,72	4,327	74,47	4,706	69,18	5,082	64,64	5,456	60,71	5,827	57,26	6,196
	5,520	3,680	4,416			115,0	3,292	102,8	3,692	93,14	4,090	85,20	4,485	78,59	4,878	72,99	5,269	68,18	5,657	64,02	6,043	60,38	6,427
16	6,144	4,096	4,915			122,9	3,424	109,9	3,841	99,51	4,255	91,01	4,667	83,92	5,077	77,92	5,484	72,77	5,889	68,32	6,292	64,41	6,692
	6,912	4,608	5,530					118,6	3,998	107,3	4,431	98,13	4,860	90,46	5,288	83,97	5,713	78,40	6,136	73,58	6,557	69,35	6,975
	7,680	5,120	6,144					127,2	4,135	115,1	4,582	105,2	5,027	96,98	5,470	90,00	5,911	84,01	6,350	78,82	6,786	74,28	7,220
19	8,640	5,760	6,912							124,9	4,745	114,1	5,206	105,1	5,666	97,51	6,123	91,00	6,579	85,35	7,032	80,41	7,483
	9,600	6,400	7,680									122,9	5,359	113,2	5,833	105,0	6,305	97,97	6,775	91,86	7,242	86,52	7,708
	11,520	7,680	9,216											129,4	6,104	120,0	6,599	111,9	7,092	104,8	7,584	98,70	8,073
22	13,440	8,960	10,750															125,7	7,339	117,8	7,849	110,8	8,357
	15,360	10,240	12,290																	130,7	8,062	123,0	8,585
	17,280	11,520	13,820																				
25	19,200	12,800	15,360																				
	23,040	15,360	18,430																				
	26,880	17,920	21,500																				

Erste Teilspalte (Steilziffern) h in cm

Zweite Teilspalte (Schrägziffern) f_e in $\frac{cm^2}{m}$

Nr.	Eisenzugspannung σ_e in kg/cm² 1500	1000	1200	Beton-Druckspannung 33,75 / 22,5 / 27		35 / 23,33 / 28		37,5 / 25 / 30		40 / 26,67 / 32		42,5 / 28,33 / 34		45 / 30 / 36		47,5 / 31,67 / 38		50 / 33,33 / 40		52,5 / 35 / 42		55 / 36,67 / 44	
	Einheitsmoment M/b in t																						
1	0,864	0,576	0,6912	14,88	4,225	14,44	4,367	13,63	4,648	12,93	4,925	12,30	5,198	11,75	5,469	11,25	5,736	10,80	6,000	10,39	6,261	10,02	6,519
	0,960	0,640	0,768	15,69	4,454	15,22	4,603	14,37	4,899	13,63	5,191	12,97	5,480	12,38	5,765	11,86	6,046	11,38	6,325	10,95	6,600	10,56	6,872
	1,152	0,768	0,9216	17,19	4,879	16,67	5,043	15,74	5,367	14,93	5,687	14,21	6,003	13,57	6,315	12,99	6,623	12,47	6,928	12,00	7,230	11,57	7,528
4	1,344	0,896	1,075	18,56	5,270	18,01	5,447	17,00	5,797	16,12	6,142	15,35	6,484	14,65	6,821	14,03	7,154	13,47	7,483	12,96	7,809	12,50	8,131
	1,536	1,024	1,229	19,85	5,634	19,25	5,823	18,18	6,197	17,24	6,566	16,40	6,931	15,66	7,292	15,00	7,648	14,40	8,009	13,86	8,348	13,36	8,692
	1,728	1,152	1,382	21,05	5,975	20,42	6,176	19,28	6,573	18,28	6,965	17,40	7,352	16,61	7,734	15,91	8,112	15,27	8,485	14,70	8,854	14,17	9,219
7	1,920	1,280	1,536	22,19	6,299	21,52	6,510	20,32	6,928	19,27	7,341	18,34	7,749	17,51	8,152	16,77	8,551	16,10	8,944	15,49	9,333	14,94	9,718
	2,304	1,536	1,843	24,31	6,900	23,58	7,131	22,26	7,589	21,11	8,042	20,09	8,489	19,18	8,930	18,37	9,367	17,64	9,798	16,97	10,22	16,36	10,65
	2,688	1,792	2,150	26,25	7,453	25,47	7,703	24,05	8,198	22,80	8,686	21,70	9,169	20,72	9,646	19,84	10,12	19,05	10,58	18,33	11,04	17,68	11,50
10	3,120	2,080	2,496	28,28	8,029	27,44	8,298	25,91	8,832	24,57	9,358	23,38	9,878	22,32	10,39	21,38	10,90	20,52	11,40	19,75	11,90	19,04	12,39
	3,600	2,400	2,880	30,38	8,625	29,47	8,914	27,83	9,487	26,39	10,05	25,11	10,61	23,98	11,16	22,96	11,71	22,05	12,25	21,21	12,78	20,46	13,31
	4,080	2,720	3,264	32,35	9,180	31,38	9,488	29,63	10,10	28,09	10,70	26,74	11,30	25,53	11,88	24,45	12,46	23,47	13,04	22,58	13,61	21,78	14,17
13	4,560	3,040	3,648	34,27	9,675	33,24	10,00	31,37	10,65	29,74	11,29	28,30	11,92	27,01	12,55	25,86	13,16	24,82	13,77	23,88	14,38	23,03	14,97
	5,040	3,360	4,032	36,18	10,11	35,08	10,46	33,10	11,14	31,37	11,81	29,84	12,48	28,47	13,14	27,25	13,79	26,15	14,43	25,16	15,07	24,25	15,70
	5,520	3,680	4,416	38,08	10,51	36,91	10,86	34,82	11,58	32,99	12,28	31,37	12,97	29,93	13,66	28,63	14,34	27,47	15,02	26,42	15,68	25,46	16,34
16	6,144	4,096	4,915	40,52	10,96	39,28	11,33	37,03	12,08	35,07	12,82	33,34	13,55	31,79	14,27	30,41	14,99	29,17	15,69	28,04	16,40	27,01	17,09
	6,912	4,608	5,530	43,51	11,44	42,16	11,84	39,74	12,62	37,61	13,39	35,74	14,16	34,07	14,92	32,58	15,67	31,23	16,42	30,01	17,16	28,90	17,89
	7,680	5,120	6,144	46,48	11,86	45,03	12,27	42,42	13,09	40,14	13,89	38,12	14,69	36,33	15,49	34,72	16,27	33,28	17,05	31,97	17,82	30,77	18,59
19	8,640	5,760	6,912	50,17	12,31	48,59	12,76	45,76	13,59	43,27	14,43	41,08	15,27	39,13	16,10	37,39	16,92	35,81	17,73	34,39	18,54	33,09	19,34
	9,600	6,400	7,680	53,84	12,70	52,14	13,14	49,07	14,02	46,39	14,90	44,02	15,76	41,92	16,62	40,03	17,47	38,33	18,32	36,79	19,16	35,39	19,99
	11,520	7,680	9,216	61,14	13,33	59,18	13,80	55,66	14,73	52,58	15,65	49,86	16,57	47,44	17,48	45,27	18,38	43,32	19,28	41,56	20,17	39,95	21,06
22	13,440	8,960	10,750	68,39	13,83	66,19	14,32	62,21	15,28	58,73	16,25	55,66	17,20	52,92	18,16	50,48	19,10	48,27	20,04	46,28	20,97	44,47	21,90
	15,360	10,240	12,290	75,62	14,23	73,16	14,73	68,73	15,73	64,85	16,73	61,42	17,72	58,38	18,70	55,65	19,68	53,20	20,65	50,97	21,62	48,95	22,58
	17,280	11,520	13,820	82,83	14,56	80,12	15,07	75,23	16,10	70,95	17,12	67,17	18,14	63,81	19,15	60,81	20,16	58,10	21,16	55,65	22,15	53,42	23,14
25	19,200	12,800	15,360	90,02	14,83	87,05	15,36	81,71	16,41	77,03	17,46	72,90	18,50	69,23	19,53	65,94	20,56	62,98	21,59	60,31	22,61	57,87	23,62
	23,040	15,360	18,430	104,4	15,27	100,9	15,81	94,64	16,90	89,16	17,98	84,33	19,06	80,03	20,13	76,18	21,20	72,72	22,27	69,59	23,32	66,74	24,38
	26,880	17,920	21,500	118,7	15,60	114,7	16,16	107,5	17,27	101,3	18,39	95,72	19,49	90,80	20,59	86,39	21,69	82,42	22,78	78,83	23,87	75,57	24,96
28	31,200	20,800	24,960	134,8	15,88	130,2	16,46	122,0	17,60	114,8	18,73	108,5	19,87	102,9	21,00	97,85	22,12	93,31	23,24	89,21	24,35	85,48	25,46
	36,000	24,000	28,800							129,9	19,03	122,7	20,19	116,3	21,34	110,6	22,49	105,4	23,63	100,7	24,77	96,47	25,91
	40,800	27,200	32,640											129,7	21,61	123,3	22,78	117,5	23,94	112,2	25,10	107,4	26,26
31	45,600	30,400	36,480															129,5	24,20	123,7	25,37	118,4	26,54
	50,400	33,600	40,320																			129,4	26,78
	55,200	36,800	44,160																				
34	61,440	40,960	49,150																				
	69,120	46,080	55,300																				
	76,800	51,200	61,440																				

Erste Teilspalte (Steilziffern) h in cm

Zweite Teilspalte (Schrägziffern) f_e in $\frac{cm^2}{m}$

σ_b in kg/cm²

21,25		22,5		23,75		25		26,25		27,5		28,75		30		31,25		32,5		Eisenzugspannung σ_e in kg/cm²			
14,17		*15*		*15,83*		*16,67*		*17,5*		*18,33*		*19,17*		*20*		*20,83*		*21,67*				1500	
17		**18**		**19**		**20**		**21**		**22**		**23**		**24**		**25**		**26**			*1000*		
																				1200			Einheitsmoment M/b in t
22,20	*2,756*	21,10	*2,907*	20,13	*3,058*	19,24	*3,207*	18,44	*3,356*	17,72	*3,503*	17,05	*3,649*	16,44	*3,795*	15,88	*3,939*	15,36	*4,083*	**0,6912**	*0,576*	0,864	1
23,40	*2,905*	22,25	*3,065*	21,21	*3,223*	20,28	*3,381*	19,44	*3,537*	18,68	*3,692*	17,98	*3,847*	17,33	*4,000*	16,74	*4,152*	16,20	*4,304*	**0,768**	*0,640*	0,960	
25,63	*3,182*	24,37	*3,357*	23,24	*3,531*	22,22	*3,703*	21,30	*3,875*	20,46	*4,045*	19,69	*4,214*	18,99	*4,382*	18,34	*4,549*	17,74	*4,714*	**0,9216**	*0,768*	1,152	
27,69	*3,437*	26,32	*3,626*	25,10	*3,814*	24,00	*4,000*	23,00	*4,185*	22,10	*4,369*	21,27	*4,551*	20,51	*4,733*	19,81	*4,913*	19,16	*5,092*	**1,075**	*0,896*	1,344	4
29,60	*3,674*	28,14	*3,876*	26,83	*4,077*	25,66	*4,276*	24,59	*4,474*	23,62	*4,671*	22,74	*4,866*	21,93	*5,060*	21,18	*5,252*	20,49	*5,444*	**1,229**	*1,024*	1,536	
31,39	*3,897*	29,85	*4,111*	28,46	*4,324*	27,21	*4,536*	26,08	*4,745*	25,06	*4,954*	24,12	*5,161*	23,26	*5,367*	22,46	*5,571*	21,73	*5,774*	**1,382**	*1,152*	1,728	
33,09	*4,108*	31,46	*4,334*	30,00	*4,558*	28,69	*4,781*	27,49	*5,002*	26,41	*5,222*	25,42	*5,440*	24,51	*5,657*	23,68	*5,872*	22,90	*6,086*	**1,536**	*1,280*	1,920	7
36,25	*4,500*	34,46	*4,748*	32,86	*4,993*	31,42	*5,237*	30,12	*5,480*	28,93	*5,720*	27,85	*5,959*	26,85	*6,197*	25,94	*6,433*	25,09	*6,667*	**1,843**	*1,536*	2,304	
39,15	*4,861*	37,22	*5,128*	35,50	*5,393*	33,94	*5,657*	32,53	*5,919*	31,25	*6,179*	30,08	*6,437*	29,00	*6,693*	28,01	*6,948*	27,10	*7,201*	**2,150**	*1,792*	2,688	
42,18	*5,237*	40,10	*5,525*	38,24	*5,811*	36,57	*6,094*	35,05	*6,376*	33,67	*6,657*	32,41	*6,935*	31,25	*7,211*	30,18	*7,486*	29,20	*7,758*	**2,496**	*2,080*	3,120	10
45,31	*5,625*	43,08	*5,934*	41,08	*6,242*	39,28	*6,547*	37,65	*6,849*	36,17	*7,150*	34,81	*7,449*	33,57	*7,746*	32,42	*8,041*	31,36	*8,334*	**2,880**	*2,400*	3,600	
48,30	*5,978*	45,91	*6,308*	43,78	*6,636*	41,85	*6,962*	40,11	*7,285*	38,52	*7,606*	37,08	*7,925*	35,75	*8,242*	34,52	*8,557*	33,40	*8,869*	**3,264**	*2,720*	4,080	
51,27	*6,288*	48,73	*6,637*	46,45	*6,983*	44,40	*7,327*	42,54	*7,669*	40,85	*8,008*	39,31	*8,346*	37,89	*8,681*	36,59	*9,015*	35,39	*9,346*	**3,648**	*3,040*	4,560	13
54,23	*6,563*	51,52	*6,928*	49,10	*7,290*	46,93	*7,651*	44,96	*8,009*	43,16	*8,365*	41,53	*8,719*	40,02	*9,071*	38,64	*9,421*	37,36	*9,768*	**4,032**	*3,360*	5,040	
57,16	*6,808*	54,31	*7,188*	51,75	*7,565*	49,44	*7,940*	47,36	*8,313*	45,46	*8,683*	43,73	*9,052*	42,14	*9,419*	40,68	*9,783*	39,33	*10,15*	**4,416**	*3,680*	5,520	
60,97	*7,091*	57,91	*7,487*	55,16	*7,881*	52,70	*8,273*	50,46	*8,663*	48,43	*9,050*	46,57	*9,436*	44,87	*9,820*	43,31	*10,20*	41,86	*10,58*	**4,915**	*4,096*	6,144	16
65,63	*7,392*	62,31	*7,806*	59,35	*8,218*	56,68	*8,628*	54,26	*9,036*	52,06	*9,442*	50,06	*9,846*	48,22	*10,25*	46,52	*10,65*	44,96	*11,05*	**5,530**	*4,608*	6,912	
70,27	*7,652*	66,70	*8,082*	63,51	*8,510*	60,64	*8,936*	58,04	*9,360*	55,68	*9,781*	53,52	*10,20*	51,54	*10,62*	49,72	*11,03*	48,04	*11,45*	**6,144**	*5,120*	7,680	
76,05	*7,932*	72,17	*8,379*	68,70	*8,824*	65,57	*9,267*	62,75	*9,708*	60,17	*10,15*	57,82	*10,58*	55,67	*11,02*	53,69	*11,45*	51,86	*11,88*	**6,912**	*5,760*	8,640	19
81,81	*8,171*	77,61	*8,633*	73,86	*9,093*	70,49	*9,550*	67,43	*10,01*	64,65	*10,46*	62,11	*10,91*	59,79	*11,36*	57,65	*11,81*	55,67	*12,26*	**7,680**	*6,400*	9,600	
93,28	*8,560*	88,46	*9,046*	84,15	*9,530*	80,27	*10,01*	76,76	*10,49*	73,56	*10,97*	70,65	*11,45*	67,97	*11,92*	65,51	*12,39*	63,24	*12,86*	**9,216**	*7,680*	11,520	
104,7	*8,863*	99,27	*9,368*	94,40	*9,870*	90,02	*10,37*	86,05	*10,87*	82,44	*11,37*	79,14	*11,86*	76,12	*12,36*	73,34	*12,85*	70,77	*13,34*	**10,750**	*8,960*	13,440	22
116,1	*9,106*	110,1	*9,625*	104,6	*10,14*	99,73	*10,66*	95,30	*11,17*	91,28	*11,69*	87,61	*12,20*	84,24	*12,71*	81,14	*13,22*	78,27	*13,72*	**12,290**	*10,240*	15,360	
127,5	*9,305*	120,8	*9,837*	114,8	*10,37*	109,4	*10,90*	104,5	*11,42*	100,1	*11,95*	96,05	*12,47*	92,33	*13,00*	88,91	*13,52*	85,76	*14,04*	**13,820**	*11,520*	17,280	
				125,0	*10,55*	119,1	*11,09*	113,8	*11,63*	108,9	*12,17*	104,5	*12,70*	100,4	*13,24*	96,67	*13,77*	93,22	*14,30*	**15,360**	*12,800*	19,200	25
						138,4	*11,41*	132,2	*11,96*	126,5	*12,52*	121,3	*13,07*	116,5	*13,62*	112,2	*14,17*	108,1	*14,72*	**18,430**	*15,360*	23,040	
														132,6	*13,91*	127,6	*14,47*	123,0	*15,03*	**21,500**	*17,920*	26,880	

σ_b in kg/cm²

57,5		60		62,5		65		67,5		70		75		81,25		87,5		93,75		Eisenzugspannung σ_e in kg/cm²			
38,33		*40*		*41,67*		*43,33*		*45*		*46,67*		*50*		*54,17*		*58,33*		*62,5*				1500	
46		**48**		**50**		**52**		**54**		**56**		**60**		**65**		**70**		**75**			*1000*		
																				1200			Einheitsmoment M/b in t
9,681	*6,774*	9,369	*7,026*	9,081	*7,276*	8,814	*7,523*	8,566	*7,767*	8,336	*8,009*									**0,6912**	*0,576*	0,864	1
10,20	*7,141*	9,875	*7,407*	9,572	*7,670*	9,291	*7,930*	9,030	*8,187*	8,787	*8,442*	8,348	*8,944*							**0,768**	*0,640*	0,960	
11,18	*7,822*	10,82	*8,114*	10,49	*8,402*	10,18	*8,687*	9,892	*8,969*	9,626	*9,248*	9,145	*9,798*	8,624	*10,47*	8,174	*11,13*			**0,9216**	*0,768*	1,152	
12,07	*8,449*	11,68	*8,764*	11,33	*9,075*	10,99	*9,383*	10,68	*9,688*	10,40	*9,989*	9,877	*10,58*	9,315	*11,31*	8,829	*12,02*	8,405	*12,71*	**1,075**	*0,896*	1,344	4
12,91	*9,032*	12,49	*9,369*	12,11	*9,701*	11,75	*10,03*	11,42	*10,36*	11,11	*10,68*	10,56	*11,31*	9,958	*12,09*	9,439	*12,85*	8,986	*13,59*	**1,229**	*1,024*	1,536	
13,69	*9,580*	13,25	*9,937*	12,84	*10,29*	12,46	*10,64*	12,11	*10,98*	11,79	*11,33*	11,20	*12,00*	10,56	*12,82*	10,01	*13,63*	9,531	*14,41*	**1,382**	*1,152*	1,728	
14,43	*10,10*	13,97	*10,47*	13,54	*10,85*	13,14	*11,21*	12,77	*11,58*	12,43	*11,94*	11,81	*12,65*	11,13	*13,52*	10,55	*14,36*	10,05	*15,19*	**1,536**	*1,280*	1,920	7
15,81	*11,06*	15,30	*11,47*	14,83	*11,88*	14,39	*12,28*	13,99	*12,68*	13,61	*13,08*	12,93	*13,86*	12,20	*14,81*	11,56	*15,73*	11,01	*16,64*	**1,843**	*1,536*	2,304	
17,08	*11,95*	16,52	*12,39*	16,02	*12,83*	15,55	*13,27*	15,11	*13,70*	14,70	*14,13*	13,97	*14,97*	13,17	*15,99*	12,49	*17,00*	11,89	*17,97*	**2,150**	*1,792*	2,688	
18,40	*12,87*	17,80	*13,35*	17,26	*13,83*	16,75	*14,30*	16,28	*14,76*	15,84	*15,22*	15,05	*16,12*	14,19	*17,23*	13,45	*18,31*	12,81	*19,36*	**2,496**	*2,080*	3,120	10
19,76	*13,83*	19,12	*14,34*	18,54	*14,85*	17,99	*15,36*	17,49	*15,85*	17,02	*16,35*	16,17	*17,32*	15,24	*18,51*	14,45	*19,67*	13,76	*20,80*	**2,880**	*2,400*	3,600	
21,04	*14,72*	20,36	*15,27*	19,73	*15,81*	19,15	*16,35*	18,62	*16,88*	18,11	*17,40*	17,21	*18,44*	16,23	*19,70*	15,38	*20,94*	14,64	*22,14*	**3,264**	*2,720*	4,080	
22,24	*15,56*	21,52	*16,14*	20,86	*16,72*	20,25	*17,28*	19,68	*17,84*	19,15	*18,40*	18,19	*19,49*	17,16	*20,83*	16,26	*22,14*	15,48	*23,41*	**3,648**	*3,040*	4,560	13
23,42	*16,32*	22,66	*16,93*	21,95	*17,54*	21,30	*18,14*	20,70	*18,74*	20,14	*19,33*	19,13	*20,49*	18,04	*21,90*	17,10	*23,27*	16,28	*24,61*	**4,032**	*3,360*	5,040	
24,58	*17,00*	23,77	*17,64*	23,03	*18,28*	22,35	*18,91*	21,71	*19,54*	21,12	*20,16*	20,05	*21,38*	18,90	*22,87*	17,90	*24,33*	17,04	*25,74*	**4,416**	*3,680*	5,520	
26,07	*17,78*	25,21	*18,46*	24,42	*19,14*	23,68	*19,80*	23,00	*20,47*	22,37	*21,12*	21,23	*22,41*	20,00	*24,00*	18,93	*25,54*	18,01	*27,05*	**4,915**	*4,096*	6,144	16
27,89	*18,62*	26,96	*19,34*	26,10	*20,05*	25,31	*20,76*	24,57	*21,46*	23,89	*22,15*	22,66	*23,52*	21,33	*25,20*	20,18	*26,85*	19,18	*28,45*	**5,530**	*4,608*	6,912	
29,68	*19,35*	28,68	*20,10*	27,76	*20,85*	26,91	*21,59*	26,12	*22,32*	25,39	*23,05*	24,06	*24,49*	22,64	*26,25*	21,41	*27,98*	20,34	*29,68*	**6,144**	*5,120*	7,680	
31,91	*20,14*	30,82	*20,93*	29,82	*21,71*	28,90	*22,48*	28,04	*23,26*	27,24	*24,02*	25,80	*25,53*	24,25	*27,39*	22,92	*29,21*	21,76	*31,01*	**6,912**	*5,760*	8,640	19
34,11	*20,82*	32,94	*21,64*	31,86	*22,45*	30,86	*23,26*	29,94	*24,06*	29,08	*24,86*	27,52	*26,44*	25,85	*28,38*	24,41	*30,28*	23,16	*32,16*	**7,680**	*6,400*	9,600	
38,48	*21,94*	37,13	*22,81*	35,89	*23,68*	34,75	*24,54*	33,69	*25,39*	32,70	*26,24*	30,92	*27,93*	29,01	*30,00*	27,36	*32,05*	25,93	*34,06*	**9,216**	*7,680*	11,520	
42,81	*22,82*	41,29	*23,73*	39,89	*24,64*	38,60	*25,55*	37,40	*26,45*	36,29	*27,34*	34,28	*29,11*	32,12	*31,29*	30,26	*33,45*	28,65	*35,57*	**10,750**	*8,960*	13,440	22
47,11	*23,53*	45,41	*24,48*	43,86	*25,43*	42,42	*26,37*	41,08	*27,30*	39,84	*28,23*	37,61	*30,07*	35,20	*32,35*	33,13	*34,59*	31,34	*36,81*	**12,290**	*10,240*	15,360	
51,38	*24,13*	49,52	*25,11*	47,80	*26,08*	46,21	*27,05*	44,74	*28,01*	43,38	*28,97*	40,92	*30,88*	38,26	*33,23*	35,99	*35,55*	34,01	*37,85*	**13,820**	*11,520*	17,280	
55,65	*24,63*	53,61	*25,63*	51,73	*26,63*	49,99	*27,63*	48,39	*28,62*	46,90	*29,60*	44,21	*31,55*	41,31	*33,97*	38,82	*36,36*	36,66	*38,73*	**15,360**	*12,800*	19,200	25
64,13	*25,43*	61,75	*26,47*	59,55	*27,51*	57,52	*28,55*	55,64	*29,58*	53,90	*30,60*	50,75	*32,64*	47,36	*35,17*	44,46	*37,67*	41,94	*40,14*	**18,430**	*15,360*	23,040	
72,59	*26,04*	69,85	*27,11*	67,34	*28,19*	65,01	*29,25*	62,86	*30,32*	60,86	*31,37*	57,26	*33,48*	53,39	*36,09*	50,06	*38,68*	47,17	*41,24*	**21,500**	*17,920*	26,880	
82,07	*26,57*	78,95	*27,68*	76,07	*28,78*	73,42	*29,87*	70,96	*30,96*	68,67	*32,05*	64,56	*34,22*	60,13	*36,90*	56,33	*39,57*	53,04	*42,21*	**24,960**	*20,800*	31,200	28
92,59	*27,04*	89,03	*28,17*	85,75	*29,29*	82,73	*30,41*	79,93	*31,53*	77,33	*32,64*	72,65	*34,86*	67,60	*37,61*	63,28	*40,35*	59,53	*43,06*	**28,800**	*24,000*	36,000	
103,1	*27,41*	99,09	*28,56*	95,42	*29,70*	92,03	*30,84*	88,89	*31,98*	85,97	*33,11*	80,72	*35,37*	75,06	*38,18*	70,21	*40,97*	66,00	*43,74*	**32,640**	*27,200*	40,800	
113,6	*27,71*	109,1	*28,87*	105,1	*30,03*	101,3	*31,19*	97,83	*32,35*	94,60	*33,50*	88,77	*35,79*	82,50	*38,65*	77,12	*41,48*	72,46	*44,30*	**36,480**	*30,400*	45,600	31
124,1	*27,96*	119,2	*29,14*	114,8	*30,31*	110,6	*31,48*	106,8	*32,65*	103,2	*33,82*	96,82	*36,14*	89,93	*39,03*	84,03	*41,91*	78,91	*44,76*	**40,320**	*33,600*	50,400	
		129,2	*29,36*	124,4	*30,55*	119,9	*31,73*	115,7	*32,91*	111,8	*34,09*	104,9	*36,44*	97,28	*39,36*	90,93	*42,27*	85,35	*45,16*	**44,160**	*36,800*	55,200	
						131,9	*32,00*	127,3	*33,19*	123,0	*34,39*	115,3	*36,76*	107,0	*39,72*	99,89	*42,66*	93,72	*45,59*	**49,150**	*40,960*	61,440	34
												128,1	*37,09*	118,9	*40,08*	110,9	*43,06*	104,0	*46,03*	**55,300**	*46,080*	69,120	
														130,7	*40,38*	121,9	*43,39*	114,3	*46,38*	**61,440**	*51,200*	76,800	

	Eisenzug-spannung σ_e in kg/cm²			Beton - Druckspannung																			
	1500			8,75		10		11,25		12,5		13,75		15		16,25		17,5		18,75		20	
		1000		5,833		6,667		7,5		8,333		9,167		10		10,83		11,67		12,5		13,33	
			1200	7		8		9		10		11		12		13		14		15		16	
1	1,094	0,729	0,8748	56,50	1,326	49,81	1,509	44,60	1,691	40,44	1,872	37,03	2,051	34,18	2,229	31,78	2,406	29,71	2,582	27,92	2,756	26,36	2,929
	1,215	0,810	0,972	59,55	1,398	52,50	1,591	47,02	1,783	42,63	1,973	39,03	2,162	36,03	2,350	33,50	2,536	31,32	2,721	29,43	2,905	27,78	3,087
	1,458	0,972	1,166	65,24	1,531	57,51	1,743	51,50	1,953	46,69	2,162	42,76	2,369	39,47	2,574	36,69	2,778	34,31	2,981	32,24	3,182	30,43	3,382
4	1,701	1,134	1,361	70,47	1,654	62,12	1,882	55,63	2,110	50,43	2,335	46,18	2,559	42,64	2,781	39,63	3,001	37,06	3,220	34,83	3,437	32,87	3,653
	1,944	1,296	1,555	75,33	1,768	66,41	2,012	59,47	2,255	53,92	2,496	49,37	2,735	45,58	2,973	42,37	3,208	39,62	3,442	37,23	3,674	35,14	3,905
	2,187	1,458	1,750	79,90	1,875	70,44	2,135	63,08	2,392	57,19	2,648	52,37	2,901	48,34	3,153	44,94	3,403	42,02	3,651	39,49	3,897	37,27	4,142
7	2,430	1,620	1,944	84,22	1,976	74,25	2,250	66,49	2,521	60,28	2,791	55,20	3,058	50,96	3,323	47,37	3,587	44,30	3,848	41,63	4,108	39,29	4,366
	2,916	1,944	2,333	92,26	2,165	81,34	2,465	72,84	2,762	66,03	3,057	60,47	3,350	55,82	3,641	51,89	3,929	48,52	4,216	45,60	4,500	43,04	4,782
	3,402	2,268	2,722	99,65	2,339	87,85	2,662	78,67	2,983	71,33	3,302	65,31	3,618	60,30	3,932	56,05	4,244	52,41	4,553	49,25	4,861	46,49	5,165
10	3,949	2,633	3,159	107,4	2,520	94,65	2,868	84,76	3,214	76,84	3,558	70,36	3,898	64,96	4,237	60,39	4,572	56,47	4,906	53,06	5,237	50,09	5,565
	4,556	3,038	3,645	115,4	2,705	101,7	3,080	91,07	3,452	82,56	3,821	75,59	4,187	69,78	4,551	64,87	4,911	60,65	5,270	57,00	5,625	53,80	5,978
	5,164	3,443	4,131	123,3	2,868	108,6	3,266	97,25	3,661	88,14	4,054	80,69	4,444	74,47	4,831	69,21	5,215	64,70	5,596	60,79	5,975	57,36	6,352
13	5,771	3,848	4,617	131,2	3,011	115,6	3,430	103,4	3,846	93,71	4,259	85,76	4,669	79,13	5,076	73,53	5,481	68,72	5,883	64,55	6,283	60,90	6,680
	6,379	4,253	5,103	139,0	3,138	122,4	3,575	109,6	4,008	99,25	4,440	90,81	4,868	83,78	5,294	77,83	5,717	72,72	6,137	68,30	6,555	64,42	6,971
	6,986	4,658	5,589			129,3	3,704	115,7	4,154	104,8	4,601	95,85	5,046	88,41	5,488	82,11	5,927	76,71	6,364	72,03	6,798	67,93	7,230
16	7,776	5,184	6,221			138,3	3,852	123,6	4,321	111,9	4,787	102,4	5,250	94,41	5,711	87,66	6,169	81,87	6,625	76,86	7,078	72,46	7,529
	8,748	5,832	6,998					133,4	4,498	120,7	4,984	110,4	5,468	101,8	5,949	94,46	6,427	88,20	6,903	82,77	7,377	78,02	7,847
	9,720	6,480	7,776					143,1	4,651	129,5	5,155	118,4	5,656	109,1	6,154	101,2	6,650	94,51	7,143	88,67	7,634	83,56	8,123
19	10,940	7,290	8,748							140,5	5,338	128,4	5,857	118,2	6,374	109,7	6,889	102,4	7,401	96,02	7,911	90,46	8,418
	12,150	8,100	9,720									138,3	6,029	127,4	6,562	118,1	7,093	110,2	7,621	103,3	8,148	97,34	8,671
	14,580	9,720	11,660											145,6	6,867	135,0	7,424	125,8	7,979	118,0	8,532	111,0	9,082
22	17,010	11,340	13,610															141,4	8,257	132,5	8,830	124,7	9,402
	19,440	12,960	15,550																	147,0	9,069	138,3	9,658
	21,870	14,580	17,500																				
25	24,300	16,200	19,440																				
	29,160	19,440	23,330																				
	34,020	22,680	27,220																				

Einheitsmoment M/b in t

Erste Teilspalte (Steilziffern) h in cm

Zweite Teilspalte (Schrägziffern) f_e in $\frac{cm^2}{m}$

	Eisenzug-spannung σ_e in kg/cm²			Beton - Druckspannung																			
	1500			33,75		35		37,5		40		42,5		45		47,5		50		52,5		55	
		1000		22,5		23,33		25		26,67		28,33		30		31,67		33,33		35		36,67	
			1200	27		28		30		32		34		36		38		40		42		44	
1	1,094	0,729	0,8748	16,74	4,753	16,24	4,913	15,34	5,229	14,54	5,540	13,84	5,848	13,22	6,152	12,66	6,453	12,15	6,750	11,69	7,044	11,27	7,334
	1,215	0,810	0,972	17,65	5,011	17,12	5,179	16,17	5,511	15,33	5,840	14,59	6,165	13,93	6,485	13,34	6,802	12,81	7,115	12,32	7,425	11,88	7,731
	1,458	0,972	1,166	19,34	5,489	18,76	5,673	17,71	6,037	16,79	6,397	15,98	6,753	15,26	7,104	14,61	7,451	14,03	7,794	13,50	8,133	13,02	8,468
4	1,701	1,134	1,361	20,88	5,929	20,26	6,127	19,13	6,521	18,14	6,910	17,26	7,294	16,48	7,673	15,78	8,048	15,15	8,419	14,58	8,785	14,06	9,147
	1,944	1,296	1,555	22,33	6,338	21,66	6,550	20,45	6,971	19,39	7,387	18,46	7,798	17,62	8,203	16,87	8,604	16,20	9,000	15,59	9,392	15,03	9,779
	2,187	1,458	1,750	23,68	6,722	22,97	6,948	21,69	7,394	20,57	7,835	19,57	8,271	18,69	8,701	17,90	9,126	17,18	9,546	16,53	9,961	15,94	10,37
7	2,430	1,620	1,944	24,96	7,086	24,21	7,324	22,86	7,794	21,68	8,259	20,63	8,718	19,70	9,171	18,87	9,619	18,11	10,06	17,43	10,50	16,81	10,93
	2,916	1,944	2,333	27,34	7,762	26,52	8,023	25,05	8,538	23,75	9,047	22,60	9,550	21,58	10,05	20,67	10,54	19,84	11,02	19,09	11,50	18,41	11,98
	3,402	2,268	2,722	29,53	8,384	28,65	8,665	27,05	9,222	25,65	9,772	24,41	10,32	23,31	10,85	22,32	11,38	21,43	11,91	20,62	12,42	19,88	12,94
10	3,949	2,633	3,159	31,82	9,033	30,87	9,336	29,14	9,936	27,64	10,53	26,30	11,11	25,11	11,69	24,05	12,26	23,09	12,83	22,22	13,38	21,42	13,94
	4,556	3,038	3,645	34,18	9,703	33,15	10,03	31,31	10,67	29,69	11,31	28,25	11,94	26,98	12,56	25,83	13,17	24,80	13,78	23,87	14,38	23,01	14,97
	5,164	3,443	4,131	36,39	10,33	35,30	10,67	33,33	11,36	31,60	12,04	30,08	12,71	28,72	13,37	27,50	14,02	26,40	14,67	25,41	15,31	24,50	15,94
13	5,771	3,848	4,617	38,56	10,88	37,39	11,25	35,30	11,98	33,46	12,70	31,83	13,41	30,39	14,12	29,09	14,81	27,92	15,50	26,87	16,17	25,90	16,84
	6,379	4,253	5,103	40,70	11,38	39,47	11,76	37,24	12,53	35,29	13,29	33,57	14,04	32,03	14,78	30,66	15,51	29,42	16,23	28,30	16,95	27,28	17,66
	6,986	4,658	5,589	42,84	11,82	41,53	12,22	39,17	13,02	37,11	13,81	35,29	14,60	33,67	15,37	32,21	16,14	30,90	16,89	29,72	17,64	28,64	18,39
16	7,776	5,184	6,221	45,59	12,33	44,19	12,75	41,66	13,59	39,45	14,42	37,50	15,24	35,77	16,05	34,21	16,86	32,81	17,66	31,54	18,45	30,39	19,23
	8,748	5,832	6,998	48,95	12,87	47,43	13,32	44,71	14,20	42,32	15,07	40,21	15,93	38,33	16,79	36,65	17,63	35,13	18,47	33,76	19,30	32,51	20,13
	9,720	6,480	7,776	52,29	13,34	50,66	13,80	47,73	14,72	45,16	15,63	42,89	16,53	40,87	17,42	39,06	18,31	37,44	19,18	35,96	20,05	34,62	20,91
19	10,940	7,290	8,748	56,44	13,85	54,67	14,35	51,48	15,29	48,68	16,24	46,22	17,18	44,02	18,11	42,06	19,03	40,29	19,95	38,69	20,86	37,23	21,76
	12,150	8,100	9,720	60,57	14,29	58,65	14,79	55,21	15,78	52,18	16,76	49,52	17,73	47,16	18,70	45,03	19,66	43,12	20,61	41,39	21,55	39,82	22,49
	14,580	9,720	11,660	68,78	15,00	66,58	15,53	62,62	16,57	59,15	17,61	56,09	18,64	53,37	19,66	50,93	20,68	48,74	21,69	46,75	22,69	44,94	23,69
22	17,010	11,340	13,610	76,94	15,56	74,46	16,10	69,99	17,20	66,07	18,28	62,61	19,36	59,54	20,42	56,79	21,49	54,31	22,54	52,07	23,59	50,02	24,63
	19,440	12,960	15,550	85,08	16,01	82,31	16,57	77,32	17,70	72,95	18,82	69,10	19,93	65,68	21,04	62,61	22,14	59,85	23,23	57,35	24,32	55,07	25,40
	21,870	14,580	17,500	93,19	16,37	90,13	16,96	84,63	18,11	79,82	19,26	75,57	20,41	71,79	21,55	68,41	22,68	65,36	23,80	62,60	24,92	60,10	26,04
25	24,300	16,200	19,440	101,3	16,68	97,94	17,28	91,92	18,46	86,66	19,64	82,01	20,81	77,88	21,97	74,19	23,13	70,86	24,28	67,84	25,43	65,10	26,57
	29,160	19,440	23,330	117,4	17,17	113,5	17,79	106,5	19,01	100,3	20,23	94,87	21,44	90,03	22,65	85,71	23,85	81,81	25,05	78,28	26,24	75,08	27,43
	34,020	22,680	27,220	133,5	17,55	129,1	18,18	121,0	19,43	113,9	20,69	107,7	21,93	102,1	23,17	97,19	24,40	92,73	25,63	88,69	26,86	85,01	28,08
28	39,490	26,330	31,590	151,6	17,87	146,5	18,51	137,3	19,80	129,2	21,07	122,1	22,35	115,7	23,62	110,1	24,88	105,0	26,14	100,4	27,40	96,16	28,65
	45,560	30,380	36,450							146,2	21,41	138,1	22,71	130,8	24,01	124,4	25,30	118,6	26,58	113,3	27,87	108,5	29,14
	51,640	34,430	41,310											145,9	24,32	138,7	25,63	132,1	26,93	126,2	28,24	120,9	29,54
31	57,710	38,480	46,170															145,7	27,22	139,2	28,54	133,2	29,86
	63,790	42,530	51,030																			145,5	30,12
	69,860	46,580	55,890																				
34	77,760	51,840	62,210																				
	87,480	58,320	69,980																				
	97,200	64,800	77,760																				

Einheitsmoment M/b in t

Erste Teilspalte (Steilziffern) h in cm

Zweite Teilspalte (Schrägziffern) f_e in $\frac{cm^2}{m}$

(Mit Vernachlässigung des Stegdrucks.) $d = 9$ cm

σ_b in kg/cm²																				Eisenzugspannung σ_e in kg/cm²			Einheitsmoment M/b in t
21,25		22,5		23,75		25		26,25		27,5		28,75		30		31,25		32,5				1500	
14,17		15		15,83		16,67		17,5		18,33		19,17		20		20,83		21,67			1000		
17		18		19		20		21		22		23		24		25		26		1200			
24,97	3,100	23,74	3,271	22,64	3,440	21,65	3,608	20,75	3,775	19,93	3,941	19,18	4,105	18,50	4,269	17,87	4,432	17,29	4,593	0,8748	0,729	1,094	1
26,32	3,268	25,03	3,448	23,87	3,626	22,82	3,803	21,87	3,979	21,01	4,154	20,22	4,328	19,50	4,500	18,83	4,671	18,22	4,841	0,972	0,810	1,215	
28,84	3,580	27,42	3,777	26,14	3,972	25,00	4,166	23,96	4,359	23,02	4,550	22,15	4,741	21,36	4,930	20,63	5,117	19,96	5,304	1,166	0,972	1,458	
31,15	3,867	29,61	4,079	28,24	4,290	27,00	4,500	25,88	4,708	24,86	4,915	23,93	5,120	23,07	5,324	22,29	5,527	21,56	5,729	1,361	1,134	1,701	4
33,30	4,134	31,66	4,361	30,19	4,587	28,86	4,811	27,67	5,033	26,58	5,254	25,58	5,474	24,67	5,692	23,82	5,909	23,05	6,124	1,555	1,296	1,944	
35,32	4,384	33,58	4,625	32,02	4,865	30,62	5,103	29,34	5,339	28,19	5,573	27,13	5,806	26,16	6,037	25,27	6,267	24,44	6,496	1,750	1,458	2,187	
37,23	4,622	35,39	4,876	33,75	5,128	32,27	5,379	30,93	5,627	29,71	5,875	28,60	6,120	27,58	6,364	26,64	6,606	25,77	6,847	1,944	1,620	2,430	7
40,78	5,062	38,77	5,341	36,97	5,617	35,35	5,892	33,88	6,165	32,55	6,435	31,33	6,704	30,21	6,971	29,18	7,237	28,23	7,500	2,333	1,944	2,916	
44,05	5,468	41,88	5,769	39,93	6,067	38,18	6,364	36,60	6,658	35,16	6,951	33,84	7,241	32,63	7,530	31,52	7,817	30,49	8,101	2,722	2,268	3,402	
47,46	5,891	45,12	6,215	43,02	6,537	41,14	6,856	39,43	7,174	37,88	7,489	36,46	7,802	35,15	8,112	33,95	8,421	32,85	8,728	3,159	2,633	3,949	10
50,98	6,328	48,46	6,676	46,22	7,022	44,19	7,365	42,35	7,706	40,69	8,044	39,16	8,380	37,76	8,714	36,47	9,046	35,28	9,375	3,645	3,038	4,556	
54,34	6,726	51,65	7,097	49,25	7,466	47,08	7,832	45,12	8,195	43,34	8,557	41,71	8,916	40,22	9,272	38,84	9,626	37,57	9,978	4,131	3,443	5,164	
57,68	7,075	54,82	7,466	52,26	7,856	49,95	8,243	47,86	8,627	45,96	9,009	44,22	9,389	42,63	9,766	41,17	10,14	39,81	10,51	4,617	3,848	5,771	13
61,00	7,384	57,96	7,794	55,24	8,202	52,79	8,607	50,58	9,010	48,56	9,411	46,72	9,809	45,03	10,20	43,47	10,60	42,04	10,99	5,103	4,253	6,379	
64,31	7,659	61,09	8,086	58,21	8,510	55,62	8,932	53,28	9,352	51,14	9,769	49,19	10,18	47,41	10,60	45,76	11,01	44,24	11,41	5,589	4,658	6,986	
68,59	7,977	65,14	8,423	62,06	8,866	59,28	9,307	56,77	9,745	54,48	10,18	52,40	10,62	50,48	11,05	48,72	11,48	47,09	11,90	6,221	5,184	7,776	16
73,83	8,316	70,10	8,782	66,77	9,246	63,76	9,707	61,04	10,17	58,57	10,62	56,31	11,08	54,24	11,53	52,34	11,98	50,58	12,43	6,998	5,832	8,748	
79,05	8,609	75,04	9,092	71,45	9,574	68,22	10,05	65,30	10,53	62,64	11,00	60,21	11,48	57,98	11,95	55,93	12,41	54,04	12,88	7,776	6,480	9,720	
85,56	8,923	81,19	9,426	77,28	9,927	73,77	10,42	70,59	10,92	67,70	11,41	65,05	11,91	62,63	12,40	60,40	12,88	58,34	13,37	8,748	7,290	10,940	19
92,03	9,193	87,32	9,712	83,10	10,23	79,30	10,74	75,86	11,26	72,73	11,77	69,88	12,28	67,26	12,78	64,85	13,29	62,63	13,79	9,720	8,100	12,150	
104,9	9,630	99,52	10,18	94,67	10,72	90,31	11,26	86,35	11,80	82,76	12,34	79,48	12,88	76,47	13,41	73,70	13,94	71,15	14,47	11,660	9,720	14,580	
117,8	9,971	111,7	10,54	106,2	11,10	101,3	11,67	96,80	12,23	92,74	12,79	89,03	13,35	85,63	13,90	82,51	14,45	79,62	15,01	13,610	11,340	17,010	22
130,6	10,24	123,8	10,83	117,7	11,41	112,2	11,99	107,2	12,57	102,7	13,15	98,56	13,72	94,77	14,30	91,28	14,87	88,06	15,44	15,550	12,960	19,440	
143,5	10,47	135,9	11,07	129,2	11,66	123,1	12,26	117,6	12,85	112,6	13,44	108,1	14,03	103,9	14,62	100,0	15,21	96,47	15,79	17,500	14,580	21,870	
				140,6	11,87	134,0	12,48	128,0	13,09	122,5	13,69	117,5	14,29	113,0	14,89	108,8	15,49	104,9	16,09	19,440	16,200	24,300	25
						155,7	12,83	148,7	13,46	142,3	14,08	136,5	14,70	131,1	15,32	126,2	15,94	121,6	16,56	23,330	19,440	29,160	
														149,2	15,65	143,6	16,28	138,4	16,91	27,220	22,680	34,020	

σ_b in kg/cm²																				Eisenzugspannung σ_e in kg/cm²			Einheitsmoment M/b in t
57,5		60		62,5		65		67,5		70		75		81,25		87,5		93,75				1500	
38,33		40		41,67		43,33		45		46,67		50		54,17		58,33		62,5			1000		
46		48		50		52		54		56		60		65		70		75		1200			
10,89	7,621	10,54	7,905	10,22	8,186	9,916	8,463	9,637	8,738	9,338	9,010									0,8748	0,729	1,094	1
11,48	8,033	11,11	8,332	10,77	8,628	10,45	8,921	10,16	9,211	9,885	9,498	9,392	10,06							0,972	0,810	1,215	
12,58	8,800	12,17	9,128	11,80	9,452	11,45	9,773	11,13	10,09	10,83	10,40	10,29	11,02	9,702	11,78	9,196	12,52			1,166	0,972	1,458	
13,58	9,505	13,15	9,859	12,74	10,21	12,37	10,56	12,02	10,90	11,70	11,24	11,11	11,91	10,48	12,72	9,933	13,52	9,456	14,30	1,361	1,134	1,701	4
14,52	10,16	14,05	10,54	13,62	10,91	13,22	11,28	12,85	11,65	12,50	12,01	11,88	12,73	11,20	13,60	10,62	14,45	10,11	15,29	1,555	1,296	1,944	
15,40	10,78	14,91	11,18	14,45	11,58	14,02	11,97	13,63	12,36	13,26	12,74	12,60	13,50	11,88	14,43	11,26	15,33	10,72	16,21	1,750	1,458	2,187	
16,24	11,36	15,71	11,78	15,23	12,20	14,78	12,62	14,37	13,03	13,98	13,43	13,28	14,23	12,53	15,21	11,87	16,16	11,30	17,09	1,944	1,620	2,430	7
17,79	12,44	17,21	12,91	16,68	13,37	16,19	13,82	15,74	14,27	15,31	14,71	14,55	15,59	13,72	16,66	13,01	17,70	12,38	18,72	2,333	1,944	2,916	
19,21	13,44	18,59	13,94	18,02	14,44	17,49	14,93	17,00	15,41	16,54	15,89	15,71	16,84	14,82	17,99	14,05	19,12	13,37	20,22	2,722	2,268	3,402	
20,70	14,48	20,03	15,02	19,41	15,55	18,84	16,08	18,31	16,61	17,82	17,12	16,93	18,14	15,97	19,38	15,13	20,60	14,41	21,79	3,159	2,633	3,949	10
22,23	15,56	21,51	16,14	20,85	16,71	20,24	17,28	19,67	17,84	19,14	18,39	18,19	19,49	17,15	20,82	16,26	22,13	15,48	23,40	3,645	3,038	4,556	
23,67	16,56	22,90	17,18	22,20	17,79	21,55	18,39	20,94	18,99	20,38	19,58	19,36	20,74	18,26	22,17	17,31	23,56	16,48	24,91	4,131	3,443	5,164	
25,02	17,51	24,21	18,16	23,47	18,80	22,78	19,44	22,14	20,07	21,54	20,70	20,47	21,93	19,30	23,43	18,30	24,90	17,42	26,34	4,617	3,848	5,771	13
26,34	18,36	25,49	19,05	24,70	19,74	23,97	20,41	23,29	21,08	22,66	21,74	21,52	23,05	20,29	24,64	19,23	26,18	18,31	27,69	5,103	4,253	6,379	
27,65	19,12	26,75	19,85	25,91	20,57	25,14	21,28	24,42	21,98	23,76	22,68	22,56	24,05	21,26	25,73	20,14	27,37	19,17	28,96	5,589	4,658	6,986	
29,33	20,00	28,36	20,77	27,47	21,53	26,64	22,28	25,88	23,02	25,17	23,76	23,88	25,22	22,49	26,99	21,30	28,73	20,26	30,43	6,221	5,184	7,776	16
31,37	20,95	30,33	21,75	29,36	22,56	28,47	23,35	27,64	24,14	26,87	24,92	25,49	26,46	23,99	28,35	22,70	30,20	21,58	32,01	6,998	5,832	8,748	
33,39	21,77	32,27	22,61	31,23	23,45	30,27	24,28	29,39	25,11	28,56	25,93	27,07	27,55	25,47	29,53	24,08	31,48	22,88	33,39	7,776	6,480	9,720	
35,90	22,65	34,67	23,54	33,55	24,42	32,51	25,30	31,54	26,16	30,65	27,02	29,03	28,72	27,28	30,81	25,78	32,87	24,48	34,88	8,748	7,290	10,940	19
38,38	23,42	37,06	24,34	35,84	25,26	34,72	26,17	33,68	27,07	32,71	27,97	30,97	29,74	29,08	31,92	27,46	34,07	26,06	36,18	9,720	8,100	12,150	
43,29	24,68	41,78	25,66	40,38	26,63	39,09	27,60	37,90	28,57	36,79	29,52	34,79	31,42	32,63	33,75	30,78	36,05	29,17	38,31	11,660	9,720	14,580	
48,16	25,67	46,45	26,70	44,88	27,72	43,42	28,74	42,07	29,75	40,82	30,76	38,57	32,75	36,13	35,21	34,04	37,63	32,23	40,02	13,610	11,340	17,010	22
53,00	26,48	51,09	27,54	49,34	28,61	47,72	29,66	46,22	30,71	44,82	31,76	42,31	33,83	39,60	36,39	37,28	38,92	35,26	41,41	15,550	12,960	19,440	
57,81	27,14	55,71	28,25	53,77	29,34	51,99	30,43	50,34	31,52	48,80	32,59	46,03	34,74	43,05	37,38	40,49	40,00	38,26	42,58	17,500	14,580	21,870	
62,60	27,71	60,31	28,84	58,19	29,96	56,24	31,08	54,44	32,19	52,76	33,30	49,73	35,50	46,47	38,22	43,68	40,91	41,25	43,57	19,440	16,200	24,300	25
72,15	28,61	69,46	29,78	66,99	30,95	64,71	32,12	62,60	33,28	60,63	34,43	57,10	36,72	53,29	39,57	50,01	42,38	47,18	45,16	23,330	19,440	29,160	
81,66	29,29	78,58	30,50	75,75	31,71	73,14	32,91	70,72	34,10	68,47	35,30	64,42	37,67	60,06	40,60	56,32	43,51	53,07	46,39	27,220	22,680	34,020	
92,33	29,89	88,81	31,14	85,58	32,37	82,59	33,61	79,83	34,83	77,26	36,06	72,63	38,49	67,65	41,52	63,37	44,51	59,66	47,48	31,590	26,330	39,490	28
104,2	30,42	100,2	31,69	96,47	32,95	93,07	34,21	89,92	35,47	87,00	36,72	81,73	39,22	76,05	42,32	71,19	45,39	66,97	48,44	36,450	30,380	45,560	
116,0	30,83	111,5	32,12	107,3	33,41	103,5	34,70	100,0	35,98	96,71	37,25	90,81	39,80	84,44	42,95	78,98	46,09	74,25	49,20	41,310	34,430	51,640	
127,8	31,17	122,8	32,48	118,2	33,79	114,0	35,09	110,1	36,39	106,4	37,69	99,87	40,27	92,81	43,48	86,76	46,47	81,52	49,83	46,170	38,480	57,710	31
139,6	31,45	134,1	32,78	129,1	34,10	124,4	35,42	120,1	36,73	116,1	38,05	108,9	40,66	101,2	43,91	94,53	47,14	88,77	50,36	51,030	42,530	63,790	
		145,4	33,03	139,9	34,36	134,8	35,70	130,2	37,03	125,8	38,35	118,0	40,99	109,4	44,28	102,3	47,55	96,02	50,80	55,890	46,580	69,860	
						148,4	36,00	143,2	37,34	138,4	38,68	129,7	41,36	120,4	44,68	112,4	47,99	105,4	51,29	62,210	51,840	77,760	34
												144,2	41,72	133,7	45,09	124,8	48,44	117,0	51,78	69,980	58,320	87,480	
														147,1	45,42	137,1	48,81	128,6	52,18	77,760	64,800	97,200	

Eisenzugspannung σ_e in kg/cm² — Beton - Druckspannung

	1500	1000	1200	8.75		10		11,25		12,5		13,75		15		16,25		17,5		18,75		20	
				5,833		6,667		7,5		8,333		9,167		10		10,83		11,67		12,5		13,33	
				7		8		9		10		11		12		13		14		15		16	
1	1,350	0,900	1,080	62,78	1,473	55,34	1,677	49,56	1,879	44,93	2,080	41,14	2,279	37,98	2,477	35,31	2,673	33,02	2,868	31,03	3,062	29,29	3,254
	1,500	1,000	1,200	66,17	1,553	58,34	1,768	52,24	1,981	47,36	2,193	43,37	2,403	40,04	2,611	37,22	2,818	34,80	3,024	32,71	3,227	30,87	3,430
	1,800	1,200	1,440	72,49	1,701	63,90	1,936	57,23	2,170	51,88	2,402	47,51	2,632	43,86	2,860	40,77	3,087	38,12	3,312	35,83	3,536	33,82	3,757
4	2,100	1,400	1,680	78,29	1,837	69,02	2,092	61,81	2,344	56,04	2,594	51,13	2,843	47,37	3,090	44,04	3,334	41,18	3,578	38,70	3,819	36,53	4,058
	2,400	1,600	1,920	83,70	1,964	73,79	2,236	66,08	2,506	59,91	2,774	54,86	3,039	50,64	3,303	47,08	3,565	44,02	3,825	41,37	4,082	39,05	4,339
	2,700	1,800	2,160	88,78	2,083	78,27	2,372	70,09	2,658	63,54	2,942	58,18	3,224	53,72	3,503	49,93	3,781	46,69	4,057	43,88	4,330	41,42	4,602
7	3,000	2,000	2,400	93,58	2,196	82,50	2,500	73,88	2,802	66,98	3,101	61,33	3,398	56,62	3,693	52,64	3,985	49,22	4,276	46,25	4,564	43,66	4,851
	3,600	2,400	2,880	102,5	2,406	90,37	2,739	80,93	3,069	73,37	3,397	67,18	3,722	62,03	4,045	57,66	4,366	53,91	4,684	50,67	5,000	47,82	5,314
	4,200	2,800	3,360	110,7	2,598	97,62	2,958	87,41	3,315	79,25	3,669	72,57	4,020	67,00	4,369	62,28	4,716	58,23	5,059	54,73	5,401	51,66	5,739
10	4,875	3,250	3,900	119,3	2,799	105,2	3,187	94,18	3,571	85,38	3,953	78,18	4,332	72,18	4,707	67,10	5,080	62,74	5,451	58,96	5,818	55,65	6,183
	5,625	3,750	4,500	128,2	3,006	113,0	3,422	101,2	3,835	91,73	4,245	83,99	4,652	77,54	5,056	72,08	5,457	67,39	5,855	63,33	6,250	59,78	6,642
	6,375	4,250	5,100	137,0	3,187	120,7	3,629	108,1	4,068	97,94	4,504	89,65	4,937	82,74	5,367	76,90	5,794	71,89	6,218	67,54	6,639	63,74	7,058
13	7,125	4,750	5,700	145,7	3,346	128,4	3,811	114,9	4,273	104,1	4,732	95,29	5,188	87,93	5,640	81,70	6,090	76,35	6,537	71,72	6,981	67,67	7,422
	7,875	5,250	6,300	154,5	3,486	136,1	3,972	121,7	4,454	110,3	4,933	100,9	5,409	93,09	5,882	86,47	6,352	80,80	6,819	75,88	7,284	71,58	7,745
	8,625	5,750	6,900			143,7	4,115	128,5	4,615	116,4	5,112	106,5	5,606	98,23	6,098	91,23	6,586	85,23	7,071	80,03	7,554	75,48	8,034
16	9,600	6,400	7,680			153,6	4,280	137,4	4,801	124,4	5,319	113,8	5,834	104,9	6,346	97,40	6,855	90,97	7,361	85,39	7,865	80,52	8,365
	10,800	7,200	8,640					148,2	4,998	134,2	5,598	122,7	6,075	113,1	6,610	105,0	7,141	98,00	7,670	91,97	8,196	86,69	8,719
	12,000	8,000	9,600					159,0	5,168	143,9	5,728	131,5	6,284	121,2	6,838	112,5	7,389	105,0	7,937	98,52	8,482	92,85	9,025
19	13,500	9,000	10,800							156,1	5,931	142,6	6,508	131,4	7,082	121,9	7,654	113,7	8,223	106,7	8,790	100,5	9,354
	15,000	10,000	12,000									153,7	6,699	141,5	7,291	131,3	7,881	122,5	8,468	114,8	9,053	108,2	9,635
	18,000	12,000	14,400											161,8	7,630	149,9	8,249	139,8	8,866	131,1	9,480	123,4	10,09
22	21,000	14,000	16,800															157,1	9,174	147,2	9,812	138,6	10,45
	24,000	16,000	19,200																	163,4	10,08	153,7	10,73
	27,000	18,000	21,600																				
25	30,000	20,000	24,000																				
	36,000	24,000	28,800																				
	42,000	28,000	33,600																				

Einheitsmoment M/b in t

Erste Teilspalte (Steilziffern) h in cm

Zweite Teilspalte (Schrägziffern) f_e in $\frac{cm^2}{m}$

Eisenzugspannung σ_e in kg/cm² — Beton - Druckspannung

	1500	1000	1200	33,75		35		37,5		40		42,5		45		47,5		50		52,5		55	
				22,5		23,33		25		26,67		28,33		30		31,67		33,33		35		36,67	
				27		28		30		32		34		36		38		40		42		44	
1	1,350	0,900	1,080	18,61	5,282	18,05	5,459	17,04	5,809	16,16	6,156	15,38	6,498	14,68	6,836	14,06	7,170	13,50	7,500	12,99	7,826	12,53	8,149
	1,500	1,000	1,200	19,61	5,567	19,02	5,754	17,96	6,124	17,03	6,489	16,21	6,850	15,48	7,206	14,82	7,558	14,23	7,906	13,69	8,250	13,20	8,590
	1,800	1,200	1,440	21,48	6,099	20,84	6,303	19,68	6,708	18,66	7,108	17,76	7,503	16,96	7,894	16,24	8,279	15,59	8,660	15,00	9,037	14,46	9,409
4	2,100	1,400	1,680	23,20	6,587	22,51	6,808	21,25	7,246	20,15	7,678	19,18	8,104	18,32	8,526	17,54	8,943	16,84	9,354	16,20	9,761	15,62	10,16
	2,400	1,600	1,920	24,81	7,042	24,06	7,278	22,72	7,746	21,55	8,208	20,51	8,664	19,58	9,115	18,75	9,560	18,00	10,00	17,32	10,44	16,70	10,87
	2,700	1,800	2,160	26,31	7,469	25,52	7,720	24,10	8,216	22,85	8,706	21,75	9,190	20,77	9,668	19,89	10,14	19,09	10,61	18,37	11,07	17,71	11,52
7	3,000	2,000	2,400	27,74	7,873	26,90	8,137	25,40	8,660	24,09	9,177	22,93	9,687	21,89	10,19	20,96	10,69	20,12	11,18	19,37	11,67	18,67	12,15
	3,600	2,400	2,880	30,38	8,625	29,47	8,914	27,83	9,487	26,39	10,05	25,11	10,61	23,98	11,16	22,96	11,71	22,05	12,25	21,21	12,78	20,46	13,31
	4,200	2,800	3,360	32,82	9,316	31,83	9,628	30,06	10,25	28,50	10,86	27,13	11,46	25,90	12,06	24,80	12,65	23,81	13,23	22,91	13,80	22,09	14,37
10	4,875	3,250	3,900	35,36	10,04	34,29	10,37	32,38	11,04	30,71	11,70	29,23	12,35	27,91	12,99	26,72	13,63	25,65	14,25	24,69	14,87	23,80	15,49
	5,625	3,750	4,500	37,98	10,78	36,84	11,14	34,79	11,86	32,98	12,57	31,39	13,26	29,98	13,95	28,70	14,64	27,56	15,31	26,52	15,98	25,57	16,63
	6,375	4,250	5,100	40,44	11,47	39,22	11,86	37,03	12,62	35,12	13,38	33,42	14,12	31,91	14,86	30,56	15,58	29,34	16,30	28,23	17,01	27,22	17,71
13	7,125	4,750	5,700	42,84	12,09	41,55	12,50	39,22	13,31	37,17	14,11	35,37	14,90	33,76	15,68	32,32	16,46	31,03	17,22	29,85	17,97	28,78	18,72
	7,875	5,250	6,300	45,23	12,64	43,85	13,07	41,38	13,92	39,21	14,77	37,30	15,60	35,59	16,42	34,07	17,23	32,69	18,04	31,44	18,83	30,31	19,62
	8,625	5,750	6,900	47,59	13,13	46,14	13,58	43,53	14,47	41,23	15,35	39,21	16,22	37,41	17,08	35,79	17,93	34,34	18,77	33,02	19,61	31,82	20,43
16	9,600	6,400	7,680	50,65	13,70	49,10	14,17	46,29	15,10	43,84	16,02	41,67	16,93	39,74	17,84	38,01	18,73	36,46	19,62	35,05	20,50	33,76	21,36
	10,800	7,200	8,640	54,39	14,30	52,70	14,79	49,67	15,77	47,02	16,74	44,67	17,70	42,59	18,65	40,72	19,59	39,04	20,53	37,51	21,45	36,13	22,37
	12,000	8,000	9,600	58,10	14,83	56,29	15,34	53,03	16,36	50,17	17,37	47,65	18,37	45,41	19,36	43,40	20,34	41,60	21,31	39,96	22,28	38,47	23,24
19	13,500	9,000	10,800	62,71	15,39	60,74	15,94	57,20	16,99	54,09	18,04	51,35	19,08	48,92	20,12	46,73	21,15	44,77	22,16	42,99	23,17	41,37	24,18
	15,000	10,000	12,000	67,30	15,88	65,17	16,43	61,34	17,53	57,99	18,62	55,03	19,70	52,39	20,78	50,04	21,84	47,91	22,90	45,99	23,95	44,24	24,99
	18,000	12,000	14,400	76,42	16,67	73,98	17,25	69,58	18,41	65,72	19,57	62,32	20,71	59,30	21,85	56,59	22,98	54,15	24,10	51,95	25,21	49,94	26,32
22	21,000	14,000	16,800	85,49	17,29	82,73	17,89	77,76	19,11	73,41	20,31	69,57	21,51	66,15	22,69	63,10	23,87	60,34	25,05	57,85	26,21	55,58	27,37
	24,000	16,000	19,200	94,53	17,78	91,45	18,41	85,91	19,67	81,06	20,91	76,78	22,15	72,97	23,38	69,56	24,60	66,50	25,81	63,72	27,02	61,19	28,22
	27,000	18,000	21,600	103,5	18,19	100,1	18,84	94,03	20,13	88,68	21,40	83,96	22,68	79,76	23,94	76,01	25,20	72,62	26,45	69,56	27,69	66,78	28,93
25	30,000	20,000	24,000	112,5	18,54	108,8	19,20	102,1	20,51	96,29	21,82	91,13	23,12	86,54	24,41	82,43	25,70	78,73	26,98	75,38	28,26	72,34	29,52
	36,000	24,000	28,800	130,5	19,08	126,1	19,77	118,3	21,13	111,5	22,48	105,4	23,83	100,0	25,17	95,23	26,50	90,90	27,83	86,98	29,16	83,42	30,47
	42,000	28,000	33,600	148,4	19,50	143,4	20,20	134,4	21,59	126,6	22,99	119,7	24,36	113,5	25,74	108,0	27,11	103,0	28,48	98,54	29,84	94,46	31,20
28	48,750	32,500	39,000	168,5	19,85	162,8	20,57	152,5	22,00	143,6	23,42	135,6	24,83	128,6	26,24	122,3	27,65	116,6	29,05	111,5	30,44	106,8	31,83
	56,250	37,500	45,000							162,4	23,79	153,4	25,24	145,4	26,68	138,2	28,11	131,7	29,54	125,9	30,96	120,6	32,38
	63,750	42,500	51,000											162,1	27,02	154,1	28,48	146,8	29,93	140,3	31,38	134,3	32,82
31	71,250	47,500	57,000															161,9	30,24	154,6	31,71	148,0	33,18
	78,750	52,500	63,000																			161,7	33,47
	86,250	57,500	69,000																				
34	96,000	64,000	76,800																				
	108,0	72,000	86,400																				
	120,0	80,000	96,000																				

Einheitsmoment M/b in t

Erste Teilspalte (Steilziffern) h in cm

Zweite Teilspalte (Schrägziffern) f_e in $\frac{cm^2}{m}$

σ_b in kg/cm²																				Eisenzugspannung σ_e in kg/cm²			
21,25		22,5		23,75		25		26,25		27,5		28,75		30		31,25		32,5				1500	
14,17		*15*		*15,83*		*16,67*		*17,5*		*18,33*		*19,17*		*20*		*20,83*		*21,67*			*1000*		
17		**18**		**19**		**20**		**21**		**22**		**23**		**24**		**25**		**26**		**1200**			
27,75	*3,445*	26,38	*3,634*	25,16	*3,822*	24,05	*4,009*	23,06	*4,194*	22,15	*4,379*	21,32	*4,562*	20,55	*4,743*	19,85	*4,924*	19,21	*5,103*	**1,080**	*0,900*	1,350	1
29,25	*3,631*	27,81	*3,831*	26,52	*4,029*	25,35	*4,226*	24,30	*4,421*	23,34	*4,615*	22,47	*4,808*	21,67	*5,000*	20,93	*5,190*	20,24	*5,379*	**1,200**	*1,000*	1,500	
32,04	*3,978*	30,46	*4,196*	29,05	*4,413*	27,77	*4,629*	26,62	*4,843*	25,57	*5,056*	24,61	*5,267*	23,73	*5,477*	22,92	*5,686*	22,18	*5,893*	**1,440**	*1,200*	1,800	
34,61	*4,296*	32,90	*4,532*	31,38	*4,767*	30,00	*5,000*	28,75	*5,231*	27,62	*5,461*	26,59	*5,689*	25,64	*5,916*	24,76	*6,141*	23,95	*6,365*	**1,680**	*1,400*	2,100	4
37,00	*4,593*	35,17	*4,845*	33,54	*5,096*	32,07	*5,345*	30,74	*5,593*	29,53	*5,838*	28,42	*6,082*	27,41	*6,325*	26,47	*6,565*	25,61	*6,805*	**1,920**	*1,600*	2,400	
39,24	*4,872*	37,31	*5,139*	35,58	*5,405*	34,02	*5,669*	32,60	*5,932*	31,32	*6,192*	30,15	*6,451*	29,07	*6,708*	28,08	*6,964*	27,16	*7,217*	**2,160**	*1,800*	2,700	
41,36	*5,135*	39,33	*5,417*	37,50	*5,698*	35,86	*5,976*	34,37	*6,253*	33,01	*6,527*	31,78	*6,800*	30,64	*7,071*	29,60	*7,340*	28,63	*7,608*	**2,400**	*2,000*	3,000	7
45,31	*5,625*	43,08	*5,934*	41,08	*6,242*	39,28	*6,547*	37,65	*6,849*	36,17	*7,150*	34,81	*7,449*	33,57	*7,746*	32,42	*8,041*	31,36	*8,334*	**2,880**	*2,400*	3,600	
48,94	*6,076*	46,53	*6,410*	44,37	*6,742*	42,43	*7,071*	40,67	*7,398*	39,06	*7,723*	37,60	*8,046*	36,26	*8,367*	35,02	*8,685*	33,88	*9,002*	**3,360**	*2,800*	4,200	
52,73	*6,546*	50,13	*6,906*	47,80	*7,263*	45,71	*7,618*	43,81	*7,971*	42,08	*8,321*	40,51	*8,668*	39,06	*9,014*	37,73	*9,357*	36,50	*9,698*	**3,900**	*3,250*	4,875	10
56,64	*7,031*	53,85	*7,418*	51,35	*7,802*	49,10	*8,183*	47,06	*8,562*	45,21	*8,938*	43,51	*9,311*	41,96	*9,682*	40,53	*10,05*	39,20	*10,42*	**4,500**	*3,750*	5,625	
60,38	*7,473*	57,39	*7,885*	54,72	*8,295*	52,31	*8,702*	50,13	*9,106*	48,15	*9,508*	46,34	*9,906*	44,68	*10,30*	43,16	*10,70*	41,74	*11,09*	**5,100**	*4,250*	6,375	
64,09	*7,861*	60,91	*8,296*	58,06	*8,729*	55,50	*9,159*	53,18	*9,586*	51,06	*10,01*	49,14	*10,43*	47,37	*10,85*	45,74	*11,27*	44,24	*11,68*	**5,700**	*4,750*	7,125	13
67,78	*8,204*	64,41	*8,660*	61,38	*9,113*	58,66	*9,563*	56,19	*10,01*	53,95	*10,46*	51,91	*10,90*	50,03	*11,34*	48,30	*11,78*	46,71	*12,21*	**6,300**	*5,250*	7,875	
71,46	*8,511*	67,88	*8,985*	64,68	*9,456*	61,80	*9,925*	59,20	*10,39*	56,83	*10,85*	54,66	*11,32*	52,67	*11,77*	50,85	*12,23*	49,16	*12,68*	**6,900**	*5,750*	8,625	
76,21	*8,863*	72,38	*9,359*	68,95	*9,851*	65,87	*10,34*	63,08	*10,83*	60,54	*11,31*	58,22	*11,80*	56,09	*12,27*	54,13	*12,75*	52,33	*13,23*	**7,680**	*6,400*	9,600	16
82,03	*9,240*	77,89	*9,758*	74,19	*10,27*	70,85	*10,79*	67,83	*11,30*	65,08	*11,80*	62,57	*12,31*	60,27	*12,81*	58,15	*13,31*	56,20	*13,81*	**8,640**	*7,200*	10,800	
87,83	*9,565*	83,38	*10,10*	79,39	*10,64*	75,80	*11,17*	72,55	*11,70*	69,60	*12,23*	66,90	*12,75*	64,42	*13,27*	62,15	*13,79*	60,04	*14,31*	**9,600**	*8,000*	12,000	
95,06	*9,915*	90,21	*10,47*	85,87	*11,03*	81,97	*11,58*	78,43	*12,13*	75,22	*12,68*	72,28	*13,23*	69,59	*13,77*	67,11	*14,31*	64,83	*14,85*	**10,800**	*9,000*	13,500	19
102,3	*10,21*	97,02	*10,79*	92,33	*11,37*	88,11	*11,94*	84,29	*12,51*	80,81	*13,07*	77,64	*13,64*	74,73	*14,20*	72,06	*14,76*	69,59	*15,32*	**12,000**	*10,000*	15,000	
116,6	*10,70*	110,6	*11,31*	105,2	*11,91*	100,3	*12,51*	95,95	*13,11*	91,96	*13,71*	88,31	*14,31*	84,97	*14,90*	81,89	*15,49*	79,05	*16,08*	**14,400**	*12,000*	18,000	
130,9	*11,08*	124,1	*11,71*	118,0	*12,34*	112,5	*12,96*	107,6	*13,59*	103,0	*14,21*	98,93	*14,83*	95,15	*15,45*	91,67	*16,06*	88,46	*16,67*	**16,800**	*14,000*	21,000	22
145,2	*11,38*	137,6	*12,03*	130,8	*12,68*	124,7	*13,32*	119,1	*13,97*	114,1	*14,61*	109,5	*15,25*	105,3	*15,88*	101,4	*16,52*	97,84	*17,15*	**19,200**	*16,000*	24,000	
159,4	*11,63*	151,0	*12,30*	143,5	*12,96*	136,8	*13,62*	130,7	*14,28*	125,1	*14,94*	120,1	*15,59*	115,4	*16,25*	111,1	*16,90*	107,2	*17,55*	**21,600**	*18,000*	27,000	
				156,3	*13,19*	148,9	*13,87*	142,2	*14,54*	136,1	*15,21*	130,6	*15,88*	125,5	*16,55*	120,8	*17,21*	116,5	*17,88*	**24,000**	*20,000*	30,000	25
						173,0	*14,26*	165,2	*14,95*	158,1	*15,65*	151,6	*16,34*	145,7	*17,03*	140,2	*17,71*	135,1	*18,40*	**28,800**	*24,000*	36,000	
														165,8	*17,39*	159,5	*18,09*	153,7	*18,79*	**33,600**	*28,000*	42,000	

Einheitsmoment M/b in t

σ_b in kg/cm²																				Eisenzugspannung σ_e in kg/cm²			
57,5		60		62,5		65		67,5		70		75		81,25		87,5		93,75				1500	
38,33		*40*		*41,67*		*43,33*		*45*		*46,67*		*50*		*54,17*		*58,33*		*62,5*			*1000*		
46		**48**		**50**		**52**		**54**		**56**		**60**		**65**		**70**		**75**		**1200**			
12,10	*8,468*	11,71	*8,783*	11,35	*9,095*	11,02	*9,404*	10,71	*9,709*	10,42	*10,01*									**1,080**	*0,900*	1,350	1
12,76	*8,926*	12,34	*9,258*	11,96	*9,587*	11,61	*9,912*	11,29	*10,23*	10,98	*10,55*	10,44	*11,18*							**1,200**	*1,000*	1,500	
13,97	*9,778*	13,52	*10,14*	13,11	*10,50*	12,72	*10,86*	12,36	*11,21*	12,03	*11,56*	11,43	*12,25*	10,78	*13,09*	10,22	*13,91*			**1,440**	*1,200*	1,800	
15,09	*10,56*	14,61	*10,95*	14,16	*11,34*	13,74	*11,73*	13,36	*12,11*	13,00	*12,49*	12,35	*13,23*	11,64	*14,14*	11,04	*15,02*	10,51	*15,89*	**1,680**	*1,400*	2,100	4
16,14	*11,29*	15,61	*11,71*	15,13	*12,13*	14,69	*12,54*	14,28	*12,95*	13,89	*13,35*	13,20	*14,14*	12,45	*15,11*	11,80	*16,06*	11,23	*16,98*	**1,920**	*1,600*	2,400	
17,11	*11,98*	16,56	*12,42*	16,05	*12,86*	15,58	*13,30*	15,14	*13,73*	14,74	*14,16*	14,00	*15,00*	13,20	*16,03*	12,51	*17,03*	11,91	*18,01*	**2,160**	*1,800*	2,700	
18,04	*12,62*	17,46	*13,09*	16,92	*13,56*	16,42	*14,02*	15,96	*14,47*	15,53	*14,92*	14,76	*15,81*	13,92	*16,90*	13,19	*17,95*	12,56	*18,99*	**2,400**	*2,000*	3,000	7
19,76	*13,83*	19,12	*14,34*	18,54	*14,85*	17,99	*15,36*	17,49	*15,85*	17,02	*16,35*	16,17	*17,32*	15,25	*18,51*	14,45	*19,67*	13,76	*20,80*	**2,880**	*2,400*	3,600	
21,34	*14,94*	20,66	*15,49*	20,02	*16,04*	19,43	*16,59*	18,89	*17,13*	18,38	*17,66*	17,46	*18,71*	16,47	*19,99*	15,61	*21,24*	14,86	*22,47*	**3,360**	*2,800*	4,200	
23,00	*16,09*	22,25	*16,69*	21,57	*17,28*	20,94	*17,87*	20,35	*18,45*	19,80	*19,02*	18,81	*20,16*	17,74	*21,54*	16,82	*22,89*	16,01	*24,21*	**3,900**	*3,250*	4,875	10
24,70	*17,28*	23,90	*17,93*	23,17	*18,57*	22,49	*19,20*	21,86	*19,82*	21,27	*20,44*	20,21	*21,65*	19,06	*23,14*	18,06	*24,59*	17,20	*26,00*	**4,500**	*3,750*	5,625	
26,30	*18,40*	25,45	*19,09*	24,67	*19,76*	23,94	*20,44*	23,27	*21,10*	22,64	*21,76*	21,51	*23,05*	20,29	*24,63*	19,23	*26,17*	18,31	*27,68*	**5,100**	*4,250*	6,375	
27,80	*19,45*	26,90	*20,18*	26,08	*20,89*	25,31	*21,60*	24,60	*22,31*	23,94	*23,00*	22,74	*24,37*	21,45	*26,04*	20,33	*27,67*	19,35	*29,26*	**5,700**	*4,750*	7,125	13
29,27	*20,40*	28,32	*21,17*	27,44	*21,93*	26,63	*22,68*	25,88	*23,42*	25,18	*24,16*	23,91	*25,61*	22,55	*27,37*	21,37	*29,09*	20,35	*30,77*	**6,300**	*5,250*	7,875	
30,72	*21,25*	29,72	*22,05*	28,79	*22,85*	27,93	*23,64*	27,14	*24,43*	26,40	*25,20*	25,06	*26,73*	23,62	*28,59*	22,38	*30,41*	21,30	*32,18*	**6,900**	*5,750*	8,625	
32,59	*22,22*	31,51	*23,08*	30,52	*23,92*	29,60	*24,75*	28,75	*25,58*	27,96	*26,40*	26,54	*28,02*	24,99	*29,99*	23,67	*31,93*	22,51	*33,81*	**7,680**	*6,400*	9,600	16
34,86	*23,27*	33,70	*24,17*	32,62	*25,06*	31,63	*25,95*	30,71	*26,82*	29,86	*27,69*	28,32	*29,40*	26,66	*31,50*	25,23	*33,56*	23,98	*35,57*	**8,640**	*7,200*	10,800	
37,10	*24,18*	35,85	*25,12*	34,70	*26,06*	33,64	*26,98*	32,65	*27,90*	31,73	*28,81*	30,08	*30,61*	28,30	*32,81*	26,76	*34,98*	25,42	*37,10*	**9,600**	*8,000*	12,000	
39,88	*25,17*	38,53	*26,16*	37,27	*27,14*	36,12	*28,11*	35,05	*29,07*	34,05	*30,03*	32,26	*31,92*	30,32	*34,24*	28,65	*36,52*	27,20	*38,76*	**10,800**	*9,000*	13,500	19
42,64	*26,02*	41,17	*27,05*	39,82	*28,07*	38,58	*29,08*	37,42	*30,08*	36,34	*31,07*	34,41	*33,05*	32,31	*35,47*	30,52	*37,85*	28,95	*40,19*	**12,000**	*10,000*	15,000	
48,10	*27,42*	46,42	*28,51*	44,87	*29,59*	43,44	*30,67*	42,11	*31,74*	40,88	*32,80*	38,65	*34,91*	36,26	*37,50*	34,20	*40,06*	32,41	*42,57*	**14,400**	*12,000*	18,000	
53,51	*28,52*	51,61	*29,67*	49,86	*30,80*	48,25	*31,93*	46,75	*33,06*	45,36	*34,17*	42,85	*36,39*	40,15	*39,12*	37,83	*41,81*	35,81	*44,46*	**16,800**	*14,000*	21,000	22
58,88	*29,42*	56,77	*30,60*	54,82	*31,79*	53,02	*32,96*	51,35	*34,13*	49,80	*35,29*	47,01	*37,59*	44,00	*40,44*	41,42	*43,24*	39,17	*46,01*	**19,200**	*16,000*	24,000	
64,23	*30,16*	61,90	*31,38*	59,75	*32,60*	57,77	*33,81*	55,93	*35,02*	54,22	*36,22*	51,15	*38,59*	47,83	*41,54*	44,98	*44,44*	42,51	*47,31*	**21,600**	*18,000*	27,000	
69,56	*30,79*	67,01	*32,04*	64,66	*33,29*	62,49	*34,53*	60,48	*35,77*	58,62	*37,00*	55,26	*39,44*	51,64	*42,47*	48,53	*45,45*	45,83	*48,41*	**24,000**	*20,000*	30,000	25
80,17	*31,78*	77,18	*33,09*	74,44	*34,39*	71,90	*35,68*	69,55	*36,97*	67,37	*38,26*	63,44	*40,81*	59,21	*43,96*	55,57	*47,09*	52,42	*50,18*	**28,800**	*24,000*	36,000	
90,73	*32,55*	87,32	*33,89*	84,17	*35,23*	81,27	*36,57*	78,58	*37,89*	76,08	*39,22*	71,58	*41,85*	66,73	*45,11*	62,57	*48,34*	58,97	*51,55*	**33,600**	*28,000*	42,000	
102,6	*33,22*	98,68	*34,60*	95,09	*35,97*	91,77	*37,34*	88,70	*38,71*	85,84	*40,07*	80,70	*42,77*	75,16	*46,13*	70,41	*49,46*	66,29	*52,76*	**39,000**	*32,500*	48,750	28
115,7	*33,80*	111,3	*35,21*	107,2	*36,61*	103,4	*38,01*	99,91	*39,41*	96,66	*40,80*	90,81	*43,58*	84,50	*47,02*	79,10	*50,43*	74,41	*53,82*	**45,000**	*37,500*	56,250	
128,9	*34,26*	123,9	*35,69*	119,3	*37,13*	115,0	*38,55*	111,1	*39,97*	107,5	*41,39*	100,9	*44,22*	93,82	*47,73*	87,76	*51,21*	82,50	*54,67*	**51,000**	*42,500*	63,750	
142,0	*34,64*	136,4	*36,09*	131,3	*37,54*	126,6	*38,99*	122,3	*40,43*	118,2	*41,87*	111,0	*44,74*	103,1	*48,31*	96,40	*51,85*	90,57	*55,37*	**57,000**	*47,500*	71,250	31
155,1	*34,95*	149,0	*36,42*	143,5	*37,89*	138,2	*39,35*	133,5	*40,82*	129,0	*42,27*	121,0	*45,18*	112,4	*48,79*	105,0	*52,38*	98,63	*55,95*	**63,000**	*52,500*	78,750	
		161,5	*36,70*	155,4	*38,18*	149,8	*39,66*	144,6	*41,14*	139,8	*42,61*	131,1	*45,55*	121,6	*49,20*	113,7	*52,83*	106,7	*56,45*	**69,000**	*57,500*	86,250	
						164,9	*40,00*	159,1	*41,49*	153,8	*42,98*	144,1	*45,95*	133,8	*49,65*	124,9	*53,33*	117,1	*56,99*	**76,800**	*64,000*	96,000	34
												160,2	*46,36*	148,6	*50,10*	138,6	*53,82*	130,0	*57,53*	**86,400**	*72,000*	108,0	
														163,4	*50,47*	152,4	*54,23*	142,9	*57,98*	**96,000**	*80,000*	120,0	

Einheitsmoment M/b in t

	Eisenzug-spannung σ_e in kg/cm² 1500			Beton - Druckspannung 8,75		10		11,25		12,5		13,75		15		16,25		17,5		18,75		20	
		1000		*5,833*		*6,667*		*7,5*		*8,333*		*9,167*		*10*		*10,83*		*11,67*		*12,5*		*13,33*	
Einheitsmoment M/b in t			**1200**	**7**		**8**		**9**		**10**		**11**		**12**		**13**		**14**		**15**		**16**	
1	1,634	*1,089*	**1,307**	69,05	*1,620*	60,88	*1,845*	54,52	*2,067*	49,42	*2,288*	45,26	*2,507*	41,78	*2,725*	38,84	*2,941*	36,32	*3,155*	34,13	*3,368*	32,21	*3,579*
	1,815	*1,210*	**1,452**	72,79	*1,708*	64,17	*1,945*	57,46	*2,179*	52,10	*2,412*	47,70	*2,643*	44,04	*2,872*	40,94	*3,100*	38,28	*3,326*	35,98	*3,550*	33,96	*3,773*
	2,178	*1,452*	**1,742**	79,74	*1,871*	70,29	*2,130*	62,95	*2,387*	57,07	*2,642*	52,26	*2,895*	48,25	*3,146*	44,85	*3,396*	41,94	*3,643*	39,41	*3,889*	37,20	*4,133*
4	2,541	*1,694*	**2,033**	86,12	*2,021*	75,93	*2,301*	67,99	*2,578*	61,64	*2,854*	56,44	*3,127*	52,11	*3,399*	48,44	*3,668*	45,30	*3,935*	42,57	*4,201*	40,18	*4,464*
	2,904	*1,936*	**2,323**	92,07	*2,161*	81,17	*2,460*	72,69	*2,756*	65,90	*3,051*	60,34	*3,343*	55,71	*3,633*	51,79	*3,921*	48,42	*4,207*	45,51	*4,491*	42,95	*4,772*
	3,267	*2,178*	**2,614**	97,66	*2,292*	86,09	*2,609*	77,10	*2,924*	69,90	*3,236*	64,00	*3,546*	59,09	*3,854*	54,93	*4,159*	51,36	*4,462*	48,27	*4,763*	45,56	*5,062*
7	3,630	*2,420*	**2,904**	102,9	*2,416*	90,75	*2,750*	81,27	*3,082*	73,68	*3,411*	67,46	*3,738*	62,28	*4,062*	57,90	*4,384*	54,14	*4,704*	50,88	*5,021*	48,02	*5,336*
	4,356	*2,904*	**3,485**	112,8	*2,646*	99,41	*3,012*	89,02	*3,376*	80,71	*3,737*	73,90	*4,094*	68,23	*4,450*	63,43	*4,802*	59,31	*5,152*	55,73	*5,500*	52,61	*5,845*
	5,082	*3,388*	**4,066**	121,8	*2,858*	107,4	*3,254*	96,16	*3,646*	87,18	*4,036*	79,82	*4,423*	73,70	*4,806*	68,51	*5,187*	64,06	*5,565*	60,20	*5,941*	56,82	*6,313*
10	5,899	*3,933*	**4,719**	131,2	*3,079*	115,7	*3,506*	103,6	*3,928*	93,92	*4,348*	86,00	*4,765*	79,40	*5,178*	73,81	*5,588*	69,01	*5,996*	64,86	*6,400*	61,22	*6,802*
	6,806	*4,538*	**5,445**	141,0	*3,306*	124,3	*3,764*	111,3	*4,219*	100,9	*4,670*	92,39	*5,117*	85,29	*5,562*	79,28	*6,003*	74,13	*6,441*	69,67	*6,875*	65,76	*7,306*
	7,714	*5,143*	**6,171**	150,7	*3,506*	132,8	*3,992*	118,9	*4,475*	107,7	*4,955*	98,62	*5,431*	91,02	*5,904*	84,59	*6,374*	79,08	*6,840*	74,30	*7,303*	70,11	*7,763*
13	8,621	*5,748*	**6,897**	160,3	*3,680*	141,2	*4,192*	126,4	*4,700*	114,5	*5,205*	104,8	*5,706*	96,72	*6,204*	89,87	*6,699*	83,99	*7,191*	78,90	*7,679*	74,44	*8,164*
	9,529	*6,353*	**7,623**	169,9	*3,835*	149,7	*4,369*	133,9	*4,899*	121,3	*5,426*	111,0	*5,950*	102,4	*6,470*	95,12	*6,987*	88,88	*7,501*	83,47	*8,012*	78,73	*8,520*
	10,440	*6,958*	**8,349**			158,1	*4,527*	141,4	*5,077*	128,1	*5,624*	117,2	*6,167*	108,1	*6,707*	100,4	*7,245*	93,75	*7,778*	88,03	*8,309*	83,02	*8,837*
16	11,620	*7,744*	**9,293**			169,0	*4,708*	151,1	*5,281*	136,8	*5,850*	125,1	*6,417*	115,4	*6,980*	107,1	*7,540*	100,1	*8,097*	93,93	*8,651*	88,57	*9,202*
	13,070	*8,712*	**10,450**					163,0	*5,498*	147,6	*6,092*	134,9	*6,683*	124,4	*7,271*	115,5	*7,856*	107,8	*8,437*	101,2	*9,016*	95,36	*9,591*
	14,520	*9,680*	**11,620**					174,9	*5,685*	158,3	*6,300*	144,7	*6,913*	133,3	*7,522*	123,7	*8,128*	115,5	*8,731*	108,4	*9,331*	102,1	*9,928*
19	16,340	*10,890*	**13,070**							171,7	*6,524*	156,9	*7,159*	144,5	*7,791*	134,1	*8,420*	125,1	*9,046*	117,4	*9,669*	110,6	*10,29*
	18,150	*12,100*	**14,520**									169,0	*7,369*	155,7	*8,021*	144,4	*8,669*	134,7	*9,315*	126,3	*9,958*	119,0	*10,60*
	21,780	*14,520*	**17,420**											177,9	*8,393*	164,9	*9,074*	153,8	*9,752*	144,2	*10,43*	135,7	*11,10*
22	25,410	*16,940*	**20,330**															172,9	*10,09*	162,0	*10,79*	152,4	*11,49*
	29,040	*19,360*	**23,230**																	179,7	*11,08*	169,1	*11,80*
	32,670	*21,780*	**26,140**																				
25	36,300	*24,200*	**29,040**																				
	43,560	*29,040*	**34,850**																				
	50,820	*33,880*	**40,660**																				

Erste Teilspalte (Steilziffern) | h | in cm

Zweite Teilspalte (Schrägziffern) | f_e | in $\frac{cm^2}{m}$

	Eisenzug-spannung σ_e in kg/cm² 1500			Beton - Druckspannung 33,75		35		37,5		40		42,5		45		47,5		50		52,5		55	
		1000		*22,5*		*23,33*		*25*		*26,67*		*28,33*		*30*		*31,67*		*33,33*		*35*		*36,67*	
Einheitsmoment M/b in t			**1200**	**27**		**28**		**30**		**32**		**34**		**36**		**38**		**40**		**42**		**44**	
1	1,634	*1,089*	**1,307**	20,47	*5,810*	19,85	*6,005*	18,75	*6,390*	17,78	*6,771*	16,92	*7,148*	16,15	*7,520*	15,47	*7,887*	14,85	*8,250*	14,29	*8,609*	13,78	*8,964*
	1,815	*1,210*	**1,452**	21,57	*6,124*	20,93	*6,329*	19,76	*6,736*	18,74	*7,138*	17,83	*7,534*	17,03	*7,926*	16,30	*8,314*	15,65	*8,696*	15,06	*9,075*	14,52	*9,449*
	2,178	*1,452*	**1,742**	23,63	*6,709*	22,92	*6,933*	21,65	*7,379*	20,52	*7,819*	19,53	*8,254*	18,65	*8,683*	17,86	*9,107*	17,15	*9,526*	16,50	*9,941*	15,91	*10,35*
4	2,541	*1,694*	**2,033**	25,53	*7,246*	24,76	*7,489*	23,38	*7,970*	22,17	*8,445*	21,10	*8,915*	20,15	*9,379*	19,29	*9,837*	18,52	*10,29*	17,82	*10,74*	17,19	*11,18*
	2,904	*1,936*	**2,323**	27,29	*7,746*	26,47	*8,006*	24,99	*8,521*	23,70	*9,029*	22,56	*9,530*	21,54	*10,03*	20,62	*10,52*	19,80	*11,00*	19,05	*11,48*	18,37	*11,95*
	3,267	*2,178*	**2,614**	28,94	*8,216*	28,07	*8,492*	26,51	*9,037*	25,14	*9,576*	23,92	*10,11*	22,84	*10,63*	21,88	*11,15*	21,00	*11,67*	20,21	*12,17*	19,49	*12,68*
7	3,630	*2,420*	**2,904**	30,51	*8,661*	29,59	*8,951*	27,94	*9,526*	26,50	*10,09*	25,22	*10,66*	24,08	*11,21*	23,06	*11,76*	22,14	*12,30*	21,30	*12,83*	20,54	*13,36*
	4,356	*2,904*	**3,485**	33,42	*9,487*	32,42	*9,805*	30,61	*10,44*	29,03	*11,06*	27,63	*11,67*	26,38	*12,28*	25,26	*12,88*	24,25	*13,47*	23,33	*14,06*	22,50	*14,64*
	5,082	*3,388*	**4,066**	36,10	*10,25*	35,02	*10,59*	33,06	*11,27*	31,35	*11,94*	29,84	*12,61*	28,49	*13,26*	27,28	*13,91*	26,19	*14,55*	25,20	*15,18*	24,30	*15,81*
10	5,899	*3,933*	**4,719**	38,89	*11,04*	37,72	*11,41*	35,62	*12,14*	33,78	*12,87*	32,15	*13,58*	30,70	*14,29*	29,39	*14,99*	28,22	*15,68*	27,15	*16,36*	26,18	*17,03*
	6,806	*4,538*	**5,445**	41,78	*11,86*	40,52	*12,26*	38,26	*13,04*	36,28	*13,82*	34,53	*14,59*	32,97	*15,35*	31,57	*16,10*	30,31	*16,84*	29,17	*17,57*	28,13	*18,30*
	7,714	*5,143*	**6,171**	44,48	*12,62*	43,14	*13,05*	40,74	*13,89*	38,63	*14,71*	36,76	*15,53*	35,10	*16,34*	33,61	*17,14*	32,27	*17,93*	31,05	*18,71*	29,94	*19,48*
13	8,621	*5,748*	**6,897**	47,13	*13,30*	45,70	*13,75*	43,14	*14,64*	40,89	*15,52*	38,91	*16,39*	37.14	*17,25*	35,56	*18,10*	34,13	*18,94*	32,84	*19,77*	31,66	*20,59*
	9,529	*6,353*	**7,623**	49,75	*13,91*	48,24	*14,38*	45,52	*15,32*	43,13	*16,24*	41,03	*17,16*	39,15	*18,06*	37,47	*18,96*	35,96	*19,84*	34,59	*20,72*	33,34	*21,58*
	10,440	*6,958*	**8,349**	52,35	*14,45*	50,76	*14,94*	47,88	*15,92*	45,36	*16,88*	43,13	*17,84*	41,15	*18,79*	39,37	*19,72*	37,77	*20,65*	36,32	*21,57*	35,00	*22,47*
16	11,620	*7,744*	**9,293**	55,72	*15,07*	54,01	*15,58*	50,92	*16,61*	48,22	*17,62*	45,84	*18,63*	43,72	*19,62*	41,82	*20,61*	40,10	*21,58*	38,55	*22,55*	37,14	*23,50*
	13,070	*8,712*	**10,450**	59,82	*15,73*	57,97	*16,27*	54,64	*17,35*	51,72	*18,42*	49,14	*19,47*	46,85	*20,52*	44,79	*21,55*	42,94	*22,58*	41,27	*23,59*	39,74	*24,60*
	14,520	*9,680*	**11,620**	63,91	*16,31*	61,92	*16,87*	58,33	*17,99*	55,19	*19,10*	52,42	*20,20*	49,95	*21,29*	47,75	*22,37*	45,76	*23,44*	43,95	*24,51*	42,31	*25,56*
19	16,340	*10,890*	**13,070**	68,98	*16,93*	66,81	*17,54*	62,92	*18,69*	59,50	*19,84*	56,49	*20,99*	53,81	*22,13*	51,41	*23,26*	49,24	*24,38*	47,28	*25,49*	45,50	*26,59*
	18,150	*12,100*	**14,520**	74,03	*17,46*	71,69	*18,07*	67,47	*19,28*	63,79	*20,48*	60,53	*21,67*	57,63	*22,85*	55,04	*24,02*	52,70	*25,19*	50,59	*26,34*	48,66	*27,49*
	21,780	*14,520*	**17,420**	84,06	*18,33*	81,37	*18,98*	76,53	*20,25*	72,30	*21,52*	68,56	*22,78*	65,23	*24,03*	62,25	*25,28*	59,57	*26,51*	57,14	*27,74*	54,93	*28,95*
22	25,410	*16,940*	**20,330**	94,04	*19,01*	91,00	*19,68*	85,54	*21,02*	80,75	*22,34*	76,53	*23,66*	72,77	*24,96*	69,41	*26,26*	66,38	*27,55*	63,64	*28,83*	61,14	*30,11*
	29,040	*19,360*	**23,230**	104,0	*19,56*	100,6	*20,25*	94,50	*21,63*	89,17	*23,00*	84,46	*24,36*	80,27	*25,71*	76,52	*27,06*	73,15	*28,40*	70,09	*29,72*	67,31	*31,05*
	32,670	*21,780*	**26,140**	113,9	*20,01*	110,2	*20,72*	103,4	*22,14*	97,55	*23,55*	92,36	*24,94*	87,74	*26,33*	83,61	*27,72*	79,89	*29,09*	76,52	*30,46*	73,45	*31,82*
25	36,300	*24,200*	**29,040**	123,8	*20,39*	119,7	*21,12*	112,4	*22,56*	105,9	*24,00*	100,2	*25,43*	95,19	*26,86*	90,67	*28,27*	86,60	*29,68*	82,92	*31,08*	79,57	*32,48*
	43,560	*29,040*	**34,850**	143,5	*20,99*	138,7	*21,74*	130,1	*23,24*	122,6	*24,73*	116,0	*26,21*	110,0	*27,69*	104,8	*29,15*	99,99	*30,62*	95,68	*32,07*	91,76	*33,52*
	50,820	*33,880*	**40,660**	163,2	*21,44*	157,7	*22,21*	147,9	*23,75*	139,2	*25,28*	131,6	*26,80*	124,8	*28,32*	118,8	*29,83*	113,3	*31,33*	108,4	*32,83*	103,9	*34,32*
28	58,990	*39,330*	**47,190**	185,3	*21,84*	179,1	*22,63*	167,8	*24,19*	157,9	*25,76*	149,2	*27,31*	141,5	*28,87*	134,5	*30,41*	128,3	*31,95*	122,7	*33,49*	117,5	*35,01*
	68,060	*45,380*	**54,450**							178,6	*26,17*	168,7	*27,76*	159,9	*29,34*	152,0	*30,92*	144,9	*32,49*	138,5	*34,06*	132,6	*35,62*
	77,140	*51,430*	**61,710**											178,3	*29,72*	169,5	*31,32*	161,5	*32,92*	154,3	*34,51*	147,7	*36,10*
31	86,210	*57,480*	**68,970**															178,1	*33,27*	170,1	*34,88*	162,8	*36,49*
	95,290	*63,530*	**76,230**																			177,9	*36,82*
	104,4	*69,580*	**83,490**																				
34	116,2	*77,440*	**92,930**																				
	130,7	*87,120*	**104,5**																				
	145,2	*96,800*	**116,2**																				

Erste Teilspalte (Steilziffern) | h | in cm

Zweite Teilspalte (Schrägziffern) | f_e | in $\frac{cm^2}{m}$

σ_b in kg/cm²

21,25		22,5		23,75		25		26,25		27,5		28,75		30		31,25		32,5		Eisenzugspannung σ_e in kg/cm²			Einheitsmoment M/b in t
14,17		*15*		*15,83*		*16,67*		*17,5*		*18,33*		*19,17*		*20*		*20,83*		*21,67*				1500	
17		**18**		**19**		**20**		**21**		**22**		**23**		**24**		**25**		**26**		**1200**	*1000*		
30,52	*3,789*	29,02	*3,997*	27,67	*4,204*	26,46	*4,410*	25,36	*4,614*	24,36	*4,816*	23,45	*5,018*	22,61	*5,218*	21,84	*5,416*	21,13	*5,614*	**1,307**	*1,089*	1,634	1
32,17	*3,994*	30,59	*4,214*	29,17	*4,432*	27,89	*4,648*	26,73	*4,863*	25,68	*5,077*	24,72	*5,289*	23,83	*5,500*	23,02	*5,709*	22,27	*5,917*	**1,452**	*1,210*	1,815	
35,24	*4,375*	33,51	*4,616*	31,95	*4,855*	30,55	*5,092*	29,28	*5,328*	28,13	*5,562*	27,08	*5,794*	26,11	*6,025*	25,22	*6,254*	24,39	*6,482*	**1,742**	*1,452*	2,178	
38,07	*4,726*	36,19	*4,986*	34,51	*5,244*	33,00	*5,500*	31,63	*5,754*	30,38	*6,007*	29,24	*6,258*	28,20	*6,508*	27,24	*6,755*	26,35	*7,002*	**2,033**	*1,694*	2,541	4
40,70	*5,052*	38,69	*5,330*	36,90	*5,606*	35,28	*5,880*	33,81	*6,152*	32,48	*6,422*	31,26	*6,690*	30,15	*6,957*	29,12	*7,222*	28,17	*7,485*	**2,323**	*1,936*	2,904	
43,17	*5,359*	41,04	*5,653*	39,13	*5,946*	37,42	*6,236*	35,87	*6,525*	34,45	*6,812*	33,16	*7,096*	31,98	*7,379*	30,88	*7,660*	29,88	*7,939*	**2,614**	*2,178*	3,267	
45,50	*5,649*	43,26	*5,959*	41,25	*6,267*	39,44	*6,574*	37,81	*6,878*	36,32	*7,180*	34,95	*7,480*	33,71	*7,778*	32,56	*8,074*	31,49	*8,368*	**2,904**	*2,420*	3,630	7
49,84	*6,188*	47,39	*6,528*	45,19	*6,866*	43,21	*7,201*	41,41	*7,534*	39,78	*7,865*	38,29	*8,194*	36,92	*8,521*	35,66	*8,845*	34,50	*9,167*	**3,485**	*2,904*	4,356	
53,84	*6,683*	51,18	*7,051*	48,81	*7,416*	46,67	*7,778*	44,73	*8,138*	42,97	*8,495*	41,36	*8,851*	39,88	*9,203*	38,52	*9,554*	37,26	*9,902*	**4,066**	*3,388*	5,082	
58,00	*7,201*	55,14	*7,596*	52,58	*7,990*	50,28	*8,380*	48,19	*8,768*	46,29	*9,153*	44,56	*9,535*	42,97	*9,915*	41,50	*10,29*	40,15	*10,67*	**4,719**	*3,933*	5,899	10
62,30	*7,735*	59,23	*8,160*	56,49	*8,582*	54,01	*9,001*	51,77	*9,418*	49,73	*9,832*	47,86	*10,24*	46,15	*10,65*	44,58	*11,06*	43,12	*11,46*	**5,445**	*4,538*	6,806	
66,42	*8,220*	63,13	*8,674*	60,19	*9,125*	57,55	*9,572*	55,15	*10,02*	52,97	*10,46*	50,98	*10,90*	49,15	*11,33*	47,47	*11,77*	45,92	*12,20*	**6,171**	*5,143*	7,714	
70,50	*8,647*	67,00	*9,126*	63,87	*9,602*	61,05	*10,07*	58,49	*10,54*	56,17	*11,01*	54,05	*11,48*	52,10	*11,94*	50,31	*12,40*	48,66	*12,85*	**6,897**	*5,748*	8,621	13
74,56	*9,024*	70,85	*9,526*	67,52	*10,02*	64,52	*10,52*	61,81	*11,01*	59,35	*11,50*	57,10	*11,99*	55,03	*12,47*	53,13	*12,95*	51,38	*13,43*	**7,623**	*6,353*	9,529	
78,60	*9,362*	74,67	*9,883*	71,15	*10,40*	67,98	*10,92*	65,12	*11,43*	62,51	*11,94*	60,13	*12,45*	57,94	*12,95*	55,93	*13,45*	54,07	*13,95*	**8,349**	*6,958*	10,440	
83,83	*9,750*	79,62	*10,29*	75,85	*10,84*	72,46	*11,38*	69,39	*11,91*	66,59	*12,44*	64,04	*12,97*	61,70	*13,50*	59,55	*14,03*	57,56	*14,55*	**9,293**	*7,744*	11,620	16
90,24	*10,16*	85,68	*10,73*	81,60	*11,30*	77,93	*11,86*	74,61	*12,43*	71,59	*12,98*	68,83	*13,54*	66,30	*14,09*	63,97	*14,64*	61,82	*15,19*	**10,450**	*8,712*	13,070	
96,62	*10,52*	91,72	*11,11*	87,33	*11,70*	83,38	*12,29*	79,80	*12,87*	76,56	*13,45*	73,59	*14,03*	70,87	*14,60*	68,36	*15,17*	66,05	*15,74*	**11,620**	*9,680*	14,520	
104,6	*10,91*	99,23	*11,52*	94,46	*12,13*	90,16	*12,74*	86,28	*13,35*	82,74	*13,95*	79,51	*14,55*	76,55	*15,15*	73,83	*15,75*	71,31	*16,34*	**13,070**	*10,890*	16,340	19
112,5	*11,24*	106,7	*11,87*	101,6	*12,50*	96,92	*13,13*	92,72	*13,76*	88,90	*14,38*	85,41	*15,00*	82,21	*15,62*	79,26	*16,24*	76,54	*16,85*	**14,520**	*12,100*	18,150	
128,3	*11,77*	121,6	*12,44*	115,7	*13,10*	110,4	*13,77*	105,5	*14,43*	101,2	*15,08*	97,14	*15,74*	93,46	*16,39*	90,08	*17,04*	86,96	*17,69*	**17,420**	*14,520*	21,780	
144,0	*12,19*	136,5	*12,88*	129,8	*13,57*	123,8	*14,26*	118,3	*14,95*	113,4	*15,63*	108,8	*16,31*	104,7	*16,99*	100,8	*17,67*	97,31	*18,34*	**20,330**	*16,940*	25,410	22
159,7	*12,52*	151,3	*13,23*	143,9	*13,95*	137,1	*14,66*	131,0	*15,36*	125,5	*16,07*	120,5	*16,77*	115,8	*17,47*	111,6	*18,17*	107,6	*18,87*	**23,230**	*19,360*	29,040	
175,3	*12,79*	166,1	*13,53*	157,9	*14,26*	150,5	*14,98*	143,7	*15,71*	137,6	*16,43*	132,1	*17,15*	127,0	*17,87*	122,3	*18,59*	117,9	*19,30*	**26,140**	*21,780*	32,670	
				171,9	*14,51*	163,8	*15,25*	156,4	*16,00*	149,8	*16,73*	143,7	*17,47*	138,1	*18,20*	132,9	*18,93*	128,2	*19,66*	**29,040**	*24,200*	36,300	25
						190,3	*15,68*	181,7	*16,45*	173,9	*17,21*	166,8	*17,97*	160,2	*18,73*	154,2	*19,48*	148,7	*20,24*	**34,850**	*29,040*	43,560	
														182,4	*19,12*	175,5	*19,90*	169,1	*20,67*	**40,660**	*33,880*	50,820	

σ_b in kg/cm²

57,5		60		62,5		65		67,5		70		75		81,25		87,5		93,75		Eisenzugspannung σ_e in kg/cm²			Einheitsmoment M/b in t
38,33		*40*		*41,67*		*43,33*		*45*		*46,67*		*50*		*54,17*		*58,33*		*62,5*				1500	
46		**48**		**50**		**52**		**54**		**56**		**60**		**65**		**70**		**75**		**1200**	*1000*		
13,31	*9,314*	12,88	*9,661*	12,49	*10,00*	12,12	*10,34*	11,78	*10,68*	11,46	*11,01*									**1,307**	*1,089*	1,634	1
14,03	*9,818*	13,58	*10,18*	13,16	*10,55*	12,77	*10,90*	12,42	*11,26*	12,08	*11,61*	11,48	*12,30*							**1,452**	*1,210*	1,815	
15,37	*10,76*	14,87	*11,16*	14,42	*11,55*	13,99	*11,94*	13,60	*12,33*	13,24	*12,72*	12,57	*13,47*	11,86	*14,40*	11,24	*15,30*			**1,742**	*1,452*	2,178	
16,60	*11,62*	16,07	*12,05*	15,57	*12,48*	15,12	*12,90*	14,69	*13,32*	14,30	*13,74*	13,58	*14,55*	12,81	*15,55*	12,14	*16,52*	11,56	*17,48*	**2,033**	*1,694*	2,541	4
17,75	*12,42*	17,18	*12,88*	16,65	*13,34*	16,16	*13,79*	15,71	*14,24*	15,28	*14,68*	14,52	*15,56*	13,69	*16,62*	12,98	*17,67*	12,36	*18,68*	**2,323**	*1,936*	2,904	
18,83	*13,17*	18,22	*13.66*	17,66	*14,15*	17,14	*14,63*	16,66	*15,10*	16,21	*15,57*	15,40	*16,50*	14,52	*17,63*	13,77	*18,74*	13,10	*19,82*	**2,614**	*2,178*	3,267	
19,84	*13,89*	19,20	*14,40*	18,61	*14,91*	18,07	*15,42*	17,56	*15,92*	17,09	*16,42*	16,23	*17,39*	15,31	*18,59*	14,51	*19,75*	13,81	*20,89*	**2,904**	*2,420*	3,630	7
21,74	*15,21*	21,04	*15,78*	20,39	*16,34*	19,79	*16,89*	19,23	*17,44*	18,72	*17,98*	17,78	*19,05*	16,77	*20,36*	15,90	*21,64*	15,13	*22,88*	**3,485**	*2,904*	4,356	
23,48	*16,43*	22,72	*17,04*	22,02	*17,65*	21,38	*18,25*	20,78	*18,84*	20,22	*19,42*	19,21	*20,58*	18,11	*21,99*	17,17	*23,37*	16,34	*24,71*	**4,066**	*3,388*	5,082	
25,30	*17,70*	24,48	*18,36*	23,73	*19,01*	23,03	*19,66*	22,38	*20,30*	21,78	*20,93*	20,69	*22,17*	19,51	*23,69*	18,50	*25,18*	17,61	*26,63*	**4,719**	*3,933*	5,899	10
27,17	*19,01*	26,29	*19,72*	25,49	*20,42*	24,74	*21,11*	24,04	*21,80*	23,40	*22,48*	22,23	*23,82*	20,96	*25,45*	19,87	*27,04*	18,92	*28,60*	**5,445**	*4,538*	6,806	
28,93	*20,24*	27,99	*20,99*	27,13	*21,74*	26,34	*22,48*	25,60	*23,21*	24,91	*23,93*	23,66	*25,35*	22,32	*27,09*	21,15	*28,79*	20,14	*30,45*	**6,171**	*5,143*	7,714	
30,58	*21,40*	29,59	*22,19*	28,68	*22,98*	27,84	*23,76*	27,06	*24,54*	26,33	*25,30*	25.02	*26,80*	23,59	*28,64*	22,36	*30,44*	21,29	*32,19*	**6,897**	*5,748*	8,621	13
32,20	*22,44*	31,15	*23,28*	30,19	*24,12*	29,29	*24,95*	28,47	*25,77*	27,70	*26,58*	26,31	*28,17*	24,80	*30,11*	23,51	*32,00*	22,38	*33,84*	**7,623**	*6,353*	9,529	
33,80	*23,37*	32,69	*24,26*	31,67	*25,14*	30,73	*26,01*	29,85	*26,87*	29,04	*27,72*	27,57	*29,40*	25,98	*31,45*	24,62	*33,45*	23,43	*35,40*	**8,349**	*6,958*	10,440	
35,85	*24,45*	34,66	*25,38*	33,57	*26,31*	32,56	*27,23*	31,63	*28,14*	30,76	*29,04*	29,19	*30,82*	27,49	*32,99*	26,03	*35,12*	24,76	*37,19*	**9,293**	*7,744*	11,620	16
38,34	*25,60*	37,06	*26,59*	35,89	*27,57*	34,80	*28,54*	33,79	*29,50*	32,85	*30,46*	31,15	*32,34*	29,32	*34,65*	27,75	*36,91*	26,38	*39,13*	**10,450**	*8,712*	13,070	
40,81	*26,60*	39,44	*27,64*	38,17	*28,66*	37,00	*29,68*	35,92	*30,69*	34,91	*31,69*	33,09	*33,67*	31,12	*36,10*	29,44	*38,47*	27,97	*40,81*	**11,620**	*9,680*	14,520	
43,87	*27,69*	42,38	*28,77*	41,00	*29,85*	39,73	*30,92*	38,55	*31,98*	37,46	*33,03*	35,48	*35,11*	33,35	*37,66*	31,51	*40,17*	29,92	*42,63*	**13,070**	*10,890*	16,340	19
46,91	*28,62*	45,29	*29,75*	43,81	*30,87*	42,43	*31,98*	41,16	*33,09*	39,98	*34,18*	37,85	*36,35*	35,55	*39,02*	33,57	*41,64*	31,85	*44,21*	**14,520**	*12,100*	18,150	
52,91	*30,16*	51,06	*31,36*	49,36	*32,55*	47,78	*33,74*	46,32	*34,92*	44,96	*36,08*	42,52	*38,40*	39,88	*41,25*	37,62	*44,06*	35,65	*46,83*	**17,420**	*14,520*	21,780	
58,86	*31,37*	56,77	*32,63*	54,85	*33,88*	53,07	*35,13*	51,42	*36,36*	49,89	*37,59*	47,14	*40,03*	44,16	*43,03*	41,61	*45,99*	39,39	*48,91*	**20,330**	*16,940*	25,410	22
64,77	*32,36*	62,44	*33,67*	60,30	*34,96*	58,32	*36,26*	56,49	*37,54*	54,78	*38,82*	51,71	*41,35*	48,40	*44,48*	45,56	*47,57*	43,09	*50,62*	**23,230**	*19,360*	29,040	
70,65	*33,18*	68,09	*34,52*	65,72	*35,86*	63,54	*37,19*	61,52	*38,52*	59,64	*39,84*	56,26	*42,45*	52,61	*45,69*	49,48	*48,88*	46,76	*52,04*	**26,140**	*21,780*	32,670	
76,51	*33,86*	73,71	*35,24*	71,13	*36,62*	68,74	*37,99*	66,53	*39,35*	64,48	*40,70*	60,79	*43,39*	56,80	*46,71*	53,38	*50,00*	50,41	*53,25*	**29,040**	*24,200*	36,300	25
88,18	*34,96*	84,90	*36,40*	81,88	*37,83*	79,09	*39,25*	76,51	*40,67*	74,11	*42,08*	69,78	*44,89*	65,13	*48,36*	61,13	*51,80*	57,66	*55,20*	**34,850**	*29,040*	43,560	
99,81	*35,80*	96,05	*37,28*	92,59	*38,75*	89,39	*40,22*	86,43	*41,68*	83,69	*43,14*	78,74	*46,04*	73,41	*49,62*	68,83	*53,18*	64,86	*56,70*	**40,660**	*33,880*	50,820	
112,8	*36,54*	108,6	*38,06*	104,6	*39,57*	100,9	*41,07*	97,57	*42,58*	94,43	*44,07*	88,77	*47,05*	82,68	*50,74*	77,46	*54,40*	72,92	*58,03*	**47,190**	*39,330*	58,990	28
127,3	*37,18*	122,4	*38,73*	117,9	*40,27*	113,8	*41,82*	109,9	*43,35*	106,3	*44,88*	99,89	*47,93*	92,96	*51,72*	87,01	*55,47*	81,85	*59,20*	**54,450**	*45,380*	68,060	
141,7	*37,68*	136,3	*39,26*	131,2	*40,84*	126,5	*42,41*	122,2	*43,97*	118,2	*45,53*	111,0	*48,64*	103,2	*52,50*	96,53	*56,33*	90,75	*60,14*	**61,710**	*51,430*	77,140	
156,2	*38,10*	150,1	*39,70*	144,5	*41,30*	139,3	*42,89*	134,5	*44,48*	130,1	*46,06*	122,1	*49,22*	113,4	*53,14*	106,0	*57,04*	99,63	*60,91*	**68,970**	*57,480*	86,210	31
170,6	*38,44*	163,9	*40,06*	157,8	*41,68*	152,1	*43,29*	146,8	*44,90*	141,9	*46,50*	133,1	*49,70*	123,7	*53,67*	115,5	*57,62*	108,5	*61,55*	**76,230**	*63,530*	95,290	
		177,7	*40,37*	171,0	*42,00*	164,8	*43,63*	159,1	*45,25*	153,8	*46,87*	144,2	*50,10*	133,8	*54,12*	125,0	*58,12*	117,4	*62,09*	**83,490**	*69,580*	104,4	
						181,4	*44,00*	175,0	*45,64*	169,1	*47,28*	158,5	*50,55*	147,1	*54,61*	137,3	*58,66*	128,9	*62,69*	**92,930**	*77,440*	116,2	34
												176,2	*50,99*	163,4	*55,11*	152,5	*59,21*	143,0	*63,29*	**104,5**	*87,120*	130,7	
														179,7	*55,52*	167,6	*59,66*	157,1	*63,78*	**116,2**	*96,800*	145,2	

	Eisenzug-spannung σ_e in kg/cm²			Beton - Druckspannung																			
	1500			8,75		10		11,25		12,5		13,75		15		16,25		17,5		18,75		20	
		1000		*5,833*		*6,667*		*7,5*		*8,333*		*9,167*		*10*		*10,83*		*11,67*		*12,5*		*13,33*	
			1200	**7**		**8**		**9**		**10**		**11**		**12**		**13**		**14**		**15**		**16**	
1	1,944	*1,296*	**1,555**	75,33	*1,768*	66,41	*2,012*	59,47	*2,255*	53,92	*2,496*	49,37	*2,735*	45,58	*2,973*	42,37	*3,208*	39,62	*3,442*	37,23	*3,674*	35,14	*3,905*
	2,160	*1,440*	**1,728**	79,41	*1,863*	70,00	*2,121*	62,69	*2,377*	56,83	*2,631*	52,04	*2,883*	48,05	*3,133*	44,66	*3,382*	41,76	*3,628*	39,25	*3,873*	37,04	*4,116*
	2,592	*1,728*	**2,074**	86,98	*2,041*	76,68	*2,324*	68,67	*2,604*	62,26	*2,882*	57,01	*3,158*	52,63	*3,432*	48,93	*3,705*	45,75	*3,975*	42,99	*4,243*	40,58	*4,509*
4	3,024	*2,016*	**2,419**	93,95	*2,205*	82,83	*2,510*	74,17	*2,813*	67,25	*3,113*	61,58	*3,411*	56,85	*3,707*	52,85	*4,001*	49,41	*4,293*	46,44	*4,583*	43,83	*4,870*
	3,456	*2,304*	**2,765**	100,4	*2,357*	88,55	*2,683*	79,29	*3,007*	71,89	*3,328*	65,83	*3,647*	60,77	*3,963*	56,49	*4,278*	52,83	*4,589*	49,64	*4,899*	46,86	*5,206*
	3,888	*2,592*	**3,110**	106,5	*2,500*	93,92	*2,846*	84,10	*3,189*	76,25	*3,530*	69,82	*3,868*	64,46	*4,204*	59,92	*4,537*	56,03	*4,868*	52,65	*5,196*	49,70	*5,522*
7	4,320	*2,880*	**3,456**	112,3	*2,635*	99,00	*3,000*	88,65	*3,362*	80,37	*3,721*	73,60	*4,077*	67,95	*4,431*	63,16	*4,782*	59,06	*5,131*	55,50	*5,477*	52,39	*5,821*
	5,184	*3,456*	**4,147**	123,0	*2,887*	108,4	*3,286*	97,12	*3,683*	88,05	*4,076*	80,62	*4,467*	74,43	*4,854*	69,19	*5,239*	64,70	*5,621*	60,80	*6,000*	57,39	*6,376*
	6,048	*4,032*	**4,838**	132,9	*3,118*	117,1	*3,550*	104,9	*3,978*	95,10	*4,403*	87,08	*4,825*	80,40	*5,243*	74,74	*5,659*	69,88	*6,071*	65,67	*6,481*	61,99	*6,887*
10	7,020	*4,680*	**5,616**	143,2	*3,359*	126,2	*3,824*	113,0	*4,286*	102,5	*4,743*	93,82	*5,198*	86,61	*5,649*	80,52	*6,097*	75,29	*6,541*	70,75	*6,982*	66,78	*7,420*
	8,100	*5,400*	**6,480**	153,8	*3,607*	135,6	*4,106*	121,4	*4,602*	110,1	*5,094*	100,8	*5,583*	93,04	*6,067*	86,49	*6,548*	80,87	*7,026*	76,00	*7,500*	71,73	*7,971*
	9,180	*6,120*	**7,344**	164,4	*3,824*	144,9	*4,355*	129,7	*4,882*	117,5	*5,405*	107,6	*5,925*	99,29	*6,441*	92,28	*6,953*	86,26	*7,462*	81,05	*7,967*	76,48	*8,469*
13	10,260	*6,840*	**8,208**	174,9	*4,015*	154,1	*4,573*	137,9	*5,127*	124,9	*5,678*	114,3	*6,225*	105,5	*6,768*	98,04	*7,308*	91,63	*7,845*	86,07	*8,377*	81,20	*8,907*
	11,340	*7,560*	**9,072**	185,4	*4,184*	163,3	*4,766*	146,1	*5,345*	132,3	*5,919*	121,1	*6,491*	111,7	*7,058*	103,8	*7,623*	96,96	*8,183*	91,06	*8,741*	85,90	*9,294*
	12,420	*8,280*	**9,936**			172,4	*4,938*	154,3	*5,538*	139,7	*6,135*	127,8	*6,728*	117,9	*7,317*	109,5	*7,903*	102,3	*8,486*	96,03	*9,065*	90,58	*9,640*
16	13,820	*9,216*	**11,060**			184,3	*5,136*	164,9	*5,761*	149,3	*6,382*	136,5	*7,000*	125,9	*7,615*	116,9	*8,226*	109,2	*8,833*	102,5	*9,438*	96,62	*10,04*
	15,550	*10,370*	**12,440**					177,9	*5,998*	161,0	*6,646*	147,2	*7,291*	135,7	*7,932*	126,0	*8,570*	117,6	*9,204*	110,4	*9,835*	104,0	*10,46*
	17,280	*11,520*	**13,820**					190,8	*6,202*	172,7	*6,873*	157,8	*7,541*	145,5	*8,205*	135,0	*8,867*	126,0	*9,524*	118,2	*10,18*	111,4	*10,83*
19	19,440	*12,960*	**15,550**							187,3	*7,117*	171,1	*7,810*	157,7	*8,499*	146,3	*9,185*	136,5	*9,868*	128,0	*10,55*	120,6	*11,22*
	21,600	*14,400*	**17,280**									184,4	*8,039*	169,8	*8,750*	157,5	*9,457*	146,9	*10,16*	137,8	*10,86*	129,8	*11,56*
	25,920	*17,280*	**20,740**											194,1	*9,156*	179,9	*9,899*	167,8	*10,64*	157,3	*11,38*	148,1	*12,11*
22	30,240	*20,160*	**24,190**															188,6	*11,01*	176,7	*11,77*	166,3	*12,54*
	34,560	*23,040*	**27,650**																	196,0	*12,09*	184,4	*12,88*
	38,880	*25,920*	**31,100**																				
25	43,200	*28,800*	**34,560**																				
	51,840	*34,560*	**41,470**																				
	60,480	*40,320*	**48,380**																				

Einheitsmoment M/b in t

Erste Teilspalte (Steilziffern) h in cm

Zweite Teilspalte (Schrägziffern) f_e in $\frac{cm^2}{m}$

	Eisenzug-spannung σ_e in kg/cm²			Beton - Druckspannung																			
	1500			33,75		35		37,5		40		42,5		45		47,5		50		52,5		55	
		1000		*22,5*		*23,33*		*25*		*26,67*		*28,33*		*30*		*31,67*		*33,33*		*35*		*36,67*	
			1200	**27**		**28**		**30**		**32**		**34**		**36**		**38**		**40**		**42**		**44**	
1	1,944	*1,296*	**1,555**	22,33	*6,338*	21,66	*6,550*	20,45	*6,971*	19,39	*7,387*	18,46	*7,798*	17,62	*8,203*	16,87	*8,604*	16,20	*9,000*	15,59	*9,391*	15,03	*9,779*
	2,160	*1,440*	**1,728**	23,53	*6,681*	22,83	*6,905*	21,56	*7,348*	20,44	*7,787*	19,45	*8,219*	18,57	*8,647*	17,79	*9,069*	17,08	*9,487*	16,43	*9,900*	15,84	*10,31*
	2,592	*1,728*	**2,074**	25,78	*7,318*	25,01	*7,564*	23,61	*8,050*	22,39	*8,530*	21,31	*9,004*	20,35	*9,472*	19,48	*9,935*	18,71	*10,39*	18,00	*10,84*	17,36	*11,29*
4	3,024	*2,016*	**2,419**	27,85	*7,905*	27,01	*8,170*	25,50	*8,695*	24,18	*9,213*	23,02	*9,725*	21,98	*10,23*	21,05	*10,73*	20,21	*11,23*	19,44	*11,71*	18,75	*12,20*
	3,456	*2,304*	**2,765**	29,77	*8,451*	28,88	*8,734*	27,27	*9,295*	25,85	*9,849*	24,61	*10,40*	23,50	*10,94*	22,50	*11,47*	21,60	*12,00*	20,78	*12,52*	20,04	*13,04*
	3,888	*2,592*	**3,110**	31,57	*8,963*	30,63	*9,264*	28,92	*9,859*	27,42	*10,45*	26,10	*11,03*	24,92	*11,60*	23,86	*12,17*	22,91	*12,73*	22,05	*13,28*	21,26	*13,83*
7	4,320	*2,880*	**3,456**	33,28	*9,448*	32,28	*9,765*	30,48	*10,39*	28,91	*11,01*	27,51	*11,62*	26,27	*12,23*	25,15	*12,83*	24,15	*13,42*	23,24	*14,00*	22,41	*14,58*
	5,184	*3,456*	**4,147**	36,46	*10,35*	35,36	*10,70*	33,39	*11,38*	31,67	*12,06*	30,14	*12,73*	28,78	*13,40*	27,56	*14,05*	26,45	*14,70*	25,46	*15,34*	24,55	*15,97*
	6,048	*4,032*	**4,838**	39,38	*11,18*	38,20	*11,55*	36,07	*12,30*	34,20	*13,03*	32,55	*13,75*	31,08	*14,47*	29,76	*15,18*	28,57	*15,87*	27,50	*16,57*	26,51	*17,25*
10	7,020	*4,680*	**5,616**	42,43	*12,04*	41,15	*12,45*	38,86	*13,25*	36,85	*14,04*	35,07	*14,82*	33,49	*15,59*	32,07	*16,35*	30,78	*17,10*	29,62	*17,85*	28,56	*18,58*
	8,100	*5,400*	**6,480**	45,57	*12,94*	44,21	*13,37*	41,74	*14,23*	39,58	*15,08*	37,67	*15,92*	35,97	*16,74*	34,44	*17,56*	33,07	*18,37*	31,82	*19,17*	30,68	*19,96*
	9,180	*6,120*	**7,344**	48,52	*13,77*	47,07	*14,23*	44,44	*15,15*	42,14	*16,05*	40,10	*16,94*	38,29	*17,83*	36,67	*18,70*	35,20	*19,56*	33,88	*20,41*	32,66	*21,25*
13	10,260	*6,840*	**8,208**	51,41	*14,51*	49,86	*15,00*	47,06	*15,98*	44,61	*16,94*	42,44	*17,88*	40,52	*18,82*	38,79	*19,75*	37,23	*20,66*	35,82	*21,57*	34,54	*22,46*
	11,340	*7,560*	**9,072**	54,27	*15,17*	52,62	*15,69*	49,66	*16,71*	47,05	*17,72*	44,76	*18,72*	42,71	*19,70*	40,88	*20,68*	39,23	*21,65*	37,73	*22,60*	36,37	*23,54*
	12,420	*8,280*	**9,936**	57,11	*15,76*	55,37	*16,30*	52,23	*17,36*	49,48	*18,42*	47,05	*19,46*	44,89	*20,49*	42,95	*21,52*	41,21	*22,53*	39,62	*23,53*	38,18	*24,52*
16	13,820	*9,216*	**11,060**	60,78	*16,44*	58,91	*17,00*	55,55	*18,12*	52,61	*19,23*	50,01	*20,32*	47,69	*21,41*	45,62	*22,48*	43,75	*23,54*	42,06	*24,59*	40,52	*25,64*
	15,550	*10,370*	**12,440**	65,26	*17,16*	63,24	*17,53*	59,61	*18,93*	56,42	*20,09*	53,61	*21,24*	51,11	*22,38*	48,87	*23,51*	46,85	*24,63*	45,02	*25,74*	43,35	*26,84*
	17,280	*11,520*	**13,820**	69,72	*17,79*	67,54	*18,41*	63,63	*19,63*	60,21	*20,84*	57,19	*22,04*	54,50	*23,23*	52,09	*24,41*	49,92	*25,57*	47,95	*26,73*	46,16	*27,88*
19	19,440	*12,960*	**15,550**	75,25	*18,47*	72,89	*19,13*	68,64	*20,38*	64,91	*21,65*	61,62	*22,90*	58,70	*24,14*	56,08	*25,37*	53,72	*26,60*	51,58	*27,81*	49,64	*29,01*
	21,600	*14,400*	**17,280**	80,76	*19,05*	78,20	*19,71*	73,61	*21,03*	69,59	*22,34*	66,03	*23,64*	62,87	*24,93*	60,04	*26,21*	57,50	*27,48*	55,19	*28,74*	53,09	*29,99*
	25,920	*17,280*	**20,740**	91,70	*20,00*	88,77	*20,70*	83,49	*22,10*	78,87	*23,48*	74,79	*24,85*	71,16	*26,22*	67,91	*27,57*	64,98	*28,92*	62,33	*30,26*	59,92	*31,58*
22	30,240	*20,160*	**24,190**	102,6	*20,74*	99,28	*21,47*	93,31	*22,93*	88,09	*24,37*	83,48	*25,81*	79,39	*27,23*	75,72	*28,65*	72,41	*30,06*	69,42	*31,46*	66,70	*32,85*
	34,560	*23,040*	**27,650**	113,4	*21,34*	109,7	*22,10*	103,1	*23,60*	97,27	*25,09*	92,14	*26,58*	87,57	*28,05*	83,48	*29,52*	79,80	*30,98*	76,46	*32,43*	73,43	*33,87*
	38,880	*25,920*	**31,100**	124,2	*21,83*	120,2	*22,61*	112,8	*24,15*	106,4	*25,69*	100,8	*27,21*	95,72	*28,73*	91,21	*30,24*	87,15	*31,74*	83,47	*33,23*	80,13	*34,72*
25	43,200	*28,800*	**34,560**	135,0	*22,25*	130,6	*23,04*	122,6	*24,62*	115,5	*26,18*	109,4	*27,74*	103,8	*29,30*	98,91	*30,84*	94,48	*32,38*	90,46	*33,91*	86,81	*35,43*
	51,840	*34,560*	**41,470**	156,6	*22,90*	151,3	*23,72*	142,0	*25,35*	133,7	*26,98*	126,5	*28,59*	120,0	*30,20*	114,3	*31,80*	109,1	*33,40*	104,4	*34,99*	100,1	*36,57*
	60,480	*40,320*	**48,380**	178,0	*23,39*	172,1	*24,23*	161,3	*25,91*	151,9	*27,58*	143,6	*29,24*	136,2	*30,89*	129,6	*32,54*	123,6	*34,18*	118,2	*35,81*	113,4	*37,44*
28	70,200	*46,800*	**56,160**	202,2	*23,82*	195,3	*24,68*	183,0	*26,39*	172,3	*28,10*	162,8	*29,80*	154,3	*31,49*	146,8	*33,18*	140,0	*34,86*	133,8	*36,53*	128,2	*38,20*
	81,000	*54,000*	**64,800**							194,9	*28,55*	184,1	*30,28*	174,4	*32,01*	165,8	*33,73*	158,1	*35,45*	151,1	*37,15*	144,7	*38,86*
	91,800	*61,200*	**73,440**											194,5	*32,42*	184,9	*34,17*	176,2	*35,91*	168,3	*37,65*	161,2	*39,38*
31	102,6	*68,400*	**82,080**															194,3	*36,29*	185,5	*38,05*	177,6	*39,81*
	113,4	*75,600*	**90,720**																			194,0	*40,17*
	124,2	*82,800*	**99,360**																				
34	138,2	*92,160*	**110,6**																				
	155,5	*103,7*	**124,4**																				
	172,8	*115,2*	**138,2**																				

Einheitsmoment M/b in t

Erste Teilspalte (Steilziffern) h in cm

Zweite Teilspalte (Schrägziffern) f_e in $\frac{cm^2}{m}$

σ_b in kg/cm² — Eisenzugspannung σ_e in kg/cm²

21,25		22,5		23,75		25		26,25		27,5		28,75		30		31,25		32,5				1500	
14,17		*15*		*15,83*		*16,67*		*17,5*		*18,33*		*19,17*		*20*		*20,83*		*21,67*			*1000*		
17		**18**		**19**		**20**		**21**		**22**		**23**		**24**		**25**		**26**		**1200**			
33,30	4,134	31,66	4,361	30,19	4,587	28,86	4,811	27,67	5,033	26,58	5,254	25,58	5,474	24,67	5,692	23,82	5,909	23,05	6,124	1,555	1,296	1,944	1
35,10	4,357	33,37	4,597	31,82	4,835	30,43	5,071	29,16	5,306	28,01	5,539	26,96	5,770	26,00	6,000	25,11	6,228	24,29	6,455	1,728	1,440	2,160	
38,45	4,773	36,55	5,036	34,86	5,296	33,33	5,555	31,95	5,812	30,69	6,067	29,54	6,321	28,48	6,573	27,51	6,823	26,61	7,071	2,074	1,728	2,592	
41,53	5,156	39,48	5,439	37,65	5,720	36,00	6,000	34,51	6,278	33,15	6,553	31,90	6,827	30,76	7,099	29,71	7,370	28,74	7,638	2,419	2,016	3,024	4
44,40	5,512	42,21	5,815	40,25	6,115	38,49	6,414	36,89	6,711	35,43	7,006	34,11	7,299	32,89	7,589	31,77	7,878	30,73	8,165	2,765	2,304	3,456	
47,09	5,846	44,77	6,167	42,69	6,486	40,82	6,803	39,13	7,118	37,58	7,431	36,18	7,741	34,88	8,050	33,69	8,356	32,59	8,661	3,110	2,592	3,888	
49,64	6,162	47,19	6,501	45,00	6,837	43,03	7,171	41,24	7,503	39,62	7,833	38,13	8,160	36,77	8,485	35,52	8,808	34,36	9,129	3,456	2,880	4,320	7
54,38	6,750	51,70	7,121	49,30	7,490	47,14	7,856	45,18	8,219	43,40	8,580	41,77	8,939	40,28	9,295	38,90	9,649	37,64	10,00	4,147	3,456	5,184	
58,73	7,291	55,84	7,692	53,25	8,090	50,91	8,485	48,80	8,878	46,88	9,268	45,12	9,655	43,51	10,04	42,02	10,42	40,65	10,80	4,838	4,032	6,048	
63,28	7,855	60,16	8,287	57,37	8,716	54,85	9,142	52,57	9,565	50,50	9,985	48,61	10,40	46,87	10,82	45,27	11,23	43,80	11,64	5,616	4,680	7,020	10
67,97	8,438	64,62	8,902	61,62	9,362	58,92	9,820	56,47	10,27	54,25	10,73	52,21	11,17	50,35	11,62	48,63	12,06	47,04	12,50	6,480	5,400	8,100	
72,46	8,967	68,87	9,462	65,66	9,954	62,78	10,44	60,16	10,93	57,79	11,41	55,61	11,89	53,62	12,36	51,79	12,83	50,09	13,30	7,344	6,120	9,180	
76,91	9,433	73,09	9,955	69,67	10,47	66,60	10,99	63,81	11,50	61,28	12,01	58,96	12,52	56,84	13,02	54,89	13,52	53,08	14,02	8,208	6,840	10,260	13
81,34	9,845	77,29	10,39	73,66	10,94	70,39	11,48	67,43	12,01	64,74	12,55	62,29	13,08	60,04	13,61	57,96	14,13	56,05	14,65	9,072	7,560	11,340	
85,75	10,21	81,46	10,78	77,62	11,35	74,16	11,91	71,04	12,47	68,19	13,03	65,59	13,58	63,21	14,13	61,02	14,67	58,99	15,22	9,936	8,280	12,420	
91,45	10,64	86,86	11,23	82,75	11,82	79,04	12,41	75,69	12,99	72,65	13,58	69,86	14,15	67,31	14,73	64,96	15,30	62,79	15,87	11,060	9,216	13,820	16
98,44	11,09	93,47	11,71	89,02	12,33	85,02	12,94	81,39	13,55	78,10	14,16	75,08	14,77	72,32	15,37	69,78	15,97	67,44	16,57	12,440	10,370	15,550	
105,4	11,48	100,1	12,12	95,27	12,77	90,96	13,40	87,06	14,04	83,52	14,67	80,28	15,30	77,31	15,93	74,58	16,55	72,05	17,17	13,820	11,520	17,280	
114,1	11,90	108,3	12,57	103,0	13,24	98,36	13,90	94,12	14,56	90,26	15,22	86,74	15,88	83,51	16,53	80,54	17,18	77,79	17,82	15,550	12,960	19,440	19
122,7	12,26	116,4	12,95	110,8	13,64	105,7	14,33	101,1	15,01	96,98	15,69	93,17	16,37	89,68	17,04	86,47	17,71	83,50	18,38	17,280	14,400	21,600	
139,9	12,84	132,7	13,57	126,2	14,29	120,4	15,02	115,1	15,74	110,3	16,45	106,0	17,17	102,0	17,88	98,27	18,59	94,86	19,30	20,740	17,280	25,920	
157,1	13,29	148,9	14,05	141,6	14,81	135,0	15,56	129,1	16,30	123,7	17,05	118,7	17,79	114,2	18,53	110,0	19,27	106,2	20,01	24,190	20,160	30,240	22
174,2	13,66	165,1	14,44	157,0	15,21	149,6	15,99	143,0	16,76	136,9	17,53	131,4	18,30	126,4	19,06	121,7	19,82	117,4	20,58	27,650	23,040	34,560	
191,3	13,96	181,2	14,76	172,2	15,55	164,1	16,34	156,8	17,14	150,2	17,92	144,1	18,71	138,5	19,49	133,4	20,28	128,6	21,06	31,100	25,920	38,880	
				187,5	15,83	178,7	16,64	170,6	17,45	163,4	18,25	156,7	19,06	150,6	19,86	145,0	20,66	139,8	21.45	34,560	28,800	43,200	25
						207,6	17,11	198,3	17,94	189,7	18,77	181,9	19,60	174,8	20,43	168,2	21,26	162,2	22,08	41,470	34,560	51,840	
														199,0	20,86	191,4	21,71	184,5	22,55	48,380	40,320	60,480	

Einheitsmoment M/b in t

σ_b in kg/cm² — Eisenzugspannung σ_e in kg/cm²

57,5		60		62,5		65		67,5		70		75		81,25		87,5		93,75				1500	
38,33		*40*		*41,67*		*43,33*		*45*		*46,67*		*50*		*54,17*		*58,33*		*62,5*			*1000*		
46		**48**		**50**		**52**		**54**		**56**		**60**		**65**		**70**		**75**		**1200**			
14,52	10,16	14,05	10,54	13,62	10,91	13,22	11,28	12,85	11,65	12,50	12,01									1,555	1,296	1,944	1
15,31	10,71	14,81	11,11	14,36	11,50	13,94	11,89	13,54	12,28	13,18	12,66	12,52	13,42							1,728	1,440	2,160	
16,77	11,73	16,23	12,17	15,73	12,60	15,27	13,03	14,84	13,45	14,44	13,87	13,72	14,70	12,94	15,71	12,26	16,69			2,074	1,728	2,592	
18,11	12,67	17,53	13,15	16,99	13,61	16,49	14,07	16,03	14,53	15,60	14,98	14,82	15,87	13,97	16,96	13,24	18,03	12,61	19,06	2,419	2,016	3,024	4
19,36	13,55	18,74	14,05	18,16	14,55	17,63	15,05	17,13	15,53	16,67	16,02	15,84	16,97	14,94	18,13	14,16	19,27	13,48	20,38	2,765	2,304	3,456	
20,54	14,37	19,87	14,91	19,26	15,43	18,70	15,96	18,17	16,48	17,68	16,99	16,80	18,00	15,84	19,23	15,02	20,44	14,30	21,62	3,110	2,592	3,888	
21,65	15,15	20,95	15,71	20,30	16,27	19,81	16,82	19,16	17,37	18,64	17,91	17,71	18,97	16,70	20,28	15,83	21,55	15,07	22,79	3,456	2,880	4,320	7
23,71	16,59	22,95	17,21	22,24	17,82	21,59	18,43	20,98	19,03	20,42	19,62	19,40	20,78	18,29	22,21	17,34	23,60	16,51	24,96	4,147	3,456	5,184	
25,61	17,92	24,79	18,59	24,02	19,25	23,32	19,90	22,66	20,55	22,05	21,19	20,95	22,45	19,76	23,99	18,73	25,49	17,83	26,96	4,838	4,032	6,048	
27,60	19,31	26,70	20,03	25,88	20,74	25,12	21,44	24,42	22,14	23,76	22,83	22,57	24,19	21,29	25,85	20,18	27,47	19,21	29,05	5,616	4,680	7,020	10
29,64	20,74	28,69	21,51	27,80	22,28	26,99	23,03	26,23	23,78	25,52	24,52	24;25	25,98	22,87	27,76	21,68	29,50	20,63	31,20	6,480	5,400	8,100	
31,56	22,08	30,54	22,90	29,60	23,72	28,73	24,52	27,92	25,32	27,17	26,11	25,81	27,66	24,34	29,56	23,08	31,41	21,97	33,22	7,344	6,120	9,180	
33,36	23,34	32,29	24,21	31,29	25,07	30,37	25,92	29,52	26,77	28,73	27,60	27,29	29,24	25,74	31,25	24,39	33,20	23,22	35,12	8,208	6,840	10,260	13
35,13	24,48	33,98	25,40	32,93	26,31	31,96	27,22	31,05	28,11	30,21	28,99	28,70	30,73	27,06	32,85	25,65	34,91	24,42	36,92	9,072	7,560	11,340	
36,87	25,49	35,66	26,46	34,55	27,42	33,52	28,37	32,56	29,31	31,68	30,24	30,08	32,07	28,35	34,31	26,86	36,49	25,56	38,61	9,936	8,280	12,420	
39,11	26,67	37,82	27,69	36,62	28,70	35,52	29,71	34,50	30,70	33,55	31,68	31,84	33,62	29,99	35,99	28,40	38,31	27,02	40,58	11,060	9,216	13,820	16
41,83	27,93	40,43	29,01	39,15	30,08	37,96	31,14	36,86	32,19	35,83	33,23	33,98	35,28	31,99	37,80	30,27	40,27	28,78	42,68	12,440	10,370	15,550	
44,53	29,02	43,02	30,15	41,64	31,27	40,37	32,38	39,18	33,48	38,08	34,57	36,10	36,73	33,95	39,38	32,11	41,97	30,51	44,52	13,820	11,520	17,280	
47,86	30,20	46,23	31,39	44,73	32,56	43,34	33,73	42,06	34,88	40,86	36,03	38,71	38,30	36,38	41,09	34,38	43,82	32,64	46,51	15,550	12,960	19,440	19
51,17	31,23	49,41	32,46	47,79	33,68	46,29	34,89	44,90	36,09	43,61	37,29	41,29	39,65	38,78	42,56	36,62	45,42	34,74	48,23	17,280	14,400	21,600	
57,72	32,90	55,70	34,21	53,84	35,51	52,12	36,81	50,53	38,09	49,05	39,36	46,39	41,89	43,51	45,00	41,04	48,07	38,89	51,09	20,740	17,280	25,920	
64,21	34,23	61,93	35,60	59,83	36,96	57,90	38,32	56,10	39,67	54,43	41,01	51,42	43,66	48,18	46,94	45,39	50,17	42,97	53,36	24,190	20,160	30,240	22
70,66	35,30	68,12	36,73	65,78	38,14	63,62	39,55	61,62	40,95	59,76	42,35	56,41	45,11	52,80	48,52	49,70	51,89	47,01	55,22	27,650	23,040	34,560	
77,08	36,19	74,28	37,66	71,70	39,12	69,32	40,57	67,11	42,02	65,07	43,46	61,38	46,31	57,40	49,84	53,98	53,33	51,02	56,77	31,100	25,920	38,880	
83,47	36,94	80,41	38,45	77,59	39,95	74,99	41,44	72,58	42,92	70,34	44,40	66,31	47,33	61,96	50,96	58,23	54,55	55,00	58,09	34,560	28,800	43,200	25
96,20	38,14	92,62	39,71	89,32	41,27	86,28	42,82	83,46	44,37	80,84	45,91	76,13	48,97	71,05	52,75	66,69	56,50	62,90	60,22	41,470	34,560	51,840	
108,9	39,06	104,8	40,67	101,0	42,28	97,52	43,88	94,29	45,47	91,29	47,06	85,90	50,22	80,08	54,14	75,09	58,01	70,76	61,86	48,380	40,320	60,480	
123,1	39,86	118,4	41,51	114,1	43,16	110,1	44,81	106,4	46,45	103,0	48,08	96,84	51,33	90,20	55,35	84,50	59,35	79,55	63,31	56,160	46,800	70,200	28
138,9	40,56	133,5	42,25	128,6	43,94	124,1	45,62	119,9	47,29	116,0	48,97	109,0	52,29	101,4	56,42	94,92	60,52	89,29	64,58	64,800	54,000	81,000	
154,6	41,11	148,6	42,83	143,1	44,55	138,0	46,26	133,3	47,97	129,0	49,67	121,1	53,06	112,6	57,27	105,3	61,45	99,00	65,61	73,440	61,200	91,800	
170,4	41,56	163,7	43,31	157,6	45,05	152,0	46,79	146,7	48,52	141,9	50,25	133,2	53,69	123,8	57,97	115,7	62,22	108,7	66,44	82,080	68,400	102,6	31
186,1	41,94	178,8	43,70	172,2	45,47	165,9	47,23	160,1	48,98	154,8	50,73	145,2	54,22	134,9	58,55	126,0	62,86	118,4	67,14	90,720	75,600	113,4	
		193,8	44,04	186,5	45,82	179,8	47,59	173,5	49,37	167,7	51,14	157,3	54,66	145,9	59,04	136,4	63,40	128,0	67,74	99,360	82,800	124,2	
						197,8	48,00	190,9	49,79	184,5	51,58	173,0	55,14	160,5	59,58	149,8	63,99	140,6	68,38	110,6	92,160	138,2	34
												192,2	55,63	178,3	60,12	166,4	64,59	156,0	69,04	124,4	103,7	155,5	
														196,1	60,56	182,9	65,08	171,4	69,57	138,2	115,2	172,8	

Einheitsmoment M/b in t

Nr.	Eisenzug-spannung σ_e in kg/cm² 1500	1000	1200	Beton - Druckspannung 8,75		10		11,25		12,5		13,75		15		16,25		17,5		18,75		20	
				5,833		6,667		7,5		8,333		9,167		10		10,83		11,67		12,5		13,33	
	Einheitsmoment M/b in t			7		8		9		10		11		12		13		14		15		16	
1	2,282	1,521	1,825	81,61	1,915	71,95	2,180	64,43	2,443	58,41	2,704	53,48	2,963	49,38	3,220	45,90	3,476	42,92	3,729	40,33	3,980	38,07	4,230
	2,535	1,690	2,028	86,02	2,019	75,84	2,298	67,91	2,575	61,57	2,850	56,38	3,123	52,05	3,394	48,38	3,664	45,24	3,931	42,52	4,196	40,13	4,459
	3,042	2,028	2,434	94,23	2,211	83,08	2,517	74,39	2,821	67,45	3,123	61,76	3,422	57,02	3,718	53,00	4,013	49,56	4,306	46,57	4,596	43,96	4,885
4	3,549	2,366	2,839	101,8	2,389	89,73	2,719	80,35	3,047	72,85	3,373	66,71	3,696	61,59	4,016	57,25	4,335	53,53	4,651	50,31	4,964	47,48	5,276
	4,056	2,704	3,245	108,8	2,554	95,93	2,907	85,90	3,258	77,88	3,606	71,31	3,951	65,84	4,294	61,20	4,634	57,23	4,972	53,78	5,307	50,76	5,640
	4,563	3,042	3,650	115,4	2,708	101,7	3,083	91,11	3,455	82,60	3,824	75,64	4,191	69,83	4,554	64,91	4,915	60,70	5,273	57,04	5,629	53,84	5,982
7	5,070	3,380	4,056	121,7	2,855	107,2	3,250	96,04	3,642	87,07	4,031	79,73	4,417	73,61	4,801	68,43	5,181	63,98	5,559	60,13	5,934	56,75	6,306
	6,084	4,056	4,867	133,3	3,127	117,5	3,560	105,2	3,990	95,38	4,416	87,34	4,839	80,63	5,259	74,96	5,676	70,09	6,089	65,87	6,500	62,17	6,908
	7,098	4,732	5,678	143,9	3,378	126,9	3,845	113,6	4,309	103,0	4,770	94,34	5,227	87,09	5,680	80,96	6,130	75,70	6,577	71,14	7,021	67,15	7,461
10	8,239	5,493	6,591	155,1	3,640	136,7	4,143	122,4	4,643	111,0	5,139	101,6	5,631	93,83	6,120	87,23	6,605	81,56	7,086	76,65	7,564	72,35	8,039
	9,506	6,338	7,605	166,7	3,907	146,9	4,449	131,5	4,986	119,2	5,519	109,2	6,048	100,8	6,573	93,70	7,094	87,61	7,612	82,33	8,125	77,71	8,635
	10,770	7,138	8,619	178,1	4,143	156,9	4,718	140,5	5,289	127,3	5,856	116,5	6,419	107,6	6,977	99,97	7,533	93,45	8,084	87,80	8,631	82,86	9,175
13	12,040	8,028	9,633	189,4	4,350	166,9	4,954	149,4	5,555	135,4	6,151	123,9	6,744	114,3	7,332	106,2	7,917	99,26	8,498	93,24	9,075	87,97	9,649
	13,310	8,873	10,650	200,8	4,532	176,9	5,163	158,3	5,790	143,4	6,413	131,2	7,032	121,0	7,647	112,4	8,258	105,0	8,865	98,65	9,469	93,06	10,07
	14,580	9,718	11,660			186,8	5,350	167,1	6,000	151,4	6,646	138,5	7,288	127,7	7,927	118,6	8,562	110,8	9,193	104,0	9,820	98,12	10,44
16	16,220	10,820	12,980			199,7	5,564	178,6	6,241	161,7	6,914	147,9	7,584	136,4	8,249	126,6	8,911	118,3	9,569	111,0	10,22	104,7	10,87
	18,250	12,170	14,600					192,7	6,498	174,4	7,200	159,5	7,898	147,0	8,593	136,4	9,284	127,4	9,971	119,6	10,65	112,7	11,34
	20,280	13,520	16,220					206,8	6,719	187,1	7,446	171,0	8,169	157,6	8,889	146,2	9,605	136,5	10,32	128,1	11,03	120,7	11,73
19	22,820	15,210	18,250							202,9	7,710	185,4	8,460	170,8	9,207	158,5	9,950	147,9	10,69	138,7	11,43	130,7	12,16
	25,350	16,900	20,280									199,8	8,709	184,0	9,479	170,6	10,25	159,2	11,01	149,3	11,77	140,6	12,53
	30,420	20,280	24,340											210,3	9,919	194,9	10,72	181,8	11,53	170,4	12,32	160,4	13,12
22	35,490	23,660	28,390															204,3	11,93	191,4	12,75	180,1	13,58
	40,560	27,040	32,450																	212,4	13,10	199,8	13,95
	45,630	30,420	36,500																				
25	50,700	33,800	40,560																				
	60,840	40,560	48,670																				
	70,980	47,320	56,780																				

Erste Teilspalte (Steilziffern) | *h* | in cm

Zweite Teilspalte (Schrägziffern) | f_e | in $\frac{cm^2}{m}$

Nr.	Eisenzug-spannung σ_e in kg/cm² 1500	1000	1200	Beton - Druckspannung 33,75		35		37,5		40		42,5		45		47,5		50		52,5		55	
				22,5		23,33		25		26,67		28,33		30		31,67		33,33		35		36,67	
	Einheitsmoment M/b in t			27		28		30		32		34		36		38		40		42		44	
1	2,282	1,521	1,825	24,19	6,866	23,46	7,096	22,15	7,552	21,01	8,003	19,99	8,447	19,09	8,887	18,28	9,321	17,55	9,750	16,89	10,17	16,28	10,59
	2,535	1,690	2,028	25,50	7,237	24,73	7,480	23,35	7,961	22,14	8,436	21,07	8,904	20,12	9,368	19,27	9,825	18,50	10,28	17,80	10,72	17,16	11,17
	3,042	2,028	2,434	27,93	7,928	27,09	8,194	25,58	8,721	24,26	9,241	23,09	9,754	22,04	10,26	21,11	10,76	20,27	11,26	19,50	11,75	18,80	12,23
4	3,549	2,366	2,839	30,17	8,564	29,26	8,851	27,63	9,419	26,20	9,981	24,94	10,54	23,81	11,08	22,80	11,63	21,89	12,16	21,06	12,69	20,31	13,21
	4,056	2,704	3,245	32,25	9,155	31,28	9,462	29,54	10,07	28,01	10,67	26,66	11,26	25,45	11,85	24,37	12,43	23,40	13,00	22,52	13,57	21,71	14,12
	4,563	3,042	3,650	34,21	9,710	33,18	10,04	31,33	10,68	29,71	11,32	28,27	11,95	27,00	12,57	25,85	13,18	24,82	13,79	23,88	14,39	23,03	14,98
7	5,070	3,380	4,056	36,06	10,24	34,97	10,58	33,02	11,26	31,32	11,93	29,80	12,59	28,46	13,25	27,25	13,89	26,16	14,53	25,17	15,17	24,27	15,79
	6,084	4,056	4,867	39,50	11,21	38,31	11,59	36,18	12,33	34,30	13,07	32,65	13,79	31,17	14,51	29,85	15,22	28,66	15,92	27,58	16,61	26,59	17,30
	7,098	4,732	5,678	42,66	12,11	41,38	12,52	39,08	13,32	37,05	14,12	35,26	14,90	33,67	15,67	32,24	16,44	30,96	17,20	29,79	17,95	28,72	18,69
10	8,239	5,493	6,591	45,96	13,05	44,58	13,49	42,10	14,35	39,92	15,21	37,99	16,05	36,28	16,89	34,74	17,71	33,35	18,53	32,09	19,33	30,94	20,13
	9,506	6,338	7,605	49,37	14,02	47,89	14,49	45,22	15,42	42,88	16,34	40,81	17,24	38,97	18,14	37,31	19,03	35,82	19,90	34,47	20,77	33,24	21,62
	10,770	7,138	8,619	52,57	14,92	50,99	15,42	48,14	16,41	45,65	17,39	43,45	18,36	41,48	19,31	39,72	20,26	38,14	21,19	36,70	22,11	35,39	23,02
13	12,040	8,028	9,633	55,70	15,72	54,01	16,25	50,98	17,31	48,33	18,35	45,98	19,37	43,89	20,39	42,02	21,39	40,34	22,38	38,81	23,36	37,42	24,33
	13,310	8,873	10,650	58,80	16,44	57,01	16,99	53,79	18,10	50,98	19,20	48,49	20,28	46,27	21,35	44,29	22,40	42,50	23,45	40,88	24,48	39,40	25,51
	14,580	9,718	11,660	61,87	17,07	59,98	17,66	56,58	18,81	53,60	19,95	50,97	21,08	48,63	22,20	46,53	23,31	44,64	24,40	42,93	25,49	41,37	26,56
16	16,220	10,820	12,980	65,85	17,81	63,82	18,42	60,18	19,63	56,99	20,83	54,17	22,01	51,66	23,19	49,42	24,35	47,39	25,50	45,56	26,64	43,89	27,77
	18,250	12,170	14,600	70,70	18,59	68,51	19,23	64,57	20,50	61,12	21,76	58,08	23,01	55,37	24,25	52,94	25,47	50,75	26,68	48,77	27,88	46,97	29,07
	20,280	13,520	16,220	75,53	19,27	73,17	19,94	68,94	21,26	65,23	22,58	61,95	23,88	59,04	25,16	56,43	26,44	54,07	27,70	51,95	28,96	50,01	30,21
19	22,820	15,210	18,250	81,52	20,01	78,96	20,73	74,36	22,08	70,32	23,45	66,76	24,81	63,59	26,15	60,75	27,49	58,20	28,81	55,88	30,13	53,78	31,43
	25,350	16,900	20,280	87,49	20,64	84,72	21,36	79,74	22,79	75,38	24,20	71,54	25,61	68,11	27,01	65,05	28,39	62,29	29,77	59,79	31,13	57,51	32,48
	30,420	20,280	24,340	99,35	21,67	96,17	22,43	90,45	23,94	85,44	25,44	81,02	26,93	77,09	28,40	73,57	29,87	70,40	31,33	67,53	32,78	64,92	34,22
22	35,490	23,660	28,390	111,1	22,47	107,6	23,26	101,1	24,84	95,43	26,40	90,44	27,96	86,00	29,50	82,03	31,04	78,45	32,56	75,21	34,08	72,26	35,58
	40,560	27,040	32,450	122,9	23,12	118,9	23,94	111,7	25,56	105,4	27,18	99,81	28,79	94,86	30,39	90,43	31,98	86,44	33,56	82,83	35,13	79,55	36,69
	45,630	30,420	36,500	134,6	23,65	130,2	24,49	122,2	26,16	115,3	27,83	109,2	29,48	103,7	31,12	98,81	32,76	94,41	34,38	90,43	36,00	86,81	37,61
25	50,700	33,800	40,560	146,3	24,10	141,5	24,96	132,8	26,67	125,2	28,37	118,5	30,06	112,5	31,74	107,2	33,41	102,3	35,08	98,00	36,73	94,04	38,38
	60,840	40,560	48,670	169,6	24,81	164,0	25,70	153,8	27,46	144,9	29,22	137,0	30,98	130,0	32,72	123,8	34,45	118,2	36,18	113,1	37,90	108,4	39,61
	70,980	47,320	56,780	192,9	25,34	186,4	26,25	174,8	28,07	164,6	29,88	155,6	31,67	147,5	33,46	140,4	35,25	133,9	37,02	128,1	38,79	122,8	40,56
28	82,390	54,930	65,910	219,0	25,81	211,6	26,74	198,3	28,59	186,6	30,44	176,3	32,28	167,2	34,12	159,0	35,94	151,6	37,76	145,0	39,57	138,9	41,38
	95,060	63,380	76,050							211,1	30,93	199,4	32,81	189,0	34,68	179,7	36,54	171,3	38,40	163,7	40,25	156,8	42,10
	107,7	71,380	86,190											210,7	35,12	200,3	37,02	190,9	38,91	182,3	40,79	174,6	42,67
31	120,4	80,280	96,330															210,4	39,32	201,0	41,23	192,4	43,13
	133,1	88,730	106,5																			210,2	43,51
	145,8	97,180	116,6																				
34	162,2	108,2	129,8																				
	182,5	121,7	146,0																				
	202,8	135,2	162,2																				

Erste Teilspalte (Steilziffern) | *h* | in cm

Zweite Teilspalte (Schrägziffern) | f_e | in $\frac{cm^2}{m}$

σ_b in kg/cm² | Eisenzugspannung σ_e in kg/cm² | Einheitsmoment M/b in t

21,25		22,5		23,75		25		26,25		27,5		28,75		30		31,25		32,5				1500	
14,17		*15*		*15,83*		*16,67*		*17,5*		*18,33*		*19,17*		*20*		*20,83*		*21,67*			*1000*		
17		**18**		**19**		**20**		**21**		**22**		**23**		**24**		**25**		**26**		**1200**			
36,07	*4,478*	34,29	*4,724*	32,70	*4,969*	31,27	*5,212*	29,97	*5,453*	28,79	*5,692*	27,71	*5,930*	26,72	*6,166*	25,81	*6,401*	24,97	*6,634*	**1,825**	*1,521*	2,282	1
38,02	*4,720*	36,15	*4,980*	34,47	*5,238*	32,96	*5,494*	31,59	*5,748*	30,35	*6,000*	29,21	*6,251*	28,17	*6,500*	27,21	*6,747*	26,32	*6,993*	**2,028**	*1,690*	2,535	
41,65	*5,171*	39,60	*5,455*	37,76	*5,737*	36,11	*6,018*	34,61	*6,296*	33,24	*6,573*	32,00	*6,848*	30,86	*7,120*	29,80	*7,391*	28,83	*7,661*	**2,434**	*2,028*	3,042	
44,99	*5,585*	42,77	*5,892*	40,79	*6,197*	39,00	*6,500*	37,38	*6,801*	35,91	*7,099*	34,56	*7,396*	33,33	*7,691*	32,19	*7,984*	31,14	*8,275*	**2,839**	*2,366*	3,549	4
48,10	*5,971*	45,73	*6,299*	43,60	*6,625*	41,69	*6,949*	39,96	*7,270*	38,39	*7,590*	36,95	*7,907*	35,63	*8,222*	34,41	*8,535*	33,29	*8,846*	**3,245**	*2,704*	4,056	
51,01	*6,333*	48,50	*6,681*	46,25	*7,027*	44,22	*7,370*	42,39	*7,711*	40,72	*8,050*	39,19	*8,386*	37,79	*8,721*	36,50	*9,053*	35,31	*9,382*	**3,650**	*3,042*	4,563	
53,77	*6,676*	51,12	*7,043*	48,75	*7,407*	46,61	*7,769*	44,68	*8,128*	42,92	*8,485*	41,31	*8,840*	39,83	*9,192*	38,47	*9,542*	37,22	*9,890*	**4,056**	*3,380*	5,070	7
58,91	*7,313*	56,00	*7,715*	53,40	*8,114*	51,06	*8,510*	48,94	*8,904*	47,01	*9,295*	45,25	*9,684*	43,64	*10,07*	42,15	*10,45*	40,77	*10,83*	**4,867**	*4,056*	6,084	
63,63	*7,899*	60,49	*8,333*	57,68	*8,764*	55,15	*9,192*	52,86	*9,618*	50,78	*10,04*	48,88	*10,46*	47,13	*10,88*	45,52	*11,29*	44,04	*11,70*	**5,678**	*4,732*	7,098	
68,55	*8,510*	65,17	*8,978*	62,15	*9,442*	59,42	*9,904*	56,95	*10,36*	54,71	*10,82*	52,66	*11,27*	50,78	*11,72*	49,05	*12,16*	47,45	*12,61*	**6,591**	*5,493*	8,239	10
73,63	*9,141*	70,00	*9,643*	66,76	*10,14*	63,83	*10,64*	61,18	*11,13*	58,77	*11,62*	56,57	*12,10*	54,54	*12,59*	52,68	*13,07*	50,96	*13,54*	**7,605**	*6,338*	9,506	
78,49	*9,715*	74,61	*10,25*	71,14	*10,78*	68,01	*11,31*	65,18	*11,84*	62,60	*12,36*	60,25	*12,88*	58,09	*13,39*	56,10	*13,90*	54,27	*14,41*	**8,619**	*7,138*	10,770	
83,32	*10,22*	79,18	*10,78*	75,48	*11,35*	72,15	*11,91*	69,13	*12,46*	66,38	*13,01*	63,88	*13,56*	61,58	*14,11*	59,46	*14,65*	57,51	*15,19*	**9,633**	*8,028*	12,040	13
88,12	*10,67*	83,73	*11,26*	79,80	*11,85*	76,26	*12,43*	73,05	*13,01*	70,14	*13,59*	67,48	*14,17*	65,04	*14,74*	62,79	*15,31*	60,72	*15,87*	**10,650**	*8,873*	13,310	
92,89	*11,06*	88,25	*11,68*	84,09	*12,29*	80,34	*12,90*	76,96	*13,51*	73,87	*14,11*	71,06	*14,71*	68,48	*15,31*	66,10	*15,90*	63,91	*16,49*	**11,660**	*9,718*	14,580	
99,07	*11,52*	94,10	*12,17*	89,64	*12,81*	85,63	*13,44*	82,00	*14,08*	78,70	*14,71*	75,68	*15,33*	72,92	*15,96*	70,37	*16,58*	68,02	*17,19*	**12,980**	*10,820*	16,220	16
106,6	*12,01*	101,3	*12,69*	96,44	*13,35*	92,10	*14,02*	88,17	*14,68*	84,60	*15,34*	81,34	*16,00*	78,35	*16,65*	75,60	*17,30*	73,06	*17,95*	**14,600**	*12,170*	18,250	
114,2	*12,43*	108,4	*13,13*	103,2	*13,83*	98,54	*14,52*	94,32	*15,21*	90,48	*15,89*	86,97	*16,58*	83,75	*17,26*	80,79	*17,93*	78,06	*18,60*	**16,220**	*13,520*	20,280	
123,6	*12,89*	117,3	*13,62*	111,6	*14,34*	106,6	*15,06*	102,0	*15,77*	97,78	*16,49*	93,97	*17,20*	90,47	*17,91*	87,25	*18,61*	84,27	*19,31*	**18,250**	*15,210*	22,820	19
132,9	*13,28*	126,1	*14,03*	120,3	*14,78*	114,5	*15,52*	109,6	*16,26*	105,1	*17,00*	100,9	*17,73*	97,15	*18,46*	93,67	*19,19*	90,46	*19,92*	**20,280**	*16,900*	25,350	
151,6	*13,91*	143,8	*14,70*	136,7	*15,49*	130,4	*16,27*	124,7	*17,05*	119,5	*17,83*	114,8	*18,60*	110,5	*19,37*	106,5	*20,14*	102,8	*20,90*	**24,340**	*20,280*	30,420	
170,2	*14,40*	161,3	*15,22*	153,4	*16,04*	146,3	*16,85*	139,8	*17,66*	134,0	*18,47*	128,6	*19,28*	123,7	*20,08*	119,2	*20,88*	115,0	*21,68*	**28,390**	*23,660*	35,490	22
188,7	*14,80*	178,8	*15,64*	170,0	*16,48*	162,1	*17,32*	154,9	*18,16*	148,3	*18,99*	142,4	*19,82*	136,9	*20,65*	131,8	*21,48*	127,2	*22,30*	**32,450**	*27,040*	40,560	
207,2	*15,12*	196,3	*15,99*	186,6	*16,85*	177,8	*17,71*	169,9	*18,56*	162,7	*19,42*	156,1	*20,27*	150,0	*21,12*	144,5	*21,97*	139,4	*22,81*	**36,500**	*30,420*	45,630	
				203,1	*17,15*	193,5	*18,03*	184,9	*18,90*	177,0	*19,77*	169,8	*20,64*	163,2	*21,51*	157,1	*22,38*	151,5	*23,24*	**40,560**	*33,800*	50,700	25
						224,9	*18,54*	214,8	*19,44*	205,5	*20,34*	197,1	*21,24*	189,4	*22,13*	182,3	*23,03*	175,7	*23,92*	**48,670**	*40,560*	60,840	
														215,5	*22,60*	207,4	*23,52*	199,9	*24,43*	**56,780**	*47,320*	70,980	

σ_b in kg/cm² | Eisenzugspannung σ_e in kg/cm² | Einheitsmoment M/b in t

57,5		60		62,5		65		67,5		70		75		81,25		87,5		93,75				1500	
38,33		*40*		*41,67*		*43,33*		*45*		*46,67*		*50*		*54,17*		*58,33*		*62,5*			*1000*		
46		**48**		**50**		**52**		**54**		**56**		**60**		**65**		**70**		**75**		**1200**			
15,73	*11,01*	15,22	*11,42*	14,76	*11,82*	14,32	*12,22*	13,92	*12,62*	13,55	*13,01*									**1,825**	*1,521*	2,282	1
16,58	*11,60*	16,05	*12,04*	15,55	*12,46*	15,10	*12,89*	14,67	*13,30*	14,28	*13,72*	13,57	*14,53*							**2,028**	*1,690*	2,535	
18,17	*12,71*	17,58	*13,18*	17,04	*13,65*	16,54	*14,12*	16,07	*14,57*	15,64	*15,03*	14,86	*15,92*	14,01	*17,01*	13,28	*18,08*			**2,434**	*2,028*	3,042	
19,62	*13,73*	18,99	*14,24*	18,40	*14,75*	17,86	*15,25*	17,36	*15,74*	16,89	*16,23*	16,05	*17,20*	15,14	*18,38*	14,35	*19,53*	13,66	*20,65*	**2,839**	*2,366*	3,549	4
20,98	*14,68*	20,30	*15,22*	19,67	*15,76*	19,10	*16,30*	18,56	*16,83*	18,06	*17,35*	17,16	*18,38*	16,18	*19,65*	15,34	*20,88*	14,60	*22,08*	**3,245**	*2,704*	4,056	
22,25	*15,57*	21,53	*16,15*	20,87	*16,72*	20,26	*17,29*	19,69	*17,85*	19,16	*18,41*	18,20	*19,50*	17,16	*20,84*	16,27	*22,14*	15,49	*23,42*	**3,650**	*3,042*	4,563	
23,45	*16,41*	22,69	*17,02*	22,00	*17,63*	21,35	*18,22*	20,75	*18,82*	20,19	*19,40*	19,18	*20,55*	18,09	*21,96*	17,15	*23,34*	16,33	*24,69*	**4,056**	*3,380*	5,070	7
25,69	*17,98*	24,86	*18,65*	24,10	*19,31*	23,39	*19,96*	22,73	*20,61*	22,12	*21,25*	21,02	*22,52*	19,82	*24,06*	18,79	*25,57*	17,88	*27,04*	**4,867**	*4,056*	6,084	
27,75	*19,42*	26,85	*20,14*	26,03	*20,85*	25,26	*21,56*	24,55	*22,26*	23,89	*22,96*	22,70	*24,32*	21,41	*25,99*	20,29	*27,62*	19,32	*29,21*	**5,678**	*4,732*	7,098	
29,89	*20,92*	28,93	*21,70*	28,04	*22,47*	27,22	*23,23*	26,45	*23,99*	25,74	*24,73*	24,46	*26,20*	23,06	*28,00*	21,86	*29,75*	20,81	*31,47*	**6,591**	*5,493*	8,239	10
32,11	*22,47*	31,08	*23,31*	30,12	*24,13*	29,24	*24,95*	28,41	*25,76*	27,65	*26,57*	26,27	*28,15*	24,77	*30,08*	23,48	*31,96*	22,35	*33,80*	**7,605**	*6,338*	9,506	
34,19	*23,92*	33,08	*24,81*	32,07	*25,69*	31,12	*26,57*	30,25	*27,43*	29,44	*28,28*	27,97	*29,96*	26,37	*32,02*	25,00	*34,03*	23,80	*35,99*	**8,619**	*7,138*	10,770	
36,14	*25,29*	34,98	*26,23*	33,90	*27,16*	32,90	*28,08*	31,98	*29,00*	31,12	*29,90*	29,57	*31,68*	27,88	*33,85*	26,43	*35,97*	25,16	*38,04*	**9,633**	*8,028*	12,040	13
38,05	*26,52*	36,82	*27,52*	35,67	*28,51*	34,62	*29,48*	33,64	*30,45*	32,73	*31,41*	31,09	*33,29*	29,31	*35,58*	27,78	*37,82*	26,45	*40,00*	**10,650**	*8,873*	13,310	
39,94	*27,62*	38,63	*28,67*	37,43	*29,71*	36,31	*30,74*	35,28	*31,75*	34,32	*32,76*	32,58	*34,74*	30,71	*37,17*	29,09	*39,53*	27,69	*41,83*	**11,660**	*9,718*	14,580	
42,37	*28,89*	40,97	*30,00*	39,68	*31,09*	38,48	*32,18*	37,38	*33,26*	36,35	*34,32*	34,50	*36,42*	32,49	*38,99*	30,77	*41,50*	29,27	*43,96*	**12,980**	*10,820*	16,220	16
45,32	*30,25*	43,80	*31,42*	42,41	*32,58*	41,12	*33,73*	39,93	*34,87*	38,82	*36,00*	36,82	*38,22*	34,65	*40,95*	32,79	*43,62*	31,17	*46,24*	**14,600**	*12,170*	18,250	
48,24	*31,44*	46,61	*32,66*	45,11	*33,88*	43,73	*35,08*	42,45	*36,27*	41,26	*37,45*	39,11	*39,79*	36,78	*42,66*	34,79	*45,47*	33,05	*48,23*	**16,220**	*13,520*	20,280	
51,85	*32,72*	50,08	*34,00*	48,46	*35,28*	46,95	*36,54*	45,56	*37,79*	44,27	*39,03*	41,93	*41,49*	39,41	*44,51*	37,24	*47,47*	35,36	*50,38*	**18,250**	*15,210*	22,820	19
55,43	*33,83*	53,53	*35,16*	51,77	*36,48*	50,15	*37,80*	48,64	*39,10*	47,25	*40,40*	44,73	*42,96*	42,01	*46,11*	39,67	*49,21*	37,64	*52,25*	**20,280**	*16,900*	25,350	
62,53	*35,64*	60,34	*37,06*	58,33	*38,47*	56,47	*39,87*	54,74	*41,26*	53,14	*42,65*	50,25	*45,38*	47,13	*48,75*	44,46	*52,07*	42,13	*55,34*	**24,340**	*20,280*	30,420	
69,56	*37,08*	67,09	*38,57*	64,82	*40,04*	62,72	*41,51*	60,77	*42,97*	58,97	*44,43*	55,71	*47,30*	52,19	*50,85*	49,17	*54,35*	46,55	*57,80*	**28,390**	*23,660*	35,490	22
76,55	*38,24*	73,80	*39,79*	71,26	*41,32*	68,93	*42,85*	66,76	*44,37*	64,74	*45,88*	61,12	*48,87*	57,20	*52,57*	53,84	*56,22*	50,93	*59,82*	**32,450**	*27,040*	40,560	
83,50	*39,21*	80,47	*40,80*	77,67	*42,38*	75,10	*43,96*	72,71	*45,52*	70,49	*47,08*	66,49	*50,17*	62,18	*54,00*	58,48	*57,77*	55,27	*61,50*	**36,500**	*30,420*	45,630	
90,42	*40,02*	87,11	*41,65*	84,06	*43,28*	81,24	*44,89*	78,63	*46,50*	76,20	*48,10*	71,84	*51,28*	67,13	*55,21*	63,09	*59,09*	59,58	*62,93*	**40,560**	*33,800*	50,700	25
104,2	*41,32*	100,3	*43,02*	96,77	*44,71*	93,47	*46,39*	90,42	*48,06*	87,58	*49,73*	82,47	*53,05*	76,97	*57,15*	72,24	*61,21*	68,14	*65,23*	**48,670**	*40,560*	60,840	
118,0	*42,31*	113,5	*44,06*	109,4	*45,80*	105,6	*47,54*	102,2	*49,26*	98,90	*50,98*	93,05	*54,41*	86,75	*58,65*	81,34	*62,85*	76,65	*67,01*	**56,780**	*47,320*	70,980	
133,4	*43,18*	128,3	*44,97*	123,6	*46,76*	119,3	*48,54*	115,3	*50,32*	111,6	*52,09*	104,9	*55,60*	97,71	*59,97*	91,54	*64,29*	86,18	*68,59*	**65,910**	*54,930*	82,390	28
150,4	*43,94*	144,7	*45,77*	139,3	*47,60*	134,4	*49,42*	129,9	*51,24*	125,7	*53,05*	118,1	*56,65*	109,9	*61,12*	102,8	*65,56*	96,73	*69,97*	**76,050**	*63,380*	95,060	
167,5	*44,54*	161,0	*46,40*	155,1	*48,26*	149,5	*50,12*	144,4	*51,97*	139,7	*53,81*	131,2	*57,48*	122,0	*62,05*	114,1	*66,57*	107,2	*71,07*	**86,190**	*71,380*	107,7	
184,6	*45,03*	177,4	*46,92*	170,7	*48,81*	164,6	*50,69*	159,0	*52,56*	153,7	*54,44*	144,3	*58,17*	134,1	*62,80*	125,3	*67,41*	117,7	*71,98*	**96,330**	*80,280*	120,4	31
201,6	*45,43*	193,7	*47,35*	186,5	*49,26*	179,7	*51,16*	173,5	*53,06*	167,7	*54,96*	157,3	*58,73*	146,1	*63,43*	136,5	*68,10*	128,2	*72,74*	**106,5**	*88,730*	133,1	
		210,0	*47,71*	202,1	*49,64*	194,8	*51,56*	188,0	*53,48*	181,7	*55,40*	170,4	*59,21*	158,1	*63,96*	147,8	*68,68*	138,7	*73,38*	**116,6**	*97,180*	145,8	
						214,3	*52,00*	206,8	*53,94*	199,9	*55,88*	187,4	*59,74*	173,9	*64,54*	162,3	*69,33*	152,3	*74,08*	**129,8**	*108,2*	162,2	34
												208,2	*60,27*	193,1	*65,13*	180,2	*69,97*	169,0	*74,79*	**146,0**	*121,7*	182,5	
														212,4	*65,61*	198,1	*70,50*	185,7	*75,37*	**162,2**	*135,2*	202,8	

Eisenzug-spannung σ_e in kg/cm² — Beton-Druckspannung — Einheitsmoment M/b in t

	1500	1000	1200	8,75		10		11,25		12,5		13,75		15		16,25		17,5		18,75		20	
				5,833		*6,667*		*7,5*		*8,333*		*9,167*		*10*		*10,83*		*11,67*		*12,5*		*13,33*	
				7		**8**		**9**		**10**		**11**		**12**		**13**		**14**		**15**		**16**	
1	2,646	*1,764*	**2,117**	87,89	*2,062*	77,48	*2,348*	69,38	*2,631*	62,90	*2,912*	57,60	*3,191*	53,18	*3,468*	49,43	*3,743*	46,22	*4,016*	43,44	*4,287*	41,00	*4,556*
	2,940	*1,960*	**2,352**	92,64	*2,174*	81,67	*2,475*	73,14	*2,773*	66,31	*3,070*	60,71	*3,364*	56,05	*3,656*	52,11	*3,945*	48,72	*4,233*	45,79	*4,518*	43,22	*4,802*
	3,528	*2,352*	**2,822**	101,5	*2,382*	89,47	*2,711*	80,12	*3,038*	72,63	*3,363*	66,51	*3,685*	61,40	*4,005*	57,08	*4,322*	53,37	*4,637*	50,16	*4,950*	47,34	*5,260*
4	4,116	*2,744*	**3,293**	109,6	*2,572*	96,63	*2,928*	86,54	*3,282*	78,45	*3,632*	71,84	*3,980*	66,32	*4,325*	61,65	*4,668*	57,65	*5,009*	54,18	*5,346*	51,14	*5,682*
	4,704	*3,136*	**3,763**	117,2	*2,740*	103,3	*3,130*	92,51	*3,508*	83,87	*3,883*	76,80	*4,255*	70,90	*4,624*	65,91	*4,991*	61,63	*5,354*	57,92	*5,715*	54,67	*6,074*
	5,292	*3,528*	**4,234**	124,3	*2,917*	109,6	*3,320*	98,12	*3,721*	88,96	*4,118*	81,46	*4,513*	75,20	*4,905*	69,91	*5,293*	65,37	*5,679*	61,43	*6,062*	57,98	*6,443*
7	5,880	*3,920*	**4,704**	131,0	*3,075*	115,5	*3,500*	103,4	*3,922*	93,77	*4,341*	85,86	*4,757*	79,27	*5,170*	73,69	*5,580*	68,90	*5,986*	64,75	*6,390*	61,12	*6,791*
	7,056	*4,704*	**5,645**	143,5	*3,368*	126,5	*3,834*	113,3	*4,297*	102,7	*4,756*	94,06	*5,211*	86,84	*5,663*	80,72	*6,112*	75,48	*6,558*	70,93	*7,000*	66,95	*7,439*
	8,232	*5,488*	**6,586**	155,0	*3,638*	136,7	*4,141*	122,4	*4,641*	111,0	*5,137*	101,6	*5,629*	93,79	*6,117*	87,19	*6,602*	81,53	*7,083*	76,62	*7,561*	72,32	*8,035*
10	9,555	*6,370*	**7,644**	167,0	*3,919*	147,2	*4,462*	131,8	*5,000*	119,5	*5,534*	109,5	*6,064*	101,1	*6,590*	93,94	*7,113*	87,84	*7,631*	82,54	*8,146*	77,91	*8,657*
	11,030	*7,350*	**8,820**	179,5	*4,208*	158,2	*4,791*	141,7	*5,369*	128,4	*5,943*	117,6	*6,513*	108,6	*7,079*	100,9	*7,640*	94,35	*8,197*	88,67	*8,750*	83,69	*9,299*
	12,500	*8,330*	**9,996**	191,8	*4,462*	169,0	*5,081*	151,3	*5,696*	137,1	*6,306*	125,5	*6,912*	115,8	*7,514*	107,7	*8,112*	100,6	*8,706*	94,56	*9,295*	89,23	*9,881*
13	13,970	*9,310*	**11,170**	204,0	*4,684*	179,8	*5,335*	160,9	*5,982*	145,8	*6,624*	133,4	*7,263*	123,1	*7,896*	114,4	*8,526*	106,9	*9,152*	100,4	*9,774*	94,74	*10,39*
	15,440	*10,290*	**12,350**	216,2	*4,881*	190,5	*5,560*	170,4	*6,235*	154,4	*6,906*	141,3	*7,573*	130,3	*8,235*	121,1	*8,893*	113,1	*9,547*	106,2	*10,20*	100,2	*10,84*
	16,910	*11,270*	**13,520**			201,2	*5,761*	180,0	*6,461*	163,0	*7,157*	149,1	*7,849*	137,5	*8,537*	127,7	*9,220*	119,3	*9,900*	112,0	*10,58*	105,7	*11,25*
16	18,820	*12,540*	**15,050**			215,1	*5,992*	192,3	*6,721*	174,1	*7,446*	159,3	*8,167*	146,9	*8,884*	136,4	*9,597*	127,4	*10,31*	119,6	*11,01*	112,7	*11,71*
	21,170	*14,110*	**16,930**					207,5	*6,997*	187,8	*7,754*	171,7	*8,506*	158,3	*9,254*	146,9	*9,998*	137,2	*10,74*	128,8	*11,47*	121,4	*12,21*
	23,520	*15,680*	**18,820**					222,7	*7,236*	201,5	*8,019*	184,2	*8,798*	169,7	*9,573*	157,5	*10,34*	147,0	*11,11*	137,9	*11,88*	130,0	*12,64*
19	26,460	*17,640*	**21,170**							218,5	*8,303*	199,7	*9,111*	183,9	*9,915*	170,6	*10,72*	159,2	*11,51*	149,4	*12,31*	140,7	*13,10*
	29,400	*19,600*	**23,520**									215,1	*9,379*	198,1	*10,21*	183,8	*11,03*	171,4	*11,86*	160,8	*12,67*	151,4	*13,49*
	35,280	*23,520*	**28,220**											226,5	*10,68*	209,9	*11,55*	195,8	*12,41*	183,5	*13,27*	172,7	*14,13*
22	41,160	*27,440*	**32,930**															220,0	*12,84*	206,1	*13,74*	194,0	*14,62*
	47,040	*31,360*	**37,630**																	228,7	*14,11*	215,2	*15,02*
	52,920	*35,280*	**42,340**																				
25	58,800	*39,200*	**47,040**																				
	70,560	*47,040*	**56,450**																				
	82,320	*54,880*	**65,860**																				

Erste Teilspalte (Steilziffern) | h | in cm

Zweite Teilspalte (Schrägziffern) | f_e | in $\frac{cm^2}{m}$

Eisenzug-spannung σ_e in kg/cm² — Beton-Druckspannung — Einheitsmoment M/b in t

	1500	1000	1200	33,75		35		37,5		40		42,5		45		47,5		50		52,5		55	
				22,5		*23,33*		*25*		*26,67*		*28,33*		*30*		*31,67*		*33,33*		*35*		*36,67*	
				27		**28**		**30**		**32**		**34**		**36**		**38**		**40**		**42**		**44**	
1	2,646	*1,764*	**2,117**	26,05	*7,394*	25,27	*7,642*	23,86	*8,133*	22,62	*8,618*	21,53	*9,097*	20,56	*9,570*	19,69	*10,04*	18,90	*10,50*	18,19	*10,96*	17,54	*11,41*
	2,940	*1,960*	**2,352**	27,46	*7,794*	26,63	*8,056*	25,15	*8,573*	23,85	*9,084*	22,70	*9,589*	21,67	*10,09*	20,75	*10,58*	19,92	*11,07*	19,17	*11,55*	18,49	*12,03*
	3,528	*2,352*	**2,822**	30,08	*8,538*	29,17	*8,824*	27,55	*9,391*	26,12	*9,951*	24,86	*10,50*	23,74	*11,05*	22,73	*11,59*	21,82	*12,12*	21,00	*12,65*	20,25	*13,17*
4	4,116	*2,744*	**3,293**	32,49	*9,222*	31,51	*9,531*	29,76	*10,14*	28,22	*10,75*	26,85	*11,35*	25,64	*11,94*	24,55	*12,52*	23,57	*13,10*	22,68	*13,67*	21,87	*14,23*
	4,704	*3,136*	**3,763**	34,73	*9,859*	33,69	*10,19*	31,81	*10,84*	30,16	*11,49*	28,71	*12,13*	27,41	*12,76*	26,25	*13,38*	25,20	*14,00*	24,25	*14,61*	23,38	*15,21*
	5,292	*3,528*	**4,234**	36,84	*10,46*	35,73	*10,81*	33,74	*11,50*	31,99	*12,19*	30,45	*12,87*	29,07	*13,53*	27,84	*14,20*	26,73	*14,85*	25,72	*15,50*	24,80	*16,13*
7	5,880	*3,920*	**4,704**	38,83	*11,02*	37,66	*11,39*	35,56	*12,12*	33,72	*12,85*	32,10	*13,56*	30,65	*14,27*	29,35	*14,96*	28,17	*15,65*	27,11	*16,33*	26,14	*17,01*
	7,056	*4,704*	**5,645**	42,54	*12,07*	41,26	*12,48*	38,96	*13,28*	36,94	*14,07*	35,16	*14,86*	33,57	*15,63*	32,15	*16,39*	30,86	*17,15*	29,70	*17,89*	28,64	*18,63*
	8,232	*5,488*	**6,586**	45,94	*13,04*	44,56	*13,48*	42,08	*14,35*	39,90	*15,20*	37,98	*16,05*	36,26	*16,88*	34,72	*17,71*	33,34	*18,52*	32,08	*19,33*	30,93	*20,12*
10	9,555	*6,370*	**7,644**	49,50	*14,05*	48,01	*14,52*	45,34	*15,46*	42,99	*16,38*	40,92	*17,29*	39,07	*18,19*	37,41	*19,08*	35,92	*19,95*	34,56	*20,82*	33,32	*21,68*
	11,030	*7,350*	**8,820**	53,17	*15,09*	51,57	*15,60*	48,70	*16,60*	46,18	*17,59*	43,95	*18,57*	41,97	*19,54*	40,19	*20,49*	38,58	*21,43*	37,12	*22,37*	35,80	*23,29*
	12,500	*8,330*	**9,996**	56,61	*16,06*	54,91	*16,60*	51,85	*17,67*	49,16	*18,73*	46,79	*19,77*	44,68	*20,80*	42,78	*21,81*	41,07	*22,82*	39,52	*23,81*	38,11	*24,79*
13	13,970	*9,310*	**11,170**	59,98	*16,93*	58,17	*17,50*	54,90	*18,64*	52,04	*19,76*	49,52	*20,87*	47,27	*21,96*	45,25	*23,04*	43,44	*24,11*	41,79	*25,16*	40,29	*26,20*
	15,440	*10,290*	**12,350**	63,32	*17,70*	61,40	*18,30*	57,93	*19,49*	54,90	*20,67*	52,22	*21,84*	49,83	*22,99*	47,69	*24,13*	45,77	*25,25*	44,02	*26,37*	42,43	*27,47*
	16,910	*11,270*	**13,520**	66,63	*18,39*	64,60	*19,01*	60,94	*20,26*	57,73	*21,49*	54,89	*22,71*	52,37	*23,91*	50,11	*25,10*	48,07	*26,28*	46,23	*27,45*	44,55	*28,60*
16	18,820	*12,540*	**15,050**	70,91	*19,18*	68,73	*19,83*	64,81	*21,14*	61,37	*22,43*	58,34	*23,71*	55,64	*24,97*	53,22	*26,23*	51,04	*27,47*	49,07	*28,69*	47,27	*29,91*
	21,170	*14,110*	**16,930**	76,14	*20,02*	73,78	*20,71*	69,54	*22,08*	65,83	*23,44*	62,54	*24,78*	59,62	*26,11*	57,01	*27,43*	54,65	*28,74*	52,52	*30,03*	50,58	*31,31*
	23,520	*15,680*	**18,820**	81,34	*20,76*	78,80	*21,47*	74,24	*22,90*	70,24	*24,31*	66,72	*25,71*	63,58	*27,10*	60,77	*28,47*	58,23	*29,83*	55,94	*31,19*	53,85	*32,53*
19	26,460	*17,640*	**21,170**	87,79	*21,55*	85,04	*22,32*	80,08	*23,78*	75,73	*25,26*	71,89	*26,72*	68,48	*28,17*	65,43	*29,60*	62,67	*31,03*	60,18	*32,44*	57,91	*33,85*
	29,400	*19,600*	**23,520**	94,21	*22,23*	91,24	*23,00*	85,88	*24,54*	81,18	*26,07*	77,04	*27,58*	73,35	*29,09*	70,05	*30,58*	67,08	*32,06*	64,39	*33,53*	61,94	*34,98*
	35,280	*23,520*	**28,220**	107,0	*23,33*	103,6	*24,15*	97,41	*25,78*	92,01	*27,39*	87,25	*29,00*	83,02	*30,59*	79,23	*32,17*	75,81	*33,74*	72,72	*35,30*	69,91	*36,85*
22	41,160	*27,440*	**32,930**	119,7	*24,20*	115,8	*25,05*	108,9	*26,75*	102,8	*28,43*	97,40	*30,11*	92,62	*31,77*	88,33	*33,42*	84,48	*35,07*	80,99	*36,70*	77,82	*38,32*
	47,040	*31,360*	**37,630**	132,3	*24,90*	128,0	*25,78*	120,3	*27,53*	113,5	*29,27*	107,5	*31,01*	102,2	*32,73*	97,39	*34,44*	93,09	*36,14*	89,21	*37,83*	85,67	*39,51*
	52,920	*35,280*	**42,340**	145,0	*25,47*	140,2	*26,38*	131,6	*28,18*	124,2	*29,97*	117,5	*31,75*	111,7	*33,52*	106,4	*35,28*	101,7	*37,03*	97,38	*38,77*	93,49	*40,50*
25	58,800	*39,200*	**47,040**	157,5	*25,95*	152,3	*26,88*	143,0	*28,72*	134,8	*30,55*	127,6	*32,37*	121,2	*34,18*	115,4	*35,98*	110,2	*37,78*	105,5	*39,56*	101,3	*41,33*
	70,560	*47,040*	**56,450**	182,7	*26,72*	176,6	*27,67*	165,6	*29,58*	156,0	*31,47*	147,6	*33,36*	140,1	*35,24*	133,3	*37,11*	127,3	*38,97*	121,8	*40,82*	116,8	*42,66*
	82,320	*54,880*	**65,860**	207,7	*27,29*	200,7	*28,27*	188,2	*30,23*	177,2	*32,18*	167,5	*34,11*	158,9	*36,04*	151,2	*37,96*	144,2	*39,87*	138,0	*41,78*	132,2	*43,68*
28	95,550	*63,700*	**76,440**	235,9	*27,80*	227,9	*28,80*	213,5	*30,79*	201,0	*32,78*	189,9	*34,76*	180,1	*36,74*	171,2	*38,71*	163,3	*40,67*	156,1	*42,62*	149,6	*44,56*
	110,3	*73,500*	**88,200**							227,4	*33,31*	214,7	*35,33*	203,5	*37,35*	193,5	*39,35*	184,4	*41,35*	176,3	*43,35*	168,8	*45,33*
	125,0	*83,300*	**99,960**											227,0	*37,83*	215,7	*39,87*	205,5	*41,90*	196,4	*43,93*	188,0	*45,95*
31	139,7	*93,100*	**111,7**															226,6	*42,34*	216,5	*44,40*	207,2	*46,45*
	154,4	*102,9*	**123,5**																			226,4	*46,86*
	169,1	*112,7*	**135,2**																				
34	188,2	*125,4*	**150,5**																				
	211,7	*141,1*	**169,3**																				
	235,2	*156,8*	**188,2**																				

Erste Teilspalte (Steilziffern) | h | in cm

Zweite Teilspalte (Schrägziffern) | f_e | in $\frac{cm^2}{m}$

σ_b in kg/cm²																				Eisenzugspannung σ_e in kg/cm²			
21,25		22,5		23,75		25		26,25		27,5		28,75		30		31,25		32,5				1500	
14,17		*15*		*15,83*		*16,67*		*17,5*		*18,33*		*19,17*		*20*		*20,83*		*21,67*			*1000*		
17		**18**		**19**		**20**		**21**		**22**		**23**		**24**		**25**		**26**		**1200**			
38,85	*4,823*	36,93	*5,088*	35,22	*5,351*	33,67	*5,612*	32,28	*5,872*	31,01	*6,130*	29,84	*6,386*	28,78	*6,641*	27,79	*6,894*	26,89	*7,145*	**2,117**	*1,764*	2,646	1
40,95	*5,083*	38,93	*5,363*	37,12	*5,640*	35,50	*5,916*	34,02	*6,190*	32,68	*6,462*	31,46	*6,732*	30,33	*7,000*	29,30	*7,266*	28,34	*7,531*	**2,352**	*1,960*	2,940	
44,86	*5,569*	42,65	*5,875*	40,67	*6,179*	38,88	*6,481*	37,27	*6,781*	35,80	*7,078*	34,46	*7,374*	33,23	*7,668*	32,09	*7,960*	31,05	*8,250*	**2,822**	*2,352*	3,528	
48,45	*6,015*	46,06	*6,345*	43,93	*6,674*	42,00	*7,000*	40,26	*7,324*	38,67	*7,646*	37,22	*7,965*	35,89	*8,283*	34,67	*8,598*	33,54	*8,911*	**3,293**	*2,744*	4,116	4
51,80	*6,430*	49,24	*6,784*	46,96	*7,135*	44,90	*7,483*	43,04	*7,830*	41,34	*8,173*	39,79	*8,515*	38,37	*8,854*	37,06	*9,191*	35,85	*9,526*	**3,763**	*3,136*	4,704	
54,94	*6,820*	52,23	*7,195*	49,81	*7,567*	47,62	*7,937*	45,65	*8,305*	43,85	*8,669*	42,20	*9,032*	40,70	*9,391*	39,31	*9,749*	38,03	*10,10*	**4,234**	*3,528*	5,292	
57,91	*7,189*	55,06	*7,584*	52,50	*7,977*	50,20	*8,367*	48,12	*8,754*	46,22	*9,138*	44,49	*9,520*	42,90	*9,899*	41,43	*10,28*	40,08	*10,65*	**4,704**	*3,920*	5,880	7
63,44	*7,875*	60,31	*8,308*	57,51	*8,738*	54,99	*9,165*	52,71	*9,589*	50,63	*10,01*	48,73	*10,43*	46,99	*10,84*	45,39	*11,26*	43,91	*11,67*	**5,645**	*4,704*	7,056	
68,52	*8,506*	65,14	*8,974*	62,12	*9,438*	59,40	*9,899*	56,93	*10,36*	54,69	*10,81*	52,64	*11,26*	50,76	*11,71*	49,03	*12,16*	47,43	*12,60*	**6,586**	*5,488*	8,232	
73,82	*9,164*	70,18	*9,668*	66,93	*10,17*	63,99	*10,67*	61,34	*11,16*	58,92	*11,65*	56,71	*12,14*	54,68	*12,62*	52,82	*13,10*	51,09	*13,58*	**7,644**	*6,370*	9,555	10
79,30	*9,844*	75,39	*10,39*	71,89	*10,92*	68,74	*11,46*	65,89	*11,99*	63,29	*12,51*	60,92	*13,04*	58,74	*13,56*	56,74	*14,07*	54,88	*14,58*	**8,820**	*7,350*	11,030	
84,53	*10,46*	80,35	*11,04*	76,61	*11,61*	73,24	*12,18*	70,19	*12,75*	67,42	*13,31*	64,88	*13,87*	62,56	*14,42*	60,42	*14,97*	58,44	*15,52*	**9,996**	*8,330*	12,500	
89,73	*11,00*	85,27	*11,61*	81,29	*12,22*	77,70	*12,82*	74,44	*13,42*	71,49	*14,01*	68,79	*14,61*	66,31	*15,19*	64,03	*15,78*	61,93	*16,36*	**11,170**	*9,310*	13,970	13
94,90	*11,49*	90,17	*12,12*	85,93	*12,76*	82,12	*13,39*	78,67	*14,02*	75,54	*14,64*	72,67	*15,26*	70,04	*15,87*	67,62	*16,49*	65,39	*17,09*	**12,350**	*10,290*	15,440	
100,0	*11,91*	95,03	*12,58*	90,56	*13,24*	86,52	*13,89*	82,88	*14,55*	79,56	*15,20*	76,52	*15,84*	73,74	*16,48*	71,19	*17,12*	68,82	*17,76*	**13,520**	*11,270*	16,910	
106,7	*12,41*	101,3	*13,10*	96,54	*13,79*	92,22	*14,48*	88,31	*15,16*	84,75	*15,84*	81,51	*16,51*	78,53	*17,18*	75,79	*17,85*	73,26	*18,52*	**15,050**	*12,540*	18,820	16
114,8	*12,94*	109,0	*13,66*	103,9	*14,38*	99,19	*15,10*	94,96	*15,81*	91,11	*16,52*	87,60	*17,23*	84,38	*17,93*	81,41	*18,63*	78,68	*19,33*	**16,930**	*14,110*	21,170	
123,0	*13,39*	116,7	*14,14*	111,1	*14,89*	106,1	*15,64*	101,6	*16,38*	97,44	*17,12*	93,66	*17,85*	90,19	*18,58*	87,01	*19,31*	84,06	*20,04*	**18,820**	*15,680*	23,520	
133,1	*13,88*	126,3	*14,66*	120,2	*15,44*	114,8	*16,22*	109,8	*16,99*	105,3	*17,76*	101,2	*18,52*	97,43	*19,28*	93,96	*20,04*	90,76	*20,80*	**21,170**	*17,640*	26,460	19
143,2	*14,30*	135,8	*15,11*	129,3	*15,91*	123,4	*16,71*	118,0	*17,51*	113,1	*18,30*	108,7	*19,09*	104,6	*19,88*	100,9	*20,67*	97,42	*21,45*	**23,520**	*19,600*	29,400	
163,2	*14,98*	154,8	*15,83*	147,3	*16,68*	140,5	*17,52*	134,3	*18,36*	128,7	*19,20*	123,6	*20,03*	119,0	*20,86*	114,6	*21,69*	110,7	*22,51*	**28,220**	*23,520*	35,280	
183,3	*15,51*	173,7	*16,39*	165,2	*17,27*	157,5	*18,15*	150,6	*19,02*	144,3	*19,89*	138,5	*20,76*	133,2	*21,62*	128,3	*22,49*	123,8	*23,34*	**32,930**	*27,440*	41,160	22
203,2	*15,94*	192,6	*16,84*	183,1	*17,75*	174,5	*18,65*	166,8	*19,55*	159,7	*20,45*	153,3	*21,35*	147,4	*22,24*	142,0	*23,13*	137,0	*24,01*	**37,630**	*31,360*	47,040	
223,2	*16,28*	211,4	*17,21*	200,9	*18,14*	191,5	*19,07*	182,9	*19,99*	175,2	*20,91*	168,1	*21,83*	161,6	*22,74*	155,6	*23,66*	150,1	*24,56*	**42,340**	*35,280*	52,920	
				218,8	*18,47*	208,4	*19,42*	199,1	*20,36*	190,6	*21,30*	182,8	*22,23*	175,7	*23,17*	169,2	*24,10*	163,1	*25,03*	**47,040**	*39,200*	58,800	25
						242,3	*19,96*	231,3	*20,93*	221,4	*21,90*	212,3	*22,87*	203,9	*23,84*	196,3	*24,80*	189,2	*25,76*	**56,450**	*47,040*	70,560	
														232,1	*24,34*	223,3	*25,33*	215,2	*26,31*	**65,860**	*54,880*	82,320	

Einheitsmoment M/b in t

σ_b in kg/cm²																				Eisenzugspannung σ_e in kg/cm²			
57,5		60		62,5		65		67,5		70		75		81,25		87,5		93,75				1500	
38,33		*40*		*41,67*		*43,33*		*45*		*46,67*		*50*		*54,17*		*58,33*		*62,5*			*1000*		
46		**48**		**50**		**52**		**54**		**56**		**60**		**65**		**70**		**75**		**1200**			
16,94	*11,85*	16,40	*12,30*	15,89	*12,73*	15,42	*13,17*	14,99	*13,59*	14,59	*14,02*									**2,117**	*1,764*	2,646	1
17,86	*12,50*	17,28	*12,96*	16,75	*13,42*	16,26	*13,88*	15,80	*14,33*	15,38	*14,77*	14,61	*15,65*							**2,352**	*1,960*	2,940	
19,56	*13,69*	18,93	*14,20*	18,35	*14,70*	17,81	*15,20*	17,31	*15,70*	16,84	*16,18*	16,00	*17,15*	15,09	*18,32*	14,30	*19,47*			**2,822**	*2,352*	3,528	
21,13	*14,79*	20,45	*15,34*	19,82	*15,88*	19,24	*16,42*	18,70	*16,95*	18,19	*17,48*	17,29	*18,52*	16,30	*19,79*	15,45	*21,03*	14,71	*22,24*	**3,293**	*2,744*	4,116	4
22,59	*15,81*	21,86	*16,40*	21,19	*16,98*	20,57	*17,55*	19,99	*18,12*	19,45	*18,69*	18,48	*19,80*	17,43	*21,16*	16,52	*22,48*	15,73	*23,78*	**3,763**	*3,136*	4,704	
23,96	*16,77*	23,19	*17,39*	22,47	*18,01*	21,81	*18,62*	21,20	*19,22*	20,63	*19,82*	19,60	*21,00*	18,48	*22,44*	17,52	*23,85*	16,68	*25,22*	**4,234**	*3,528*	5,292	
25,26	*17,67*	24,44	*18,33*	23,69	*18,98*	22,99	*19,63*	22,35	*20,26*	21,75	*20,89*	20,66	*22,14*	19,48	*23,65*	18,47	*25,14*	17,58	*26,58*	**4,704**	*3,920*	5,880	7
27,67	*19,36*	26,77	*20,08*	25,95	*20,79*	25,19	*21,50*	24,48	*22,20*	23,82	*22,89*	22,63	*24,25*	21,34	*25,91*	20,23	*27,54*	19,26	*29,12*	**5,645**	*4,704*	7,056	
29,88	*20,91*	28,92	*21,69*	28,03	*22,46*	27,21	*23,22*	26,44	*23,98*	25,73	*24,72*	24,45	*26,19*	23,05	*27,99*	21,85	*29,74*	20,80	*31,46*	**6,586**	*5,488*	8,232	
32,19	*22,53*	31,16	*23,37*	30,20	*24,20*	29,31	*25,02*	28,49	*25,83*	27,72	*26,63*	26,34	*28,22*	24,84	*30,15*	23,54	*32,04*	22,41	*33,89*	**7,644**	*6,370*	9,555	10
34,58	*24,20*	33,47	*25,10*	32,44	*25,99*	31,48	*26,87*	30,60	*27,75*	29,78	*28,61*	28,29	*30,31*	26,68	*32,39*	25,29	*34,42*	24,07	*36,40*	**8,820**	*7,350*	11,030	
36,82	*25,76*	35,63	*26,72*	34,53	*27,67*	33,52	*28,61*	32,58	*29,54*	31,70	*30,46*	30,12	*32,27*	28,40	*34,48*	26,92	*36,64*	25,63	*38,75*	**9,996**	*8,330*	12,500	
38,92	*27,23*	37,67	*28,25*	36,51	*29,25*	35,43	*30,25*	34,44	*31,23*	33,51	*32,20*	31,84	*34,11*	30,03	*36,45*	28,46	*38,74*	27,09	*40,97*	**11,170**	*9,310*	13,970	13
40,98	*28,56*	39,65	*29,63*	38,42	*30,70*	37,28	*31,75*	36,23	*32,79*	35,25	*33,82*	33,48	*35,85*	31,57	*38,32*	29,92	*40,73*	28,48	*43,07*	**12,350**	*10,290*	15,440	
43,01	*29,74*	41,60	*30,87*	40,31	*31,99*	39,11	*33,10*	37,99	*34,20*	36,96	*35,28*	35,09	*37,42*	33,07	*40,03*	31,33	*42,57*	29,82	*45,05*	**13,520**	*11,270*	16,910	
45,63	*31,11*	44,12	*32,31*	42,73	*33,49*	41,44	*34,66*	40,25	*35,81*	39,15	*36,96*	37,15	*39,22*	34,99	*41,99*	33,13	*44,70*	31,52	*47,34*	**15,050**	*12,540*	18,820	16
48,80	*32,58*	47,17	*33,84*	45,67	*35,09*	44,29	*36,32*	43,00	*37,55*	41,80	*38,77*	39,65	*41,16*	37,32	*44,10*	35,32	*46,98*	33,57	*49,80*	**16,930**	*14,110*	21,170	
51,95	*33,86*	50,20	*35,17*	48,58	*36,48*	47,09	*37,78*	45,71	*39,06*	44,43	*40,33*	42,11	*42,85*	39,61	*45,94*	37,46	*48,97*	35,59	*51,94*	**18,820**	*15,680*	23,520	
55,84	*35,24*	53,94	*36,62*	52,18	*37,99*	50,57	*39,35*	49,07	*40,70*	47,67	*42,04*	45,16	*44,68*	42,44	*47,93*	40,11	*51,13*	38,08	*54,26*	**21,170**	*17,640*	26,460	19
59,70	*36,43*	57,64	*37,87*	55,75	*39,29*	54,01	*40,71*	52,39	*42,11*	50,88	*43,50*	48,17	*46,26*	45,24	*49,66*	42,72	*52,99*	40,54	*56,27*	**23,520**	*19,600*	29,400	
67,34	*38,39*	64,99	*39,91*	62,82	*41,43*	60,81	*42,94*	58,95	*44,44*	57,23	*45,93*	54,12	*48,87*	50,76	*52,50*	47,88	*56,08*	45,37	*59,60*	**28,220**	*23,520*	35,280	
74,92	*39,93*	72,26	*41,53*	69,81	*43,12*	67,54	*44,71*	65,45	*46,28*	63,50	*47,84*	59,99	*50,94*	56,21	*54,77*	52,96	*58,53*	50,13	*62,25*	**32,930**	*27,440*	41,160	22
82,44	*41,18*	79,47	*42,85*	76,75	*44,50*	74,23	*46,14*	71,89	*47,78*	69,72	*49,40*	65,82	*52,63*	61,60	*56,61*	57,99	*60,54*	54,84	*64,42*	**37,630**	*31,360*	47,040	
89,92	*42,22*	86,66	*43,94*	83,65	*45,64*	80,87	*47,34*	78,30	*49,02*	75,91	*50,70*	71,60	*54,03*	66,96	*58,15*	62,98	*62,22*	59,52	*66,23*	**42,340**	*35,280*	52,920	
97,38	*43,10*	93,81	*44,86*	90,52	*46,61*	87,49	*48,35*	84,68	*50,08*	82,07	*51,80*	77,36	*55,22*	72,29	*59,45*	67,94	*63,64*	64,16	*67,78*	**47,040**	*39,200*	58,800	25
112,2	*44,50*	108,1	*46,33*	104,2	*48,15*	100,7	*49,96*	97,37	*51,76*	94,32	*53,56*	88,82	*57,13*	82,89	*61,55*	77,80	*65,92*	73,39	*70,25*	**56,450**	*47,040*	70,560	
127,0	*45,57*	122,2	*47,45*	117,8	*49,32*	113,8	*51,19*	110,0	*53,05*	106,5	*54,91*	100,2	*58,59*	93,42	*63,16*	87,60	*67,68*	82,55	*72,17*	**65,860**	*54,880*	82,320	
143,6	*46,50*	138,2	*48,43*	133,1	*50,36*	128,5	*52,28*	124,2	*54,19*	120,2	*56,09*	113,0	*59,88*	105,2	*64,58*	98,58	*69,24*	92,81	*73,86*	**76,440**	*63,700*	95,550	28
162,0	*47,32*	155,8	*49,29*	150,1	*51,26*	144,8	*53,22*	139,9	*55,18*	135,3	*57,13*	127,1	*61,01*	118,3	*65,82*	110,7	*70,60*	104,2	*75,35*	**88,200**	*73,500*	110,3	
180,4	*47,96*	173,4	*49,97*	167,0	*51,98*	161,0	*53,97*	155,6	*55,96*	150,4	*57,95*	141,3	*61,91*	131,4	*66,82*	122,9	*71,70*	115,5	*76,54*	**99,960**	*83,300*	125,0	
198,8	*48,49*	191,0	*50,53*	183,9	*52,56*	177,3	*54,59*	171,2	*56,61*	165,5	*58,62*	155,4	*62,64*	144,4	*67,63*	135,0	*72,59*	126,8	*77,52*	**111,7**	*93,100*	139,7	31
217,1	*48,93*	208,6	*50,99*	200,9	*53,05*	193,5	*55,10*	186,8	*57,14*	180,6	*59,18*	169,4	*63,25*	157,4	*68,31*	147,0	*73,34*	138,1	*78,33*	**123,5**	*102,9*	154,4	
		226,1	*51,38*	217,6	*53,45*	209,7	*55,53*	202,5	*57,59*	195,7	*59,66*	183,5	*63,77*	170,2	*68,88*	159,1	*73,97*	149,4	*79,03*	**135,2**	*112,7*	169,1	
						230,8	*56,00*	222,8	*58,09*	215,3	*60,17*	201,8	*64,33*	187,3	*69,51*	174,8	*74,66*	164,0	*79,78*	**150,5**	*125,4*	188,2	34
												224,3	*64,90*	208,0	*70,14*	194,1	*75,35*	182,0	*80,55*	**169,3**	*141,1*	211,7	
														228,7	*70,66*	213,3	*75,92*	200,0	*81,17*	**188,2**	*156,8*	235,2	

Einheitsmoment M/b in t

Einheitsmoment M/b in t	Eisenzug-spannung σ_e in kg/cm² 1500	1000	1200	Beton - Druckspannung 8,75		10		11,25		12,5		13,75		15		16,25		17,5		18,75		20	
				5,833		6,667		7,5		8,333		9,167		10		10,83		11,67		12,5		13,33	
				7		8		9		10		11		12		13		14		15		16	
1	3,038	2,025	2,430	94,16	2,210	83,01	2,516	74,34	2,819	67,40	3,120	61,71	3,419	56,97	3,716	52,96	4,010	49,52	4,303	46,54	4,593	43,93	4,881
	3,375	2,250	2,700	99,26	2,329	87,50	2,652	78,36	2,972	71,04	3,289	65,05	3,604	60,06	3,917	55,83	4,227	52,20	4,535	49,06	4,841	46,30	5,145
	4,050	2,700	3,240	108,7	2,552	95,86	2,905	85,84	3,255	77,82	3,603	71,26	3,948	65,79	4,291	61,16	4,631	57,19	4,968	53,74	5,303	50,72	5,636
4	4,725	3,150	3,780	117,4	2,756	103,5	3,137	92,72	3,516	84,06	3,892	76,97	4,264	71,06	4,634	66,06	5,002	61,77	5,366	58,05	5,728	54,79	6,088
	5,400	3,600	4,320	125,6	2,946	110,7	3,354	99,12	3,759	89,86	4,160	82,28	4,559	75,97	4,954	70,62	5,347	66,03	5,737	62,05	6,124	58,57	6,508
	6,075	4,050	4,860	133,2	3,125	117,4	3,558	105,1	3,987	95,31	4,413	87,28	4,835	80,57	5,255	74,90	5,671	70,04	6,085	65,82	6,495	62,12	6,903
7	6,750	4,500	5,400	140,4	3,294	123,7	3,750	110,8	4,202	100,5	4,651	92,00	5,097	84,93	5,539	78,95	5,978	73,83	6,414	69,38	6,847	65,48	7,276
	8,100	5,400	6,480	153,8	3,609	135,6	4,108	121,4	4,603	110,1	5,095	100,8	5,583	93,04	6,068	86,49	6,549	80,87	7,026	76,00	7,500	71,73	7,971
	9,450	6,300	7,560	166,1	3,898	146,4	4,437	131,1	4,972	118,9	5,504	108,9	6,031	100,5	6,554	93,42	7,073	87,35	7,589	82,09	8,101	77,48	8,609
10	10,970	7,313	8,775	178,9	4,199	157,8	4,780	141,3	5,357	128,1	5,929	117,3	6,497	108,3	7,061	100,6	7,621	94,11	8,176	88,44	8,728	83,48	9,275
	12,660	8,438	10,130	192,3	4,508	169,5	5,133	151,8	5,753	137,6	6,368	126,0	6,978	116,3	7,584	108,1	8,186	101,1	8,783	95,00	9,375	89,67	9,963
	14,340	9,563	11,480	205,5	4,780	181,1	5,444	162,1	6,102	146,9	6,756	134,5	7,406	124,1	8,051	115,3	8,691	107,8	9,327	101,3	9,959	95,61	10,59
13	16,030	10,690	12,830	218,6	5,019	192,6	5,716	172,4	6,409	156,2	7,098	142,9	7,781	131,9	8,460	122,5	9,135	114,5	9,806	107,6	10,47	101,5	11,13
	17,720	11,810	14,180	231,7	5,230	204,1	5,958	182,6	6,681	165,4	7,399	151,4	8,113	139,6	8,823	129,7	9,528	121,2	10,23	113,8	10,93	107,4	11,62
	19,410	12,940	15,530			215,5	6,173	192,8	6,923	174,6	7,668	159,8	8,410	147,3	9,146	136,8	9,879	127,8	10,61	120,0	11,33	113,2	12,05
16	21,600	14,400	17,280			230,4	6,420	206,1	7,201	186,6	7,978	170,6	8,750	157,3	9,518	146,1	10,28	136,5	11,04	128,1	11,80	120,8	12,55
	24,300	16,200	19,440					222,3	7,497	201,2	8,307	184,0	9,113	169,6	9,915	157,4	10,71	147,0	11,51	138,0	12,29	130,0	13,08
	27,000	18,000	21,600					238,6	7,752	215,9	8,591	197,3	9,426	181,8	10,26	168,7	11,08	157,5	11,91	147,8	12,72	139,3	13,54
19	30,380	20,250	24,300							234,1	8,896	213,9	9,762	197,1	10,62	182,8	11,48	170,6	12,34	160,0	13,18	150,8	14,03
	33,750	22,500	27,000									230,5	10,05	212,3	10,94	196,9	11,82	183,7	12,70	172,2	13,58	162,2	14,45
	40,500	27,000	32,400											242,6	11,45	224,9	12,37	209,7	13,30	196,5	14,22	185,1	15,14
22	47,250	31,500	37,800															235,7	13,76	220,8	14,72	207,8	15,67
	54,000	36,000	43,200																	245,1	15,12	230,5	16,10
	60,750	40,500	48,600																				
25	67,500	45,000	54,000																				
	81,000	54,000	64,800																				
	94,500	63,000	75,600																				

Erste Teilspalte (Steilziffern) h in cm

Zweite Teilspalte (Schrägziffern) f_e in $\frac{cm^2}{m}$

Einheitsmoment M/b in t	Eisenzug-spannung σ_e in kg/cm² 1500	1000	1200	Beton - Druckspannung 33,75		35		37,5		40		42,5		45		47,5		50		52,5		55	
				22,5		23,33		25		26,67		28,33		30		31,67		33,33		35		36,67	
				27		28		30		32		34		36		38		40		42		44	
1	3,038	2,025	2,430	27,91	7,922	27,07	8,188	25,56	8,714	24,24	9,234	23,07	9,747	22,03	10,25	21,09	10,75	20,25	11,25	19,49	11,74	18,79	12,22
	3,375	2,250	2,700	29,42	8,351	28,53	8,631	26,94	9,186	25,55	9,733	24,32	10,27	23,22	10,81	22,23	11,34	21,35	11,86	20,54	12,37	19,81	12,88
	4,050	2,700	3,240	32,23	9,148	31,26	9,455	29,52	10,06	27,99	10,66	26,64	11,25	25,43	11,84	24,36	12,42	23,38	12,99	22,50	13,56	21,70	14,11
4	4,725	3,150	3,780	34,81	9,881	33,76	10,21	31,88	10,87	30,23	11,52	28,77	12,16	27,47	12,79	26,31	13,41	25,26	14,03	24,30	14,64	23,43	15,24
	5,400	3,600	4,320	37,21	10,56	36,09	10,92	34,08	11,62	32,32	12,31	30,76	13,00	29,37	13,67	28,12	14,34	27,00	15,00	25,98	15,65	25,05	16,30
	6,075	4,050	4,860	39,47	11,20	38,28	11,58	36,15	12,32	34,28	13,06	32,62	13,78	31,15	14,50	29,83	15,21	28,64	15,91	27,56	16,60	26,57	17,29
7	6,750	4,500	5,400	41,60	11,81	40,35	12,21	38,11	12,99	36,13	13,76	34,39	14,53	32,84	15,29	31,44	16,03	30,19	16,77	29,05	17,50	28,01	18,22
	8,100	5,400	6,480	45,57	12,94	44,21	13,37	41,74	14,23	39,58	15,08	37,67	15,92	35,97	16,74	34,44	17,56	33,07	18,37	31,82	19,17	30,68	19,96
	9,450	6,300	7,560	49,22	13,97	47,75	14,44	45,09	15,37	42,75	16,29	40,69	17,19	38,85	18,09	37,20	18,97	35,72	19,84	34,37	20,71	33,14	21,56
10	10,970	7,313	8,775	53,03	15,05	51,44	15,56	48,57	16,56	46,06	17,55	43,84	18,52	41,86	19,49	40,08	20,44	38,48	21,38	37,03	22,31	35,71	23,23
	12,660	8,438	10,130	56,97	16,17	55,26	16,71	52,18	17,79	49,48	18,85	47,09	19,90	44,96	20,93	43,06	21,95	41,34	22,96	39,78	23,96	38,35	24,95
	14,340	9,563	11,480	60,66	17,21	58,83	17,79	55,55	18,94	52,67	20,07	50,13	21,18	47,87	22,28	45,84	23,37	44,00	24,45	42,34	25,51	40,83	26,56
13	16,030	10,690	12,830	64,26	18,14	62,32	18,75	58,83	19,97	55,76	21,17	53,05	22,36	50,64	23,53	48,49	24,68	46,54	25,83	44,78	26,96	43,17	28,07
	17,720	11,810	14,180	67,84	18,96	65,78	19,61	62,07	20,89	58,82	22,15	55,95	23,40	53,39	24,63	51,10	25,85	49,04	27,06	47,17	28,25	45,46	29,43
	19,410	12,940	15,530	71,39	19,70	69,21	20,37	65,29	21,70	61,85	23,02	58,81	24,33	56,11	25,62	53,69	26,90	51,51	28,16	49,53	29,41	47,73	30,64
16	21,600	14,400	17,280	75,98	20,55	73,64	21,25	69,44	22,65	65,76	24,03	62,51	25,40	59,61	26,76	57,02	28,10	54,69	29,43	52,57	30,74	50,64	32,05
	24,300	16,200	19,440	81,58	21,45	79,05	22,19	74,51	23,66	70,53	25,11	67,01	26,55	63,88	27,98	61,08	29,39	58,56	30,79	56,27	32,17	54,19	33,55
	27,000	18,000	21,600	87,14	22,24	84,43	23,01	79,54	24,54	75,26	26,05	71,48	27,55	68,12	29,04	65,11	30,51	62,39	31,96	59,94	33,42	57,70	34,85
19	30,380	20,250	24,300	94,06	23,09	91,11	23,92	85,79	25,48	81,14	27,06	77,03	28,63	73,37	30,18	70,10	31,72	67,15	33,25	64,48	34,76	62,05	36,26
	33,750	22,500	27,000	100,9	23,81	97,76	24,64	92,01	26,29	86,98	27,93	82,54	29,55	78,59	31,16	75,05	32,76	71,87	34,35	68,98	35,92	66,36	37,48
	40,500	27,000	32,400	114,6	25,00	111,0	25,88	104,4	27,62	98,59	29,35	93,49	31,07	88,95	32,77	84,89	34,47	81,23	36,15	77,92	37,82	74,91	39,48
22	47,250	31,500	37,800	128,2	25,93	124,1	26,84	116,6	28,66	110,1	30,46	104,4	32,26	99,23	34,04	94,64	35,81	90,51	37,57	86,78	39,32	83,37	41,06
	54,000	36,000	43,200	141,8	26,68	137,2	27,62	128,9	29,50	121,6	31,36	115,2	33,22	109,5	35,06	104,3	36,90	99,74	38,72	95,58	40,53	91,79	42,33
	60,750	40,500	48,600	155,3	27,29	150,2	28,26	141,1	30,19	133,0	32,11	125,9	34,01	119,6	35,91	114,0	37,80	108,9	39,67	104,3	41,54	100,2	43,39
25	67,500	45,000	54,000	168,8	27,81	163,2	28,80	153,2	30,77	144,4	32,73	136,7	34,68	129,8	36,62	123,6	38,55	118,1	40,47	113,1	42,38	108,5	44,29
	81,000	54,000	64,800	195,7	28,62	189,2	29,65	177,5	31,69	167,2	33,72	158,1	35,74	150,1	37,75	142,8	39,76	136,3	41,75	130,5	43,73	125,1	45,71
	94,500	63,000	75,600	222,6	29,24	215,1	30,29	201,6	32,39	189,9	34,48	179,5	36,55	170,2	38,61	162,0	40,67	154,5	42,72	147,8	44,76	141,7	46,80
28	109,7	73,130	87,750	252,7	29,78	244,2	30,85	228,8	32,99	215,3	35,12	203,5	37,25	192,9	39,37	183,5	41,47	175,0	43,57	167,3	45,66	160,3	47,75
	126,6	84,380	101,3							243,6	35,69	230,1	37,85	218,1	40,01	207,3	42,16	197,6	44,31	188,8	46,44	180,9	48,57
	143,4	95,630	114,8											243,2	40,53	231,1	42,71	220,2	44,89	210,4	47,06	201,5	49,23
31	160,3	106,9	128,3															242,8	45,37	231,9	47,57	222,0	49,76
	177,2	118,1	141,8																			242,5	50,21
	194,1	129,4	155,3																				
34	216,0	144,0	172,8																				
	243,0	162,0	194,4																				
	270,0	180,0	216,0																				

Erste Teilspalte (Steilziffern) h in cm

Zweite Teilspalte (Schrägziffern) f_e in $\frac{cm^2}{m}$

σ_b in kg/cm² 21,25		22,5		23,75		25		26,25		27,5		28,75		30		31,25		32,5		Eisenzugspannung σ_e in kg/cm²		1500	
14,17		*15*		*15,83*		*16,67*		*17,5*		*18,33*		*19,17*		*20*		*20,83*		*21,67*			*1000*		
17		**18**		**19**		**20**		**21**		**22**		**23**		**24**		**25**		**26**		**1200**			
41,62	*5,167*	39,57	*5,451*	37,73	*5,733*	36,08	*6,013*	34,58	*6,292*	33,22	*6,568*	31,97	*6,842*	30,83	*7,115*	29,78	*7,386*	28,81	*7,655*	**2,430**	*2,025*	3,038	1
43,87	*5,447*	41,71	*5,746*	39,78	*6,043*	38,03	*6,339*	36,45	*6,632*	35,02	*6,923*	33,70	*7,213*	32,50	*7,500*	31,39	*7,786*	30,37	*8,069*	**2,700**	*2,250*	3,375	
48,06	*5,966*	45,69	*6,294*	43,57	*6,620*	41,66	*6,944*	39,93	*7,265*	38,36	*7,584*	36,92	*7,901*	35,60	*8,216*	34,39	*8,529*	33,27	*8,839*	**3,240**	*2,700*	4,050	
51,91	*6,444*	49,35	*6,799*	47,06	*7,151*	45,00	*7,500*	43,13	*7,847*	41,43	*8,192*	39,88	*8,534*	38,45	*8,874*	37,14	*9,212*	35,93	*9,548*	**3,780**	*3,150*	4,725	4
55,50	*6,889*	52,76	*7,268*	50,31	*7,644*	48,11	*8,018*	46,11	*8,389*	44,29	*8,757*	42,63	*9,123*	41,11	*9,487*	39,71	*9,848*	38,41	*10,21*	**4,320**	*3,600*	5,400	
58,86	*7,307*	55,96	*7,709*	53,36	*8,108*	51,03	*8,504*	48,91	*8,898*	46,98	*9,288*	45,22	*9,677*	43,60	*10,06*	42,12	*10,45*	40,74	*10,83*	**4,860**	*4,050*	6,075	
62,05	*7,703*	58,99	*8,126*	56,25	*8,547*	53,79	*8,964*	51,55	*9,379*	49,52	*9,791*	47,66	*10,20*	45,96	*10,61*	44,39	*11,01*	42,95	*11,41*	**5,400**	*4,500*	6,750	7
67,97	*8,438*	64,62	*8,902*	61,62	*9,362*	58,92	*9,820*	56,47	*10,27*	54,25	*10,73*	52,21	*11,17*	50,35	*11,62*	48,63	*12,06*	47,04	*12,50*	**6,480**	*5,400*	8,100	
73,41	*9,114*	69,80	*9,615*	66,56	*10,11*	63,64	*10,61*	61,00	*11,10*	58,59	*11,58*	56,40	*12,07*	54,38	*12,55*	52,53	*13,03*	50,81	*13,50*	**7,560**	*6,300*	9,450	
79,09	*9,819*	75,20	*10,36*	71,71	*10,89*	68,56	*11,43*	65,72	*11,96*	63,13	*12,48*	60,76	*13,00*	58,59	*13,52*	56,59	*14,04*	54,74	*14,55*	**8,775**	*7,313*	10,970	10
84,96	*10,55*	80,77	*11,13*	77,03	*11,70*	73,65	*12,27*	70,59	*12,84*	67,81	*13,41*	65,27	*13,97*	62,94	*14,52*	60,79	*15,08*	58,80	*15,63*	**10,130**	*8,438*	12,660	
90,57	*11,21*	86,09	*11,83*	82,08	*12,44*	78,47	*13,05*	75,20	*13,66*	72,23	*14,26*	69,52	*14,86*	67,03	*15,45*	64,73	*16,04*	62,62	*16,63*	**11,480**	*9,563*	14,340	
96,14	*11,79*	91,36	*12,44*	87,09	*13,09*	83,25	*13,74*	79,76	*14,38*	76,60	*15,02*	73,70	*15,65*	71,05	*16,28*	68,61	*16,90*	66,35	*17,52*	**12,830**	*10,690*	16,030	13
101,7	*12,31*	96,61	*12,99*	92,07	*13,67*	87,99	*14,35*	84,29	*15,02*	80,93	*15,68*	77,86	*16,35*	75,04	*17,01*	72,45	*17,66*	70,06	*18,32*	**14,180**	*11,810*	17,720	
107,2	*12,77*	101,8	*13,48*	97,02	*14,18*	92,70	*14,89*	88,79	*15,59*	85,24	*16,28*	81,99	*16,97*	79,01	*17,66*	76,27	*18,34*	73,74	*19,02*	**15,530**	*12,940*	19,410	
114,3	*13,30*	108,6	*14,04*	103,4	*14,78*	98,80	*15,51*	94,62	*16,24*	90,81	*16,97*	87,33	*17,69*	84,14	*18,41*	81,20	*19,13*	78,49	*19,84*	**17,280**	*14,400*	21,600	16
123,1	*13,86*	116,8	*14,64*	111,3	*15,41*	106,3	*16,18*	101,7	*16,94*	97,62	*17,70*	93,86	*18,46*	90,41	*19,22*	87,23	*19,97*	84,30	*20,71*	**19,440**	*16,200*	24,300	
131,8	*14,35*	125,1	*15,15*	119,1	*15,96*	113,7	*16,75*	108,8	*17,55*	104,4	*18,34*	100,3	*19,13*	96,64	*19,91*	93,22	*20,69*	90,07	*21,47*	**21,600**	*18,000*	27,000	
142,6	*14,87*	135,3	*15,71*	128,8	*16,54*	122,9	*17,37*	117,6	*18,20*	112,8	*19,02*	108,4	*19,84*	104,4	*20,66*	100,7	*21,47*	97,24	*22,28*	**24,300**	*20,250*	30,380	19
153,4	*15,32*	145,5	*16,19*	138,5	*17,05*	132,2	*17,91*	126,4	*18,76*	121,2	*19,61*	116,5	*20,46*	112,1	*21,30*	108,1	*22,14*	104,4	*22,98*	**27,000**	*22,500*	33,750	
174,9	*16,05*	165,9	*16,96*	157,8	*17,87*	150,5	*18,77*	143,9	*19,67*	137,9	*20,57*	132,5	*21,46*	127,4	*22,35*	122,8	*23,24*	118,6	*24,12*	**32,400**	*27,000*	40,500	
196,3	*16,62*	186,1	*17,56*	177,0	*18,51*	168,8	*19,45*	161,3	*20,38*	154,6	*21,31*	148,4	*22,24*	142,7	*23,17*	137,5	*24,09*	132,7	*25,01*	**37,800**	*31,500*	47,250	22
217,7	*17,07*	206,4	*18,05*	196,2	*19,02*	187,0	*19,99*	178,7	*20,95*	171,2	*21,91*	164,3	*22,87*	157,9	*23,83*	152,1	*24,78*	146,8	*25,73*	**43,200**	*36,000*	54,000	
239,1	*17,45*	226,5	*18,44*	215,3	*19,44*	205,2	*20,43*	196,0	*21,42*	187,7	*22,41*	180,1	*23,39*	173,1	*24,37*	166,7	*25,35*	160,8	*26,32*	**48,600**	*40,500*	60,750	
				234,4	*19,79*	223,3	*20,80*	213,3	*21,81*	204,2	*22,82*	195,9	*23,82*	188,3	*24,82*	181,3	*25,82*	174,8	*26,81*	**54,000**	*45,000*	67,500	25
						259,6	*21,39*	247,8	*22,43*	237,2	*23,47*	227,4	*24,50*	218,5	*25,54*	210,3	*26,57*	202,7	*27,60*	**64,800**	*54,000*	81,000	
														248,7	*26,08*	239,3	*27,14*	230,6	*28,19*	**75,600**	*63,000*	94,500	

Einheitsmoment M/b in t

σ_b in kg/cm² 57,5		60		62,5		65		67,5		70		75		81,25		87,5		93,75		Eisenzugspannung σ_e in kg/cm²		1500	
38,33		*40*		*41,67*		*43,33*		*45*		*46,67*		*50*		*54,17*		*58,33*		*62,5*			*1000*		
46		**48**		**50**		**52**		**54**		**56**		**60**		**65**		**70**		**75**		**1200**			
18,15	*12,70*	17,57	*13,17*	17,03	*13,64*	16,53	*14,11*	16,06	*14,56*	15,63	*15,02*									**2,430**	*2,025*	3,038	1
19,13	*13,39*	18,52	*13,89*	17,95	*14,38*	17,42	*14,87*	16,93	*15,35*	16,48	*15,83*	15,65	*16,77*							**2,700**	*2,250*	3,375	
20,96	*14,67*	20,28	*15,21*	19,66	*15,75*	19,08	*16,29*	18,55	*16,82*	18,05	*17,34*	17,15	*18,37*	16,17	*19,63*	15,33	*20,86*			**3,240**	*2,700*	4,050	
22,64	*15,84*	21,91	*16,43*	21,24	*17,02*	20,61	*17,59*	20,03	*18,16*	19,49	*18,73*	18,52	*19,84*	17,47	*21,20*	16,55	*22,53*	15,76	*23,83*	**3,780**	*3,150*	4,725	4
24,20	*16,94*	23,42	*17,57*	22,70	*18,19*	22,03	*18,81*	21,42	*19,42*	20,84	*20,02*	19,80	*21,21*	18,67	*22,67*	17,70	*24,09*	16,85	*25,48*	**4,320**	*3,600*	5,400	
25,67	*17,96*	24,84	*18,63*	24,08	*19,29*	23,37	*19,95*	22,72	*20,60*	22,10	*21,24*	21,00	*22,50*	19,80	*24,04*	18,77	*25,55*	17,87	*27,02*	**4,860**	*4,050*	6,075	
27,06	*18,93*	26,19	*19,64*	25,38	*20,34*	24,64	*21,03*	23,94	*21,71*	23,30	*22,39*	22,14	*23,72*	20,88	*25,34*	19,79	*26,93*	18,84	*28,48*	**5,400**	*4,500*	6,750	7
29,64	*20,74*	28,69	*21,51*	27,80	*22,28*	26,99	*23,03*	26,23	*23,78*	25,52	*24,52*	24,25	*25,98*	22,87	*27,76*	21,68	*29,50*	20,63	*31,20*	**6,480**	*5,400*	8,100	
32,02	*22,40*	30,98	*23,24*	30,03	*24,06*	29,15	*24,88*	28,33	*25,69*	27,57	*26,49*	26,19	*28,06*	24,70	*29,99*	23,41	*31,87*	22,29	*33,70*	**7,560**	*6,300*	9,450	
34,49	*24,14*	33,38	*25,04*	32,35	*25,92*	31,40	*26,80*	30,52	*27,68*	29,70	*28,54*	28,22	*30,23*	26,61	*32,31*	25,22	*34,33*	24,01	*36,31*	**8,775**	*7,313*	10,970	10
37,05	*25,93*	35,86	*26,89*	34,75	*27,85*	33,73	*28,79*	32,79	*29,73*	31,90	*30,65*	30,31	*32,48*	28,58	*34,70*	27,09	*36,88*	25,79	*39,00*	**10,130**	*8,438*	12,660	
39,45	*27,60*	38,17	*28,63*	37,00	*29,65*	35,91	*30,65*	34,90	*31,65*	33,96	*32,63*	32,27	*34,57*	30,43	*36,94*	28,84	*39,26*	27,46	*41,52*	**11,480**	*9,563*	14,340	
41,70	*29,18*	40,36	*30,27*	39,11	*31,34*	37,97	*32,41*	36,90	*33,46*	35,91	*34,40*	34,11	*36,55*	32,17	*39,06*	30,49	*41,50*	29,03	*43,90*	**12,830**	*10,690*	16,030	13
43,91	*30,60*	42,48	*31,75*	41,16	*32,89*	39,95	*34,02*	38,82	*35,14*	37,77	*36,24*	35,87	*38,41*	33,82	*41,06*	32,06	*43,63*	30,52	*46,15*	**14,180**	*11,810*	17,720	
46,09	*31,87*	44,58	*33,08*	43,18	*34,28*	41,90	*35,46*	40,71	*36,64*	39,60	*37,80*	37,60	*40,09*	35,43	*42,88*	33,57	*45,61*	31,95	*48,27*	**15,530**	*12,940*	19,410	
48,88	*33,34*	47,27	*34,61*	45,78	*35,88*	44,40	*37,13*	43,13	*38,37*	41,94	*39,60*	39,80	*42,03*	37,49	*44,99*	35,50	*47,89*	33,77	*50,72*	**17,280**	*14,400*	21,600	16
52,29	*34,91*	50,54	*36,26*	48,94	*37,59*	47,45	*38,92*	46,07	*40,23*	44,79	*41,53*	42,48	*44,10*	39,98	*47,25*	37,84	*50,34*	35,97	*53,35*	**19,440**	*16.200*	24,300	
55,66	*36,28*	53,78	*37,69*	52,05	*39,09*	50,46	*40,47*	48,98	*41,85*	47,60	*43,22*	45,12	*45,91*	42,44	*49,22*	40,14	*52,47*	38,14	*55,65*	**21,600**	*18,000*	27,000	
59,83	*37,76*	57,79	*39,23*	55,91	*40,70*	54,18	*42,16*	52,57	*43,60*	51,08	*45,04*	48,38	*47,87*	45,47	*51,36*	42,97	*54,78*	40,80	*58,14*	**24,300**	*20,250*	30,380	19
63,96	*39,03*	61,76	*40,57*	59,74	*42,10*	57,86	*43,61*	56,13	*45,12*	54,52	*46,61*	51,61	*49,57*	48,47	*53,21*	45,77	*56,78*	43,43	*60,29*	**27,000**	*22,500*	33,750	
72,15	*41,13*	69,63	*42,77*	67,30	*44,39*	65,15	*46,01*	63,16	*47,61*	61,32	*49,21*	57,98	*52,36*	54,39	*56,25*	51,30	*60,09*	48,61	*63,86*	**32,400**	*27,000*	40,500	
80,27	*42,78*	77,42	*44,50*	74,79	*46,20*	72,37	*47,90*	70,12	*49,59*	68,04	*51,26*	64,28	*54,58*	60,22	*58,68*	56,74	*62,72*	53,71	*66,70*	**37,800**	*31,500*	47,250	22
88,33	*44,13*	85,15	*45,91*	82,23	*47,68*	79,53	*49,44*	77,03	*51,19*	74,70	*52,93*	70,52	*56,39*	66,00	*60,65*	62,13	*64,87*	58,76	*69,02*	**43,200**	*36,000*	54,000	
96,35	*45,24*	92,85	*47,08*	89,62	*48,90*	86,65	*50,72*	83,89	*52,53*	81,33	*54,32*	76,72	*57,89*	71,74	*62,30*	67,48	*66,66*	63,77	*70,96*	**48,600**	*40,500*	60,750	
104,3	*46,18*	100,5	*48,06*	96,99	*49,93*	93,74	*51,80*	90,73	*53,65*	87,93	*55,50*	82,89	*59,17*	77,46	*63,70*	72,79	*68,18*	68,75	*72,61*	**54,000**	*45,000*	67,500	25
120,2	*47,68*	115,8	*49,63*	111,7	*51,58*	107,9	*53,53*	104,3	*55,46*	101,1	*57,38*	95,16	*61,21*	88,81	*65,94*	83,36	*70,63*	78,63	*75,27*	**64,800**	*54,000*	81,000	
136,1	*48,82*	131,0	*50,84*	126,3	*52,85*	121,9	*54,85*	117,9	*56,84*	114,1	*58,83*	107,4	*62,78*	100,1	*67,67*	93,86	*72,52*	88,45	*77,32*	**75,600**	*63,000*	94,500	
153,9	*49,82*	148,0	*51,89*	142,6	*53,96*	137,7	*56,01*	133,0	*58,06*	128,8	*60,10*	121,1	*64,16*	112,7	*69,19*	105,6	*74,19*	99,44	*79,14*	**87,750**	*73,130*	109,7	28
173,6	*50,70*	166,9	*52,81*	160,8	*54,92*	155,1	*57,02*	149,9	*59,12*	145,0	*61,21*	136,2	*65,36*	126,8	*70,53*	118,6	*75,65*	111,6	*80,73*	**101,3**	*84,380*	126,6	
193,3	*51,39*	185,8	*53,54*	178,9	*55,69*	172,6	*57,83*	166,7	*59,96*	161,2	*62,09*	151,3	*66,33*	140,7	*71,59*	131,6	*76,82*	123,7	*82,01*	**114,8**	*95,630*	143,4	
212,9	*51,95*	204,6	*54,14*	197,0	*56,31*	190,0	*58,49*	183,4	*60,65*	177,4	*62,81*	166,4	*67,11*	154,7	*72,46*	144,6	*77,78*	135,9	*83,05*	**128,3**	*106,9*	160,3	31
232,6	*52,42*	223,5	*54,63*	215,2	*56,84*	207,4	*59,03*	200,2	*61,22*	193,5	*63,41*	181,5	*67,77*	168,6	*73,19*	157,6	*78,57*	148,0	*83,93*	**141,8**	*118,1*	177,2	
		242,3	*55,05*	233,2	*57,27*	224,7	*59,49*	216,9	*61,71*	209,7	*63,92*	196,6	*68,32*	182,4	*73,80*	170,5	*79,25*	160,0	*84,67*	**155,3**	*129,4*	194,1	
						247,3	*60,00*	238,7	*62,24*	230,6	*64,47*	216,2	*68,93*	200,6	*74,47*	187,3	*79,99*	175,7	*85,48*	**172,8**	*144,0*	216,0	34
												240,3	*69,54*	222,9	*75,15*	207,9	*80,74*	195,0	*86,30*	**194,4**	*162,0*	243,0	
														245,1	*75,70*	228,6	*81,35*	214,3	*86,97*	**216,0**	*180,0*	270,0	

Einheitsmoment M/b in t

Einheitsmoment M/b in t	Eisenzugspannung σ_e in kg/cm²			Beton - Druckspannung																			
	1500			8,75		10		11,25		12,5		13,75		15		16,25		17,5		18,75		20	
		1000		5,833		6,667		7,5		8,333		9,167		10		10,83		11,67		12,5		13,33	
			1200	7		8		9		10		11		12		13		14		15		16	
1	3,456	2,304	2,765	100,4	2,357	88,55	2,683	79,29	3,007	71,89	3,328	65,83	3,647	60,77	3,963	56,49	4,278	52,83	4,589	49,64	4,899	46,86	5,206
	3,840	2,560	3,072	105,9	2,485	93,34	2,828	83,58	3,170	75,78	3,508	69,39	3,844	64,06	4,178	59,55	4,509	55,68	4,838	52,33	5,164	49,39	5,488
	4,608	3,072	3,686	116,0	2,722	102,2	3,098	91,56	3,472	83,01	3,843	76,01	4,211	70,17	4,577	65,23	4,939	61,00	5,299	57,32	5,657	54,11	6,012
4	5,376	3,584	4,301	125,3	2,940	110,4	3,347	98,90	3,750	89,66	4,151	82,10	4,549	75,80	4,943	70,46	5,335	65,88	5,724	61,92	6,110	58,44	6,493
	6,144	4,096	4,915	133,9	3,143	118,1	3,578	105,7	4,009	95,85	4,438	87,77	4,863	81,03	5,285	75,33	5,703	70,43	6,119	66,19	6,532	62,48	6,942
	6,912	4,608	5,530	142,0	3,333	125,2	3,795	112,1	4,252	101,7	4,707	93,09	5,158	85,95	5,605	79,90	6,049	74,71	6,490	70,21	6,928	66,27	7,363
7	7,680	5,120	6,144	149,7	3,514	132,0	4,000	118,2	4,483	107,2	4,961	98,13	5,437	90,60	5,908	84,22	6,377	78,75	6,842	74,00	7,303	69,85	7,761
	9,216	6,144	7,373	164,0	3,849	144,6	4,382	129,5	4,910	117,4	5,435	107,5	5,956	99,24	6,472	92,26	6,985	86,26	7,494	81,07	8,000	76,52	8,502
	10,750	7,168	8,602	177,2	4,158	156,2	4,733	139,9	5,304	126,8	5,870	116,1	6,433	107,2	6,991	99,65	7,545	93,18	8,095	87,56	8,641	82,65	9,183
10	12,480	8,320	9,984	190,9	4,479	168,3	5,099	150,7	5,714	136,6	6,325	125,1	6,930	115,5	7,532	107,4	8,129	100,4	8,721	94,34	9,310	89,04	9,894
	14,400	9,600	11,520	205,1	4,809	180,8	5,475	161,9	6,136	146,8	6,792	134,4	7,444	124,1	8,090	115,3	8,731	107,8	9,368	101,3	10,00	95,65	10,63
	16,320	10,880	13,060	219,2	5,099	193,1	5,807	172,9	6,509	156,7	7,207	143,4	7,900	132,4	8,588	123,0	9,271	115,0	9,949	108,1	10,62	102,0	11,29
13	18,240	12,160	14,590	233,2	5,353	205,4	6,097	183,9	6,836	166,6	7,571	152,5	8,300	140,7	9,025	130,7	9,744	122,2	10,46	114,8	11,17	108,3	11,88
	20,160	13,440	16,130	247,1	5,578	217,7	6,355	194,8	7,126	176,4	7,893	161,4	8,654	148,9	9,411	138,4	10,16	129,3	10,91	121,4	11,65	114,5	12,39
	22,080	14,720	17,660			229,9	6,584	205,7	7,384	186,3	8,180	170,4	8,970	157,2	9,756	146,0	10,54	136,4	11,31	128,0	12,09	120,8	12,85
16	24,580	16,380	19,660			245,8	6,848	219,8	7,681	199,0	8,510	182,0	9,334	167,8	10,15	155,8	10,97	145,5	11,78	136,6	12,58	128,8	13,38
	27,650	18,430	22,120					237,2	7,997	214,7	8,861	196,3	9,721	180,9	10,58	167,9	11,43	156,8	12,27	147,2	13,11	138,7	13,95
	30,720	20,480	24,580					254,5	8,269	230,3	9,164	210,5	10,05	194,0	10,94	180,0	11,82	168,0	12,70	157,6	13,57	148,6	14,44
19	34,560	23,040	27,650							249,7	9,489	228,2	10,41	210,2	11,33	195,0	12,25	182,0	13,16	170,7	14,06	160,8	14,97
	38,400	25,600	30,720									245,9	10,72	226,4	11,67	210,0	12,61	195,9	13,55	183,7	14,48	173,0	15,42
	46,080	30,720	36,860											258,8	12,21	239,9	13,20	223,7	14,18	209,7	15,17	197,4	16,15
22	53,760	35,840	43,010															251,4	14,68	235,6	15,70	221,7	16,71
	61,440	40,960	49,150																	261,4	16,12	245,9	17,17
	69,120	46,080	55,300																				
25	76,800	51,200	61,440																				
	92,160	61,440	73,730																				
	107,5	71,680	86,020																				

Erste Teilspalte (Steilziffern) h in cm

Zweite Teilspalte (Schrägziffern) f_e in $\frac{cm^2}{m}$

Einheitsmoment M/b in t	Eisenzugspannung σ_e in kg/cm²			Beton - Druckspannung																			
	1500			33,75		35		37,5		40		42,5		45		47,5		50		52,5		55	
		1000		22,5		23,33		25		26,67		28,33		30		31,67		33,33		35		36,67	
			1200	27		28		30		32		34		36		38		40		42		44	
1	3,456	2,304	2,765	29,77	8,451	28,88	8,734	27,27	9,295	25,85	9,849	24,61	10,40	23,50	10,94	22,50	11,47	21,60	12,00	20,78	12,52	20,04	13,04
	3,840	2,560	3,072	31,38	8,908	30,44	9,206	28,74	9,798	27,25	10,38	25,94	10,96	24,77	11,53	23,72	12,09	22,77	12,65	21,91	13,20	21,13	13,74
	4,608	3,072	3,686	34,37	9,758	33,34	10,09	31,48	10,73	29,85	11,37	28,41	12,01	27,13	12,63	25,98	13,25	24,94	13,86	24,00	14,46	23,14	15,06
4	5,376	3,584	4,301	37,13	10,54	36,01	10,89	34,01	11,59	32,25	12,28	30,69	12,97	29,30	13,64	28,06	14,31	26,94	14,97	25,92	15,62	25,00	16,26
	6,144	4,096	4,915	39,69	11,27	38,50	11,65	36,35	12,39	34,47	13,13	32,81	13,86	31,33	14,58	30,00	15,30	28,80	16,00	27,71	16,70	26,72	17,38
	6,912	4,608	5,530	42,10	11,95	40,84	12,35	38,56	13,15	36,56	13,93	34,80	14,70	33,23	15,47	31,82	16,22	30,55	16,97	29,39	17,71	28,34	18,44
7	7,680	5,120	6,144	44,38	12,60	43,04	13,02	40,65	13,86	38,54	14,68	36,68	15,50	35,03	16,30	33,54	17,10	32,20	17,89	30,98	18,67	29,88	19,44
	9,216	6,144	7,373	48,61	13,80	47,15	14,26	44,52	15,18	42,22	16,08	40,18	16,98	38,37	17,86	36,74	18,73	35,27	19,60	33,94	20,45	32,73	21,29
	10,750	7,168	8,602	52,51	14,91	50,93	15,41	48,09	16,40	45,60	17,37	43,40	18,34	41,44	19,29	39,68	20,23	38,10	21,17	36,66	22,09	35,35	23,00
10	12,480	8,320	9,984	56,57	16,06	54,87	16,60	51,81	17,66	49,13	18,72	46,76	19,76	44,65	20,78	42,75	21,80	41,05	22,80	39,50	23,80	38,09	24,78
	14,400	9,600	11,520	60,76	17,25	58,94	17,83	55,66	18,97	52,78	20,10	50,23	21,22	47,96	22,33	45,93	23,42	44,09	24,49	42,43	25,56	40,91	26,61
	16,320	10,880	13,060	64,70	18,36	62,76	18,98	59,25	20,20	56,18	21,40	53,47	22,59	51,06	23,77	48,89	24,93	46,94	26,08	45,17	27,21	43,55	28,33
13	18,240	12,160	14,590	68,55	19,35	66,48	20,00	62,75	21,30	59,48	22,58	56,59	23,85	54,02	25,10	51,72	26,33	49,64	27,55	47,76	28,75	46,05	29,94
	20,160	13,440	16,130	72,36	20,23	70,17	20,92	66,21	22,28	62,74	23,62	59,68	24,96	56,95	26,27	54,51	27,57	52,31	28,86	50,31	30,13	48,50	31,39
	22,080	14,720	17,660	76,15	21,01	73,83	21,73	69,64	23,15	65,97	24,56	62,73	25,95	59,85	27,33	57,27	28,69	54,94	30,04	52,83	31,37	50,91	32,69
16	24,580	16,380	19,660	81,04	21,92	78,55	22,67	74,07	24,16	70,14	25,63	66,67	27,10	63,59	28,54	60,82	29,97	58,33	31,39	56,07	32,79	54,02	34,18
	27,650	18,430	22,120	87,02	22,88	84,33	23,67	79,48	25,24	75,23	26,79	71,48	28,32	68,14	29,84	65,15	31,35	62,46	32,84	60,02	34,32	57,80	35,78
	30,720	20,480	24,580	92,95	23,72	90,06	24,54	84,85	26,17	80,28	27,79	76,25	29,39	72,66	30,97	69,45	32,54	66,55	34,09	63,93	35,65	61,55	37,18
19	34,560	23,040	27,650	100,3	24,62	97,18	25,51	91,51	27,18	86,55	28,86	82,16	30,53	78,26	32,19	74,77	33,83	71,63	35,46	68,78	37,08	66,18	38,68
	38,400	25,600	30,720	107,7	25,40	104,3	26,29	98,15	28,04	92,78	29,79	88,04	31,52	83,83	33,24	80,06	34,94	76,66	36,64	73,58	38,31	70,78	39,98
	46,080	30,720	36,860	122,3	26,67	118,4	27,60	111,3	29,46	105,2	31,31	99,72	33,14	94,88	34,96	90,55	36,77	86,65	38,56	83,11	40,34	79,90	42,11
22	53,760	35,840	43,010	136,8	27,66	132,4	28,63	124,4	30,57	117,5	32,50	111,3	34,41	105,8	36,31	101,0	38,20	96,55	40,08	92,56	41,94	88,93	43,79
	61,440	40,960	49,150	151,2	28,45	146,3	29,46	137,5	31,46	129,7	33,46	122,8	35,43	116,8	37,40	111,3	39,36	106,4	41,30	101,9	43,24	97,91	45,16
	69,120	46,080	55,300	165,7	29,11	160,2	30,14	150,5	32,20	141,9	34,25	134,3	36,28	127,6	38,30	121,6	40,32	116,2	42,32	111,3	44,31	106,8	46,29
25	76,800	51,200	61,440	180,0	29,66	174,1	30,72	163,4	32,82	154,1	34,91	145,8	36,99	138,5	39,06	131,9	41,12	126,0	43,17	120,6	45,21	115,7	47,24
	92,160	61,440	73,730	208,8	30,53	201,8	31,62	189,3	33,80	178,3	35,97	168,7	38,12	160,1	40,27	152,4	42,41	145,4	44,53	139,2	46,65	133,5	48,76
	107,5	71,680	86,020	237,4	31,19	229,4	32,31	215,1	34,54	202,5	36,78	191,4	38,98	181,6	41,19	172,8	43,38	164,8	45,57	157,7	47,75	151,1	49,92
28	124,8	83,200	99,840	269,6	31,77	260,5	32,91	244,1	35,19	229,7	37,47	217,0	39,73	205,8	41,99	195,7	44,24	186,6	46,47	178,4	48,71	171,0	50,93
	144,0	96,000	115,2							259,9	38,07	245,4	40,38	232,6	42,68	221,1	44,97	210,8	47,26	201,4	49,54	192,9	51,81
	163,2	108,8	130,6											259,4	43,23	246,5	45,56	234,9	47,88	224,4	50,20	214,9	52,51
31	182,4	121,6	145,9															259,0	48,39	247,4	50,74	236,8	53,08
	201,6	134,4	161,3																			258,7	53,55
	220,8	147,2	176,6																				
34	245,8	163,8	196,6																				
	276,5	184,3	221,2																				
	307,2	204,8	245,8																				

Erste Teilspalte (Steilziffern) h in cm

Zweite Teilspalte (Schrägziffern) f_e in $\frac{cm^2}{m}$

σ_b in kg/cm²																				Eisenzugspannung σ_e in kg/cm²			
21,25		22,5		23,75		25		26,25		27,5		28,75		30		31,25		32,5				1500	
14,17		*15*		*15,83*		*16,67*		*17,5*		*18,33*		*19,17*		*20*		*20,83*		*21,67*			*1000*		
17		**18**		**19**		**20**		**21**		**22**		**23**		**24**		**25**		**26**		**1200**			
																				Einheitsmoment M/b in t			
44,40	*5,512*	42,21	*5,815*	40,25	*6,115*	38,49	*6,414*	36,89	*6,711*	35,43	*7,006*	34,11	*7,299*	32,89	*7,589*	31,77	*7,878*	30,73	*8,165*	**2,765**	*2,304*	3,456	1
46,80	*5,810*	44,49	*6,129*	42,43	*6,446*	40,57	*6,761*	38,88	*7,074*	37,35	*7,385*	35,95	*7,693*	34,67	*8,000*	33,48	*8,305*	32,39	*8,607*	**3,072**	*2,560*	3,840	
51,27	*6,364*	48,74	*6,714*	46,48	*7,062*	44,44	*7,407*	42,59	*7,749*	40,92	*8,090*	39,38	*8,428*	37,98	*8,764*	36,68	*9,097*	35,48	*9,429*	**3,686**	*3,072*	4,608	
55,37	*6,874*	52,64	*7,252*	50,20	*7,627*	48,00	*8,000*	46,01	*8,370*	44,20	*8,738*	42,54	*9,103*	41,02	*9,466*	39,62	*9,826*	38,33	*10,18*	**4,301**	*3,584*	5,376	4
59,20	*7,349*	56,28	*7,753*	53,67	*8,154*	51,31	*8,552*	49,18	*8,948*	47,25	*9,341*	45,47	*9,731*	43,85	*10,12*	42,35	*10,50*	40,97	*10,89*	**4,915**	*4,096*	6,144	
62,79	*7,794*	59,69	*8,223*	56,92	*8,649*	54,43	*9,071*	52,17	*9,491*	50,11	*9,908*	48,23	*10,32*	46,51	*10,73*	44,92	*11,14*	43,46	*11,55*	**5,530**	*4,608*	6,912	
66,18	*8,216*	62,92	*8,668*	60,00	*9,116*	57,37	*9,562*	54,99	*10,00*	52,82	*10,44*	50,84	*10,88*	49,03	*11,31*	47,35	*11,74*	45,81	*12,17*	**6,144**	*5,120*	7,680	7
72,50	*9,000*	68,93	*9,495*	65,73	*9,986*	62,85	*10,47*	60,24	*10,96*	57,86	*11,44*	55,70	*11,92*	53,71	*12,39*	51,87	*12,87*	50,18	*13,33*	**7,373**	*6,144*	9,216	
78,31	*9,721*	74,45	*10,26*	70,99	*10,79*	67,88	*11,31*	65,06	*11,84*	62,50	*12,36*	60,16	*12,87*	58,01	*13,39*	56,03	*13,90*	54,20	*14,40*	**8,602**	*7,168*	10,750	
84,37	*10,47*	80,21	*11,05*	76,49	*11,62*	73,13	*12,19*	70,10	*12,75*	67,34	*13,31*	64,81	*13,87*	62,50	*14,42*	60,36	*14,97*	58,39	*15,52*	**9,984**	*8,320*	12,480	10
90,63	*11,25*	86,16	*11,87*	82,16	*12,48*	78,56	*13,09*	75,30	*13,70*	72,33	*14,30*	69,62	*14,90*	67,13	*15,49*	64,84	*16,08*	62,73	*16,67*	**11,520**	*9,600*	14,400	
96,61	*11,96*	91,83	*12,62*	87,55	*13,27*	83,70	*13,92*	80,22	*14,57*	77,05	*15,21*	74,15	*15,85*	71,49	*16,48*	69,05	*17,11*	66,79	*17,74*	**13,060**	*10,880*	16,320	
102,5	*12,58*	97,45	*13,27*	92,90	*13,97*	88,79	*14,65*	85,08	*15,34*	81,70	*16,02*	78,62	*16,69*	75,79	*17,36*	73,18	*18,03*	70,78	*18,69*	**14,590**	*12,160*	18,240	13
108,5	*13,13*	103,0	*13,86*	98,21	*14,58*	93,85	*15,30*	89,91	*16,02*	86,33	*16,73*	83,05	*17,44*	80,05	*18,14*	77,28	*18,84*	74,73	*19,54*	**16,130**	*13,440*	20,160	
114,3	*13,62*	108,6	*14,38*	103,5	*15,13*	98,89	*15,88*	94,71	*16,63*	90,92	*17,37*	87,46	*18,10*	84,28	*18,84*	81,35	*19,57*	78,65	*20,29*	**17,660**	*14,720*	22,080	
121,9	*14,18*	115,8	*14,97*	110,3	*15,76*	105,4	*16,55*	100,9	*17,33*	96,86	*18,10*	93,15	*18,87*	89,75	*19,64*	86,61	*20,40*	83,72	*21,16*	**19,660**	*16,380*	24,580	16
131,3	*14,78*	124,6	*15,61*	118,7	*16,44*	113,4	*17,26*	108,5	*18,07*	104,1	*18,88*	100,1	*19,69*	96,43	*20,50*	93,04	*21,30*	89,92	*22,09*	**22,120**	*18,430*	27,650	
140,5	*15,30*	133,4	*16,16*	127,0	*17,02*	121,3	*17,87*	116,1	*18,72*	111,4	*19,56*	107,0	*20,40*	103,1	*21,24*	99,44	*22,07*	96,07	*22,90*	**24,580**	*20,480*	30,720	
152,1	*15,86*	144,3	*16,76*	137,4	*17,65*	131,1	*18,53*	125,5	*19,42*	120,3	*20,29*	115,7	*21,17*	111,3	*22,04*	107,4	*22,90*	103,7	*23,77*	**27,650**	*23,040*	34,560	19
163,6	*16,34*	155,2	*17,27*	147,7	*18,19*	141,0	*19,10*	134,9	*20,01*	129,3	*20,92*	124,2	*21,82*	119,6	*22,72*	115,3	*23,62*	111,3	*24,51*	**30,720**	*25,600*	38,400	
186,6	*17,12*	176,9	*18,09*	168,3	*19,06*	160,5	*20,02*	153,5	*20,98*	147,1	*21,94*	141,3	*22,89*	135,9	*23,84*	131,0	*24,79*	126,5	*25,73*	**36,860**	*30,720*	46,080	
209,4	*17,73*	198,5	*18,74*	188,8	*19,74*	180,0	*20,74*	172,1	*21,74*	164,9	*22,73*	158,3	*23,73*	152,2	*24,71*	146,7	*25,70*	141,5	*26,68*	**43,010**	*35,840*	53,760	22
232,3	*18,21*	220,1	*19,25*	209,2	*20,29*	199,5	*21,32*	190,6	*22,35*	182,6	*23,37*	175,2	*24,40*	168,5	*25,42*	162,3	*26,43*	156,5	*27,44*	**49,150**	*40,960*	61,440	
255,0	*18,61*	241,6	*19,67*	229,6	*20,73*	218,9	*21,79*	209,1	*22,85*	200,2	*23,90*	192,1	*24,95*	184,7	*25,99*	177,8	*27,03*	171,5	*28,07*	**55,300**	*46,080*	69,120	
				250,0	*21,11*	238,2	*22,19*	227,5	*23,27*	217,8	*24,34*	209,0	*25,41*	200,8	*26,48*	193,3	*27,54*	186,4	*28,60*	**61,440**	*51,200*	76,800	25
						276,9	*22,81*	264,4	*23,92*	253,0	*25,03*	242,6	*26,14*	233,1	*27,24*	224,3	*28,34*	216,2	*29,44*	**73,730**	*61,440*	92,160	
														265,3	*27,82*	255,2	*28,95*	246,0	*30,07*	**86,020**	*71,680*	107,5	

σ_b in kg/cm²																				Eisenzugspannung σ_e in kg/cm²			
57,5		60		62,5		65		67,5		70		75		81,25		87,5		93,75				1500	
38,33		*40*		*41,67*		*43,33*		*45*		*46,67*		*50*		*54,17*		*58,33*		*62,5*			*1000*		
46		**48**		**50**		**52**		**54**		**56**		**60**		**65**		**70**		**75**		**1200**			
																				Einheitsmoment M/b in t			
19,36	*13,55*	18,74	*14,05*	18,16	*14,55*	17,63	*15,05*	17,13	*15,53*	16,67	*16,02*									**2,765**	*2,304*	3,456	1
20,41	*14,28*	19,75	*14,81*	19,14	*15,34*	18,58	*15,86*	18,06	*16,37*	17,57	*16,88*	16,70	*17,89*							**3,072**	*2,560*	3,840	
22,36	*15,64*	21,64	*16,23*	20,97	*16,80*	20,35	*17,37*	19,78	*17,94*	19,25	*18,50*	18,29	*19,60*	17,25	*20,94*	16,35	*22,25*			**3,686**	*3,072*	4,608	
24,15	*16,90*	23,37	*17,53*	22,65	*18,15*	21,99	*18,77*	21,37	*19,38*	20,79	*19,98*	19,75	*21,17*	18,63	*22,62*	17,66	*24,04*	16,81	*25,42*	**4,301**	*3,584*	5,376	4
25,82	*18,06*	24,98	*18,74*	24,21	*19,40*	23,50	*20,06*	22,84	*20,71*	22,23	*21,36*	21,12	*22,63*	19,92	*24,18*	18,88	*25,69*	17,97	*27,17*	**4,915**	*4,096*	6,144	
27,38	*19,16*	26,50	*19,87*	25,68	*20,58*	24,93	*21,28*	24,23	*21,97*	23,58	*22,65*	22,40	*24,00*	21,12	*25,65*	20,02	*27,25*	19,06	*28,82*	**5,530**	*4,608*	6,912	
28,86	*20,20*	27,93	*20,95*	27,07	*21,69*	26,28	*22,43*	25,54	*23,16*	24,85	*23,88*	23,61	*25,30*	22,27	*27,03*	21,11	*28,73*	20,09	*30,38*	**6,144**	*5,120*	7,680	7
31,62	*22,12*	30,60	*22,95*	29,66	*23,76*	28,79	*24,57*	27,98	*25,37*	27,23	*26,16*	25,87	*27,71*	24,39	*29,61*	23,12	*31,47*	22,01	*33,28*	**7,373**	*6,144*	9,216	
34,15	*23,90*	33,05	*24,79*	32,03	*25,67*	31,09	*26,54*	30,22	*27,40*	29,41	*28,25*	27,94	*29,93*	26,35	*31,99*	24,97	*33,99*	23,77	*35,95*	**8,602**	*7,168*	10,750	
36,79	*25,75*	35,61	*26,70*	34,51	*27,65*	33,50	*28,59*	32,56	*29,52*	31,68	*30,44*	30,10	*32,25*	28,38	*34,46*	26,90	*36,62*	25,61	*38,73*	**9,984**	*8,320*	12,480	10
39,52	*27,66*	38,25	*28,69*	37,07	*29,70*	35,98	*30,71*	34,97	*31,71*	34,03	*32,70*	32,33	*34,64*	30,49	*37,02*	28,90	*39,34*	27,51	*41,60*	**11,520**	*9,600*	14,400	
42,08	*29,44*	40,72	*30,54*	39,47	*31,62*	38,31	*32,70*	37,23	*33,76*	36,23	*34,81*	34,42	*36,88*	32,46	*39,41*	30,77	*41,88*	29,29	*44,29*	**13,060**	*10,880*	16,320	
44,48	*31,12*	43,05	*32,28*	41,72	*33,43*	40,50	*34,57*	39,36	*35,69*	38,30	*36,80*	36,39	*38,99*	34,32	*41,66*	32,53	*44,27*	30,96	*46,82*	**14,590**	*12,160*	18,240	13
46,84	*32,64*	45,31	*33,87*	43,91	*35,08*	42,61	*36,29*	41,40	*37,48*	40,28	*38,66*	38,26	*40,97*	36,08	*43,80*	34,20	*46,54*	32,55	*49,22*	**16,130**	*13,440*	20,160	
49,16	*33,99*	47,55	*35,28*	46,06	*36,56*	44,69	*37,83*	43,42	*39,08*	42,24	*40,32*	40,10	*42,76*	37,79	*45,74*	35,81	*48,65*	34,08	*51,48*	**17,660**	*14,720*	22,080	
52,14	*35,56*	50,42	*36,92*	48,83	*38,27*	47,37	*39,61*	46,00	*40,93*	44,74	*42,24*	42,46	*44,83*	39,99	*47,99*	37,87	*51,08*	36,02	*54,10*	**19,660**	*16,380*	24,580	16
55,77	*37,24*	53,91	*38,68*	52,20	*40,10*	50,61	*41,51*	49,14	*42,91*	47,78	*44,30*	45,31	*47,04*	42,65	*50,40*	40,36	*53,69*	38,37	*56,91*	**22,120**	*18,430*	27,650	
59,37	*38,69*	57,37	*40,20*	55,52	*41,69*	53,82	*43,17*	52,24	*44,64*	50,78	*46,10*	48,13	*48,97*	45,27	*52,50*	42,81	*55,96*	40,68	*59,36*	**24,580**	*20,480*	30,720	
63,82	*40,27*	61,64	*41,85*	59,64	*43,42*	57,79	*44,97*	56,08	*46,51*	54,48	*48,04*	51,61	*51,06*	48,51	*54,78*	45,84	*58,43*	43,52	*62,01*	**27,650**	*23,040*	34,560	19
68,23	*41,63*	65,88	*43,28*	63,72	*44,90*	61,72	*46,52*	59,87	*48,13*	58,15	*49,72*	55,05	*52,87*	51,70	*56,75*	48,83	*60,56*	46,33	*64,31*	**30,720**	*25,600*	38,400	
76,96	*43,87*	74,27	*45,62*	71,79	*47,35*	69,50	*49,07*	67,38	*50,79*	65,40	*52,49*	61,85	*55,85*	58,01	*60,01*	54,72	*64,09*	51,85	*68,11*	**36,860**	*30,720*	46,080	
85,62	*45,64*	82,58	*47,47*	79,78	*49,29*	77,19	*51,09*	74,80	*52,89*	72,57	*54,68*	68,56	*58,22*	64,24	*62,59*	60,52	*66,90*	57,30	*71,14*	**43,010**	*35,840*	53,760	22
94,21	*47,07*	90,83	*48,97*	87,71	*50,86*	84,83	*52,74*	82,16	*54,60*	79,69	*56,46*	75,22	*60,15*	70,40	*64,70*	66,27	*69,19*	62,68	*73,62*	**49,150**	*40,960*	61,440	
102,8	*48,26*	99,04	*50,21*	95,60	*52,16*	92,43	*54,10*	89,49	*56,03*	86,75	*57,95*	81,83	*61,75*	76,53	*66,46*	71,97	*71,10*	68,02	*75,69*	**55,300**	*46,080*	69,120	
111,3	*49,26*	107,2	*51,26*	103,5	*53,26*	99,99	*55,25*	96,77	*57,23*	93,79	*59,20*	88,41	*63,11*	82,62	*67,95*	77,64	*72,73*	73,33	*77,45*	**61,440**	*51,200*	76,800	25
128,3	*50,85*	123,5	*52,94*	119,1	*55,02*	115,0	*57,09*	111,3	*59,16*	107,8	*61,21*	101,5	*65,29*	94,73	*70,34*	88,91	*75,34*	83,87	*80,29*	**73,730**	*61,440*	92,160	
145,2	*52,08*	139,7	*54,23*	134,7	*56,37*	130,0	*58,50*	125,7	*60,63*	121,7	*62,75*	114,5	*66,96*	106,8	*72,18*	100,1	*77,35*	94,34	*82,48*	**86,020**	*71,680*	107,5	
164,1	*53,15*	157,9	*55,35*	152,1	*57,55*	146,8	*59,74*	141,9	*61,93*	137,3	*64,10*	129,1	*68,43*	120,3	*73,81*	112,7	*79,13*	106,1	*84,41*	**99,840**	*83,200*	124,8	28
185,2	*54,08*	178,1	*56,33*	171,5	*58,58*	165,5	*60,82*	159,9	*63,06*	154,7	*65,29*	145,3	*69,72*	135,2	*75,23*	126,6	*80,69*	119,1	*86,11*	**115,2**	*96,000*	144,0	
206,2	*54,81*	198,2	*57,11*	190,8	*59,40*	184,1	*61,68*	177,8	*63,96*	171,9	*66,23*	161,4	*70,75*	150,1	*76,36*	140,4	*81,94*	132,0	*87,47*	**130,6**	*108,8*	163,2	
227,1	*55,42*	218,3	*57,75*	210,1	*60,07*	202,6	*62,38*	195,7	*64,69*	189,2	*67,00*	177,5	*71,59*	165,0	*77,29*	154,2	*82,96*	144,9	*88,59*	**145,9**	*121,6*	182,4	31
248,1	*55,92*	238,4	*58,27*	229,6	*60,63*	221,2	*62,97*	213,5	*65,31*	206,4	*67,64*	193,6	*72,29*	179,9	*78,07*	168,1	*83,81*	157,8	*89,52*	**161,3**	*134,4*	201,6	
		258,5	*58,72*	248,7	*61,09*	239,7	*63,46*	231,4	*65,82*	223,6	*68,18*	209,7	*72,88*	194,6	*78,72*	181,9	*84,53*	170,7	*90,31*	**176,6**	*147,2*	220,8	
						263,8	*64,00*	254,6	*66,39*	246,0	*68,77*	230,6	*73,52*	214,0	*79,44*	199,8	*85,32*	187,4	*91,18*	**196,6**	*163,8*	245,8	34
												256,3	*74,17*	237,7	*80,16*	221,8	*86,12*	208,0	*92,05*	**221,2**	*184,3*	276,5	
														261,4	*80,75*	243,8	*86,77*	228,6	*92,77*	**245,8**	*204,8*	307,2	

Einheitsmoment M/b in t	Eisenzug-spannung σe in kg/cm² 1500	1000	1200	Beton - Druckspannung 8,75		10		11,25		12,5		13,75		15		16,25		17,5		18,75		20	
				5,833		*6,667*		*7,5*		*8,333*		*9,167*		*10*		*10,83*		*11,67*		*12,5*		*13,33*	
				7		**8**		**9**		**10**		**11**		**12**		**13**		**14**		**15**		**16**	
1	4,374	*2,916*	**3,499**	113,0	*2,652*	99,62	*3,019*	89,21	*3,383*	80,88	*3,744*	74,06	*4,103*	68,37	*4,459*	63,56	*4,812*	59,43	*5,163*	55,85	*5,511*	52,71	*5,857*
	4,860	*3,240*	**3,888**	119,1	*2,795*	105,0	*3,182*	94,03	*3,566*	85,25	*3,947*	78,06	*4,325*	72,07	*4,700*	66,99	*5,073*	62,64	*5,442*	58,87	*5,809*	55,57	*6,174*
	5,832	*3,888*	**4,666**	130,5	*3,062*	115,0	*3,486*	103,0	*3,906*	93,39	*4,323*	85,51	*4,738*	78,95	*5,149*	73,39	*5,557*	68,62	*5,962*	64,48	*6,364*	60,87	*6,763*
4	6,804	*4,536*	**5,443**	140,9	*3,307*	124,2	*3,765*	111,3	*4,219*	100,9	*4,670*	92,36	*5,117*	85,27	*5,561*	79,27	*6,002*	74,12	*6,440*	69,66	*6,874*	65,75	*7,305*
	7,776	*5,184*	**6,221**	150,7	*3,536*	132,8	*4,025*	118,9	*4,510*	107,8	*4,992*	98,74	*5,471*	91,16	*5,945*	84,74	*6,416*	79,24	*6,884*	74,46	*7,348*	70,29	*7,809*
	8,748	*5,832*	**6,998**	159,8	*3,750*	140,9	*4,269*	126,2	*4,784*	114,4	*5,295*	104,7	*5,802*	96,69	*6,306*	89,88	*6,806*	84,04	*7,302*	78,98	*7,794*	74,55	*8,283*
7	9,720	*6,480*	**7,776**	168,4	*3,953*	148,5	*4,500*	133,0	*5,043*	120,6	*5,582*	110,4	*6,116*	101,9	*6,647*	94,74	*7,174*	88,59	*7,697*	83,25	*8,216*	78,58	*8,731*
	11,660	*7,776*	**9,331**	184,5	*4,330*	162,7	*4,929*	145,7	*5,524*	132,1	*6,114*	120,9	*7,000*	111,6	*7,281*	103,8	*7,858*	97,05	*8,431*	91,20	*9,000*	86,08	*9,565*
	13,610	*9,072*	**10,890**	199,3	*4,677*	175,7	*5,324*	157,3	*5,967*	142,7	*6,604*	130,6	*7,237*	120,6	*7,865*	112,1	*8,488*	104,8	*9,107*	98,51	*9,721*	92,98	*10,33*
10	15,800	*10,530*	**12,640**	214,7	*5,039*	189,3	*5,736*	169,5	*6,428*	153,7	*7,115*	140,7	*7,797*	129,9	*8,473*	120,8	*9,145*	112,9	*9,811*	106,1	*10,47*	100,2	*11,13*
	18,230	*12,150*	**14,580**	230,8	*5,410*	203,4	*6,160*	182,1	*6,903*	165,1	*7,641*	151,2	*8,374*	139,6	*9,101*	129,7	*9,823*	121,3	*10,54*	114,0	*11,25*	107,6	*11,96*
	20,660	*13,770*	**16,520**	246,6	*5,736*	217,3	*6,532*	194,5	*7,323*	176,3	*8,108*	161,4	*8,887*	148,9	*9,661*	138,4	*10,43*	129,4	*11,19*	121,6	*11,95*	114,7	*12,70*
13	23,090	*15,390*	**18,470**	262,3	*6,022*	231,1	*6,860*	206,8	*7,691*	187,4	*8,517*	171,5	*9,338*	158,3	*10,15*	147,1	*10,96*	137,4	*11,77*	129,1	*12,57*	121,8	*13,36*
	25,520	*17,010*	**20,410**	278,0	*6,276*	244,9	*7,149*	219,1	*8,017*	198,5	*8,879*	181,6	*9,736*	167,6	*10,59*	155,7	*11,43*	145,4	*12,27*	136,6	*13,11*	128,8	*13,94*
	27,950	*18,630*	**22,360**			258,7	*7,407*	231,4	*8,307*	209,6	*9,202*	191,7	*10,09*	176,8	*10,98*	164,2	*11,85*	153,4	*12,73*	144,1	*13,60*	135,9	*14,46*
16	31,100	*20,740*	**24,880**			276,5	*7,703*	247,3	*8,641*	223,9	*9,573*	204,8	*10,50*	188,8	*11,42*	175,3	*12,34*	163,7	*13,25*	153,7	*14,16*	144,9	*15,06*
	34,990	*23,330*	**27,990**					266,8	*8,997*	241,5	*9,969*	220,8	*10,94*	203,5	*11,90*	188,9	*12,85*	176,4	*13,81*	165,5	*14,75*	156,0	*15,69*
	38,880	*25,920*	**31,100**					286,3	*9,303*	259,0	*10,31*	236,8	*11,31*	218,2	*12,31*	202,5	*13,30*	189,0	*14,29*	177,3	*15,27*	167,1	*16,25*
19	43,740	*29,160*	**34,990**							280,9	*10,68*	256,7	*11,71*	236,5	*12,75*	219,4	*13,78*	204,7	*14,80*	192,0	*15,82*	180,9	*16,84*
	48,600	*32,400*	**38,880**									276,6	*12,06*	254,7	*13,12*	236,3	*14,19*	220,4	*15,24*	206,7	*16,30*	194,7	*17,34*
	58,320	*38,880*	**46,660**											291,2	*13,73*	269,9	*14,85*	251,7	*15,96*	235,9	*17,06*	222,1	*18,16*
22	68,040	*45,360*	**54,430**															282,9	*16,51*	265,0	*17,66*	249,4	*18,80*
	77,760	*51,840*	**62,210**																	294,1	*18,14*	276,7	*19,32*
	87,480	*58,320*	**69,980**																				
25	97,200	*64,800*	**77,760**																				
	116,6	*77,760*	**93,310**																				
	136,1	*90,720*	**108,9**																				

Erste Teilspalte (Steilziffern) h in cm

Zweite Teilspalte (Schrägziffern) f_e in $\frac{cm^2}{m}$

Einheitsmoment M/b in t	Eisenzug-spannung σe in kg/cm² 1500	1000	1200	Beton - Druckspannung 33,75		35		37,5		40		42,5		45		47,5		50		52,5		55	
				22,5		*23,33*		*25*		*26,67*		*28,33*		*30*		*31,67*		*33,33*		*35*		*36,67*	
				27		**28**		**30**		**32**		**34**		**36**		**38**		**40**		**42**		**44**	
1	4,374	*2,916*	**3,499**	33,49	*9,507*	32,48	*9,826*	30,67	*10,46*	29,09	*11,08*	27,68	*11,70*	26,43	*12,30*	25,31	*12,91*	24,30	*13,50*	23,38	*14,09*	22,55	*14,67*
	4,860	*3,240*	**3,888**	35,30	*10,02*	34,24	*10,36*	32,33	*11,02*	30,66	*11,68*	29,18	*12,33*	27,86	*12,97*	26,68	*13,60*	25,61	*14,23*	24,65	*14,85*	23,77	*15,46*
	5,832	*3,888*	**4,666**	38,67	*10,98*	37,51	*11,35*	35,42	*12,07*	33,59	*12,79*	31,97	*13,51*	30,52	*14,21*	29,23	*14,90*	28,06	*15,59*	27,00	*16,27*	26,04	*16,94*
4	6,804	*4,536*	**5,443**	41,77	*11,86*	40,52	*12,25*	38,26	*13,04*	36,28	*13,82*	34,53	*14,59*	32,97	*15,35*	31,57	*16,10*	30,31	*16,84*	29,16	*17,57*	28,12	*18,29*
	7,776	*5,184*	**6,221**	44,65	*12,68*	43,31	*13,10*	40,90	*13,94*	38,78	*14,77*	36,91	*15,60*	35,24	*16,41*	33,75	*17,21*	32,40	*18,00*	31,18	*18,78*	30,06	*19,56*
	8,748	*5,832*	**6,998**	47,36	*13,44*	45,94	*13,90*	43,38	*14,79*	41,13	*15,67*	39,15	*16,54*	37,38	*17,40*	35,80	*18,25*	34,37	*19,09*	33,07	*19,92*	31,89	*20,74*
7	9,720	*6,480*	**7,776**	49,92	*14,17*	48,43	*14,65*	45,73	*15,59*	43,36	*16,52*	41,27	*17,44*	39,40	*18,34*	37,73	*19,24*	36,22	*20,12*	34,86	*21,00*	33,61	*21,87*
	11,660	*7,776*	**9,331**	54,69	*15,52*	53,05	*16,05*	50,09	*17,08*	47,50	*18,09*	45,21	*19,10*	43,16	*20,09*	41,33	*21,08*	39,68	*22,05*	38,18	*23,00*	36,82	*23,95*
	13,610	*9,072*	**10,890**	59,07	*16,77*	57,30	*17,33*	54,10	*18,44*	51,30	*19,54*	48,83	*20,63*	46,62	*21,70*	44,64	*22,76*	42,86	*23,81*	41,24	*24,85*	39,77	*25,87*
10	15,800	*10,530*	**12,640**	63,64	*18,07*	61,73	*18,67*	58,29	*19,87*	55,27	*21,06*	52,61	*22,23*	50,23	*23,38*	48,10	*24,53*	46,18	*25,65*	44,43	*26,77*	42,85	*27,87*
	18,230	*12,150*	**14,580**	68,36	*19,41*	66,31	*20,06*	62,61	*21,35*	59,37	*22,62*	56,51	*23,88*	53,96	*25,12*	51,67	*26,34*	49,60	*27,56*	47,73	*28,76*	46,02	*29,94*
	20,660	*13,770*	**16,520**	72,79	*20,65*	70,60	*21,35*	66,66	*22,72*	63,21	*24,08*	60,16	*25,42*	57,44	*26,74*	55,00	*28,05*	52,81	*29,34*	50,81	*30,61*	49,00	*31,87*
13	23,090	*15,390*	**18,470**	77,12	*21,77*	74,79	*22,50*	70,59	*23,96*	66,91	*25,40*	63,67	*26,83*	60,77	*28,23*	58,18	*29,62*	55,85	*30,99*	53,73	*32,35*	51,81	*33,69*
	25,520	*17,010*	**20,410**	81,41	*22,76*	78,94	*23,53*	74,48	*25,06*	70,58	*26,58*	67,14	*28,08*	64,07	*29,56*	61,32	*31,02*	58,84	*32,47*	56,60	*33,90*	54,56	*35,32*
	27,950	*18,630*	**22,360**	85,67	*23,64*	83,06	*24,45*	78,35	*26,05*	74,22	*27,63*	70,57	*29,19*	67,33	*30,74*	64,43	*32,27*	61,81	*33,79*	59,44	*35,29*	57,28	*36,77*
16	31,100	*20,740*	**24,880**	91,17	*24,66*	88,37	*25,50*	83,33	*27,18*	78,91	*28,84*	75,01	*30,48*	71,54	*32,11*	68,43	*33,72*	65,62	*35,31*	63,08	*36,89*	60,77	*38,46*
	34,990	*23,330*	**27,990**	97,89	*25,74*	94,87	*26,63*	89,41	*28,39*	84,63	*30,13*	80,41	*31,86*	76,66	*33,57*	73,30	*35,27*	70,27	*36,95*	67,53	*38,61*	65,03	*40,26*
	38,880	*25,920*	**31,100**	104,6	*26,69*	101,3	*27,61*	95,45	*29,44*	90,31	*31,26*	85,78	*33,06*	81,74	*34,84*	78,13	*36,61*	74,87	*38,35*	71,92	*40,10*	69,24	*41,82*
19	43,740	*29,160*	**34,990**	112,9	*27,70*	109,3	*28,70*	103,0	*30,58*	97,37	*32,47*	92,44	*34,35*	88,05	*36,21*	84,12	*38,06*	80,58	*39,90*	77,37	*41,71*	74,46	*43,52*
	48,600	*32,400*	**38,880**	121,1	*28,58*	117,3	*29,57*	110,4	*31,55*	104,4	*33,51*	99,05	*35,46*	94,31	*37,40*	90,07	*39,31*	86,24	*41,22*	82,78	*43,10*	79,63	*44,98*
	58,320	*38,880*	**46,660**	137,6	*30,00*	133,2	*31,05*	125,2	*33,14*	118,3	*35,22*	112,2	*37,28*	106,7	*39,33*	101,9	*41,36*	97,48	*43,38*	93,50	*45,39*	89,89	*47,38*
22	68,040	*45,360*	**54,430**	153,9	*31,11*	148,9	*32,21*	140,0	*34,39*	132,1	*36,56*	125,2	*38,71*	119,1	*40,85*	113,6	*42,97*	108,6	*45,09*	104,1	*47,18*	100,0	*49,27*
	77,760	*51,840*	**62,210**	170,2	*32,01*	164,6	*33,14*	154,6	*35,40*	145,9	*376,4*	138,2	*39,86*	131,4	*42,08*	125,2	*44,28*	119,7	*46,47*	114,7	*48,64*	110,1	*50,80*
	87,480	*58,320*	**69,980**	186,4	*32,75*	180,3	*33,91*	169,3	*36,23*	159,6	*38,53*	151,1	*40,82*	143,6	*43,09*	136,8	*45,36*	130,7	*47,61*	125,2	*49,85*	120,2	*52,07*
25	97,200	*64,800*	**77,760**	202,6	*33,37*	195,9	*34,56*	183,8	*36,92*	173,3	*39,28*	164,0	*41,62*	155,8	*43,95*	148,4	*46,26*	141,7	*48,57*	135,7	*50,86*	130,2	*53,14*
	116,6	*77,760*	**93,310**	234,8	*34,35*	227,0	*35,58*	212,9	*38,03*	200,6	*40,46*	189,7	*42,89*	180,1	*45,30*	171,4	*47,71*	163,6	*50,10*	156,6	*52,48*	150,2	*54,85*
	136,1	*90,720*	**108,9**	267,1	*35,09*	258,1	*36,35*	242,0	*38,86*	227,8	*41,37*	215,4	*43,85*	204,3	*46,33*	194,4	*48,80*	185,5	*51,26*	177,4	*53,71*	170,0	*56,15*
28	158,0	*105,3*	**126,4**	303,3	*35,74*	293,0	*37,02*	274,6	*39,59*	258,4	*42,15*	244,2	*44,70*	231,5	*47,24*	220,2	*49,76*	210,0	*52,28*	200,7	*54,79*	192,3	*57,30*
	182,3	*121,5*	**145,8**							292,3	*42,83*	276,1	*45,43*	261,7	*48,02*	248,8	*50,60*	237,1	*53,17*	226,6	*55,73*	217,1	*58,29*
	206,6	*137,7*	**165,2**											291,8	*48,63*	277,3	*51,26*	264,3	*53,87*	252,5	*56,48*	241,7	*59,08*
31	230,9	*153,9*	**184,7**															291,4	*54,44*	278,3	*57,08*	266,4	*59,72*
	255,2	*170,1*	**204,1**																			291,0	*60,25*
	279,5	*186,3*	**223,6**																				
34	311,0	*207,4*	**248,8**																				
	349,9	*233,3*	**279,9**																				
	388,8	*259,2*	**311,0**																				

Erste Teilspalte (Steilziffern) h in cm

Zweite Teilspalte (Schrägziffern) f_e in $\frac{cm^2}{m}$

σb in kg/cm² 21,25		22,5		23,75		25		26,25		27,5		28,75		30		31,25		32,5		Eisenzugspannung σe in kg/cm² 1200	1000	1500	Einheitsmoment M/b in t
14,17		*15*		*15,83*		*16,67*		*17,5*		*18,33*		*19,17*		*20*		*20,83*		*21,67*					
17		**18**		**19**		**20**		**21**		**22**		**23**		**24**		**25**		**26**					
49,95	*6,200*	47,49	*6,541*	45,28	*6,880*	43,30	*7,216*	41,50	*7,550*	39,86	*7,882*	38,37	*8,211*	37,00	*8,538*	35,74	*8,863*	34,57	*9,186*	**3,499**	*2,916*	4,374	1
52,65	*6,536*	50,05	*6,895*	47,73	*7,252*	45,64	*7,606*	43,74	*7,958*	42,02	*8,308*	40,44	*8,655*	39,00	*9,000*	37,67	*9,343*	36,44	*9,683*	**3,888**	*3,240*	4,860	
57,67	*7,160*	54,83	*7,553*	52,29	*7,944*	49,99	*8,332*	47,92	*8,718*	46,03	*9,101*	44,31	*9,481*	42,72	*9,859*	41,26	*10,23*	39,92	*10,61*	**4,666**	*3,888*	5,832	
62,29	*7,733*	59,22	*8,158*	56,48	*8,581*	54,00	*9,000*	51,76	*9,416*	49,72	*9,830*	47,86	*10,24*	46,15	*10,65*	44,57	*11,05*	43,12	*11,46*	**5,443**	*4,536*	6,804	4
66,60	*8,267*	63,31	*8,722*	60,38	*9,173*	57,73	*9,621*	55,33	*10,07*	53,15	*10,51*	51,16	*10,95*	49,33	*11,38*	47,65	*11,82*	46,09	*12,25*	**6,221**	*5,184*	7,776	
70,64	*8,769*	67,15	*9,251*	64,04	*9,730*	61,23	*10,21*	58,69	*10,68*	56,38	*11,15*	54,26	*11,61*	52,32	*12,07*	50,54	*12,53*	48,89	*12,99*	**6,998**	*5,832*	8,748	
74,46	*9,243*	70,79	*9,751*	67,50	*10,26*	64,54	*10,76*	61,86	*11,25*	59,43	*11,75*	57,20	*12,24*	55,15	*12,73*	53,27	*13,21*	51,53	*13,69*	**7,776**	*6,480*	9,720	7
81,56	*10,13*	77,54	*10,68*	73,94	*11,23*	70,70	*11,78*	67,77	*12,33*	65,10	*12,87*	62,66	*13,41*	60,42	*13,94*	58,36	*14,47*	56,45	*15,00*	**9,331**	*7,776*	11,660	
88,10	*10,94*	83,76	*11,54*	79,87	*12,13*	76,37	*12,73*	73,20	*13,32*	70,31	*13,90*	67,68	*14,48*	65,26	*15,06*	63,03	*15,63*	60,98	*16,20*	**10,890**	*9,072*	13,610	
94,91	*11,78*	90,24	*12,43*	86,05	*13,07*	82,28	*13,71*	78,86	*14,35*	75,75	*14,98*	72,91	*15,60*	70,31	*16,22*	67,91	*16,84*	65,69	*17,46*	**12,640**	*10,530*	15,800	10
102,0	*12,66*	96,93	*13,35*	92,43	*14,04*	88,38	*14,73*	84,71	*15,41*	81,37	*16,09*	78,32	*16,76*	75,52	*17,43*	72,95	*18,09*	70,57	*18,75*	**14,580**	*12,150*	18,230	
108,7	*13,45*	103,3	*14,19*	98,50	*14,93*	94,17	*15,66*	90,24	*16,39*	86,68	*17,11*	83,42	*17,83*	80,43	*18,54*	77,68	*19,25*	75,14	*19,96*	**16,520**	*13,770*	20,660	
115,4	*14,15*	109,6	*14,93*	104,5	*15,71*	99,89	*16,49*	95,72	*17,25*	91,92	*18,02*	88,44	*18,78*	85,26	*19,53*	82,33	*20,28*	79,62	*21,03*	**18,470**	*15,390*	23,090	13
122,0	*14,77*	115,9	*15,59*	110,5	*16,40*	105,6	*17,21*	101,2	*18,02*	97,12	*18,82*	93,43	*19,62*	90,05	*20,41*	86,94	*21,20*	84,07	*21,98*	**20,410**	*17,010*	25,520	
128,6	*15,32*	122,2	*16,17*	116,4	*17,02*	111,2	*17,86*	106,6	*18,70*	102,3	*19,54*	98,39	*20,37*	94,81	*21,19*	91,52	*22,01*	88,49	*22,83*	**22,360**	*18,630*	27,950	
137,2	*15,95*	130,3	*16,85*	124,1	*17,73*	118,6	*18,61*	113,5	*19,49*	109,0	*20,36*	104,8	*21,23*	101,0	*22,09*	97,44	*22,95*	94,19	*23,81*	**24,880**	*20,740*	31,100	16
147,7	*16,63*	140,2	*17,56*	133,5	*18,49*	127,5	*19,41*	122,1	*20,33*	117,1	*21,25*	112,6	*22,15*	108,5	*23,06*	104,7	*23,96*	101,2	*24,85*	**27,990**	*23,330*	34,990	
158,1	*17,22*	150,1	*18,18*	142,9	*19,15*	136,4	*20,11*	130,6	*21,06*	125,3	*22,01*	120,4	*22,95*	116,0	*23,89*	111,9	*24,83*	108,1	*25,76*	**31,100**	*25,920*	38,880	
171,1	*17,85*	162,4	*18,85*	154,6	*19,85*	147,5	*20,85*	141,2	*21,84*	135,4	*22,83*	130,1	*23,81*	125,3	*24,79*	120,8	*25,77*	116,7	*26,74*	**34,990**	*29,160*	43,740	19
184,1	*18,39*	174,6	*19,42*	166,2	*20,46*	158,6	*21,49*	151,7	*22,51*	145,5	*23,53*	139,8	*24,55*	134,5	*25,56*	129,7	*26,57*	125,3	*27,58*	**38,880**	*32,400*	48,600	
209,9	*19,26*	199,0	*20,35*	189,3	*21,44*	180,6	*22,53*	172,7	*23,61*	165,5	*24,68*	159,0	*25,75*	152,9	*26,82*	147,4	*27,88*	142,3	*28,94*	**46,660**	*38,880*	58,320	
235,6	*19,94*	223,4	*21,08*	212,4	*22,21*	202,5	*23,33*	193,6	*24,46*	185,5	*25,58*	178,1	*26,69*	171,3	*27,80*	165,0	*28,91*	159,2	*30,01*	**54,430**	*45,360*	68,040	22
261,3	*20,49*	247,6	*21,66*	235,4	*22,82*	224,4	*23,98*	214,4	*25,14*	205,4	*26,30*	197,1	*27,45*	189,5	*28,59*	182,6	*29,74*	176,1	*30,87*	**62,210**	*51,840*	77,760	
286,9	*20,94*	271,8	*22,13*	258,3	*23,33*	246,2	*24,52*	235,2	*25,70*	225,2	*26,89*	216,1	*28,07*	207,7	*29,24*	200,1	*30,41*	192,9	*31,58*	**69,980**	*58,320*	87,480	
				281,3	*23,75*	268,0	*24,96*	256,0	*26,18*	245,0	*27,38*	235,1	*28,58*	225,9	*29,79*	217,5	*30,98*	209,7	*32,18*	**77,760**	*64,800*	97,200	25
						311,5	*25,67*	297,4	*26,92*	284,6	*28,16*	272,9	*29,41*	262,2	*30,65*	252,4	*31,88*	243,3	*33,12*	**93,310**	*77,760*	116,6	
														298,4	*31,30*	287,1	*32,56*	276,7	*33,83*	**108,9**	*90,720*	136,1	

σb in kg/cm² 57,5		60		62,5		65		67,5		70		75		81,25		87,5		93,75		Eisenzugspannung σe in kg/cm² 1200	1000	1500	Einheitsmoment M/b in t
38,33		*40*		*41,67*		*43,33*		*45*		*46,67*		*50*		*54,17*		*58,33*		*62,5*					
46		**48**		**50**		**52**		**54**		**56**		**60**		**65**		**70**		**75**					
21,78	*15,24*	21,08	*15,81*	20,43	*16,37*	19,83	*16,93*	19,27	*17,48*	18,76	*18,02*									**3,499**	*2,916*	4,374	1
22,96	*16,07*	22,22	*16,66*	21,54	*17,26*	20,90	*17,84*	20,32	*18,42*	19,77	*19,00*	18,78	*20,12*							**3,888**	*3,240*	4,860	
25,15	*17,60*	24,34	*18,26*	23,59	*18,90*	22,90	*19,55*	22,26	*20,18*	21,66	*20,81*	20,58	*22,05*	19,40	*23,56*	18,39	*25,03*			**4,666**	*3,888*	5,832	
27,17	*19,01*	26,29	*19,72*	25,48	*20,42*	24,73	*21,11*	24,04	*21,80*	23,39	*22,48*	22,22	*23,81*	20,96	*25,44*	19,87	*27,04*	18,91	*28,60*	**5,443**	*4,536*	6,804	4
29,04	*20,32*	28,11	*21,08*	27,24	*21,83*	26,44	*22,57*	25,70	*23,30*	25,01	*24,03*	23,76	*25,46*	22,41	*27,20*	21,24	*28,91*	20,22	*30,57*	**6,221**	*5,184*	7,776	
30,80	*21,56*	29,81	*22,36*	28,89	*23,15*	28,05	*23,94*	27,26	*24,72*	26,52	*25,48*	25,20	*27,00*	23,76	*28,85*	22,53	*30,66*	21,44	*32,43*	**6,998**	*5,832*	8,748	
32,47	*22,72*	31,42	*23,57*	30,46	*24,40*	29,56	*25,23*	28,73	*26,05*	27,96	*26,86*	26,56	*28,46*	25,05	*30,41*	23,74	*32,32*	22,60	*34,18*	**7,776**	*6,480*	9,720	7
35,57	*24,89*	34,42	*25,82*	33,36	*26,73*	32,38	*27,64*	31,47	*28,54*	30,63	*29,43*	29,10	*31,18*	27,44	*33,32*	26,01	*35,40*	24,76	*37,44*	**9,331**	*7,776*	11,660	
38,42	*26,88*	37,18	*27,89*	36,04	*28,88*	34,98	*29,86*	34,00	*30,83*	33,08	*31,79*	31,43	*33,67*	29,64	*35,98*	28,09	*38,24*	26,75	*40,44*	**10,890**	*9,072*	13,610	
41,39	*28,96*	40,06	*30,04*	38,83	*31,11*	37,69	*32,17*	36,63	*33,21*	35,64	*34,24*	33,86	*36,28*	31,93	*38,77*	30,27	*41,20*	28,81	*43,57*	**12,640**	*10,530*	15,800	10
44,46	*31,11*	43,03	*32,27*	41,71	*33,42*	40,48	*34,55*	39,34	*35,67*	38,29	*36,78*	36,37	*38,97*	34,30	*41,64*	32,51	*44,25*	30,95	*46,80*	**14,580**	*12,150*	18,230	
47,33	*33,12*	45,81	*34,36*	44,40	*35,58*	43,09	*36,78*	41,88	*37,98*	40,76	*39,16*	38,72	*41,49*	36,52	*44,33*	34,61	*47,11*	32,95	*49,83*	**16,520**	*13,770*	20,660	
50,05	*35,01*	48,43	*36,32*	46,94	*37,61*	45,56	*38,89*	44,28	*40,15*	43,09	*41,40*	40,94	*43,86*	38,60	*46,87*	36,59	*49,81*	34,84	*52,67*	**18,470**	*15,390*	23,090	13
52,69	*36,72*	50,98	*38,10*	49,40	*39,47*	47,93	*40,82*	46,58	*42,16*	45,32	*43,49*	43,05	*46,09*	40,59	*49,27*	38,47	*52,36*	36,62	*55,38*	**20,410**	*17,010*	25,520	
55,30	*38,24*	53,49	*39,70*	51,82	*41,13*	50,28	*42,56*	48,85	*43,97*	47,52	*45,36*	45,11	*48,11*	42,52	*51,46*	40,28	*54,73*	38,34	*57,92*	**22,360**	*18,630*	27,950	
58,66	*40,00*	56,72	*41,54*	54,94	*43,05*	53,29	*44,56*	51,76	*46,05*	50,33	*47,52*	47,76	*50,43*	44,99	*53,99*	42,60	*57,47*	40,52	*60,86*	**24,880**	*20,740*	31,100	16
62,75	*41,89*	60,65	*43,51*	58,72	*45,11*	56,94	*46,70*	55,29	*48,28*	53,75	*49,84*	50,98	*52,92*	47,98	*56,70*	45,41	*60,40*	43,17	*64,02*	**27,990**	*23,330*	34,990	
66,79	*43,53*	64,54	*45,22*	62,46	*46,90*	60,55	*48,57*	58,77	*50,22*	57,12	*51,86*	54,15	*55,09*	50,93	*59,07*	48,17	*62,96*	45,76	*66,77*	**31,100**	*25,920*	38,880	
71,79	*45,31*	69,35	*47,08*	67,09	*48,84*	65,01	*50,59*	63,09	*52,32*	61,29	*54,05*	58,06	*57,45*	54,57	*61,63*	51,57	*65,73*	48,96	*69,76*	**34,990**	*29,160*	43,740	19
76,75	*46,84*	74,11	*48,68*	71,68	*50,52*	69,44	*52,34*	67,35	*54,14*	65,42	*55,93*	61,93	*59,48*	58,17	*63,85*	54,93	*68,13*	52,12	*72,35*	**38,880**	*32,400*	48,600	
86,58	*49,35*	83,55	*51,32*	80,76	*53,27*	78,19	*55,21*	75,80	*57,13*	73,58	*59,05*	69,58	*62,84*	65,26	*67,51*	61,55	*72,10*	58,33	*76,63*	**46,660**	*38,880*	58,320	
96,32	*51,34*	92,90	*53,40*	89,75	*55,45*	86,84	*57,48*	84,15	*59,50*	81,64	*61,51*	77,13	*65,50*	72,27	*70,41*	68,09	*75,26*	64,46	*80,04*	**54,430**	*45,360*	68,040	22
106,0	*52,95*	102,2	*55,09*	98,67	*57,21*	95,44	*59,33*	92,43	*61,43*	89,65	*63,52*	84,62	*67,67*	79,20	*72,79*	74,55	*77,84*	70,51	*82,83*	**62,210**	*51,840*	77,760	
115,6	*54,29*	111,4	*56,49*	107,5	*58,68*	104,0	*60,86*	100,7	*63,03*	97,60	*65,19*	92,06	*69,47*	86,09	*74,76*	80,97	*79,99*	76,52	*85,16*	**69,980**	*58,320*	87,480	
125,2	*55,41*	120,6	*57,67*	116,4	*59,92*	112,5	*62,16*	108,9	*64,38*	105,5	*66,60*	99,47	*71,00*	92,95	*76,44*	87,35	*81,82*	82,49	*87,13*	**77,760**	*64,800*	97,200	25
144,3	*57,21*	138,9	*59,56*	134,0	*61,90*	129,4	*64,23*	125,2	*66,55*	121,3	*68,86*	114,2	*73,45*	106,6	*79,13*	100,0	*84,76*	94,35	*90,32*	**93,310**	*77,760*	116,6	
163,3	*58,58*	157,2	*61,01*	151,5	*63,42*	146,3	*65,82*	141,4	*68,21*	136,9	*70,59*	128,8	*75,33*	120,1	*81,20*	112,6	*87,02*	106,1	*92,78*	**108,9**	*90,720*	136,1	
184,7	*59,79*	177,6	*62,27*	171,2	*64,75*	165,2	*67,21*	159,7	*69,67*	154,5	*72,12*	145,3	*76,99*	135,3	*83,03*	126,7	*89,02*	119,3	*94,96*	**126,4**	*105,3*	158,0	28
208,3	*60,83*	200,3	*63,37*	192,9	*65,90*	186,1	*68,43*	179,8	*70,94*	174,0	*73,45*	163,5	*78,44*	152,1	*84,63*	142,4	*90,78*	133,9	*96,88*	**145,8**	*121,5*	182,3	
231,9	*61,67*	223,0	*64,25*	214,7	*66,83*	207,1	*69,39*	200,0	*71,95*	193,4	*74,51*	181,6	*79,59*	168,9	*85,91*	158,0	*92,18*	148,5	*98,41*	**165,2**	*137,7*	206,6	
255,5	*62,34*	245,6	*64,96*	236,4	*67,58*	228,0	*70,18*	220,1	*72,78*	212,8	*75,37*	199,7	*80,54*	185,6	*86,95*	173,5	*93,33*	163,0	*99,67*	**184,7**	*153,9*	230,9	31
279,1	*62,91*	268,2	*65,56*	258,3	*68,20*	248,8	*70,84*	240,2	*73,47*	232,2	*76,09*	217,8	*81,32*	202,3	*87,83*	189,1	*94,29*	177,5	*100,7*	**204,1**	*170,1*	255,2	
		290,8	*66,06*	279,8	*68,73*	269,7	*71,39*	260,3	*74,05*	251,6	*76,70*	235,9	*81,99*	218,9	*88,56*	204,6	*95,10*	192,0	*101,6*	**223,6**	*186,3*	279,5	
						296,8	*72,00*	286,4	*74,68*	276,8	*77,37*	259,4	*82,71*	240,8	*89,37*	224,7	*95,99*	210,9	*102,6*	**248,8**	*207,4*	311,0	34
												288,3	*83,44*	267,4	*90,18*	249,5	*96,88*	234,0	*103,6*	**279,9**	*233,3*	349,9	
														294,1	*90,84*	274,3	*97,62*	257,1	*104,4*	**311,0**	*259,2*	388,8	

	Eisenzug-spannung σ_e in kg/cm²			Beton - Druckspannung																			
	1500			8,75		10		11,25		12,5		13,75		15		16,25		17,5		18,75		20	
		1000		*5,833*		*6,667*		*7,5*		*8,333*		*9,167*		*10*		*10,83*		*11,67*		*12,5*		*13,33*	
			1200	**7**		**8**		**9**		**10**		**11**		**12**		**13**		**14**		**15**		**16**	
1	5,400	*3,600*	**4,320**	125,6	*2,946*	110,7	*3,354*	99,12	*3,759*	89,86	*4,160*	82,28	*4,559*	75,97	*4,954*	70,62	*5,347*	66,03	*5,737*	62,05	*6,124*	58,57	*6,508*
	6,000	*4,000*	**4,800**	132,3	*3,106*	116,7	*3,536*	104,5	*3,962*	94,72	*4,385*	86,73	*4,805*	80,08	*5,222*	74,44	*5,636*	69,60	*6,047*	65,41	*6,455*	61,74	*6,860*
	7,200	*4,800*	**5,760**	145,0	*3,402*	127,8	*3,873*	114,5	*4,340*	103,8	*4,804*	95,01	*5,264*	87,72	*5,721*	81,54	*6,174*	76,25	*6,624*	71,65	*7,071*	67,63	*7,515*
4	8,400	*5,600*	**6,720**	156,6	*3,675*	138,0	*4,183*	123,6	*4,688*	112,1	*5,189*	102,6	*5,686*	94,75	*6,179*	88,08	*6,669*	82,36	*7,155*	77,39	*7,638*	73,05	*8,117*
	9,600	*6,400*	**7,680**	167,4	*3,928*	147,6	*4,472*	132,2	*5,012*	119,8	*5,547*	109,7	*6,078*	101,3	*6,606*	94,16	*7,129*	88,04	*7,649*	82,74	*8,165*	78,10	*8,677*
	10,800	*7,200*	**8,640**	177,6	*4,167*	156,5	*4,743*	140,2	*5,316*	127,1	*5,884*	116,4	*6,447*	107,4	*7,006*	99,87	*7,562*	93,38	*8,113*	87,76	*8,660*	82,83	*9,204*
7	12,000	*8,000*	**9,600**	187,2	*4,392*	165,0	*5,000*	147,8	*5,603*	134,0	*6,202*	122,7	*6,796*	113,2	*7,385*	105,3	*7,971*	98,43	*8,552*	92,50	*9,129*	87,31	*9,701*
	14,400	*9,600*	**11,520**	205,0	*4,811*	180,7	*5,477*	161,9	*6,138*	146,7	*6,794*	134,4	*7,444*	124,1	*8,090*	115,3	*8,732*	107,8	*9,368*	101,3	*10,00*	95,65	*10,63*
	16,800	*11,200*	**13,440**	221,5	*5,197*	195,2	*5,916*	174,8	*6,630*	158,5	*7,338*	145,1	*8,041*	134,0	*8,739*	124,6	*9,431*	116,5	*10,12*	109,5	*10,80*	103,3	*11,48*
10	19,500	*13,000*	**15,600**	238,6	*5,599*	210,3	*6,374*	188,4	*7,143*	170,8	*7,906*	156,4	*8,663*	144,4	*9,415*	134,2	*10,16*	125,5	*10,90*	117,9	*11,64*	111,3	*12,37*
	22,500	*15,000*	**18,000**	256,4	*6,011*	226,0	*6,844*	202,4	*7,670*	183,5	*8,490*	168,0	*9,304*	155,1	*10,11*	144,2	*10,91*	134,8	*11,71*	126,7	*12,50*	119,6	*13,28*
	25,500	*17,000*	**20,400**	274,0	*6,374*	241,4	*7,258*	216,1	*8,137*	195,9	*9,009*	179,3	*9,875*	165,5	*10,73*	153,8	*11,59*	143,8	*12,44*	135,1	*13,28*	127,5	*14,12*
13	28,500	*19,000*	**22,800**	291,5	*6,692*	256,8	*7,622*	229,8	*8,546*	208,2	*9,463*	190,6	*10,38*	175,9	*11,28*	163,4	*12,18*	152,7	*13,07*	143,4	*13,96*	135,3	*14,84*
	31,500	*21,000*	**25,200**	308,9	*6,973*	272,1	*7,943*	243,5	*8,908*	220,6	*9,866*	201,8	*10,82*	186,2	*11,76*	172,9	*12,70*	161,6	*13,64*	151,8	*14,57*	143,2	*15,49*
	34,500	*23,000*	**27,600**			287,4	*8,230*	257,1	*9,230*	232,8	*10,22*	213,0	*11,21*	196,5	*12,20*	182,5	*13,17*	170,5	*14,14*	160,1	*15,11*	151,0	*16,07*
16	38,400	*25,600*	**30,720**			307,2	*8,559*	274,8	*9,601*	248,8	*10,64*	227,5	*11,67*	209,8	*12,69*	194,8	*13,71*	181,9	*14,72*	170,8	*15,73*	161,0	*16,73*
	43,200	*28,800*	**34,560**					296,4	*9,996*	268,3	*11,08*	245,3	*12,15*	226,1	*13,22*	209,9	*14,28*	196,0	*15,34*	183,9	*16,39*	173,4	*17,44*
	48,000	*32,000*	**38,400**					318,1	*10,34*	287,8	*11,46*	263,1	*12,57*	242,5	*13,68*	225,0	*14,78*	210,0	*15,87*	197,0	*16,96*	185,7	*18,05*
19	54,000	*36,000*	**43,200**							312,2	*11,86*	285,2	*13,02*	262,8	*14,16*	243,8	*15,31*	227,5	*16,45*	213,4	*17,58*	201,0	*18,71*
	60,000	*40,000*	**48,000**									307,3	*13,40*	283,1	*14,58*	262,5	*15,76*	244,9	*16,94*	229,7	*18,11*	216,3	*19,27*
	72,000	*48,000*	**57,600**											323,5	*15,26*	299,9	*16,50*	279,7	*17,73*	262,1	*18,96*	246,8	*20,18*
22	84,000	*56,000*	**67,200**															314,3	*18,35*	294,5	*19,62*	277,1	*20,89*
	96,000	*64,000*	**76,800**																	326,7	*20,15*	307,4	*21,46*
	108,0	*72,000*	**86,400**																				
25	120,0	*80,000*	**96,000**																				
	144,0	*96,000*	**115,2**																				
	168,0	*112,0*	**134,4**																				

Einheitsmoment M/b in t

Erste Teilspalte (Steilziffern) *h* in cm

Zweite Teilspalte (Schrägziffern) f_e in $\frac{cm^2}{m}$

	Eisenzug-spannung σ_e in kg/cm²			Beton - Druckspannung																			
	1500			33,75		35		37,5		40		42,5		45		47,5		50		52,5		55	
		1000		*22,5*		*23,33*		*25*		*26,67*		*28,33*		*30*		*31,67*		*33,33*		*35*		*36,67*	
			1200	**27**		**28**		**30**		**32**		**34**		**36**		**38**		**40**		**42**		**44**	
1	5,400	*3,600*	**4,320**	37,21	*10,56*	36,09	*10,92*	34,08	*11,62*	32,32	*12,31*	30,76	*13,00*	29,37	*13,67*	28,12	*14,34*	27,00	*15,00*	25,98	*15,65*	25,05	*16,30*
	6,000	*4,000*	**4,800**	39,22	*11,13*	38,05	*11,51*	35,93	*12,25*	34,07	*12,98*	32,42	*13,70*	30,96	*14,41*	29,65	*15,12*	28,46	*15,81*	27,39	*16,50*	26,41	*17,18*
	7,200	*4,800*	**5,760**	42,97	*12,20*	41,68	*12,61*	39,35	*13,42*	37,32	*14,22*	35,52	*15,01*	33,91	*15,79*	32,47	*16,56*	31,18	*17,32*	30,00	*18,07*	28,93	*18,82*
4	8,400	*5,600*	**6,720**	46,41	*13,17*	45,02	*13,62*	42,51	*14,49*	40,31	*15,36*	38,36	*16,21*	36,63	*17,05*	35,08	*17,89*	33,68	*18,71*	32,40	*19,52*	31,25	*20,33*
	9,600	*6,400*	**7,680**	49,61	*14,08*	48,13	*14,56*	45,44	*15,49*	43,09	*16,42*	41,01	*17,33*	39,16	*18,23*	37,50	*19,12*	36,00	*20,00*	34,64	*20,87*	33,40	*21,73*
	10,800	*7,200*	**8,640**	52,62	*14,94*	51,05	*15,44*	48,20	*16,43*	45,71	*17,41*	43,50	*18,38*	41,53	*19,34*	39,77	*20,28*	38,18	*21,21*	36,74	*22,14*	35,43	*23,05*
7	12,000	*8,000*	**9,600**	55,47	*15,75*	53,81	*16,27*	50,81	*17,32*	48,18	*18,35*	45,85	*19,37*	43,78	*20,38*	41,92	*21,38*	40,25	*22,36*	38,73	*23,33*	37,35	*24,29*
	14,400	*9,600*	**11,520**	60,76	*17,25*	58,94	*17,83*	55,66	*18,97*	52,78	*20,11*	50,23	*21,22*	47,96	*22,33*	45,93	*23,42*	44,09	*24,49*	42,43	*25,56*	40,91	*26,61*
	16,800	*11,200*	**13,440**	65,63	*18,63*	63,66	*19,26*	60,12	*20,49*	57,00	*21,72*	54,25	*22,92*	51,80	*24,12*	49,61	*25,29*	47,62	*26,46*	45,83	*27,61*	44,19	*28,75*
10	19,500	*13,000*	**15,600**	70,71	*20,07*	68,59	*20,75*	64,77	*22,08*	61,41	*23,40*	58,45	*24,70*	55,81	*25,98*	53,44	*27,25*	51,31	*28,50*	49,37	*29,74*	47,61	*30,97*
	22,500	*15,000*	**18,000**	75,96	*21,56*	73,68	*22,29*	69,57	*23,72*	65,97	*25,13*	62,79	*26,53*	59,95	*27,91*	57,41	*29,27*	55,11	*30,62*	53,03	*31,95*	51,14	*33,27*
	25,500	*17,000*	**20,400**	80,87	*22,95*	78,44	*23,72*	74,07	*25,25*	70,23	*26,75*	66,84	*28,24*	63,82	*29,71*	61,11	*31,16*	58,67	*32,60*	56,46	*34,01*	54,44	*35,42*
13	28,500	*19,000*	**22,800**	85,69	*24,19*	83,10	*25,01*	78,43	*26,63*	74,35	*28,23*	70,74	*29,81*	67,53	*31,37*	64,65	*32,91*	62,05	*34,44*	59,70	*35,94*	57,56	*37,43*
	31,500	*21,000*	**25,200**	90,45	*25,28*	87,71	*26,14*	82,76	*27,85*	78,42	*29,53*	74,60	*31,20*	71,19	*32,84*	68,13	*34,47*	65,38	*36,08*	62,89	*37,67*	60,62	*39,24*
	34,500	*23,000*	**27,600**	95,19	*26,27*	92,28	*27,16*	87,05	*28,94*	82,47	*30,70*	78,42	*32,44*	74,81	*34,16*	71,58	*35,86*	68,68	*37,54*	66,04	*39,21*	63,64	*40,86*
16	38,400	*25,600*	**30,720**	101,3	*27,40*	98,19	*28,34*	92,59	*30,20*	87,68	*32,04*	83,34	*33,87*	79,48	*35,68*	76,03	*37,47*	72,91	*39,24*	70,09	*40,99*	67,53	*42,73*
	43,200	*28,800*	**34,560**	108,8	*28,60*	105,4	*29,59*	99,35	*31,55*	94,04	*33,48*	89,35	*35,40*	85,18	*37,30*	81,44	*39,19*	78,08	*41,05*	75,03	*42,90*	72,25	*44,73*
	48,000	*32,000*	**38,400**	116,2	*29,65*	112,6	*30,68*	106,1	*32,71*	100,3	*34,73*	95,31	*36,73*	90,83	*38,71*	86,81	*40,68*	83,19	*42,62*	79,92	*44,56*	76,93	*46,47*
19	54,000	*36,000*	**43,200**	125,4	*30,78*	121,5	*31,89*	114,4	*33,97*	108,2	*36,08*	102,7	*38,17*	97,83	*40,24*	93,46	*42,29*	89,53	*44,33*	85,97	*46,35*	82,73	*48,35*
	60,000	*40,000*	**48,000**	134,6	*31,75*	130,3	*32,86*	122,7	*35,06*	116,0	*37,24*	110,1	*39,40*	104,8	*41,55*	100,1	*43,68*	95,83	*45,80*	91,98	*47,89*	88,48	*49,98*
	72,000	*48,000*	**57,600**	152,8	*33,33*	148,0	*34,50*	139,2	*36,83*	131,4	*39,13*	124,6	*41,42*	118,6	*43,70*	113,2	*45,96*	108,3	*48,20*	103,9	*50,43*	99,87	*52,64*
22	84,000	*56,000*	**67,200**	171,0	*34,57*	165,5	*35,79*	155,5	*38,21*	146,8	*40,62*	139,1	*43,01*	132,3	*45,39*	126,2	*47,75*	120,7	*50,09*	115,7	*52,43*	111,2	*54,74*
	96,000	*64,000*	**76,800**	189,1	*35,57*	182,9	*36,83*	171,8	*39,33*	162,1	*41,82*	153,6	*44,29*	145,9	*46,75*	139,1	*49,20*	133,0	*51,63*	127,4	*54,04*	122,4	*56,45*
	108,0	*72,000*	**86,400**	207,1	*36,39*	200,3	*37,68*	188,1	*40,25*	177,4	*42,81*	167,9	*45,35*	159,5	*47,88*	152,0	*50,40*	145,2	*52,90*	139,1	*55,38*	133,6	*57,86*
25	120,0	*80,000*	**96,000**	225,1	*37,08*	217,6	*38,40*	204,3	*41,03*	192,6	*43,64*	182,3	*46,24*	173,1	*48,83*	164,9	*51,40*	157,5	*53,97*	150,8	*56,51*	144,7	*59,05*
	144,0	*96,000*	**115,2**	260,9	*38,17*	252,2	*39,53*	236,6	*42,25*	222,9	*44,96*	210,8	*47,65*	200,1	*50,34*	190,5	*53,01*	181,8	*55,67*	174,0	*58,31*	166,8	*60,95*
	168,0	*112,0*	**134,4**	296,7	*38,99*	286,8	*40,39*	268,8	*43,18*	253,2	*45,97*	239,3	*48,73*	227,0	*51,48*	216,0	*54,23*	206,1	*56,96*	197,1	*59,68*	188,9	*62,39*
28	195,0	*130,0*	**156,0**	337,0	*39,71*	325,6	*41,14*	305,1	*43,99*	287,1	*46,83*	271,3	*49,66*	257,2	*52,49*	244,6	*55,29*	233,3	*58,09*	223,0	*60,88*	213,7	*63,66*
	225,0	*150,0*	**180,0**							324,8	*47,59*	306,8	*50,47*	290,7	*53,35*	276,4	*56,22*	263,5	*59,08*	251,8	*61,92*	241,2	*64,76*
	255,0	*170,0*	**204,0**											324,2	*54,04*	308,1	*56,95*	293,6	*59,86*	280,5	*62,75*	268,6	*65,64*
31	285,0	*190,0*	**228,0**															323,8	*60,49*	309,2	*63,42*	296,0	*66,35*
	315,0	*210,0*	**252,0**																			323,4	*66,94*
	345,0	*230,0*	**276,0**																				
34	384,0	*256,0*	**307,2**																				
	432,0	*288,0*	**345,6**																				
	480,0	*320,0*	**384,0**																				

Einheitsmoment M/b in t

Erste Teilspalte (Steilziffern) *h* in cm

Zweite Teilspalte (Schrägziffern) f_e in $\frac{cm^2}{m}$

Mit Vernachlässigung des Stegdrucks.)

$d = 20$ cm

σb in kg/cm² 21,25		22,5		23,75		25		26,25		27,5		28,75		30		31,25		32,5		Eisenzugspannung σe in kg/cm² 1200	1000	1500	
14,17		*15*		*15,83*		*16,67*		*17,5*		*18,33*		*19,17*		*20*		*20,83*		*21,67*					
17		**18**		**19**		**20**		**21**		**22**		**23**		**24**		**25**		**26**					
55,50	6,889	52,76	7,268	50,31	7,644	48,11	8,018	46,11	8,389	44,29	8,757	42,63	9,123	41,11	9,487	39,71	9,848	38,41	10,21	4,320	3,600	5,400	1
58,50	7,262	55,62	7,661	53,03	8,058	50,71	8,452	48,60	8,843	46,69	9,231	44,94	9,617	43,33	10,00	41,86	10,38	40,49	10,76	4,800	4,000	6,000	
64,08	7,955	60,92	8,393	58,10	8,827	55,55	9,258	53,24	9,687	51,15	10,11	49,23	10,53	47,47	10,95	45,85	11,37	44,35	11.79	5,760	4,800	7,200	
69,22	8,593	65,81	9,065	62,75	9,534	60,00	10,00	57,51	10,46	55,24	10,92	53,17	11,38	51,27	11,83	49,52	12,28	47,91	12,73	6,720	5,600	8,400	4
74,00	9,186	70,35	9,691	67,08	10,19	64,14	10,69	61,48	11,19	59,06	11,68	56,84	12,16	54,81	12,65	52,94	13,13	51,22	13,61	7,680	6,400	9,600	
78,48	9,743	74,62	10,28	71,15	10,81	68,03	11,34	65,21	11,86	62,64	12,38	60,29	12,90	58,14	13,42	56,15	13,93	54,32	14,43	8,640	7,200	10,800	
82,73	10,27	78,65	10,83	75,00	11,40	71,71	11,95	68,74	12,50	66,03	13,05	63,55	13,60	61,28	14,14	59,19	14,68	57,26	15,22	9,600	8,000	12,000	7
90,63	11,25	86,16	11,87	82,16	12,48	78,56	13,09	75,30	13,70	72,33	14,30	69,62	14,90	67,13	15,49	64,84	16,08	62,73	16,67	11,520	9,600	14,400	
97,89	12,15	93,06	12,82	88,74	13,48	84,85	14,14	81,33	14,80	78,13	15,45	75,20	16,09	72,51	16,73	70,04	17,37	67,75	18,00	13,440	11,200	16,800	
105,5	13,09	100,3	13,81	95,61	14,53	91,42	15,24	87,62	15,94	84,17	16,64	81,01	17,34	78,12	18,03	75,46	18,71	72,99	19,40	15,600	13,000	19,500	10
113,3	14,06	107,7	14,84	102,7	15,60	98,20	16,37	94,12	17,12	90,41	17,88	87,02	18,62	83,91	19,36	81,05	20,10	78,41	20,83	18,000	15,000	22,500	
120,8	14,95	114,8	15,77	109,4	16,59	104,6	17,40	100,3	18,21	96,31	19,02	92,69	19,81	89,37	20,60	86,31	21,39	83,49	22,17	20,400	17,000	25,500	
128,2	15,72	121,8	16,59	116,1	17,46	111,0	18,32	106,4	19,17	102,1	20,02	98,27	20,86	94,73	21,70	91,48	22,54	88,47	23,36	22,800	19,000	28,500	13
135,6	16,41	128,8	17,32	122,8	18,23	117,3	19,13	112,4	20,02	107,9	20,91	103,8	21,80	100,1	22,68	96,60	23,55	93,41	24,42	25,200	21,000	31,500	
142,9	17,02	135,8	17,97	129,4	18,91	123,6	19,85	118,4	20,78	113,7	21,71	109,3	22,63	105,3	23,55	101,7	24,46	98,32	25,36	27,600	23,000	34,500	
152,4	17,73	144,8	18,72	137,9	19,70	131,7	20,68	126,2	21,66	121,1	22,63	116,4	23,59	112,2	24,55	108,3	25,50	104,7	26,45	30,720	25,600	38,400	16
164,1	18,48	155,8	19,52	148,4	20,55	141,7	21,57	135,7	22,59	130,2	23,61	125,1	24,62	120,5	25,62	116,3	26,62	112,4	27,61	34,560	28,800	43,200	
175,7	19,13	166,8	20,21	158,8	21,28	151,6	22,34	145,1	23,40	139,2	24,45	133,8	25,50	128,8	26,55	124,3	27,59	120,1	28,62	38,400	32,000	48,000	
190,1	19,83	180,4	20,95	171,7	22,06	163,9	23,17	156,9	24,27	150,4	25,37	144,6	26,46	139,2	27,55	134,2	28,63	129,7	29,71	43,200	36,000	54,000	19
204,5	20,43	194,0	21,58	184,7	22,73	176,2	23,88	168,6	25,01	161,6	26,15	155,3	27,28	149,5	28,40	144,1	29,52	139,2	30,64	48,000	40,000	60,000	
233,2	21,40	221,2	22,61	210,4	23,82	200,7	25,03	191,9	26,23	183,9	27,42	176,6	28,61	169,9	29,80	163,8	30,98	158,1	32,16	57,600	48,000	72,000	
261,8	22,16	248,2	23,42	236,0	24,68	225,0	25,93	215,1	27,17	206,1	28,42	197,9	29,66	190,3	30,89	183,3	32,12	176,9	33,35	67,200	56,000	84,000	22
290,3	22,76	275,1	24,06	261,6	25,36	249,3	26,65	238,3	27,93	228,2	29,22	219,0	30,50	210,6	31,77	202,8	33,04	195,7	34,31	76,800	64,000	96,000	
318,8	23,26	302,0	24,59	287,1	25,92	273,6	27,24	261,4	28,56	250,3	29,87	240,1	31,18	230,8	32,49	222,3	33,79	214,4	35,09	86,400	72,000	108,0	
				312,5	26,39	297,8	27,74	284,4	29,08	272,3	30,42	261,2	31,76	251,0	33,10	241,7	34,43	233,1	35,75	96,000	80,000	120,0	25
						346,1	28,52	330,4	29,91	316,2	31,29	303,2	32,67	291,4	34,05	280,4	35,43	270,3	36,80	115,2	96,000	144,0	
														331,6	34,77	319,0	36,18	307,5	37,59	134,4	112,0	168,0	

Einheitsmoment M/b in t

σb in kg/cm² 57,5		60		62,5		65		67,5		70		75		81,25		87,5		93,75		Eisenzugspannung σe in kg/cm² 1200	1000	1500	
38,33		*40*		*41,67*		*43,33*		*45*		*46,67*		*50*		*54,17*		*58,33*		*62,5*					
46		**48**		**50**		**52**		**54**		**56**		**60**		**65**		**70**		**75**					
24,20	16,94	23,42	17,57	22,70	18,19	22,03	18,81	21,42	19,42	20,84	20,02									4,320	3,600	5,400	1
25,51	17,85	24,69	18,52	23,93	19,17	23,23	19,82	22,57	20,47	21,97	21,11	20,87	22,36							4,800	4,000	6,000	
27,95	19,56	27,05	20,28	26,21	21,00	25,44	21,72	24,73	22,42	24,06	23,12	22,86	24,50	21,56	26,18	20,44	27,82			5,760	4,800	7,200	
30,19	21,12	29,21	21,91	28,31	22,69	27,48	23,46	26,71	24,22	25,99	24,97	24,69	26,46	23,29	28,27	22,07	30,04	21,01	31,77	6,720	5,600	8,400	4
32,27	22,58	31,23	23,42	30,27	24,25	29,38	25,08	28,55	25,89	27,79	26,70	26,40	28,28	24,90	30,22	23,60	32,12	22,46	33,97	7,680	6,400	9,600	
34,23	23,95	33,12	24,84	32,10	25,72	31,16	26,60	30,29	27,46	29,47	28,32	28,00	30,00	26,41	32,06	25,03	34,07	23,83	36,03	8,640	7,200	10,800	
36,08	25,25	34,91	26,19	33,84	27,12	32,85	28,04	31,93	28,95	31,07	29,85	29,51	31,62	27,83	33,79	26,38	35,91	25,12	37,98	9,600	8,000	12,000	7
39,52	27,66	38,25	28,69	37,07	29,70	35,98	30,71	34,97	31,71	34,03	32,70	32,33	34,64	30,49	37,02	28,90	39,34	27,51	41,60	11,520	9,600	14,400	
42,69	29,87	41,31	30,98	40,04	32,08	38,87	33,17	37,77	34,25	36,76	35,32	34,92	37,42	32,93	39,98	31,22	42,49	29,72	44,94	13,440	11,200	16,800	
45,99	32,18	44,51	33,38	43,14	34,57	41,87	35,74	40,70	36,90	39,60	38,05	37,62	40,31	35,48	43,08	33,63	45,78	32,02	48,41	15,600	13,000	19,500	10
49,40	34,57	47,81	35,86	46,34	37,13	44,98	38,39	43,72	39,64	42,54	40,87	40,41	43,30	38,11	46,27	36,13	49,17	34,39	52,00	18,000	15,000	22,500	
52,59	36,80	50,90	38,17	49,33	39,53	47,88	40,87	46,54	42,20	45,29	43,51	43,02	46,10	40,57	49,26	38,46	52,35	36,61	55,36	20,400	17,000	25,500	
55,61	38,90	53,81	40,35	52,15	41,79	50,62	43,21	49,20	44,61	47,88	46,00	45,49	48,73	42,89	52,08	40,66	55,34	38,71	58,53	22,800	19,000	28,500	13
58,54	40,80	56,64	42,33	54,88	43,86	53,26	45,36	51,76	46,85	50,36	48,32	47,83	51,21	45,10	54,74	42,74	58,18	40,69	61,53	25,200	21,000	31,500	
61,45	42,49	59,43	44,11	57,58	45,70	55,86	47,29	54,27	48,85	52,80	50,40	50,13	53,45	47,24	57,18	44,76	60,81	42,60	64,36	27,600	23,000	34,500	
65,18	44,45	63,03	46,15	61,04	47,84	59,21	49,51	57,51	51,16	55,92	52,80	53,07	56,03	49,99	59,99	47,34	63,85	45,03	67,63	30,720	25,600	38,400	16
69,72	46,55	67,39	48,34	65,25	50,13	63,27	51,89	61,43	53,64	59,72	55,38	56,64	58,80	53,31	63,00	50,45	67,11	47,96	71,14	34,560	28,800	43,200	
74,21	48,37	71,71	50,25	69,41	52,12	67,28	53,97	65,30	55,80	63,47	57,62	60,16	61,22	56,59	65,63	53,52	69,95	50,85	74,19	38,400	32,000	48,000	
79,77	50,34	77,05	52,31	74,55	54,27	72,24	56,21	70,09	58,14	68,10	60,05	64,51	63,83	60,63	68,48	57,30	73,04	54,40	77,51	43,200	36,000	54,000	19
85,28	52,04	82,35	54,09	79,65	56,13	77,15	58,15	74,84	60,16	72,69	62,15	68,81	66,09	64,63	70,94	61,03	75,71	57,91	80,39	48,000	40,000	60,000	
96,20	54,84	92,84	57,02	89,74	59,19	86,87	61,34	84,22	63,48	81,75	65,61	77,31	69,82	72,51	75,01	68,39	80,11	64,82	85,14	57,600	48,000	72,000	
107,0	57,04	103,2	59,33	99,72	61,61	96,49	63,87	93,50	66,11	90,72	68,35	85,70	72,77	80,30	78,24	75,65	83,62	71,62	88,93	67,200	56,000	84,000	22
117,8	58,84	113,5	61,21	109,6	63,57	106,0	65,92	102,7	68,25	99,61	70,58	94,02	75,18	88,00	80,87	82,84	86,49	78,35	92,03	76,800	64,000	96,000	
128,5	60,32	123,8	62,77	119,5	65,20	115,5	67,62	111,9	70,03	108,4	72,43	102,3	77,19	95,66	83,07	89,97	88,88	85,03	94,62	86,400	72,000	108,0	
139,1	61,57	134,0	64,08	129,3	66,58	125,0	69,06	121,0	71,54	117,2	74,00	110,5	78,89	103,3	84,93	97,06	90,91	91,66	96,82	96,000	80,000	120,0	25
160,3	63,57	154,4	66,18	148,9	68,78	143,8	71,37	139,1	73,94	134,7	76,51	126,9	81,61	118,4	87,92	111,1	94,17	104,8	100,4	115,2	96,000	144,0	
181,5	65,09	174,6	67,78	168,3	70,46	162,5	73,13	157,2	75,79	152,2	78,44	143,2	83,70	133,5	90,23	125,1	96,69	117,9	103,1	134,4	112,0	168,0	
205,2	66,43	197,4	69,19	190,2	71,94	183,5	74,68	177,4	77,41	171,7	80,13	161,4	85,54	150,3	92,26	140,8	98,91	132,6	105,5	156,0	130,0	195,0	28
231,5	67,59	222,6	70,41	214,4	73,23	206,8	76,03	199,8	78,82	193,3	81,61	181,6	87,15	169,0	94,03	158,2	100,9	148,8	107,6	180,0	150,0	225,0	
257,7	68,52	247,7	71,39	238,5	74,25	230,1	77,10	222,2	79,95	214,9	82,79	201,8	88,44	187,6	95,45	175,5	102,4	165,0	109,3	204,0	170,0	255,0	
283,9	69,27	272,9	72,18	262,7	75,09	253,3	77,98	244,6	80,87	236,5	83,75	221,9	89,49	206,3	96,62	192,8	103,7	181,1	110,7	228,0	190,0	285,0	31
310,1	69,90	298,0	72,84	286,9	75,78	276,5	78,71	266,9	81,63	258,0	84,55	242,0	90,36	224,8	97,58	210,1	104,8	197,3	111,9	252,0	210,0	315,0	
		323,1	73,40	310,9	76,36	299,6	79,32	289,2	82,28	279,6	85,23	262,1	91,10	243,2	98,40	227,3	105,7	213,4	112,9	276,0	230,0	345,0	
						329,7	79,99	318,2	82,98	307,5	85,96	288,3	91,91	267,5	99,30	249,7	106,7	234,3	114,0	307,2	256,0	384,0	34
												320,4	92,72	297,2	100,2	277,3	107,6	260,0	115,1	345,6	288,0	432,0	
														326,8	100,9	304,8	108,5	285,7	116,0	384,0	320,0	480,0	

Einheitsmoment M/b in t

Einheitsmoment M/b in t	Eisenzugspannung σ_e in kg/cm²			Beton - Druckspannung																			
	1500			8.75		10		11,25		12,5		13,75		15		16,25		17,5		18,75		20	
		1000		5,833		6,667		7,5		8,333		9,167		10		10,83		11,67		12,5		13,33	
			1200	7		8		9		10		11		12		13		14		15		16	
1	6,534	4,356	5,227	138,1	3,241	121,8	3,689	109,0	4,135	98,85	4,576	90,51	5,015	83,56	5,450	77,68	5,882	72,63	6,310	68,26	6,736	64,43	7,159
	7,260	4,840	5,808	145,6	3,416	128,3	3,889	114,9	4,358	104,2	4,824	95,41	5,286	88,08	5,745	81,88	6,200	76,56	6,652	71,95	7,100	67,91	7,546
	8,712	5,808	6,970	159,5	3,742	140,6	4,260	125,9	4,774	114,1	5,284	104,5	5,790	96,49	6,293	89,70	6,792	83,87	7,287	78,82	7,778	74,40	8,266
4	10,160	6,776	8,131	172,2	4,042	151,9	4,602	136,0	5,157	123,3	5,708	112,9	6,254	104,2	6,797	96,88	7,336	90,59	7,871	85,13	8,401	80,36	8,928
	11,620	7,744	9,293	184,1	4,321	162,3	4,919	145,4	5,513	131,8	6,102	120,7	6,686	111,4	7,266	103,6	7,842	96,85	8,414	91,01	8,981	85,90	9,545
	13,070	8,712	10,450	195,3	4,583	172,2	5,218	154,2	5,847	139,8	6,472	128,0	7,092	118,2	7,707	109,9	8,318	102,7	8,924	96,53	9,526	91,12	10,12
7	14,520	9,680	11,620	205,9	4,831	181,5	5,500	162,5	6,163	147,4	6,822	134,9	7,475	124,6	8,124	115,8	8,768	108,3	9,407	101,8	10,04	96,04	10,67
	17,420	11,620	13,940	225,5	5,293	198,8	6,025	178,0	6,752	161,4	7,473	147,8	8,189	136,5	8,899	126,9	9,605	118,6	10,30	111,5	11,00	105,2	11,69
	20,330	13,550	16,260	243,6	5,717	214,8	6,508	192,3	7,293	174,4	8,072	159,6	8,845	147,4	9,612	137,0	10,37	128,1	11,13	120,4	11,88	113,6	12,63
10	23,600	15,730	18,880	262,4	6,159	231,4	7,011	207,2	7,857	187,3	8,696	172,0	9,529	158,8	10,36	147,6	11,18	138,0	11,99	129,7	12,80	122,4	13,60
	27,230	18,150	21,780	282,0	6,612	248,6	7,528	222,6	8,437	201,8	9,339	184,8	10,23	170,6	11,12	158,6	12,01	148,3	12,88	139,3	13,75	131,5	14,61
	30,860	20,570	24,680	301,3	7,011	265,6	7,984	237,7	8,950	215,5	9,910	197,2	10,86	182,0	11,81	169,2	12,75	158,2	13,68	148,6	14,61	140,2	15,53
13	34,490	22,990	27,590	320,6	7,361	282,5	8,384	252,8	9,400	229,1	10,41	209,6	11,41	193,4	12,41	179,7	13,40	168,0	14,38	157,8	15,36	148,9	16,33
	38,120	25,410	30,490	339,8	7,670	299,3	8,738	267,8	9,798	242,6	10,85	222,0	11,90	204,8	12,94	190,2	13,97	177,8	15,00	166,9	16,02	157,5	17,04
	41,750	27,830	33,400			316,1	9,053	282,8	10,15	256,1	11,25	234,3	12,33	216,1	13,41	200,7	14,49	187,5	15,56	176,1	16,62	166,0	17,67
16	46,460	30,980	37,170			337,9	9,415	302,2	10,56	273,7	11,70	250,3	12,83	230,8	13,96	214,3	15,08	200,1	16,19	187,9	17,30	177,1	18,40
	52,270	34,850	41,820					326,1	11,00	295,2	12,18	269,9	13,37	248,8	14,54	230,9	15,71	215,6	16,87	202,3	18,03	190,7	19,18
	58,080	38,720	46,460					349,9	11,37	316,6	12,60	289,4	13,83	266,7	15,04	247,5	16,26	231,0	17,46	216,8	18,66	204,3	19,86
19	65,340	43,560	52,270							343,4	13,05	313,7	14,32	289,1	15,58	268,2	16,84	250,2	18,09	234,7	19,34	221,1	20,58
	72,600	48,400	58,080									338,1	14,74	311,4	16,04	288,8	17,34	269,4	18,63	252,6	19,92	237,9	21,20
	87,120	58,080	69,700											355,9	16,79	329,9	18,15	307,6	19,50	288,3	20,86	271,4	22,20
22	101,6	67,760	81,310															345,7	20,18	323,9	21,59	304,8	22,98
	116,2	77,440	92,930																	359,4	22,17	338,1	23,61
	130,7	87,120	104,5																				
25	145,2	96,800	116,2																				
	174,2	116,2	139,4																				
	203,3	135,5	162,6																				

Erste Teilspalte (Steilziffern) h in cm

Zweite Teilspalte (Schrägziffern) f_e in $\frac{cm^2}{m}$

Einheitsmoment M/b in t	Eisenzugspannung σ_e in kg/cm²			Beton - Druckspannung																			
	1500			33,75		35		37,5		40		42,5		45		47,5		50		52,5		55	
		1000		22,5		23,33		25		26,67		28,33		30		31,67		33,33		35		36,67	
			1200	27		28		30		32		34		36		38		40		42		44	
1	6,534	4,356	5,227	40,93	11,62	39,70	12,01	37,49	12,78	35,55	13,54	33,83	14,30	32,31	15,04	30,94	15,77	29,70	16,50	28,58	17,22	27,56	17,93
	7,260	4,840	5,808	43,15	12,25	41,85	12,66	39,52	13,47	37,47	14,28	35,66	15,07	34,05	15,85	32,61	16,63	31,31	17,39	30,13	18,15	29,05	18,90
	8,712	5,808	6,970	47,26	13,42	45,85	13,87	43,29	14,76	41,05	15,64	39,07	16,51	37,30	17,37	35,72	18,21	34,29	19,05	33,00	19,88	31,82	20,70
4	10,160	6,776	8,131	51,05	14,49	49,52	14,98	46,76	15,94	44,34	16,89	42,20	17,83	40,29	18,76	38,58	19,67	37.04	20,58	35,64	21,47	34,37	22,36
	11,620	7,744	9,293	54,58	15,49	52,94	16,01	49,99	17,04	47,40	18,06	45,11	19,06	43,08	20,05	41,25	21,03	39,60	22,00	38,11	22,96	36,74	23,90
	13,070	8,712	10,450	57,89	16,43	56,15	16,98	53,02	18,07	50,28	19,15	47,85	20,22	45,69	21,27	43,75	22,31	42,00	23,33	40,42	24,35	38,97	25,35
7	14,520	9,680	11,620	61,02	17,32	59,19	17,90	55,89	19,05	53,00	20,19	50,44	21,31	48,16	22,42	46,12	23,51	44,27	24,60	42,60	25,67	41,08	26,72
	17,420	11,620	13,940	66,84	18,97	64.84	19,61	61,22	20,87	58,05	22,12	55,25	23,34	52,76	24,56	50,52	25,76	48,50	26,94	46,67	28,12	45,00	29,28
	20,330	13,550	16,260	72,20	20,49	70,03	21,18	66,13	22,54	62,70	23,89	59,68	25,22	56,98	26,53	54,57	27,82	52,39	29,10	50,41	30,37	48,61	31,62
10	23,600	15,730	18,880	77,78	22,08	75,45	22,82	71,24	24,29	67,56	25,74	64,30	27,17	61,39	28,58	58,79	29,98	56,44	31,35	54,31	32,72	52,37	34,07
	27,230	18,150	21,780	83,55	23,72	81,04	24,51	76,53	26,09	72,57	27,64	69,06	29,18	65,95	30,70	63,15	32,20	60,62	33,68	58,34	35,15	56,25	36,59
	30,860	20,570	24,680	88,96	25,24	86,29	26,09	81,47	27,77	77,25	29,43	73,52	31,07	70,20	32,68	67,23	34,28	64,54	35,86	62,10	37,42	59,88	38,96
13	34,490	22,990	27,590	94,25	26,61	91,41	27,51	86,28	29,29	81,78	31,05	77,81	32,79	74,28	34,51	71,11	36,20	68,26	37,88	65,67	39,54	63,32	41,17
	38,120	25,410	30,490	99,50	27,81	96,48	28,76	91,04	30,63	86,27	32,48	82,05	34,32	78,31	36,13	74,95	37,92	71,92	39,68	69,18	41,43	66,68	43,17
	41,750	27,830	33,400	104,7	28,89	101,5	29,88	95,76	31,83	90,71	33,77	86,26	35,68	82,29	37.57	78,74	39,45	75,54	41,30	72,64	43,13	70,01	44,95
16	46,460	30,980	37,170	111,4	30,14	108,0	31,17	101,8	33,22	96,45	35,25	91,68	37,26	87,43	39,24	83,63	41,21	80,21	43,16	77,10	45,09	74,28	47,00
	52,270	34,850	41,820	119,6	31,47	115,9	32,55	109,3	34,70	103,4	36,83	98,28	38,94	93,70	41,03	89,59	43,10	85,88	45,16	82,53	47,19	79,48	49,20
	58,080	38,720	46,460	127,8	32,62	123,8	33,74	116,7	35,99	110,4	38,20	104,8	40,40	99,91	42,59	95,49	44,75	91,51	46,88	87,91	49,01	84,63	51,12
19	65,340	43,560	52,270	138,0	33,86	133,6	35,08	125,8	37,37	119,0	39,69	113,0	41,98	107,6	44,26	102,8	46,52	98,49	48,76	94,57	50,98	91,00	53,19
	72,600	48,400	58,080	148,1	34,93	143,4	36,14	134,9	38,56	127,6	40,96	121,1	43,34	115,3	45,71	110,1	48,05	105,4	50,37	101,2	52,68	97,33	54,97
	87,120	58,080	69,700	168,1	36,67	162,7	37,95	153,1	40,51	144,6	43,05	137,1	45,57	130,5	48,07	124,5	50,55	119,1	53,02	114,3	55,47	109,9	57,90
22	101,6	67,760	81,310	188,1	38,03	182,0	39,37	171,1	42,03	161,5	44,68	153,1	47,31	145,5	49,93	138,8	52,52	132,8	55,10	127,3	57,67	122,3	60,22
	116,2	77,440	92,930	208,0	39,12	201,2	40,51	189,0	43,26	178,3	46,00	168,9	48,72	160,5	51,43	153,0	54,12	146,3	56,79	140,2	59,45	134,6	62,09
	130,7	87,120	104,5	227,8	40,03	220,3	41,45	206,9	44,28	195,1	47,09	184,7	49,89	175,5	52,67	167,2	55,44	159,8	58,19	153,0	60,92	146,9	63,64
25	145,2	96,800	116,2	247,6	40,78	239,4	42,24	224,7	45,13	211,8	48,00	200,5	50,87	190,4	53,71	181,3	56,54	173,2	59,36	165,8	62,16	159,1	64,95
	174,2	116,2	139,4	287,0	41,98	277,5	43,48	260,3	46,48	245,2	49,46	231,9	52,42	220,1	55,37	209,5	58,31	200,0	61,23	191,4	64,14	183,5	67,04
	203,3	135,5	162,6	326,4	42,89	315,5	44,43	295,7	47,50	278,5	50,57	263,2	53,60	249,7	56,63	237,6	59,65	226,7	62,66	216,8	65,65	207,8	68,63
28	236,0	157,3	188,8	370,6	43,68	358,1	45,25	335,6	48,39	315,8	51,52	298,4	54,63	282,9	57,74	269,1	60,82	256,6	63,90	245,3	66,97	235,1	70,03
	272,3	181,5	217,8							357,3	52,35	337,5	55,52	319,8	58,69	304,0	61,84	289,8	64,98	277,0	68,12	265,3	71,24
	308,6	205,7	246,8											356,7	59,44	338,9	62,65	323,0	65,84	308,6	69,03	295,5	72,20
31	344,9	229,9	275,9															356,1	66,54	340,1	69,77	325,6	72,99
	381,2	254,1	304,9																			355,7	73,64
	417,5	278,3	334,0																				
34	464,6	309,8	371,7																				
	522,7	348,5	418,2																				
	580,8	387,2	464,6																				

Erste Teilspalte (Steilziffern) h in cm

Zweite Teilspalte (Schrägziffern) f_e in $\frac{cm^2}{m}$

(Mit Vernachlässigung des Stegdrucks.) $d = 22$ cm

σ_b in kg/cm² — Eisenzugspannung σ_e in kg/cm² — Einheitsmoment M/b in t

21,25		22,5		23,75		25		26,25		27,5		28,75		30		31,25		32,5				1500	
14,17		15		15,83		16,67		17,5		18,33		19,17		20		20,83		21,67			1000		
17		18		19		20		21		22		23		24		25		26		1200			
61,05	7,578	58,04	7,995	55,34	8,409	52,92	8,820	50,72	9,228	48,72	9,633	46,90	10,04	45,22	10,44	43,68	10,83	42,25	11,23	5,227	4,356	6,534	1
64,35	7,988	61,18	8,427	58,34	8,864	55,78	9,297	53,46	9,727	51,36	10,15	49,43	10,58	47,67	11,00	46,04	11,42	44,54	11,83	5,808	4,840	7,260	
70,49	8,751	67,02	9,232	63,91	9,710	61,10	10,18	58,57	10,66	56,26	11,12	54,15	11,59	52,22	12,05	50,43	12,51	48,79	12,96	6,970	5,808	8,712	
76,14	9,452	72,39	9,971	69,03	10,49	66,00	11,00	63,26	11,51	60,77	12,01	58,49	12,52	56,40	13,02	54,48	13,51	52,70	14,00	8,131	6,776	10,160	4
81,39	10,10	77,38	10,66	73,79	11,21	70,56	11,76	67,63	12,30	64,96	12,84	62,53	13,38	60,29	13,91	58,24	14,44	56,34	14,97	9,293	7,744	11,620	
86,33	10,72	82,08	11,31	78,27	11,89	74,84	12,47	71,73	13,05	68,90	13,62	66,32	14,19	63,95	14,76	61,77	15,32	59,75	15,88	10,450	8,712	13,070	
91,00	11,30	86,52	11,92	82,50	12,53	78,89	13,15	75,61	13,76	72,63	14,36	69,91	14,96	67,41	15,56	65,11	16,15	62,99	16,74	11,620	9,680	14,520	7
99,69	12,38	94,77	13,06	90,38	13,73	86,41	14,40	82,83	15,07	79,56	15,73	76,58	16,39	73,84	17,04	71,33	17,69	69,00	18,33	13,940	11,620	17,420	
107,7	13,37	102,4	14,10	97,62	14,83	93,34	15,56	89,46	16,28	85,94	16,99	82,72	17,70	79,76	18,41	77,04	19,11	74,53	19,80	16,260	13,550	20,330	
116,0	14,40	110,3	15,19	105,2	15,98	100,6	16,76	96,38	17,54	92,59	18,31	89,12	19,07	85,93	19,83	83,00	20,59	80,29	21,34	18,880	15,730	23,600	10
124,6	15,47	118,5	16,32	113,0	17,16	108,0	18,00	103,5	18,84	99,45	19,66	95,73	20,49	92,31	21,30	89,16	22,11	86,25	22,92	21,780	18,150	27,230	
132,8	16,44	126,3	17,35	120,4	18,25	115,1	19,14	110,3	20,03	105,9	20,92	102,0	21,79	98,30	22,67	94,94	23,53	91,84	24,39	24,680	20.570	30,860	
141,0	17,29	134,0	18,25	127,7	19,20	122,1	20,15	117,0	21,09	112,3	22,02	108,1	22,95	104,2	23,87	100,6	24,79	97,32	25,70	27,590	22,990	34,490	13
149,1	18,05	141,7	19,05	135,0	20,05	129,0	21,04	123,6	22,02	118,7	23,00	114,2	23,98	110,1	24,94	106,3	25,91	102,8	26,86	30,490	25,410	38,120	
157,2	18,72	149,3	19,77	142,3	20,80	136,0	21,83	130,2	22,86	125,0	23,88	120,3	24,89	115,9	25,90	111,9	26,90	108,1	27,90	33,400	27,830	41,750	
167,7	19,50	159,2	20,59	151,7	21,67	144,9	22,75	138,8	23,82	133,2	24,89	128,1	25,95	123,4	27,00	119,1	28,05	115,1	29,10	37,170	30,980	46,460	16
180,5	20,33	171,4	21,47	163,2	22,60	155,9	23,73	149,2	24,85	143,2	25,97	137,7	27,08	132,6	28,18	127,9	29,28	123,6	30,38	41,820	34,850	52,270	
193,2	21,04	183,4	22,23	174,7	23,40	166,8	24,57	159,6	25,74	153,1	26,90	147,2	28,05	141,7	29,20	136,7	30,35	132,1	31,48	46,460	38,720	58,080	
209,1	21,81	198,5	23,04	188,9	24,27	180,3	25,48	172,6	26,70	165,5	27,90	159,0	29,10	153,1	30,30	147,7	31,49	142,6	32,68	52,270	43,560	65,340	19
225,0	22,47	213,4	23,74	203,1	25,00	193,8	26,26	185,4	27,52	177,8	28,76	170,8	30,01	164,4	31,24	158,5	32,48	153,1	33,70	58,080	48,400	72,600	
256,5	23,54	243,3	24,88	231,4	26,21	220,7	27,53	211,1	28,85	202,3	30,17	194,3	31,48	186,9	32,78	180,2	34,08	173,9	35,37	69,700	58,080	87,120	
288,0	24,37	273,0	25.76	259,6	27,14	247,5	28,52	236,6	29,89	226,7	31,26	217,6	32,62	209,3	33,98	201,7	35,33	194,6	36,68	81,310	67,760	101,6	22
319,4	25,04	302,7	26,47	287,7	27,89	274,3	29,31	262,1	30,73	251,0	32,14	240,9	33,54	231,6	34,95	223,1	36,34	215,3	37,74	92,930	77,440	116,2	
350,7	25,59	332,2	27,05	315,8	28,51	300,9	29,96	287,5	31,42	275,3	32,86	264,1	34,30	253,9	35,74	244,5	37,17	235,8	38,60	104,5	87,120	130,7	
				343,8	29,03	327,5	30,51	312,9	31,99	299,5	33,47	287,3	34,94	276,1	36,40	265,9	37,87	256,4	39,33	116,2	96,800	145,2	25
						380,7	31,37	363,5	32,90	347,8	34,42	333,6	35,94	320,5	37,46	308,4	38,97	297,3	40,48	139,4	116,2	174,2	
														364,7	38,25	350,9	39,80	338,2	41,35	162,6	135,5	203,3	

σ_b in kg/cm² — Eisenzugspannung σ_e in kg/cm² — Einheitsmoment M/b in t

57,5		60		62,5		65		67,5		70		75		81,25		87,5		93,75				1500	
38,33		40		41,67		43,33		45		46,67		50		54,17		58,33		62,5			1000		
46		48		50		52		54		56		60		65		70		75		1200			
26,62	18,63	25,76	19,32	24,97	20,01	24,24	20,69	23,56	21,36	22,92	22,02									5,227	4,356	6,534	1
28,06	19,64	27,16	20,37	26,32	21,09	25,55	21,81	24,83	22,52	24,16	23,22	22,96	24,60							5,808	4,840	7,260	
30,74	21,51	29,75	22,31	28,83	23,10	27,99	23,89	27,20	24,66	26,47	25,43	25,15	26,94	23,72	28,79	22,48	30,60			6,970	5,808	8,712	
33,20	23,23	32,13	24,10	31,14	24,96	30,23	25,80	29,38	26,64	28,59	27,47	27,16	29,10	25,62	31,10	24,28	33,05	23,11	34,95	8,131	6,776	10,160	4
35,50	24,84	34,35	25,76	33,30	26,68	32,32	27,58	31,41	28,48	30,57	29,37	29,04	31,11	27,38	33,25	25,96	35,33	24,71	37,37	9,293	7,744	11,620	
37,65	26,35	36,44	27,33	35,32	28,30	34,28	29,26	33,32	30,21	32,42	31,15	30,80	33,00	29,05	35,26	27,53	37,47	26,21	39,63	10,450	8,712	13,070	
39,69	27,77	38,41	28,80	37,23	29,83	36,13	30,84	35,12	31,84	34,17	32,83	32,47	34,79	30,62	37,17	29,02	39,50	27,63	41,78	11,620	9,680	14,520	7
43,47	30,42	42,07	31,55	40,78	32,67	39,58	33,78	38,47	34,88	37,43	35,97	35,56	38,11	33,54	40,72	31,79	43,27	30,26	45,76	13,940	11,620	17,420	
46,96	32,86	45,44	34,08	44,05	35,29	42,75	36,49	41,55	37,68	40,43	38,85	38,41	41,16	36,23	43,98	34,34	46,74	32,69	49,43	16,260	13,550	20,330	
50,59	35,40	48,96	36,72	47,45	38,02	46,06	39,31	44,77	40,59	43,56	41,85	41,39	44,34	39,03	47,38	36,99	50,35	35,22	53,25	18,880	15,730	23,600	10
54,34	38,03	52,59	39,44	50,97	40,84	49,48	42,23	48,09	43,60	46,79	44,96	44,46	47,63	41,92	50,90	39,74	54,09	37,83	57,20	21,780	18,150	27,230	
57,85	40,48	55,99	41,99	54,26	43,48	52,67	44,96	51,19	46,42	49,82	47,86	47,33	50,71	44,63	54,19	42,30	57,58	40,27	60,90	24,680	20,570	30,860	
61,17	42,79	59,19	44,39	57,37	45,97	55,68	47,53	54,12	49,07	52,66	50,60	50,03	53,61	47,18	57,28	44,72	60,87	42,58	64,38	27,590	22,990	34,490	13
64,40	44,88	62,30	46,57	60,37	48,24	58,59	49,90	56,93	51,53	55,39	53,15	52,61	56,34	49,61	60,22	47,02	64,00	44,76	67,68	30,490	25,410	38,120	
67,59	46,74	65,38	48,52	63,34	50,27	61,45	52,01	59,70	53,74	58,07	55,44	55,14	58,80	51,97	62,90	49,24	66,89	46,86	70,79	33,400	27,830	41,750	
71,70	48,89	69,33	50,77	67,14	52,62	65,13	54,46	63,26	56,28	61,52	58,08	58,38	61,64	54,99	65,99	52,07	70,24	49,53	74,39	37,170	30,980	46,460	16
76,69	51,20	74,13	53,18	71,77	55,14	69,59	57,08	67,57	59,01	65,69	60,92	62,30	64,69	58,64	69,30	55,50	73,83	52,76	78,25	41,820	34,850	52,270	
81,63	53,21	78,88	55,27	76,35	57,33	74,00	59,36	71,83	61,38	69,82	63,38	66,18	67,34	62,25	72,19	58,87	76,95	55,93	81,61	46,460	38,720	58,080	
87,75	55,37	84,76	57,54	82,00	59,70	79,46	61,83	77,10	63,95	74,91	66,06	70,96	70,21	66,70	75,32	63,03	80,34	59,84	85,26	52,270	43,560	65,340	19
93,81	57,25	90,58	59,50	87,61	61,74	84,87	63,97	82,32	66,17	79,96	68,36	75,69	72,70	71,09	78,03	67,14	83,28	63,70	88,43	58,080	48,400	72,600	
105,8	60,32	102,1	62,72	98,71	65,11	95,56	67,48	92,64	69,83	89,93	72,17	85,04	76,80	79,76	82,51	75,23	88,13	71,30	93,66	69,700	58,080	87,120	
117,7	62,75	113,5	65,27	109,7	67,77	106,1	70,25	102,8	72,73	99,79	75,18	94,27	80,05	88,33	86,06	83,22	91,98	78,78	97,82	81,310	67,760	101,6	22
129,5	64,72	124,9	67,33	120,6	69,93	116,6	72,51	113,0	75,08	109,6	77,63	103,4	82,70	96,81	88,96	91,12	95,14	86,18	101,2	92,930	77,440	116,2	
141,3	66,35	136,2	69,04	131,4	71,72	127,1	74,39	123,0	77,04	119,3	79,67	112,5	84,91	105,2	91,38	98,96	97,77	93,53	104,1	104,5	87,120	130,7	
153,0	67,73	147,4	70,49	142,3	73,24	137,5	75,97	133,1	78,69	129,0	81,40	121,6	86,78	113,6	93,43	106,8	100,0	100,8	106,5	116,2	96,800	145,2	25
176,4	69,93	169,8	72,80	163,8	75,66	158,2	78,50	153,0	81,34	148,2	84,16	139,6	89,77	130,3	96,72	122,3	103,6	115,3	110,4	139,4	116,2	174,2	
199,6	71,60	192,1	74,56	185,2	77,51	178,8	80,44	172,9	83,37	167,4	86,28	157,5	92,07	146,8	99,25	137,7	106,4	129,7	113,4	162,6	135,5	203,3	
225,7	73,07	217,1	76,11	209,2	79,13	201,9	82,15	195,1	85,15	188,9	88,14	177,5	94,10	165,4	101,5	154,9	108,8	145,8	116,1	188,8	157,3	236,0	28
254,6	74,35	244,8	77,46	235,8	80,55	227,5	83,63	219,8	86,71	212,7	89,77	199,8	95,87	185,9	103,4	174,0	110,9	163,7	118,4	217,8	181,5	272,3	
283,5	75,37	272,5	78,53	262,4	81,68	253,1	84,81	244,4	87,94	236,4	91,07	222,0	97,28	206,4	105,0	193,1	112,7	181,5	120,3	246,8	205,7	308,6	
312,3	76,20	300,2	79,40	288,9	82,59	278,6	85,78	269,0	88,96	260,1	92,12	244,1	98,43	226,9	106,3	212,1	114,1	199,3	121,8	275,9	229,9	344,9	31
341,1	76,88	327,8	80,12	315,6	83,36	304,1	86,58	293,6	89,80	283,8	93,00	266,3	99,40	247,3	107,3	231,1	115,2	217,0	123,1	304,9	254,1	381,2	
		355,4	80,74	342,0	84,00	329,6	87,26	318,1	90,51	307,5	93,75	288,4	100,2	267,5	108,2	250,0	116,2	234,7	124,2	334,0	278,3	417,5	
						362,7	87,99	350,0	91,28	338,3	94,56	317,1	101,1	294,3	109,2	274,7	117,3	257,7	125,4	371,7	309,8	464,6	34
												352,4	102,0	326,9	110,2	305,0	118,4	286,0	126,6	418,2	348,5	522,7	
														359,5	111,0	335,3	119,3	314,3	127,6	464,6	387,2	580,8	

Nr.	Eisenzugspannung σ_e in kg/cm² 1500	1000	1200	Beton-Druckspannung 8,75		10		11,25		12,5		13,75		15		16,25		17,5		18,75		20	
				5,833		*6,667*		*7,5*		*8,333*		*9,167*		*10*		*10,83*		*11,67*		*12,5*		*13,33*	
				7		**8**		**9**		**10**		**11**		**12**		**13**		**14**		**15**		**16**	
	Einheitsmoment M/b in t																						
1	7,776	*5,184*	**6,221**	150,7	*3,536*	132,8	*4,025*	118,9	*4,510*	107,8	*4,992*	98,74	*5,471*	91,16	*5,945*	84,74	*6,416*	79,24	*6,884*	74,46	*7,348*	70,29	*7,810*
	8,640	*5,760*	**6,912**	158,8	*3,727*	140,0	*4,243*	125,4	*4,754*	113,7	*5,262*	104,1	*5,766*	96,09	*6,267*	89,33	*6,763*	83,52	*7,257*	78,49	*7,746*	74,09	*8,232*
	10,370	*6,912*	**8,294**	174,0	*4,083*	153,4	*4,648*	137,3	*5,208*	124,5	*5,765*	114,0	*6,317*	105,3	*6,865*	97,85	*7,409*	91,50	*7,949*	85,98	*8,485*	81,16	*9,018*
4	12,100	*8,064*	**9,677**	187,9	*4,410*	165,7	*5,020*	148,3	*5,626*	134,5	*6,227*	123,2	*6,823*	113,7	*7,415*	105,7	*8,003*	98,83	*8,586*	92,87	*9,165*	87,66	*9,740*
	13,820	*9,216*	**11,060**	200,9	*4,714*	177,1	*5,367*	158,6	*6,014*	143,8	*6,656*	131,7	*7,294*	121,5	*7,927*	113,0	*8,555*	105,7	*9,179*	99,29	*9,798*	93,71	*10,41*
	15,550	*10,370*	**12,440**	213,1	*5,000*	187,8	*5,692*	168,2	*6,379*	152,5	*7,060*	139,6	*7,736*	128,9	*8,408*	119,8	*9,074*	112,1	*9,736*	105,3	*10,39*	99,40	*11,04*
7	17,280	*11,520*	**13,820**	224,6	*5,271*	198,0	*6,000*	177,3	*6,724*	160,7	*7,442*	147,2	*8,155*	135,9	*8,863*	126,3	*9,565*	118,1	*10,26*	111,0	*10,95*	104,8	*11,64*
	20,740	*13,820*	**16,590**	246,0	*5,774*	216,9	*6,573*	194,2	*7,366*	176,1	*8,152*	161,2	*8,933*	148,9	*9,708*	138,4	*10,48*	129,4	*11,24*	121,6	*12,00*	114,8	*12,75*
	24,190	*16,130*	**19,350**	265,7	*6,236*	234,3	*7,099*	209,8	*7,956*	190,2	*8,806*	174,2	*9,649*	160,8	*10,49*	149,5	*11,32*	139,8	*12,14*	131,3	*12,96*	124,0	*13,77*
10	28,080	*18,720*	**22,460**	286,3	*6,719*	252,4	*7,649*	226,0	*8,571*	204,9	*9,487*	187,6	*10,40*	173,2	*11,30*	161,0	*12,19*	150,6	*13,08*	141,5	*13,96*	133,6	*14,84*
	32,400	*21,600*	**25,920**	307,7	*7,214*	271,2	*8,213*	242,8	*9,204*	220,2	*10,19*	201,6	*11,17*	186,1	*12,13*	173,0	*13,10*	161,7	*14,05*	152,0	*15,00*	143,5	*15,94*
	36,720	*24,480*	**29,380**	328,7	*7,648*	289,7	*8,710*	259,3	*9,764*	235,0	*10,81*	215,2	*11,85*	198,6	*12,88*	184.6	*13,91*	172,5	*14,92*	162,1	*15,93*	153,0	*16,94*
13	41,040	*27,360*	**32,830**	349,7	*8,030*	308,1	*9,146*	275,8	*10,25*	249,9	*11,36*	228,7	*12,45*	211,0	*13,54*	196,1	*14,62*	183,3	*15,69*	172,1	*16,75*	162,4	*17,81*
	45,360	*30,240*	**36,290**	370,7	*8,368*	326,5	*9,532*	292,2	*10,69*	264,7	*11,84*	242,2	*12,98*	223,4	*14,12*	207,5	*15,25*	193,9	*16,37*	182,1	*17,48*	171,8	*18,59*
	49,680	*33,120*	**39,740**			344,9	*9,876*	308,5	*11,08*	279,4	*12,27*	255,6	*13,46*	235,8	*14,63*	219,0	*15,81*	204,6	*16,97*	192,1	*18,13*	181,1	*19,28*
16	55,300	*36,860*	**44,240**			368,7	*10,27*	329,7	*11,52*	298,5	*12,76*	273,0	*14,00*	251,8	*15,23*	233,8	*16,45*	218,3	*17,67*	204,9	*18,88*	193,2	*20,08*
	62,210	*41,470*	**49,770**					355,7	*12,00*	322,0	*13,29*	294,4	*14,58*	271,4	*15,86*	251,9	*17,14*	235,2	*18,41*	220,7	*19,67*	208,1	*20,93*
	69,120	*46,080*	**55,300**					381,7	*12,40*	345,4	*13,75*	315,7	*15,08*	290,9	*16,41*	270,0	*17,73*	252,0	*19,05*	236,5	*20,36*	222,8	*21,66*
19	77,760	*51,840*	**62,210**							374,6	*14,23*	342,3	*15,62*	315,3	*17,00*	292,5	*18,37*	273,0	*19,74*	256,1	*21,10*	241,2	*22,45*
	86,400	*57,600*	**69,120**									368,8	*16,08*	339,7	*17,50*	315,0	*18,91*	293,9	*20,32*	275,6	*21,73*	259,6	*23,12*
	103,7	*69,120*	**82,940**											388,2	*18,31*	359,9	*19,80*	335,6	*21,28*	314,5	*22,75*	296,1	*24,22*
22	121,0	*80,640*	**96,770**															377,2	*22,02*	353,4	*23,55*	332,5	*25,07*
	138,2	*92,160*	**110,6**																	392,1	*24,19*	368,9	*25,75*
	155,5	*103,7*	**124,4**																				
25	172,8	*115,2*	**138,2**																				
	207,4	*138,2*	**165,9**																				
	241,9	*161,3*	**193,5**																				

Erste Teilspalte (Steilziffern) h in cm

Zweite Teilspalte (Schrägziffern) f_e in $\frac{cm^2}{m}$

Nr.	Eisenzugspannung σ_e in kg/cm² 1500	1000	1200	Beton-Druckspannung 33,75		35		37,5		40		42,5		45		47,5		50		52,5		55	
				22,5		*23,33*		*25*		*26,67*		*28,33*		*30*		*31,67*		*33,33*		*35*		*36,67*	
				27		**28**		**30**		**32**		**34**		**36**		**38**		**40**		**42**		**44**	
	Einheitsmoment M/b in t																						
1	7,776	*5,184*	**6,221**	44,65	*12,68*	43,31	*13,10*	40,90	*13,94*	38,78	*14,77*	36,91	*15,60*	35,24	*16,41*	33,75	*17,21*	32,40	*18,00*	31,18	*18,78*	30,06	*19,56*
	8,640	*5,760*	**6,912**	47,07	*13,36*	45,66	*13,81*	43,11	*14,70*	40,88	*15,57*	38,91	*16,44*	37,15	*17,29*	35,57	*18,14*	34,15	*18,97*	32,86	*19,80*	31,69	*20,61*
	10,370	*6,912*	**8,294**	51,56	*14,64*	50,01	*15,13*	47,23	*16,10*	44,78	*17,06*	42,62	*18,01*	40,70	*18,94*	38,97	*19,87*	37,41	*20,78*	36,00	*21,69*	34,71	*22,58*
4	12,100	*8,064*	**9,677**	55,69	*15,81*	54,02	*16,34*	51,01	*17,39*	48,37	*18,43*	46,04	*19,45*	43,96	*20,46*	42,09	*21,46*	40,41	*22,45*	38,88	*23,43*	37,49	*24,39*
	13,820	*9,216*	**11,060**	59,54	*16,90*	57,75	*17,47*	54,53	*18,59*	51,71	*19,70*	49,21	*20,79*	46,99	*21,88*	45,00	*22,94*	43,20	*24,00*	41,57	*25,04*	40,08	*26,08*
	15,550	*10,370*	**12,440**	63,15	*17,93*	61,25	*18,53*	57,84	*19,72*	54,85	*20,89*	52,20	*22,05*	49,84	*23,20*	47,73	*24,34*	45,82	*25,46*	44,09	*26,56*	42,52	*27,66*
7	17,280	*11,520*	**13,820**	66,56	*18,90*	64,57	*19,53*	60,97	*20,78*	57,81	*22,02*	55,02	*23,25*	52,54	*24,46*	50,31	*25,65*	48,30	*26,83*	46,48	*28,00*	44,81	*29,15*
	20,740	*13,820*	**16,590**	72,92	*20,70*	70,73	*21,39*	66,79	*22,77*	63,33	*24,13*	60,27	*25,47*	57,55	*26,79*	55,11	*28,10*	52,91	*29,39*	50,91	*30,67*	49,09	*31,94*
	24,190	*16,130*	**19,350**	78,76	*22,36*	76,40	*23,11*	72,14	*24,59*	68,41	*26,06*	65,10	*27,51*	62,16	*28,94*	59,53	*30,35*	57,15	*31,75*	54,99	*33,13*	53,03	*34,50*
10	28,080	*18,720*	**22,460**	84,85	*24,09*	82,31	*24,90*	77,72	*26,50*	73,70	*28,08*	70,14	*29,64*	66,97	*31,18*	64,13	*32,70*	61,57	*34,21*	59,25	*35,69*	57,13	*37,16*
	32,400	*21,600*	**25,920**	91,15	*25,87*	88,41	*26,74*	83,48	*28,46*	79,16	*30,16*	75,34	*31,83*	71,94	*33,49*	68,89	*35,13*	66,14	*36,74*	63,64	*38,34*	61,37	*39,92*
	36,720	*24,480*	**29,380**	97,05	*27,54*	94,13	*28,46*	88,88	*30,30*	84,28	*32,10*	80,21	*33,89*	76,59	*35,65*	73,34	*37,39*	70,41	*39,12*	67,75	*40,82*	65,33	*42,50*
13	41,040	*27,360*	**32,830**	102,8	*29,02*	99,72	*30,01*	94,12	*31,95*	89,22	*33,87*	84,89	*35,77*	81,03	*37,64*	77,58	*39,49*	74,46	*41,32*	71,64	*43,13*	69,08	*44,92*
	45,360	*30,240*	**36,290**	108,5	*30,34*	105,2	*31,37*	99,31	*33,42*	94,11	*35,44*	89,51	*37,43*	85,42	*39,41*	81,76	*41,36*	78,46	*43,29*	75,47	*45,20*	72,74	*47,09*
	49,680	*33,120*	**39,740**	114,2	*31,52*	110,7	*32,59*	104,5	*34,73*	98,96	*36,84*	94,10	*38,92*	89,78	*40,99*	85,90	*43,03*	82,41	*45,05*	79,25	*47,05*	76,37	*49,03*
16	55,300	*36,860*	**44,240**	121,6	*32,88*	117,8	*34,00*	111,1	*36,24*	105,2	*38,45*	100,0	*40,64*	95,38	*42,81*	91,23	*44,96*	87,50	*47,08*	84,11	*49,19*	81,03	*51,27*
	62,210	*41,470*	**49,770**	130,5	*34,33*	126,5	*35,51*	119,2	*37,86*	112,8	*40,18*	107,2	*42,48*	102,2	*44,76*	97,73	*47,02*	93,69	*49,26*	90,03	*51,48*	86,70	*53,68*
	69,120	*46,080*	**55,300**	139,4	*35,58*	135,1	*36,81*	127,3	*39,26*	120,4	*41,68*	114,4	*44,08*	109,0	*46,46*	104,2	*48,81*	99,83	*51,14*	95,90	*53,47*	92,32	*55,76*
19	77,760	*51,840*	**62,210**	150,5	*36,94*	145,8	*38,27*	137,3	*40,77*	129,8	*43,30*	123,2	*45,80*	117,4	*48,29*	112,2	*50,75*	107,4	*53,19*	103,2	*55,62*	99,28	*58,02*
	86,400	*57,600*	**69,120**	161,5	*38,10*	156,4	*39,43*	147,2	*42,07*	139,2	*44,69*	132,1	*47,28*	125,7	*49,86*	120,1	*52,42*	115,0	*54,95*	110,4	*57,47*	106,2	*59,97*
	103,7	*69,120*	**82,940**	183,4	*40,00*	177,5	*41,40*	167,0	*44,19*	157,7	*46,96*	149,6	*49,71*	142,3	*52,44*	135,8	*55,15*	130,0	*57,84*	124,7	*60,51*	119,8	*63,17*
22	121,0	*80,640*	**96,770**	205,2	*41,48*	198,6	*42,95*	186,6	*45,85*	176,2	*48,74*	167,0	*51,61*	158,8	*54,47*	151,4	*57,30*	144,8	*60,11*	138,8	*62,91*	133,4	*65,69*
	138,2	*92,160*	**110,6**	226,9	*42,68*	219,5	*44,19*	206,2	*47,20*	194,5	*50,18*	184,3	*53,15*	175,1	*56,10*	167,0	*59,04*	159,6	*61,95*	152,9	*64,85*	146,9	*67,74*
	155,5	*103,7*	**124,4**	248,5	*43,67*	240,3	*45,22*	225,7	*48,30*	212.8	*51,37*	201,5	*54,42*	191,4	*57,46*	182,4	*60,48*	174,3	*63,48*	166,9	*66,46*	160,3	*69,43*
25	172,8	*115,2*	**138,2**	270,1	*44,49*	261,2	*46,08*	245,1	*49,23*	231,1	*52,37*	218,7	*55,49*	207,7	*58,60*	197,8	*61,68*	189,0	*64,76*	180,9	*67,82*	173,6	*70,86*
	207,4	*138,2*	**165,9**	313,1	*45,80*	302,7	*47,44*	283,9	*50,70*	267,5	*53,95*	253,0	*57,19*	240,1	*60,40*	228,5	*63,61*	218,2	*66,80*	208,8	*69,97*	200,2	*73,14*
	241,9	*161,3*	**193,5**	356,1	*46,79*	344,1	*48,47*	322,6	*51,82*	303,8	*55,16*	287,2	*58,47*	272,4	*61,78*	259,2	*65,07*	247,3	*68,35*	236,5	*71,62*	226,7	*74,87*
28	280,8	*187,2*	**224,6**	404,3	*47,65*	390,7	*49,37*	366,1	*52,79*	344,5	*56,20*	325,6	*59,60*	308,7	*62,99*	293,5	*66,35*	279,9	*69,71*	267,6	*73,06*	256,4	*76,39*
	324,0	*216,0*	**259,2**							389,8	*57,10*	368,1	*60,57*	348,9	*64,02*	331,7	*67,46*	316,2	*70,89*	302,2	*74,31*	289,4	*77,72*
	367,2	*244,8*	**293,8**											389,1	*64,84*	369,8	*68,34*	352,4	*71,83*	336,6	*75,30*	322,3	*78,77*
31	410,4	*273,6*	**328,3**															388,5	*72,59*	371,1	*76,11*	355,2	*79,62*
	453,6	*302,4*	**362,9**																			388,1	*80,33*
	496,8	*331,2*	**397,4**																				
34	553,0	*368,6*	**442,4**																				
	622,1	*414,7*	**497,7**																				
	691,2	*460,8*	**553,0**																				

Erste Teilspalte (Steilziffern) h in cm

Zweite Teilspalte (Schrägziffern) f_e in $\frac{cm^2}{m}$

σb in kg/cm² 21,25		22,5		23,75		25		26,25		27,5		28,75		30		31,25		32,5		Eisenzugspannung σe in kg/cm²			
14,17		*15*		*15,83*		*16,67*		*17,5*		*18,33*		*19,17*		*20*		*20,83*		*21,67*					
17		**18**		**19**		**20**		**21**		**22**		**23**		**24**		**25**		**26**		**1200**	*1000*	1500	
66,60	*8,267*	63,31	*8,722*	60,38	*9,173*	57,73	*9,621*	55,33	*10,07*	53,15	*10,51*	51,16	*10,95*	49,33	*11,38*	47,65	*11,82*	46,09	*12,25*	**6,221**	*5,184*	7,776	1
70,20	*8,714*	66,74	*9,194*	63,64	*9,669*	60,85	*10,14*	58,33	*10,61*	56,03	*11,08*	53,93	*11,54*	52,00	*12,00*	50,23	*12,46*	48,59	*12,91*	**6,912**	*5,760*	8,640	
76,90	*9,546*	73,11	*10,07*	69,72	*10,59*	66,66	*11,11*	63,89	*11,62*	61,37	*12,13*	59,07	*12,64*	56,96	*13,15*	55,02	*13,65*	53,22	*14,14*	**8,294**	*6,912*	10,370	
83,06	*10,31*	78,97	*10,88*	75,30	*11,44*	72,00	*12,00*	69,01	*12,56*	66,29	*13,11*	63,81	*13,65*	61,53	*14,20*	59,43	*14,74*	57,49	*15,28*	**9,677**	*8,064*	12,100	4
88,79	*11,02*	84,42	*11,63*	80,50	*12,23*	76,97	*12,83*	73,78	*13,42*	70,87	*14,01*	68,21	*14,60*	65,78	*15,18*	63,53	*15,76*	61,46	*16,33*	**11,060**	*9,216*	13,820	
94,18	*11,69*	89,54	*12,33*	85,38	*12,97*	81,64	*13,61*	78,25	*14,24*	75,17	*14,86*	72,35	*15,48*	69,77	*16,10*	67,39	*16,71*	65,19	*17,32*	**12,440**	*10,370*	15,550	
99,28	*12,32*	43,82	*13,00*	90,00	*13,67*	86,06	*14,34*	82,48	*15,01*	79,23	*15,67*	76,26	*16,32*	73,54	*16,97*	71,03	*17,62*	68,71	*18,26*	**13,820**	*11,520*	17,280	7
108,8	*13,50*	103,4	*14,24*	98,59	*14,98*	94,27	*15,71*	90,36	*16,44*	86,80	*17,16*	83,54	*17,88*	80,56	*18,59*	77,81	*19,30*	75,27	*20,00*	**16,590**	*13,820*	20,740	
117,5	*14,58*	111,7	*15,38*	106,5	*16,18*	101,8	*16,97*	97,60	*17,76*	93,75	*18,54*	90,24	*19,31*	87,01	*20,08*	84,04	*20,84*	81,30	*21,60*	**19,350**	*16,130*	24,190	
126,6	*15,71*	120,3	*16,57*	114,7	*17,43*	109,7	*18,28*	105,1	*19,13*	101,0	*19,97*	97,22	*20,80*	93,74	*21,63*	90,55	*22,46*	87,59	*23,27*	**22,460**	*18,720*	28,080	10
135,9	*16,88*	129,2	*17,80*	123,2	*18,72*	117,8	*19,64*	112,9	*20,55*	108,5	*21,45*	104,4	*22,35*	100,7	*23,24*	97,26	*24,12*	94,09	*25,00*	**25,920**	*21,600*	32,400	
144,9	*17,93*	137,7	*18,92*	131,3	*19,91*	125,6	*20,88*	120,3	*21,85*	115,6	*22,82*	111,2	*23,78*	107,2	*24,73*	103,6	*25,67*	100,2	*26,61*	**29,380**	*24,480*	36,720	
153,8	*18,87*	146,2	*19,91*	139,3	*20,95*	133,2	*21,98*	127,6	*23,01*	122,6	*24,03*	117,9	*25,04*	113,7	*26,04*	109,8	*27,04*	106,2	*28,04*	**32,830**	*27,360*	41,040	13
162,7	*19,69*	154,6	*20,78*	147,3	*21,87*	140,8	*22,95*	134,9	*24,03*	129,5	*25,09*	124,6	*26,16*	120,1	*27,21*	115,9	*28,26*	112,1	*29,30*	**36,290**	*30,240*	45,360	
171,5	*20,43*	162,9	*21,56*	155,2	*22,69*	148,3	*23,82*	142,1	*24,94*	136,4	*26,05*	131,2	*27,16*	126,4	*28,26*	122,0	*29,35*	118,0	*30,44*	**39,740**	*33,120*	49,680	
182,9	*21,27*	173,7	*22,46*	165,5	*23,64*	158,1	*24,82*	151,4	*25,99*	145,3	*27,15*	139,7	*28,31*	134,6	*29,46*	129,9	*30,60*	125,6	*31,74*	**44,240**	*36,860*	55,300	16
196,9	*22,18*	186,9	*23,42*	178,0	*24,65*	170,0	*25,89*	162,8	*27,11*	156,2	*28,33*	150,2	*29,54*	144,6	*30,74*	139,6	*31,94*	134,9	*33,14*	**49,770**	*41,470*	62,210	
210,8	*22,96*	200,1	*24,25*	190,5	*25,53*	181,9	*26,81*	174,1	*28,08*	167,0	*29,34*	160,6	*30,60*	154,6	*31,86*	149,2	*33,10*	144,1	*34,35*	**55,300**	*46,080*	69,120	
228,1	*23,80*	216,5	*25,14*	206,1	*26,47*	196,7	*27,80*	188,2	*29,12*	180,5	*30,44*	173,5	*31,75*	167,0	*33,06*	161,1	*34,35*	155,6	*35,65*	**62,210**	*51,840*	77,760	19
245,4	*24,51*	232,8	*25,90*	221,6	*27,28*	211,5	*28,65*	202,3	*30,02*	194,0	*31,38*	186,3	*32,73*	179,4	*34,08*	172,9	*35,43*	167,0	*36,77*	**69,120**	*57,600*	86,400	
279,9	*25,68*	265,4	*27,14*	252,5	*28,59*	240,8	*30,03*	230,3	*31,47*	220,7	*32,91*	211,9	*34,34*	203,9	*35,76*	196,5	*37,18*	189,7	*38,59*	**82,940**	*69,120*	103,7	
314,2	*26,59*	297,8	*28,10*	283,2	*29,61*	270,0	*31,11*	258,1	*32,61*	247,3	*34,10*	237,4	*35,59*	228,4	*37,07*	220,0	*38,55*	212,3	*40,02*	**96,770**	*80,640*	121,0	22
348,4	*27,32*	330,2	*28,88*	313,9	*30,43*	299,2	*31,98*	285,9	*33,52*	273,8	*35,06*	262,8	*36,59*	252,7	*38,12*	243,4	*39,65*	234,8	*41,17*	**110,6**	*92,160*	138,2	
382,5	*27,91*	362,4	*29,51*	344,5	*31,10*	328,3	*32,69*	313,6	*34,27*	300,3	*35,85*	288,1	*37,42*	277,0	*38,99*	266,7	*40,55*	257,3	*42,11*	**124,4**	*103,7*	155,5	
				375,0	*31,66*	357,3	*33,28*	341,3	*34,90*	326,7	*36,51*	313,4	*38,11*	301,2	*39,71*	290,0	*41,31*	279,7	*42,90*	**138,2**	*115,2*	172,8	25
						415,3	*34,22*	396,5	*35,89*	379,5	*37,55*	363,9	*39,21*	349,6	*40,86*	336,5	*42,51*	324,4	*44,16*	**165,9**	*138,2*	207,4	
														397,9	*41,73*	382,9	*43,42*	369,0	*45,10*	**193,5**	*161,3*	241,9	

Einheitsmoment M/b in t

σb in kg/cm² 57,5		60		62,5		65		67,5		70		75		81,25		87,5		93,75		Eisenzugspannung σe in kg/cm²			
38,33		*40*		*41,67*		*43,33*		*45*		*46,67*		*50*		*54,17*		*58,33*		*62,5*					
46		**48**		**50**		**52**		**54**		**56**		**60**		**65**		**70**		**75**		**1200**	*1000*	1500	
29,04	*20,32*	28,11	*21,08*	27,24	*21,83*	26,44	*22,57*	25,70	*23,30*	25,01	*24,03*									**6,221**	*5,184*	7,776	1
30,61	*21,42*	29,63	*22,22*	28,72	*23,01*	27,87	*23,79*	27,09	*24,56*	26,36	*25,33*	25,04	*26,83*							**6,912**	*5,760*	8,640	
33,54	*23,47*	32,45	*24,34*	31,46	*25,21*	30,53	*26,06*	29,67	*26,91*	28,88	*27,74*	27,43	*29,39*	25,87	*31,41*	24,52	*33,38*			**8,294**	*6,912*	10,370	
36,22	*25,35*	35,05	*26,29*	33,98	*27,22*	32,98	*28,15*	32,05	*29,06*	31,19	*29,97*	29,63	*31,75*	27,94	*33,93*	26,49	*36,05*	25,22	*38,13*	**9,677**	*8,064*	12,100	4
38,72	*27,10*	37,47	*28,11*	36,32	*29,10*	35,26	*30,09*	34,27	*31,07*	33,34	*32,04*	31,68	*33,94*	29,87	*36,27*	28,32	*38,54*	26,96	*40,76*	**11,060**	*9,216*	13,820	
41,07	*28,74*	39,75	*29,81*	38,53	*30,87*	37,39	*31,92*	36,34	*32,95*	35,37	*33,98*	33,60	*36,00*	31,69	*38,47*	30,03	*40,88*	28,59	*43,23*	**12,440**	*10,370*	15,550	
43,29	*30,29*	41,90	*31,42*	40,61	*32,54*	39,42	*33,64*	38,31	*34,74*	37,28	*35,82*	35,42	*37,95*	33,40	*40,55*	31,66	*43,09*	30,14	*45,57*	**13,820**	*11,520*	17,280	7
47,43	*33,19*	45,90	*34,42*	44,49	*35,65*	43,18	*36,85*	41,97	*38,05*	40,84	*39,24*	38,80	*41,57*	36,59	*44,42*	34,68	*47,20*	33,02	*49,92*	**16,590**	*13,820*	20,740	
51,23	*35,85*	49,57	*37,18*	48,05	*38,50*	46,64	*39,81*	45,33	*41,10*	44,11	*42,38*	41,91	*44,90*	39,52	*47,98*	37,46	*50,99*	35,66	*53,92*	**19,350**	*16,130*	24,190	
55,19	*38,62*	53,41	*40,06*	51,77	*41,48*	50,25	*42,89*	48,84	*44,28*	47,52	*45,66*	45,15	*48,37*	42,58	*51,69*	40,36	*54,93*	38,42	*58,09*	**22,460**	*18,720*	28,080	10
59,28	*41,48*	57,37	*43,03*	55,61	*44,56*	53,97	*46,07*	52,46	*47,56*	51,05	*49,05*	48,50	*51,96*	45,73	*55,53*	43,35	*59,00*	41,27	*62,40*	**25,920**	*21,600*	32,400	
63,11	*44,16*	61,08	*45,81*	59,20	*47,43*	57,46	*49,04*	55,85	*50,64*	54,34	*52,21*	51,63	*55,32*	48,69	*59,11*	46,15	*62,82*	43,93	*66,43*	**29,380**	*24,480*	36,720	
66,73	*46,68*	64,57	*48,42*	62,58	*50,15*	60,75	*51,85*	59,04	*53,53*	57,45	*55,20*	54,58	*58,48*	51,47	*62,49*	48,79	*66,41*	46,45	*70,23*	**32,830**	*27,360*	41,040	13
70,25	*48,96*	67,97	*50,80*	65,86	*52,63*	63,91	*54,43*	62,11	*56,22*	60,43	*57,98*	57,39	*61,46*	54,12	*65,69*	51,29	*69,82*	48,83	*73,84*	**36,290**	*30,240*	45,360	
73,74	*50,99*	71,32	*52,93*	69,10	*54,84*	67,04	*56,74*	65,13	*58,62*	63,35	*60,48*	60,15	*64,14*	56,69	*68,61*	53,71	*72,98*	51,12	*77,23*	**39,740**	*33,120*	49,680	
78,22	*53,34*	75,63	*55,38*	73,25	*57,41*	71,05	*59,41*	69,01	*61,40*	67,11	*63,36*	63,69	*67,24*	59,99	*71,99*	56,80	*76,62*	54,03	*81,15*	**44,240**	*36,860*	55,300	16
83,66	*55,85*	80,87	*58,01*	78,30	*60,15*	75,92	*62,27*	73,71	*64,37*	71,66	*66,45*	67,97	*70,57*	63,98	*75,60*	60,54	*80,54*	57,55	*85,36*	**49,770**	*41,470*	62,210	
89,05	*58,04*	86,05	*60,30*	83,29	*62,54*	80,73	*64,76*	78,36	*66,96*	76,16	*69,14*	72,19	*73,46*	67,91	*78,75*	64,22	*83,94*	61,02	*89,03*	**55,300**	*46,080*	69,120	
95,72	*60,41*	92,46	*62,78*	89,46	*65,12*	86,69	*67,45*	84,11	*69,77*	81,72	*72,06*	77,41	*76,60*	72,76	*82,17*	68,76	*87,64*	65,28	*93,02*	**62,210**	*51,840*	77,760	19
102,3	*62,45*	98,82	*64,91*	95,58	*67,36*	92,58	*69,78*	89,81	*72,19*	87,23	*74,58*	82,57	*79,31*	77,55	*85,13*	73,24	*90,85*	69,49	*96,47*	**69,120**	*57,600*	86,400	
115,4	*65,81*	111,4	*68,42*	107,7	*71,03*	104,2	*73,61*	101,1	*76,18*	98,10	*78,73*	92,77	*83,78*	87,02	*90,01*	82,07	*96,14*	77,78	*102,2*	**82,940**	*69,120*	103,7	
128,4	*68,45*	123,9	*71,20*	119,7	*73,93*	115,8	*76,64*	112,2	*79,34*	108,9	*82,02*	102,8	*87,33*	96,35	*93,88*	90,78	*100,3*	85,94	*106,7*	**96,770**	*80,640*	121,0	22
141,3	*70,60*	136,2	*73,45*	131,6	*76,29*	127,2	*79,10*	123,2	*81,91*	119,5	*84,69*	112,8	*90,22*	105,6	*97,05*	99,40	*103,8*	94,02	*110,4*	**110,6**	*92,160*	138,2	
154,2	*72,38*	148,6	*75,32*	143,4	*78,24*	138,6	*81,15*	134,2	*84,04*	130,1	*86,92*	122,8	*92,63*	114,8	*99,68*	108,0	*106,7*	102,0	*113,5*	**124,4**	*103,7*	155,5	
166,9	*73,89*	160,8	*76,90*	155,2	*79,89*	150,0	*82,88*	145,2	*85,85*	140,7	*88,80*	132,6	*94,66*	123,9	*101,9*	116,5	*109,1*	110,0	*116,2*	**138,2**	*115,2*	172,8	25
192,4	*76,28*	185,2	*79,42*	178,6	*82,54*	172,6	*85,64*	166,9	*88,73*	161,7	*91,81*	152,3	*97,93*	142,1	*105,5*	133,4	*113,0*	125,8	*120,4*	**165,9**	*138,2*	207,4	
217,8	*78,11*	209,6	*81,34*	202,0	*84,56*	195,0	*87,76*	188,6	*90,95*	182,6	*94,12*	171,8	*100,4*	160,2	*108,3*	150,2	*116,0*	141,5	*123,7*	**193,5**	*161,3*	241,9	
246,2	*79,72*	236,8	*83,03*	228,2	*86,33*	220,2	*89,62*	212,9	*92,89*	206,0	*96,16*	193,7	*102,7*	180,4	*110,7*	169,0	*118,7*	159,1	*126,6*	**224,6**	*187,2*	280,8	28
277,8	*81,11*	267,1	*84,50*	257,3	*87,87*	248,2	*91,24*	239,8	*94,59*	232,0	*97,93*	217,9	*104,6*	202,8	*112,8*	189,8	*121,0*	178,6	*129,2*	**259,2**	*216,0*	324,0	
309,3	*82,22*	297,3	*85,67*	286,3	*89,10*	276,1	*92,53*	266,7	*95,94*	257,9	*99,34*	242,1	*106,1*	225,2	*114,5*	210,6	*122,9*	198,0	*131,2*	**293,8**	*244,8*	367,2	
340,7	*83,12*	327,4	*86,62*	315,2	*90,10*	303,9	*93,58*	293,5	*97,04*	283,8	*100,5*	266,3	*107,4*	247,5	*115,9*	231,4	*124,4*	217,4	*132,9*	**328,3**	*273,6*	410,4	31
372,2	*83,87*	357,6	*87,41*	344,3	*90,94*	331,8	*94,45*	320,3	*97,96*	309,6	*101,5*	290,5	*108,4*	269,8	*117,1*	252,1	*125,7*	236,7	*134,3*	**362,9**	*302,4*	453,6	
		387,7	*88,08*	373,1	*91,64*	359,6	*95,19*	347,1	*98,73*	335,5	*102,3*	314,6	*109,3*	291,8	*118,1*	272,8	*126,8*	256,1	*135,5*	**397,4**	*331,2*	496,8	
						395,7	*95,99*	381,9	*99,58*	369,0	*103,2*	345,9	*110,3*	321,0	*119,2*	299,7	*128,0*	281,1	*136,8*	**442,4**	*368,6*	553,0	34
												384,4	*111,3*	356,6	*120,2*	332,7	*129,2*	312,0	*138,1*	**497,7**	*414,7*	622,1	
														392,1	*121,1*	365,7	*130,2*	342,8	*139,1*	**553,0**	*460,8*	691,2	

Einheitsmoment M/b in t

Einheitsmoment M/b in t	Eisenzug-spannung σ_e in kg/cm²			Beton - Druckspannung																			
	1500			8,75		10		11,25		12,5		13,75		15		16,25		17,5		18,75		20	
		1000		*5,833*		*6,667*		*7,5*		*8,333*		*9,167*		*10*		*10,83*		*11,67*		*12,5*		*13,33*	
			1200	**7**		**8**		**9**		**10**		**11**		**12**		**13**		**14**		**15**		**16**	
1	9,126	*6,084*	**7,301**	163,2	*3,830*	143,9	*4,360*	128,9	*4,886*	116,8	*5,408*	107,0	*5,926*	98,76	*6,441*	91,80	*6,951*	85,84	*7,458*	80,67	*7,961*	76,14	*8,460*
	10,140	*6,760*	**8,112**	172,0	*4,037*	151,7	*4,596*	135,8	*5,151*	123,1	*5,701*	112,8	*6,247*	104,1	*6,789*	96,77	*7,327*	90,48	*7,861*	85,03	*8,391*	80,26	*8,918*
	12,170	*8,112*	**9,734**	188,5	*4,423*	166,2	*5,035*	148,8	*5,642*	134,9	*6,245*	123,5	*6,843*	114,0	*7,437*	106,0	*8,026*	99,12	*8,612*	93,15	*9,192*	87,92	*9,769*
4	14,200	*9,464*	**11,360**	203,6	*4,777*	179,5	*5,438*	160,7	*6,094*	145,7	*6,745*	133,4	*7,392*	123,2	*8,033*	114,5	*8,670*	107,1	*9,302*	100,6	*9,929*	94,97	*10,55*
	16,220	*10,820*	**12,980**	217,6	*5,107*	191,9	*5,814*	171,8	*6,515*	155,8	*7,211*	142,6	*7,902*	131,7	*8,587*	122,4	*9,268*	114,5	*9,944*	107,6	*10,61*	101,5	*11,28*
	18,250	*12,170*	**14,600**	230,8	*5,417*	203,5	*6,166*	182,2	*6,910*	165,2	*7,649*	151,3	*8,381*	139,7	*9,108*	129,8	*9,830*	121,4	*10,55*	114,1	*11,26*	107,7	*11,96*
7	20,280	*13,520*	**16,220**	243,3	*5,710*	214,5	*6,500*	192,1	*7,284*	174,1	*8,062*	159,5	*8,835*	147,2	*9,601*	136,9	*10,36*	128,0	*11,12*	120,3	*11,87*	113,5	*12,61*
	24,340	*16,220*	**19,470**	266,5	*6,255*	235,0	*7,120*	210,4	*7,979*	190,8	*8,832*	174,7	*9,678*	161,3	*10,52*	149,9	*11,35*	140,2	*12,18*	131,7	*13,00*	124,3	*13,82*
	28,390	*18,930*	**22,710**	287,9	*6,756*	253,8	*7,691*	227,3	*8,619*	206,1	*9,539*	188,7	*10,45*	174,2	*11,36*	161,9	*12,26*	151,4	*13,15*	142,3	*14,04*	134,3	*14,92*
10	32,960	*21,970*	**26,360**	310,2	*7,279*	273,4	*8,286*	244,9	*9,285*	222,0	*10,28*	203,3	*11,26*	187,7	*12,24*	174,5	*13,21*	163,1	*14,17*	153,3	*15,13*	144,7	*16,08*
	38,030	*25,350*	**30,420**	333,3	*7,815*	293,8	*8,897*	263,1	*9,971*	238,5	*11,04*	218,4	*12,10*	201,6	*13,15*	187,4	*14,19*	175,2	*15,22*	164,7	*16,25*	155,4	*17,27*
	43,100	*28,730*	**34,480**	356,1	*8,286*	313,9	*9,436*	281,0	*10,58*	254,6	*11,71*	233,1	*12,84*	215,1	*13,95*	199,9	*15,07*	186,9	*16,17*	175,6	*17,26*	165,7	*18,35*
13	48,170	*32,110*	**38,530**	378,9	*8,699*	333,8	*9,908*	298,8	*11,11*	270,7	*12,30*	247,7	*13,49*	228,6	*14,66*	212,4	*15,83*	198,5	*17,00*	186,5	*18,15*	175,9	*19,30*
	53,240	*35,490*	**42,590**	401,6	*9,065*	353,7	*10,33*	316,5	*11,58*	286,7	*12,83*	262,3	*14,06*	242,0	*15,29*	224,8	*16,52*	210,1	*17,73*	197,3	*18,94*	186,1	*20,14*
	58,310	*38,870*	**46,640**			373,6	*10,70*	334,2	*12,00*	302,7	*13,29*	276,9	*14,58*	255,4	*15,85*	237,2	*17,12*	221,6	*18,39*	208,1	*19,64*	196,2	*20,89*
16	64,900	*43,260*	**51,920**			399,4	*11,13*	357,2	*12,48*	323,4	*13,83*	295,8	*15,17*	272,7	*16,50*	253,2	*17,82*	236,5	*19,14*	222,0	*20,45*	209,3	*21,75*
	73,010	*48,670*	**58,410**					385,4	*13,00*	348,8	*14,40*	318,9	*15,80*	294,0	*17,19*	272,9	*18,57*	254,8	*19,94*	239,1	*21,31*	225,4	*22,67*
	81,120	*54,080*	**64,900**					413,5	*13,44*	374,2	*14,89*	342,0	*16,34*	315,2	*17,78*	292,5	*19,21*	273,0	*20,64*	256,2	*22,05*	241,4	*23,47*
19	91,260	*60,840*	**73,010**							405,8	*15,42*	370,8	*16,92*	341,6	*18,41*	316,9	*19,90*	295,7	*21,38*	277,4	*22,85*	261,3	*24,32*
	101,4	*67,600*	**81,120**									399,5	*17,42*	368,0	*18,96*	341,3	*20,49*	318,4	*22,02*	298,6	*23,54*	281,2	*25,05*
	121,7	*81,120*	**97,340**											420,6	*19,84*	389,9	*21,45*	363,6	*23,05*	340,7	*24,65*	320,8	*26,24*
22	142,0	*94,640*	**113,6**															408,6	*23,85*	382,8	*25,51*	360,2	*27,16*
	162,2	*108,2*	**129,8**																	424,8	*26,20*	399,7	*27,90*
	182,5	*121,7*	**146,0**																				
25	202,8	*135,2*	**162,2**																				
	243,4	*162,2*	**194,7**																				
	283,9	*189,3*	**227,1**																				

Erste Teilspalte (Steilziffern) h in cm

Zweite Teilspalte (Schrägziffern) f_e in $\frac{cm^2}{m}$

Einheitsmoment M/b in t	Eisenzug-spannung σ_e in kg/cm²			Beton - Druckspannung																			
	1500			33,75		35		37,5		40		42,5		45		47,5		50		52,5		55	
		1000		*22,5*		*23,33*		*25*		*26,67*		*28,33*		*30*		*31,67*		*33,33*		*35*		*36,67*	
			1200	**27**		**28**		**30**		**32**		**34**		**36**		**38**		**40**		**42**		**44**	
1	9,126	*6,084*	**7,301**	48,37	*13,73*	46,92	*14,19*	44,31	*15,10*	42,01	*16,01*	39,99	*16,89*	38,18	*17,77*	36,56	*18,64*	35,10	*19,50*	33,78	*20,35*	32,57	*21,19*
	10,140	*6,760*	**8,112**	50,99	*14,47*	49,46	*14,96*	46,70	*15,92*	44,29	*16,87*	42,15	*17,81*	40,25	*18,74*	38,54	*19,65*	37,00	*20,55*	35,60	*21,45*	34,33	*22,33*
	12,170	*8,112*	**9,734**	55,86	*15,86*	54,18	*16,39*	51,16	*17,44*	48,51	*18,48*	46,17	*19,51*	44,09	*20,52*	42,22	*21,53*	40,53	*22,52*	39,00	*23,50*	37,61	*24,46*
4	14,200	*9,464*	**11,360**	60,33	*17,13*	58,52	*17,70*	55,26	*18,84*	52,40	*19,96*	49,87	*21,07*	47,62	*22,17*	45,60	*23,25*	43,78	*24,32*	42,13	*25,38*	40,62	*26,42*
	16,220	*10,820*	**12,980**	64,50	*18,31*	62,56	*18,92*	59,08	*20,14*	56,02	*21,34*	53,32	*22,53*	50,91	*23,70*	48,75	*24,86*	46,80	*26,00*	45,03	*27,13*	43,42	*28,25*
	18,250	*12,170*	**14,600**	68,41	*19,42*	66,36	*20,07*	62,66	*21,36*	59,42	*22,63*	56,55	*23,89*	53,99	*25,14*	51,70	*26,36*	49,64	*27,58*	47,77	*28,78*	46,06	*29,96*
7	20,280	*13,520*	**16,220**	72,11	*20,47*	69,95	*21,16*	66,05	*22,52*	62,63	*23,86*	59,61	*25,19*	56,92	*26,50*	54,50	*27,79*	52,32	*29,07*	50,35	*30,33*	48,55	*31,58*
	24,340	*16,220*	**19,470**	78,99	*22,42*	76,62	*23,18*	72,35	*24,67*	68,61	*26,14*	65,30	*27,59*	62,35	*29,02*	59,70	*30,44*	57,32	*31,84*	55,15	*33,23*	53,18	*34,60*
	28,390	*18,930*	**22,710**	85,32	*24,22*	82,76	*25,03*	78,15	*26,64*	74,11	*28,23*	70,53	*29,80*	67,34	*31,35*	64,49	*32,88*	61,91	*34,39*	59,57	*35,89*	57,44	*37,37*
10	32,960	*21,970*	**26,360**	91,92	*26,10*	89,17	*26,97*	84,20	*28,70*	79,84	*30,41*	75,99	*32,11*	72,55	*33,78*	69,48	*35,43*	66,70	*37,06*	64,18	*38,67*	61,89	*40,26*
	38,030	*25,350*	**30,420**	98,74	*28,03*	95,78	*28,97*	90,44	*30,83*	85,76	*32,67*	81,62	*34,49*	77,94	*36,28*	74,63	*38,05*	71,65	*39,80*	68,94	*41,54*	66,48	*43,25*
	43,100	*28,730*	**34,480**	105,1	*29,83*	102,0	*30,84*	96,29	*32,82*	91,30	*34,78*	86,89	*36,71*	82,97	*38,62*	79,45	*40,51*	76,27	*42,37*	73,40	*44,22*	70,77	*46,04*
13	48,170	*32,110*	**38,530**	111,4	*31,44*	108,0	*32,51*	102,0	*34,61*	96,65	*36,69*	91,96	*38,75*	87,78	*40,78*	84,04	*42,79*	80,67	*44,77*	77,61	*46,73*	74,83	*48,66*
	53,240	*35,490*	**42,590**	117,6	*32,87*	114,0	*33,99*	107,6	*36,20*	102,0	*38,39*	96,97	*40,55*	92,54	*42,69*	88,57	*44,81*	85,00	*46,90*	81,76	*48,97*	78,81	*51,01*
	58,310	*38,870*	**46,640**	123,7	*34,15*	120,0	*35,31*	113,2	*37,62*	107,2	*39,91*	101,9	*42,17*	97,26	*44,41*	93,06	*46,62*	89,28	*48,81*	85,85	*50,97*	82,73	*53,12*
16	64,900	*43,260*	**51,920**	131,7	*35,61*	127,6	*36,84*	120,4	*39,26*	114,0	*41,66*	108,3	*44,03*	103,3	*46,38*	98,84	*48,71*	94,79	*51,01*	91,12	*53,29*	87,78	*55,55*
	73,010	*48,670*	**58,410**	141,4	*37,19*	137,0	*38,47*	129,1	*41,01*	122,2	*43,53*	116,2	*46,02*	110,7	*48,49*	105,9	*50,94*	101,5	*53,37*	97,54	*55,77*	93,93	*58,15*
	81,120	*54,080*	**64,900**	151,1	*38,55*	146,3	*39,88*	137,9	*42,53*	130,5	*45,15*	123,9	*47,75*	118,1	*50,33*	112,9	*52,88*	108,1	*55,40*	103,9	*57,92*	100,0	*60,41*
19	91,260	*60,840*	**73,010**	163,0	*40,01*	157,9	*41,46*	148,7	*44,17*	140,6	*46,90*	133,5	*49,62*	127,2	*52,31*	121,5	*54,98*	116,4	*57,63*	111,8	*60,25*	107,6	*62,86*
	101,4	*67,600*	**81,120**	175,0	*41,28*	169,4	*42,71*	159,5	*45,57*	150,8	*48,41*	143,1	*51,22*	136,2	*54,02*	130,1	*56,79*	124,6	*59,53*	119,6	*62,26*	115,0	*64,97*
	121,7	*81,120*	**97,340**	198,7	*43,33*	192,3	*44,85*	180,9	*47,87*	170,9	*50,87*	162,0	*53,85*	154,2	*56,81*	147,1	*59,74*	140,8	*62,66*	135,1	*65,56*	129,8	*68,43*
22	142,0	*94,640*	**113,6**	222,3	*44,94*	215,1	*46,52*	202,2	*49,68*	190,9	*52,81*	180,9	*55,91*	172,0	*59,00*	164,1	*62,07*	156,9	*65,12*	150,4	*68,15*	144,5	*71,17*
	162,2	*108,2*	**129,8**	245,8	*46,24*	237,8	*47,87*	223,4	*51,13*	210,8	*54,37*	199,6	*57,58*	189,7	*60,78*	180,9	*63,96*	172,9	*67,12*	165,7	*70,26*	159,1	*73,38*
	182,5	*121,7*	**146,0**	269,2	*47,30*	260,4	*48,98*	244,5	*52,33*	230,6	*55,65*	218,3	*58,96*	207,4	*62,25*	197,6	*65,51*	188,8	*68,77*	180,9	*72,00*	173,6	*75,22*
25	202,8	*135,2*	**162,2**	292,6	*48,20*	282,9	*49,91*	265,6	*53,33*	250,3	*56,73*	236,9	*60,11*	225,0	*63,48*	214,3	*66,82*	204,7	*70,15*	196,0	*73,47*	188,1	*76,76*
	243,4	*162,2*	**194,7**	339,2	*49,62*	327,9	*51,39*	307,6	*54,93*	289,8	*58,45*	274,1	*61,95*	260,1	*65,44*	247,6	*68,91*	236,3	*72,37*	226,2	*75,81*	216,9	*79,23*
	283,9	*189,3*	**227,1**	385,8	*50,69*	372,8	*52,51*	349,5	*56,14*	329,1	*59,76*	311,1	*63,35*	295,1	*66,93*	280,8	*70,50*	267,9	*74,05*	256,2	*77,59*	245,6	*81,11*
28	329,6	*219,7*	**263,6**	438,0	*51,62*	423,2	*53,48*	396,6	*57,19*	373,3	*60,88*	352,7	*64,56*	334,4	*68,24*	318,0	*71,88*	303,3	*75,52*	289,9	*79,15*	277,8	*82,76*
	380,3	*253,5*	**304,2**							422,3	*61,86*	398,8	*65,62*	378,0	*69,36*	359,3	*73,08*	342,5	*76,80*	327,3	*80,50*	313,5	*84,19*
	431,0	*287,3*	**344,8**											421,5	*70,25*	400,6	*74,04*	381,7	*77,81*	364,7	*81,58*	349,2	*85,33*
31	481,7	*321,1*	**385,3**															420,9	*78,64*	402,0	*82,45*	384,8	*86,26*
	532,4	*354,9*	**425,9**																			420,4	*87,03*
	583,1	*388,7*	**466,4**																				
34	649,0	*432,6*	**519,2**																				
	730,1	*486,7*	**584,1**																				
	811,2	*540,8*	**649,0**																				

Erste Teilspalte (Steilziffern) h in cm

Zweite Teilspalte (Schrägziffern) f_e in $\frac{cm^2}{m}$

(Mit Vernachlässigung des Stegdrucks.) $d = 26$ cm

σ_b in kg/cm² — Eisenzugspannung σ_e in kg/cm² — Einheitsmoment M/b in t

21,25		22,5		23,75		25		26,25		27,5		28,75		30		31,25		32,5				1500	
14,17		15		15,83		16,67		17,5		18,33		19,17		20		20,83		21,67			1000		
17		**18**		**19**		**20**		**21**		**22**		**23**		**24**		**25**		**26**		**1200**			
72,15	8,956	68,59	9,449	65,41	9,938	62,54	10,42	59,94	10,91	57,58	11,38	55,42	11,86	53,44	12,33	51,62	12,80	49,93	13,27	**7,301**	6,084	9,126	1
76,05	9,441	72,30	9,960	68,94	10,48	65,92	10,99	63,19	11,50	60,70	12,00	58,42	12,50	56,33	13,00	54,41	13,49	52,64	13,99	**8,112**	6,760	10,140	
83,31	10,34	79,20	10,91	75,52	11,47	72,21	12,04	69,22	12,59	66,49	13,15	64,00	13,70	61,71	14,24	59,60	14,78	57,66	15,32	**9,734**	8,112	12,170	
89,98	11,17	85,55	11,78	81,58	12,39	78,00	13,00	74,76	13,60	71,82	14,20	69,12	14,79	66,65	15,38	64,38	15,97	62,28	16,55	**11,360**	9,464	14,200	4
96,19	11,94	91,45	12,60	87,21	13,25	83,39	13,90	79,92	14,54	76,77	15,18	73,90	15,81	71,26	16,44	68,83	17,07	66,58	17,69	**12,980**	10,820	16,220	
102,0	12,67	97,00	13,36	92,50	14,05	88,44	14,74	84,77	15,42	81,43	16,10	78,38	16,77	75,58	17,44	73,00	18,11	70,62	18,76	**14,600**	12,170	18,250	
107,5	13,35	102,2	14,09	97,50	14,81	93,23	15,54	89,36	16,26	85,84	16,97	82,62	17,68	79,67	18,38	76,95	19,08	74,44	19,78	**16,220**	13,520	20,280	7
117,8	14,63	112,0	15,43	106,8	16,23	102,1	17,02	97,89	17,81	94,03	18,59	90,50	19,37	87,27	20,14	84,29	20,91	81,54	21,67	**19,470**	16,220	24,340	
127,3	15,80	121,0	16,67	115,4	17,53	110,3	18,38	105,7	19,24	101,6	20,08	97,76	20,92	94,26	21,75	91,05	22,58	88,08	23,40	**22,710**	18,930	28,390	
137,1	17,02	130,3	17,96	124,3	18,88	118,8	19,81	113,9	20,72	109,4	21,63	105,3	22,54	101,6	23,44	98,09	24,33	94,89	25,21	**26,360**	21,970	32,960	10
147,3	18,28	140,0	19,29	133,5	20,29	127,7	21,28	122,4	22,26	117,5	23,24	113,1	24,21	109,1	25,17	105,4	26,13	101,9	27,08	**30,420**	25,350	38,030	
157,0	19,43	149,2	20,50	142,3	21,57	136,0	22,63	130,4	23,68	125,2	24,72	120,5	25,76	116,2	26,79	112,2	27,81	108,5	28,82	**34,480**	28,730	43,100	
166,6	20,44	158,4	21,57	151,0	22,69	144,3	23,81	138,3	24,92	132,8	26,03	127,8	27,12	123,2	28,21	118,9	29,30	115,0	30,37	**38,530**	32,110	48,170	13
176,2	21,33	167,5	22,52	159,6	23,69	152,5	24,86	146,1	26,03	140,3	27,19	135,0	28,34	130,1	29,48	125,6	30,62	121,4	31,75	**42,590**	35,490	53,240	
185,8	22,13	176,5	23,36	168,2	24,59	160,7	25,80	153,9	27,02	147,7	28,22	142,1	29,42	137,0	30,61	132,2	31,80	127,8	32,97	**46,640**	38,870	58,310	
198,1	23,04	188,2	24,33	179,3	25,61	171,3	26,89	164,0	28,15	157,4	29,41	151,4	30,67	145,8	31,91	140,7	33,15	136,0	34,39	**51,920**	43,260	64,900	16
213,3	24,02	202,5	25,37	192,9	26,71	184,2	28,04	176,3	29,37	169,2	30,69	162,7	32,00	156,7	33,31	151,2	34,61	146,1	35,90	**58,410**	48,670	73,010	
228,4	24,87	216,8	26,27	206,4	27,66	197,1	29,04	188,6	30,42	181,0	31,79	173,9	33,15	167,5	34,51	161,6	35,86	156,1	37,21	**64,900**	54,080	81,120	
247,2	25,78	234,5	27,23	223,3	28,68	213,1	30,12	203,9	31,55	195,6	32,98	187,9	34,40	180,9	35,81	174,5	37,22	168,5	38,62	**73,010**	60,840	91,260	19
265,9	26,56	252,2	28,06	240,1	29,55	229,1	31,04	219,2	32,52	210,1	33,99	201,9	35,46	194,3	36,92	187,3	38,38	180,9	39,83	**81,120**	67,600	101,4	
303,2	27,82	287,5	29,40	273,5	30,97	260,9	32,54	249,5	34,10	239,1	35,65	229,6	37,20	220,9	38,74	212,9	40,28	205,5	41,81	**97,340**	81,120	121,7	
340,3	28,81	322,6	30,44	306,8	32,08	292,5	33,71	279,6	35,33	267,9	36,94	257,2	38,55	247,4	40,16	238,3	41,76	230,0	43,35	**113,6**	94,640	142,0	22
377,4	29,59	357,7	31,28	340,0	32,97	324,1	34,64	309,7	36,32	296,7	37,98	284,7	39,64	273,8	41,30	263,7	42,95	254,4	44,60	**129,8**	108,2	162,2	
414,4	30,24	392,7	31,97	373,2	33,69	355,6	35,41	339,8	37,13	325,3	38,84	312,2	40,54	300,1	42,24	289,0	43,93	278,7	45,62	**146,0**	121,7	182,5	
				406,3	34,30	387,1	36,06	369,7	37,81	354,0	39,55	339,5	41,29	326,3	43,02	314,2	44,75	303,0	46,48	**162,2**	135,2	202,8	25
						449,9	37,07	429,6	38,88	411,1	40,68	394,2	42,47	378,8	44,27	364,5	46,05	351,4	47,84	**194,7**	162,2	243,4	
														431,1	45,20	414,8	47,04	399,7	48,86	**227,1**	189,3	283,9	

σ_b in kg/cm² — Eisenzugspannung σ_e in kg/cm² — Einheitsmoment M/b in t

57,5		60		62,5		65		67,5		70		75		81,25		87,5		93,75				1500	
38,33		40		41,67		43,33		45		46,67		50		54,17		58,33		62,5			1000		
46		**48**		**50**		**52**		**54**		**56**		**60**		**65**		**70**		**75**		**1200**			
31,46	22,02	30,45	22,84	29,51	23,65	28,65	24,45	27,84	25,24	27,09	26,03									**7,301**	6,084	9,126	1
33,17	23,21	32,10	24,07	31,10	24,93	30,19	25,77	29,35	26,61	28,56	27,44	27,13	29,07							**8,112**	6,760	10,140	
36,33	25,42	35,16	26,37	34,08	27,31	33,08	28,23	32,15	29,15	31,28	30,06	29,72	31,84	28,03	34,03	26,57	36,16			**9,734**	8,112	12,170	
39,24	27,46	37,98	28,48	36,81	29,49	35,73	30,49	34,72	31,48	33,79	32,46	32,10	34,39	30,27	36,75	28,69	39,06	27,32	41,31	**11,360**	9,464	14,200	4
41,95	29,35	40,60	30,45	39,35	31,53	38,19	32,60	37,12	33,66	36,12	34,71	34,32	36,77	32,36	39,29	30,68	41,75	29,20	44,16	**12,980**	10,820	16,220	
44,50	31,14	43,06	32,30	41,74	33,44	40,51	34,58	39,37	35,70	38,31	36,81	36,40	39,00	34,33	41,68	32,54	44,29	30,98	46,84	**14,600**	12,170	18,250	
46,90	32,82	45,39	34,04	43,99	35,25	42,70	36,45	41,50	37,63	40,39	38,80	38,37	41,11	36,18	43,93	34,30	46,68	32,65	49,37	**16,220**	13,520	20,280	7
51,38	35,95	49,72	37,29	48,19	38,62	46,78	39,93	45,46	41,22	44,24	42,51	42,03	45,03	39,64	48,12	37,57	51,14	35,77	54,08	**19,470**	16,220	24,340	
55,50	38,83	53,71	40,28	52,05	41,71	50,53	43,13	49,11	44,53	47,79	45,91	45,40	48,64	42,81	51,98	40,58	55,23	38,63	58,42	**22,710**	18,930	28,390	
59,79	41,84	57,86	43,40	56,08	44,94	54,43	46,46	52,91	47,97	51,48	49,46	48,91	52,40	46,13	56,00	43,72	59,51	41,62	62,94	**26,360**	21,970	32,960	10
64,22	44,94	62,15	46,61	60,24	48,27	58,47	49,91	56,83	51,53	55,30	53,13	52,54	56,29	49,55	60,15	46,96	63,92	44,71	67,60	**30,420**	25,350	38,030	
68,37	47,84	66,17	49,62	64,13	51,39	62,25	53,13	60,50	54,86	58,87	56,56	55,93	59,93	52,75	64,04	50,00	68,05	47,60	71,97	**34,480**	28,730	43,100	
72,29	50,57	69,95	52,46	67,80	54,33	65,81	56,17	63,96	57,99	62,24	59,80	59,13	63,35	55,76	67,70	52,86	71,94	50,32	76,09	**38,530**	32,110	48,170	13
76,11	53,04	73,63	55,04	71,35	57,01	69,24	58,97	67,28	60,90	65,46	62,82	62,18	66,58	58,63	71,17	55,57	75,63	52,90	79,99	**42,590**	35,490	53,240	
79,88	55,24	77,26	57,34	74,85	59,42	72,62	61,47	70,56	63,51	68,63	65,52	65,16	69,49	61,42	74,33	58,19	79,06	55,38	83,66	**46,640**	38,870	58,310	
84,73	57,78	81,93	60,00	79,35	62,19	76,97	64,36	74,76	66,51	72,70	68,64	68,99	72,84	64,98	77,99	61,54	83,01	58,53	87,91	**51,920**	43,260	64,900	16
90,63	60,51	87,61	62,85	84,82	65,16	82,25	67,46	79,86	69,74	77,64	71,99	73,63	76,45	69,31	81,90	65,59	87,25	62,35	92,48	**58,410**	48,670	73,010	
96,47	62,88	93,22	65,32	90,23	67,75	87,46	70,16	84,89	72,54	82,51	74,91	78,21	79,58	73,57	85,32	69,57	90,94	66,10	96,45	**64,900**	54,080	81,120	
103,7	65,44	100,2	68,01	96,91	70,55	93,91	73,08	91,12	75,58	88,53	78,07	83,86	82,98	78,82	89,02	74,49	94,95	70,72	100,8	**73,010**	60,840	91,260	19
110,9	67,66	107,1	70,32	103,5	72,97	100,3	75,60	97,29	78,21	94,49	80,79	89,46	85,92	84,02	92,22	79,34	98,42	75,28	104,5	**81,120**	67,600	101,4	
125,1	71,29	120,7	74,13	116,7	76,95	112,9	79,75	109,5	82,53	106,3	85,29	100,5	90,76	94,27	97,51	88,91	104,1	84,26	110,7	**97,340**	81,120	121,7	
139,1	74,16	134,2	77,13	129,6	80,09	125,4	83,03	121,5	85,95	117,9	88,85	111,4	94,61	104,4	101,7	98,35	108,7	93,10	115,6	**113,6**	94,640	142,0	22
153,1	76,49	147,6	79,57	142,5	82,64	137,9	85,70	133,5	88,73	129,5	91,75	122,2	97,74	114,4	105,1	107,7	112,4	101,9	119,6	**129,8**	108,2	162,2	
167,0	78,42	160,9	81,60	155,3	84,76	150,2	87,91	145,4	91,04	141,0	94,16	133,0	100,3	124,4	108,0	117,0	115,5	110,5	123,0	**146,0**	121,7	182,5	
180,8	80,04	174,2	83,31	168,1	86,55	162,5	89,78	157,3	93,00	152,4	96,20	143,7	102,6	134,3	110,4	126,2	118,2	119,2	125,9	**162,2**	135,2	202,8	25
208,4	82,64	200,7	86,03	193,5	89,41	186,9	92,78	180,8	96,13	175,2	99,46	164,9	106,1	153,9	114,3	144,5	122,4	136,3	130,5	**194,7**	162,2	243,4	
235,9	84,62	227,0	88,12	218,8	91,60	211,3	95,07	204,3	98,53	197,8	102,0	186,1	108,8	173,5	117,3	162,7	125,7	153,3	134,0	**227,1**	189,3	283,9	
266,7	86,36	256,6	89,95	247,2	93,52	238,6	97,08	230,6	100,6	223,2	104,2	209,8	111,2	195,4	119,9	183,1	128,6	172,4	137,2	**263,6**	219,7	329,6	28
300,9	87,87	289,3	91,54	278,7	95,19	268,9	98,84	259,8	102,5	251,3	106,1	236,1	113,3	219,7	122,2	205,7	131,1	193,5	139,9	**304,2**	253,5	380,3	
335,0	89,07	322,1	92,81	310,1	96,53	299,1	100,2	288,9	103,9	279,4	107,6	262,3	115,0	243,9	124,1	228,2	133,1	214,5	142,1	**344,8**	287,3	431,0	
369,1	90,05	354,7	93,84	341,5	97,61	329,3	101,4	317,9	105,1	307,4	108,9	288,5	116,3	268,1	125,6	250,6	134,8	235,5	144,0	**385,3**	321,1	481,7	31
403,2	90,86	387,4	94,69	373,0	98,52	359,4	102,3	347,0	106,1	335,4	109,9	314,7	117,5	292,3	126,9	273,1	136,2	256,5	145,5	**425,9**	354,9	532,4	
		420,0	95,42	404,2	99,27	389,5	103,1	376,0	107,0	363,4	110,8	340,8	118,4	316,2	127,9	295,5	137,4	277,4	146,8	**466,4**	388,7	583,1	
						428,7	104,0	413,7	107,9	399,8	111,8	374,7	119,5	347,8	129,1	324,6	138,7	304,6	148,2	**519,2**	432,6	649,0	34
												416,5	120,5	386,3	130,3	360,4	139,9	338,0	149,6	**584,1**	486,7	730,1	
														424,8	131,2	396,2	141,0	371,4	150,7	**649,0**	540,8	811,2	

Beton - Druckspannung

Eisenzugspannung σ_e in kg/cm² / Einheitsmoment M/b in t	1500	1000	1200	8,75		10		11,25		12,5		13,75		15		16,25		17,5		18,75		20	
				5,833		*6,667*		*7,5*		*8,333*		*9,167*		*10*		*10,83*		*11,67*		*12,5*		*13,33*	
				7		**8**		**9**		**10**		**11**		**12**		**13**		**14**		**15**		**16**	
1	10,580	*7,056*	**8,467**	175,8	*4,125*	155,0	*4,696*	138,8	*5,262*	125,8	*5,824*	115,2	*6,382*	106,4	*6,936*	98,87	*7,486*	92,44	*8,031*	86,88	*8,573*	82,00	*9,111*
	11,760	*7,840*	**9,408**	185,3	*4,348*	163,3	*4,950*	146,3	*5,547*	132,6	*6,139*	121,4	*6,728*	112,1	*7,311*	104,2	*7,891*	97,45	*8,466*	91,57	*9,037*	86,44	*9,604*
	14,110	*9,408*	**11,290**	203,0	*4,763*	178,9	*5,422*	160,2	*6,076*	145,3	*6,725*	133,0	*7,370*	122,8	*8,009*	114,2	*8,644*	106,7	*9,274*	100,3	*9,900*	94,69	*10,52*
4	16,460	*10,980*	**13,170**	219,2	*5,145*	193,3	*5,857*	173,1	*6,563*	156,9	*7,264*	143,7	*7,960*	132,6	*8,651*	123,3	*9,336*	115,3	*10,02*	108,4	*10,69*	102,3	*11,36*
	18,820	*12,540*	**15,050**	234,4	*5,500*	206,6	*6,261*	185,0	*7,016*	167,7	*7,766*	153,6	*8,510*	141,8	*9,248*	131,8	*9,981*	123,3	*10,71*	115,8	*11,43*	109,3	*12,15*
	21,170	*14,110*	**16,930**	248,6	*5,833*	219,1	*6,641*	196,2	*7,442*	177,9	*8,237*	162,9	*9,026*	150,4	*9,809*	139,8	*10,59*	130,7	*11,36*	122,9	*12,12*	116,0	*12,89*
7	23,520	*15,680*	**18,820**	262,0	*6,149*	231,0	*7,000*	206,9	*7,844*	187,5	*8,682*	171,7	*9,514*	158,5	*10,34*	147,4	*11,16*	137,8	*11,97*	129,5	*12,78*	122,2	*13,58*
	28,220	*18,820*	**22,580**	287,0	*6,736*	253,0	*7,668*	226,6	*8,593*	205,4	*9,511*	188,1	*10,42*	173,7	*11,33*	161,4	*12,22*	151,0	*13,12*	141,9	*14,00*	133,9	*14,88*
	32,930	*21,950*	**26,340**	310,0	*7,276*	273,3	*8,282*	244,8	*9,282*	221,9	*10,27*	203,2	*11,26*	187,6	*12,23*	174,4	*13,20*	163,1	*14,17*	153,2	*15,12*	144,6	*16,07*
10	38,220	*25,480*	**30,580**	334,0	*7,839*	294,5	*8,923*	263,7	*10,00*	239,1	*11,07*	218,9	*12,13*	202,1	*13,18*	187,9	*14,23*	175,7	*15,26*	165,1	*16,29*	155,8	*17,31*
	44,100	*29,400*	**35,280**	359,0	*8,416*	316,4	*9,582*	283,3	*10,74*	256,8	*11,89*	235,2	*13,03*	217,1	*14,16*	201,8	*15,28*	188,7	*16,39*	177,3	*17,50*	167,4	*18,60*
	49,980	*33,320*	**39,980**	383,5	*8,923*	338,0	*10,16*	302,6	*11,39*	274,2	*12,61*	251,0	*13,82*	231,7	*15,03*	215,3	*16,22*	201,3	*17,41*	189,1	*18,59*	178,5	*19,76*
13	55,860	*37,240*	**44,690**	408,0	*9,368*	359,5	*10,67*	321,7	*11,96*	291,5	*13,25*	266,8	*14,53*	246,2	*15,79*	228,8	*17,05*	213,8	*18,30*	200,8	*19,55*	189,5	*20,78*
	61,740	*41,160*	**49,390**	432,5	*9,762*	381,0	*11,12*	340,9	*12,47*	308,8	*13,81*	282,5	*15,15*	260,6	*16,47*	242,1	*17,79*	226,2	*19,09*	212,5	*20,39*	200,4	*21,69*
	67,620	*45,080*	**54,100**			402,4	*11,52*	359,9	*12,92*	326,0	*14,31*	298,2	*15,70*	275,0	*17,07*	255,5	*18,44*	238,6	*19,80*	224,1	*21,15*	211,3	*22,49*
16	75,260	*50,180*	**60,210**			430,1	*11,98*	384,7	*13,44*	348,3	*14,89*	318,5	*16,33*	293,7	*17,77*	272,7	*19,19*	254,7	*20,61*	239,1	*22,02*	225,4	*23,42*
	84,670	*56,450*	**67,740**					415,0	*13,99*	375,7	*15,51*	343,5	*17,01*	316,6	*18,51*	293,9	*20,00*	274,4	*21,48*	257,5	*22,95*	242,7	*24,41*
	94,080	*62,720*	**75,260**					445,3	*14,47*	403,0	*16,04*	368,3	*17,60*	339,4	*19,15*	315,0	*20,69*	294,0	*22,22*	275,9	*23,75*	260,0	*25,27*
19	105,8	*70,560*	**84,670**							437,0	*16,61*	399,3	*18,22*	367,9	*19,83*	341,3	*21,43*	318,5	*23,03*	298,7	*24,61*	281,4	*26,19*
	117,6	*78,400*	**94,080**									430,2	*18,76*	396,3	*20,42*	367,5	*22,07*	342,9	*23,71*	321,5	*25,35*	302,8	*26,98*
	141,1	*94,080*	**112,9**											452,9	*21,36*	419,9	*23,10*	391,5	*24,82*	367,0	*26,54*	345,5	*28,26*
22	164,6	*109,8*	**131,7**															440,0	*25,69*	412,3	*27,47*	388,0	*29,25*
	188,2	*125,4*	**150,5**																	457,4	*28,22*	430,4	*30,05*
	211,7	*141,1*	**169,3**																				
25	235,2	*156,8*	**188,2**																				
	282,2	*188,2*	**225,8**																				
	329,3	*219,5*	**263,4**																				

Erste Teilspalte (Steilziffern) | h | in cm

Zweite Teilspalte (Schrägziffern) | f_e | in $\frac{\text{cm}^2}{\text{m}}$

Beton - Druckspannung

Eisenzugspannung σ_e in kg/cm² / Einheitsmoment M/b in t	1500	1000	1200	33,75		35		37,5		40		42,5		45		47,5		50		52,5		55	
				22,5		*23,33*		*25*		*26,67*		*28,33*		*30*		*31,67*		*33,33*		*35*		*36,67*	
				27		**28**		**30**		**32**		**34**		**36**		**38**		**40**		**42**		**44**	
1	10,580	*7,056*	**8,467**	52,09	*14,79*	50,53	*15,28*	47,72	*16,27*	45,25	*17,24*	43,06	*18,19*	41,12	*19,14*	39,37	*20,08*	37,80	*21,00*	36,37	*21,91*	35,07	*22,82*
	11,760	*7,840*	**9,408**	54,91	*15,59*	53,27	*16,11*	50,30	*17,15*	47,69	*18,17*	45,39	*19,18*	43,34	*20,18*	41,50	*21,16*	39,84	*22,14*	38,34	*23,10*	36,97	*24,05*
	14,110	*9,408*	**11,290**	60,15	*17,08*	58,35	*17,65*	55,10	*18,78*	52,25	*19,90*	49,72	*21,01*	47,48	*22,10*	45,46	*23,18*	43,65	*24,25*	42,00	*25,30*	40,50	*26,35*
4	16,460	*10,980*	**13,170**	64,97	*18,44*	63,02	*19,06*	59,51	*20,29*	56,43	*21,50*	53,71	*22,69*	51,28	*23,87*	49,11	*25,04*	47,15	*26,19*	45,37	*27,33*	43,74	*28,46*
	18,820	*12,540*	**15,050**	69,46	*19,72*	67,38	*20,38*	63,62	*21,69*	60,33	*22,98*	57,42	*24,26*	54,82	*25,52*	52,50	*26,77*	50,40	*28,00*	48,50	*29,22*	46,76	*30,42*
	21,170	*14,110*	**16,930**	73,67	*20,91*	71,46	*21,62*	67,48	*23,00*	63,99	*24,38*	60,90	*25,73*	58,15	*27,07*	55,68	*28,39*	53,46	*29,70*	51,44	*30,99*	49,60	*32,27*
7	23,520	*15,680*	**18,820**	77,66	*22,05*	75,33	*22,78*	71,13	*24,25*	67,45	*25,69*	64,19	*27,12*	61,29	*28,53*	58,69	*29,93*	56,35	*31,30*	54,22	*32,67*	52,28	*34,01*
	28,220	*18,820*	**22,580**	85,07	*24,15*	82,52	*24,96*	77,92	*26,56*	73,89	*28,15*	70,32	*29,71*	67,14	*31,26*	64,30	*32,78*	61,73	*34,29*	59,40	*35,78*	57,27	*37,26*
	32,930	*21,950*	**26,340**	91,89	*26,08*	89,13	*26,96*	84,16	*28,69*	79,81	*30,40*	75,95	*32,09*	72,52	*33,76*	69,45	*35,41*	66,67	*37,04*	64,16	*38,65*	61,86	*40,24*
10	38,220	*25,480*	**30,580**	98,99	*28,10*	96,03	*29,04*	90,67	*30,91*	85,98	*32,75*	81,83	*34,57*	78,13	*36,37*	74,82	*38,15*	71,83	*39,91*	69,12	*41,64*	66,65	*43,36*
	44,100	*29,400*	**35,280**	106,3	*30,19*	103,1	*31,20*	97,40	*33,20*	92,36	*35,18*	87,90	*37,14*	83,93	*39,07*	80,37	*40,98*	77,16	*42,87*	74,25	*44,73*	71,59	*46,57*
	49,980	*33,320*	**39,980**	113,2	*32,13*	109,8	*33,21*	103,7	*35,35*	98,32	*37,46*	93,58	*39,54*	89,35	*41,59*	85,56	*43,63*	82,14	*45,63*	79,04	*47,62*	76,22	*49,58*
13	55,860	*37,240*	**44,690**	120,0	*33,86*	116,3	*35,01*	109,8	*37,28*	104,1	*39,52*	99,03	*41,73*	94,54	*43,92*	90,51	*46,08*	86,88	*48,21*	83,58	*50,32*	80,59	*52,40*
	61,740	*41,160*	**49,390**	126,6	*35,40*	122,8	*36,60*	115,9	*38,99*	109,8	*41,34*	104,4	*43,67*	99,66	*45,98*	95,39	*48,26*	91,53	*50,51*	88,04	*52,74*	84,87	*54,94*
	67,620	*45,080*	**54,100**	133,3	*36,77*	129,2	*38,03*	121,9	*40,52*	115,5	*42,98*	109,8	*45,41*	104,7	*47,82*	100,2	*50,20*	96,15	*52,56*	92,46	*54,89*	89,10	*57,20*
16	75,260	*50,180*	**60,210**	141,8	*38,35*	137,5	*39,67*	129,6	*42,28*	122,7	*44,86*	116,7	*47,42*	111,3	*49,95*	106,4	*52,45*	102,1	*54,93*	98,13	*57,39*	94,54	*59,82*
	84,670	*56,450*	**67,740**	152,3	*40,05*	147,6	*41,43*	139,1	*44,16*	131,7	*46,88*	125,1	*49,56*	119,2	*52,22*	114,0	*54,86*	109,3	*57,47*	105,0	*60,06*	101,2	*62,62*
	94,080	*62,720*	**75,260**	162,7	*41,51*	157,6	*42,95*	148,5	*45,80*	140,5	*48,62*	133,4	*51,42*	127,2	*54,20*	121,5	*56,95*	116,5	*59,66*	111,9	*62,38*	107,7	*65,06*
19	105,8	*70,560*	**84,670**	175,6	*43,09*	170,1	*44,65*	160,2	*47,56*	151,5	*50,51*	143,8	*53,43*	137,0	*56,33*	130,9	*59,21*	125,3	*62,06*	120,4	*64,89*	115,8	*67,69*
	117,6	*78,400*	**94,080**	188,4	*44,45*	182,5	*46,00*	171,8	*49,08*	162,4	*52,13*	154,1	*55,16*	146,7	*58,17*	140,1	*61,15*	134,2	*64,11*	128,8	*67,05*	123,9	*69,97*
	141,1	*94,080*	**112,9**	214,0	*46,66*	207,1	*48,30*	194,8	*51,56*	184,0	*54,79*	174,5	*57,99*	166,0	*61,18*	158,5	*64,34*	151,6	*67,48*	145,4	*70,60*	139,8	*73,70*
22	164,6	*109,8*	**131,7**	239,4	*48,40*	231,6	*50,10*	217,7	*53,50*	205,6	*56,87*	194,8	*60,22*	185,2	*63,54*	176,7	*66,85*	169,0	*70,13*	162,0	*73,40*	155,6	*76,64*
	188,2	*125,4*	**150,5**	264,7	*49,79*	256,1	*51,56*	240,5	*55,06*	227,0	*58,55*	215,0	*62,01*	204,3	*65,45*	194,8	*68,88*	186,2	*72,28*	178,4	*75,66*	171,3	*79,03*
	211,7	*141,1*	**169,3**	289,9	*50,94*	280,4	*52,75*	263,3	*56,35*	248,3	*59,93*	235,1	*63,49*	223,3	*67,03*	212,8	*70,55*	203,3	*74,06*	194,8	*77,54*	187,0	*81,00*
25	235,2	*156,8*	**188,2**	315,1	*51,91*	304,7	*53,75*	286,0	*57,44*	269,6	*61,10*	255,2	*64,74*	242,3	*68,36*	230,8	*71,97*	220,4	*75,55*	211,1	*79,12*	202,5	*82,67*
	282,2	*188,2*	**225,8**	365,3	*53,43*	353,1	*55,34*	331,2	*59,15*	312,1	*62,94*	295,1	*66,72*	280,1	*70,47*	266,6	*74,21*	254,5	*77,93*	243,5	*81,64*	233,6	*85,32*
	329,3	*219,5*	**263,4**	415,4	*54,59*	401,5	*56,55*	376,4	*60,45*	354,4	*64,36*	335,0	*68,22*	317,8	*72,08*	302,4	*75,92*	288,5	*79,74*	275,9	*83,56*	264,5	*87,35*
28	382,2	*254,8*	**305,8**	471,7	*55,59*	455,8	*57,59*	427,1	*61,59*	402,0	*65,56*	379,8	*69,53*	360,1	*73,48*	342,5	*77,41*	326,6	*81,33*	312,2	*85,24*	299,2	*89,13*
	441,0	*294,0*	**352,8**							454,7	*66,62*	429,5	*70,66*	407,0	*74,69*	387,0	*78,71*	368,9	*82,71*	352,5	*86,69*	337,6	*90,67*
	499,8	*333,2*	**399,8**											453,9	*75,65*	431,4	*79,73*	411,1	*83,80*	392,7	*87,85*	376,0	*91,89*
31	558,6	*372,4*	**446,9**															453,3	*84,69*	432,9	*88,79*	414,4	*92,89*
	617,4	*411,6*	**493,9**																			452,7	*93,72*
	676,2	*450,8*	**541,0**																				
34	752,6	*501,8*	**602,1**																				
	846,7	*564,5*	**677,4**																				
	940,8	*627,2*	**752,6**																				

Erste Teilspalte (Steilziffern) | h | in cm

Zweite Teilspalte (Schrägziffern) | f_e | in $\frac{\text{cm}^2}{\text{m}}$

σ_b in kg/cm² — Eisenzugspannung σ_e in kg/cm² — Einheitsmoment M/b in t

21,25		22,5		23,75		25		26,25		27,5		28,75		30		31,25		32,5				1500	
14,17		*15*		*15,83*		*16,67*		*17,5*		*18,33*		*19,17*		*20*		*20,83*		*21,67*			*1000*		
17		**18**		**19**		**20**		**21**		**22**		**23**		**24**		**25**		**26**		**1200**			
77,69	*9,645*	73,87	*10,18*	70,44	*10,70*	67,35	*11,22*	64,55	*11,74*	62,01	*12,26*	59,69	*12,77*	57,55	*13,28*	55,59	*13,79*	53,78	*14,29*	**8,467**	*7,056*	10,580	1
81,90	*10,17*	77,86	*10,73*	74,25	*11,28*	70,99	*11,83*	68,05	*12,38*	65,36	*12,92*	62,91	*13,46*	60,67	*14,00*	58,60	*14,53*	56,68	*15,06*	**9,408**	*7,840*	11,760	
89,71	*11,14*	85,29	*11,75*	81,33	*12,36*	77,77	*12,96*	74,54	*13,56*	71,60	*14,16*	68,92	*14,75*	66,46	*15,34*	64,19	*15,92*	62,10	*16,50*	**11,290**	*9,408*	14,110	
96,90	*12,03*	92,13	*12,69*	87,85	*13,35*	84,00	*14,00*	80,51	*14,65*	77,34	*15,29*	74,44	*15,93*	71,78	*16,57*	69,33	*17,20*	67,07	*17,82*	**13,170**	*10,980*	16,460	4
103,6	*12,86*	98,49	*13,57*	93,92	*14,27*	89,80	*14,97*	86,07	*15,66*	82,68	*16,35*	79,58	*17,03*	76,74	*17,71*	74,12	*18,38*	71,70	*19,05*	**15,050**	*12,540*	18,820	
109,9	*13,64*	104,5	*14,39*	99,61	*15,13*	95,25	*15,87*	91,29	*16,61*	87,70	*17,34*	84,41	*18,06*	81,39	*18,78*	78,62	*19,50*	76,05	*20,21*	**16,930**	*14,110*	21,170	
115,8	*14,38*	110,1	*15,17*	105,0	*15,95*	100,4	*16,73*	96,23	*17,51*	92,44	*18,28*	88,97	*19,04*	85,80	*19,80*	82,87	*20,55*	80,16	*21,30*	**18,820**	*15,680*	23,520	7
126,9	*15,75*	120,6	*16,62*	115,0	*17,48*	110,0	*18,33*	105,4	*19,18*	101,3	*20,02*	97,47	*20,86*	93,98	*21,69*	90,78	*22,51*	87,82	*23,33*	**22,580**	*18,820*	28,220	
137,0	*17,01*	130,3	*17,95*	124,2	*18,88*	118,8	*19,80*	113,9	*20,72*	109,4	*21,62*	105,3	*22,53*	101,5	*23,43*	98,05	*24,32*	94,85	*25,20*	**26,340**	*21,950*	32,930	
147,6	*18,33*	140,4	*19,34*	133,9	*20,34*	128,0	*21,33*	122,7	*22,32*	117,8	*23,30*	113,4	*24,27*	109,4	*25,24*	105,6	*26,20*	102,2	*27,15*	**30,580**	*25,480*	38,220	10
158,6	*19,69*	150,8	*20,77*	143,8	*21,85*	137,5	*22,91*	131,8	*23,97*	126,6	*25,03*	121,8	*26,07*	117,5	*27,11*	113,5	*28,14*	109,8	*29,17*	**35,280**	*29,400*	44,100	
169,1	*20,92*	160,7	*22,08*	153,2	*23,23*	146,5	*24,37*	140,4	*25,50*	134,8	*26,62*	129,8	*27,74*	125,1	*28,85*	120,8	*29,95*	116,9	*31,04*	**39,980**	*33,320*	49,980	
179,5	*22,01*	170,5	*23,23*	162,6	*24,44*	155,4	*25,64*	148,9	*26,84*	143,0	*28,03*	137,6	*29,21*	132,6	*30,38*	128,1	*31,55*	123,9	*32,71*	**44,690**	*37,240*	55,860	13
189,8	*22,97*	180,3	*24,25*	171,9	*25,52*	164,2	*26,78*	157,3	*28,03*	151,1	*29,28*	145,3	*30,52*	140,1	*31,75*	135,2	*32,97*	130,8	*34,19*	**49,390**	*41,160*	61,740	
200,1	*23,83*	190,1	*25,16*	181,1	*26,48*	173,0	*27,79*	165,8	*29,09*	159,1	*30,39*	153,0	*31,68*	147,5	*32,97*	142,4	*34,24*	137,6	*35,51*	**54,100**	*45,080*	67,620	
213,4	*24,82*	202,7	*26,20*	193,1	*27,58*	184,4	*28,95*	176,6	*30,32*	169,5	*31,68*	163,0	*33,03*	157,1	*34,37*	151,6	*35,70*	146,5	*37,03*	**60,210**	*50,180*	75,260	16
229,7	*25,87*	218,1	*27,32*	207,7	*28,76*	198,4	*30,20*	189,9	*31,63*	182,2	*33,05*	175,2	*34,46*	168,8	*35,87*	162,8	*37,27*	157,4	*38,66*	**67,740**	*56,450*	84,670	
245,9	*26,78*	233,5	*28,29*	222,3	*29,79*	212,2	*31,28*	203,1	*32,76*	194,9	*34,24*	187,3	*35,70*	180,4	*37,17*	174,0	*38,62*	168,1	*40,07*	**75,260**	*62,720*	94,080	
266,2	*27,76*	252,6	*29,33*	240,4	*30,88*	229,5	*32,43*	219,6	*33,98*	210,6	*35,51*	202,4	*37,04*	194,9	*38,56*	187,9	*40,08*	181,5	*41,59*	**84,670**	*70,560*	105,8	19
286,3	*28,60*	271,7	*30,22*	258,5	*31,82*	246,7	*33,43*	236,0	*35,02*	226,3	*36,61*	217,4	*38,19*	209,3	*39,76*	201,8	*41,33*	194,8	*42,89*	**94,080**	*78,400*	117,6	
326,5	*29,96*	309,6	*31,66*	294,5	*33,35*	280,9	*35,04*	268,7	*36,72*	257,5	*38,39*	247,3	*40,06*	237,9	*41,72*	229,3	*43,37*	221,3	*45,02*	**112,9**	*94,080*	141,1	
366,5	*31,02*	347,5	*32,79*	330,4	*34,55*	315,0	*36,30*	301,2	*38,04*	288,5	*39,79*	277,0	*41,52*	266,4	*43,25*	256,7	*44,97*	247,7	*46,69*	**131,7**	*109,8*	164,6	22
406,4	*31,87*	385,2	*33,69*	366,2	*35,50*	349,1	*37,31*	333,6	*39,11*	319,5	*40,90*	306,6	*42,69*	294,8	*44,48*	284,0	*46,25*	274,0	*48,03*	**150,5**	*125,4*	188,2	
446,3	*32,57*	422,9	*34,43*	401,9	*36,29*	383,0	*38,14*	365,9	*39,98*	350,4	*41,82*	336,2	*43,66*	323,2	*45,49*	311,2	*47,31*	300,1	*49,13*	**169,3**	*141,1*	211,7	
				437,5	*36,94*	416,9	*38,83*	398,2	*40,72*	381,2	*42,59*	365,7	*44,47*	351,4	*46,33*	338,4	*48,20*	326,3	*50,05*	**188,2**	*156,8*	235,2	25
						484,5	*39,92*	462,6	*41,87*	442,7	*43,81*	424,5	*45,74*	407,9	*47,67*	392,6	*49,60*	378,4	*51,52*	**225,8**	*188,2*	282,2	
														464,2	*48,68*	446,7	*50,65*	430,4	*52,62*	**263,4**	*219,5*	329,3	

σ_b in kg/cm² — Eisenzugspannung σ_e in kg/cm² — Einheitsmoment M/b in t

57,5		60		62,5		65		67,5		70		75		81,25		87,5		93,75				1500	
38,33		*40*		*41,67*		*43,33*		*45*		*46,67*		*50*		*54,17*		*58,33*		*62,5*			*1000*		
46		**48**		**50**		**52**		**54**		**56**		**60**		**65**		**70**		**75**		**1200**			
33,88	*23,71*	32,79	*24,59*	31,78	*25,47*	30,85	*26,33*	29,98	*27,19*	29,18	*28,03*									**8,467**	*7,056*	10,580	1
35,72	*24,99*	34,56	*25,92*	33,50	*26,84*	32,52	*27,75*	31,60	*28,66*	30,75	*29,55*	29,22	*31,31*							**9,408**	*7,840*	11,760	
39,13	*27,38*	37,86	*28,40*	36,70	*29,41*	35,62	*30,40*	34,62	*31,39*	33,69	*32,37*	32,01	*34,29*	30,18	*36,65*	28,61	*38,94*			**11,290**	*9,408*	14,110	
42,26	*29,57*	40,90	*30,67*	39,64	*31,76*	38,48	*32,84*	37,39	*33,91*	36,39	*34,96*	34,57	*37,04*	32,60	*39,58*	30,90	*42,06*	29,42	*44,48*	**13,170**	*10,980*	16,460	4
45,18	*31,61*	43,72	*32,79*	42,38	*33,96*	41,13	*35,11*	39,98	*36,25*	38,90	*37,38*	36,96	*39,60*	34,85	*42,31*	33,04	*44,97*	31,45	*47,56*	**15,050**	*12,540*	18,820	
47,92	*33,53*	46,37	*34,78*	44,95	*36,01*	43,63	*37,24*	42,40	*38,45*	41,26	*39,64*	39,20	*42,00*	36,97	*44,88*	35,04	*47,69*	33,36	*50,44*	**16,930**	*14,110*	21,170	
50,51	*35,34*	48,88	*36,66*	47,38	*37,96*	45,99	*39,25*	44,70	*40,53*	43,49	*41,79*	41,32	*44,27*	38,97	*47,31*	36,94	*50,27*	35,16	*53,17*	**18,820**	*15,680*	23,520	7
55,33	*38,72*	53,55	*40,16*	51,90	*41,59*	50,38	*43,00*	48,96	*44,39*	47,64	*45,78*	45,26	*48,50*	42,69	*51,82*	40,46	*55,07*	38,52	*58,24*	**22,580**	*18,820*	28,220	
59,76	*41,82*	57,84	*43,38*	56,06	*44,92*	54,41	*46,44*	52,88	*47,95*	51,46	*49,44*	48,89	*52,38*	46,11	*55,98*	43,70	*59,48*	41,60	*62,91*	**26,340**	*21,950*	32,930	
64,39	*45,06*	62,31	*46,73*	60,39	*48,39*	58,62	*50,04*	56,98	*51,66*	55,44	*53,27*	52,67	*56,44*	49,67	*60,31*	47,08	*64,09*	44,82	*67,78*	**30,580**	*25,480*	38,220	10
69,16	*48,40*	66,93	*50,20*	64,87	*51,98*	62,97	*53,75*	61,20	*55,49*	59,56	*57,22*	56,58	*60,62*	53,36	*64,78*	50,58	*68,84*	48,15	*72,80*	**35,280**	*29,400*	44,100	
73,63	*51,52*	71,26	*53,44*	69,06	*55,34*	67,04	*57,22*	65,15	*59,08*	63,40	*60,92*	60,23	*64,54*	56,80	*68,96*	53,84	*73,28*	51,26	*77,51*	**39,980**	*33,320*	49,980	
77,85	*54,46*	75,33	*56,49*	73,01	*58,50*	70,87	*60,49*	68,88	*62,45*	67,03	*64,40*	63,68	*68,23*	60,05	*72,91*	56,92	*77,48*	54,19	*81,94*	**44,690**	*37,240*	55,860	13
81,96	*57,11*	79,29	*59,27*	76,84	*61,40*	74,56	*63,50*	72,46	*65,59*	70,50	*67,65*	66,96	*71,70*	63,14	*76,64*	59,84	*81,45*	56,97	*86,14*	**49,390**	*41,160*	61,740	
86,03	*59,49*	83,21	*61,75*	80,61	*63,99*	78,21	*66,20*	75,98	*68,39*	73,91	*70,56*	70,18	*74,83*	66,14	*80,05*	62,66	*85,14*	59,64	*90,10*	**54,100**	*45,080*	67,620	
91,25	*62,23*	88,24	*64,61*	85,46	*66,97*	82,89	*69,31*	80,51	*71,63*	78,29	*73,92*	74,30	*78,45*	69,98	*83,98*	66,27	*89,39*	63,04	*94,68*	**60,210**	*50,180*	75,260	16
97,61	*65,16*	94,35	*67,68*	91,35	*70,18*	88,57	*72,65*	86,00	*75,10*	83,61	*77,53*	79,30	*82,33*	74,64	*88,21*	70,63	*93,96*	67,15	*99,59*	**67,740**	*56,450*	84,670	
103,9	*67,72*	100,4	*70,35*	97,17	*72,96*	94,19	*75,55*	91,43	*78,12*	88,86	*80,67*	84,23	*85,70*	79,23	*91,88*	74,93	*97,94*	71,19	*103,9*	**75,260**	*62,720*	94,080	
111,7	*70,48*	107,9	*73,24*	104,4	*75,98*	101,1	*78,70*	98,13	*81,39*	95,34	*84,07*	90,31	*89,36*	84,89	*95,87*	80,22	*102,3*	76,16	*108,5*	**84,670**	*70,560*	105,8	19
119,4	*72,86*	115,3	*75,73*	111,5	*78,58*	108,0	*81,41*	104,8	*84,22*	101,8	*87,01*	96,34	*92,53*	90,48	*99,32*	85,45	*106,0*	81,07	*112,5*	**94,080**	*78,400*	117,6	
134,7	*76,77*	130,0	*79,83*	125,6	*82,86*	121,6	*85,88*	117,9	*88,87*	114,5	*91,85*	108,2	*97,75*	101,5	*105,0*	95,75	*112,2*	90,74	*119,2*	**112,9**	*94,080*	141,1	
149,8	*79,86*	144,5	*83,07*	139,6	*86,25*	135,1	*89,41*	130,9	*92,56*	127,0	*95,69*	120,0	*101,9*	112,4	*109,5*	105,9	*117,1*	100,3	*124,5*	**131,7**	*109,8*	164,6	22
164,9	*82,37*	158,9	*85,69*	153,5	*89,00*	148,5	*92,29*	143,8	*95,56*	139,4	*98,81*	131,6	*105,3*	123,2	*113,2*	116,0	*121,1*	109,7	*128,8*	**150,5**	*125,4*	188,2	
179,8	*84,45*	173,3	*87,87*	167,3	*91,28*	161,7	*94,67*	156,6	*98,05*	151,8	*101,4*	143,2	*108,1*	133,9	*116,3*	126,0	*124,4*	119,0	*132,5*	**169,3**	*141,1*	211,7	
194,8	*86,20*	187,6	*89,71*	181,0	*93,21*	175,0	*96,69*	169,4	*100,2*	164,1	*103,6*	154,7	*110,4*	144,6	*118,9*	135,9	*127,3*	128,3	*135,5*	**188,2**	*156,8*	235,2	25
224,5	*89,00*	216,1	*92,65*	208,4	*96,29*	201,3	*99,91*	194,7	*103,5*	188,6	*107,1*	177,6	*114,3*	165,8	*123,1*	155,6	*131,8*	146,8	*140,5*	**225,8**	*188,2*	282,2	
254,1	*91,13*	244,5	*94,90*	235,7	*98,65*	227,5	*102,4*	220,0	*106,1*	213,0	*109,8*	200,4	*117,2*	186,8	*126,3*	175,2	*135,4*	165,1	*144,3*	**263,4**	*219,5*	329,3	
287,2	*93,00*	276,3	*96,87*	266,2	*100,7*	257,0	*104,6*	248,4	*108,4*	240,4	*112,2*	226,0	*119,8*	210,5	*129,2*	197,2	*138,5*	185,6	*147,7*	**305,8**	*254,8*	382,2	28
324,1	*94,63*	311,6	*98,58*	300,1	*102,5*	289,6	*106,4*	279,8	*110,4*	270,7	*114,3*	254,3	*122,0*	236,6	*131,6*	221,5	*141,2*	208,3	*150,7*	**352,8**	*294,0*	441,0	
360,8	*95,93*	346,8	*99,94*	334,0	*104,0*	322,1	*107,9*	311,1	*111,9*	300,9	*115,9*	282,5	*123,8*	262,7	*133,6*	245,7	*143,4*	231,0	*153,1*	**399,8**	*333,2*	499,8	
397,5	*96,98*	382,0	*101,1*	367,8	*105,1*	354,6	*109,2*	342,4	*113,2*	331,1	*117,2*	310,7	*125,3*	288,8	*135,3*	269,9	*145,2*	253,6	*155,0*	**446,9**	*372,4*	558,6	31
434,2	*97,85*	417,2	*102,0*	401,7	*106,1*	387,1	*110,2*	373,7	*114,3*	361,2	*118,4*	338,9	*126,5*	314,8	*136,6*	294,1	*146,7*	276,2	*156,7*	**493,9**	*411,6*	617,4	
		452,3	*102,8*	435,2	*106,9*	419,5	*111,1*	404,9	*115,2*	391,4	*119,3*	367,0	*127,5*	340,5	*137,8*	318,2	*147,9*	298,7	*158,1*	**541,0**	*450,8*	676,2	
						461,6	*112,0*	445,5	*116,2*	430,5	*120,3*	403,6	*128,7*	374,5	*139,0*	349,6	*149,3*	328,0	*159,6*	**602,1**	*501,8*	752,6	34
												448,5	*129,8*	416,0	*140,3*	388,2	*150,7*	364,0	*161,1*	**677,4**	*564,5*	846,7	
														457,5	*141,3*	426,7	*151,8*	400,0	*162,3*	**752,6**	*627,2*	940,8	

	Eisenzugspannung σ_e in kg/cm² 1500	1000	1200	Beton-Druckspannung 8,75		10		11,25		12,5		13,75		15		16,25		17,5		18,75		20	
				5,833		*6,667*		*7,5*		*8,333*		*9,167*		*10*		*10,83*		*11,67*		*12,5*		*13,33*	
	Einheitsmoment M/b in t			**7**		**8**		**9**		**10**		**11**		**12**		**13**		**14**		**15**		**16**	
1	12,150	*8,100*	**9,720**	188,3	*4,420*	166,0	*5,031*	148,7	*5,638*	134,8	*6,240*	123,4	*6,838*	113,9	*7,431*	105,9	*8,020*	99,05	*8,605*	93,08	*9,186*	87,86	*9,762*
	13,500	*9,000*	**10,800**	198,5	*4,659*	175,0	*5,303*	156,7	*5,943*	142,1	*6,578*	130,1	*7,208*	120,1	*7,833*	111,7	*8,454*	104,4	*9,071*	98,12	*9,682*	92,61	*10,29*
	16,200	*10,800*	**12,960**	217,5	*5,103*	191,7	*5,809*	171,7	*6,510*	155,6	*7,206*	142,5	*7,896*	131,6	*8,581*	122,3	*9,261*	114,4	*9,936*	107,5	*10,61*	101,4	*11,27*
4	18,900	*12,600*	**15,120**	234,9	*5,512*	207,1	*6,275*	185,4	*7,032*	168,1	*7,783*	153,9	*8,529*	142,1	*9,269*	132,1	*10,00*	123,5	*10,73*	116,1	*11,46*	109,6	*12,18*
	21,600	*14,400*	**17,280**	251,1	*5,893*	221,4	*6,708*	198,2	*7,517*	179,7	*8,321*	164,6	*9,118*	151,9	*9,909*	141,2	*10,69*	132,1	*11,47*	124,1	*12,25*	117,1	*13,02*
	24,300	*16,200*	**19,440**	266,3	*6,250*	234,8	*7,115*	210,3	*7,973*	190,6	*8,825*	174,6	*9,671*	161,1	*10,51*	149,8	*11,34*	140,1	*12,17*	131,6	*12,99*	124,2	*13,81*
7	27,000	*18,000*	**21,600**	280,7	*6,588*	247,5	*7,500*	221,6	*8,405*	200,9	*9,303*	184,0	*10,19*	169,9	*11,08*	157,9	*11,96*	147,7	*12,83*	138,8	*13,69*	131,0	*14,55*
	32,400	*21,600*	**25,920**	307,5	*7,217*	271,1	*8,216*	242,8	*9,207*	220,1	*10,19*	201,6	*11,17*	186,1	*12,14*	173,0	*13,10*	161,7	*14,05*	152,0	*15,00*	143,5	*15,94*
	37,800	*25,200*	**30,240**	332,2	*7,795*	292,8	*8,874*	262,2	*9,945*	237,8	*11,01*	217,7	*12,06*	201,0	*13,11*	186,8	*14,15*	174,7	*15,18*	164,2	*16,20*	155,0	*17,22*
10	43,880	*29,250*	**35,100**	357,9	*8,398*	315,5	*9,561*	282,5	*10,71*	256,1	*11,86*	234,5	*12,99*	216,5	*14,12*	201,3	*15,24*	188,2	*16,35*	176,9	*17,46*	167,0	*18,55*
	50,630	*33,750*	**40,500**	384,6	*9,017*	339,0	*10,27*	303,6	*11,51*	275,2	*12,74*	252,0	*13,96*	232,6	*15,17*	216,2	*16,37*	202,2	*17,57*	190,0	*18,75*	179,3	*19,93*
	57,380	*38,250*	**45,900**	410,9	*9,561*	362,1	*10,89*	324,2	*12,20*	293,8	*13,51*	269,0	*14,81*	248,2	*16,10*	230,7	*17,38*	215,7	*18,65*	202,6	*19,92*	191,2	*21,17*
13	64,130	*42,750*	**51,300**	437,2	*10,04*	385,2	*11,43*	344,7	*12,82*	312,4	*14,20*	285,9	*15,56*	263,8	*16,92*	245,1	*18,27*	229,1	*19,61*	215,2	*20,94*	203,0	*22,27*
	70,880	*47,250*	**56,700**	463,4	*10,46*	408,2	*11,92*	365,2	*13,36*	330,8	*14,80*	302,7	*16,23*	279,3	*17,65*	259,4	*19,06*	242,4	*20,46*	227,7	*21,85*	214,7	*23,24*
	77,630	*51,750*	**62,100**			431,1	*12,35*	385,6	*13,85*	349,3	*15,34*	319,5	*16,82*	294,7	*18,29*	273,7	*19,76*	255,7	*21,21*	240,1	*22,66*	226,4	*24,10*
16	86,400	*57,600*	**69,120**			460,8	*12,84*	412,1	*14,40*	373,2	*15,96*	341,3	*17,50*	314,7	*19,04*	292,2	*20,56*	272,9	*22,08*	256,2	*23,59*	241,5	*25,10*
	97,200	*64,800*	**77,760**					444,7	*14,99*	402,5	*16,61*	368,0	*18,23*	339,2	*19,83*	314,9	*21,42*	294,0	*23,01*	275,9	*24,59*	260,1	*26,16*
	108,0	*72,000*	**86,400**					477,1	*15,50*	431,7	*17,18*	394,6	*18,85*	363,7	*20,51*	337,5	*22,17*	315,0	*23,81*	295,6	*25,45*	278,5	*27,08*
19	121,5	*81,000*	**97,200**							468,2	*17,79*	427,8	*19,52*	394,2	*21,25*	365,7	*22,96*	341,2	*24,67*	320,1	*26,37*	301,5	*28,06*
	135,0	*90,000*	**108,0**									461,0	*20,10*	424,6	*21,87*	393,8	*23,64*	367,4	*25,40*	344,5	*27,16*	324,5	*28,90*
	162,0	*108,0*	**129,6**											485,3	*22,89*	449,8	*24,75*	419,5	*26,60*	393,2	*28,44*	370,1	*30,27*
22	189,0	*126,0*	**151,2**															471,4	*27,52*	441,7	*29,43*	415,7	*31,34*
	216,0	*144,0*	**172,8**																	490,1	*30,23*	461,1	*32,19*
	243,0	*162,0*	**194,4**																				
25	270,0	*180,0*	**216,0**																				
	324,0	*216,0*	**259,2**																				
	378,0	*252,0*	**302,4**																				

Erste Teilspalte (Steilziffern) *h* in cm

Zweite Teilspalte (Schrägziffern) f_e in $\frac{cm^2}{m}$

	Eisenzugspannung σ_e in kg/cm² 1500	1000	1200	Beton-Druckspannung 33,75		35		37,5		40		42,5		45		47,5		50		52,5		55	
				22,5		*23,33*		*25*		*26,67*		*28,33*		*30*		*31,67*		*33,33*		*35*		*36,67*	
	Einheitsmoment M/b in t			**27**		**28**		**30**		**32**		**34**		**36**		**38**		**40**		**42**		**44**	
1	12,150	*8,100*	**9,720**	55,82	*15,84*	54,14	*16,38*	51,12	*17,43*	48,48	*18,47*	46,14	*19,49*	44,05	*20,51*	42,19	*21,51*	40,50	*22,50*	38,97	*23,48*	37,58	*24,45*
	13,500	*9,000*	**10,800**	58,83	*16,70*	57,07	*17,26*	53,89	*18,37*	51,10	*19,47*	48,63	*20,55*	46,44	*21,62*	44,47	*22,67*	42,69	*23,72*	41,08	*24,75*	39,61	*25,77*
	16,200	*10,800*	**12,960**	64,45	*18,30*	62,52	*18,91*	59,03	*20,12*	55,98	*21,32*	53,28	*22,51*	50,87	*23,68*	48,71	*24,84*	46,77	*25,98*	45,00	*27,11*	43,39	*28,23*
4	18,900	*12,600*	**15,120**	69,61	*19,76*	67,53	*20,42*	63,76	*21,74*	60,46	*23,03*	57,54	*24,31*	54,95	*25,58*	52,61	*26,83*	50,51	*28,06*	48,61	*29,28*	46,87	*30,49*
	21,600	*14,400*	**17,280**	74,42	*21,13*	72,19	*21,83*	68,16	*23,24*	64,64	*24,62*	61,52	*25,99*	58,74	*27,34*	56,25	*28,68*	54,00	*30,00*	51,96	*31,31*	50,10	*32,60*
	24,300	*16,200*	**19,440**	78,94	*22,41*	76,57	*23,16*	72,30	*24,65*	68,56	*26,12*	65,25	*27,57*	62,30	*29,00*	59,66	*30,42*	57,28	*31,82*	55,11	*33,20*	53,14	*34,57*
7	27,000	*18,000*	**21,600**	83,21	*23,62*	80,71	*24,41*	76,21	*25,98*	72,27	*27,53*	68,78	*29,06*	65,67	*30,57*	62,89	*32,06*	60,37	*33,54*	58,10	*35,00*	56,02	*36,44*
	32,400	*21,600*	**25,920**	91,15	*25,87*	88,41	*26,74*	83,48	*28,46*	79,16	*30,16*	75,34	*31,83*	71,94	*33,49*	68,89	*35,13*	66,14	*36,74*	63,64	*38,34*	61,37	*39,92*
	37,800	*25,200*	**30,240**	98,45	*27,95*	95,50	*28,88*	90,17	*30,74*	85,51	*32,57*	81,38	*34,38*	77,70	*36,17*	74,41	*37,94*	71,44	*39,69*	68,74	*41,41*	66,28	*43,12*
10	43,880	*29,250*	**35,100**	106,1	*30,11*	102,9	*31,12*	97,15	*33,12*	92,12	*35,09*	87,68	*37,04*	83,72	*38,97*	80,16	*40,88*	76,96	*42,76*	74,06	*44,62*	71,41	*46,46*
	50,630	*33,750*	**40,500**	113,9	*32,34*	110,5	*33,43*	104,4	*35,58*	98,95	*37,70*	94,18	*39,79*	89,93	*41,86*	86,11	*43,91*	82,67	*45,93*	79,55	*47,93*	76,71	*49,90*
	57,380	*38,250*	**45,900**	121,3	*34,42*	117,7	*35,58*	111,1	*37,87*	105,3	*40,13*	100,3	*42,36*	95,73	*44,57*	91,67	*46,74*	88,01	*48,49*	84,69	*51,02*	81,66	*53,12*
13	64,130	*42,750*	**51,300**	128,5	*36,28*	124,6	*37,51*	117,7	*39,94*	111,5	*42,34*	106,1	*44,71*	101,3	*47,05*	96,97	*49,37*	93,08	*51,65*	89,56	*53,91*	86,34	*56,15*
	70,880	*47,250*	**56,700**	135,7	*37,93*	131,6	*39,22*	124,1	*41,77*	117,6	*44,30*	111,9	*46,79*	106,8	*49,26*	102,2	*51,70*	98,07	*54,12*	94,33	*56,50*	90,93	*58,86*
	77,630	*51,750*	**62,100**	142,8	*39,40*	138,4	*40,74*	130,6	*43,41*	123,7	*46,05*	117,6	*48,66*	112,2	*51,24*	107,4	*53,79*	103,0	*56,32*	99,06	*58,82*	95,46	*61,29*
16	86,400	*57,600*	**69,120**	152,0	*41,09*	147,3	*42,50*	138,9	*45,30*	131,5	*48,06*	125,0	*50,80*	119,2	*53,51*	114,0	*56,20*	109,4	*58,86*	105,1	*61,49*	101,3	*64,09*
	97,200	*64,800*	**77,760**	163,2	*42,91*	158,1	*44,38*	149,0	*47,32*	141,1	*50,22*	134,0	*53,10*	127,8	*55,95*	122,2	*58,78*	117,1	*61,58*	112,5	*64,35*	108,4	*67,10*
	108,0	*72,000*	**86,400**	174,3	*44,48*	168,9	*46,02*	159,1	*49,07*	150,5	*52,10*	143,0	*55,10*	136,2	*58,07*	130,2	*61,02*	124,8	*63,92*	119,9	*66,83*	115,4	*69,71*
19	121,5	*81,000*	**97,200**	188,1	*46,17*	182,2	*47,83*	171,6	*50,96*	162,3	*54,12*	154,1	*57,25*	146,7	*60,36*	140,2	*63,44*	134,3	*66,49*	129,0	*69,52*	124,1	*72,53*
	135,0	*90,000*	**108,0**	201,9	*47,63*	195,5	*49,28*	184,0	*52,58*	174,0	*55,86*	165,1	*59,10*	157,2	*62,33*	150,1	*65,52*	143,7	*68,69*	138,0	*71,84*	132,7	*74,96*
	162,0	*108,0*	**129,6**	229,3	*50,00*	221,9	*51,75*	208,7	*55,24*	197,2	*58,70*	187,0	*62,14*	177,9	*65,55*	169,8	*68,94*	162,5	*72,30*	155,8	*75,64*	149,8	*78,96*
22	189,0	*126,0*	**151,2**	256,5	*51,86*	248,2	*53,68*	233,3	*57,32*	220,2	*60,93*	208,7	*64,52*	198,5	*68,08*	189,3	*71,62*	181,0	*75,14*	173,6	*78,64*	166,7	*82,11*
	216,0	*144,0*	**172,8**	283,6	*53,35*	274,4	*55,24*	257,7	*59,00*	243,2	*62,73*	230,3	*66,44*	218,9	*70,13*	208,7	*73,80*	199,5	*77,44*	191,2	*81,07*	183,6	*84,67*
	243,0	*162,0*	**194,4**	310,6	*54,58*	300,4	*56,52*	282,1	*60,38*	266,1	*64,21*	251,9	*68,03*	239,3	*71,82*	228,0	*75,59*	217,9	*79,35*	208,7	*83,08*	200,3	*86,79*
25	270,0	*180,0*	**216,0**	337,6	*55,61*	326,5	*57,59*	306,4	*61,54*	288,9	*65,46*	273,4	*69,36*	259,6	*73,24*	247,3	*77,11*	236,2	*80,95*	226,1	*84,77*	217,0	*88,57*
	324,0	*216,0*	**259,2**	391,4	*57,25*	378,4	*59,30*	354,9	*63,38*	334,4	*67,44*	316,2	*71,48*	300,1	*75,51*	285,7	*79,51*	272,7	*83,50*	260,9	*87,47*	250,3	*91,42*
	378,0	*252,0*	**302,4**	445,1	*58,49*	430,2	*60,59*	403,3	*64,77*	379,7	*68,96*	359,0	*73,09*	340,5	*77,22*	324,0	*81,34*	309,1	*85,44*	295,6	*89,52*	283,4	*93,59*
28	438,8	*292,5*	**351,0**	505,4	*59,56*	488,3	*61,71*	457,6	*65,99*	430,7	*70,25*	406,9	*74,49*	385,8	*78,73*	366,9	*82,94*	349,9	*87,14*	334,5	*91,32*	320,5	*95,49*
	506,3	*337,5*	**405,0**							487,2	*71,38*	460,2	*75,71*	436,1	*80,03*	414,6	*84,33*	395,2	*88,61*	377,7	*92,89*	361,8	*97,15*
	573,8	*382,5*	**459,0**											486,3	*81,06*	462,2	*85,43*	440,5	*89,78*	420,8	*94,13*	402,9	*98,46*
31	641,3	*427,5*	**513,0**															485,6	*90,73*	463,8	*95,14*	444,0	*99,53*
	708,8	*472,5*	**567,0**																			485,1	*100,4*
	776,3	*517,5*	**621,0**																				
34	864,0	*576,0*	**691,2**																				
	972,0	*648,0*	**777,6**																				
	1080	*720,0*	**864,0**																				

Erste Teilspalte (Steilziffern) *h* in cm

Zweite Teilspalte (Schrägziffern) f_e in $\frac{cm^2}{m}$

σ_b in kg/cm²

21,25		22,5		23,75		25		26,25		27,5		28,75		30		31,25		32,5		Eisenzugspannung σ_e in kg/cm²		1500	Einheitsmoment M/b in t
14,17		*15*		*15,83*		*16,67*		*17,5*		*18,33*		*19,17*		*20*		*20,83*		*21,67*			*1000*		
17		**18**		**19**		**20**		**21**		**22**		**23**		**24**		**25**		**26**		**1200**			
83,24	*10,33*	79,14	*10,90*	75,47	*11,47*	72,16	*12,03*	69,17	*12,58*	66,44	*13,14*	63,95	*13,68*	61,66	*14,23*	59,56	*14,77*	57,62	*15,31*	**9,720**	*8,100*	12,150	1
87,75	*10,89*	83,42	*11,49*	79,55	*12,09*	76,06	*12,68*	72,91	*13,26*	70,03	*13,85*	67,41	*14,43*	65,00	*15,00*	62,78	*15,57*	60,73	*16,14*	**10,800**	*9,000*	13,500	
96,12	*11,93*	91,39	*12,59*	87,14	*13,24*	83,32	*13,89*	79,86	*14,53*	76,72	*15,17*	73,84	*15,80*	71,20	*16,43*	68,77	*17,06*	66,53	*17,68*	**12,960**	*10,800*	16,200	
103,8	*12,89*	98,71	*13,60*	94,13	*14,30*	90,00	*15,00*	86,26	*15,69*	82,86	*16,38*	79,76	*17,07*	76,91	*17,75*	74,29	*18,42*	71,86	*19,10*	**15,120**	*12,600*	18,900	4
111,0	*13,78*	105,5	*14,54*	100,6	*15,29*	96,21	*16,04*	92,22	*16,78*	88,59	*17,51*	85,27	*18,25*	82,22	*18,97*	79,41	*19,70*	76,82	*20,41*	**17,280**	*14,400*	21,600	
117,7	*14,61*	111,9	*15,42*	106,7	*16,22*	102,1	*17,01*	97,81	*17,80*	93,96	*18,58*	90,44	*19,35*	87,21	*20,12*	84,23	*20,89*	81,48	*21,65*	**19,440**	*16,200*	24,300	
124,1	*15,41*	118,0	*16,25*	112,5	*17,09*	107,6	*17,93*	103,1	*18,76*	99,04	*19,58*	95,33	*20,40*	91,92	*21,21*	88,79	*22,02*	85,89	*22,82*	**21,600**	*18,000*	27,000	7
135,9	*16,88*	129,2	*17,80*	123,2	*18,72*	117,8	*19,64*	112,9	*20,55*	108,5	*21,45*	104,4	*22,35*	100,7	*23,24*	97,26	*24,12*	94,09	*25,00*	**25,920**	*21,600*	32,400	
146,8	*18,23*	139,6	*19,23*	133,1	*20,22*	127,3	*21,21*	122,0	*22,19*	117,2	*23,17*	112,8	*24,14*	108,8	*25,10*	105,1	*26,06*	101,6	*27,00*	**30,240**	*25,200*	37,800	
158,2	*19,64*	150,4	*20,72*	143,4	*21,79*	137,1	*22,85*	131,4	*23,91*	126,3	*24,96*	121,5	*26,01*	117,2	*27,04*	113,2	*28,07*	109,5	*29,09*	**35,100**	*29,250*	43,880	10
169,9	*21,09*	161,5	*22,25*	154,1	*23,41*	147,3	*24,55*	141,2	*25,69*	135,6	*26,81*	130,5	*27,93*	125,9	*29,05*	121,6	*30,15*	117,6	*31,25*	**40,500**	*33,750*	50,630	
181,1	*22,42*	172,2	*23,66*	164,2	*24,89*	156,9	*26,11*	150,4	*27,32*	144,5	*28,52*	139,0	*29,72*	134,1	*30,91*	129,5	*32,09*	125,2	*33,26*	**45,900**	*38,250*	57,380	
192,3	*23,58*	182,7	*24,89*	174,2	*26,19*	166,5	*27,48*	159,5	*28,76*	153,2	*30,03*	147,4	*31,30*	142,1	*32,55*	137,2	*33,80*	132,7	*35,05*	**51,300**	*42,750*	64,130	13
203,3	*24,61*	193,2	*25,98*	184,1	*27,34*	176,0	*28,69*	168,6	*30,03*	161,9	*31,37*	155,7	*32,70*	150,1	*34,02*	144,9	*35,33*	140,1	*36,63*	**56,700**	*47,250*	70,880	
214,4	*25,53*	203,6	*26,95*	194,0	*28,37*	185,4	*29,77*	177,6	*31,17*	170,5	*32,56*	164,0	*33,95*	158,0	*35,32*	152,5	*36,69*	147,5	*38,05*	**62,100**	*51,750*	77,630	
228,6	*26,59*	217,1	*28,08*	206,9	*29,55*	197,6	*31,02*	189,2	*32,48*	181,6	*33,94*	174,7	*35,39*	168,3	*36,82*	162,4	*38,25*	157,0	*39,68*	**69,120**	*57,600*	86,400	16
246,1	*27,72*	233,7	*29,29*	222,6	*30,82*	212,5	*32,36*	203,5	*33,89*	195,2	*35,41*	187,7	*36,92*	180,8	*38,43*	174,5	*39,93*	168,6	*41,42*	**77,760**	*64,800*	97,200	
263,5	*28,70*	250,1	*30,31*	238,2	*31,91*	227,4	*33,51*	217,7	*35,10*	208,8	*36,68*	200,7	*38,25*	193,3	*39,82*	186,4	*41,38*	180,1	*42,93*	**86,400**	*72,000*	108,0	
285,2	*29,74*	270,6	*31,42*	257,6	*33,09*	245,9	*34,75*	235,3	*36,40*	225,7	*38,05*	216,8	*39,69*	208,8	*41,32*	201,3	*42,94*	194,5	*44,56*	**97,200**	*81,000*	121,5	19
306,8	*30,64*	291,1	*32,37*	277,0	*34,10*	264,3	*35,81*	252,9	*37,52*	242,4	*39,22*	232,9	*40,92*	224,2	*42,60*	216,2	*44,29*	208,8	*45,96*	**108,0**	*90,000*	135,0	
349,8	*32,10*	331,7	*33,92*	315,6	*35,74*	301,0	*37,54*	287,8	*39,34*	275,9	*41,13*	264,9	*42,92*	254,9	*44,70*	245,7	*46,47*	237,2	*48,24*	**129,6**	*108,0*	162,0	
392,7	*33,24*	372,3	*35,13*	354,0	*37,01*	337,6	*38,89*	322,7	*40,76*	309,1	*42,63*	296,8	*44,49*	285,4	*46,34*	275,0	*48,18*	265,4	*50,02*	**151,2**	*126,0*	189,0	22
435,5	*34,15*	412,7	*36,10*	392,3	*38,04*	374,0	*39,97*	357,4	*41,90*	342,3	*43,83*	328,5	*45,74*	315,9	*47,65*	304,3	*49,56*	293,5	*51,46*	**172,8**	*144,0*	216,0	
478,2	*34,89*	453,1	*36,89*	430,6	*38,88*	410,3	*40,86*	392,0	*42,84*	375,4	*44,81*	360,2	*46,78*	346,2	*48,74*	333,4	*50,69*	321,6	*52,64*	**194,4**	*162,0*	243,0	
				468,8	*39,58*	446,6	*41,60*	426,6	*43,63*	408,4	*45,63*	391,8	*47,64*	376,5	*49,64*	362,5	*51,64*	349,6	*53,63*	**216,0**	*180,0*	270,0	25
						519,1	*42,78*	495,7	*44,86*	474,4	*46,94*	454,9	*49,01*	437,0	*51,08*	420,6	*53,14*	405,4	*55,20*	**259,2**	*216,0*	324,0	
														497,4	*52,16*	478,6	*54,27*	461,2	*56,38*	**302,4**	*252,0*	378,0	

σ_b in kg/cm²

57,5		60		62,5		65		67,5		70		75		81,25		87,5		93,75		Eisenzugspannung σ_e in kg/cm²		1500	Einheitsmoment M/b in t
38,33		*40*		*41,67*		*43,33*		*45*		*46,67*		*50*		*54,17*		*58,33*		*62,5*			*1000*		
46		**48**		**50**		**52**		**54**		**56**		**60**		**65**		**70**		**75**		**1200**			
36,30	*25,40*	35,13	*26,35*	34,05	*27,29*	33,05	*28,21*	32,12	*29,13*	31,26	*30,03*									**9,720**	*8,100*	12,150	1
38,27	*26,78*	37,03	*27,77*	35,89	*28,76*	34,84	*29,74*	33,86	*30,70*	32,95	*31,66*	31,31	*33,54*							**10,800**	*9,000*	13,500	
41,92	*29,33*	40,57	*30,43*	39,32	*31,51*	38,17	*32,58*	37,09	*33,63*	36,10	*34,68*	34,29	*36,74*	32,34	*39,26*	30,65	*41,72*			**12,960**	*10,800*	16,200	
45,28	*31,68*	43,82	*32,86*	42,47	*34,03*	41,22	*35,19*	40,07	*36,33*	38,99	*37,46*	37,04	*39,69*	34,93	*42,41*	33,11	*45,07*	31,52	*47,66*	**15,120**	*12,600*	18,900	4
48,41	*33,87*	46,84	*35,13*	45,40	*36,38*	44,07	*37,62*	42,83	*38,84*	41,68	*40,05*	39,60	*42,43*	37,34	*45,34*	35,40	*48,18*	33,70	*50,95*	**17,280**	*14,400*	21,600	
51,34	*35,93*	49,68	*37,26*	48,16	*38,59*	46,74	*39,90*	45,43	*41,19*	44,21	*42,47*	42,00	*45,00*	39,61	*48,09*	37,54	*51,10*	35,74	*54,04*	**19,440**	*16,200*	24,300	
54,12	*37,87*	52,37	*39,28*	50,76	*40,67*	49,27	*42,05*	47,89	*43,42*	46,60	*44,77*	44,27	*47,43*	41,75	*50,69*	39,57	*53,86*	37,67	*56,97*	**21,600**	*18,000*	27,000	7
59,28	*41,48*	57,37	*43,03*	55,61	*44,56*	53,97	*46,07*	52,46	*47,56*	51,05	*49,05*	48,50	*51,96*	45,74	*55,53*	43,35	*59,00*	41,27	*62,40*	**25,920**	*21,600*	32,400	
64,03	*44,81*	61,97	*46,48*	60,06	*48,13*	58,30	*49,76*	56,66	*51,38*	55,14	*52,98*	52,38	*56,12*	49,40	*59,97*	46,82	*63,73*	44,58	*67,40*	**30,240**	*25,200*	37,800	
68,99	*48,27*	66,76	*50,07*	64,71	*51,85*	62,81	*53,61*	61,04	*55,35*	59,40	*57,07*	56,44	*60,47*	53,22	*64,61*	50,45	*68,66*	48,02	*72,62*	**35,100**	*29,250*	43,880	10
74,10	*51,85*	71,71	*53,79*	69,51	*55,70*	67,47	*57,59*	65,57	*59,46*	63,81	*61,31*	60,62	*64,95*	57,17	*69,41*	54,19	*73,76*	51,59	*78,00*	**40,500**	*33,750*	50,630	
78,89	*55,20*	76,34	*57,26*	74,00	*59,29*	71,82	*61,31*	69,81	*63,30*	67,93	*65,27*	64,54	*69,15*	60,86	*73,89*	57,69	*78,52*	54,92	*83,04*	**45,900**	*38,250*	57,380	
83,41	*58,35*	80,71	*60,53*	78,23	*62,68*	75,93	*64,81*	73,80	*66,92*	71,81	*69,00*	68,23	*73,10*	64,34	*78,12*	60,99	*83,01*	58,06	*87,79*	**51,300**	*42,750*	64,130	13
87,82	*61,19*	84,96	*63,50*	82,33	*65,78*	79,89	*68,04*	77,63	*70,27*	75,53	*72,48*	71,74	*76,82*	67,65	*82,12*	64,12	*87,27*	61,04	*92,30*	**56,700**	*47,250*	70,880	
92,17	*63,74*	89,15	*66,16*	86,37	*68,56*	83,80	*70,93*	81,41	*73,28*	79,19	*75,60*	75,19	*80,18*	70,86	*85,77*	67,14	*91,22*	63,90	*96,53*	**62,100**	*51,750*	77,630	
97,77	*66,67*	94,54	*69,23*	91,56	*71,76*	88,81	*74,26*	86,26	*76,74*	83,89	*79,20*	79,61	*84,05*	74,98	*89,98*	71,00	*95,78*	67,54	*101,4*	**69,120**	*57,600*	86,400	16
104,6	*69,82*	101,1	*72,52*	97,87	*75,19*	94,90	*77,84*	92,14	*80,47*	89,58	*83,07*	84,96	*88,21*	79,97	*94,51*	75,68	*100,7*	71,94	*106,7*	**77,760**	*64,800*	97,200	
111,3	*72,55*	107,6	*75,37*	104,1	*78,17*	100,9	*80,95*	97,96	*83,70*	95,20	*86,43*	90,24	*91,82*	84,89	*98,44*	80,28	*104,9*	76,27	*111,3*	**86,400**	*72,000*	108,0	
119,7	*75,51*	115,6	*78,47*	111,8	*81,41*	108,4	*84,32*	105,1	*87,21*	102,2	*90,08*	96,77	*95,75*	90,95	*102,7*	85,95	*109,6*	81,60	*116,3*	**97,200**	*81,000*	121,5	19
127,9	*78,06*	123,5	*81,14*	119,5	*84,20*	115,7	*87,23*	112,3	*90,24*	109,0	*93,22*	103,2	*99,14*	96,94	*106,4*	91,55	*113,6*	86,86	*120,6*	**108,0**	*90,000*	135,0	
144,3	*82,26*	139,3	*85,53*	134,6	*88,78*	130,3	*92,01*	126,3	*95,22*	122,6	*98,41*	116,0	*104,7*	108,8	*112,5*	102,6	*120,2*	97,22	*127,7*	**129,6**	*108,0*	162,0	
160,5	*85,57*	154,8	*89,00*	149,6	*92,41*	144,7	*95,80*	140,2	*99,17*	136,1	*102,5*	128,6	*109,2*	120,4	*117,4*	113,5	*125,4*	107,4	*133,4*	**151,2**	*126,0*	189,0	22
176,7	*88,25*	170,3	*91,81*	164,5	*95,36*	159,1	*98,88*	154,1	*102,4*	149,4	*105,9*	141,0	*112,8*	132,0	*121,3*	124,3	*129,7*	117,5	*138,0*	**172,8**	*144,0*	216,0	
192,7	*90,48*	185,7	*94,15*	179,2	*97,80*	173,3	*101,4*	167,8	*105,1*	162,7	*108,6*	153,4	*115,8*	143,5	*124,6*	135,0	*133,3*	127,5	*141,9*	**194,4**	*162,0*	243,0	
208,7	*92,36*	201,0	*96,12*	194,0	*99,87*	187,5	*103,6*	181,5	*107,3*	175,9	*111,0*	165,8	*118,3*	154,9	*127,4*	145,6	*136,4*	137,5	*145,2*	**216,0**	*180,0*	270,0	25
240,5	*95,35*	231,5	*99,27*	223,3	*103,2*	215,7	*107,1*	208,7	*110,9*	202,1	*114,8*	190,3	*122,4*	177,6	*131,9*	166,7	*141,3*	157,3	*150,5*	**259,2**	*216,0*	324,0	
272,2	*97,64*	261,9	*101,7*	252,5	*105,7*	243,8	*109,7*	235,7	*113,7*	228,2	*117,7*	214,7	*125,6*	200,2	*135,3*	187,7	*145,0*	176,9	*154,6*	**302,4**	*252,0*	378,0	
307,8	*99,65*	296,0	*103,8*	285,3	*107,9*	275,3	*112,0*	266,1	*116,1*	257,5	*120,2*	242,1	*128,3*	225,5	*138,4*	211,2	*148,4*	198,9	*158,3*	**351,0**	*292,5*	438,8	28
347,2	*101,4*	333,9	*105,6*	321,6	*109,8*	310,2	*114,0*	299,7	*118,2*	290,0	*122,4*	272,4	*130,7*	253,5	*141,1*	237,3	*151,3*	223,2	*161,5*	**405,0**	*337,5*	506,3	
386,6	*102,8*	371,6	*107,1*	357,8	*111,4*	345,1	*115,7*	333,3	*119,9*	322,4	*124,2*	302,7	*132,7*	281,5	*143,2*	263,3	*153,6*	247,5	*164,0*	**459,0**	*382,5*	573,8	
425,9	*103,9*	409,3	*108,3*	394,0	*112,6*	379,9	*117,0*	366,9	*121,3*	354,7	*125,6*	332,9	*134,2*	309,4	*144,9*	289,2	*155,6*	271,7	*166,1*	**513,0**	*427,5*	641,3	31
465,2	*104,8*	447,0	*109,3*	430,4	*113,7*	414,7	*118,1*	400,4	*122,4*	387,0	*126,8*	363,1	*135,5*	337,2	*146,4*	315,1	*157,1*	295,9	*167,9*	**567,0**	*472,5*	708,8	
		484,6	*110,1*	466,3	*114,5*	449,5	*119,0*	433,8	*123,4*	419,3	*127,8*	393,2	*136,6*	364,8	*147,6*	341,0	*158,5*	320,1	*169,3*	**621,0**	*517,5*	776,3	
						494,6	*120,0*	477,3	*124,5*	461,3	*128,9*	432,4	*137,9*	401,3	*148,9*	374,6	*160,0*	351,4	*171,0*	**691,2**	*576,0*	864,0	34
												480,5	*139,1*	445,7	*150,3*	415,9	*161,5*	390,0	*172,6*	**777,6**	*648,0*	972,0	
														490,2	*151,4*	457,2	*162,7*	428,6	*173,9*	**864,0**	*720,0*	1080	

Einheitsmoment M/b in t	Eisenzugspannung σ_e in kg/cm²			Beton - Druckspannung																			
	1500			8,75		10		11,25		12,5		13,75		15		16,25		17,5		18,75		20	
		1000		5,833		6,667		7,5		8,333		9,167		10		10,83		11,67		12,5		13,33	
			1200	7		8		9		10		11		12		13		14		15		16	
1	13,820	9,216	11,060	200,9	4,714	177,1	5,367	158,6	6,014	143,8	6,656	131,7	7,294	121,5	7,927	113,0	8,555	105,7	9,179	99,29	9,798	93,71	10,41
	15,360	10,240	12,290	211,7	4,969	186,7	5,657	167,2	6,339	151,6	7,016	138,8	7,689	128,1	8,356	119,1	9,018	111,4	9,675	104,7	10,33	98,78	10,98
	18,430	12,290	14,750	232,0	5,443	204,5	6,197	183,1	6,944	166,0	7,686	152,0	8,422	140,3	9,153	130,5	9,879	122,0	10,60	114,6	11,31	108,2	12,02
4	21,500	14,340	17,200	250,5	5,880	220,9	6,693	197,8	7,501	179,3	8,302	164,2	9,097	151,6	9,887	140,9	10,67	131,8	11,45	123,8	12,22	116,9	12,99
	24,580	16,380	19,660	267,8	6,286	236,1	7,155	211,5	8,019	191,7	8,875	175,5	9,725	162,1	10,57	150,7	11,41	140,9	12,24	132,4	13,06	125,0	13,88
	27,650	18,430	22,120	284,1	6,667	250,5	7,589	224,3	8,505	203,3	9,414	186,2	10,32	171,9	11,21	159,8	12,10	149,4	12,98	140,4	13,86	132,5	14,73
7	30,720	20,480	24,580	299,5	7,027	264,0	8,000	236,4	8,965	214,3	9,923	196,3	10,87	181,2	11,82	168,4	12,75	157,5	13,68	148,0	14,61	139,7	15,52
	36,860	24,580	29,490	328,0	7,698	289,2	8,764	259,0	9,821	234,8	10,87	215,0	11,91	198,5	12,94	184,5	13,97	172,5	14,99	162,1	16,00	153,0	17,00
	43,010	28,670	34,410	354,3	8,315	312,4	9,466	279,7	10,61	253,6	11,74	232,2	12,87	214,4	13,98	199,3	15,09	186,4	16,19	175,1	17,28	165,3	18,37
10	49,920	33,280	39,940	381,7	8,958	336,5	10,20	301,4	11,43	273,2	12,65	250,2	13,86	231,0	15,06	214,7	16,26	200,8	17,44	188,7	18,62	178,1	19,79
	57,600	38,400	46,080	410,2	9,618	361,6	10,95	323,8	12,27	293,5	13,58	268,8	14,89	248,1	16,18	230,6	17,46	215,7	18,74	202,7	20,00	191,3	21,25
	65,280	43,520	52,220	438,3	10,20	386,3	11,61	345,8	13,02	313,4	14,41	286,9	15,80	264,8	17,18	246,1	18,54	230,0	19,90	216,1	21,25	204,0	22,58
13	72,960	48,640	58,370	466,3	10,71	410,9	12,19	367,7	13,67	333,2	15,14	304,9	16,60	281,4	18,05	261,4	19,49	244,3	20,92	229,5	22,34	216,5	23,75
	80,640	53,760	64,510	494,3	11,16	435,4	12,71	389,6	14,25	352,9	15,79	322,9	17,31	297,9	18,82	276,7	20,33	258,6	21,82	242,8	23,31	229,1	24,78
	88,320	58,880	70,660			459,8	13,17	411,3	14,77	372,6	16,36	340,8	17,94	314,3	19,51	291,9	21,07	272,7	22,63	256,1	24,17	241,5	25,71
16	98,300	65,540	78,640			491,6	13,70	439,6	15,36	398,0	17,02	364,0	18,67	335,7	20,31	311,7	21,94	291,1	23,56	273,3	25,17	257,7	26,77
	110,6	73,730	88,470					474,3	15,99	429,3	17,72	392,5	19,44	361,8	21,15	335,9	22,85	313,6	24,54	294,3	26,23	277,4	27,90
	122,9	81,920	98,300					508,9	16,54	460,5	18,33	420,9	20,11	387,9	21,88	360,0	23,64	336,0	25,40	315,3	27,14	297,1	28,88
19	138,2	92,160	110,6							499,4	18,98	456,4	20,83	420,4	22,66	390,0	24,49	364,0	26,31	341,4	28,13	321,6	29,93
	153,6	102,4	122,9									491,7	21,44	452,9	23,33	420,0	25,22	391,9	27,10	367,5	28,97	346,1	30,83
	184,3	122,9	147,5											517,6	24,42	479,8	26,40	447,4	28,37	419,4	30,33	394,8	32,29
22	215,0	143,4	172,0															502,9	29,36	471,1	31,40	443,4	33,43
	245,8	163,8	196,6																	522,8	32,25	491,8	34,34
	276,5	184,3	221,2																				
25	307,2	204,8	245,8																				
	368,6	245,8	294,9																				
	430,1	286,7	344,1																				

Erste Teilspalte (Steilziffern) h in cm

Zweite Teilspalte (Schrägziffern) f_e in $\frac{cm^2}{m}$

Einheitsmoment M/b in t	Eisenzugspannung σ_e in kg/cm²			Beton - Druckspannung																			
	1500			33,75		35		37,5		40		42,5		45		47,5		50		52,5		55	
		1000		22,5		23,33		25		26,67		28,33		30		31,67		33,33		35		36,67	
			1200	27		28		30		32		34		36		38		40		42		44	
1	13,820	9,216	11,060	59,54	16,90	57,75	17,47	54,53	18,59	51,71	19,70	49,21	20,79	46,99	21,88	45,00	22,94	43,20	24,00	41,57	25,04	40,08	26,08
	15,360	10,240	12,290	62,76	17,82	60,87	18,41	57,48	19,60	54,51	20,76	51,88	21,92	49,53	23,06	47,43	24,18	45,54	25,30	43,82	26,40	42,25	27,49
	18,430	12,290	14,750	68,75	19,52	66,68	20,17	62,97	21,47	59,71	22,75	56,83	24,01	54,26	25,26	51,96	26,49	49,88	27,71	48,00	28,92	46,28	30,11
4	21,500	14,340	17,200	74,26	21,08	72,03	21,79	68,01	23,19	64,49	24,57	61,38	25,93	58,61	27,28	56,12	28,62	53,88	29,93	51,85	31,24	49,99	32,52
	24,580	16,380	19,660	79,38	22,53	77,00	23,29	72,71	24,79	68,95	26,27	65,62	27,72	62,65	29,17	60,00	30,59	57,60	32,00	55,43	33,39	53,45	34,77
	27,650	18,430	22,120	84,20	23,90	81,67	24,70	77,12	26,29	73,13	27,86	69,60	29,41	66,46	30,94	63,64	32,45	61,09	33,94	58,79	35,42	56,69	36,88
7	30,720	20,480	24,580	88,75	25,19	86,09	26,04	81,29	27,71	77,08	29,37	73,36	31,00	70,05	32,61	67,08	34,20	64,40	35,78	61,97	37,33	59,75	38,87
	36,860	24,580	29,490	97,22	27,60	94,31	28,52	89,05	30,36	84,44	32,17	80,37	33,96	76,74	35,72	73,48	37,47	70,55	39,19	67,88	40,90	65,46	42,58
	43,010	28,670	34,410	105,0	29,81	101,9	30,81	96,18	32,79	91,21	34,75	86,81	36,68	82,88	38,58	79,37	40,47	76,20	42,33	73,32	44,17	70,70	45,99
10	49,920	33,280	39,940	113,1	32,12	109,7	33,19	103,6	35,33	98,26	37,43	93,52	39,51	89,30	41,57	85,51	43,60	82,09	45,61	78,99	47,59	76,17	49,55
	57,600	38,400	46,080	121,5	34,50	117,9	35,66	111,3	37,95	105,6	40,21	100,5	42,44	95,92	44,65	91,85	46,83	88,18	48,99	84,85	51,12	81,82	53,23
	65,280	43,520	52,220	129,4	36,72	125,5	37,95	118,5	40,40	112,4	42,81	106,9	45,19	102,1	47,54	97,78	49,86	93,88	52,15	90,33	54,42	87,10	56,66
13	72,960	48,640	58,370	137,1	38,70	133,0	40,01	125,5	42,60	119,0	45,16	113,2	47,69	108,0	50,19	103,4	52,66	99,29	55,10	95,53	57,51	92,10	59,89
	80,640	53,760	64,510	144,7	40,46	140,3	41,83	132,4	44,56	125,5	47,25	119,4	49,91	113,9	52,55	109,0	55,15	104,6	57,72	100,6	60,27	96,99	62,79
	88,320	58,880	70,660	152,3	42,02	147,7	43,46	139,3	46,30	131,9	49,12	125,5	51,90	119,7	54,65	114,5	57,38	109,9	60,07	105,7	62,74	101,8	65,38
16	98,300	65,540	78,640	162,1	43,83	157,1	45,34	148,1	48,32	140,3	51,27	133,3	54,19	127,2	57,08	121,6	59,94	116,7	62,78	112,1	65,59	108,0	68,36
	110,6	73,730	88,470	174,0	45,77	168,7	47,34	159,0	50,47	150,5	53,57	143,0	56,64	136,3	59,68	130,3	62,70	124,9	65,68	120,0	68,64	115,6	71,57
	122,9	81,920	98,300	185,9	47,44	180,1	49,08	169,7	52,34	160,6	55,57	152,5	58,77	145,3	61,94	138,9	65,09	133,1	68,19	127,9	71,29	123,1	74,35
19	138,2	92,160	110,6	200,7	49,25	194,4	51,02	183,0	54,36	173,1	57,73	164,3	61,07	156,5	64,38	149,5	67,67	143,3	70,93	137,6	74,16	132,4	77,36
	153,6	102,4	122,9	215,3	50,80	208,5	52,57	196,3	56,09	185,6	59,58	176,1	63,04	167,7	66,48	160,1	69,89	153,3	73,27	147,2	76,63	141,6	79,96
	184,3	122,9	147,5	244,5	53,33	236,7	55,20	222,6	58,92	210,3	62,61	199,4	66,28	189,8	69,92	181,1	73,53	173,3	77,12	166,2	80,69	159,8	84,22
22	215,0	143,4	172,0	273,6	55,31	264,7	57,26	248,8	61,14	234,9	64,99	222,6	68,82	211,7	72,62	201,9	76,40	193,1	80,15	185,1	83,88	177,9	87,59
	245,8	163,8	196,6	302,5	56,91	292,6	58,92	274,9	62,93	259,4	66,91	245,7	70,87	233,5	74,80	222,6	78,72	212,8	82,61	203,9	86,47	195,8	90,31
	276,5	184,3	221,2	331,3	58,22	320,5	60,29	300,9	64,40	283,8	68,49	268,7	72,56	255,2	76,61	243,2	80,63	232,4	84,64	222,6	88,62	213,7	92,57
25	307,2	204,8	245,8	360,1	59,32	348,2	61,43	326,8	65,64	308,1	69,82	291,6	73,99	276,9	78,13	263,8	82,25	251,9	86,34	241,2	90,42	231,5	94,48
	368,6	245,8	294,9	417,5	61,07	403,6	63,25	378,6	67,60	356,7	71,93	337,3	76,25	320,1	80,54	304,7	84,81	290,9	89,06	278,3	93,30	266,9	97,51
	430,1	286,7	344,1	474,8	62,38	458,8	64,62	430,2	69,09	405,1	73,55	382,9	77,96	363,2	82,37	345,6	86,76	329,7	91,14	315,3	95,49	302,3	99,83
28	499,2	332,8	399,4	539,1	63,53	520,9	65,82	488,1	70,38	459,4	74,93	434,1	79,46	411,5	83,98	391,4	88,47	373,3	92,95	356,8	97,41	341,9	101,9
	576,0	384,0	460,8							519,7	76,14	490,8	80,76	465,2	85,36	442,2	89,95	421,6	94,52	402,9	99,08	385,9	103,6
	652,8	435,2	522,2											518,8	86,46	493,0	91,12	469,8	95,77	448,8	100,4	429,8	105,0
31	729,6	486,4	583,7															518,0	96,78	494,8	101,5	473,6	106,2
	806,4	537,6	645,1																			517,4	107,1
	883,2	588,8	706,6																				
34	983,0	655,4	786,4																				
	1106	737,3	884,7																				
	1229	819,2	983,0																				

Erste Teilspalte (Steilziffern) h in cm

Zweite Teilspalte (Schrägziffern) f_e in $\frac{cm^2}{m}$

σ_b in kg/cm² — Eisenzugspannung σ_e in kg/cm² — Einheitsmoment M/b in t

σ_b in kg/cm²																				Eisenzugspannung σ_e in kg/cm²			
21,25		22,5		23,75		25		26,25		27,5		28,75		30		31,25		32,5				1500	
14,17		*15*		*15,83*		*16,67*		*17,5*		*18,33*		*19,17*		*20*		*20,83*		*21,67*			*1000*		
17		**18**		**19**		**20**		**21**		**22**		**23**		**24**		**25**		**26**		**1200**			
88,79	*11,02*	84,42	*11,63*	80,50	*12,23*	76,97	*12,83*	73,78	*13,42*	70,87	*14,01*	68,21	*14,60*	65,78	*15,18*	63,53	*15,76*	61,46	*16,33*	**11,060**	*9,216*	13,820	1
93,60	*11,62*	88,98	*12,26*	84,85	*12,89*	81,13	*13,52*	77,77	*14,15*	74,70	*14,77*	71,90	*15,39*	69,33	*16,00*	66,97	*16,61*	64,78	*17,21*	**12,290**	*10,240*	15,360	
102,5	*12,73*	97,48	*13,43*	92,95	*14,12*	88,88	*14,81*	85,19	*15,50*	81,83	*16,18*	78,76	*16,86*	75,95	*17,53*	73,36	*18,19*	70,97	*18,86*	**14,750**	*12,290*	18,430	
110,7	*13,75*	105,3	*14,50*	100,4	*15,25*	96,00	*16,00*	92,01	*16,74*	88,39	*17,48*	85,08	*18,21*	82,04	*18,93*	79,24	*19,65*	76,65	*20,37*	**17,200**	*14,340*	21,500	4
118,4	*14,70*	112,6	*15,51*	107,3	*16,31*	102,6	*17,10*	98,37	*17,90*	94,49	*18,68*	90,95	*19,46*	87,70	*20,24*	84,71	*21,01*	81,94	*21,77*	**19,660**	*16,380*	24,580	
125,6	*15,59*	119,4	*16,45*	113,8	*17,30*	108,9	*18,14*	104,3	*18,98*	100,2	*19,82*	96,47	*20,64*	93,02	*21,47*	89,85	*22,28*	86,91	*23,10*	**22,120**	*18,430*	27,650	
132,4	*16,43*	125,8	*17,34*	120,0	*18,23*	114,7	*19,12*	110,0	*20,01*	105,6	*20,89*	101,7	*21,76*	98,05	*22,63*	94,71	*23,49*	91,62	*24,34*	**24,580**	*20,480*	30,720	7
145,0	*18,00*	137,9	*18,99*	131,5	*19,97*	125,7	*20,95*	120,5	*21,92*	115,7	*22,88*	111,4	*23,84*	107,4	*24,79*	103,7	*25,73*	100,4	*26,67*	**29,490**	*24,580*	36,860	
156,6	*19,44*	148,9	*20,51*	142,0	*21,57*	135,8	*22,63*	130,1	*23,67*	125,0	*24,71*	120,3	*25,75*	116,0	*26,77*	112,1	*27,79*	108,4	*28,80*	**34,410**	*28,670*	43,010	
168,7	*20,95*	160,4	*22,10*	153,0	*23,24*	146,3	*24,38*	140,2	*25,51*	134,7	*26,63*	129,6	*27,74*	125,0	*28,84*	120,7	*29,94*	116,8	*31,03*	**39,940**	*33,280*	49,920	10
181,3	*22,50*	172,3	*23,74*	164,3	*24,97*	157,1	*26,19*	150,6	*27,40*	144,7	*28,60*	139,2	*29,80*	134,3	*30,98*	129,7	*32,16*	125,5	*33,34*	**46,080**	*38,400*	57,600	
193,2	*23,91*	183,7	*25,23*	175,1	*26,54*	167,4	*27,85*	160,4	*29,14*	154,1	*30,42*	148,3	*31,70*	143,0	*32,97*	138,1	*34,23*	133,6	*35,48*	**52,220**	*43,520*	65,280	
205,1	*25,15*	194,9	*26,55*	185,8	*27,93*	177,6	*29,31*	170,2	*30,68*	163,4	*32,03*	157,2	*33,38*	151,6	*34,73*	146,4	*36,06*	141,6	*37,38*	**58,370**	*48,640*	72,960	13
216,9	*26,25*	206,1	*27,71*	196,4	*29,16*	187,7	*30,60*	179,8	*32,04*	172,7	*33,46*	166,1	*34,88*	160,1	*36,28*	154,6	*37,68*	149,5	*39,07*	**64,510**	*53,760*	80,640	
228,7	*27,23*	217,2	*28,75*	207,0	*30,26*	197,8	*31,76*	189,4	*33,25*	181,8	*34,73*	174,9	*36,21*	168,6	*37,67*	162,7	*39,13*	157,3	*40,58*	**70,660**	*58,880*	88,320	
243,9	*28,36*	231,6	*29,95*	220,7	*31,52*	210,8	*33,09*	201,8	*34,65*	193,7	*36,20*	186,3	*37,74*	179,5	*39,28*	173,2	*40,80*	167,4	*42,32*	**78,640**	*65,540*	98,300	16
262,5	*29,57*	249,3	*31,22*	237,4	*32,87*	226,7	*34,51*	217,0	*36,15*	208,3	*37,77*	200,2	*39,38*	192,9	*40,99*	186,1	*42,59*	179,8	*44,18*	**88,470**	*73,730*	110,6	
281,1	*30,61*	266,8	*32,33*	254,1	*34,04*	242,6	*35,74*	232,2	*37,44*	222,7	*39,13*	214,1	*40,80*	206,2	*42,48*	198,9	*44,14*	192,1	*45,80*	**98,300**	*81,920*	122,9	
304,2	*31,73*	288,7	*33,52*	274,8	*35,29*	262,3	*37,07*	251,0	*38,83*	240,7	*40,59*	231,3	*42,33*	222,7	*44,07*	214,8	*45,81*	207,4	*47,53*	**110,6**	*92,160*	138,2	19
327,2	*32,69*	310,5	*34,53*	295,5	*36,37*	281,9	*38,20*	269,7	*40,02*	258,6	*41,84*	248,5	*43,65*	239,1	*45,45*	230,6	*47,24*	222,7	*49,02*	**122,9**	*102,4*	153,6	
371,1	*34,24*	353,9	*36,18*	336,6	*38,12*	321,1	*40,05*	307,0	*41,96*	294,3	*43,88*	282,6	*45,78*	271,9	*47,68*	262,0	*49,57*	253,0	*51,45*	**147,5**	*122,9*	184,3	
418,9	*35,45*	397,1	*37,47*	377,6	*39,48*	360,0	*41,48*	344,2	*43,48*	329,7	*45,47*	316,6	*47,45*	304,5	*49,43*	293,4	*51,39*	283,1	*53,36*	**172,0**	*143,4*	215,0	22
464,5	*36,42*	440,2	*38,50*	418,5	*40,57*	399,0	*42,64*	381,2	*44,70*	365,1	*46,75*	350,4	*48,79*	336,9	*50,83*	324,5	*52,86*	313,1	*54,89*	**196,6**	*163,8*	245,8	
510,1	*37,22*	483,3	*39,35*	459,3	*41,47*	437,7	*43,59*	418,2	*45,69*	400,4	*47,80*	384,2	*49,89*	369,3	*51,99*	355,6	*54,07*	343,0	*56,15*	**221,2**	*184,3*	276,5	
				500,0	*42,22*	476,4	*44,38*	455,1	*46,53*	435,6	*48,68*	417,9	*50,82*	401,7	*52,95*	386,7	*55,08*	372,9	*57,20*	**245,8**	*204,8*	307,2	25
						553,7	*45,63*	528,7	*47,85*	506,0	*50,07*	485,2	*52,28*	466,2	*54,48*	448,6	*56,68*	432,5	*58,88*	**294,9**	*245,8*	368,6	
														530,5	*55,64*	510,5	*57,89*	491,9	*60,14*	**344,1**	*286,7*	430,1	

σ_b in kg/cm²																				Eisenzugspannung σ_e in kg/cm²			
57,5		60		62,5		65		67,5		70		75		81,25		87,5		93,75				1500	
38,33		*40*		*41,67*		*43,33*		*45*		*46,67*		*50*		*54,17*		*58,33*		*62,5*			*1000*		
46		**48**		**50**		**52**		**54**		**56**		**60**		**65**		**70**		**75**		**1200**			
38,72	*27,10*	37,47	*28,11*	36,32	*29,10*	35,26	*30,09*	34,27	*31,07*	33,34	*32,04*									**11,060**	*9,216*	13,820	1
40,82	*28,56*	39,50	*29,63*	38,29	*30,68*	37,16	*31,72*	36,12	*32,75*	35,15	*33,77*	33,39	*35,78*							**12,290**	*10,240*	15,360	
44,71	*31,29*	43,27	*32,45*	41,94	*33,61*	40,71	*34,75*	39,57	*35,88*	38,50	*36,99*	36,58	*39,19*	34,50	*41,88*	32,70	*44,50*			**14,750**	*12,290*	18,430	
48,30	*33,80*	46,74	*35,05*	45,30	*36,30*	43,97	*37,53*	42,74	*38,75*	41,59	*39,96*	39,51	*42,33*	37,26	*45,24*	35,32	*48,07*	33,62	*50,84*	**17,200**	*14,340*	21,500	4
51,63	*36,13*	49,97	*37,47*	48,43	*38,81*	47,01	*40,12*	45,69	*41,43*	44,46	*42,72*	42,24	*45,25*	39,83	*48,36*	37,76	*51,39*	35,94	*54,35*	**19,660**	*16,380*	24,580	
54,76	*38,32*	53,00	*39,75*	51,37	*41,16*	49,86	*42,56*	48,46	*43,94*	47,16	*45,31*	44,80	*48,00*	42,25	*51,29*	40,05	*54,51*	38,12	*57,65*	**22,120**	*18,430*	27,650	
57,73	*40,39*	55,86	*41,90*	54,15	*43,39*	52,56	*44,86*	51,08	*46,32*	49,71	*47,76*	47,22	*50,60*	44,53	*54,07*	42,21	*57,45*	40,19	*60,76*	**24,580**	*20,480*	30,720	7
63,24	*44,25*	61,20	*45,90*	59,31	*47,53*	57,57	*49,14*	55,96	*50,74*	54,45	*52,32*	51,73	*55,43*	48,78	*59,23*	46,24	*62,94*	44,02	*66,56*	**29,490**	*24,580*	36,860	
68,30	*47,79*	66,10	*49,57*	64,07	*51,34*	62,19	*53,08*	60,44	*54,80*	58,81	*56,51*	55,88	*59,87*	52,69	*63,97*	49,95	*67,98*	47,55	*71,90*	**34,410**	*28,670*	43,010	
73,59	*51,49*	71,21	*53,41*	69,02	*55,31*	67,00	*57,18*	65,11	*59,04*	63,36	*60,88*	60,20	*64,50*	56,77	*68,92*	53,81	*73,24*	51,23	*77,46*	**39,940**	*33,280*	49,920	10
79,05	*55,31*	76,49	*57,37*	74,14	*59,41*	71,97	*61,42*	69,94	*63,42*	68,06	*65,39*	64,66	*69,28*	60,98	*74,03*	57,80	*78,67*	55,03	*83,21*	**46,080**	*38,400*	57,600	
84,15	*58,88*	81,43	*61,08*	78,93	*63,25*	76,61	*65,39*	74,46	*67,52*	72,46	*69,62*	68,84	*73,76*	64,92	*78,82*	61,53	*83,75*	58,58	*88,58*	**52,220**	*43,520*	65,280	
88,97	*62,24*	86,09	*64,57*	83,44	*66,86*	80,99	*69,13*	78,72	*71,38*	76,60	*73,60*	72,78	*77,97*	68,63	*83,32*	65,05	*88,54*	61,93	*93,64*	**58,370**	*48,640*	72,960	13
93,67	*65,27*	90,62	*67,74*	87,81	*70,17*	85,22	*72,58*	82,81	*74,96*	80,57	*77,31*	76,53	*81,94*	72,15	*87,59*	68,39	*93,09*	65,11	*98,45*	**64,510**	*53,760*	80,640	
98,32	*67,99*	95,09	*70,57*	92,13	*73,13*	89,38	*75,66*	86,84	*78,16*	84,47	*80,64*	80,20	*85,52*	75,59	*91,49*	71,62	*97,30*	68,16	*103,0*	**70,660**	*58,880*	88,320	
104,3	*71,12*	100,8	*73,84*	97,67	*76,54*	94,73	*79,21*	92,01	*81,86*	89,48	*84,48*	84,91	*89,65*	79,98	*95,98*	75,74	*102,2*	72,04	*108,2*	**78,640**	*65,540*	98,300	16
111,5	*74,47*	107,8	*77,35*	104,4	*80,20*	101,2	*83,03*	98,29	*85,83*	95,55	*88,61*	90,62	*94,09*	85,30	*100,8*	80,72	*107,4*	76,74	*113,8*	**88,470**	*73,730*	110,6	
118,7	*77,39*	114,7	*80,40*	111,0	*83,39*	107,6	*86,35*	104,5	*89,28*	101,6	*92,19*	96,26	*97,95*	90,54	*105,0*	85,63	*111,9*	81,36	*118,7*	**98,300**	*81,920*	122,9	
127,6	*80,55*	123,3	*83,70*	119,3	*86,83*	115,6	*89,94*	112,2	*93,02*	109,0	*96,08*	103,2	*102,1*	97,01	*109,6*	91,68	*116,9*	87,04	*124,0*	**110,6**	*92,160*	138,2	19
136,5	*83,27*	131,8	*86,55*	127,4	*89,81*	123,4	*93,04*	119,7	*96,25*	116,3	*99,44*	110,1	*105,7*	103,4	*113,5*	97,65	*121,1*	92,65	*128,6*	**122,9**	*102,4*	153,6	
153,9	*87,74*	148,5	*91,23*	143,6	*94,70*	139,0	*98,15*	134,8	*101,6*	130,8	*105,0*	123,7	*111,7*	116,0	*120,0*	109,4	*128,2*	103,7	*136,2*	**147,5**	*122,9*	184,3	
171,2	*91,27*	165,2	*94,93*	159,6	*98,57*	154,4	*102,2*	149,6	*105,8*	145,1	*109,4*	137,1	*116,4*	128,5	*125,2*	121,0	*133,8*	114,6	*142,3*	**172,0**	*143,4*	215,0	22
188,4	*94,14*	181,7	*97,94*	175,4	*101,7*	169,7	*105,5*	164,3	*109,2*	159,4	*112,9*	150,4	*120,3*	140,8	*129,4*	132,5	*138,4*	125,4	*147,2*	**196,6**	*163,8*	245,8	
205,5	*96,51*	198,1	*100,4*	191,2	*104,3*	184,9	*108,2*	179,0	*112,1*	173,5	*115,9*	163,7	*123,5*	153,1	*132,9*	143,9	*142,2*	136,0	*151,4*	**221,2**	*184,3*	276,5	
222,6	*98,51*	214,4	*102,5*	206,9	*106,5*	200,0	*110,5*	193,5	*114,5*	187,6	*118,4*	176,8	*126,2*	165,2	*135,9*	155,3	*145,5*	146,7	*154,9*	**245,8**	*204,8*	307,2	25
256,5	*101,7*	247,0	*105,9*	238,2	*110,0*	230,1	*114,2*	222,6	*118,3*	215,6	*122,4*	203,0	*130,6*	189,5	*140,7*	177,8	*150,7*	167,7	*160,6*	**294,9**	*245,8*	368,6	
290,3	*104,2*	279,4	*108,5*	269,3	*112,7*	260,1	*117,0*	251,4	*121,3*	243,5	*125,5*	229,1	*133,9*	213,5	*144,4*	200,2	*154,7*	188,7	*165,0*	**344,1**	*286,7*	430,1	
328,3	*106,3*	315,8	*110,7*	304,3	*115,1*	293,7	*119,5*	283,8	*123,9*	274,7	*128,2*	258,2	*136,9*	240,5	*147,6*	225,3	*158,3*	212,1	*168,8*	**399,4**	*332,8*	499,2	28
370,3	*108,2*	356,1	*112,7*	343,0	*117,2*	330,9	*121,6*	319,7	*126,1*	309,3	*130,6*	290,6	*139,4*	270,4	*150,5*	253,1	*161,4*	238,1	*172,2*	**460,8**	*384,0*	576,0	
412,3	*109,6*	396,4	*114,2*	381,7	*118,8*	368,1	*123,4*	355,5	*127,9*	343,9	*132,5*	322,9	*141,5*	300,2	*152,7*	280,8	*163,9*	264,0	*174,9*	**522,2**	*435,2*	652,8	
454,3	*110,8*	436,6	*115,5*	420,3	*120,1*	405,2	*124,8*	391,3	*129,4*	378,4	*134,0*	355,1	*143,2*	330,0	*154,6*	308,5	*165,9*	289,8	*177,2*	**583,7**	*486,4*	729,6	31
496,2	*111,8*	476,8	*116,5*	459,1	*121,3*	442,3	*125,9*	427,1	*130,6*	412,8	*135,3*	387,3	*144,6*	359,7	*156,1*	336,1	*167,6*	315,6	*179,0*	**645,1**	*537,6*	806,4	
		516,9	*117,4*	497,4	*122,2*	479,4	*126,9*	462,8	*131,6*	447,3	*136,4*	419,4	*145,8*	389,1	*157,4*	363,7	*169,1*	341,4	*180,6*	**706,6**	*588,8*	883,2	
						527,6	*128,0*	509,2	*132,8*	492,0	*137,5*	461,2	*147,0*	428,0	*158,9*	399,5	*170,6*	374,9	*182,4*	**786,4**	*655,4*	983,0	34
												512,6	*148,3*	475,4	*160,3*	443,6	*172,2*	416,0	*184,1*	**884,7**	*737,3*	1106	
														522,9	*161,5*	487,6	*173,5*	457,1	*185,5*	**983,0**	*819,2*	1229	

	Eisenzug-spannung σ_e in kg/cm² 1500	1000	1200	Beton-Druckspannung 8,75		10		11,25		12,5		13,75		15		16,25		17,5		18,75		20	
				5,833		*6,667*		*7,5*		*8,333*		*9,167*		*10*		*10,83*		*11,67*		*12,5*		*13,33*	
				7		**8**		**9**		**10**		**11**		**12**		**13**		**14**		**15**		**16**	
1	16,540	*11,030*	**13,230**	219,7	*5,156*	193,7	*5,870*	173,5	*6,578*	157,3	*7,280*	144,0	*7,978*	132,9	*8,670*	123,6	*9,357*	115,6	*10,04*	108,6	*10,72*	102,5	*11,39*
	18,380	*12,250*	**14,700**	231,6	*5,435*	204,2	*6,187*	182,8	*6,934*	165,8	*7,674*	151,8	*8,409*	140,1	*9,139*	130,3	*9,863*	121,8	*10,58*	114,5	*11,30*	108,0	*12,00*
	22,050	*14,700*	**17,640**	253,7	*5,954*	223,7	*6,778*	200,3	*7,595*	181,6	*8,407*	166,3	*9,212*	153,5	*10,01*	142,7	*10,80*	133,4	*11,59*	125,4	*12,37*	118,4	*13,15*
4	25,730	*17,150*	**20,580**	274,0	*6,431*	241,6	*7,321*	216,3	*8,204*	196,1	*9,080*	179,6	*9,950*	165,8	*10,81*	154,1	*11,67*	144,1	*12,52*	135,4	*13,37*	127,8	*14,20*
	29,400	*19,600*	**23,520**	293,0	*6,875*	258,3	*7,826*	231,3	*8,770*	209,7	*9,707*	192,0	*10,64*	177,3	*11,56*	164,8	*12,48*	154,1	*13,39*	144,8	*14,29*	136,7	*15,19*
	33,080	*22,050*	**26,460**	310,7	*7,292*	273,9	*8,301*	245,3	*9,302*	222,4	*10,30*	203,6	*11,28*	188,0	*12,26*	174,8	*13,23*	163,4	*14,20*	153,6	*15,16*	145,0	*16,11*
7	36,750	*24,500*	**29,400**	327,5	*7,686*	288,7	*8,750*	258,6	*9,805*	234,4	*10,85*	214,7	*11,89*	198,2	*12,92*	184,2	*13,95*	172,3	*14,97*	161,9	*15,98*	152,8	*16,98*
	44,100	*29,400*	**35,280**	358,8	*8,420*	316,3	*9,585*	283,3	*10,74*	256,8	*11,89*	235,1	*13,03*	217,1	*14,16*	201,8	*15,28*	188,7	*16,39*	177,3	*17,50*	167,4	*18,60*
	51,450	*34,300*	**41,160**	387,5	*9,095*	341,7	*10,35*	306,0	*11,60*	277,4	*12,84*	254,0	*14,07*	234,5	*15,29*	218,0	*16,50*	203,8	*17,71*	191,5	*18,90*	180,8	*20,09*
10	59,720	*39,810*	**47,780**	417,5	*9,798*	368,1	*11,15*	329,6	*12,50*	298,8	*13,83*	273,6	*15,16*	252,6	*16,48*	234,8	*17,78*	219,6	*19,08*	206,4	*20,36*	194,8	*21,64*
	68,910	*45,940*	**55,130**	448,7	*10,52*	395,5	*11,98*	354,2	*13,42*	321,1	*14,86*	294,0	*16,28*	271,4	*17,70*	252,3	*19,10*	235,9	*20,49*	221,7	*21,88*	209,2	*23,25*
	78,090	*52,060*	**62,480**	479,4	*11,15*	422,5	*12,70*	378,2	*14,24*	342,8	*15,77*	313,8	*17,28*	289,6	*18,79*	269,1	*20,28*	251,6	*21,76*	236,4	*23,24*	223,1	*24,70*
13	87,280	*58,190*	**69,830**	510,0	*11,71*	449,4	*13,34*	402,2	*14,95*	364,4	*16,56*	333,5	*18,16*	307,7	*19,74*	285,9	*21,32*	267,2	*22,88*	251,0	*24,43*	236,8	*25,98*
	96,470	*64,310*	**77,180**	540,6	*12,20*	476,2	*13,90*	426,1	*15,59*	386,0	*17,26*	353,2	*18,93*	325,8	*20,59*	302,7	*22,23*	282,8	*23,87*	265,6	*25,49*	250,5	*27,11*
	105,7	*70,440*	**84,530**			502,9	*14,40*	449,9	*16,15*	407,5	*17,89*	372,8	*19,62*	343,8	*21,34*	319,3	*23,05*	298,3	*24,75*	280,1	*26,44*	264,2	*28,12*
16	117,6	*78,400*	**94,080**			537,6	*14,98*	480,8	*16,80*	435,4	*18,61*	398,2	*20,42*	367,1	*22,21*	340,9	*23,99*	318,4	*25,76*	298,9	*27,53*	281,8	*29,28*
	132,3	*88,200*	**105,8**					518,8	*17,49*	469,6	*19,38*	429,3	*21,26*	395,8	*23,13*	367,4	*24,99*	343,0	*26,85*	321,9	*28,69*	303,4	*30,52*
	147,0	*98,000*	**117,6**					556,6	*18,09*	503,7	*20,05*	460,4	*21,99*	424,3	*23,93*	393,7	*25,86*	367,5	*27,78*	344,8	*29,69*	325,0	*31,59*
19	165,4	*110,3*	**132,3**							546,3	*20,76*	499,1	*22,78*	459,9	*24,79*	426,6	*26,79*	398,1	*28,78*	373,4	*30,76*	351,8	*32,74*
	183,8	*122,5*	**147,0**									537,8	*23,45*	495,3	*25,52*	459,4	*27,58*	428,6	*29,64*	401,9	*31,68*	378,5	*33,72*
	220,5	*147,0*	**176,4**											566,1	*26,71*	524,8	*28,87*	489,4	*31,03*	458,7	*33,18*	431,8	*35,32*
22	257,3	*171,5*	**205,8**															550,0	*32,11*	515,3	*34,34*	484,9	*36,56*
	294,0	*196,0*	**235,2**																	571,8	*35,27*	537,9	*37,56*
	330,8	*220,5*	**264,6**																				
25	367,5	*245,0*	**294,0**																				
	441,0	*294,0*	**352,8**																				
	514,5	*343,0*	**411,6**																				

Einheitsmoment M/b in t

Erste Teilspalte (Steilziffern) | h | in cm

Zweite Teilspalte (Schrägziffern) | f_e | in $\frac{cm^2}{m}$

	Eisenzug-spannung σ_e in kg/cm² 1500	1000	1200	Beton-Druckspannung 33,75		35		37,5		40		42,5		45		47,5		50		52,5		55	
				22,5		*23,33*		*25*		*26,67*		*28,33*		*30*		*31,67*		*33,33*		*35*		*36,67*	
				27		**28**		**30**		**32**		**34**		**36**		**38**		**40**		**42**		**44**	
1	16,540	*11,030*	**13,230**	65,12	*18,49*	63,16	*19,11*	59,64	*20,33*	56,56	*21,55*	53,83	*22,74*	51,40	*23,93*	49,22	*25,09*	47,25	*26,25*	45,47	*27,39*	43,84	*28,52*
	18,380	*12,250*	**14,700**	68,64	*19,49*	66,58	*20,14*	62,87	*21,43*	59,62	*22,71*	56,74	*23,97*	54,18	*25,22*	51,88	*26,45*	49,81	*27,67*	47,93	*28,87*	46,21	*30,05*
	22,050	*14,700*	**17,640**	75,19	*21,35*	72,94	*22,06*	68,87	*23,48*	65,31	*24,88*	62,16	*26,26*	59,35	*27,63*	56,83	*28,98*	54,56	*30,31*	52,50	*31,63*	50,62	*32,93*
4	25,730	*17,150*	**20,580**	81,22	*23,06*	78,78	*23,83*	74,39	*25,36*	70,54	*26,87*	67,13	*28,37*	64,10	*29,84*	61,38	*31,30*	58,93	*32,74*	56,71	*34,16*	54,68	*35,57*
	29,400	*19,600*	**23,520**	86,82	*24,65*	84,22	*25,47*	79,53	*27,11*	75,41	*28,73*	71,77	*30,32*	68,53	*31,90*	65,62	*33,46*	63,00	*35,00*	60,62	*36,52*	58,46	*38,03*
	33,080	*22,050*	**26,460**	92,09	*26,14*	89,33	*27,02*	84,35	*28,76*	79,98	*30,47*	76,12	*32,16*	72,69	*33,84*	69,60	*35,49*	66,82	*37,12*	64,30	*38,74*	62,00	*40,33*
7	36,750	*24,500*	**29,400**	97,07	*27,56*	94,16	*28,48*	88,91	*30,31*	84,31	*32,12*	80,24	*33,90*	76,62	*35,67*	73,37	*37,41*	70,44	*39,13*	67,78	*40,83*	65,36	*42,52*
	44,100	*29,400*	**35,280**	106,3	*30,19*	103,1	*31,20*	97,40	*33,20*	92,36	*35,18*	87,90	*37,14*	83,93	*39,07*	80,37	*40,98*	77,16	*42,87*	74,25	*44,73*	71,59	*46,57*
	51,450	*34,300*	**41,160**	114,9	*32,61*	111,4	*33,70*	105,2	*35,86*	99,76	*38,00*	94,94	*40,11*	90,65	*42,20*	86,81	*44,26*	83,34	*46,30*	80,20	*48,31*	77,33	*50,31*
10	59,720	*39,810*	**47,780**	123,7	*35,13*	120,0	*36,31*	113,3	*38,64*	107,5	*40,94*	102,3	*43,22*	97,67	*45,47*	93,53	*47,69*	89,79	*49,88*	86,40	*52,05*	83,31	*54,20*
	68,910	*45,940*	**55,130**	132,9	*37,73*	128,9	*39,00*	121,7	*41,51*	115,4	*43,98*	109,9	*46,42*	104,9	*48,84*	100,5	*51,22*	96,45	*53,58*	92,81	*55,91*	89,49	*58,22*
	78,090	*52,060*	**62,480**	141,5	*40,16*	137,3	*41,51*	129,6	*44,18*	122,9	*46,82*	117,0	*49,42*	111,7	*51,99*	107,0	*54,53*	102,7	*57,04*	98,80	*59,52*	95,27	*61,98*
13	87,280	*58,190*	**69,830**	149,9	*42,33*	145,4	*43,76*	137,3	*46,59*	130,1	*49,40*	123,8	*52,16*	118,2	*54,90*	113,1	*57,60*	108,6	*60,26*	104,5	*62,90*	100,7	*65,50*
	96,470	*64,310*	**77,180**	158,3	*44,25*	153,5	*45,75*	144,8	*48,73*	137,2	*51,68*	130,5	*54,59*	124,6	*57,47*	119,2	*60,32*	114,4	*63,14*	110,1	*65,92*	106,1	*68,67*
	105,7	*70,440*	**84,530**	166,6	*45,96*	161,5	*47,53*	152,3	*50,64*	144,3	*53,72*	137,2	*56,76*	130,9	*59,78*	125,3	*62,76*	120,2	*65,70*	115,6	*68,62*	111,4	*71,50*
16	117,6	*78,400*	**94,080**	177,3	*47,94*	171,8	*49,59*	162,0	*52,85*	153,4	*56,08*	145,8	*59,27*	139,1	*62,43*	133,0	*65,56*	127,6	*68,66*	122,7	*71,73*	118,2	*74,77*
	132,3	*88,200*	**105,8**	190,4	*50,06*	184,5	*51,78*	173,9	*55,21*	164,6	*58,60*	156,4	*61,95*	149,1	*65,28*	142,5	*68,57*	136,6	*71,84*	131,3	*75,07*	126,4	*78,28*
	147,0	*98,000*	**117,6**	203,3	*51,89*	197,0	*53,69*	185,6	*57,25*	175,6	*60,78*	166,8	*64,28*	158,9	*67,75*	151,9	*71,19*	145,6	*74,58*	139,9	*77,97*	134,6	*81,32*
19	165,4	*110,3*	**132,3**	219,5	*53,87*	212,6	*55,81*	200,2	*59,45*	189,3	*63,14*	179,7	*66,79*	171,2	*70,42*	163,6	*74,01*	156,7	*77,57*	150,4	*81,11*	144,8	*84,62*
	183,8	*122,5*	**147,0**	235,5	*55,56*	228,1	*57,50*	214,7	*61,35*	203,0	*65,17*	192,6	*68,95*	183,4	*72,71*	175,1	*76,44*	167,7	*80,14*	161,0	*83,81*	154,8	*87,46*
	220,5	*147,0*	**176,4**	267,5	*58,33*	258,9	*60,38*	243,5	*64,44*	230,0	*68,48*	218,1	*72,49*	207,5	*76,47*	198,1	*80,43*	189,5	*84,35*	181,8	*88,25*	174,8	*92,12*
22	257,3	*171,5*	**205,8**	299,2	*60,50*	289,6	*62,63*	272,2	*66,87*	256,9	*71,08*	243,5	*75,27*	231,5	*79,43*	220,8	*83,56*	211,2	*87,67*	202,5	*91,75*	194,5	*95,80*
	294,0	*196,0*	**235,2**	330,8	*62,24*	320,1	*64,44*	300,7	*68,83*	283,7	*73,18*	268,7	*77,51*	255,4	*81,82*	243,5	*86,10*	232,7	*90,35*	223,0	*94,58*	214,2	*98,78*
	330,8	*220,5*	**264,6**	362,4	*63,68*	350,5	*65,94*	329,1	*70,44*	310,4	*74,92*	293,9	*79,37*	279,2	*83,79*	266,0	*88,19*	254,2	*92,57*	243,5	*96,92*	233,7	*101,3*
25	367,5	*245,0*	**294,0**	393,9	*64,88*	380,9	*67,19*	357,5	*71,79*	337,0	*76,37*	318,9	*80,92*	302,9	*85,45*	288,5	*89,96*	275,6	*94,44*	263,8	*98,90*	253,2	*103,3*
	441,0	*294,0*	**352,8**	456,6	*66,79*	441,4	*69,18*	414,1	*73,94*	390,1	*78,68*	368,9	*83,39*	350,1	*88,09*	333,3	*92,76*	318,1	*97,41*	304,4	*102,0*	292,0	*106,7*
	514,5	*343,0*	**411,6**	519,3	*68,23*	501,9	*70,68*	470,5	*75,57*	443,0	*80,45*	418,8	*85,27*	397,2	*90,10*	378,0	*94,90*	360,6	*99,68*	344,9	*104,4*	330,6	*109,2*
28	597,2	*398,1*	**477,8**	589,7	*69,49*	569,7	*71,99*	533,9	*76,98*	502,5	*81,96*	474,8	*86,91*	450,1	*91,86*	428,1	*96,76*	408,2	*101,7*	390,3	*106,5*	374,0	*111,4*
	689,1	*459,4*	**551,3**							568,4	*83,28*	536,9	*88,33*	508,8	*93,36*	483,7	*98,38*	461,1	*103,4*	440,6	*108,4*	422,0	*113,3*
	780,9	*520,6*	**624,8**											567,4	*94,57*	539,2	*99,66*	513,9	*104,7*	490,9	*109,8*	470,1	*114,9*
31	872,8	*581,9*	**698,3**															566,6	*105,9*	541,1	*111,0*	518,0	*116,1*
	964,7	*643,1*	**771,8**																			565,9	*117,1*
	1057	*704,4*	**845,3**																				
34	1176	*784,0*	**940,8**																				
	1323	*882,0*	**1058**																				
	1470	*980,0*	**1176**																				

Einheitsmoment M/b in t

Erste Teilspalte (Steilziffern) | h | in cm

Zweite Teilspalte (Schrägziffern) | f_e | in $\frac{cm^2}{m}$

(Mit Vernachlässigung des Stegdrucks.) $d = $ **35** cm

σ_b in kg/cm²

21,25		22,5		23,75		25		26,25		27,5		28,75		30		31,25		32,5		Eisenzugspannung σ_e in kg/cm²		1500	Einheitsmoment M/b in t
14,17		*15*		*15,83*		*16,67*		*17,5*		*18,33*		*19,17*		*20*		*20,83*		*21,67*			*1000*		
17		**18**		**19**		**20**		**21**		**22**		**23**		**24**		**25**		**26**		**1200**			
97,12	*12,06*	92,33	*12,72*	88,05	*13,38*	84,19	*14,03*	80,69	*14,68*	77,51	*15,33*	74,61	*15,97*	71,94	*16,60*	69,49	*17,23*	67,22	*17,86*	**13,230**	*11,030*	16,540	1
102,4	*12,71*	97,33	*13,41*	92,81	*14,10*	88,74	*14,79*	85,06	*15,47*	81,71	*16,15*	78,64	*16,83*	75,83	*17,50*	73,25	*18,17*	70,86	*18,83*	**14,700**	*12,250*	18,380	
112,1	*13,92*	106,6	*14,69*	101,7	*15,45*	97,21	*16,20*	93,18	*16,95*	89,50	*17,70*	86,15	*18,44*	83,07	*19,17*	80,24	*19,90*	77,62	*20,63*	**17,640**	*14,700*	22,050	
121,1	*15,04*	115,2	*15,86*	109,8	*16,68*	105,0	*17,50*	100,6	*18,31*	96,68	*19,11*	93,05	*19,91*	89,73	*20,71*	86,67	*21,49*	83,84	*22,28*	**20,580**	*17,150*	25,730	4
129,5	*16,08*	123,1	*16,96*	117,4	*17,84*	112,2	*18,71*	107,6	*19,57*	103,4	*20,43*	99,48	*21,29*	95,92	*22,14*	92,65	*22,98*	89,63	*23,82*	**23,520**	*19,600*	29,400	
137,3	*17,05*	130,6	*17,99*	124,5	*18,92*	119,1	*19,84*	114,1	*20,76*	109,6	*21,67*	105,5	*22,58*	101,7	*23,48*	98,27	*24,37*	95,06	*25,26*	**26,460**	*22,050*	33,080	
144,8	*17,97*	137,6	*18,96*	131,3	*19,94*	125,5	*20,92*	120,3	*21,88*	115,5	*22,85*	111,2	*23,80*	107,2	*24,75*	103,6	*25,69*	100,2	*26,63*	**29,400**	*24,500*	36,750	7
158,6	*19,69*	150,8	*20,77*	143,8	*21,85*	137,5	*22,91*	131,8	*23,97*	126,6	*25,03*	121,8	*26,07*	117,5	*27,11*	113,5	*28,14*	109,8	*29,17*	**35,280**	*29,400*	44,100	
171,3	*21,27*	162,9	*22,43*	155,3	*23,60*	148,5	*24,75*	142,3	*25,89*	136,7	*27,03*	131,6	*28,16*	126,9	*29,28*	122,6	*30,40*	118,6	*31,51*	**41,160**	*34,300*	51,450	
184,6	*22,91*	175,5	*24,17*	167,3	*25,42*	160,0	*26,66*	153,3	*27,90*	147,3	*29,12*	141,8	*30,34*	136,7	*31,55*	132,0	*32,75*	127,7	*33,94*	**47,780**	*39,810*	59,720	10
198,2	*24,61*	188,5	*25,96*	179,7	*27,31*	171,8	*28,64*	164,7	*29,97*	158,2	*31,28*	152,3	*32,59*	146,9	*33,89*	141,8	*35,18*	137,2	*36,46*	**55,130**	*45,940*	68,910	
211,3	*26,16*	200,9	*27,60*	191,5	*29,03*	183,0	*30,46*	175,5	*31,87*	168,5	*33,28*	162,2	*34,67*	156,4	*36,06*	151,0	*37,43*	146,1	*38,80*	**62,480**	*52,060*	78,090	
224,3	*27,51*	213,2	*29,04*	203,2	*30,55*	194,2	*32,06*	186,1	*33,55*	178,7	*35,04*	172,0	*36,51*	165,8	*37,98*	160,1	*39,44*	154,8	*40,89*	**69,830**	*58,190*	87,280	13
237,2	*28,71*	225,4	*30,31*	214,8	*31,90*	205,3	*33,47*	196,7	*35,04*	188,8	*36,60*	181,7	*38,15*	175,1	*39,68*	169,1	*41,21*	163,5	*42,74*	**77,180**	*64,310*	96,470	
250,1	*29,79*	237,6	*31,45*	226,4	*33,10*	216,3	*34,74*	207,2	*36,37*	198,9	*37,99*	191,3	*39,60*	184,4	*41,21*	178,0	*42,80*	172,1	*44,39*	**84,530**	*70,440*	105,7	
266,7	*31,02*	253,3	*32,76*	241,3	*34,48*	230,5	*36,19*	220,8	*37,90*	211,9	*39,60*	203,8	*41,28*	196,3	*42,96*	189,5	*44,63*	183,1	*46,29*	**94,080**	*78,400*	117,6	16
287,1	*32,34*	272,6	*34,15*	259,6	*35,96*	248,0	*37,75*	237,4	*39,53*	227,8	*41,31*	219,0	*43,08*	210,9	*44,84*	203,5	*46,59*	196,7	*48,33*	**105,8**	*88,200*	132,3	
307,4	*33,48*	291,8	*35,36*	277,9	*37,23*	265,3	*39,09*	254,0	*40,95*	243,6	*42,79*	234,1	*44,63*	225,5	*46,46*	217,5	*48,28*	210,2	*50,09*	**117,6**	*98,000*	147,0	
332,7	*34,70*	315,7	*36,66*	300,6	*38,60*	286,9	*40,54*	274,5	*42,47*	263,3	*44,39*	253,0	*46,30*	243,6	*48,21*	234,9	*50,10*	226,9	*51,99*	**132,3**	*110,3*	165,4	19
357,9	*35,75*	339,6	*37,77*	323,2	*39,78*	308,4	*41,78*	295,0	*43,78*	282,9	*45,76*	271,7	*47,74*	261,6	*49,71*	252,2	*51,67*	243,5	*53,62*	**147,0**	*122,5*	183,8	
408,1	*37,45*	387,0	*39,58*	368,2	*41,69*	351,2	*43,80*	335,8	*45,90*	321,8	*47,99*	309,1	*50,07*	297,4	*52,15*	286,6	*54,22*	276,7	*56,28*	**176,4**	*147,0*	220,5	
458,1	*38,78*	434,3	*40,98*	413,0	*43,18*	393,8	*45,37*	376,4	*47,56*	360,7	*49,73*	346,2	*51,90*	333,0	*54,06*	320,9	*56,21*	309,6	*58,36*	**205,8**	*171,5*	257,3	22
508,1	*39,84*	481,5	*42,11*	457,7	*44,38*	436,3	*46,64*	417,0	*48,89*	399,4	*51,13*	383,3	*53,37*	368,5	*55,60*	355,0	*57,82*	342,4	*60,03*	**235,2**	*196,0*	294,0	
557,9	*40,71*	528,6	*43,04*	502,3	*45,36*	478,7	*47,67*	457,4	*49,98*	437,9	*52,28*	420,2	*54,57*	404,0	*56,86*	389,0	*59,14*	375,2	*61,41*	**264,6**	*220,5*	330,8	
				546,9	*46,18*	521,1	*48,54*	497,7	*50,90*	476,5	*53,24*	457,1	*55,58*	439,3	*57,92*	422,9	*60,25*	407,8	*62,57*	**294,0**	*245,0*	367,5	25
						605,6	*49,91*	578,3	*52,34*	553,4	*54,76*	530,7	*57,18*	509,9	*59,59*	490,7	*61,99*	473,0	*64,40*	**352,8**	*294,0*	441,0	
														580,3	*60,85*	558,3	*63,32*	538,1	*65,78*	**411,6**	*343,0*	514,5	

σ_b in kg/cm²

57,5		60		62,5		65		67,5		70		75		81,25		87,5		93,75		Eisenzugspannung σ_e in kg/cm²		1500	Einheitsmoment M/b in t
38,33		*40*		*41,67*		*43,33*		*45*		*46,67*		*50*		*54,17*		*58,33*		*62,5*			*1000*		
46		**48**		**50**		**52**		**54**		**56**		**60**		**65**		**70**		**75**		**1200**			
42,35	*29,64*	40,99	*30,74*	39,73	*31,83*	38,56	*32,91*	37,48	*33,98*	36,47	*35,04*									**13,230**	*11,030*	16,540	1
44,65	*31,24*	43,21	*32,40*	41,88	*33,55*	40,65	*34,69*	39,51	*35,82*	38,44	*36,94*	36,52	*39,13*							**14,700**	*12,250*	18,380	
48,91	*34,22*	47,33	*35,50*	45,87	*36,76*	44,53	*38,00*	43,28	*39,24*	42,11	*40,46*	40,01	*42,87*	37,73	*45,81*	35,76	*48,68*			**17,640**	*14,700*	22,050	
52,83	*36,96*	51,12	*38,34*	49,55	*39,70*	48,09	*41,05*	46,74	*42,38*	45,49	*43,70*	43,21	*46,30*	40,75	*49,48*	38,63	*52,58*	36,77	*55,61*	**20,580**	*17,150*	25,730	4
56,47	*39,52*	54,65	*40,99*	52,97	*42,44*	51,41	*43,88*	49,97	*45,31*	48,63	*46,72*	46,20	*49,50*	43,57	*52,89*	41,29	*56,21*	39,31	*59,44*	**23,520**	*19,600*	29,400	
59,90	*41,91*	57,97	*43,47*	56,18	*45,02*	54,53	*46,55*	53,00	*48,06*	51,58	*49,55*	49,00	*52,50*	46,21	*56,10*	43,80	*59,62*	41,70	*63,05*	**26,460**	*22,050*	33,080	
63,14	*44,18*	61,10	*45,83*	59,22	*47,45*	57,48	*49,06*	55,87	*50,66*	54,37	*52,23*	51,65	*55,34*	48,71	*59,14*	46,17	*62,84*	43,95	*66,46*	**29,400**	*24,500*	36,750	7
69,16	*48,40*	66,93	*50,20*	64,87	*51,98*	62,97	*53,75*	61,20	*55,49*	59,56	*57,22*	56,58	*60,62*	53,36	*64,78*	50,58	*68,84*	48,15	*72,80*	**35,280**	*29,400*	44,100	
74,71	*52,27*	72,30	*54,22*	70,07	*56,15*	68,02	*58,05*	66,10	*59,94*	64,33	*61,80*	61,11	*65,48*	57,63	*69,97*	54,63	*74,35*	52,01	*78,64*	**41,160**	*34,300*	51,450	
80,49	*56,32*	77,89	*58,42*	75,49	*60,49*	73,28	*62,54*	71,22	*64,58*	69,30	*66,59*	65,84	*70,54*	62,09	*75,38*	58,85	*80,11*	56,03	*84,72*	**47,780**	*39,810*	59,720	10
86,46	*60,50*	83,67	*62,75*	81,09	*64,98*	78,71	*67,18*	76,50	*69,37*	74,44	*71,52*	70,73	*75,78*	66,70	*80,98*	63,22	*86,05*	60,18	*91,01*	**55,130**	*45,940*	68,910	
92,04	*64,40*	89,07	*66,80*	86,33	*69,18*	83,80	*71,52*	81,44	*73,85*	79,25	*76,14*	75,29	*80,67*	71,00	*86,20*	67,30	*91,61*	64,07	*96,88*	**62,480**	*52,060*	78,090	
97,31	*68,08*	94,17	*70,62*	91,27	*73,13*	88,59	*75,61*	86,10	*78,07*	83,78	*80,50*	79,60	*85,28*	75,06	*91,13*	71,15	*96,84*	67,74	*102,4*	**69,830**	*58,190*	87,280	13
102,5	*71,39*	99,12	*74,09*	96,05	*76,75*	93,21	*79,38*	90,57	*81,98*	88,12	*84,56*	83,70	*89,63*	78,92	*95,80*	74,80	*101,8*	71,21	*107,7*	**77,180**	*64,310*	96,470	
107,5	*74,36*	104,0	*77,19*	100,8	*79,98*	97,76	*82,75*	94,98	*85,49*	92,39	*88,20*	87,72	*93,54*	82,67	*100,1*	78,33	*106,4*	74,55	*112,6*	**84,530**	*70,440*	105,7	
114,1	*77,78*	110,3	*80,76*	106,8	*83,72*	103,6	*86,64*	100,6	*89,54*	97,87	*92,40*	92,87	*98,06*	87,48	*105,0*	82,84	*111,7*	78,80	*118,3*	**94,080**	*78,400*	117,6	16
122,0	*81,45*	117,9	*84,60*	114,2	*87,72*	110,7	*90,81*	107,5	*93,88*	104,5	*96,91*	99,12	*102,9*	93,30	*110,3*	88,29	*117,4*	83,93	*124,5*	**105,8**	*88,200*	132,3	
129,9	*84,64*	125,5	*87,94*	121,5	*91,20*	117,7	*94,44*	114,3	*97,65*	111,1	*100,8*	105,3	*107,1*	99,03	*114,9*	93,66	*122,4*	88,98	*129,8*	**117,6**	*98,000*	147,0	
139,6	*88,10*	134,8	*91,55*	130,5	*94,97*	126,4	*98,37*	122,7	*101,7*	119,2	*105,1*	112,9	*111,7*	106,1	*119,8*	100,3	*127,8*	95,20	*135,6*	**132,3**	*110,3*	165,4	19
149,2	*91,07*	144,1	*94,66*	139,4	*98,23*	135,0	*101,8*	131,0	*105,3*	127,2	*108,8*	120,4	*115,7*	113,1	*124,1*	106,8	*132,5*	101,3	*140,7*	**147,0**	*122,5*	183,8	
168,4	*95,97*	162,5	*99,79*	157,0	*103,6*	152,0	*107,3*	147,4	*111,1*	143,1	*114,8*	135,3	*122,2*	126,9	*131,3*	119,7	*140,2*	113,4	*149,0*	**176,4**	*147,0*	220,5	
187,3	*99,83*	180,6	*103,8*	174,5	*107,8*	168,9	*111,8*	163,6	*115,7*	158,8	*119,6*	150,0	*127,4*	140,5	*136,9*	132,4	*146,3*	125,3	*155,6*	**205,8**	*171,5*	257,3	22
206,1	*103,0*	198,7	*107,1*	191,9	*111,2*	185,6	*115,4*	179,7	*119,4*	174,3	*123,5*	164,5	*131,6*	154,0	*141,5*	145,0	*151,4*	137,1	*161,0*	**235,2**	*196,0*	294,0	
224,8	*105,6*	216,6	*109,8*	209,1	*114,1*	202,2	*118,3*	195,7	*122,6*	189,8	*126,8*	179,0	*135,1*	167,4	*145,4*	157,4	*155,5*	148,8	*165,6*	**264,6**	*220,5*	330,8	
243,4	*107,7*	234,5	*112,1*	226,3	*116,5*	218,7	*120,9*	211,7	*125,2*	205,2	*129,5*	193,4	*138,1*	180,7	*148,6*	169,8	*159,1*	160,4	*169,4*	**294,0**	*245,0*	367,5	25
280,6	*111,2*	270,1	*115,8*	260,5	*120,4*	251,7	*124,9*	243,4	*129,4*	235,8	*133,9*	222,0	*142,8*	207,2	*153,9*	194,5	*164,8*	183,5	*175,6*	**352,8**	*294,0*	441,0	
317,6	*113,9*	305,6	*118,6*	294,6	*123,3*	284,4	*128,0*	275,0	*132,6*	266,3	*137,3*	250,5	*146,5*	233,6	*157,9*	219,0	*169,2*	206,4	*180,4*	**411,6**	*343,0*	514,5	
359,1	*116,3*	345,4	*121,1*	332,8	*125,9*	321,2	*130,7*	310,4	*135,5*	300,4	*140,2*	282,5	*149,7*	263,1	*161,5*	246,4	*173,1*	232,0	*184,7*	**477,8**	*398,1*	597,2	28
405,1	*118,3*	389,5	*123,2*	375,2	*128,1*	361,9	*133,1*	349,7	*137,9*	338,3	*142,8*	317,8	*152,5*	295,8	*164,6*	276,8	*176,5*	260,4	*188,4*	**551,3**	*459,4*	689,1	
451,0	*119,9*	433,5	*124,9*	417,5	*129,9*	402,6	*134,9*	388,9	*139,9*	376,1	*144,9*	353,1	*154,8*	328,4	*167,0*	307,2	*179,2*	288,7	*191,4*	**624,8**	*520,6*	780,9	
496,9	*121,2*	477,5	*126,3*	459,7	*131,4*	443,2	*136,5*	428,0	*141,5*	413,9	*146,6*	388,4	*156,6*	360,9	*169,1*	337,4	*181,5*	317,0	*193,8*	**698,3**	*581,9*	872,8	31
542,7	*122,3*	521,5	*127,5*	502,2	*132,6*	483,8	*137,7*	467,1	*142,9*	451,6	*148,0*	423,6	*158,1*	393,5	*170,8*	367,6	*183,3*	345,2	*195,8*	**771,8**	*643,1*	964,7	
		565,4	*128,4*	544,0	*133,6*	524,4	*138,8*	506,1	*144,0*	489,2	*149,1*	458,8	*159,4*	425,6	*172,2*	397,8	*184,9*	373,4	*197,6*	**845,3**	*704,4*	1057	
						577,0	*140,0*	556,9	*145,2*	538,2	*150,4*	504,4	*160,8*	468,1	*173,8*	437,0	*186,6*	410,0	*199,5*	**940,8**	*784,0*	1176	34
												560,6	*162,3*	520,0	*175,4*	485,2	*188,4*	455,0	*201,4*	**1058**	*882,0*	1323	
														571,9	*176,6*	533,4	*189,8*	500,0	*202,9*	**1176**	*980,0*	1470	

Tab. IX.

Eisenzugspannung σ_e in kg/cm^2 — Beton - Druckspannung — Einheitsmoment M/b in t

	1500	1000	1200	8,75		10		11,25		12,5		13,75		15		16,25		17,5		18,75		20	
				5,833		6,667		7,5		8,333		9,167		10		10,83		11,67		12,5		13,33	
				7		8		9		10		11		12		13		14		15		16	
1	21,600	14,400	17,280	251,1	5,893	221,4	6,708	198,2	7,517	179,7	8,321	164,6	9,118	151,9	9,909	141,2	10,69	132,1	11,47	124,1	12,25	117,1	13,02
	24,000	16,000	19,200	264,7	6,211	233,3	7,071	209,0	7,924	189,4	8,771	173,5	9,611	160,2	10,44	148,9	11,27	139,2	12,09	130,8	12,91	123,5	13,72
	28,800	19,200	23,040	289,9	6,804	255,6	7,746	228,9	8,680	207,5	9,608	190,0	10,53	175,4	11,44	163,1	12,35	152,5	13,25	143,3	14,14	135,3	15,03
4	33,600	22,400	26,880	313,2	7,350	276,1	8,367	247,2	9,376	224,2	10,38	205,3	11,37	189,5	12,36	176,2	13,34	164,7	14,31	154,8	15,28	146,1	16,23
	38,400	25,600	30,720	334,8	7,857	295,2	8,944	264,3	10,02	239,6	11,09	219,4	12,16	202,6	13,21	188,3	14,26	176,1	15,30	165,5	16,33	156,2	17,35
	43,200	28,800	34,560	355,1	8,334	313,1	9,487	280,3	10,63	254,2	11,77	232,7	12,89	214,9	14,01	199,7	15,12	186,8	16,23	175,5	17,32	165,7	18,41
7	48,000	32,000	38,400	374,3	8,784	330,0	10,00	295,5	11,21	267,9	12,40	245,3	13,59	226,5	14,77	210,5	15,94	196,9	17,10	185,0	18,26	174,6	19,40
	57,600	38,400	46,080	410,0	9,623	361,5	10,95	323,7	12,28	293,5	13,59	268,7	14,89	248,1	16,18	230,6	17,46	215,7	18,74	202,7	20,00	191,3	21,25
	67,200	44,800	53,760	442,9	10,39	390,5	11,83	349,7	13,26	317,0	14,68	290,3	16,08	268,0	17,48	249,1	18,86	232,9	20,24	218,9	21,60	206,6	22,96
10	78,000	52,000	62,400	477,2	11,20	420,7	12,75	376,7	14,29	341,5	15,81	312,7	17,33	288,7	18,83	268,4	20,32	251,0	21,80	235,8	23,27	222,6	24,73
	90,000	60,000	72,000	512,8	12,02	452,0	13,69	404,7	15,34	366,9	16,98	336,0	18,61	310,1	20,22	288,3	21,83	269,6	23,42	253,3	25,00	239,1	26,57
	102,0	68,000	81,600	547,9	12,75	482,8	14,52	432,2	16,27	391,7	18,02	358,6	19,75	331,0	21,47	307,6	23,18	287,5	24,87	270,2	26,56	254,9	28,23
13	114,0	76,000	91,200	582,9	13,38	513,6	15,24	459,6	17,09	416,5	18,93	381,2	20,75	351,7	22,56	326,8	24,36	305,4	26,15	286,9	27,92	270,7	29,69
	126,0	84,000	100,8	617,8	13,95	544,2	15,89	486,9	17,82	441,1	19,73	403,6	21,64	372,4	23,53	345,9	25,41	323,2	27,28	303,5	29,14	286,3	30,98
	138,0	92,000	110,4			574,8	16,46	514,2	18,46	465,7	20,45	426,0	22,43	392,9	24,39	364,9	26,34	340,9	28,29	320,1	30,22	301,9	32,13
16	153,6	102,4	122,9			614,5	17,12	549,5	19,20	497,6	21,27	455,0	23,33	419,6	25,38	389,6	27,42	363,9	29,44	341,6	31,46	322,1	33,46
	172,8	115,2	138,2					592,9	19,99	536,7	22,15	490,6	24,30	452,3	26,44	419,8	28,57	392,0	30,68	367,9	32,78	346,8	34,88
	192,0	128,0	153,6					636,2	20,67	575,7	22,91	526,2	25,14	484,9	27,35	450,0	29,56	420,0	31,75	394,1	33,93	371,4	36,10
19	216,0	144,0	172,8							624,3	23,72	570,4	26,03	525,6	28,33	487,6	30,62	455,0	32,89	426,8	35,16	402,0	37,41
	240,0	160,0	192,0									614,6	26,80	566,1	29,17	525,0	31,52	489,8	33,87	459,3	36,21	432,7	38,54
	288,0	192,0	230,4											647,0	30,52	599,8	33,00	559,3	35,46	524,2	37,92	493,5	40,37
22	336,0	224,0	268,8															628,6	36,70	588,9	39,25	554,2	41,79
	384,0	256,0	307,2																	653,5	40,31	614,8	42,92
	432,0	288,0	345,6																				
25	480,0	320,0	384,0																				
	576,0	384,0	460,8																				
	672,0	448,0	537,6																				

Erste Teilspalte (Steilziffern) h in cm

Zweite Teilspalte (Schrägziffern) f_e in $\frac{cm^2}{m}$

Eisenzugspannung σ_e in kg/cm^2 — Beton - Druckspannung — Einheitsmoment M/b in t

	1500	1000	1200	33,75		35		37,5		40		42,5		45		47,5		50		52,5		55	
				22,5		23,33		25		26,67		28,33		30		31,67		33,33		35		36,67	
				27		28		30		32		34		36		38		40		42		44	
1	21,600	14,400	17,280	74,42	21,13	72,19	21,83	68,16	23,24	64,64	24,62	61,52	25,99	58,74	27,34	56,25	28,68	54,00	30,00	51,96	31,30	50,10	32,60
	24,000	16,000	19,200	78,45	22,27	76,09	23,02	71,85	24,49	68,13	25,96	64,85	27,40	61,92	28,82	59,29	30,23	56,92	31,62	54,77	33,00	52,82	34,36
	28,800	19,200	23,040	85,93	24,39	83,36	25,21	78,71	26,83	74,64	28,43	71,03	30,01	67,83	31,57	64,95	33,12	62,35	34,64	60,00	36,15	57,86	37,64
4	33,600	22,400	26,880	92,82	26,35	90,03	27,23	85,02	28,98	80,62	30,71	76,73	32,42	73,26	34,10	70,15	35,77	67,35	37,42	64,81	39,04	62,49	40,65
	38,400	25,600	30,720	99,23	28,17	96,25	29,11	90,89	30,98	86,18	32,83	82,02	34,66	78,32	36,46	75,00	38,24	72,00	40,00	69,28	41,74	66,81	43,46
	43,200	28,800	34,560	105,2	29,88	102,1	30,88	96,40	32,86	91,41	34,82	87,00	36,76	83,07	38,67	79,55	40,56	76,37	42,43	73,49	44,27	70,86	46,10
7	48,000	32,000	38,400	110,9	31,49	107,6	32,55	101,6	34,64	96,35	36,71	91,70	38,75	87,56	40,76	83,85	42,75	80,50	44,72	77,46	46,67	74,69	48,59
	57,600	38,400	46,080	121,5	34,50	117,9	35,66	111,3	37,95	105,6	40,21	100,5	42,44	95,92	44,65	91,85	46,83	88,18	48,99	84,85	51,12	81,82	53,23
	67,200	44,800	53,760	131,3	37,26	127,3	38,51	120,2	40,99	114,0	43,43	108,5	45,85	103,6	48,23	99,21	50,59	95,25	52,92	91,65	55,22	88,38	57,49
10	78,000	52,000	62,400	141,4	40,15	137,2	41,49	129,5	44,16	122,8	46,79	116,9	49,39	111,6	51,96	106,9	54,50	102,6	57,01	98,74	59,49	95,21	61,94
	90,000	60,000	72,000	151,9	43,12	147,4	44,57	139,1	47,43	131,9	50,26	125,6	53,06	111,9	55,82	114,8	58,54	110,2	61,24	106,1	63,90	102,3	66,53
	102,0	68,000	81,600	161,7	45,90	156,9	47,44	148,1	50,49	140,5	53,51	133,7	56,48	127,6	59,42	122,2	62,32	117,3	65,19	112,9	68,03	108,9	70,83
13	114,0	76,000	91,200	171,4	48,37	166,2	50,01	156,9	53,25	148,7	56,45	141,5	59,61	135,1	62,74	129,3	65,82	124,1	68,87	119,4	71,89	115,1	74,86
	126,0	84,000	100,8	180,9	50,57	175,4	52,29	165,5	55,69	156,8	59,06	149,2	62,39	142,4	65,68	136,3	68,94	130,8	72,15	125,8	75,34	121,2	78,48
	138,0	92,000	110,4	190,4	52,53	184,6	54,32	174,1	57,88	164,9	61,40	156,8	64,87	149,6	68,32	143,2	71,72	137,4	75,09	132,1	78,42	127,3	81,72
16	153,6	102,4	122,9	202,6	54,79	196,4	56,67	185,2	60,40	175,4	64,09	166,7	67,74	159,0	71,35	152,1	74,93	145,8	78,47	140,2	81,98	135,1	85,46
	172,8	115,2	138,2	217,5	57,21	210,8	59,18	198,7	63,09	188,1	66,97	178,7	70,80	170,4	74,61	162,9	78,37	156,2	82,10	150,1	85,80	144,5	89,46
	192,0	128,0	153,6	232,4	59,30	225,1	61,35	212,1	65,43	200,7	69,46	190,6	73,46	181,7	77,43	173,6	81,36	166,4	85,23	159,8	89,11	153,9	92,94
19	216,0	144,0	172,8	250,8	61,56	243,0	63,78	228,8	67,95	216,4	72,16	205,4	76,33	195,7	80,48	186,9	84,58	179,1	88,66	171,9	92,70	165,5	96,71
	240,0	160,0	192,0	569,2	63,50	260,7	65,71	245,4	70,11	232,0	74,48	220,1	78,81	209,6	83,10	200,1	87,36	191,7	91,59	184,0	95,79	177,0	99,95
	288,0	192,0	230,4	305,7	66,66	295,9	69,00	278,3	73,65	262,9	78,27	249,3	82,85	237,2	87,40	226,4	91,92	216,6	96,40	207,8	100,9	199,7	105,3
22	336,0	224,0	268,8	342,0	69,14	330,9	71,58	311,0	76,42	293,6	81,24	278,3	86,02	264,6	90,78	252,4	95,50	241,4	100,2	231,4	104,9	222,3	109,5
	384,0	256,0	307,2	378,1	71,13	365,8	73,65	343,6	78,66	324,2	83,64	307,1	88,59	291,9	93,51	278,3	98,40	266,0	103,3	254,9	108,1	244,8	112,9
	432,0	288,0	345,6	414,2	72,78	400,6	75,36	376,1	80,50	354,7	85,62	335,9	90,70	319,1	95,76	304,0	100,8	290,5	105,8	278,2	110,8	267,1	115,7
25	480,0	320,0	384,0	450,1	74,15	435,3	76,79	408,5	82,05	385,2	87,28	364,5	92,48	346,1	97,66	329,7	102,8	314,9	107,9	301,5	113,0	289,4	118,1
	576,0	384,0	460,8	521,9	76,33	504,5	79,06	473,2	84,50	445,8	89,92	421,6	95,31	400,1	100,7	380,9	106,0	363,6	111,3	347,9	116,6	333,7	121,9
	672,0	448,0	537,6	593,5	77,98	573,6	80,78	537,7	86,36	506,3	91,94	478,6	97,45	454,0	103,0	432,0	108,5	412,1	113,9	394,2	119,4	377,8	124,8
28	780,0	520,0	624,0	673,9	79,41	651,1	82,28	610,1	87,98	574,2	93,66	542,6	99,33	514,4	105,0	489,2	110,6	466,6	116,2	446,1	121,8	427,4	127,3
	900,0	600,0	720,0							649,6	95,17	613,6	100,9	581,5	106,7	552,8	112,4	527,0	118,2	503,6	123,8	482,3	129,5
	1020	680,0	816,0											648,5	108,1	616,3	113,9	587,3	119,7	561,0	125,5	537,2	131,5
31	1140	760,0	912,0															647,5	121,0	618,4	126,8	592,0	132,7
	1260	840,0	1008																			646,8	133,9
	1380	920,0	1104																				
34	1536	1024	1229																				
	1728	1152	1382																				
	1920	1280	1536																				

Erste Teilspalte (Steilziffern) h in cm

Zweite Teilspalte (Schrägziffern) f_e in $\frac{cm^2}{m}$

(Mit Vernachlässigung des Stegdrucks.)

*) Auch für $d = 4$ cm anwendbar. Für $d = 50$ cm siehe $d = 5$ cm.
Näheres: siehe Erläuterungen auf S. 85.

$d = 40$*) cm

σ_b in kg/cm²: 21,25		22,5		23,75		25		26,25		27,5		28,75		30		31,25		32,5		Eisenzugspannung σ_e in kg/cm²: 1200	1000	1500	Einheitsmoment M/b in t
14,17		*15*		*15,83*		*16,67*		*17,5*		*18,33*		*19,17*		*20*		*20,83*		*21,67*					
17		**18**		**19**		**20**		**21**		**22**		**23**		**24**		**25**		**26**					
111,0	*13,78*	105,5	*14,54*	100,6	*15,29*	96,21	*16,04*	92,22	*16,78*	88,59	*17,51*	85,27	*18,25*	82,22	*18,97*	79,41	*19,70*	76,82	*20,41*	**17,280**	*14,400*	21,600	1
117,0	*14,52*	111,2	*15,32*	106,1	*16,12*	101,4	*16,90*	97,21	*17,69*	93,38	*18,46*	89,88	*19,23*	86,67	*20,00*	83,71	*20,76*	80,98	*21,52*	**19,200**	*16,000*	24,000	
128,2	*15,91*	121,8	*16,79*	116,2	*17,65*	111,1	*18,52*	106,5	*19,37*	102,3	*20,22*	98,46	*21,07*	94,94	*21,91*	91,70	*22,74*	88,71	*23,57*	**23,040**	*19,200*	28,800	
138,4	*17,19*	131,6	*18,13*	125,5	*19,07*	120,0	*20,00*	115,0	*20,93*	110,5	*21,84*	106,3	*22,76*	102,5	*23,66*	99,05	*24,57*	95,81	*25,46*	**26,880**	*22,400*	33,600	4
148,0	*18,37*	140,7	*19,38*	134,2	*20,38*	128,3	*21,38*	123,0	*22,37*	118,1	*23,35*	113,7	*24,33*	109,6	*25,30*	105,9	*26,26*	102,4	*27,22*	**30,720**	*25,600*	38,400	
157,0	*19,49*	149,2	*20,56*	142,3	*21,62*	136,1	*22,68*	130,4	*23,73*	125,3	*24,77*	120,6	*25,80*	116,3	*26,83*	112,3	*27,85*	108,6	*28,87*	**34,560**	*28,800*	43,200	
165,5	*20,54*	157,3	*21,67*	150,0	*22,79*	143,4	*23,90*	137,5	*25,01*	132,1	*26,11*	127,1	*27,20*	122,6	*28,28*	118,4	*29,36*	114,5	*30,43*	**38,400**	*32,000*	48,000	7
181,3	*22,50*	172,3	*23,74*	164,3	*24,97*	157,1	*26,19*	150,6	*27,40*	144,7	*28,60*	139,2	*29,80*	134,3	*30,98*	129,7	*32,16*	125,5	*33,34*	**46,080**	*38,400*	57,600	
195,8	*24,30*	186,1	*25,64*	177,5	*26,97*	169,7	*28,28*	162,7	*29,59*	156,3	*30,89*	150,4	*32,18*	145,0	*33,47*	140,1	*34,74*	135,5	*36,01*	**53,760**	*44,800*	67,200	
210,9	*26,18*	200,5	*27,62*	191,2	*29,05*	182,8	*30,47*	175,2	*31,88*	168,3	*33,28*	162,0	*34,67*	156,2	*36,06*	150,9	*37,43*	146,0	*38,79*	**62,400**	*52,000*	78,000	10
226,6	*28,13*	215,4	*29,67*	205,4	*31,21*	196,4	*32,73*	188,2	*34,25*	180,8	*35,75*	174,0	*37,25*	167,8	*38,73*	162,1	*40,20*	156,8	*41,67*	**72,000**	*60,000*	90,000	
241,5	*29,89*	229,6	*31,54*	218,9	*33,18*	209,3	*34,81*	200,5	*36,42*	192,6	*38,03*	185,4	*39,63*	178,7	*41,21*	172,6	*42,78*	167,0	*44,35*	**81,600**	*68,000*	102,0	
256,4	*31,44*	243,6	*33,18*	232,2	*34,92*	222,0	*36,63*	212,7	*38,34*	204,3	*40,04*	196,5	*41,73*	189,5	*43,41*	183,0	*45,07*	176,9	*46,73*	**91,200**	*76,000*	114,0	13
271,1	*32,82*	257,6	*34,64*	245,5	*36,45*	234,6	*38,25*	224,8	*40,04*	215,8	*41,82*	207,6	*43,59*	200,1	*45,35*	193,2	*47,10*	186,8	*48,84*	**100,8**	*84,000*	126,0	
285,8	*34,04*	271,5	*35,94*	258,7	*37,82*	247,2	*39,70*	236,8	*41,56*	227,3	*43,42*	218,6	*45,26*	210,7	*47,09*	203,4	*48,92*	196,6	*50,73*	**110,4**	*92,000*	138,0	
304,8	*35,45*	289,5	*37,43*	275,8	*39,40*	263,5	*41,36*	252,3	*43,31*	242,2	*45,25*	232,9	*47,18*	224,4	*49,10*	216,5	*51,01*	209,3	*52,90*	**122,9**	*102,4*	153,6	16
328,1	*36,96*	311,6	*39,03*	296,7	*41,09*	283,4	*43,14*	271,3	*45,18*	260,3	*47,21*	250,3	*49,23*	241,1	*51,24*	232,6	*53,24*	224,8	*55,23*	**138,2**	*115,2*	172,8	
351,3	*38,26*	333,5	*40,41*	317,6	*42,55*	303,2	*44,68*	290,2	*46,80*	278,4	*48,91*	267,6	*51,01*	257,7	*53,10*	248,6	*55,17*	240,2	*57,24*	**153,6**	*128,0*	192,0	
380,2	*39,66*	360,8	*41,89*	343,5	*44,12*	327,9	*46,33*	313,7	*48,54*	300,9	*50,73*	289,1	*52,92*	278,4	*55,09*	268,5	*57,26*	259,3	*59,41*	**172,8**	*144,0*	216,0	19
409,0	*40,86*	388,1	*43,16*	369,3	*45,46*	352,4	*47,75*	337,2	*50,03*	323,3	*52,30*	310,6	*54,56*	298,9	*56,81*	288,2	*59,05*	278,3	*61,28*	**192,0**	*160,0*	240,0	
466,4	*42,80*	442,3	*45,23*	420,8	*47,65*	401,4	*50,06*	383,8	*52,46*	367,8	*54,85*	353,2	*57,23*	339,9	*59,60*	327,6	*61,96*	316,2	*64,32*	**230,4**	*192,0*	288,0	
523,6	*44,32*	496,4	*46,84*	472,0	*49,35*	450,1	*51,85*	430,2	*54,35*	412,2	*56,84*	395,7	*59,31*	380,6	*61,78*	366,7	*64,24*	353,9	*66,70*	**268,8**	*224,0*	336,0	22
580,6	*45,53*	550,3	*48,13*	523,1	*50,72*	498,7	*53,30*	476,5	*55,87*	456,4	*58,43*	438,0	*60,99*	421,2	*63,54*	405,7	*66,08*	391,4	*68,61*	**307,2**	*256,0*	384,0	
637,6	*46,52*	604,1	*49,18*	574,1	*51,84*	547,1	*54,48*	522,7	*57,12*	500,5	*59,75*	480,2	*62,37*	461,7	*64,98*	444,6	*67,59*	428,8	*70,19*	**345,6**	*288,0*	432,0	
				625,0	*52,77*	595,5	*55,47*	568,8	*58,17*	544,6	*60,85*	522,4	*63,52*	502,1	*66,19*	483,4	*68,85*	466,1	*71,51*	**384,0**	*320,0*	480,0	25
						692,1	*57,03*	660,9	*59,81*	632,5	*62,58*	606,5	*65,34*	582,7	*68,10*	560,8	*70,85*	540,6	*73,59*	**460,8**	*384,0*	576,0	
														663,2	*69,55*	638,1	*72,36*	614,9	*75,17*	**537,6**	*448,0*	672,0	

σ_b in kg/cm²: 57,5		60		62,5		65		67,5		70		75		81,25		87,5		93,75		Eisenzugspannung σ_e in kg/cm²: 1200	1000	1500	Einheitsmoment M/b in t
38,33		*40*		*41,67*		*43,33*		*45*		*46,67*		*50*		*54,17*		*58,33*		*62,5*					
46		**48**		**50**		**52**		**54**		**56**		**60**		**65**		**70**		**75**					
48,41	*33,87*	46,84	*35,13*	45,40	*36,38*	44,07	*37,62*	42,83	*38,84*	41,68	*40,05*									**17,280**	*14,400*	21,600	1
51,02	*35,70*	49,38	*37,03*	47,86	*38,35*	46,45	*39,65*	45,15	*40,94*	43,93	*42,21*	41,74	*44,72*							**19,200**	*16,000*	24,000	
55,89	*39,11*	54,09	*40,57*	52,43	*42,01*	50,89	*43,43*	49,46	*44,84*	48,13	*46,24*	45,72	*48,99*	43,12	*52,35*	40,87	*55,63*			**23,040**	*19,200*	28,800	
60,37	*42,24*	58,42	*43,82*	56,63	*45,37*	54,96	*46,91*	53,42	*48,44*	51,98	*49,95*	49,39	*52,91*	46,57	*56,54*	44,15	*60,09*	42,03	*63,55*	**26,880**	*22,400*	33,600	4
64,54	*45,16*	62,46	*46,84*	60,54	*48,51*	58,76	*50,15*	57,11	*51,78*	55,57	*53,39*	52,80	*56,57*	49,79	*60,45*	47,19	*64,24*	44,93	*67,94*	**30,720**	*25,600*	38,400	
68,46	*47,90*	66,25	*49,68*	64,21	*51,45*	62,32	*53,20*	60,57	*54,92*	58,94	*56,63*	56,00	*60,00*	52,81	*64,12*	50,06	*68,13*	47,65	*72,06*	**34,560**	*28,800*	43,200	
72,16	*50,49*	69,83	*52,37*	67,68	*54,23*	65,70	*56,07*	63,85	*57,89*	62,13	*59,70*	59,03	*63,25*	55,67	*67,58*	52,76	*71,82*	50,23	*75,96*	**38,400**	*32,000*	48,000	7
79,05	*55,31*	76,49	*57,37*	74,14	*59,41*	71,97	*61,42*	69,94	*63,42*	68,06	*65,39*	64,66	*69,28*	60,98	*74,03*	57,80	*78,67*	55,03	*83,21*	**46,080**	*38,400*	57,600	
85,38	*59,74*	82,62	*61,97*	80,08	*64,17*	77,73	*66,35*	75,55	*68,50*	73,52	*70,63*	69,84	*74,83*	65,87	*79,97*	62,43	*84,98*	59,44	*89,87*	**53,760**	*44,800*	67,200	
91,98	*64,36*	89,02	*66,76*	86,28	*69,13*	83,75	*71,48*	81,39	*73,80*	79,20	*76,10*	75,25	*80,62*	70,96	*86,15*	67,26	*91,55*	64,03	*96,82*	**62,400**	*52,000*	78,000	10
98,81	*69,14*	95,62	*71,71*	92,68	*74,26*	89,96	*76,78*	87,43	*79,27*	85,08	*81,74*	80,83	*86,60*	76,22	*92,54*	72,25	*98,34*	68,78	*104,0*	**72,000**	*60,000*	90,000	
105,2	*73,60*	101,8	*76,34*	98,66	*79,06*	95,77	*81,74*	93,08	*84,39*	90,57	*87,02*	86,05	*92,20*	81,15	*98,52*	76,92	*104,7*	73,22	*110,7*	**81,600**	*68,000*	102,0	
111,2	*77,80*	107,6	*80,71*	104,3	*83,58*	101,2	*86,41*	98,40	*89,22*	95,75	*92,00*	90,97	*97,47*	85,79	*104,2*	81,32	*110,7*	77,41	*117,1*	**91,200**	*76,000*	114,0	13
117,1	*81,59*	113,3	*84,67*	109,8	*87,71*	106,5	*90,72*	103,5	*93,70*	100,7	*96,64*	95,66	*102,4*	90,19	*109,5*	85,49	*116,4*	81,38	*123,1*	**100,8**	*84,000*	126,0	
122,9	*84,98*	118,9	*88,21*	115,2	*91,41*	111,7	*94,57*	108,5	*97,70*	105,6	*100,8*	100,3	*106,9*	94,49	*114,4*	89,52	*121,6*	85,20	*128,7*	**110,4**	*92,000*	138,0	
130,4	*88,90*	126,1	*92,30*	122,1	*95,68*	118,4	*99,02*	115,0	*102,3*	111,8	*105,6*	106,1	*112,1*	99,98	*120,0*	94,67	*127,7*	90,05	*135,3*	**122,9**	*102,4*	153,6	16
139,4	*93,09*	134,8	*96,69*	130,5	*100,3*	126,5	*103,8*	122,9	*107,3*	119,4	*110,8*	113,3	*117,6*	106,6	*126,0*	100,9	*134,2*	95,92	*142,3*	**138,2**	*115,2*	172,8	
148,4	*96,74*	143,4	*100,5*	138,8	*104,2*	134,6	*107,9*	130,6	*111,6*	126,9	*115,2*	120,3	*122,4*	113,2	*131,3*	107,0	*139,9*	101,7	*148,4*	**153,6**	*128,0*	192,0	
159,5	*100,7*	154,1	*104,6*	149,1	*108,5*	144,5	*112,4*	140,2	*116,3*	136,2	*120,1*	129,0	*127,7*	121,3	*137,0*	114,6	*146,1*	108,8	*155,0*	**172,8**	*144,0*	216,0	19
170,6	*104,1*	164,7	*108,2*	159,3	*112,3*	154,3	*116,3*	149,7	*120,3*	145,4	*124,3*	137,6	*132,2*	129,3	*141,9*	122,1	*151,4*	115,8	*160,8*	**192,0**	*160,0*	240,0	
192,4	*109,7*	185,7	*114,0*	179,5	*118,4*	173,7	*122,7*	168,4	*127,0*	163,5	*131,2*	154,6	*139,6*	145,0	*150,0*	136,8	*160,2*	129,6	*170,3*	**230,4**	*192,0*	288,0	
214,0	*114,1*	206,4	*118,7*	199,4	*123,2*	193,0	*127,7*	187,0	*132,2*	181,4	*136,7*	171,4	*145,5*	160,6	*156,5*	151,3	*167,2*	143,2	*177,9*	**268,8**	*224,0*	336,0	22
235,5	*117,7*	227,1	*122,4*	219,3	*127,1*	212,1	*131,8*	205,4	*136,5*	199,2	*141,2*	188,0	*150,4*	176,0	*161,7*	165,7	*173,0*	156,7	*184,1*	**307,2**	*256,0*	384,0	
256,9	*120,6*	247,6	*125,5*	239,0	*130,4*	231,1	*135,2*	223,7	*140,1*	216,9	*144,9*	204,6	*154,4*	191,3	*166,1*	179,9	*177,8*	170,1	*189,2*	**345,6**	*288,0*	432,0	
278,2	*123,1*	268,0	*128,2*	258,6	*133,2*	250,0	*138,1*	241,9	*143,1*	234,5	*148,0*	221,0	*157,8*	206,5	*169,9*	194,1	*181,8*	183,3	*193,6*	**384,0**	*320,0*	480,0	25
320,7	*127,1*	308,7	*132,4*	297,7	*137,6*	287,6	*142,7*	278,2	*147,9*	269,5	*153,0*	253,8	*163,2*	236,8	*175,8*	222,3	*188,3*	209,7	*200,7*	**460,8**	*384,0*	576,0	
362,9	*130,2*	349,3	*135,6*	336,7	*140,9*	325,1	*146,3*	314,3	*151,6*	304,3	*156,9*	286,3	*167,4*	266,9	*180,5*	250,3	*193,4*	235,9	*206,2*	**537,6**	*448,0*	672,0	
410,4	*132,9*	394,7	*138,4*	380,4	*143,9*	367,1	*149,4*	354,8	*154,8*	343,4	*160,3*	322,8	*171,1*	300,7	*184,5*	281,7	*197,8*	265,2	*211,0*	**624,0**	*520,0*	780,0	28
462,9	*135,2*	445,1	*140,8*	428,8	*146,5*	413,7	*152,1*	399,7	*157,6*	386,7	*163,2*	363,2	*174,3*	338,0	*188,1*	316,4	*201,7*	297,6	*215,3*	**720,0**	*600,0*	900,0	
515,4	*137,0*	495,5	*142,8*	477,1	*148,5*	460,1	*154,2*	444,4	*159,9*	429,8	*165,6*	403,6	*176,9*	375,3	*190,9*	351,0	*204,8*	330,0	*218,7*	**816,0**	*680,0*	1020	
567,9	*138,5*	545,7	*144,4*	525,4	*150,2*	506,6	*156,0*	489,1	*161,7*	473,0	*167,5*	443,9	*179,0*	412,5	*193,2*	385,6	*207,4*	362,3	*221,5*	**912,0**	*760,0*	1140	31
620,3	*139,8*	595,9	*145,7*	573,9	*151,6*	552,9	*157,4*	533,8	*163,3*	516,1	*169,1*	484,1	*180,7*	449,7	*195,2*	420,1	*209,5*	394,5	*223,8*	**1008**	*840,0*	1260	
		646,1	*146,8*	621,8	*152,7*	599,3	*158,6*	578,5	*164,6*	559,1	*170,5*	524,3	*182,2*	486,4	*196,8*	454,6	*211,3*	426,8	*225,8*	**1104**	*920,0*	1380	
						659,5	*160,0*	636,4	*166,0*	615,0	*171,9*	576,5	*183,8*	535,0	*198,6*	499,4	*213,3*	468,6	*227,9*	**1229**	*1024*	1536	34
												640,7	*185,4*	594,3	*200,4*	554,5	*215,3*	520,0	*230,1*	**1382**	*1152*	1728	
														653,6	*201,9*	609,6	*216,9*	571,4	*231,9*	**1536**	*1280*	1920	

Tab. X. Stegdruckbalken (Plattenbalken mit Berücksichtigung des Stegdruckes).

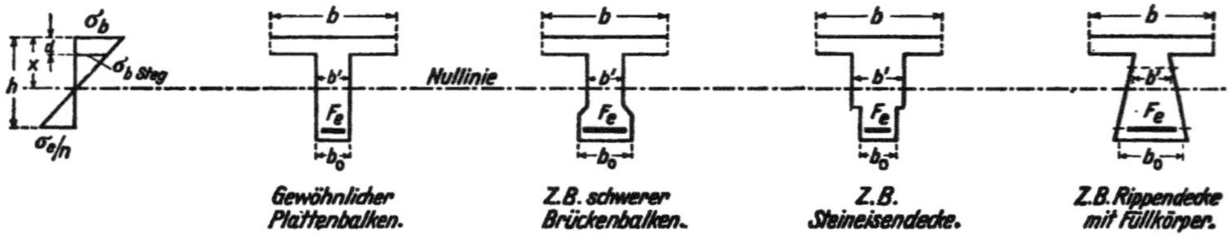

$\frac{x}{h} = 0{,}2$

v	60		
σ_e in $\frac{kg}{cm^2}$	1000	1200	1500
σ_b in $\frac{kg}{cm^2}$	16,67	**20**	25

$\frac{\sigma_{b\,Steg}}{\sigma_b}$	$\sigma_{b\,Steg}$ für σ_e = 1000 / 1200 / 1500	d/h \ b'/b	0	0,10	0,15	0,20	0,25	0,275	0,300	0,325	0,350	0,375	0,400	0,425	0,450	0,475	0,500	0,525	0,550	0,60	0,65	0,70	1	b'/b / d/h
0,85	14,17 17 21,25	0,03	0,02734 0,04625 30,38	0,03394 0,05829 37,72	0,03724 0,06431 41,38	0,04054 0,07033 45,05	0,04384 0,07635 48,71	0,04549 0,07936 50,55	0,04714 0,08238 52,38	0,04879 0,08539 54,21	0,05044 0,08840 56,05	0,05209 0,09141 57,88	0,05374 0,09442 59,71	0,05539 0,09743 61,54	0,05704 0,1004 63,38	0,05869 0,1034 65,21	0,06034 0,1065 67,04	0,06199 0,1095 68,88	0,06364 0,1125 70,71	0,06694 0,1185 74,38	0,07024 0,1245 78,04	0,07354 0,1305 81,71	0,09333 0,1667 103,7	0,03
0,80	13,33 16 20	0,04	0,03531 0,06000 22,07	0,04111 0,07067 25,69	0,04401 0,07600 27,51	0,04691 0,08133 29,32	0,04981 0,08667 31,13	0,05126 0,08933 32,04	0,05271 0,09200 32,95	0,05417 0,09467 33,85	0,05562 0,09733 34,76	0,05707 0,1000 35,67	0,05852 0,1027 36,57	0,05997 0,1053 37,48	0,06142 0,1080 38,39	0,06287 0,1107 39,29	0,06432 0,1133 40,20	0,06577 0,1160 41,11	0,06722 0,1187 42,01	0,07012 0,1240 43,83	0,07302 0,1293 45,64	0,07593 0,1347 47,45	0,09333 0,1667 58,33	0,04
0,75	12,5 15 18,75	0,05	0,04271 0,07292 17,08	0,04777 0,08229 19,11	0,05030 0,08698 20,12	0,05283 0,09167 21,13	0,05536 0,09635 22,15	0,05663 0,09870 22,65	0,05790 0,1010 23,16	0,05916 0,1034 23,66	0,06043 0,1057 24,17	0,06169 0,1081 24,68	0,06296 0,1104 25,18	0,06422 0,1128 25,69	0,06549 0,1151 26,20	0,06676 0,1174 26,70	0,06802 0,1198 27,21	0,06929 0,1221 27,71	0,07055 0,1245 28,22	0,07308 0,1292 29,23	0,07561 0,1339 30,25	0,07815 0,1385 31,26	0,09333 0,1667 37,33	0,05
0,70	11,67 14 17,5	0,06	0,04956 0,08500 13,77	0,05394 0,09316 14,98	0,05613 0,09724 15,59	0,05831 0,1013 16,20	0,06050 0,1054 16,81	0,06160 0,1074 17,11	0,06269 0,1095 17,41	0,06379 0,1115 17,72	0,06488 0,1136 18,02	0,06597 0,1156 18,33	0,06707 0,1176 18,63	0,06816 0,1197 18,93	0,06926 0,1217 19,24	0,07035 0,1238 19,54	0,07145 0,1258 19,85	0,07254 0,1278 20,15	0,07364 0,1299 20,45	0,07582 0,1340 21,06	0,07801 0,1380 21,67	0,08020 0,1421 22,28	0,09333 0,1667 25,93	0,06
0,65	10,83 13 16,25	0,07	0,05587 0,09625 11,40	0,05962 0,1033 12,17	0,06149 0,1068 12,55	0,06336 0,1103 12,93	0,06524 0,1139 13,31	0,06617 0,1156 13,50	0,06711 0,1174 13,70	0,06805 0,1191 13,89	0,06898 0,1209 14,08	0,06992 0,1227 14,27	0,07086 0,1244 14,46	0,07179 0,1262 14,65	0,07273 0,1279 14,84	0,07367 0,1297 15,03	0,07460 0,1315 15,22	0,07554 0,1332 15,42	0,07648 0,1350 15,61	0,07835 0,1385 15,99	0,08022 0,1420 16,37	0,08209 0,1455 16,75	0,09333 0,1667 19,05	0,07
0,60	10 12 15	0,08	0,06165 0,1067 9,633	0,06482 0,1127 10,13	0,06641 0,1157 10,38	0,06799 0,1187 10,62	0,06957 0,1217 10,87	0,07037 0,1232 10,99	0,07116 0,1247 11,12	0,07195 0,1262 11,24	0,07274 0,1277 11,37	0,07353 0,1292 11,49	0,07433 0,1307 11,61	0,07512 0,1322 11,74	0,07591 0,1337 11,86	0,07670 0,1352 11,98	0,07749 0,1367 12,11	0,07829 0,1382 12,23	0,07908 0,1397 12,36	0,08066 0,1427 12,60	0,08225 0,1457 12,85	0,08383 0,1487 13,10	0,09333 0,1667 14,58	0,08
0,55	9,167 11 13,75	0,09	0,06691 0,1163 8,261	0,06956 0,1213 8,587	0,07088 0,1238 8,750	0,07220 0,1263 8,913	0,07352 0,1289 9,076	0,07418 0,1301 9,158	0,07484 0,1314 9,240	0,07550 0,1326 9,321	0,07616 0,1339 9,403	0,07682 0,1352 9,484	0,07748 0,1364 9,566	0,07814 0,1377 9,647	0,07880 0,1389 9,729	0,07946 0,1402 9,810	0,08012 0,1415 9,892	0,08078 0,1427 9,973	0,08145 0,1440 10,05	0,08277 0,1465 10,22	0,08409 0,1490 10,38	0,08541 0,1515 10,54	0,09333 0,1667 11,52	0,09
0,50	8,333 10 12,5	0,10	0,07167 0,1250 7,167	0,07383 0,1292 7,383	0,07492 0,1313 7,492	0,07600 0,1333 7,600	0,07708 0,1354 7,708	0,07763 0,1365 7,763	0,07817 0,1375 7,817	0,07871 0,1385 7,871	0,07925 0,1396 7,925	0,07979 0,1406 7,979	0,08033 0,1417 8,033	0,08088 0,1427 8,088	0,08142 0,1438 8,142	0,08196 0,1448 8,196	0,08250 0,1458 8,250	0,08304 0,1469 8,304	0,08358 0,1479 8,358	0,08467 0,1500 8,467	0,08575 0,1521 8,575	0,08683 0,1542 8,683	0,09333 0,1667 9,333	0,10
0,40	6,667 8 10	0,12	0,07968 0,1400 5,533	0,08105 0,1427 5,628	0,08173 0,1440 5,676	0,08241 0,1453 5,723	0,08309 0,1467 5,770	0,08343 0,1473 5,794	0,08378 0,1480 5,818	0,08412 0,1487 5,841	0,08446 0,1493 5,865	0,08480 0,1500 5,889	0,08514 0,1507 5,913	0,08548 0,1513 5,936	0,08582 0,1520 5,960	0,08617 0,1527 5,984	0,08651 0,1533 6,007	0,08685 0,1540 6,031	0,08719 0,1547 6,055	0,08787 0,1560 6,102	0,08855 0,1573 6,150	0,08924 0,1587 6,197	0,09333 0,1667 6,481	0,12
0,30	5 6 7,5	0,14	0,08577 0,1517 4,376	0,08653 0,1532 4,415	0,08691 0,1539 4,434	0,08729 0,1547 4,453	0,08766 0,1554 4,473	0,08785 0,1558 4,482	0,08804 0,1562 4,492	0,08823 0,1565 4,502	0,08842 0,1569 4,511	0,08861 0,1573 4,521	0,08880 0,1577 4,530	0,08899 0,1580 4,540	0,08918 0,1584 4,550	0,08936 0,1588 4,559	0,08955 0,1592 4,569	0,08974 0,1595 4,579	0,08993 0,1599 4,588	0,09031 0,1607 4,608	0,09069 0,1614 4,627	0,09107 0,1622 4,646	0,09333 0,1667 4,762	0,14
0,20	3,333 4 5	0,16	0,09003 0,1600 3,517	0,09036 0,1607 3,530	0,09052 0,1610 3,536	0,09069 0,1613 3,542	0,09085 0,1617 3,549	0,09094 0,1618 3,552	0,09102 0,1620 3,555	0,09110 0,1622 3,559	0,09118 0,1623 3,562	0,09127 0,1625 3,565	0,09135 0,1627 3,568	0,09143 0,1628 3,572	0,09151 0,1630 3,575	0,09160 0,1632 3,578	0,09168 0,1633 3,581	0,09176 0,1635 3,584	0,09185 0,1637 3,588	0,09201 0,1640 3,594	0,09218 0,1643 3,601	0,09234 0,1647 3,607	0,09333 0,1667 3,646	0,16

$\sigma_{b\,Steg}/\sigma_b$	$\sigma_{b\,Steg}$	d/h ╲ b'/b	0	0,10	0,15	0,20	0,25	0,275	0,300	0,325	0,350	0,375	0,400	0,425	0,450	0,475	0,500	0,525	0,550	0,60	0,65	0,70	1	d/h
0,10	*1,667* **2** 2,5	0,18	0,09252 *0,1650* 2,856	0,09260 *0,1652* 2,858	0,09264 *0,1553* 2,859	0,09268 *0,1653* 2,861	0,09272 *0,1654* 2,862	0,09274 *0,1655* 2,862	0,09276 *0,1655* 2,863	0,09278 *0,1655* 2,864	0,09280 *0,1656* 2,864	0,09282 *0,1656* 2,865	0,09285 *0,1657* 2,866	0,09287 *0,1657* 2,866	0,09289 *0,1658* 2,867	0,09291 *0,1658* 2,867	0,09293 *0,1658* 2,868	0,09295 *0,1659* 2,869	0,09297 *0,1659* 2,869	0,09301 *0,1660* 2,871	0,09305 *0,1661* 2,872	0,09309 *0,1662* 2,873	0,09333 *0,1667* 2,881	0,18
0	*0* **0** 0	0,20 *	0,09333 *0,1667* 2,333	0,09333 *0,1667* 2,333	0,09333 *0,1667* 2,333	0,09333 *0,1667* 2,333	0,09333 *0,1667* 2,333	0,09333 *0,1667* 2,333	0,09333 *0,1667* 2,333	0,09333 *0,1667* 2,333	0,09333 *0,1667* 2,333	0,09333 *0,1667* 2,333	0,09333 *0,1667* 2,333	0,09333 *0,1667* 2,333	0,09333 *0,1667* 2,333	0,09333 *0,1667* 2,333	0,09333 *0,1667* 2,333	0,09333 *0,1667* 2,333	0,09333 *0,1667* 2,333	0,09333 *0,1667* 2,333	0,09333 *0,1667* 2,333	0,09333 *0,1667* 2,333	0,09333 *0,1667* 2,333	* 0,20
		0,22																						0,22
		0,24																						0,24
		0,26																						0,26
		0,28																						0,28
		0,30																						0,30
		0,32																						0,32
		0,36																						0,36
		0,40																						0,40
		0,44																						0,44
		0,48																						0,48
$\sigma_{b\,Steg}/\sigma_b$	$\sigma_{b\,Steg}$	d/h ╲ b'/b	0	0,10	0,15	0,20	0,25	0,275	0,300	0,325	0,350	0,375	0,400	0,425	0,450	0,475	0,500	0,525	0,550	0,60	0,65	0,70	1	d/h ╲ b'/b

Die Tabelle dient der Berechnung von Stegdruckbalken, d. h. solchen balkenartigen Konstruktionen T-förmigen Querschnitts, deren zulässige Betondruckspannung weitestgehend ausgenutzt werden soll, deren Stegdruck daher voll berücksichtigt wird, z. B. Steineisendecken im Hochbau, Plattenbalken im Brückenbau. Näheres siehe § 6, besonderes Stichwort *Stegdruckbalken* und Fig. 16, ferner **Zahlenbeispiele 39 bis 45** (S. 133, 141 u. 143).

Die Zugbreite b_0 spielt in der Tabelle keine Rolle, jedoch die Stegdruckbreite b'. Es kann, muß aber nicht $b_0 = b'$ sein, wie obenstehende Querschnitte zeigen.

Die Tabelle besteht aus 19 Untertabellen, geordnet nach den Werten σ_b bzw. $v = \sigma_e/\sigma_b$. Es handelt sich um folgende Werte σ_b' (d. h. Werte σ_b, bezogen auf $\sigma_e = 1200$ kg/cm²). $\sigma_b' = 20$; 24; 28; 32; 36; 40; 44; 48; 50; 52; 56; 60; 65; 70; 75; 80; 85,71; 92,31; 100 kg/cm². Die ersten Untertabellen (mit kleinem σ_b') dienen hauptsächlich der Bemessung von Leichtbetonplatten, Steineisendecken und ähnlichen Konstruktionen bei geringer Druckfestigkeit, die letzten (mit großem $\sigma_b' > \sigma_b$) hauptsächlich der Bemessung von T-Querschnitten mit knapper Konstruktionshöhe und daher nicht ausgenutztem $\sigma_e < \sigma_{e\,zul}$ (von Bedeutung auch bei gleichzeitiger Druckbewehrung, ferner bei Moment mit Längskraft, z. B. für T-förmige Rahmenstiele).

Die Tabelle enthält grundsätzlich Verhältniswerte, z. B. d/h und b'/b; sie besitzt daher hinsichtlich der Abmessungen praktisch unbegrenzte Reichweite.

Den Innenhebel z des auf Biegung untersuchten Querschnittes liefern die Tabellenwerte M und f_e/h mittels der Formel $z = \frac{h \cdot \mathfrak{M}}{v \cdot f_e/h}$. (Gl. 277.)

Die erste und die letzte Feldspalte dienen der Übersicht, die erste ($b'/b = 0$) außerdem der gelegentlichen Verwendung zur Vernachlässigung des Stegdruckes, die letzte ($b'/b = 1$) ebenso für unb. Drz.

Die beiden äußersten Randspalten links dienen (in Verbindung mit der ersten Feldspalte) einer Nebenaufgabe, der Bemessung mit *teilweise ausgenutztem Stegdruck*. Siehe unter diesem Stichwort § 6.

Die (in den ersten Untertabellen besonders zahlreichen) Leerzeilen des unteren Tabellenteiles (z. T. durch Erläuterungen und Zahlenbeispiele ausgefüllt) ermöglichen es dem Auge, eine solche Zeile oder gar ein bestimmtes Feld in ihr festzuhalten, während man vorwärts blätternd eine bestimmte Zahl in dieser Blickrichtung sucht. Vgl. die mit *, ** und *** bezeichneten Aufgaben der Fig. 16.

Für $\sigma_e =$
1000
1200
1500

b Druckbreite; b_0 Zugbreite; b' Stegdruckbreite; d Plattenstärke; f_e Zugeisenquerschnitt für die Einheit der Druckbreite; h Nutzhöhe; M Moment; v Randspannungsverhältnis σ_e/σ_b; x Druckhöhe; σ_b Betondruckspannung an der Platten-O.K.; $\sigma_{b\,Steg}$ desgl. a. d. Platten-U.K.; σ_e Eisenzugspannung.

Erste Teilzeile (Steilziffern): $\mathfrak{M} = \frac{M}{\sigma_b \cdot b \cdot h^2}$

Zweite Teilzeile (Schrägziffern): f_e/h in cm/m

Dritte Teilzeile (Steilziffern): $\mathfrak{M}^d = \frac{M}{\sigma_b \cdot b \cdot d^2}$

* Diese Teilzeilen $\mathfrak{M}$ und f_e/h gelten auch allg. für $d/h \geq 0,2$ (unb. Drz.).

$\frac{x}{h} = 0,2$

v	**60**
σ_e in kg/cm²	1500 / **1200** / *1000*
σ_b in kg/cm²	25 / **20** / *16,67*

Fortsetzung der **Tab. X. Stegdruckbalken** (Plattenbalken mit Berücksichtigung des Stegdruckes).

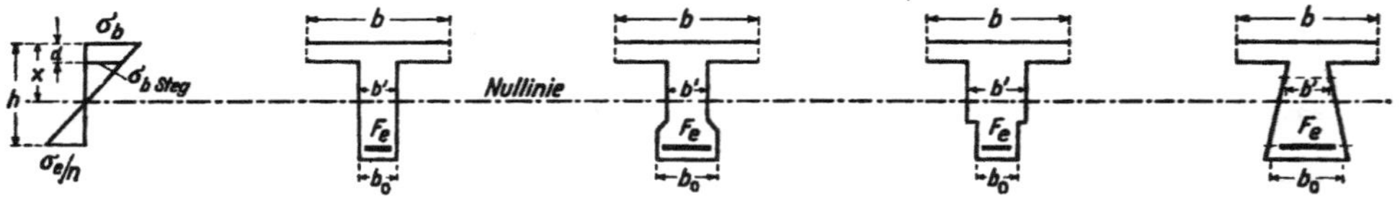

Gewöhnlicher Plattenbalken. — Z.B. schwerer Brückenbalken. — Z.B. Steineisendecke. — Z.B. Rippendecke mit Füllkörper.

$\frac{x}{h} = 0{,}2308$

v		50	
σ_e in $\frac{kg}{cm^2}$	*1000*	**1200**	1500
σ_b in $\frac{kg}{cm^2}$	*20*	**24**	30

Für σ_e = *1000* / **1200** / 1500

$\frac{\sigma_{b\,Steg}}{\sigma_b}$	$\sigma_{b\,Steg}$	d/h \ b'/b	0	0,10	0,15	0,20	0,25	0,275	0,300	0,325	0,350	0,375	0,400	0,425	0,450	0,475	0,500	0,525	0,550	0,60	0,65	0,70	1	b'/b \ d/h
0,87	*17,4* **20,88** 26,1	**0,03**	0,02764 *0,05610* 30,71	0,03553 *0,07357* 39,47	0,03947 *0,08230* 43,86	0,04341 *0,09103* 48,24	0,04736 *0,09977* 52,62	0,04933 *0,1041* 54,81	0,05130 *0,1085* 57,00	0,05327 *0,1129* 59,19	0,05524 *0,1172* 61,38	0,05721 *0,1216* 63,57	0,05919 *0,1260* 65,76	0,06116 *0,1303* 67,95	0,06313 *0,1347* 70,14	0,06510 *0,1391* 72,34	0,06707 *0,1434* 74,53	0,06904 *0,1478* 76,72	0,07102 *0,1522* 78,91	0,07496 *0,1609* 83,29	0,07890 *0,1696* 87,67	0,08285 *0,1784* 92,05	0,1065 *0,2308* 118,3	**0,03**
0,8267	*16,53* **19,84** 24,8	**0,04**	0,03583 *0,07307* 22,39	0,04289 *0,08884* 26,81	0,04643 *0,09672* 29,02	0,04996 *0,1046* 31,23	0,05350 *0,1125* 33,44	0,05526 *0,1164* 34,54	0,05703 *0,1204* 35,64	0,05880 *0,1243* 36,75	0,06057 *0,1283* 37,85	0,06233 *0,1322* 38,96	0,06410 *0,1361* 40,06	0,06587 *0,1401* 41,17	0,06763 *0,1440* 42,27	0,06940 *0,1480* 43,38	0,07117 *0,1519* 44,48	0,07293 *0,1559* 45,58	0,07470 *0,1598* 46,69	0,07824 *0,1677* 48,90	0,08177 *0,1756* 51,11	0,08530 *0,1835* 53,31	0,1065 *0,2308* 66,57	**0,04**
0,7833	*15,67* **18,8** 23,5	**0,05**	0,04351 *0,08917* 17,41	0,04981 *0,1033* 19,93	0,05296 *0,1104* 21,19	0,05611 *0,1175* 22,45	0,05926 *0,1246* 23,71	0,06084 *0,1281* 24,34	0,06241 *0,1316* 24,96	0,06399 *0,1352* 25,59	0,06556 *0,1387* 26,22	0,06714 *0,1423* 26,85	0,06871 *0,1458* 27,48	0,07029 *0,1493* 28,11	0,07186 *0,1529* 28,74	0,07344 *0,1564* 29,37	0,07501 *0,1600* 30,00	0,07659 *0,1635* 30,63	0,07816 *0,1670* 31,26	0,08131 *0,1741* 32,52	0,08446 *0,1812* 33,78	0,08761 *0,1883* 35,04	0,1065 *0,2308* 42,60	**0,05**
0,74	*14,8* **17,76** 22,2	**0,06**	0,05071 *0,1044* 14,09	0,05629 *0,1170* 15,64	0,05908 *0,1234* 16,41	0,06187 *0,1297* 17,19	0,06466 *0,1360* 17,96	0,06606 *0,1392* 18,35	0,06745 *0,1423* 18,74	0,06885 *0,1455* 19,12	0,07024 *0,1486* 19,51	0,07164 *0,1518* 19,90	0,07303 *0,1549* 20,29	0,07443 *0,1581* 20,67	0,07582 *0,1613* 21,06	0,07722 *0,1644* 21,45	0,07861 *0,1676* 21,84	0,08000 *0,1707* 22,22	0,08140 *0,1739* 22,61	0,08419 *0,1802* 23,39	0,08698 *0,1865* 24,16	0,08977 *0,1929* 24,94	0,1065 *0,2308* 29,59	**0,06**
0,6967	*13,93* **16,72** 20,9	**0,07**	0,05743 *0,1188* 11,72	0,06234 *0,1300* 12,72	0,06479 *0,1356* 13,22	0,06724 *0,1412* 13,72	0,06970 *0,1468* 14,22	0,07093 *0,1496* 14,47	0,07215 *0,1524* 14,73	0,07338 *0,1552* 14,98	0,07461 *0,1580* 15,23	0,07583 *0,1608* 15,48	0,07706 *0,1636* 15,73	0,07829 *0,1664* 15,98	0,07951 *0,1692* 16,23	0,08074 *0,1720* 16,48	0,08197 *0,1748* 16,73	0,08320 *0,1776* 16,98	0,08442 *0,1804* 17,23	0,08688 *0,1860* 17,73	0,08933 *0,1916* 18,23	0,09178 *0,1972* 18,73	0,1065 *0,2308* 21,74	**0,07**
0,6533	*13,07* **15,68** 19,6	**0,08**	0,06367 *0,1323* 9,949	0,06796 *0,1421* 10,62	0,07010 *0,1470* 10,95	0,07224 *0,1520* 11,29	0,07438 *0,1569* 11,62	0,07545 *0,1594* 11,79	0,07652 *0,1618* 11,96	0,07759 *0,1643* 12,12	0,07867 *0,1667* 12,29	0,07974 *0,1692* 12,46	0,08081 *0,1717* 12,63	0,08188 *0,1741* 12,79	0,08295 *0,1766* 12,96	0,08402 *0,1791* 13,13	0,08509 *0,1815* 13,30	0,08616 *0,1840* 13,46	0,08723 *0,1864* 13,63	0,08937 *0,1914* 13,96	0,09152 *0,1963* 14,30	0,09366 *0,2012* 14,63	0,1065 *0,2308* 16,64	**0,08**
0,61	*12,2* **14,64** 18,3	**0,09**	0,06945 *0,1449* 8,574	0,07316 *0,1535* 9,032	0,07501 *0,1578* 9,261	0,07686 *0,1621* 9,489	0,07872 *0,1664* 9,718	0,07964 *0,1685* 9,833	0,08057 *0,1707* 9,947	0,08150 *0,1728* 10,06	0,08242 *0,1750* 10,18	0,08335 *0,1771* 10,29	0,08428 *0,1792* 10,40	0,08520 *0,1814* 10,52	0,08613 *0,1835* 10,63	0,08705 *0,1857* 10,75	0,08798 *0,1878* 10,86	0,08891 *0,1900* 10,98	0,08983 *0,1921* 11,09	0,09169 *0,1964* 11,32	0,09354 *0,2007* 11,55	0,09539 *0,2050* 11,78	0,1065 *0,2308* 13,15	**0,09**
0,5667	*11,33* **13,6** 17	**0,10**	0,07478 *0,1567* 7,478	0,07795 *0,1641* 7,795	0,07954 *0,1678* 7,954	0,08112 *0,1715* 8,112	0,08271 *0,1752* 8,271	0,08350 *0,1770* 8,350	0,08430 *0,1789* 8,430	0,08509 *0,1808* 8,509	0,08588 *0,1826* 8,588	0,08668 *0,1845* 8,668	0,08747 *0,1863* 8,747	0,08826 *0,1882* 8,826	0,08906 *0,1900* 8,906	0,08985 *0,1919* 8,985	0,09064 *0,1937* 9,064	0,09144 *0,1956* 9,144	0,09223 *0,1974* 9,223	0,09382 *0,2011* 9,382	0,09540 *0,2048* 9,540	0,09699 *0,2085* 9,699	0,1065 *0,2308* 10,65	**0,10**
0,48	*9,6* **11,52** 14,4	**0,12**	0,08410 *0,1776* 5,840	0,08634 *0,1829* 5,996	0,08746 *0,1856* 6,073	0,08858 *0,1882* 6,151	0,08970 *0,1909* 6,229	0,09026 *0,1922* 6,268	0,09082 *0,1936* 6,307	0,09138 *0,1949* 6,346	0,09194 *0,1962* 6,385	0,09250 *0,1975* 6,424	0,09306 *0,1989* 6,463	0,09362 *0,2002* 6,501	0,09418 *0,2015* 6,540	0,09474 *0,2029* 6,579	0,09530 *0,2042* 6,618	0,09586 *0,2055* 6,657	0,09642 *0,2068* 6,696	0,09754 *0,2095* 6,774	0,09866 *0,2122* 6,852	0,09978 *0,2148* 6,930	0,1065 *0,2308* 7,396	**0,12**
0,3933	*7,867* **9,44** 11,8	**0,14**	0,09170 *0,1951* 4,678	0,09318 *0,1986* 4,754	0,09392 *0,2004* 4,792	0,09466 *0,2022* 4,830	0,09540 *0,2040* 4,867	0,09577 *0,2049* 4,886	0,09614 *0,2058* 4,905	0,09651 *0,2067* 4,924	0,09688 *0,2076* 4,943	0,09725 *0,2085* 4,962	0,09762 *0,2093* 4,981	0,09799 *0,2102* 5,000	0,09836 *0,2111* 5,018	0,09873 *0,2120* 5,037	0,09910 *0,2129* 5,056	0,09947 *0,2138* 5,075	0,09984 *0,2147* 5,094	0,1006 *0,2165* 5,132	0,1013 *0,2183* 5,170	0,1021 *0,2201* 5,207	0,1065 *0,2308* 5,434	**0,14**
0,3067	*6,133* **7,36** 9,2	**0,16**	0,09765 *0,2091* 3,814	0,09854 *0,2112* 3,849	0,09898 *0,2123* 3,866	0,09942 *0,2134* 3,884	0,09986 *0,2145* 3,901	0,1001 *0,2150* 3,910	0,1003 *0,2156* 3,918	0,1005 *0,2161* 3,927	0,1008 *0,2167* 3,936	0,1010 *0,2172* 3,944	0,1012 *0,2177* 3,953	0,1014 *0,2183* 3,962	0,1016 *0,2188* 3,970	0,1019 *0,2194* 3,979	0,1021 *0,2199* 3,987	0,1023 *0,2205* 3,996	0,1025 *0,2210* 4,005	0,1030 *0,2221* 4,022	0,1034 *0,2232* 4,039	0,1039 *0,2243* 4,057	0,1065 *0,2308* 4,161	**0,16**

$\sigma_{b\,Steg}/\sigma_b$	$\sigma_{b\,Steg}$	d/h \ b'/b	0	0,10	0,15	0,20	0,25	0,275	0,300	0,325	0,350	0,375	0,400	0,425	0,450	0,475	0,500	0,525	0,550	0,60	0,65	0,70	1	d/h
0,22	*4,4* **5,28** 6,6	**0,18**	0,1020 *0,2196* 3,149	0,1025 *0,2207* 3,163	0,1027 *0,2213* 3,170	0,1029 *0,2218* 3,177	0,1031 *0,2224* 3,183	0,1033 *0,2227* 3,187	0,1034 *0,2230* 3,190	0,1035 *0,2232* 3,194	0,1036 *0,2235* 3,197	0,1037 *0,2238* 3,201	0,1038 *0,2241* 3,204	0,1039 *0,2243* 3,208	0,1040 *0,2246* 3,211	0,1042 *0,2249* 3,215	0,1043 *0,2252* 3,218	0,1044 *0,2255* 3,222	0,1045 *0,2257* 3,225	0,1047 *0,2263* 3,232	0,1049 *0,2269* 3,239	0,1052 *0,2274* 3,246	0,1065 *0,2308* 3,287	**0,18**
0,1333	*2,667* **3,2** 4,0	**0,20**	0,1049 *0,2267* 2,622	0,1051 *0,2271* 2,626	0,1051 *0,2273* 2,628	0,1052 *0,2275* 2,630	0,1053 *0,2277* 2,632	0,1053 *0,2278* 2,633	0,1054 *0,2279* 2,634	0,1054 *0,2280* 2,635	0,1055 *0,2281* 2,636	0,1055 *0,2282* 2,637	0,1055 *0,2283* 2,638	0,1056 *0,2284* 2,639	0,1056 *0,2285* 2,640	0,1057 *0,2286* 2,641	0,1057 *0,2287* 2,642	0,1057 *0,2288* 2,643	0,1058 *0,2289* 2,644	0,1059 *0,2291* 2,647	0,1059 *0,2293* 2,649	0,1060 *0,2295* 2,651	0,1065 *0,2308* 2,663	**0,20**
0,04667	*0,9333* **1,12** 1,4	**0,22**	0,1063 *0,2303* 2,197	0,1063 *0,2303* 2,197	0,1063 *0,2303* 2,197	0,1064 *0,2304* 2,197	0,1064 *0,2304* 2,198	0,1064 *0,2304* 2,198	0,1064 *0,2304* 2,198	0,1064 *0,2304* 2,198	0,1064 *0,2304* 2,198	0,1064 *0,2305* 2,198	0,1064 *0,2305* 2,198	0,1064 *0,2305* 2,198	0,1064 *0,2305* 2,198	0,1064 *0,2305* 2,198	0,1064 *0,2305* 2,199	0,1064 *0,2305* 2,199	0,1064 *0,2305* 2,199	0,1064 *0,2306* 2,199	0,1064 *0,2306* 2,199	0,1065 *0,2306* 2,199	0,1065 *0,2308* 2,201	**0,22**
0	*0* **0** 0	**0,24** *	0,1065 *0,2308* 1,849	0,1065 *0,2308* 1,849	0,1065 *0,2308* 1,849	0,1065 *0,2308* 1,849	0,1065 *0,2308* 1,849	0,1065 *0,2308* 1,849	0,1065 *0,2308* 1,849	0,1065 *0,2308* 1,849	0,1065 *0,2308* 1,849	0,1065 *0,2308* 1,849	0,1065 *0,2308* 1,849	0,1065 *0,2308* 1,849	0,1065 *0,2308* 1,849	0,1065 *0,2308* 1,849	0,1065 *0,2308* 1,849	0,1065 *0,2308* 1,849	0,1065 *0,2308* 1,849	0,1065 *0,2308* 1,849	0,1065 *0,2308* 1,849	0,1065 *0,2308* 1,849	0,1065 *0,2308* 1,849	* **0,24**
		0,26																						**0,26**
		0,28																						**0,28**
		0,30																						**0,30**
		0,32																						**0,32**
		0,36																						**0,36**
		0,40																						**0,40**
		0,44																						**0,44**
		0,48																						**0,48**

Zahlenbeispiel 38 siehe S. 70.

Zahlenbeispiel 39. (§ 6.) Plattenbalken soll mit möglichst kleiner Konstruktionshöhe, jedoch möglichst auch ohne Druckbewehrung[421]) bemessen werden. (Stegdruckbalken.) $M = 45820$ kgm[421]); $d = 10$ cm; $b = 160$ cm; $b' = 40$ cm; $\sigma_b = 65$ kg/cm²; $\sigma_e = 1200$ kg/cm². ▬ $b'/b = 40/160 = 0{,}25$; $\mathfrak{M}^d = \frac{45820}{65 \cdot 1{,}6 \cdot 10^2} = 4{,}406$; hierzu bestpassender Tabellenwert $4{,}527 > \mathfrak{M}^d$ der Tab. X, Untertabelle $\sigma_{b'} = 65$ kg/cm² liefert: ● $h = 10/0{,}18 = 55{,}56$ cm (Schieberzunge bleibt liegen); (Gl. 133 mit Momentenreduktion:) ● $F_e = 55{,}56 \cdot 0{,}8880 \cdot 1{,}60 \cdot \frac{4{,}406}{4{,}527} = 76{,}82$ cm².

Zahlenbeispiel 40. (§ 6.) Aufgabe wie vor; jedoch schärfere (dafür etwas unbequemere) Auswertung der kleinsten Nutzhöhe durch Zwischenschaltung. ▬ Lösung wie vor; jedoch ● $h = 10/0{,}1835 = 54{,}49$ cm; (Gl. 133:) ● $F_e = 1{,}60 \cdot 54{,}49 \cdot 0{,}8963 = 78{,}13$ cm².

Zahlenbeispiel 41. (§ 6.) Plattenbalken mit knapper Konstruktionshöhe. (Stegdruckbalken.) $M = 380800$ kgm[422]); $h = 198{,}3$ cm; $b = 150$ cm; $b' = 45$ cm; $\sigma_b = 60$ kg/cm²; $\sigma_e = 1200$ kg/cm². ▬ $b'/b = 45/150 = 0{,}3$; $\mathfrak{M} = \frac{380800}{60 \cdot 1{,}5 \cdot 198{,}3^2} = 0{,}1076$; hierzu bestpassender Tabellenwert $0{,}1090 > \mathfrak{M}$ der Tab. X, Untertabelle $\sigma_{b'} = 60$ kg/cm², liefert: ● $d = 198{,}3 \cdot 0{,}09$[423]) $= 17{,}85 \approx 18$ cm (Schieberzunge bleibt liegen); (Gl. 133 mit Momentenreduktion:) ● $F_e = 198{,}3 \cdot 0{,}6034 \cdot 1{,}50 \cdot \frac{0{,}1076}{0{,}1090} = 177{,}2$ cm².

Zahlenbeispiel 42 siehe S. 141.

[421]) In der Praxis ist dieses Moment etwa als Restmoment M_1 folgendermaßen entstanden zu denken: $M = 47416$ kgm; es soll aus konstruktiven Rücksichten eine obere Bewehrung von 2 R. E., $\Phi = 16$ mm, mit $F_e' = 4{,}021$ cm² ohnehin vorgesehen werden; $h' \approx 3{,}0$ cm; (knapp) geschätzt $h \approx 50$ cm; $h'/h \approx 0{,}06$ aufgesucht in Tab. X, Untertab. $\sigma_b' = 65$ kg/cm², Spalte d/h, liefert σ_e'/n in Spalte $\sigma_{b\,Steg}$; $\sigma_e' = 15 \cdot 56{,}3 = 844{,}5$ kg/cm²; $M_2 = 844{,}5 \cdot 4{,}021\ (0{,}50 - 0{,}03) = 1596$ kgm; $M_1 = 47416 - 1596 = 45820$ kgm.

[422]) In der Praxis ist dieses Moment etwa als Restmoment M_1 zu denken, entstanden ähnlich wie in Fußnote 421 beschrieben.

[423]) U. U., z. B. wenn nur auf halbe cm abgerundet werden soll, empfiehlt sich Zwischenschaltung: $d = 198{,}3 \cdot 0{,}08725 = 17{,}30$ cm $\approx 17{,}5$ cm.

Für $\sigma_e =$
1000
1200
1500

b Druckbreite; b_e Zugbreite; b' Stegdruckbreite; d Plattenstärke; f_e Zugeisenquerschnitt für die Einheit der Druckbreite; h Nutzhöhe; M Moment; v Randspannungsverhältnis σ_e/σ_b; x Druckhöhe; σ_b Betondruckspannung an der Platten-O.K.; $\sigma_{b\,Steg}$ desgl. a. d. Platten-U.K.; σ_e Eisenzugspannung.

Erste Teilzeile (Steilziffern): $\mathfrak{M} = \frac{M}{\sigma_b \cdot b \cdot h^2}$

Zweite Teilzeile (Schrägziffern): f_e/h in cm/m

Dritte Teilzeile (Steilziffern): $\mathfrak{M}^d = \frac{M}{\sigma_b \cdot b \cdot d^2}$

* Diese Teilzeilen $\mathfrak{M}$ und f_e/h gelten auch allg. für $d/h \geq 0{,}2308$ (unb. Drz.).

$\frac{x}{h} = 0{,}2308$

v	σ_e in $\frac{kg}{cm^2}$	σ_b in $\frac{kg}{cm^2}$
50	*1000*	*20*
	1200	**24**
	1500	30

Fortsetzung der **Tab. X. Stegdruckbalken** (Plattenbalken mit Berücksichtigung des Stegdruckes).

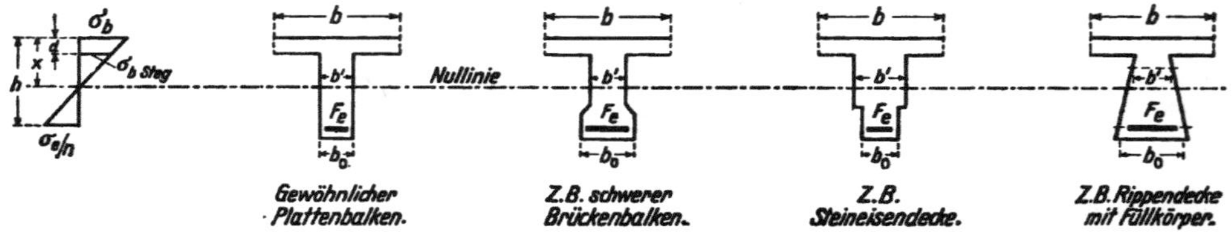

$\frac{x}{h} = 0{,}2593$

v	42,86		
σ_e in $\frac{kg}{cm^2}$	1000	1200	1500
σ_b in $\frac{kg}{cm^2}$	23,33	28	35

Für σ_e = 1000 / 1200 / 1500

$\frac{\sigma_{b\,Steg}}{\sigma_b}$	$\sigma_{b\,Steg}$	d/h \ b'/b	0	0,10	0,15	0,20	0,25	0,275	0,300	0,325	0,350	0,375	0,400	0,425	0,450	0,475	0,500	0,525	0,550	0,60	0,65	0,70	1	b'/b \ d/h
0,8843	20,63 24,76 30,95	0,03	0,02785 0,06595 30,94	0,03691 0,08960 41,01	0,04144 0,1014 46,04	0,04597 0,1133 51,07	0,05049 0,1251 56,10	0,05276 0,1310 58,62	0,05502 0,1369 61,14	0,05729 0,1428 63,65	0,05955 0,1487 66,17	0,06182 0,1546 68,68	0,06408 0,1606 71,20	0,06635 0,1665 73,72	0,06861 0,1724 76,23	0,07087 0,1783 78,75	0,07314 0,1842 81,26	0,07540 0,1901 83,78	0,07767 0,1960 86,30	0,08220 0,2079 91,33	0,08673 0,2197 96,36	0,09126 0,2315 101,4	0,1184 0,3025 131,6	0,03
0,8457	19,73 23,68 29,6	0,04	0,03620 0,08613 22,62	0,04442 0,1078 27,76	0,04853 0,1186 30,33	0,05264 0,1294 32,90	0,05675 0,1402 35,47	0,05881 0,1456 36,76	0,06086 0,1510 38,04	0,06292 0,1564 39,33	0,06498 0,1618 40,61	0,06703 0,1673 41,89	0,06909 0,1727 43,18	0,07114 0,1781 44,46	0,07320 0,1835 45,75	0,07526 0,1889 47,03	0,07731 0,1943 48,32	0,07937 0,1997 49,60	0,08142 0,2051 50,89	0,08553 0,2159 53,46	0,08965 0,2268 56,03	0,09376 0,2376 58,60	0,1184 0,3025 74,02	0,04
0,8071	18,83 22,60 28,25	0,05	0,04409 0,1054 17,64	0,05152 0,1251 20,61	0,05524 0,1350 22,10	0,05896 0,1448 23,58	0,06267 0,1547 25,07	0,06453 0,1596 25,81	0,06639 0,1645 26,56	0,06825 0,1695 27,30	0,07011 0,1744 28,04	0,07197 0,1793 28,79	0,07382 0,1842 29,53	0,07568 0,1892 30,27	0,07754 0,1941 31,02	0,07940 0,1990 31,76	0,08126 0,2039 32,50	0,08312 0,2089 33,25	0,08497 0,2138 33,99	0,08869 0,2236 35,48	0,09241 0,2335 36,96	0,09612 0,2434 38,45	0,1184 0,3025 47,37	0,05
0,7686	17,93 21,52 26,9	0,06	0,05153 0,1238 14,32	0,05822 0,1417 16,17	0,06157 0,1506 17,10	0,06491 0,1595 18,03	0,06826 0,1685 18,96	0,06993 0,1729 19,43	0,07160 0,1774 19,89	0,07327 0,1819 20,35	0,07495 0,1863 20,82	0,07662 0,1908 21,28	0,07829 0,1953 21,75	0,07996 0,1997 22,21	0,08164 0,2042 22,68	0,08331 0,2087 23,14	0,08498 0,2131 23,61	0,08665 0,2176 24,07	0,08833 0,2221 24,53	0,09167 0,2310 25,46	0,09501 0,2399 26,39	0,09836 0,2489 27,32	0,1184 0,3025 32,90	0,06
0,73	17,03 20,44 25,55	0,07	0,05854 0,1413 11,95	0,06453 0,1574 13,17	0,06752 0,1655 13,78	0,07052 0,1735 14,39	0,07351 0,1816 15,00	0,07501 0,1856 15,31	0,07651 0,1896 15,61	0,07800 0,1937 15,92	0,07950 0,1977 16,22	0,08100 0,2017 16,53	0,08250 0,2058 16,84	0,08399 0,2098 17,14	0,08549 0,2138 17,45	0,08699 0,2178 17,75	0,08848 0,2219 18,06	0,08998 0,2259 18,36	0,09148 0,2299 18,67	0,09447 0,2380 19,28	0,09747 0,2461 19,89	0,1005 0,2541 20,50	0,1184 0,3025 24,17	0,07
0,6914	16,13 19,36 24,2	0,08	0,06512 0,1579 10,17	0,07045 0,1723 11,01	0,07311 0,1796 11,42	0,07578 0,1868 11,84	0,07844 0,1940 12,26	0,07978 0,1976 12,47	0,08111 0,2012 12,67	0,08244 0,2049 12,88	0,08377 0,2085 13,09	0,08511 0,2121 13,30	0,08644 0,2157 13,51	0,08777 0,2193 13,71	0,08911 0,2229 13,92	0,09044 0,2266 14,13	0,09177 0,2302 14,34	0,09310 0,2338 14,55	0,09444 0,2374 14,76	0,09710 0,2446 15,17	0,09977 0,2519 15,59	0,1024 0,2591 16,01	0,1184 0,3025 18,50	0,08
0,6529	15,23 18,28 22,85	0,09	0,07127 0,1735 8,798	0,07598 0,1864 9,380	0,07834 0,1929 9,672	0,08070 0,1993 9,963	0,08306 0,2058 10,25	0,08423 0,2090 10,40	0,08541 0,2122 10,54	0,08659 0,2154 10,69	0,08777 0,2187 10,84	0,08895 0,2219 10,98	0,09013 0,2251 11,13	0,09131 0,2283 11,27	0,09249 0,2316 11,42	0,09367 0,2348 11,56	0,09485 0,2380 11,71	0,09602 0,2412 11,85	0,09720 0,2445 12,00	0,09956 0,2509 12,29	0,1019 0,2573 12,58	0,1043 0,2638 12,87	0,1184 0,3025 14,62	0,09
0,6143	14,33 17,2 21,5	0,10	0,07700 0,1883 7,700	0,08114 0,1997 8,114	0,08321 0,2055 8,321	0,08529 0,2112 8,529	0,08736 0,2169 8,736	0,08839 0,2197 8,839	0,08943 0,2226 8,943	0,09046 0,2254 9,046	0,09150 0,2283 9,150	0,09254 0,2311 9,254	0,09357 0,2340 9,357	0,09461 0,2368 9,461	0,09564 0,2397 9,564	0,09668 0,2425 9,668	0,09771 0,2454 9,771	0,09875 0,2483 9,875	0,09979 0,2511 9,978	0,1019 0,2568 10,19	0,1039 0,2625 10,39	0,1060 0,2682 10,60	0,1184 0,3025 11,84	0,10
0,5371	12,53 15,04 18,8	0,12	0,08725 0,2152 6,059	0,09037 0,2239 6,276	0,09193 0,2283 6,384	0,09349 0,2327 6,492	0,09504 0,2370 6,600	0,09582 0,2392 6,654	0,09660 0,2414 6,709	0,09738 0,2436 6,763	0,09816 0,2457 6,817	0,09894 0,2479 6,871	0,09972 0,2501 6,925	0,1005 0,2523 6,979	0,1013 0,2545 7,033	0,1021 0,2567 7,087	0,1028 0,2588 7,142	0,1036 0,2610 7,196	0,1044 0,2632 7,250	0,1060 0,2676 7,358	0,1075 0,2719 7,466	0,1091 0,2763 7,575	0,1184 0,3025 8,224	0,12
0,46	10,73 12,88 16,1	0,14	0,09593 0,2385 4,894	0,09818 0,2449 5,009	0,09930 0,2481 5,066	0,1004 0,2513 5,124	0,1016 0,2545 5,181	0,1021 0,2561 5,210	0,1027 0,2577 5,239	0,1032 0,2593 5,267	0,1038 0,2609 5,296	0,1044 0,2625 5,325	0,1049 0,2641 5,353	0,1055 0,2657 5,382	0,1061 0,2673 5,411	0,1066 0,2689 5,440	0,1072 0,2705 5,468	0,1077 0,2721 5,497	0,1083 0,2737 5,526	0,1094 0,2769 5,583	0,1106 0,2801 5,640	0,1117 0,2833 5,698	0,1184 0,3025 6,042	0,14
0,3829	8,933 10,72 13,4	0,16	0,1031 0,2581 4,027	0,1046 0,2626 4,087	0,1054 0,2648 4,117	0,1062 0,2670 4,147	0,1069 0,2692 4,177	0,1073 0,2703 4,192	0,1077 0,2714 4,207	0,1081 0,2725 4,222	0,1085 0,2737 4,237	0,1088 0,2748 4,252	0,1092 0,2759 4,267	0,1096 0,2770 4,282	0,1100 0,2781 4,297	0,1104 0,2792 4,312	0,1108 0,2803 4,327	0,1111 0,2814 4,342	0,1115 0,2825 4,357	0,1123 0,2847 4,386	0,1131 0,2870 4,416	0,1138 0,2892 4,446	0,1184 0,3025 4,626	0,16

$\sigma_{b\,Steg}/\sigma_b$	$\sigma_{b\,Steg}$	d/h \ b'/b	0	0,10	0,15	0,20	0,25	0,275	0,300	0,325	0,350	0,375	0,400	0,425	0,450	0,475	0,500	0,525	0,550	0,60	0,65	0,70	1	d/h
0,3057	7,133 8,56 10,7	0,18	0,1088 0,2742 3,358	0,1098 0,2770 3,388	0,1103 0,2784 3,403	0,1107 0,2799 3,418	0,1112 0,2813 3,433	0,1115 0,2820 3,440	0,1117 0,2827 3,447	0,1119 0,2834 3,455	0,1122 0,2841 3,462	0,1124 0,2848 3,470	0,1127 0,2855 3,477	0,1129 0,2862 3,485	0,1131 0,2869 3,492	0,1134 0,2876 3,499	0,1136 0,2883 3,507	0,1139 0,2890 3,514	0,1141 0,2897 3,522	0,1146 0,2912 3,536	0,1151 0,2926 3,551	0,1155 0,2940 3,566	0,1184 0,3025 3,655	0,18
0,2286	5,333 6,4 8	0,20	0,1131 0,2867 2,829	0,1137 0,2882 2,842	0,1139 0,2890 2,848	0,1142 0,2898 2,855	0,1145 0,2906 2,862	0,1146 0,2910 2,865	0,1147 0,2914 2,868	0,1149 0,2918 2,872	0,1150 0,2922 2,875	0,1151 0,2926 2,878	0,1153 0,2930 2,881	0,1154 0,2934 2,885	0,1155 0,2938 2,888	0,1157 0,2942 2,891	0,1158 0,2946 2,895	0,1159 0,2950 2,898	0,1160 0,2954 2,901	0,1163 0,2961 2,908	0,1166 0,2969 2,914	0,1168 0,2977 2,921	0,1184 0,3025 2,961	0,20
0,1514	3,533 4,24 5,3	0,22	0,1161 0,2955 2,400	0,1164 0,2962 2,404	0,1165 0,2966 2,407	0,1166 0,2969 2,409	0,1167 0,2973 2,412	0,1168 0,2974 2,413	0,1168 0,2976 2,414	0,1169 0,2978 2,415	0,1169 0,2980 2,416	0,1170 0,2981 2,417	0,1171 0,2983 2,419	0,1171 0,2985 2,420	0,1172 0,2987 2,421	0,1172 0,2988 2,422	0,1173 0,2990 2,423	0,1173 0,2992 2,424	0,1174 0,2993 2,426	0,1175 0,2997 2,428	0,1176 0,3000 2,430	0,1177 0,3004 2,433	0,1184 0,3025 2,447	0,22
0,07429	1,733 2,08 2,6	0,24	0,1179 0,3008 2,047	0,1179 0,3010 2,048	0,1180 0,3011 2,048	0,1180 0,3011 2,049	0,1180 0,3012 2,049	0,1180 0,3013 2,049	0,1180 0,3013 2,049	0,1181 0,3013 2,050	0,1181 0,3014 2,050	0,1181 0,3014 2,050	0,1181 0,3015 2,050	0,1181 0,3015 2,051	0,1181 0,3016 2,051	0,1181 0,3016 2,051	0,1182 0,3016 2,051	0,1182 0,3017 2,052	0,1182 0,3017 2,052	0,1182 0,3018 2,052	0,1182 0,3019 2,053	0,1183 0,3020 2,053	0,1184 0,3025 2,056	0,24
0	0 0 0	0,26 *	0,1184 0,3025 1,752	0,1184 0,3025 1,752	0,1184 0,3025 1,752	0,1184 0,3025 1,752	0,1184 0,3025 1,752	0,1184 0,3025 1,752	0,1184 0,3025 1,752	0,1184 0,3025 1,752	0,1184 0,3025 1,752	0,1184 0,3025 1,752	0,1184 0,3025 1,752	0,1184 0,3025 1,752	0,1184 0,3025 1,752	0,1184 0,3025 1,752	0,1184 0,3025 1,752	0,1184 0,3025 1,752	0,1184 0,3025 1,752	0,1184 0,3025 1,752	0,1184 0,3025 1,752	0,1184 0,3025 1,752	0,1184 0,3025 1,752	* 0,26
		0,28																						0,28
		0,30																						0,30
		0,32																						0,32
		0,36																						0,36
		0,40																						0,40
		0,44																						0,44
		0,48																						0,48

Für $\sigma_e =$ 1000 / 1200 / 1500

b Druckbreite; b_0 Zugbreite; *b'* Stegdruckbreite; *d* Plattenstärke; f_e Zugeisenquerschnitt für die Einheit der Druckbreite; *h* Nutzhöhe; *M* Moment; *v* Randspannungsverhältnis σ_e/σ_b; *x* Druckhöhe; σ_b Betondruckspannung an der Platten-O.K.; $\sigma_{b\,Steg}$ desgl. a. d. Platten-U.K.; σ_e Eisenzugspannung.

Erste Teilzeile (Steilziffern): $\mathfrak{M} = \frac{M}{\sigma_b \cdot b \cdot h^2}$

Zweite Teilzeile (Schrägziffern): f_e/h in cm/m

Dritte Teilzeile (Steilziffern): $\mathfrak{M}^d = \frac{M}{\sigma_b \cdot b \cdot d^2}$

* Diese Teilzeilen $\mathfrak{M}$ und f_e/h gelten auch allg. für $d/h \geq 0,2593$ (unb. Drz.).

$\frac{x}{h} = 0,2593$

v	σ_e in $\frac{kg}{cm^2}$	σ_b in $\frac{kg}{cm^2}$
42,86	1500	35
	1200	**28**
	1000	23,33

Fortsetzung der **Tab. X. Stegdruckbalken** (Plattenbalken mit Berücksichtigung des Stegdruckes).

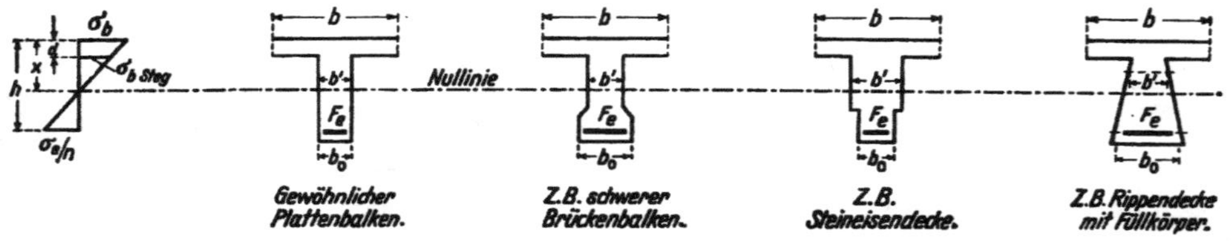

$\frac{x}{h} = 0{,}2857$

v	37,5		
σ_e in $\frac{kg}{cm^2}$	1000	1200	1500
σ_b in $\frac{kg}{cm^2}$	26,67	**32**	40

Für σ_e = 1000 / **1200** / 1500

$\frac{\sigma_{b\,Steg}}{\sigma_b}$	$\sigma_{b\,Steg}$	b'/b — d/h	0	0,10	0,15	0,20	0,25	0,275	0,300	0,325	0,350	0,375	0,400	0,425	0,450	0,475	0,500	0,525	0,550	0,60	0,65	0,70	1	b'/b — d/h
0,895	23,87 **28,64** 35,8	**0,03**	0,02801 0,07580 31,12	0,03813 0,1063 42,37	0,04319 0,1216 47,99	0,04826 0,1368 53,62	0,05332 0,1521 59,24	0,05585 0,1597 62,05	0,05838 0,1673 64,87	0,06091 0,1750 67,68	0,06344 0,1826 70,49	0,06597 0,1902 73,30	0,06850 0,1979 76,12	0,07104 0,2055 78,93	0,07357 0,2131 81,74	0,07610 0,2207 84,55	0,07863 0,2284 87,37	0,08116 0,2360 90,18	0,08369 0,2436 92,99	0,08875 0,2589 98,62	0,09382 0,2741 104,2	0,09888 0,2894 109,9	0,1293 0,3810 143,6	**0,03**
0,86	22,93 **27,52** 34,4	**0,04**	0,03647 0,09920 22,80	0,04575 0,1274 28,60	0,05039 0,1415 31,49	0,05503 0,1556 34,39	0,05967 0,1696 37,29	0,06199 0,1767 38,74	0,06431 0,1837 40,19	0,06663 0,1908 41,64	0,06895 0,1978 43,09	0,07127 0,2049 44,54	0,07359 0,2119 45,99	0,07590 0,2189 47,44	0,07822 0,2260 48,89	0,08054 0,2330 50,34	0,08286 0,2401 51,79	0,08518 0,2471 53,24	0,08750 0,2542 54,69	0,09214 0,2683 57,59	0,09678 0,2823 60,49	0,1014 0,2964 63,39	0,1293 0,3810 80,78	**0,04**
0,825	22 **26,4** 33	**0,05**	0,04452 0,1217 17,81	0,05299 0,1476 21,20	0,05723 0,1606 22,89	0,06147 0,1735 24,59	0,06570 0,1865 26,28	0,06782 0,1930 27,13	0,06994 0,1995 27,98	0,07206 0,2059 28,82	0,07418 0,2124 29,67	0,07630 0,2189 30,52	0,07841 0,2254 31,37	0,08053 0,2319 32,21	0,08265 0,2383 33,06	0,08477 0,2448 33,91	0,08689 0,2513 34,75	0,08901 0,2578 35,60	0,09112 0,2643 36,45	0,09536 0,2772 38,14	0,09960 0,2902 39,84	0,1038 0,3032 41,53	0,1293 0,3810 51,70	**0,05**
0,79	21,07 **25,28** 31,6	**0,06**	0,05215 0,1432 14,49	0,05986 0,1670 16,63	0,06372 0,1789 17,70	0,06757 0,1908 18,77	0,07143 0,2026 19,84	0,07335 0,2086 20,38	0,07528 0,2145 20,91	0,07721 0,2205 21,45	0,07914 0,2264 21,98	0,08106 0,2324 22,52	0,08299 0,2383 23,05	0,08492 0,2442 23,59	0,08685 0,2502 24,12	0,08877 0,2561 24,66	0,09070 0,2621 25,19	0,09263 0,2680 25,73	0,09456 0,2740 26,27	0,09841 0,2859 27,34	0,1023 0,2977 28,41	0,1061 0,3096 29,48	0,1293 0,3810 35,90	**0,06**
0,755	20,13 **24,16** 30,2	**0,07**	0,05938 0,1638 12,12	0,06636 0,1855 13,54	0,06986 0,1964 14,26	0,07335 0,2072 14,97	0,07684 0,2181 15,68	0,07859 0,2235 16,04	0,08034 0,2289 16,40	0,08208 0,2344 16,75	0,08383 0,2398 17,11	0,08558 0,2452 17,47	0,08733 0,2507 17,82	0,08907 0,2561 18,18	0,09082 0,2615 18,53	0,09257 0,2669 18,89	0,09431 0,2724 19,25	0,09606 0,2778 19,60	0,09781 0,2832 19,96	0,1013 0,2941 20,67	0,1048 0,3049 21,39	0,1083 0,3158 22,10	0,1293 0,3810 26,38	**0,07**
0,72	19,2 **23,04** 28,8	**0,08**	0,06620 0,1835 10,34	0,07250 0,2032 11,33	0,07566 0,2131 11,82	0,07881 0,2230 12,31	0,08196 0,2328 12,81	0,08354 0,2378 13,05	0,08511 0,2427 13,30	0,08669 0,2476 13,55	0,08827 0,2526 13,79	0,08984 0,2575 14,04	0,09142 0,2625 14,28	0,09300 0,2674 14,53	0,09457 0,2723 14,78	0,09615 0,2773 15,02	0,09773 0,2822 15,27	0,09930 0,2871 15,52	0,1009 0,2921 15,76	0,1040 0,3020 16,25	0,1072 0,3118 16,75	0,1103 0,3217 17,24	0,1293 0,3810 20,20	**0,08**
0,685	18,27 **21,92** 27,4	**0,09**	0,07263 0,2022 8,966	0,07829 0,2201 9,665	0,08112 0,2290 10,01	0,08395 0,2380 10,36	0,08678 0,2469 10,71	0,08820 0,2514 10,89	0,08961 0,2558 11,06	0,09103 0,2603 11,24	0,09245 0,2648 11,41	0,09386 0,2692 11,59	0,09528 0,2737 11,76	0,09669 0,2782 11,94	0,09811 0,2826 12,11	0,09952 0,2871 12,29	0,1009 0,2916 12,46	0,1024 0,2960 12,64	0,1038 0,3005 12,81	0,1066 0,3095 13,16	0,1094 0,3184 13,51	0,1123 0,3273 13,86	0,1293 0,3810 15,96	**0,09**
0,65	17,33 **20,8** 26	**0,10**	0,07867 0,2200 7,867	0,08373 0,2361 8,373	0,08625 0,2441 8,625	0,08878 0,2522 8,878	0,09131 0,2602 9,131	0,09258 0,2643 9,258	0,09384 0,2683 9,384	0,09511 0,2723 9,511	0,09637 0,2763 9,637	0,09764 0,2804 9,764	0,09890 0,2844 9,890	0,1002 0,2884 10,02	0,1014 0,2924 10,14	0,1027 0,2965 10,27	0,1040 0,3005 10,40	0,1052 0,3045 10,52	0,1065 0,3085 10,65	0,1090 0,3166 10,90	0,1115 0,3246 11,15	0,1141 0,3327 11,41	0,1293 0,3810 12,93	**0,10**
0,58	15,47 **18,56** 23,2	**0,12**	0,08962 0,2528 6,223	0,09358 0,2656 6,499	0,09556 0,2720 6,636	0,09754 0,2784 6,774	0,09953 0,2848 6,911	0,1005 0,2880 6,980	0,1015 0,2912 7,049	0,1025 0,2944 7,118	0,1035 0,2977 7,187	0,1045 0,3009 7,256	0,1055 0,3041 7,324	0,1065 0,3073 7,393	0,1075 0,3105 7,462	0,1084 0,3137 7,531	0,1094 0,3169 7,600	0,1104 0,3201 7,668	0,1114 0,3233 7,737	0,1134 0,3297 7,875	0,1154 0,3361 8,012	0,1174 0,3425 8,150	0,1293 0,3810 8,976	**0,12**
0,51	13,6 **16,32** 20,4	**0,14**	0,09910 0,2819 5,056	0,1021 0,2918 5,210	0,1036 0,2967 5,287	0,1051 0,3017 5,364	0,1066 0,3066 5,441	0,1074 0,3091 5,479	0,1081 0,3116 5,518	0,1089 0,3141 5,556	0,1097 0,3165 5,595	0,1104 0,3190 5,633	0,1112 0,3215 5,672	0,1119 0,3240 5,710	0,1127 0,3265 5,748	0,1134 0,3289 5,787	0,1142 0,3314 5,825	0,1149 0,3339 5,864	0,1157 0,3364 5,902	0,1172 0,3413 5,979	0,1187 0,3463 6,056	0,1202 0,3512 6,133	0,1293 0,3810 6,594	**0,14**
0,44	11,73 **14,08** 17,6	**0,16**	0,1072 0,3072 4,187	0,1094 0,3146 4,273	0,1105 0,3183 4,316	0,1116 0,3220 4,359	0,1127 0,3256 4,402	0,1132 0,3275 4,424	0,1138 0,3293 4,445	0,1144 0,3312 4,467	0,1149 0,3330 4,488	0,1155 0,3349 4,510	0,1160 0,3367 4,532	0,1166 0,3385 4,553	0,1171 0,3404 4,575	0,1177 0,3422 4,596	0,1182 0,3441 4,618	0,1188 0,3459 4,639	0,1193 0,3478 4,661	0,1204 0,3515 4,704	0,1215 0,3551 4,747	0,1226 0,3588 4,790	0,1293 0,3810 5,049	**0,16**

$\sigma_{b\,Steg}/\sigma_b$	$\sigma_{b\,Steg}$	d/h \ b'/b	0	0,10	0,15	0,20	0,25	0,275	0,300	0,325
0,37	9,867 11,84 14,8	0,18	0,1139 0,3288 3,516	0,1154 0,3340 3,563	0,1162 0,3366 3,587	0,1170 0,3392 3,610	0,1177 0,3418 3,634	0,1181 0,3431 3,646	0,1185 0,3444 3,658	0,1189 0,3457 3,670
0,3	8 9,6 12	0,20	0,1193 0,3467 2,983	0,1203 0,3501 3,008	0,1208 0,3518 3,021	0,1213 0,3535 3,033	0,1218 0,3552 3,045	0,1221 0,3561 3,052	0,1223 0,3570 3,058	0,1226 0,3578 3,064
0,23	6,133 7,36 9,2	0,22	0,1235 0,3608 2,552	0,1241 0,3628 2,564	0,1244 0,3638 2,570	0,1247 0,3648 2,576	0,1250 0,3658 2,582	0,1251 0,3663 2,585	0,1252 0,3668 2,588	0,1254 0,3673 2,591
0,16	4,267 5,12 6,4	0,24	0,1265 0,3712 2,197	0,1268 0,3722 2,201	0,1269 0,3727 2,204	0,1271 0,3732 2,206	0,1272 0,3736 2,208	0,1273 0,3739 2,210	0,1273 0,3741 2,211	0,1274 0,3744 2,212
0,09	2,4 2,88 3,6	0,26	0,1284 0,3779 1,899	0,1285 0,3782 1,901	0,1285 0,3783 1,901	0,1286 0,3785 1,902	0,1286 0,3786 1,903	0,1286 0,3787 1,903	0,1287 0,3788 1,903	0,1287 0,3789 1,904
0,02	0,5333 0,64 0,8	0,28	0,1292 0,3808 1,648	0,1292 0,3808 1,648	0,1292 0,3808 1,648	0,1292 0,3808 1,648	0,1292 0,3808 1,648	0,1292 0,3808 1,648	0,1292 0,3808 1,648	0,1292 0,3808 1,648
0	0 0 0	0,30 *	0,1293 0,3810 1,436	0,1293 0,3810 1,436	0,1293 0,3810 1,436	0,1293 0,3810 1,436	0,1293 0,3810 1,436	0,1293 0,3810 1,436	0,1293 0,3810 1,436	0,1293 0,3810 1,436
		0,32								
		0,36								
		0,40								
		0,44								
		0,48								

d/h \ b'/b	0,350	0,375	0,400	0,425	0,450	0,475	0,500	0,525	0,550	0,60	0,65	0,70	1	d/h
0,18	0,1193 0,3471 3,681	0,1197 0,3484 3,693	0,1200 0,3497 3,705	0,1204 0,3510 3,717	0,1208 0,3523 3,729	0,1212 0,3536 3,741	0,1216 0,3549 3,752	0,1220 0,3562 3,764	0,1223 0,3575 3,776	0,1231 0,3601 3,800	0,1239 0,3627 3,823	0,1246 0,3653 3,847	0,1293 0,3810 3,989	0,18
0,20	0,1228 0,3587 3,070	0,1231 0,3595 3,076	0,1233 0,3604 3,083	0,1235 0,3612 3,089	0,1238 0,3621 3,095	0,1240 0,3630 3,101	0,1243 0,3638 3,107	0,1245 0,3647 3,114	0,1248 0,3655 3,120	0,1253 0,3672 3,132	0,1258 0,3690 3,145	0,1263 0,3707 3,157	0,1293 0,3810 3,231	0,20
0,22	0,1255 0,3679 2,594	0,1257 0,3684 2,597	0,1258 0,3689 2,599	0,1260 0,3694 2,602	0,1261 0,3699 2,605	0,1262 0,3704 2,608	0,1264 0,3709 2,611	0,1265 0,3714 2,614	0,1267 0,3719 2,617	0,1270 0,3729 2,623	0,1272 0,3739 2,629	0,1275 0,3749 2,635	0,1293 0,3810 2,670	0,22
0,24	0,1275 0,3746 2,213	0,1275 0,3749 2,214	0,1276 0,3751 2,216	0,1277 0,3753 2,217	0,1278 0,3756 2,218	0,1278 0,3758 2,219	0,1279 0,3761 2,220	0,1280 0,3763 2,221	0,1280 0,3766 2,223	0,1282 0,3771 2,225	0,1283 0,3775 2,227	0,1284 0,3780 2,230	0,1293 0,3810 2,244	0,24
0,26	0,1287 0,3789 1,904	0,1287 0,3790 1,904	0,1287 0,3791 1,904	0,1288 0,3792 1,905	0,1288 0,3793 1,905	0,1288 0,3793 1,905	0,1288 0,3794 1,906	0,1289 0,3795 1,906	0,1289 0,3796 1,906	0,1289 0,3797 1,907	0,1290 0,3799 1,908	0,1290 0,3800 1,908	0,1293 0,3810 1,912	0,26
0,28	0,1292 0,3809 1,648	0,1292 0,3809 1,648	0,1292 0,3809 1,648	0,1292 0,3809 1,648	0,1292 0,3809 1,648	0,1292 0,3809 1,648	0,1292 0,3809 1,648	0,1292 0,3809 1,648	0,1292 0,3809 1,648	0,1292 0,3809 1,648	0,1292 0,3809 1,648	0,1292 0,3809 1,648	0,1293 0,3810 1,649	0,28
0,30 *	0,1293 0,3810 1,436	0,1293 0,3810 1,436	0,1293 0,3810 1,436	0,1293 0,3810 1,436	0,1293 0,3810 1,436	0,1293 0,3810 1,436	0,1293 0,3810 1,436	0,1293 0,3810 1,436	0,1293 0,3810 1,436	0,1293 0,3810 1,436	0,1293 0,3810 1,436	0,1293 0,3810 1,436	0,1293 0,3810 1,436	* 0,30
0,32														0,32
0,36														0,36
0,40														0,40
0,44														0,44
0,48														0,48

Für $\sigma_e =$ *1000*, 1200, 1500

b Druckbreite; b_s Zugbreite; *b'* Stegdruckbreite; *d* Plattenstärke; f_e Zugeisenquerschnitt für die Einheit der Druckbreite; *h* Nutzhöhe; *M* Moment; *v* Randspannungsverhältnis σ_e/σ_b; *x* Druckhöhe; σ_b Betondruckspannung an der Platten-O.K.; $\sigma_{b\,Steg}$ desgl. a. d. Platten-U.K.; σ_e Eisenzugspannung.

Erste Teilzeile (Steilziffern): $\mathfrak{M} = \frac{M}{\sigma_b \cdot b \cdot h^2}$

Zweite Teilzeile (Schrägziffern): f_e/h in cm/m

Dritte Teilzeile (Steilziffern): $\mathfrak{M}^d = \frac{M}{\sigma_b \cdot b \cdot d^2}$

* Diese Teilzeilen $\mathfrak{M}$ und f_e/h gelten auch allg. für $d/h \geq 0{,}2857$ (unb. Drz.).

$\frac{x}{h} = 0{,}2857$

v	σ_e in $\frac{kg}{cm^2}$	σ_b in $\frac{kg}{cm^2}$
37,5	1500	40
	1200	**32**
	1000	*26,67*

Fortsetzung der **Tab. X. Stegdruckbalken** (Plattenbalken mit Berücksichtigung des Stegdruckes).

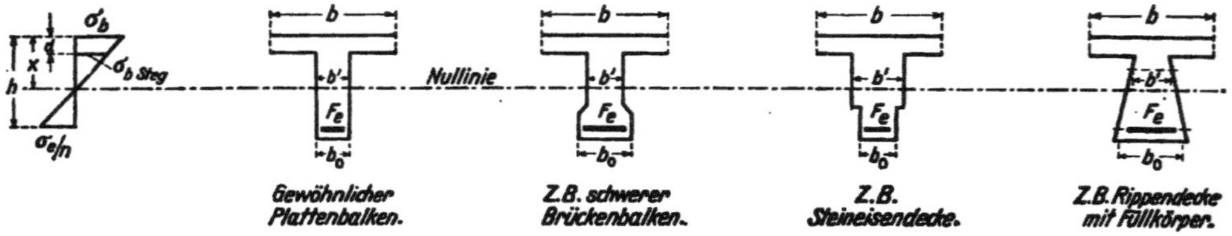

$\frac{x}{h} = 0{,}3103$

v	33,33		
σ_e in $\frac{kg}{cm^2}$	*1000*	**1200**	1500
σ_b in $\frac{kg}{cm^2}$	*30*	**36**	45

$\frac{\sigma_{b\,Steg}}{\sigma_b}$	Für $\sigma_e =$ *1000* **1200** 1500 $\sigma_{b\,Steg}$	d/h \ b'/b	0	0,10	0,15	0,20	0,25	0,275	0,300	0,325	0,350	0,375	0,400	0,425	0,450	0,475	0,500	0,525	0,550	0,60	0,65	0,70	1	b'/b / d/h
0,9033	*27,1* **32,52** 40,65	**0,03**	0,02813 *0,08565* 31,25	0,03923 *0,1236* 43,59	0,04478 *0,1426* 49,75	0,05033 *0,1616* 55,92	0,05588 *0,1806* 62,09	0,05865 *0,1901* 65,17	0,06143 *0,1996* 68,25	0,06420 *0,2091* 71,33	0,06698 *0,2186* 74,42	0,06975 *0,2281* 77,50	0,07253 *0,2376* 80,58	0,07530 *0,2471* 83,67	0,07808 *0,2566* 86,75	0,08085 *0,2661* 89,83	0,08363 *0,2756* 92,92	0,08640 *0,2851* 96,00	0,08917 *0,2946* 99,08	0,09472 *0,3136* 105,2	0,1003 *0,3326* 111,4	0,1058 *0,3516* 117,6	0,1391 *0,4655* 154,6	**0,03**
0,8711	*26,13* **31,36** 39,2	**0,04**	0,03669 *0,1123* 22,93	0,04693 *0,1476* 29,33	0,05206 *0,1653* 32,53	0,05718 *0,1829* 35,74	0,06230 *0,2006* 38,94	0,06486 *0,2094* 40,54	0,06742 *0,2182* 42,14	0,06998 *0,2271* 43,74	0,07254 *0,2359* 45,34	0,07510 *0,2447* 46,94	0,07766 *0,2536* 48,54	0,08022 *0,2624* 50,14	0,08278 *0,2712* 51,74	0,08534 *0,2801* 53,34	0,08790 *0,2889* 54,94	0,09047 *0,2977* 56,54	0,09303 *0,3066* 58,14	0,09815 *0,3242* 61,34	0,1033 *0,3419* 64,54	0,1084 *0,3595* 67,74	0,1391 *0,4655* 86,95	**0,04**
0,8389	*25,17* **30,2** 37,75	**0,05**	0,04486 *0,1379* 17,94	0,05428 *0,1707* 21,71	0,05900 *0,1871* 23,60	0,06371 *0,2034* 25,48	0,06842 *0,2198* 27,37	0,07078 *0,2280* 28,31	0,07314 *0,2362* 29,25	0,07549 *0,2444* 30,20	0,07785 *0,2526* 31,14	0,08021 *0,2608* 32,08	0,08256 *0,2690* 33,02	0,08492 *0,2771* 33,97	0,08728 *0,2853* 34,91	0,08963 *0,2935* 35,85	0,09199 *0,3017* 36,80	0,09435 *0,3099* 37,74	0,09670 *0,3181* 38,68	0,1014 *0,3345* 40,57	0,1061 *0,3509* 42,45	0,1108 *0,3672* 44,34	0,1391 *0,4655* 55,65	**0,05**
0,8067	*24,2* **29,04** 36,3	**0,06**	0,05263 *0,1626* 14,62	0,06128 *0,1929* 17,02	0,06561 *0,2080* 18,22	0,06993 *0,2232* 19,42	0,07425 *0,2383* 20,63	0,07642 *0,2459* 21,23	0,07858 *0,2535* 21,83	0,08074 *0,2610* 22,43	0,08290 *0,2686* 23,03	0,08507 *0,2762* 23,63	0,08723 *0,2838* 24,23	0,08939 *0,2913* 24,83	0,09155 *0,2989* 25,43	0,09371 *0,3065* 26,03	0,09588 *0,3141* 26,63	0,09804 *0,3216* 27,23	0,1002 *0,3292* 27,83	0,1045 *0,3443* 29,03	0,1088 *0,3595* 30,24	0,1132 *0,3746* 31,44	0,1391 *0,4655* 38,64	**0,06**
0,7744	*23,23* **27,88** 34,85	**0,07**	0,06002 *0,1863* 12,25	0,06793 *0,2142* 13,86	0,07189 *0,2282* 14,67	0,07584 *0,2422* 15,48	0,07980 *0,2561* 16,29	0,08178 *0,2631* 16,69	0,08375 *0,2701* 17,09	0,08573 *0,2771* 17,50	0,08771 *0,2840* 17,90	0,08968 *0,2910* 18,30	0,09166 *0,2980* 18,71	0,09364 *0,3050* 19,11	0,09562 *0,3120* 19,51	0,09759 *0,3189* 19,92	0,09957 *0,3259* 20,32	0,1015 *0,3329* 20,72	0,1035 *0,3399* 21,13	0,1075 *0,3538* 21,93	0,1114 *0,3678* 22,74	0,1154 *0,3818* 23,55	0,1391 *0,4655* 28,39	**0,07**
0,7422	*22,27* **26,72** 33,4	**0,08**	0,06704 *0,2091* 10,47	0,07425 *0,2347* 11,60	0,07785 *0,2475* 12,16	0,08145 *0,2604* 12,73	0,08506 *0,2732* 13,29	0,08686 *0,2796* 13,57	0,08866 *0,2860* 13,85	0,09046 *0,2924* 14,14	0,09227 *0,2988* 14,42	0,09407 *0,3052* 14,70	0,09587 *0,3116* 14,98	0,09767 *0,3181* 15,26	0,09947 *0,3245* 15,54	0,1013 *0,3309* 15,82	0,1031 *0,3373* 16,11	0,1049 *0,3437* 16,39	0,1067 *0,3501* 16,67	0,1103 *0,3629* 17,23	0,1139 *0,3758* 17,80	0,1175 *0,3886* 18,36	0,1391 *0,4655* 21,74	**0,08**
0,71	*21,3* **25,56** 31,95	**0,09**	0,07368 *0,2309* 9,097	0,08023 *0,2543* 9,905	0,08350 *0,2661* 10,31	0,08677 *0,2778* 10,71	0,09004 *0,2895* 11,12	0,09168 *0,2954* 11,32	0,09331 *0,3013* 11,52	0,09495 *0,3071* 11,72	0,09659 *0,3130* 11,92	0,09822 *0,3189* 12,13	0,09986 *0,3247* 12,33	0,1015 *0,3306* 12,53	0,1031 *0,3365* 12,73	0,1048 *0,3423* 12,93	0,1064 *0,3482* 13,14	0,1080 *0,3541* 13,34	0,1097 *0,3599* 13,54	0,1129 *0,3717* 13,94	0,1162 *0,3834* 14,35	0,1195 *0,3951* 14,75	0,1391 *0,4655* 17,18	**0,09**
0,6778	*20,33* **24,4** 30,5	**0,10**	0,07996 *0,2517* 7,996	0,08588 *0,2731* 8,588	0,08884 *0,2837* 8,884	0,09179 *0,2944* 9,179	0,09475 *0,3051* 9,475	0,09623 *0,3105* 9,623	0,09771 *0,3158* 9,771	0,09919 *0,3212* 9,919	0,1007 *0,3265* 10,07	0,1021 *0,3319* 10,21	0,1036 *0,3372* 10,36	0,1051 *0,3426* 10,51	0,1066 *0,3479* 10,66	0,1081 *0,3532* 10,81	0,1095 *0,3586* 10,95	0,1110 *0,3639* 11,10	0,1125 *0,3693* 11,25	0,1155 *0,3800* 11,55	0,1184 *0,3907* 11,84	0,1214 *0,4014* 12,14	0,1391 *0,4655* 13,91	**0,10**
0,6133	*18,4* **22,08** 27,6	**0,12**	0,09146 *0,2904* 6,351	0,09622 *0,3079* 6,682	0,09861 *0,3167* 6,848	0,1010 *0,3254* 7,013	0,1034 *0,3342* 7,179	0,1046 *0,3386* 7,261	0,1058 *0,3429* 7,344	0,1069 *0,3473* 7,427	0,1081 *0,3517* 7,510	0,1093 *0,3561* 7,592	0,1105 *0,3604* 7,675	0,1117 *0,3648* 7,758	0,1129 *0,3692* 7,841	0,1141 *0,3736* 7,923	0,1153 *0,3780* 8,006	0,1165 *0,3823* 8,089	0,1177 *0,3867* 8,172	0,1201 *0,3955* 8,337	0,1224 *0,4042* 8,503	0,1248 *0,4130* 8,668	0,1391 *0,4655* 9,661	**0,12**
0,5489	*16,47* **19,76** 24,7	**0,14**	0,1016 *0,3253* 5,182	0,1053 *0,3393* 5,374	0,1072 *0,3463* 5,470	0,1091 *0,3533* 5,565	0,1110 *0,3603* 5,661	0,1119 *0,3638* 5,709	0,1128 *0,3673* 5,757	0,1138 *0,3708* 5,805	0,1147 *0,3744* 5,853	0,1157 *0,3779* 5,901	0,1166 *0,3814* 5,948	0,1175 *0,3849* 5,996	0,1185 *0,3884* 6,044	0,1194 *0,3919* 6,092	0,1203 *0,3954* 6,140	0,1213 *0,3989* 6,188	0,1222 *0,4024* 6,236	0,1241 *0,4094* 6,332	0,1260 *0,4164* 6,427	0,1279 *0,4234* 6,523	0,1391 *0,4655* 7,098	**0,14**
0,4844	*14,53* **17,44** 21,8	**0,16**	0,1104 *0,3563* 4,311	0,1132 *0,3672* 4,423	0,1147 *0,3727* 4,479	0,1161 *0,3781* 4,535	0,1175 *0,3836* 4,592	0,1183 *0,3863* 4,620	0,1190 *0,3890* 4,648	0,1197 *0,3918* 4,676	0,1204 *0,3945* 4,704	0,1211 *0,3972* 4,732	0,1219 *0,4000* 4,760	0,1226 *0,4027* 4,788	0,1233 *0,4054* 4,816	0,1240 *0,4082* 4,844	0,1247 *0,4109* 4,873	0,1255 *0,4136* 4,901	0,1262 *0,4164* 4,929	0,1276 *0,4218* 4,985	0,1291 *0,4273* 5,041	0,1305 *0,4327* 5,097	0,1391 *0,4655* 5,434	**0,16**

$\frac{\sigma_{b\,Steg}}{\sigma_b}$	$\sigma_{b\,Steg}$	d/h \ b'/b	0	0,10	0,15	0,20	0,25	0,275	0,300	0,325	0,350	0,375	0,400	0,425	0,450	0,475	0,500	0,525	0,550	0,60	0,65	0,70	1	b'/b \ d/h
0,42	*12,6* **15,12** 18,9	0,18	0,1179 *0,3834* 3,638	0,1200 *0,3916* 3,703	0,1211 *0,3957* 3,736	0,1221 *0,3998* 3,769	0,1232 *0,4039* 3,802	0,1237 *0,4060* 3,818	0,1242 *0,4080* 3,835	0,1248 *0,4101* 3,851	0,1253 *0,4121* 3,867	0,1258 *0,4142* 3,884	0,1264 *0,4162* 3,900	0,1269 *0,4183* 3,917	0,1274 *0,4204* 3,933	0,1280 *0,4224* 3,949	0,1285 *0,4245* 3,966	0,1290 *0,4265* 3,982	0,1296 *0,4286* 3,999	0,1306 *0,4327* 4,031	0,1317 *0,4368* 4,064	0,1327 *0,4409* 4,097	0,1391 *0,4655* 4,294	0,18
0,3556	*10,67* **12,8** 16	0,20	0,1241 *0,4067* 3,104	0,1256 *0,4126* 3,141	0,1264 *0,4155* 3,160	0,1271 *0,4184* 3,179	0,1279 *0,4214* 3,197	0,1283 *0,4229* 3,207	0,1286 *0,4243* 3,216	0,1290 *0,4258* 3,225	0,1294 *0,4273* 3,235	0,1298 *0,4287* 3,244	0,1301 *0,4302* 3,253	0,1305 *0,4317* 3,263	0,1309 *0,4332* 3,272	0,1313 *0,4346* 3,282	0,1316 *0,4361* 3,291	0,1320 *0,4376* 3,300	0,1324 *0,4390* 3,310	0,1331 *0,4420* 3,328	0,1339 *0,4449* 3,347	0,1346 *0,4479* 3,366	0,1391 *0,4655* 3,478	0,20
0,2911	*8,733* **10,48** 13,1	0,22	0,1293 *0,4261* 2,671	0,1302 *0,4300* 2,691	0,1307 *0,4320* 2,701	0,1312 *0,4340* 2,711	0,1317 *0,4359* 2,722	0,1320 *0,4369* 2,727	0,1322 *0,4379* 2,732	0,1325 *0,4389* 2,737	0,1327 *0,4399* 2,742	0,1330 *0,4409* 2,747	0,1332 *0,4418* 2,752	0,1334 *0,4428* 2,757	0,1337 *0,4438* 2,762	0,1339 *0,4448* 2,767	0,1342 *0,4458* 2,772	0,1344 *0,4468* 2,778	0,1347 *0,4478* 2,783	0,1352 *0,4497* 2,793	0,1357 *0,4517* 2,803	0,1362 *0,4537* 2,813	0,1391 *0,4655* 2,874	0,22
0,2267	*6,8* **8,16** 10,2	0,24	0,1332 *0,4416* 2,313	0,1338 *0,4440* 2,324	0,1341 *0,4452* 2,329	0,1344 *0,4464* 2,334	0,1347 *0,4476* 2,339	0,1349 *0,4482* 2,341	0,1350 *0,4488* 2,344	0,1352 *0,4494* 2,346	0,1353 *0,4500* 2,349	0,1354 *0,4506* 2,352	0,1356 *0,4512* 2,354	0,1357 *0,4518* 2,357	0,1359 *0,4524* 2,359	0,1360 *0,4530* 2,362	0,1362 *0,4536* 2,364	0,1363 *0,4542* 2,367	0,1365 *0,4548* 2,369	0,1368 *0,4559* 2,375	0,1371 *0,4571* 2,380	0,1374 *0,4583* 2,385	0,1391 *0,4655* 2,415	0,24
0,1622	*4,867* **5,84** 7,3	0,26	0,1362 *0,4533* 2,014	0,1365 *0,4545* 2,019	0,1366 *0,4551* 2,021	0,1368 *0,4557* 2,023	0,1369 *0,4563* 2,025	0,1370 *0,4566* 2,026	0,1371 *0,4569* 2,027	0,1371 *0,4572* 2,028	0,1372 *0,4576* 2,030	0,1373 *0,4579* 2,031	0,1373 *0,4582* 2,032	0,1374 *0,4585* 2,033	0,1375 *0,4588* 2,034	0,1376 *0,4591* 2,035	0,1376 *0,4594* 2,036	0,1377 *0,4597* 2,037	0,1378 *0,4600* 2,038	0,1379 *0,4606* 2,041	0,1381 *0,4612* 2,043	0,1382 *0,4618* 2,045	0,1391 *0,4655* 2,058	0,26
0,09778	*2,933* **3,52** 4,4	0,28	0,1381 *0,4611* 1,761	0,1382 *0,4615* 1,762	0,1382 *0,4617* 1,763	0,1383 *0,4620* 1,764	0,1383 *0,4622* 1,764	0,1384 *0,4623* 1,765	0,1384 *0,4624* 1,765	0,1384 *0,4625* 1,765	0,1384 *0,4626* 1,766	0,1385 *0,4627* 1,766	0,1385 *0,4628* 1,766	0,1385 *0,4630* 1,767	0,1385 *0,4631* 1,767	0,1386 *0,4632* 1,767	0,1386 *0,4633* 1,768	0,1386 *0,4634* 1,768	0,1386 *0,4635* 1,768	0,1387 *0,4637* 1,769	0,1388 *0,4640* 1,770	0,1388 *0,4642* 1,770	0,1391 *0,4655* 1,774	0,28
0,03333	*1* **1,2** 1,5	0,30	0,1390 *0,4650* 1,544	0,1390 *0,4651* 1,545	0,1390 *0,4651* 1,545	0,1390 *0,4651* 1,545	0,1390 *0,4651* 1,545	0,1390 *0,4651* 1,545	0,1390 *0,4652* 1,545	0,1390 *0,4652* 1,545	0,1390 *0,4652* 1,545	0,1390 *0,4652* 1,545	0,1390 *0,4652* 1,545	0,1391 *0,4652* 1,545	0,1391 *0,4652* 1,545	0,1391 *0,4652* 1,545	0,1391 *0,4653* 1,545	0,1391 *0,4653* 1,545	0,1391 *0,4653* 1,545	0,1391 *0,4653* 1,545	0,1391 *0,4653* 1,545	0,1391 *0,4654* 1,545	0,1391 *0,4655* 1,546	0,30
0	*0* **0** 0	0,32 *	0,1391 *0,4655* 1,359	0,1391 *0,4655* 1,359	0,1391 *0,4655* 1,359	0,1391 *0,4655* 1,359	0,1391 *0,4655* 1,359	0,1391 *0,4655* 1,359	0,1391 *0,4655* 1,359	0,1391 *0,4655* 1,359	0,1391 *0,4655* 1,359	0,1391 *0,4655* 1,359	0,1391 *0,4655* 1,359	0,1391 *0,4655* 1,359	0,1391 *0,4655* 1,359	0,1391 *0,4655* 1,359	0,1391 *0,4655* 1,359	0,1391 *0,4655* 1,359	0,1391 *0,4655* 1,359	0,1391 *0,4655* 1,359	0,1391 *0,4655* 1,359	0,1391 *0,4655* 1,359	0,1391 *0,4655* 1,359	* 0,32
		0,36																						0,36
		0,40																						0,40
		0,44																						0,44
		0,48																						0,48

Für $\sigma_e =$ *1000* / **1200** / 1500

b Druckbreite; b_0 Zugbreite; *b'* Stegdruckbreite; *d* Plattenstärke; f_e Zugeisenquerschnitt für die Einheit der Druckbreite; *h* Nutzhöhe; *M* Moment; *v* Randspannungsverhältnis σ_e/σ_b; *x* Druckhöhe; σ_b Betondruckspannung an der Platten-O.K.; $\sigma_{b\,Steg}$ desgl. a. d. Platten-U.K.; σ_e Eisenzugspannung.

Erste Teilzeile (Steilziffern): $\mathfrak{M} = \frac{M}{\sigma_b \cdot b \cdot h^2}$

Zweite Teilzeile (Schrägziffern): f_e/h in cm/m

Dritte Teilzeile (Steilziffern): $\mathfrak{M}^d = \frac{M}{\sigma_b \cdot b \cdot d^2}$

* Diese Teilzeilen $\mathfrak{M}$ und f_e/h gelten auch allg. für $d/h \geq 0{,}3103$ (unb. Drz.).

$\frac{x}{h} = 0{,}3103$

v	σ_e in $\frac{kg}{cm^2}$	σ_b in $\frac{kg}{cm^2}$
33,33	1500	45
	1200	**36**
	1000	*30*

Fortsetzung der **Tab. X. Stegdruckbalken** (Plattenbalken mit Berücksichtigung des Stegdruckes).

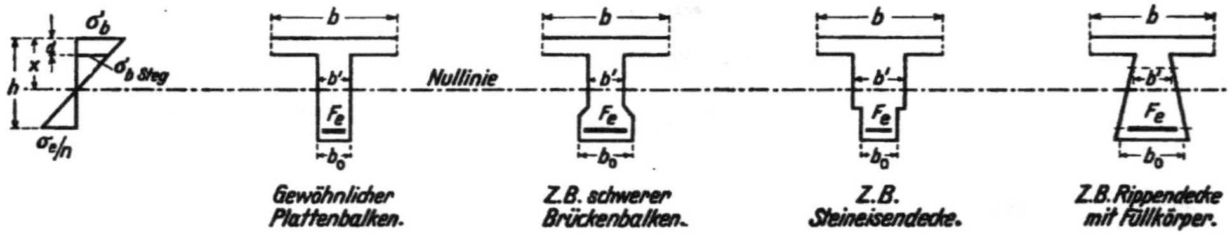

$\frac{x}{h} = 0{,}3333$

v	30		
σ_e in $\frac{kg}{cm^2}$	1000	1200	1500
σ_b in $\frac{kg}{cm^2}$	33,33	40	50

$\sigma_{b\,Steg}$ / σ_b	$\sigma_{b\,Steg}$ für σ_e = 1000 / 1200 / 1500	d/h \ b'/b	0	0,10	0,15	0,20	0,25	0,275	0,300	0,325	0,350	0,375	0,400	0,425	0,450	0,475	0,500	0,525	0,550	0,60	0,65	0,70	1	b'/b \ d/h
0,91	30,33 36,4 45,5	0,03	0,02823 0,09550 31,36	0,04022 0,1415 44,69	0,04621 0,1645 51,35	0,05221 0,1875 58,01	0,05821 0,2105 64,67	0,06120 0,2220 68,01	0,06420 0,2335 71,34	0,06720 0,2450 74,67	0,07020 0,2565 78,00	0,07320 0,2680 81,33	0,07619 0,2795 84,66	0,07919 0,2910 87,99	0,08219 0,3025 91,32	0,08519 0,3140 94,65	0,08819 0,3255 97,99	0,09118 0,3370 101,3	0,09418 0,3485 104,6	0,1002 0,3715 111,3	0,1062 0,3945 118,0	0,1122 0,4175 124,6	0,1481 0,5556 164,6	0,03
0,88	29,33 35,2 44	0,04	0,03686 0,1253 23,04	0,04799 0,1684 30,00	0,05356 0,1899 33,47	0,05912 0,2114 36,95	0,06469 0,2329 40,43	0,06747 0,2436 42,17	0,07025 0,2544 43,91	0,07303 0,2652 45,64	0,07581 0,2759 47,38	0,07860 0,2867 49,12	0,08138 0,2974 50,86	0,08416 0,3082 52,60	0,08694 0,3189 54,34	0,08972 0,3297 56,08	0,09251 0,3404 57,82	0,09529 0,3512 59,56	0,09807 0,3620 61,29	0,1036 0,3835 64,77	0,1092 0,4050 68,25	0,1148 0,4265 71,73	0,1481 0,5556 92,59	0,04
0,85	28,33 34 42,5	0,05	0,04513 0,1542 18,05	0,05543 0,1943 22,17	0,06058 0,2144 24,23	0,06573 0,2344 26,29	0,07088 0,2545 28,35	0,07346 0,2645 29,38	0,07603 0,2746 30,41	0,07861 0,2846 31,44	0,08118 0,2947 32,47	0,08376 0,3047 33,50	0,08633 0,3147 34,53	0,08891 0,3248 35,56	0,09149 0,3348 36,59	0,09406 0,3448 37,62	0,09664 0,3549 38,65	0,09921 0,3649 39,69	0,1018 0,3749 40,72	0,1069 0,3950 42,78	0,1121 0,4151 44,84	0,1172 0,4351 46,90	0,1481 0,5556 59,26	0,05
0,82	27,33 32,8 41	0,06	0,05302 0,1820 14,73	0,06253 0,2194 17,37	0,06729 0,2380 18,69	0,07204 0,2567 20,01	0,07680 0,2754 21,33	0,07918 0,2847 21,99	0,08156 0,2941 22,65	0,08393 0,3034 23,31	0,08631 0,3127 23,98	0,08869 0,3221 24,64	0,09107 0,3314 25,30	0,09345 0,3408 25,96	0,09583 0,3501 26,62	0,09820 0,3594 27,28	0,1006 0,3688 27,94	0,1030 0,3781 28,60	0,1053 0,3875 29,26	0,1101 0,4061 30,58	0,1149 0,4248 31,90	0,1196 0,4435 33,22	0,1481 0,5556 41,15	0,06
0,79	26,33 31,6 39,5	0,07	0,06054 0,2088 12,36	0,06930 0,2435 14,14	0,07368 0,2608 15,04	0,07806 0,2782 15,93	0,08244 0,2955 16,83	0,08463 0,3042 17,27	0,08682 0,3129 17,72	0,08901 0,3215 18,17	0,09120 0,3302 18,61	0,09339 0,3389 19,06	0,09559 0,3475 19,51	0,09778 0,3562 19,95	0,09997 0,3649 20,40	0,1022 0,3735 20,85	0,1043 0,3822 21,30	0,1065 0,3909 21,74	0,1087 0,3995 22,19	0,1131 0,4169 23,08	0,1175 0,4342 23,98	0,1219 0,4515 24,87	0,1481 0,5556 30,23	0,07
0,76	25,33 30,4 38	0,08	0,06771 0,2347 10,58	0,07576 0,2668 11,84	0,07978 0,2828 12,47	0,08380 0,2988 13,09	0,08782 0,3149 13,72	0,08983 0,3229 14,04	0,09184 0,3309 14,35	0,09385 0,3390 14,66	0,09586 0,3470 14,98	0,09788 0,3550 15,29	0,09989 0,3630 15,61	0,1019 0,3710 15,92	0,1039 0,3791 16,24	0,1059 0,3871 16,55	0,1079 0,3951 16,86	0,1099 0,4031 17,18	0,1120 0,4112 17,49	0,1160 0,4272 18,12	0,1200 0,4432 18,75	0,1240 0,4593 19,38	0,1481 0,5556 23,15	0,08
0,73	24,33 29,2 36,5	0,09	0,07453 0,2595 9,201	0,08189 0,2891 10,11	0,08557 0,3039 10,56	0,08925 0,3187 11,02	0,09293 0,3335 11,47	0,09477 0,3409 11,70	0,09661 0,3483 11,93	0,09846 0,3557 12,15	0,1003 0,3631 12,38	0,1021 0,3705 12,61	0,1040 0,3797 12,84	0,1058 0,3853 13,06	0,1077 0,3927 13,29	0,1095 0,4001 13,52	0,1113 0,4075 13,75	0,1132 0,4149 13,97	0,1150 0,4223 14,20	0,1187 0,4371 14,65	0,1224 0,4519 15,11	0,1261 0,4667 15,56	0,1481 0,5556 18,29	0,09
0,70	23,33 28 35	0,10	0,08100 0,2833 8,100	0,08771 0,3106 8,771	0,09107 0,3242 9,107	0,09443 0,3378 9,443	0,09779 0,3514 9,779	0,09947 0,3582 9,947	0,1011 0,3650 10,11	0,1028 0,3718 10,28	0,1045 0,3786 10,45	0,1062 0,3854 10,62	0,1079 0,3922 10,79	0,1095 0,3990 10,95	0,1112 0,4058 11,12	0,1129 0,4126 11,29	0,1146 0,4194 11,46	0,1163 0,4263 11,63	0,1179 0,4331 11,79	0,1213 0,4467 12,13	0,1246 0,4603 12,46	0,1280 0,4739 12,80	0,1481 0,5556 14,81	0,10
0,64	21,33 25,6 32	0,12	0,09293 0,3280 6,453	0,09845 0,3508 6,837	0,1012 0,3621 7,029	0,1040 0,3735 7,220	0,1067 0,3849 7,412	0,1081 0,3906 7,508	0,1095 0,3963 7,604	0,1109 0,4020 7,700	0,1123 0,4076 7,795	0,1136 0,4133 7,891	0,1150 0,4190 7,987	0,1164 0,4247 8,083	0,1178 0,4304 8,179	0,1192 0,4361 8,275	0,1205 0,4418 8,371	0,1219 0,4475 8,467	0,1233 0,4532 8,562	0,1261 0,4645 8,754	0,1288 0,4759 8,946	0,1316 0,4873 9,138	0,1481 0,5556 10,29	0,12
0,58	19,33 23,2 29	0,14	0,1035 0,3687 5,283	0,1080 0,3874 5,510	0,1102 0,3967 5,624	0,1125 0,4060 5,738	0,1147 0,4154 5,852	0,1158 0,4201 5,909	0,1169 0,4247 5,966	0,1180 0,4294 6,022	0,1192 0,4341 6,079	0,1203 0,4387 6,136	0,1214 0,4434 6,193	0,1225 0,4481 6,250	0,1236 0,4528 6,307	0,1247 0,4574 6,364	0,1258 0,4621 6,421	0,1270 0,4668 6,478	0,1281 0,4715 6,535	0,1303 0,4808 6,648	0,1325 0,4901 6,762	0,1348 0,4995 6,876	0,1481 0,5556 7,559	0,14
0,52	17,33 20,8 26	0,16	0,1129 0,4053 4,410	0,1164 0,4204 4,548	0,1182 0,4279 4,617	0,1199 0,4354 4,685	0,1217 0,4429 4,754	0,1226 0,4466 4,789	0,1235 0,4504 4,823	0,1244 0,4542 4,858	0,1252 0,4579 4,892	0,1261 0,4617 4,926	0,1270 0,4654 4,961	0,1279 0,4692 4,995	0,1288 0,4729 5,030	0,1296 0,4767 5,064	0,1305 0,4804 5,099	0,1314 0,4842 5,133	0,1323 0,4880 5,167	0,1340 0,4955 5,236	0,1358 0,5030 5,305	0,1376 0,5105 5,374	0,1481 0,5556 5,787	0,16

σ_{bSteg}/σ_b	σ_{bSteg}	d/h \ b'/b	0	0,10	0,15	0,20	0,25	0,275	0,300	0,325	0,350	0,375	0,400	0,425	0,450	0,475	0,500	0,525	0,550	0,60	0,65	0,70	1	d/h
0,46	*15,33* **18,4** 23	0,18	0,1210 *0,4380* 3,736	0,1237 *0,4498* 3,819	0,1251 *0,4556* 3,861	0,1265 *0,4615* 3,903	0,1278 *0,4674* 3,945	0,1285 *0,4703* 3,966	0,1292 *0,4733* 3,987	0,1298 *0,4762* 4,008	0,1305 *0,4791* 4,028	0,1312 *0,4821* 4,049	0,1319 *0,4850* 4,070	0,1326 *0,4880* 4,091	0,1332 *0,4909* 4,112	0,1339 *0,4938* 4,133	0,1346 *0,4968* 4,154	0,1353 *0,4997* 4,175	0,1359 *0,5027* 4,196	0,1373 *0,5085* 4,238	0,1387 *0,5144* 4,280	0,1400 *0,5203* 4,321	0,1481 *0,5556* 4,572	0,18
0,4	*13,33* **16** 20	0,20	0,1280 *0,4667* 3,200	0,1300 *0,4756* 3,250	0,1310 *0,4800* 3,276	0,1320 *0,4844* 3,301	0,1330 *0,4889* 3,326	0,1335 *0,4911* 3,339	0,1340 *0,4933* 3,351	0,1345 *0,4956* 3,364	0,1351 *0,4978* 3,376	0,1356 *0,5000* 3,389	0,1361 *0,5022* 3,401	0,1366 *0,5044* 3,414	0,1371 *0,5067* 3,427	0,1376 *0,5089* 3,439	0,1381 *0,5111* 3,452	0,1386 *0,5133* 3,464	0,1391 *0,5156* 3,477	0,1401 *0,5200* 3,502	0,1411 *0,5244* 3,527	0,1421 *0,5289* 3,553	0,1481 *0,5556* 3,704	0,20
0,34	*11,33* **13,6** 17	0,22	0,1338 *0,4913* 2,765	0,1353 *0,4978* 2,795	0,1360 *0,5010* 2,810	0,1367 *0,5042* 2,825	0,1374 *0,5074* 2,839	0,1378 *0,5090* 2,847	0,1381 *0,5106* 2,854	0,1385 *0,5122* 2,861	0,1389 *0,5138* 2,869	0,1392 *0,5154* 2,876	0,1396 *0,5170* 2,884	0,1399 *0,5186* 2,891	0,1403 *0,5202* 2,898	0,1406 *0,5218* 2,906	0,1410 *0,5234* 2,913	0,1414 *0,5251* 2,921	0,1417 *0,5267* 2,928	0,1424 *0,5299* 2,943	0,1431 *0,5331* 2,957	0,1439 *0,5363* 2,972	0,1481 *0,5556* 3,061	0,22
0,28	*9,333* **11,2** 14	0,24	0,1386 *0,5120* 2,407	0,1396 *0,5164* 2,423	0,1401 *0,5185* 2,431	0,1405 *0,5207* 2,440	0,1410 *0,5229* 2,448	0,1412 *0,5240* 2,452	0,1415 *0,5251* 2,456	0,1417 *0,5262* 2,460	0,1420 *0,5272* 2,465	0,1422 *0,5283* 2,469	0,1424 *0,5294* 2,473	0,1427 *0,5305* 2,477	0,1429 *0,5316* 2,481	0,1431 *0,5327* 2,485	0,1434 *0,5338* 2,489	0,1436 *0,5349* 2,493	0,1439 *0,5360* 2,498	0,1443 *0,5381* 2,506	0,1448 *0,5403* 2,514	0,1453 *0,5425* 2,522	0,1481 *0,5556* 2,572	0,24
0,22	*7,333* **8,8** 11	0,26	0,1424 *0,5287* 2,106	0,1430 *0,5314* 2,115	0,1432 *0,5327* 2,119	0,1435 *0,5340* 2,123	0,1438 *0,5354* 2,127	0,1440 *0,5361* 2,130	0,1441 *0,5367* 2,132	0,1443 *0,5374* 2,134	0,1444 *0,5381* 2,136	0,1445 *0,5387* 2,138	0,1447 *0,5394* 2,140	0,1448 *0,5401* 2,142	0,1450 *0,5408* 2,145	0,1451 *0,5414* 2,147	0,1453 *0,5421* 2,149	0,1454 *0,5428* 2,151	0,1456 *0,5435* 2,153	0,1458 *0,5448* 2,157	0,1461 *0,5461* 2,162	0,1464 *0,5475* 2,166	0,1481 *0,5556* 2,192	0,26
0,16	*5,333* **6,4** 8	0,28	0,1452 *0,5413* 1,851	0,1455 *0,5428* 1,855	0,1456 *0,5435* 1,857	0,1458 *0,5442* 1,859	0,1459 *0,5449* 1,861	0,1460 *0,5452* 1,862	0,1461 *0,5456* 1,863	0,1461 *0,5460* 1,864	0,1462 *0,5463* 1,865	0,1463 *0,5467* 1,866	0,1464 *0,5470* 1,867	0,1464 *0,5474* 1,868	0,1465 *0,5477* 1,869	0,1466 *0,5481* 1,870	0,1467 *0,5484* 1,871	0,1467 *0,5488* 1,871	0,1468 *0,5492* 1,872	0,1469 *0,5499* 1,874	0,1471 *0,5506* 1,876	0,1472 *0,5513* 1,878	0,1481 *0,5556* 1,890	0,28
0,10	*3,333* **4** 5	0,30	0,1470 *0,5500* 1,633	0,1471 *0,5506* 1,635	0,1472 *0,5508* 1,635	0,1472 *0,5511* 1,636	0,1473 *0,5514* 1,637	0,1473 *0,5515* 1,637	0,1473 *0,5517* 1,637	0,1474 *0,5518* 1,637	0,1474 *0,5519* 1,638	0,1474 *0,5521* 1,638	0,1475 *0,5522* 1,638	0,1475 *0,5524* 1,639	0,1475 *0,5525* 1,639	0,1475 *0,5526* 1,639	0,1476 *0,5528* 1,640	0,1476 *0,5529* 1,640	0,1476 *0,5531* 1,640	0,1477 *0,5533* 1,641	0,1477 *0,5536* 1,642	0,1478 *0,5539* 1,642	0,1481 *0,5556* 1,646	0,30
0,04	*1,333* **1,6** 2	0,32	0,1480 *0,5547* 1,445	0,1480 *0,5548* 1,445	0,1480 *0,5548* 1,445	0,1480 *0,5548* 1,445	0,1480 *0,5549* 1,445	0,1480 *0,5549* 1,445	0,1480 *0,5549* 1,446	0,1480 *0,5550* 1,446	0,1480 *0,5550* 1,446	0,1480 *0,5550* 1,446	0,1480 *0,5550* 1,446	0,1480 *0,5550* 1,446	0,1480 *0,5551* 1,446	0,1481 *0,5551* 1,446	0,1481 *0,5551* 1,446	0,1481 *0,5551* 1,446	0,1481 *0,5552* 1,446	0,1481 *0,5552* 1,446	0,1481 *0,5552* 1,446	0,1481 *0,5553* 1,446	0,1481 *0,5556* 1,447	0,32
0	*0* **0** 0	0,36 *	0,1481 *0,5556* 1,143	0,1481 *0,5556* 1,143	0,1481 *0,5556* 1,143	0,1481 *0,5556* 1,143	0,1481 *0,5556* 1,143	0,1481 *0,5556* 1,143	0,1481 *0,5556* 1,143	0,1481 *0,5556* 1,143	0,1481 *0,5556* 1,143	0,1481 *0,5556* 1,143	0,1481 *0,5556* 1,143	0,1481 *0,5556* 1,143	0,1481 *0,5556* 1,143	0,1481 *0,5556* 1,143	0,1481 *0,5556* 1,143	0,1481 *0,5556* 1,143	0,1481 *0,5556* 1,143	0,1481 *0,5556* 1,143	0,1481 *0,5556* 1,143	0,1481 *0,5556* 1,143	0,1481 *0,5556* 1,143	* 0,36
		0,40																						0,40
		0,44																						0,44
		0,48																						0,48

Zahlenbeispiel 41 siehe S. 133.

Zahlenbeispiel 42. (§ 6.) Steineisendecke (ohne Betondruckschicht) soll möglichst niedrig bemessen werden. (Stegdruckbalken.) $M/b = 865{,}5$ kgm/m; $d = 1{,}7$ cm; $b = 12$ cm; $b' = 5{,}4$ cm; $\sigma_b = 40$ kg/cm²; $\sigma_e = 1200$ kg/cm². ▬ (Lösung wie Zahlenbeispiel 40) $b'/b = 5{,}4/12 = 0{,}45$; $\mathfrak{M}^d = \frac{865{,}5}{40 \cdot 1{,}7^2} = 7{,}487$; hierzu liefert Tab. X, Untertabelle $\sigma_b' = 40$ kg/cm², durch Zwischenschaltung (zwischen 8,179 und 6,307): ● $h = 1{,}7/0{,}1274 = 13{,}34$ cm; $f_e = 13{,}34 \cdot 0{,}4387 = 5{,}854$ cm²/m; (Gl. 133:) ● $F_e = 5{,}854 \cdot 0{,}12 = 0{,}7025$ cm². [Gewählt $d_o = 15$ cm; $h = 13{,}50$ cm [434]). In jeder Fuge 1 R. E., $\Phi = 10$ mm; $F_e \doteq 0{,}7854$ cm².]

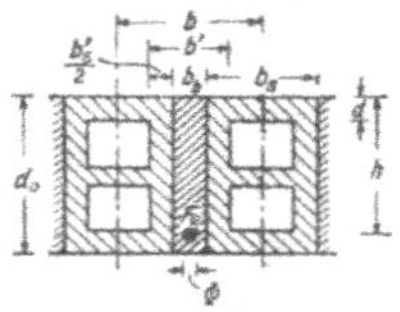

Zahlenbeispiel 43. (§ 6.) Steineisendecke (ohne Betondruckschicht) mit knapper Konstruktionshöhe. (Stegdruckbalken.) Hohlsteine mit 20 cm Höhe, 10 cm Breite, 1,8 cm Wandstärke. $M/b = 1478$ kgm/m; $h = 17{,}93$ cm; $d = 1{,}8$ cm; $\sigma_b = 40$ kg/cm²; $\sigma_e = 1200$ kg/cm²; ▬ $d/h = 1{,}8/17{,}93 \approx 0{,}10$; $\mathfrak{M} = \frac{1478}{40 \cdot 17{,}93^2} = 0{,}1149$; hierzu liefert Tab. X, Untertabelle $\sigma_b' = 40$ kg/cm², durch Zwischenschaltung (zwischen 0,1146 und 0,1163) $b'/b = 0{,}5044$; $f_e = 0{,}4194 \cdot 17{,}93 \cdot \frac{0{,}1149}{0{,}1146} = 7{,}540$ cm²/m; Fugenbreite ● $b_b = \frac{10 \cdot 0{,}5044 - 3{,}6}{1 - 0{,}5044}$ [435]) $= 2{,}914 \approx 3$ cm; $b = 3 + 10 = 13$ cm; (Gl. 133:) ● $F_e = 0{,}13 \cdot 7{,}540 = 0{,}9801$ cm². [Gewählt: in 3 aufeinanderfolgenden Fugen je 1 R. E., bzw. $\Phi = 10$ mm, 12 mm, 12 mm; $F_e = \frac{0{,}785 + 1{,}131 + 1{,}131}{3} = 1{,}016$ cm².]

Zahlenbeispiel 44 siehe S. 143.

[434]) Eine Reduktion in der Art $F_e = 0{,}7025 \cdot \frac{13{,}34}{13{,}50}$ kann u. U. lohnen, hier nicht.

[435]) Allg.: $b_b = \frac{b_s \cdot b'/b - b_s'}{1 - b'/b}$. Im übrigen entspricht dies Zahlenbeisp. d. Aufg. III d. Fig. 16.

Für $\sigma_e =$ *1000* / **1200** / 1500

b Druckbreite; b_o Zugbreite; b' Stegdruckbreite; d Plattenstärke; f_e Zugeisenquerschnitt für die Einheit der Druckbreite; h Nutzhöhe; M Moment; v Randspannungsverhältnis σ_e/σ_b; x Druckhöhe; σ_b Betondruckspannung an der Platten-O.K.; σ_{bSteg} desgl. a. d. Platten-U.K.; σ_e Eisenzugspannung.

Erste Teilzeile (Steilziffern): $\mathfrak{M} = \frac{M}{\sigma_b \cdot h \cdot h^2}$

Zweite Teilzeile (Schrägziffern): f_e/h in cm/m

Dritte Teilzeile (Steilziffern): $\mathfrak{M}^d = \frac{M}{\sigma_b \cdot b \cdot d^2}$

* Diese Teilzeilen $\mathfrak{M}$ und f_e/h gelten auch allg. für $d/h \geq 0{,}3333$ (unb. Drz.).

$\frac{x}{h} = 0{,}3333$

v	σ_e in kg/cm²	σ_b in kg/cm²
30	1500	50
	1200	**40**
	1000	*33,33*

Fortsetzung der **Tab. X. Stegdruckbalken** (Plattenbalken mit Berücksichtigung des Stegdruckes).

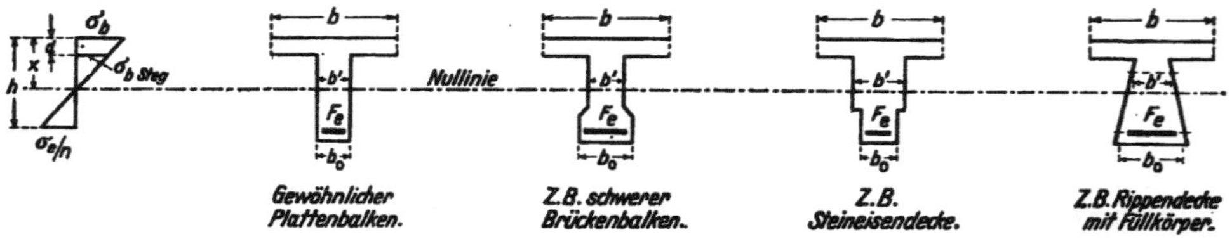

$\frac{x}{h} = 0,3548$

v	27,27		
σ_e in $\frac{kg}{cm^2}$	1000	**1200**	1500
σ_b in $\frac{kg}{cm^2}$	36,67	**44**	55

$\frac{\sigma_{b\,Steg}}{\sigma_b}$	$\sigma_{b\,Steg}$ für σ_e = 1000 / **1200** / 1500	b'/b — d/h	0	0,10	0,15	0,20	0,25	0,275	0,300	0,325	0,350	0,375	0,400	0,425	0,450	0,475	0,500	0,525	0,550	0,60	0,65	0,70	1	b'/b — d/h
0,9155	33,57 **40,28** 50,35	**0,03**	0,02831 0,1054 31,45	0,04112 0,1599 45,69	0,04753 0,1871 52,81	0,05393 0,2144 59,93	0,06034 0,2416 67,04	0,06354 0,2553 70,60	0,06675 0,2689 74,16	0,06995 0,2825 77,72	0,07315 0,2962 81,28	0,07636 0,3098 84,84	0,07956 0,3234 88,40	0,08276 0,3371 91,96	0,08596 0,3507 95,52	0,08917 0,3643 99,08	0,09237 0,3779 102,6	0,09557 0,3916 106,2	0,09878 0,4052 109,8	0,1052 0,4325 116,9	0,1116 0,4597 124,0	0,1180 0,4870 131,1	0,1564 0,6505 173,8	**0,03**
0,8873	32,53 **39,04** 48,8	**0,04**	0,03701 0,1384 23,13	0,04895 0,1896 30,59	0,05492 0,2152 34,32	0,06089 0,2408 38,06	0,06686 0,2664 41,79	0,06985 0,2792 43,66	0,07283 0,2920 45,52	0,07582 0,3048 47,39	0,07881 0,3176 49,25	0,08179 0,3305 51,12	0,08478 0,3433 52,99	0,08776 0,3561 54,85	0,09075 0,3689 56,72	0,09373 0,3817 58,58	0,09672 0,3945 60,45	0,09971 0,4073 62,32	0,1027 0,4201 64,18	0,1087 0,4457 67,91	0,1146 0,4713 71,65	0,1206 0,4969 75,38	0,1564 0,6505 97,77	**0,04**
0,8591	31,5 **37,8** 47,25	**0,05**	0,04534 0,1704 18,14	0,05645 0,2184 22,58	0,06201 0,2424 24,80	0,06756 0,2664 27,02	0,07312 0,2904 29,25	0,07589 0,3024 30,36	0,07867 0,3145 31,47	0,08145 0,3265 32,58	0,08423 0,3385 33,69	0,08700 0,3505 34,80	0,08978 0,3625 35,91	0,09256 0,3745 37,02	0,09533 0,3865 38,13	0,09811 0,3985 39,24	0,1009 0,4105 40,36	0,1037 0,4225 41,47	0,1064 0,4345 42,58	0,1120 0,4585 44,80	0,1176 0,4825 47,02	0,1231 0,5065 49,24	0,1564 0,6505 62,57	**0,05**
0,8309	30,47 **36,56** 45,7	**0,06**	0,05333 0,2014 14,81	0,06364 0,2463 17,68	0,06880 0,2688 19,11	0,07395 0,2912 20,54	0,07911 0,3137 21,97	0,08168 0,3249 22,69	0,08426 0,3361 23,41	0,08684 0,3474 24,12	0,08942 0,3586 24,84	0,09199 0,3698 25,55	0,09457 0,3811 26,27	0,09715 0,3923 26,99	0,09973 0,4035 27,70	0,1023 0,4147 28,42	0,1049 0,4260 29,13	0,1075 0,4372 29,85	0,1100 0,4484 30,57	0,1152 0,4709 32,00	0,1203 0,4933 33,43	0,1255 0,5158 34,86	0,1564 0,6505 43,45	**0,06**
0,8027	29,43 **35,32** 44,15	**0,07**	0,06097 0,2314 12,44	0,07051 0,2733 14,39	0,07529 0,2942 15,36	0,08006 0,3152 16,34	0,08483 0,3361 17,31	0,08722 0,3466 17,80	0,08961 0,3571 18,29	0,09199 0,3676 18,77	0,09438 0,3781 19,26	0,09677 0,3885 19,75	0,09915 0,3990 20,24	0,1015 0,4095 20,72	0,1039 0,4200 21,21	0,1063 0,4305 21,70	0,1087 0,4409 22,18	0,1111 0,4514 22,67	0,1135 0,4619 23,16	0,1182 0,4829 24,13	0,1230 0,5038 25,11	0,1278 0,5248 26,08	0,1564 0,6505 31,93	**0,07**
0,7745	28,4 **34,08** 42,6	**0,08**	0,06826 0,2603 10,67	0,07708 0,2993 12,04	0,08149 0,3188 12,73	0,08590 0,3383 13,42	0,09031 0,3578 14,11	0,09251 0,3676 14,45	0,09471 0,3773 14,80	0,09692 0,3871 15,14	0,09912 0,3969 15,49	0,1013 0,4066 15,83	0,1035 0,4164 16,18	0,1057 0,4261 16,52	0,1079 0,4359 16,87	0,1101 0,4456 17,21	0,1123 0,4554 17,55	0,1146 0,4652 17,90	0,1168 0,4749 18,24	0,1212 0,4944 18,93	0,1256 0,5139 19,62	0,1300 0,5335 20,31	0,1564 0,6505 24,44	**0,08**
0,7464	27,37 **32,84** 41,05	**0,09**	0,07522 0,2881 9,287	0,08334 0,3244 10,29	0,08740 0,3425 10,79	0,09146 0,3606 11,29	0,09552 0,3787 11,79	0,09755 0,3878 12,04	0,09958 0,3969 12,29	0,1016 0,4059 12,55	0,1036 0,4150 12,80	0,1057 0,4240 13,05	0,1077 0,4331 13,30	0,1097 0,4422 13,55	0,1118 0,4512 13,80	0,1138 0,4603 14,05	0,1158 0,4693 14,30	0,1179 0,4784 14,55	0,1199 0,4875 14,80	0,1239 0,5056 15,30	0,1280 0,5237 15,80	0,1321 0,5418 16,30	0,1564 0,6505 19,31	**0,09**
0,7182	26,33 **31,6** 39,5	**0,10**	0,08185 0,3150 8,185	0,08931 0,3486 8,931	0,09304 0,3653 9,304	0,09677 0,3821 9,677	0,1005 0,3989 10,05	0,1024 0,4073 10,24	0,1042 0,4157 10,42	0,1061 0,4240 10,61	0,1080 0,4324 10,80	0,1098 0,4408 10,98	0,1117 0,4492 11,17	0,1135 0,4576 11,35	0,1154 0,4660 11,54	0,1173 0,4744 11,73	0,1191 0,4828 11,91	0,1210 0,4912 12,10	0,1229 0,4995 12,29	0,1266 0,5163 12,66	0,1303 0,5331 13,03	0,1341 0,5499 13,41	0,1564 0,6505 15,64	**0,10**
0,6618	24,27 **29,12** 36,4	**0,12**	0,09413 0,3656 6,537	0,1004 0,3941 6,970	0,1035 0,4083 7,186	0,1066 0,4226 7,402	0,1097 0,4368 7,619	0,1113 0,4440 7,727	0,1128 0,4511 7,835	0,1144 0,4582 7,943	0,1159 0,4653 8,051	0,1175 0,4725 8,159	0,1191 0,4796 8,268	0,1206 0,4867 8,376	0,1222 0,4938 8,484	0,1237 0,5009 8,592	0,1253 0,5081 8,700	0,1268 0,5152 8,808	0,1284 0,5223 8,916	0,1315 0,5366 9,133	0,1346 0,5508 9,349	0,1377 0,5651 9,565	0,1564 0,6505 10,86	**0,12**
0,6055	22,2 **26,64** 33,3	**0,14**	0,1052 0,4121 5,365	0,1103 0,4359 5,627	0,1129 0,4478 5,758	0,1154 0,4598 5,889	0,1180 0,4717 6,019	0,1193 0,4776 6,085	0,1205 0,4836 6,150	0,1218 0,4896 6,216	0,1231 0,4955 6,281	0,1244 0,5015 6,346	0,1257 0,5075 6,412	0,1270 0,5134 6,477	0,1282 0,5194 6,543	0,1295 0,5253 6,608	0,1308 0,5313 6,673	0,1321 0,5373 6,739	0,1334 0,5432 6,804	0,1359 0,5551 6,935	0,1385 0,5671 7,066	0,1411 0,5790 7,197	0,1564 0,6505 7,981	**0,14**
0,5491	20,13 **24,16** 30,2	**0,16**	0,1150 0,4544 4,491	0,1191 0,4740 4,653	0,1212 0,4838 4,734	0,1233 0,4936 4,815	0,1253 0,5034 4,896	0,1264 0,5083 4,937	0,1274 0,5132 4,977	0,1284 0,5181 5,018	0,1295 0,5230 5,058	0,1305 0,5280 5,099	0,1316 0,5329 5,139	0,1326 0,5378 5,180	0,1336 0,5427 5,220	0,1347 0,5476 5,260	0,1357 0,5525 5,301	0,1367 0,5574 5,341	0,1378 0,5623 5,382	0,1399 0,5721 5,463	0,1419 0,5819 5,544	0,1440 0,5917 5,625	0,1564 0,6505 6,111	**0,16**

$\sigma_{b\,Steg}/\sigma_b$	$\sigma_{b\,Steg}$	d/h \ b′/b	0	0,10	0,15	0,20	0,25	0,275	0,300	0,325	0,350	0,375	0,400	0,425	0,450	0,475	0,500	0,525	0,550	0,60	0,65	0,70	1	d/h
0,4927	*18,07* **21,68** 27,1	**0,18**	0,1236 *0,4926* 3,816	0,1269 *0,5084* 3,917	0,1285 *0,5163* 3,967	0,1302 *0,5242* 4,018	0,1318 *0,5321* 4,069	0,1326 *0,5360* 4,094	0,1335 *0,5400* 4,119	0,1343 *0,5439* 4,145	0,1351 *0,5479* 4,170	0,1359 *0,5518* 4,195	0,1367 *0,5558* 4,221	0,1376 *0,5597* 4,246	0,1384 *0,5637* 4,271	0,1392 *0,5676* 4,297	0,1400 *0,5716* 4,322	0,1409 *0,5755* 4,347	0,1417 *0,5795* 4,373	0,1433 *0,5874* 4,423	0,1450 *0,5953* 4,474	0,1466 *0,6032* 4,524	0,1564 *0,6505* 4,828	**0,18**
0,4364	*16* **19,2** 24	**0,20**	0,1312 *0,5267* 3,279	0,1337 *0,5391* 3,342	0,1349 *0,5452* 3,374	0,1362 *0,5514* 3,405	0,1375 *0,5576* 3,437	0,1381 *0,5607* 3,453	0,1387 *0,5638* 3,468	0,1394 *0,5669* 3,484	0,1400 *0,5700* 3,500	0,1406 *0,5731* 3,516	0,1413 *0,5762* 3,532	0,1419 *0,5793* 3,547	0,1425 *0,5824* 3,563	0,1432 *0,5855* 3,579	0,1438 *0,5886* 3,595	0,1444 *0,5917* 3,611	0,1451 *0,5948* 3,626	0,1463 *0,6010* 3,658	0,1476 *0,6072* 3,690	0,1489 *0,6134* 3,721	0,1564 *0,6505* 3,911	**0,20**
0,38	*13,93* **16,72** 20,9	**0,22**	0,1376 *0,5566* 2,843	0,1395 *0,5660* 2,882	0,1404 *0,5707* 2,901	0,1414 *0,5754* 2,921	0,1423 *0,5801* 2,940	0,1428 *0,5824* 2,950	0,1433 *0,5848* 2,960	0,1437 *0,5871* 2,969	0,1442 *0,5895* 2,979	0,1447 *0,5918* 2,989	0,1451 *0,5942* 2,999	0,1456 *0,5965* 3,008	0,1461 *0,5989* 3,018	0,1465 *0,6012* 3,028	0,1470 *0,6036* 3,038	0,1475 *0,6059* 3,047	0,1480 *0,6083* 3,057	0,1489 *0,6130* 3,076	0,1498 *0,6177* 3,096	0,1508 *0,6224* 3,115	0,1564 *0,6505* 3,232	**0,22**
0,3236	*11,87* **14,24** 17,8	**0,24**	0,1430 *0,5824* 2,483	0,1444 *0,5892* 2,506	0,1450 *0,5926* 2,518	0,1457 *0,5960* 2,530	0,1464 *0,5994* 2,541	0,1467 *0,6011* 2,547	0,1470 *0,6028* 2,553	0,1474 *0,6045* 2,559	0,1477 *0,6062* 2,565	0,1481 *0,6080* 2,570	0,1484 *0,6097* 2,576	0,1487 *0,6114* 2,582	0,1491 *0,6131* 2,588	0,1494 *0,6148* 2,594	0,1497 *0,6165* 2,599	0,1501 *0,6182* 2,605	0,1504 *0,6199* 2,611	0,1511 *0,6233* 2,623	0,1517 *0,6267* 2,634	0,1524 *0,6301* 2,646	0,1564 *0,6505* 2,716	**0,24**
0,2673	*9,8* **11,76** 14,7	**0,26**	0,1475 *0,6041* 2,181	0,1484 *0,6087* 2,195	0,1488 *0,6110* 2,201	0,1493 *0,6134* 2,208	0,1497 *0,6157* 2,215	0,1499 *0,6168* 2,218	0,1502 *0,6180* 2,221	0,1504 *0,6192* 2,224	0,1506 *0,6203* 2,228	0,1508 *0,6215* 2,231	0,1510 *0,6227* 2,234	0,1513 *0,6238* 2,238	0,1515 *0,6250* 2,241	0,1517 *0,6261* 2,244	0,1519 *0,6273* 2,248	0,1522 *0,6285* 2,251	0,1524 *0,6296* 2,254	0,1528 *0,6319* 2,261	0,1533 *0,6343* 2,268	0,1537 *0,6366* 2,274	0,1564 *0,6505* 2,314	**0,26**
0,2109	*7,733* **9,28** 11,6	**0,28**	0,1509 *0,6216* 1,925	0,1515 *0,6245* 1,932	0,1518 *0,6259* 1,936	0,1520 *0,6274* 1,939	0,1523 *0,6288* 1,943	0,1525 *0,6296* 1,945	0,1526 *0,6303* 1,946	0,1527 *0,6310* 1,948	0,1529 *0,6317* 1,950	0,1530 *0,6325* 1,952	0,1531 *0,6332* 1,953	0,1533 *0,6339* 1,955	0,1534 *0,6346* 1,957	0,1536 *0,6353* 1,959	0,1537 *0,6361* 1,960	0,1538 *0,6368* 1,962	0,1540 *0,6375* 1,964	0,1542 *0,6390* 1,967	0,1545 *0,6404* 1,971	0,1548 *0,6419* 1,974	0,1564 *0,6505* 1,995	**0,28**
0,1545	*5,667* **6,8** 8,5	**0,30**	0,1535 *0,6350* 1,706	0,1538 *0,6366* 1,709	0,1540 *0,6373* 1,711	0,1541 *0,6381* 1,712	0,1543 *0,6389* 1,714	0,1543 *0,6393* 1,715	0,1544 *0,6397* 1,716	0,1545 *0,6400* 1,716	0,1546 *0,6404* 1,717	0,1546 *0,6408* 1,718	0,1547 *0,6412* 1,719	0,1548 *0,6416* 1,720	0,1548 *0,6420* 1,720	0,1549 *0,6424* 1,721	0,1550 *0,6428* 1,722	0,1551 *0,6432* 1,723	0,1551 *0,6435* 1,724	0,1553 *0,6443* 1,725	0,1554 *0,6451* 1,727	0,1556 *0,6459* 1,729	0,1564 *0,6505* 1,738	**0,30**
0,09818	*3,6* **4,32** 5,4	**0,32**	0,1553 *0,6443* 1,517	0,1554 *0,6449* 1,518	0,1555 *0,6452* 1,518	0,1555 *0,6455* 1,519	0,1556 *0,6458* 1,519	0,1556 *0,6460* 1,520	0,1556 *0,6461* 1,520	0,1557 *0,6463* 1,520	0,1557 *0,6465* 1,520	0,1557 *0,6466* 1,521	0,1557 *0,6468* 1,521	0,1558 *0,6469* 1,521	0,1558 *0,6471* 1,522	0,1558 *0,6472* 1,522	0,1559 *0,6474* 1,522	0,1559 *0,6476* 1,522	0,1559 *0,6477* 1,523	0,1560 *0,6480* 1,523	0,1560 *0,6483* 1,524	0,1561 *0,6487* 1,524	0,1564 *0,6505* 1,528	**0,32**
0	*0* **0** 0	**0,36** ✱	0,1564 *0,6505* 1,207	0,1564 *0,6505* 1,207	0,1564 *0,6505* 1,207	0,1564 *0,6505* 1,207	0,1564 *0,6505* 1,207	0,1564 *0,6505* 1,207	0,1564 *0,6505* 1,207	0,1564 *0,6505* 1,207	0,1564 *0,6505* 1,207	0,1564 *0,6505* 1,207	0,1564 *0,6505* 1,207	0,1564 *0,6505* 1,207	0,1564 *0,6505* 1,207	0,1564 *0,6505* 1,207	0,1564 *0,6505* 1,207	0,1564 *0,6505* 1,207	0,1564 *0,6505* 1,207	0,1564 *0,6505* 1,207	0,1564 *0,6505* 1,207	0,1564 *0,6505* 1,207	0,1564 *0,6505* 1,207	✱ **0,36**
		0,40																						**0,40**
		0,44																						**0,44**
		0,48																						**0,48**

Zahlenbeispiel 43 siehe S. 141.

Zahlenbeispiel 44. (§ 6.) Plattenbalken mit knapper Konstruktionshöhe. (Stegdruckbalken.) $M = 25840$ kgm[426]; $h = 55{,}56$ cm; $b = 160$ cm; $d = 10$ cm; $b' = 40$ cm; $\sigma_b = 40$ kg/cm²[427]. ▬ $b'/b = 40/160 = 0{,}25$; $d/h = 10/55{,}56 = 0{,}18$; $\mathfrak{M} = \frac{25840}{40 \cdot 1{,}60 \cdot 55{,}56^2} = 0{,}1308$ sucht man, in Tab. X blätternd (Auge ruht auf Tabellenfeld: $b'/b = 0{,}25$; $d/h = 0{,}18$), zwischen Untertab. $v = 30$ und $27{,}27$. Zwischenschaltung ergibt $f_e/h = 0{,}5159$ cm/m und $v = 27{,}95$. (Gl. 133:) ● $F_e = 1{,}60 \cdot 55{,}56 \cdot 0{,}5159 = 45{,}86$ cm²; (Gl. 129:) ● $\sigma_e = 40 \cdot 27{,}95 = 1118$ kg/cm².

Zahlenbeispiel 45. (§ 6.) Spannungsuntersuchung für Plattenbalken. (Stegdruckbalken.) $M = 24700$ kgm; $h = 55{,}56$ cm; $b = 160$ cm; $b' = 40$ cm; $d = 10$ cm; $F_e = 45{,}86$ cm². ▬ $b'/b = 40/160 = 0{,}25$; $d/h = 10/55{,}56 = 0{,}18$; $f_e/h = \frac{45{,}86}{1{,}60 \cdot 55{,}56} = 0{,}5159$ cm/m sucht man, in Tab. X blätternd (Auge ruht auf Tabellenfeld: $b'/b = 0{,}25$; $d/h = 0{,}18$), zwischen Untertab. $v = 30$ und $27{,}27$. Zwischenschaltung ergibt $\mathfrak{M} = 0{,}1308$ und $v = 27{,}95$. (Gl. 274:) ● $\sigma_b = \frac{24700}{1{,}60 \cdot 55{,}56^2 \cdot 0{,}1308} = 38{,}23$ kg/cm²; (Gl. 129): ● $\sigma_e = 38{,}23 \cdot 27{,}95 = 1069$ kg/cm².

Zahlenbeispiel 46 siehe S. 69. (Herausklappen!)

[426] Die Entstehung dieses Momentenwertes in der Praxis ist in sinngemäßer Übertragung so zu denken, wie in Fußnote 421 für Zahlenbeispiel 39 erläutert.
[427] Es handelt sich z. B. um einen einzelnen ausnahmsweise stark belasteten Balken einer Balkengruppe mit einheitlicher Konstruktionshöhe.

Für $\sigma_e =$
1000
1200
1500

b Druckbreite; b_0 Zugbreite; *b′* Stegdruckbreite; *d* Plattenstärke; f_e Zugeisenquerschnitt für die Einheit der Druckbreite; *h* Nutzhöhe; *M* Moment; *v* Randspannungsverhältnis σ_e/σ_b; *x* Druckhöhe; σ_b Betondruckspannung an der Platten-O.K.; $\sigma_{b\,Steg}$ desgl. a. d. Platten-U.K.; σ_e Eisenzugspannung.

Erste Teilzeile (Steilziffern): $\mathfrak{M} = \dfrac{M}{\sigma_b \cdot b \cdot h^2}$

Zweite Teilzeile (Schrägziffern): f_e/h in cm/m

Dritte Teilzeile (Steilziffern): $\mathfrak{M}^d = \dfrac{M}{\sigma_b \cdot b \cdot d^2}$

✱ Diese Teilzeilen $\mathfrak{M}$ und f_e/h gelten auch allg. für $d/h \geq 0{,}3548$ (unb. Drz.).

$\dfrac{x}{h} = 0{,}3548$

v	σ_e in kg/cm²	σ_b in kg/cm²
27,27	1500	55
	1200	**44**
	1000	*36,67*

Fortsetzung der **Tab. X. Stegdruckbalken** (Plattenbalken mit Berücksichtigung des Stegdruckes).

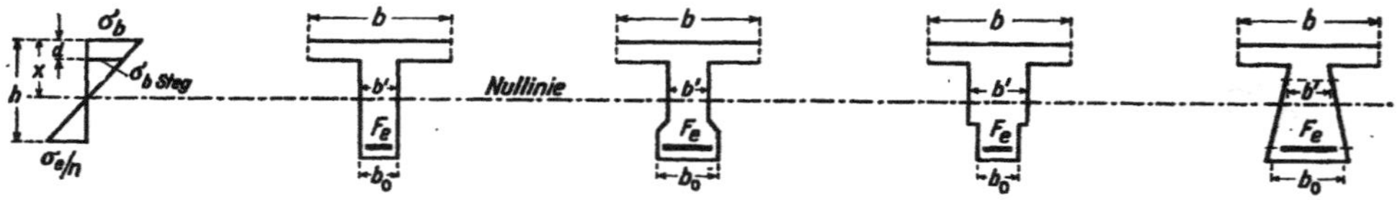

Gewöhnlicher Plattenbalken. — Z.B. schwerer Brückenbalken. — Z.B. Steineisendecke. — Z.B. Rippendecke mit Füllkörper.

$\frac{x}{h} = 0{,}375$

v	25		
σ_e in $\frac{kg}{cm^2}$	1000	1200	1500
σ_b in $\frac{kg}{cm^2}$	40	**48**	60

Für σ_e = 1000 / 1200 / 1500

$\frac{\sigma_{b\,Steg}}{\sigma_b}$	$\sigma_{b\,Steg}$	d/h \ b'/b	0	0,10	0,15	0,20	0,25	0,275	0,300	0,325	0,350	0,375	0,400	0,425	0,450	0,475	0,500	0,525	0,550	0,60	0,65	0,70	1	b'/b \ d/h
0,92	36,8 **44,16** 55,2	**0,03**	0,02837 0,1152 31,53	0,04194 0,1787 46,60	0,04873 0,2104 54,14	0,05551 0,2422 61,68	0,06230 0,2739 69,22	0,06569 0,2898 72,99	0,06908 0,3056 76,76	0,07247 0,3215 80,53	0,07586 0,3374 84,29	0,07926 0,3533 88,06	0,08265 0,3691 91,83	0,08604 0,3850 95,60	0,08943 0,4009 99,37	0,09283 0,4167 103,1	0,09622 0,4326 106,9	0,09961 0,4485 110,7	0,1030 0,4643 114,4	0,1098 0,4961 122,0	0,1166 0,5278 129,5	0,1234 0,5596 137,1	0,1641 0,7500 182,3	**0,03**
0,8933	35,73 **42,88** 53,6	**0,04**	0,03712 0,1515 23,20	0,04982 0,2113 31,14	0,05616 0,2412 35,10	0,06251 0,2712 39,07	0,06886 0,3011 43,04	0,07203 0,3161 45,02	0,07521 0,3310 47,00	0,07838 0,3460 48,99	0,08155 0,3610 50,97	0,08473 0,3759 52,95	0,08790 0,3909 54,94	0,09107 0,4058 56,92	0,09425 0,4208 58,90	0,09742 0,4358 60,89	0,1006 0,4507 62,87	0,1038 0,4657 64,85	0,1069 0,4807 66,84	0,1133 0,5106 70,80	0,1196 0,5405 74,77	0,1260 0,5704 78,74	0,1641 0,7500 102,5	**0,04**
0,8667	34,67 **41,6** 52	**0,05**	0,04553 0,1867 18,21	0,05738 0,2430 22,95	0,06331 0,2712 25,32	0,06923 0,2993 27,69	0,07516 0,3275 30,06	0,07813 0,3416 31,25	0,08109 0,3557 32,44	0,08405 0,3697 33,62	0,08702 0,3838 34,81	0,08998 0,3979 35,99	0,09294 0,4120 37,18	0,09591 0,4261 38,36	0,09887 0,4402 39,55	0,1018 0,4542 40,73	0,1048 0,4683 41,92	0,1078 0,4824 43,10	0,1107 0,4965 44,29	0,1166 0,5247 46,66	0,1226 0,5528 49,03	0,1285 0,5810 51,40	0,1641 0,7500 65,63	**0,05**
0,84	33,6 **40,32** 50,4	**0,06**	0,05359 0,2208 14,89	0,06464 0,2737 17,96	0,07016 0,3002 19,49	0,07569 0,3266 21,02	0,08121 0,3531 22,56	0,08397 0,3663 23,33	0,08673 0,3796 24,09	0,08950 0,3928 24,86	0,09226 0,4060 25,63	0,09502 0,4193 26,39	0,09778 0,4325 27,16	0,1005 0,4457 27,93	0,1033 0,4589 28,70	0,1061 0,4722 29,46	0,1088 0,4854 30,23	0,1116 0,4986 31,00	0,1144 0,5119 31,76	0,1199 0,5383 33,30	0,1254 0,5648 34,83	0,1309 0,5912 36,37	0,1641 0,7500 45,57	**0,06**
0,8133	32,53 **39,04** 48,8	**0,07**	0,06132 0,2539 12,51	0,07160 0,3035 14,61	0,07673 0,3283 15,66	0,08187 0,3531 16,71	0,08701 0,3779 17,76	0,08958 0,3903 18,28	0,09214 0,4027 18,80	0,09471 0,4151 19,33	0,09728 0,4275 19,85	0,09985 0,4399 20,38	0,1024 0,4523 20,90	0,1050 0,4647 21,43	0,1076 0,4771 21,95	0,1101 0,4895 22,47	0,1127 0,5019 23,00	0,1153 0,5143 23,52	0,1178 0,5267 24,05	0,1230 0,5515 25,09	0,1281 0,5764 26,14	0,1332 0,6012 27,19	0,1641 0,7500 33,48	**0,07**
0,7867	31,47 **37,76** 47,2	**0,08**	0,06872 0,2859 10,74	0,07826 0,3323 12,23	0,08302 0,3555 12,97	0,08779 0,3787 13,72	0,09256 0,4019 14,46	0,09494 0,4135 14,83	0,09732 0,4251 15,21	0,09971 0,4367 15,58	0,1021 0,4483 15,95	0,1045 0,4599 16,32	0,1069 0,4715 16,70	0,1092 0,4831 17,07	0,1116 0,4947 17,44	0,1140 0,5063 17,81	0,1164 0,5179 18,19	0,1188 0,5295 18,56	0,1212 0,5411 18,93	0,1259 0,5643 19,68	0,1307 0,5876 20,42	0,1355 0,6108 21,17	0,1641 0,7500 25,63	**0,08**
0,76	30,4 **36,48** 45,6	**0,09**	0,07580 0,3168 9,358	0,08462 0,3601 10,45	0,08904 0,3818 10,99	0,09345 0,4034 11,54	0,09786 0,4251 12,08	0,1001 0,4359 12,35	0,1023 0,4468 12,63	0,1045 0,4576 12,90	0,1067 0,4684 13,17	0,1089 0,4793 13,44	0,1111 0,4901 13,72	0,1133 0,5009 13,99	0,1155 0,5117 14,26	0,1177 0,5226 14,53	0,1199 0,5334 14,81	0,1221 0,5442 15,08	0,1243 0,5551 15,35	0,1288 0,5767 15,90	0,1332 0,5984 16,44	0,1376 0,6200 16,99	0,1641 0,7500 20,25	**0,09**
0,7333	29,33 **35,2** 44	**0,10**	0,08256 0,3467 8,256	0,09071 0,3870 9,071	0,09478 0,4072 9,478	0,09886 0,4273 9,886	0,1029 0,4475 10,29	0,1050 0,4576 10,50	0,1070 0,4677 10,70	0,1090 0,4777 10,90	0,1111 0,4878 11,11	0,1131 0,4979 11,31	0,1152 0,5080 11,52	0,1172 0,5181 11,72	0,1192 0,5282 11,92	0,1213 0,5382 12,13	0,1233 0,5483 12,33	0,1253 0,5584 12,53	0,1274 0,5685 12,74	0,1315 0,5887 13,15	0,1355 0,6088 13,55	0,1396 0,6290 13,96	0,1641 0,7500 16,41	**0,10**
0,68	27,2 **32,64** 40,8	**0,12**	0,09514 0,4032 6,607	0,1020 0,4379 7,085	0,1055 0,4552 7,325	0,1089 0,4726 7,564	0,1124 0,4899 7,803	0,1141 0,4986 7,923	0,1158 0,5072 8,043	0,1175 0,5159 8,162	0,1193 0,5246 8,282	0,1210 0,5333 8,402	0,1227 0,5419 8,521	0,1244 0,5506 8,641	0,1262 0,5593 8,761	0,1279 0,5679 8,880	0,1296 0,5766 9,000	0,1313 0,5853 9,120	0,1330 0,5939 9,239	0,1365 0,6113 9,479	0,1399 0,6286 9,718	0,1434 0,6460 9,957	0,1641 0,7500 11,39	**0,12**
0,6267	25,07 **30,08** 37,6	**0,14**	0,1065 0,4555 5,434	0,1123 0,4849 5,728	0,1151 0,4996 5,874	0,1180 0,5144 6,021	0,1209 0,5291 6,168	0,1223 0,5365 6,242	0,1238 0,5438 6,315	0,1252 0,5512 6,388	0,1267 0,5586 6,462	0,1281 0,5659 6,535	0,1295 0,5733 6,609	0,1310 0,5806 6,682	0,1324 0,5880 6,755	0,1338 0,5954 6,829	0,1353 0,6027 6,902	0,1367 0,6101 6,976	0,1382 0,6175 7,049	0,1410 0,6322 7,196	0,1439 0,6469 7,343	0,1468 0,6616 7,490	0,1641 0,7500 8,371	**0,14**
0,5733	22,93 **27,52** 34,4	**0,16**	0,1167 0,5035 4,559	0,1214 0,5281 4,744	0,1238 0,5404 4,836	0,1262 0,5528 4,929	0,1285 0,5651 5,021	0,1297 0,5713 5,068	0,1309 0,5774 5,114	0,1321 0,5836 5,160	0,1333 0,5898 5,206	0,1345 0,5959 5,253	0,1356 0,6021 5,299	0,1368 0,6082 5,345	0,1380 0,6144 5,391	0,1392 0,6206 5,438	0,1404 0,6267 5,484	0,1416 0,6329 5,530	0,1428 0,6391 5,576	0,1451 0,6514 5,669	0,1475 0,6637 5,761	0,1499 0,6760 5,854	0,1641 0,7500 6,409	**0,16**

$\frac{\sigma_{b\,Steg}}{\sigma_b}$	$\sigma_{b\,Steg}$	d/h \ b'/b	0	0,10	0,15	0,20	0,25	0,275	0,300	0,325	0,350	0,375	0,400	0,425	0,450	0,475	0,500	0,525	0,550	0,60	0,65	0,70	1	b'/b \ d/h
0,52	*20,8* **24,96** 31,2	0,18	0,1258 *0,5472* 3,882	0,1296 *0,5675* 4,000	0,1315 *0,5776* 4,059	0,1334 *0,5878* 4,119	0,1354 *0,5979* 4,178	0,1363 *0,6030* 4,207	0,1373 *0,6080* 4,237	0,1382 *0,6131* 4,266	0,1392 *0,6182* 4,296	0,1401 *0,6233* 4,325	0,1411 *0,6283* 4,355	0,1421 *0,6334* 4,384	0,1430 *0,6385* 4,414	0,1440 *0,6435* 4,443	0,1449 *0,6486* 4,473	0,1459 *0,6537* 4,502	0,1468 *0,6587* 4,532	0,1488 *0,6689* 4,591	0,1507 *0,6790* 4,650	0,1526 *0,6892* 4,709	0,1641 *0,7500* 5,064	0,18
0,4667	*18,67* **22,4** 28	0,20	0,1338 *0,5867* 3,344	0,1368 *0,6030* 3,420	0,1383 *0,6112* 3,458	0,1398 *0,6193* 3,496	0,1413 *0,6275* 3,534	0,1421 *0,6316* 3,553	0,1429 *0,6357* 3,572	0,1436 *0,6397* 3,591	0,1444 *0,6438* 3,609	0,1451 *0,6479* 3,628	0,1459 *0,6520* 3,647	0,1466 *0,6561* 3,666	0,1474 *0,6602* 3,685	0,1482 *0,6642* 3,704	0,1489 *0,6683* 3,723	0,1497 *0,6724* 3,742	0,1504 *0,6765* 3,761	0,1519 *0,6847* 3,799	0,1535 *0,6928* 3,837	0,1550 *0,7010* 3,874	0,1641 *0,7500* 4,102	0,20
0,4133	*16,53* **19,84** 24,8	0,22	0,1407 *0,6219* 2,908	0,1431 *0,6347* 2,956	0,1442 *0,6411* 2,980	0,1454 *0,6475* 3,004	0,1466 *0,6539* 3,028	0,1471 *0,6571* 3,040	0,1477 *0,6603* 3,052	0,1483 *0,6635* 3,064	0,1489 *0,6667* 3,076	0,1495 *0,6699* 3,088	0,1501 *0,6731* 3,101	0,1506 *0,6763* 3,113	0,1512 *0,6795* 3,125	0,1518 *0,6827* 3,137	0,1524 *0,6859* 3,149	0,1530 *0,6891* 3,161	0,1536 *0,6923* 3,173	0,1547 *0,6987* 3,197	0,1559 *0,7052* 3,221	0,1571 *0,7116* 3,245	0,1641 *0,7500* 3,390	0,22
0,36	*14,4* **17,28** 21,6	0,24	0,1467 *0,6528* 2,547	0,1484 *0,6625* 2,577	0,1493 *0,6674* 2,592	0,1502 *0,6722* 2,607	0,1510 *0,6771* 2,622	0,1515 *0,6795* 2,630	0,1519 *0,6820* 2,637	0,1523 *0,6844* 2,645	0,1528 *0,6868* 2,652	0,1532 *0,6893* 2,660	0,1536 *0,6917* 2,667	0,1541 *0,6941* 2,675	0,1545 *0,6965* 2,682	0,1549 *0,6990* 2,690	0,1554 *0,7014* 2,698	0,1558 *0,7038* 2,705	0,1562 *0,7063* 2,713	0,1571 *0,7111* 2,728	0,1580 *0,7160* 2,743	0,1589 *0,7208* 2,758	0,1641 *0,7500* 2,848	0,24
0,3067	*12,27* **14,72** 18,4	0,26	0,1517 *0,6795* 2,244	0,1529 *0,6865* 2,262	0,1535 *0,6900* 2,271	0,1542 *0,6936* 2,281	0,1548 *0,6971* 2,290	0,1551 *0,6989* 2,294	0,1554 *0,7006* 2,299	0,1557 *0,7024* 2,303	0,1560 *0,7042* 2,308	0,1563 *0,7059* 2,313	0,1566 *0,7077* 2,317	0,1569 *0,7094* 2,322	0,1573 *0,7112* 2,326	0,1576 *0,7130* 2,331	0,1579 *0,7147* 2,335	0,1582 *0,7165* 2,340	0,1585 *0,7183* 2,345	0,1591 *0,7218* 2,354	0,1597 *0,7253* 2,363	0,1604 *0,7288* 2,372	0,1641 *0,7500* 2,427	0,26
0,2533	*10,13* **12,16** 15,2	0,28	0,1558 *0,7019* 1,987	0,1566 *0,7067* 1,998	0,1570 *0,7091* 2,003	0,1574 *0,7115* 2,008	0,1579 *0,7139* 2,013	0,1581 *0,7151* 2,016	0,1583 *0,7163* 2,019	0,1585 *0,7175* 2,021	0,1587 *0,7187* 2,024	0,1589 *0,7199* 2,027	0,1591 *0,7211* 2,029	0,1593 *0,7223* 2,032	0,1595 *0,7235* 2,035	0,1597 *0,7247* 2,037	0,1599 *0,7259* 2,040	0,1601 *0,7271* 2,042	0,1603 *0,7283* 2,045	0,1607 *0,7307* 2,050	0,1612 *0,7332* 2,056	0,1616 *0,7356* 2,061	0,1641 *0,7500* 2,093	0,28
0,20	*8* **9,6** 12	0,30	0,1590 *0,7200* 1,767	0,1595 *0,7230* 1,772	0,1598 *0,7245* 1,775	0,1600 *0,7260* 1,778	0,1603 *0,7275* 1,781	0,1604 *0,7283* 1,782	0,1605 *0,7290* 1,784	0,1606 *0,7298* 1,785	0,1608 *0,7305* 1,786	0,1609 *0,7313* 1,788	0,1610 *0,7320* 1,789	0,1612 *0,7328* 1,791	0,1613 *0,7335* 1,792	0,1614 *0,7343* 1,793	0,1615 *0,7350* 1,795	0,1617 *0,7358* 1,796	0,1618 *0,7365* 1,798	0,1620 *0,7380* 1,800	0,1623 *0,7395* 1,803	0,1625 *0,7410* 1,806	0,1641 *0,7500* 1,823	0,30
0,1467	*5,866* **7,04** 8,8	0,32	0,1614 *0,7339* 1,576	0,1617 *0,7355* 1,579	0,1618 *0,7363* 1,580	0,1619 *0,7371* 1,581	0,1621 *0,7379* 1,583	0,1621 *0,7383* 1,583	0,1622 *0,7387* 1,584	0,1623 *0,7391* 1,585	0,1623 *0,7395* 1,585	0,1624 *0,7399* 1,586	0,1625 *0,7403* 1,587	0,1625 *0,7407* 1,587	0,1626 *0,7411* 1,588	0,1627 *0,7415* 1,588	0,1627 *0,7419* 1,589	0,1628 *0,7423* 1,590	0,1629 *0,7427* 1,590	0,1630 *0,7435* 1,592	0,1631 *0,7444* 1,593	0,1633 *0,7452* 1,594	0,1641 *0,7500* 1,602	0,32
0,04	*1,6* **1,92** 2,4	0,36	0,1639 *0,7488* 1,264	0,1639 *0,7489* 1,265	0,1639 *0,7490* 1,265	0,1639 *0,7490* 1,265	0,1639 *0,7491* 1,265	0,1639 *0,7491* 1,265	0,1639 *0,7492* 1,265	0,1639 *0,7492* 1,265	0,1639 *0,7492* 1,265	0,1639 *0,7493* 1,265	0,1639 *0,7493* 1,265	0,1640 *0,7493* 1,265	0,1640 *0,7493* 1,265	0,1640 *0,7494* 1,265	0,1640 *0,7494* 1,265	0,1640 *0,7494* 1,265	0,1640 *0,7495* 1,265	0,1640 *0,7495* 1,265	0,1640 *0,7496* 1,265	0,1640 *0,7496* 1,265	0,1641 *0,7500* 1,266	0,36
0	*0* **0** 0	0,40 *	0,1641 *0,7500* 1,025	0,1641 *0,7500* 1,025	0,1641 *0,7500* 1,025	0,1641 *0,7500* 1,025	0,1641 *0,7500* 1,025	0,1641 *0,7500* 1,025	0,1641 *0,7500* 1,025	0,1641 *0,7500* 1,025	0,1641 *0,7500* 1,025	0,1641 *0,7500* 1,025	0,1641 *0,7500* 1,025	0,1641 *0,7500* 1,025	0,1641 *0,7500* 1,025	0,1641 *0,7500* 1,025	0,1641 *0,7500* 1,025	0,1641 *0,7500* 1,025	0,1641 *0,7500* 1,025	0,1641 *0,7500* 1,025	0,1641 *0,7500* 1,025	0,1641 *0,7500* 1,025	0,1641 *0,7500* 1,025	* 0,40
		0,44																						0,44
		0,48																						0,48

Für $\sigma_e =$ *1000* / **1200** / 1500

b Druckbreite; b_0 Zugbreite; *b'* Stegdruckbreite; *d* Plattenstärke; f_e Zugeisenquerschnitt für die Einheit der Druckbreite; *h* Nutzhöhe; *M* Moment; *v* Randspannungsverhältnis σ_e/σ_b; *x* Druckhöhe; σ_b Betondruckspannung an der Platten-O.K.; $\sigma_{b\,Steg}$ desgl. a. d. Platten-U.K.; σ_e Eisenzugspannung.

Erste Teilzeile (Steilziffern): $\mathfrak{M} = \frac{M}{\sigma_b \cdot b \cdot h^2}$

Zweite Teilzeile (Schrägziffern): f_e/h in cm/m

Dritte Teilzeile (Steilziffern): $\mathfrak{M}^d = \frac{M}{\sigma_b \cdot b \cdot d^2}$

* Diese Teilzeilen $\mathfrak{M}$ und f_e/h gelten auch allg. für $d/h \geqq 0{,}375$ (unb. Drz.).

$\frac{x}{h} = 0{,}375$

v	**25**	
σ_e in $\frac{kg}{cm^2}$	*1000* / **1200** / 1500	
σ_b in $\frac{kg}{cm^2}$	*40* / **48** / 60	

Tab. X.

Fortsetzung der **Tab. X. Stegdruckbalken** (Plattenbalken mit Berücksichtigung des Stegdruckes).

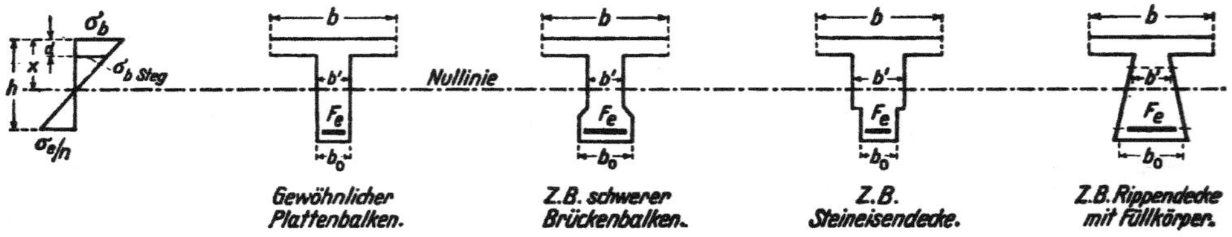

$\frac{x}{h} = 0{,}3846$

v	24		
σ_e in $\frac{kg}{cm^2}$	*1000*	**1200**	1500
σ_b in $\frac{kg}{cm^2}$	*41,67*	**50**	62,5

Für σ_e = *1000* / **1200** / 1500

$\frac{\sigma_{b\,Steg}}{\sigma_b}$	$\sigma_{b\,Steg}$	d/h \ b'/b	0	0,10	0,15	0,20	0,25	0,275	0,300	0,325	0,350	0,375	0,400	0,425	0,450	0,475	0,500	0,525	0,550	0,60	0,65	0,70	1	b'/b \ d/h
0,922	*38,42* **46,1** 57,63	**0,03**	0,02840 *0,1201* 31,56	0,04233 *0,1882* 47,03	0,04929 *0,2223* 54,77	0,05625 *0,2564* 62,50	0,06322 *0,2904* 70,24	0,06670 *0,3074* 74,11	0,07018 *0,3245* 77,98	0,07366 *0,3415* 81,84	0,07714 *0,3585* 85,71	0,08062 *0,3756* 89,58	0,08410 *0,3926* 93,45	0,08758 *0,4096* 97,32	0,09107 *0,4266* 101,2	0,09455 *0,4437* 105,1	0,09803 *0,4607* 108,9	0,1015 *0,4777* 112,8	0,1050 *0,4948* 116,7	0,1120 *0,5288* 124,4	0,1189 *0,5629* 132,1	0,1259 *0,5969* 139,9	0,1677 *0,8013* 186,3	**0,03**
0,896	*37,33* **44,8** 56	**0,04**	0,03718 *0,1580* 23,23	0,05022 *0,2223* 31,39	0,05675 *0,2545* 35,47	0,06327 *0,2867* 39,54	0,06979 *0,3188* 43,62	0,07306 *0,3349* 45,66	0,07632 *0,3510* 47,70	0,07958 *0,3671* 49,74	0,08284 *0,3831* 51,78	0,08610 *0,3992* 53,82	0,08937 *0,4153* 55,85	0,09263 *0,4314* 57,89	0,09589 *0,4475* 59,93	0,09915 *0,4636* 61,97	0,1024 *0,4796* 64,01	0,1057 *0,4957* 66,05	0,1089 *0,5118* 68,09	0,1155 *0,5440* 72,16	0,1220 *0,5761* 76,24	0,1285 *0,6083* 80,32	0,1677 *0,8013* 104,8	**0,04**
0,87	*36,25* **43,5** 54,38	**0,05**	0,04561 *0,1948* 18,24	0,05781 *0,2554* 23,13	0,06392 *0,2858* 25,57	0,07002 *0,3161* 28,01	0,07612 *0,3464* 30,45	0,07917 *0,3616* 31,67	0,08222 *0,3767* 32,89	0,08527 *0,3919* 34,11	0,08832 *0,4071* 35,33	0,09138 *0,4222* 36,55	0,09443 *0,4374* 37,77	0,09748 *0,4526* 38,99	0,1005 *0,4677* 40,21	0,1036 *0,4829* 41,43	0,1066 *0,4980* 42,65	0,1097 *0,5132* 43,87	0,1127 *0,5284* 45,09	0,1188 *0,5587* 47,53	0,1249 *0,5890* 49,97	0,1310 *0,6193* 52,42	0,1677 *0,8013* 67,06	**0,05**
0,844	*35,17* **42,2** 52,75	**0,06**	0,05371 *0,2305* 14,92	0,06510 *0,2876* 18,08	0,07080 *0,3161* 19,67	0,07650 *0,3447* 21,25	0,08219 *0,3732* 22,83	0,08504 *0,3875* 23,62	0,08789 *0,4017* 24,41	0,09074 *0,4160* 25,21	0,09359 *0,4303* 26,00	0,09644 *0,4445* 26,79	0,09929 *0,4588* 27,58	0,1021 *0,4731* 28,37	0,1050 *0,4874* 29,16	0,1078 *0,5016* 29,95	0,1107 *0,5159* 30,74	0,1135 *0,5302* 31,54	0,1164 *0,5444* 32,33	0,1221 *0,5730* 33,91	0,1278 *0,6015* 35,49	0,1335 *0,6300* 37,07	0,1677 *0,8013* 46,57	**0,06**
0,818	*34,08* **40,9** 51,13	**0,07**	0,06148 *0,2651* 12,55	0,07210 *0,3187* 14,71	0,07740 *0,3455* 15,80	0,08271 *0,3724* 16,88	0,08802 *0,3992* 17,96	0,09068 *0,4126* 18,51	0,09333 *0,4260* 19,05	0,09598 *0,4394* 19,59	0,09864 *0,4528* 20,13	0,1013 *0,4662* 20,67	0,1039 *0,4796* 21,21	0,1066 *0,4930* 21,76	0,1093 *0,5064* 22,30	0,1119 *0,5198* 22,84	0,1146 *0,5332* 23,38	0,1172 *0,5466* 23,92	0,1199 *0,5600* 24,46	0,1252 *0,5868* 25,55	0,1305 *0,6136* 26,63	0,1358 *0,6404* 27,71	0,1677 *0,8013* 34,21	**0,07**
0,792	*33* **39,6** 49,5	**0,08**	0,06892 *0,2987* 10,77	0,07880 *0,3489* 12,31	0,08373 *0,3741* 13,08	0,08867 *0,3992* 13,85	0,09361 *0,4243* 14,63	0,09607 *0,4369* 15,01	0,09854 *0,4495* 15,40	0,1010 *0,4620* 15,78	0,1035 *0,4746* 16,17	0,1059 *0,4871* 16,55	0,1084 *0,4997* 16,94	0,1109 *0,5123* 17,33	0,1134 *0,5248* 17,71	0,1158 *0,5374* 18,10	0,1183 *0,5500* 18,48	0,1208 *0,5625* 18,87	0,1232 *0,5751* 19,25	0,1282 *0,6002* 20,03	0,1331 *0,6254* 20,80	0,1380 *0,6505* 21,57	0,1677 *0,8013* 26,20	**0,08**
0,766	*31,92* **38,3** 47,88	**0,09**	0,07605 *0,3311* 9,389	0,08521 *0,3781* 10,52	0,08979 *0,4016* 11,09	0,09437 *0,4252* 11,65	0,09895 *0,4487* 12,22	0,1012 *0,4604* 12,50	0,1035 *0,4722* 12,78	0,1058 *0,4839* 13,06	0,1081 *0,4957* 13,35	0,1104 *0,5074* 13,63	0,1127 *0,5192* 13,91	0,1150 *0,5309* 14,20	0,1173 *0,5427* 14,48	0,1196 *0,5544* 14,76	0,1219 *0,5662* 15,04	0,1241 *0,5780* 15,33	0,1264 *0,5897* 15,61	0,1310 *0,6132* 16,17	0,1356 *0,6367* 16,74	0,1402 *0,6602* 17,31	0,1677 *0,8013* 20,70	**0,09**
0,74	*30,83* **37** 46,25	**0,10**	0,08287 *0,3625* 8,287	0,09135 *0,4064* 9,135	0,09559 *0,4283* 9,559	0,09982 *0,4503* 9,982	0,1041 *0,4722* 10,41	0,1062 *0,4832* 10,62	0,1083 *0,4941* 10,83	0,1104 *0,5051* 11,04	0,1125 *0,5161* 11,25	0,1147 *0,5270* 11,47	0,1168 *0,5380* 11,68	0,1189 *0,5490* 11,89	0,1210 *0,5600* 12,10	0,1231 *0,5709* 12,31	0,1253 *0,5819* 12,53	0,1274 *0,5929* 12,74	0,1295 *0,6038* 12,95	0,1337 *0,6258* 13,37	0,1380 *0,6477* 13,80	0,1422 *0,6696* 14,22	0,1677 *0,8013* 16,77	**0,10**
0,688	*28,67* **34,4** 43	**0,12**	0,09558 *0,4220* 6,637	0,1028 *0,4599* 7,138	0,1064 *0,4789* 7,388	0,1100 *0,4979* 7,638	0,1136 *0,5168* 7,889	0,1154 *0,5263* 8,014	0,1172 *0,5358* 8,139	0,1190 *0,5453* 8,264	0,1208 *0,5547* 8,389	0,1226 *0,5642* 8,514	0,1244 *0,5737* 8,639	0,1262 *0,5832* 8,765	0,1280 *0,5927* 8,890	0,1298 *0,6022* 9,015	0,1316 *0,6116* 9,140	0,1334 *0,6211* 9,265	0,1352 *0,6306* 9,390	0,1388 *0,6496* 9,641	0,1424 *0,6685* 9,891	0,1460 *0,6875* 10,14	0,1677 *0,8013* 11,64	**0,12**
0,636	*26,5* **31,8** 39,75	**0,14**	0,1071 *0,4772* 5,464	0,1132 *0,5096* 5,773	0,1162 *0,5258* 5,928	0,1192 *0,5420* 6,082	0,1222 *0,5582* 6,237	0,1238 *0,5663* 6,314	0,1253 *0,5744* 6,391	0,1268 *0,5825* 6,468	0,1283 *0,5906* 6,546	0,1298 *0,5987* 6,623	0,1313 *0,6068* 6,700	0,1328 *0,6149* 6,777	0,1343 *0,6230* 6,855	0,1359 *0,6311* 6,932	0,1374 *0,6392* 7,009	0,1389 *0,6473* 7,086	0,1404 *0,6554* 7,163	0,1434 *0,6716* 7,318	0,1465 *0,6878* 7,472	0,1495 *0,7040* 7,627	0,1677 *0,8013* 8,554	**0,14**
0,584	*24,33* **29,2** 36,5	**0,16**	0,1175 *0,5280* 4,589	0,1225 *0,5553* 4,785	0,1250 *0,5690* 4,883	0,1275 *0,5827* 4,981	0,1300 *0,5963* 5,079	0,1313 *0,6032* 5,128	0,1325 *0,6100* 5,177	0,1338 *0,6168* 5,226	0,1350 *0,6236* 5,275	0,1363 *0,6305* 5,324	0,1375 *0,6373* 5,373	0,1388 *0,6441* 5,422	0,1401 *0,6510* 5,471	0,1413 *0,6578* 5,520	0,1426 *0,6646* 5,569	0,1438 *0,6715* 5,618	0,1451 *0,6783* 5,667	0,1476 *0,6920* 5,765	0,1501 *0,7056* 5,863	0,1526 *0,7193* 5,961	0,1677 *0,8013* 6,549	**0,16**

σ_bSteg / σ_b	σ_bSteg	d/h \ b′/b	0	0,10	0,15	0,20	0,25	0,275	0,300	0,325	0,350	0,375	0,400	0,425	0,450	0,475	0,500	0,525	0,550	0,60	0,65	0,70	1	d/h
0,532	22,17 26,6 33,25	0,18	0,1267 0,5745 3,912	0,1308 0,5972 4,038	0,1329 0,6085 4,101	0,1349 0,6199 4,164	0,1370 0,6312 4,227	0,1380 0,6369 4,259	0,1390 0,6425 4,290	0,1400 0,6482 4,322	0,1411 0,6539 4,354	0,1421 0,6595 4,385	0,1431 0,6652 4,417	0,1441 0,6709 4,448	0,1451 0,6766 4,480	0,1462 0,6822 4,511	0,1472 0,6879 4,543	0,1482 0,6936 4,575	0,1492 0,6992 4,606	0,1513 0,7106 4,669	0,1533 0,7219 4,732	0,1554 0,7332 4,796	0,1677 0,8013 5,174	0,18
0,48	20 24 30	0,20	0,1349 0,6166 3,373	0,1382 0,6351 3,455	0,1398 0,6443 3,496	0,1415 0,6535 3,537	0,1431 0,6628 3,578	0,1439 0,6674 3,598	0,1447 0,6720 3,618	0,1456 0,6766 3,639	0,1464 0,6812 3,659	0,1472 0,6858 3,680	0,1480 0,6905 3,700	0,1488 0,6951 3,721	0,1496 0,6997 3,741	0,1505 0,7043 3,762	0,1513 0,7089 3,782	0,1521 0,7136 3,803	0,1529 0,7182 3,823	0,1546 0,7274 3,864	0,1562 0,7366 3,905	0,1578 0,7459 3,946	0,1677 0,8013 4,191	0,20
0,428	17,83 21,4 26,75	0,22	0,1421 0,6545 2,936	0,1447 0,6692 2,989	0,1459 0,6765 3,015	0,1472 0,6839 3,042	0,1485 0,6912 3,068	0,1491 0,6949 3,081	0,1498 0,6985 3,094	0,1504 0,7022 3,108	0,1510 0,7059 3,121	0,1517 0,7095 3,134	0,1523 0,7132 3,147	0,1530 0,7169 3,160	0,1536 0,7206 3,174	0,1542 0,7242 3,187	0,1549 0,7279 3,200	0,1555 0,7316 3,213	0,1562 0,7352 3,226	0,1574 0,7426 3,253	0,1587 0,7499 3,279	0,1600 0,7572 3,306	0,1677 0,8013 3,464	0,22
0,376	15,67 18,8 23,5	0,24	0,1483 0,6880 2,575	0,1502 0,6993 2,608	0,1512 0,7050 2,625	0,1522 0,7107 2,642	0,1531 0,7163 2,659	0,1536 0,7192 2,667	0,1541 0,7220 2,675	0,1546 0,7248 2,684	0,1551 0,7276 2,692	0,1556 0,7305 2,701	0,1560 0,7333 2,709	0,1565 0,7361 2,717	0,1570 0,7390 2,726	0,1575 0,7418 2,734	0,1580 0,7446 2,743	0,1585 0,7475 2,751	0,1589 0,7503 2,759	0,1599 0,7560 2,776	0,1609 0,7616 2,793	0,1618 0,7673 2,810	0,1677 0,8013 2,911	0,24
0,324	13,5 16,2 20,25	0,26	0,1536 0,7172 2,271	0,1550 0,7256 2,292	0,1557 0,7298 2,303	0,1564 0,7340 2,313	0,1571 0,7382 2,324	0,1574 0,7403 2,329	0,1578 0,7424 2,334	0,1581 0,7445 2,339	0,1585 0,7466 2,344	0,1588 0,7487 2,350	0,1592 0,7508 2,355	0,1595 0,7529 2,360	0,1599 0,7550 2,365	0,1603 0,7571 2,371	0,1606 0,7592 2,376	0,1610 0,7613 2,381	0,1613 0,7634 2,386	0,1620 0,7676 2,397	0,1627 0,7718 2,407	0,1634 0,7760 2,417	0,1677 0,8013 2,480	0,26
0,272	11,33 13,6 17	0,28	0,1579 0,7420 2,014	0,1589 0,7479 2,027	0,1594 0,7509 2,033	0,1599 0,7539 2,039	0,1603 0,7568 2,045	0,1606 0,7583 2,048	0,1608 0,7598 2,051	0,1611 0,7613 2,055	0,1613 0,7627 2,058	0,1616 0,7642 2,061	0,1618 0,7657 2,064	0,1620 0,7672 2,067	0,1623 0,7687 2,070	0,1625 0,7702 2,073	0,1628 0,7716 2,076	0,1630 0,7731 2,079	0,1633 0,7746 2,082	0,1638 0,7776 2,089	0,1642 0,7805 2,095	0,1647 0,7835 2,101	0,1677 0,8013 2,138	0,28
0,22	9,167 11 13,75	0,30	0,1614 0,7625 1,793	0,1620 0,7664 1,800	0,1623 0,7683 1,804	0,1627 0,7703 1,807	0,1630 0,7722 1,811	0,1631 0,7732 1,812	0,1633 0,7741 1,814	0,1634 0,7751 1,816	0,1636 0,7761 1,818	0,1637 0,7770 1,819	0,1639 0,7780 1,821	0,1641 0,7790 1,823	0,1642 0,7800 1,825	0,1644 0,7809 1,826	0,1645 0,7819 1,828	0,1647 0,7829 1,830	0,1648 0,7838 1,832	0,1652 0,7858 1,835	0,1655 0,7877 1,838	0,1658 0,7896 1,842	0,1677 0,8013 1,863	0,30
0,168	7 8,4 10,5	0,32	0,1641 0,7787 1,602	0,1644 0,7809 1,606	0,1646 0,7821 1,608	0,1648 0,7832 1,609	0,1650 0,7843 1,611	0,1651 0,7849 1,612	0,1652 0,7855 1,613	0,1652 0,7860 1,614	0,1653 0,7866 1,615	0,1654 0,7871 1,615	0,1655 0,7877 1,616	0,1656 0,7883 1,617	0,1657 0,7888 1,618	0,1658 0,7894 1,619	0,1659 0,7900 1,620	0,1660 0,7905 1,621	0,1660 0,7911 1,622	0,1662 0,7922 1,623	0,1664 0,7934 1,625	0,1666 0,7945 1,627	0,1677 0,8013 1,637	0,32
0,064	2,667 3,2 4	0,36	0,1672 0,7980 1,290	0,1672 0,7983 1,290	0,1672 0,7985 1,290	0,1673 0,7987 1,291	0,1673 0,7988 1,291	0,1673 0,7989 1,291	0,1673 0,7990 1,291	0,1673 0,7991 1,291	0,1673 0,7991 1,291	0,1673 0,7992 1,291	0,1674 0,7993 1,291	0,1674 0,7994 1,291	0,1674 0,7995 1,292	0,1674 0,7996 1,292	0,1674 0,7996 1,292	0,1674 0,7997 1,292	0,1674 0,7998 1,292	0,1675 0,8000 1,292	0,1675 0,8001 1,292	0,1675 0,8003 1,292	0,1677 0,8013 1,294	0,36
0	0 0 0	0,40 *	0,1677 0,8013 1,048	0,1677 0,8013 1,048	0,1677 0,8013 1,048	0,1677 0,8013 1,048	0,1677 0,8013 1,048	0,1677 0,8013 1,048	0,1677 0,8013 1,048	0,1677 0,8013 1,048	0,1677 0,8013 1,048	0,1677 0,8013 1,048	0,1677 0,8013 1,048	0,1677 0,8013 1,048	0,1677 0,8013 1,048	0,1677 0,8013 1,048	0,1677 0,8013 1,048	0,1677 0,8013 1,048	0,1677 0,8013 1,048	0,1677 0,8013 1,048	0,1677 0,8013 1,048	0,1677 0,8013 1,048	0,1677 0,8013 1,048	* 0,40
		0,44																						0,44
		0,48																						0,48

Für $\sigma_e =$ 1000 / **1200** / 1500

b Druckbreite; b_e Zugbreite; b' Stegdruckbreite; d Plattenstärke; f_e Zugeisenquerschnitt für die Einheit der Druckbreite; h Nutzhöhe; M Moment; v Randspannungsverhältnis σ_e/σ_b; x Druckhöhe; σ_b Betondruckspannung an der Platten-O.-K.; $\sigma_{b\,Steg}$ desgl. a. d. Platten-U.K; σ_e Eisenzugspannung.

Erste Teilzeile (Steilziffern): $\mathfrak{M} = \dfrac{M}{\sigma_b \cdot b \cdot h^2}$

Zweite Teilzeile (Schrägziffern): f_e/h in cm/m

Dritte Teilzeile (Steilziffern): $\mathfrak{M}^d = \dfrac{M}{\sigma_b \cdot b \cdot d^2}$

∗ Diese Teilzeilen $\mathfrak{M}$ und f_e/h gelten auch allg. für $d/h \geq 0,3846$ (unb. Drz.).

$\dfrac{x}{h} = 0,3846$

v	24
σ_e in $\frac{kg}{cm^2}$ / σ_b in $\frac{kg}{cm^2}$	1500 62,5 **1200 50** 1000 41,67

Fortsetzung der **Tab. X. Stegdruckbalken** (Plattenbalken mit Berücksichtigung des Stegdruckes).

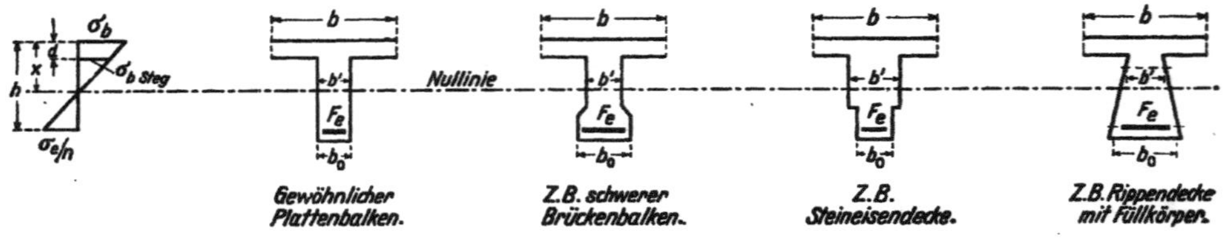

$\frac{x}{h} = 0{,}3939$

v	23,08		
σ_e in $\frac{kg}{cm^2}$	1000	1200	1500
σ_b in $\frac{kg}{cm^2}$	43,33	**52**	65

Für $\sigma_e =$
1000 **1200** 1500

$\frac{\sigma_{b\,Steg}}{\sigma_b}$	$\sigma_{b\,Steg}$	d/h \ b'/b	0	0,10	0,15	0,20	0,25	0,275	0,300	0,325	0,350	0,375	0,400	0,425	0,450	0,475	0,500	0,525	0,550	0,60	0,65	0,70	1	b'/b / d/h
0,9238	*40,03* **48,04** 60,05	**0,03**	0,02843 *0,1251* 31,59	0,04270 *0,1979* 47,44	0,04983 *0,2343* 55,37	0,05697 *0,2707* 63,30	0,06410 *0,3072* 71,22	0,06767 *0,3254* 75,19	0,07123 *0,3436* 79,15	0,07480 *0,3618* 83,11	0,07837 *0,3800* 87,07	0,08193 *0,3982* 91,04	0,08550 *0,4164* 95,00	0,08907 *0,4347* 98,96	0,09263 *0,4529* 102,9	0,09620 *0,4711* 106,9	0,09977 *0,4893* 110,9	0,1033 *0,5075* 114,8	0,1069 *0,5257* 118,8	0,1140 *0,5621* 126,7	0,1212 *0,5986* 134,6	0,1283 *0,6350* 142,6	0,1711 *0,8535* 190,1	**0,03**
0,8985	*38,93* **46,72** 58,4	**0,04**	0,03722 *0,1645* 23,26	0,05061 *0,2334* 31,63	0,05731 *0,2679* 35,82	0,06400 *0,3023* 40,00	0,07069 *0,3368* 44,18	0,07404 *0,3540* 46,28	0,07739 *0,3712* 48,37	0,08073 *0,3885* 50,46	0,08408 *0,4057* 52,55	0,08743 *0,4229* 54,64	0,09078 *0,4401* 56,73	0,09412 *0,4574* 58,83	0,09747 *0,4746* 60,92	0,1008 *0,4918* 63,01	0,1042 *0,5090* 65,10	0,1075 *0,5263* 67,19	0,1109 *0,5435* 69,29	0,1176 *0,5779* 73,47	0,1242 *0,6124* 77,65	0,1309 *0,6468* 81,84	0,1711 *0,8535* 106,9	**0,04**
0,8731	*37,83* **45,4** 56,75	**0,05**	0,04568 *0,2029* 18,27	0,05823 *0,2680* 23,29	0,06450 *0,3005* 25,80	0,07077 *0,3330* 28,31	0,07704 *0,3656* 30,82	0,08017 *0,3818* 32,07	0,08331 *0,3981* 33,32	0,08645 *0,4144* 34,58	0,08958 *0,4306* 35,83	0,09272 *0,4469* 37,09	0,09585 *0,4632* 38,34	0,09899 *0,4794* 39,60	0,1021 *0,4957* 40,85	0,1053 *0,5120* 42,10	0,1084 *0,5282* 43,36	0,1115 *0,5445* 44,61	0,1147 *0,5608* 45,87	0,1209 *0,5933* 48,37	0,1272 *0,6258* 50,88	0,1335 *0,6584* 53,39	0,1711 *0,8535* 68,44	**0,05**
0,8477	*36,73* **44,08** 55,1	**0,06**	0,05381 *0,2402* 14,95	0,06554 *0,3015* 18,21	0,07141 *0,3322* 19,84	0,07727 *0,3629* 21,46	0,08314 *0,3935* 23,09	0,08607 *0,4089* 23,91	0,08900 *0,4242* 24,72	0,09193 *0,4395* 25,54	0,09487 *0,4549* 26,35	0,09780 *0,4702* 27,17	0,1007 *0,4855* 27,98	0,1037 *0,5009* 28,80	0,1066 *0,5162* 29,61	0,1095 *0,5315* 30,42	0,1125 *0,5469* 31,24	0,1154 *0,5622* 32,05	0,1183 *0,5775* 32,87	0,1242 *0,6082* 34,50	0,1301 *0,6389* 36,13	0,1359 *0,6695* 37,76	0,1711 *0,8535* 47,53	**0,06**
0,8223	*35,63* **42,76** 53,45	**0,07**	0,06162 *0,2764* 12,58	0,07257 *0,3341* 14,81	0,07804 *0,3630* 15,93	0,08352 *0,3918* 17,04	0,08899 *0,4207* 18,16	0,09173 *0,4351* 18,72	0,09447 *0,4495* 19,28	0,09720 *0,4640* 19,84	0,09994 *0,4784* 20,40	0,1027 *0,4928* 20,95	0,1054 *0,5072* 21,51	0,1082 *0,5217* 22,07	0,1109 *0,5361* 22,63	0,1136 *0,5505* 23,19	0,1164 *0,5650* 23,75	0,1191 *0,5794* 24,31	0,1218 *0,5938* 24,86	0,1273 *0,6227* 25,98	0,1328 *0,6515* 27,10	0,1383 *0,6804* 28,22	0,1711 *0,8535* 34,92	**0,07**
0,7969	*34,53* **41,44** 51,8	**0,08**	0,06911 *0,3115* 10,80	0,07931 *0,3657* 12,39	0,08441 *0,3928* 13,19	0,08951 *0,4199* 13,99	0,09461 *0,4470* 14,78	0,09716 *0,4605* 15,18	0,09971 *0,4741* 15,58	0,1023 *0,4876* 15,98	0,1048 *0,5012* 16,38	0,1074 *0,5147* 16,77	0,1099 *0,5283* 17,17	0,1125 *0,5418* 17,57	0,1150 *0,5554* 17,97	0,1176 *0,5689* 18,37	0,1201 *0,5825* 18,77	0,1227 *0,5961* 19,17	0,1252 *0,6096* 19,56	0,1303 *0,6367* 20,36	0,1354 *0,6638* 21,16	0,1405 *0,6909* 21,95	0,1711 *0,8535* 26,74	**0,08**
0,7715	*33,43* **40,12** 50,15	**0,09**	0,07629 *0,3455* 9.418	0,08577 *0,3963* 10,59	0,09051 *0,4217* 11,17	0,09525 *0,4471* 11,76	0,09999 *0,4725* 12,34	0,1024 *0,4852* 12,64	0,1047 *0,4979* 12,93	0,1071 *0,5106* 13,22	0,1095 *0,5233* 13,52	0,1118 *0,5360* 13,81	0,1142 *0,5487* 14,10	0,1166 *0,5614* 14,39	0,1190 *0,5741* 14,69	0,1213 *0,5868* 14,98	0,1237 *0,5995* 15,27	0,1261 *0,6122* 15,56	0,1284 *0,6249* 15,86	0,1332 *0,6503* 16,44	0,1379 *0,6757* 17,03	0,1427 *0,7011* 17,61	0,1711 *0,8535* 21,12	**0,09**
0,7462	*32,33* **38,8** 48,5	**0,10**	0,08315 *0,3783* 8,315	0,09195 *0,4259* 9,195	0,09635 *0,4496* 9,635	0,1007 *0,4734* 10,07	0,1051 *0,4971* 10,51	0,1073 *0,5090* 10,73	0,1095 *0,5209* 10,95	0,1117 *0,5328* 11,17	0,1139 *0,5447* 11,39	0,1161 *0,5565* 11,61	0,1183 *0,5684* 11,83	0,1205 *0,5803* 12,05	0,1227 *0,5922* 12,27	0,1249 *0,6041* 12,49	0,1271 *0,6159* 12,71	0,1293 *0,6278* 12,93	0,1315 *0,6397* 13,15	0,1359 *0,6635* 13,59	0,1403 *0,6872* 14,03	0,1447 *0,7110* 14,47	0,1711 *0,8535* 17,11	**0,10**
0,6954	*30,13* **36,16** 45,2	**0,12**	0,09599 *0,4408* 6,666	0,1035 *0,4821* 7,187	0,1073 *0,5027* 7,448	0,1110 *0,5233* 7,709	0,1148 *0,5440* 7,970	0,1166 *0,5543* 8,100	0,1185 *0,5646* 8,231	0,1204 *0,5749* 8,361	0,1223 *0,5853* 8,491	0,1242 *0,5956* 8,622	0,1260 *0,6059* 8,752	0,1279 *0,6162* 8,883	0,1298 *0,6265* 9,013	0,1317 *0,6368* 9,144	0,1335 *0,6472* 9,274	0,1354 *0,6575* 9,404	0,1373 *0,6678* 9,535	0,1411 *0,6884* 9,796	0,1448 *0,7091* 10,06	0,1486 *0,7297* 10,32	0,1711 *0,8535* 11,88	**0,12**
0,6446	*27,93* **33,52** 41,9	**0,14**	0,1076 *0,4989* 5,492	0,1140 *0,5343* 5,816	0,1172 *0,5521* 5,978	0,1203 *0,5698* 6,140	0,1235 *0,5875* 6,302	0,1251 *0,5964* 6,382	0,1267 *0,6053* 6,463	0,1283 *0,6141* 6,544	0,1299 *0,6230* 6,625	0,1314 *0,6319* 6,706	0,1330 *0,6407* 6,787	0,1346 *0,6496* 6,868	0,1362 *0,6585* 6,949	0,1378 *0,6673* 7,030	0,1394 *0,6762* 7,111	0,1410 *0,6851* 7,192	0,1425 *0,6939* 7,273	0,1457 *0,7117* 7,435	0,1489 *0,7294* 7,597	0,1521 *0,7471* 7,759	0,1711 *0,8535* 8,730	**0,14**
0,5938	*25,73* **30,88** 38,6	**0,16**	0,1182 *0,5525* 4,616	0,1235 *0,5826* 4,823	0,1261 *0,5977* 4,926	0,1288 *0,6127* 5,030	0,1314 *0,6278* 5,133	0,1327 *0,6353* 5,185	0,1341 *0,6428* 5,236	0,1354 *0,6504* 5,288	0,1367 *0,6579* 5,340	0,1380 *0,6654* 5,392	0,1393 *0,6729* 5,443	0,1407 *0,6805* 5,495	0,1420 *0,6880* 5,547	0,1433 *0,6955* 5,598	0,1446 *0,7030* 5,650	0,1460 *0,7106* 5,702	0,1473 *0,7181* 5,753	0,1499 *0,7331* 5,857	0,1526 *0,7482* 5,960	0,1552 *0,7632* 6,064	0,1711 *0,8535* 6,684	**0,16**

$\frac{\sigma_{b\,Steg}}{\sigma_b}$	$\sigma_{b\,Steg}$	d/h ╲ b'/b	0	0,10	0,15	0,20	0,25	0,275	0,300	0,325	0,350	0,375	0,400	0,425	0,450	0,475	0,500	0,525	0,550	0,60	0,65	0,70	1	d/h ╱ b'/b
0,5431	23,53 **28,24** 35,3	**0,18**	0,1276 0,6018 3,939	0,1320 0,6270 4,073	0,1341 0,6396 4,140	0,1363 0,6521 4,207	0,1385 0,6647 4,274	0,1396 0,6710 4,308	0,1407 0,6773 4,341	0,1417 0,6836 4,375	0,1428 0,6899 4,408	0,1439 0,6962 4,442	0,1450 0,7025 4,476	0,1461 0,7088 4,509	0,1472 0,7151 4,543	0,1483 0,7214 4,576	0,1494 0,7277 4,610	0,1504 0,7340 4,643	0,1515 0,7403 4,677	0,1537 0,7528 4,744	0,1559 0,7654 4,811	0,1581 0,7780 4,878	0,1711 0,8535 5,281	**0,18**
0,4923	21,33 **25,6** 32	**0,20**	0,1360 0,6467 3,400	0,1395 0,6674 3,488	0,1413 0,6777 3,532	0,1430 0,6880 3,576	0,1448 0,6984 3,619	0,1457 0,7036 3,641	0,1465 0,7087 3,663	0,1474 0,7139 3,685	0,1483 0,7191 3,707	0,1492 0,7242 3,729	0,1500 0,7294 3,751	0,1509 0,7346 3,773	0,1518 0,7398 3,795	0,1527 0,7449 3,817	0,1536 0,7501 3,839	0,1544 0,7553 3,861	0,1553 0,7604 3,883	0,1571 0,7708 3,927	0,1588 0,7811 3,970	0,1606 0,7915 4,014	0,1711 0,8535 4,278	**0,20**
0,4415	19,13 **22,96** 28,7	**0,22**	0,1434 0,6871 2,962	0,1462 0,7038 3,020	0,1475 0,7121 3,048	0,1489 0,7204 3,077	0,1503 0,7287 3,106	0,1510 0,7329 3,120	0,1517 0,7371 3,134	0,1524 0,7412 3,149	0,1531 0,7454 3,163	0,1538 0,7495 3,177	0,1545 0,7537 3,191	0,1552 0,7579 3,206	0,1559 0,7620 3,220	0,1565 0,7662 3,234	0,1572 0,7703 3,249	0,1579 0,7745 3,263	0,1586 0,7787 3,277	0,1600 0,7870 3,306	0,1614 0,7953 3,335	0,1628 0,8036 3,363	0,1711 0,8535 3,535	**0,22**
0,3908	16,93 **20,32** 25,4	**0,24**	0,1498 0,7232 2,601	0,1519 0,7362 2,638	0,1530 0,7428 2,656	0,1541 0,7493 2,675	0,1551 0,7558 2,693	0,1557 0,7590 2,702	0,1562 0,7623 2,712	0,1567 0,7656 2,721	0,1573 0,7688 2,730	0,1578 0,7721 2,739	0,1583 0,7753 2,749	0,1588 0,7786 2,758	0,1594 0,7819 2,767	0,1599 0,7851 2,776	0,1604 0,7884 2,786	0,1610 0,7916 2,795	0,1615 0,7949 2,804	0,1626 0,8014 2,823	0,1636 0,8079 2,841	0,1647 0,8144 2,860	0,1711 0,8535 2,971	**0,24**
0,34	14,73 **17,68** 22,1	**0,26**	0,1553 0,7549 2,297	0,1569 0,7647 2,320	0,1576 0,7697 2,332	0,1584 0,7746 2,344	0,1592 0,7795 2,355	0,1596 0,7820 2,361	0,1600 0,7845 2,367	0,1604 0,7869 2,373	0,1608 0,7894 2,379	0,1612 0,7919 2,385	0,1616 0,7943 2,391	0,1620 0,7968 2,396	0,1624 0,7993 2,402	0,1628 0,8017 2,408	0,1632 0,8042 2,414	0,1636 0,8067 2,420	0,1640 0,8091 2,426	0,1648 0,8141 2,437	0,1656 0,8190 2,449	0,1664 0,8239 2,461	0,1711 0,8535 2,531	**0,26**
0,2892	12,53 **15,04** 18,8	**0,28**	0,1599 0,7821 2,039	0,1610 0,7893 2,053	0,1616 0,7928 2,061	0,1621 0,7964 2,068	0,1627 0,8000 2,075	0,1630 0,8018 2,079	0,1632 0,8036 2,082	0,1635 0,8053 2,086	0,1638 0,8071 2,089	0,1641 0,8089 2,093	0,1644 0,8107 2,096	0,1646 0,8125 2,100	0,1649 0,8143 2,104	0,1652 0,8160 2,107	0,1655 0,8178 2,111	0,1658 0,8196 2,114	0,1660 0,8214 2,118	0,1666 0,8250 2,125	0,1672 0,8285 2,132	0,1677 0,8321 2,139	0,1711 0,8535 2,182	**0,28**
0,2385	10,33 **12,4** 15,5	**0,30**	0,1636 0,8050 1,818	0,1644 0,8099 1,826	0,1647 0,8123 1,830	0,1651 0,8147 1,835	0,1655 0,8171 1,839	0,1657 0,8183 1,841	0,1659 0,8196 1,843	0,1660 0,8208 1,845	0,1662 0,8220 1,847	0,1664 0,8232 1,849	0,1666 0,8244 1,851	0,1668 0,8256 1,853	0,1670 0,8268 1,855	0,1672 0,8281 1,857	0,1674 0,8293 1,860	0,1675 0,8305 1,862	0,1677 0,8317 1,864	0,1681 0,8341 1,868	0,1685 0,8365 1,872	0,1689 0,8390 1,876	0,1711 0,8535 1,901	**0,30**
0,1877	8,133 **9,76** 12,2	**0,32**	0,1666 0,8235 1,627	0,1670 0,8265 1,631	0,1672 0,8280 1,633	0,1675 0,8295 1,635	0,1677 0,8310 1,638	0,1678 0,8317 1,639	0,1679 0,8325 1,640	0,1680 0,8332 1,641	0,1681 0,8340 1,642	0,1683 0,8347 1,643	0,1684 0,8355 1,644	0,1685 0,8362 1,645	0,1686 0,8370 1,647	0,1687 0,8377 1,648	0,1688 0,8385 1,649	0,1689 0,8393 1,650	0,1691 0,8400 1,651	0,1693 0,8415 1,653	0,1695 0,8430 1,655	0,1697 0,8445 1,658	0,1711 0,8535 1,671	**0,32**
0,08615	3,733 **4,48** 5,6	**0,36**	0,1702 0,8472 1,313	0,1703 0,8478 1,314	0,1703 0,8482 1,314	0,1704 0,8485 1,315	0,1704 0,8488 1,315	0,1704 0,8489 1,315	0,1705 0,8491 1,315	0,1705 0,8493 1,315	0,1705 0,8494 1,316	0,1705 0,8496 1,316	0,1706 0,8497 1,316	0,1706 0,8499 1,316	0,1706 0,8501 1,316	0,1706 0,8502 1,317	0,1706 0,8504 1,317	0,1707 0,8505 1,317	0,1707 0,8507 1,317	0,1707 0,8510 1,317	0,1708 0,8513 1,318	0,1708 0,8516 1,318	0,1711 0,8535 1,320	**0,36**
0	0 **0** 0	**0,40** ✱	0,1711 0,8535 1,069	0,1711 0,8535 1,069	0,1711 0,8535 1,069	0,1711 0,8535 1,069	0,1711 0,8535 1,069	0,1711 0,8535 1,069	0,1711 0,8535 1,069	0,1711 0,8535 1,069	0,1711 0,8535 1,069	0,1711 0,8535 1,069	0,1711 0,8535 1,069	0,1711 0,8535 1,069	0,1711 0,8535 1,069	0,1711 0,8535 1,069	0,1711 0,8535 1,069	0,1711 0,8535 1,069	0,1711 0,8535 1,069	0,1711 0,8535 1,069	0,1711 0,8535 1,069	0,1711 0,8535 1,069	0,1711 0,8535 1,069	✱ **0,40**
		0,44																						**0,44**
		0,48																						**0,48**

Für $\sigma_e =$ *1000* / **1200** / **1500**

b Druckbreite; b_z Zugbreite; *b'* Stegdruckbreite; *d* Plattenstärke; f_e Zugeisenquerschnitt für die Einheit der Druckbreite; *h* Nutzhöhe; *M* Moment; *v* Randspannungsverhältnis σ_e/σ_b; *x* Druckhöhe; σ_b Betondruckspannung an der Platten-O.K.; $\sigma_{b\,Steg}$ desgl. a. d. Platten-U.K.; σ_e Eisenzugspannung.

Erste Teilzeile (Steilziffern): $\mathfrak{M} = \frac{M}{\sigma_b \cdot b \cdot h^2}$

Zweite Teilzeile (Schrägziffern): f_e/h in cm/m

Dritte Teilzeile (Steilziffern): $\mathfrak{M}^d = \frac{M}{\sigma_b \cdot b \cdot d^2}$

✱ Diese Teilzeilen $\mathfrak{M}$ und f_e/h gelten auch allg. für $d/h \geq 0{,}3939$ (unb. Drz.).

$\frac{x}{h} = 0{,}3939$

v	σ_e in $\frac{kg}{cm^2}$	σ_b in $\frac{kg}{cm^2}$
	1500	65
23,08	**1200**	**52**
	1000	*43,33*

Fortsetzung der **Tab. X. Stegdruckbalken** (Plattenbalken mit Berücksichtigung des Stegdruckes).

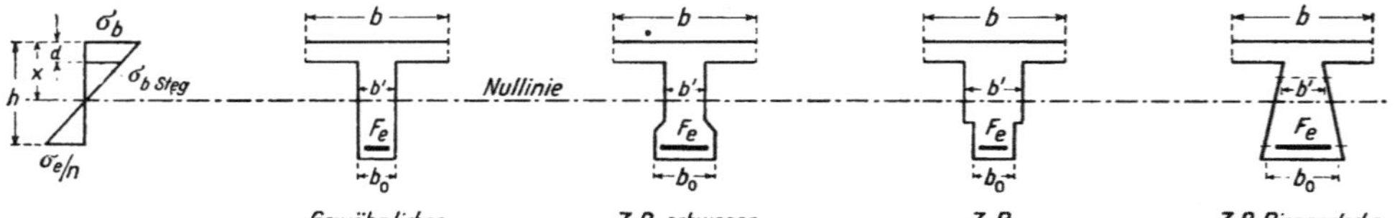

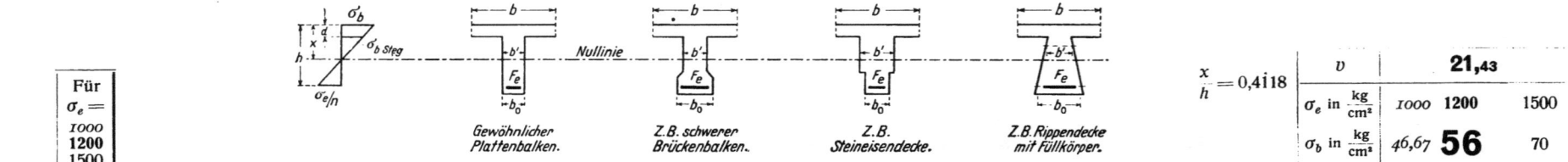

Gewöhnlicher Plattenbalken. — Z.B. schwerer Brückenbalken. — Z.B. Steineisendecke. — Z.B. Rippendecke mit Füllkörper.

$\frac{x}{h} = 0{,}4118$

v	21,43		
σ_e in $\frac{kg}{cm^2}$	*1000*	**1200**	1500
σ_b in $\frac{kg}{cm^2}$	*46,67*	**56**	70

Für $\sigma_e =$ *1000* / **1200** / 1500

$\frac{\sigma_{b\,Steg}}{\sigma_b}$	$\sigma_{b\,Steg}$	d/h \ b'/b	0	0,10	0,15	0,20	0,25	0,275	0,300	0,325	0,350	0,375	0,400	0,425	0,450	0,475	0,500	0,525	0,550	0,60	0,65	0,70	1	b'/b / d/h
0,9271	*43,27* **51,92** 64,9	**0,03**	0,02848 *0,1349* 31,64	0,04339 *0,2175* 48,22	0,05085 *0,2588* 56,50	0,05831 *0,3001* 64,79	0,06577 *0,3414* 73,07	0,06949 *0,3620* 77,22	0,07322 *0,3827* 81,36	0,07695 *0,4033* 85,50	0,08068 *0,4240* 89,64	0,08441 *0,4446* 93,79	0,08814 *0,4653* 97,93	0,09187 *0,4859* 102,1	0,09559 *0,5065* 106,2	0,09932 *0,5272* 110,4	0,1031 *0,5478* 114,5	0,1068 *0,5685* 118,6	0,1105 *0,5891* 122,8	0,1180 *0,6304* 131,1	0,1254 *0,6717* 139,4	0,1329 *0,7130* 147,6	0,1776 *0,9608* 197,4	**0,03**
0,9029	*42,13* **50,56** 63,2	**0,04**	0,03731 *0,1776* 23,32	0,05134 *0,2559* 32,09	0,05836 *0,2951* 36,47	0,06537 *0,3342* 40,86	0,07239 *0,3734* 45,24	0,07590 *0,3930* 47,44	0,07940 *0,4126* 49,63	0,08291 *0,4321* 51,82	0,08642 *0,4517* 54,01	0,08993 *0,4713* 56,20	0,09344 *0,4909* 58,40	0,09694 *0,5105* 60,59	0,1005 *0,5300* 62,78	0,1040 *0,5496* 64,97	0,1075 *0,5692* 67,17	0,1110 *0,5888* 69,36	0,1145 *0,6084* 71,55	0,1215 *0,6475* 75,94	0,1285 *0,6867* 80,32	0,1355 *0,7258* 84,71	0,1776 *0,9608* 111,0	**0,04**
0,8786	*41* **49,2** 61,5	**0,05**	0,04582 *0,2192* 18,33	0,05900 *0,2933* 23,60	0,06559 *0,3304* 26,23	0,07218 *0,3675* 28,87	0,07877 *0,4046* 31,51	0,08206 *0,4231* 32,83	0,08536 *0,4417* 34,14	0,08865 *0,4602* 35,46	0,09195 *0,4787* 36,78	0,09524 *0,4973* 38,10	0,09854 *0,5158* 39,42	0,1018 *0,5344* 40,73	0,1051 *0,5529* 42,05	0,1084 *0,5714* 43,37	0,1117 *0,5900* 44,69	0,1150 *0,6085* 46,01	0,1183 *0,6271* 47,32	0,1249 *0,6641* 49,96	0,1315 *0,7012* 52,60	0,1381 *0,7383* 55,23	0,1776 *0,9608* 71,05	**0,05**
0,8543	*39,87* **47,84** 59,8	**0,06**	0,05400 *0,2596* 15,00	0,06637 *0,3297* 18,43	0,07255 *0,3648* 20,15	0,07873 *0,3998* 21,87	0,08491 *0,4349* 23,59	0,08800 *0,4524* 24,44	0,09109 *0,4700* 25,30	0,09418 *0,4875* 26,16	0,09727 *0,5050* 27,02	0,1004 *0,5225* 27,88	0,1035 *0,5401* 28,74	0,1065 *0,5576* 29,60	0,1096 *0,5751* 30,45	0,1127 *0,5927* 31,31	0,1158 *0,6102* 32,17	0,1189 *0,6277* 33,03	0,1220 *0,6453* 33,89	0,1282 *0,6803* 35,60	0,1344 *0,7154* 37,32	0,1405 *0,7504* 39,04	0,1776 *0,9608* 49,34	**0,06**
0,83	*38,73* **46,48** 58,1	**0,07**	0,06188 *0,2989* 12,63	0,07345 *0,3651* 14,99	0,07924 *0,3982* 16,17	0,08503 *0,4313* 17,35	0,09081 *0,4644* 18,53	0,09371 *0,4809* 19,12	0,09660 *0,4975* 19,71	0,09950 *0,5140* 20,31	0,1024 *0,5306* 20,90	0,1053 *0,5471* 21,49	0,1082 *0,5637* 22,08	0,1111 *0,5802* 22,67	0,1140 *0,5967* 23,26	0,1169 *0,6133* 23,85	0,1198 *0,6298* 24,44	0,1226 *0,6464* 25,03	0,1255 *0,6629* 25,62	0,1313 *0,6960* 26,80	0,1371 *0,7291* 27,98	0,1429 *0,7622* 29,16	0,1776 *0,9608* 36,25	**0,07**
0,8057	*37,6* **45,12** 56,4	**0,08**	0,06944 *0,3371* 10,85	0,08026 *0,3994* 12,54	0,08567 *0,4306* 13,39	0,09108 *0,4618* 14,23	0,09649 *0,4930* 15,08	0,09919 *0,5086* 15,50	0,1019 *0,5242* 15,92	0,1046 *0,5398* 16,34	0,1073 *0,5554* 16,77	0,1100 *0,5710* 17,19	0,1127 *0,5866* 17,61	0,1154 *0,6021* 18,03	0,1181 *0,6177* 18,46	0,1208 *0,6333* 18,88	0,1235 *0,6489* 19,30	0,1262 *0,6645* 19,72	0,1289 *0,6801* 20,15	0,1344 *0,7113* 20,99	0,1398 *0,7425* 21,84	0,1452 *0,7737* 22,68	0,1776 *0,9608* 27,75	**0,08**
0,7814	*36,47* **43,76** 54,7	**0,09**	0,07670 *0,3741* 9,470	0,08680 *0,4328* 10,72	0,09184 *0,4621* 11,34	0,09689 *0,4914* 11,96	0,1019 *0,5208* 12,58	0,1045 *0,5354* 12,90	0,1070 *0,5501* 13,21	0,1095 *0,5648* 13,52	0,1120 *0,5794* 13,83	0,1145 *0,5941* 14,14	0,1171 *0,6088* 14,45	0,1196 *0,6234* 14,76	0,1221 *0,6381* 15,08	0,1246 *0,6528* 15,39	0,1272 *0,6674* 15,70	0,1297 *0,6821* 16,01	0,1322 *0,6968* 16,32	0,1373 *0,7261* 16,95	0,1423 *0,7554* 17,57	0,1473 *0,7848* 18,19	0,1776 *0,9608* 21,93	**0,09**
0,7571	*35,33* **42,4** 53	**0,10**	0,08367 *0,4100* 8,367	0,09306 *0,4651* 9,306	0,09776 *0,4926* 9,776	0,1025 *0,5202* 10,25	0,1072 *0,5477* 10,72	0,1095 *0,5615* 10,95	0,1119 *0,5752* 11,19	0,1142 *0,5890* 11,42	0,1166 *0,6028* 11,66	0,1189 *0,6165* 11,89	0,1212 *0,6303* 12,12	0,1236 *0,6441* 12,36	0,1259 *0,6579* 12,59	0,1283 *0,6716* 12,83	0,1306 *0,6854* 13,06	0,1330 *0,6992* 13,30	0,1353 *0,7129* 13,53	0,1400 *0,7405* 14,00	0,1447 *0,7680* 14,47	0,1494 *0,7956* 14,94	0,1776 *0,9608* 17,76	**0,10**
0,7086	*33,07* **39,68** 49,6	**0,12**	0,09671 *0,4784* 6,716	0,1048 *0,5266* 7,278	0,1089 *0,5508* 7,559	0,1129 *0,5749* 7,840	0,1169 *0,5990* 8,121	0,1190 *0,6111* 8,261	0,1210 *0,6231* 8,402	0,1230 *0,6352* 8,542	0,1250 *0,6472* 8,683	0,1271 *0,6593* 8,823	0,1291 *0,6714* 8,964	0,1311 *0,6834* 9,104	0,1331 *0,6955* 9,245	0,1351 *0,7075* 9,385	0,1372 *0,7196* 9,526	0,1392 *0,7317* 9,666	0,1412 *0,7437* 9,807	0,1453 *0,7678* 10,09	0,1493 *0,7920* 10,37	0,1534 *0,8161* 10,65	0,1776 *0,9608* 12,34	**0,12**
0,66	*30,8* **36,96** 46,2	**0,14**	0,1086 *0,5423* 5,542	0,1155 *0,5841* 5,894	0,1190 *0,6050* 6,070	0,1224 *0,6260* 6,246	0,1259 *0,6469* 6,422	0,1276 *0,6574* 6,510	0,1293 *0,6678* 6,598	0,1310 *0,6783* 6,686	0,1328 *0,6887* 6,774	0,1345 *0,6992* 6,862	0,1362 *0,7097* 6,950	0,1379 *0,7201* 7,038	0,1397 *0,7306* 7,126	0,1414 *0,7411* 7,214	0,1431 *0,7515* 7,302	0,1448 *0,7620* 7,390	0,1466 *0,7725* 7,478	0,1500 *0,7934* 7,654	0,1535 *0,8143* 7,830	0,1569 *0,8352* 8,006	0,1776 *0,9608* 9,062	**0,14**
0,6114	*28,53* **34,24** 42,8	**0,16**	0,1194 *0,6016* 4,665	0,1252 *0,6375* 4,893	0,1282 *0,6555* 5,006	0,1311 *0,6734* 5,120	0,1340 *0,6914* 5,234	0,1354 *0,7004* 5,290	0,1369 *0,7094* 5,347	0,1383 *0,7183* 5,404	0,1398 *0,7273* 5,461	0,1413 *0,7363* 5,518	0,1427 *0,7453* 5,574	0,1442 *0,7543* 5,631	0,1456 *0,7632* 5,688	0,1471 *0,7722* 5,745	0,1485 *0,7812* 5,802	0,1500 *0,7902* 5,859	0,1514 *0,7992* 5,915	0,1543 *0,8171* 6,029	0,1573 *0,8351* 6,143	0,1602 *0,8530* 6,256	0,1776 *0,9608* 6,938	**0,16**

$\frac{\sigma_{b\,Steg}}{\sigma_b}$	$\sigma_{b\,Steg}$	d/h \ b'/b	0	0,10	0,15	0,20	0,25	0,275	0,300	0,325	0,350	0,375	0,400	0,425	0,450	0,475	0,500	0,525	0,550	0,60	0,65	0,70	1	d/h
0,5629	*26,27* **31,52** 39,4	**0,18**	0,1292 *0,6564* 3,987	0,1340 *0,6868* 4,137	0,1364 *0,7021* 4,211	0,1389 *0,7173* 4,286	0,1413 *0,7325* 4,361	0,1425 *0,7401* 4,398	0,1437 *0,7477* 4,436	0,1449 *0,7553* 4,473	0,1461 *0,7629* 4,510	0,1473 *0,7705* 4,548	0,1486 *0,7782* 4,585	0,1498 *0,7858* 4,622	0,1510 *0,7934* 4,660	0,1522 *0,8010* 4,697	0,1534 *0,8086* 4,735	0,1546 *0,8162* 4,772	0,1558 *0,8238* 4,809	0,1582 *0,8390* 4,884	0,1607 *0,8543* 4,959	0,1631 *0,8695* 5,034	0,1776 *0,9608* 5,482	**0,18**
0,5143	*24* **28,8** 36	**0,20**	0,1379 *0,7067* 3,448	0,1419 *0,7321* 3,547	0,1439 *0,7448* 3,597	0,1458 *0,7575* 3,646	0,1478 *0,7702* 3,696	0,1488 *0,7765* 3,721	0,1498 *0,7829* 3,746	0,1508 *0,7893* 3,770	0,1518 *0,7956* 3,795	0,1528 *0,8020* 3,820	0,1538 *0,8083* 3,845	0,1548 *0,8147* 3,870	0,1558 *0,8210* 3,894	0,1568 *0,8274* 3,919	0,1578 *0,8337* 3,944	0,1588 *0,8401* 3,969	0,1598 *0,8464* 3,994	0,1617 *0,8591* 4,043	0,1637 *0,8718* 4,093	0,1657 *0,8846* 4,143	0,1776 *0,9608* 4,441	**0,20**
0,4657	*21,73* **26,08** 32,6	**0,22**	0,1456 *0,7524* 3,009	0,1488 *0,7732* 3,075	0,1504 *0,7837* 3,108	0,1520 *0,7941* 3,141	0,1536 *0,8045* 3,174	0,1544 *0,8097* 3,191	0,1552 *0,8149* 3,207	0,1560 *0,8201* 3,224	0,1568 *0,8253* 3,241	0,1576 *0,8305* 3,257	0,1584 *0,8358* 3,274	0,1592 *0,8410* 3,290	0,1600 *0,8462* 3,307	0,1608 *0,8514* 3,323	0,1616 *0,8566* 3,340	0,1624 *0,8618* 3,356	0,1632 *0,8670* 3,373	0,1648 *0,8774* 3,406	0,1664 *0,8879* 3,439	0,1680 *0,8983* 3,472	0,1776 *0,9608* 3,670	**0,22**
0,4171	*19,47* **23,36** 29,2	**0,24**	0,1524 *0,7936* 2,647	0,1550 *0,8103* 2,690	0,1562 *0,8187* 2,712	0,1575 *0,8270* 2,734	0,1587 *0,8354* 2,756	0,1594 *0,8396* 2,767	0,1600 *0,8438* 2,778	0,1606 *0,8479* 2,789	0,1613 *0,8521* 2,800	0,1619 *0,8563* 2,811	0,1625 *0,8605* 2,822	0,1631 *0,8647* 2,832	0,1638 *0,8688* 2,843	0,1644 *0,8730* 2,854	0,1650 *0,8772* 2,865	0,1657 *0,8814* 2,876	0,1663 *0,8856* 2,887	0,1676 *0,8939* 2,909	0,1688 *0,9023* 2,931	0,1701 *0,9106* 2,953	0,1776 *0,9608* 3,084	**0,24**
0,3686	*17,2* **20,64** 25,8	**0,26**	0,1583 *0,8303* 2,342	0,1603 *0,8433* 2,371	0,1612 *0,8498* 2,385	0,1622 *0,8564* 2,399	0,1632 *0,8629* 2,414	0,1636 *0,8662* 2,421	0,1641 *0,8694* 2,428	0,1646 *0,8727* 2,435	0,1651 *0,8759* 2,442	0,1656 *0,8792* 2,449	0,1661 *0,8825* 2,456	0,1665 *0,8857* 2,464	0,1670 *0,8890* 2,471	0,1675 *0,8923* 2,478	0,1680 *0,8955* 2,485	0,1685 *0,8988* 2,492	0,1689 *0,9021* 2,499	0,1699 *0,9086* 2,513	0,1709 *0,9151* 2,528	0,1718 *0,9216* 2,542	0,1776 *0,9608* 2,628	**0,26**
0,32	*14,93* **17,92** 22,4	**0,28**	0,1634 *0,8624* 2,084	0,1648 *0,8722* 2,102	0,1655 *0,8772* 2,111	0,1662 *0,8821* 2,120	0,1669 *0,8870* 2,129	0,1673 *0,8895* 2,134	0,1676 *0,8919* 2,138	0,1680 *0,8944* 2,143	0,1684 *0,8968* 2,147	0,1687 *0,8993* 2,152	0,1691 *0,9018* 2,157	0,1694 *0,9042* 2,161	0,1698 *0,9067* 2,166	0,1701 *0,9091* 2,170	0,1705 *0,9116* 2,175	0,1709 *0,9141* 2,179	0,1712 *0,9165* 2,184	0,1719 *0,9214* 2,193	0,1726 *0,9264* 2,202	0,1733 *0,9313* 2,211	0,1776 *0,9608* 2,266	**0,28**
0,2714	*12,67* **15,2** 19	**0,30**	0,1676 *0,8900* 1,862	0,1686 *0,8971* 1,873	0,1691 *0,9006* 1,879	0,1696 *0,9042* 1,884	0,1701 *0,9077* 1,890	0,1703 *0,9095* 1,893	0,1706 *0,9112* 1,895	0,1708 *0,9130* 1,898	0,1711 *0,9148* 1,901	0,1713 *0,9165* 1,904	0,1716 *0,9183* 1,907	0,1718 *0,9201* 1,909	0,1721 *0,9219* 1,912	0,1723 *0,9236* 1,915	0,1726 *0,9254* 1,918	0,1728 *0,9272* 1,921	0,1731 *0,9289* 1,923	0,1736 *0,9325* 1,929	0,1741 *0,9360* 1,935	0,1746 *0,9396* 1,940	0,1776 *0,9608* 1,974	**0,30**
0,2229	*10,4* **12,48** 15,6	**0,32**	0,1710 *0,9131* 1,670	0,1716 *0,9178* 1,676	0,1720 *0,9202* 1,679	0,1723 *0,9226* 1,683	0,1726 *0,9250* 1,686	0,1728 *0,9262* 1,688	0,1730 *0,9274* 1,689	0,1731 *0,9286* 1,691	0,1733 *0,9298* 1,692	0,1735 *0,9310* 1,694	0,1736 *0,9322* 1,696	0,1738 *0,9333* 1,697	0,1740 *0,9345* 1,699	0,1741 *0,9357* 1,701	0,1743 *0,9369* 1,702	0,1745 *0,9381* 1,704	0,1746 *0,9393* 1,705	0,1750 *0,9417* 1,709	0,1753 *0,9441* 1,712	0,1756 *0,9465* 1,715	0,1776 *0,9608* 1,735	**0,32**
0,1257	*5,867* **7,04** 8,8	**0,36**	0,1756 *0,9456* 1,355	0,1758 *0,9471* 1,356	0,1759 *0,9479* 1,357	0,1760 *0,9486* 1,358	0,1761 *0,9494* 1,359	0,1762 *0,9498* 1,359	0,1762 *0,9502* 1,360	0,1763 *0,9505* 1,360	0,1763 *0,9509* 1,360	0,1764 *0,9513* 1,361	0,1764 *0,9517* 1,361	0,1765 *0,9521* 1,362	0,1765 *0,9524* 1,362	0,1766 *0,9528* 1,362	0,1766 *0,9532* 1,363	0,1767 *0,9536* 1,363	0,1767 *0,9540* 1,364	0,1768 *0,9547* 1,364	0,1769 *0,9555* 1,365	0,1770 *0,9562* 1,366	0,1776 *0,9608* 1,371	**0,36**
0,02857	*1,333* **1,6** 2	**0,40**	0,1775 *0,9600* 1,110	0,1775 *0,9601* 1,110	0,1775 *0,9601* 1,110	0,1775 *0,9602* 1,110	0,1775 *0,9602* 1,110	0,1776 *0,9602* 1,110	0,1776 *0,9602* 1,110	0,1776 *0,9603* 1,110	0,1776 *0,9603* 1,110	0,1776 *0,9603* 1,110	0,1776 *0,9603* 1,110	0,1776 *0,9603* 1,110	0,1776 *0,9604* 1,110	0,1776 *0,9604* 1,110	0,1776 *0,9604* 1,110	0,1776 *0,9604* 1,110	0,1776 *0,9604* 1,110	0,1776 *0,9605* 1,110	0,1776 *0,9605* 1,110	0,1776 *0,9606* 1,110	0,1776 *0,9608* 1,110	**0,40**
0	*0* **0** 0	**0,44** ✶	0,1776 *0,9608* 0,9175	0,1776 *0,9608* 0,9175	0,1776 *0,9608* 0,9175	0,1776 *0,9608* 0,9175	0,1776 *0,9608* 0,9175	0,1776 *0,9608* 0,9175	0,1776 *0,9608* 0,9175	0,1776 *0,9608* 0,9175	0,1776 *0,9608* 0,9175	0,1776 *0,9608* 0,9175	0,1776 *0,9608* 0,9175	0,1776 *0,9608* 0,9175	0,1776 *0,9608* 0,9175	0,1776 *0,9608* 0,9175	0,1776 *0,9608* 0,9175	0,1776 *0,9608* 0,9175	0,1776 *0,9608* 0,9175	0,1776 *0,9608* 0,9175	0,1776 *0,9608* 0,9175	0,1776 *0,9608* 0,9175	0,1776 *0,9608* 0,9175	✶ **0,44**
		0,48																						**0,48**

Für $\sigma_e =$
1000
1200
1500

b Druckbreite; b_0 Zugbreite; *b'* Stegdruckbreite; *d* Plattenstärke; f_e Zugeisenquerschnitt für die Einheit der Druckbreite; *h* Nutzhöhe; *M* Moment; *v* Randspannungsverhältnis σ_e/σ_b; *x* Druckhöhe; σ_b Betondruckspannung an der Platten-O.K.; $\sigma_{b\,Steg}$ desgl. a. d. Platten-U.K.; σ_e Eisenzugspannung.

Erste Teilzeile (Steilziffern): $\mathfrak{M} = \frac{M}{\sigma_b \cdot b \cdot h^2}$

Zweite Teilzeile (Schrägziffern): f_e/h in cm/m

Dritte Teilzeile (Steilziffern): $\mathfrak{M}^d = \frac{M}{\sigma_b \cdot b \cdot d^2}$

✶ Diese Teilzeilen $\mathfrak{M}$ und f_e/h gelten auch allg. für $d/h \geqq 0{,}4118$ (unb. Drz.).

$\frac{x}{h} = 0{,}4118$

v	σ_e in $\frac{kg}{cm^2}$	σ_b in $\frac{kg}{cm^2}$
	1000	*46,67*
21,43	**1200**	**56**
	1500	70

Tab. X.

Fortsetzung der **Tab. X. Stegdruckbalken** (Plattenbalken mit Berücksichtigung des Stegdruckes).

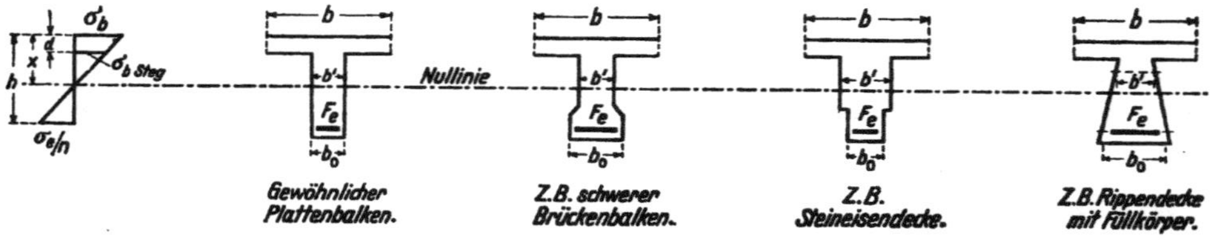

$\frac{x}{h} = 0{,}4286$

v	20		
σ_e in $\frac{kg}{cm^2}$	1000	1200	1500
σ_b in $\frac{kg}{cm^2}$	50	**60**	75

Für σ_e = 1000 / 1200 / 1500

$\frac{\sigma_{b\,Steg}}{\sigma_b}$	$\sigma_{b\,Steg}$	d/h \ b'/b	0	0,10	0,15	0,20	0,25	0,275	0,300	0,325	0,350	0,375	0,400	0,425	0,450	0,475	0,500	0,525	0,550	0,60	0,65	0,70	1	b'/b \ d/h
0,93	46,5 **55,8** 69,75	**0,03**	0,02852 0,1448 31,69	0,04404 0,2374 48,93	0,05179 0,2838 57,55	0,05955 0,3301 66,17	0,06731 0,3764 74,79	0,07119 0,3996 79,10	0,07507 0,4228 83,41	0,07895 0,4459 87,72	0,08282 0,4691 92,03	0,08670 0,4923 96,34	0,09058 0,5154 100,6	0,09446 0,5386 105,0	0,09834 0,5618 109,3	0,1022 0,5849 113,6	0,1061 0,6081 117,9	0,1100 0,6313 122,2	0,1139 0,6544 126,5	0,1216 0,7008 135,1	0,1294 0,7471 143,7	0,1371 0,7934 152,4	0,1837 1,071 204,1	**0,03**
0,9067	45,33 **54,4** 68	**0,04**	0,03738 0,1907 23,36	0,05201 0,2787 32,51	0,05933 0,3228 37,08	0,06664 0,3668 41,65	0,07396 0,4109 46,22	0,07761 0,4329 48,51	0,08127 0,4549 50,79	0,08493 0,4769 53,08	0,08859 0,4989 55,37	0,09224 0,5210 57,65	0,09590 0,5430 59,94	0,09956 0,5650 62,22	0,1032 0,5870 64,51	0,1069 0,6090 66,79	0,1105 0,6310 69,08	0,1142 0,6531 71,37	0,1178 0,6751 73,65	0,1252 0,7191 78,22	0,1325 0,7632 82,80	0,1398 0,8072 87,37	0,1837 1,071 114,8	**0,04**
0,8833	44,17 **53** 66,25	**0,05**	0,04593 0,2354 18,37	0,05971 0,3190 23,88	0,06659 0,3608 26,64	0,07348 0,4026 29,39	0,08037 0,4444 32,15	0,08381 0,4653 33,52	0,08725 0,4862 34,90	0,09070 0,5071 36,28	0,09414 0,5280 37,66	0,09758 0,5489 39,03	0,1010 0,5698 40,41	0,1045 0,5907 41,79	0,1079 0,6116 43,17	0,1114 0,6325 44,54	0,1148 0,6534 45,92	0,1182 0,6743 47,30	0,1217 0,6952 48,68	0,1286 0,7370 51,43	0,1355 0,7788 54,19	0,1424 0,8206 56,94	0,1837 1,071 73,47	**0,05**
0,86	43 **51,6** 64,5	**0,06**	0,05417 0,2790 15,05	0,06712 0,3582 18,64	0,07359 0,3979 20,44	0,08007 0,4375 22,24	0,08654 0,4771 24,04	0,08978 0,4969 24,94	0,09302 0,5167 25,84	0,09626 0,5365 26,74	0,09949 0,5563 27,64	0,1027 0,5762 28,54	0,1060 0,5960 29,44	0,1092 0,6158 30,34	0,1124 0,6356 31,23	0,1157 0,6554 32,13	0,1189 0,6752 33,03	0,1222 0,6950 33,93	0,1254 0,7148 34,83	0,1319 0,7545 36,63	0,1383 0,7941 38,43	0,1448 0,8337 40,23	0,1837 1,071 51,02	**0,06**
0,8367	41,83 **50,2** 62,75	**0,07**	0,06210 0,3214 12,67	0,07426 0,3964 15,15	0,08034 0,4339 16,40	0,08641 0,4714 17,64	0,09249 0,5089 18,88	0,09553 0,5277 19,50	0,09857 0,5464 20,12	0,1016 0,5652 20,74	0,1047 0,5839 21,36	0,1077 0,6027 21,98	0,1107 0,6214 22,60	0,1138 0,6402 23,22	0,1168 0,6589 23,84	0,1198 0,6777 24,46	0,1229 0,6964 25,08	0,1259 0,7152 25,70	0,1290 0,7339 26,32	0,1350 0,7714 27,56	0,1411 0,8089 28,80	0,1472 0,8464 30,04	0,1837 1,071 37,48	**0,07**
0,8133	40,67 **48,8** 61	**0,08**	0,06973 0,3627 10,90	0,08113 0,4335 12,68	0,08682 0,4690 13,57	0,09252 0,5044 14,46	0,09822 0,5399 15,35	0,1011 0,5576 15,79	0,1039 0,5753 16,24	0,1068 0,5930 16,68	0,1096 0,6107 17,13	0,1125 0,6285 17,57	0,1153 0,6462 18,02	0,1182 0,6639 18,46	0,1210 0,6816 18,91	0,1239 0,6993 19,35	0,1267 0,7170 19,80	0,1296 0,7348 20,24	0,1324 0,7525 20,69	0,1381 0,7879 21,58	0,1438 0,8234 22,47	0,1495 0,8588 23,36	0,1837 1,071 28,70	**0,08**
0,79	39,5 **47,4** 59,25	**0,09**	0,07707 0,4028 9,514	0,08773 0,4696 10,83	0,09306 0,5031 11,49	0,09839 0,5365 12,15	0,1037 0,5699 12,80	0,1064 0,5866 13,13	0,1090 0,6034 13,46	0,1117 0,6201 13,79	0,1144 0,6368 14,12	0,1170 0,6535 14,45	0,1197 0,6702 14,78	0,1224 0,6869 15,11	0,1250 0,7037 15,44	0,1277 0,7204 15,77	0,1304 0,7371 16,10	0,1330 0,7538 16,42	0,1357 0,7705 16,75	0,1410 0,8040 17,41	0,1464 0,8374 18,07	0,1517 0,8708 18,73	0,1837 1,071 22,68	**0,09**
0,7667	38,33 **46** 57,5	**0,10**	0,08411 0,4417 8,411	0,09407 0,5046 9,407	0,09905 0,5361 9,905	0,1040 0,5676 10,40	0,1090 0,5991 10,90	0,1115 0,6149 11,15	0,1140 0,6306 11,40	0,1165 0,6463 11,65	0,1190 0,6621 11,90	0,1214 0,6778 12,14	0,1239 0,6936 12,39	0,1264 0,7093 12,64	0,1289 0,7251 12,89	0,1314 0,7408 13,14	0,1339 0,7565 13,39	0,1364 0,7723 13,64	0,1389 0,7880 13,89	0,1438 0,8195 14,38	0,1488 0,8510 14,88	0,1538 0,8825 15,38	0,1837 1,071 18,37	**0,10**
0,72	36 **43,2** 54	**0,12**	0,09734 0,5160 6,760	0,1060 0,5715 7,360	0,1103 0,5993 7,659	0,1146 0,6271 7,959	0,1189 0,6549 8,259	0,1211 0,6687 8,409	0,1232 0,6826 8,559	0,1254 0,6965 8,708	0,1276 0,7104 8,858	0,1297 0,7243 9,008	0,1319 0,7382 9,158	0,1340 0,7521 9,308	0,1362 0,7659 9,458	0,1383 0,7798 9,608	0,1405 0,7937 9,758	0,1427 0,8076 9,907	0,1448 0,8215 10,06	0,1491 0,8493 10,36	0,1535 0,8770 10,66	0,1578 0,9048 10,96	0,1837 1,071 12,76	**0,12**
0,6733	33,67 **40,4** 50,5	**0,14**	0,1095 0,5857 5,585	0,1169 0,6342 5,964	0,1206 0,6585 6,153	0,1243 0,6828 6,342	0,1280 0,7071 6,532	0,1299 0,7193 6,626	0,1317 0,7314 6,721	0,1336 0,7435 6,816	0,1354 0,7557 6,910	0,1373 0,7678 7,005	0,1391 0,7800 7,099	0,1410 0,7921 7,194	0,1429 0,8043 7,289	0,1447 0,8164 7,383	0,1466 0,8285 7,478	0,1484 0,8407 7,573	0,1503 0,8528 7,667	0,1540 0,8771 7,857	0,1577 0,9014 8,046	0,1614 0,9257 8,235	0,1837 1,071 9,371	**0,14**
0,6267	31,33 **37,6** 47	**0,16**	0,1205 0,6507 4,708	0,1268 0,6927 4,954	0,1300 0,7138 5,078	0,1332 0,7348 5,201	0,1363 0,7559 5,325	0,1379 0,7664 5,386	0,1395 0,7769 5,448	0,1410 0,7874 5,510	0,1426 0,7979 5,571	0,1442 0,8085 5,633	0,1458 0,8190 5,695	0,1474 0,8295 5,756	0,1489 0,8400 5,818	0,1505 0,8505 5,880	0,1521 0,8610 5,941	0,1537 0,8716 6,003	0,1553 0,8821 6,065	0,1584 0,9031 6,188	0,1616 0,9242 6,311	0,1647 0,9452 6,435	0,1837 1,071 7,175	**0,16**

$\frac{\sigma_{b\,Steg}}{\sigma_b}$	$\sigma_{b\,Steg}$	d/h \ b'/b	0	0,10	0,15	0,20	0,25	0,275	0,300	0,325	0,350	0,375	0,400	0,425	0,450	0,475	0,500	0,525	0,550	0,60	0,65	0,70	1	b'/b \ d/h
0,58	29 34,8 43,5	0,18	0,1305 0,7110 4,029	0,1358 0,7470 4,193	0,1385 0,7651 4,275	0,1412 0,7831 4,357	0,1438 0,8011 4,439	0,1451 0,8101 4,480	0,1465 0,8191 4,521	0,1478 0,8281 4,562	0,1491 0,8371 4,603	0,1505 0,8462 4,644	0,1518 0,8552 4,685	0,1531 0,8642 4,726	0,1544 0,8732 4,767	0,1558 0,8822 4,808	0,1571 0,8912 4,849	0,1584 0,9002 4,890	0,1598 0,9092 4,931	0,1624 0,9273 5,013	0,1651 0,9453 5,095	0,1677 0,9633 5,177	0,1837 1,071 5,669	0,18
0,5333	26,67 32 40	0,20	0,1396 0,7667 3,489	0,1440 0,7971 3,599	0,1462 0,8124 3,654	0,1484 0,8276 3,709	0,1506 0,8429 3,765	0,1517 0,8505 3,792	0,1528 0,8581 3,820	0,1539 0,8657 3,847	0,1550 0,8733 3,875	0,1561 0,8810 3,902	0,1572 0,8886 3,930	0,1583 0,8962 3,958	0,1594 0,9038 3,985	0,1605 0,9114 4,013	0,1616 0,9190 4,040	0,1627 0,9267 4,068	0,1638 0,9343 4,095	0,1660 0,9495 4,151	0,1682 0,9648 4,206	0,1704 0,9800 4,261	0,1837 1,071 4,592	0,20
0,4867	24,33 29,2 36,5	0,22	0,1476 0,8177 3,050	0,1512 0,8430 3,124	0,1530 0,8557 3,162	0,1548 0,8684 3,199	0,1566 0,8811 3,236	0,1575 0,8875 3,255	0,1584 0,8938 3,273	0,1593 0,9001 3,292	0,1602 0,9065 3,311	0,1611 0,9128 3,329	0,1620 0,9192 3,348	0,1629 0,9255 3,367	0,1638 0,9319 3,385	0,1647 0,9382 3,404	0,1656 0,9445 3,422	0,1665 0,9509 3,441	0,1674 0,9572 3,460	0,1693 0,9699 3,497	0,1711 0,9826 3,534	0,1729 0,9953 3,571	0,1837 1,071 3,795	0,22
0,44	22 26,4 33	0,24	0,1548 0,8640 2,687	0,1576 0,8847 2,737	0,1591 0,8951 2,762	0,1605 0,9055 2,787	0,1620 0,9159 2,812	0,1627 0,9210 2,825	0,1634 0,9262 2,837	0,1642 0,9314 2,850	0,1649 0,9366 2,862	0,1656 0,9418 2,875	0,1663 0,9470 2,888	0,1670 0,9522 2,900	0,1678 0,9573 2,913	0,1685 0,9625 2,925	0,1692 0,9677 2,938	0,1699 0,9729 2,950	0,1707 0,9781 2,963	0,1721 0,9885 2,988	0,1736 0,9988 3,013	0,1750 1,009 3,038	0,1837 1,071 3,189	0,24
0,3933	19,67 23,6 29,5	0,26	0,1610 0,9057 2,382	0,1633 0,9222 2,415	0,1644 0,9305 2,432	0,1655 0,9388 2,449	0,1667 0,9471 2,466	0,1672 0,9513 2,474	0,1678 0,9554 2,482	0,1684 0,9595 2,491	0,1689 0,9637 2,499	0,1695 0,9678 2,507	0,1701 0,9720 2,516	0,1706 0,9761 2,524	0,1712 0,9803 2,533	0,1718 0,9844 2,541	0,1723 0,9885 2,549	0,1729 0,9927 2,558	0,1735 0,9968 2,566	0,1746 1,005 2,583	0,1757 1,013 2,600	0,1769 1,022 2,616	0,1837 1,071 2,717	0,26
0,3467	17,33 20,8 26	0,28	0,1664 0,9427 2,123	0,1681 0,9555 2,145	0,1690 0,9620 2,156	0,1699 0,9684 2,167	0,1707 0,9749 2,178	0,1712 0,9781 2,183	0,1716 0,9813 2,189	0,1720 0,9845 2,194	0,1725 0,9877 2,200	0,1729 0,9910 2,205	0,1733 0,9942 2,211	0,1737 0,9974 2,216	0,1742 1,001 2,222	0,1746 1,004 2,227	0,1750 1,007 2,233	0,1755 1,010 2,238	0,1759 1,013 2,244	0,1768 1,020 2,255	0,1776 1,026 2,266	0,1785 1,033 2,277	0,1837 1,071 2,343	0,28
0,3	15 18 22,5	0,30	0,1710 0,9750 1,900	0,1723 0,9846 1,914	0,1729 0,9895 1,921	0,1735 0,9943 1,928	0,1742 0,9991 1,935	0,1745 1,002 1,939	0,1748 1,004 1,942	0,1751 1,006 1,946	0,1754 1,009 1,949	0,1758 1,011 1,953	0,1761 1,014 1,956	0,1764 1,016 1,960	0,1767 1,018 1,963	0,1770 1,021 1,967	0,1773 1,023 1,970	0,1777 1,026 1,974	0,1780 1,028 1,977	0,1786 1,033 1,984	0,1792 1,038 1,992	0,1799 1,042 1,999	0,1837 1,071 2,041	0,30
0,2533	12,67 15,2 19	0,32	0,1748 1,003 1,707	0,1757 1,010 1,716	0,1761 1,013 1,720	0,1766 1,016 1,725	0,1770 1,020 1,729	0,1773 1,022 1,731	0,1775 1,023 1,733	0,1777 1,025 1,735	0,1779 1,027 1,737	0,1781 1,028 1,740	0,1784 1,030 1,742	0,1786 1,032 1,744	0,1788 1,034 1,746	0,1790 1,035 1,748	0,1792 1,037 1,750	0,1795 1,039 1,753	0,1797 1,040 1,755	0,1801 1,044 1,759	0,1806 1,047 1,763	0,1810 1,051 1,768	0,1837 1,071 1,794	0,32
0,16	8 9,6 12	0,36	0,1803 1,044 1,391	0,1806 1,047 1,394	0,1808 1,048 1,395	0,1810 1,049 1,396	0,1811 1,051 1,398	0,1812 1,052 1,398	0,1813 1,052 1,399	0,1814 1,053 1,400	0,1815 1,054 1,400	0,1816 1,054 1,401	0,1816 1,055 1,402	0,1817 1,056 1,402	0,1818 1,056 1,403	0,1819 1,057 1,404	0,1820 1,058 1,404	0,1821 1,058 1,405	0,1822 1,059 1,405	0,1823 1,060 1,407	0,1825 1,062 1,408	0,1827 1,063 1,409	0,1837 1,071 1,417	0,36
0,06667	3,333 4 5	0,40	0,1831 1,067 1,144	0,1832 1,067 1,145	0,1832 1,067 1,145	0,1832 1,068 1,145	0,1832 1,068 1,145	0,1833 1,068 1,145	0,1833 1,068 1,145	0,1833 1,068 1,146	0,1833 1,068 1,146	0,1833 1,068 1,146	0,1833 1,069 1,146	0,1833 1,069 1,146	0,1834 1,069 1,146	0,1834 1,069 1,146	0,1834 1,069 1,146	0,1834 1,069 1,146	0,1834 1,069 1,146	0,1834 1,070 1,146	0,1835 1,070 1,147	0,1835 1,070 1,147	0,1837 1,071 1,148	0,40
0	0 0 0	0,44 *	0,1837 1,071 0,9487	0,1837 1,071 0,9487	0,1837 1,071 0,9487	0,1837 1,071 0,9487	0,1837 1,071 0,9487	0,1837 1,071 0,9487	0,1837 1,071 0,9487	0,1837 1,071 0,9487	0,1837 1,071 0,9487	0,1837 1,071 0,9487	0,1837 1,071 0,9487	0,1837 1,071 0,9487	0,1837 1,071 0,9487	0,1837 1,071 0,9487	0,1837 1,071 0,9487	0,1837 1,071 0,9487	0,1837 1,071 0,9487	0,1837 1,071 0,9487	0,1837 1,071 0,9487	0,1837 1,071 0,9487	0,1837 1,071 0,9487	* 0,44
		0,48																						0,48

Für $\sigma_e =$ 1000 / 1200 / 1500

b Druckbreite; b_0 Zugbreite; *b'* Stegdruckbreite; *d* Plattenstärke; f_e Zugeisenquerschnitt für die Einheit der Druckbreite; *h* Nutzhöhe; *M* Moment; *v* Randspannungsverhältnis σ_e/σ_b; *x* Druckhöhe; σ_b Betondruckspannung an der Platten-O.K.; $\sigma_{b\,Steg}$ desgl. a. d. Platten-U.K.; σ_e Eisenzugspannung.

Erste Teilzeile (Steilziffern): $\mathfrak{M} = \frac{M}{\sigma_b \cdot b \cdot h^2}$

Zweite Teilzeile (Schrägziffern): f_e/h in cm/m

Dritte Teilzeile (Steilziffern): $\mathfrak{M}^d = \frac{M}{\sigma_b \cdot b \cdot d^2}$

* Diese Teilzeilen $\mathfrak{M}$ und f_e/h gelten auch allg. für $d/h \geqq 0{,}4286$ (unb. Drz.).

$\frac{x}{h} = 0{,}4286$

v		20
σ_e in $\frac{kg}{cm^2}$	1000 / 1200 / 1500	
σ_b in $\frac{kg}{cm^2}$	50 / 60 / 75	

Fortsetzung der **Tab. X. Stegdruckbalken** (Plattenbalken mit Berücksichtigung des Stegdruckes).

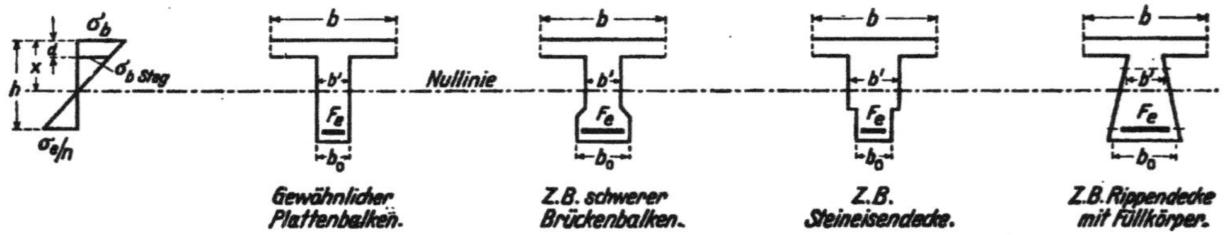

$\frac{x}{h}=0{,}4483$	v	18,46		
	σ_e in $\frac{kg}{cm^2}$	1000	1200	1500
	σ_b in $\frac{kg}{cm^2}$	54,17	65	81,25

$\frac{\sigma_{b\,Steg}}{\sigma_b}$	Für σ_e = 1000 / 1200 / 1500: $\sigma_{b\,Steg}$	b'/b ↘ d/h	0	0,10	0,15	0,20	0,25	0,275	0,300	0,325	0,350	0,375	0,400	0,425	0,450	0,475	0,500	0,525	0,550	0,60	0,65	0,70	1	b'/b ↙ d/h
0,9331	50,54 60,65 75,81	0,03	0,02857 0,1571 31,74	0,04477 0,2628 49,75	0,05288 0,3156 58,75	0,06098 0,3685 67,76	0,06909 0,4213 76,76	0,07314 0,4477 81,26	0,07719 0,4742 85,77	0,08124 0,5006 90,27	0,08529 0,5270 94,77	0,08935 0,5534 99,27	0,09340 0,5799 103,8	0,09745 0,6063 108,3	0,1015 0,6327 112,8	0,1056 0,6591 117,3	0,1096 0,6856 121,8	0,1137 0,7120 126,3	0,1177 0,7384 130,8	0,1258 0,7913 139,8	0,1339 0,8441 148,8	0,1420 0,8970 157,8	0,1906 1,214 211,8	0,03
0,9108	49,33 59,2 74	0,04	0,03746 0,2070 23,41	0,05278 0,3077 32,99	0,06044 0,3581 37,78	0,06810 0,4084 42,56	0,07576 0,4588 47,35	0,07959 0,4839 49,74	0,08342 0,5091 52,14	0,08725 0,5343 54,53	0,09108 0,5595 56,92	0,09491 0,5847 59,32	0,09874 0,6098 61,71	0,1026 0,6350 64,10	0,1064 0,6602 66,50	0,1102 0,6854 68,89	0,1141 0,7105 71,28	0,1179 0,7357 73,68	0,1217 0,7609 76,07	0,1294 0,8112 80,86	0,1370 0,8616 85,64	0,1447 0,9120 90,43	0,1906 1,214 119,2	0,04
0,8885	48,13 57,75 72,19	0,05	0,04605 0,2557 18,42	0,06051 0,3516 24,21	0,06774 0,3995 27,10	0,07497 0,4474 29,99	0,08220 0,4953 32,88	0,08582 0,5193 34,33	0,08943 0,5432 35,77	0,09305 0,5672 37,22	0,09666 0,5912 38,66	0,1003 0,6151 40,11	0,1039 0,6391 41,56	0,1075 0,6630 43,00	0,1111 0,6870 44,45	0,1147 0,7109 45,89	0,1184 0,7349 47,34	0,1220 0,7589 48,79	0,1256 0,7828 50,23	0,1328 0,8307 53,12	0,1400 0,8787 56,02	0,1473 0,9266 58,91	0,1906 1,214 76,26	0,05
0,8662	46,92 56,3 70,38	0,06	0,05435 0,3033 15,10	0,06798 0,3943 18,88	0,07479 0,4399 20,78	0,08161 0,4854 22,67	0,08842 0,5310 24,56	0,09183 0,5537 25,51	0,09524 0,5765 26,45	0,09864 0,5993 27,40	0,1021 0,6220 28,35	0,1055 0,6448 29,29	0,1089 0,6676 30,24	0,1123 0,6904 31,19	0,1157 0,7131 32,13	0,1191 0,7359 33,08	0,1225 0,7587 34,03	0,1259 0,7814 34,97	0,1293 0,8042 35,92	0,1361 0,8497 37,81	0,1429 0,8953 39,71	0,1498 0,9408 41,60	0,1906 1,214 52,96	0,06
0,8438	45,71 54,85 68,56	0,07	0,06234 0,3496 12,72	0,07517 0,4360 15,34	0,08159 0,4792 16,65	0,08800 0,5225 17,96	0,09442 0,5657 19,27	0,09762 0,5873 19,92	0,1008 0,6089 20,58	0,1040 0,6305 21,23	0,1072 0,6521 21,89	0,1105 0,6738 22,54	0,1137 0,6954 23,20	0,1169 0,7170 23,85	0,1201 0,7386 24,51	0,1233 0,7602 25,16	0,1265 0,7818 25,81	0,1297 0,8034 26,47	0,1329 0,8250 27,12	0,1393 0,8683 28,43	0,1457 0,9115 29,74	0,1522 0,9547 31,05	0,1906 1,214 38,91	0,07
0,8215	44,5 53,4 66,75	0,08	0,07004 0,3947 10,94	0,08210 0,4766 12,83	0,08813 0,5176 13,77	0,09416 0,5585 14,71	0,1002 0,5995 15,66	0,1032 0,6200 16,13	0,1062 0,6405 16,60	0,1092 0,6610 17,07	0,1123 0,6815 17,54	0,1153 0,7019 18,01	0,1183 0,7224 18,48	0,1213 0,7429 18,95	0,1243 0,7634 19,42	0,1273 0,7839 19,90	0,1303 0,8044 20,37	0,1334 0,8249 20,84	0,1364 0,8453 21,31	0,1424 0,8863 22,25	0,1484 0,9273 23,19	0,1545 0,9683 24,14	0,1906 1,214 29,79	0,08
0,7992	43,29 51,95 64,94	0,09	0,07746 0,4386 9,563	0,08878 0,5161 10,96	0,09444 0,5549 11,66	0,1001 0,5937 12,36	0,1058 0,6324 13,06	0,1086 0,6518 13,41	0,1114 0,6712 13,75	0,1142 0,6906 14,10	0,1171 0,7100 14,45	0,1199 0,7294 14,80	0,1227 0,7488 15,15	0,1256 0,7682 15,50	0,1284 0,7875 15,85	0,1312 0,8069 16,20	0,1341 0,8263 16,55	0,1369 0,8457 16,90	0,1397 0,8651 17,25	0,1454 0,9039 17,95	0,1510 0,9427 18,65	0,1567 0,9814 19,34	0,1906 1,214 23,54	0,09
0,7769	42,08 50,5 63,13	0,10	0,08459 0,4813 8,459	0,09520 0,5545 9,520	0,1005 0,5912 10,05	0,1058 0,6278 10,58	0,1111 0,6645 11,11	0,1138 0,6828 11,38	0,1164 0,7011 11,64	0,1191 0,7194 11,91	0,1217 0,7377 12,17	0,1244 0,7561 12,44	0,1270 0,7744 12,70	0,1297 0,7927 12,97	0,1323 0,8110 13,23	0,1350 0,8293 13,50	0,1376 0,8477 13,76	0,1403 0,8660 14,03	0,1429 0,8843 14,29	0,1482 0,9209 14,82	0,1535 0,9576 15,35	0,1588 0,9942 15,88	0,1906 1,214 19,06	0,10
0,7323	39,67 47,6 59,5	0,12	0,09802 0,5630 6,807	0,1073 0,6281 7,450	0,1119 0,6607 7,772	0,1165 0,6932 8,094	0,1212 0,7258 8,415	0,1235 0,7420 8,576	0,1258 0,7583 8,737	0,1281 0,7746 8,898	0,1304 0,7909 9,058	0,1328 0,8072 9,219	0,1351 0,8234 9,380	0,1374 0,8397 9,541	0,1397 0,8560 9,702	0,1420 0,8723 9,862	0,1443 0,8885 10,02	0,1467 0,9048 10,18	0,1490 0,9211 10,34	0,1536 0,9536 10,67	0,1582 0,9862 10,99	0,1629 1,019 11,31	0,1906 1,214 13,24	0,12
0,6877	37,25 44,7 55,88	0,14	0,1104 0,6399 5,632	0,1184 0,6973 6,041	0,1224 0,7260 6,246	0,1264 0,7547 6,451	0,1304 0,7835 6,655	0,1325 0,7978 6,758	0,1345 0,8122 6,860	0,1365 0,8265 6,963	0,1385 0,8409 7,065	0,1405 0,8552 7,167	0,1425 0,8696 7,270	0,1445 0,8839 7,372	0,1465 0,8983 7,474	0,1485 0,9126 7,577	0,1505 0,9270 7,679	0,1525 0,9414 7,782	0,1545 0,9557 7,884	0,1585 0,9844 8,089	0,1626 1,013 8,293	0,1666 1,042 8,498	0,1906 1,214 9,727	0,14
0,6431	34,83 41,8 52,25	0,16	0,1217 0,7120 4,754	0,1286 0,7622 5,023	0,1320 0,7873 5,158	0,1355 0,8124 5,292	0,1389 0,8375 5,427	0,1407 0,8501 5,494	0,1424 0,8626 5,562	0,1441 0,8752 5,629	0,1458 0,8877 5,696	0,1475 0,9003 5,764	0,1493 0,9128 5,831	0,1510 0,9254 5,898	0,1527 0,9379 5,966	0,1544 0,9505 6,033	0,1562 0,9630 6,100	0,1579 0,9756 6,168	0,1596 0,9881 6,235	0,1631 1,013 6,370	0,1665 1,038 6,504	0,1700 1,063 6,639	0,1906 1,214 7,447	0,16

$\sigma_{b\,Steg}/\sigma_b$	$\sigma_{b\,Steg}$	d/h \ b'/b	0	0,10	0,15	0,20	0,25	0,275	0,300	0,325	0,350	0,375	0,400	0,425	0,450	0,475	0,500	0,525	0,550	0,60	0,65	0,70	1	d/h
0,5985	*32,42* **38,9** 48,63	0,18	0,1320 *0,7793* 4,074	0,1379 *0,8227* 4,255	0,1408 *0,8445* 4,346	0,1437 *0,8662* 4,436	0,1467 *0,8880* 4,527	0,1481 *0,8988* 4,572	0,1496 *0,9097* 4,617	0,1511 *0,9206* 4,662	0,1525 *0,9314* 4,708	0,1540 *0,9423* 4,753	0,1555 *0,9532* 4,798	0,1569 *0,9641* 4,843	0,1584 *0,9749* 4,889	0,1599 *0,9858* 4,934	0,1613 *0,9967* 4,979	0,1628 *1,008* 5,024	0,1643 *1,018* 5,070	0,1672 *1,040* 5,160	0,1701 *1,062* 5,251	0,1731 *1,084* 5,341	0,1906 *1,214* 5,884	0,18
0,5538	*30* **36** 45	0,20	0,1413 *0,8417* 3,533	0,1463 *0,8789* 3,657	0,1487 *0,8975* 3,718	0,1512 *0,9161* 3,780	0,1537 *0,9348* 3,842	0,1549 *0,9441* 3,872	0,1561 *0,9534* 3,903	0,1574 *0,9627* 3,934	0,1586 *0,9720* 3,965	0,1598 *0,9813* 3,996	0,1611 *0,9906* 4,026	0,1623 *0,9999* 4,057	0,1635 *1,009* 4,088	0,1648 *1,019* 4,119	0,1660 *1,028* 4,150	0,1672 *1,037* 4,181	0,1685 *1,046* 4,211	0,1709 *1,065* 4,273	0,1734 *1,084* 4,335	0,1759 *1,102* 4,396	0,1906 *1,214* 4,766	0,20
0,5092	*27,58* **33,1** 41,38	0,22	0,1497 *0,8993* 3,094	0,1538 *0,9307* 3,178	0,1559 *0,9465* 3,220	0,1579 *0,9622* 3,263	0,1600 *0,9780* 3,305	0,1610 *0,9858* 3,326	0,1620 *0,9937* 3,347	0,1630 *1,002* 3,368	0,1641 *1,009* 3,390	0,1651 *1,017* 3,411	0,1661 *1,025* 3,432	0,1671 *1,033* 3,453	0,1681 *1,041* 3,474	0,1692 *1,049* 3,495	0,1702 *1,057* 3,516	0,1712 *1,065* 3,537	0,1722 *1,072* 3,559	0,1743 *1,088* 3,601	0,1763 *1,104* 3,643	0,1784 *1,120* 3,685	0,1906 *1,214* 3,939	0,22
0,4646	*25,17* **30,2** 37,75	0,24	0,1572 *0,9520* 2,730	0,1606 *0,9782* 2,788	0,1622 *0,9913* 2,817	0,1639 *1,004* 2,846	0,1656 *1,018* 2,875	0,1664 *1,024* 2,889	0,1673 *1,031* 2,904	0,1681 *1,037* 2,918	0,1689 *1,044* 2,933	0,1698 *1,050* 2,947	0,1706 *1,057* 2,962	0,1714 *1,063* 2,976	0,1723 *1,070* 2,991	0,1731 *1,076* 3,005	0,1739 *1,083* 3,020	0,1748 *1,090* 3,034	0,1756 *1,096* 3,049	0,1773 *1,109* 3,078	0,1790 *1,122* 3,107	0,1806 *1,135* 3,136	0,1906 *1,214* 3,310	0,24
0,42	*22,75* **27,3** 34,13	0,26	0,1639 *0,9999* 2,424	0,1665 *1,021* 2,464	0,1679 *1,032* 2,484	0,1692 *1,043* 2,503	0,1706 *1,053* 2,523	0,1712 *1,059* 2,533	0,1719 *1,064* 2,543	0,1726 *1,070* 2,553	0,1732 *1,075* 2,563	0,1739 *1,080* 2,573	0,1746 *1,086* 2,583	0,1752 *1,091* 2,592	0,1759 *1,096* 2,602	0,1766 *1,102* 2,612	0,1773 *1,107* 2,622	0,1779 *1,112* 2,632	0,1786 *1,118* 2,642	0,1799 *1,128* 2,662	0,1813 *1,139* 2,682	0,1826 *1,150* 2,701	0,1906 *1,214* 2,820	0,26
0,3754	*20,33* **24,4** 30,5	0,28	0,1697 *1,043* 2,164	0,1718 *1,060* 2,191	0,1728 *1,069* 2,204	0,1739 *1,077* 2,218	0,1749 *1,086* 2,231	0,1754 *1,090* 2,238	0,1760 *1,094* 2,244	0,1765 *1,099* 2,251	0,1770 *1,103* 2,258	0,1775 *1,107* 2,265	0,1781 *1,111* 2,271	0,1786 *1,116* 2,278	0,1791 *1,120* 2,285	0,1796 *1,124* 2,291	0,1802 *1,129* 2,298	0,1807 *1,133* 2,305	0,1812 *1,137* 2,311	0,1823 *1,146* 2,325	0,1833 *1,154* 2,338	0,1844 *1,163* 2,351	0,1906 *1,214* 2,432	0,28
0,3308	*17,92* **21,5** 26,88	0,30	0,1747 *1,081* 1,941	0,1763 *1,095* 1,959	0,1771 *1,101* 1,968	0,1779 *1,108* 1,976	0,1787 *1,114* 1,985	0,1791 *1,118* 1,990	0,1795 *1,121* 1,994	0,1799 *1,124* 1,999	0,1803 *1,128* 2,003	0,1807 *1,131* 2,007	0,1811 *1,134* 2,012	0,1815 *1,138* 2,016	0,1819 *1,141* 2,021	0,1823 *1,144* 2,025	0,1827 *1,148* 2,030	0,1831 *1,151* 2,034	0,1835 *1,154* 2,039	0,1843 *1,161* 2,047	0,1851 *1,168* 2,056	0,1859 *1,174* 2,065	0,1906 *1,214* 2,118	0,30
0,2862	*15,5* **18,6** 23,25	0,32	0,1790 *1,115* 1,748	0,1801 *1,125* 1,759	0,1807 *1,130* 1,765	0,1813 *1,135* 1,770	0,1819 *1,140* 1,776	0,1822 *1,142* 1,779	0,1825 *1,144* 1,782	0,1828 *1,147* 1,785	0,1830 *1,149* 1,788	0,1833 *1,152* 1,790	0,1836 *1,154* 1,793	0,1839 *1,157* 1,796	0,1842 *1,159* 1,799	0,1845 *1,162* 1,802	0,1848 *1,164* 1,805	0,1851 *1,167* 1,808	0,1854 *1,169* 1,810	0,1860 *1,174* 1,816	0,1866 *1,179* 1,822	0,1871 *1,184* 1,828	0,1906 *1,214* 1,862	0,32
0,1969	*10,67* **12,8** 16	0,36	0,1853 *1,167* 1,430	0,1859 *1,172* 1,434	0,1861 *1,174* 1,436	0,1864 *1,176* 1,438	0,1867 *1,179* 1,440	0,1868 *1,180* 1,441	0,1869 *1,181* 1,442	0,1871 *1,182* 1,443	0,1872 *1,183* 1,444	0,1873 *1,185* 1,445	0,1875 *1,186* 1,446	0,1876 *1,187* 1,447	0,1877 *1,188* 1,449	0,1879 *1,189* 1,450	0,1880 *1,191* 1,451	0,1881 *1,192* 1,452	0,1883 *1,193* 1,453	0,1885 *1,195* 1,455	0,1888 *1,198* 1,457	0,1891 *1,200* 1,459	0,1906 *1,214* 1,471	0,36
0,1077	*5,833* **7** 8,75	0,40	0,1891 *1,200* 1,182	0,1893 *1,201* 1,183	0,1894 *1,202* 1,183	0,1894 *1,203* 1,184	0,1895 *1,204* 1,184	0,1895 *1,204* 1,185	0,1896 *1,204* 1,185	0,1896 *1,205* 1,185	0,1897 *1,205* 1,185	0,1897 *1,205* 1,186	0,1897 *1,206* 1,186	0,1898 *1,206* 1,186	0,1898 *1,206* 1,186	0,1898 *1,207* 1,187	0,1899 *1,207* 1,187	0,1899 *1,207* 1,187	0,1900 *1,208* 1,187	0,1900 *1,208* 1,188	0,1901 *1,209* 1,188	0,1902 *1,210* 1,189	0,1906 *1,214* 1,192	0,40
0,01846	*1* **1,2** 1,5	0,44	0,1906 *1,214* 0,9845	0,1906 *1,214* 0,9845	0,1906 *1,214* 0,9846	0,1906 *1,214* 0,9846	0,1906 *1,214* 0,9846	0,1906 *1,214* 0,9846	0,1906 *1,214* 0,9846	0,1906 *1,214* 0,9846	0,1906 *1,214* 0,9846	0,1906 *1,214* 0,9846	0,1906 *1,214* 0,9846	0,1906 *1,214* 0,9846	0,1906 *1,214* 0,9846	0,1906 *1,214* 0,9846	0,1906 *1,214* 0,9846	0,1906 *1,214* 0,9846	0,1906 *1,214* 0,9846	0,1906 *1,214* 0,9847	0,1906 *1,214* 0,9847	0,1906 *1,214* 0,9847	0,1906 *1,214* 0,9847	0,44
0	*0* **0** 0	0,48 *	0,1906 *1,214* 0,8275	0,1906 *1,214* 0,8275	0,1906 *1,214* 0,8275	0,1906 *1,214* 0,8275	0,1906 *1,214* 0,8275	0,1906 *1,214* 0,8275	0,1906 *1,214* 0,8275	0,1906 *1,214* 0,8275	0,1906 *1,214* 0,8275	0,1906 *1,214* 0,8275	0,1906 *1,214* 0,8275	0,1906 *1,214* 0,8275	0,1906 *1,214* 0,8275	0,1906 *1,214* 0,8275	0,1906 *1,214* 0,8275	0,1906 *1,214* 0,8275	0,1906 *1,214* 0,8275	0,1906 *1,214* 0,8275	0,1906 *1,214* 0,8275	0,1906 *1,214* 0,8275	0,1906 *1,214* 0,8275	* 0,48

Für $\sigma_e =$ *1000* / **1200** / 1500

b Druckbreite; b_e Zugbreite; *b'* Stegdruckbreite; *d* Plattenstärke; f_e Zugeisenquerschnitt für die Einheit der Druckbreite; *h* Nutzhöhe; *M* Moment; *v* Randspannungsverhältnis σ_e/σ_b; *x* Druckhöhe; σ_b Betondruckspannung an der Platten-O.K.; $\sigma_{b\,Steg}$ desgl. a. d. Platten-U.K.; σ_e Eisenzugspannung.

Erste Teilzeile (Steilziffern): $\mathfrak{M} = \frac{M}{\sigma_b \cdot b \cdot h^2}$

Zweite Teilzeile (Schrägziffern): f_e/h in cm/m

Dritte Teilzeile (Steilziffern): $\mathfrak{M}^d = \frac{M}{\sigma_b \cdot b \cdot d^2}$

* Diese Teilzeilen $\mathfrak{M}$ und f_e/h gelten auch allg. für $d/h \geq 0{,}4483$ (unb. Drz.).

$\frac{x}{h} = 0{,}4483$

v	σ_e in $\frac{kg}{cm^2}$	σ_b in $\frac{kg}{cm^2}$
18,46	*1000*	*54,17*
	1200	**65**
	1500	81,25

Fortsetzung der **Tab. X. Stegdruckbalken** (Plattenbalken mit Berücksichtigung des Stegdruckes).

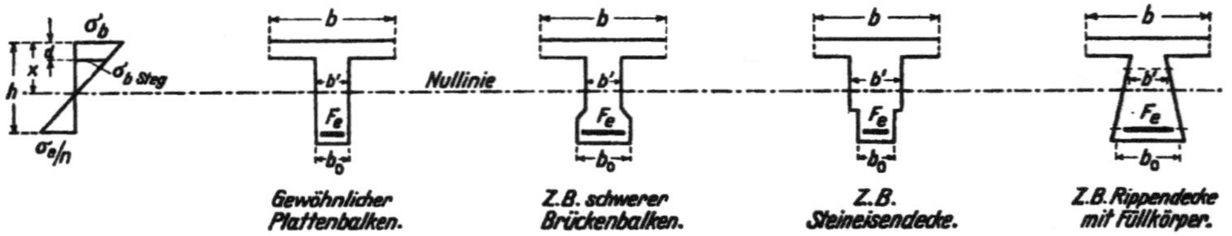

$\frac{x}{h} = 0{,}4667$

v	17,14		
σ_e in $\frac{kg}{cm^2}$	1000	1200	1500
σ_b in $\frac{kg}{cm^2}$	58,33	**70**	87,5

Für $\sigma_e =$ 1000 / 1200 / 1500

$\frac{\sigma_{b\,Steg}}{\sigma_b}$	$\sigma_{b\,Steg}$	d/h \ b'/b	0	0,10	0,15	0,20	0,25	0,275	0,300	0,325	0,350	0,375	0,400	0,425	0,450	0,475	0,500	0,525	0,550	0,60	0,65	0,70	1	b'/b / d/h
0,9357	54,58 **65,5** 81,88	**0,03**	0,02861 0,1694 31,78	0,04545 0,2885 50,50	0,05387 0,3481 59,86	0,06229 0,4077 69,21	0,07071 0,4673 78,57	0,07492 0,4971 83,25	0,07913 0,5269 87,93	0,08335 0,5567 92,61	0,08756 0,5865 97,28	0,09177 0,6163 102,0	0,09598 0,6461 106,6	0,1002 0,6759 111,3	0,1044 0,7057 116,0	0,1086 0,7354 120,7	0,1128 0,7652 125,4	0,1170 0,7950 130,0	0,1212 0,8248 134,7	0,1297 0,8844 144,1	0,1381 0,9440 153,4	0,1465 1,004 162,8	0,1970 1,361 218,9	**0,03**
0,9143	53,33 **64** 80	**0,04**	0,03753 0,2233 23,46	0,05348 0,3371 33,43	0,06146 0,3940 38,41	0,06943 0,4509 43,40	0,07741 0,5078 48,38	0,08140 0,5362 50,87	0,08538 0,5647 53,36	0,08937 0,5931 55,86	0,09336 0,6216 58,35	0,09735 0,6500 60,84	0,1013 0,6784 63,33	0,1053 0,7069 65,83	0,1093 0,7353 68,32	0,1133 0,7638 70,81	0,1173 0,7922 73,30	0,1213 0,8207 75,80	0,1253 0,8491 78,29	0,1332 0,9060 83,27	0,1412 0,9629 88,26	0,1492 1,020 93,24	0,1970 1,361 123,1	**0,04**
0,8929	52,08 **62,5** 78,13	**0,05**	0,04616 0,2760 18,46	0,06125 0,3845 24,50	0,06879 0,4388 27,52	0,07634 0,4931 30,53	0,08388 0,5473 33,55	0,08765 0,5744 35,06	0,09142 0,6016 36,57	0,09520 0,6287 38,08	0,09897 0,6558 39,59	0,1027 0,6829 41,10	0,1065 0,7101 42,60	0,1103 0,7372 44,11	0,1141 0,7643 45,62	0,1178 0,7914 47,13	0,1216 0,8186 48,64	0,1254 0,8457 50,15	0,1291 0,8728 51,66	0,1367 0,9271 54,67	0,1442 0,9813 57,69	0,1518 1,036 60,71	0,1970 1,361 78,81	**0,05**
0,8714	50,83 **61** 76,25	**0,06**	0,05450 0,3275 15,14	0,06875 0,4309 19,10	0,07588 0,4825 21,08	0,08301 0,5342 23,06	0,09013 0,5859 25,04	0,09370 0,6117 26,03	0,09726 0,6376 27,02	0,1008 0,6634 28,01	0,1044 0,6893 29,00	0,1079 0,7151 29,99	0,1115 0,7409 30,98	0,1151 0,7668 31,97	0,1186 0,7926 32,96	0,1222 0,8185 33,95	0,1258 0,8443 34,94	0,1293 0,8701 35,93	0,1329 0,8960 36,92	0,1400 0,9477 38,89	0,1471 0,9993 40,87	0,1543 1,051 42,85	0,1970 1,361 54,73	**0,06**
0,85	49,58 **59,5** 74,38	**0,07**	0,06255 0,3777 12,76	0,07599 0,4760 15,51	0,08272 0,5252 16,88	0,08944 0,5744 18,25	0,09617 0,6236 19,63	0,09953 0,6481 20,31	0,1029 0,6727 21,00	0,1063 0,6973 21,68	0,1096 0,7219 22,37	0,1130 0,7465 23,06	0,1163 0,7711 23,74	0,1197 0,7957 24,43	0,1231 0,8202 25,12	0,1264 0,8448 25,80	0,1298 0,8694 26,49	0,1332 0,8940 27,17	0,1365 0,9186 27,86	0,1432 0,9678 29,23	0,1500 1,017 30,61	0,1567 1,066 31,98	0,1970 1,361 40,21	**0,07**
0,8286	48,33 **58** 72,5	**0,08**	0,07031 0,4267 10,99	0,08298 0,5201 12,97	0,08932 0,5668 13,96	0,09565 0,6136 14,95	0,1020 0,6603 15,94	0,1052 0,6836 16,43	0,1083 0,7070 16,93	0,1115 0,7304 17,42	0,1147 0,7537 17,92	0,1178 0,7771 18,41	0,1210 0,8004 18,91	0,1242 0,8238 19,40	0,1273 0,8472 19,90	0,1305 0,8705 20,39	0,1337 0,8939 20,89	0,1368 0,9173 21,38	0,1400 0,9406 21,88	0,1463 0,9873 22,87	0,1527 1,034 23,86	0,1590 1,081 24,85	0,1970 1,361 30,79	**0,08**
0,8071	47,08 **56,5** 70,63	**0,09**	0,07779 0,4744 9,604	0,08972 0,5630 11,08	0,09568 0,6074 11,81	0,1016 0,6517 12,55	0,1076 0,6961 13,28	0,1106 0,7182 13,65	0,1136 0,7404 14,02	0,1165 0,7626 14,39	0,1195 0,7847 14,76	0,1225 0,8069 15,12	0,1255 0,8291 15,49	0,1285 0,8512 15,86	0,1315 0,8734 16,23	0,1344 0,8956 16,60	0,1374 0,9177 16,96	0,1404 0,9399 17,33	0,1434 0,9621 17,70	0,1493 1,006 18,44	0,1553 1,051 19,17	0,1613 1,095 19,91	0,1970 1,361 24,33	**0,09**
0,7857	45,83 **55** 68,75	**0,10**	0,08500 0,5208 8,500	0,09620 0,6049 9,620	0,1018 0,6469 10,18	0,1074 0,6889 10,74	0,1130 0,7309 11,30	0,1158 0,7519 11,58	0,1186 0,7729 11,86	0,1214 0,7939 12,14	0,1242 0,8149 12,42	0,1270 0,8359 12,70	0,1298 0,8569 12,98	0,1326 0,8780 13,26	0,1354 0,8990 13,54	0,1382 0,9200 13,82	0,1410 0,9410 14,10	0,1438 0,9620 14,38	0,1466 0,9830 14,66	0,1522 1,025 15,22	0,1578 1,067 15,78	0,1634 1,109 16,34	0,1970 1,361 19,70	**0,10**
0,7429	43,33 **52** 65	**0,12**	0,09861 0,6100 6,848	0,1084 0,6851 7,531	0,1134 0,7227 7,873	0,1183 0,7602 8,215	0,1232 0,7978 8,556	0,1257 0,8166 8,727	0,1281 0,8353 8,898	0,1306 0,8541 9,069	0,1331 0,8729 9,240	0,1355 0,8917 9,411	0,1380 0,9104 9,582	0,1404 0,9292 9,753	0,1429 0,9480 9,924	0,1454 0,9668 10,09	0,1478 0,9856 10,27	0,1503 1,004 10,44	0,1527 1,023 10,61	0,1577 1,061 10,95	0,1626 1,098 11,29	0,1675 1,136 11,63	0,1970 1,361 13,68	**0,12**
0,7	40,83 **49** 61,25	**0,14**	0,1112 0,6942 5,671	0,1197 0,7609 6,110	0,1240 0,7942 6,329	0,1283 0,8276 6,548	0,1326 0,8609 6,767	0,1348 0,8776 6,876	0,1369 0,8943 6,986	0,1391 0,9109 7,095	0,1412 0,9276 7,205	0,1434 0,9443 7,314	0,1455 0,9609 7,424	0,1477 0,9776 7,534	0,1498 0,9943 7,643	0,1520 1,011 7,753	0,1541 1,028 7,862	0,1562 1,044 7,972	0,1584 1,061 8,081	0,1627 1,094 8,300	0,1670 1,128 8,519	0,1713 1,161 8,738	0,1970 1,361 10,05	**0,14**
0,6571	38,33 **46** 57,5	**0,16**	0,1227 0,7733 4,793	0,1301 0,8321 5,083	0,1338 0,8615 5,228	0,1376 0,8909 5,374	0,1413 0,9203 5,519	0,1431 0,9350 5,591	0,1450 0,9497 5,664	0,1469 0,9644 5,737	0,1487 0,9791 5,809	0,1506 0,9937 5,882	0,1524 1,008 5,954	0,1543 1,023 6,027	0,1562 1,038 6,100	0,1580 1,053 6,172	0,1599 1,067 6,245	0,1617 1,082 6,317	0,1636 1,097 6,390	0,1673 1,126 6,535	0,1710 1,155 6,680	0,1747 1,185 6,826	0,1970 1,361 7,697	**0,16**

$\sigma_{b\,Steg}/\sigma_b$	$\sigma_{b\,Steg}$	d/h \ b'/b	0	0,10	0,15	0,20	0,25	0,275	0,300	0,325	0,350	0,375	0,400	0,425	0,450	0,475	0,500	0,525	0,550	0,60	0,65	0,70	1	d/h
0,6143	35,83 43 53,75	0,18	0,1333 0,8475 4,113	0,1396 0,8989 4,310	0,1428 0,9245 4,408	0,1460 0,9502 4,506	0,1492 0,9759 4,605	0,1508 0,9887 4,654	0,1524 1,002 4,703	0,1540 1,014 4,753	0,1556 1,027 4,802	0,1572 1,040 4,851	0,1588 1,053 4,900	0,1604 1,066 4,949	0,1620 1,079 4,999	0,1635 1,091 5,048	0,1651 1,104 5,097	0,1667 1,117 5,146	0,1683 1,130 5,195	0,1715 1,156 5,294	0,1747 1,181 5,392	0,1779 1,207 5,491	0,1970 1,361 6,081	0,18
0,5714	33,33 40 50	0,20	0,1429 0,9167 3,571	0,1483 0,9611 3,707	0,1510 0,9833 3,775	0,1537 1,006 3,842	0,1564 1,028 3,910	0,1578 1,039 3,944	0,1591 1,050 3,978	0,1605 1,061 4,012	0,1618 1,072 4,046	0,1632 1,083 4,079	0,1645 1,094 4,113	0,1659 1,106 4,147	0,1672 1,117 4,181	0,1686 1,128 4,215	0,1699 1,139 4,249	0,1713 1,150 4,283	0,1727 1,161 4,316	0,1754 1,183 4,384	0,1781 1,206 4,452	0,1808 1,228 4,520	0,1970 1,361 4,926	0,20
0,5286	30,83 37 46,25	0,22	0,1515 0,9808 3,131	0,1561 1,019 3,225	0,1584 1,038 3,272	0,1606 1,057 3,319	0,1629 1,076 3,366	0,1641 1,085 3,390	0,1652 1,095 3,413	0,1663 1,104 3,437	0,1675 1,114 3,460	0,1686 1,123 3,484	0,1697 1,133 3,507	0,1709 1,142 3,531	0,1720 1,152 3,554	0,1732 1,161 3,578	0,1743 1,171 3,601	0,1754 1,180 3,625	0,1766 1,190 3,648	0,1788 1,209 3,695	0,1811 1,228 3,742	0,1834 1,247 3,789	0,1970 1,361 4,071	0,22
0,4857	28,33 34 42,5	0,24	0,1594 1,040 2,767	0,1631 1,072 2,832	0,1650 1,088 2,865	0,1669 1,104 2,897	0,1688 1,120 2,930	0,1697 1,128 2,947	0,1707 1,136 2,963	0,1716 1,144 2,979	0,1725 1,152 2,996	0,1735 1,160 3,012	0,1744 1,168 3,028	0,1754 1,176 3,045	0,1763 1,185 3,061	0,1773 1,193 3,077	0,1782 1,201 3,094	0,1791 1,209 3,110	0,1801 1,217 3,126	0,1820 1,233 3,159	0,1839 1,249 3,192	0,1857 1,265 3,225	0,1970 1,361 3,421	0,24
0,4429	25,83 31 38,75	0,26	0,1663 1,094 2,460	0,1694 1,121 2,506	0,1709 1,134 2,529	0,1725 1,148 2,551	0,1740 1,161 2,574	0,1748 1,168 2,585	0,1755 1,174 2,597	0,1763 1,181 2,608	0,1771 1,188 2,619	0,1778 1,194 2,631	0,1786 1,201 2,642	0,1794 1,208 2,654	0,1801 1,214 2,665	0,1809 1,221 2,676	0,1817 1,228 2,688	0,1824 1,234 2,699	0,1832 1,241 2,710	0,1848 1,254 2,733	0,1863 1,268 2,756	0,1878 1,281 2,778	0,1970 1,361 2,915	0,26
0,4	23,33 28 35	0,28	0,1725 1,143 2,200	0,1749 1,165 2,231	0,1762 1,176 2,247	0,1774 1,187 2,263	0,1786 1,198 2,278	0,1792 1,203 2,286	0,1798 1,209 2,294	0,1805 1,214 2,302	0,1811 1,220 2,310	0,1817 1,225 2,317	0,1823 1,230 2,325	0,1829 1,236 2,333	0,1835 1,241 2,341	0,1841 1,247 2,349	0,1848 1,252 2,357	0,1854 1,258 2,364	0,1860 1,263 2,372	0,1872 1,274 2,388	0,1884 1,285 2,404	0,1897 1,296 2,419	0,1970 1,361 2,513	0,28
0,3571	20,83 25 31,25	0,30	0,1779 1,188 1,976	0,1798 1,205 1,998	0,1807 1,214 2,008	0,1817 1,222 2,019	0,1827 1,231 2,029	0,1831 1,235 2,035	0,1836 1,240 2,040	0,1841 1,244 2,045	0,1846 1,248 2,051	0,1850 1,253 2,056	0,1855 1,257 2,061	0,1860 1,261 2,067	0,1865 1,266 2,072	0,1870 1,270 2,077	0,1874 1,274 2,083	0,1879 1,279 2,088	0,1884 1,283 2,093	0,1894 1,292 2,104	0,1903 1,300 2,115	0,1913 1,309 2,125	0,1970 1,361 2,189	0,30
0,3143	18,33 22 27,5	0,32	0,1825 1,227 1,782	0,1839 1,240 1,796	0,1847 1,247 1,803	0,1854 1,254 1,811	0,1861 1,260 1,818	0,1865 1,264 1,821	0,1869 1,267 1,825	0,1872 1,270 1,828	0,1876 1,274 1,832	0,1879 1,277 1,835	0,1883 1,280 1,839	0,1887 1,284 1,843	0,1890 1,287 1,846	0,1894 1,291 1,850	0,1898 1,294 1,853	0,1901 1,297 1,857	0,1905 1,301 1,860	0,1912 1,307 1,867	0,1919 1,314 1,874	0,1927 1,321 1,882	0,1970 1,361 1,924	0,32
0,2286	13,33 16 20	0,36	0,1897 1,290 1,463	0,1904 1,297 1,469	0,1908 1,301 1,472	0,1911 1,304 1,475	0,1915 1,308 1,478	0,1917 1,310 1,479	0,1919 1,311 1,481	0,1921 1,313 1,482	0,1922 1,315 1,483	0,1924 1,317 1,485	0,1926 1,318 1,486	0,1928 1,320 1,488	0,1930 1,322 1,489	0,1932 1,324 1,490	0,1934 1,326 1,492	0,1935 1,327 1,493	0,1937 1,329 1,495	0,1941 1,333 1,498	0,1945 1,336 1,500	0,1948 1,340 1,503	0,1970 1,361 1,520	0,36
0,1429	8,333 10 12,5	0,40	0,1943 1,333 1,214	0,1946 1,336 1,216	0,1947 1,337 1,217	0,1948 1,339 1,218	0,1950 1,340 1,219	0,1950 1,341 1,219	0,1951 1,342 1,219	0,1952 1,342 1,220	0,1952 1,343 1,220	0,1953 1,344 1,221	0,1954 1,344 1,221	0,1955 1,345 1,222	0,1955 1,346 1,222	0,1956 1,347 1,222	0,1957 1,347 1,223	0,1957 1,348 1,223	0,1958 1,349 1,224	0,1959 1,350 1,225	0,1961 1,351 1,225	0,1962 1,353 1,226	0,1970 1,361 1,231	0,40
0,05714	3,333 4 5	0,44	0,1966 1,357 1,016	0,1967 1,357 1,016	0,1967 1,357 1,016	0,1967 1,358 1,016	0,1967 1,358 1,016	0,1967 1,358 1,016	0,1967 1,358 1,016	0,1968 1,358 1,016	0,1968 1,358 1,016	0,1968 1,358 1,016	0,1968 1,358 1,016	0,1968 1,359 1,017	0,1968 1,359 1,017	0,1968 1,359 1,017	0,1968 1,359 1,017	0,1968 1,359 1,017	0,1968 1,359 1,017	0,1969 1,359 1,017	0,1969 1,360 1,017	0,1969 1,360 1,017	0,1970 1,361 1,018	0,44
0	0 0 0	0,48 *	0,1970 1,361 0,8552	0,1970 1,361 0,8552	0,1970 1,361 0,8552	0,1970 1,361 0,8552	0,1970 1,361 0,8552	0,1970 1,361 0,8552	0,1970 1,361 0,8552	0,1970 1,361 0,8552	0,1970 1,361 0,8552	0,1970 1,361 0,8552	0,1970 1,361 0,8552	0,1970 1,361 0,8552	0,1970 1,361 0,8552	0,1970 1,361 0,8552	0,1970 1,361 0,8552	0,1970 1,361 0,8552	0,1970 1,361 0,8552	0,1970 1,361 0,8552	0,1970 1,361 0,8552	0,1970 1,361 0,8552	0,1970 1,361 0,8552	* 0,48

Für $\sigma_e =$ 1000 / 1200 / 1500

b Druckbreite; b_z Zugbreite; *b'* Stegdruckbreite; *d* Plattenstärke; f_e Zugeisenquerschnitt für die Einheit der Druckbreite; *h* Nutzhöhe; *M* Moment; *v* Randspannungsverhältnis σ_e/σ_b; *x* Druckhöhe; σ_b Betondruckspannung an der Platten-O.K.; $\sigma_{b\,Steg}$ desgl. a. d. Platten-U.K.; σ_e Eisenzugspannung.

Erste Teilzeile (Steilziffern): $\mathfrak{M} = \frac{M}{\sigma_b \cdot b \cdot h^2}$

Zweite Teilzeile (Schrägziffern): f_e/h in cm/m

Dritte Teilzeile (Steilziffern): $\mathfrak{M}^d = \frac{M}{\sigma_b \cdot b \cdot d^2}$

* Diese Teilzeilen $\mathfrak{M}$ und f_e/h gelten auch allg. für $d/h \geq 0,4667$ (unb. Drz.).

$\frac{x}{h} = 0,4667$

v	σ_e in $\frac{kg}{cm^2}$	σ_b in $\frac{kg}{cm^2}$
17,14	1500	87,5
	1200	**70**
	1000	58,33

Fortsetzung der **Tab. X. Stegdruckbalken** (Plattenbalken mit Berücksichtigung des Stegdruckes).

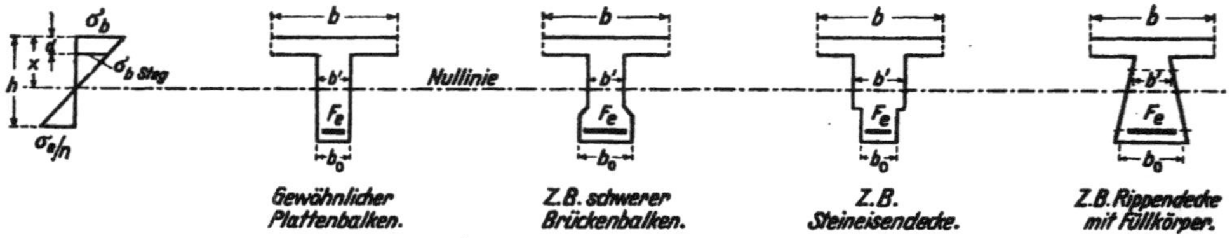

Für $\sigma_e =$ 1000 / 1200 / 1500

$\frac{x}{h} = 0{,}4839$

v	16		
σ_e in $\frac{kg}{cm^2}$	1000	1200	1500
σ_b in $\frac{kg}{cm^2}$	62,5	75	93,75

$\frac{\sigma_{b\,Steg}}{\sigma_b}$	$\sigma_{b\,Steg}$	d/h \ b'/b	0	0,10	0,15	0,20	0,25	0,275	0,300	0,325	0,350	0,375	0,400	0,425	0,450	0,475	0,500	0,525	0,550	0,60	0,65	0,70	1	b'/b \ d/h
0,938	58,63 70,35 87,94	0,03	0,02864 0,1817 31,82	0,04607 0,3147 51,18	0,05478 0,3813 60,87	0,06349 0,4478 70,55	0,07221 0,5143 80,23	0,07656 0,5476 85,07	0,08092 0,5808 89,91	0,08528 0,6141 94,75	0,08963 0,6473 99,59	0,09399 0,6806 104,4	0,09835 0,7139 109,3	0,1027 0,7471 114,1	0,1071 0,7804 119,0	0,1114 0,8136 123,8	0,1158 0,8469 128,6	0,1201 0,8802 133,5	0,1245 0,9134 138,3	0,1332 0,9799 148,0	0,1419 1,046 157,7	0,1506 1,113 167,4	0,2029 1,512 225,5	0,03
0,9173	57,33 68,8 86	0,04	0,03759 0,2397 23,49	0,05412 0,3669 33,83	0,06239 0,4305 38,99	0,07066 0,4942 44,16	0,07892 0,5578 49,33	0,08305 0,5896 51,91	0,08719 0,6214 54,49	0,09132 0,6532 57,08	0,09545 0,6850 59,66	0,09959 0,7168 62,24	0,1037 0,7486 64,82	0,1079 0,7804 67,41	0,1120 0,8123 69,99	0,1161 0,8441 72,57	0,1203 0,8759 75,16	0,1244 0,9077 77,74	0,1285 0,9395 80,32	0,1368 1,003 85,49	0,1451 1,067 90,66	0,1533 1,130 95,82	0,2029 1,512 126,8	0,04
0,8967	56,04 67,25 84,06	0,05	0,04625 0,2964 18,50	0,06192 0,4179 24,77	0,06975 0,4787 27,90	0,07758 0,5395 31,03	0,08542 0,6003 34,17	0,08933 0,6307 35,73	0,09325 0,6611 37,30	0,09717 0,6915 38,87	0,1011 0,7219 40,43	0,1050 0,7523 42,00	0,1089 0,7827 43,57	0,1128 0,8130 45,13	0,1168 0,8434 46,70	0,1207 0,8738 48,27	0,1246 0,9042 49,83	0,1285 0,9346 51,40	0,1324 0,9650 52,97	0,1402 1,026 56,10	0,1481 1,087 59,23	0,1559 1,147 62,37	0,2029 1,512 81,17	0,05
0,876	54,75 65,7 82,13	0,06	0,05463 0,3518 15,17	0,06946 0,4678 19,29	0,07687 0,5258 21,35	0,08429 0,5838 23,41	0,09170 0,6418 25,47	0,09541 0,6708 26,50	0,09911 0,6999 27,53	0,1028 0,7289 28,56	0,1065 0,7579 29,59	0,1102 0,7869 30,62	0,1139 0,8159 31,65	0,1176 0,8449 32,68	0,1214 0,8739 33,71	0,1251 0,9029 34,74	0,1288 0,9319 35,77	0,1325 0,9609 36,80	0,1362 0,9899 37,83	0,1436 1,048 39,89	0,1510 1,106 41,95	0,1584 1,164 44,01	0,2029 1,512 56,36	0,06
0,8553	53,46 64,15 80,19	0,07	0,06272 0,4059 12,80	0,07674 0,5165 15,66	0,08375 0,5718 17,09	0,09076 0,6271 18,52	0,09777 0,6824 19,95	0,1013 0,7101 20,67	0,1048 0,7377 21,38	0,1083 0,7654 22,10	0,1118 0,7930 22,81	0,1153 0,8207 23,53	0,1188 0,8484 24,24	0,1223 0,8760 24,96	0,1258 0,9037 25,68	0,1293 0,9313 26,39	0,1328 0,9590 27,11	0,1363 0,9866 27,82	0,1398 1,014 28,54	0,1468 1,070 29,97	0,1538 1,125 31,40	0,1609 1,180 32,83	0,2029 1,512 41,41	0,07
0,8347	52,17 62,6 78,25	0,08	0,07054 0,4587 11,02	0,08378 0,5640 13,09	0,09040 0,6167 14,12	0,09701 0,6694 15,16	0,1036 0,7220 16,19	0,1069 0,7484 16,71	0,1103 0,7747 17,23	0,1136 0,8010 17,74	0,1169 0,8274 18,26	0,1202 0,8537 18,78	0,1235 0,8800 19,30	0,1268 0,9064 19,81	0,1301 0,9327 20,33	0,1334 0,9590 20,85	0,1367 0,9854 21,36	0,1400 1,012 21,88	0,1433 1,038 22,40	0,1500 1,091 23,43	0,1566 1,143 24,47	0,1632 1,196 25,50	0,2029 1,512 31,71	0,08
0,814	50,88 61,05 76,31	0,09	0,07808 0,5102 9,640	0,09057 0,6104 11,18	0,09681 0,6605 11,95	0,1030 0,7106 12,72	0,1093 0,7607 13,49	0,1124 0,7857 13,88	0,1155 0,8108 14,26	0,1187 0,8358 14,65	0,1218 0,8609 15,03	0,1249 0,8859 15,42	0,1280 0,9110 15,80	0,1311 0,9360 16,19	0,1343 0,9610 16,57	0,1374 0,9861 16,96	0,1405 1,011 17,35	0,1436 1,036 17,73	0,1467 1,061 18,12	0,1530 1,111 18,89	0,1592 1,161 19,66	0,1655 1,212 20,43	0,2029 1,512 25,05	0,09
0,7933	49,58 59,5 74,38	0,10	0,08536 0,5604 8,536	0,09711 0,6556 9,711	0,1030 0,7032 10,30	0,1089 0,7508 10,89	0,1147 0,7983 11,47	0,1177 0,8221 11,77	0,1206 0,8459 12,06	0,1236 0,8697 12,36	0,1265 0,8935 12,65	0,1294 0,9173 12,94	0,1324 0,9411 13,24	0,1353 0,9649 13,53	0,1383 0,9887 13,83	0,1412 1,012 14,12	0,1441 1,036 14,41	0,1471 1,060 14,71	0,1500 1,084 15,00	0,1559 1,131 15,59	0,1618 1,179 16,18	0,1676 1,227 16,76	0,2029 1,512 20,29	0,10
0,752	47 56,4 70,5	0,12	0,09911 0,6570 6,883	0,1095 0,7425 7,604	0,1147 0,7853 7,964	0,1199 0,8280 8,324	0,1251 0,8708 8,685	0,1277 0,8922 8,865	0,1303 0,9135 9,045	0,1328 0,9349 9,225	0,1354 0,9563 9,406	0,1380 0,9777 9,586	0,1406 0,9990 9,766	0,1432 1,020 9,946	0,1458 1,042 10,13	0,1484 1,063 10,31	0,1510 1,085 10,49	0,1536 1,106 10,67	0,1562 1,127 10,85	0,1614 1,170 11,21	0,1666 1,213 11,57	0,1718 1,256 11,93	0,2029 1,512 14,09	0,12
0,7107	44,42 53,3 66,63	0,14	0,1118 0,7484 5,706	0,1209 0,8248 6,171	0,1255 0,8630 6,403	0,1301 0,9012 6,635	0,1346 0,9393 6,868	0,1369 0,9584 6,984	0,1392 0,9775 7,100	0,1414 0,9966 7,216	0,1437 1,016 7,332	0,1460 1,035 7,448	0,1483 1,054 7,565	0,1505 1,073 7,681	0,1528 1,092 7,797	0,1551 1,111 7,913	0,1574 1,130 8,029	0,1597 1,149 8,146	0,1619 1,168 8,262	0,1665 1,207 8,494	0,1710 1,245 8,726	0,1756 1,283 8,959	0,2029 1,512 10,35	0,14
0,6693	41,83 50,2 62,75	0,16	0,1236 0,8347 4,827	0,1315 0,9024 5,137	0,1355 0,9363 5,292	0,1394 0,9702 5,447	0,1434 1,004 5,602	0,1454 1,021 5,679	0,1474 1,038 5,757	0,1494 1,055 5,834	0,1513 1,072 5,912	0,1533 1,089 5,989	0,1553 1,106 6,067	0,1573 1,123 6,144	0,1593 1,140 6,222	0,1613 1,156 6,299	0,1632 1,173 6,377	0,1652 1,190 6,454	0,1672 1,207 6,532	0,1712 1,241 6,687	0,1751 1,275 6,842	0,1791 1,309 6,997	0,2029 1,512 7,926	0,16

$\frac{\sigma_{b\,Steg}}{\sigma_b}$	$\sigma_{b\,Steg}$	d/h \ b'/b	0	0,10	0,15	0,20	0,25	0,275	0,300	0,325	0,350	0,375	0,400	0,425	0,450	0,475	0,500	0,525	0,550	0,60	0,65	0,70	1	d/h
0,628	*39,25* **47,1** 58,88	0,18	0,1343 *0,9158* 4,146	0,1412 *0,9754* 4,358	0,1446 *1,005* 4,464	0,1481 *1,035* 4,570	0,1515 *1,065* 4,675	0,1532 *1,080* 4,728	0,1549 *1,095* 4,781	0,1566 *1,110* 4,834	0,1583 *1,124* 4,887	0,1601 *1,139* 4,940	0,1618 *1,154* 4,993	0,1635 *1,169* 5,046	0,1652 *1,184* 5,099	0,1669 *1,199* 5,152	0,1686 *1,214* 5,204	0,1703 *1,229* 5,257	0,1721 *1,244* 5,310	0,1755 *1,274* 5,416	0,1789 *1,303* 5,522	0,1823 *1,333* 5,628	0,2029 *1,512* 6,263	0,18
0,5867	*36,67* **44** 55	0,20	0,1442 *0,9917* 3,604	0,1501 *1,044* 3,751	0,1530 *1,070* 3,825	0,1559 *1,096* 3,898	0,1589 *1,122* 3,972	0,1603 *1,135* 4,008	0,1618 *1,148* 4,045	0,1633 *1,161* 4,082	0,1647 *1,174* 4,118	0,1662 *1,187* 4,155	0,1677 *1,200* 4,192	0,1691 *1,213* 4,229	0,1706 *1,226* 4,265	0,1721 *1,239* 4,302	0,1735 *1,252* 4,339	0,1750 *1,265* 4,375	0,1765 *1,278* 4,412	0,1794 *1,304* 4,485	0,1824 *1,330* 4,559	0,1853 *1,356* 4,632	0,2029 *1,512* 5,073	0,20
0,5453	*34,08* **40,9** 51,13	0,22	0,1531 *1,062* 3,164	0,1581 *1,107* 3,267	0,1606 *1,130* 3,318	0,1631 *1,152* 3,369	0,1656 *1,175* 3,421	0,1668 *1,186* 3,447	0,1681 *1,197* 3,472	0,1693 *1,209* 3,498	0,1705 *1,220* 3,524	0,1718 *1,231* 3,549	0,1730 *1,242* 3,575	0,1743 *1,254* 3,601	0,1755 *1,265* 3,627	0,1768 *1,276* 3,652	0,1780 *1,287* 3,678	0,1793 *1,298* 3,704	0,1805 *1,310* 3,729	0,1830 *1,332* 3,781	0,1855 *1,355* 3,832	0,1880 *1,377* 3,884	0,2029 *1,512* 4,192	0,22
0,504	*31,5* **37,8** 47,25	0,24	0,1612 *1,128* 2,799	0,1654 *1,166* 2,871	0,1675 *1,186* 2,907	0,1695 *1,205* 2,943	0,1716 *1,224* 2,980	0,1727 *1,234* 2,998	0,1737 *1,243* 3,016	0,1748 *1,253* 3,034	0,1758 *1,262* 3,052	0,1768 *1,272* 3,070	0,1779 *1,282* 3,088	0,1789 *1,291* 3,106	0,1800 *1,301* 3,125	0,1810 *1,310* 3,143	0,1821 *1,320* 3,161	0,1831 *1,330* 3,179	0,1841 *1,339* 3,197	0,1862 *1,358* 3,233	0,1883 *1,378* 3,269	0,1904 *1,397* 3,306	0,2029 *1,512* 3,523	0,24
0,4627	*28,92* **34,7** 43,38	0,26	0,1685 *1,188* 2,492	0,1719 *1,221* 2,543	0,1736 *1,237* 2,568	0,1753 *1,253* 2,594	0,1771 *1,269* 2,619	0,1779 *1,277* 2,632	0,1788 *1,286* 2,645	0,1797 *1,294* 2,658	0,1805 *1,302* 2,670	0,1814 *1,310* 2,683	0,1822 *1,318* 2,696	0,1831 *1,326* 2,709	0,1840 *1,334* 2,721	0,1848 *1,342* 2,734	0,1857 *1,350* 2,747	0,1865 *1,358* 2,760	0,1874 *1,366* 2,772	0,1891 *1,383* 2,798	0,1909 *1,399* 2,823	0,1926 *1,415* 2,849	0,2029 *1,512* 3,002	0,26
0,4213	*26,33* **31,6** 39,5	0,28	0,1749 *1,244* 2,231	0,1777 *1,271* 2,267	0,1791 *1,284* 2,285	0,1805 *1,297* 2,302	0,1819 *1,311* 2,320	0,1826 *1,317* 2,329	0,1833 *1,324* 2,338	0,1840 *1,331* 2,347	0,1847 *1,338* 2,356	0,1854 *1,344* 2,365	0,1861 *1,351* 2,374	0,1868 *1,358* 2,383	0,1875 *1,364* 2,392	0,1882 *1,371* 2,401	0,1889 *1,378* 2,410	0,1896 *1,385* 2,419	0,1903 *1,391* 2,427	0,1917 *1,405* 2,445	0,1931 *1,418* 2,463	0,1945 *1,432* 2,481	0,2029 *1,512* 2,588	0,28
0,38	*23,75* **28,5** 35,63	0,30	0,1806 *1,294* 2,007	0,1828 *1,316* 2,031	0,1839 *1,327* 2,044	0,1851 *1,337* 2,056	0,1862 *1,348* 2,069	0,1867 *1,354* 2,075	0,1873 *1,359* 2,081	0,1879 *1,365* 2,087	0,1884 *1,370* 2,093	0,1890 *1,376* 2,100	0,1895 *1,381* 2,106	0,1901 *1,387* 2,112	0,1906 *1,392* 2,118	0,1912 *1,397* 2,124	0,1918 *1,403* 2,131	0,1923 *1,408* 2,137	0,1929 *1,414* 2,143	0,1940 *1,425* 2,155	0,1951 *1,436* 2,168	0,1962 *1,447* 2,180	0,2029 *1,512* 2,255	0,30
0,3387	*21,17* **25,4** 31,75	0,32	0,1856 *1,339* 1,812	0,1873 *1,356* 1,829	0,1882 *1,365* 1,838	0,1890 *1,373* 1,846	0,1899 *1,382* 1,854	0,1903 *1,386* 1,859	0,1908 *1,391* 1,863	0,1912 *1,395* 1,867	0,1916 *1,399* 1,871	0,1921 *1,404* 1,876	0,1925 *1,408* 1,880	0,1929 *1,412* 1,884	0,1934 *1,417* 1,888	0,1938 *1,421* 1,893	0,1942 *1,425* 1,897	0,1947 *1,430* 1,901	0,1951 *1,434* 1,905	0,1960 *1,443* 1,914	0,1968 *1,451* 1,922	0,1977 *1,460* 1,931	0,2029 *1,512* 1,982	0,32
0,256	*16* **19,2** 24	0,36	0,1934 *1,413* 1,492	0,1944 *1,423* 1,500	0,1948 *1,428* 1,503	0,1953 *1,433* 1,507	0,1958 *1,438* 1,511	0,1960 *1,440* 1,513	0,1963 *1,443* 1,514	0,1965 *1,445* 1,516	0,1967 *1,448* 1,518	0,1970 *1,450* 1,520	0,1972 *1,453* 1,522	0,1975 *1,455* 1,524	0,1977 *1,458* 1,525	0,1979 *1,460* 1,527	0,1982 *1,463* 1,529	0,1984 *1,465* 1,531	0,1986 *1,468* 1,533	0,1991 *1,472* 1,536	0,1996 *1,477* 1,540	0,2001 *1,482* 1,544	0,2029 *1,512* 1,566	0,36
0,1733	*10,83* **13** 16,25	0,40	0,1988 *1,467* 1,242	0,1992 *1,471* 1,245	0,1994 *1,473* 1,246	0,1996 *1,476* 1,247	0,1998 *1,478* 1,249	0,1999 *1,479* 1,249	0,2000 *1,480* 1,250	0,2001 *1,481* 1,251	0,2002 *1,483* 1,251	0,2003 *1,484* 1,252	0,2004 *1,485* 1,253	0,2005 *1,486* 1,253	0,2006 *1,487* 1,254	0,2007 *1,488* 1,255	0,2008 *1,489* 1,255	0,2009 *1,491* 1,256	0,2010 *1,492* 1,257	0,2013 *1,494* 1,258	0,2015 *1,496* 1,259	0,2017 *1,498* 1,260	0,2029 *1,512* 1,268	0,40
0,09067	*5,667* **6,8** 8,5	0,44	0,2018 *1,500* 1,043	0,2019 *1,501* 1,043	0,2020 *1,502* 1,043	0,2020 *1,502* 1,044	0,2021 *1,503* 1,044	0,2021 *1,503* 1,044	0,2022 *1,503* 1,044	0,2022 *1,504* 1,044	0,2022 *1,504* 1,044	0,2022 *1,504* 1,045	0,2023 *1,505* 1,045	0,2023 *1,505* 1,045	0,2023 *1,505* 1,045	0,2023 *1,506* 1,045	0,2024 *1,506* 1,045	0,2024 *1,506* 1,045	0,2024 *1,507* 1,046	0,2025 *1,507* 1,046	0,2025 *1,508* 1,046	0,2026 *1,508* 1,046	0,2029 *1,512* 1,048	0,44
0,008	*0,5* **0,6** 0,75	0,48	0,2029 *1,512* 0,8807	0,2029 *1,512* 0,8807	0,2029 *1,512* 0,8807	0,2029 *1,512* 0,8807	0,2029 *1,512* 0,8807	0,2029 *1,512* 0,8807	0,2029 *1,512* 0,8807	0,2029 *1,512* 0,8807	0,2029 *1,512* 0,8807	0,2029 *1,512* 0,8807	0,2029 *1,512* 0,8807	0,2029 *1,512* 0,8807	0,2029 *1,512* 0,8807	0,2029 *1,512* 0,8807	0,2029 *1,512* 0,8807	0,2029 *1,512* 0,8807	0,2029 *1,512* 0,8807	0,2029 *1,512* 0,8807	0,2029 *1,512* 0,8807	0,2029 *1,512* 0,8807	0,2029 *1,512* 0,8807	0,48

Für $\sigma_e =$
1000
1200
1500

b Druckbreite; b_z Zugbreite; b' Stegdruckbreite; d Plattenstärke; f_e Zugeisenquerschnitt für die Einheit der Druckbreite; h Nutzhöhe; M Moment; v Randspannungsverhältnis σ_e/σ_b; x Druckhöhe; σ_b Betondruckspannung an der Platten-O.K.; $\sigma_{b\,Steg}$ desgl. a. d. Platten-U.K.; σ_e Eisenzugspannung.

Erste Teilzeile (Steilziffern): $\mathfrak{M} = \frac{M}{\sigma_b \cdot b \cdot h^2}$

Zweite Teilzeile (Schrägziffern): f_e/h in cm/m

Dritte Teilzeile (Steilziffern): $\mathfrak{M}^d = \frac{M}{\sigma_b \cdot b \cdot d^2}$

$\frac{x}{h} = 0,4839$

v	σ_e in $\frac{kg}{cm^2}$	σ_b in $\frac{kg}{cm^2}$
16	1500	93,75
	1200	**75**
	1000	*62,5*

Fortsetzung der **Tab. X. Stegdruckbalken** (Plattenbalken mit Berücksichtigung des Stegdruckes).

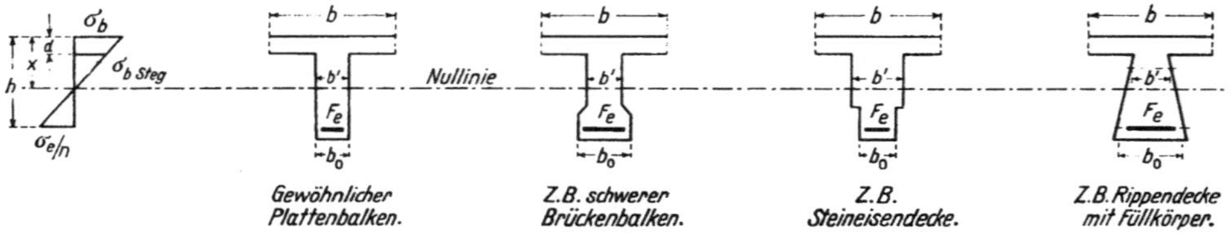

$\frac{x}{h} = 0{,}5$

v	15		
σ_e in $\frac{kg}{cm^2}$	*1000*	**1200**	1500
σ_b in $\frac{kg}{cm^2}$	*66,67*	**80**	100

d/h \ b'/b	0	0,10	0,15	0,20	0,25	0.275	0,300	0,325	0,350	0,375	0,400	0,425	0,450	0,475	0,500	0,525	0,550	0,60	0,65	0,70	1	b'/b \ d/h
0,03	0,02867 *0,1940* 31,85	0,04663 *0,3413* 51,82	0,05562 *0,4149* 61,80	0,06460 *0,4885* 71,78	0,07358 *0,5622* 81,76	0,07808 *0,5990* 86,75	0,08257 *0,6358* 91,74	0,08706 *0,6726* 96,73	0,09155 *0,7094* 101,7	0,09604 *0,7463* 106,7	0,1005 *0,7831* 111,7	0,1050 *0,8199* 116,7	0,1095 *0,8567* 121,7	0,1140 *0,8935* 126,7	0,1185 *0,9303* 131,7	0,1230 *0,9672* 136,7	0,1275 *1,004* 141,6	0,1365 *1,078* 151,6	0,1455 *1,151* 161,6	0,1544 *1,225* 171,6	0,2083 *1,667* 231,5	**0,03**
0,04	0,03764 *0,2560* 23,53	0,05471 *0,3971* 34,19	0,06325 *0,4676* 39,53	0,07178 *0,5381* 44,86	0,08032 *0,6087* 50,20	0,08458 *0,6439* 52,86	0,08885 *0,6792* 55,53	0,09312 *0,7145* 58,20	0,09738 *0,7497* 60,87	0,1017 *0,7850* 63,53	0,1059 *0,8203* 66,20	0,1102 *0,8555* 68,87	0,1145 *0,8908* 71,53	0,1187 *0,9261* 74,20	0,1230 *0,9613* 76,87	0,1273 *0,9966* 79,53	0,1315 *1,032* 82,20	0,1401 *1,102* 87,54	0,1486 *1,173* 92,87	0,1571 *1,243* 98,20	0,2083 *1,667* 130,2	**0,04**
0,05	0,04633 *0,3167* 18,53	0,06253 *0,4517* 25,01	0,07063 *0,5192* 28,25	0,07873 *0,5867* 31,49	0,08683 *0,6542* 34,73	0,09088 *0,6879* 36,35	0,09493 *0,7217* 37,97	0,09898 *0,7554* 39,59	0,1030 *0,7892* 41,21	0,1071 *0,8229* 42,83	0,1111 *0,8567* 44,45	0,1152 *0,8904* 46,07	0,1192 *0,9242* 47,69	0,1233 *0,9579* 49,31	0,1273 *0,9917* 50,93	0,1314 *1,025* 52,55	0,1354 *1,059* 54,17	0,1435 *1,127* 57,41	0,1516 *1,194* 60,65	0,1597 *1,262* 63,89	0,2083 *1,667* 83,33	**0,05**
0,06	0,05474 *0,3760* 15,21	0,07010 *0,5051* 19,47	0,07778 *0,5696* 21,61	0,08546 *0,6341* 23,74	0,09314 *0,6987* 25,87	0,09698 *0,7309* 26,94	0,1008 *0,7632* 28,01	0,1047 *0,7955* 29,07	0,1085 *0,8277* 30,14	0,1123 *0,8600* 31,21	0,1162 *0,8923* 32,27	0,1200 *0,9245* 33,34	0,1239 *0,9568* 34,41	0,1277 *0,9891* 35,47	0,1315 *1,021* 36,54	0,1354 *1,054* 37,61	0,1392 *1,086* 38,67	0,1469 *1,150* 40,80	0,1546 *1,215* 42,94	0,1623 *1,279* 45,07	0,2083 *1,667* 57,87	**0,06**
0,07	0,06288 *0,4340* 12,83	0,07742 *0,5573* 15,80	0,08470 *0,6189* 17,29	0,09197 *0,6805* 18,77	0,09924 *0,7422* 20,25	0,1029 *0,7730* 21,00	0,1065 *0,8038* 21,74	0,1102 *0,8346* 22,48	0,1138 *0,8654* 23,22	0,1174 *0,8963* 23,96	0,1211 *0,9271* 24,71	0,1247 *0,9579* 25,45	0,1283 *0,9887* 26,19	0,1320 *1,020* 26,93	0,1356 *1,050* 27,67	0,1392 *1,081* 28,42	0,1429 *1,112* 29,16	0,1502 *1,174* 30,64	0,1574 *1,235* 32,13	0,1647 *1,297* 33,61	0,2083 *1,667* 42,52	**0,07**
0,08	0,07074 *0,4907* 11,05	0,08450 *0,6083* 13,20	0,09138 *0,6671* 14,28	0,09826 *0,7259* 15,35	0,1051 *0,7847* 16,43	0,1086 *0,8141* 16,97	0,1120 *0,8435* 17,50	0,1155 *0,8729* 18,04	0,1189 *0,9023* 18,58	0,1223 *0,9317* 19,12	0,1258 *0,9611* 19,65	0,1292 *0,9905* 20,19	0,1327 *1,020* 20,73	0,1361 *1,049* 21,27	0,1395 *1,079* 21,80	0,1430 *1,108* 22,34	0,1464 *1,137* 22,88	0,1533 *1,196* 23,95	0,1602 *1,255* 25,03	0,1671 *1,314* 26,10	0,2083 *1,667* 32,55	**0,08**
0,09	0,07834 *0,5460* 9,671	0,09134 *0,6581* 11,28	0,09784 *0,7141* 12,08	0,1043 *0,7701* 12,88	0,1108 *0,8262* 13,68	0,1141 *0,8542* 14,08	0,1173 *0,8822* 14,49	0,1206 *0,9102* 14,89	0,1238 *0,9382* 15,29	0,1271 *0,9663* 15,69	0,1303 *0,9943* 16,09	0,1336 *1,022* 16,49	0,1368 *1,050* 16,89	0,1401 *1,078* 17,29	0,1433 *1,106* 17,70	0,1466 *1,134* 18,10	0,1498 *1,162* 18,50	0,1563 *1,218* 19,30	0,1628 *1,274* 20,10	0,1693 *1,330* 20,91	0,2083 *1,667* 25,72	**0,09**
0,10	0,08567 *0,6000* 8,567	0,09793 *0,7067* 9,793	0,1041 *0,7600* 10,41	0,1102 *0,8133* 11,02	0,1163 *0,8667* 11,63	0,1194 *0,8933* 11,94	0,1225 *0,9200* 12,25	0,1255 *0,9467* 12,55	0,1286 *0,9733* 12,86	0,1317 *1,000* 13,17	0,1347 *1,027* 13,47	0,1378 *1,053* 13,78	0,1409 *1,080* 14,09	0,1439 *1,107* 14,39	0,1470 *1,133* 14,70	0,1501 *1,160* 15,01	0,1531 *1,187* 15,31	0,1593 *1,240* 15,93	0,1654 *1,293* 16,54	0,1715 *1,347* 17,15	0,2083 *1,667* 20,83	**0,10**
0,12	0,09955 *0,7040* 6,913	0,1104 *0,8003* 7,669	0,1159 *0,8484* 8,046	0,1213 *0,8965* 8,424	0,1267 *0,9447* 8,802	0,1295 *0,9687* 8,991	0,1322 *0,9928* 9,180	0,1349 *1,017* 9,368	0,1376 *1,041* 9,557	0,1403 *1,065* 9,746	0,1431 *1,089* 9,935	0,1458 *1,113* 10,12	0,1485 *1,137* 10,31	0,1512 *1,161* 10,50	0,1539 *1,185* 10,69	0,1567 *1,209* 10,88	0,1594 *1,233* 11,07	0,1648 *1,282* 11,45	0,1703 *1,330* 11,82	0,1757 *1,378* 12,20	0,2083 *1,667* 14,47	**0,12**
0,14	0,1124 *0,8027* 5,736	0,1220 *0,8891* 6,225	0,1268 *0,9323* 6,470	0,1316 *0,9755* 6,715	0,1364 *1,019* 6,959	0,1388 *1,040* 7,082	0,1412 *1,062* 7,204	0,1436 *1,083* 7,326	0,1460 *1,105* 7,449	0,1484 *1,127* 7,571	0,1508 *1,148* 7,693	0,1532 *1,170* 7,816	0,1556 *1,191* 7,938	0,1580 *1,213* 8,060	0,1604 *1,235* 8,183	0,1628 *1,256* 8,305	0,1652 *1,278* 8,427	0,1700 *1,321* 8,672	0,1748 *1,364* 8,917	0,1796 *1,407* 9,161	0,2083 *1,667* 10,63	**0,14**
0,16	0,1243 *0,8960* 4,857	0,1327 *0,9731* 5,185	0,1369 *1,012* 5,349	0,1411 *1,050* 5,513	0,1453 *1,089* 5,677	0,1474 *1,108* 5,759	0,1495 *1,127* 5,841	0,1516 *1,146* 5,923	0,1537 *1,166* 6,005	0,1558 *1,185* 6,087	0,1579 *1,204* 6,169	0,1600 *1,224* 6,251	0,1621 *1,243* 6,333	0,1642 *1,262* 6,415	0,1663 *1,281* 6,497	0,1684 *1,301* 6,579	0,1705 *1,320* 6,661	0,1747 *1,358* 6,825	0,1789 *1,397* 6,990	0,1831 *1,435* 7,154	0,2083 *1,667* 8,138	**0,16**

d/h \ b'/b	0	0,10	0,15	0,20	0,25	0,275	0,300	0,325	0,350	0,375	0,400	0,425	0,450	0,475	0,500	0,525	0,550	0,60	0,65	0,70	1	d/h
0,18	0,1353 *0,9840* 4,176	0,1426 *1,052* 4,401	0,1462 *1,086* 4,514	0,1499 *1,121* 4,626	0,1535 *1,155* 4,739	0,1554 *1,172* 4,796	0,1572 *1,189* 4,852	0,1590 *1,206* 4,908	0,1609 *1,223* 4,965	0,1627 *1,240* 5,021	0,1645 *1,257* 5,077	0,1663 *1,274* 5,134	0,1682 *1,291* 5,190	0,1700 *1,308* 5,246	0,1718 *1,325* 5,303	0,1736 *1,342* 5,359	0,1755 *1,359* 5,416	0,1791 *1,394* 5,528	0,1828 *1,428* 5,641	0,1864 *1,462* 5,754	0,2083 *1,667* 6,430	**0,18**
0,20	0,1453 *1,067* 3,633	0,1516 *1,127* 3,791	0,1548 *1,157* 3,870	0,1579 *1,187* 3,948	0,1611 *1,217* 4,027	0,1627 *1,232* 4,066	0,1642 *1,247* 4,106	0,1658 *1,262* 4,145	0,1674 *1,277* 4,185	0,1690 *1,292* 4,224	0,1705 *1,307* 4,263	0,1721 *1,322* 4,303	0,1737 *1,337* 4,342	0,1753 *1,352* 4,381	0,1768 *1,367* 4,421	0,1784 *1,382* 4,460	0,1800 *1,397* 4,500	0,1831 *1,427* 4,578	0,1863 *1,457* 4,657	0,1894 *1,487* 4,736	0,2083 *1,667* 5,208	**0,20**
0,22	0,1545 *1,144* 3,192	0,1599 *1,196* 3,303	0,1626 *1,222* 3,359	0,1653 *1,249* 3,415	0,1680 *1,275* 3,470	0,1693 *1,288* 3,498	0,1706 *1,301* 3,526	0,1720 *1,314* 3,554	0,1733 *1,327* 3,581	0,1747 *1,340* 3,609	0,1760 *1,353* 3,637	0,1774 *1,366* 3,665	0,1787 *1,379* 3,693	0,1801 *1,392* 3,720	0,1814 *1,405* 3,748	0,1828 *1,418* 3,776	0,1841 *1,431* 3,804	0,1868 *1,458* 3,859	0,1895 *1,484* 3,915	0,1922 *1,510* 3,971	0,2083 *1,667* 4,304	**0,22**
0,24	0,1628 *1,216* 2,827	0,1674 *1,261* 2,906	0,1696 *1,284* 2,945	0,1719 *1,306* 2,985	0,1742 *1,329* 3,024	0,1753 *1,340* 3,044	0,1765 *1,351* 3,064	0,1776 *1,362* 3,083	0,1787 *1,374* 3,103	0,1799 *1,385* 3,123	0,1810 *1,396* 3,143	0,1822 *1,408* 3,163	0,1833 *1,419* 3,182	0,1844 *1,430* 3,202	0,1856 *1,441* 3,222	0,1867 *1,453* 3,242	0,1879 *1,464* 3,261	0,1901 *1,486* 3,301	0,1924 *1,509* 3,340	0,1947 *1,531* 3,380	0,2083 *1,667* 3,617	**0,24**
0,26	0,1703 *1,283* 2,519	0,1741 *1,321* 2,576	0,1760 *1,340* 2,604	0,1779 *1,359* 2,632	0,1798 *1,379* 2,660	0,1808 *1,388* 2,674	0,1817 *1,398* 2,688	0,1827 *1,407* 2,702	0,1836 *1,417* 2,716	0,1846 *1,427* 2,730	0,1855 *1,436* 2,744	0,1865 *1,446* 2,758	0,1874 *1,455* 2,773	0,1884 *1,465* 2,787	0,1893 *1,475* 2,801	0,1903 *1,484* 2,815	0,1912 *1,494* 2,829	0,1931 *1,513* 2,857	0,1950 *1,532* 2,885	0,1969 *1,551* 2,913	0,2083 *1,667* 3,082	**0,26**
0,28	0,1770 *1,344* 2,258	0,1802 *1,376* 2,298	0,1817 *1,392* 2,318	0,1833 *1,409* 2,338	0,1849 *1,425* 2,358	0,1856 *1,433* 2,368	0,1864 *1,441* 2,378	0,1872 *1,449* 2,388	0,1880 *1,457* 2,398	0,1888 *1,465* 2,408	0,1896 *1,473* 2,418	0,1903 *1,481* 2,428	0,1911 *1,489* 2,438	0,1919 *1,497* 2,448	0,1927 *1,505* 2,458	0,1935 *1,513* 2,468	0,1942 *1,521* 2,478	0,1958 *1,538* 2,498	0,1974 *1,554* 2,518	0,1989 *1,570* 2,538	0,2083 *1,667* 2,657	**0,28**
0,30	0,1830 *1,400* 2,033	0,1855 *1,427* 2,061	0,1868 *1,440* 2,076	0,1881 *1,453* 2,090	0,1893 *1,467* 2,104	0,1900 *1,473* 2,111	0,1906 *1,480* 2,118	0,1912 *1,487* 2,125	0,1919 *1,493* 2,132	0,1925 *1,500* 2,139	0,1931 *1,507* 2,146	0,1938 *1,513* 2,153	0,1944 *1,520* 2,160	0,1950 *1,527* 2,167	0,1957 *1,533* 2,174	0,1963 *1,540* 2,181	0,1969 *1,547* 2,188	0,1982 *1,560* 2,202	0,1995 *1,573* 2,216	0,2007 *1,587* 2,230	0,2083 *1,667* 2,315	**0,30**
0,32	0,1882 *1,451* 1,838	0,1903 *1,472* 1,858	0,1913 *1,483* 1,868	0,1923 *1,494* 1,878	0,1933 *1,505* 1,887	0,1938 *1,510* 1,892	0,1943 *1,515* 1,897	0,1948 *1,521* 1,902	0,1953 *1,526* 1,907	0,1958 *1,532* 1,912	0,1963 *1,537* 1,917	0,1968 *1,542* 1,922	0,1973 *1,548* 1,927	0,1978 *1,553* 1,932	0,1983 *1,559* 1,936	0,1988 *1,564* 1,941	0,1993 *1,569* 1,946	0,2003 *1,580* 1,956	0,2013 *1,591* 1,966	0,2023 *1,602* 1,976	0,2083 *1,667* 2,035	**0,32**
0,36	0,1967 *1,536* 1,518	0,1979 *1,549* 1,527	0,1984 *1,556* 1,531	0,1990 *1,562* 1,536	0,1996 *1,569* 1,540	0,1999 *1,572* 1,542	0,2002 *1,575* 1,545	0,2005 *1,578* 1,547	0,2008 *1,582* 1,549	0,2011 *1,585* 1,551	0,2014 *1,588* 1,554	0,2016 *1,592* 1,556	0,2019 *1,595* 1,558	0,2022 *1,598* 1,560	0,2025 *1,601* 1,563	0,2028 *1,605* 1,565	0,2031 *1,608* 1,567	0,2037 *1,614* 1,572	0,2043 *1,621* 1,576	0,2048 *1,627* 1,581	0,2083 *1,667* 1,608	**0,36**
0,40	0,2027 *1,600* 1,267	0,2032 *1,607* 1,270	0,2035 *1,610* 1,272	0,2038 *1,613* 1,274	0,2041 *1,617* 1,276	0,2042 *1,618* 1,276	0,2044 *1,620* 1,277	0,2045 *1,622* 1,278	0,2047 *1,623* 1,279	0,2048 *1,625* 1,280	0,2049 *1,627* 1,281	0,2051 *1,628* 1,282	0,2052 *1,630* 1,283	0,2054 *1,632* 1,283	0,2055 *1,633* 1,284	0,2056 *1,635* 1,285	0,2058 *1,637* 1,286	0,2061 *1,640* 1,288	0,2064 *1,643* 1,290	0,2066 *1,647* 1,291	0,2083 *1,667* 1,302	**0,40**
0,44	0,2064 *1,643* 1,066	0,2066 *1,645* 1,067	0,2067 *1,646* 1,068	0,2068 *1,647* 1,068	0,2069 *1,649* 1,069	0,2069 *1,649* 1,069	0,2070 *1,650* 1,069	0,2070 *1,650* 1,069	0,2071 *1,651* 1,070	0,2071 *1,652* 1,070	0,2072 *1,652* 1,070	0,2072 *1,653* 1,070	0,2073 *1,653* 1,071	0,2073 *1,654* 1,071	0,2074 *1,655* 1,071	0,2074 *1,655* 1,071	0,2075 *1,656* 1,072	0,2076 *1,657* 1,072	0,2077 *1,658* 1,073	0,2078 *1,659* 1,073	0,2083 *1,667* 1,076	**0,44**
0,48	0,2081 *1,664* 0,9033	0,2081 *1,664* 0,9034	0,2082 *1,664* 0,9035	0,2082 *1,665* 0,9035	0,2082 *1,665* 0,9036	0,2082 *1,665* 0,9036	0,2082 *1,665* 0,9036	0,2082 *1,665* 0,9036	0,2082 *1,665* 0,9036	0,2082 *1,665* 0,9037	0,2082 *1,665* 0,9037	0,2082 *1,665* 0,9037	0,2082 *1,665* 0,9037	0,2082 *1,665* 0,9038	0,2082 *1,665* 0,9038	0,2082 *1,665* 0,9038	0,2082 *1,665* 0,9038	0,2083 *1,666* 0,9039	0,2083 *1,666* 0,9039	0,2083 *1,666* 0,9040	0,2083 *1,667* 0,9042	**0,48**
d/h \ b'/b	**0**	**0,10**	**0,15**	**0,20**	**0,25**	**0,275**	**0,300**	**0,325**	**0,350**	**0,375**	**0,400**	**0,425**	**0,450**	**0,475**	**0,500**	**0,525**	**0,550**	**0,60**	**0,65**	**0,70**	**1**	d/h \ b'/b

b Druckbreite; b_0 Zugbreite; b' Stegdruckbreite; d Plattenstärke; f_e Zugeisenquerschnitt für die Einheit der Druckbreite; h Nutzhöhe; M Moment; v Randspannungsverhältnis σ_e/σ_b; x Druckhöhe; σ_b Betondruckspannung an der Platten-O.K.; $\sigma_{b\,Steg}$ desgl. a. d. Platten-U.K.; σ_e Eisenzugspannung.

Erste Teilzeile (Steilziffern): $\mathfrak{M} = \dfrac{M}{\sigma_b \cdot b \cdot h^2}$

Zweite Teilzeile (Schrägziffern): f_e/h in cm/m

Dritte Teilzeile (Steilziffern): $\mathfrak{M}^d = \dfrac{M}{\sigma_b \cdot b \cdot d^2}$

$\dfrac{x}{h} = 0{,}5$

v	σ_e in kg/cm²	σ_b in kg/cm²
15	1500	100
	1200	**80**
	1000	*66,67*

Fortsetzung der **Tab. X. Stegdruckbalken** (Plattenbalken mit Berücksichtigung des Stegdruckes).

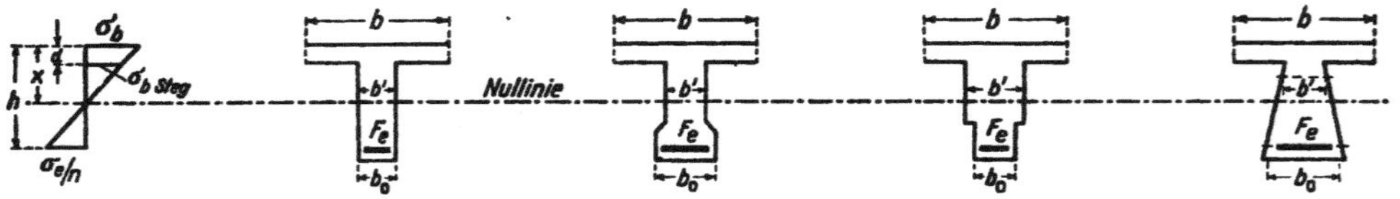

Gewöhnlicher Plattenbalken. — Z.B. schwerer Brückenbalken. — Z.B. Steineisendecke. — Z.B. Rippendecke mit Füllkörper.

$\frac{x}{h} = 0{,}5172$

v	14		
σ_e in $\frac{kg}{cm^2}$	1000	**1200**	1500
σ_b in $\frac{kg}{cm^2}$	71,43	**85,71**	107,1

d/h \ b'/b	0	0,10	0,15	0,20	0,25	0,275	0,300	0,325	0,350	0,375	0,400	0,425	0,450	0,475	0,500	0,525	0,550	0,60	0,65	0,70	1	b'/b / d/h
0,03	0,02870 0,2081 31,89	0,04723 0,3720 52,48	0,05650 0,4540 62,78	0,06576 0,5359 73,07	0,07503 0,6179 83,37	0,07966 0,6589 88,52	0,08430 0,6998 93,66	0,08893 0,7408 98,81	0,09356 0,7818 104,0	0,09820 0,8228 109,1	0,1028 0,8638 114,3	0,1075 0,9047 119,4	0,1121 0,9457 124,6	0,1167 0,9867 129,7	0,1214 1,028 134,8	0,1260 1,069 140,0	0,1306 1,110 145,1	0,1399 1,192 155,4	0,1492 1,274 165,7	0,1584 1,356 176,0	0,2140 1,847 237,8	**0,03**
0,04	0,03769 0,2747 23,56	0,05533 0,4319 34,58	0,06414 0,5106 40,09	0,07296 0,5892 45,60	0,08178 0,6678 51,11	0,08619 0,7071 53,87	0,09060 0,7465 56,62	0,09500 0,7858 59,38	0,09941 0,8251 62,13	0,1038 0,8644 64,89	0,1082 0,9037 67,64	0,1126 0,9430 0,7040	0,1170 0,9823 0,7315	0,1215 1,022 75,91	0,1259 1,061 78,66	0,1303 1,100 81,42	0,1347 1,140 84,17	0,1435 1,218 89,69	0,1523 1,297 95,20	0,1611 1,376 100,7	0,2140 1,847 133,8	**0,04**
0,05	0,04641 0,3399 18,57	0,06318 0,4906 25,27	0,07156 0,5660 28,62	0,07994 0,6414 31,97	0,08832 0,7167 35,33	0,09251 0,7544 37,00	0,09670 0,7921 38,68	0,1009 0,8298 40,36	0,1051 0,8675 42,03	0,1093 0,9052 43,71	0,1135 0,9428 45,38	0,1177 0,9805 47,06	0,1218 1,018 48,74	0,1260 1,056 50,41	0,1302 1,094 52,09	0,1344 1,131 53,77	0,1386 1,169 55,44	0,1470 1,244 58,79	0,1554 1,320 62,15	0,1637 1,395 65,50	0,2140 1,847 85,61	**0,05**
0,06	0,05486 0,4037 15,24	0,07078 0,5481 19,66	0,07874 0,6203 21,87	0,08669 0,6924 24,08	0,09465 0,7646 26,29	0,09863 0,8007 27,40	0,1026 0,8368 28,50	0,1066 0,8729 29,61	0,1106 0,9090 30,71	0,1145 0,9451 31,82	0,1185 0,9811 32,92	0,1225 1,017 34,03	0,1265 1,053 35,14	0,1305 1,089 36,24	0,1344 1,126 37,35	0,1384 1,162 38,45	0,1424 1,198 39,56	0,1504 1,270 41,77	0,1583 1,342 43,98	0,1663 1,414 46,19	0,2140 1,847 59,45	**0,06**
0,07	0,06303 0,4662 12,86	0,07813 0,6043 15,95	0,08568 0,6733 17,49	0,09323 0,7424 19,03	0,1008 0,8114 20,57	0,1046 0,8460 21,34	0,1083 0,8805 22,11	0,1121 0,9150 22,88	0,1159 0,9496 23,65	0,1197 0,9841 24,42	0,1234 1,019 25,19	0,1272 1,053 25,96	0,1310 1,088 26,73	0,1348 1,122 27,50	0,1385 1,157 28,27	0,1423 1,191 29,04	0,1461 1,226 29,81	0,1536 1,295 31,35	0,1612 1,364 32,89	0,1687 1,433 34,44	0,2140 1,847 43,68	**0,07**
0,08	0,07094 0,5272 11,08	0,08525 0,6592 13,32	0,09241 0,7252 14,44	0,09956 0,7912 15,56	0,1067 0,8573 16,67	0,1103 0,8903 17,23	0,1139 0,9233 17,79	0,1174 0,9563 18,35	0,1210 0,9893 18,91	0,1246 1,022 19,47	0,1282 1,055 20,03	0,1318 1,088 20,59	0,1353 1,121 21,15	0,1389 1,154 21,70	0,1425 1,187 22,26	0,1461 1,220 22,82	0,1496 1,253 23,38	0,1568 1,319 24,50	0,1640 1,385 25,62	0,1711 1,451 26,74	0,2140 1,847 33,44	**0,08**
0,09	0,07859 0,5869 9,702	0,09213 0,7130 11,37	0,09891 0,7760 12,21	0,1057 0,8390 13,05	0,1125 0,9020 13,88	0,1158 0,9335 14,30	0,1192 0,9650 14,72	0,1226 0,9965 15,14	0,1260 1,028 15,55	0,1294 1,060 15,97	0,1328 1,091 16,39	0,1362 1,123 16,81	0,1395 1,154 17,23	0,1429 1,186 17,64	0,1463 1,217 18,06	0,1497 1,249 18,48	0,1531 1,280 18,90	0,1599 1,343 19,74	0,1666 1,406 20,57	0,1734 1,469 21,41	0,2140 1,847 26,42	**0,09**
0,10	0,08598 0,6452 8,598	0,09878 0,7654 9,878	0,1052 0,8255 10,52	0,1116 0,8856 11,16	0,1180 0,9458 11,80	0,1212 0,9758 12,12	0,1244 1,006 12,44	0,1276 1,036 12,76	0,1308 1,066 13,08	0,1340 1,096 13,40	0,1372 1,126 13,72	0,1404 1,156 14,04	0,1436 1,186 14,36	0,1468 1,216 14,68	0,1500 1,246 15,00	0,1532 1,276 15,32	0,1564 1,306 15,64	0,1628 1,366 16,28	0,1692 1,427 16,92	0,1756 1,487 17,56	0,2140 1,847 21,40	**0,10**
0,12	0,09999 0,7577 6,944	0,1114 0,8667 7,736	0,1171 0,9212 8,132	0,1228 0,9756 8,528	0,1285 1,030 8,924	0,1314 1,057 9,122	0,1342 1,085 9,320	0,1371 1,112 9,518	0,1399 1,139 9,716	0,1428 1,166 9,914	0,1456 1,194 10,11	0,1485 1,221 10,31	0,1513 1,248 10,51	0,1542 1,275 10,71	0,1570 1,303 10,90	0,1599 1,330 11,10	0,1627 1,357 11,30	0,1684 1,411 11,70	0,1741 1,466 12,09	0,1798 1,520 12,49	0,2140 1,847 14,86	**0,12**
0,14	0,1130 0,8647 5,766	0,1231 0,9629 6,282	0,1282 1,012 6,539	0,1332 1,061 6,797	0,1383 1,110 7,055	0,1408 1,135 7,184	0,1433 1,159 7,312	0,1458 1,184 7,441	0,1484 1,209 7,570	0,1509 1,233 7,699	0,1534 1,258 7,828	0,1560 1,282 7,957	0,1585 1,307 8,086	0,1610 1,331 8,214	0,1635 1,356 8,343	0,1661 1,381 8,472	0,1686 1,405 8,601	0,1736 1,454 8,859	0,1787 1,503 9,116	0,1837 1,553 9,374	0,2140 1,847 10,92	**0,14**
0,16	0,1251 0,9661 4,886	0,1340 1,054 5,234	0,1384 1,098 5,408	0,1429 1,142 5,581	0,1473 1,186 5,755	0,1496 1,208 5,842	0,1518 1,230 5,929	0,1540 1,252 6,016	0,1562 1,275 6,102	0,1584 1,297 6,189	0,1607 1,319 6,276	0,1629 1,341 6,363	0,1651 1,363 6,450	0,1673 1,385 6,537	0,1696 1,407 6,624	0,1718 1,429 6,710	0,1740 1,451 6,797	0,1785 1,495 6,971	0,1829 1,539 7,145	0,1873 1,583 7,318	0,2140 1,847 8,361	**0,16**

d/h \ b'/b	0	0,10	0,15	0,20	0,25	0,275	0,300	0,325	0,350	0,375	0,400	0,425	0,450	0,475	0,500	0,525	0,550	0,60	0,65	0,70	1	b'/b \ d/h
0,18	0,1362 *1,062* 4,205	0,1440 *1,141* 4,445	0,1479 *1,180* 4,565	0,1518 *1,219* 4,685	0,1557 *1,258* 4,805	0,1576 *1,278* 4,865	0,1596 *1,298* 4,925	0,1615 *1,317* 4,985	0,1635 *1,337* 5,045	0,1654 *1,356* 5,105	0,1674 *1,376* 5,165	0,1693 *1,396* 5,225	0,1712 *1,415* 5,285	0,1732 *1,435* 5,345	0,1751 *1,455* 5,405	0,1771 *1,474* 5,465	0,1790 *1,494* 5,525	0,1829 *1,533* 5,645	0,1868 *1,572* 5,766	0,1907 *1,612* 5,886	0,2140 *1,847* 6,606	**0,18**
0,20	0,1465 *1,152* 3,662	0,1532 *1,222* 3,831	0,1566 *1,257* 3,916	0,1600 *1,291* 4,000	0,1634 *1,326* 4,084	0,1651 *1,343* 4,127	0,1668 *1,361* 4,169	0,1684 *1,378* 4,211	0,1701 *1,396* 4,253	0,1718 *1,413* 4,295	0,1735 *1,430* 4,338	0,1752 *1,448* 4,380	0,1769 *1,465* 4,422	0,1786 *1,482* 4,464	0,1803 *1,500* 4,507	0,1819 *1,517* 4,549	0,1836 *1,535* 4,591	0,1870 *1,569* 4,675	0,1904 *1,604* 4,760	0,1938 *1,639* 4,844	0,2140 *1,847* 5,351	**0,20**
0,22	0,1559 *1,237* 3,221	0,1617 *1,298* 3,341	0,1646 *1,329* 3,401	0,1675 *1,359* 3,461	0,1704 *1,390* 3,521	0,1719 *1,405* 3,551	0,1733 *1,420* 3,581	0,1748 *1,436* 3,611	0,1762 *1,451* 3,641	0,1777 *1,466* 3,671	0,1791 *1,481* 3,701	0,1806 *1,497* 3,731	0,1820 *1,512* 3,761	0,1835 *1,527* 3,791	0,1850 *1,542* 3,821	0,1864 *1,558* 3,851	0,1879 *1,573* 3,881	0,1908 *1,603* 3,942	0,1937 *1,634* 4,002	0,1966 *1,664* 4,062	0,2140 *1,847* 4,422	**0,22**
0,24	0,1644 *1,317* 2,855	0,1694 *1,370* 2,941	0,1719 *1,396* 2,984	0,1743 *1,423* 3,027	0,1768 *1,449* 3,070	0,1781 *1,463* 3,091	0,1793 *1,476* 3,113	0,1805 *1,489* 3,135	0,1818 *1,502* 3,156	0,1830 *1,516* 3,178	0,1843 *1,529* 3,199	0,1855 *1,542* 3,221	0,1867 *1,555* 3,242	0,1880 *1,569* 3,264	0,1892 *1,582* 3,285	0,1905 *1,595* 3,307	0,1917 *1,608* 3,328	0,1942 *1,635* 3,371	0,1967 *1,662* 3,414	0,1992 *1,688* 3,457	0,2140 *1,847* 3,716	**0,24**
0,26	0,1722 *1,390* 2,547	0,1764 *1,436* 2,609	0,1785 *1,459* 2,640	0,1806 *1,482* 2,671	0,1826 *1,505* 2,702	0,1837 *1,516* 2,717	0,1847 *1,527* 2,733	0,1858 *1,539* 2,748	0,1868 *1,550* 2,764	0,1879 *1,562* 2,779	0,1889 *1,573* 2,795	0,1900 *1,585* 2,810	0,1910 *1,596* 2,826	0,1921 *1,607* 2,841	0,1931 *1,619* 2,857	0,1942 *1,630* 2,872	0,1952 *1,642* 2,888	0,1973 *1,665* 2,919	0,1994 *1,687* 2,949	0,2015 *1,710* 2,980	0,2140 *1,847* 3,166	**0,26**
0,28	0,1792 *1,459* 2,285	0,1826 *1,498* 2,330	0,1844 *1,517* 2,352	0,1861 *1,536* 2,374	0,1879 *1,556* 2,396	0,1887 *1,566* 2,408	0,1896 *1,575* 2,419	0,1905 *1,585* 2,430	0,1914 *1,595* 2,441	0,1922 *1,604* 2,452	0,1931 *1,614* 2,463	0,1940 *1,624* 2,474	0,1949 *1,634* 2,485	0,1957 *1,643* 2,496	0,1966 *1,653* 2,508	0,1975 *1,663* 2,519	0,1983 *1,672* 2,530	0,2001 *1,692* 2,552	0,2018 *1,711* 2,574	0,2036 *1,731* 2,597	0,2140 *1,847* 2,730	**0,28**
0,30	0,1854 *1,521* 2,060	0,1883 *1,554* 2,092	0,1897 *1,570* 2,108	0,1911 *1,587* 2,124	0,1926 *1,603* 2,140	0,1933 *1,611* 2,147	0,1940 *1,619* 2,155	0,1947 *1,627* 2,163	0,1954 *1,635* 2,171	0,1961 *1,644* 2,179	0,1969 *1,652* 2,187	0,1976 *1,660* 2,195	0,1983 *1,668* 2,203	0,1990 *1,676* 2,211	0,1997 *1,684* 2,219	0,2004 *1,693* 2,227	0,2011 *1,701* 2,235	0,2026 *1,717* 2,251	0,2040 *1,733* 2,267	0,2054 *1,750* 2,283	0,2140 *1,847* 2,378	**0,30**
0,32	0,1909 *1,579* 1,865	0,1932 *1,606* 1,887	0,1944 *1,619* 1,898	0,1956 *1,632* 1,910	0,1967 *1,646* 1,921	0,1973 *1,653* 1,927	0,1979 *1,659* 1,932	0,1984 *1,666* 1,938	0,1990 *1,673* 1,944	0,1996 *1,679* 1,949	0,2002 *1,686* 1,955	0,2007 *1,693* 1,960	0,2013 *1,700* 1,966	0,2019 *1,706* 1,972	0,2025 *1,713* 1,977	0,2031 *1,720* 1,983	0,2036 *1,726* 1,989	0,2048 *1,740* 2,000	0,2059 *1,753* 2,011	0,2071 *1,767* 2,022	0,2140 *1,847* 2,090	**0,32**
0,36	0,2000 *1,677* 1,543	0,2014 *1,694* 1,554	0,2021 *1,702* 1,559	0,2028 *1,711* 1,565	0,2035 *1,719* 1,570	0,2038 *1,724* 1,573	0,2042 *1,728* 1,576	0,2046 *1,732* 1,578	0,2049 *1,736* 1,581	0,2053 *1,741* 1,584	0,2056 *1,745* 1,586	0,2060 *1,749* 1,589	0,2063 *1,753* 1,592	0,2067 *1,758* 1,595	0,2070 *1,762* 1,597	0,2074 *1,766* 1,600	0,2077 *1,770* 1,603	0,2084 *1,779* 1,608	0,2091 *1,788* 1,614	0,2098 *1,796* 1,619	0,2140 *1,847* 1,651	**0,36**
0,40	0,2066 *1,752* 1,291	0,2073 *1,762* 1,296	0,2077 *1,767* 1,298	0,2081 *1,771* 1,300	0,2084 *1,776* 1,303	0,2086 *1,778* 1,304	0,2088 *1,781* 1,305	0,2090 *1,783* 1,306	0,2092 *1,786* 1,307	0,2094 *1,788* 1,309	0,2096 *1,790* 1,310	0,2097 *1,793* 1,311	0,2099 *1,795* 1,312	0,2101 *1,797* 1,313	0,2103 *1,800* 1,314	0,2105 *1,802* 1,316	0,2107 *1,805* 1,317	0,2110 *1,809* 1,319	0,2114 *1,814* 1,321	0,2118 *1,819* 1,324	0,2140 *1,847* 1,338	**0,40**
0,44	0,2109 *1,806* 1,090	0,2112 *1,810* 1,091	0,2114 *1,812* 1,092	0,2116 *1,814* 1,093	0,2117 *1,816* 1,094	0,2118 *1,817* 1,094	0,2119 *1,818* 1,094	0,2119 *1,819* 1,095	0,2120 *1,820* 1,095	0,2121 *1,821* 1,096	0,2122 *1,822* 1,096	0,2123 *1,823* 1,096	0,2123 *1,825* 1,097	0,2124 *1,826* 1,097	0,2125 *1,827* 1,098	0,2126 *1,828* 1,098	0,2126 *1,829* 1,098	0,2128 *1,831* 1,099	0,2129 *1,833* 1,100	0,2131 *1,835* 1,101	0,2140 *1,847* 1,106	**0,44**
0,48	0,2134 *1,838* 0,9260	0,2134 *1,839* 0,9263	0,2135 *1,839* 0,9264	0,2135 *1,840* 0,9266	0,2135 *1,840* 0,9267	0,2135 *1,840* 0,9268	0,2136 *1,841* 0,9269	0,2136 *1,841* 0,9270	0,2136 *1,841* 0,9270	0,2136 *1,841* 0,9271	0,2136 *1,842* 0,9272	0,2136 *1,842* 0,9273	0,2137 *1,842* 0,9273	0,2137 *1,842* 0,9274	0,2137 *1,843* 0,9275	0,2137 *1,843* 0,9276	0,2137 *1,843* 0,9276	0,2138 *1,843* 0,9278	0,2138 *1,844* 0,9279	0,2138 *1,844* 0,9281	0,2140 *1,847* 0,9290	**0,48**

b Druckbreite; b_z Zugbreite; b' Stegdruckbreite; d Plattenstärke; f_e Zugeisenquerschnitt für die Einheit der Druckbreite; h Nutzhöhe; M Moment; v Randspannungsverhältnis σ_e/σ_b; x Druckhöhe; σ_b Betondruckspannung an der Platten-O.K.; $\sigma_{b\,unt}$ desgl. a. d. Platten-U.K.; σ_e Eisenzugspannung.

Erste Teilzeile (Steilziffern): $\mathfrak{M} = \dfrac{M}{\sigma_b \cdot b \cdot h^2}$

Zweite Teilzeile (Schrägziffern): f_e/h in cm/m

Dritte Teilzeile (Steilziffern): $\mathfrak{M}^d = \dfrac{M}{\sigma_b \cdot b \cdot d^2}$

$\dfrac{x}{h} = 0{,}5172$

14	1500	107,1
	1200	**85,71**
	1000	*71,43*
v	σ_e in $\frac{kg}{cm^2}$	σ_b in $\frac{kg}{cm^2}$

Fortsetzung der **Tab. X. Stegdruckbalken** (Plattenbalken mit Berücksichtigung des Stegdruckes.)

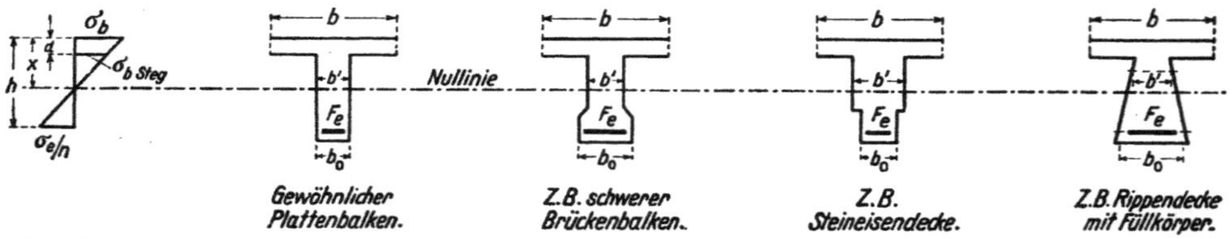

$\frac{x}{h} = 0{,}5357$

v	13		
σ_e in $\frac{kg}{cm^2}$	*1000*	1200	1500
σ_b in $\frac{kg}{cm^2}$	*76,92*	**92,31**	115,4

d/h \ b'/b	0	0,10	0,15	0,20	0,25	0,275	0,300	0,325	0,350	0,375	0,400	0,425	0,450	0,475	0,500	0,525	0,550	0,60	0,65	0,70	1	b'/b / d/h
0,03	0,02873 *0,2243* 31,92	0,04786 *0,4079* 53,17	0,05742 *0,4997* 63,80	0,06699 *0,5915* 74,43	0,07655 *0,6833* 85,06	0,08133 *0,7292* 90,37	0,08612 *0,7751* 95,68	0,09090 *0,8211* 101,0	0,09568 *0,8670* 106,3	0,1005 *0,9129* 111,6	0,1052 *0,9588* 116,9	0,1100 *1,005* 122,3	0,1148 *1,051* 127,6	0,1196 *1,096* 132,9	0,1244 *1,142* 138,2	0,1292 *1,188* 143,5	0,1339 *1,234* 148,8	0,1435 *1,326* 159,4	0,1531 *1,418* 170,1	0,1626 *1,510* 180,7	0,2200 *2,060* 244,5	**0,03**
0,04	0,03775 *0,2962* 23,59	0,05597 *0,4726* 34,98	0,06509 *0,5608* 40,68	0,07420 *0,6491* 46,38	0,08332 *0,7373* 52,07	0,08787 *0,7814* 54,92	0,09243 *0,8255* 57,77	0,09699 *0,8696* 60,62	0,1015 *0,9137* 63,47	0,1061 *0,9578* 66,31	0,1107 *1,002* 69,16	0,1152 *1,046* 72,01	0,1198 *1,090* 74,86	0,1243 *1,134* 77,71	0,1289 *1,178* 80,55	0,1334 *1,222* 83,40	0,1380 *1,267* 86,25	0,1471 *1,355* 91,95	0,1562 *1,443* 97,64	0,1653 *1,531* 103,3	0,2200 *2,060* 137,5	**0,04**
0,05	0,04649 *0,3667* 18,60	0,06385 *0,5360* 25,54	0,07252 *0,6207* 29,01	0,08120 *0,7054* 32,48	0,08988 *0,7901* 35,95	0,09422 *0,8325* 37,69	0,09855 *0,8748* 39,42	0,1029 *0,9171* 41,16	0,1072 *0,9595* 42,89	0,1116 *1,002* 44,63	0,1159 *1,044* 46,36	0,1202 *1,087* 48,10	0,1246 *1,129* 49,83	0,1289 *1,171* 51,57	0,1333 *1,214* 53,30	0,1376 *1,256* 55,04	0,1419 *1,298* 56,77	0,1506 *1,383* 60,25	0,1593 *1,468* 63,72	0,1680 *1,552* 67,19	0,2200 *2,060* 88,01	**0,05**
0,06	0,05497 *0,4357* 15,27	0,07148 *0,5982* 19,86	0,07973 *0,6794* 22,15	0,08798 *0,7606* 24,44	0,09624 *0,8419* 26,73	0,1004 *0,8825* 27,88	0,1045 *0,9231* 29,02	0,1086 *0,9637* 30,17	0,1127 *1,004* 31,32	0,1169 *1,045* 32,46	0,1210 *1,086* 33,61	0,1251 *1,126* 34,76	0,1292 *1,167* 35,90	0,1334 *1,207* 37,05	0,1375 *1,248* 38,19	0,1416 *1,289* 39,34	0,1458 *1,329* 40,49	0,1540 *1,411* 42,78	0,1623 *1,492* 45,07	0,1705 *1,573* 47,36	0,2200 *2,060* 61,12	**0,06**
0,07	0,06319 *0,5033* 12,90	0,07887 *0,6590* 16,10	0,08672 *0,7369* 17,70	0,09456 *0,8147* 19,30	0,1024 *0,8926* 20,90	0,1063 *0,9315* 21,70	0,1102 *0,9704* 22,50	0,1142 *1,009* 23,30	0,1181 *1,048* 24,10	0,1220 *1,087* 24,90	0,1259 *1,126* 25,70	0,1298 *1,165* 26,50	0,1338 *1,204* 27,30	0,1377 *1,243* 28,10	0,1416 *1,282* 28,90	0,1455 *1,321* 29,70	0,1494 *1,360* 30,50	0,1573 *1,438* 32,10	0,1651 *1,515* 33,70	0,1730 *1,593* 35,30	0,2200 *2,060* 44,90	**0,07**
0,08	0,07115 *0,5694* 11,12	0,08603 *0,7185* 13,44	0,09348 *0,7931* 14,61	0,1009 *0,8676* 15,77	0,1084 *0,9422* 16,93	0,1121 *0,9795* 17,51	0,1158 *1,017* 18,10	0,1195 *1,054* 18,68	0,1233 *1,091* 19,26	0,1270 *1,129* 19,84	0,1307 *1,166* 20,42	0,1344 *1,203* 21,00	0,1381 *1,240* 21,58	0,1419 *1,278* 22,17	0,1456 *1,315* 22,75	0,1493 *1,352* 23,33	0,1530 *1,389* 23,91	0,1605 *1,464* 25,07	0,1679 *1,539* 26,24	0,1754 *1,613* 27,40	0,2200 *2,060* 34,38	**0,08**
0,09	0,07884 *0,6342* 9,734	0,09296 *0,7768* 11,48	0,1000 *0,8481* 12,35	0,1071 *0,9194* 13,22	0,1141 *0,9907* 14,09	0,1177 *1,026* 14,53	0,1212 *1,062* 14,96	0,1247 *1,098* 15,40	0,1283 *1,133* 15,83	0,1318 *1,169* 16,27	0,1353 *1,205* 16,71	0,1388 *1,240* 17,14	0,1424 *1,276* 17,58	0,1459 *1,312* 18,01	0,1494 *1,347* 18,45	0,1530 *1,383* 18,88	0,1565 *1,419* 19,32	0,1636 *1,490* 20,19	0,1706 *1,561* 21,06	0,1777 *1,633* 21,93	0,2200 *2,060* 27,16	**0,09**
0,10	0,08629 *0,6974* 8,629	0,09966 *0,8337* 9,966	0,1063 *0,9019* 10,63	0,1130 *0,9700* 11,30	0,1197 *1,038* 11,97	0,1231 *1,072* 12,31	0,1264 *1,106* 12,64	0,1298 *1,140* 12,98	0,1331 *1,174* 13,31	0,1364 *1,209* 13,64	0,1398 *1,243* 13,98	0,1431 *1,277* 14,31	0,1465 *1,311* 14,65	0,1498 *1,345* 14,98	0,1532 *1,379* 15,32	0,1565 *1,413* 15,65	0,1598 *1,447* 15,98	0,1665 *1,515* 16,65	0,1732 *1,583* 17,32	0,1799 *1,652* 17,99	0,2200 *2,060* 22,00	**0,10**
0,12	0,1004 *0,8197* 6,975	0,1124 *0,9438* 7,805	0,1184 *1,006* 8,220	0,1244 *1,068* 8,636	0,1303 *1,130* 9,051	0,1333 *1,161* 9,259	0,1363 *1,192* 9,466	0,1393 *1,223* 9,674	0,1423 *1,254* 9,881	0,1453 *1,285* 10,09	0,1483 *1,316* 10,30	0,1513 *1,347* 10,50	0,1543 *1,378* 10,71	0,1572 *1,409* 10,92	0,1602 *1,440* 11,13	0,1632 *1,471* 11,33	0,1662 *1,502* 11,54	0,1722 *1,564* 11,96	0,1782 *1,626* 12,37	0,1841 *1,688* 12,79	0,2200 *2,060* 15,28	**0,12**
0,14	0,1136 *0,9362* 5,797	0,1243 *1,049* 6,340	0,1296 *1,105* 6,611	0,1349 *1,161* 6,882	0,1402 *1,217* 7,154	0,1429 *1,245* 7,290	0,1455 *1,273* 7,425	0,1482 *1,302* 7,561	0,1509 *1,330* 7,697	0,1535 *1,358* 7,833	0,1562 *1,386* 7,968	0,1588 *1,414* 8,104	0,1615 *1,442* 8,240	0,1642 *1,470* 8,375	0,1668 *1,498* 8,511	0,1695 *1,526* 8,647	0,1721 *1,555* 8,783	0,1775 *1,611* 9,054	0,1828 *1,667* 9,326	0,1881 *1,723* 9,597	0,2200 *2,060* 11,23	**0,14**
0,16	0,1259 *1,047* 4,916	0,1353 *1,148* 5,284	0,1400 *1,199* 5,468	0,1447 *1,250* 5,652	0,1494 *1,300* 5,836	0,1518 *1,326* 5,928	0,1541 *1,351* 6,020	0,1565 *1,376* 6,112	0,1588 *1,402* 6,204	0,1612 *1,427* 6,296	0,1635 *1,452* 6,388	0,1659 *1,478* 6,480	0,1682 *1,503* 6,572	0,1706 *1,528* 6,664	0,1729 *1,554* 6,755	0,1753 *1,579* 6,847	0,1776 *1,604* 6,939	0,1824 *1,655* 7,123	0,1871 *1,706* 7,307	0,1918 *1,756* 7,491	0,2200 *2,060* 8,595	**0,16**

d/h \ b'/b	0	0,10	0,15	0,20	0,25	0,275	0,300	0,325	0,350	0,375	0,400	0,425	0,450	0,475	0,500	0,525	0,550	0,60	0,65	0,70	1	d/h
0,18	0,1372 *1,152* 4,234	0,1455 *1,243* 4,490	0,1496 *1,288* 4,618	0,1538 *1,334* 4,746	0,1579 *1,379* 4,873	0,1600 *1,402* 4,937	0,1620 *1,425* 5,001	0,1641 *1,447* 5,065	0,1662 *1,470* 5,129	0,1683 *1,493* 5,193	0,1703 *1,515* 5,257	0,1724 *1,538* 5,321	0,1745 *1,561* 5,385	0,1765 *1,584* 5,449	0,1786 *1,606* 5,513	0,1807 *1,629* 5,576	0,1827 *1,652* 5,640	0,1869 *1,697* 5,768	0,1910 *1,742* 5,896	0,1952 *1,788* 6,024	0,2200 *2,060* 6,791	**0,18**
0,20	0,1476 *1,251* 3,691	0,1549 *1,332* 3,872	0,1585 *1,373* 3,963	0,1621 *1,413* 4,053	0,1657 *1,454* 4,143	0,1675 *1,474* 4,189	0,1694 *1,494* 4,234	0,1712 *1,514* 4,279	0,1730 *1,534* 4,324	0,1748 *1,555* 4,370	0,1766 *1,575* 4,415	0,1784 *1,595* 4,460	0,1802 *1,615* 4,505	0,1820 *1,636* 4,551	0,1838 *1,656* 4,596	0,1856 *1,676* 4,641	0,1875 *1,696* 4,686	0,1911 *1,737* 4,777	0,1947 *1,777* 4,867	0,1983 *1,818* 4,958	0,2200 *2,060* 5,501	**0,20**
0,22	0,1573 *1,345* 3,249	0,1635 *1,416* 3,379	0,1667 *1,452* 3,444	0,1698 *1,488* 3,508	0,1729 *1,524* 3,573	0,1745 *1,542* 3,606	0,1761 *1,560* 3,638	0,1777 *1,577* 3,671	0,1792 *1,595* 3,703	0,1808 *1,613* 3,735	0,1824 *1,631* 3,768	0,1839 *1,649* 3,800	0,1855 *1,667* 3,833	0,1871 *1,685* 3,865	0,1886 *1,703* 3,897	0,1902 *1,721* 3,930	0,1918 *1,738* 3,962	0,1949 *1,774* 4,027	0,1981 *1,810* 4,092	0,2012 *1,846* 4,157	0,2200 *2,060* 4,546	**0,22**
0,24	0,1660 *1,433* 2,883	0,1714 *1,495* 2,976	0,1741 *1,527* 3,023	0,1768 *1,558* 3,070	0,1795 *1,590* 3,117	0,1809 *1,605* 3,140	0,1822 *1,621* 3,164	0,1836 *1,637* 3,187	0,1849 *1,652* 3,211	0,1863 *1,668* 3,234	0,1876 *1,684* 3,258	0,1890 *1,699* 3,281	0,1903 *1,715* 3,304	0,1917 *1,731* 3,328	0,1930 *1,747* 3,351	0,1944 *1,762* 3,375	0,1957 *1,778* 3,398	0,1984 *1,809* 3,445	0,2011 *1,841* 3,492	0,2038 *1,872* 3,539	0,2200 *2,060* 3,820	**0,24**
0,26	0,1740 *1,515* 2,575	0,1786 *1,569* 2,643	0,1809 *1,597* 2,677	0,1832 *1,624* 2,711	0,1855 *1,651* 2,745	0,1867 *1,665* 2,762	0,1878 *1,678* 2,779	0,1890 *1,692* 2,796	0,1901 *1,706* 2,813	0,1913 *1,719* 2,830	0,1924 *1,733* 2,847	0,1936 *1,747* 2,864	0,1947 *1,760* 2,881	0,1959 *1,774* 2,898	0,1970 *1,788* 2,915	0,1982 *1,801* 2,932	0,1993 *1,815* 2,949	0,2016 *1,842* 2,983	0,2039 *1,869* 3,017	0,2062 *1,897* 3,051	0,2200 *2,060* 3,255	**0,26**
0,28	0,1813 *1,591* 2,312	0,1852 *1,638* 2,362	0,1871 *1,661* 2,386	0,1890 *1,685* 2,411	0,1910 *1,708* 2,436	0,1919 *1,720* 2,448	0,1929 *1,732* 2,461	0,1939 *1,744* 2,473	0,1948 *1,755* 2,485	0,1958 *1,767* 2,498	0,1968 *1,779* 2,510	0,1978 *1,790* 2,522	0,1987 *1,802* 2,535	0,1997 *1,814* 2,547	0,2007 *1,826* 2,559	0,2016 *1,837* 2,572	0,2026 *1,849* 2,584	0,2045 *1,873* 2,609	0,2065 *1,896* 2,634	0,2084 *1,920* 2,658	0,2200 *2,060* 2,806	**0,28**
0,30	0,1878 *1,662* 2,087	0,1910 *1,701* 2,122	0,1926 *1,721* 2,140	0,1942 *1,741* 2,158	0,1959 *1,761* 2,176	0,1967 *1,771* 2,185	0,1975 *1,781* 2,194	0,1983 *1,791* 2,203	0,1991 *1,801* 2,212	0,1999 *1,811* 2,221	0,2007 *1,821* 2,230	0,2015 *1,831* 2,239	0,2023 *1,841* 2,248	0,2031 *1,851* 2,257	0,2039 *1,861* 2,266	0,2047 *1,871* 2,275	0,2055 *1,881* 2,284	0,2071 *1,901* 2,302	0,2087 *1,921* 2,319	0,2104 *1,941* 2,337	0,2200 *2,060* 2,445	**0,30**
0,32	0,1936 *1,726* 1,891	0,1963 *1,760* 1,917	0,1976 *1,776* 1,929	0,1989 *1,793* 1,942	0,2002 *1,810* 1,955	0,2009 *1,818* 1,962	0,2015 *1,827* 1,968	0,2022 *1,835* 1,975	0,2029 *1,843* 1,981	0,2035 *1,852* 1,987	0,2042 *1,860* 1,994	0,2048 *1,868* 2,000	0,2055 *1,877* 2,007	0,2062 *1,885* 2,013	0,2068 *1,893* 2,020	0,2075 *1,902* 2,026	0,2081 *1,910* 2,033	0,2095 *1,927* 2,046	0,2108 *1,944* 2,058	0,2121 *1,960* 2,071	0,2200 *2,060* 2,149	**0,32**
0,36	0,2033 *1,839* 1,568	0,2049 *1,861* 1,581	0,2058 *1,872* 1,588	0,2066 *1,883* 1,594	0,2075 *1,894* 1,601	0,2079 *1,900* 1,604	0,2083 *1,905* 1,607	0,2087 *1,911* 1,610	0,2091 *1,916* 1,614	0,2096 *1,922* 1,617	0,2100 *1,927* 1,620	0,2104 *1,933* 1,623	0,2108 *1,939* 1,627	0,2112 *1,944* 1,630	0,2116 *1,950* 1,633	0,2121 *1,955* 1,636	0,2125 *1,961* 1,640	0,2133 *1,972* 1,646	0,2142 *1,983* 1,652	0,2150 *1,994* 1,659	0,2200 *2,060* 1,698	**0,36**
0,40	0,2105 *1,928* 1,316	0,2114 *1,941* 1,322	0,2119 *1,948* 1,324	0,2124 *1,955* 1,327	0,2129 *1,961* 1,330	0,2131 *1,965* 1,332	0,2134 *1,968* 1,333	0,2136 *1,971* 1,335	0,2138 *1,974* 1,336	0,2141 *1,978* 1,338	0,2143 *1,981* 1,339	0,2145 *1,984* 1,341	0,2148 *1,988* 1,342	0,2150 *1,991* 1,344	0,2153 *1,994* 1,345	0,2155 *1,998* 1,347	0,2157 *2,001* 1,348	0,2162 *2,008* 1,351	0,2167 *2,014* 1,354	0,2172 *2,021* 1,357	0,2200 *2,060* 1,375	**0,40**
0,44	0,2155 *1,995* 1,113	0,2160 *2,001* 1,116	0,2162 *2,005* 1,117	0,2164 *2,008* 1,118	0,2166 *2,011* 1,119	0,2168 *2,013* 1,120	0,2169 *2,014* 1,120	0,2170 *2,016* 1,121	0,2171 *2,018* 1,121	0,2172 *2,019* 1,122	0,2173 *2,021* 1,123	0,2174 *2,023* 11,23	0,2175 *2,024* 1,124	0,2177 *2,026* 1,124	0,2178 *2,028* 1,125	0,2179 *2,029* 1,125	0,2180 *2,031* 1,126	0,2182 *2,034* 1,127	0,2184 *2,037* 1,128	0,2187 *2,041* 1,129	0,2200 *2,060* 11,36	**0,44**
0,48	0,2186 *2,038* 0,9487	0,2187 *2,040* 0,9493	0,2188 *2,041* 0,9496	0,2189 *2,043* 0,9499	0,2189 *2,044* 0,9502	0,2190 *2,044* 0,9504	0,2190 *2,045* 0,9506	0,2190 *2,045* 0,9507	0,2191 *2,046* 0,9509	0,2191 *2,047* 0,9510	0,2192 *2,047* 0,9512	0,2192 *2,048* 0,9513	0,2192 *2,048* 0,9515	0,2193 *2,049* 0,9517	0,2193 *2,049* 0,9518	0,2193 *2,050* 0,9520	0,2194 *2,050* 0,9521	0,2194 *2,052* 0,9525	0,2195 *2,053* 0,9528	0,2196 *2,054* 0,9531	0,2200 *2,060* 0,9550	**0,48**
d/h \ b'/b	0	0,10	0,15	0,20	0,25	0,275	0,300	0,325	0,350	0,375	0,400	0,425	0,450	0,475	0,500	0,525	0,550	0,60	0,65	0,70	1	d/h

b Druckbreite; b_0 Zugbreite; b' Stegdruckbreite; d Plattenstärke; f_e Zugeisenquerschnitt für die Einheit der Druckbreite; h Nutzhöhe; M Moment; v Randspannungsverhältnis σ_e/σ_b; x Druckhöhe; σ_b Betondruckspannung an der Platten-O.K; $\sigma_{b\,Steg}$ desgl. a. d. Platten-U.K.; σ_e Eisenzugspannung.

Erste Teilzeile (Steilziffern): $\mathfrak{M} = \frac{M}{\sigma_b \cdot b \cdot h^2}$

Zweite Teilzeile (Schrägziffern): f_e/h in cm/m

Dritte Teilzeile (Steilziffern): $\mathfrak{M}^d = \frac{M}{\sigma_b \cdot b \cdot d^2}$

$\frac{x}{h} = 0{,}5357$

v	13
σ_e in $\frac{kg}{cm^2}$	1500 **1200** *1000*
σ_b in $\frac{kg}{cm^2}$	115,4 **92,31** *76,92*

Fortsetzung der **Tab. X. Stegdruckbalken** (Plattenbalken mit Berücksichtigung des Stegdruckes).

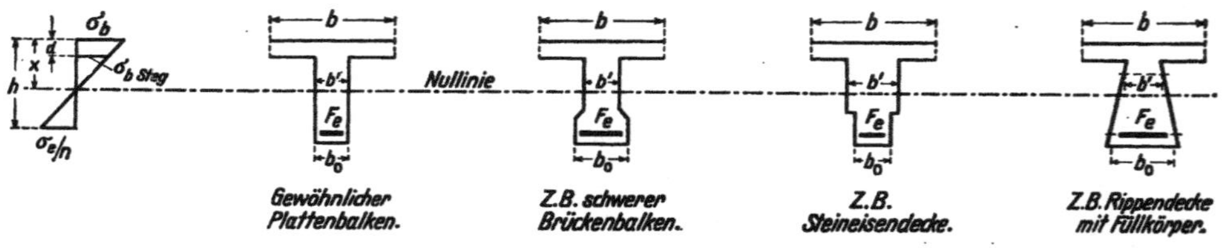

$\frac{x}{h} = 0{,}5556$

v	12		
σ_e in $\frac{kg}{cm^2}$	1000	1200	1500
σ_b in $\frac{kg}{cm^2}$	83,33	**100**	125

d/h \ b′/b	0	0,10	0,15	0,20	0,25	0,275	0,300	0,325	0,350	0,375	0,400	0,425	0,450	0,475	0,500	0,525	0,550	0,60	0,65	0,70	1	b′/b / d/h
0,03	0,02876 0,2433 31,95	0,04851 0,4504 53,90	0,05839 0,5540 64,88	0,06827 0,6576 75,86	0,07815 0,7611 86,83	0,08309 0,8129 92,32	0,08803 0,8647 97,81	0,09297 0,9165 103,3	0,09791 0,9683 108,8	0,1028 1,020 114,3	0,1078 1,072 119,8	0,1127 1,124 125,3	0,1177 1,175 130,7	0,1226 1,227 136,2	0,1275 1,279 141,7	0,1325 1,331 147,2	0,1374 1,383 152,7	0,1473 1,486 163,7	0,1572 1,590 174,6	0,1671 1,693 185,6	0,2263 2,315 251,5	**0,03**
0,04	0,03780 0,3213 23,62	0,05665 0,5207 35,41	0,06608 0,6204 41,30	0,07551 0,7200 47,19	0,08493 0,8197 53,08	0,08965 0,8695 56,03	0,09436 0,9194 58,98	0,09907 0,9692 61,92	0,1038 1,019 64,87	0,1085 1,069 67,81	0,1132 1,119 70,76	0,1179 1,169 73,70	0,1226 1,218 76,65	0,1274 1,268 79,60	0,1321 1,318 82,54	0,1368 1,368 85,49	0,1415 1,418 88,43	0,1509 1,517 94,33	0,1603 1,617 100,2	0,1698 1,717 106,1	0,2263 2,315 141,5	**0,04**
0,05	0,04658 0,3979 18,63	0,06455 0,5896 25,82	0,07354 0,6855 29,42	0,08253 0,7813 33,01	0,09152 0,8771 36,61	0,09601 0,9251 38,40	0,1005 0,9730 40,20	0,1050 1,021 42,00	0,1095 1,069 43,80	0,1140 1,117 45,59	0,1185 1,165 47,39	0,1230 1,213 49,19	0,1275 1,261 50,99	0,1320 1,308 52,78	0,1365 1,356 54,58	0,1410 1,404 56,38	0,1454 1,452 58,18	0,1544 1,548 61,77	0,1634 1,644 65,37	0,1724 1,740 68,96	0,2263 2,315 90,54	**0,05**
0,06	0,05509 0,4730 15,30	0,07221 0,6572 20,06	0,08078 0,7493 22,44	0,08934 0,8414 24,82	0,09790 0,9335 27,19	0,1022 0,9795 28,38	0,1065 1,026 29,57	0,1107 1,072 30,76	0,1150 1,118 31,95	0,1193 1,164 33,14	0,1236 1,210 34,33	0,1279 1,256 35,52	0,1322 1,302 36,71	0,1364 1,348 37,90	0,1407 1,394 39,09	0,1450 1,440 40,28	0,1493 1,486 41,47	0,1578 1,578 43,84	0,1664 1,670 46,22	0,1750 1,762 48,60	0,2263 2,315 62,87	**0,06**
0,07	0,06335 0,5466 12,93	0,07964 0,7234 16,25	0,08779 0,8118 17,92	0,09594 0,9002 19,58	0,1041 0,9886 21,24	0,1082 1,033 22,08	0,1122 1,077 22,91	0,1163 1,121 23,74	0,1204 1,165 24,57	0,1245 1,210 25,40	0,1285 1,254 26,23	0,1326 1,298 27,06	0,1367 1,342 27,90	0,1408 1,386 28,73	0,1448 1,431 29,56	0,1489 1,475 30,39	0,1530 1,519 31,22	0,1611 1,608 32,89	0,1693 1,696 34,55	0,1774 1,784 36,21	0,2263 2,315 46,19	**0,07**
0,08	0,07135 0,6187 11,15	0,08685 0,7883 13,57	0,09460 0,8731 14,78	0,1023 0,9579 15,99	0,1101 1,043 17,20	0,1140 1,085 17,81	0,1178 1,128 18,41	0,1217 1,170 19,02	0,1256 1,212 19,62	0,1295 1,255 20,23	0,1333 1,297 20,83	0,1372 1,340 21,44	0,1411 1,382 22,05	0,1450 1,424 22,65	0,1488 1,467 23,26	0,1527 1,509 23,86	0,1566 1,552 24,47	0,1643 1,636 25,68	0,1721 1,721 26,89	0,1798 1,806 28,10	0,2263 2,315 35,37	**0,08**
0,09	0,07910 0,6893 9,765	0,09382 0,8518 11,58	0,1012 0,9331 12,49	0,1085 1,014 13,40	0,1159 1,096 14,31	0,1196 1,136 14,76	0,1233 1,177 15,22	0,1270 1,218 15,67	0,1306 1,258 16,13	0,1343 1,299 16,58	0,1380 1,339 17,04	0,1417 1,380 17,49	0,1454 1,421 17,95	0,1490 1,461 18,40	0,1527 1,502 18,85	0,1564 1,543 19,31	0,1601 1,583 19,76	0,1674 1,665 20,67	0,1748 1,746 21,58	0,1822 1,827 22,49	0,2263 2,315 27,94	**0,09**
0,10	0,08660 0,7583 8,660	0,1006 0,9140 10,06	0,1076 0,9918 10,76	0,1145 1,070 11,45	0,1215 1,147 12,15	0,1250 1,186 12,50	0,1285 1,225 12,85	0,1320 1,264 13,20	0,1355 1,303 13,55	0,1390 1,342 13,90	0,1425 1,381 14,25	0,1460 1,420 14,60	0,1495 1,459 14,95	0,1530 1,498 15,30	0,1565 1,537 15,65	0,1600 1,575 16,00	0,1635 1,614 16,35	0,1704 1,692 17,04	0,1774 1,770 17,74	0,1844 1,848 18,44	0,2263 2,315 22,63	**0,10**
0,12	0,1009 0,8920 7,005	0,1134 1,034 7,877	0,1197 1,105 8,312	0,1260 1,177 8,748	0,1322 1,248 9,183	0,1354 1,283 9,401	0,1385 1,319 9,619	0,1417 1,354 9,837	0,1448 1,390 10,05	0,1479 1,426 10,27	0,1511 1,461 10,49	0,1542 1,497 10,71	0,1573 1,532 10,93	0,1605 1,568 11,14	0,1636 1,603 11,36	0,1667 1,639 11,58	0,1699 1,675 11,80	0,1762 1,746 12,23	0,1824 1,817 12,67	0,1887 1,888 13,10	0,2263 2,315 15,72	**0,12**
0,14	0,1142 1,020 5,827	0,1254 1,149 6,399	0,1310 1,214 6,685	0,1366 1,279 6,971	0,1422 1,343 7,257	0,1450 1,376 7,400	0,1478 1,408 7,543	0,1506 1,441 7,686	0,1535 1,473 7,829	0,1563 1,505 7,972	0,1591 1,538 8,115	0,1619 1,570 8,258	0,1647 1,602 8,401	0,1675 1,635 8,544	0,1703 1,667 8,687	0,1731 1,700 8,830	0,1759 1,732 8,973	0,1815 1,797 9,259	0,1871 1,862 9,545	0,1927 1,926 9,832	0,2263 2,315 11,55	**0,14**
0,16	0,1266 1,141 4,946	0,1366 1,259 5,336	0,1416 1,317 5,530	0,1466 1,376 5,725	0,1515 1,435 5,920	0,1540 1,464 6,017	0,1565 1,493 6,115	0,1590 1,523 6,212	0,1615 1,552 6,309	0,1640 1,581 6,407	0,1665 1,611 6,504	0,1690 1,640 6,602	0,1715 1,669 6,699	0,1740 1,699 6,796	0,1765 1,728 6,894	0,1790 1,757 6,991	0,1815 1,787 7,088	0,1864 1,845 7,283	0,1914 1,904 7,478	0,1964 1,963 7,673	0,2263 2,315 8,841	**0,16**

d/h \ b'/b	0	0,10	0,15	0,20	0,25	0,275	0,300	0,325	0,350	0,375	0,400	0,425	0,450	0,475	0,500	0,525	0,550	0,60	0,65	0,70	1	d/h
0,18	0,1381 *1,257* 4,264	0,1470 *1,363* 4,536	0,1514 *1,416* 4,672	0,1558 *1,469* 4,808	0,1602 *1,521* 4,944	0,1624 *1,548* 5,012	0,1646 *1,574* 5,080	0,1668 *1,601* 5,148	0,1690 *1,627* 5,216	0,1712 *1,654* 5,284	0,1734 *1,680* 5,352	0,1756 *1,707* 5,420	0,1778 *1,733* 5,489	0,1800 *1,759* 5,557	0,1822 *1,786* 5,625	0,1844 *1,812* 5,693	0,1866 *1,839* 5,761	0,1911 *1,892* 5,897	0,1955 *1,945* 6,033	0,1999 *1,997* 6,169	0,2263 *2,315* 6,986	**0,18**
0,20	0,1488 *1,367* 3,720	0,1566 *1,461* 3,914	0,1604 *1,509* 4,011	0,1643 *1,556* 4,108	0,1682 *1,604* 4,205	0,1701 *1,627* 4,253	0,1721 *1,651* 4,302	0,1740 *1,675* 4,350	0,1759 *1,699* 4,398	0,1779 *1,722* 4,447	0,1798 *1,746* 4,495	0,1818 *1,770* 4,544	0,1837 *1,793* 4,592	0,1856 *1,817* 4,641	0,1876 *1,841* 4,689	0,1895 *1,864* 4,738	0,1914 *1,888* 4,786	0,1953 *1,936* 4,883	0,1992 *1,983* 4,980	0,2031 *2,030* 5,077	0,2263 *2,315* 5,658	**0,20**
0,22	0,1586 *1,470* 3,277	0,1654 *1,555* 3,417	0,1688 *1,597* 3,487	0,1722 *1,639* 3,557	0,1756 *1,681* 3,627	0,1772 *1,703* 3,662	0,1789 *1,724* 3,697	0,1806 *1,745* 3,732	0,1823 *1,766* 3,767	0,1840 *1,787* 3,802	0,1857 *1,808* 3,837	0,1874 *1,829* 3,872	0,1891 *1,850* 3,907	0,1908 *1,871* 3,942	0,1925 *1,893* 3,977	0,1942 *1,914* 4,012	0,1959 *1,935* 4,047	0,1993 *1,977* 4,117	0,2026 *2,019* 4,187	0,2060 *2,061* 4,257	0,2263 *2,315* 4,676	**0,22**
0,24	0,1677 *1,568* 2,911	0,1735 *1,643* 3,013	0,1765 *1,680* 3,063	0,1794 *1,717* 3,114	0,1823 *1,755* 3,165	0,1838 *1,773* 3,191	0,1853 *1,792* 3,216	0,1867 *1,811* 3,242	0,1882 *1,829* 3,267	0,1897 *1,848* 3,293	0,1911 *1,867* 3,318	0,1926 *1,885* 3,344	0,1941 *1,904* 3,369	0,1955 *1,923* 3,395	0,1970 *1,941* 3,420	0,1985 *1,960* 3,446	0,1999 *1,979* 3,471	0,2029 *2,016* 3,522	0,2058 *2,053* 3,573	0,2087 *2,091* 3,624	0,2263 *2,315* 3,929	**0,24**
0,26	0,1759 *1,660* 2,602	0,1809 *1,725* 2,677	0,1835 *1,758* 2,714	0,1860 *1,791* 2,751	0,1885 *1,823* 2,789	0,1898 *1,840* 2,807	0,1910 *1,856* 2,826	0,1923 *1,873* 2,845	0,1936 *1,889* 2,863	0,1948 *1,905* 2,882	0,1961 *1,922* 2,901	0,1973 *1,938* 2,919	0,1986 *1,954* 2,938	0,1999 *1,971* 2,957	0,2011 *1,987* 2,975	0,2024 *2,004* 2,994	0,2036 *2,020* 3,012	0,2062 *2,053* 3,050	0,2087 *2,086* 3,087	0,2112 *2,118* 3,124	0,2263 *2,315* 3,348	**0,26**
0,28	0,1834 *1,745* 2,339	0,1877 *1,802* 2,394	0,1899 *1,831* 2,422	0,1920 *1,859* 2,449	0,1941 *1,888* 2,476	0,1952 *1,902* 2,490	0,1963 *1,916* 2,504	0,1974 *1,930* 2,517	0,1984 *1,945* 2,531	0,1995 *1,959* 2,545	0,2006 *1,973* 2,558	0,2017 *1,987* 2,572	0,2027 *2,002* 2,586	0,2038 *2,016* 2,600	0,2049 *2,030* 2,613	0,2059 *2,044* 2,627	0,2070 *2,059* 2,641	0,2092 *2,087* 2,668	0,2113 *2,115* 2,695	0,2135 *2,144* 2,723	0,2263 *2,315* 2,887	**0,28**
0,30	0,1902 *1,825* 2,113	0,1938 *1,874* 2,153	0,1956 *1,898* 2,174	0,1974 *1,923* 2,194	0,1992 *1,947* 2,214	0,2001 *1,960* 2,224	0,2010 *1,972* 2,234	0,2019 *1,984* 2,244	0,2028 *1,996* 2,254	0,2038 *2,009* 2,264	0,2047 *2,021* 2,274	0,2056 *2,033* 2,284	0,2065 *2,045* 2,294	0,2074 *2,058* 2,304	0,2083 *2,070* 2,314	0,2092 *2,082* 2,324	0,2101 *2,094* 2,334	0,2119 *2,119* 2,354	0,2137 *2,143* 2,374	0,2155 *2,168* 2,394	0,2263 *2,315* 2,515	**0,30**
0,32	0,1963 *1,899* 1,917	0,1993 *1,940* 1,946	0,2008 *1,961* 1,961	0,2023 *1,982* 1,976	0,2038 *2,003* 1,990	0,2046 *2,013* 1,998	0,2053 *2,024* 2,005	0,2061 *2,034* 2,012	0,2068 *2,044* 2,020	0,2076 *2,055* 2,027	0,2083 *2,065* 2,034	0,2091 *2,076* 2,042	0,2098 *2,086* 2,049	0,2106 *2,096* 2,056	0,2113 *2,107* 2,064	0,2121 *2,117* 2,071	0,2128 *2,128* 2,078	0,2143 *2,148* 2,093	0,2158 *2,169* 2,108	0,2173 *2,190* 2,122	0,2263 *2,315* 2,210	**0,32**
0,36	0,2066 *2,028* 1,594	0,2085 *2,057* 1,609	0,2095 *2,071* 1,617	0,2105 *2,085* 1,624	0,2115 *2,100* 1,632	0,2120 *2,107* 1,636	0,2125 *2,114* 1,640	0,2130 *2,121* 1,643	0,2135 *2,128* 1,647	0,2140 *2,136* 1,651	0,2145 *2,143* 1,655	0,2150 *2,150* 1,659	0,2155 *2,157* 1,662	0,2160 *2,164* 1,666	0,2164 *2,171* 1,670	0,2169 *2,179* 1,674	0,2174 *2,186* 1,678	0,2184 *2,200* 1,685	0,2194 *2,214* 1,693	0,2204 *2,229* 1,701	0,2263 *2,315* 1,746	**0,36**
0,40	0,2144 *2,133* 1,340	0,2156 *2,151* 1,347	0,2162 *2,161* 1,351	0,2168 *2,170* 1,355	0,2174 *2,179* 1,359	0,2177 *2,183* 1,361	0,2180 *2,188* 1,362	0,2183 *2,192* 1,364	0,2186 *2,197* 1,366	0,2189 *2,201* 1,368	0,2192 *2,206* 1,370	0,2195 *2,210* 1,372	0,2198 *2,215* 1,374	0,2201 *2,220* 1,375	0,2204 *2,224* 1,377	0,2207 *2,229* 1,379	0,2210 *2,233* 1,381	0,2216 *2,242* 1,385	0,2222 *2,251* 1,388	0,2228 *2,260* 1,392	0,2263 *2,315* 1,415	**0,40**
0,44	0,2200 *2,213* 1,136	0,2206 *2,223* 1,140	0,2209 *2,228* 1,141	0,2212 *2,233* 1,143	0,2216 *2,239* 1,144	0,2217 *2,241* 1,145	0,2219 *2,244* 1,146	0,2220 *2,246* 1,147	0,2222 *2,249* 1,148	0,2224 *2,251* 1,149	0,2225 *2,254* 1,149	0,2227 *2,256* 1,150	0,2228 *2,259* 1,151	0,2230 *2,261* 1,152	0,2232 *2,264* 1,153	0,2233 *2,267* 1,153	0,2235 *2,269* 1,154	0,2238 *2,274* 1,156	0,2241 *2,279* 1,158	0,2244 *2,284* 1,159	0,2263 *2,315* 1,169	**0,44**
0,48	0,2238 *2,272* 0,9713	0,2240 *2,276* 0,9724	0,2242 *2,278* 0,9730	0,2243 *2,281* 0,9735	0,2244 *2,283* 0,9741	0,2245 *2,284* 0,9744	0,2246 *2,285* 0,9746	0,2246 *2,286* 0,9749	0,2247 *2,287* 0,9752	0,2247 *2,288* 0,9755	0,2248 *2,289* 0,9757	0,2249 *2,290* 0,9760	0,2249 *2,291* 0,9763	0,2250 *2,292* 0,9766	0,2251 *2,293* 0,9769	0,2251 *2,294* 0,9771	0,2252 *2,296* 0,9774	0,2253 *2,298* 0,9780	0,2254 *2,300* 0,9785	0,2256 *2,302* 0,9791	0,2263 *2,315* 0,9824	**0,48**

b Druckbreite; b_e Zugbreite; *b'* Stegdruckbreite; *d* Plattenstärke; f_e Zugeisenquerschnitt für die Einheit der Druckbreite; *h* Nutzhöhe; *M* Moment; *v* Randspannungsverhältnis σ_e/σ_b; *x* Druckhöhe; σ_b Betondruckspannung an der Platten-O.-K.; $\sigma_{b\,Steg}$ desgl. a. d. Platten-U.K.; σ_e Eisenzugspannung.

Erste Teilzeile (Steilziffern): $\mathfrak{M} = \frac{M}{\sigma_b \cdot b \cdot h^2}$

Zweite Teilzeile (Schrägziffern): f_e/h in cm/m

Dritte Teilzeile (Steilziffern): $\mathfrak{M}^d = \frac{M}{\sigma_b \cdot b \cdot d^2}$

$\frac{x}{h} = 0{,}5556$

v	σ_e in $\frac{kg}{cm^2}$	σ_b in $\frac{kg}{cm^2}$
12	1500	125
	1200	**100**
	1000	*83,33*

Tab. X.

Abschnitt 3. Besondere Tabellen für Kreuz- und Pilzplatten.[428]

Tab. XI. Gleichartig gelagerte Kreuzplatten-Felder.

(Einfache Berechnung.)

Hauptbewehrungs-Moment $M = q \cdot l^2/m$ ergibt Hauptbewehrung (äußere Eisenschar) f_e.
Gesamt-Eisenbedarf $= c \cdot f_e$ (in kg/m², wenn f_e in cm²/m).

		Äußerer Bezirk				Innerer Bezirk							
	$\frac{l_x}{l_y}$	0,50	0,55	0,60	0,65	0,70	0,75	0,80	0,85	0,90	0,95	1,00	
$\frac{'M}{M} = \frac{M_y}{M_x} = \frac{\overset{s}{M}_y}{\overset{s}{M}_x}$		0,2500	0,3025	0,3600	0,4225	0,4900	0,5625	0,6400	0,7225	0,8100	0,9025	1,000	Diese Zahlenwerte gelten für alle drei Teile gemeinsam.
	$'f_e/f_e$	0,257	0,314	0,377	0,447	0,522	0,605	0,693	0,789	0,890	0,998	1,113	
	$'\sigma_b/\sigma_b$									0,99	1,06	1,14	
	$-\overset{s}{m}_x$	12,75	13,10	13,56	14,14	14,88	15,80	16,92	18,26	19,87	21,77	24,00	**Erster Teil**
$p/g = 0$	m	27,28	28,38	29,74	31,41	33,43	35,85	38,71	42,08	46,00	50,53	55,74	
	c	1,16	1,19	1,22	1,27	1,31	1,37	1,43	1,50	1,57	1,65	1,74	
$p/g = 0{,}5$	m	21,60	22,71	24,06	25,69	27,63	29,91	32,56	35,61	39,11	43,08	47,56	
	c	1,16	1,19	1,22	1,27	1,31	1,37	1,43	1,50	1,57	1,65	1,74	
$p/g = 1$	m	19,56	20,64	21,96	23,55	25,42	27,62	30,16	33,07	36,38	40,12	44,31	Innenfeld durchlaufender mehrreihiger Platten
	c	1,16	1,19	1,22	1,27	1,31	1,37	1,43	1,50	1,57	1,65	1,74	
$p/g = 2$	m	17,87	18,92	20,20	21,73	23,54	25,66	28,09	30,87	34,01	37,54	41,47	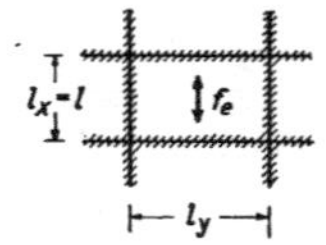
	c	1,24	1,26	1,29	1,32	1,36	1,41	1,46	1,52	1,59	1,66	1,75	
	$-\bar{M}/M$	0,1267	0,1110	0,09446	0,07758	0,06109	0,04578	0,03243	0,02168	0,01397	0,009445	0,008000	
	$\bar{f}_e/f_e$	0,122	0,107	0,091	0,074	0,059	0,044	0,031	0,021	0,013	0,009	0,008	
	$-'\bar{M}/M$	0,03168	0,03359	0,03401	0,03278	0,02993	0,02575	0,02076	0,01567	0,01132	0,008524	0,008000	
	$'\bar{f}_e/f_e$	0,033	0,035	0,036	0,034	0,031	0,027	0,022	0,016	0,012	0,009	0,008	
$p/g = 7$	m	16,13	17,14	18,36	19,82	21,55	23,56	25,87	28,50	31,45	34,75	38,40	Ringsum fest eingespannte Platte ($p/g = 0$)
	c	1,38	1,41	1,44	1,48	1,52	1,57	1,63	1,70	1,77	1,85	1,95	
	$-\bar{M}/M$	0,3349	0,3207	0,3056	0,2901	0,2748	0,2606	0,2481	0,2380	0,2307	0,2264	0,2250	
	$\bar{f}_e/f_e$	0,322	0,308	0,293	0,279	0,264	0,250	0,238	0,229	0,222	0,217	0,216	
	$-'\bar{M}/M$	0,08372	0,09701	0,1100	0,1226	0,1347	0,1466	0,1588	0,1719	0,1868	0,2043	0,2250	
	$'\bar{f}_e/f_e$	0,088	0,102	0,116	0,129	0,141	0,154	0,167	0,181	0,196	0,215	0,236	
p/g für $\bar{M} = '\bar{M} = 0$		1,265	1,334	1,411	1,497	1,587	1,678	1,764	1,837	1,893	1,927	1,938	
*	$-\overset{s}{m}_x$	8,500	8,732	9,037	9,428	9,921	10,53	11,28	12,18	13,25	14,52	16,00	**Zweiter Teil**
$p/g = 0$	m	16,98	17,84	18,89	20,15	21,65	23,41	25,47	27,84	30,56	33,65	37,15	
	c	1,17	1,21	1,26	1,32	1,39	1,46	1,55	1,64	1,74	1,85	1,98	
$p/g = 0{,}5$	m	15,43	16,29	17,34	18,60	20,09	21,84	23,86	26,17	28,80	31,76	35,08	Eckfeld durchlaufender mehrreihiger Platten
	c	1,16	1,20	1,25	1,31	1,37	1,45	1,53	1,62	1,72	1,83	1,95	
$p/g = 1$	m	14,75	15,61	16,66	17,91	19,40	21,13	23,13	25,41	27,99	30,89	34,13	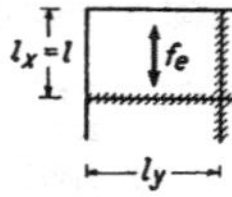
	c	1,15	1,20	1,25	1,30	1,37	1,44	1,52	1,61	1,71	1,82	1,94	
$p/g = 2$	m	14,13	14,99	16,03	17,28	18,75	20,47	22,45	24,70	27,23	30,07	33,23	
	c	1,15	1,19	1,24	1,30	1,36	1,44	1,52	1,61	1,71	1,82	1,93	
$p/g = 7$	m	13,42	14,27	15,31	16,54	18,00	19,69	21,64	23,85	26,34	29,10	32,16	
	c	1,24	1,27	1,32	1,36	1,42	1,48	1,56	1,64	1,73	1,84	1,96	
	$-\bar{M}/M$	0,1109	0,09997	0,08836	0,07642	0,06465	0,05364	0,04395	0,03611	0,03045	0,02712	0,02605	An zwei benachbarten Seiten frei aufliegende, an den andern fest eingespannte Platte ($p/g = 0$)
	$\bar{f}_e/f_e$	0,107	0,096	0,085	0,073	0,062	0,051	0,042	0,035	0,029	0,026	0,025	
	$-'\bar{M}/M$	0,02772	0,03024	0,03181	0,03229	0,03168	0,03017	0,02813	0,02609	0,02466	0,02447	0,02605	
	$'\bar{f}_e/f_e$	0,029	0,032	0,033	0,034	0,033	0,032	0,030	0,027	0,026	0,026	0,027	
p/g für $\bar{M} = '\bar{M} = 0$		3,298	3,501	3,739	4,012	4,315	4,635	4,951	5,235	5,457	5,596	5,642	
	m	10,57	11,35	12,30	13,44	14,79	16,36	18,14	20,15	22,36	24,79	27,43	**Dritter Teil** 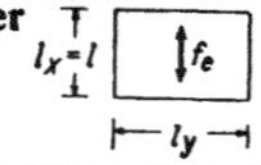 Ringsum frei aufliegende Platte
	c	1,14	1,20	1,27	1,34	1,43	1,53	1,64	1,76	1,89	2,04	2,20	

* Das Stützmoment für eine nur **einem** äußeren Deckenrande unmittelbar gegenüberliegende Auflagerlinie durchlaufender Platten ist zum inneren Feld gehörig zu berechnen, jedoch unter Vergrößerung des sich aus der entsprechenden Tabelle ergebenden Stützmomentes um 20 %.
Die Stützmomente des Eckfeldes sind daher gegebenenfalls aus Tab. XII, erstem Teil (Randfeld) zu entnehmen.

Der starke Doppelpfeil gibt die Richtung der äußeren Eisenschar an (Haupt-Bewehrungsrichtung).

Bezeichnungen zu Tab. XI bis XIV.

Bezeichnung:	Haupt- / Neben-	Bewehrungsrichtung	Einspannungsrichtung	Stützrichtung.
Bedeutung:	Richtung der	äußeren / inneren Eiseneinlagen	häufigeren / weniger häufigen Auflagereinspannungen	kleineren / größeren Stützweite.

c Eisenkoeffizient;
f_e bzw. $'f_e$ Zugeisenquerschnitt des Mittelstreifens für die Einheit der Druckbreite, zur Aufnahme des größten Feldmomentes in der Haupt- bzw. Neben-Bewehrungsrichtung;
$\bar{f}_e$ bzw. $'\bar{f}_e$ wie vor, jedoch zur Aufnahme des »negativen Feldmomentes«;
g ständige (auf allen voneinander statisch abhängigen Feldern gleichzeitige) Last für die Einheit der Grundfläche;
l bzw. $'l$ Spannweite in der Haupt- bzw. Neben-Bewehrungsrichtung;
l_1 bzw. l_2 Spannweite in der Haupt- bzw. Neben-Einspannungsrichtung;
l_x bzw. l_y Spannweite in der Haupt- bzw. Neben-Stützrichtung;
M bzw. $'M$ größtes Feldmoment in der Haupt- bzw. Neben-Bewehrungsrichtung, für die Breiteneinheit;
$\bar{M}$ bzw. $'\bar{M}$ »negatives Feldmoment« wie vor;
M_1 bzw. M_2 größtes Feldmoment in der Haupt- bzw. Neben-Einspannungsrichtung, für die Breiteneinheit;
$\bar{M}_1$ bzw. $\bar{M}_2$ »negatives Feldmoment« wie vor;
$\overset{s}{M}_1$ bzw. $\overset{s}{M}_2$ kleinstes (negatives) Stützmoment wie vor;
M_x bzw. M_y größtes Feldmoment in der Haupt- bzw. Neben-Stützrichtung, für die Breiteneinheit;
$\bar{M}_x$ bzw. $\bar{M}_y$ »negatives Feldmoment« wie vor;
$\overset{s}{M}_x$ bzw. $\overset{s}{M}_y$ kleinstes (negatives) Stützmoment wie vor;
$M_{1g}, M_{2g}, M_{xg}, M_{yg}$ Teilmomente M_1, M_2, M_x, M_y, erzeugt lediglich durch g;
$M_{1p}, M_{2p}, M_{xp}, M_{yp}$ Teilmomente M_1, M_2, M_x, M_y, erzeugt lediglich durch p;
$\bar{M}_{1p}, \bar{M}_{2p}, \bar{M}_{xp}, \bar{M}_{yp}$ Teilmomente $\bar{M}_1, \bar{M}_2, \bar{M}_x, \bar{M}_y$, erzeugt lediglich durch p;
$m, m_x, m_y, \overset{s}{m}_x, \overset{s}{m}_y, \overset{s}{m}_1, \overset{s}{m}_2, m_{xg}, m_{1g}, m_{2g}, m_{xp}, m_{1p}, m_{2p}, \bar{m}_{xp}, \bar{m}_{1p}, \bar{m}_{2p}$ Momenten-Festnenner bzw. für $M, M_x, M_y, \overset{s}{M}_x, \overset{s}{M}_y, \overset{s}{M}_1, \overset{s}{M}_2, M_{xg}, M_{1g}, M_{2g}, M_{xp}, M_{1p}, M_{2p}, \bar{M}_{xp}, \bar{M}_{1p}, \bar{M}_{2p}$;
p (feldweise wechselnde) Nutzlast f. d. Einheit der Grundfläche;
ν voll in Rechnung gestellter Drillungsfaktor;
σ_b bzw. $'\sigma_b$ größte Feld-Betondruckspannung im Mittelstreifen der Haupt- bzw. Neben-Bewehrungsrichtung.

Zahlenbeispiel 4 siehe S. 57.

— Zu § 4 a. —

Zahlenbeispiel 5. (§ 4 a.) Das Randfeld einer durchlaufenden mehrreihigen Fundament-Kreuzplatte aus Eisenbeton soll zu Kalkulationszwecken berechnet werden. $l_1 = 8{,}00$ m; $l_2 = 6{,}40$ m;

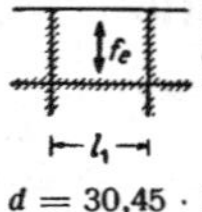

$q = 5000$ kg/m²; $\sigma_e = 1200$ kg/cm²; $\sigma_b = 45$ kg/cm². (Vgl. Zahlenbeisp. 66 u. 17.) ▬ $p/g = 0$; $l_2/l_1 = 6{,}40/8{,}00 = 0{,}80$; (hierzu nach Tab. XII, erstem Teil:) $m = 30{,}99$; $c = 1{,}53$ kg/(cm² · m); $M = M_2 = 5000 \cdot 6{,}40^2/30{,}99 = 6609$ kgm/m. (Nach Tab. VI mit Gl. 124:) $h = 0{,}3746\sqrt{6609} = 30{,}45$ cm; (nach Gl. 14:) $d = 30{,}45 \cdot 1{,}02 + 1{,}2 \approx 32{,}5$ cm; ● $B = \mathbf{0{,}325}$ **m³/m²**. (Nach Tab. VI:) $f_e = 30{,}45/1{,}481 = 20{,}56$ cm²/m (Schieberzunge bleibt liegen; Ablesung von f_e nicht unbedingt erforderlich); (nach Gl. 532:) ● $E = 20{,}56 \cdot 1{,}53 = \mathbf{31{,}5}$ **kg/m²**.

Zahlenbeispiel 6. (§ 4 a.) Dasselbe Randfeld soll jetzt zu Konstruktionszwecken weiter berechnet werden. ▬ ● $f_{e_2} = f_e =$ **20,56 cm²/m** (Schieberzunge bleibt weiter liegen); (nach Tab. XII, erstem Teil:) ● $f_{e_1} = 'f_e \approx 20{,}56 \cdot 0{,}798 =$ **16,4 cm²/m**[429]; $\overset{s}{M}_1 = -5000 \cdot 8{,}00^2/26{,}65 = -12010$ kgm/m; (nach Tab. XI, erstem Teil:) $\overset{s}{M}_2 = -1{,}2 \cdot 5000 \cdot 6{,}40^2/16{,}92 = -14520$ kgm/m; usw. wie üblich.

Zahlenbeispiel 7 siehe S. 172.

[429]) Genauer (wegen Fußnote 35) $'f_e = \frac{16{,}4}{1{,}1} \cdot \frac{30{,}45}{29{,}25} = 15{,}5$ cm²/m. (Vgl. Zahlenbeispiel 8.)

[428]) Diese Tabellen wurden zum ersten Male in der Zeitschrift »Zement« veröffentlicht, und zwar Tab. XI bis XIV im Jahrgang 1928, Tab. XV bis XVIII im Jahrgang 1929.

Tab. **XI** und **XII** dienen zur Berechnung von Kreuzplatten nach nur einem Feldmoment. Sie liefern auch den Eisenkoeffizienten c. Näheres siehe § 4a, besonderes Stichwort *Einfache Berechnung*, und **Zahlenbeispiele 5 bis 11** (oben rechts u. S. 172).

Die lotrechten Doppellinien trennen den »inneren« Tabellen-Bezirk ($l_y/l_x \leq 1{,}5$) vom »äußeren« ($l_y/l_x > 1{,}5$) zur bequemeren Ermittelung von $\sigma_{b\ \mathrm{steif}}$ in Tab. II.

Tab. XII. Ungleichartig gelagerte Kreuzplatten-Felder. (Einfache Berechnung.)

Hauptbewehrungs-Moment $M = q \cdot l^2/m$ ergibt Hauptbewehrung (äußere Eisenschar) f_e. Gesamt-Eisenbedarf $= c \cdot f_e$ (in kg/m², wenn f_e in cm²/m).

Erster Teil

Der starke Doppelpfeil gibt die Richtung der äußeren Eisenschar an (Hauptbewehrungsrichtung).

Randfeld durchlaufender mehrreihiger Platten

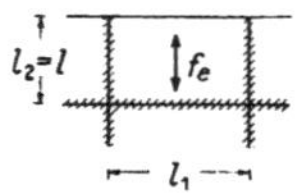

← Äußerer Bezirk → (0,50–0,65) | ← Innerer Bezirk → (0,70–1,00)

	l_2/l_1	0,50	0,55	0,60	0,65	0,70	0,75	0,80	0,85	0,90	0,95	1,00
	$-\overset{s}{m}_2$	9	9,464	10,07	10,86	11,84	13,06	14,55	16,35	18,50	21,03	24
*	$-\overset{s}{m}_1$	108,0	77,57	58,30	45,61	36,99	30,96	26,65	23,49	21,14	19,37	18
	$\overset{s}{M}_2/\overset{s}{M}_1$	3,000	2,479	2,083	1,775	1,531	1,333	1,172	1,038	0,9259	0,8310	0,75
$p/g = 0$	m	**17,86**	**19,12**	**20,68**	**22,60**	**24,92**	**27,69**	**30,99**	**34,84**	**39,35**	**44,56**	**50,57**
	$'\sigma_b/\sigma_b$								1,00	1,08	1,17	1,26
	c	**1,14**	**1,18**	**1,24**	**1,30**	**1,37**	**1,44**	**1,53**	**1,63**	**1,74**	**1,86**	**1,99**
	$'M/M$	0,2899	0,3495	0,4144	0,4849	0,5610	0,6429	0,7310	0,8248	0,9251	1,032	1,145
	$'f_e/f_e$	*0,301*	*0,366*	*0,438*	*0,516*	*0,603*	*0,697*	*0,798*	*0,907*	*1,025*	*1,150*	*1,284*
$p/g = 0{,}5$	m	**16,02**	**17,16**	**18,57**	**20,30**	**22,37**	**24,83**	**27,72**	**31,07**	**34,93**	**39,33**	**44,33**
	$'\sigma_b/\sigma_b$								0,98	1,06	1,14	1,22
	c	**1,13**	**1,17**	**1,22**	**1,28**	**1,34**	**1,42**	**1,50**	**1,59**	**1,69**	**1,80**	**1,93**
	$'M/M$	0,2798	0,3376	0,4007	0,4692	0,5431	0,6226	0,7078	0,7985	0,8951	0,9975	1,106
	$'f_e/f_e$	*0,290*	*0,353*	*0,422*	*0,499*	*0,582*	*0,673*	*0,772*	*0,877*	*0,990*	*1,109*	*1,237*
$p/g = 1$	m	**15,24**	**16,33**	**17,67**	**19,31**	**21,28**	**23,60**	**26,33**	**29,47**	**33,07**	**37,15**	**41,76**
	$'\sigma_b/\sigma_b$								0,97	1,05	1,13	1,21
	c	**1,12**	**1,16**	**1,21**	**1,27**	**1,33**	**1,40**	**1,49**	**1,58**	**1,67**	**1,78**	**1,90**
	$'M/M$	0,2755	0,3326	0,3949	0,4625	0,5355	0,6139	0,6980	0,7874	0,8825	0,9833	1,090
	$'f_e/f_e$	*0,285*	*0,347*	*0,416*	*0,491*	*0,574*	*0,663*	*0,760*	*0,864*	*0,975*	*1,093*	*1,218*
$p/g = 2$	m	**14,52**	**15,57**	**16,86**	**18,42**	**20,29**	**22,50**	**25,07**	**28,03**	**31,40**	**35,20**	**39,47**
	$'\sigma_b/\sigma_b$								0,96	1,04	1,12	1,20
	c	**1,12**	**1,16**	**1,21**	**1,26**	**1,32**	**1,39**	**1,47**	**1,56**	**1,66**	**1,76**	**1,88**
	$'M/M$	0,2716	0,3280	0,3896	0,4564	0,5285	0,6060	0,6891	0,7774	0,8712	0,9705	1,075
	$'f_e/f_e$	*0,281*	*0,342*	*0,410*	*0,484*	*0,566*	*0,654*	*0,750*	*0,852*	*0,962*	*1,078*	*1,201*
	$-\bar{M}/M$											
	$\bar{f}_e/f_e$											
	$-'\bar{M}/M$											
	$'\bar{f}_e/f_e$											
$p/g = 7$	m	**13,72**	**14,72**	**15,93**	**17,41**	**19,17**	**21,25**	**23,66**	**26,41**	**29,53**	**33,04**	**36,94**
	$'\sigma_b/\sigma_b$								0,95	1,03	1,11	1,19
	c	**1,21**	**1,25**	**1,30**	**1,35**	**1,42**	**1,49**	**1,57**	**1,67**	**1,77**	**1,89**	**2,02**
	$'M/M$	0,2673	0,3228	0,3836	0,4495	0,5207	0,5972	0,6791	0,7661	0,8586	0,9564	1,059
	$'f_e/f_e$	*0,276*	*0,337*	*0,403*	*0,477*	*0,557*	*0,644*	*0,739*	*0,839*	*0,947*	*1,061*	*1,183*
	$-\bar{M}/M$	0,1356	0,1340	0,1331	0,1332	0,1343	0,1368	0,1412	0,1472	0,1555	0,1660	0,1783
	$\bar{f}_e/f_e$	*0,130*	*0,129*	*0,128*	*0,128*	*0,129*	*0,131*	*0,136*	*0,141*	*0,149*	*0,159*	*0,171*
	$-'\bar{M}/M$	0,01666	0,02020	0,02434	0,02923	0,03509	0,04227	0,05128	0,06274	0,07740	0,09593	0,1189
	$'\bar{f}_e/f_e$	*0,017*	*0,021*	*0,026*	*0,031*	*0,037*	*0,044*	*0,054*	*0,066*	*0,081*	*0,101*	*0,125*
	p/g für $\bar{M} = 0$	2,902	2,926	2,938	2,938	2,921	2,885	2,823	2,741	2,634	2,508	2,371
	p/g für $'\bar{M} = 0$	4,380	4,373	4,349	4,306	4,242	4,153	4,034	3,883	3,700	3,494	3,274

An einer Seite frei aufliegende, an den anderen fest eingespannte Platte ($p/g = 0$)

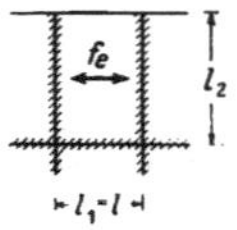

m_x siehe drei Spalten weiter links

← Innerer Bezirk → (0,90–1,5) | ← Äußerer Bezirk → (1,6–2,0)

	l_2/l_1	0,90	0,95	1,00	1,1	1,2	1,3	1,4	1,5	1,6	1,7	1,8	1,9	2,0
	$-\overset{s}{m}_2$													
*	$-\overset{s}{m}_1$	21,14	19,37	18	16,10	14,89	14,10	13,56	13,19	12,92	12,72	12,57	12,46	12,38
	$\overset{s}{M}_2/\overset{s}{M}_1$	0,9259	0,8310	0,75	0,6198	0,5208	0,4438	0,3827	0,3333	0,2930	0,2595	0,2315	0,2078	0,1875
$p/g = 0$	m	**52,51**	**47,86**	**44,18**	**38,84**	**35,27**	**32,79**	**31,01**	**29,71**	**28,73**	**27,97**	**27,38**	**26,92**	**26,54**
	$'\sigma_b/\sigma_b$	1,21	1,12	1,04	0,92									
	c	**1,89**	**1,79**	**1,70**	**1,56**	**1,46**	**1,39**	**1,33**	**1,29**	**1,25**	**1,23**	**1,21**	**1,19**	**1,18**
	$'M/M$	1,081	0,9693	0,8737	0,7198	0,6028	0,5119	0,4401	0,3824	0,3354	0,2965	0,2640	0,2366	0,2133
	$'f_e/f_e$	*1,209*	*1,077*	*0,965*	*0,786*	*0,651*	*0,547*	*0,466*	*0,402*	*0,350*	*0,308*	*0,273*	*0,243*	*0,218*
$p/g = 0{,}5$	m	**48,17**	**43,69**	**40,10**	**34,76**	**31,06**	**28,40**	**26,44**	**24,96**	**23,82**	**22,93**	**22,23**	**21,66**	**21,20**
	$'\sigma_b/\sigma_b$	1,23	1,14	1,06	0,94									
	c	**1,91**	**1,80**	**1,72**	**1,57**	**1,47**	**1,39**	**1,34**	**1,29**	**1,26**	**1,23**	**1,21**	**1,19**	**1,17**
	$'M/M$	1,117	1,003	0,9045	0,7469	0,6272	0,5341	0,4604	0,4010	0,3524	0,3122	0,2785	0,2499	0,2256
	$'f_e/f_e$	*1,252*	*1,116*	*1,001*	*0,817*	*0,678*	*0,572*	*0,489*	*0,423*	*0,369*	*0,325*	*0,288*	*0,257*	*0,231*
$p/g = 1$	m	**46,26**	**41,87**	**38,33**	**33,03**	**29,31**	**26,62**	**24,62**	**23,11**	**21,95**	**21,04**	**20,32**	**19,74**	**19,27**
	$'\sigma_b/\sigma_b$	1,25	1,15	1,07	0,95									
	c	**1,92**	**1,81**	**1,72**	**1,58**	**1,47**	**1,40**	**1,34**	**1,29**	**1,26**	**1,23**	**1,21**	**1,19**	**1,17**
	$'M/M$	1,133	1,017	0,9178	0,7584	0,6373	0,5431	0,4685	0,4083	0,3590	0,3181	0,2838	0,2548	0,2300
	$'f_e/f_e$	*1,270*	*1,133*	*1,016*	*0,830*	*0,690*	*0,582*	*0,498*	*0,431*	*0,376*	*0,331*	*0,294*	*0,263*	*0,236*
$p/g = 2$	m	**44,49**	**40,19**	**36,71**	**31,46**	**27,75**	**25,05**	**23,04**	**21,52**	**20,35**	**19,43**	**18,71**	**18,13**	**17,65**
	$'\sigma_b/\sigma_b$	1,26	1,16	1,08	0,96									
	c	**1,93**	**1,82**	**1,73**	**1,58**	**1,48**	**1,42**	**1,37**	**1,34**	**1,32**	**1,30**	**1,28**	**1,27**	**1,26**
	$'M/M$	1,148	1,030	0,9301	0,7689	0,6464	0,5511	0,4755	0,4145	0,3645	0,3231	0,2883	0,2589	0,2337
	$'f_e/f_e$	*1,288*	*1,149*	*1,030*	*0,842*	*0,701*	*0,592*	*0,506*	*0,438*	*0,382*	*0,337*	*0,299*	*0,267*	*0,240*
	$-\bar{M}/M$							0,009469	0,03427	0,05563	0,07378	0,08913	0,1021	0,1131
	$\bar{f}_e/f_e$							*0,009*	*0,033*	*0,053*	*0,071*	*0,086*	*0,098*	*0,109*
	$-'\bar{M}/M$					0,01403	0,02962	0,03954	0,04518	0,04782	0,04846	0,04782	0,04640	0,04453
	$'\bar{f}_e/f_e$					*0,013*	*0,028*	*0,042*	*0,047*	*0,050*	*0,051*	*0,050*	*0,049*	*0,047*
$p/g = 7$	m	**42,47**	**38,28**	**34,87**	**29,69**	**26,02**	**23,33**	**21,33**	**19,81**	**18,65**	**17,74**	**17,02**	**16,45**	**15,98**
	$'\sigma_b/\sigma_b$	1,27	1,18	1,10	0,96									
	c	**2,10**	**1,98**	**1,89**	**1,75**	**1,66**	**1,59**	**1,54**	**1,50**	**1,47**	**1,45**	**1,43**	**1,41**	**1,40**
	$'M/M$	1,165	1,046	0,9439	0,7806	0,6564	0,5598	0,4831	0,4212	0,3704	0,3284	0,2930	0,2631	0,2376
	$'f_e/f_e$	*1,308*	*1,167*	*1,047*	*0,856*	*0,712*	*0,601*	*0,514*	*0,445*	*0,389*	*0,343*	*0,304*	*0,272*	*0,244*
	$-\bar{M}/M$	0,09014	0,1003	0,1122	0,1400	0,1702	0,1996	0,2264	0,2498	0,2698	0,2866	0,3007	0,3125	0,3225
	$\bar{f}_e/f_e$	*0,087*	*0,096*	*0,108*	*0,134*	*0,163*	*0,192*	*0,217*	*0,240*	*0,259*	*0,275*	*0,289*	*0,300*	*0,310*
	$-'\bar{M}/M$	0,1812	0,1735	0,1683	0,1616	0,1562	0,1500	0,1426	0,1343	0,1256	0,1168	0,1084	0,1004	0,09306
	$'\bar{f}_e/f_e$	*0,190*	*0,182*	*0,177*	*0,170*	*0,164*	*0,158*	*0,150*	*0,141*	*0,132*	*0,123*	*0,114*	*0,105*	*0,098*
	p/g für $\bar{M} = 0$	3,700	3,494	3,274	2,839	2,460	2,158	1,926	1,751	1,619	1,517	1,437	1,375	1,325
	p/g für $'\bar{M} = 0$	2,634	2,508	2,371	2,090	1,837	1,630	1,468	1,343	1,247	1,172	1,114	1,068	1,030

*** Das Stützmoment für eine nur einem äußeren Deckenrande unmittelbar gegenüberliegende Auflagerlinie durchlaufender Platten ist zum inneren Feld gehörig zu berechnen, jedoch unter Vergrößerung des sich aus der entsprechenden Tabelle ergebenden Stützmomentes um 20 %.**

Das Stützmoment $\overset{s}{M}_2$ ist daher gegebenenfalls aus Tab. XI, erstem Teil (Innenfeld) zu entnehmen.

Fortsetzung der Tab. XII. Ungleichartig gelagerte Kreuzplatten-Felder. (Einfache Berechnung.)

Hauptbewehrungs-Moment $M = q \cdot l^2/m$ ergibt Hauptbewehrung (äußere Eisenschar) f_e. Gesamt-Eisenbedarf $= c \cdot f_e$ (in kg/m³, wenn f_e in cm²/m).

Zweiter Teil

Mittelfeld durchlaufender einreihiger Platten | An zwei gegenüberliegenden Seiten frei aufliegende, an den anderen fest eingespannte Platte ($p/g = 0$)

Der starke Doppelpfeil gibt die Richtung der äußeren Eisenschar an (Hauptbewehrungsrichtung).

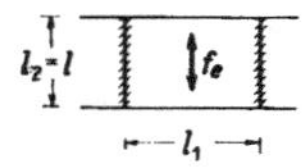

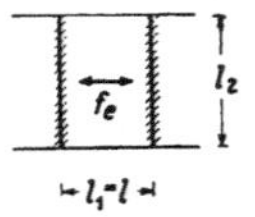

m_x siehe drei Spalten weiter links; bei $l_2/l_1 = 0{,}90$: $m_x = \dfrac{0{,}81\,m}{'M/M}$; bei $l_2/l_1 = 0{,}95$: $m_x = \dfrac{0{,}9025\,m}{'M/M}$

	← Äußerer Bezirk			→	←			Innerer	Bezirk									→	← Äußerer Bezirk				→	
l_2/l_1	0,50	0,55	0,60	0,65	0,70	0,75	0,80	0,85	0,75	0,80	0,85	0,90	0,95	1,00	1,1	1,2	1,3	1,4	1,5	1,6	1,7	1,8	1,9	2,0	l_2/l_1
$-\overset{s}{m}_1$	50,40	38,23	30,52	25,44	22,00	19,59	17,86	16,60	19,59	17,86	16,60	15,66	14,95	14,40	13,64	13,16	12,84	12,62	12,47	12,37	12,29	12,23	12,18	12,15	$-\overset{s}{m}_1$
$p/g = 0$: m	**12,48**	**14,10**	**16,12**	**18,60**	**21,62**	**25,24**	**29,56**	**34,66**	**56,16**	**50,42**	**45,97**	**42,48**	**39,70**	**37,47**	**34,18**	**31,93**	**30,34**	**29,18**	**28,31**	**27,64**	**27,12**	**26,70**	**26,37**	**26,09**	m
$p/g = 0$: $'\sigma_b/\sigma_b$						0,98	1,07	1,18	1,34	1,21	1,11	1,02	0,94												$'\sigma_b/\sigma_b$
$p/g = 0$: c	**1,13**	**1,19**	**1,26**	**1,35**	**1,45**	**1,57**	**1,71**	**1,87**	**2,01**	**1,87**	**1,77**	**1,69**	**1,63**	**1,58**	**1,47**	**1,40**	**1,34**	**1,30**	**1,27**	**1,24**	**1,22**	**1,20**	**1,19**	**1,18**	c ($p/g = 0$)
$p/g = 0$: $'M/M$	0,3643	0,4339	0,5110	0,5969	0,6926	0,7989	0,9159	1,043	1,252	1,092	0,9583	0,8464	0,7521	0,6723	0,5461	0,4522	0,3808	0,3252	0,2810	0,2454	0,2162	0,1920	0,1717	0,1544	$'M/M$
$p/g = 0$: $'f_e/f_e$	*0,382*	*0,459*	*0,546*	*0,644*	*0,754*	*0,877*	*1,014*	*1,164*	*1,413*	*1,221*	*1,063*	*0,933*	*0,823*	*0,731*	*0,586*	*0,480*	*0,400*	*0,339*	*0,291*	*0,253*	*0,221*	*0,196*	*0,174*	*0,156*	$'f_e/f_e$
$p/g = 0{,}5$: m	**12,12**	**13,55**	**15,33**	**17,48**	**20,07**	**23,14**	**26,75**	**30,94**	**55,37**	**49,29**	**44,55**	**40,81**	**37,79**	**35,32**	**31,55**	**28,85**	**26,84**	**25,31**	**24,12**	**23,19**	**22,45**	**21,85**	**21,36**	**20,96**	m
$p/g = 0{,}5$: $'\sigma_b/\sigma_b$						0,93	1,02	1,11	1,42	1,28	1,17	1,08	1,00												$'\sigma_b/\sigma_b$
$p/g = 0{,}5$: c	**1,11**	**1,17**	**1,23**	**1,31**	**1,40**	**1,51**	**1,63**	**1,76**	**2,09**	**1,94**	**1,83**	**1,74**	**1,67**	**1,62**	**1,51**	**1,42**	**1,36**	**1,31**	**1,28**	**1,25**	**1,23**	**1,21**	**1,19**	**1,18**	c ($p/g = 0{,}5$)
$p/g = 0{,}5$: $'M/M$	0,3424	0,4077	0,4796	0,5591	0,6468	0,7431	0,8481	0,9613	1,346	1,179	1,040	0,9238	0,8257	0,7426	0,6108	0,5121	0,4362	0,3765	0,3284	0,2891	0,2565	0,2291	0,2059	0,1860	$'M/M$
$p/g = 0{,}5$: $'f_e/f_e$	*0,358*	*0,430*	*0,510*	*0,601*	*0,701*	*0,812*	*0,935*	*1,067*	*1,526*	*1,325*	*1,160*	*1,023*	*0,908*	*0,812*	*0,660*	*0,547*	*0,462*	*0,395*	*0,343*	*0,300*	*0,264*	*0,235*	*0,210*	*0,189*	$'f_e/f_e$
$p/g = 1$: m	**11,94**	**13,30**	**14,96**	**16,97**	**19,38**	**22,22**	**25,54**	**29,37**	**54,97**	**48,74**	**43,88**	**40,02**	**36,90**	**34,33**	**30,39**	**27,52**	**25,37**	**23,73**	**22,46**	**21,47**	**20,67**	**20,03**	**19,51**	**19,09**	m
$p/g = 1$: $'\sigma_b/\sigma_b$							1,00	1,08	1,45	1,32	1,20	1,11	1,03	0,96											$'\sigma_b/\sigma_b$
$p/g = 1$: c	**1,10**	**1,15**	**1,22**	**1,29**	**1,38**	**1,48**	**1,59**	**1,72**	**2,13**	**1,98**	**1,86**	**1,77**	**1,70**	**1,64**	**1,52**	**1,43**	**1,37**	**1,32**	**1,29**	**1,27**	**1,25**	**1,23**	**1,21**	**1,20**	c
$p/g = 1$: $'M/M$	0,3320	0,3954	0,4651	0,5418	0,6262	0,7186	0,8188	0,9265	1,392	1,221	1,079	0,9603	0,8600	0,7748	0,6395	0,5379	0,4594	0,3973	0,3472	0,3061	0,2718	0,2430	0,2185	0,1976	$'M/M$
$p/g = 1$: $'f_e/f_e$	*0,347*	*0,416*	*0,494*	*0,581*	*0,677*	*0,784*	*0,900*	*1,026*	*1,582*	*1,376*	*1,207*	*1,066*	*0,949*	*0,849*	*0,693*	*0,576*	*0,488*	*0,419*	*0,363*	*0,318*	*0,281*	*0,250*	*0,224*	*0,202*	$'f_e/f_e$ ($p/g = 1$)
$p/g = 1$: $-'\bar{M}/M$																		0,000593	0,01271	0,02021	0,02462	0,02697	0,02797	0,02810	$-'\bar{M}/M$
$p/g = 1$: $'\bar{f}_e/f_e$																		*0,001*	*0,012*	*0,019*	*0,024*	*0,026*	*0,027*	*0,027*	$'\bar{f}_e/f_e$
$g/p = 2$: m	**11,77**	**13,05**	**14,61**	**16,49**	**18,73**	**21,37**	**24,43**	**27,95**	**54,59**	**48,20**	**43,22**	**39,26**	**36,05**	**33,40**	**29,30**	**26,31**	**24,06**	**22,34**	**21,02**	**19,98**	**19,15**	**18,49**	**17,96**	**17,52**	m
$g/p = 2$: $'\sigma_b/\sigma_b$							0,97	1,06	1,49	1,35	1,23	1,14	1,05	0,98											$'\sigma_b/\sigma_b$
$g/p = 2$: c	**1,09**	**1,14**	**1,20**	**1,28**	**1,36**	**1,45**	**1,56**	**1,68**	**2,16**	**2,01**	**1,89**	**1,79**	**1,72**	**1,66**	**1,56**	**1,49**	**1,43**	**1,39**	**1,36**	**1,34**	**1,32**	**1,31**	**1,30**	**1,29**	c
$g/p = 2$: $'M/M$	0,3218	0,3836	0,4512	0,5256	0,6071	0,6959	0,7920	0,8950	1,437	1,263	1,117	0,9954	0,8926	0,8053	0,6662	0,5614	0,4802	0,4158	0,3636	0,3207	0,2849	0,2548	0,2292	0,2072	$'M/M$
$g/p = 2$: $'f_e/f_e$	*0,336*	*0,403*	*0,479*	*0,562*	*0,656*	*0,758*	*0,869*	*0,990*	*1,636*	*1,426*	*1,251*	*1,107*	*0,987*	*0,884*	*0,724*	*0,603*	*0,511*	*0,439*	*0,381*	*0,334*	*0,295*	*0,263*	*0,235*	*0,212*	$'f_e/f_e$
$g/p = 2$: $-\bar{M}/M$																			0,01018	0,03643	0,05836	0,07663	0,09188	0,1046	$-\bar{M}/M$ ($p/g = 2$)
$g/p = 2$: $\bar{f}_e/f_e$																			*0,010*	*0,035*	*0,056*	*0,074*	*0,088*	*0,100*	$\bar{f}_e/f_e$
$g/p = 2$: $-'\bar{M}/M$														0,006442	0,04213	0,06466	0,07759	0,08375	0,08539	0,08420	0,08131	0,07751	0,07329	0,06895	$-'\bar{M}/M$
$g/p = 2$: $'\bar{f}_e/f_e$														*0,006*	*0,040*	*0,062*	*0,074*	*0,080*	*0,090*	*0,088*	*0,085*	*0,081*	*0,077*	*0,072*	$'\bar{f}_e/f_e$
$p/g = 7$: m	**11,57**	**12,75**	**14,19**	**15,93**	**17,98**	**20,39**	**23,18**	**26,35**	**54,11**	**47,54**	**42,42**	**38,35**	**35,04**	**32,30**	**28,05**	**24,93**	**22,60**	**20,82**	**19,45**	**18,38**	**17,54**	**16,87**	**16,33**	**15,89**	m
$p/g = 7$: $'\sigma_b/\sigma_b$							0,95	1,03	1,53	1,39	1,27	1,17	1,09	1,01	0,90										$'\sigma_b/\sigma_b$
$p/g = 7$: c	**1,08**	**1,13**	**1,20**	**1,29**	**1,39**	**1,50**	**1,62**	**1,75**	**2,32**	**2,17**	**2,05**	**1,96**	**1,89**	**1,84**	**1,74**	**1,66**	**1,61**	**1,56**	**1,53**	**1,50**	**1,48**	**1,46**	**1,44**	**1,43**	c
$p/g = 7$: $'M/M$	0,3096	0,3693	0,4348	0,5065	0,5848	0,6699	0,7617	0,8598	1,493	1,313	1,163	1,037	0,9314	0,8411	0,6970	0,5881	0,5034	0,4359	0,3813	0,3363	0,2988	0,2672	0,2403	0,2173	$'M/M$
$p/g = 7$: $'f_e/f_e$	*0,322*	*0,388*	*0,460*	*0,541*	*0,630*	*0,728*	*0,834*	*0,948*	*1,705*	*1,486*	*1,306*	*1,157*	*1,032*	*0,926*	*0,759*	*0,634*	*0,537*	*0,462*	*0,401*	*0,351*	*0,310*	*0,276*	*0,247*	*0,222*	$'f_e/f_e$ ($p/g = 7$)
$p/g = 7$: $-\bar{M}/M$			0,009324	0,03663	0,06393	0,09100	0,1179	0,1446					0,007231	0,03037	0,07689	0,1216	0,1621	0,1973	0,2271	0,2518	0,2723	0,2892	0,3032	0,3149	$-\bar{M}/M$
$p/g = 7$: $\bar{f}_e/f_e$			*0,009*	*0,035*	*0,061*	*0,087*	*0,113*	*0,139*					*0,007*	*0,029*	*0,074*	*0,117*	*0,156*	*0,189*	*0,218*	*0,242*	*0,261*	*0,278*	*0,291*	*0,302*	$\bar{f}_e/f_e$
$p/g = 7$: $-'\bar{M}/M$									0,1358	0,1547	0,1682	0,1779	0,1847	0,1893	0,1930	0,1908	0,1843	0,1749	0,1641	0,1527	0,1415	0,1307	0,1207	0,1115	$-'\bar{M}/M$
$p/g = 7$: $'\bar{f}_e/f_e$									*0,130*	*0,149*	*0,162*	*0,171*	*0,194*	*0,199*	*0,203*	*0,200*	*0,194*	*0,184*	*0,172*	*0,160*	*0,149*	*0,137*	*0,127*	*0,117*	$'\bar{f}_e/f_e$
p/g für $\bar{M} = 0$	11,08	8,275	6,453	5,215	4,335	3,682	3,178	2,776	23,11	14,44	10,45	8,121	6,569	5,461	4,001	3,117	2,554	2,179	1,921	1,737	1,603	1,502	1,424	1,363	p/g für $\bar{M} = 0$
p/g für $'\bar{M} = 0$					59,10	23,11	14,44	10,45	3,682	3,178	2,776	2,445	2,170	1,938	1,575	1,315	1,129	0,9955	0,8977	0,8250	0,7700	0,7276	0,6943	0,6678	p/g für $'\bar{M} = 0$

Das Stützmoment für eine nur einem äußeren Deckenrande unmittelbar gegenüberliegende Auflagerlinie durchlaufender Platten ist zum inneren Feld gehörig zu berechnen, jedoch unter Vergrößerung des sich aus der entsprechenden Tabelle ergebenden Stützmomentes um 20 %.

Endfeld durchlaufender einreihiger Platten

An drei Seiten frei aufliegende, an der vierten fest eingespannte Platte ($p/g = 0$)

Der starke Doppelpfeil gibt die Richtung der äußeren Eisenschar an (Haupt-Bewehrungsrichtung).

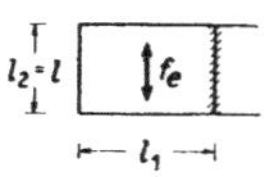

m_x siehe drei Spalten weiter links

$m_x = \frac{0{,}9025\,m}{'M/M}$

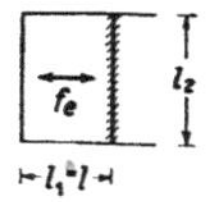

		Äußerer Bezirk				Innerer Bezirk														Äußerer Bezirk				
	l_2/l_1	0,50	0,55	0,60	0,65	0,70	0,75	0,80	0,85	0,90	0,80	0,85	0,90	0,95	1,00	1,1	1,2	1,3	1,4	1,5	1,6	1,7	1,8	1,9	2,0
*	$-\overset{s}{m}_1$	59,20	42,97	32,69	25,93	21,33	18,11	15,81	14,13	12,88	15,81	14,13	12,88	11,93	11,20	10,19	9,543	9,120	8,833	8,632	8,488	8,383	8,305	8,246	8,200
$p/g = 0$	m	**11,28**	**12,37**	**13,70**	**15,29**	**17,19**	**19,41**	**21,99**	**24,96**	**28,38**	**44,66**	**39,70**	**35,74**	**32,54**	**29,93**	**26,03**	**23,33**	**21,43**	**20,04**	**19,02**	**18,24**	**17,63**	**17,16**	**16,77**	**16,46**
	$'\sigma_b/\sigma_b$							0,96	1,04	1,12	1,38	1,26	1,16	1,07	0,99										
	c	**1,15**	**1,20**	**1,28**	**1,36**	**1,45**	**1,56**	**1,68**	**1,82**	**1,98**	**2,23**	**2,11**	**2,02**	**1,94**	**1,88**	**1,69**	**1,56**	**1,46**	**1,39**	**1,33**	**1,29**	**1,25**	**1,22**	**1,20**	**1,18**
	$'M/M$	0,3202	0,3808	0,4460	0,5165	0,5932	0,6771	0,7692	0,8701	0,9801	1,300	1,149	1,020	0,9096	0,8145	0,6619	0,5474	0,4599	0,3918	0,3379	0,2945	0,2591	0,2297	0,2052	0,1844
	$'f_e/f_e$	*0,334*	*0,397*	*0,473*	*0,552*	*0,640*	*0,736*	*0,843*	*0,960*	*1,089*	*1,470*	*1,290*	*1,137*	*1,007*	*0,895*	*0,719*	*0,587*	*0,488*	*0,412*	*0,353*	*0,306*	*0,267*	*0,236*	*0,210*	*0,188*
$p/g = 0{,}5$	m	**11,16**	**12,19**	**13,44**	**14,95**	**16,74**	**18,82**	**21,24**	**24,00**	**27,16**	**44,60**	**39,51**	**35,46**	**32,17**	**29,48**	**25,43**	**22,58**	**20,54**	**19,04**	**17,91**	**17,05**	**16,37**	**15,84**	**15,41**	**15,06**
	$'\sigma_b/\sigma_b$							0,94	1,01	1,10	1,42	1,29	1,19	1,10	1,02	0,89									
	c	**1,14**	**1,19**	**1,26**	**1,34**	**1,43**	**1,53**	**1,65**	**1,78**	**1,93**	**2,27**	**2,14**	**2,04**	**1,96**	**1,90**	**1,71**	**1,57**	**1,47**	**1,39**	**1,33**	**1,29**	**1,25**	**1,22**	**1,19**	**1,17**
	$'M/M$	0,3078	0,3668	0,4303	0,4991	0,5737	0,6551	0,7440	0,8408	0,9457	1,344	1,189	1,057	0,9446	0,8477	0,6925	0,5758	0,4864	0,4165	0,3608	0,3158	0,2787	0,2479	0,2220	0,2000
	$'f_e/f_e$	*0,320*	*0,385*	*0,455*	*0,532*	*0,617*	*0,711*	*0,813*	*0,926*	*1,049*	*1,524*	*1,337*	*1,181*	*1,047*	*0,934*	*0,754*	*0,620*	*0,518*	*0,440*	*0,378*	*0,329*	*0,289*	*0,255*	*0,227*	*0,204*
$p/g = 1$	m	**11,10**	**12,10**	**13,32**	**14,79**	**16,52**	**18,54**	**20,88**	**23,55**	**26,59**	**44,57**	**39,42**	**35,31**	**31,99**	**29,27**	**25,13**	**22,22**	**20,12**	**18,57**	**17,40**	**16,51**	**15,81**	**15,26**	**14,81**	**14,45**
	$'\sigma_b/\sigma_b$								1,00	1,08	1,43	1,30	1,20	1,11	1,03	0,91									
	c	**1,13**	**1,19**	**1,25**	**1,33**	**1,42**	**1,52**	**1,63**	**1,76**	**1,90**	**2,29**	**2,16**	**2,06**	**1,97**	**1,91**	**1,71**	**1,57**	**1,47**	**1,39**	**1,33**	**1,29**	**1,25**	**1,22**	**1,19**	**1,17**
	$'M/M$	0,3018	0,3599	0,4227	0,4906	0,5644	0,6446	0,7320	0,8269	0,9296	1,366	1,204	1,076	0,9617	0,8640	0,7073	0,5894	0,4988	0,4279	0,3713	0,3254	0,2876	0,2560	0,2294	0,2068
	$'f_e/f_e$	*0,314*	*0,377*	*0,447*	*0,523*	*0,607*	*0,699*	*0,800*	*0,910*	*1,030*	*0,551*	*1,355*	*1,202*	*1,067*	*0,954*	*0,771*	*0,635*	*0,532*	*0,453*	*0,390*	*0,339*	*0,298*	*0,264*	*0,235*	*0,211*
$p/g = 2$	m	**11,04**	**12,01**	**13,20**	**14,62**	**16,31**	**18,27**	**20,53**	**23,12**	**26,04**	**44,54**	**39,33**	**35,17**	**31,81**	**29,05**	**24,85**	**21,88**	**19,72**	**18,13**	**16,92**	**16,00**	**15,28**	**14,71**	**14,26**	**13,88**
	$'\sigma_b/\sigma_b$								0,99	1,07	1,45	1,32	1,22	1,12	1,04	0,92									
	c	**1,13**	**1,18**	**1,25**	**1,32**	**1,41**	**1,50**	**1,61**	**1,74**	**1,88**	**2,31**	**2,17**	**2,07**	**1,98**	**1,92**	**1,72**	**1,58**	**1,47**	**1,39**	**1,33**	**1,29**	**1,25**	**1,22**	**1,20**	**1,18**
	$'M/M$	0,2958	0,3532	0,4153	0,4824	0,5553	0,6344	0,7204	0,8136	0,9111	1,388	1,226	1,094	0,9787	0,8800	0,7217	0,6025	0,5108	0,4388	0,3812	0,3344	0,2958	0,2635	0,2363	0,2131
	$'f_e/f_e$	*0,307*	*0,370*	*0,439*	*0,514*	*0,596*	*0,687*	*0,786*	*0,894*	*1,012*	*1,577*	*1,381*	*1,224*	*1,087*	*0,972*	*0,788*	*0,650*	*0,546*	*0,465*	*0,401*	*0,349*	*0,307*	*0,272*	*0,243*	*0,218*
	$-'\overline{M}/M$																						0,000824	0,003781	0,005727
	$'\overline{f}_e/f_e$																						*0,001*	*0,004*	*0,005*
$p/g = 7$	m	**10,96**	**11,90**	**13,05**	**14,43**	**16,05**	**17,94**	**20,12**	**22,60**	**25,39**	**44,50**	**39,21**	**35,00**	**31,59**	**28,78**	**24,50**	**21,46**	**19,24**	**17,60**	**16,36**	**15,41**	**14,67**	**14,09**	**13,62**	**13,24**
	$'\sigma_b/\sigma_b$								0,98	1,06	1,47	1,34	1,23	1,14	1,06	0,93									
	c	**1,12**	**1,17**	**1,24**	**1,31**	**1,39**	**1,49**	**1,60**	**1,72**	**1,85**	**2,33**	**2,19**	**2,09**	**2,00**	**1,94**	**1,76**	**1,62**	**1,52**	**1,45**	**1,41**	**1,37**	**1,34**	**1,31**	**1,29**	**1,28**
	$'M/M$	0,2883	0,3449	0,4061	0,4724	0,5442	0,6221	0,7065	0,7977	0,8956	1,415	1,252	1,117	0,9997	0,8997	0,7393	0,6184	0,5251	0,4517	0,3929	0,3449	0,3053	0,2722	0,2442	0,2203
	$'f_e/f_e$	*0,299*	*0,361*	*0,428*	*0,502*	*0,584*	*0,673*	*0,770*	*0,876*	*0,991*	*1,610*	*1,413*	*1,251*	*1,112*	*0,995*	*0,808*	*0,669*	*0,562*	*0,479*	*0,414*	*0,361*	*0,317*	*0,281*	*0,251*	*0,226*
	$-\overline{M}/M$																		0,01217	0,03216	0,04938	0,06399	0,07629	0,08664	0,09535
	$\overline{f}_e/f_e$																		*0,012*	*0,031*	*0,047*	*0,061*	*0,073*	*0,083*	*0,092*
	$-'\overline{M}/M$													0,006428	0,01855	0,03821	0,05199	0,06047	0,06470	0,06585	0,06497	0,06283	0,05999	0,05680	0,05351
	$'\overline{f}_e/f_e$													*0,006*	*0,018*	*0,037*	*0,050*	*0,058*	*0,068*	*0,069*	*0,068*	*0,066*	*0,063*	*0,060*	*0,056*
p/g für $\overline{M} = 0$		29,79	22,42	17,70	14,55	12,34	10,72	9,436	8,368	7,439	238,0	69,36	41,14	28,93	21,90	14,08	10,03	7,714	6,301	5,389	4,770	4,334	4,015	3,776	3,592
p/g für $'\overline{M} = 0$								238,0	69,36	41,14	9,436	8,368	7,439	6,615	5,885	4,697	3,833	3,224	2,795	2,489	2,266	2,101	1,975	1,878	1,801

* Das Stützmoment für eine nur einem äußeren Deckenrande unmittelbar gegenüberliegende Auflagerlinie durchlaufender Platten ist zum inneren Feld gehörig zu berechnen, jedoch unter Vergrößerung des sich aus der entsprechenden Tabelle ergebenden Stützmomentes um 20 %.

Das Stützmoment ist daher gegebenenfalls aus dem zweiten Teil (Mittelfeld) zu entnehmen.

Tab. XIII. Gleichartig gelagerte Kreuzplatten-Felder. (»Scharfe« Berechnung.)

Positives Feldmoment $M_x = \frac{g \cdot l_x^2}{m_{xg}} + \frac{p \cdot l_x^2}{m_{xp}} = \frac{q \cdot l_x^2}{m_x}$. Negatives Feldmoment $\bar{M}_x = \frac{g \cdot l_x^2}{m_{xg}} + \frac{p \cdot l_x^2}{\bar{m}_{xp}}$.

Stützmoment $\overset{s}{M}_x = \frac{q \cdot l_x^2}{\overset{s}{m}_x}$.

	$\frac{l_x}{l_y}$	0,50	0,55	0,60	0,65	0,70	0,75	0,80	0,85	0,90	0,95	1,00	
$\frac{M_y}{M_x} = \frac{\bar{M}_y}{\bar{M}_x} = \frac{\overset{s}{M}_y}{\overset{s}{M}_x}$		0,2500	0,3025	0,3600	0,4225	0,4900	0,5625	0,6400	0,7225	0,8100	0,9025	1,0000	Diese Zahlenwerte gelten für alle drei Teile gemeinsam.
		1,050	1,150	1,250	1,350	1,450	1,550	1,650	1,750	1,850	1,950		
	$-\overset{s}{m}_x$	12,75	13,10	13,56	14,14	14,88	15,80	16,92	18,26	19,87	21,77	24,00	**Erster Teil** Innenfeld durchlaufender mehrreihiger Platten
		7,0	9,2	11,6	14,8	18,4	22,4	26,8	32,2	38,0	44,6		
	m_{xg}	27,28	28,38	29,74	31,41	33,43	35,85	38,71	42,08	46,00	50,53	55,74	$m_{xg}(\nu = 1) = -\overset{s}{m}_x \cdot 2$ 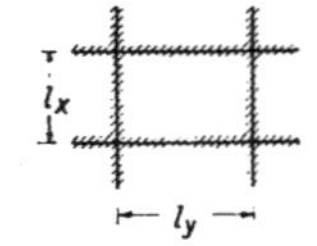
		22,0	27,2	33,4	40,4	48,4	57,2	67,4	78,4	90,6	104,2		
	m_{xp}	15,24	16,22	17,41	18,83	20,51	22,46	24,70	27,25	30,10	33,26	36,77	
		19,6	23,8	28,4	33,6	39,0	44,8	51,0	57,0	63,2	70,2		
	$-\bar{m}_{xp}$	34,53	37,85	41,97	47,01	53,06	60,15	68,27	77,30	87,06	97,35	108,0	Ringsum fest eingespannte Platte ($g = q$)
		66,4	82,4	100,8	121,0	141,8	162,4	180,6	195,2	205,8	213,0		
	* $-\overset{s}{m}_x$	8,500	8,732	9,037	9,428	9,921	10,53	11,28	12,18	13,25	14,52	16,00	**Zweiter Teil** Eckfeld durchlaufender mehrreihiger Platten
		4,64	6,10	7,82	9,86	12,18	15,0	18,0	21,4	25,4	29,6		
	m_{xg}	16,98	17,84	18,89	20,15	21,65	23,41	25,47	27,84	30,56	33,65	37,15	$m_{xg}(\nu = 1) = -\overset{s}{m}_x \cdot \frac{16}{9}$ 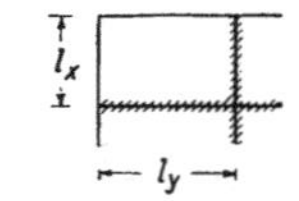
		17,2	21,0	25,2	30,0	35,2	41,2	47,4	54,4	61,8	70,0		
	m_{xp}	13,03	13,88	14,90	16,13	17,57	19,26	21,19	23,38	25,83	28,55	31,56	
		17,0	20,4	24,6	28,8	33,8	38,6	43,8	49,0	54,4	60,2		
	$-\bar{m}_{xp}$	56,02	62,46	70,61	80,83	93,41	108,5	126,1	145,8	166,8	188,3	209,6	An zwei benachbarten Seiten frei aufliegende, an den anderen fest eingespannte Platte ($g = q$)
		128,8	163,0	204,4	251,6	301,8	352	394	420	430	426		
Drillungs-Faktor ν		10,57	11,35	12,30	13,44	14,79	16,36	18,14	20,15	22,36	24,79	27,43	**Dritter Teil**
		15,6	19,0	22,8	27,0	31,4	35,6	40,2	44,2	48,6	52,8		
$\frac{\nu + 1}{2}$	m_x	9,424	9,872	10,42	11,08	11,88	12,81	13,91	15,18	16,64	18,31	20,21	Ringsum frei aufliegende Platte ($g = q$) 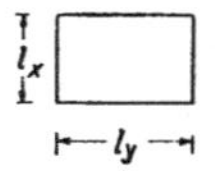
		8,96	10,96	13,2	16,0	18,6	22,0	25,4	29,2	33,4	38,0		
1		8,5	8,732	9,037	9,428	9,921	10,53	11,28	12,18	13,25	14,52	16	
		4,64	6,10	7,82	9,86	12,18	15,0	18,0	21,4	25,4	29,6		

*** Das Stützmoment für eine nur einem äußeren Deckenrand unmittelbar gegenüberliegende Auflagerlinie durchlaufender Platten ist zum inneren Feld gehörig zu berechnen, jedoch unter Vergrößerung des sich aus der entsprechenden Tabelle ergebenden Stützmomentes um 20 %. Die Stützmomente des Eckfeldes sind daher gegebenenfalls aus Tab. XIV, erstem Teil (Randfeld) zu entnehmen.**

Zahlenbeispiel 6 siehe S. 168.

Zahlenbeispiel 7. (§ 4a.) Dreiseitig eingespanntes Einzelfeld, sonst alles wie vor. ▬ Auch Lösung wie vor, jedoch: (nach Tab. XII, erstem Teil:) $\overset{s}{M}_2 = -12010 \cdot 1{,}172 = -14070$ kgm/m.

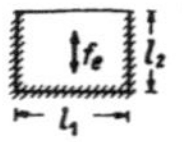

Zahlenbeispiel 8. (§ 4a.) Zahlenbeisp. 5 soll jetzt genauer als im Zahlenbeisp. 6 fortgesetzt werden. ▬ $M_2 = M = 6609$ kgm/m; (nach Tab. XII, erstem Teil:) $M_1 = {}'M = 6609 \cdot 0{,}7310 = 4831$ kgm/m; (nach Tab. I) gewählt als Hauptbewehrung (Richtung 2) 19 R. E., $\Phi = 12$ mm, mit $f_e = 21{,}49$ cm²/m; $'h = 30{,}45 - 1{,}20 = 29{,}25$ cm; (nach Gl. 88:) $'r = 29{,}25/\sqrt{4831} = 0{,}4208$ cm · kg$^{-1/2}$; $'\sigma_e = 1200$ kg/cm²; (nach Tab. VI:) $'\sigma_b \approx 39$ kg/cm²; ● $'f_e = f_{e_1} = 29{,}25/1{,}894 =$ **15,44 cm²/m**; (nach Tab. I gewählt als Nebenbewehrung (Richtung 1) 14 R. E., $\Phi = 12$ mm, mit $'f_e = 15{,}83$ cm²/m; usw. wie üblich.

Zahlenbeispiel 9. (§ 4a.) Das Mittelfeld einer durchlaufenden einreihigen Geschoßdecken-Kreuzplatte aus Eisenbeton soll zu Kalkulationszwecken berechnet werden. $l_1 = 5{,}00$ m; $l_2 = 4{,}75$ m; $g \approx 450$ kg/m²; $p = 1400$ kg/m²; $\sigma_e = 1200$ kg/cm²; möglichst $\sigma_b = \sigma_{b\,\text{sich}} = 60$ kg/cm². ▬ $p/g = 1400/450 = 3{,}111$; $l_2/l_1 = 4{,}75/5{,}00 = 0{,}95$; $q = 450 + 1400 = 1850$ kg/m²; (hierzu nach Tab. XII, zweitem Teil:) $m \approx 35{,}3$; $'\sigma_b/\sigma_b \approx 1{,}07$; $c \approx 1{,}80$ kg/(cm² · m); $M = M_1 \approx 1850 \cdot 5{,}00^2/35{,}3 = 1310$ kgm/m. $\sigma_b \approx 60/1{,}07 \approx 56$ kg/cm²; (nach Tab. VI mit Gl. 124:) $h = 0{,}3171\sqrt{1310} = 11{,}48$ cm; (nach Gl. 14:) $d = 11{,}48 \cdot 1{,}02 + 1{,}2 \approx 13$ cm: ● $B =$ **0,13 m³/m²**. (Nach Tab. VI:) $f_e = 11{,}48/1{,}041 = 11{,}03$ cm²/m (Schieberzunge bleibt liegen); theoretischer Eisenbedarf $\approx 11{,}03 \cdot 1{,}80 = 19{,}9$ kg/m²; geschätzt: Zuschlag für konstruktive Mehrbewehrung[430]) $\approx 0{,}6$ kg/m²; ● $E \approx 19{,}9 + 0{,}6 =$ **20,5 kg/m²**.

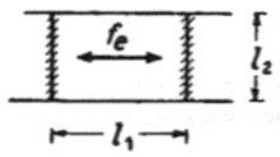

Zahlenbeispiel 10. (§ 4a.) Dasselbe Mittelfeld soll jetzt zu Konstruktionszwecken weiter berechnet werden. ▬ ● $f_{e_1} = f_e =$ **11,03 cm²/m** (Schieberzunge bleibt weiter liegen); (nach Tab. XII, zweitem Teil:) ● $f_{e_2} = {}'f_e \approx 11{,}03 \cdot 1{,}00 =$ **11,03 cm²/m**; (wegen $p/g < 6{,}569$:) $\bar{f}_{e_1} = \bar{f}_e = 0$; ● $\bar{f}_{e_2} = {}'\bar{f}_e \approx 11{,}03 \cdot 0{,}1$[431]) $\approx$ **1,10 cm²/m**. $\overset{s}{M}_1 = -1850 \cdot 5{,}00^2/14{,}95 = -3094$ kgm/m; usw. wie üblich.

Zahlenbeispiel 11. (§ 4a.) Zahlenbeisp. 9 soll jetzt genauer als im Zahlenbeisp. 10 fortgesetzt werden. ▬ $M_1 = M = 1310$ kgm/m; (nach Tab. XII, zweitem Teil:) $M_2 = {}'M \approx 1310 \cdot 0{,}91 = 1192$ kgm/m; (nach Tab. I) gewählt als Hauptbewehrung (Richtung 1) 14 R. E., $\Phi = 10$ mm, mit $f_e = 11{,}00$ cm²/m; $'h = 11{,}48 - 1{,}00 = 10{,}48$ cm; (nach Gl. 88:) $'r = 10{,}48/\sqrt{1192} = 0{,}3035$ cm · kg$^{-1/2}$; $'\sigma_e = 1200$ kg/cm²; (nach Tab. VI:) $'\sigma_b \approx 60$ kg/cm²; ● $'f_e = f_{e_2} \approx 10{,}48/0{,}948 =$ **11,05 cm²/m**; (nach Tab. I) gewählt als Nebenbewehrung (Richtung 2) 14 R. E., $\Phi = 10$ mm, mit $'f_e = 11{,}00$ cm²/m; eine genauere Berechnung von $'\bar{f}_e$ mittels des Tabellenwertes $'\bar{M}/M$ hat hier des kleinen Betrages wegen keinen Sinn: gewählt 3 R. E., $\Phi = 8$ mm, mit $'\bar{f}_e = 1{,}51$ cm²/m; usw. wie üblich.

[430]) Zuschlag zweckmäßig, weil nach Tab. XII, zweitem Teil, letzter Zeile, positives $'\bar{f}_e$ erst mit $p/g \geq 2{,}170$ beginnt. Danach ist nämlich zu erwarten, daß auch für $p/g = 3{,}111$ das statisch erforderliche $'\bar{f}_e$ konstruktiv noch zu klein ist (es sei denn, daß man sich zu ungewöhnlich kleinen Eisendurchmessern und großen Eisenabständen entschlösse).

[431]) Bei diesen kleinen Eisenquerschnitten empfiehlt es sich, besonders roh und schnell, d. h. reichlich zu schätzen ($'\bar{f}_e/f_e$ zwischen 0 und 0,194).

Tab. **XIII** und **XIV** dienen zur Momenten-Berechnung für Kreuzplatten in den Fällen, in denen die formale Genauigkeit möglichst groß gewünscht wird. Näheres: siehe § 4a, besonders Stichwort *»Scharfe« Berechnung*, und (rechts!) **Zahlenbeispiel 12**.

Zahlenbeispiel 12 (§ 4a.) Zahlenbeisp. 9 soll aus irgendwelchen Gründen möglichst »scharf« berechnet werden. ■ $g \cdot l_1^2 = 450 \cdot 5{,}00^2 = 11250$ kgm/m; $p \cdot l_1^2 = 1400 \cdot 5{,}00^2 = 35000$ kgm/m. $g \cdot l_2^2 = 450 \cdot 4{,}75^2 = 10150$ kgm/m; $p \cdot l_2^2 = 1400 \cdot 4{,}75^2 = 31590$ kgm/m. (Nach Tab. XIV, zweitem Teil:) $M_{1g} = 11250/39{,}70 = 283{,}4$ kgm/m; $M_{1p} = 35000/34{,}46 = 1016$ kgm/m (Schieberläufer bleibt auf 35000 liegen); $\overline{M}_{1p} = -35000/260{,}8 = -134{,}2$ kgm/m. ● $M_1 = 283{,}4 + 1016 =$ **1299 kgm/m**; $\overline{M}_1 = 283{,}4 - 134{,}2 > 0$. $M_{2g} = 10150/47{,}64 = 213{,}1$ kgm/m; $M_{2p} = 31590/32{,}61 = 968{,}7$ kgm/m (Schieberläufer bleibt auf 31590 liegen); $\overline{M}_{2p} = -31590/103{,}4 = -305{,}5$ kgm/m. ● $M_2 = 213{,}1 + 968{,}7 =$ **1182 kgm/m**; ● $\overline{M}_2 = 213{,}1 - 305{,}5 =$ **— 92,4 kgm/m.** ● $\overset{s}{M}_1 = -1850 \cdot 5{,}00^2/14{,}95 =$ **— 3094 kgm/m**; usw. wie üblich.

Zahlenbeispiel 13 siehe S. 177.

Tab. XIV. Ungleichartig gelagerte Kreuzplatten-Felder. (»Scharfe« Berechnung.)

Positives Feldmoment $M_1 = \frac{g \cdot l_1^2}{m_{1g}} + \frac{p \cdot l_1^2}{m_{1p}}$; $M_2 = \frac{g \cdot l_2^2}{m_{2g}} + \frac{p \cdot l_2^2}{m_{2p}}$.

Negatives Feldmoment $\overline{M}_1 = \frac{g \cdot l_1^2}{m_{1g}} + \frac{p \cdot l_1^2}{\overline{m}_{1p}}$; $\overline{M}_2 = \frac{g \cdot l_2^2}{m_{2g}} + \frac{p \cdot l_2^2}{\overline{m}_{2p}}$.

Stützmoment $\overset{s}{M}_1 = \frac{q \cdot l_1^2}{\overset{s}{m}_1}$.

* **Das Stützmoment für eine nur einem äußeren Deckenrand unmittelbar gegenüberliegende Auflagerlinie durchlaufender Platten ist zum inneren Feld gehörig zu berechnen, jedoch unter Vergrößerung des sich aus der entsprechenden Tabelle ergebenden Stützmomentes um 20 %.**

Gegebenenfalls ist daher das Stützmoment $\overset{s}{M}_2$ des Randfeldes aus Tab. XIII, erstem Teil (Innenfeld), das Stützmoment des Endfeldes aus dem zweiten Teil der vorliegenden Tabelle (Mittelfeld) zu entnehmen.

$\frac{l_2}{l_1}$	0,50	0,55	0,60	0,65	0,70	0,75	0,80	0,85	0,90	0,95	1,00	1,1	1,2	1,3	1,4	1,5	1,6	1,7	1,8	1,9	2,0	$\frac{l_2}{l_1}$
$-\overset{s}{m}_1$	108,0	77,57	58,30	45,61	36,99	30,96	26,65	23,49	21,14	19,37	18,00	16,10	14,89	14,10	13,56	13,19	12,92	12,72	12,57	12,46	12,38	$-\overset{s}{m}_1$
	608,6	385,4	253,8	172,4	120,6	86,2	63,2	47,0	35,4	27,4	19,0	12,1	7,9	5,4	3,7	2,7	2,0	1,5	1,1	0,8		
* $\frac{\overset{s}{M}_2}{\overset{s}{M}_1}$	3,000	2,479	2,083	1,775	1,531	1,333	1,172	1,038	0,9259	0,8310	0,7500	0,6198	0,5208	0,4438	0,3827	0,3333	0,2930	0,2595	0,2315	0,2078	0,1875	$\frac{\overset{s}{M}_2}{\overset{s}{M}_1}$ *
	10,42	7,92	6,16	4,88	3,96	3,22	2,68	2,242	1,898	1,620	1,302	0,990	0,770	0,611	0,494	0,403	0,335	0,280	0,237	0,203		
m_{1g}	246,4	180,8	138,6	110,3	90,65	76,58	66,24	58,47	52,51	47,86	44,18	38,84	35,27	32,79	31,01	29,71	28,73	27,97	27,38	26,92	26.54	m_{1g}
	1312	844	566	393	281,4	206,8	155,4	119,2	93,0	73,6	53,4	35,7	24,8	17,8	13,0	9,8	7,6	5,9	4,6	3,8		
m_{1p}	200,6	147,2	112,7	89,51	73,36	61,72	53,09	46,50	41,34	37,21	33,85	28,73	25,08	22,40	20,42	18,91	17,76	16,86	16,15	15,58	15,12	m_{1p}
	1068	690	463,8	323,0	232,8	172,6	131,8	103,2	82,6	67,2	51,2	36,5	26,8	19,8	15,1	11,5	9,0	7,1	5,7	4,6		
$-\overline{m}_{1p}$	1079	790,8	602,8	474,9	384,5	318,0	267,2	227,0	194,3	167,2	144,7	110,3	86,76	70,74	59,74	52,03	46.50	42,43	39,36	37,00	35,15	$-\overline{m}_{1p}$
	5764	3760	2558	1808	1330	1016	804	654	542	450	344	235,4	160,2	110,0	77,1	55,3	40,7	30,7	23,6	18,5		
m_{2g}	17,86	19,12	20,68	22,60	24,92	27,69	30,99	34,84	39,35	44,56	50,57	65,30	84,25	108,2	138,1	174.8	219.3	272,7	336,0	410,6	497,6	m_{2g}
	25,2	31,2	38,4	46,4	55,4	66,0	77,0	90,2	104,2	120,2	147,3	189,5	239,5	299	367	445	534	633	746	870		
m_{2p}	13,28	14,25	15,43	16,86	18,56	20,57	22,89	25,53	28,52	31,86	35,57	44,16	54,56	67,08	82,14	100.2	121.7	147.1	177,1	212,0	252,5	m_{2p}
	19,4	23,6	28,6	34,0	40,2	46,4	52,8	59,8	66,8	74,2	85,9	104,0	125,2	150,6	180,6	215	254	300	349	405		
$-\overline{m}_{2p}$	51,83	55,93	60,76	66,39	72,79	79,89	87,50	95,51	103,6	111,8	119,9	136,5	154,8	176,4	202,7	273.4	273,4	319.7	374,3	438,3	512,6	$-\overline{m}_{2p}$
	82,0	96,6	112,6	128,0	142,0	152,2	160,2	161,8	164	162	166	183	216	263	320	387	463	546	640	743		

Erster Teil

Randfeld durchlaufender mehrreihiger Platten

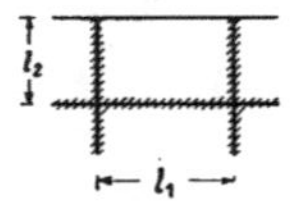

An einer Seite frei aufliegende, an den anderen fest eingespannte Platte ($g = q$)

$m_{1g\,(\nu=1)} = -\overset{s}{m}_1 \cdot 2$

$\left(\frac{M_{2g}}{M_{1g}}\right)_{(\nu=1)} = \frac{\overset{s}{M}_2}{\overset{s}{M}_1} \cdot \frac{9}{8}$

$m_{2g\,(\nu=1)} = \frac{-\overset{s}{m}_1 \cdot 128}{-\overset{s}{m}_1 \cdot 9 - 108}$

Fortsetzung der **Tab. XIV. Ungleichartig gelagerte Kreuzplatten-Felder.** (»Scharfe« Berechnung.) Erläuterungen: siehe vor. Seite.

$\frac{l_2}{l_1}$	0,50	0,55	0,60	0,65	0,70	0,75	0,80	0,85	0,90	0,95	1,00	1,1	1,2	1,3	1,4	1,5	1,6	1,7	1,8	1,9	2,0	$\frac{l_2}{l_1}$
Zweiter Teil																						
$-\overset{s}{m}_1$	50,40	38,23	30,52	25,44	22,00	19,59	17,86	16,60	15,66	14,95	14,40	13,64	13,16	12,84	12,62	12,47	12,37	12,29	12,23	12,18	12,15	$-\overset{s}{m}_1$
	243,4	154,2	101,6	68,8	48,2	34,6	25,2	18,8	14,2	11,0	7,6	4,8	3,2	2,2	1,5	1,0	0,8	0,6	0,5	0,3		
m_{1g}	137,1	107,4	87,62	73,76	63,69	56,16	50,42	45,97	42,48	39,70	37,47	34,18	31,93	30,34	29,18	28,31	27,64	27,12	26,70	26,37	26,09	m_{1g}
	594	395,6	277,2	201,4	150,6	114,8	89,0	69,8	55,6	44,6	32,9	22,5	15,9	11,6	8,7	6,7	5,2	4,2	3,3	2,8		
m_{1p}	151,4	115,2	91,14	74,53	62,63	53,83	47,16	41,96	37,82	34,46	31,67	27,35	24,18	21,80	20,00	18,62	17,54	16,70	16,03	15,49	15,05	m_{1p}
	724	481,2	332,2	238,0	176,0	133,4	104,0	82,8	67,2	55,8	43,2	31,7	23,8	18,0	13,8	10,8	8,4	6,7	5,4	4,4		
$-\overline{m}_{1p}$					3764	1298	727,9	480,6	345,0	260,8	204,6	136,8	99,55	77,48	63,59	54,38	48,02	43,47	40,10	37,54	35,56	$-\overline{m}_{1p}$
					49320	11402	4946	2712	1684	1124	678	372,5	220,7	138,9	92,1	63,6	45,5	33,7	25,6	19,8		
m_{2g}	12,48	14,10	16,12	18,60	21,62	25,24	29,56	34,66	40,66	47,64	55,74	75,74	101,7	134,7	175,9	226,7	288,4	362,5	450,7	554,5	675,8	m_{2g}
	32,4	40,4	49,6	60,4	72,4	86,4	102,0	120,0	139,6	162,0	200,0	259,6	330	412	508	617	741	882	1038	1213		
m_{2p}	11,45	12,58	13,96	15,61	17,56	19,85	22,48	25,48	28,86	32,61	36,77	46,33	57,76	71,42	87,74	107,2	130,4	157,7	189,8	227,2	270,6	m_{2p}
	22,6	27,6	33,0	39,0	45,8	52,6	60,0	67,6	75,0	83,2	95,6	114,3	136,6	163,2	194,6	232	273	321	374	434		
$-\overline{m}_{2p}$	138,3	116,7	104,0	97,01	93,70	92,93	93,94	96,21	99,42	103,4	108,0	119,3	133,7	152,1	175,1	203,5	237,9	279,1	327,9	385,0	451,3	$-\overline{m}_{2p}$
	432	254	139,8	66,2	15,4	20,2	45,4	64,2	79,6	92	113	144	184	230	284	344	412	488	571	663		
Dritter Teil																						
* $-\overset{s}{m}_1$	59,20	42,97	32,69	25,93	21,33	18,11	15,81	14,13	12,88	11,93	11,20	10,19	9,543	9,120	8,833	8,632	8,488	8,383	8,305	8,246	8,200	* $-\overset{s}{m}_1$
	324,6	205,6	135,2	92,0	64,4	46,0	33,6	25,0	19,0	14,6	10,1	6,47	4,23	2,87	2,01	1,44	1,05	0,78	0,59	0,46		
m_{1g}	141,0	107,4	85,30	70,08	59,14	50,96	44,66	39,70	35,74	32,54	29,93	26,03	23,33	21,43	20,04	19,02	18,24	17,63	17,16	16,77	16,46	m_{1g}
	672	442	304,4	218,8	163,6	126,0	99,2	79,2	64,0	52,2	39,0	27,0	19,0	13,9	10,2	7,8	6,1	4,7	3,9	3,1		
m_{1p}	153,8	115,1	89,86	72,61	60,34	51,32	44,47	39,14	34,90	31,45	28,63	24,30	21,22	18,97	17,30	16,04	15,08	14,33	13,73	13,26	12,88	m_{1p}
	774	504,8	345,0	245,4	180,4	137,0	106,6	84,8	69,0	56,4	43,3	30,8	22,5	16,7	12,6	9,6	7,5	6,0	4,7	3,8		
$-\overline{m}_{1p}$							10630	2754	1470	941,5	655,5	366,5	234,0	165,3	126,3	102,5	86,99	76,41	68,88	63,33	59,13	$-\overline{m}_{1p}$
							157520	25680	10570	5720	2890	1325	687	390	238	155,1	105,8	75,3	55,5	42,0		
m_{2g}	11,28	12,37	13,70	15,29	17,19	19,41	21,99	24,96	28,38	32,29	36,75	47,58	61,38	78,75	100,3	126,6	158,5	196,7	241,9	295,1	357,0	m_{2g}
	21,8	26,6	31,8	38,0	44,4	51,6	59,4	68,4	78,2	89,2	108,3	138	173,7	215,5	263	319	382	452	532	619		
m_{2p}	10,92	11,84	12,96	14,31	15,90	17,75	19,88	22,30	25,01	28,05	31,41	39,22	48,68	60,10	73,85	90,34	110,0	133,3	160,6	192,5	229,6	m_{2p}
	18,4	22,4	27,0	31,8	37,0	42,6	48,4	54,2	60,8	67,2	78,1	94,6	114,2	137,5	164,9	196,6	233	273	319	371		
$-\overline{m}_{2p}$	336,1	277,2	242,4	222,5	212,2	208,0	207,5	208,9	211,1	213,6	216,3	223,4	235,3	253,9	280,3	315,2	359,3	413,2	477,9	554,1	643,0	$-\overline{m}_{2p}$
	1178	696	398	206	84	10	28	44	50	54	71	119	186	264	349	441	539	647	762	889		

Zweiter Teil

Mittelfeld durchlaufender einreihiger Platten

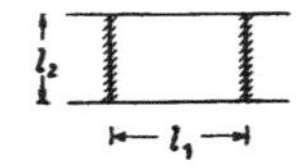

An zwei gegenüberliegenden Seiten frei aufliegende, an den anderen fest eingespannte Platte ($g = q$)

$m_{1g}(\nu = 1) = -\overset{s}{m}_1 \cdot 2$

$m_{2g}(\nu = 1) = \frac{-\overset{s}{m}_1 \cdot 8}{-\overset{s}{m}_1 - 12}$

Dritter Teil

Endfeld durchlaufender einreihiger Platten

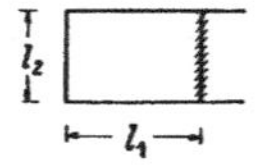

An drei Seiten frei aufliegende, an der vierten fest eingespannte Platte ($g = q$)

$m_{1g}(\nu = 1) = -\overset{s}{m}_1 \cdot \frac{16}{9}$

$m_{2g}(\nu = 1) = \frac{-\overset{s}{m}_1 \cdot 8}{-\overset{s}{m}_1 - 8}$

Bezeichnungen zu Tab. XV bis XVI.

Bezeichnung: Haupt- / Neben-	Bewehrungsrichtung	Einspannungsrichtung	Stützrichtung
Bedeutung: Richtung der	äußeren / inneren Eiseneinlagen	weniger häufigen / häufigeren Auflagereinspannungen	größeren / kleineren Stützweite

c Eisenkoeffizient;
f_e bzw. f_e' Zugeisenquerschnitt des Gurtstreifens für die Einheit der Druckbreite, zur Aufnahme des größten Feldmomentes in der Haupt- bzw. Neben-Bewehrungsrichtung;
f_{eF} bzw. $'f_{eF}$ wie vor, jedoch des Feldstreifens;
g ständige (auf allen von einander statisch abhängigen Feldern gleichzeitige) Last für die Einheit der Grundfläche;
l bzw. $'l$ Stützweite in der Haupt- bzw. Neben-Bewehrungsrichtung;
l_1 bzw. l_2 Stützweite in der Haupt- bzw. Neben-Einspannungsrichtung;
l_x bzw. l_y Stützweite in der Haupt- bzw. Neben-Stützrichtung;
M bzw. $'M$ größtes Feldmoment des Gurtstreifens der Haupt- bzw. Neben-Bewehrungsrichtung, für die Breiteneinheit;
p (feldweise wechselnde) Nutzlast für die Einheit der Grundfläche;
σ_b bzw. $'\sigma_b$ größte Feld-Betondruckspannung im Gurtstreifen der Haupt- bzw. Neben-Bewehrungsrichtung.

Tab. **XV** und **XVI** dienen zur überschläglichen Bemessung von Pilzplatten nach nur e i n e m Feldmoment. Sie liefern auch den Eisenkoeffizienten c. Näheres: siehe § 4b und **Zahlenbeispiele 13 u. 14** (S. 177).

Tab. XV. Gleichartig gelagerte Pilzplatten-Felder. (Innen- und Eckfelder.)

Hauptbewehrungs-Moment M ergibt Hauptbewehrung f_e (äußere Eisenschar). — Gesamteisenbedarf $= c \cdot f_e$ (in kg/m², wenn f_e in cm²/m) (ausschl. Säulen- und Randbalken-Bewehrung).

$\frac{'l}{l}$	0,50	0,55	0,60	0,65	0,70	0,75	0,80	0,85	0,90	0,95	1,00	1,1	1,2	1,3	1,4	Die eingeklammerten Zahlen verwende nur, falls wegen Nachbarfeld.
$'\sigma_b/\sigma_b$									0,95	1,02	1,09	(1,25)	(1,42)	(1,61)	(1,81)	Diese Zahlenwerte gelten für beide untenstehenden Fälle (Innen- und Eckfelder).
$'M/M$	0,250	0,303	0,360	0,423	0,490	0,563	0,640	0,723	0,810	0,903	1,00	(1,21)	(1,44)	(1,69)	(1,96)	
$'f_e/f_e$	0,25	0,30	0,36	0,43	0,50	0,58	0,67	0,76	0,85	0,96	1,07	(1,31)	(1,57)	(1,87)	(2,19)	
c	**1,37**	**1,43**	**1,50**	**1,57**	**1,65**	**1,74**	**1,83**	**1,93**	**2,04**	**2,15**	**2,28**	**(2,54)**	**(2,83)**	**(3,15)**	**(3,51)**	**Innenfeld** 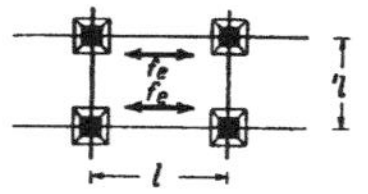 $\frac{f_{eF}}{f_e} = \frac{'f_{eF}}{'f_e} = 0{,}82$
c	**0,94**	**0,98**	**1,02**	**1,07**	**1,13**	**1,19**	**1,25**	**1,32**	**1,39**	**1,47**	**1,55**	**(1,73)**	**(1,93)**	**(2,15)**	**(2,39)**	**Eckfeld** 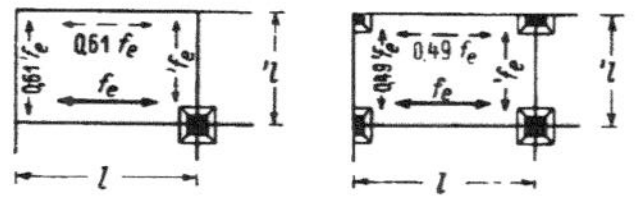 $\frac{f_{eF}}{f_e} = \frac{'f_{eF}}{'f_e} = 0{,}61$

Der starke Doppelpfeil gibt die Richtung der äußeren Eisenschar an (Haupt-Bewehrungsrichtung).

Tab. XVI. Ungleichartig gelagerte Pilzplatten-Felder. (Randfelder.)

Hauptbewehrungs-Moment M ergibt Hauptbewehrung f_e (äußere Eisenschar). — Gesamteisenbedarf $= c \cdot f_e$ (in kg/m², wenn f_e in cm²/m) (ausschl. Säulen- und Randbalkenbewehrung).

Der starke Doppelpfeil gibt die Richtung der äußeren Eisenschar an (Hauptbewehrungsrichtung).

Die eingeklammerten Zahlen verwende nur, falls wegen Nachbarfeld.

Erster Teil: Frei aufliegender Rand.

$\frac{f_{e_F}}{f_e} = 0{,}82$ 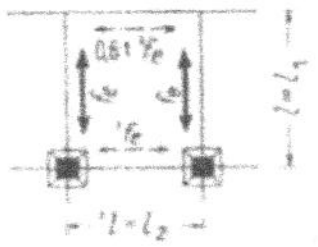 $\frac{'f_{e_F}}{'f_e} = 0{,}61$

	l_2/l_1	0,50	0,55	0,60	0,65	0,70	0,75	0,80	0,85	0,90	0,95	1,00	1,1	1,2	1,3	1,4
$p/g = 0$	$'\sigma_b/\sigma_b$														0,97	1,08
	c	**1,05**	**1,07**	**1,10**	**1,13**	**1,16**	**1,19**	**1,22**	**1,26**	**1,30**	**1,34**	**1,38**	**1,48**	**1,59**	**1,71**	**1,84**
	$'M/M$	0,125	0,151	0,180	0,211	0,245	0,281	0,320	0,361	0,405	0,451	0,500	0,605	0,720	0,845	0,980
	$'f_e/f_e$	*0,12*	*0,15*	*0,18*	*0,21*	*0,24*	*0,28*	*0,32*	*0,36*	*0,41*	*0,46*	*0,51*	*0,63*	*0,75*	*0,89*	*1,05*
$p/g = 0{,}5$	$'\sigma_b/\sigma_b$												0,91	1,02	1,13	
	c	**1,08**	**1,11**	**1,14**	**1,17**	**1,21**	**1,25**	**1,29**	**1,34**	**1,39**	**1,44**	**1,50**	**1,62**	**1,76**	**1,91**	
	$'M/M$	0,156	0,189	0,225	0,264	0,306	0,352	0,400	0,452	0,506	0,564	0,625	0,756	0,900	1,06	
	$'f_e/f_e$	*0,15*	*0,18*	*0,22*	*0,26*	*0,31*	*0,35*	*0,40*	*0,46*	*0,52*	*0,58*	*0,65*	*0,79*	*0,95*	*1,13*	
$p/g = 1$	$'\sigma_b/\sigma_b$												0,95	1,08		
	c	**1,09**	**1,12**	**1,16**	**1,19**	**1,23**	**1,28**	**1,33**	**1,38**	**1,43**	**1,49**	**1,55**	**1,69**	**1,84**		
	$'M/M$	0,170	0,206	0,245	0,288	0,334	0,383	0,436	0,492	0,552	0,615	0,682	0,825	0,982		
	$'f_e/f_e$	*0,17*	*0,20*	*0,24*	*0,29*	*0,34*	*0,39*	*0,44*	*0,50*	*0,57*	*0,64*	*0,71*	*0,87*	*1,05*		
$p/g = 2$	$'\sigma_b/\sigma_b$											0,89	1,01	1,13		
	c	**1,10**	**1,14**	**1,17**	**1,21**	**1,26**	**1,31**	**1,36**	**1,41**	**1,47**	**1,54**	**1,61**	**1,75**	**1,91**		
	$'M/M$	0,184	0,222	0,265	0,311	0,360	0,414	0,471	0,532	0,596	0,664	0,736	0,890	1,06		
	$'f_e/f_e$	*0,18*	*0,22*	*0,26*	*0,31*	*0,36*	*0,42*	*0,48*	*0,55*	*0,62*	*0,70*	*0,77*	*0,94*	*1,13*		
$p/g = 7$	$'\sigma_b/\sigma_b$											0,94	1,06			
	c	**1,12**	**1,15**	**1,19**	**1,24**	**1,29**	**1,34**	**1,39**	**1,46**	**1,52**	**1,59**	**1,66**	**1,82**			
	$'M/M$	0,200	0,241	0,288	0,337	0,391	0,449	0,511	0,577	0,646	0,720	0,798	0,966			
	$'f_e/f_e$	*0,20*	*0,24*	*0,29*	*0,34*	*0,39*	*0,46*	*0,52*	*0,60*	*0,67*	*0,75*	*0,84*	*1,03*			

$\frac{f_{e_F}}{f_e} = 0{,}61$ 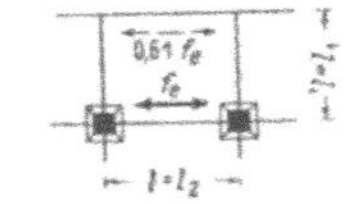 $\frac{'f_{e_F}}{'f_e} = 0{,}82$

l_2/l_1	1,00	1,1	1,2	1,3	1,4	1,5	1,6	1,7	1,8	1,9	2,0	l_2/l_1	
$'\sigma_b/\sigma_b$	(1,84)	(1,58)	(1,38)	(1,23)	(1,11)	1,01	0,93					$'\sigma_b/\sigma_b$	$p/g = 0$
c	**(2,97)**	**(2,58)**	**(2,29)**	**(2,06)**	**(1,88)**	**1,75**	**1,63**	**1,54**	**1,46**	**1,39**	**1,34**	c	
$'M/M$	(2,00)	(1,65)	(1,39)	(1,18)	(1,02)	0,889	0,781	0,692	0,617	0,554	0,500	$'M/M$	
$'f_e/f_e$	*(2,23)*	*(1,82)*	*(1,51)*	*(1,28)*	*(1,09)*	*0,94*	*0,82*	*0,72*	*0,64*	*0,57*	*0,51*	$'f_e/f_e$	
$'\sigma_b/\sigma_b$	(1,54)	(1,33)	(1,17)	(1,05)	0,95							$'\sigma_b/\sigma_b$	$p/g = 0{,}5$
c	**(2,52)**	**(2,21)**	**(1,98)**	**(1,81)**	**1,67**	**1,55**	**1,47**	**1,39**	**1,33**	**1,28**	**1,23**	c	
$'M/M$	(1,60)	(1,32)	(1,11)	(0,947)	0,816	0,711	0,625	0,554	0,494	0,443	0,400	$'M/M$	
$'f_e/f_e$	*(1,76)*	*(1,44)*	*(1,19)*	*(1,01)*	*0,86*	*0,74*	*0,65*	*0,57*	*0,51*	*0,45*	*0,40*	$'f_e/f_e$	
$'\sigma_b/\sigma_b$	(1,44)	(1,25)	(1,10)	0,99								$'\sigma_b/\sigma_b$	$p/g = 1$
c	**(2,37)**	**(2,10)**	**(1,88)**	**1,72**	**1,60**	**1,49**	**1,41**	**1,34**	**1,29**	**1,24**	**1,20**	c	
$'M/M$	(1,47)	(1,21)	(1,02)	0,868	0,749	0,652	0,574	0,508	0,453	0,406	0,367	$'M/M$	
$'f_e/f_e$	*(1,60)*	*(1,31)*	*(1,09)*	*0,92*	*0,79*	*0,68*	*0,59*	*0,52*	*0,46*	*0,41*	*0,37*	$'f_e/f_e$	
$'\sigma_b/\sigma_b$	(1,36)	(1,18)	1,05	0,94								$'\sigma_b/\sigma_b$	$p/g = 2$
c	**(2,26)**	**(2,00)**	**1,80**	**1,66**	**1,54**	**1,44**	**1,37**	**1,31**	**1,25**	**1,21**	**1,17**	c	
$'M/M$	(1,36)	(1,12)	0,945	0,805	0,694	0,604	0,531	0,471	0,420	0,372	0,340	$'M/M$	
$'f_e/f_e$	*(1,48)*	*(1,21)*	*1,01*	*0,85*	*0,73*	*0,63*	*0,55*	*0,48*	*0,43*	*0,38*	*0,34*	$'f_e/f_e$	
$'\sigma_b/\sigma_b$	(1,28)	(1,12)	0,99									$'\sigma_b/\sigma_b$	$p/g = 7$
c	**(2,14)**	**(1,90)**	**1,72**	**1,59**	**1,48**	**1,40**	**1,33**	**1,27**	**1,22**	**1,18**	**1,15**	c	
$'M/M$	(1,25)	(1,04)	0,870	0,742	0,640	0,557	0,489	0,434	0,387	0,347	0,313	$'M/M$	
$'f_e/f_e$	*(1,36)*	*(1,11)*	*0,92*	*0,78*	*0,66*	*0,57*	*0,50*	*0,44*	*0,39*	*0,35*	*0,31*	$'f_e/f_e$	

Zweiter Teil: Eingespannter Rand.

$\frac{f_{e_F}}{f_e} = 0{,}82$ 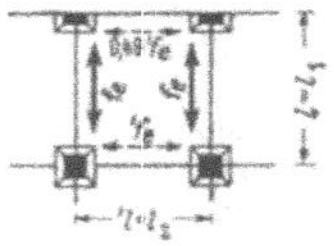 $\frac{'f_{e_F}}{f_e} = 0{,}61$

	l_2/l_1	0,50	0,55	0,60	0,65	0,70	0,75	0,80	0,85	0,90	0,95	1,00	1,1	1,2	1,3	1,4
$p/g = 0$	$'\sigma_b/\sigma_b$												0,91	1,02	1,13	
	c	**1,08**	**1,11**	**1,14**	**1,17**	**1,21**	**1,25**	**1,29**	**1,34**	**1,39**	**1,44**	**1,50**	**1,62**	**1,76**	**1,91**	
	$'M/M$	0,156	0,189	0,225	0,264	0,306	0,352	0,400	0,452	0,506	0,564	0,625	0,756	0,900	1,06	
	$'f_e/f_e$	*0,15*	*0,18*	*0,22*	*0,26*	*0,31*	*0,35*	*0,40*	*0,46*	*0,52*	*0,58*	*0,65*	*0,79*	*0,95*	*1,13*	
$p/g = 0{,}5$	$'\sigma_b/\sigma_b$											0,93	1,05			
	c	**1,11**	**1,15**	**1,19**	**1,23**	**1,28**	**1,33**	**1,39**	**1,44**	**1,51**	**1,58**	**1,65**	**1,81**			
	$'M/M$	0,195	0,236	0,281	0,330	0,383	0,440	0,500	0,565	0,633	0,705	0,782	0,946			
	$'f_e/f_e$	*0,19*	*0,23*	*0,28*	*0,33*	*0,39*	*0,45*	*0,51*	*0,58*	*0,66*	*0,74*	*0,82*	*1,01*			
$p/g = 1$	$'\sigma_b/\sigma_b$											0,98	1,11			
	c	**1,13**	**1,17**	**1,21**	**1,26**	**1,31**	**1,37**	**1,43**	**1,49**	**1,56**	**1,64**	**1,72**	**1,89**			
	$'M/M$	0,213	0,258	0,307	0,360	0,418	0,480	0,546	0,616	0,690	0,770	0,853	1,03			
	$'f_e/f_e$	*0,21*	*0,26*	*0,31*	*0,36*	*0,42*	*0,49*	*0,56*	*0,64*	*0,72*	*0,81*	*0,90*	*1,10*			
$p/g = 2$	$'\sigma_b/\sigma_b$										0,96	1,03				
	c	**1,14**	**1,18**	**1,23**	**1,28**	**1,34**	**1,40**	**1,47**	**1,54**	**1,61**	**1,69**	**1,78**				
	$'M/M$	0,230	0,278	0,331	0,388	0,450	0,517	0,588	0,664	0,744	0,830	0,920				
	$'f_e/f_e$	*0,23*	*0,28*	*0,33*	*0,39*	*0,46*	*0,53*	*0,61*	*0,69*	*0,78*	*0,88*	*0,98*				
$p/g = 7$	$'\sigma_b/\sigma_b$									0,95	1,02	1,09				
	c	**1,16**	**1,21**	**1,26**	**1,31**	**1,37**	**1,44**	**1,51**	**1,59**	**1,67**	**1,76**	**1,85**				
	$'M/M$	0,249	0,302	0,359	0,421	0,489	0,561	0,638	0,720	0,808	0,900	0,997				
	$'f_e/f_e$	*0,25*	*0,30*	*0,36*	*0,43*	*0,50*	*0,58*	*0,66*	*0,75*	*0,85*	*0,95*	*1,06*				

$\frac{f_{e_F}}{f_e} = 0{,}61$ 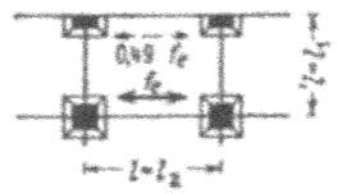 $\frac{f_{e_F}}{'f_e} = 0{,}82$

l_2/l_1	1,00	1,1	1,2	1,3	1,4	1,5	1,6	1,7	1,8	1,9	2,0	l_2/l_1	
$'\sigma_b/\sigma_b$	(1,54)	(1,33)	(1,17)	1,05	0,95							$'\sigma_b/\sigma_b$	$p/g = 0$
c	**(2,52)**	**(2,22)**	**(1,98)**	**1,81**	**1,67**	**1,55**	**1,47**	**1,39**	**1,33**	**1,28**	**1,23**	c	
$'M/M$	(1,60)	(1,32)	(1,11)	0,947	0,816	0,711	0,625	0,554	0,494	0,443	0,400	$'M/M$	
$'f_e/f_e$	*(1,76)*	*(1,44)*	*(1,19)*	*1,01*	*0,86*	*0,74*	*0,65*	*0,57*	*0,51*	*0,45*	*0,40*	$'f_e/f_e$	
$'\sigma_b/\sigma_b$	(1,30)	(1,13)	1,01	0,91								$'\sigma_b/\sigma_b$	$p/g = 0{,}5$
c	**(2,17)**	**(1,93)**	**1,74**	**1,61**	**1,50**	**1,41**	**1,34**	**1,28**	**1,23**	**1,19**	**1,15**	c	
$'M/M$	(1,28)	(1,06)	0,889	0,758	0,653	0,569	0,500	0,443	0,395	0,355	0,320	$'M/M$	
$'f_e/f_e$	*(1,39)*	*(1,13)*	*0,94*	*0,80*	*0,68*	*0,59*	*0,51*	*0,45*	*0,40*	*0,36*	*0,32*	$'f_e/f_e$	
$'\sigma_b/\sigma_b$	(1,22)	1,07	0,95									$'\sigma_b/\sigma_b$	$p/g = 1$
c	**(2,05)**	**1,83**	**1,67**	**1,54**	**1,44**	**1,36**	**1,29**	**1,24**	**1,20**	**1,16**	**1,13**	c	
$'M/M$	(1,17)	0,969	0,814	0,694	0,598	0,521	0,458	0,406	0,362	0,325	0,293	$'M/M$	
$'f_e/f_e$	*(1,26)*	*1,03*	*0,86*	*0,72*	*0,62*	*0,53*	*0,47*	*0,41*	*0,36*	*0,33*	*0,29*	$'f_e/f_e$	
$'\sigma_b/\sigma_b$	(1,16)	1,01	0,91									$'\sigma_b/\sigma_b$	$p/g = 2$
c	**(1,96)**	**1,76**	**1,60**	**1,49**	**1,39**	**1,32**	**1,26**	**1,21**	**1,17**	**1,14**	**1,11**	c	
$'M/M$	(1,09)	0,899	0,756	0,644	0,555	0,483	0,425	0,376	0,336	0,306	0,272	$'M/M$	
$'f_e/f_e$	*(1,17)*	*0,95*	*0,79*	*0,67*	*0,57*	*0,49*	*0,43*	*0,38*	*0,34*	*0,30*	*0,27*	$'f_e/f_e$	
$'\sigma_b/\sigma_b$	1,09	0,96										$'\sigma_b/\sigma_b$	$p/g = 7$
c	**1,87**	**1,68**	**1,54**	**1,43**	**1,35**	**1,28**	**1,23**	**1,18**	**1,14**	**1,11**	**1,09**	c	
$'M/M$	1,00	0,829	0,696	0,594	0,512	0,446	0,392	0,347	0,310	0,278	0,251	$'M/M$	
$'f_e/f_e$	*1,07*	*0,88*	*0,73*	*0,61*	*0,52*	*0,45*	*0,40*	*0,35*	*0,31*	*0,28*	*0,25*	$'f_e/f_e$	

Tab. XVII. Eisenquerschnitts-Verhältnis zwischen mehreren Pilzplatten-Feldern.

Verhältnis der Feldquerschnitte der Hauptbewehrung zwischen Feldern gleicher Form und Größe innerhalb einer Pilzplattengruppe.

a) $\frac{f_{eJ}}{f_e}$ *

$\frac{p}{g}$	Frei aufliegender Rand		Eingespannter Rand	
0	0,50		0,62	
		0,24		0,32
0,5	0,62		0,78	
		0,12		0,14
1	0,68		0,85	
		0,05		0,07
2	0,73		0,92	
		0,014		0,016
7	0,80		1,00	

b)

$\frac{l_x}{l_y}$	$\frac{f_{eL}}{f_e}$ im Falle $f_{eL} \perp f_e$ *	
1,0	1,00	
		1,7
1,1	0,83	
		1,4
1,2	0,69	
		1,0
1,3	0,59	
		0,8
1,4	0,51	

* Im Falle $f_{eL} \parallel f_e$ ist $\frac{f_{eL}}{f_e} = \frac{f_{eJ}}{f_e}$ und der Tab. XVIIa zu entnehmen.

f_e, f_{eL}, f_{eJ} Zugeisenquerschnitt für die Einheit der Druckbreite, zur Aufnahme des größten Feldmomentes im Gurtstreifen der Hauptbewehrungsrichtung, und zwar bzw. im Felde K, L, J, d. h. im *kurzen* Randfelde (gleichlaufend zum Rande kürzer, quer länger), *langen* Randfelde (umgekehrt), Innenfelde;

g ständige Last für die Einheit der Grundfläche, auf allen Feldern gleich;

p Nutzlast für die Einheit der Grundfläche, feldweise wechselnd.

Die Tabelle vereinfacht die Bemessung einer Pilzplattengruppe mit in gleicher Richtung gleichen Feldweiten. Näheres siehe § 4b, besonders Anleitung 75. Vgl. auch **Zahlenbeispiel 57** (s. unten).

Tab. XVIII. Anteilziffern ψ der Feldarten.

n_y \ n_x	1		2		3		4		5		6		7		8		9		10		11	
1	J	K																				
	L	E																				
2			0	0	0	0	0	0	0	0	0	0	0	0	0	0	0	0	0	0	0	0
			0	1	0,333	0,667	0,5	0,5	0,6	0,4	0,667	0,333	0,714	0,286	0,75	0,25	0,778	0,222	0,8	0,2	0,818	0,182
3			0	0,333	0,111	0,222	0,167	0,167	0,2	0,133	0,222	0,111	0,238	0,095	0,25	0,083	0,259	0,074	0,267	0,067	0,273	0,061
			0	0,667	0,222	0,445	0,333	0,333	0,4	0,267	0,445	0,222	0,476	0,191	0,5	0,167	0,519	0,148	0,533	0,133	0,545	0,121
4			0	0,5	0,167	0,333	0,25	0,25	0,3	0,2	0,333	0,167	0,357	0,143	0,375	0,125	0,389	0,111	0,4	0,1	0,409	0,091
			0	0,5	0,167	0,333	0,25	0,25	0,3	0,2	0,333	0,167	0,357	0,143	0,375	0,125	0,389	0,111	0,4	0,1	0,409	0,091
5			0	0,6	0,2	0,4	0,3	0,3	0,36	0,24	0,4	0,2	0,429	0,171	0,45	0,15	0,467	0,133	0,48	0,12	0,491	0,109
			0	0,4	0,133	0,267	0,2	0,2	0,24	0,16	0,267	0,133	0,286	0,114	0,3	0,1	0,311	0,089	0,32	0,08	0,327	0,073
6			0	0,667	0,222	0,445	0,333	0,333	0,4	0,267	0,445	0,222	0,476	0,191	0,5	0,167	0,519	0,148	0,533	0,133	0,545	0,121
			0	0,333	0,111	0,222	0,167	0,167	0,2	0,133	0,222	0,111	0,238	0,095	0,25	0,083	0,259	0,074	0,267	0,067	0,273	0,061
7			0	0,714	0,238	0,476	0,357	0,357	0,429	0,286	0,476	0,238	0,510	0,204	0,536	0,179	0,556	0,159	0,571	0,143	0,584	0,130
			0	0,286	0,095	0,191	0,143	0,143	0,171	0,114	0,191	0,095	0,204	0,082	0,214	0,071	0,222	0,063	0,229	0,057	0,234	0,052
8			0	0,75	0,25	0,5	0,375	0,375	0,45	0,3	0,5	0,25	0,536	0,214	0,562	0,188	0,584	0,167	0,6	0,15	0,614	0,136
			0	0,25	0,083	0,167	0,125	0,125	0,15	0,1	0,167	0,083	0,179	0,071	0,188	0,062	0,194	0,055	0,2	0,05	0,205	0,045
9			0	0,778	0,259	0,519	0,389	0,389	0,467	0,311	0,519	0,259	0,556	0,222	0,584	0,194	0,605	0,173	0,622	0,156	0,636	0,141
			0	0,222	0,074	0,148	0,111	0,111	0,133	0,089	0,148	0,074	0,159	0,063	0,167	0,055	0,173	0,049	0,178	0,044	0,182	0,041
10			0	0,8	0,267	0,533	0,4	0,4	0,48	0,32	0,533	0,267	0,571	0,229	0,6	0,2	0,622	0,178	0,64	0,16	0,654	0,146
			0	0,2	0,067	0,133	0,1	0,1	0,12	0,08	0,133	0,067	0,143	0,057	0,15	0,05	0,156	0,044	0,16	0,04	0,164	0,036
11			0	0,818	0,273	0,545	0,409	0,409	0,491	0,327	0,545	0,273	0,584	0,234	0,614	0,205	0,636	0,182	0,654	0,164	0,669	0,149
			0	0,182	0,061	0,121	0,091	0,091	0,109	0,073	0,121	0,061	0,130	0,052	0,136	0,045	0,141	0,041	0,146	0,036	0,149	0,033
12			0	0,833	0,278	0,555	0,417	0,417	0,5	0,333	0,555	0,278	0,595	0,238	0,625	0,208	0,648	0,185	0,667	0,167	0,682	0,152
			0	0,167	0,056	0,111	0,083	0,083	0,1	0,067	0,111	0,056	0,119	0,048	0,125	0,042	0,130	0,037	0,133	0,033	0,136	0,030
13			0	0,846	0,282	0,564	0,423	0,423	0,508	0,338	0,564	0,282	0,604	0,242	0,635	0,212	0,658	0,188	0,677	0,169	0,692	0,154
			0	0,154	0,051	0,103	0,077	0,077	0,092	0,062	0,103	0,051	0,110	0,044	0,115	0,038	0,120	0,034	0,123	0,031	0,126	0,028
14			0	0,857	0,286	0,571	0,429	0,429	0,514	0,343	0,571	0,286	0,612	0,245	0,643	0,214	0,667	0,190	0,686	0,171	0,701	0,156
			0	0,143	0,048	0,095	0,071	0,071	0,086	0,057	0,095	0,048	0,102	0,041	0,107	0,036	0,111	0,032	0,114	0,029	0,117	0,026
15			0	0,867	0,289	0,578	0,433	0,433	0,52	0,347	0,578	0,289	0,619	0,248	0,65	0,217	0,674	0,192	0,693	0,173	0,709	0,158
			0	0,133	0,044	0,089	0,067	0,067	0,08	0,053	0,089	0,044	0,095	0,038	0,1	0,033	0,104	0,030	0,107	0,027	0,109	0,024

Die Tabelle dient zur Ermittelung von Durchschnittswerten, z. B. des Eisenkoeffizienten c, für eine in jeder Grundrichtung gleichmäßig gegliederte Plattengruppe mit rechteckigem Gesamt-Grundriß, z. B. Pilzplattengruppe, mittels der Grundflächen-Anteile ψ der Feldarten. Tabelle als Grundriß ansehen! (Fette Kanten sind Gebäudekanten.) Näheres: siehe § 7, besonders Anleitung 558, und (unten!) **Zahlenbeispiel 57.**

Zahlenbeispiel 12 siehe S. 173.

— Zu § 4b. —

Zahlenbeispiel 13. (§ 4b.) Das Randfeld einer am Säulenkopf verstärkten Pilzdecke soll zu Kalkulationszwecken roh berechnet werden.

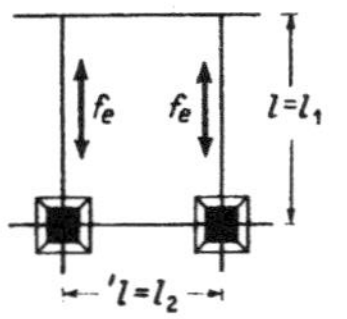

$l_1 = 4{,}90$ m; $l_2 = 3{,}92$ m; $g \approx 500$ kg/m²; $p = 500$ kg/m²; $\sigma_e = 1200$ kg/cm²; $\sigma_b = 50$ kg/cm²; die Platte liegt am Rande frei auf. ▬ $p/g = 500/500 = 1$; $l_2/l_1 = 3{,}92/4{,}90 = 0{,}80$; (hierzu nach Tab. XVI, erstem Teil:) Haupt-Bewehrungsrichtung 1; $c = 1{,}33$ kg/(cm²·m); (nach Gl. 72 und Fig. 9:) $M = M_1 = (500/13 + 500/11) \cdot 4{,}90^2 = 2015$ kgm/m; (nach Tab. VI mit Gl. 124:) $h = 0{,}3454\sqrt{2015} = 15{,}50$ cm; (nach Gl. 14:) $d = 15{,}50 \cdot 1{,}02 + 1{,}2 \approx 17{,}0$ cm; ● $B =$ **0,17 m³/m²**; (nach Tab. VI:) $f_e = 15{,}50/1{,}248 = 12{,}42$ cm²/m (Schieberzunge bleibt liegen); (nach Gl. 532:) ● $E = 12{,}42 \cdot 1{,}33 =$ **16,5 kg/m²**.

Zahlenbeispiel 14. (§ 4b.) Dasselbe Randfeld soll jetzt zwecks roher konstruktiver Bearbeitung weiter berechnet werden. ▬ ● $f_{e1} = f_e =$ **12,42 cm²/m** (Schieberzunge bleibt weiter liegen); (nach Tab. XVI, erstem Teil:) ● $f_{e2} = 'f_e = 12{,}42 \cdot 0{,}44 =$ **5,5 cm²/m**; ● $f_{eF} = 12{,}42 \cdot 0{,}82 =$ **10,2 cm²/m**; ● $'f_{eF} = 5{,}5 \cdot 0{,}61 =$ **3,4 cm²/m**.

Zahlenbeispiel 15 siehe S. 57.

Zahlenbeispiel 56 siehe S. 58.

Zahlenbeispiel 57. (§ 7.) Ein Gebäude von voll-rechteckigem Grundriß mit $n_x = 3$ und $n_y = 8$ erhält als Geschoßdecke eine Pilzplatte von überall gleicher Feldstärke d. Der Rand liegt ringsum frei auf. Überall: $l_x = 4{,}90$ m; $l_y = 3{,}92$ m; $g \approx 500$ kg/m²; $p = 500$ kg/m²; $\sigma_e = 1200$ kg/cm²; im ungünstigsten Feld $\sigma_b = 50$ kg/cm²; gesucht der durchschnittliche Gesamt-Eisenbedarf der ganzen Plattengruppe. ▬ Der Berechnung zugrunde gelegt wird als ungünstigstes Feld das kurze Randfeld, für das im (teilweise gleich lautenden) Zahlenbeispiel 13 gefunden wurde: $f_e =$ **12,42 cm²/m**. Auch in allen anderen Feldern wird die Haupt-Bewehrung in die x-Richtung gelegt. (Nach Tab. XV:) $c_J = 1{,}83$ kg/(cm²·m); $c_K = 1{,}25$ kg/(cm²·m). (Nach Tab. XVI:) $c_K = 1{,}33$ kg/(cm²·m); $c_L = 1{,}80$ kg/(cm²·m). (Nach Tab. XVII:) $f_{eJ}/f_e = f_{eL}/f_e = 0{,}68$. (Nach Tab. XVIII:)

$\psi_J = 0{,}25$; $\psi_K = 0{,}5$;

$\psi_L = 0{,}083$; $\psi_E = 0{,}167$. (Nach Gl. 562:)

$c = 1{,}83 \cdot 0{,}25 \cdot 0{,}68 + 1{,}80 \cdot 0{,}083 \cdot 0{,}68 + 1{,}33 \cdot 0{,}5 + 1{,}25 \cdot 0{,}167 = 1{,}29$ kg/(cm²·m); Gesamt-Eisenbedarf der ganzen Plattengruppe (nach Gl. 532:) ● $E = 1{,}29 \cdot 12{,}42 =$ **16,0 kg/m²**.

Zahlenbeispiel 58 siehe S. 58.

Anhang: Bezeichnungen.

Wörter.

Bezeichnung	Bedeutung	Näheres siehe:
Außenhebel	Hebelarm der resultierenden äußeren Längskraft in bezug auf einen charakteristischen Querschnittspunkt.	
Balkenplatte	Rechnerisch nur in einer Grundrichtung bewehrte Platte.	
Baustoff	Kennzeichnender Stoff-Bestandteil der fertigen Leistung, z. B. Beton, Eisen, Schalung in fertiger Verarbeitung; letztere also einschl. Ausschalen usw.	
Beschränkte Druckzone	Druckzone von Plattenbalken u. dgl. mit $d < x$.	
»Bestimmungen«	Bestimmungen des deutschen Ausschusses für Eisenbeton 1932.	
Betonüberdeckung	$\ddot{u}$; Stärke der Betonüberdeckung der äußersten Bewehrungseisen.	§ 1.
Breitenziffer	β; Verhältnis der Druckbreite zur Kostenbreite.	§ 9.
Differenzhöhe	$d_{(e)} - h$; Schwerpunktsabstand des Zugeisenquerschnittes von der »gezogenen« Betonkante.	§ 1.
Druckbreite	b; Breite der Druckzone eines Querschnitts, gemessen an der äußersten Beton-Druckkante.	
Druckhöhe	x; Abstand der Nullinie vom gedrückten Querschnittsrande.	
Druckspannung	σ_b Beton-Druckspannung am ungünstigsten Querschnittsrande.	
Eckfeld	E.	§ 4b, Fig. 8.
Einzelfeld	Frei aufliegendes oder einerseits oder beiderseits eingespanntes Feld eines nicht durchlaufenden Balkens bzw. Platte.	
Eisenkoeffizient	c; Koeffizient zur Bestimmung des durchschnittlichen Gesamt-Eisenbedarfs der Leistungseinheit aus einem charakteristischen Eisenquerschnitt (z. B. für Platten und Balken im allg. aus dem Hauptbewehrungs-Querschnitt im Felde).	§ 7.
Endfeld	Nur nach einer Seite durchlaufend fortgesetztes Feld eines Balkens oder einer balkenartig, also nur in einer Richtung betrachteten Platte	§ 4b, Fig. 8.
Erlaubte Druckspannung	Beton-Druckspannung, die nicht größer als die sichere ist und genügend Steifigkeit liefert.	§ 5.
Erlaubte Zugspannung	Eisen-Zugspannung, sonst wie vor.	
Fall b	$\sigma_b = \sigma_{b\,zul} = \text{const.}$	
Fall e	$\sigma_e = \sigma_{e\,zul} = \text{const.}$	
Freie Bemessung	Bemessung mit gesuchtem h u. F_e.	§ 2.
Freies Feld	Feld mit beiderseits bzw. allseits freier Lagerung.	
Gebundene Bemessung	Bemessung mit gegebenem h oder F_e.	§ 2.
Grenz-Druckspannung	In bezug auf die Forderung F_e (bzw. F_e') $\geqq 0$ eben noch zulässige Beton-Druckspannung bei gegebener Eisen-Zugspannung.	§ 11a bzw. 12.
Grenz-Zugspannung	In bezug auf die Forderung F_e (bzw. F_e') $\geqq 0$, eben noch zulässige Eisen-Zugspannung bei gegebener Beton-Druckspannung.	
Hauptbewehrung	Bei Platten: Äußere Eisenlage. Bei Balken: Längseisen.	§§ 4a u. 7.
Haupt-Bewehrungsrichtung	Grundrichtung der äußeren Eisenlage.	§§ 4a u. 4b.
Haupt-Einspannungsrichtung	Grundrichtung, deren Einspannung an sich das größere Moment erzeugen kann.	
Haupt-Stützrichtung	Grundrichtung, deren Stützweite an sich das größere Moment erzeugen kann.	
Innenfeld	J.	§ 4b, Fig. 8.
Innenhebel	z; Hebelarm des inneren Längskräftepaares.	
Kennzeichnende Druck- bzw. Zugspannung	Sammelbezeichnung für sichere, steife, wirtschaftliche, Grenz-Druckspannung bzw. -Zugspanng.	§ 5.
Kostenbreite	k; Absolutwert $-\,\mathrm{d}F_e/\mathrm{d}h$ für Kostenminimum.	§ 9.
Kreuzplatte	Umfangsgelagerte und als solche berechnete Platte v. rechteckigem Grundriß.	§ 4a.
Kurzes Randfeld	K; Randfeld, in der Randrichtung kürzer.	§ 4b, Fig. 8.
Langes Randfeld	L; Randfeld, in der Randrichtung länger.	
Leistungseinheit	Einheit gemäß Leistungsverzeichnis. Daher verständigerweise auch: Einheit der nutzbaren Ausdehnung eines Konstruktionsgliedes; z. B. 1 m^2 Platte oder 1 m Balken.	
Masse	Absolute Menge; Gesamtmenge einer Bauleistung.	
Maßgebde. Druck- bzw. Zugspanng	Wirtschaftlich günstigste erlaubte Druck- bzw. Zugspannung.	§ 5.
Menge	Relative Menge; Menge, bezogen auf die Leistungseinheit, z. B. in m^3/m; kg/m^2; usw.	
Mittelfeld	Beiderseits durchlaufend fortgesetztes Feld eines Balkens oder einer balkenartig, also nur in einer Richtung betrachteten Platte.	§ 4b, Fig. 8.
Nebenbewehrung	Bei Platten: Innere Eisenlage. Bei Balken: Bügel, Vouteneisen, Mehrverbrauch der Schrägeisen.	§§ 4a u. 7.
Neben-Bewehrungsrichtung	Grundrichtung der inneren Eisenlage.	§§ 4a u. 4b.
Neben-Einspannungsrichtung	Grundrichtung, deren Einspannung an sich das kleinere Moment erzeugen kann.	
Neben-Stützrichtung	Grundrichtung, deren Stützweite an sich das kleinere Moment erzeugen kann.	
Nutzhöhe	h; Schwerpunktsabstand des Zugeisenquerschnittes von der gedrückten Betonkante.	Einh.-Bez.
Pilzplatte	Platte (nicht nur Decke), konstruiert wie eine Pilzdecke.	
Plattenbalken	Balken von T- oder ⅂-förmigem Querschnitt mit plattenartiger Verbreiterung des Steges in der äußersten Druckzone.	
Randfeld		§ 4b, Fig. 8.
Rechteckbalken	Balken mit rechteckigem Querschnitt.	
Rohstoff	Z. B. Zement, Kies, Sand, Schalholz, Eisen in unverarbeitetem Zustand; letzteres also unzugeschnitten und ungebogen.	
Sicher[488])	Zur sicheren Druck- oder Zugspannung gehörig.	
Sichere Druck- bzw. Zugspannung	In bezug auf statische Sicherheit eben noch zulässige größte Beton-Druckspannung bzw. Eisen-Zugspannung.	
Stegdruckbreite	Druckbreite des Steges.	§ 6.
Steif[488])	Zur steifen Druck- oder Zugspannung gehörig.	
Steife Druckspannung	In bezug auf Steifigkeit eben noch zulässige größte Beton-Druckspannung bei gegebener Eisen-Zugspannung.	
Steife Zugspannung	In bezug auf Steifigkeit eben noch zulässige kleinste Eisen-Zugspannung bei gegebener Beton-Druckspannung.	
Stichwort	Eingerückte Überschrift in fettem Sperrdruck, am Anfang eines Textabsatzes; dient zur kurzen Kennzeichnung des Textes bis zum nächsten Stichwort; kann aus einem oder mehreren Wörtern bestehen.	*Erster Teil.*
Unbeschränkte Druckzone	Druckzone von Platten, Rechteckbalken und Plattenbalken od. dgl. mit $d > x$.	
Unterstützungskosten	Kosten der Unterstützung des Betons durch Balken, Säulen, Fundamente u. dgl.	§ 8.
Veränderliche Zugbreite bzw. Druckbreite	Im Stadium des Konstruierens (nicht örtlich) veränderliche Zugbreite bzw. Druckbreite.	§ 4, Nr. 36.
Vergleichskosten	Mengenbedingter Teil der Kosten.	§ 8, Nr. 590, 591.
Wirtschaftlich[488])	Wirtschaftlich am günstigsten.	
Wirtschaftliche Druckspannung	Wirtschaftlich günstigste Beton-Druckspannung bei gegebener Eisen-Zugspannung.	

[488]) Als Eigenschaftswort zu statischen Größen.

Bezeichnung	Bedeutung	Näheres siehe:
Wirtschaftliche Zugspannung	Wirtschaftlich günstigste Eisen-Zugspannung bei gegebener Beton-Druckspannung.	
Zeiger	Unten rechts geschriebener Zeiger, falls andere Lage nicht angegeben.	
Zugbreite	$b_{(e)}$; Breite der Zugzone eines Querschnittes, gemessen in Höhe der Eiseneinlagen.	
Zugspannung	Eisen-Zugspannung.	
Zulässig	Eben gerade zulässig.	
Zulässige Druck- bzw. Zugspannung	Sammelbegriff für sichere und steife Druckspannung bzw. Zugspannung.	§ 5.
Zustand I bzw. II	Beanspruchungs-Zustand eines ganz oder teilweise gedrückten Eisenbetonquerschnitts ohne bzw. mit gerissener Beton-Zugzone.	

Abkürzungen.

Bezeichnung	Bedeutung	Näheres siehe:
Best.	»Bestimmungen«.	Oben (*Wörter*).
Bgrd (als Zeiger)	Des Baugrundes.	§ 8.
Bschr. Drz.	Beschränkte Druckzone.	Oben (*Wörter*).
durch (als Zeiger)	Berechnet für Feld durchlaufender Platte.	§ 4a.
Einh. Bez.	Einheitliche Bezeichnungen der »Bestimmungen«.	Oben (*Wörter*).
einzel (als Zeiger)	Berechnet für Einzelfeld statt für Feld durchlaufender Platte (durchlaufene Auflager durch feste Einspannungen ersetzt).	§ 4a.
Fig.	Figur. Die so bezeichneten Darstellungen (auch die tabellenartigen) befinden sich stets im *ersten Teil* des Buches.	
frei (als Zeiger)	Berechnet für ringsum frei aufliegendes Einzelfeld.	§ 4a.
Gl.	Gleichung.	
grenz (als Zeiger)	In bezug auf die Forderung F_e (bzw. F_e') $\geqq 0$ eben gerade zulässig; zu F_e (bzw. F_e') $= 0$ gehörig.	
O.K.	Oberkante.	
R.E.	Rundeisen.	
sich (als Zeiger)	Sicher; in bezug auf statische Sicherheit eben gerade zulässig.	
steif (als Zeiger)	Steif; in bezug auf Steifigkeit eben gerade zulässig.	
Tab.	Tabelle. Die so bezeichneten Darstellungen befinden sich stets im *dritten Teil* des Buches.	
U.K.	Unterkante.	
Unb. Drz.	Unbeschränkte Druckzone.	Oben (*Wörter*).
wirt (als Zeiger)	Wirtschaftlich; zur wirtschaftlichen Druck- oder Zugspannung gehörig.	Oben (*Wörter*).
zul (als Zeiger)	Zulässig.	Oben (*Wörter*).

Lateinische Buchstaben.

Bezeichnung	Bedeutung	Näheres siehe:
A	Menge des (Boden-) Aushubes.	§ 8.
A (als Zeiger)	Des Aushubes.	
a	Hilfswert, z. B. für Rechteckbalken.	§ 6, Nr. 167.
a (als Zeiger)	Zur Unterscheidung der statischen Größen zweier benachbarter Bemessungsvarianten a und b.	Nr. 377 u. 472.
a (als oben rechts geschriebener Zeiger)	Außen.	§ 8.
a_1; a_2	Hilfswerte.	Gl. 448.
a_3; a_4	Hilfswerte.	Gl. 447; 468.
a'	Hilfswert für Rechteckbalken.	§ 6, Nr. 172.
B	Menge des Betons.	§ 7.
b	1. Druckbreite allg. und Zugbreite der Rechteckbalken.	Einh. Bez.
	2. Breite von rechteckigen Säulen- oder Fundament-Grundflächen.	§ 8.
b (als Zeiger)	1. Zur Breite b gehörig.	
	2. Der Balken.	§ 8.
	3. Des Betons.	Einh. Bez.
	4. Zur Unterscheidung der statischen Größen zweier benachbarter Bemessungsvarianten a und b.	Nr. 377 u. 472
b (als unten links geschrieb. Zeig.)	Zum Fall b gehörig ($\sigma_b = \sigma_{b\,sich} =$ const).	§ 5.
b_0	Zugbreite der Plattenbalken.	Einh. Bez.
$b_{(0)}$	Zugbreite allgemein.	Fußnote 1.
b'	Stegdruckbreite.	Oben (*Wörter*).
b_Δ	Differenz-Druckbreite.	§ 6, Fig. 15.
C; C'; C''; C'''	Festwerte.	§ 4.
c	Eisenkoeffizient.	
c_0	Eisenkoeffizient für $N = 0$.	§ 7.
c_h	Eisenkoeffizient, der nur die Hauptbewehrungs-Menge ergibt.	
$c_{(h)}$	Gemeinsame Bezeichnung für c und c_h.	§ 9.
c_n	Eisenkoeffizient, der nur die Nebenbewehrungs-Menge ergibt.	§ 7.
d	Differential.	
d	1. Konstruktionshöhe von Platten u. Rechteckbalken.	Einh. Bez.
	2. Stärke einer rechteckigen Säule oder Kantenlänge einer rechteckigen Fundament-Grundfläche, gemessen quer zur Breite b.	Einh. Bez. u. § 8.
d (als oben oder unten rechts geschrieb. Zeiger)	Reduziert auf den Nenner d^2.	Gl. 119 u. 120.
d_0	Konstruktionshöhe von Plattenbalken.	Einh. Bez.
$d_{(0)}$	Konstruktionshöhe allgemein.	Fußnote 1.
E	Menge des Eisens.	§ 7.
E (auch als Zeiger)	Eckfeld.	§ 4b, Fig. 8.
E_h; E_n	Eisenmenge der Haupt- bzw. der Nebenbewehrung.	§ 7.
e	Außenhebel in bezug auf die Zugbewehrungsachse.	
e'	Außenhebel in bezug auf die Druckbewehrungsachse.	
e_b	Außenhebel in bezug auf die Betondruckkante.	§ 6b.
e_m	Außenhebel in bezug auf die Höhenmittelachse.	
e (als Zeiger)	Des Eisens.	Einh. Bez.
e (als unten links geschrieb. Zeig.)	Zum Fall e gehörig ($\sigma_e = \sigma_{e\,sich} =$ const).	§ 5.
F	Funktion.	
F	Grundfläche.	
F (als Zeiger)	Des Feldstreifens.	§ 4b.
F_e	1. Gesamtquerschnitt der Längseisen gemäß Zustand I beanspruchter Druckglieder.	
	2. Querschnitt der Zugeisen bei Biegung, insonderheit zur Aufnahme des größten Feldmomentes.	Einh. Bez.
F_{e0}	Teil von F_e, gehörig zu $N = 0$.	§ 6b, Gl. 397.
F_{e1}	Teil von F_e, gehörig zu M_1.	§ 6a, *Zerlegung*.
F_{e1_0}	Teil von F_{e1}, gehörig zu $N = 0$.	§ 6b, Gl. 398.
F_{e2}	Teil von F_e, gehörig zu M_2.	§ 6a, *Zerlegung*.
F_{e_I}	Querschnitt der ersten (äußersten) Lage der Eisenbewehrung.	
F_e'	Querschnitt der Druckeisen bei Biegung.	Einh. Bez.
F_{e0}'	Teil von F_e', gehörig zu $N = 0$.	Gl. 403.
$\bar{F}_e$ (sprich F_e minus)	Zugeisenquerschnitt für negatives Feldmoment im Fünftelpunkt der Spannweite.	
F_e^0	Der größere der beiden Eisenquerschnitte $\bar{F}_e$ und F_e'.	§ 7.
$\mathring{F}_e$	Zugeisenquerschnitt am eingespannten Auflager.	
$\mathring{F}_e'$	Druckeisenquerschnitt am eingespannten Auflager.	
f	Funktion.	
f (als Zeiger)	Zum Fundament gehörig.	§ 8.
fb (als Zeiger)	Zum Fundamentbalken gehörig.	
f_e	Zugeisenquerschnitt für die Einheit der Druckbreite bei Biegung, insonderheit zur Aufnahme des größten Feldmomentes in der Haupt-Bewehrungsrichtung.	Einh. Bez.
f_{e0}	Teil von f_e, gehörig zu $N = 0$.	§ 6b.
f_{e1}	Teil von f_e, gehörig zu M_1.	§ 6a, *Zerlegung*.
f_{e1_0}	Teil von f_{e1}, gehörig zu $N = 0$.	§ 6b.
f_{e2}	Teil von f_e, gehörig zu M_2.	§ 6a, *Zerlegung*.
$f_{e\,10}$	Reduzierte Größe f_e.	§ 6, Nr. 184.
f_e'	Druckeisenquerschnitt für die Einheit der Druckbreite bei Biegung.	
f_e''	Roher Ersatzwert für $f'_{e\,wirt}$ bei gebundener Bemessung und reiner Biegung.	Fußnote 350.
$'f_e$	(Verteilungseisen- bzw.) Zugeisenquerschnitt für die Einheit der Druckbreite, zur Aufnahme des größten Feldmomentes in der Neben-Bewehrungsrichtung.	
$\bar{f}_e$; $'\bar{f}_e$	Zugeisenquerschnitt für die Einheit der Druckbreite, zur Aufnahme des negativen Feldmomentes in der Haupt- bzw. Neben-Bewehrungsrichtung.	
f_{eF}, $'f_{eF}$ usw.	f_e, $'f_e$ usw., zum Feldstreifen gehörig.	§§ 4a, 4b u. 7.
$\mathring{f}_e$; $'\mathring{f}_e$	Zugeisenquerschnitt für die Einheit der Druckbreite, zur Aufnahme des Stützmomentes in der Haupt- bzw. Neben-Bewehrungsrichtung.	
f_{ex}; f_{ey}; f_{e1}; f_{e2}; $\bar{f}_{ex}$; $\bar{f}_{ey}$; $\bar{f}_{e1}$; $\bar{f}_{e2}$; $\mathring{f}_{ex}$; $\mathring{f}_{ey}$; $\mathring{f}_{e1}$; $\mathring{f}_{e2}$	Verschiedene Zugeisenquerschnitte für die Einheit der Druckbreite zur Aufnahme von Momenten in den Richtungen, die durch die Zeiger x, y, 1, 2 angegeben werden (gemäß Fig. 4, 5 und 7).	
f_e^0	Der größere der beiden Eisenquerschnitte $\bar{f}_e$ und f_e'.	§ 7.
fp (als Zeiger)	Zur Fundamentplatte gehörig.	§ 8.
g	Ständige Last für die Längeneinheit des Balkens oder Plattenstreifens.	Einh. Bez.

Bezeichnung	Bedeutung	Näheres siehe:
g (als Zeiger)	Zu vorgenannt. Belastung gehörig.	
g'	Eigengewicht für die Längeneinheit des Balkens oder Plattenstreifens.	Fußnote 293.
g' (als Zeiger)	Zu vorgenannt. Belastung gehörig.	
g''	Von der vorzunehmenden Bemessung unabhängiger Teil der ständigen Belastung für die Längeneinheit des Balkens oder Plattenstreifens.	
g'' (als Zeiger)	Zur vorgenannten Belastung gehörig.	
H	Rechnerische lotrechte Länge eines stehenden Bauteils.	§ 8.
H'	Höhe der untersten lotrechten Seitenflächen eines Fundamentes.	§ 8.
H_e	Wirkliche Fundamenthöhe.	§ 8.
H_A	Höhe des Aushubes.	§ 8.
H_A^a	Höhe der größeren (meistens äußeren) Böschung des Aushubes.	§ 8.
h	Nutzhöhe, insonderheit für die Haupt-Bewehrungsrichtung.	Einh. Bez. u. § 4a.
h_{10}	Reduzierte Nutzhöhe.	§ 6, Nr. 183.
h'	Schwerpunktsabstand des Druckeisenquerschnittes von der gedrückten Betonkante.	Einh. Bez.
h''	Roher Ersatzwert für h' bei gebundener, wirtschaftlicher Bemessung und reiner Biegung.	Fußnote 350.
$'h$; h_x; h_y; h_1; h_2	Nutzhöhe für die durch den Zeiger angegebene Richtung.	§ 4a, Fig. 4.
h_Δ	Nutzhöhe eines (gedachten) abzuziehenden Rechteckquerschnitts ($= h_{Steg}$).	§ 6, Fig. 15 (u. 17).
h (als Zeiger)	Zur Hauptbewehrung gehörig.	
J (auch als Zeiger)	Innenfeld.	§ 4b, Fig. 8.
i (auch als Zeiger)	Beliebige, aber bestimmte Feldart.	§ 7.
i (als oben rechts geschriebener Zeiger)	Innen.	
K	Kosten.	
K_0	Unveränderlicher Teil der Kosten.	
K (auch als Zeiger)	Kurzes Randfeld.	§ 4b, Fig. 8.
K_b; K_e; K_s	Kosten des Betons, des Eisens, der Schalung.	
k	Kostenbreite.	§ 9.
L (auch als Zeiger)	Langes Randfeld.	§ 4b, Fig. 8.
l	Spannweite, insonderheit der Haupt-Bewehrungsrichtung.	
$'l$	Spannweite der Neben-Bewehrungsrichtung.	
l_k	Konsoleisen-Länge, vom Ende bis zur Auflagerlinie gemessen.	§ 7.
l_0	Größter Abstand der Momenten-Nullpunkte.	§ 5.
$\overline{l}$ (sprich: l überstrichen)	Gemeinsamer Ausdruck für l u. l_0.	§ 5.
l_x; l_y; l_1; l_2	Spannweiten in den durch die Zeiger gekennzeichneten Grundrichtungen gemäß Fig. 4, 5 und 7.	§§ 4a und 4b.
l_{x0}	l_0 in der Richtung x	
M	Münzeinheit (auch: Mark).	Einführung.
M[488])	Moment; insonderheit: größtes Feldmoment in der Haupt-Bewehrungsrichtung; bei Längskraft: auf die Höhenmittelachse des Querschnitts bezogen. (Für Platten vgl. auch Fußnote 8.)	
M_1	Teilmoment, durch Betondruck aufgenommen.	§ 6a, *Zerlegung*.
M_2	Teil von M bei reiner Biegung, sonst von M_e, durch Eisendruck aufgenommen.	Gl. 323 u. 396.
M_2'	Teil von M_e', durch Eisendruck aufgenommen.	Gl. 401.
M_{1000}; $\left(\frac{M}{b}\right)_{10}$; $\left(\frac{M}{b}\right)_{10;\,1000}$	Reduzierte Momente.	§ 6, Nr. 179, 185, 189.
$\overline{M}$ (sprich: M minus)	Negatives Feldmoment, in einem bestimmten Abstande vom Auflager, in der Haupt-Bewehrungsrichtung.	§§ 4a u. 4b.
M_F, $'M_F$ usw.	M, $'M$ usw., zum Feldstreifen gehörig.	§§ 4a u. 4b.
$\overset{s}{M}$	Kleinstes (negatives) Stützmoment in der Haupt-Bewehrungsrichtung.	§§ 4a u. 4b.
$'M$; $'\overline{M}$; $'\overset{s}{M}$	Momente der Neben-Bewehrungsrichtung mit im übrigen der Bedeutung, die oben für die entsprechenden Zeichen (ohne den Strich links) schon angegeben wurde.	§§ 4a u. 4b.
M_x; M_y; M_1; M_2; $\overline{M}_x$; $\overline{M}_y$; $\overline{M}_1$; $\overline{M}_2$; $\overset{s}{M}_x$; $\overset{s}{M}_y$; $\overset{s}{M}_1$; $\overset{s}{M}_2$;	Momente in den Richtungen, die durch die Zeiger x, y, 1, 2 (gemäß Fig. 4, 5 und 7) gekennzeichnet werden, im übrigen mit der Bedeutung der von diesen Zeigern befreiten Ausdrücken.	§§ 4a u. 4b.
M_b; M_e; M_e'; M_v	Moment in bezug auf die Betondruckkante, Zugbewehrungsachse, Druckbewehrungsachse, verschränkte Nullinie.	§ 6b.

Bezeichnung	Bedeutung	Näheres siehe:
m[488])	Momenten-Festnenner, zu M gehörig.	
$\overline{m}$; $\overset{s}{m}$; $'m$; $'\overline{m}$; $'\overset{s}{m}$; m_x; m_y; m_1; m_2; $\overline{m}_x$; $\overline{m}_y$; $\overline{m}_1$; $\overline{m}_2$; $\overset{s}{m}_x$; $\overset{s}{m}_y$; $\overset{s}{m}_1$; $\overset{s}{m}_2$;	Festnenner, gehörig zu den mit den jeweils gleichen Zeigern behafteten Momenten-Ausdrücken M	§ 4a.
m_x; m_1 (mit Zeigern x; 1 unten)	Festnenner des Einspannungsmomentes einer stellvertretenden Balkenplatte.	§ 4a.
$\overline{m}$ (sprich: m überstrichen)	Momenten-Festnenner für gedachte Belastung.	§ 5.
N	Äußere Längskraft (für Druck: >0).	§ 6b.
N_1	Beton-Druckkraft.	§ 6b, Fig. 23.
N_2	Eisen-Druckkraft.	§ 6b, Fig. 23.
N_e	Eisen-Zugkraft.	§ 6b, Fig. 25.
N_{1e}	Teil der Eisen-Zugkraft, gehörig zu M_1.	§ 6b, Fig. 23.
N_{ee}	Resultierender Innendruck.	§ 6b, Fig. 25.
N_P	Tragkraft eines Pfahles.	§ 8.
n	Verhältnis der Eisenspannung zur Betonspannung gleichen Ortes.	§ 5.
n'	Besonderes Verhältnis n für die Druckzone.	§ 6a, Nr. 388.
n (als Zeiger)	Zur Nebenbewehrung gehörig.	
n_x; n_y	Anzahl der Felderreihen, gezählt in der Richtung des Zeigers.	Fig. 32.
n_f	Gesamt-Felderzahl.	§ 7.
n_J; n_L; n_K; n_E	Felderzahl der Arten J; L; K; E.	§ 7.
n_i	Felderzahl der Art i.	§ 7.
$\overset{s}{n}$	Anzahl der Einspannungen eines Feldes in einer Grundrichtung.	§ 7.
$\overset{v}{n}_0$	Anzahl der voutenlosen Einspannungen eines Feldes in einer Grundrichtung.	§ 7.
$'\overset{s}{n}_0$	Anzahl (0 oder 1 oder 2) der ein Balkenplatten-Feld besäumenden Konsoleisen-Reihen.	§ 7.
n_P	Anzahl der Pfähle für die Einheit der Fundament-Grundfläche.	§ 8.
P (als Zeiger)	Pfähle betreffend.	§ 8.
p	Nutzlast für die Längeneinheit des Balkens oder Plattenstreifens.	Einh. Bez.
p (als Zeiger)	Zu vorgenannt. Belastung gehörig.	
q	Gesamtlast für die Längeneinheit eines Balkens oder Plattenstreifens.	Einh. Bez.
$\overline{q}$ (sprich: q überstrichen)	Gedachte Gesamtlast, sonst wie vor.	§ 5.
r	$h/\sqrt{M/b}$.	
S	Menge der Schalung.	§ 7.
s (als Zeiger)	Zur Stütze gehörig.	§ 8.
s (als oben geschrieb. Zeiger)	Über der Stütze; zum Stützmoment gehörig.	
sf (als Zeiger)	Zum Stützenfundament, Einzelfundament gehörig.	§ 8.
T	Querkraft.	
$ü$	Betonüberdeckung.	§ 1.
v	Rand-Spannungsverhältnis σ_e/σ_b.	§ 5.
v_1; v_2; v_3; v_4; v_5; v_6; v_7; v_8	Funktionen lediglich von v.	§ 10b. § 12.
v (als Zeiger)	Auf die verschränkte Nullinie bezogen.	§ 6b.
w	Hilfsausdruck für Rechteckbalken veränderlicher Breite.	§ 10b.
w (auch als Zeiger)	Beliebige Grundrichtung.	§§ 4a u. 4b.
w (als Zeiger)	Zur Wand gehörig.	§ 8.
wf (als Zeiger)	Zum Wandfundament gehörig.	§ 8.
x	Druckhöhe.	Einh. Bez. u. oben (*Wörter*).
x (auch als Zeiger)	Haupt-Stützrichtung.	§ 4a.
y (auch als Zeiger)	Neben-Stützrichtung.	§ 4a.
z	Innenhebel.	Einh. Bez. u. oben (*Wörter*).
z_1	Innenhebel des Teilmomentes M_1.	§ 6a, *Zerlegung*.
z_b	Innenhebel für unb. Drz.	§ 6, *Stegdruckbalken*.
z_Δ	Innenhebel eines Differenzquerschnittes.	§ 6, *Stegdruckbalken*.

Deutsche Buchstaben.

Bezeichnung	Bedeutung	Näheres siehe:
$\mathfrak{A}$	Kosten des (Boden-) Aushubes und der damit verbundenen Erdarbeit.	§ 8.
$\mathfrak{a}$	Hilfswert für Plattenbalken.	§ 6, Nr. 219.
$\mathfrak{B}$	Kosten des Betons.	§ 8.
$\mathfrak{B}_f$; $\mathfrak{B}_s$; $\mathfrak{B}_w$ usw.	Betonkosten für Fundamente, Säulen, Wände usw.	§ 8.
$\mathfrak{b}_1$; $\mathfrak{b}_2$	Abkürzungen.	Gl. 299.
$\mathfrak{E}$	Kosten des Eisens.	§ 8.
$\mathfrak{E}_b$; $\mathfrak{E}_f$; $\mathfrak{E}_s$ usw.	Kosten bzw. des Balken-, Fundament-, Stützen-Eisens usw.	§ 8.
$\mathfrak{Eb}$	Kosten des Eisenbetons.	§ 8.
$\mathfrak{f}$; $\mathfrak{f}_1$; $\mathfrak{f}_2$	Abkürzungen.	Gl. 379 u. 297.
$\mathfrak{f}$ (auch als Zeiger)	Ordnungsziffer der wirtschaftlich zu bemessenden Gruppe von Baugliedern.	§ 8.

[488]) Außer den besonders aufgeführten Zeigern x, y, $-$, usw. kann jeder der mit diesen entstehenden Sonderausdrücke M noch einen der Zeiger g, g', g'', p erhalten; entsprechend jeder Sonderausdruck m einen der Zeiger g, p.

Bezeichnung	Bedeutung	Näheres siehe:
$\mathfrak{h}$	Verhältnis h/d für Plattenbalken.	§ 6.
$\mathfrak{i}$ (auch als Zeiger)	Beliebige, aber bestimmte Ordnungsziffer, insbesondere der unterstützenden Balkengruppen.	§ 8.
$\mathfrak{M}$; $\mathfrak{M}'$; $\mathfrak{M}_1$; $\mathfrak{M}_e$	Reduzierte Momente.	Gl. 117, 118, 309, 409.
$\mathfrak{M}^d$; $\mathfrak{M}_d$	Reduzierte Momente für Plattenbalken.	Gl. 119, 120.
$\mathfrak{m}$	Anzahl der Rundeisen.	
$\mathfrak{m}_I$	Anzahl der Rundeisen der ersten (äußersten) Lage.	§ 1.
$\mathfrak{N}$	Reduzierte Längskraft (für Druck: > 0).	Gl. 410.
$\mathfrak{N}_1$	Reduzierte Betondruckkraft.	Gl. 348.
$\mathfrak{N}_{1b}$	Reduzierte Betondruckkraft für unb. Drz.	Gl. 349.
$\mathfrak{n}$	Gesamtzahl der Balkengruppen.	
$\mathfrak{P}$	Kosten eines Pfahles.	§ 8.
$\mathfrak{p}$	Prozentsatz.	
$\mathfrak{r}$	Reduktionswert f. Stegdruckbalk.	Gl. 279.
$\mathfrak{r}'$; $\mathfrak{r}''$; $\mathfrak{r}_1$; $\mathfrak{r}_2$	Hilfswerte f. Stegdruckbalken.	Gl. 699—703.
$\mathfrak{S}$	Kosten der Schalung.	
$\mathfrak{S}_f$; $\mathfrak{S}_s$; $\mathfrak{S}_w$ usw.	Kosten bzw. der Fundament-, Säulen-, Wand-Schalung usw.	§ 8.
$\mathfrak{w}$	Hilfsausdruck für Plattenbalken veränderlicher Stegbreite.	§ 10b.

Griechische Buchstaben.

Bezeichnung	Bedeutung	Näheres siehe:
α	Hilfszahl zur Bestimmung der Kostenbreite für Balken veränderlicher Zugbreite.	§ 10b, Gl. 657.
β	Breitenziffer.	§ 9.
γ	Raumgewicht des Eisenbetons.	
γ_b	Raumgewicht des Betons.	
γ_e	Spezifisches Gewicht des Eisens.	
$\triangle$ (auch als Zeiger)	Zuwachs; Differenz.	
$\triangle_b$; $\triangle_f$; $\triangle_s$ usw.	Zuwachs infolge der Kosten bzw. der Balken, Fundamente, Stützen usw.	§ 8.
$\triangle' \mathfrak{B}$	Eigengewichtskosten des Betons	
δ	Hilfsgröße zur Bestimmung des Eigengewichts-Einflusses und ähnlicher Moment ändernder Einflüsse auf die wirtschaftliche Druckspannung.	§ 10b.

Bezeichnung	Bedeutung	Näheres siehe:
δ_g; δ_N	δ für Eigengewicht bzw. Längskraft.	
μ	Hilfsfaktor.	§ 12.
ν; ν_1; ν_2	Berichtigungsfaktoren.	§ 10b.
ν	Drillungsfaktor.	§ 4a.
ξ	Hilfswert für Zwischenschaltung.	
ϱ	Hilfswert zur Kostenschätzung.	§ 7a.
Σ	Summe.	
σ_{Bgrd}	Zulässige Bodenpressung.	
σ_b	Beton-Randdruckspannung, insonderheit im gefährlichen Feldquerschnitt und wirksam in der Haupt-Bewehrungsrichtung.	Einh.Bez.u.§4a
$'\sigma_b$	Beton-Druckspannung in der Neben-Bewehrungsrichtung.	§ 4a.
σ_b'	Reduzierte Beton-Druckspannung.	§ 6, Gl. 116.
$\sigma_{b\,grenz}$	Grenz-Druckspannung.	
$\sigma_{b\,\triangle}$	Druckspannung eines (gedachten) abzuziehenden Rechteckquerschn.	§6,Anleitg.261.
$\sigma_{b\,sich}$	Sichere Druckspannung.	
$\sigma_{b\,steif}$	Steife Druckspannung.	§ 5.
$\sigma_{b\,wirt}$	Wirtschaftliche Druckspannung.	
$\sigma_{b\,zul}$	Zulässige Druckspannung.	
σ_e	Eisen-Zugspannung.	Einh. Bez.
σ_e'	Eisen-Druckspannung.	
$\sigma_{e\,grenz}$	Grenz-Zugspannung.	
$\sigma_{e\,sich}$	Sichere Zugspannung.	
$\sigma_{e\,steif}$	Steife Zugspannung.	§ 5.
$\sigma_{e\,wirt}$	Wirtschaftliche Zugspannung.	
$\sigma_{e\,zul}$	Zulässige Zugspannung.	
$\sigma_{e\,sich}'$	Sichere Eisen-Druckspannung.	§ 6a.
τ_0	Beton-Schubspannung.	Einh. Bez.
Φ; Φ'	Durchmesser der Längseisen bzw. Bügel.	§ 1.
φ	Neigungswinkel von Schrägflächen.	§ 8.
φ_A	Böschungswinkel des Aushubes.	
ψ	Anteilziffer der Grundflächen oder Belastungsflächen.	§§ 7 u. 8.
ψ'	Anteilziffer der Grundlängen.	§ 8.
ω	Hilfswert zur Kostenschätzung.	§ 7a.
ω_1; ω_2; ω_3	Hilfsziffern zur Ermittlung der wirtschaftlichen u. der Grenz-Zugspannung bei gebund. Bemessung, insbesondere für Moment u. Längskraft.	§ 12a.

www.ingramcontent.com/pod-product-compliance
Lightning Source LLC
Chambersburg PA
CBHW062018210326
41458CB00075B/6203